# 第 18 届世界水资源大会

## ——科技创新支撑水利高质量发展暨
## 中水珠江设计公司转制 20 周年学术交流会论文集

# 上册

《第 18 届世界水资源大会——科技创新支撑水利高质量发展暨
中水珠江设计公司转制20周年学术交流会论文集》编委会　编

黄 河 水 利 出 版 社
·郑 州·

**图书在版编目(CIP)数据**

第18届世界水资源大会:科技创新支撑水利高质量发展暨中水珠江设计公司转制20周年学术交流会论文集:上、下册/《第18届世界水资源大会——科技创新支撑水利高质量发展暨中水珠江设计公司转制20周年学术交流会论文集》编委会编. —郑州:黄河水利出版社,2023.8

ISBN 978-7-5509-3738-3

Ⅰ.①第… Ⅱ.①第… Ⅲ.①水资源管理-文集
Ⅳ.①TV213.4-53

中国国家版本馆CIP数据核字(2023)第173636号

组稿编辑:王志宽　电话:0371-66024331　E-mail:wangzhikuan83@126.com

责任编辑　乔韵青　　　　　　责任校对　杨秀英
封面设计　黄瑞宁　　　　　　责任监制　常红昕
出版发行　黄河水利出版社
　　　　　地址:河南省郑州市顺河路49号　邮政编码:450003
　　　　　网址:www.yrcp.com　E-mail:hhslcbs@126.com
　　　　　发行部电话:0371-66020550
承印单位　河南新华印刷集团有限公司
开　　本　787 mm×1 092 mm　1/16
印　　张　63.75
字　　数　1 473千字
版次印次　2023年8月第1版　　2023年8月第1次印刷
定　　价　420.00元(上、下册)

# 《第 18 届世界水资源大会——科技创新支撑水利高质量发展暨中水珠江设计公司转制 20 周年学术交流会论文集》

## 编委会

邓神宝　陈垚森　罗　青　郑建雷　夏　强

张淑芳　刘庆林　赖　杭　张　伟　许艳琴

高德恒　杨宗儒　朱长富　王建成　舒刘海

刘君健　王建娥　丁秀平　张志文　姜宏广

符传立　董　伟　范丽婵　凌小康　冯　松

柏　平　赵　琳　甘志军　徐延强　尼　珂

杨　林　石俊奎　赵松鹏　刘　枫　胡赛潇

李晓旭　单其宽　丘雨轲　焦新宸　徐　林

陈大安　欧阳庆晓　欧阳乐颖

# 《第 18 届世界水资源大会——科技创新支撑水利高质量发展暨中水珠江设计公司转制 20 周年学术交流会论文集》

# 评审委员会

凌春海　中水珠江规划勘测设计有限公司副总工程师/正高
级工程师

何宝根　中水珠江规划勘测设计有限公司/正高级工程师

陆　伟　中水珠江规划勘测设计有限公司/正高级工程师

马　永　中水珠江规划勘测设计有限公司/正高级工程师

毕树根　中水珠江规划勘测设计有限公司/正高级工程师

智勇鸣　中水珠江规划勘测设计有限公司/正高级工程师

廖小龙　中水珠江规划勘测设计有限公司/正高级工程师

李振嵩　中水珠江规划勘测设计有限公司/高级工程师

杨辉辉　中水珠江规划勘测设计有限公司/高级工程师

施　晔　中水珠江规划勘测设计有限公司/高级工程师

# 前 言

习近平总书记指出,推进中国式现代化,要把水资源问题考虑进去。高质量发展是全面建设社会主义现代化国家的首要任务,水利是实现高质量发展的基础性支撑和重要带动力量。

"科技是第一生产力、人才是第一资源、创新是第一动力",科技创新为水利事业发展提供了重要引擎和关键动力。作为水利部珠江水利委员会的主要技术支撑单位,中水珠江规划勘测设计有限公司深入学习贯彻习近平总书记关于治水的重要论述,高度重视科技创新,围绕珠江流域重大水问题、重大水利工程,着力提高解决重难技术问题的能力,培厚水利科技创新土壤,为水利工程建设提升实力。公司改企转制20年来,规划发展目标持续实现、流域技术支撑能力持续加强、人才队伍建设持续强化、科技创新能力持续发力,一路走来,砥砺奋进,硕果累累,公司的经济实力、技术水平、生产效率、创新能力、行业影响力不断迈上新的台阶,改革发展不断实现新的跨越。

第18届世界水资源大会是国际水资源学会组织,水利部主办,水利部水利水电规划设计总院、国际水资源学会中国委员会、北京市水务局承办的世界性学术会议,是国际水资源领域参加人员范围最广、影响范围最大、专业水平最高的学术会议之一,是世界水议程、水政策和水科学知识分享的重要国际交流平台。为深入学习贯彻党的二十大精神,践行"节水优先、空间均衡、系统治理、两手发力"治水思路和水利部关于新阶段水利高质量发展的有关决策部署,结合中水珠江设计公司转制20周年以来技术支撑流域机构治水兴水"四个统一"、服务珠江流域经济社会高质量发展的生动实践,充分发挥科技创新支撑引领作用,加强行业内外先进技术交流互动,展示学术研究、科技创新最新成果,共同推动新阶段水利高质量发展。在水利部水利水电规划设计总院的支持和帮助下,公司主办了第18届世界水资源大会的边会之一"科技创新支撑水利高质量发展暨中水珠江设计公司转制20周年学术交流会",得到了广大水利科技工作者的积极响应。本次学术交流会参与范围广,收到了来自36家单位的130余篇高质量学术论文,专业领域涵盖了水旱灾害防御、水资源优化配置、水资源集约节约利用、河湖治理与生态环境复苏、国家水网等水利工程建设与运行、智慧水利、水文化建设等多个方向,内容涉及面广,涌现出许多具有创新思维和对实际工作颇有指导意义的优秀论文。编委会编辑了本次学术交流会论文集,希望能够展示学术研究、科技创新最新成果,为共同推动新阶段水利高质量发展提供参考借鉴。

在论文征集和评审过程中,得到了水利部珠江水利委员会的悉心指导,以及行业内外有关科研院所、高等院校和同行单位的积极参与和大力支持,黄河水利出版社为论文集编辑出版做了大量工作,在此对大家的辛勤努力和付出表示衷心的感谢!由于编者时间及能力有限,本论文集难免存在缺憾与不足,敬请读者批评指正。

编委会

2023 年 8 月

# 优秀论文目录

# 目 录

## 水旱灾害防御

## 水资源优化配置

## 水资源集约节约利用

## 河湖治理与生态环境复苏

## 国家水网等水利工程建设与运行

## 智慧水利

# 水文化建设

# 水旱灾害防御

# 粤港澳大湾区防洪减灾体系建设策略初探

钟逸轩　　薛　娇　　廖小龙　　于百顺　　姜欣彤　　全栩剑

（中水珠江规划勘测设计有限公司,广东广州　510610）

**摘　要**：粤港澳大湾区是我国开放程度最高、经济活力最强的区域之一,在国家发展大局中具有重要的战略地位。现状条件下,粤港澳大湾区面临流域性洪灾风险加大、台风暴潮防御形势严峻、城市内涝灾害事件频发等问题,防洪形势十分严峻。本文针对大湾区防洪减灾体系建设进行探索思考,提出加快建设流域防洪排涝工程体系和非工程体系,构建流域区域联防联控、安全可靠的防洪减灾网,并探讨防洪减灾的具体应对策略,帮助适应新时代大湾区国家战略实施的防洪减灾需求。

**关键词**：粤港澳大湾区;防洪;减灾;体系建设

## 1　研究背景

　　粤港澳大湾区位于我国七大江河流域之一的珠江流域下游,是我国开放程度最高、经济活力最强的区域之一,在国家发展大局中具有重要地位,其中珠江三角洲河网区是大湾区的核心区域。区域内河网密布、纵横交错,径流潮流相互作用,水沙变化频繁复杂,具有三江汇流、八口出海的独特水系特性,由此导致粤港澳大湾区面临着严重、频繁、复杂、多样的水灾害威胁,突出表现在流域性洪灾风险加大、台风暴潮防御形势严峻、城市内涝灾害事件频发等方面。近年来,粤港澳大湾区各地坚持以"节水优先、空间均衡、系统治理、两手发力"治水思路为指导,围绕流域新老水灾害问题持续治水、兴水、管水,在河口治理与水安全保障等方面取得了明显成效,初步构建起了大湾区防洪减灾体系[1]。然而,大湾区防洪标准不高、洪水风险管理水平偏低等问题依然存在,具体表现在西江、北江、东江等大江大河堤防存在险工险段,潖江蓄滞洪区分洪措施与安全设施尚不完善,三角洲河网区重要节点缺乏调控措施,流域干支流水库群尚未完全实现统一调度。总体看来,大湾区防洪减灾体系仍需建设完善[2]。

　　2018年7月,中共中央、国务院印发《粤港澳大湾区发展规划纲要》,对大湾区水安全保障标准、能力和水平等方面都提出了更高要求,这就要求流域管理机构加快转变治水思路、补齐发展短板、强化监督管理、提升能力水平,不断夯实大湾区建设的水安全保障基石。为此,本文以"节水优先、空间均衡、系统治理、两手发力"的治水思路为指导,在对大湾区未来面临的防洪排涝重大形势进行研判的基础上,对标国际一流湾区建设标准,紧紧

---

**作者简介**：钟逸轩(1992—),男,高级工程师,主要从事水文水资源与流域防洪减灾等方面的研究工作。

围绕粤港澳大湾区国家发展战略提出的防洪减灾任务目标,探讨优化构建完善大湾区防洪减灾体系,探讨应对未来防洪形势的措施与策略,以期为大湾区经济社会高质量发展提供安全保障。

## 2 大湾区防洪排涝形势研判

在气候变化和人类活动双重影响下,珠江流域水文循环系统发生了明显改变[3-5],流域洪水时空分布愈发不均匀,中上游洪水量级呈减小趋势,大湾区区域洪水量级有所增大,干支流洪水遭遇风险增大[6]。同时城镇高速发展伴随的雨岛、热岛效应也导致城市暴雨频率和强度均呈现上升趋势,大湾区面临的防洪排涝形势日趋严峻。为此,需要在分析大湾区水安全保障现状水平的基础上,系统研判大湾区未来一定时期内的防洪排涝形势。

### 2.1 流域性洪灾风险加大

近年来,珠江流域上中游的中小河流治理与大江大河堤防达标加固工作逐步完成,上中游洪泛区与洪水调蓄空间均有所减小。上游防洪工程建设一方面增强了洪水归槽作用,导致洪峰值增大,如大湾区思贤滘断面50~300年一遇全归槽洪水相比天然洪水设计洪峰流量增大10%以上,同时清水下泄、挖沙等引发河道不均匀下切愈发严重[8-10],使得堤防稳定性受到影响,险工险段增多。大湾区范围内的暴雨量级与频率均呈现上升趋势,进一步增大了区域防洪风险[11]。湛江蓄滞洪区与临时蓄滞洪区作为防御大湾区流域洪水的重要措施,其分退水设施与安全设施仍不完善、管理力度薄弱,不但滞洪容积被非法侵占,区内还存在高危险性的化工生产活动,为蓄滞洪应用带来潜在隐患。

### 2.2 台风暴潮防御形势严峻

大湾区长期遭受台风暴潮灾害的困扰。21世纪以来,大湾区面临的强热带气旋逐年增多,风暴潮多发、频发,潮位屡创新高,广州、深圳、珠海和澳门等多地出现海水漫顶和倒灌现象,严重影响了珠江河口水安全。2008年"黑格比"强台风风暴潮位超100年一遇,2017年"天鸽"超200年一遇,2018年"山竹"再次突破历史极值。口门区潮位控制站50年、100年、200年一遇设计潮位抬升大都在0.12~0.46 m、0.15~0.60 m、0.17~0.74 m。预计未来30年,珠江口沿海海平面将上升50~180 mm。大湾区现有海堤普遍建设于20世纪和21世纪初,约60%海堤防潮标准低于50年一遇,海堤平均达标率仅为70%,无法适应当前经济社会发展的防潮需要。

### 2.3 城市内涝灾害事件频发

统计表明,粤港澳大湾区近年来短历时强降雨频发,暴雨频次增加明显[12],如广州暴雨、大暴雨以上的年平均天数分别为77 d、10 d,相比21世纪之前暴雨年平均日数增加约24 d。高强度、高密度的城市开发导致下垫面急剧变化、雨洪调蓄能力下降、产汇流格局改变、汇流时间缩短、洪峰流量增大、洪峰时间提前,内涝风险增加。近20年来,城镇化导致下垫面不透水面积显著增大,粤港澳大湾区径流系数从0.25增加到0.56,城镇径流系数从0.35增加到0.76。发生2年一遇暴雨时,2019年较2000年的洪峰流量平均增加104.3%,峰现时间平均提前0.81 h。然而,大湾区大部分地区管网排水标准仅有1~2年一遇,河涌排涝标准仅20~50年一遇,且由于河道、管网改造空间有限,城市内涝防治难度较大。

## 3 防洪减灾网络体系建设思路

为确保粤港澳大湾区国家战略的顺利实施,构建世界一流湾区,应当加快建设"堤库结合、以泄为主、泄蓄兼施"的防洪工程体系,"堤闸结合"的防潮工程体系及"截蓄排渗"的排涝工程体系,完善防洪非工程措施,全面提升大湾区防洪保安能力。

### 3.1 完善防洪工程体系

粤港澳大湾区主要受上游西江、北江和东江洪水威胁,在实践中应当以防御流域历史特大洪水为目标,按照珠江流域"堤库结合、以泄为主、泄蓄兼施"的防洪方针,抓紧完善防洪工程体系,加快骨干水库与滞江蓄滞洪区建设,积极推进大江大河治理,强化珠江河口综合治理与保护,持续推进病险水库水闸除险加固,加强中小河流治理与山洪灾害防治,协同推进界河防洪工程建设。对标国际一流湾区的防洪标准,并考虑大湾区不同城市的经济社会发展水平和水利工程现状,应确保大湾区中心城市广州与深圳防洪能力不低于 200 年一遇,重要节点城市佛山、东莞、惠州、中山、珠海、江门与肇庆防洪能力不低于 100 年一遇。

### 3.2 建设防潮工程体系

大湾区现状海堤防潮标准偏低,应加快大湾区海堤达标加固工程建设,并积极应用生态技术,着力推广生态海堤工程建设,在保障防潮安全的同时,营造良好的水生态和水景观。近期重点加快广州城市中心区海堤、深圳东部海堤、东莞滨海新区海堤、惠州大亚湾海堤、中山中珠联围海堤、珠海横琴新区海堤、江门银洲湖海堤等 940 km 海堤工程建设。为应对大湾区部分区域防潮压力大、中小防潮堤独立分散、标准提升难度大等问题,要着力完善堤闸结合的防潮工程体系,构建大联围防潮模式,提高沿海地区抗御风暴潮能力。

### 3.3 筑牢排涝工程体系

大湾区城市群具有地势低洼、降雨强度大和城镇化程度高等特点,由于区域内经济社会高度发展,一旦出现内涝事件很可能导致重大生命财产损失。筑牢排涝工程体系,首先要全面提升城市排水防涝能力,重点做好海绵城市建设、改造升级城市排水设施、推进城市排涝通道建设等方面的工作。其次,应当有序开展城乡重点涝区治理,对于上游河道涝片,依靠现有水库、山塘等调蓄滞洪,根据地形特点疏浚整治河道或新建截洪排水沟渠;对于中游河道涝片则实行高水高排,根据雨洪遭遇特点,合理采用自排与抽排结合措施防止洪水倒灌;对于下游河道涝片在充分利用洼地与河涌容积调蓄的基础上,改扩建临江沿海水闸提高低潮位的自排能力,扩大泵站强排能力,以适应海平面上升形势。

### 3.4 重视防洪非工程措施

非工程措施是防洪减灾体系的重要组成部分,与防洪工程措施互为补充,对提升流域防洪减灾抗风险能力意义重大。目前,大湾区洪水风险管理能力薄弱,亟待完善防洪相关法律法规制度,加强流域水工程统一调度,实现水库、闸泵群与蓄滞洪区联合优化调度,构建完善的防御预案方案体系。针对流域行蓄洪空间占用问题,应加大执法力度,严格依据政策法规予以管控,加强行洪区、蓄滞洪区的管控力度,完善城市排涝河涌监管措施和手段。强化流域数字孪生建设,牢牢把握新时期水利高质量发展的"六条实施路径",着力建设流域"四预"体系,强化风险预报预警能力[13]。持续推进防洪风险图编制与更新工作,在此基础上合理制定土地利用、产业布局政策,引导高风险区域人口和资产向外转移。

### 3.5 提升跨界水域防洪(潮)能力

粤港澳大湾区发展规划涉及广东、香港和澳门三地,既是新时代推动形成全面开放新格局的新尝试,也是推动"一国两制"事业发展的新实践。在流域防洪排涝实践中,要深化探索内地与港澳的合作机制,落实粤港界河深圳河治理,推进澳门湾仔水道和十字门水道防洪排涝治理,提升粤港、粤澳跨界水域防洪潮能力,形成流域与粤港澳三地联防联控的防洪减灾格局,建立健全流域机构及粤港澳三地共同参与的涉水事务交流协商机制,提高大湾区应对洪涝灾害的韧性。

## 4 大湾区防洪减灾策略研究

### 4.1 大湾区流域性洪水防御对策

(1)加快水库挖潜、蓄滞洪区及控导工程建设。粤港澳大湾区位于珠江流域下游,其防洪任务主要由"堤库结合、以泄为主、泄蓄兼施"的西江、北江中下游防洪工程体系与东江中下游防洪工程体系承担。考虑到大湾区上游基本没有新建大型防洪水库的条件,重点从河道泄洪能力与蓄滞洪区分蓄洪两方面对现有工程体系进行完善:进一步挖潜上游龙滩等控制性水利枢纽防洪作用,加快推进潖江蓄滞洪区与临时蓄滞洪区防洪安全设施建设和管理工程,实现洪水"分得进、退得出";尽快开展大湾区河道防洪能力评估,有序推进堤防能力提升工程建设,保障河道泄洪安全;适时推动西北江三角洲的思贤滘、天河南华、东江石龙等大湾区重要分流节点控导工程,形成构建流域水库群与蓄滞洪区预报调度一体化格局,合理安排洪水出路。

(2)构建流域水库群与蓄滞洪区预报调度一体化格局。珠江流域为复合型流域,除防洪工程体系中的西江龙滩与大藤峡、北江飞来峡、东江枫树坝、新丰江和白盆珠外,还有干支流上一批具有调洪能力的大中型水库,联合运用水库群拦洪错峰对提高大湾区防御洪水能力具有重要作用。因此,应建立以大湾区防洪预报调度为核心的珠江流域水雨情预报预警体系,研发珠江流域干支流水库群预报调度一体化平台,持续开展预报调度一体化实践,提升水工程联合调度水平,充分发挥珠江流域干支流水库群与蓄滞洪区的拦洪削峰作用。

(3)加强行蓄洪空间管控。加大河湖长制执行力度,强化大湾区重要河道、潖江蓄滞洪区与临时蓄滞洪区的行蓄洪空间管控,特别是加强蓄滞洪区内经济社会活动管理与蓄滞洪区内非防洪建设项目审批管理,严禁在蓄滞洪区内发展污染严重的企业和生产、储存危险品,保证蓄滞洪容积不被非法占有,保障超标洪水防御具有可靠的应对措施。在蓄滞洪区与洪泛区,探索推行洪水保险制度,统筹协调整体与局部防洪保安关系。

### 4.2 台风暴潮防御对策

(1)加快生态海堤与生态防护措施建设。加快大湾区海堤达标加固工程建设,着力推广海堤及护岸工程的生态技术应用,在深圳东部大鹏湾与西部伶仃洋沿岸、广州市中心城区、中山市翠亨新区、珠海市伶仃洋西岸、磨刀门口门与黄茅海东岸、江门市黄茅海西岸等沿海地区建设一批生态堤防工程,并在堤前带与受侵蚀海岸实施红树林等生态防护措施。此外,适时在河网区有条件的水道建设挡潮闸工程,协商共建粤港澳跨界水域防潮工程,进一步完善堤闸结合的防潮工程体系。

(2)提高台风暴潮应急处置能力。通过编制防台风暴潮应急预案,加强应急演练,加大防潮设施装备的研发与应用,加强风暴潮监测技术研发,开展台风期间珠江河口水文实时监测,研发台风暴潮预报预警技术,建设预报预警和应急调度系统等,补齐管理措施存在的不足,帮助提高台风暴潮应急处置能力。

### 4.3　城市群内涝治理对策

(1)完善截蓄排渗综合排涝工程体系。大力推进海绵城市与韧性城市建设,加大透水性建筑材料与工艺应用,积极推动雨水利用设施建设,提高城市雨水调蓄空间,结合河湖水系连通与水域空间恢复等工程措施,保障城市水面率不低于8%。改造城市内部排水系统,规划新建排水系统实行雨污分流,现有雨污合流系统有条件时进行分流改造,加强对城市易淹易涝点的排查整治。实施城市排涝通道建设,积极开展河涌水系连通与整治工程建设,有条件的地区可适时开展地下排水工程与"高速水路"建设,构建集排水管网、城市水系、调蓄空间于一体的排水防涝系统。

(2)优化排涝闸泵群联合调度。开展河网区外江水闸与堤围闸泵群优化调度研究,优化构建闸泵群统一调度平台,科学调度芦苞闸、西南闸、磨碟头闸、甘竹闸、北街水闸、睦洲闸等外江水闸泄洪及珠江三角洲重要堤围闸泵群排水,巩固提升堤围排涝能力。

## 5　结论与展望

在人类活动影响和全球气候变化的大背景下,粤港澳大湾区防洪安全仍面临重大问题,突出表现为流域性洪灾风险加大、台风暴潮防御形势严峻、城市内涝灾害事件频发,与大湾区的国家战略地位不相适应,大湾区现状防洪标准与洪水风险管理水平与经济社会高质量发展需求之间的矛盾突出。因此,需以加强防洪(潮)治涝薄弱环节建设和联防联控为重点,对标国际一流湾区,加快建设"堤库结合、以泄为主、泄蓄兼施"的防洪工程体系、堤闸结合的防潮工程体系及截蓄排渗的排涝工程体系,完善防洪非工程措施,形成流域区域联防联控、安全可靠的防洪减灾网,为大湾区提供强有力的防洪安全保障。

建议流域管理部门"十四五"期间重点落实《粤港澳大湾区发展规划纲要》关于完善水利防灾减灾体系的任务要求,依据《粤港澳大湾区水安全保障规划》和《粤港澳大湾区水安全战略研究》等战略研究成果,参考本文提出的防洪减灾体系建设思路,按照"先急后缓,分步实施"的原则有序推进大湾区防洪排涝工程和非工程措施建设,确保实现到2025年大湾区水安全保障能力达到国内领先水平,到2035年大湾区防范化解水安全风险能力明显增强,全面实现防洪保安全、水安全保障能力达到国际先进水平的任务目标。

### 参考文献

[1] 何治波,吴珊珊,张文明. 珠江流域防汛抗旱减灾体系建设与成就[J]. 中国防汛抗旱,2019,29(10):71-79.

[2] 高真,黄本胜,邱静,等. 粤港澳大湾区水安全保障存在的问题及对策研究[J]. 中国水利,2020

（11）：6-9.

［3］郑炎辉，陈晓宏，何艳虎，等. 珠江流域降水集中度时空变化特征及成因分析［J］. 水文，2016，36（5）：22-28.

［4］张萍，杨昭辉，孙翀. 珠江流域 63 年极端降水特征分析［J］. 水利发展研究，2018，18（2）：34-39.

［5］陈云，郭霖，叶长青，等. 珠江流域旱涝时空演变规律分析［J］. 中国农村水利水电，2018，424（2）：113-120,125.

［6］高慧琴，代健，沈艳，等. 西江流域洪水组成与遭遇分析［J］. 人民珠江，2017，38（7）：18-21.

［7］樊红霞. 大藤峡水利枢纽防洪调度规则拟定和思考［J］. 中国水利，2020(4)：92-94.

［8］马玉婷，蔡华阳，杨昊，等. 珠江磨刀门河口水位分布演变特征及其对人类活动的响应［J］. 热带海洋学报，2022，41(1)：52-64.

［9］赵荻能. 珠江河口三角洲近 165 年演变及对人类活动响应研究［D］. 杭州：浙江大学，2017.

［10］陈小齐，余明辉，刘长杰，等. 珠江三角洲近年地形不均匀变化对洪季水动力特征的影响［J］. 水科学进展，2020，31(1)：81-90.

［11］Xintong Jiang, Xiaolong Liao, Xujian Quan, et al. Exploration and Application of Identifying Displacement of Regional Rainfall Centers Method［J］. Proceedings of the 8th International Conference on Water Resource and Environment，2022（341）：49-62.

［12］陈洋波，覃建明，董礼明，等. 广州内涝形成原因与防治对策［J］. 中国防汛抗旱，2017，27(5)：72-76.

［13］水利部水利水电规划设计总院. 强化六条实施路径技术支撑 推动新阶段水利高质量发展［J］. 中国水利，2022(11)：20-21,28.

# 澳门内港海傍区防洪(潮)排涝总体方案研究

## 靳高阳　易　灵　高慧琴

(中水珠江规划勘测设计有限公司,广东广州　510610)

**摘　要**:澳门内港海傍区沿岸地势低洼,受风暴潮、天文大潮与暴雨的影响,极易发生海水倒灌和积水淹浸。本文研究了内港海傍区的防洪(潮)排涝标准,分析论证了在湾仔水道出口建挡潮闸、沿湾仔水道左岸内港沿线修建堤防两类方案,经比较推荐挡潮闸方案,提出在湾仔水道出口段新建具有挡潮、排涝、航运等综合利用的挡潮闸工程,陆域新建管网排水设施和排涝泵站,对"水浸黑点"进行填高处理,排水管道进行升级改造的总体布局,研究成果可以为澳门内港海傍区防洪(潮)排涝工程研究及设计提供参考。

**关键词**:澳门;内港海傍区;防洪(潮)排涝;总体方案

　　澳门内港海傍区位于澳门半岛西侧、珠江河口湾仔水道旁,是澳门最重要的客货上落点和最繁华的商业中心之一。区内有不少百年老店和具历史文化价值的建筑物,蕴含大量历史人文资源。由于地理位置与地势低等原因,风暴潮使澳门同胞饱受水患折磨之苦,"天鸽""山竹"台风造成海水漫堤,损失严重,给当地居民生产、生活带来了严重影响。澳门是粤港澳大湾区发展的核心引擎四大中心城市之一,对防洪(潮)排涝安全提出更高的要求,迫切需要尽快消除水利的瓶颈制约,提高区域防洪(潮)排涝能力[1]。

## 1　防洪(潮)排涝工程现状及存在的主要问题

### 1.1　防洪(潮)排涝工程现状

#### 1.1.1　防洪(潮)工程

　　澳门半岛东侧、北侧及南侧地势较高,岸线顶高程在 3.2~4.6 m,达到 50~200 年一遇的防御标准。位于澳门半岛西侧的内港海傍区,地势低洼且沿岸防护标准低,常受水灾害的侵扰,防洪潮工程从澳门北侧青州河边马路沿岸到澳门南侧西湾湖景大马路,防护段全长约 7 km。除俾若翰街沿岸建有实体混凝土矮墙,高度为 0.8~1.0 m 外,其余均为堤路结合堤防,现状防潮能力为 2~50 年一遇。内港码头段从海港楼至航海学校的码头岸线,防护长度约 2.1 km,此段码头岸线由 34 个码头和海港楼、沙梨头街市、北舢舨码头、南舢舨码头及航海学校组成,沿线码头大多采用高桩结构,现状防护能力不足 2 年一遇,每逢台风及天文大潮受淹频繁,码头后方陆域无堤防防护,且地势低洼,路面高程大多在

---

作者简介:靳高阳(1984—),男,高级工程师,主要从事水利规划与设计等工作。

1.3~1.7 m,该段是目前内港海傍区淹水的重灾区。

### 1.1.2 排涝工程

内港海傍区排水主要依靠市政管网、集水箱涵及泵站收集排放雨水,湾仔水道沿岸排水管道出口共计 62 处,直接排入湾仔水道。现状雨水排水系统总长 40.41 km,检查井个数为 2 217 个;雨污水排水系统长 42.13 km,检查井个数为 2 398 个。内港海傍区现有泵站主要有新林茂塘、林茂塘、跨境泵站 3 座,总装机容量 430 kW,设计抽排能力 54.24 $m^3/s$。

### 1.2 存在的主要问题

(1)区域地势低洼,防洪(潮)工程建设滞后,加之台风暴潮频发,防洪(潮)排涝能力低[2-3]。

内港海傍区现状无高标准防洪(潮)工程保护,沿岸为码头、堤路结合的岸线,内港码头段前沿高程多在 1.3~2.0 m,现状防御能力大部分在 2~5 年一遇,局部不足 2 年一遇。由于内港沿岸码头多为架空式高桩码头并临岸而建,码头后方陆域无堤防防护,且码头面与陆域之间通道作业频繁,受私人物权码头运营管理等条件限制,一直未能建设闭合有效的防洪潮工程。风暴潮、天文大潮是路环西侧浸水深度最大、影响时间最长、损失最严重的致灾成因。当外江潮位超过 1.3 m 时,路环西侧一带就会出现较明显的浸水,其表现形式为潮位高于内港码头及后方路面高程,即会出现海水倒灌,甚至漫堤致灾。内港海傍区 $P$ = 20%~0.5% 不同设计频率水位下淹没范围分别为 0.23 km²、0.54 km²、1.35 km²、1.94 km²、2.02 km²、2.14 km²。

澳门内港海傍区在一般情况下大暴雨也会出现涝灾,短历时降雨强度越大,淹水深度越高,若排水遇外江潮位顶托,则情形更为严重。内港海傍区除北侧的青州和筷子基设有雨水泵站外,其余区域的排水均为重力自排,排水能力不足 2 年一遇,远达不到排涝标准要求。特别是内港码头段区域,缺乏抽排设施,当外江潮位较高时,雨水无法靠重力自排进入湾仔水道,造成该区域浸水。同时,现有下水道管网还存在管道狭小、局部淤积受堵、排水管网错接、排水口拍门漏水、下游电排设施规模和覆盖范围不满足排涝要求等问题。

(2)沿岸防洪(潮)排涝工程建设受业权复杂的制约,实施难度大。湾仔水道澳门侧内港包括航道、锚地及 34 个码头(正常运作 30 个),以客货运、内河运输及渔业码头为主,现状内港区业权状况复杂。沿岸防洪潮排涝工程建设所涉及的码头及附近其他区域的征地和补偿问题,具体补偿方式难以确定,补偿协调难度大,且随着社会的发展,涉及征地利益问题的行政程序和机制制定仍有待进一步明确和完善。同时,内港海傍区为老城区,人口密度大,沿岸防洪(潮)排涝工程建设势必会对周边区域居民造成临时或永久性的影响,防洪(潮)工程措施实施的难度大。

## 2 防洪(潮)排涝标准

### 2.1 防洪(潮)标准

澳门尚无可参考的防洪标准。防洪(潮)标准的确定参考内地的《防洪标准》(GB 50201—2014),并充分考虑澳门实际情况,2022 年底澳门总人口为 67.28 万人,当量经济规模超 300 万人,防护等级为一级,防洪标准为 200 年一遇以上;若分片防护,防洪标准可按 100~200 年一遇。澳门是粤港澳大湾区四个中心城市之一,与香港、广州、深圳并列为区域发展的核心引擎,城市定位为建设世界旅游休闲中心、中国与葡语国家商贸合作服务平台,促进经济适度多元发展,打造以中华文化为主流、多元文化共存的交流合作基地。澳门与国际经济联系密切,是连接内地与葡语国家的重要视窗和桥梁,根据澳门防洪保护人口、保护区当量经济规模以及其特殊的地位,澳门防洪应按特别重要城市对待[4-6]。

大湾区中心城市广州的防洪标准为200年一遇、防潮标准为300年一遇,深圳提出防潮标准为1 000年一遇。从澳门半岛整体防洪(潮)体系来说,目前澳门半岛北侧与东侧防洪(潮)标准基本达到50年一遇,南侧达到100年一遇,仅内港海傍区成为唯一短板。作为历史旧城区,内港海傍区内有不少百年老店和具有历史文化价值的建筑物(包括孙中山开办的中西药局遗址、明清时代兴建的康公古庙、福德祠、清朝海关遗址附近的旧建筑)。综合考虑,澳门内港按200年一遇防洪(潮)标准进行防护。

## 2.2 排涝标准

澳门目前没有明确要求执行的排涝标准,参照国内相关规程规范及国内主要城市治涝标准确定。按常住人口,澳门治涝标准为10~20年一遇;而按当量经济规模,治涝标准为等于或大于20年一遇。考虑澳门为遭受涝灾后损失严重及影响较大的城市,其治涝标准中的设计暴雨重现期可适当提高,取20年一遇。

# 3 防洪(潮)方案拟定及比选

## 3.1 方案拟订

借鉴国内外河口地区防潮工程经验[7-10],根据澳门内港海傍区自然地理条件、水患灾害成因和经济社会发展要求,适宜该区域的挡潮排涝工程方案主要有两种:一是在湾仔水道左岸海傍区建设海堤挡潮,陆域排涝通过建设泵站和截流箱涵、升级改造管网解决;二是在湾仔水道出口建内港挡潮闸以控制湾仔水道潮水位,抵御海域风暴潮侵袭,并对内港海傍区进行水浸黑点治理、局部岸线整治,陆域排涝通过建设泵站和截流箱涵、升级改造管网解决。

### 3.1.1 堤防方案

研究在湾仔水道左岸沿内港海傍区岸线修建海堤,青州—筷子基段采用跨河直线筑闸的堤线方案,长2.12 km;筷子基南岸—西湾湖景大马路段采用内港码头段堤线外移50 m、西湾湖景大马路原堤线筑堤的方案,长3 km;为收集、调蓄陆域涝水,沿堤防内侧布置截流箱涵;根据内港海傍区排涝分区,设置2座排涝泵站,陆域涝水进入截流箱涵后汇入筷子基,再由排涝泵站排至堤防外;同时对陆域排水管道升级改造。防洪(潮)排涝工程联合运用,共同保障澳门内港海傍区防洪(潮)排涝安全。

### 3.1.2 挡潮闸方案

研究在湾仔水道出口段新建具有挡潮、排涝、航运等综合利用功能的内港挡潮闸工程,主要建筑物有泄水孔、通航孔、泵站以及船闸;对2个低洼"水浸黑点"进行抬填治理,对内港码头段岸线局部加高;新、改建区内管网排水设施提高整体排水能力,包括新建2宗排涝泵站并配套2宗水闸,建设截流箱涵(管道)2条,升级改造陆域排水管道。在挡潮闸处配备一定规模的泵站,水闸、泵站联合调度,保证区间水位在控制水位1.8 m以下,同时考虑内港码头搬迁、沿岸防洪工程建设等实际情况,近期可先按1.5 m水位实施。挡潮闸大部分时间处于打开状态,只有当外海潮位上涨且可能引起湾仔水道水位达到控制水位以上时,才需关闸挡潮。为保障内港海傍区的防洪(潮)排涝安全,在兴建内港挡潮闸的同时,对"水浸黑点"按照地面抬填和治理江边拍门进行治理,对内港码头段岸线进行局部加高整治。

## 3.2　方案比选

鉴于湾仔水道涉及澳门特别行政区和广东省中山市、珠海市,无论是堤防方案还是挡潮闸方案,工程建成后都可能对周边区域产生影响。本文主要从工程实施效果、防洪排涝影响、通航影响、征地移民、环境影响、景观影响、日常维护、投资及方案可实施性等 9 个方面进行论证和比较(见表 1)。其中,防洪排涝、环境影响主要通过一维非恒定流数学模型和二维潮流数学模型计算进行定量分析,其他方面的影响以常规计算和定性分析为主。挡潮闸方案在多方面的负面影响相对堤防方案较小,而堤防方案涉及内港码头段复杂的业权、征地赔偿问题,费用难以估算,施工期间现时码头、商业设施还需暂停运作,甚至搬迁,在城市规划上还需要考虑对区内交通、用地安排、设施布局重新规划等影响,需协调解决的施工问题、社会利益、保障商业活动等较兴建挡潮闸方案复杂得多,实际上堤防方案在澳门也不具备可实施性,因此推荐挡潮闸方案为内港海傍区防洪(潮)方案。

表 1　堤防方案和挡潮闸方案比选

| 分项 | 堤防方案 | 挡潮闸方案 |
| --- | --- | --- |
| 工程实施效果 | 能有效治理内港海傍区防洪(潮)水患问题 | 能有效治理内港海傍区防洪(潮)水患问题,同时可以提高湾仔水道珠海侧、跨境工业园区防潮标准 |
| 防洪排涝影响 | 对区域纳潮影响达 18.44%,对区域附近高潮位基本没有影响,低潮位最大升高 0.04 m,通过排涝计算,对上游排涝最高水位在 0.01 m 以内 | 对区域纳潮影响在 1% 以内,对区域附近高潮位基本没有影响,低潮位最大升高 0.03 m,通过排涝计算,不会壅高上游中珠联围排涝最高水位 |
| 通航影响 | 在施工期间,内港所有码头将无法正常运作,按澳门现状土地利用状况,难以找到合适替代现有内港码头功能的区域,且内港航道将被占用 | 运行期船只需通过通航孔或船闸通航,通航条件有所改变,但不影响海上救援船只通航,同时增加了航道维护工程量 |
| 征地移民 | 涉及澳门的永久征地 23.95 万 $m^2$、临时征地 1.12 万 $m^2$ 和专项设施公路 0.74 km、码头 30 座。施工期间影响沿线地区的商户和社会设施;30 座码头难以找到合适的替代区域,按年运营额 5% 估算赔偿,赔偿金额高达每年 17.4 亿元;按国内现行的征地赔偿计算方法,初步估算达 30.71 亿元,并且还涉及复杂业权和法律问题。航道外移后占用广东水域 | 涉及澳门特别行政区和珠海市,建设征地总面积 49.84 万 $m^2$,其中永久征地 37.80 万 $m^2$,均为水域及水利设施用地(河流水面),临时用地 12.04 万 $m^2$;工程建设征地区不涉及专业项目设施,也不涉及矿产资源和文物古迹。按照内地计算方法初步估算,内港挡潮闸工程建设征地移民安置补偿总投资为 1 208.89 万元 |

**续表1**

| 分项 | 堤防方案 | 挡潮闸方案 |
|---|---|---|
| 环境影响 | 由于新建堤防沿线较长,范围较广,建堤方案围堰施工的悬浮物产生量及影响范围比挡潮闸方案大;运行期由于水体体积减小,纳污能力有所减小;区域内没有国家重点保护的珍稀濒危植物,野生动物资源不丰富,工程对生态环境影响较小 | 内港挡潮闸所在区域为湾仔水道缓冲区,挡潮闸方案不透水建筑物前后流速减缓,建筑物之间通道流速增加,水体交换受到一定程度阻隔;工程永久占用了一定水域面积,但占用水域面积仅约为堤防方案的16.67%,对水体体积、纳污能力的影响较堤防方案小。挡潮闸关闸频次低,关闸期间持续时间不长,对湾仔水道水环境影响不大。相反,通过内港挡潮闸与中珠联围水闸的科学联合调度,有使湾仔水道以及上游中珠联围水质变好的潜质。区域内没有国家重点保护的珍稀濒危植物,野生动物资源不丰富,工程对生态环境影响较小 |
| 景观影响 | 堤防方案要发挥挡潮作用,其堤顶高程需比现状地面高程高出约4 m,将会改变内港沿岸马路的景观视线,对内港码头群及周边历史性景观会造成不可恢复的严重影响,同时会阻隔从海向陆的景观视廊,影响深远 | 湾仔水道建闸方案可通过特色工程设计增加景观节点,同时也对现有规划的澳门妈阁区和珠海十字门CBD的河口景观产生新的影响 |
| 日常维护 | 日常维护相对简单,年运行费3 195.3万元 | 方案涉及粤澳两地,管理体制、机制比较复杂,年运行费7 580.3万元,比堤防方案高 |
| 投资 | 50.05亿元 | 40.20亿元 |
| 方案可实施性 | 由于涉及复杂业权和征地赔偿、填海等问题,不具备可实施性 | 具备相对较强的可实施性 |

# 4 排涝总体方案

## 4.1 设计排水流量

### 4.1.1 排水分区

根据内港海傍区地形地势,以及现状各排水口分布情况,将海傍区分为八大片区,由北至南分别为 A~H 区,面积分别为 0.34 km²、0.25 km²、0.18 km²、0.41 km²、1.12 km²、0.53 km²、0.41 km²、0.20 km²,研究区域总面积为 3.44 km²。根据区域内排水管网走向,将整个大范围研究区域细分为 1 595 个子流域,最大子流域汇水面积为 0.007 5 km²,最小子流域汇水面积为 0.001 52 km²。

### 4.1.2 设计暴雨强度

研究区域位于澳门特别行政区,内地现有《室外排水设计标准》(GB 50014—2021)等仅作为参考,澳门的《澳门供排水规章》(简称为 RADARM)对澳门本地工程设计具有很好的针对性和指导性[11],本次根据 RADARM 推荐的降雨强度–历时–频率曲线分析运算式(1)进行计算

$$I = at^b \tag{1}$$

式中:$I$ 为降雨强度,mm/h;$t$ 为历时,min;$a$、$b$ 为计算参数。

内港海傍区 100 年一遇、50 年一遇、20 年一遇、10 年一遇、5 年一遇和 2 年一遇设计降雨过程,分别以 1/6 h、1 h、2 h、3 h 控制降雨量,各重现期降雨强度见表 2。

**表 2　各重现期降雨强度**

| T/年 | 降雨强度/(mm/h) | | | |
| --- | --- | --- | --- | --- |
| | 1/6 h | 1 h | 2 h | 3 h |
| 2 | 136.27 | 60.09 | 43.77 | 36.37 |
| 5 | 160.98 | 77.36 | 58.26 | 49.36 |
| 10 | 177.91 | 88.77 | 67.84 | 57.96 |
| 20 | 194.42 | 99.83 | 77.14 | 66.34 |
| 50 | 215.72 | 113.79 | 88.84 | 76.87 |
| 100 | 232.20 | 124.69 | 98.04 | 85.17 |

### 4.1.3 市政排水与水利排涝标准的降雨量对比分析

市政排水工程与水利排涝在降雨强度计算方面所采用的标准、行业规范各不相同,本次研究对排水与排涝工程的降雨强度进行一致性分析。

(1)暴雨计算方法分析。城市排水管道主要承担城市小区域暴雨涝水排除,径流形成速度快、汇流历时短,暴雨控制时段通常采用最大 10~120 min 控制时段。

澳门 RADARM 中降雨强度计算公式,在暴雨选样时采用年最大值法,与内地水利排涝计算的暴雨选样方法一致。因此,在同样的重现期条件下,澳门排水设计暴雨与内地排涝设计暴雨的计算成果差别应较小。

(2)降雨强度一致性分析。通过对比不同重现期条件下,海傍区市政排水工程 1 h 降雨强度与水利排涝工程 1 h 降雨强度,分析两者的关系。排水工程 1 h 降雨强度采用 RADARM 中的公式计算,排涝工程 1 h 降雨强度采用大炮台山站实测暴雨成果统计。

上述两种方法计算成果基本相当,差别微小,印证了前文对两种方法在暴雨选样上一致的判断。当重现期为 5 年和 10 年时,排水工程降雨强度略大;当重现期为 20 年和 50 年时,排涝工程降雨强度略大。

由广东省暴雨图册成果查得珠海市 1 h 设计暴雨要比上述两种成果偏大较多,考虑到等值线图成果为地区综合后成果,而 RADARM 法为澳门当地标准,兼顾适用性和安全性的角度,本文认为澳门内港排水计算对于不同重现期的 1 h 设计暴雨,可采用市政排水工程和水利排涝工程两种计算成果中的较大值作为设计值,见表3。

表3　内港海傍区 1 h 设计暴雨成果

| T/年 | 1 h 降雨强度/mm | | | 采用成果/mm |
|---|---|---|---|---|
| | 城市排水(RADARM 计算) | 城市排涝(大炮台山站排频) | 暴雨图册 | |
| 5 | 77.4 | 73.9 | 90 | 77.4 |
| 10 | 88.8 | 88.0 | 107 | 88.8 |
| 20 | 99.8 | 101.5 | 124 | 101.5 |
| 50 | 113.8 | 118.6 | 146 | 118.6 |

#### 4.1.4　设计排水流量

根据澳门地区降雨强度-历时-频率曲线及排涝分区,路环西侧雨水管渠的降雨历时为 14.71 min,按 15 min 计。管网承泄的分区总面积为 0.359 km²,算得各重现期下暴雨强度 $I$。参考内地《室外排水设计标准》(GB 50014—2021)公式推求设计洪水,计算各频率设计洪峰。考虑澳门陆域全部为城市建成区,综合径流系数取 0.85~0.95。算得各承泄分区的排水流量见表4。

表4　各承泄分区排水流量成果

| T/年 | 各承泄分区排水流量/(m³/s) | | | | | | | |
|---|---|---|---|---|---|---|---|---|
| | A | B | C | D | E | F | G | H |
| 5 | 13.68 | 7.58 | 6.84 | 11.23 | 23.34 | 15.45 | 12.69 | 8.18 |
| 10 | 15.12 | 8.50 | 7.58 | 12.66 | 26.68 | 17.36 | 14.22 | 9.04 |
| 20 | 16.53 | 9.39 | 8.31 | 14.05 | 29.92 | 19.21 | 15.70 | 9.87 |
| 50 | 18.34 | 10.53 | 9.23 | 15.81 | 34.00 | 21.57 | 17.58 | 10.94 |

### 4.2　排涝总体布局

防洪(潮)方案推荐在湾仔水道出口建设挡潮闸工程,控制湾仔水道水位为 1.80 m,近期按 1.50 m 控制,治涝工程按对应湾仔水道 1.80 m 控制水位进行研究。

根据澳门内港海傍区已有的排水分区,由于 A 区、B 区、C 区、D 区和 H 区地面高程基本在 2.0 m 上,均具有重力自排的条件,排水基本不受湾仔水道水位顶托影响。E 区目前已建成林茂塘箱涵及泵站,当湾仔水道潮位较高不能自排时,可通过泵站强排。F 区、G 区是海傍区常年内涝黑点,主要是地面高程较低,最低点不足 1.5 m,湾仔水道建闸之后,控制水位 1.8 m,排水口仍受湾仔水道顶托影响。

治涝工程方案主要为达到"消除 F 区、G 区管道出口顶托"和"提高区域管道排水能力"两个目的,研究提出主要措施为:一是在局部地势较低、外江潮位顶托排水严重受阻的地区,建设截流箱涵(管道)和排涝泵站,通过强排解决排水出口顶托问题;二是对于管道排水能力不足及错接管道,采取管道升级改造措施,提高区域管网整体排水能力。具体工程实施方案为新建排涝泵站及配套水闸2宗,总装机容量470 kW;规划新建截流箱涵2条,共1 300 m;规划改造管道(含排水箱涵)18 106 m。

## 5 结论与展望

(1)澳门内港海傍区水文情势及水患成因复杂,需整体考虑解决其洪涝问题,防洪(潮)工程建设要与雨水管网、箱涵、泵站等排涝工程建设相结合,形成完整的防洪(潮)排涝工程体系。研究提出的内港海傍区防洪(潮)排涝总体方案可以有效解决澳门内港海傍区的水患问题,为澳门同胞安居乐业提供防洪安全保障,有利于维护澳门的长期繁荣与稳定。

(2)内港海傍区防洪(潮)排涝工程总体布局为:内港海傍区的防护标准按防洪(潮)200年一遇、排涝20年一遇设防,研究提出在湾仔水道出口段新建具有挡潮、排涝、航运等综合利用功能的内港挡潮闸工程,主要建筑物有泄水孔、通航孔、泵站以及应急船闸;对两个现状高程低于1.5 m的"水浸黑点"进行抬填治理,对内港码头段岸线局部加高;新、改建区内管网排水设施提高整体排水能力,包括新建2宗排涝泵站并配套2宗水闸,建设截流箱涵(管道)2条,升级改造陆域排水管道。

(3)鉴于现阶段研究内容,后续应对挡潮闸闸门形式、泥沙淤积、与上游水闸联合调度等方面进行深入研究。

## 参考文献

[1] 李雪源.国外防洪体系建设对我国澳门都市防灾建设的启示[C]//面向高质量发展的空间治理:2021中国城市规划年会论文集(01城市安全与防灾规划).中国城市规划学会:192-203.

[2] 张之琳,邱静,程涛,等.粤港澳大湾区城市洪涝问题及其分析[J].水利学报,2022,53(7):823-832.

[3] 陈文龙,何颖清.粤港澳大湾区城市洪涝灾害成因及防御策略[J].中国防汛抗旱,2021,31(3):14-19.

[4] 林焕新,靳高阳.新形势下粤港澳大湾区城市防洪规划问题与建议[J].水利规划与设计,2022(11):1-3,49,99.

[5] 卢治文,陈军.粤港澳大湾区防洪安全保障策略初探[J].中国水利,2019(21):30-31,59.

[6] 赵钟楠,陈军,冯景泽,等.关于粤港澳大湾区水安全保障若干问题的思考[J].人民珠江,2018,39(12):81-84,91.

[7] 王正中,徐超.国内外大跨度挡潮闸应用评述[J].长江科学院院报,2018,35(12):1-11.

[8] 肖洋,冯雯,张亚群.国内外河口挡潮闸效益及影响分析[J].中国水利,2017(14):25-28.

[9] 徐泽平,郭军.俄罗斯圣彼得堡防潮工程建设的若干历史经验[J].中国水利水电科学研究院学报,2007(4):305-310.

[10] 刘敏.滨海城市防洪防潮工程措施[J].给水排水,2005(2):6-8.

[11] 朱俊.《澳门供排水规章》与《建筑给水排水设计标准》对比分析[J].给水排水,2022,58(S2):626-630.

# 西江干支流大规模水库群联合防洪优化调度研究

刘永琦 黄 锋 李媛媛 高唯珊

(中水珠江规划勘测设计有限公司,广东广州 510610)

**摘 要**:西江流域暴雨频繁,易发生灾害性洪水,给中下游地区带来灾难性的后果,随着流域内防洪系统的不断完善,水库群联合防洪的作用逐渐显现。针对西江流域干支流大规模水库群,本文建立了两阶段西江流域干支流大规模水库群防洪优化调度模型,并提出逐次差分优化算法对模型进行求解。结果表明,通过优化干支流水库群联合调度方式,能够充分发挥西江干流水库群的防洪库容,从而有效削减梧州断面洪峰流量;通过郁江、柳江、桂江等支流水库群的联合优化调度,能够在尽可能少地动用支流水库群防洪库容的前提下保证梧州断面防洪安全。通过研究成果,西江流域干支流水库群形成"合力"联合调度,在典型设计洪水过程下,可以明显提高流域水库群防洪效益,为流域防洪减灾提供有效支撑。

**关键词**:优化调度;联合调度;防洪调度;西江流域;流域水库群

珠江流域水旱灾害多发、频发、重发,防汛抗旱任务繁重[1]。经过多年建设,珠江流域目前已初步形成工程措施与非工程措施相结合的水旱灾害防御体系,防灾减灾救灾成效显著[2]。

尽管珠江水工程调度取得了一定的成效,但受全球气候变化影响,极端气候呈现多发、频发态势,极端性、突发性、破坏性水旱灾害威胁加剧,流域性大洪水、特大洪水时有发生,如珠江"22·6"洪水暴雨强度大、次数多、历时长,西江发生第 4 号、北江发生第 2 号洪水并发展成超 100 年一遇特大流域洪水,西江、北江先后发生 7 次编号洪水,成为史上罕见的洪水"车轮战"[3]。

随着大藤峡水利枢纽、柳江落久水库的陆续建设,珠江流域水库群联合调度规模越来越大,相互联系越来越复杂,需要发展有效的、适合珠江流域调度特点的联合调度方式优化方法。面对流域水工程调度管理多主体、多对象、多目标的现状,唯有统筹兼顾、联合调度、统一施策,才能从流域整体的角度统筹考虑各方需求[4]。因此,本文以西江流域干支流大规模水库群为研究对象,通过优化水工程调度方式,实现参与联合调度的各方共赢互利,从而充分发挥水工程的综合效益,推动高质量发展。

**作者简介**:刘永琦(1994—),男,博士,工程师,主要从事水库调度等工作。

**通信作者**:黄锋(1987—),男,硕士,高级工程师,主要从事水库调度等工作。

# 1 西江流域干支流防洪优化调度模型

为了充分考虑西江干支流水库群,建立两阶段防洪优化调度模型:第一阶段以西江干流龙滩水库、大藤峡水库为优化对象,柳江、郁江和桂江流域水库群按照设计调度规则运行,建立梧州断面洪峰最小防洪优化模型;若第一阶段优化后梧州断面洪峰流量仍然大于安全泄量,则以柳江、郁江和桂江流域水库群为优化对象,龙滩水库、大藤峡水库按优化调度过程运行,建立支流水库群动用防洪库容最小防洪优化模型,从而得到支流水库群最小动用防洪库容。

## 1.1 目标函数

阶段一目标:在满足龙滩水库、大藤峡水库自身防洪安全的前提下,充分利用其防洪库容,使得梧州断面洪峰流量最小,从而减轻西江流域防洪压力。目标函数描述如下:

$$\min F_1 = \min\{\max(Q_1^w, Q_2^w, \cdots, Q_T^w)\} \tag{1}$$

式中: $Q_t^w$ 为 $t$ 时段梧州经过上游水库调度后流量; $T$ 为总调度时长。

阶段二目标:在满足下游梧州断面安全泄量的条件下,尽可能多下泄,使支流水库群留出的防洪库容最大。目标函数描述如下:

$$\min F_2 = \min\{\max(\sum_{i=1}^n \Delta V_{i,t}, t = 2, 3, \cdots, T + 1)\} \tag{2}$$

式中: $\Delta V_{i,t}$ 为 $t$ 时段第 $i$ 个水库动用的防洪库容; $n$ 为支流水库个数; $T$ 为总调度时长。

## 1.2 约束条件

### 1.2.1 库水位上下限约束

$$Z_{i,t}^{\min} \leqslant Z_{i,t} \leqslant Z_{i,t}^{\max} \tag{3}$$

式中: $Z_{i,t}$ 为第 $i$ 个水库 $t$ 时段运行水位; $Z_{i,t}^{\min}$、 $Z_{i,t}^{\max}$ 分别为第 $i$ 个水库 $t$ 时段允许的最低水位和最高水位。

### 1.2.2 水量平衡约束

$$V_{i,t} = V_{i,t-1} + (I_{i,t} - Q_{i,t})\Delta t \tag{4}$$

式中: $V_{i,t}$、 $I_{i,t}$、 $Q_{i,t}$ 分别为第 $i$ 水库 $t$ 时段的库容、入库流量、下泄流量。

### 1.2.3 水库泄流能力约束

$$Q_{i,t} \leqslant Q_i^{\max}(Z_t) \tag{5}$$

式中: $Q_{i,t}$ 为第 $i$ 水库 $t$ 时段下泄流量; $Q_i^{\max}(Z_t)$ 为相应水位下水库 $i$ 在水位为 $Z_t$ 时的最大泄流能力,一般为水库水位的函数。

### 1.2.4 水库下泄流量约束

$$Q_{i,t}^{\min} \leqslant Q_{i,t} \leqslant Q_{i,t}^{\max} \tag{6}$$

$$|Q_{i,t} - Q_{i,t-1}| \leqslant \Delta Q_i \tag{7}$$

式中: $Q_{i,t}$ 为第 $i$ 水库 $t$ 时段的下泄流量; $Q_{i,t}^{\min}$、 $Q_{i,t}^{\max}$ 分别为该水库 $t$ 时段允许的最小下泄流量和最大下泄流量; $\Delta Q_i$ 为水库 $i$ 的允许最大流量变幅。

### 1.2.5 防洪控制点流量约束

$$Q'_i(t) + \Delta q_i(t) \leqslant q_i^{\max} \tag{8}$$

式中:$Q'_i(t)$ 为 $t$ 时段水库出库流量经河道演算到下游防洪控制点 $i$ 的流量;$\Delta q_i(t)$ 为 $t$ 时段上游水库群至防洪控制点 $i$ 之间的区间入流;$q_i^{max}$ 为防洪控制点 $i$ 的最大安全流量。

## 2 两阶段防洪优化调度模型求解方法

对于干支流水库群协同防洪优化调度模型,水库数目超过 10 个,每个水库优化时段超过 100 个,因此总优化决策变量超过 1 000 个维度,无论是动态规划算法还是启发式算法求解,均容易产生"维数灾"等问题,从而无法获取最优解。针对上述联合防洪优化调度模型,为较好地克服"维数灾"问题,本文结合差分进化算法(DE)和逐次优化算法(POA)提出逐次差分优化算法 POA-DE。

### 2.1 DE 算法求解

DE 算法采用实数编码,主要包含差分变异、交叉和选择 3 个算子[5]。DE 算法通过对父代个体叠加差分矢量进行变异操作,生成变异个体;然后按一定概率,父代个体与变异个体进行交叉操作,生成试验个体;父代个体与试验个体进行比较,较优的个体进入下一代种群。设种群规模为 NP,个体决策变量维数为 $n$。

### 2.2 POA 算法求解

POA 算法基本过程为:首先将多阶段的问题转化为多个两阶段问题,接着可以选定一个方向对这个两阶段中的决策变量进行寻优计算,使该两阶段的目标函数值达到最优的点即为该阶段的最优点,此时将得到的最优点替换原始解,继续下一个两阶段的求解,直到完成所有阶段的求解;将所有阶段遍历完成得到的解作为初始解并多次重复上述过程,直到获得最优解[6]。

### 2.3 POA-DE 算法求解

结合两种算法,本文提出了 POA-DE 算法,在以 POA 算法为框架的基础上,可同时离散多个水库的多个水位,从而将两阶段迭代寻优变成多阶段问题,在此多阶段问题中,利用 DE 算法求解。此种方式弥补了两阶段问题逐水库求解时将水库孤立离散的缺陷,能够在寻优过程中很好地考虑水库之间的耦合作用。利用 POA-DE 算法,求解步骤如下:

步骤 1:初始化各水库水位、入库流量等基本信息,生成初始解。

步骤 2:初步拟定 POA 算法的寻优阶段 $V_p$ 为 2,从第 0 个节点开始,固定第 $i$ 个节点和第 $i+V_p$ 个节点的水位,针对该 $V_p$ 阶段问题,采用高维 DE 算法求解。

步骤 3:设置种群规模及相应参数,初始化个体,计算个体的适应度,根据高维 DE 算法算子对每个父代进行更新,重复计算,直到算法收敛或达到设定的迭代次数,得到 $V_p$ 阶段下的结果。

步骤 4:调整阶段数 $V_p$ 的大小,重复步骤 2、步骤 3,直到结果收敛。

## 3 优化调度结果及分析

### 3.1 阶段一优化结果

阶段一优化模型以梧州洪峰流量最小为目标,并采用 POA-DE 算法对其进行求解,获得梧州断面最大削峰防洪优化调度方案。

3.1.1　计算边界条件

根据流域洪水地区组成规律及有代表性的大洪水组成特性,选择 1974 年、1998 年、2005 年大洪水作为典型,以梧州站作为防洪控制断面,西江流域天峨、迁江、武宣、大湟江口、柳州、对亭、贵港及上游各支流站点、水库入库站的洪水过程均采用梧州站倍比缩放。防洪优化调度计算时,龙滩水库、大藤峡水库采用优化调度,郁江、柳江、桂江支流水库群采用设计防洪调度规则调洪。

3.1.2　优化调度结果

为了体现优化调度的削峰效果,"74·6""98·6""05·6"三种典型洪水分别考虑设计规则调度以及优化调度,因此共计 3 种计算工况。梧州断面在不同方案下调度后的洪峰流量见表 1。由表 1 可知,1974 年、1998 年和 2005 年 3 种计算工况下,优化调度后梧州断面洪峰流量较设计规则调度的洪峰流量分别减少了 3 900 m³/s、3 300 m³/s、2 500 m³/s,其中 1974 年型优化效果最为明显。与设计调度规则对比,优化后的龙滩水库、大藤峡水库均充分利用其所有防洪库容,而设计规则下 1998 年与 2005 年型西江中下游洪水无法充分利用龙滩的防洪库容。

表 1　各典型年设计洪水调度后效果统计(100 年一遇归槽洪水)

| 年型 | | 1974 | | 1998 | | 2005 | |
|---|---|---|---|---|---|---|---|
| 调度方案 | | 设计规则 | 优化调度 | 设计规则 | 优化调度 | 设计规则 | 优化调度 |
| 龙滩 | 入库/(m³/s) | 19 600 | 19 600 | 6 650 | 6 650 | 8 916 | 8 916 |
| | 出库/(m³/s) | 13 389 | 12 693 | 6 650 | 6 650 | 6 836 | 6 836 |
| | 最高水位/m | 375.0 | 375.0 | 360.9 | 375.0 | 366.7 | 375.0 |
| | 动用库容/亿 m³ | 50 | 50 | 5 | 50 | 22 | 50 |
| | 剩余库容/亿 m³ | 0 | 0 | 45 | 0 | 28 | 0 |
| 大藤峡 | 入库/(m³/s) | 41 952 | 41 183 | 39 752 | 37 193 | 38 953 | 35 781 |
| | 出库/(m³/s) | 38 452 | 37 500 | 37 395 | 32 663 | 34 502 | 31 005 |
| | 最高水位/m | 61 | 61 | 61 | 61 | 61 | 61 |
| | 动用库容/亿 m³ | 15 | 15 | 15 | 15 | 15 | 15 |
| | 剩余库容/亿 m³ | 0 | 0 | 0 | 0 | 0 | 0 |
| 大湟江口 | 调度前/(m³/s) | 51 200 | 51 200 | 49 800 | 49 800 | 45 681 | 45 681 |
| | 调度后/(m³/s) | 49 797 | 46 858 | 47 532 | 42 699 | 39 424 | 39 147 |
| | 削减/(m³/s) | 1 403 | 4 342 | 2 268 | 7 101 | 6 257 | 6 534 |
| 梧州 | 调度前/(m³/s) | 59 100 | 59 100 | 59 100 | 59 100 | 59 110 | 59 110 |
| | 调度后/(m³/s) | 55 476 | 51 529 | 55 947 | 52 685 | 53 436 | 50 942 |
| | 削减/(m³/s) | 3 624 | 7 571 | 3 153 | 6 415 | 5 674 | 8 168 |
| | 安全泄量/(m³/s) | 50 400 | 50 400 | 50 400 | 50 400 | 50 400 | 50 400 |

1974 年、1998 年和 2005 年型 100 年一遇归槽洪水下设计规则调度与优化调度过程对比分别见图 1~图 3。从图 1~图 3 可以分析得知,1974 典型年梧州断面属于中上游型多峰过程,设计规则下龙滩水库在第 3 个洪峰时已经无库容用于拦洪削峰,梧州断面调度后洪峰流量仍有 55 476 m³/s;优化后的龙滩水库根据梧州洪峰时间,准确预判到了削峰时机,充分利用了其防洪库容,从而梧州断面调度后洪峰流量削减到了 51 529 m³/s。1998 年和 2005 年型洪水为西江中下游型洪水,龙滩水库按照设计规则调度无法充分利用其防洪库容,设计规则下与干支流水库群联合调度只能将梧州断面洪峰分别削减到 55 947 m³/s 和 53 436 m³/s,优化调度时,龙滩水库根据梧州洪峰发生时间,精准削峰时机,充分利用防洪库容,大藤峡水库配合龙滩水库进一步优化梧州断面洪峰流量,最终将梧州洪峰削减到了 52 685 m³/s 和 50 942 m³/s。

综上所述,阶段一的梧州断面洪峰流量最小防洪优化调度模型对西江干流龙滩、大藤峡水库调度过程进行优化,能够有效削减梧州断面洪峰流量,充分利用了干流水库群防洪库容削减洪峰。然而,在 3 种计算工况下,优化后的梧州洪峰流量仍然大于河东、河西堤防设计洪峰 50 400 m³/s,需要进一步动用支流水库群防洪库容达到进一步削减洪峰的目的,因此需要进入阶段二进一步考虑流域支流水库群进行防洪优化。

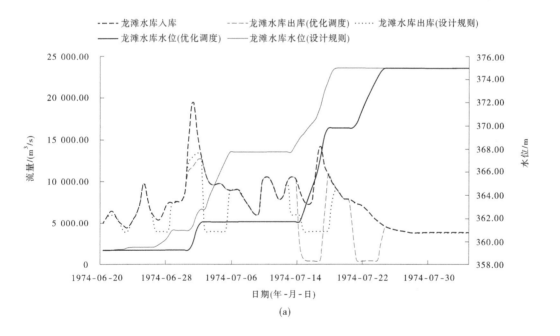

图 1　1974 年型 100 年一遇归槽洪水防洪调度过程

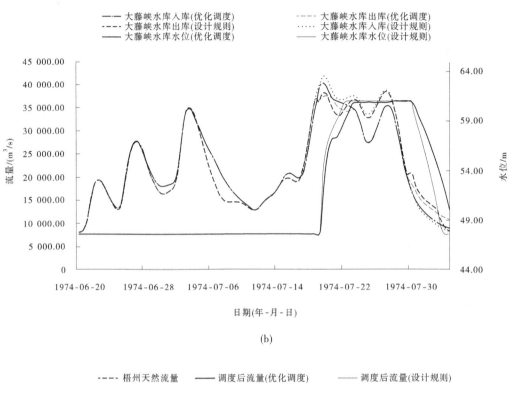

(b)

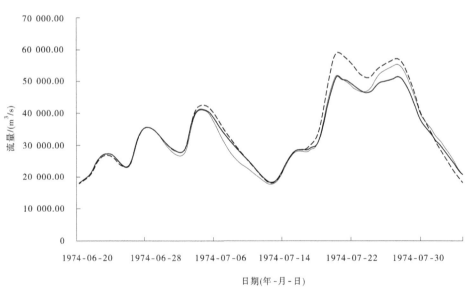

(c)

续图1

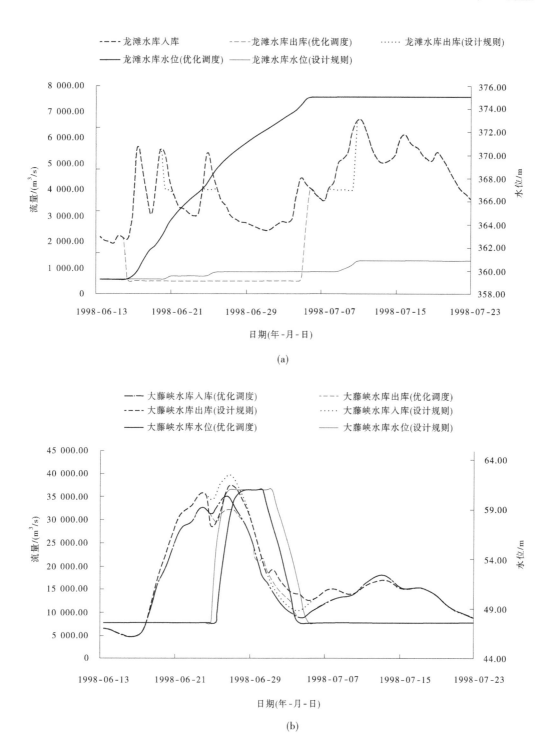

(a)

(b)

图 2  1998 年型 100 年一遇归槽洪水防洪调度过程

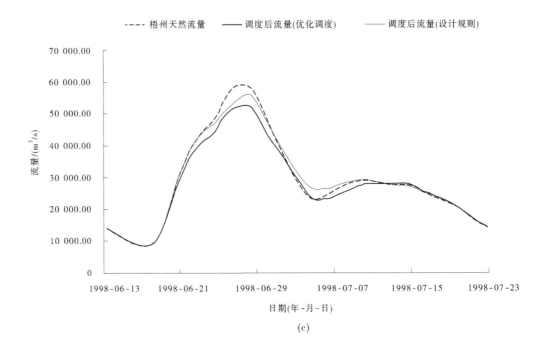

(c)

续图 2

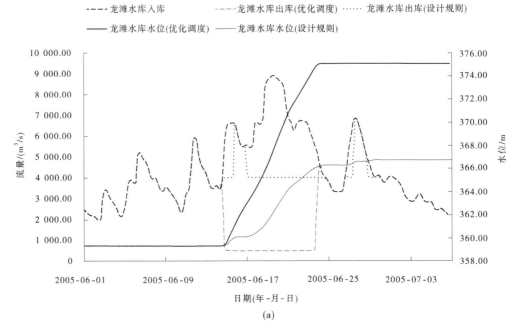

(a)

图 3    2005 年型 100 年一遇归槽洪水防洪调度过程

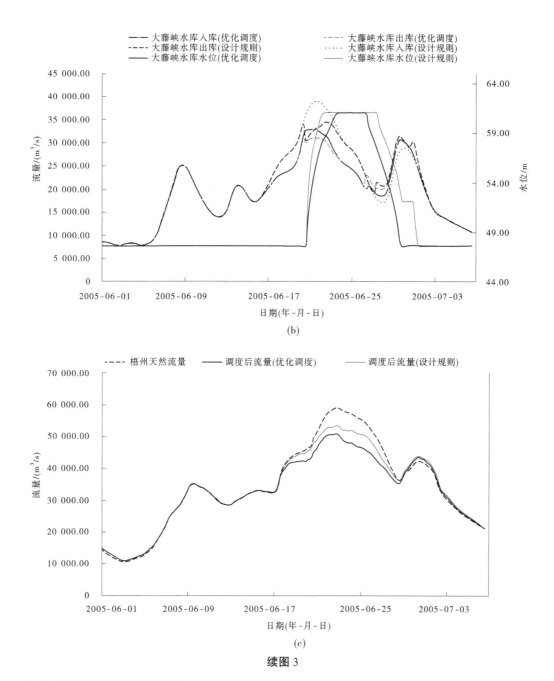

(b)

(c)

续图3

## 3.2 阶段二优化调度结果

阶段二进一步考虑流域支流水库群进行防洪优化,西江干流、柳江流域、郁江流域以及桂江流域在不同工况下调度后各个水库与关键站点的统计值见表2~表5。由表2~表5可知,在通过干支流共计12个水库的优化防洪调度作用下,能够将1974年、1998年和2005年梧州断面洪峰流量削减到50 400 $m^3/s$,其中12个水库动用防洪库容均在设计防洪库容范围内,贵港、柳州、桂林3个断面洪峰流量均未超过各自断面的安全泄量。各个支流水库群采用优化调度后动用库容与设计规则下动用库容差见表6。从表6可以看出,采用优化调度的方式,在1974年、1998年和2005年3种工况下,分别需要额外动用支流防洪库容共计15.42亿 m³、10.35亿 m³和2.85亿 m³。

表2 干流各典型年设计洪水调度后效果统计

| 年型 | | 1974 | | 1998 | | 2005 | |
|---|---|---|---|---|---|---|---|
| 调度方案 | | 设计规则 | 优化调度 | 设计规则 | 优化调度 | 设计规则 | 优化调度 |
| 龙滩 | 最高水位/m | 375.00 | 375.00 | 360.87 | 375.00 | 366.70 | 375.00 |
| | 动用库容/亿 m³ | 50.00 | 50.00 | 4.62 | 50.00 | 22.09 | 50.00 |
| | 剩余库容/亿 m³ | 0 | 0 | 45.38 | 0 | 27.91 | 0 |
| 大藤峡 | 最高水位/m | 61.00 | 61.00 | 61.00 | 61.00 | 61.00 | 61.00 |
| | 动用库容/亿 m³ | 15 | 15 | 15 | 15 | 15 | 15 |
| | 剩余库容/亿 m³ | 0 | 0 | 0 | 0 | 0 | 0 |
| 大湟江口 | 调度前/(m³/s) | 51 200 | 51 200 | 49 800 | 49 800 | 45 681 | 45 681 |
| | 调度后/(m³/s) | 49 797 | 45 894 | 47 532 | 40 383 | 39 424 | 39 353 |
| | 削减/(m³/s) | 1 403 | 5 306 | 2 268 | 9 417 | 6 257 | 6 328 |
| 梧州 | 调度前/(m³/s) | 59 100 | 59 100 | 59 100 | 59 100 | 59 110 | 59 110 |
| | 调度后/(m³/s) | 55 476 | 50 390 | 55 947 | 50 398 | 53 436 | 50 383 |
| | 削减/(m³/s) | 3 624 | 8 710 | 3 153 | 8 702 | 5 674 | 8 727 |
| | 安全泄量/(m³/s) | 50 400 | 50 400 | 50 400 | 50 400 | 50 400 | 50 400 |

表3 柳江各典型年设计洪水调度后效果统计

| 年型 | | 1974 | | 1998 | | 2005 | |
|---|---|---|---|---|---|---|---|
| 调度方案 | | 设计规则 | 优化调度 | 设计规则 | 优化调度 | 设计规则 | 优化调度 |
| 洋溪 | 最高水位/m | 177.84 | 181.61 | 161.90 | 177.89 | 164.68 | 165.68 |
| | 动用库容/亿 m³ | 3.92 | 5.19 | 0.37 | 3.93 | 0.77 | 0.94 |
| | 剩余库容/亿 m³ | 3.88 | 2.61 | 7.43 | 3.87 | 7.03 | 6.86 |
| 落久 | 最高水位/m | 147.78 | 159.11 | 143.96 | 157.42 | 142.00 | 142.00 |
| | 动用库容/亿 m³ | 0.48 | 2.11 | 0.16 | 1.79 | 0 | 0 |
| | 剩余库容/亿 m³ | 2.02 | 0.39 | 2.34 | 0.71 | 2.50 | 2.50 |
| 木洞 | 动用库容/亿 m³ | 0.12 | 1.10 | 0.49 | 0 | 0 | 0 |
| | 剩余库容/亿 m³ | 1.33 | 0.35 | 0.96 | 1.45 | 1.45 | 1.45 |
| 柳州 | 调度前/(m³/s) | 22 000 | 22 000 | 22 000 | 22 000 | 18 052 | 18 052 |
| | 调度后/(m³/s) | 20 953 | 21 330 | 21 314 | 18 939 | 18 052 | 18 052 |

表4　郁江各典型年设计洪水调度后效果统计

| 年型 | | 1974 | | 1998 | | 2005 | |
|---|---|---|---|---|---|---|---|
| 调度方案 | | 设计规则 | 优化调度 | 设计规则 | 优化调度 | 设计规则 | 优化调度 |
| 百色 | 最高水位/m | 214.60 | 220.57 | 214.00 | 217.71 | 214.00 | 216.65 |
| | 动用库容/亿 $m^3$ | 0.65 | 6.97 | 0 | 3.81 | 0 | 2.68 |
| | 剩余库容/亿 $m^3$ | 15.75 | 9.43 | 16.40 | 12.59 | 16.40 | 13.72 |
| 老口 | 最高水位/m | 79.10 | 79.10 | 75.50 | 75.50 | 75.50 | 75.50 |
| | 动用库容/亿 $m^3$ | 2.81 | 2.81 | 0 | 0 | 0 | 0 |
| | 剩余库容/亿 $m^3$ | 0.79 | 0.79 | 3.60 | 3.60 | 3.60 | 3.60 |
| 南宁 | 调度前/($m^3$/s) | 13 808 | 13 808 | 8 020 | 8 020 | 7 639 | 7 639 |
| | 调度后/($m^3$/s) | 13 000 | 12 999 | 8 020 | 8 020 | 7 639 | 7 408 |

表5　桂江各典型年设计洪水调度后效果统计

| 年型 | | 1974 | | 1998 | | 2005 | |
|---|---|---|---|---|---|---|---|
| 调度方案 | | 设计规则 | 优化调度 | 设计规则 | 优化调度 | 设计规则 | 优化调度 |
| 青狮潭 | 最高水位/m | 224.20 | 225.88 | 226.00 | 226.00 | 224.20 | 224.20 |
| | 动用库容/亿 $m^3$ | 0 | 0.48 | 0.52 | 0.52 | 0 | 0 |
| | 剩余库容/亿 $m^3$ | 0.87 | 0.39 | 0.35 | 0.35 | 0.87 | 0.87 |
| 斧子口 | 最高水位/m | 257.15 | 263.79 | 268.00 | 268.00 | 254.40 | 254.40 |
| | 动用库容/亿 $m^3$ | 0.14 | 0.56 | 0.88 | 0.88 | 0 | 0 |
| | 剩余库容/亿 $m^3$ | 0.75 | 0.33 | 0.01 | 0.01 | 0.89 | 0.89 |
| 小溶江 | 最高水位/m | 258.50 | 264.66 | 268.00 | 268.00 | 255.40 | 255.40 |
| | 动用库容/亿 $m^3$ | 0.16 | 0.47 | 0.64 | 0.64 | 0.02 | 0.02 |
| | 剩余库容/亿 $m^3$ | 0.48 | 0.17 | 0 | 0 | 0.62 | 0.62 |
| 川江 | 最高水位/m | 264.75 | 269.66 | 275.00 | 275.00 | 263.31 | 263.31 |
| | 动用库容/亿 $m^3$ | 0.04 | 0.21 | 0.42 | 0.42 | 0 | 0 |
| | 剩余库容/亿 $m^3$ | 0.38 | 0.21 | 0 | 0 | 0.42 | 0.42 |
| 昭平 | 最高水位/m | 72.00 | 72.00 | 72.00 | 72.00 | 72.00 | 72.00 |
| | 动用库容/亿 $m^3$ | 0 | 0 | 0 | 0 | 0 | 0 |
| | 剩余库容/亿 $m^3$ | 0.18 | 0.18 | 0.18 | 0.18 | 0.18 | 0.18 |
| 桂林 | 调度前/($m^3$/s) | 6 425 | 6 425 | 6 340 | 6 340 | 3 368 | 3 368 |
| | 调度后/($m^3$/s) | 5 344 | 5 950 | 3 894 | 4 238 | 2 537 | 2 537 |

表6  水库群动用库容差                                                          单位:亿 m³

| 年型 | | 1974 | 1998 | 2005 |
|---|---|---|---|---|
| 百色 | 库容差 | 6.32 | 3.81 | 2.68 |
| 左江 | 库容差 | 0 | 0 | 0 |
| 老口 | 库容差 | 0 | 0 | 0 |
| 郁江合计多使用库容 | | 6.32 | 3.81 | 2.68 |
| 洋溪 | 库容差 | 1.27 | 3.56 | 0.17 |
| 落久 | 库容差 | 1.63 | 1.63 | 0 |
| 木洞 | 库容差 | 0.98 | -0.49 | 0 |
| 勒马 | 库容差 | 3.84 | 1.84 | 0 |
| 柳江合计多使用库容 | | 7.72 | 6.54 | 0.17 |
| 青狮潭 | 库容差 | 0.48 | 0 | 0 |
| 斧子口 | 库容差 | 0.42 | 0 | 0 |
| 小溶江 | 库容差 | 0.31 | 0 | 0 |
| 川江 | 库容差 | 0.17 | 0 | 0 |
| 昭平 | 库容差 | 0 | 0 | 0 |
| 桂江合计多使用库容 | | 1.38 | 0 | 0 |

综合以上优化调度结果可以发现,原有龙滩水库设计调度规则在面对流域中下游型洪水时存在削峰不足、防洪库容利用率不高等问题。因此,在优化调度结果的过程中发现优化调度的过程是在原有设计规则中加大控泄力度,在实时调度过程中,若预判到流域中下游型洪水,推荐龙滩水库在原有设计调度规则的基础上加大控泄力度,减少出库流量,从而能够进一步保障下游防洪断面防洪安全。

## 4  结语

通过构建西江流域干支流防洪两阶段优化调度模型,第一阶段对干流龙滩水库、大藤峡水库调度过程进行优化,能够有效削减梧州断面洪峰流量,对于 100 年一遇归槽洪水,1974 年、1998 年和 2005 年 3 种计算工况下,优化调度后梧州断面洪峰流量较设计规则调度的洪峰流量分别减少了 3 900 m³/s、3 300 m³/s、2 500 m³/s;第二阶段通过构建支流水库群动用库容最小防洪优化调度模型,研究郁江、柳江和桂江梯级水库群优化调度方式,配合干流龙滩水库、大藤峡水库优化调度,对于 100 年一遇归槽洪水,能够将梧州断面洪峰流量削减至河东、河西堤设计流量 50 400 m³/s,在 1974 年、1998 年和 2005 年 4 种工况下,分别需要额外动用支流防洪库容共计 15.42 亿 m³、10.35 亿 m³ 和 2.85 亿 m³。通过本次西江干支流联合优化调度研究,能从流域整体的角度统筹考虑各方需求,优化水工程调度方式,实现参与联合调度的各方共赢互利,充分发挥水工程的综合效益,为流域防洪减灾提供技术支撑。

# 参考文献

［1］孙波.珠江流域防汛抗旱减灾体系建设［J］.中国防汛抗旱,2009,19(S1):165-174.

［2］易灵,王玉虎,林若兰,等.变化环境下西北江防洪工程体系面临形势与优化思考［J］.中国水利,2022(22):25-27,32.

［3］黄锋,侯贵兵,李媛媛.珠江流域水工程联合调度方案实践与思考:以2022年大洪水为例［J］.人民珠江,2023,44(5):10-17.

［4］刘永琦,李浩玮,侯贵兵,等.西江流域水库群多目标统筹调度策略与思考［J］.中国水利,2022(22):43-46.

［5］STORN R,PRICE K.Differential Evolution:A Simple and Efficient Heuristic for global Optimization over Continuous Spaces［J］.Journal of Global Optimization,1997,11(4):341-359.

［6］王永强,周建中,覃晖,等.基于改进二进制粒子群与动态微增率逐次逼近法混合优化算法的水电站机组组合优化［J］.电力系统保护与控制,2011,39(10):64-69.

# 珠江流域水工程多区域协同防洪
# 优化调度实践

黄　锋　　刘永琦

（中水珠江规划勘测设计有限公司，广东广州　510610）

摘　要：珠江流域水工程是防洪工程体系的重要组成部分，在流域防洪减灾中承担着重要任务。珠江流域干支流多而散，洪水组成和遭遇复杂多变，防洪对象分散，防洪需求众多，水工程防洪调度面临大尺度流域空间、多水系、多区域防洪需求协同的难题。本文以西江、北江水工程群为对象，以河道-库群-蓄滞洪区-控制断面为主要骨架结构的水力联系为依托，基于防洪格局和防洪任务构建珠江流域水工程多区域协同防洪调度模型，并成功应用于珠江流域防洪调度实践，科学调配流域水库群防洪库容，充分发挥了流域水工程防洪调度潜力，进一步提升了流域防洪调度管理水平。

关键词：优化调度；珠江流域；多区域；防洪调度；协同优化

## 1　引言

珠江流域属于湿热多雨的热带、亚热带气候区，暴雨活动频繁，暴雨多为锋面雨，洪水峰高、量大、历时长，洪涝灾害频发[1]。同时，珠江流域水系众多，暴雨区飘忽不定，洪水来源与组成复杂多变，干支流洪水恶劣遭遇。珠江流域防洪安全涉及我国经济发达、人口密集的粤港澳大湾区，随着珠江-西江经济带、北部湾经济区、泛珠三角区域合作等国家战略在珠江流域落地，流域经济社会将迎来新一轮高质量发展，对流域水旱灾害防御提出了更高要求。经过多年的防洪建设，珠江流域已基本形成以堤防为基础，龙滩水库、大藤峡水库、飞来峡水库为骨干，其他干支流水库、蓄滞洪区、闸泵、河道整治工程及防洪非工程措施相结合的综合防洪体系，防洪能力得到了显著提高。

珠江防洪调度必须要立足于流域全局，统一调度水工程，上下游统一联动，干支流协同配合，协调好区域防洪与流域防洪的关系，打出水工程调度组合拳，实现各水库防洪目标的同时又能提高流域的整体防洪效益，正向叠加水工程调度效益。水库群联合防洪调度时，应首先确保各枢纽工程的自身安全，对兼有所在河流防洪和承担流域下游防洪任务的水库，应协调好所在河流与流域下游防洪的关系，在满足所在河流区域防洪要求的前提下，根据需要承担流域防洪任务。

作者简介：黄锋（1987—），男，工程师，主要从事水库调度等工作。

通信作者：刘永琦（1994—），男，工程师，主要从事水库调度等工作。

## 2 防洪水工程与防洪任务

珠江流域水工程多区域协同防洪优化调度,在流域空间多水系、多防洪对象的现状下,科学合理调配各个区域水库群防洪库容,形成"区域–流域"互馈机制,以挖掘珠江流域水库群防洪调度潜力,进一步提升流域防洪调度管理水平。随着珠江流域水库规模的不断增大,加之经济社会的快速发展,对防洪安全提出了更高要求,水库群多区域协同防洪调度日趋复杂,亟须以防洪调度整体效益最优为目标,满足多区域防洪的流域水工程协同调度模式,科学调配珠江流域水库群防洪库容,充分发挥流域水库群防洪调度潜力,对保障流域安澜具有重大意义。

西江、北江水工程是珠江流域防洪工程体系的重要组成部分,西江、北江已建龙滩、大藤峡、落久、飞来峡、百色、老口、乐昌峡、湾头等控制性水工程,总调节库容 264.09 亿 m³,总防洪库容 106.87 亿 m³,另外北江中下游还建有潖江蓄滞洪区及芦苞涌、西南涌分洪工程,分布图如图 1 所示。

根据流域洪水特性、防洪保护对象的分布情况、所处的自然地理条件及防洪目标,西江、北江水工程除满足所在河流的防洪要求外,同时配合龙滩水库、飞来峡水库对流域中下游发挥防洪作用。

(1)南盘江天生桥一级、北盘江光照水库位于龙滩水库上游,对龙滩水库的入库洪水具有较好的调节作用,必要时配合龙滩水库等实施联合调度,减轻下游防洪压力。

(2)红水河梯级岩滩、大化、百龙滩、乐滩、桥巩在保证自身安全的前提下,可配合龙滩错柳江洪峰削减下游洪水。

(3)柳江梯级将柳州市防洪标准提高至 100 年一遇,减轻柳江下游沿岸城区的防洪压力,同时配合龙滩水库承担中下游防洪任务。

(4)郁江梯级将南宁市防洪标准提高至 200 年一遇,减轻郁江下游南宁、贵港防洪压力,同时必要时错黔江洪水配合龙滩水库承担中下游防洪任务。

(5)桂江梯级将桂林市防洪标准提高至 100 年一遇,减轻桂江上游桂林、阳朔等城区防洪压力,同时必要时错西江洪水配合龙滩水库承担中下游防洪任务。

(6)北江上游梯级将韶关市防洪标准提高至 100 年一遇,减轻北江上游韶关等城区防洪压力,同时配合飞来峡水库承担北江下游的防洪任务。

(7)西江梯级将梧州市防洪标准提高至 100 年一遇,北江梯级将下游段重要防洪保护对象广州等城市防洪标准提高至 300 年一遇。发生西江为主的洪水时,利用北江梯级错西江洪峰;发生北江为主的洪水时,利用西江梯级错北江洪峰。

对于不同区域洪水,具体防洪调度任务如下:调度运用龙滩等水库拦蓄洪水,控制西江梧州站流量不超过 50 400 m³/s[2];调度运用柳江落久等水库拦蓄洪水,控制柳州站流量不超过 29 700 m³/s,兼顾贵港防洪安全,调度运用郁江百色、老口水库拦蓄洪水,控制南宁站流量不超过 18 400 m³/s,兼顾贵港防洪安全;适时运用川江、小溶江、青狮潭水库拦洪、削峰、错峰,控制桂林站流量不超过 3 000 m³/s;调度运用北江中上游乐昌峡、湾头水库拦蓄洪水,控制韶关站流量不超过 8 900 m³/s;以龙滩水库、大藤峡水库和飞来峡水库为核心,适时联合调度干支流水库拦洪错峰,控制西江高要站流量不超过 50 500 m³/s、北江石角站流量不超过 19 000 m³/s。

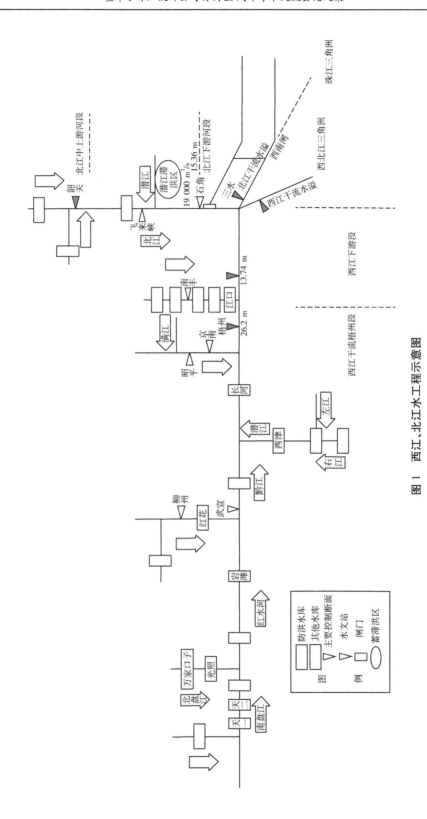

图 1 西江、北江水工程示意图

## 3 水工程多区域协同防洪优化调度模式

按照珠江流域联合防洪调度总体布局、水工程位置以及区域洪水组成,按照大系统协调的理论,将流域水工程按照防洪作用和调节能力分为1组骨干水库,6个群组水库,如图2所示。骨干水库为龙滩水库、大藤峡水库和飞来峡水库,水库群组分别为南北盘江水库群、红水河中下游水库群、柳江水库群、郁江水库群、桂江水库群、北江水库群,按照水库群的防洪任务和重要防洪对象多区域分布属性,各水库群在珠江流域多区域协同防洪调度格局中的定位为:骨干水库在其他水库群组的配合下,保障干流沿程重要城市的防洪安全;群组水库通过自身的防洪调度,减轻本河流下游的防洪压力,减少进入骨干水库的洪量。

从上述水工程群组调度节点和结构图可以看出,多区域协同防洪调度涉及面广而复杂,在实际调度中,要充分结合珠江流域水工程分布和调度特点,综合考虑以下因素:

(1)要根据面临洪水确定水工程的启动时机,启动过早或过晚都会错失最佳拦洪时机,从而使防洪效益打折扣。

(2)厘清本区域各调度节点达到防洪标准所需的水工程预留防洪库容以及协同防洪调度过程中可进行调配的防洪库容,做到防洪库容应用尽用。

(3)根据洪水区域组成,以"流域—干流—支流—断面"为链条调整上述水工程的调度次序,统筹安排"拦、分、蓄、滞、排"措施,充分发挥流域水工程的综合防洪效益。

(4)对于标准内和超标准不同量级的洪水,干支流洪水演进、组成、遭遇情况存在多种可能,应根据防洪形势的发展、防洪保护对象的需求、工程运用情况实时滚动优化、调整调度方案,形成效果反馈机制,使得调度方式更有针对性和可操作性。

珠江流域多区域协同防洪调度根据防洪形势的发展、防洪保护对象的需求以及工程分布情况,逐流域、逐江河挖掘具体防洪功能水工程,动态优化参战防洪水工程的组合和调度方式;从保护对象近端、洪水演进中端、流域上游远端梯次部署参战水库,并通过调度方案制订、调度效果评价、滚动优化调度方案,以整体效益最优为目标,科学调配水工程防洪库容,从而达到整体防洪目标。实践中具体表现为:

(1)基于大系统分解原理,按照珠江流域防洪对象位置和分布特性,将防洪对象分为水工程本身、西北江中下游、柳江中下游、郁江中下游、桂江中上游和北江中上游。

(2)根据不同水工程的调度运用方式,构建相应的防洪调度规则库,对于不同量级和不同组成的洪水,选取相应的水工程对该类洪水进行调度。

(3)将参与防洪调度的水工程的控制断面、防洪标准、水位流量控制条件以及判断是否启用滞洪区、分洪闸配合运用,作为防洪调度的边界约束条件。

(4)依据工程防洪调度方案,形成水工程防洪调度规则库,制定珠江流域水工程的防洪调度的启用时机、调度方式,按照标准内和超标准等不同洪水类型开展常洪水调度。

(5)对上述多区域协同防洪调度效果进行评价和比较,包括统计拦洪量、削峰率、防洪库容使用、降低控制站点水位等,并根据结果对调度方案进行滚动优化调整,进一步完善方案的实用性。

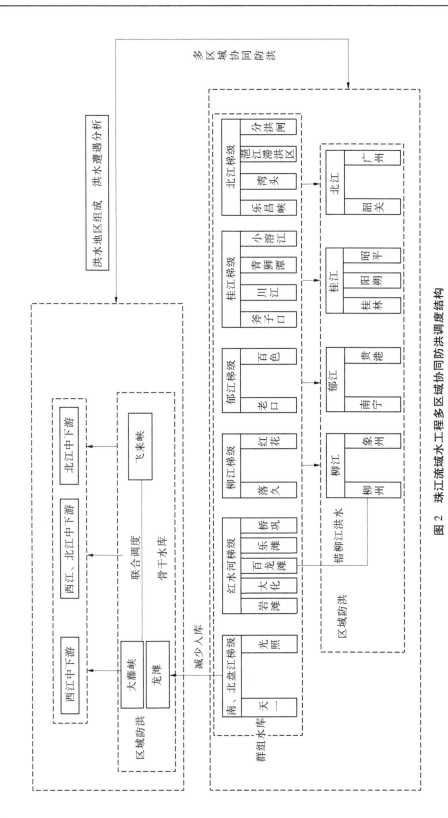

图 2  珠江流域水工程多区域协同防洪调度结构

## 4 多区域协同防洪调度实践

2022年6月,西江中游干流黔江和浔江,中游支流郁江、桂江、蒙江出现明显洪水过程,北江干流、中游支流连江出现特大洪水过程,干流飞来峡水利枢纽入库洪峰流量重现期超100年,珠江流域发生流域性大洪水。

本场洪水主要由柳江、桂江及中下游地区组成,红水河、郁江洪水不大,属于中下游型洪水,同时预报西江、北江两江洪水遭遇,从洪水组成来看,属于偏不利洪水组成。针对本场中下游洪水,主要承担防洪任务的龙滩水库上游来水较少,流域降雨总体稳定,但局部变化较大,造成洪水组成和峰现时间均有较大的不确定性,龙滩、百色等距离防洪目标较远的水库只能根据3~5 d的预测,在峰前去拦,以免错过拦洪时机;岩滩、大化等水库防洪库容较小,需准确判断错峰时机,大藤峡水库拦洪需要根据洪水变化动态调整调度方式;西江、北江洪水可能遭遇,西江调度需要统筹考虑错北江洪峰,西江与北江的联合调度难度很大;北江潖江蓄滞洪区仍在建尚未启用,飞来峡水库库区英德防洪片常住人口近30万人,高水位调度运用受到制约,北江大堤建成后没有经历50年一遇以上洪水的检验,需要优化调度飞来峡等水库,在确保下游防洪安全的前提下,力保库区英德主城区不受淹,统筹考虑流域上下游防洪形势,择机启用潖江蓄滞洪区堤围分洪确保主要保护对象安全[3]。

为了充分挖掘流域已建骨干水库拦洪、错峰、削峰作用,考虑本场次洪水组成及流域已建骨干水库工程分布情况,结合水情预报,优化调度龙滩、天一、光照、百色等上游水库尽可能拦蓄西江上游洪水,利用岩滩、大化、乐滩等水库提前预泄腾出库容拦蓄红水河洪水错柳江洪峰,调度落久等柳江干支流水库削减柳江洪峰;调度西津等郁江水库群拦蓄郁江来水错黔江洪峰;调度桂江上游青狮潭、斧子口、小溶江、川江等水库拦蓄桂江来水错西江洪峰;为有效利用大藤峡水库削峰效果,提前将大藤峡水库预泄至44 m,根据梧州洪水进行补偿调度拦蓄,调度大藤峡及桂江四库拦蓄后推迟腾库,尽可能错开北江洪峰,为北江洪水宣泄提供空间和时间。

北江视干支流洪水遭遇情况调度乐昌峡、湾头等水库错峰,减小飞来峡水库入库洪水;飞来峡水库尽量提前降低水位腾空库容,后续根据北江来水预测适时调度飞来峡水库精准拦蓄洪水,减轻库区防洪压力,同时视情启用潖江蓄滞洪区滞洪,西南涌、芦苞涌分洪,尽力减小下游北江大堤石角断面洪峰流量,减轻中下游地区防洪压力,保障下游广州市及珠江三角洲防洪安全。

利用珠江流域多区域协同防洪调度模式,本场洪水实现流域6大区域24座水工程群联合调度,其中南北盘江水库拦蓄洪水1.7亿 m³,减小龙滩水库入库洪峰流量1 000 m³/s;红水河下游梯级拦蓄洪水3亿 m³,成功错柳江洪峰;柳江梯级拦蓄洪水3.3亿 m³,减小柳州城区洪峰1 200 m³/s,同时配合骨干水库减小下游梧州洪峰600 m³/s;郁江梯级拦蓄洪水2.4亿 m³,减小南宁城区洪峰1 300 m³/s,同时配合骨干水库减小下游梧州洪峰流量800 m³/s;桂江梯级拦蓄洪水3.4亿 m³,减小桂林城区洪峰900 m³/s,同时配合骨干水库减小下游梧州洪峰流量500 m³/s;骨干水库龙滩、大藤峡拦蓄洪水22.5亿 m³,西江干支流水工程共计拦蓄洪水36.3亿 m³,削减梧州站洪峰6 000 m³/s以上,降低梧州河段水位1.8

m;北江干支流水库群共拦蓄9.1亿 m³,潖江蓄滞洪区滞洪3.08亿 m³,削减北江干流石角洪峰2 200 m³/s以上,降低水位0.84 m。西江、北江水工程多区域协同调度后,削减思贤滘洪峰流量6 200 m³/s(见图3),降低珠江三角洲西干流水位0.40 m,降低珠江三角洲北干流水位0.33 m,保障了西江、北江流域及珠江三角洲地区的防洪安全。

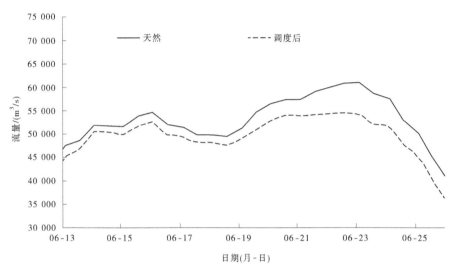

图3 珠江流域水工程多区域协同防洪调度后思贤滘调度前后过程

## 5 结语

随着珠江流域防洪体系的日趋完善,水工程联合调度已经成为提高流域整体防洪能力、降低洪灾损失的重要手段。多区域协同防洪调度统筹考虑珠江流域水工程运用的选择、防洪库容的不同区域的分配,针对不同类型洪水提出了不同优化调度方式组合,从而大大提升了珠江流域防洪减灾能力。

## 参考文献

[1] 水利部珠江水利委员会.2022珠江流域水工程联合调度运用计划[R].广州:水利部珠江水利委员会,2022.
[2] 水利部珠江水利委员会.2021年度珠江超标洪水防御预案[R].广州:水利部珠江水利委员会,2021.
[3] 水利部珠江水利委员会.珠江流域防洪规划[R].广州:水利部珠江水利委员会,2008.

# 澳门内港挡潮闸工程特殊工况下救援船进出船闸研究

朱 旭 梁雨兰

(中水珠江规划勘测设计有限公司,广东广州 510610)

**摘 要**:澳门内港海傍区所在湾仔水道属珠江河口澳门附近水域,工程水域水流条件受径流、潮流双重影响,航道纵横交错,航道条件较为复杂,工程处于入海口,为应对台风等极端天气,救援船舶进出船闸要求超过规范规定的 7 级风要求。通过工程所在地周边航道条件分析及船模试验研究,确定了特殊工况下船闸的控制性边界条件。

**关键词**:澳门内港挡潮闸工程;特殊工况;救援船进出船闸

## 1 引言

澳门内港海傍区位于澳门半岛西侧、珠江河口湾仔水道左岸,是昔日澳门最重要的客货上落点和最繁华的商业中心。内港海傍区所在湾仔水道属珠江河口澳门附近水域,由于地势低洼且沿岸防护标准低,受风暴潮、天文大潮与暴雨的影响,极易发生海水倒灌和积水淹浸,洪涝灾害频繁[1]。

澳门内港挡潮闸建设的主要任务为挡潮、排涝、航运等综合利用。工程建设可完善内港海傍区防洪(潮)排涝体系,有效解决澳门内港海傍区水患问题,满足湾仔水道的通航要求。

## 2 工程概况

### 2.1 工程总布置

工程包括泄水孔、通航孔、排涝泵站、应急船闸、连接段及管理区等,水闸总净宽为304 m,最大过闸流量为 1 910 $m^3/s$。工程等别为 I 等,工程规模为大(1)型。

现状航道位于靠澳门侧河道深槽处且考虑航道吃水深度、转弯要求及河口淤积影响,为确保工程航运功能,将通航孔布置于现状航道附近,根据通航要求初拟通航净宽为120 m。根据应急救援要求,在澳门侧布置应急船闸,据船型通航要求确定应急船闸净宽为 18 m,为满足船只进出船闸转弯要求,应急船闸与左岸侧有约 40 m 空隙设置连接段,并利用应急船闸与左岸侧区域设置管理区以减少陆域征地。据此通航孔和应急船闸在布

作者简介:朱旭(1984—),男,工程师,主要从事水运设计工作。

置中的尺寸、位置相对确定,其他建筑物在此基础上进行布置。

根据总过流净宽 300 m 和通航单孔宽 60 m 要求,分别采用 6 孔 30 m 泄水闸+2 孔 60 m 通航闸。在通航孔和应急船闸在布置中的尺寸、位置相对确定的基础上,对其他建筑物进行扩展布置。沿闸轴线从左到右依次为:左岸连接段、应急船闸段、排涝泵站段、2 孔单宽 60 m 通航孔、6 孔单宽 30 m 泄水孔及右岸连接段,闸室上下游包括护坦、海漫和防冲槽等其他建筑物,闸室底板下设置冲淤泵房及交通廊道等。在实现工程功能的同时,考虑到工程景观效果及工程特点,将各建筑物在半径 1 000 m 的圆弧轴线上进行布置,工程总平面布置如图 1 所示。

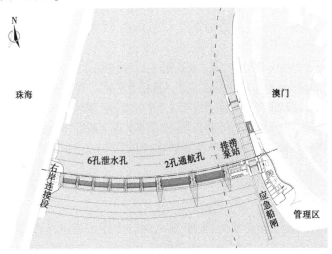

图 1　工程总平面布置

## 2.2　应急船闸布置

本工程船闸为应急船闸,主要作为救援使用。应急船闸布置在河床左岸岸边,闸轴线位于下闸首挡水前沿处。船闸由上、下游引航道、上闸首、闸室和下闸首组成。应急船闸按每次过闸能通过业主提供的 4 艘救援船舶(尺寸:38.79 m×8.3 m×2.1 m,船长×型宽×吃水)的要求进行设计。闸室有效尺度为 120 m×18 m×4.85 m(长×宽×门槛水深)。总体布置如图 2 所示。

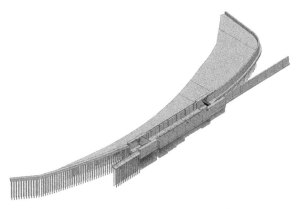

图 2　应急船闸模型

## 2.3 应急船闸运行方式

台风暴潮期间,内港挡潮闸需要关闸挡潮,水闸关闭后,根据《1974 年国际海上人命安全公约》,澳门有关部门的救援船只通过应急船闸外出实施海上搜索和拯救活动,使尚未进港的船只通过应急船闸进港避风。在高潮位期间,为确保湾仔水道控制水位,水闸关闭后,以及在通航孔出现紧急情况影响船舶正常通行时,内港船只须通过应急船闸进出湾仔水道。

根据交通运输部《通航建筑物运行管理办法》(2019 年 2 月 5 日交通运输部第 6 号令)第四章第三十二条规定,遇有大风、大雾、暴雨、地震、事故或者其他突发事件,可能危及通航建筑物运行安全的,运行单位应当停止开放通航建筑物。因此,在大风情况下使用应急船闸,需做安全论证、科学研究以及采取必要的工程措施[2]。

开展风暴潮期间救援船进出应急船闸引航道的通航条件研究,验证应急船闸布置方案在多种流量工况下对船舶通航的影响,提出船舶通航最佳航线和驾驶方式。

# 3 风况模拟

## 3.1 风况模拟方案

### 3.1.1 风况模拟的基本准则

由于风况模拟试验主要为了评估在特殊天气(不小于 8 级风)下救援船进出挡潮闸的船模航行条件,结合相关实际案例,本试验采用风压相似为主、风速相似为辅的模拟原则。

### 3.1.2 风速相似控制指标

蒲氏 8 级风的风速为 17.2~20.7 m/s。

按照正态几何比尺 1:100,其风速比尺应为 1:10,故模型风速为 2.07 m/s。

但由于船体形状、缩尺效应的影响,为了达到风压相似,需对模型风速进行适当修正,结合相关案例分析并通过风速率定试验,遵循适度保守的原则,修正系数取值为 1.3,故模型模拟风速为 2.69 m/s。

根据 8 号风球 17.2~20.7 m/s 风速段风向统计数据,风向主要集中在 50°~-10°,主风向为正南风,此风向主要分为正南风与 50°(船舶进入口门区横向风力最大)风向两种。风速的模拟范围为 2.5~3 倍船长,模拟范围内风速偏差不大于 5%。

## 3.2 风速修正系数率定试验

由于模型尺度的缩放,水工物理模型试验中的风速-风压关系与原型标准中风速-风压计算公式(1)不适应,因此引入风速修正系数 $k$ 值,即模型试验的风速-风压关系变为式(2)。该风速率定试验目的就是通过试验的手段获得在不同风速下,救援船船模受到的风压值,最后通过试验获取的风速-风压值对式(2)中的风速修正系数 $k$ 值进行求解。

$$W_0 = \frac{v^2}{1\,600} \tag{1}$$

式中:$W_0$ 为风压,Pa;$v$ 为风速,m/s。

$$W_0 = \frac{(kv)^2}{1\,600} \tag{2}$$

式中:$W_0$ 为风压,Pa;$k$ 为风速修正系数;$v$ 为风速,m/s。

救援船船模风速率定采用挂重法,其试验原理如图 3 所示,该装置主要包括旋转平台、后方挡板、滚珠轴承、旋转平台支撑轴(简称支撑轴)、滑轮、轻质细线及砝码。

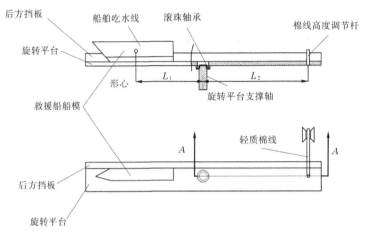

**图 3　挂重法率定示意图**

救援船船模放置于旋转平台左端,当救援船船模受到风压作用后,救援船船模通过后方挡板把所受的风压力传递给旋转平台,在左端形成对旋转平台的推力;在右端将砝码悬挂在轻质棉线上,通过滑轮把砝码自身重力 $G$ 转换成对旋转平台的拉力。通过调节风机风速的大小最终让旋转平台左右两端恢复到平衡状态,使旋转平台左右两端的力矩相等,根据救援船船模水线以上受风部分正投影形心距旋转平台中心的水平距离 $L_1$ 以及棉线高度调节杆中心距旋转平台中心的水平距离 $L_2$,最终计算出当前风速下救援船船模所受到的风力大小 $F_1$:

$$F_1 = \frac{GL_2}{L_1} \tag{3}$$

风压 $P_1$:

$$P_1 = \frac{GL_2}{L_1 S_{船模}} \tag{4}$$

式中:$F_1$ 为风力,N;$P_1$ 为风压,N;$G$ 为重力,N;$L_1$ 为受风部分正投影形心距旋转平台中心的水平距离,m;$L_2$ 为棉线高度调节杆中心距旋转平台中心的水平距离,m;$S_{船模}$ 为救援船船模水线以上受风部分正投影面积,$m^2$。

通过该试验得到救援船船模风速-风压数据,见表 1。

根据表 1 救援船船模风速-风压试验数据,对式(1)中风速 $v$ 的系数进行修正,在式(1)中添加风速修正系数 $k$ 变成式(2),通过救援船船模风速-风压试验数据求解出式(2)中风速修正系数 $k$ 值。其具体每个风速对应的风速修正系数见表 2[3]。

表1　救援船船模风速-风压数据试验

| 序号 | 砝码重量/g | 风速/(m/s) | 船模形心距中心 $L_1$/cm | 棉线作用点距中心 $L_2$/cm | 船模受风面积/m² | 船模风压力/N | 船模风压/Pa |
|---|---|---|---|---|---|---|---|
| 1 | 1.7 | 1.2 | | | | 0.020 6 | 1.320 1 |
| 2 | 2.7 | 1.5 | 34 | 42 | 0.015 6 | 0.032 7 | 2.095 5 |
| 3 | 4.7 | 1.9 | | | | 0.056 9 | 3.646 3 |
| 4 | 6.7 | 2.4 | | | | 0.081 1 | 5.197 1 |

表2　各风速下风速修正系数值

| 序号 | 风速 $v$/(m/s) | 风压 $W_0$/Pa | 风速修正系数 $k$ | 修正系数均值 |
|---|---|---|---|---|
| 1 | 1.2 | 1.320 1 | 1.21 | |
| 2 | 1.5 | 2.095 5 | 1.22 | 1.23 |
| 3 | 1.9 | 3.646 3 | 1.27 | |
| 4 | 2.4 | 5.197 1 | 1.20 | |

根据表2的修正系数均值并遵循适度保守的原则,最终选定的风速修正系数为1.30。

## 4　风暴潮事故救援船进出应急船闸引航道船模试验

### 4.1　8级风救援船下游引航道进闸试验

各试验工况下救援船下游航道上行航迹线如图4~图7所示。

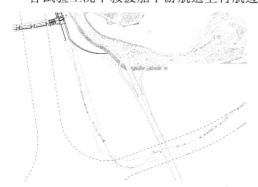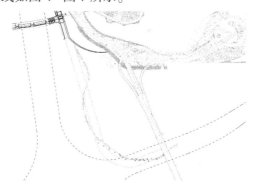

图4　救援船下游航道上行航迹线（一）

（工况1:澳门水道 $Q_{澳门}$ = 4 630 m³/s、十字门水道 $Q$ = 1 000 m³/s,洪湾水道水位 $H$ = 3.71 m,风向 50°,风速 2.40~2.60 m/s）

图5　救援船下游航道上行航迹线（二）

（工况1:澳门水道 $Q_{澳门}$ = 4 630 m³/s、十字门水道 $Q$ = 1 000 m³/s,洪湾水道水位 $H$ = 3.71 m,风向 350°,风速 2.40~2.60 m/s）

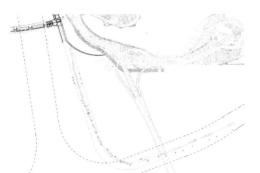

图 6　救援船下游航道上行航迹线（三）
（工况2：澳门水道 $Q_{澳门}$ = 3 740 m³/s，十字门

水道 $Q$ = 760 m³/s，洪湾水道水位

$H$ = 0.00 m，风向50°，风速 2.40～2.60 m/s）

图 7　救援船下游航道上行航迹线（四）
（工况2：澳门水道 $Q_{澳门}$ = 3 740 m³/s，十字门

水道 $Q$ = 760 m³/s，洪湾水道水位

$H$ = 0.00 m，风向350°，风速 2.40～2.60 m/s）

### 4.2　八级风救援船下游引航道出闸试验

各工况下救援船下游航道下行航迹线如图8~图11所示。

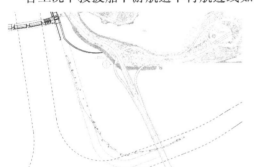

图 8　救援船下游航道下行航迹线（一）
（工况1：澳门水道 $Q_{澳门}$ = 4 630 m³/s，十字门

水道 $Q$ = 1 000 m³/s，洪湾水道水位

$H$ = 3.71 m，风向50°，风速 2.40～2.60 m/s）

图 9　救援船下游航道下行航迹线（二）
（工况1：澳门水道 $Q_{澳门}$ = 4 630 m³/s，十字门

水道 $Q$ = 1 000 m³/s，洪湾水道水位

$H$ = 3.71 m，风向350°，风速 2.40～2.60 m/s）

图 10　救援船下游航道下行航迹线（三）
（工况2：澳门水道 $Q_{澳门}$ = 3 740 m³/s，十字门

水道 $Q$ = 760 m³/s，洪湾水道水位

$H$ = 0.00 m，风向50°，风速 2.40～2.60 m/s）

图 11　救援船下游航道下行航迹线（四）
（工况2：澳门水道 $Q_{澳门}$ = 3 740 m³/s，十字门

水道 $Q$ = 760 m³/s，洪湾水道水位

$H$ = 0.00 m，风向350°，风速 2.40～2.60 m/s）

## 5　试验结果分析

8 级风况下救援船进出引航道试验结果见表 3。

表 3　8 级风况下海事救援船进出船引航道船模试验成果汇总

| 航段 | 工况 | 风向/(°) | 航向 | 最大舵角/(°) 右 | 最大舵角/(°) 左 | 最大漂角/(°) 右 | 最大漂角/(°) 左 | 车挡/(m/s) 最大 | 车挡/(m/s) 最小 | 航速/(m/s) 最大 | 航速/(m/s) 最小 | 航程/m | 航行时间/min | 平均航速/(m/s) |
|---|---|---|---|---|---|---|---|---|---|---|---|---|---|---|
| 下引航道 | 工况1 | 50 | 进闸 | 30.88 | 30.24 | 79.21 | 81.66 | 7.00 | 7.00 | 4.60 | 2.47 | 1 146 | 6.33 | 3.02 |
| | | 50 | 出闸 | 25.34 | 25.69 | 2.17 | 33.23 | 7.00 | 7.00 | 5.01 | 2.05 | 982 | 3.50 | 4.68 |
| | | 350 | 进闸 | 25.52 | 27.13 | 35.50 | 7.70 | 7.00 | 7.00 | 5.95 | 4.94 | 1 176 | 3.83 | 5.11 |
| | | 350 | 出闸 | 17.75 | 31.99 | 26.97 | 24.36 | 7.00 | 7.00 | 5.40 | 2.14 | 1 049 | 3.33 | 5.25 |
| | 工况2 | 50 | 进闸 | 30.87 | 30.67 | 87.96 | 74.66 | 7.00 | 7.00 | 4.95 | 2.30 | 1 225 | 4.17 | 4.9 |
| | | 50 | 出闸 | 31.16 | 22.91 | 4.28 | 27.54 | 7.00 | 7.00 | 4.36 | 2.34 | 988 | 4.17 | 3.95 |
| | | 350 | 进闸 | 31.15 | 26.23 | 80.00 | 77.98 | 7.00 | 7.00 | 5.36 | 2.41 | 1 245 | 4.17 | 4.98 |
| | | 350 | 出闸 | 25.15 | 28.02 | 11.52 | 42.73 | 7.00 | 7.00 | 4.82 | 2.10 | 835 | 3.00 | 4.64 |

注:1. 表中所有数据均已换算为原型值;

　　2. 风向以正南风向为 0°。

在工况 1(风向 50°)、工况 1(风向 350°)、工况 2(风向 50°)和工况 2(风向 350°)试验条件下,下游引航道海事救援船上行进闸的平均航程分别为 1 146 m、1 176 m、1 225 m 和 1 245 m,最大舵角分别为 30.88°、27.13°、30.87°和 31.15°,最大漂角分别为 81.66°、35.50°、87.96°和 80.00°,最小航速分别为 2.47 m/s、4.94 m/s、2.30 m/s 和 2.41 m/s(8.89 km/h、17.78 km/h、8.28 km/h 和 8.68 km/h),航行时间分别为 6.33 min、3.83 min、4.17 min 和 4.17 min,平均航速分别为 3.02 m/s、5.11 m/s、4.90 m/s 和 4.98 m/s(10.87 km/h、18.40 km/h、17.64 km/h 和 17.93 km/h)。

在工况 1(风向 50°)、工况 1(风向 350°)、工况 2(风向 50°)和工况 2(风向 350°)试验条件下,下游引航道海事救援船出闸下行的平均航程分别为 982 m、1 049 m、988 m 和 835 m,最大舵角分别为 25.69°、31.99°、31.16°和 28.02°,最大漂角分别为 33.23°、26.97°、27.54°和 42.73°,最大航速分别为 5.01 m/s、5.4 m/s、4.36 m/s 和 4.82 m/s(18.04 km/h、19.44 km/h、15.70 km/h 和 17.35 km/h),航行时间分别为 3.50 min、3.33 min、4.17 min 和 3.00 min,平均航速分别为 4.68 m/s、5.25 m/s、3.95 m/s 和 4.64 m/s(16.85 km/h、18.90 km/h、14.22 km/h 和 16.70 km/h)。

## 6　结语

通过对工程所处地域海事博物馆站风速监测结果分析,当外港风速达到 8 级时,内港风速约为 6 级风,根据交通运输部相关应急船闸管理办法,6 级风尚属于非应急管理工况[4]。

在潮流与 8 级风况叠加作用下,救援船能够进出应急船闸下游引航道,进入引航道时最大航速在 2.30～4.94 m/s,最大舵角在 25.52°～31.15°,驶出引航道时最大航速达 2.05～2.34 m/s,最大舵角 17.75°～31.16°。

## 参考文献

[1] 中水珠江规划勘测设计有限公司.澳门内港挡潮闸工程可行性研究报告[R].广州:中水珠江规划勘测设计有限公司,2019.

[2] 珠江水利委员会珠江水利科学研究院.澳门内港挡潮闸工程可研阶段通航水流条件试验专题报告[R].广州:珠江水利委员会珠江水利科学研究院,2019.

[3] 重庆西南水运工程科学研究所.澳门内港挡潮闸船模通航物理模型试验研究报告[R].重庆:重庆西南水运工程科学研究所,2019.

[4] 肖宝文.浅谈澳门挡潮闸通航孔及应急船闸选取合理性[J].珠江水运,2020(23):73-74.

# 广东省大湾区防洪(潮)标准研究

樊祥船　蒋　攀　齐永铭　王　强

(中水东北勘测设计研究有限责任公司,吉林长春　130012)

**摘　要:**粤港澳大湾区是世界四大湾区之一,在国家经济发展和对外开放中起到支撑引领作用。目前,广东省大湾区9市主要防洪(潮)保护区现状防洪(潮)标准与世界其他著名湾区和国内外重点城市的防洪(潮)标准仍有差距。本文按照现行规程规范,依据防洪(潮)保护区内常住人口和当量经济规模,考虑保护对象的重要性、未来发展布局和战略定位,以及标准实施的可达性等因素,同时对特别重要的保护区开展不同防洪(潮)标准技术经济比选,对广东省大湾区9市各保护区防洪(潮)标准进行了充分论证。结果表明,至规划水平年2035年,广州市中心城区防洪标准为200年一遇,防潮标准为大于或等于300年一遇;深圳市中心城区防洪标准为200年一遇,防潮标准为1 000年一遇;其他地市的防洪(潮)标准均达到200年一遇。研究成果符合大湾区新时代发展定位,满足大湾区实际防洪(潮)需求。

**关键词:**防洪(潮)标准;城市防洪;广东省大湾区

## 1　研究背景

　　粤港澳大湾区是世界四大湾区之一,由广东省的广州、深圳、珠海、中山、江门、佛山、惠州、肇庆、东莞9市和香港、澳门2个特别行政区组成,在国家经济发展和对外开放中起到支撑引领作用。《粤港澳大湾区发展规划纲要》提出将粤港澳大湾区建设成为充满活力的世界级城市群、具有全球影响力的国际科技创新中心、"一带一路"建设的重要支撑、内地与港澳深度合作示范区、宜居宜业宜游的优质生活圈等五大战略定位,达到建设国际一流湾区、打造高质量发展典范的目标。

　　随着大湾区经济社会的发展,防洪保护区人口、财富聚集,现状防洪(潮)能力与高标准保障要求不协调。目前,广东省大湾区9市主要城区现状防洪(潮)标准为50~200年一遇[1-2],与世界其他著名湾区200~1 000年一遇的防洪(潮)标准仍有差距。本文以广东省大湾区为研究对象,结合城市发展新形势的要求,研究广东省大湾区重点保护区防洪(潮)标准,对扎实推动水利高质量发展、支撑粤港澳大湾区经济社会稳步发展具有重要意义。

## 2　广东省大湾区防洪标准提升的方向

### 2.1　大湾区现状防洪标准与国内外湾区/城市防洪标准对比

　　本文收集分析了国内外著名湾区和重要城市的防洪标准及其对应的人口、GDP等指

**作者简介:**樊祥船(1981—),男,高级工程师,研究方向为水利水电规划。

标,统计分析后可知:

(1)美国对高度脆弱的保护对象采用 500 年一遇防洪标准,例如哈德逊河重建项目海岸保护部分防洪标准为 500 年一遇;另外,纽约湾区和旧金山湾区在制定防洪标准时,逐步考虑极端天气和海平面上升对防洪和防潮的影响。

(2)东京湾区核心区域防洪标准为 200 年一遇,近郊或郊区防洪标准为 50~150 年一遇。

(3)英国也采用与美国类似的洪泛区风险管控措施,洪水风险等级以及建筑物脆弱性等级划分得更为细致;泰晤士河防洪、防潮体系建成后,伦敦湾区防洪(潮)标准达到了 1 000 年一遇,同时对于极端天气、海平面上升具备较强的适应能力。

(4)国内京津冀、长三角、长江中游城市群,严格按照现行的防洪标准确定其洪水重现期,直辖市、省会城市因政治、经济等方面的重要程度较高,防洪标准均为 200 年一遇,而上海黄浦江市区段防洪墙防潮标准为 1 000 年一遇;无锡、常州、苏州、南通等长三角城市,虽不是省会城市,但因经济体量大,防洪标准同为 200 年一遇。

大湾区各城市现有防洪标准及相应经济指标与国内其他同等城市相比,在当量经济规模方面,广州、深圳 2 市当量经济规模与北京、上海两市相当;佛山、东莞 2 市与天津、南京、长沙、合肥等省会城市相当;珠海、惠州等 5 个城市与唐山、常州等重点城市相当。在湾区及城市群整体经济规模上,大湾区经济规模高于京津冀及长江中部城市群。在防洪、防潮标准方面,广州、深圳 2 市防洪标准与北京市相当,防潮标准低于上海市;其他各市与同等经济规模城市防洪(防潮)标准基本相当。

## 2.2 大湾区现状防洪标准与国内外湾区/城市防洪标准对比

将世界著名湾区常住人口、当量经济规模以及防洪标准进行相关分析,为大湾区防洪(潮)标准提升提供参考。其中,防洪标准采用分区最高防洪标准。防洪标准的高低取决于防洪工程投入和防洪效益产出的对比,同时保护区面积越大,防洪工程投资越大。在此,本文提出当量经济密度指标,即当量经济规模与保护区面积的比值。将当量经济密度与分区最高防洪标准分别进行相关分析,结果见图 1。

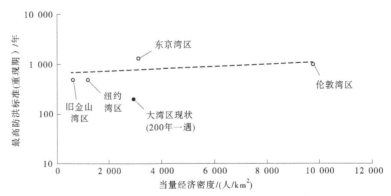

**图 1 分区最高防洪标准与当量经济密度相关关系**

从图 1 可见,当量经济密度与分区最高防洪标准有一定的相关关系,特别是伦敦湾区,当量经济密度达到了 9 746 人/km²,为世界著名湾区中的最大值,其对应的分区最高防洪标准为 1 000 年一遇,该点与相关线趋势比较一致。为与国内外重点湾区或城市防洪(潮)水平相一致,可采用图中线性相关表达式,根据现状广东省大湾区的当量经济密度指标,计算得相应的防洪标准,作为大湾区分区最高防洪(潮)标准的提升方向,大湾区各城市作为整体分析分区最高防洪(潮)标准为 1 000 年一遇。

综上分析,大湾区防洪标准提升的方向和原则如下:

(1)大湾区防洪标准提升应具备一定的前瞻性。基于粤港澳大湾区的五大战略定位,未来一个时期,必将成为人口和资源汇集地,超标准洪水的灾害损失必将增大。对防洪(潮)保护区的人口和经济发展进行科学预测,以此作为防洪标准提升的依据。

(2)大湾区防洪(潮)标准提升需考虑气候变化、海平面上升等因素的影响。全球气候变化背景下,极端天气发生频次增加,海平面不断上升,大湾区防洪(潮)标准提升应为其留有空间。例如纽约湾区和旧金山湾区已经对未来海平面上升进行了预测,以此来计算海平面上升条件下的 100 年一遇洪泛区的范围[3]。

(3)大湾区经济规模高于京津冀及长江中部城市群,鉴于大湾区经济快速发展,洪潮灾害造成的损失过大,可适当提高分区防洪(潮)标准。参考世界著名湾区分区最高防洪标准与当量经济密度的相关关系,大湾区分区最高防洪(潮)标准可提升至 1 000 年一遇。

## 3 研究方法

本文以我国现行《防洪标准》(GB 50201—2014)为依据,研究方法主要分为两个方面:防洪(潮)保护区划分方法和防洪(潮)标准论证方法。

### 3.1 防洪(潮)保护区划分方法

在充分考虑洪(潮)水淹没范围、洪(潮)水特征、地形条件,以及河流、堤防、道路或其他地物的分割作用等基础上初步划分保护区。根据《粤港澳大湾区水安全保障规划》提出的"构建大联围防潮模式",体现"大联围""特色城镇"的理念,充分考虑各城市防洪潮工程的历史、现状及需求,结合流域、区域和各市区相关规划及其实施情况,合理划分防洪(潮)保护区。

### 3.2 防洪(潮)标准论证方法

依据防洪保护区划分情况,结合相关规划成果,参照《防洪标准》(GB 50201—2014),依据防洪(潮)保护区内常住人口和当量经济规模确定出各保护区的防洪(潮)标准[4]。

各类防护对象的防洪标准应根据经济、社会、政治、环境等因素对防洪安全的要求[5],同时考虑中心城市辐射、带动作用及外溢效应;关注国家级高新、经济、合作区战略定位及防护要求,统筹协调局部与整体、近期与长远、上下游、左右岸、干支流,以及相邻围堤、跨行政区围堤或堤段的关系,通过综合分析论证确定。

在确定防洪保护区防洪标准时,以现状水平年的指标为主要依据,同时在一定程度上考虑未来发展需求。当人口、当量经济规模等指标超过标准上限较多时,进行不同防洪标准所可能减免的洪灾经济损失与所需的防洪费用的对比分析,并对标国内外湾区,合理确定防洪(潮)标准。

## 4 研究成果

### 4.1 广东省大湾区防洪(潮)保护区划分成果

本文在充分考虑洪(潮)水淹没范围、地形、地物条件的基础上,共划分了126个主要防洪(潮)保护区。

### 4.2 广东省大湾区特别重要城市防洪(潮)标准经济比选成果

至规划水平年2035年,广州市与深圳市中心城区经济当量均超过1 000万人,为特别重要的防护等级。为合理确定防洪(潮)标准,有必要开展广州市与深圳市中心城区防洪(潮)标准经济比选工作。本文以深圳市西部沿海地区为例,对其防洪(潮)标准进行分析论证。

深圳市西部沿海地区防潮标准经济比选分别拟定了200年一遇、300年一遇、500年一遇、1 000年一遇、2 000年一遇等5个方案,对不同方案的工程投资和淹没损失进行计算,并计算各方案的经济效益及费用现金流量表,选取方案间的差额内部收益率、差额效益与差额费用比两个指标进行对比分析。各方案间的投资及经济指标见表1。

表1 深圳市西部沿海地区各防潮标准方案投资及经济指标

| 项目 | 方案一<br>(200年一遇) | 方案二<br>(300年一遇) | 方案三<br>(500年一遇) | 方案四<br>(1 000年一遇) | 方案五<br>(2 000年一遇) |
|---|---|---|---|---|---|
| 投资/万元 | 387 002 | 397 276 | 410 119 | 428 100 | 456 951 |
| 效益(可避免的损失)/万元 | 22 685 | 25 421 | 27 685 | 29 470 | 30 410 |
| 内部收益率/% | 5.7 | 6.36 | 6.77 | 6.92 | 6.65 |
| 投资差/万元 | 10 274 | 12 843 | | 17 981 | 28 851 |
| 效益差/万元 | 2 736 | 2 264 | | 1 785 | 940 |
| 差额内部收益率/% | 25.2 | 17.6 | | 10.3 | 1.9 |
| 差额效益与差额费用比 | 3.45 | 2.28 | | 1.29 | 0.42 |

由表1可以看出,随着防洪标准的提高,投资越来越高,方案间的投资差值为10 274万~28 851万元。

根据深圳市洪灾损失率曲线,采用对比法对有项目和无项目两种情况下的经济损失值进行对比分析计算,其中间接洪灾损失按直接损失的20%考虑,推算出2019年基准年各方案可避免的总损失分别为22 685万元、25 421万元、27 685万元、29 470万元、30 410万元。

从各方案自身内部收益率指标看,各方案内部收益率均小于社会折现率8%,但方案二、方案三、方案四和方案五的经济内部收益率均大于国家对"运行期较长的基础性建设项目社会折现率大于6%"的要求,这4个方案在经济性上是较为合理的。

从差额内部收益率指标看,前4个方案间的差额内部收益率均大于社会折现率8%,而方案四和方案五的差额内部收益率为1.9%,小于社会折现率8%,说明5个方案中,方案四最经济。

从差额效益与差额费用比指标看,前4个方案间的差额效益与差额费用比值均大于1,而方案四和方案五的差额效益与差额费用比最小,且小于1,说明5个方案中,方案四最经济。

综合以上分析,从工程经济角度看,深圳市西部沿海地区防潮标准由200年一遇提高到1000年一遇最为经济。

广州市中心城区的经济比选工作与深圳市类似。广州市经济高速发展,人口、财富高度聚集,洪潮灾害造成的损失巨大,此外中心城区防洪(潮)标准提升还需兼顾老城区发展历史所造成的约束条件以及城市风貌,避免石壁围城。综合考虑城市发展、人民群众亲水需求等实际情况,本次推荐广州中心城区防潮标准为大于或等于300年一遇。

### 4.3 广东省大湾区各市防洪(潮)标准

本文依据大湾区城市发展规划和战略定位,按照现行规程规范,考虑中心城市辐射、带动作用及外溢效应,结合国家级高新、经济、合作区战略定位及防护要求,统筹协调局部与整体、近期与长远、上游与下游、左岸与右岸、干流与支流及跨行政区堤防的关系,对各保护区防洪(潮)标准进行了充分论证。广东省大湾区各地市2035年防洪(潮)标准见表2。

表2 大湾区各地市2035年防洪(潮)标准汇总　　　单位(重现期):年

| 序号 | 行政区 | 中心城区 | | 其他重要保护区 | |
|---|---|---|---|---|---|
| | | 防洪 | 防潮 | 防洪 | 防潮 |
| 1 | 广州 | 200 | ≥300 | 50~100 | 50~200 |
| 2 | 深圳 | 200 | 1000 | 50~200 | 50~200 |
| 3 | 珠海 | — | 200 | — | 50~200 |
| 4 | 佛山 | 200 | 200 | 50~200 | 50~100 |
| 5 | 惠州 | 200 | — | 50~100 | 50~200 |
| 6 | 东莞 | 200 | — | 50~100 | 50~200 |
| 7 | 中山 | 200 | 200 | 50~200 | 50~200 |
| 8 | 江门 | 200 | 200 | 50~100 | 50~100 |
| 9 | 肇庆 | 200 | — | 50 | — |

由表2可知,在规划水平年2035年,广州市中心城区防洪标准为200年一遇,防潮标准为大于或等于300年一遇;深圳市中心城区防洪标准为200年一遇,防潮标准为1000年一遇;其余各地市防洪(潮)标准均为200年一遇。广东省大湾区各地市其他重要保护区防洪(潮)标准为50~200年一遇。

## 5 结论

本文根据广东省大湾区各市经济社会现状及未来发展趋势,对标国内外知名湾区和

城市,综合分析确定了各保护区的防洪(潮)标准,主要结论如下:

(1)对标国内外湾区、重点城市防洪标准。收集分析了美国纽约、旧金山,日本东京、英国伦敦等国外著名湾区,以及国内京津冀、长三角、长江中游城市群防洪标准与制定原则,在各城市防洪标准及其防护人口、GDP 等指标对比分析基础上,给出大湾区中心城市(广州、深圳)、重要节点城市(珠海、佛山、惠州、东莞、中山、江门、肇庆)防洪标准提升方向和原则。根据大湾区的战略定位和发展前景,可适当提高城市的防洪标准,特别是中心城市的防洪标准。

(2)在充分考虑洪(潮)水淹没范围、洪(潮)水特征、地形条件,以及河流、堤防、道路或其他地物的分割作用等基础上初步划分保护区。根据《粤港澳大湾区水安全保障规划》提出的"构建大联围防潮模式",体现"大联围""特色城镇"的理念,充分考虑各城市防洪潮工程的历史、现状及需求,结合流域、区域和各地市区相关规划及其实施情况,共划分了 126 个防洪(潮)保护区。依据大湾区城市发展规划和战略定位,按照现行规程规范,考虑中心城市辐射、带动作用及外溢效应,结合国家级高新、经济、合作区战略定位及防护要求,统筹协调局部与整体、近期与长远、上游与下游、左岸与右岸、干流与支流以及跨行政区堤防的关系,对各保护区防洪(潮)标准进行了充分论证。

(3)经综合分析,确定至规划水平年 2035 年,广州市中心城区防洪标准为 200 年一遇,防潮标准为大于或等于 300 年一遇;深圳市中心城区防洪标准为 200 年一遇,防潮标准为 1 000 年一遇;佛山市、江门市、中山市中心城区防洪(潮)标准为 200 年一遇;东莞市、惠州市、肇庆市中心城区防洪标准为 200 年一遇;珠海市中心城区防潮标准为 200 年一遇。研究实例的防洪(潮)标准论证成果符合大湾区新时代发展定位,满足大湾区实际防洪(潮)需求。

## 参考文献

[1] 水利部珠江水利委员会.珠江流域综合规划[R].广州:水利部珠江水利委员会,2013.
[2] 水利部珠江水利委员会.珠江流域防洪规划[R].广州:水利部珠江水利委员会,2007.
[3] 陈文龙,袁菲,张印,等.粤港澳大湾区防洪(潮)对策研究[J].中国防汛抗旱,2022,32(7):1-4.
[4] 中华人民共和国住房和城乡建设部,中华人民共和国国家质量监督检验检疫总局.防洪标准:GB 50201—2014[S].北京:中国计划出版社,2014.
[5] 石瑞花,张志崇,李广一,等.粤港澳大湾区防洪标准制定的思考[C]//中国水利学会.2022 中国水利学术大会论文集(第一分册).郑州:黄河水利出版社,2022:5.

# 基于 MIKE 模型的溃堤洪水风险分析

王 蓓 黄渝桂

(中水淮河规划设计研究有限公司,安徽合肥 230601)

**摘 要**:溃堤洪水风险分析作为江河湖泊洪水风险分析的重要组成部分,是实现洪水管理科学化的重要依据。韩庄运河位于淮河流域,属于沂沭泗水系,是南四湖洪水及区间洪水的主要泄洪通道,全长 42.5 km。本文以韩庄运河为例,通过对洪水来源及其组合方式、洪水量级、溃口方案进行研究,拟定溃堤洪水风险分析计算方案,采用一维水动力模型 MIKE11、二维水动力模型 MIKE21、耦合计算模块 MIKE FLOOD 进行韩庄运河溃堤洪水风险分析。结果表明,洪水量级越大,溃口溃洪量和防洪保护区淹没面积越大,堤防溃堤对防洪保护区的影响程度也随之增加。本成果可为后续开展洪水影响分析、避险转移分析、洪水风险图绘制奠定基础。

**关键词**:溃堤洪水风险分析;韩庄运河;MIKE 模型;溃口

溃堤洪水风险分析作为江河湖泊洪水风险分析的重要组成部分,是实现洪水管理科学化的依据,也是开展洪水影响分析、避险转移分析、洪水风险图绘制的基础。

本文通过对韩庄运河洪水来源及其组合方式、洪水量级、溃口方案进行研究,拟定溃堤洪水风险分析计算方案,建立洪水演算模型,进行模拟计算,开展溃堤洪水风险分析工作。

## 1 研究区概况

韩庄运河位于淮河流域,属于沂沭泗水系,上起南四湖韩庄出口,流经山东省济宁市微山县、枣庄市峄城区和台儿庄区,于江苏、山东省界处陶沟河口下接中运河,全长 42.5 km。韩庄运河是南四湖洪水及区间洪水的主要泄洪通道,也是世界文化遗产千年大运河的重要组成部分。

## 2 模型简介

MIKE 模型由丹麦水力研究所(Danish Hydraulic Institute)开发,是世界上应用最为广泛的水力学模型之一[1],该模型功能齐全,计算稳定,能够满足溃堤洪水风险分析的要求。

本文主要采用一维水动力模型 MIKE11、二维水动力模型 MIKE21、耦合计算模块

**作者简介**:王蓓(1972—),女,高级工程师,主要从事水利规划设计工作。

**通信作者**:黄渝桂(1984—),男,高级工程师,主要从事水利规划设计工作。

MIKE FLOOD 进行溃堤洪水风险分析。

## 2.1 一维水动力模型控制方程

一维水动力模型 MIKE11 基于圣维南方程组进行河道水动力模拟计算,采用隐式差分格式求解。一维水动力模型的控制方程为

$$\frac{\partial A}{\partial t} + \frac{\partial Q}{\partial x} = q \tag{1}$$

$$\frac{\partial Q}{\partial t} + \frac{\partial}{\partial x}\left(a\,\frac{Q^2}{A}\right) + gA\left(\frac{\partial y}{\partial x}\right) + gAS_f = uq = 0 \tag{2}$$

式中:$A$ 为过水断面面积,$m^2$;$Q$ 为流量,$m^3/s$;$t$ 为时间,$s$;$q$ 为侧向单位长度旁侧入流量,$m^2/s$;$a$ 为动量修正系数;$g$ 为重力加速度,$m/s^2$;$y$ 为水位,$m$;$S_f$ 为摩阻坡度;$u$ 为侧向来流在河道方向的流速,$m/s$。

## 2.2 二维水动力模型控制方程

二维水动力模型 MIKE21 基于二维浅水波方程,采用单元中心的显式有限体积法求解。二维水动力模型的控制方程为

$$\frac{\partial h}{\partial t} + \frac{\partial M}{\partial x} + \frac{\partial N}{\partial y} = q \tag{3}$$

$$\frac{\partial M}{\partial t} + \frac{\partial(uM)}{\partial x} + \frac{\partial(vM)}{\partial y} + gh\frac{\partial Z}{\partial x} + g\frac{n^2 u\sqrt{u^2+v^2}}{h^{1/3}} = 0 \tag{4}$$

$$\frac{\partial N}{\partial t} + \frac{\partial(uN)}{\partial x} + \frac{\partial(vN)}{\partial y} + gh\frac{\partial Z}{\partial x} + g\frac{n^2 v\sqrt{u^2+v^2}}{h^{1/3}} = 0 \tag{5}$$

式中:$h$ 为水深,$m$;$t$ 为时间,$s$;$M$ 为 $x$ 方向的单宽流量,$m^2/s$;$N$ 为 $y$ 方向的单宽流量,$m^2/s$;$q$ 为源汇项,$m/s$;$u$ 为 $x$ 方向的流速分量,$m/s$;$v$ 为 $y$ 方向的流速分量,$m/s$;$g$ 为重力加速度,$m/s^2$;$Z$ 为水位,$m$;$n$ 为糙率。

方程没有考虑科氏力和紊动项的影响。

## 2.3 一维水动力模型与二维水动力模型耦合

一维水动力模型计算简便,适合模拟河道内水流运动情况;二维水动力模型需要占用更多的计算资源,适合模拟行洪区和湖泊内水流运动情况;通过建立一维、二维耦合水流数学模型,将上述两种模型联成一体,联合求解,既可以发挥出一维水动力模型快速方便的特点,同时又能获得局部范围的细部信息,本文采用 MIKE FLOOD 模块进行一维、二维耦合计算。

## 2.4 堤防溃决模型

一维水动力模型在河道溃口中心桩号处添加虚拟河道支流,并将溃口口门概化为宽顶堰控制构筑物置于虚拟河道中部,通过对宽顶堰添加控制策略(当溃口处河道水位达到溃口触发条件时,堰顶高程逐步降至溃决底高程),实现堤防溃口模拟。

为模拟溃口发生后水流自一维河道进入二维防洪保护区的情形,采用 MIKE FLOOD 模块将虚拟河道末端与溃口下游防洪保护区相应单元进行连接,实现溃口溃决后一维、二维水动力模型之间的耦合计算。

# 3　计算方案

## 3.1　洪水来源及其组合方式

韩庄运河洪水来源于南四湖经韩庄枢纽下泄洪水及区间洪水,洪水组合考虑南四湖发生与骆马湖同频率洪水,沂沭河、邳苍为相应洪水。

## 3.2　洪水量级

选取 20 年一遇、50 年一遇、100 年一遇设计洪水,1957 年典型年洪水作为计算洪水。

## 3.3　溃口方案

通过对韩庄运河险工险段进行现场调查,综合考虑溃口对防洪保护区的影响和各种不利情况组合,并结合河势地形、地质、工程状况、历史出险等情况,拟订溃口方案。

### 3.3.1　溃口位置

韩庄运河溃口设置在左堤万年闸上游侧、三支沟入韩庄运河处。

韩庄运河三支沟溃口位置见图 1。

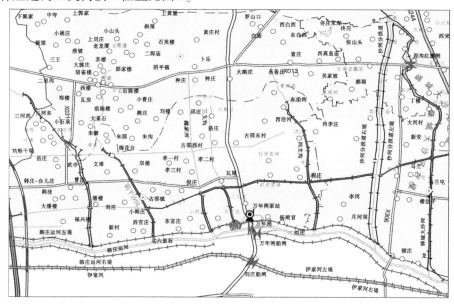

图 1　韩庄运河三支沟溃口位置示意图

### 3.3.2　溃口尺寸拟定原则

根据洪水量级、洪水特征、堤防土质、历史溃决等情况,判断韩庄运河堤防溃决方式,确定溃口尺寸拟定原则。

在沂沭泗河洪水东调南下续建工程中,已经对韩庄运河堤防进行了加固处理,标准较高,因此溃口形状可等效为矩形。

根据现场调查,结合历史洪水情况并综合考虑堤防工程等级、标准,初步拟定韩庄运河堤防溃口宽度为 50~100 m。

考虑到防洪保护区遭遇同一等级洪水的最大风险,分洪量应尽可能大,堤防溃决方式设定为瞬间溃决,选择堤后 100 m 范围内地面最低高程作为溃口底高程。

### 3.3.3　溃口时机拟定原则

溃口时机设定为溃口所在位置水位达到计算洪水量级相对应的触发水位时,堤防开始溃决。

韩庄运河 100 年一遇设计水位和 1957 年典型年洪水水位均高于 50 年一遇设计水位,由于韩庄运河堤防已达 50 年一遇设计标准,因此 100 年一遇设计洪水和 1957 年典型年洪水条件下的溃口时机为溃口所在位置水位达到 50 年一遇设计水位时开始溃堤。

### 3.4　计算方案拟定

根据洪水来源及其组合方式、洪水量级以及溃口方案,拟定韩庄运河溃堤洪水风险分析计算方案。

(1)洪水来源及其组合方式:南四湖发生与骆马湖同频率洪水,沂沭河、邳苍为相应洪水。

(2)洪水量级:20 年一遇、50 年一遇、100 年一遇设计洪水,1957 年典型年洪水。

(3)溃口名称:韩庄运河左堤三支沟溃口。

韩庄运河溃堤洪水风险分析计算方案见表 1。

**表 1　韩庄运河溃堤洪水风险分析计算方案**

| 序号 | 溃口名称 | 洪水量级 | 溃口宽度/m | 溃口时机 |
|---|---|---|---|---|
| 1 | 三支沟溃口 | 20 年一遇 | 50 | 20 年一遇设计水位 |
| 2 | | 50 年一遇 | 80 | 50 年一遇设计水位 |
| 3 | | 100 年一遇 | 100 | 50 年一遇设计水位 |
| 4 | | 1957 年典型年洪水 | 100 | 50 年一遇设计水位 |

## 4　溃堤洪水风险分析

### 4.1　边界条件设置

#### 4.1.1　溃口尺寸

韩庄运河左堤质量较好,参考历史溃口的宽度及堤防建设情况,确定韩庄运河 20 年一遇、50 年一遇、100 年一遇设计洪水以及 1957 年典型年洪水条件下,溃口宽度分别为 50 m、80 m、100 m、100 m,溃口形状为矩形口门。

考虑到溃堤后口门变化过程较难确定,且其对淹没水深、洪水流速的计算没有影响,因此根据最不利原则,溃口采用瞬间溃决且一溃到底(溃口底高程与堤后地面相平)的方式进行计算。

三支沟溃口处堤顶高程为 34.3 m(1985 国家高程基准,下同),溃口底高程为 30.4 m,溃口深为 3.9 m。

韩庄运河溃口尺寸见表 2。

表2 韩庄运河溃口尺寸

| 溃口名称 | 洪水量级 | 堤顶高程/m | 溃口宽度/m | 溃口底高程/m | 溃口深/m | 溃口形状 |
|---|---|---|---|---|---|---|
| 三支沟溃口 | 20年一遇 | 34.3 | 50 | 30.4 | 3.9 | 矩形口门 |
| | 50年一遇 | 34.3 | 80 | 30.4 | 3.9 | 矩形口门 |
| | 100年一遇 | 34.3 | 100 | 30.4 | 3.9 | 矩形口门 |
| | 1957年典型年洪水 | 34.3 | 100 | 30.4 | 3.9 | 矩形口门 |

**4.1.2 溃口时机**

根据溃口时机拟定原则,不同洪水量级的溃口时机如下:

(1)20年一遇设计洪水条件下,溃口所在位置水位达到20年一遇设计水位时瞬间溃决。

(2)50年一遇设计洪水条件下,溃口所在位置水位达到50年一遇设计水位时瞬间溃决。

(3)100年一遇设计洪水条件下,溃口所在位置水位达到50年一遇设计水位时瞬间溃决。

(4)1957年典型年洪水条件下,溃口所在位置水位达到50年一遇设计水位时瞬间溃决。

韩庄运河溃口时机见表3。

表3 韩庄运河溃口时机

| 溃口名称 | 洪水量级 | 设计(典型年)水位/m | 溃决水位/m |
|---|---|---|---|
| 三支沟溃口 | 20年一遇 | 31.74 | 31.74 |
| | 50年一遇 | 32.63 | 32.63 |
| | 100年一遇 | 33.22 | 32.63 |
| | 1957年典型年洪水 | 33.11 | 32.63 |

**4.1.3 边界设定**

(1)上边界。上边界条件为20年一遇、50年一遇、100年一遇设计洪水流量过程,1957年典型年洪水流量过程。

(2)下边界。下边界条件为滩上集水位-流量关系。

(3)内部边界处理。内部边界主要考虑防洪保护区内道路及堤防的阻水作用。根据收集的公路、铁路、堤防等相关资料,对模型中阻水建筑的路基高程、堤防堤顶高程进行设置,以实现对相关工程的模拟概化。

(4)计算时间。洪水过程为7月6日至8月4日,为使堤防溃口溃决的洪水在防洪保护区内完全演进,增加模型计算时间,即7月6日至8月12日。

### 4.2 成果分析

韩庄运河溃堤洪水风险分析采用一维水动力模型 MIKE11、二维水动力模型 MIKE21、耦合计算模块 MIKE FLOOD 进行溃堤洪水风险分析。其中,一维水动力模型 MIKE11 用于模拟韩庄运河洪水演进,二维水动力模型 MIKE21 用于模拟防洪保护区洪水演进,MIKE FLOOD 模块用于溃口溃决后一维、二维水动力模型之间的耦合计算。

不同洪水量级条件下,韩庄运河溃堤洪水风险模拟计算成果如下:

20 年一遇设计洪水条件下,韩庄运河三支沟溃口发生溃决,溃洪量为 0.41 亿 m³,防洪保护区淹没面积为 27.56 km²。

50 年一遇设计洪水条件下,韩庄运河三支沟溃口发生溃决,溃洪量为 1.54 亿 m³,防洪保护区淹没面积为 46.58 km²。

100 年一遇设计洪水条件下,韩庄运河三支沟溃口发生溃决,溃洪量为 2.29 亿 m³,防洪保护区淹没面积为 126.93 km²。

1957 年典型年洪水(相当于 90 年一遇洪水)条件下,韩庄运河三支沟溃口发生溃决,溃洪量为 1.62 亿 m³,防洪保护区淹没面积为 91.81 km²。

不同洪水量级条件下溃口溃洪量对比见图 2。

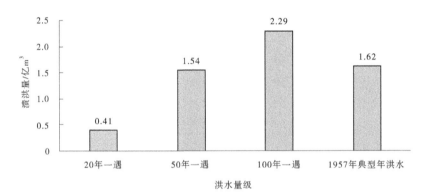

**图 2　不同洪水量级条件下溃口溃洪量对比**

不同洪水量级条件下防洪保护区淹没面积对比见图 3。

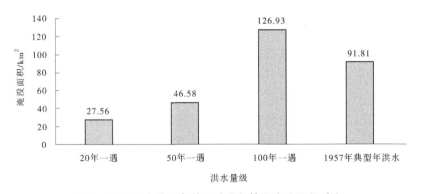

**图 3　不同洪水量级条件下防洪保护区淹没面积对比**

上述模拟计算结果表明,20年一遇设计洪水条件下,溃洪量最小,防洪保护区淹没面积最小;洪水量级越大,溃口溃洪量和防洪保护区淹没面积越大,堤防溃堤对防洪保护区的影响程度也随之增加。

## 5 结语

本文采用的一维水动力模型 MIKE11、二维水动力模型 MIKE21、耦合计算模块 MIKE FLOOD 能够满足韩庄运河溃堤洪水风险分析的要求。

基于 MIKE 模型的溃堤洪水风险模拟计算成果表明,洪水量级越大,溃口溃洪量和防洪保护区淹没面积越大,堤防溃堤对防洪保护区的影响程度也随之增加,本成果可为后续开展洪水影响分析、避险转移分析、洪水风险图绘制奠定基础。

## 参考文献

[1] 魏凯,梁忠民,王军.基于 MIKE21 的濛洼蓄滞洪区洪水演算模拟[J].南水北调与水利科技,2013 (12):16-19.

# 基于 VOF 模型的二维数值波浪水槽消波研究

张永恒

（中水珠江规划勘测设计有限公司，广东广州 510610）

**摘 要**：波浪数值水槽是研究波浪与结构物作用的重要手段，也是近年海洋流体力学方向的前沿课题，在海洋工程结构物设计、海上风电工程、港口码头设计等领域有着广泛的应用。波浪数值水槽是用数学模型来模拟波浪和结构物相互作用，消波是模型建立的关键技术。本文以 FLUENT 为平台，利用 VOF（Volume of Fluid）气液两相流模型，追踪自由面，成功建立了基于边界造波法的二维波浪水槽模型，提出了数值耗散消波这一新概念，并在数值模型中结合数值耗散消波和多空介质消波，使波面下降达 99.4%，消波效果良好，可以用来模拟波浪和类似物体的相互作用，具有一定的应用前景。

**关键词**：波浪；数值水槽；数值耗散消波；边界造波

## 1 引言

水波是自然界最普遍的现象之一，在涉及水波、海浪的工程项目中，为保证处于其中的结构物安全、有效地运行，需要正确预报其荷载。但结构物的存在及其运动也会扰动原有的流场，这也要求对结构物进行合理的设计并有效地预报结构物对所处流场可能产生的影响[1-6]。

对于波浪与物体的相互作用，目前该问题的研究手段主要有物理模型实验与数值模拟等。物理模型实验主要是通过在波浪水槽中进行的实验来研究波浪与结构的互相作用；数值模拟则通过建立数值模型来解决波浪与建筑物相互作用问题——通过模仿物理模型实验技术，实现在数值波浪水槽中研究波浪、流体以及波流场对结构物的作用，因此数值水槽的建立是该数值模拟的关键之一[7-8]。本文采用数值水槽仿真模拟程序，建立模型造波和消波。

## 2 模型设计

### 2.1 计算方法

本文基于 FLUENT 软件的 VOF 模型进行二维数值波浪水槽模拟。数值波浪水槽技术领域中最为关键的核心技术是数值造波技术，良好的数值造波技术不但能够为数值波

---

**作者简介**：张永恒（1980—），男，高级工程师，主要从事水利水电、海岸工程相关方向的工作。

浪水槽提供优质的波浪环境,而且还能够为真实水槽造波机系统的设计提供可靠的力学依据。本文采用的造波方法为边界造波法,根据行波的解析解,给定造波边界处的值,从而实现造波。

波浪的吸收是波浪模拟过程中另一个很重要的问题,也是一个很难处理的问题[9-10]。当波浪传播到出流边界或波浪反射到造波板附近时,需要对波浪进行吸收,防止波浪的反射影响计算区域的波浪模拟。为了使波浪能透过开边界而不在开边界处产生反射,在数值水槽中可采用人工衰减方法吸收边界条件处理开边界,使波浪在阻尼层内衰减,从而消除反射波。在目前的方法中,主要采用人工黏性消波、多孔介质消波等,但效果都不是十分理想。

本文提出一种数值耗散消波的方法,即通过增大网格间距,从而使方程计算不精确而是计算值偏小,在网格间距适当大时,则能达到较好的消波效果。同时,在波浪数值模型中利用多空介质和数值耗散联合消波。

选用 FLUENT 软件的 VOF 方法计算流场,从而达到追踪自由面的目的,气液两相流模型选用 VOF 模型,湍流模型选用标准的 $\kappa-\varepsilon$ 双方程模型,求解二维时均雷诺 $N\text{-}S$ 方程(RANS)。采用邻近修正 PISO 算法求解压强–速度耦合,加快收敛速度,节省运算量。壁面附近采用标准壁面函数方法处理[10-13]。

## 2.2 数值水槽模型

本文采用边界造波法,通过给定造波边界流体的流速和波高,进行二维波浪水槽的数值模拟。采用的波浪数值水槽模型如图 1 所示。模型计算尺寸为 16 m×10.25 m,其中静水深 10 m,坐标系原点位于入射边界的静水面处。

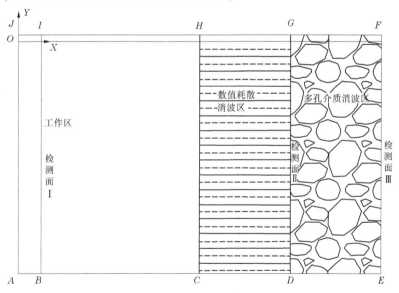

图 1 波浪数值水槽模型

本文模型中 $X$ 轴处为水面,$ACHJ$ 为波浪工作区,$CDGH$ 为数值消散消波区,$DEFG$ 为多孔介质消波区。$AO=10$ m,$AE=16$ m,$DC=DE=4$ m。本文在 $BI$、$DG$、$EF$ 设置波面检测点,分别称为检测面 Ⅰ、检测面 Ⅱ、检测面 Ⅲ。

为了更准确地捕捉到波浪自由面,本研究网格沿着波高方向,在静水面上下一个波高的范围内加密。模型总网格数达 16 万多,在水面处 $\Delta x = \Delta y = 5$ mm,水面加密能较精确地模拟出波面的变化过程;在数值消波处采用逐渐增大网格间距的办法,最大网格间距达 0.8 m。

数值水槽边界条件见表 1。

表 1　数值水槽边界条件

| 名称 | 边界 | 边界设置类型 |
|------|------|--------------|
| Left | AJ | 速度入口(Velocity-inlet) |
| Right | EF | 压力出口(Pressure-outlet) |
| Up | AE | 压力出口(Pressure-outlet) |
| Down | FE | 墙(Wall) |

## 3　模拟结果

依据微幅波浪理论,对微幅波进行了数值模拟。本文选用的入射波波高和波浪周期分别为 0.35 m 和 1.5 s,通过对瞬时波面历时演化分析、某位置处波幅的历时时程分析以及某时刻波面形状分析等,对该类数值水槽可靠性、准确性和适用性进行评价。

为节约计算时间,本文只采用 $AC = 8$ m 做波浪工作区,大概 2 个波长的长度,数值耗散消波和多空介质消波区域长 4 m,大概为 1 个波长的长度。图 2 为 $t = 3.9$ s 时的波面瞬时图,可知在 3.9 s 内,造波并不稳定,所以第二个波峰有所下降。

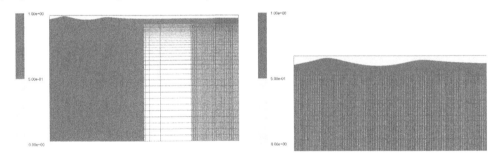

图 2　$t = 3.9$ s 瞬时波面

图 3(a)为距离入口 1 m 处的波面历时检测图,可以看出,波高已经达到预设的 0.35 m,且波浪周期 $T = 1.5$ s。由图 3(b)、图 3(c)中可知,在此两位置的波面最大偏差大约为 0.02 m 和 0.001 m,经过第一轮的数值耗散消波,波面下降了大概 88.6%,再经第二轮的多空介质消波,波面大概下降 99.4%,基本已经较好达到消波目的。

图 4、图 5 为 $t = 10$ s 时的数据图,可知此时造波已趋于稳定,两个波面波高基本相等,且达到设定的波高值;数值耗散消波效果不明显,波面下降仅 85%;在出口处消波效果明显,多孔介质消波区波面趋于静水面,图 4 中这一良好消波现象特别明显。

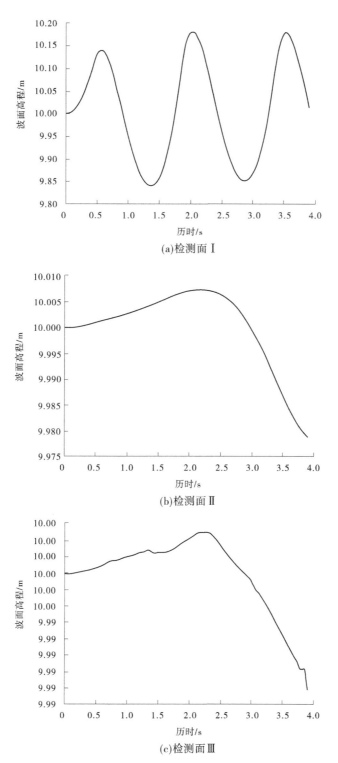

(a)检测面Ⅰ

(b)检测面Ⅱ

(c)检测面Ⅲ

图3 检测面Ⅰ、Ⅱ、Ⅲ波面历时变化($t$ = 3.5 s)

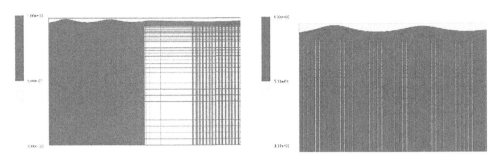

图 4    $t = 10$ s 瞬时波面

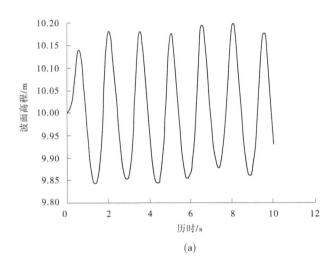

(a)

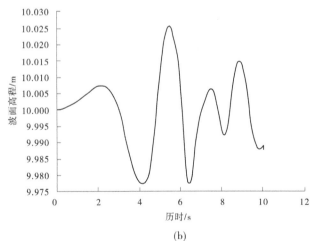

(b)

图 5    检测面 I、II、III 波面历时变化($t = 10$ s)

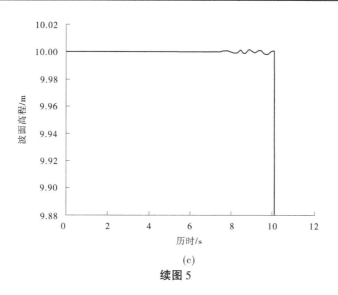

(c)

续图5

## 4 结论

本文成功建立基于 VOF 的边界造波法二维波浪数值水槽模型,并且提出了数值耗散消波这一概念,结合两种消波方法进行消波,取得较好的消波效果,使该数值水槽的应用性得以提升,可以用来模拟波浪和其他物体的相互作用。

数值耗散消波虽然看似增加计算区域,增加了计算量,但由于耗散区所需网格间距很大,其计算量很小,但消波效果有限;而多孔介质消波的计算量大,但其消波效果良好,所以联合它们消波事实上是相互弥补二者的缺点达到综合的较好效果。

## 参考文献

[1] 黄德波. 水波理论基础[M]. 哈尔滨:哈尔滨工程大学出版社, 1993.

[2] 李人宪. 有限体积法基础[M]. 国防工业出版社, 2005.

[3] 韩占忠, 王敬, 兰小平. FLUENT 流体工程仿真计算实例与应用[M]. 北京:北京理工大学, 2004.

[4] 王瑞金, 张凯, 王刚. FLUENT 技术基础与应用实例[M]. 北京:清华大学出版社, 2007.

[5] 李胜忠. 基于 FLUENT 的二维数值波浪水槽研究[R]. 哈尔滨:哈尔滨工业大学, 2006.

[6] 董志, 詹杰民. 基于 VOF 方法的数值波浪水槽以及造波、消波方法研究[J]. 水动力学研究与进展:A 辑, 2009(1):15-21.

[7] 李金宣, 柳淑学, 洪起庸. Numerical Study of Two-Dimensional Focusing Waves[J]. China Ocean Engineering, 2008(2):253-266.

[8] 刘霞, 谭国焕, 王大国. 基于边界造波法的二阶 Stokes 波的数值生成[J]. 辽宁工程技术大学学报:自然科学版, 2010(1):107-111.

[9] 刘加海. 二维水槽数值造波分析研究[J]. 黑龙江水利科技, 2006(2):39-41.

[10] 刘海青, 赵子丹. 数值波浪水槽的建立与验证[J]. 水动力学研究与进展(A 辑), 1999(1):8-15.

[11] 韩朋. 基于 VOF 方法的不规则波阻尼消波研究[D]. 大连:大连理工大学, 2008.

[12] 顾挺锋. 海洋工程水池波浪生成的数值模拟[D]. 哈尔滨:哈尔滨工业大学, 2009.

[13] 罗靖楠. 基于 OpenFOAM 的船舶波浪增阻分析[D]. 大连:大连理工大学, 2020.

# 喀什地区防洪工程设计关键技术研究

## 王海建　毕树根　单其宽

（中水珠江规划勘测设计有限公司，广东广州　510610）

**摘　要：** 新疆喀什等西北干旱地区的内陆河道与南方平原地区河道基础条件区别较大，具有洪水暴涨暴落、植被覆盖率低、河床冲刷严重、气候寒冷及施工条件差等特点，治理方案设计时侧重点不同。通过分析洪水特性、地形地质条件及当地防洪工程经验，得出适合该地区的河道治理关键技术，如堤顶超高确定、抗冲刷设计、护坡形式、抗冻胀措施等，为在该地区开展河道治理工程提供参考。

**关键词：** 防洪工程；堤顶超高；冲刷深度；抗冻胀；洪水特性

我国新疆喀什地区分布着一些较大的内陆河，如克孜河、盖孜河、叶尔羌河、塔里木河等，此类河流与华南、华北等平原地区的河流有较大的不同，其水文条件复杂，水文基础设施和基本资料缺乏，设计洪水计算和确定难度较大，同时，该地区气候干旱，植被覆盖度低，冬季寒冷时间长，施工条件差，河道防洪治理工程难度较大。黄劲柏等[1]通过新疆古河道现状调查分析，提出向古河道通水，给予下泄生态水源的治理方式。傅宝龙[2]根据新疆河道特点及防洪实践，探讨不同河段防护工程的整治措施和整治建筑物结构形式。徐燕[3]通过分析叶尔羌河河流洪水特点，结合新疆当地防洪实践，提出了不同河段的治理思路。姚新旺[4]在分析新疆塔里木河中游历史演变以及河型、河性、河势演变的基础上，对河道治理工程的布局原则进行了讨论，并重点介绍了工程布局中的几个关键节点。刘雅祯[5]针对新疆头屯河下游河道存在的问题进行分析，经比选提出头屯河下游河道治理思路。可见，在新疆喀什地区开展河道治理工程，如果堤防工程设计针对性不强，工程防冲结构形式选取不当，则造成河道防洪能力差，河床崩岸、变形及河道冲淤变化加剧[6-8]。需要统筹分析山区、前山带和平原区等各河段不同的基础条件，因地制宜，研究合理的防洪工程治理形式。

## 1　基础条件分析

新中国成立以来，喀什地区防洪减灾水利工程建设取得了很大成绩，但由于经济社会条件和工程建设条件的限制，防洪减灾设施仍然比较薄弱，上游仍然缺乏流域防洪控制性水利枢纽工程，中游河道淤积严重、行洪能力不足，下游洪水出路不畅，造成流域连年发生洪灾，给人民群众生产和生活造成了极大威胁，严重制约了该地区经济发展和当地人民生

---

**作者简介：** 王海建（1984—），男，高级工程师，主要从事水利水电工程设计工作。

活水平的提高。有的防洪整治工程建设违背了河道的客观规律,人为修建挑水坝或围滩,将水流逼近挑向对岸引起水流对冲河岸,造成一些河段呈大弯或急弯状态,改变了河道天然形态,增加了防洪负担,造成汛期不断发生险情及水土流失。合理的防洪工程治理形式选取与河流地形地质条件、洪水特性、冲淤特性等边界条件密切相关。河道整治方案及工程措施应充分研究基础边界条件,从整体到局部,以泄为主,综合整治,针对不同河流、不同河段河势情况采取整治方案[9-11]。

## 1.1 地形地质条件

喀什地区位于新疆南部,北面、南面和西面三面环山,中部和东部低,北部为南天山山脉,中部为塔里木盆地西端,南部为昆仑山山脉,东部为地势低平的塔里木盆地底部,呈开口向东的"簸箕"状地形,高程变化大,最高峰公格尔峰海拔7 559 m,最低处位于伽师县东部塔里木盆地,海拔仅500 m左右。

该地区克孜河、盖孜河、库山河、恰克玛克河及布谷孜河、吐曼河、依格孜牙河等统称喀什噶尔河流域。河流按照地貌单元可划分为三段:山区、前山带或丘陵区、平原区(倾斜冲洪积平原、冲积平原区)。地层岩性为志留系砂岩、泥岩,泥盆系砂岩、石英岩及大理岩,石炭系砂岩、泥岩,上第三系砂岩、泥岩以及第四系冲洪积层和风积层。山区河段基础以砂卵砾石层为主,前山带以砂卵砾石、粉细砂、粉土、细砂层为主,下游平原区以细砂、粉土、粉质黏土层为主。河道蜿蜒曲折,凹、凸岸相间分布,河床一般较宽,水下地形总体平缓,但局部深槽分布,洪水期水流量较大,流速较急,加之沿线大部分堤段地表土层为细砂、粉土,其抗冲稳定性较差,防护难度大。

## 1.2 气象特点

喀什深居内陆腹地,远离海洋,三面环山,受帕米尔高原及各山体的层层阻隔,西风环流及印度洋水汽难以侵入。受东部塔克拉玛干大沙漠的影响,降水量稀少,蒸发强烈,气候干燥,日照充足,昼夜温差大,气温年变幅也较大。河道治理时,冻胀问题突出。

## 1.3 径流特点

喀什地区径流为以冰雪融水补给为主,降雨补给为辅,枯季为地下水和泉水补给。对于受河源冰川固体水库调节作用的河流,径流年际变化稳定,$C_v$值较小,为0.2左右,$C_s/C_v$在2~3。有些前山带的小河,无固体水库调节,受冰雪融水和暴雨补给作用,年际变化较大,$C_v$为0.4,$C_s/C_v$在2.5~3,如恰克玛克河、依格孜牙河等。

## 1.4 洪水特性

喀什噶尔河流域的洪水主要由冰雪融水及汛期暴雨引发,洪水类型可分为融雪洪水、暴雨洪水、溃坝型洪水及混合型洪水,其中以融雪型洪水发生频率最高,其次为暴雨型洪水。

融雪型洪水水量的季节变化很大,洪水水量与气温等热力学指标有明显的正相关关系,与降水量呈负相关,70%以上的水量集中在洪水期6—9月,一般在7月中旬至8月下旬出现较强的洪峰。洪水过程有明显的日变化,洪水历时较长,一般10~25 d,涨洪平缓,峰型多为复式,每日一峰一谷;洪水波沿程衰减率减小,洪水的坦化程度与洪水的基流有关,基流越厚其坦化程度越低。

暴雨型洪水发生时间由降雨的季节性决定,较大暴雨洪水几乎全部集中发生在6—8

月。暴雨型洪水陡涨陡落,峰高量小,洪水过程单一,洪水历时短,为 1~3 d。

混合型洪水在 5—8 月均有发生,峰值不高,但量大,历时长,多峰型,在有规律的流量日变化过程线上叠置 1~2 个尖瘦的降水洪峰。

## 1.5 生态需求

喀什地区多以冰川、荒漠、草原、农田为主,原生生态和人造景观并存。大部分河段没有条件进行专门的景观绿化治理,水对于当地人民非常宝贵,河道治理重要的是解决好洪水冲刷对于工农业生产的危害问题。只有在个别城区河段,有一定的滨水景观需求,但是要充分考虑水量利用和统一规划,避免浪费水资源。另外,内陆河在非汛期有保存水资源、避免全下放至末端沙漠的情况,因此河道治理要考虑水体下渗、涵养水源的需要。

以上这些特点,给喀什地区开展河道治理带来较大的难度,洪水暴涨暴落,洪水峰高量大,既要考虑河道防冲刷、冻胀等,也要考虑经济性和一定的生态功能,防护措施偏弱,会造成明显的经济损失;防护措施加强,投资大而且维护费用高。需要综合分析找到经济技术的平衡点。

## 2 关键设计参数

### 2.1 超高取值

根据《堤防工程设计规范》(GB 50286—2013),河道两岸堤顶高程为设计洪水位加堤顶超高确定。堤防超高由安全加高加上风壅水面高度和风浪爬高得出。其中,安全加高按不允许越浪设计,1 级堤防安全加高值 1.0 m,2 级堤防安全加高值 0.8 m,3 级堤防安全加高值 0.7 m,4 级堤防安全加高值 0.6 m,5 级堤防安全加高值 0.5 m。

根据《河道整治设计规范》(GB 50707—2011),护岸顶部护砌高程应超过设计洪水位 0.5 m。

经前述分析,该地区洪水特性暴涨暴落、消退较快,在计算堤顶超高时,若采用河道频率洪水对应水深,则根据规范计算出的结果偏大,造成工程投资大,与经济社会效益不匹配。结合当地大多数工程经验,河道水深宜采用平均水位来计算,得出的计算结果和经验取值对比,基本与堤防保护对象确定的级别相吻合。因此,通常做法是堤防级别为 1 级、2 级时,堤顶超高取 1.5 m,堤防级别为 3 级时,堤顶超高取 1.2 m,堤防级别为 4、5 级时,堤顶超高取 1 m。护岸工程护砌超高取 0.5 m。以该原则设计防洪工程,做到既经济又能充分发挥其防护作用。

### 2.2 冲刷深度

河道两岸防护设计时,冲刷深度控制岸坡地面以下护脚的埋深。冲刷深度设计与堤顶超高选取类似,以规范计算为主,然后结合实际深槽冲刷深度进行复核。《堤防工程设计规范》(GB 50286—2013)附录 D.2 中顺坝及平顺护岸冲刷深度按下式计算:

$$h_s = H_0 \left[ \left( \frac{U_{cp}}{U_c} \right)^n - 1 \right] \qquad (1)$$

$$U_{cp} = U \frac{2\eta}{1 + \eta} \qquad (2)$$

水流斜冲岸坡产生的冲刷按《河道整治设计规范》(GB 50707—2011)附录 B.2 进行

计算：

$$\Delta h_{\mathrm{p}} = \frac{23\left(\tan\dfrac{\alpha}{2}\right)V_j^2}{\sqrt{1+m^2}\times g} - 30d \tag{3}$$

根据洪水特性分析，结合工程实例总结和现场调查，该地区河道宽阔，最大冲刷深度并不一定在高水位大流量时发生，中小流量也有可能出现局部最大淘深。因此，实际淘深与公式计算所得冲刷深度有偏差，在护坡设计时护脚埋深取值，需取公式理论计算值和实际调查值二者中的较大值。对于地下水埋深较浅、开挖较困难的，坡脚延伸至地下水位深度，同时增设水平段坡脚防护。其中，水平段长度 $L$ =（计算深度−实际深度）×（1.5~2）。对于水下护脚，一般采用石笼、浆砌石、水下混凝土或抛石等[12]。

## 2.3 护坡形式

根据当地建材分布和地质条件，结合大量经受长期运行考验的工程实例研究，当地通常采用的护坡形式有以下几种：

（1）混凝土板护坡。在河道坡降较陡、大卵石缺乏的河段，混凝土砂砾料丰富，适宜采用 C20 混凝土护坡。河床线上下边坡均采用混凝土板衬护，坡脚采用抛石、铅丝石笼。

（2）浆砌石护坡。在河道坡降较陡、卵石河床、砾石石料丰富的河段，适宜采用浆砌石护坡，坡脚采用抛石、铅丝石笼。

（3）石笼护坡。在河道坡降较缓、植被丰富的粉土层，为兼顾生态功能，提供植被生长条件，河道护坡形式一般采用铅丝石笼或格宾石笼，坡脚采用抛石、铅丝石笼，同时满足冻胀变形等。

对于河道垂直安排防护，则应根据稳定计算采用挡土墙、桩等结构形式。

## 2.4 抗冻胀设计

喀什多年平均气温为 12.4 ℃，最冷月（1月）极端最低气温为−24.4 ℃，实测最大冻土深度为 0.9 m。因此，抗冻胀设计是关键。设计时应根据不同材料的抗冻胀特性来分别考虑。

根据地质资料，对于场地基础是卵石的，因粒径小于 0.075 mm 卵石含量<10%，根据《水工建筑物抗冰冻设计规范》（SL 211—2006），判定为不冻胀。因此，对于基础为砂卵砾石的，不需采取防冻胀措施。

对于基础为粉土的，有一定的冻胀性，需进一步分析是否采取抗冻胀措施。其中，堤身为粉土填筑、护坡采用铅丝石笼护坡的，因石笼为柔性材料，适应变形能力强，不存在冻胀性，且具有一定的隔离作用，则不需要再进行换填。仅对粉土或细砂材料填筑堤身的，且采用混凝土护坡的，需要采取抗冻胀措施，一般采取在分缝处背后设防冻垫层的方式。根据《水工建筑物抗冰冻设计规范》（SL 211—2006）的规定，冻深小于 1.2 m 的地区，防冻层厚度应大于当地最大冻土深度的 60%。因此，根据各工程区最大冻土深度，结合当地类似工程经验，确定采用换填处理措施。换填厚度对于粉土填筑的取 0.7 m，对于细砂等填筑的取 0.4 m，换填材料为非冻胀土砂卵砾石和碎石，满足抗冻胀要求。

## 2.5 混凝土抗腐蚀性设计

根据地质资料，该地区河水及地下水对混凝土具有一定的腐蚀性，对于水位以下混凝土需采用抗硫酸盐水泥,水位以上视土壤情况再确定是否需要。

根据地质成果,基础土壤中所含离子对混凝土及钢筋具有中等——强腐蚀性,因此对于水位以上的护坡混凝土,堤身填筑材料为粉土或细砂的堤段已经设置砂砾石防冻垫层,可起到隔离作用,面层混凝土不需要采用抗硫酸盐水泥,其余与土接触的混凝土结构,均需采用抗硫酸盐水泥。

## 2.6 渗透问题

由于喀什地区河道洪峰历时短,基本不会形成稳定渗流,根据当地工程经验,除特殊重要的堤防外,一般不需考虑渗透破坏问题,不过对于挡水高度较高的堤防工程,仍需进行渗流稳定复核。这个特点与华南、华北等平原地区堤防以防渗为关键措施的差异较大。

## 2.7 施工导流

防洪工程施工一般选择在枯水期,避开洪水期对施工的影响。因该地区河道河床宽阔,导流采用直接在河床挖槽引水方式,可在岸坡创造干地施工条件,节省投资、缩短工期。另外,当地一般在冬季冻胀严重季节禁止施工,工期与温暖地区相比进一步缩减,在施工进度安排上应认真考虑。

# 3 工程实例

根据前述关键设计参数研究和总结,得出典型河道山区、前山带和下游平原区的典型设计断面如下。

## 3.1 典型设计一

对于上游山区河段,防洪工程堤身填筑料一般采用砂卵砾石土,护坡采用浆砌石护坡。临水侧坡比1:1.75,背水侧坡比1:1.5,如图1所示。河床线以上护坡厚30 cm,河床线以下护坡厚50 cm。顶冲段和地下水位较高的堤岸,坡脚采用铅丝石笼压脚防冲,厚0.5 m,宽度根据前述方法计算得出。

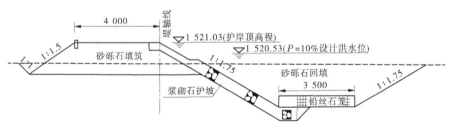

**图1 堤身典型断面一** (单位:尺寸:mm;高程:m)

## 3.2 典型设计二

对于中游前山带或丘陵区,堤身填筑料采用砂卵砾石土,护坡采用混凝土护坡。临水侧坡比1:1.75,背水侧坡比1:1.5,如图2所示。河床线以上护坡厚15 cm,河床线以下护坡厚20 cm。顶冲段和地下水位较高的堤岸,坡脚采用铅丝石笼压脚防冲,厚0.5 m,宽度根据前述方法计算得出。

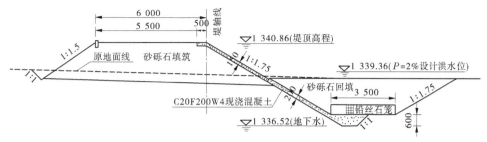

图2　堤身典型断面二　（单位:尺寸:mm;高程:m）

## 3.3　典型设计三

对于下游平原区,堤身填筑料采用粉土、细砂等,护坡形式采用石笼。临水侧坡比1:2,背水侧坡比1:1.75,如图3所示。河床线以上护坡厚50 cm,河床线以下护坡厚100 cm。背水侧坡面采用砂卵砾石土防冻胀,厚0.5 m。坡脚采用铅丝石笼压脚防冲,厚1 m,宽度根据前述方法计算得出。

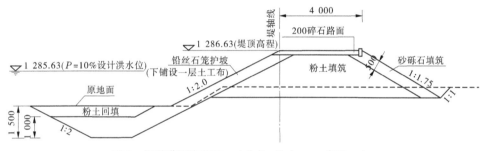

图3　堤防典型断面三　（单位:尺寸:mm;高程:m）

典型河段治理设计汇总见表1。

表1　典型河段治理设计汇总

| 序号 | 河段 | 治理类别 | 项目名称 | 形式 | 级别 | 超高/m | 堤坡 | 横断面结构设计 |
|---|---|---|---|---|---|---|---|---|
| 1 | 中游 | 堤防 | 吾布里肯堤防工程 | 砂卵砾石填筑顺坝,顶宽4 m | 5 | 1 | 迎水面1:1.75,背水面1:1.5 | 坡面采用C20混凝土护坡,河床线以上厚15 cm,河床线以下厚20 cm |
| 2 | 中游 | 堤防 | 吐曼河色满乡三村堤防工程 | 砂卵砾石填筑顺坝,顶宽6 m | 2 | 1.5 | 迎水面1:1.75,背水面1:1.5 | 迎水坡面采用20 cm厚C20混凝土护坡。坡脚铺格宾石笼,宽3 m |

续表 1

| 序号 | 河段 | 治理类别 | 项目名称 | 形式 | 级别 | 超高/m | 堤坡 | 横断面结构设计 |
|------|------|----------|----------|------|------|--------|------|----------------|
| 3 | 下游 | 堤防 | 比纳木南岸堤防工程 | 粉土、粉砂、细砂填筑顺坝,顶宽 4 m | 5 | 1 | 迎水面 1:2.0,背水面 1:1.75 | 迎水坡面采用格宾石笼护坡厚 50 cm,背水坡面采用 0.5 m 厚砂卵砾石防护,坡脚铺格宾石笼,宽 5 m |
| 4 | 下游 | 堤防 | 邦克尔水库排洪渠北侧堤防工程 | 粉土、粉砂、细砂填筑顺坝,顶宽 4 m | 4 | 1 | 迎水面 1:2.0,背水面 1:1.75 | 迎水坡面采用格宾石笼,护坡厚 50 cm,背水坡面采用 0.5 m 厚砂砾石防护,坡脚铺格宾石笼,宽 2 m |
| 5 | 上游 | 护岸 | 塔什米力克护岸工程 | 砂卵砾石填筑、护岸 | 2 | 0.5 | 迎水面 1:1.75 | 护岸采用浆砌石护坡,河床线以上厚 30 cm,河床线以下厚 50 cm |
| 6 | 上游 | 护岸 | 乌帕尔阿克渠护岸工程 | 砂卵砾石填筑、护岸 | 5 | 0.5 | 迎水面 1:1.75 | 护岸采用浆砌石护坡,河床线以上厚 30 cm,河床线以下厚 50 cm |
| 7 | 中游 | 护岸 | 萨依巴格 6 村护岸工程 | 砂卵砾石填筑、护岸 | 5 | 0.5 | 迎水面 1:1.75 | 护岸采用 20 cm 厚 C20 混凝土护坡,坡脚铺格宾石笼,宽 3 m |
| 8 | 中下游 | 护岸 | 三道桥枢纽上游右岸护岸工程 | 粉土、细砂填筑护岸 | 3 | 0.5 | 迎水面 1:2 | 护岸采用 20 cm 厚 C20 混凝土护坡,坡脚铺格宾石笼,宽 2 m |

续表 1

| 序号 | 河段 | 治理类别 | 项目名称 | 形式 | 级别 | 超高/m | 堤坡 | 横断面结构设计 |
|---|---|---|---|---|---|---|---|---|
| 9 | 中下游 | 护岸 | 盖孜河三道桥下游右岸护岸工程 | 粉土、粉砂、细砂填筑、护岸 | 4 | 0.5 | 迎水面1:2 | 护岸采用C20混凝土护坡,河床线以上厚15 cm,河床线以下厚20 cm。坡脚铺格宾石笼,宽2 m |
| 10 | 下游 | 护岸 | 艾曼力克左岸护岸工程 | 粉土、细砂填筑、护岸 | 5 | 0.5 | 迎水面1:2 | 堤防采用格宾石笼护坡,厚50 cm |

## 4 结论

通过分析喀什地区河道地形地质条件、洪水特性、气象等基础条件,总结当地的工程经验做法,提出适合喀什地区河道治理的几个关键设计,达到安全可靠且经济的目的。

(1)堤顶超高采用计算结果和经验做法相结合选取,同时与堤防保护对象确定的级别相吻合。

(2)冲刷深度按理论计算值和实际现场冲刷深槽调查值,取二者中的较大值。

(3)两岸坡面防护应区分山区、前山带和下游平原区等不同河段,结合地形地质和建材条件选取混凝土板、浆砌石、石笼等不同形式。根据填筑材料和护坡特性,分别确定抗冻胀设计和抗腐蚀性设计。对于河道垂直防护,则应根据计算采用挡土墙、桩等结构形式。

(4)结合洪水特性和堤防保护对象的重要性,结合渗流计算确定是否采用专门抗渗措施。

## 参考文献

[1] 黄劲柏,蒋海英.克孜河古河道现状及治理措施[J].河南水利与南水北调,2019,48(4):5-6.

[2] 傅宝龙.浅析新疆河道治理及防洪措施[J].陕西水利,2017(S1):262-263.

[3] 徐燕.新疆叶尔羌河河道特征及洪水灾害治理分析[J].人民长江,2017,48(S1):19-22.

[4] 姚新旺.塔里木河河道治理工程设计及效果观察[J].中国水运(下半月),2015,15(6):155-156,184.

[5] 刘雅祯.新疆头屯河下游治理工程设计方案分析[J].陕西水利,2023,264(1):86-88.

[6] 刘继芳.新疆车尔臣河防汛河道整治规划探析[J].中国防汛抗旱,2020,30(11):43-45,60.

［7］ 轧文倩. 新疆河道管理范围建设项目管理存在的问题及建议［J］. 水利建设与管理,2008,28( 10)：
65-66,26.

［8］ 李山,杨建明,郭新. 新疆河道特征及洪水灾害治理研究［C］//中国水利学会岩土力学专业委员会.
第一届中国水利水电岩土力学与工程学术讨论会论文集( 上册). 2006:372-374.

［9］ 王丽. 新疆奎屯古尔图河河道治理［J］. 山西水利科技,2013(4):68-70,73.

［10］ 罗浩. 新疆头屯河城区河道管理现状及治理对策［J］. 中国水利,2011(10):23-24,38.

［11］ 余智慧,王曰鑫. 新疆叶尔羌河泽普县段河道防洪工程治理对策［J］. 山西农业大学学报( 自然科学
版),2012,32(5):456-459.

［12］ 王海建,马晓攀. 水下边坡变形分析及加固设计［J］. 广东水利水电,2022(3):26-31.

# 文得根水利枢纽溃堰洪水及其影响分析

邹 浩 张永胜 马壮壮

( 中水东北勘测设计研究有限责任公司,吉林长春 130021)

**摘 要**:为研究文得根水利枢纽工程施工期发生超标准洪水可能带来的影响,本文以文得根围堰—绰勒水库区间为分析范围,从溃堰洪水分析和洪水影响分析两个方面着手,通过构建溃堰数值模型和河道二维水动力模型,模拟文得根堰体逐渐溃决过程、溃堰洪水过程及溃堰洪水在下游河道的演进过程,分析了溃堰洪水在文得根坝址—绰勒水库区间的淹没范围和社会经济影响情况,并研究了溃堰洪水对绰勒水库防洪安全带来的重大影响,据此提出了文得根水利枢纽工程施工期度汛措施建议,相关研究成果已应用于工程实际,为工程施工期科学应对超标准洪水、降低洪水风险提供了科学的技术支撑。

**关键词**:超标准洪水;溃堰洪水;洪水影响;数值模型;应急预案

水库大坝一旦发生溃决,水体常以立波的形式向下游急速推进,破坏力极大,可能对下游造成毁灭性的灾害[1]。为评估溃坝洪水可能带来的影响,进而制定切实可行的应对措施,以最大程度地减少人员伤亡和财产损失,开展溃坝洪水研究是十分必要的。

文得根主坝采用围堰一次拦断河床导流洞泄流的导流方式,2021 年文得根主坝围堰度汛标准为 10 年一遇大汛洪水,遭遇超标准洪水的概率相对较高。上游围堰最大坝高 25 m,可拦蓄库容 4.32 亿 m³,坝高、库容均高于下游已建的大型水库——绰勒水库,一旦发生溃决,可能对下游沿岸居民甚至绰勒水库造成严重危害。因此,其 2021 年施工期安全度汛问题得到了项目建设单位、行业主管部门及应急管理部门的高度重视。

本文以文得根水利枢纽 2021 年主坝围堰为例,通过构建溃堰数值模型和河道二维水动力模型,模拟堰体溃决过程、溃堰洪水过程及洪水下游河道的演进过程,据此分析了溃堰洪水可能对文得根—绰勒区间及绰勒水库带来的影响,并提出了工程施工期度汛措施的建议。

## 1 工程概况

引绰济辽工程是国务院确定的 172 项重大水利工程之一,是缓解内蒙古自治区东部西辽河流域严重缺水状况,促进区域水资源优化配置和蒙东地区经济社会可持续发展的一项大型引水工程。

---

**作者简介**:邹浩(1979—),男,高级工程师,主要从事水文水资源工作。

文得根水利枢纽工程是引绰济辽工程的水源工程,位于松花江流域嫩江支流绰尔河中游,是一座具有调水、灌溉、发电等多项功能的大型枢纽工程,水库总库容 19.64 亿 m³,设计年调水量 4.54 亿 m³。

枢纽主体工程于 2018 年 9 月 1 日开工,主坝围堰于 2020 年 10 月 18 日截流。2021年汛期大坝在围堰保护下进行施工,围堰设计挡水标准为 10 年一遇大汛洪水,相应洪峰流量 2 130 m³/s,上游围堰顶高程 360.48 m,相应库容 4.32 亿 m³。

## 2 研究方法

### 2.1 溃堰洪水

#### 2.1.1 溃堰原因及形式

据水利部大坝安全管理中心普查数据[1],1954—2018 年,我国有 3 541 座水库大坝发生溃决,其中,土石坝占 94.1%,混凝土坝占 1.33%,坝型不详的占 4.57%。其中,泄洪能力不足、坝体渗漏和洪水超标准是造成国内水库垮坝的 3 个主要原因。

调查表明,混凝土坝一般表现为瞬时溃决,短时间内整个或部分结构发生移动,而土石坝溃坝过程均表现为逐渐发展过程。

2021 年汛前,文得根上游围堰及主坝将整体填筑至 360.48 m,围堰度汛标准为 10 年一遇洪水,汛期主要存在发生超标准洪水导致漫顶溃堰的风险;文得根上游围堰及主坝的填筑料主要为砂砾石,属于散粒体坝类,溃堰形式一般为局部逐渐溃决。

#### 2.1.2 溃堰模型选择

土石坝溃坝数学模型大致可分为两类[2-4]:第一类是参数模型,基于溃坝案例数据进行统计回归,得出计算溃坝相关参数的表达式,模型主要采用经验公式直接计算出溃口峰值流量等相关溃坝参数;第二类是基于物理过程的溃坝数值模型,即通过综合水力学、土力学、泥沙侵蚀与输移理论等各学科知识建立起来的模型,该类模型可计算出每个时间步长的溃口宽度、深度及溃口流量、流速等参数。

数值模型所需数据较多,包括详细的坝体土料性质、水库工程特性等,对模拟要求较高,一般适用于资料翔实的大中型工程。考虑工程基本资料较为全面,选用《水库大坝安全管理应急预案编制导则》(SL/T 720—2015)[5]中推荐的陈生水数值模型进行冲蚀过程及溃堰洪水过程的模拟。

#### 2.1.3 模型原理及相关方程

陈生水[6]针对砂砾石材料粒径范围宽的特点,提出了砂砾石坝料起动流速、冲蚀率、冲蚀量等溃口冲蚀发展的系列表达式,并以唐家山堰塞坝、沟后面板砂砾石坝等实际溃决过程进行验证,取得了较好的模拟效果,其主要方程如下。

(1)临界起动流速。

根据坝体颗粒在过流条件下的水流拖曳力、浮重度、上举力、摩擦力及附加作用力等受力条件分析,提出了土体颗粒在坝坡上的临界起动流速公式:

$$v_c^2 = \frac{80gd_{50}\left[\tan\varphi\left(1.3M + \frac{\pi}{6}\cos\theta\right) - \frac{\pi}{6}\sin\theta\right](\gamma_s - \gamma_w)}{\pi\gamma_w(4 + \tan\varphi\cos\theta - \sin\theta)} + \frac{80gc}{\gamma_w(4 + \tan\varphi\cos\theta - \sin\theta)}$$

$$(1)$$

式中:$d_{50}$ 为土体颗粒平均粒径,m;$\varphi$ 为土体颗粒间的内摩擦角,(°);$\theta$ 为坝坡坡角,(°);$M$ 为紧密系数;$\gamma_s$ 为土颗粒的重度,kN/m³;$\gamma_w$ 为水的重度,kN/m³;$c$ 为土体凝聚力,kPa。

(2)冲蚀率。

在分析不同土体陡水槽冲蚀经验结果的基础上,提出砂砾石料单宽冲蚀率公式为

$$q_s = 0.25 \left(\frac{d_{90}}{d_{30}}\right)^{0.2} \sec\theta \frac{v_*(v_b^2 - v_c^2)}{g\left(\frac{\gamma_s}{\gamma_w} - 1\right)} \tag{2}$$

$$v_b = \bar{v}\left(\frac{d_{90}}{H - H_c}\right)^{\frac{1}{6}} \tag{3}$$

$$v_* = \bar{v}N\sqrt{g(H - H_c)^{-\frac{1}{3}}} \tag{4}$$

$$\bar{v} = \frac{Q_b}{B(H - H_c)} \tag{5}$$

式中:$q_s$ 为单宽冲蚀率,m³/s;$d_{90}$、$d_{30}$ 为小于某粒径的颗粒含量分别为 90% 和 30% 所对应的颗粒粒径,mm;$B$ 为溃口宽度,m;$v_*$ 为摩阻流速,m/s;$v_b$ 为溃口底流速,m/s;$\bar{v}$ 为水流平均流速,m/s;$Q_b$ 为溃口流量,m³/s;$J$ 为水力坡度;$H$ 为水库水位高程,m;$H_c$ 为溃口底部高程,m;$N$ 为溃口糙率。

溃口流量采用如下公式:

$$Q_b = mB\sqrt{2g}(H - H_c)^{\frac{3}{2}} + 2m\sqrt{2g}\tan\left(\frac{\pi}{2} - \theta\right)(H - H_c)^{\frac{5}{2}} \tag{6}$$

式中:$m$ 为流量系数。

(3)冲蚀量。

溃口在 $\Delta t_i$ 内的下切深度增量 $\Delta H_{ci}$ 参照美国国家气象局的 BREACH 模型[6]溃口发展规律假定:

$$\Delta H_{ci} = \frac{\Delta t_i q_s}{L(1 - n)} \tag{7}$$

式中:$L$ 为下游坝坡长度,m;$n$ 为筑坝材料的孔隙率。

时间段 $\Delta t$ 内水流下切深度增量为

$$\Delta H_c = \sum_{i=1}^{n} \Delta H_{ci} \tag{8}$$

初始溃口假定为梯形,溃决过程中边坡按极限稳定状态考虑,坡角维持内摩擦角 $\varphi$;溃口底部和边坡的冲蚀速率相等,则溃口两侧的宽度增量 $\Delta B$ 公式为

$$\Delta W / \Delta t = Q_入 - Q_出 = Q_入 - Q_导 - Q_溃 - Q_漫 \tag{9}$$

$$Q_堰 = mB\sqrt{2g}(H - H_堰)^{\frac{3}{2}} \tag{10}$$

式中:$\Delta W$ 为蓄变量,m³;$\Delta t$ 为计算时段长,s;$Q_入$ 为入库流量,m³/s;$Q_出$ 为出库流量,m³/s;$Q_导$ 为导流洞过流量,m³/s;$Q_溃$ 为溃口流量,m³/s;$Q_漫$ 为坝顶过流量,采用宽顶堰流公式计算,m³/s。

### 2.1.4 条件及参数

模型主要参数依据工程设计资料,见表 1。

表 1 模型主要参数

| 项目 | 含义 | 单位 | 数值 |
|------|------|------|------|
| $\gamma_s$ | 土粒重度 | kN/m$^3$ | 21 |
| $\gamma_w$ | 水容重 | kN/m$^3$ | 9.8 |
| $d_{30}$ | 土体 30% 粒径 | m | 0.008 |
| $d_{50}$ | 土体平均粒径 | m | 0.018 |
| $d_{90}$ | 土体 90% 粒径 | m | 0.067 |
| $n$ | 堰体材料孔隙率 | | 0.228 |
| $B_b$ | 堰顶宽 | m | 1 354 |
| $H$ | 堰顶高程 | m | 360.48 |
| $L$ | 下游坝坡长 | m | 160 |
| $\theta$ | 下游坡脚 | | 0.464 |
| $\varphi$ | 颗粒内摩擦角 | | 0.628 |

## 2.2 洪水演进

综合考虑溃堰洪水特点及其在文得根围堰—绰勒水库区间河道传播特性、河道及两岸地形条件,选用 MIKE 21 二维水动力模型模拟淹没区的洪水演进过程。

建模范围为文得根围堰—绰勒坝址区间,采用非结构三角形网格进行地形剖分,并对局部地形变化较大及重要村屯部位进行加密处理,共剖分 88 463 个网格,最大网格面积 0.06 km$^2$、最小网格面积 0.000 18 km$^2$。网格剖分结果见图 1。

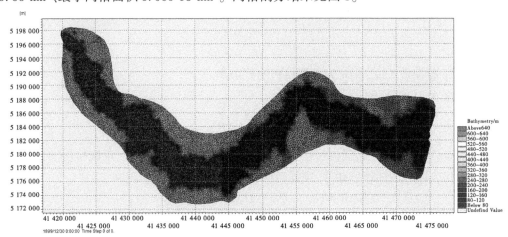

图 1 网格剖分结果

模型上游边界条件采用溃堰洪水过程线,下边界条件采用绰勒水库泄流能力曲线,模型参数根据 1998 年实测洪水资料率定。

### 2.3 洪水影响

洪水影响主要关注文得根围堰—绰勒水库区间的影响人口和绰勒水库防洪影响问题。

影响人口根据洪水演进计算得到的洪水淹没范围,结合分析范围居民地图层及相应的人口数据,采用 ArcGIS 软件的叠加分析功能,提取出淹没范围内的淹没居民地面积和人口数据。

对绰勒水库的防洪影响,主要根据洪水演进成果提取绰勒水库入库洪水过程,依据绰勒水库洪水调度原则进行调洪计算,结合特征水位分析绰勒水库的防洪安全。

## 3 计算成果分析

### 3.1 溃堰成果分析

#### 3.1.1 主要模拟成果

采用数值模型模拟的主要溃堰成果见表 2。

表 2 溃堰洪水模拟成果

| 参数 | 入库洪峰/($m^3/s$) | 溃堰洪峰/($m^3/s$) | 最高水位/m | 最大蓄量/亿 $m^3$ | 溃口底宽/m | 溃口顶宽/m |
|---|---|---|---|---|---|---|
| 成果 | 3 120 | 24 237 | 361.29 | 4.68 | 127 | 190 |

#### 3.1.2 溃口发展过程分析

文得根上游围堰及主坝的主要填筑料为砂砾石,属非黏性材料,溃口形态一般为倒梯形,溃口的发展过程包括纵向发展过程和横向发展过程,分别见图 2 和图 3。

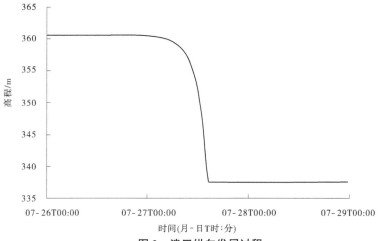

图 2 溃口纵向发展过程

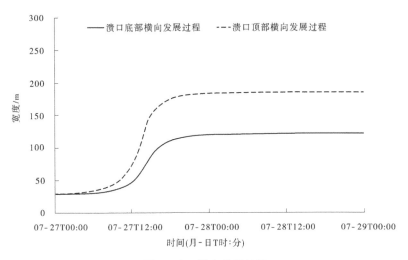

图 3　溃口横向发展过程

图 2 和图 3 表明,当库水位超过堰顶后,逐渐对堰体形成冲蚀,前期堰上水深小、流速小,冲蚀较缓慢,随着冲刷深度的不断增加,溃口流速、冲蚀率迅速增大,溃口深度和宽度快速发展,当溃口深度达到底部限制高程 337.5 m 后,纵向下切过程停止,但溃口两侧受冲蚀影响仍继续扩张,但随着库水位的降低,流速随之下降,溃口横向扩张速度也逐渐降低并趋于停止。

### 3.1.3　溃堰洪水过程分析

入库及溃堰洪水过程见图 4,图 4 表明,前期随着入库流量的增大,出库流量也逐步增大,但受导流能力的限制,出库流量增幅小于入库流量,水位缓慢上涨,当水位超过堰顶后,堰顶过流并形成溃口,溃口处受水流冲蚀的作用开始逐步发展,前期溃口发展缓慢,出库流量增长也较缓慢。随着溃口的不断扩张,溃口流量迅速增大,出库流量大于入库流量导致库水位降低,直至出入库流量趋于相等。

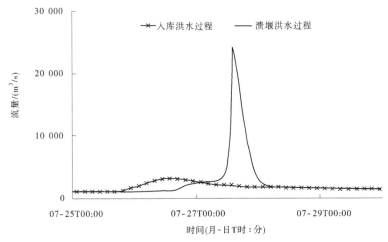

图 4　入库及溃堰洪水过程

### 3.1.4 成果合理性分析

以相关参数模型进行成果合理性分析。依据近年来相关学者或机构提出的参数模型[6],计算文得根溃堰洪峰流量,各参数模型见表3。

表3 溃口峰值流量参数模型

| 模型 | 表达式 |
|---|---|
| Xu 与 Zhang | $Q_p = 0.175 g^{0.5} V_w^{5/6} (h_d/h_r)^{0.199} (V_w^{1/3}/h_w)^{-1.274} e^{B_4}$ |
| Pierce 等 | $Q_p = 0.017\,6 (Vh)^{0.606}$ 或 $Q_p = 0.038 V^{0.475} h^{1.09}$ |
| Hooshyaripor 等 | $Q_p = 0.021\,2 V^{0.542\,9} h^{0.871\,3}$ 或 $Q_p = 0.045\,4\,V^{0.448} h^{1.156}$ |
| Azimi 等 | $Q_p = 0.016\,6 (gV)^{0.5} h$ |
| Froehlich | $Q_p = 0.017\,5 k_M k_H (g V_w h_w h_b^2/W_{ave})^{0.5}$ |

注:表中,$Q_p$ 为溃口峰值流量;$h_w$ 为溃坝时溃口底部以上水深;$h_d$ 为坝高;$V_w$ 为溃坝时溃口底部以上水库库容;$g$ 为重力加速度;$h_b$ 为溃口深度;$h_r$ 为参考坝高,取 15 m;$V$ 为溃坝时库容;$h$ 为溃坝时水深;$h_0$ 为单位高度,设定为 1 m;$W_{ave}$ 为坝体平均宽度;$k_M$、$k_H$ 为系数,对于漫顶溃坝,$k_M = 1.85$,对于渗透破坏溃坝,$k_M = 1$,当 $h_b \leq 6.1$ m 时,$k_H = 1$,当 $h_b > 6.1$ m 时,$k_H = (h_b/6.1)^{1/8}$。

依据上述参数模型进行计算,文得根溃堰洪峰流量比较见表4。

表4 溃堰洪峰流量成果比较

| 模型 | 洪峰流量/(m³/s) |
|---|---|
| Xu 与 Zhang(2009) | 23 237 |
| Pierce 等(2010) | 21 129 |
| Hooshyaripor 等(2014) | 16 592 |
| Azimi 等(2015) | 25 857 |
| Froehlich(2016) | 22 570 |
| 本次数值模型 | 24 237 |

可见,采用 5 种不同参数模型计算的溃堰洪峰流量存在一定的差别,范围在 16 592~25 857 m³/s,平均值为 21 877 m³/s,本次数值模型模拟溃堰洪峰流量 24 237 m³/s,较各参数模型计算的最大值小 6.2%,较最小值大 46.1%,较平均值大 10.8%,模拟成果处于中偏高范畴。

通过与各经验公式计算成果进行比较分析,本次数值模型计算的文得根溃堰洪水计算成果基本合理。

## 3.2 洪水影响成果分析

### 3.2.1 文得根围堰—绰勒水库区间影响分析

经二维模型模拟,文得根溃堰洪水在文得根围堰—绰勒水库区间的最大淹没面积 237.3 km²。采用 ArcGIS 叠加分析,淹没范围内涉及 5 个乡(镇)的 27 个自然村,淹没影响人口 7 561 人。

文得根—绰勒水库区间影响要素见表5,溃堰洪水淹没范围见图5。

表 5　溃堰洪水影响成果

| 参数 | 淹没面积/km² | 影响乡镇/个 | 影响自然村/个 | 影响人口/人 | 影响 GDP/亿元 |
|---|---|---|---|---|---|
| 数值 | 237.3 | 5 | 27 | 7 561 | 1.13 |

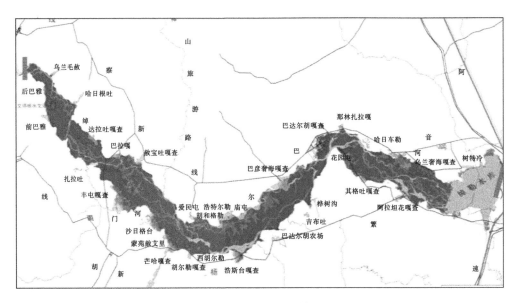

图 5　溃堰洪水淹没范围

### 3.2.2　绰勒水库影响分析

文得根溃堰洪水至绰勒水库的传播时间约为 10 h,绰勒水库最大入库流量 17 710 m³/s,按绰勒水库洪水调度原则进行洪水调节计算,最大出库流量 10 261 m³/s,调洪最高水位 233.34 m,比校核洪水位高 0.52 m,较设计洪水位高 2.84 m。绰勒大坝为土石坝,抗冲刷能力较弱,洪水一旦漫坝,也将存在极大的溃坝风险。绰勒水库溃坝,将淹没内蒙古自治区的扎赉特旗城区及黑龙江省的龙江县、泰来县,对下游广阔的平原区带来严重影响。

## 4　结论与建议

(1)文得根水利枢纽一旦发生溃堰,出库洪峰将达 24 237 m³/s,洪水将淹没下游文得根围堰—绰勒水库区间 5 个乡镇 27 个自然村,影响人口 7 561 人。

(2)溃堰洪水演进到下游绰勒水库后洪峰流量 17 710 m³/s,仍远超绰勒水库校核洪水量级,绰勒水库调洪最高水位 233.34 m,比校核洪水位高 0.52 m,绰勒水库也将存在溃坝风险,将对下游广阔的平原区带来严重影响。

(3)考虑文得根溃堰洪水影响范围广、危害程度大的特点,建议在 2021 年汛期采取相关措施,力保上游围堰和主坝度汛安全,尽量将洪水影响控制在工程范围内。

(4)建议综合考虑工程施工条件,研究相关工程措施,提升施工期的临时度汛能力,降低发生溃堰的概率,同时制定好下游应急避险预案。

(5)2021 年汛期是文得根防洪度汛的关键时期,建议在 2021 年汛期,加强水情监测及分析,根据工程条件和实时雨水情,及时进行研判,合理部署工程范围内的防洪抢险工作。

根据本项研究,经咨询讨论,引绰济辽公司积极调整施工方案,采取综合措施将围堰度汛能力提高至 30 年一遇,并进一步优化施工进度,使主体工程在主汛前已具备抵御 100 年一遇以上洪水的能力,确保了工程在 2021 年汛期安全和有序实施。

## 参考文献

[1] 水利部大坝安全管理中心.全国水库垮坝等级册[R].南京:水利部大坝安全管理中心,2018.

[2] ASCE/EWRI Task Committee on Dam/Levee Breaching. Earthen embankment breaching[J]. Journal of Hydraulic Engineer, 2011, 137(12):1549-1564.

[3] 谢亚军,朱勇辉,国小龙.土坝溃决研究进展及存在问题[J].长江科学院院报,2013,30(4):29-33.

[4] 霍家平,钟启明,梅世昂.土石坝溃决过程数值模拟研究进展[J].人民长江,2018,49(2):98-103.

[5] 中华人民共和国水利部.水库大坝安全管理应急预案编制导则:SL/T 720—2015[S].北京:中国水利水电出版社,2015.

[6] 陈生水.土石坝溃决机理与溃坝过程模拟[M].北京:中国水利水电出版社,2012.

# 系统治理理念下澳门路环西侧
# 内涝防治方案研究

高慧琴　黄华平

（中水珠江规划勘测设计有限公司，广东广州　510610）

**摘　要**：澳门作为粤港澳大湾区核心城市和"一带一路"的重要门户，日益凸显的区位优势给自身带来重大发展机遇的同时，对地区水安全保障能力也提出了更高要求。排水排涝能力作为水安全保障体系中的重要组成部分，更是直接关系到地区稳定发展和人民群众生命财产安全的关键因素。本文系统分析了澳门路环西侧现状内涝防治体系中存在的主要问题，并以十月初五区为例，一方面基于 SWMM 模型模拟结果优化了现状雨水管渠系统（小排水系统）；另一方面通过新设泵站并结合景观湖共同运行的方案，解决建堤成湖后兼顾水环境要求的涝水出路问题（大排水系统），提出系统治理理念下的路环西侧内涝防治方案，将区域内涝防治标准提升至 50 年一遇。

**关键词**：系统治理；澳门路环西侧；十月初五区；内涝防治；SWMM；排水管网

## 1　区域基本概况

路环西侧位于澳门特区路环岛西部，十字门水道左岸，与珠海市横琴岛隔江相望，包括路环十月初五马路、船人街、路环码头及荔枝碗船厂一带，为路环旧市区。十字门水道所在的澳门附近水域位于珠江口西侧，地处澳门特别行政区与广东省珠海市之间，西通过洪湾水道与磨刀门水道相连，东与伶仃洋相通，南与南海毗连，周边地区包括珠海市的拱北、湾仔和横琴岛，澳门特别行政区的澳门半岛、氹仔和路环。在岛屿分割下，水域潮流通道呈东西向和南北向，由澳门水道、湾仔水道、十字门水道及三者之间的汇流区组成。

路环西侧十月初五区为密集建成区，无内河涌水系发育，陆域排水排涝任务主要由雨水管网系统和雨水明渠承担。雨水管渠系统收集陆域涝水后，由 2 个出口直接排至十字门水道。

## 2　现状及存在问题

### 2.1　极端风暴潮频发加剧了区域洪涝灾害风险

近年来，珠江河口极端风暴潮事件频繁发生。2008 年"黑格比"、2017 年"天鸽"、2018 年"山竹"三次风暴潮事件接连刷新了澳门内港站和妈阁站最高潮位历史记录[1-2]。

---

**作者简介**：高慧琴（1987—），女，江西赣州人，高级工程师，主要从事水利规划设计方面的研究工作。

极端风暴潮事件带来的短历时强降雨给澳门全程带来严重灾害与损失。2017年"天鸽"台风期间,澳门海陆空交通中断,海水倒灌,水电系统受重创,全澳大范围停电,临海高楼玻璃破损,低层住宅被水淹没。路环旧市区一带浸水深度达0.9 m,大量民宅进水被淹,给当地居民生命财产安全造成了严重威胁。

## 2.2 国家重大发展战略对地区排涝能力提出了更高要求

随着"一带一路"泛珠三角区域合作、粤港澳大湾区及横琴粤澳深度合作区等国家倡议和战略的深度推进,澳门作为粤港澳大湾区核心城市和"一带一路"重要门户,日益凸显的区位优势给其自身带来重大发展机遇的同时,对地区排涝保安能力也提出了更高要求[3]。因此,有必要以"两个坚持、三个转变"重要思想为指导,立足于系统治理规划理念,加快建成与澳门高质量发展目标相适应的排涝工程体系,是澳门在新发展阶段,全面贯彻落实新发展理念,打造新发展格局的重要保障。

## 2.3 现状排涝体系存在重大风险隐患

路环西侧历史建筑和人文景观较多,具有重要的历史、文化、旅游价值。但区域地势低洼,沿江地面高程一般为1.7~2.4 m,遇天文大潮、风暴潮、暴雨时极易发生水淹和海水漫堤。目前,路环西侧排水模式主要依靠重力自排入十字门水道,其中47%的雨水沟、45%的雨水管网排水能力不足5年一遇,82%的截洪渠过流能力不足50年一遇。且现状排水管网系统为雨污分流式,但雨污分流不彻底,存在污水进入雨水管网的情况。船人街临海侧棚屋污水未接入污水管道,棚屋污水直接排入十字门水道。一般情况下,路环西侧遇风暴潮、天文大潮即会出现海水倒灌,漫堤致灾;遇大暴雨也会出现涝灾,短历时降雨强度越大时,淹水深度越高,若排水遇外江潮位顶托,则情形更为严重[4]。

## 2.4 防洪(潮)体系改变促使内涝防治体系亟须随之优化

为提高路环西侧防洪(潮)能力,拟采取离岸布置方式新建200年一遇海堤,在十月初五马路围出一个景观湖,如图1所示。为保障景观湖良好的水质和景观效果,要求十月初五片区陆域涝水尽量不入湖。防洪(潮)体系改变后,对路环西侧雨水管渠依靠重力自排入十字门水道的现状排水模式造成较大影响,因此为与防洪(潮)体系相匹配,达到系统提高水安全保障能力的目标,路环西侧内涝防治体系也亟须随之优化。

图1　路环西侧防洪(潮)体系示意图

## 3 排涝计算及方案研究

### 3.1 计算方法

SWMM(Storm Water Management Model，暴雨洪水管理模型)是目前国内外广泛使用的雨洪管理模拟软件，能够对城市雨水径流的水文水质进行模拟计算。该模型主要包括地表产流模块、地表汇流模块以及管网汇流模块，分别对地表径流的产汇流过程和管网排水汇流过程进行模拟计算[5]。

地表产流模型一般采用霍顿(Horton)模型、格林安普特(Green-Ampt)模型和曲线数值(Curve Number)模型计算子汇水区域产流量[6-8]。其中，最为常见的为 Horton 下渗模型，该模型通过反映降雨时间与下渗率间的演变关系，来模拟完全饱和土壤完全恢复到干燥状态的变化过程，具体原理如式(1)所示。

$$f = (f_0 - f_\infty) e^{-kt} + f_\infty \tag{1}$$

式中：$f$ 为土壤下渗能力；$f_0$ 为初始或最大下渗率；$f_\infty$ 为稳定或最小下渗率；$k$ 为入渗衰减时间；$t$ 为时间。

地表汇流模型是采用非线性水库来模拟汇流过程，通过联立曼宁公式和连续方法求解径流过程的流量及水位，具体原理如式(2)所示。

$$Q = L \frac{1.49}{n}(h - h_p)^{5/3} S^{1/2} \tag{2}$$

式中：$Q$ 为流量；$L$ 为子汇水区宽度；$n$ 为曼宁系数；$h_p$ 为地面蓄水深；$S$ 为子汇水区坡度。

管网汇流模块是通过圣维南方程组计算管道断面流量，演算方式主要包括了恒定流、运动波和动力波三种方法，其中运动波法的基本原理为

$$\frac{\partial A}{\partial t} + \frac{\partial Q}{\partial x} = q \tag{3}$$

$$\frac{\partial Q}{\partial t} + \frac{\partial}{\partial x}\left(\frac{Q^2}{A}\right) + gA\frac{\partial H}{\partial x} + gAS_f = 0 \tag{4}$$

式中：$A$ 为断面面积；$Q$ 为断面流量；$x$ 为方向长度；$q$ 为单位长度的管道流量；$g$ 为重力加速度；$H$ 为管段或节点水深；$S_f$ 为摩阻系数；$t$ 为时间。

### 3.2 雨水管渠(小排水系统)提升改造

本次以路环十月初五片区为研究对象，根据《室外排水设计标准》(GB 50014—2021)、《澳门供排水规章》(澳门特别行政区第46/96/M号法令)及澳门常住人口数据，考虑澳门城市定位及未来发展需求，并征询澳门有关部门意见，最终确定路环西侧内涝防治重现期为50年一遇。为确定该标准下路环西侧排水管网的合理规模，研究采用SWMM暴雨洪水管理模型，对该地区降雨径流过程进行动态模拟，模拟范围如图2所示。

本次模拟将路环十月初五片区分为A、B、C、D 4个分区，共包含39条管道、12条雨水沟。模拟前，先依据汇水区域暴雨强度和历时参数计算该区50年一遇设计暴雨特征值，结合芝加哥雨型提取了汇水区50年一遇雨量过程线。将该过程线作为模型驱动项，模拟了十月初五片区50年一遇暴雨情景，现状排水管网条件下的涝水淹没情况。在此基础上，通过反复调整管道管径，比较了不同管径参数下涝水淹没场景的变化，以确定合理的

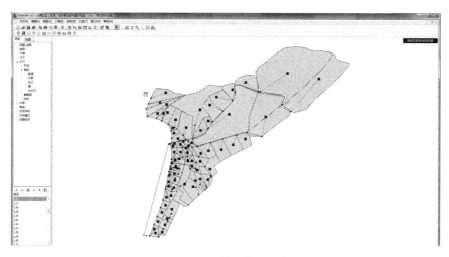

图 2　SWMM 模型范围示意图

排水管网规模。

通过多次模拟计算,最终确定路环十月初五片区 A、B、C、D 分区内各管道管径和雨水沟规模的合理取值,共需要改造管道 1 301 m,扩建雨水沟 577 m,具体结果如表 1、表 2 所示。基于改造后的雨水管渠排水系统,模拟了 50 年一遇暴雨情景下十月初五片区的涝水淹没过程,其中 J44~J61 节点水位剖面线的模拟结果如图 3 所示。图 3 中,该节点各段管道对应模拟水位均位于警戒阈值之下,且具有较大盈余。这一现象说明,对现状排水管渠系统进行改造,能有效缓解十月初五片区的涝水淹没情况,有助于提升地区排水能力。

表 1　雨水管网改造规模

| 分区 | 管道编号 | 上井底高程/m | 下井底高程/m | 管道长度/m | 现状管径/mm | 改造后管径/mm |
|---|---|---|---|---|---|---|
| A | 1 | 0.78 | 0.72 | 10.1 | 250 | 300 |
| | 2 | 0.72 | 0.23 | 28.1 | 250 | 300 |
| | 5 | −0.28 | −0.40 | 31.6 | 500 | 600 |
| | 6 | −0.4 | −0.54 | 38.3 | 500 | 600 |
| | 7 | −0.54 | −0.56 | 36.1 | 550 | 800 |
| | 8 | −0.56 | −0.87 | 50.9 | 550 | 800 |
| | 9 | 1.60 | 1.35 | 17.0 | 300 | 400 |
| | 10 | 1.35 | 1.13 | 15.3 | 300 | 400 |
| | 11 | 1.13 | 0.85 | 35.1 | 450 | 500 |
| | 12 | 0.85 | 0.72 | 38 | 450 | 600 |

续表 1

| 分区 | 管道编号 | 上井底高程/m | 下井底高程/m | 管道长度/m | 现状管径/mm | 改造后管径/mm |
|---|---|---|---|---|---|---|
| C | 2 | 0.71 | 0.41 | 31.7 | 225 | 300 |
| | 6-1 | 0.55 | 0.45 | 24.6 | 225 | 300 |
| | 8-1 | 0.79 | 0.71 | 20.8 | 225 | 300 |
| | 8-2 | 0.71 | 0.20 | 15.3 | 225 | 300 |
| | 12 | 3.16 | 3.03 | 26.9 | 300 | 400 |
| | 13 | 3.03 | 2.43 | 38.1 | 300 | 400 |
| | 14 | 2.43 | 2.19 | 21.3 | 300 | 400 |
| | 15 | 2.19 | 1.59 | 39.8 | 300 | 400 |
| | 16 | 1.59 | 0.62 | 26.2 | 300 | 400 |
| | 17 | 0.79 | 0.62 | 41.0 | 300 | 400 |
| | 18 | 0.62 | 0.23 | 30.8 | 300 | 600 |
| | 19 | 5.19 | 4.55 | 44.9 | 200 | 400 |
| | 20 | 4.55 | 3.81 | 49.9 | 200 | 500 |
| | 21 | 3.81 | 1.45 | 48.7 | 200 | 500 |
| | 22 | 1.45 | 0.84 | 42.1 | 200 | 600 |
| | 23 | 8.75 | 8.22 | 66.0 | 600 | 800 |
| | 24 | 8.22 | 8.09 | 46.9 | 600 | 1 000 |
| | 25 | 8.09 | 7.42 | 62.3 | 600 | 1 000 |
| | 26 | 7.42 | 5.02 | 54.2 | 600 | 1 000 |
| | 27 | 5.02 | 2.07 | 59.1 | 600 | 1 000 |
| | 32 | 0.81 | 0.71 | 31.7 | 525 | 800 |
| | 34 | 0.71 | 0.50 | 29.4 | 525 | 800 |
| | 35 | 0.50 | 0.35 | 31.6 | 525 | 800 |
| | 36 | 0.35 | 0.11 | 23.1 | 525 | 800 |
| D | 3 | 1.15 | 1.01 | 23.6 | 525 | 800 |
| | 4 | 1.46 | 1.15 | 39.7 | 525 | 600 |
| | 5 | 1.65 | 1.46 | 31.0 | 525 | 600 |

表 2  雨水沟扩建规模

| 分区 | 雨水沟编号 | 长度/m | 设计流量/(m³/s) | 改造后尺寸/mm |
|---|---|---|---|---|
| C 区 | 1 | 39.4 | 1.19 | DN600 |
| | 4 | 176.7 | 4.26 | DN800 |
| S1 | 1 | 130.4 | 0.34 | 0.4×0.45(b×h), DN500 |
| S2 | 1 | 66 | 0.19 | 0.4×0.4(b×h) |
| | 2 | 164 | 3.03 | 0.8×1(b×h) |

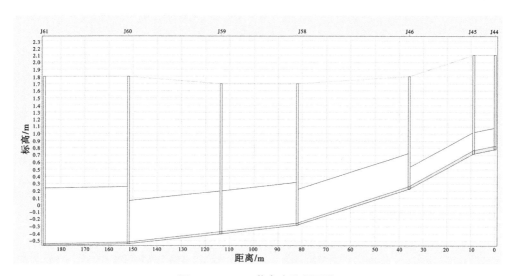

图 3  J44~J61 节点水位剖面线

## 3.3  大排水系统优化

路环西侧筑堤成湖后,为保障景观湖水质、水环境,陆域涝水(尤其初雨)要求尽量不排入景观湖内。因此,为与防洪(潮)体系和水质保护要求相匹配,对现状排水管渠进行改造的同时,十月初五区考虑增设排涝泵站,以及沿十月初五马路新建截流箱涵,将陆域雨水系统来水全部引至泵站前池,由泵站排至外海,同时利用现状谭公庙污水泵站收集污染程度相对较高的初雨。

研究过程中,考虑到路环西侧旧市区片雨污分流不彻底,雨水直接入湖可能对十月初五湖水质造成破坏,影响十月初五湖景观功能这一制约因素。本次拟订方案要尽可能满足陆域涝水不直接排入十月初五景观湖内,同时结合泵站场地空间及当地常用机型等因素限制,合理确定泵站规模及相应运行方案。本文设置了泵站设计流量分别按 3 m³/s、6 m³/s、9 m³/s、12 m³/s、15 m³/s、20 m³/s 6 种情况进行比选,最终确定了如下推荐方案,各方案比选成果见表 3。

推荐方案:陆域涝水尽量不进湖,泵站承担部分排涝功能,泵站与湖结合达到 50 年一遇排涝标准。在十月初五湖一角设泵站前池,前池与湖之间设溢流堰,堰顶高程按保证陆域管网不冒水的高程确定,为 1.7 m。并在堰底设单向连通拍门,拍门底高程为 −3.0 m,十月初五湖与泵站前池单向连通(十月初五湖的水可单向进入泵站前池),以保证景观湖内水体不被污染。日常状态下,前池水位与湖水位齐平;当发生降雨时,陆域初期雨水通过弃流装置进入初期雨水调蓄池,经谭公庙污水泵站送入污水处理厂。陆域涝水经初期雨水弃流后,中后期雨水直接进入泵站前池,当有自排条件时,通过自排口自排出海;当无自排条件时,若前池水位高于 0.3 m,启动泵站,尽量维持前池水位不高于 0.3 m 运行;当汇入流量加大、前池水位继续上升时,泵站继续运行,控制前池水位不高于 1.7 m,当前池水位高于 1.7 m 时,溢流进入十月初五湖,控制湖内水位不超过 1.0 m。论证得到泵站设计流量 15 m³/s,泵站与湖排蓄结合达到 50 年一遇设计标准。

表 3 十月初五泵站计算成果

| 泵站设计流量/(m³/s) | 前池最高水位/m | 十月初五湖最高水位/m | 说明 |
|---|---|---|---|
| 3 | 1.74 | 1.95 | 前池最高水位超过允许最高水位 1.70 m,十月初五湖水位超过允许最高水位 1.0 m,泵站规模不够 |
| 6 | 1.70 | 1.89 | 十月初五湖水位超过允许最高水位 1.0 m,泵站规模不够 |
| 9 | 1.70 | 1.35 | 十月初五湖水位超过允许最高水位 1.0 m,泵站规模不够 |
| 12 | 1.70 | 1.00 | 十月初五湖水位不超过允许最高水位 1.0 m,满足要求,泵站约承担 5 年一遇标准,泵站与十月初五湖排蓄结合达到 50 年一遇排涝标准 |
| 15 | 1.70 | 0.88 | 十月初五湖水位不超过允许最高水位 1.0 m,满足要求,泵站约承担 10 年一遇标准,泵站与十月初五湖排蓄结合达到 50 年一遇排涝标准 |
| 20 | 1.70 | — | 泵站承担 50 年一遇排涝标准,十月初五湖不参与调蓄,能达到设计排涝标准,但泵站布置所需空间过大,无法实现 |

当陆域管网需要检测维护时,为了给检修工作创造条件,利用泵站抽排将十月初五湖水位降至陆域管网检查井底高程-1.0 m 以下。

# 4 结论

澳门路环西侧现状防洪(潮)排涝能力不足,遭遇短历时强暴雨及极端风暴潮天气,该地区极易发生洪涝灾害,给当地居民生命财产安全带来严重威胁与损失。防洪(潮)体系发生改变后,内涝防治体系也需随之优化,为解决该问题,本文以十月初五区为研究对象,考虑从改造排水管网与增设排涝泵站等两方面着手,有效提升该地区的排水排涝能力,使其能满足规划标准,具体研究结论如下:

(1)采用 SWMM 模型模拟了十月初五片区排水管渠不同管径、渠道规模下的涝水淹没情况,确定不同分区各管道、沟渠规模的合理取值,通过改造雨水管网和雨水沟,有效解决现状雨水管渠系统过流不足的问题。

(2)筑堤成湖后,为解决水质保护要求下的区域涝水出路问题,本次在满足陆域涝水尽量不进十月初五景观湖的前提下,提出新建截流箱涵、初雨弃流、新设排涝泵站(15 m³/s)与十月初五景观湖相结合的工程方案,使得该地区内涝防治标准达到 50 年一遇。

(3)本文系统治理理念主要体现在提出的内涝防治体系能在有效解决区域排水排涝问题的同时,与防洪(潮)系统实现了科学衔接,并且满足了水质、水景观要求。方案实现了洪、潮、涝、污协同共治,兼顾了工程建设用地、澳门当地特色社情要求等,达到了综合效益最大化、不利影响最小化。

## 参考文献

[1] 黄华平,靳高阳,尹开霞,等. 非一致性条件下珠江河口设计潮位计算研究[C]//中国水利学会. 2022 中国水利学术大会论文集(第一分册). 郑州:黄河水利出版社,2022:247-252.

[2] 黄华平,尹开霞,靳高阳,等. 粤港澳大湾区年最高潮位时空变化特征分析研究[C]//中国水利学会. 中国水利学会 2021 学术年会论文集(第五分册). 郑州:黄河水利出版社,2021:139-144.

[3] 高真,黄本胜,邱静,等. 粤港澳大湾区水安全保障存在的问题及对策研究[J]. 中国水利,2020(11):6-9.

[4] 郑江丽,李兴拼,李杰. 基于 SWMM 模型的澳门过海隧道施工期城市防洪排涝分析[C]//中国水利学会. 中国水利学会 2013 学术年会论文集. 郑州:黄河水利出版社,2013:1181-1187.

[5] 胡伟贤,何文华,黄国如,等. 城市雨洪模拟技术研究进展[J]. 水科学进展,2010,21(1):137-144.

[6] 丛翔宇,倪广恒,惠士博,等. 基于 SWMM 的北京市典型城区暴雨洪水模拟分析[J]. 水利水电技术,2006(4):64-67.

[7] 陈晓燕,张娜,吴芳芳,等. 雨洪管理模型 SWMM 的原理、参数和应用[J]. 中国给水排水,2013,29(4):4-7.

[8] 董欣,陈吉宁,赵冬泉. SWMM 模型在城市排水系统规划中的应用[J]. 给水排水,2006(5):106-109.

# 基于 SPEI 指数的雷州半岛气象
# 干旱时空特征分析

冯德铿  肖文博  郑晶华  彭 莹  杨辉辉

(中水珠江规划勘测设计有限公司,广东广州 510610)

摘 要:雷州半岛为我国华南农产品重要的主产区,区内水系大多独流入海,加上工程调蓄能力不足,干旱已成为制约当地经济发展的主要因素。本文通过计算不同尺度下的SPEI指数来分析雷州半岛气象干旱的变化特征,探究降水、气温和遥相关因素对雷州半岛干旱的影响。结果表明:①年尺度上雷州半岛干旱事件发生频率接近20%,北部呈现出显著湿润化的趋势,南部湿润化的趋势不显著,北部较易发生极端干旱事件;②降水与气温均与SPEI呈显著性相关关系,且降水与干旱的相关性更强;③海洋尼诺指数(ONI)与次年SPEI的负相关性显著,说明ENSO事件与干旱的关系密切,且当发生东部型和中部型ENSO暖事件时,对干旱的影响存在差异。

关键词:雷州半岛;气象干旱;SPEI;ENSO

## 1 引言

根据 IPCC 第六次评估报告,在全球变暖和人类活动加剧的形势下,气候变化对水文循环的影响变得更加复杂,导致干旱与洪涝灾害事件发生的频率呈显著增加趋势[1]。干旱是指区域水分收支不平衡而形成的水分短缺现象[2]。干旱不仅造成水资源短缺,影响农业生产、城乡供水,也会加重生态环境恶化。美国气象学会将干旱分为气象干旱、水文干旱、农业干旱和社会经济干旱等4种类型,其中气象干旱最先发生,也是研究其他类型干旱的基础,主要以降水指标来划分[3]。研究气象干旱的时空分布规律及成因,对于不同地区针对性地抗旱减灾有重要指导意义。

干旱指数是评估和量化干旱程度的重要方法,常用的气象干旱指数包括标准降水指数(SPI)、标准化降水蒸散指数(SPEI)、帕默尔干旱强度指数(PDSI)等[4],许多学者基于不同的指数对不同地区的干旱情况进行了研究。余锐等[5]通过计算广东地区SPI值,发现广东省有略湿润趋势。彭窈等[6]通过计算华南春季42个站点的几种旱涝指数,发现SPEI敏感性强,可以识别降水和气温对于旱涝的影响。周照强等[7]利用SPI评估了珠江流域气象干旱情况,发现厄尔尼诺-南方涛动(ENSO)和太平洋年代际震荡指数(PDO)对各分区的气象干旱影响的时间尺度为8~48个月,太阳黑子(Sunspots)对珠江流域的气象

基金项目:2019年中水珠江规划勘测设计有限公司科研项目(201901)。
作者简介:冯德铿(1986—),男,高级工程师,主要从事水文水资源、水利水电工程规划方面的研究工作。

干旱影响相对较小,ENSO 和 PDO 是珠江流域气象干旱的主要驱动力。

雷州半岛位于珠江流域片降水低值区,是旱象严重的地区[8]。且雷州半岛水系大多独流入海,加上工程调蓄能力不足,水资源结构脆弱,干旱已成为制约当地经济发展的主要因素[9]。张国桃等[9]统计了 1949—2000 年 51 年间湛江市的旱情情况,发现其中 37 年出现旱情,大旱 19 年。众多学者对雷州半岛干旱的时空分布规律及成因进行了研究。张得胜等[10]发现雷州半岛存在 2~5 年的干旱周期;王壬等[11]基于标准化降水指数对干旱进行识别,发现雷州半岛干旱频率在秋冬季呈减少趋势,在春夏季呈增加趋势;薛积彬等[12]发现 1961—2008 年雷州半岛北部地区气候趋向暖干,自 20 世纪 90 年代中后期以来,气候干旱化趋势愈加显著,干旱事件存在显著的 2~3 年短周期变化,可能与同一时期的 ENSO 活动具有一定关系;杜晓霞等[13]发现 ENSO 事件对雷州半岛干旱情况影响明显。

本文将在以往研究基础上对雷州半岛气象干旱时空特征进行分析:①选择标准化降水蒸散指数(SPEI)作为干旱识别指标,分析雷州半岛季节性干旱的特征及变化趋势;②分析雷州半岛干旱与降水、气温等主要气象要素的关系;③讨论雷州半岛干旱事件对 ENSO 事件的响应规律。本文可为雷州半岛提升抗旱减灾能力,提高地区水安全保障,推动水利高质量发展提供参考。

## 2 资料来源与研究方法

### 2.1 研究区域概况

雷州半岛(109°31′~110°55′E,20°12′~21°35′N)位于中国大陆最南端,东濒南海,西邻北部湾,总面积 8 845 km²。雷州半岛地处亚热带季风气候区,降水丰沛,多年平均降水量 1 519.85 mm,多年平均气温约 23.52 ℃。

### 2.2 数据来源

本文选用湛江站和徐闻站分别作为雷州半岛北部和南部的代表站,气象资料系列为 1957—2021 年逐日气象数据,气象站位置如图 1 所示。

我国于 2017 年发布了《厄尔尼诺/拉尼娜事件判别方法》(GB/T 33666—2017),定义 ININO3.4 的 3 个月滑动平均绝对值达到或超过 0.5 ℃,持续至少 5 个月,判定为一次厄尔尼诺/拉尼娜事件(指数不小于 0.5 ℃为厄尔尼诺事件;指数不大于-0.5 ℃为拉尼娜事件),并科学地将 ENSO 事件进一步细分为东部型(EP 型)ENSO 事件和中部型(CP 型)ENSO 事件。本文选用的 ENSO 气候指标为 ONI(Oceanic Nino Index)指数,来自美国国家海洋大气局(NOAA)气候研究中心。本文选择 Ren 等[14]提出的 EP 型和 CP 型指数作为根据该国家标准规定划分出 EP 型/CP 型 ENSO 暖事件(厄尔尼诺事件)与 ENSO 冷事件(拉尼娜事件)的依据,计算两个指数所需 Niño 3 区、Niño 4 区海温指数也均来自 NOAA 官方网站。ONI 指数年、季尺度均为相应时段的月份均值。

### 2.3 研究方法

#### 2.3.1 标准化降水蒸散指数(SPEI)

本文采用标准化降水蒸散指数(SPEI)来反映雷州半岛气象干旱程度。SPEI 是一种基于降雨和蒸散发数据的多尺度干旱指数,能较好地评价和监测气象干旱,适用于研究全

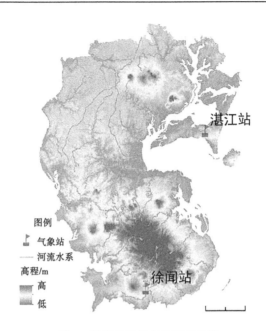

**图 1　雷州半岛气象站地理位置**

球变暖对干旱条件的影响。本文采用世界粮农组织(FAO)推荐的 Penman-Monteith 公式计算潜在蒸散发量,接着计算逐月降雨量($P$)和潜在蒸散发量(PET)之差 $D$,然后构造不同时间尺度下水分盈亏累积序列 $X$,对其概率分布函数 $F(x)$ 进行标准化处理,得到 SPEI 计算值。

根据《气象干旱等级》(GB/T 20481—2017)的划分标准,将 SPEI 划分为以下 5 个干旱等级:无旱($-0.5>$SPEI)、轻旱($-1.0<$SPEI$\leqslant-0.5$)、中旱($-1.5<$SPEI$\leqslant-1.0$)、重旱($-2.0<$SPEI$\leqslant-1.5$)、特旱(SPEI$\leqslant-2.0$)。

为反映不同时间尺度的干旱情况,本文计算了月尺度(SPEI-1)、季节尺度(SPEI-3)和年尺度(SPEI-12)的 SPEI 值,分别选用 SPEI-3 中 5 月、8 月、11 月和次年 2 月的 SPEI 值表示春、夏、秋、冬季节的干旱情况,选用 SPEI-12 中次年 2 月的 SPEI 值表示年干旱情况。雷州半岛地处南方湿润地区,轻旱造成的影响较小,本文选取中旱及以上的等级(SPEI$\leqslant-1.0$)进行干旱次数统计。

### 2.3.2　趋势分析方法

本文利用 Mann-Kendall(M-K)非参数检验对 SPEI 序列进行趋势分析。该方法被世界气象组织推荐用来分析各气象水文要素随时间变化的趋势。M-K 检验作为非参数检验,对异常值的敏感性低于参数检验,可以避免序列中极值的干扰。对于一组观测序列:$X=x_1, x_2, \cdots, x_n$,通过比较标准化检验统计量 $Z$ 的大小来检验趋势变化的显著性,当 $Z$ 值大于 0 时,表示该观测序列值为上升趋势;当 $Z$ 小于 0 时表示该观测序列值为下降趋势。

### 2.3.3　偏相关分析

为研究影响雷州半岛干旱的主要因素,本文采用皮尔逊偏相关分析法量化了年尺度上降雨和温度对 SPEI 的影响。

#### 2.3.4 ENSO 遥相关分析

通过计算 ENSO 气候指标与相应时间尺度的 SPEI 两者间的皮尔逊相关系数来分析,并进行显著性检验。由于 ENSO 气候指标对当年/季节的影响与次年/季节的影响不同,因此本文将对气候指标对当年、次年、当年四季的影响分别分析。本文还分别分析对 ENSO 事件发生当年秋冬季和事件结束后的秋冬季的干旱的影响,对 EP 型、CP 型 ENSO 事件对秋冬两季的不同影响进行了分析。

## 3 结果分析

### 3.1 不同时间尺度下 SPEI 变化趋势

(1)图 2 反映了月尺度下 SPEI 的变化情况,可以看出 SPEI 变化较为剧烈,在正负之间频繁振荡。湛江站 SPEI-1 最小值为-2.76(2003 年 12 月),最大值为 2.65(2016 年 1月),1957 年 3 月至 2021 年 2 月的平均值为 0.009,共有 131 个月发生了干旱事件(见表 1),占所有月份的 17%,其中 89 个月为中旱,33 个月为重旱,9 个月为极旱。徐闻站 SPEI-1 最小值为-2.32(2010 年 3 月),最大值为 2.58(1972 年 11 月),1957 年 3 月至 2021 年 2 月的平均值为 0.013,共有 135 个月发生了干旱事件,与湛江站相当,其中 99 个月为中旱,30 个月为重旱,6 个月为极旱。雷州半岛极旱事件多发生在冬季和夏季。

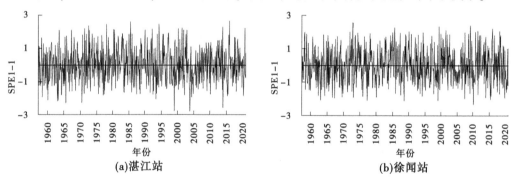

图 2　雷州半岛月尺度 SPEI 变化

表 1　雷州半岛干旱次数统计

| 气象站 | 时间尺度 | 中旱次数<br>(-1.5<SPEI≤-1.0) | 重旱次数<br>(-2.0<SPEI≤-1.5) | 极旱次数<br>(SPEI≤-2.0) | 合计 |
|---|---|---|---|---|---|
| 湛江站 | 年 | 8 | 3 | 1 | 12 |
| | 春 | 7 | 2 | 2 | 11 |
| | 夏 | 7 | 3 | 1 | 11 |
| | 秋 | 10 | 1 | 1 | 12 |
| | 冬 | 4 | 1 | 2 | 7 |
| | 月 | 89 | 33 | 9 | 131 |

续表 1

| 气象站 | 时间尺度 | 中旱次数<br>（ $-1.5<SPEI\leqslant-1.0$ ） | 重旱次数<br>（ $-2.0<SPEI\leqslant-1.5$ ） | 极旱次数<br>（ $SPEI\leqslant-2.0$ ） | 合计 |
|---|---|---|---|---|---|
| 徐闻站 | 年 | 4 | 6 | 0 | 10 |
| | 春 | 8 | 4 | 0 | 12 |
| | 夏 | 7 | 5 | 0 | 12 |
| | 秋 | 12 | 2 | 0 | 14 |
| | 冬 | 8 | 5 | 0 | 13 |
| | 月 | 99 | 30 | 6 | 135 |

（2）图 3 反映了季节尺度下 SPEI 的变化情况,结合 M-K 趋势分析结果可知,湛江站春季 SPEI 呈不显著下降趋势,线性倾向率为-0.041/10 年,而其余 3 季均呈不显著的上升趋势,线性倾向率分别为 0.055/10 年、0.064/10 年、0.025/10 年。在 1957—2021 年,发生春旱、夏旱、秋旱的年份相当,发生冬旱的年份略少,且季节性干旱一半以上为中旱,发生重旱和极旱的年份较少。徐闻站夏季 SPEI 呈不显著下降趋势,线性倾向率为-0.033/10 年,而其余 3 季均呈不显著上升趋势,线性倾向率分别为 0.021/10 年、0.021/10 年、0.032/10 年。在 1957—2021 年,发生 4 种季节性干旱的年份相当,且干旱一半以上为中旱,没有发生极旱事件的年份。

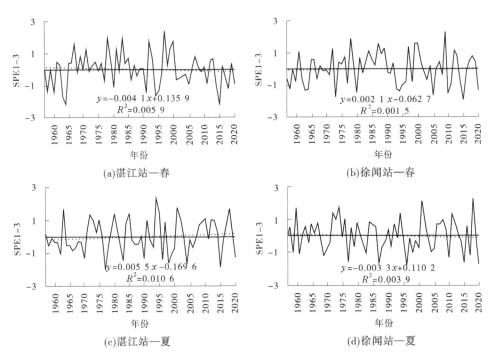

(a)湛江站—春          (b)徐闻站—春

(c)湛江站—夏          (d)徐闻站—夏

图 3　雷州半岛季节尺度 SPEI 变化

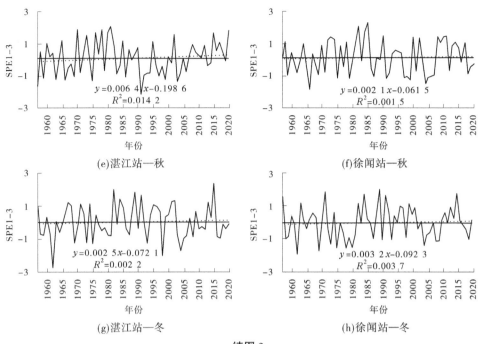

(e)湛江站—秋                    (f)徐闻站—秋

(g)湛江站—冬                    (h)徐闻站—冬

续图3

（3）图4反映了年尺度下SPEI的变化情况，结合M-K趋势分析结果可知，湛江站SPEI呈显著上升趋势（$p<0.1$），线性倾向率为0.073/10年，最湿润的年份为1986年（SPEI=1.79），最干旱的年份为2005年（SPEI=-2），达到了极旱等级。共有12年发生了干旱事件，占总年份的19%，其中8年为中旱，3年为重旱，1年为极旱。徐闻站SPEI呈不显著上升趋势，线性倾向率为0.007/10年，最湿润的年份同为1986年（SPEI=1.82），最干旱的年份为2021年（SPEI=-1.78）。共有10年发生了干旱事件，占总年份的17%，其中4年为中旱，6年为重旱，无极旱事件。

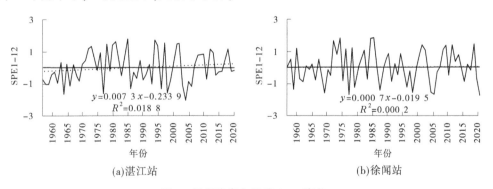

(a)湛江站                    (b)徐闻站

图4  雷州半岛年尺度SPEI变化

## 3.2  雷州半岛SPEI分布空间差异

（1）从月尺度来看，总体上雷州半岛北部和南部发生干旱的月数相近，但北部发生中旱的月数小于南部，发生重旱和极旱的月数大于南部。从季节尺度来看，雷州半岛北部发生干旱事件的季节数略小于南部,但北部有极旱等级的季节性干旱事件出现,南部没有。从年尺度来看,雷州半岛北部和南部发生干旱的年数相当,但北部多为中旱事件,且有极旱情况,而南部则集中在中旱和重旱事件,且两者占比相近。总体来说,雷州半岛南部发生干旱的频率略大于北部,但北部较易发生极端干旱情况。

(2)从 SPEI 的变化趋势来看,雷州半岛北部的 SPEI 呈显著增加趋势,即湿润化趋势,而南部 SPEI 增加趋势不明显,长期变化较稳定。

### 3.3 SPEI 和降水、气温的关系

根据偏相关分析结果(见表 2),当控制温度变量时,两气象站年尺度 SPEI-12 和降水呈极显著正相关($p<0.01$);控制降雨变量时,SPEI-12 和温度呈极显著负相关($p<0.01$),说明雷州半岛地区干旱情况受降水和气温影响较大,且降水的影响程度大于气温。

表 2　SPEI 和降水、气温的偏相关分析结果

| 气象站 | SPEI 与降雨的关系 | SPEI 与气温的关系 |
|---|---|---|
| 湛江站 | 0.985** | −0.471** |
| 徐闻站 | 0.988** | −0.463** |

注:* 表示通过 0.05 显著性检验,** 表示通过 0.01 显著性检验,下表同。

### 3.4 SPEI 和 ENSO 事件的关系

ENSO 事件分为暖事件(厄尔尼诺事件)和冷事件(拉尼娜事件),以 2~7 年为周期非规则循环,常在北半球春夏季发展,秋冬季达到峰值。ENSO 事件与干旱有密切联系[3]。

由表 3 可以看到,在季节尺度上湛江站冬季 ONI 与同期 SPEI 有显著正相关关系,即指数越大,越湿润,不易发生干旱,其他季节均呈现负相关关系,但均不显著;徐闻站春季指数与 SPEI 呈现显著的负相关关系,即指数越高,越干旱,夏季和秋季均呈现负相关关系,但均不显著,冬季呈现正相关关系。

表 3　1957—2020 年 ENSO 气候指数与对应 SPEI 指数的相关关系

| 时间尺度 | 湛江站 | 徐闻站 |
|---|---|---|
| 年 | −0.02 | −0.06 |
| 次年 | −0.32* | −0.44** |
| 春 | −0.09 | −0.28* |
| 夏 | −0.01 | −0.02 |
| 秋 | −0.05 | −0.06 |
| 冬 | 0.32* | 0.12 |

ONI 与次年 SPEI 在 2 个站均有显著负相关关系,相关系数分别为−0.32 和−0.44,分别通过了 0.05 和 0.01 的显著性检验,表明海温变化显著影响着雷州半岛干旱事件的发生,且存在滞后效应,即当年的海温偏高现象易导致次年的干旱。

Wang 等[15]认为两种类型 ENSO 暖事件对秋季华南降水异常有不同的影响,因此有必要研究不同类型 ENSO 暖事件对干旱影响的差异,如图 5 所示。本文根据《厄尔尼诺/

拉尼娜事件判别方法》(GB/T 33666—2017),识别1957—2020年间共发生18次ENSO暖事件,其中EP型12次,CP型6次,这与Chen等[16]的研究结果基本一致。以湛江站为例,当发生EP型暖事件时,当年秋季、冬季分别发生干旱7次、1次,次年秋季、冬季分别发生干旱3次、5次;当发生CP型暖事件时,当年秋季、冬季分别发生干旱2次、1次,次年秋季、冬季分别发生干旱2次、3次。这表明两类ENSO暖事件引起当年秋季干旱的频率均大于引发当年冬季干旱的频率,当年冬季均不易发生干旱,而两类事件均会导致次年冬季发生干旱的频率增加。

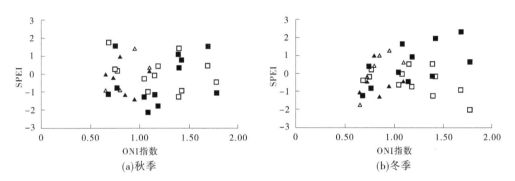

图5 两种类型ENSO暖事件ONI指数分布及对应SPEI值分布
(△、▲代表CP型,□、■代表EP型,△、□代表当年,▲、■代表次年)

## 4 结论

综合以上分析,得出以下结论:

(1)总体上,1957—2020年年尺度上雷州半岛干旱事件发生频率接近20%。雷州半岛北部呈现出显著湿润化的趋势,南部湿润化的趋势不显著,旱涝情况较为稳定;北部较易发生极端干旱事件。

(2)与气象要素的相关性分析表明,降水与气温均与SPEI呈显著相关关系,且降水与干旱的相关性更强,表明雷州半岛干旱事件主要受降水影响。

(3)通过对湛江站和徐闻站的年降水量、年平均气温进行M-K趋势检验发现,1957—2021年,湛江站年降水量呈显著上升趋势($p<0.1$),气温呈极显著上升趋势($p<0.01$),徐闻站年降水量呈不显著上升趋势,气温呈极显著上升趋势($p<0.01$),且线性倾向率是湛江站的2倍。

(4)与ENSO气候因子ONI的相关性分析表明,ENSO气候因子对干旱的影响显著。在秋冬两季,EP型和CP型暖事件对干旱影响存在差异。

## 5 展望

在全球变暖的大背景下,雷州半岛也有较明显的变暖趋势,且南部变暖的速度大于北部。海温变化显著影响着雷州半岛干旱事件的发生,且存在滞后效应,当年的海温偏高异常,易导致次年的干旱,类似的滞后现象也出现在黄河流域、长江中下游地区、辽宁省等[2,17-18]。黄翀等[19]发现ENSO对珠江流域当年及次年各时间尺度的影响是相反的,本文也印证了ENSO发生当年秋季(冬季)若干旱(湿润),次年秋季(冬季)往往湿润(干旱)(见图5),而这一特点在发生EP型ENSO事件时比发生CP型ENSO事件时更明显。

IPCC AR6的评估认为将降水不足导致的气象干旱事件归因于人类活动影响的信度较低[1]。全球变暖导致的大尺度气候变化对水文循环的每一个过程均有显著影响,因此对ENSO事件的准确识别有助于气象干旱预报。随着新标准的颁布,对ENSO事件的识别和分类更为科学,应当在此基础上针对不同类型的ENSO事件对干旱的影响进行深入分析。造成气象干旱的影响因素有多种,本文主要分析了其对局地尺度的气象要素的响应规律,在大尺度上仅选择ONI指数进行了单一分析,仍存在很多不足。在今后的研究中,将需要进一步深入研究干旱的产生机制,以及在全球气候变化的背景下不同区域干旱事件的响应规律,以期提升对干旱的预测能力,达到防旱减灾的目的,为决策者提供参考依据。

# 参考文献

[1] 王晨鹏, 黄萌田, 翟盘茂. IPCC AR6报告关于不同类型干旱变化研究的新进展与启示[J]. 气象学报, 2022, 80(1): 168-175.

[2] 黄婷婷, 林青霞, 吴志勇, 等. 黄河流域干旱时空特征及其与ENSO的关联性分析[J]. 人民黄河, 2021, 43(11): 52-58.

[3] 薛亮, 袁淑杰, 王劲松. 我国不同区域气象干旱成因研究进展与展望[J]. 干旱气象, 2023, 41(1): 1-13.

[4] 宋艳玲. 全球干旱指数研究进展[J]. 应用气象学报, 2022, 33(5): 513-526.

[5] 余锐, 孙丽颖, 焦场, 等. 基于SPI的1979—2020年广东气象干旱的时空特征[J]. 广东气象, 2023, 45(1): 19-22.

[6] 彭窈, 谭勇展, 蒋熙, 等. 几种旱涝指数在华南春季适用性的对比分析[J]. 广东气象, 2022, 44(5): 6-10,42.

[7] 周照强, 邹华志, 史海匀. 珠江流域干旱时空变化特征及驱动力分析[J]. 中国防汛抗旱, 2023, 33(6): 1-11.

[8] 董德化. 从珠江降水高、低区年降水量极值状态谈珠江流域防洪抗旱[J]. 人民珠江, 2006(5): 33-34.

[9] 张国桃, 陈世俊, 曾黄锦, 等. 雷州半岛干旱情况统计及特性简析[J]. 广东水利水电, 2003(6): 51-52.

[10] 张得胜, 江涛, 黎坤, 等. 基于Copula函数的雷州半岛气象干旱风险分析[J]. 人民珠江, 2019, 40(9): 110-120.

[11] 王壬, 陈建耀, 江涛, 等. 近30年雷州半岛季节性气象干旱时空特征[J]. 水文, 2017, 37(3): 36-41.

[12] 薛积彬, 黄雪芳, 钟巍. 近50年雷州半岛北部降水变化及其与ENSO活动的关系[J]. 华南师范大学学报(自然科学版), 2014, 46(5): 112-117.

[13] 杜晓霞, 涂新军, 谢育廷, 等. 近50年雷州半岛干旱历时和烈度的时空特征分析[J]. 人民珠江, 2021, 42(7): 17-24.

[14] Ren H L, Jin F F. Niño indices for two types of ENSO [J]. Geophysical Research Letters, 2011, 38

（4）．

[15] Wang X, Guan C, Huang R X, et al. The roles of tropical and subtropical wind stress anomalies in the El Niño Modoki onset [J]. Climate Dynamics, 2019, 52(11):6585-6597.

[16] Chen M, Li T. ENSO evolution asymmetry：EP versus CP El Niño [J]. Climate Dynamics, 2021, 56 (11)：3569-3579.

[17] 曹博, 张勃, 马彬, 等. 基于SPEI指数的长江中下游流域干旱时空特征分析 [J]. 生态学报, 2018, 38(17)：6258-6267.

[18] 曹永强, 李可欣, 任博, 等. 基于SPEI的辽宁省气象干旱特征及驱动因素分析 [J]. 水利水电科技进展, 2022, 42(5)：28-36.

[19] 黄翀, 张强, 陈晓宏, 等. 珠江流域降水干湿时空特征及气候因子影响研究 [J]. 水文, 2017, 37 (5)：12-20,59.

# 梧州市全面对接粤港澳大湾区水安全
# 保障规划研究及思路

黄华平　　樊红霞　　刘昭辰

（中水珠江规划勘测设计有限公司，广东广州　510610）

摘　要：本文在全面总结梧州市水安全保障现状的基础上，从防洪减灾、水资源利用、水生态环境、水景观水文化、水监管及信息化的角度，分析了新阶段梧州市水利发展存在的主要矛盾与不足。在粤港澳大湾区国家重大战略深入推进的背景下，研究提出梧州市水安全保障规划的基本原则、目标任务和总体布局思路，为全面对接粤港澳大湾区经济社会发展，积极贯彻国家和自治区发展战略要求及部署提供坚实的水利支撑和保障。

关键词：梧州市；粤港澳大湾区；水安全保障；规划思路；全面对接

## 1　梧州市水安全保障现状

经过多年水利建设，梧州市水利发展取得显著成绩，水利基础设施网络不断完善，水生态环境保护工作持续推进，水治理和水管理能力进一步提高，水安全保障能力显著增强，为梧州市经济社会高质量发展提供了有力支撑[1]。

### 1.1　防洪减灾现状

梧州市河道总长 2 765.87 km，有防洪任务的河长 1 221.12 km，其中已治理长度 315.13 km，尚未治理长度 905.99 km。目前防洪工程体系中的龙滩（一期）水利枢纽已经建成，大藤峡水利枢纽已完工运行，主城区现状已（在）建堤防 13 座，长 65.73 km，防洪标准 20~50 年一遇，藤县、苍梧县、岑溪市、蒙山县城区现状堤防长度 54.47 km，防洪标准 10~20 年一遇。

全市已建成泵站工程 597 处，其中大（2）型泵站 2 座，中型泵站 7 座；各类水闸 118 座，其中大（2）型水闸 1 座，中型水闸 7 座。梧州市城区现状排涝标准大部分不足 20 年一遇，乡镇不足 10 年一遇，农村不足 5 年一遇。

### 1.2　水资源利用现状

梧州市已经基本形成以地表水蓄、引、提工程相结合的供水格局。其中，主城区形成了以浔江、桂江提水工程为主的供水保障体系；苍梧县、岑溪市、藤县、蒙山县形成以中小

---

作者简介：黄华平（1993—），男，工程师，主要从事水利规划方面的研究工作。

型蓄、引、提水工程为主的城乡供水保障体系。目前,全市已建成水库 233 座,总库容 69.4 亿 m³,塘坝 3 787 座,引水工程 118 处,提水工程 597 处,水利工程有效供水能力达到 16.8 亿 m³,当地水资源量开发利用率约 18.2%。

## 1.3 水生态环境现状

截至 2021 年,梧州市 8 个国控地表水监测断面均达到考核水质目标要求,其中义昌江—平郎达到Ⅲ类水质标准,西江—封开城上断面达到Ⅰ类水质标准,其他断面达到Ⅱ类水质标准。3 个区控地表水监测断面水质均达到地表水Ⅱ类水质标准,均达到考核水质目标要求。

梧州市水库共计 243 座,水电站共计 63 座,其中 4 座水库为日调节,11 座水库为季调节,197 座水库为年调节,28 座水库为多年调节。年调节及多年调节水库对年内枯水期、丰水期的水文情势改变幅度较大,易产生坝下泄水低于河道内生态需水的情况。而引水式水电站将发电用水引至河道旁,通过发电机组发电后再流入原河道,影响该区间内河道的生态流量保障程度。

梧州市水土保持措施总面积 1 171 449 hm²,包括梯田 567 727 hm²,水土保持乔木林 319 207 hm²,水土保持灌木林 337 hm²,经济林 80 657 hm²,种草 297 hm²,封禁治理 195 377 hm²,其他措施 7 847 hm²,点状小型蓄水保土工程 713 个,线状小型蓄水保土工程 72.5 km。

## 1.4 水景观与水文化

梧州市是古苍梧郡、古广信县所在地,历代名人汇集、资源丰富,素有"山水绿城、人杰地灵"之美誉。其地处三江交汇处,整座城市因水而生,因水而兴,人、城、水之间有着不解之缘。水见证了梧州从起源到发展的各个历史阶段,也孕育了包括西江文化、茶船文化、生态文化在内的众多特色水文化资源,不仅是城市历史文化积淀中最深厚的内涵,也对梧州市经济社会发展产生极为深远的影响。

目前,梧州市有国家级文物保护单位 5 处,自治区级文物保护单位 27 处,市、县级文物保护单位 176 处,分布在各市县辖区范围内,类型丰富,包括古代遗址、古代建筑,也有近代建筑、革命遗址、名人故居等。

## 1.5 水监管现状

(1)水资源管理方面,梧州市严格贯彻执行水资源论证和取水许可管理制度,建立"梧州市水资源质量月报""梧州市主要江河水库水功能区水质监测评价月报"等制度,不断提升水资源水环境监控与评价水平。

(2)执法监管方面,梧州市在西江干流两广交界河段开展河道采、运砂监管执法行动,并于 2020 年度开展了"强监管严执法年"专项行动,水行政执法监管得到发展,但联合执法机制建设仍有待加强。

(3)水利信息化建设方面,在堤防管理、水土保持监管以及山洪灾害预警预报方面采取了相应的信息化措施,但仍相对薄弱。

## 2 存在的主要问题

### 2.1 水旱灾害防御能力不足

(1)防洪排涝工程体系尚不完善。目前,梧州堤防工程建设滞后,防洪能力低于规划标准要求,城区龙华、赤水片区及部分乡镇尚处于无堤防防护状态。水库、水闸病险问题仍较突出,内涝治理投入明显不足,梧州市重点涝区缺乏系统治理,普遍未达规划排涝标准,城区大部分不足20年一遇,乡镇不足10年一遇,农村不足5年一遇[2-3]。

(2)中小河流与山洪灾害治理滞后。梧州市中小河流众多,总河长约1 300 km,有防洪任务河长574 km,但治理河长仅249 km。受人类活动影响,人为侵占河道现象时有发生,加上建设扰动地表、水土流失加剧、河道泥沙淤积等综合因素的影响,河道行洪严重受阻,加剧了沿岸洪涝灾害的发生,对城镇和农村防洪排涝安全构成严重威胁。

(3)防洪非工程措施与要求存在较大差距。现状非工程措施建设相对滞后,存在薄弱环节:一是河湖与防洪工程管理手段比较落后,难以满足动态实时监管的工作要求;二是防洪预案需根据城乡发展动态与水情特点进一步修订完善;三是洪水风险管理与国家新要求存在较大差距,迫切需要提升软硬件技术手段;四是防汛抢险与河道管理队伍建设需要进一步加强,加强新技术装备设施的应用,加大防洪抢险与河道管理资金支持。

### 2.2 水资源供给侧结构性矛盾突出

(1)用水效率不高,用水结构有待优化。梧州市现状人均综合用水量、万元GDP用水量、万元工业增加值用水量分别为413 m³、108 m³、22.3 m³,远高于粤港澳大湾区各项指标。从用水结构分析,农业用水占比较高,生态环境用水偏低。农田灌溉亩均用水量高达703 m³/年,是全国平均水平的1.97倍,节水灌溉面积为仅占有效灌溉面积的66.0%[4]。

(2)城乡供水能力不足,供水水源单一。现状供水体系基础设施不完善,供水能力明显不足,总体供水保证率不高。根据供需平衡分析,预测梧州市2035年多年平均需水量为15.54亿m³,但现状可供水量仅为13.96亿m³,难以满足经济社会高质量发展对供水的需求。

(3)水资源保护形势严峻,水源存在污染隐患。河道型水源作为梧州市的主要供水水源,其供水量占全市总量的53.6%。然而,梧州市区有6个取水点,岑溪市的义昌江取水点以及藤县的浔江取水点处于城市建成区内,工业及生活污水污染风险问题突出,建成区水源安全风险较大。为确保城市供水安全,必须全面提升应对突发性污染事件的能力。

### 2.3 水污染防治及水生态环境治理任务艰巨

(1)整体水环境质量优良,但水污染防治任务依然艰巨。梧州市城镇污水治理设施基础依旧薄弱,城区污水管网不完善,污水处理厂能力不足,农村污水集中处理率低[5]。

(2)水利工程生态化改造任务重。已有水库和水电站建设年份较早,大多未设置生态流量下放设施与鱼道设施,河道生态流量难以得到保障,河道的纵向连通性受到影响。此外,河道堤防多为硬质堤防,对河道天然形态进行人工改造,导致现状河岸硬质化与河道形态的均一化,对河道生物多样性造成了不同程度影响。因此,按照新发展理念与生态文明建设要求,未来水利工程的生态改造任务非常艰巨。

（3）水土流失防治及水生态空间管控任务仍然艰巨。梧州市现有水土流失面积911.08 km²，占总土地面积的7.24%，其中轻度侵蚀563.87 km²，占侵蚀面积的61.89%；中度及以上侵蚀面积347.21 km²，占侵蚀面积的38.11%。现有崩岗1 537个，总面积238.71 hm²。随着城镇化、工业化进程的加快，土地供需矛盾凸显，必须严格防范滥垦河湖湿地、改变河湖湿地用途、挤占滩地及河流沿岸洪泛区等非法侵占水生态空间的行为。

### 2.4 水文化景观难以满足高品质生活

（1）水景观系统布局结构不甚合理。梧州市河流两岸部分防洪工程的建设，阻碍了江、城、人之间的联系性；岸线人工干预强，生态性较弱；滨水带硬质化工程增多，场地活力弱，人与自然关系疏远，对水文化认同感较弱[6]。

（2）城市水文化景观缺乏明晰特色。以往城市建设中忽略了城市-水环境的整体协调性，且缺乏整体谋划，现状水文化景观主题缺乏指引，整体水文化特色不显著。

（3）水文化景观体验感不强。城市水文化资源体量有限，丰富的人文旅游资源未能得到有效利用，多被过于浓厚的商业氛围所掩盖，水文化、水产业、水经济价值没有得到充分发挥。

### 2.5 水治理体系和治理能力仍需加强

（1）水管理体制与机制仍需要进一步完善。2019年党和国家机构改革后，水资源管理、河湖管理与防汛抢险等方面仍然存在一些体制机制的问题，需在后续实践中逐步完善。随着梧州全面对接粤港澳大湾区的深入推进，特别是粤港澳大湾区在梧州市境内"飞地"经济的快速发展，涉及桂粤跨界河流与"飞地"的相关法规体系与管理制度需进一步健全。此外，水价政策不到位，水利工程投融资体制与机制仍需进一步创新。

（2）水利信息化设施建设严重不足。梧州市水利工程信息化、自动化水平偏低，水灾害智慧化预报预警与调度手段缺乏，水资源开发与利用监控率不高，河湖实时动态监控能力不足。为满足全面对接粤港澳大湾区与贯彻落实国家现代化建设的相关要求，需要加快梧州市水利现代化建设步伐。

（3）水利工程运行与管理投入不足。梧州市缺乏相关的水利投融资平台，水利投资渠道单一。水利行业人才队伍结构性矛盾突出，高层次人才、基层水利人员紧缺。

## 3 工作原则和目标任务

### 3.1 基本原则

（1）坚持人民至上，生命至上。坚持人民主体地位和以人民为中心的发展思想，把增进人民福祉、促进人的全面发展作为水利工作的出发点和落脚点，着力解决人民群众最关心、最直接、最现实的防洪、供水、水环境、水生态等基本民生问题，保障人民群众财产安全，推动水利基本公共服务均等化，使各民族群众共享水利发展成果。

（2）坚持节水优先，高效利用。以最严格水资源管理制度为根本依据，加强水资源供给侧改革和需求侧管理协同发力，以水而定，量水而行，强化节水，合理分水，管住用水，将节水贯穿于经济社会发展全过程和各领域，加快推进用水方式由粗放向节约集约的根本性转变，形成有利于水资源节约集约利用的空间格局、产业结构和生产生活方式，实现更高质量、更有效率、更加公平、更可持续、更为安全的发展。

（3）坚持风险防控，保障安全。全面贯彻落实总体国家安全观，坚持底线思维，增强忧患意识，落实责任措施，逐步实现从注重事后处置向风险防控转变，从减少灾害损失向降低风险转变，构建水安全风险监控预警机制，有效应对自然风险和人为风险、内部风险和外部风险。

（4）坚持绿色发展，保护优先。牢固树立山水林田湖草是生命共同体思想，坚持"绿水青山就是金山银山"的理念，坚持尊重自然、顺应自然、保护自然，坚持节约优先、保护优化、自然恢复为主，实施可持续发展战略，完善生态文明领域统筹协调机制，构建生态文明体系，推动经济社会发展全面绿色转型，建设美丽梧州。

（5）坚持改革创新、激发活力。全面深化水利改革，以推进政府市场"两手发力"为切入点，以完善制度体系为根本点，以促进涉水各方责权统一为关键点，以强化行业执行力为着力点，以提升水利科技水平为支撑点，健全水监管法治体制机制，提升全行业保障水安全能力，增强水利发展内生动力，加快构建现代化水利综合治理体系，不断提升水治理能力。

## 3.2 目标任务

（1）近期目标。到 2025 年，水利基础设施网络建设明显加强，防洪安全保障能力有效增强，城乡供水保障能力明显提高，水生态环境状况持续改善，独具特色的梧州水景观水文化品牌初步形成，水监管能力明显增强，水安全保障能力进一步增强，初步建成能满足高质量发展理念落实、乡村振兴战略实施和全面对接粤港澳大湾区国家战略的水安全保障体系。

（2）远期目标。到 2035 年，水利基础设施网络进一步加强，防洪减灾体系基本形成，城乡供水体系进一步完善，人水和谐的美丽河湖愿景形成，独具特色的梧州市水景观水文化品牌进一步提升，现代化水治理体系基本形成，水安全保障能力更加牢靠，基本建成与粤港澳大湾区相衔接的现代化水安全保障体系。

# 4 总体布局思路

根据梧州市地形地貌特点与水情特征，以及梧州市紧邻粤港澳大湾区的特殊区位优势，以西江干流为重点水安全保障带，以北部的大瑶山、大桂山和南部的云开大山为核心的山区水源涵养生态屏障，以蒙江、桂江、东安江、北流河、下小河为水安全建设重要廊道，以流域区域重要水工程为重要节点，通过干支流互连互通、联防联控、系统治理、统一调度、协同协作等手段，打造"一带、两屏、五廊"的水安全保障总体布局，不仅提高了梧州市自身水安全保障能力，而且也为提高大湾区水安全保障能力贡献梧州力量，在水安全保障方面切实做到全面对接粤港澳大湾区。

一带：梧州市西江干流水安全重点保障带，是引领梧州市经济社会高质量发展，打造广西高质量发展重要增长极，建设珠江-西江经济带区域性中心城市和广西东融枢纽门户城市的关键地区，也是粤港澳大湾区"三廊"的重要组成部分，重在保障与服务。通过大藤峡水利枢纽、西江干流治理工程（梧州段）、思良江流域综合治理工程、西江防洪提升工程、长洲生态综合治理、重点江河湖库空间整治等，形成梧州市高质量发展重点保障带和生态文明水服务带，提高梧州市核心区的水安全保障能力和水服务功能。

两屏:包括北部的大瑶山、大桂山和南部的云开大山为核心的山区水源涵养生态屏障,重在涵养和保护。通过重要江河源头区预防保护工程、其他重要生态功能区预防保护工程等加强水源涵养林建设和重点水源地保护,辅以综合治理,控制水土流失,提升水资源承载能力,建设水源涵养生态屏障,为打造岭南特色文化名城,建设文明梧州提供清洁水资源和水生态服务产品。

五廊:包括蒙江、桂江、东安江、北流河、下小河等 5 条水安全与水文化建设的重要廊道,重在治理与修复。通过实施岑溪市水资源配置工程、下小河流域综合治理工程、梧州主要支流治理工程、古皂水库及古皂水库灌区工程、白水水库扩容工程等措施,形成保护与发展统筹、"五水"(水灾害、水资源、水生态、水环境、水文化)共治的水安全保障廊道,保障重要区域水安全。

# 参考文献

[1] 黄富强. 着力抓好民生水利和生态建设工作[N]. 广西政协报,2010-01-19(001).

[2] 林思,李睿菁,焦新宸,等.新型防洪墙在城市防洪工程中的应用:以梧州市河东防洪堤为例[J].人民珠江,2023,44(S1):95-99,111.

[3] 朱颖洁.西江防洪堤建成后洪水频率变化影响分析[J].广西水利水电,2023(1):83-86.

[4] 陈娟,梁志宏.梧州临港经济区片区规划需水与水资源条件适应性分析[C]//中国水利学会.2022中国水利学术大会论文集(第四分册).郑州:黄河水利出版社,2022:4.

[5] 郑毅.广西西江流域水质模拟及水环境容量计算研究[D].重庆:重庆交通大学,2017.

[6] 黄凌燕.城市滨水生态驳岸景观设计方法研究:以梧州苍海环城水系景观设计为例[J].现代园艺,2018(11):150-152.

# 水资源优化配置

# 环北部湾广东水资源配置工程对受水区
# 地表水环境影响分析及对策研究

王申芳  罗  昊  杨晓灵

(珠江水资源保护科学研究所,广东广州  510611)

**摘  要**:水资源配置工程在有效解决受水区水资源短缺问题的同时,也会给受水区水资源和水环境承载能力造成一定影响,因此科学、合理地解决工程受水区水环境影响问题具有重要意义。以环北部湾广东水资源配置工程为例,根据"先节水后调水、先治污后通水、先环保后用水"原则,以"控制单元"为抓手,在全面掌握工程受水区水环境质量现状及问题的基础上,按基准年、工程通水前、工程通水后等不同情景,预测分析工程建设对受水区地表水环境的影响,提出一系列水污染防治措施,可有效控制工程所引起的新增污染物。结果表明,工程建设后,环北部湾广东水资源配置工程受水区各控制单元和主要控制断面水环境质量均可达标,满足水资源配置工程"增水不增污"的要求,研究结果可为工程受水区经济社会、环境健康协调发展提供科学参考。

**关键词**:水资源配置工程;控制单元;受水区;水污染防治措施

环北部湾广东水资源配置工程是国家水网骨干工程,是国务院确定的 2022 年加快推进的 55 项重大水利工程之一,是广东省委、省政府为支撑粤西经济社会可持续发展的重大民生水利工程[1]。工程任务以城乡生活和工业供水为主,兼顾农业灌溉,并为改善水生态环境创造条件。工程从广东省云浮市郁南县西江干流地心村河段引水至粤西湛江、茂名、阳江、云浮 4 市,多年平均供水量 20.79 亿 $m^3$,其中城乡生活和工业供水量 14.38 亿 $m^3$、农业灌溉供水量 6.41 亿 $m^3$,将大幅度提高粤西地区特别是雷州半岛的供水保障能力[2]。本文在全面调查分析湛江、茂名、阳江、云浮 4 市工程受水区水环境质量现状的基础上,根据"先节水后调水、先治污后通水、先环保后用水"原则,预测分析工程建设对受水区地表水环境的影响,提出减缓不利影响的对策和措施,为受水区经济社会、环境健康协调发展提供科学参考。

## 1  受水区概况

环北部湾广东水资源配置工程受水区多年平均年降水量 1 699 mm,多年平均水资源总量 267.4 亿 $m^3$。区内人口 1 541 万人,人均水资源量为 2 011 $m^3$,低于珠江区 2 494 $m^3$

---

**作者简介**:王申芳(1982—),女,高级工程师,主要从事水资源保护与管理、环境影响与评价工作。

的平均水平;尤其是茂名市、湛江市,人均水资源量仅为 1 799 m³、1 261 m³,低于流域和区域平均水平,属于珠江区水资源短缺地区[3]。区内水资源时空分布不均,丰水期径流量约占全年的 80%,空间分布以阳江为高值区,多年平均径流深达 1 000~1 800 mm,云浮市、茂名市次之,湛江市最低,多年平均径流深仅 400~700 mm。水资源径流的年内、年际变化大,造成可供利用的水资源量十分有限,加重了水资源供需矛盾。

## 2 受水区存在的水环境问题

### 2.1 生产生活用水挤占河道生态用水

根据 1980—2016 年水文站实测资料,九洲江、鉴江主要断面生态基流年保证率仅为 30.6%、59.4%,河道水生态环境容量不足。同时,伴随经济社会的发展,受水区供需水矛盾日益突出,城镇生活和工业用水挤占农业用水,农业用水又挤占生态环境用水。据统计,现状生产多年平均用水挤占河道内生态水量约 1.7 亿 m³[3],导致部分河道断流、水环境容量不足等生态问题。

### 2.2 局部河段水污染问题凸显

以近年水质监测资料分析,2022 年鉴江、丰头河、南渡河水质较好,主要监测断面水质达标率均在 95% 以上,但漠阳江江城、尖山、埠场断面水质达标率均不足 85%,袂花江黄竹尾水闸断面水质达标率不足 60%,九洲江营仔和寨头河出海口断面水质达标率仅为 42%,鹤地水库常年处于轻度富营养状态。可见,受水区部分河段、湖库水污染问题依然存在,水污染防治工作任务依然艰巨。

### 2.3 面源污染问题突出,污染防治难度大

近年来,受水区各市对畜禽污染治理一直保持高压状态,整治了部分规模化畜禽养殖企业,但仍存在大量畜禽养殖散户,养殖废水处理设施配备率低,且难以有效监管,大量养殖废水未经处理直接排放入河(排海),水污染防治难度大。

### 2.4 环保设施建设缓慢,伴随"重建轻管"问题

部分旧城区和新建小区污水收集管网不完善,部分乡镇皆未建成或建成未运行生活污水处理设施,生活污水收集率和处理率偏低,城镇生活污水处理率不到 80%,大量生活污水未经处理达标排入周边水体。同时,环保设施管理不到位,存在"重建设、轻管理"现象,设施运行不正常问题时有发生。

## 3 工程对受水区水环境的影响预测

环北部湾广东水资源配置工程建成后,受水区由当地水源和环北部湾广东水资源配置工程联合供水,2035 年受水区总供水量为 80.50 亿 m³,其中环北部湾广东水资源配置工程供水量为 20.79 亿 m³。受水区多年平均供水损耗 58.91 亿 m³,退水总量 21.59 亿 m³,其中环北部湾广东水资源配置工程新增退水量为 9.78 亿 m³。受水区退水主要经九洲江、遂溪河、南渡河、袂花江、鉴江、漠阳江等干支流后最终排海。

结合工程水资源配置总体布局,充分考虑受水区河流水系分布、主要取用水户和排水口分布、汇水区划分、主要污染源去向情况等,将受水区划分为 102 个控制单元,进行水环

境影响预测分析。

## 3.1 污染物规划减排措施

为确保工程"增水不增污",根据受水区污染物总量控制目标和水环境功能区水质目标,在现有水污染防治规划措施的基础上提出工程新增规划措施,共计 74 项,主要包括城镇污水处理工程、农村污水处理系统工程、畜禽养殖整治工程、农业面源防治技术推广、饮用水源水质保护工程及水源水质安全保障、环境监管能力建设等六大类(见表 1),共计可削减主要污染物 COD、$NH_3$-N、TP 入河量约 4.80 万 $t/a$、1.20 万 $t/a$、0.33 万 $t/a$。

表 1 工程受水区新增规划治污措施统计

| 序号 | 项目 | | 湛江市 | 茂名市 | 阳江市 | 云浮市 | 总计 |
|---|---|---|---|---|---|---|---|
| 1 | 城镇污水处理工程 | 总数/项 | 73 | 21 | 22 | 16 | 132 |
| | | 其中:规划新增/项 | 18 | 3 | 12 | 4 | 37 |
| 2 | 农村污水处理系统工程 | 总数/项 | 8 | 5 | 3 | 2 | 18 |
| | | 其中:规划新增/项 | 8 | 4 | 3 | 2 | 17 |
| 3 | 畜禽养殖整治工程 | 总数/项 | 1 | 1 | 1 | 1 | 4 |
| | | 其中:规划新增/项 | 1 | 1 | 1 | 1 | 4 |
| 4 | 农业面源防治技术推广 | 总数/项 | 1 | 1 | 1 | 1 | 4 |
| | | 其中:规划新增/项 | 1 | 1 | 1 | 1 | 4 |
| 5 | 饮用水源水质保护工程及水源水质安全保障 | 总数/项 | 1 | 1 | 1 | 1 | 4 |
| | | 其中:规划新增/项 | 1 | 1 | 1 | 1 | 4 |
| 6 | 环境监管能力建设 | 总数/项 | 2 | 2 | 2 | 2 | 8 |
| | | 其中:规划新增/项 | 2 | 2 | 2 | 2 | 8 |
| | 总计 | 总数/项 | 86 | 31 | 30 | 23 | 170 |
| | | 其中:规划新增/项 | 31 | 12 | 20 | 11 | 74 |

## 3.2 规划减排措施实施前后污染物入河对比

本次研究考虑基准年、工程通水前、工程通水后 3 种工况,具体如下。

(1)受水区污染物现状入河量——现状量。

根据受水区污染源排污及入河现状,采用经验系数法估算受水区废污水及主要污染物的入河量,其中污水处理厂集中处理排放的废污水入河系数取 0.9,其余入河系数取 0.6,规模化畜禽养殖入河系数取 0.6,散养畜禽养殖入河系数取 0.3,农田面源和城市径流面源入河系数取 0.1。经计算,受水区基准年 2018 年废污水入河量为 5.47 亿 $m^3$,主要污染物 COD、$NH_3$-N、TP 入河量依次为 11.01 万 t、1.36 万 t、0.44 万 t。

(2)工程通水前,现有规划措施实施后受水区污染物入河量——存量。

根据受水区污染源排污及入河现状,结合受水区规划水平年的污染物排放量、污水处理措施建设现状及规划减排措施削减能力,采用经验系数法估算受水区废污水及主要污染物的入河量,各类污染物入河系数同前。经计算,在落实受水区现有规划水污染防治措施后,工程通水前,受水区废污水入河量为 5.47 亿 $m^3$,主要污染物 COD、$NH_3$-N、TP 入河量较现状分别减少 3.34 万 t、0.93 万 t、0.36 万 t,减幅为 30.3%、68.7%、82.0%。

(3)工程通水后,现有规划措施+工程新增规划措施全部实施后受水区污染物入河量——终量。

采用前述计算方法,在落实受水区现有规划和工程新增规划提出的各项水污染防治措施后,工程通水后,受水区 2035 年废污水入河量为 15.49 亿 $m^3$,主要污染物 COD、$NH_3$-N、TP 入河量较现状分别减少 1.46 万 t、0.84 万 t、0.34 万 t,减幅为 13.3%、61.7%、77.5%。

受水区各水平年废污水和主要污染物 COD、$NH_3$-N、TP 入河量见图 1。

### 3.3 地表水环境影响预测分析

结合前述污染物入河量计算成果,采用《环境影响评价技术导则 地表水环境》(HJ 2.3—2018)推荐的水质模型进行影响预测分析。结果表明,工程通水前,受水区主要纳污河流九洲江、遂溪河、鉴江、凌江、漠阳江、儒洞河、罗定江、南山河等主要干支流水质较现状均有所改善,124 个预测断面 COD 浓度为 10.02~27.58 mg/L,$NH_3$-N 浓度为 0.37~1.34 mg/L,TP 浓度为 0.08~0.27 mg/L;工程通水后,预测断面的 COD 浓度为 9.64~27.61 mg/L,$NH_3$-N 浓度为 0.36~1.30 mg/L,TP 浓度为 0.07~0.27 mg/L,均能满足相应断面水质目标要求,受水区主要控制断面水质达标率可达 100%,区域水环境质量总体改善(见表 2)。

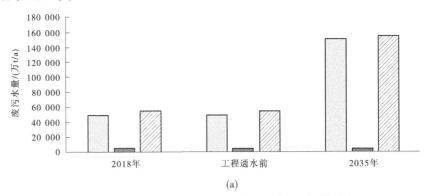

(a)

图 1 受水区各水平年废污水和主要污染物入河量对比

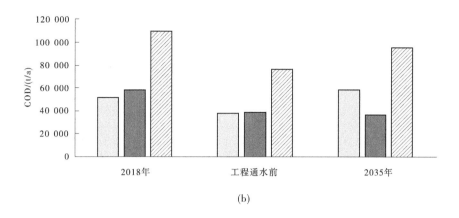

(b)

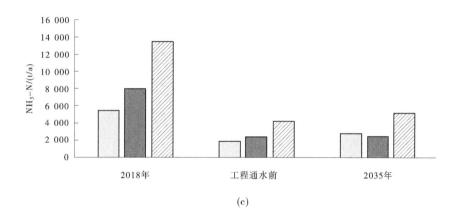

(c)

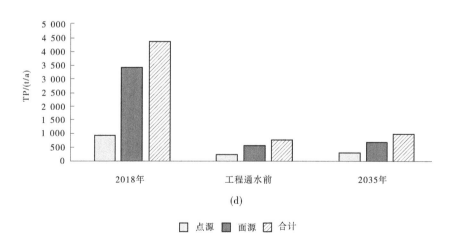

(d)

☐ 点源　■ 面源　▨ 合计

续图 1

表 2　工程受水区水质预测结果

| 行政区 | 控制单元/个 | 预测断面/个 | 通水前预测浓度/（mg/L） | | | 2035 年预测浓度/（mg/L） | | |
|--------|------------|------------|------|---------|-----|------|---------|-----|
| | | | COD | NH₃-N | TP | COD | NH₃-N | TP |
| 湛江市 | 33 | 38 | 15.31～27.58 | 0.79～1.34 | 0.11～0.27 | 16.17～27.61 | 0.75～1.30 | 0.12～0.27 |
| 茂名市 | 14 | 16 | 10.02～23.53 | 0.37～1.14 | 0.08～0.23 | 9.64～22.68 | 0.36～1.11 | 0.07～0.23 |
| 阳江市 | 32 | 38 | 11.42～19.63 | 0.45～1.00 | 0.09～0.20 | 10.36～19.66 | 0.44～0.99 | 0.07～0.20 |
| 云浮市 | 23 | 32 | 11.60～21.16 | 0.42～1.27 | 0.08～0.25 | 11.60～20.42 | 0.42～1.29 | 0.09～0.27 |

表头化学式采用 $NH_3-N$ 表示。

## 4　对策措施及建议

环北部湾广东水资源配置工程为大型跨流域调水工程,工程建成后可有效解决粤西地区干旱缺水问题,但也会给受水区水资源环境承载能力带来一定挑战。为确保工程"增水不增污",区域水环境质量稳步向好,应综合考虑区域水环境现状、污染物排放现状以及经济社会发展水平等因素,依据水环境功能区水质目标,以"改善质量—削减总量—防范风险"为主线,以"控制单元"为抓手,分区分时段落实污染防治措施,主要考虑以下几点。

### 4.1　合理划分控制单元

按照"水域+陆域"一体化原则,结合受水区河流水系、自然地理与社会经济现状,首先确定规划水域范围,然后在明确重点水质控制断面的基础上确定陆域控制单元,最终划分控制单元。一般情况下,可将水环境功能区边界、干支流河流汇合口、常规水质监测断面、国(省、市)控制考核断面等作为水质控制断面。

### 4.2　科学核算水环境容量

水环境容量是指在满足水环境质量的要求下,水体可容纳污染物的最大负荷量,因此又称作水体负荷量或纳污能力。可根据《全国水环境容量核定技术指南》,考虑工程受水区河流分布、汇水特征和排污口分布等客观条件,科学核算受水区每个控制单元的水环境容量。

### 4.3　合理分解污染物排放总量控制方案

根据受水区控制单元水环境容量核算成果,结合各控制单元污染物入河现状,将区域污染物排放总量控制方案分解至各控制单元,须同时满足区域污染物总量控制目标的可达性和不同水平年受水区河流水质目标的可达性。

### 4.4　分区分时段落实水污染防治措施

以控制单元作为区域水污染防治的最小管理单元,实行最严格水资源管理制度,严格控制污染物入河量。全面推进污水处理设施建设,进一步提高生活、工业、农业污染防治水平,实施漠阳江、袂花江、九洲江、寨头河、鹤地水库等重点河流湖库综合整治,工程通水后受水区城市建成区黑臭水体实现 100% 治理。

## 4.5　进一步完善水环境监测和风险应急处置系统

进一步强化污染源源头控制,优化整合现有监测断面,形成"国控、省控、市控、县控"的一体化水环境监测体系。进一步强化环境风险应急管理,积极落实水环境风险应急预案管理及防控措施,继续推进西江、九洲江-鹤地水库、袂花江等跨界流域水环境污染联防联治机制建设,共同打击跨区域、跨流域环境违法行为。

## 5　结语

环北部湾广东水资源配置工程可有效解决粤西地区云浮、茂名、阳江、湛江4市干旱缺水问题,但同时也会给受水区带来较大的水污染防治压力。为确保工程"增水不增污",本文综合考虑受水区水环境质量、污染物排放、经济社会发展水平等因素,以"改善质量—削减总量—防范风险"为主线,提出基于控制单元的城镇污水处理工程、农村污水处理系统工程、畜禽养殖整治工程、农业面源防治技术推广、饮用水源水质保护工程及水源水质安全保障、环境监管能力建设等六大类水污染防治措施。各项措施落实后,环北部湾广东水资源配置工程所引起的新增污染物可得到有效控制,各控制单元和主要控制断面水环境质量均可达标,研究结果可为工程受水区社会经济、环境健康协调发展提供科学参考。

## 参考文献

[1] 杨健.陈艳.王保华.环北部湾广东水资源配置工程规模与布局可行性研究[C]//2022中国水利学会.2022中国水利学术大会论文集(第二分册).郑州:黄河水利出版社,2022:7-11.

[2] 李赫.环北部湾广东水资源配置工程为粤西四市"解渴"[N].南方日报,2022-09-01.

[3] 中水珠江规划勘测设计有限公司.环北部湾广东水资源配置工程可行性研究报告[R].2021.

# 基于水资源配置优化视角下的农业
# 水价综合改革研究

杨义忠　　何欣怡

（中水珠江规划勘测设计有限公司，广东广州　510060）

**摘　要：** 水资源的价值是影响水资源优化配置的重要因素，农业水价作为农业水资源优化配置系统的"牛鼻子"，是优化水资源配置、促进农业节水的经济杠杆，但也一直面临简单提价农民难以接受、不提价农业水资源配置工程难以良性运行的"两难"困境。推进农业水价综合改革，是落实"节水优先、空间均衡、系统治理、两手发力"治水思路的必然要求，是提升水资源配置效率、提高水资源承载能力的有效途径。本文分析我国农业水价综合改革的基本情况，对改革实施概况、重点实施内容、改革成效进行相关研究，对如何更好进行农业水价综合改革具有一定的借鉴意义。

**关键词：** 农业水价改革；水资源配置优化；水价形成机制

## 1　研究概况

### 1.1　研究背景

随着现代社会的人口增长、工农业生产活动的快速发展，水资源问题成为经济社会发展的制约点，对水资源的优化配置研究也应运而生，而水资源的价值是影响水资源优化配置的重要因素。我国是农业大国，也是水资源严重短缺的国家，农业水价成为农业水资源优化配置系统的"牛鼻子"，近年来引起国内诸多学者与专家的广泛重视。

在我国，农业用水为国民经济第一用水大户，近年来农业用水量占到了全国用水总量的 60% 以上。2022 年，全国用水总量为 5 920.2 亿 $m^3$，其中农业用水量为 3 644.3 亿 $m^3$，占用水总量的 61.5%[1]。合理的农业水价机制是促进农业节水、农业水资源优化配置和工程良性运行的有效手段，但是长期以来，由于农业水价机制不健全，农业水价远低于供水成本，不能有效反映水资源稀缺程度和生态环境成本，价格杠杆对促进水资源优化配置的作用未得到有效发挥，加之农业水利工程运行维护资金投入不足，对农业水利工程良性

**作者简介：** 杨义忠（1970—），男，高级工程师，主要从事水利工程技术经济、工程咨询等相关方面的研究和工作。

**通信作者：** 何欣怡（1991—），女，工程师，主要从事水利工程技术经济、工程咨询等相关方面的研究和工作。

运行产生了不利影响,农业水价始终面临着提价农民难以接受、不提价农业水资源配置工程难以良性运行的"两难"困境。国家发展改革委等五部委提出的《关于深入推进农业水价综合改革的通知》(发改价格〔2021〕1017号)中明确指出,推进农业水价综合改革,是落实"节水优先、空间均衡、系统治理、两手发力"治水思路的必然要求,是提升水资源配置效率、提高水资源承载能力的有效途径,是利用价格杠杆促进绿色发展、将生态环境成本纳入经济运行成本的重要举措。

### 1.2 开展概况

我国水价制度历史悠久,农业水价改革也在不断推进,先后经历了无偿供水、改革起步、改革发展、改革深化阶段。2014年3月,习近平总书记在水安全会议上发表了重要讲话,为推进农业水价综合改革指明了方向,之后,水利部组织在全国27个省(区、市)80个县(市、区)开展农业水价综合改革试点工作。

2016年1月,国务院办公厅发布《国务院办公厅关于推进农业水价综合改革的意见》(国办发〔2016〕2号),提出"用10年左右的时间,建立健全合理反映供水成本、有利于节水和农田水利体制机制创新、与投融资体制相适应的农业水价形成机制",对农业水价综合改革作出了总体部署,明确了农业水价综合改革的指导思想、基本原则、总体目标。该文件的颁布,标志着我国农业水价改革进入了深化发展阶段。

此后,国家发展改革委、财政部、水利部等部门相继下发了《关于抓紧推进农业水价综合改革工作的通知》(发改办价〔2016〕2369号)、《关于扎实推进农业水价综合改革的通知》(发改价格〔2017〕1080号)、《关于加大力度推进农业水价综合改革工作的通知》(发改价格〔2018〕916号)、《水利部办公厅关于进一步做好大中型灌区农业水价综合改革有关工作的通知》(办农水函〔2019〕302号)等文件,我国农业水价改革工作得以快速推进。

2022年8月,水利部、国家发展改革委联合印发了《"十四五"重大农业节水供水工程实施方案》(简称《方案》),《方案》显示,截至2021年,各地改革实施从局部试点示范向面上整体推进,其中北京、上海、江苏、浙江已率先完成改革任务,天津、内蒙古、辽宁、山东、云南、陕西、甘肃等省(区、市)改革进度超过50%,改革面积累计达4.3亿亩以上,其中2020年新增1.3亿亩以上;《方案》也进一步明确了,在"十四五"期间将推进实施30处新建大型灌区,124处已建大型灌区续建配套及现代化改造。预计新建大型灌区可新增有效灌溉面积1 500万亩,改善灌溉面积980万亩;改造灌区可新增、恢复灌溉面积700万亩,改善灌溉面积约8 100万亩,年增粮食生产能力57亿kg[2]。

## 2 农业水价综合改革重点实施内容

农业水价综合改革是指把农业水价形成机制、精准补贴和节水奖励机制、工程建设和管护机制、用水管理机制等农田水利管理体制机制有机结合起来,促进节水减排,保障工程良性运行,合理利用水资源,保障有水灌溉到田。具体改革内容包括:完善供水计量设施配套、合理分配农业初始水权、规范组建农村基层用水组织、农田水利设施产权制度与管护机制改革、建立健全科学的水价机制、建立精准补贴和节水奖励机制等方面。

## 2.1　农业水权分配

农业水权分配是实现农业用水总量控制和水资源可持续利用的重要手段,是实现有限水资源向高效率利用流转的基础[1]。我国现行的初始水权配置是基于区域水权民主协商基础上的行政主导配置机制,是"自上而下""自下而上"的民主集中模式,具体由中央政府及其水行政主管部门根据水法赋予的权利,依据一定的原则和模式向各省级地方人民政府分配用水总量,再由省级地方人民政府及其水行政主管部门向地市级分配用水总量,分配过程中部分省级地方人民政府同步实现对用水总量的行业分配或部分行业分配。农业水权分配制度一般以县级或市级行政区域用水总量控制指标为基础,严格实行总量控制和灌溉用水定额管理,综合考虑经济社会发展现状、产业结构、发展规划、水资源管理现状等因素,逐步把指标分解到乡镇和行政村,并进一步细化分解到灌区、斗渠或农渠、高效节水工程等单元,以及农村集体经济组织、农民用水合作组织、农户等用水主体,具备条件的还可将指标分解到具体用水农户或地块。

## 2.2　水价形成机制

从理论上来说,只有使水价合理,才能实现水资源配置的最优化、节水效益的最大化[2]。水价确定是一个复杂的问题,既涉及工程本身的成本、盈利能力和建设资金来源,也涉及用户的承受能力和水量的销售,影响用户的生产成本和生活成本,关系到城乡居民的基本生活用水权益,因此水市场是一种不完全竞争市场,水价只能是政府干涉下的不完全市场价格[3],需要合理确定。

根据《水利工程供水价格管理办法》(国家发展和改革委员会、水利部第 4 号令,2003年 7 月 3 日)、《水利工程供水价格核算规范(试行)》(水财经〔2007〕470 号),水利工程供水价格按照补偿成本、合理收益、优质优价、公平负担的原则制定,并根据供水成本、费用及市场供求的变化情况适时调整。

农业水价的合理确定应统筹考虑现行水价、供水成本、经济社会发展、水资源状况、农业用水户可承受能力等因素,以供水成本为基础,以市场为导向,应能合理反映农业供水成本,并有利于节水和农田水利工程的良性运行。农业水价问题是国内大部分农业调水工程比较难以处理好的问题。水价高,农业用水户难以承受,生产生活将受到严重影响;水价低,难以吸引社会资本投资,使受水区供需水矛盾长期难以解决,也最终影响受水区经济社会的可持续发展和生态环境的改善。

(1)单一制水价模式。单一制水价模式是我国长期实施的一种传统农业水价制度,单纯按用水量计费的方式,即不管用水量多少,水价是相同的。此种模式,难以保障农业水利工程法人的合理收益;实施区域受水费利益驱动,可能存在过度开发当地的地表水和地下水、挤占工业和生态用水的问题,不利于农业水资源配置工程的效益发挥。

(2)两部制水价模式。两部制水价包括基本水价和计量水价两部分,对应水费为基本水费和计量水费,水费为基本水费和计量水费之和。基本水费按设计供水量计取,基本水费＝基本水价×设计供水量,根据《水利工程供水价格管理办法》第十三条,基本水价按补偿供水直接工资、管理费用和 50% 的折旧费、修理费的原则核定;计量水费按实际供水量计取,计量水费＝计量水价×实际供水量,计量水价按补偿基本水价以外的水资源费、材料费等其他成本、费用以及计入规定利润和税金的原则核定。

两部制水价模式的实施能更好地激发农业用水的内生动力和活力,有利于促进区域农业水资源合理配置。一是该模式既能保证工程运行费用,也兼顾用水方对分配水量的消化过程,实际上是供水方和用水方风险分摊和责任共担的水价机制;二是采用基本水价和基本水费制度,可维持工程良性运转,工程项目公司每年有固定水费收入,特别是运行初期水费收入会远大于单纯按使用水量收费的水费收入,有利于保证工程的基本运转和偿还银行贷款本息及社会资本的投资回报。

(3)阶梯式水价模式。阶梯式水价模式是指对农业用水实行分类计量和超定额累进加价制。该模式是在两部制水价模式的基础上,将计量水价分为两段或多段,合理确定每个分段的阶梯和加价幅度,对农业用水户超过定额用水量部分实行较高的水价,超定额用水量越多,水价阶梯标准越高。阶梯式水价在水资源配置、水资源供求调节等方面起到了积极的作用,扩展了水价上调的空间和灵活度,进一步保障了农业水利工程的基本运行和维护。根据《关于深入推进农业水价综合改革的通知》(发改价格〔2021〕1017号),具备条件的地区要全面建立超定额累进加价制度,按照适度从紧的原则及时修订用水定额,并合理制定阶梯和加价幅度,切实增强农民水商品意识。

(4)水费承受能力分析。当农业水价超过农民水费承受能力时,水价将失去作用,农民用水户作为农业水价的承受主体,其承受能力是水价改革与政策制定中必须考虑的重要因素[4]。农业水价标准的核定与水费计收需要分析农民用水户的承受能力,水价调整的幅度应在其可承受能力范围之内。农业水费是农业生产的成本之一,农民用水户的承受能力主要可以通过调查农户农业投入产出的情况,计算农业水费占农业生产成本、产值、净收益的比例等指标值来进行分析,按照水费适宜比例分析用水户的承受能力。国内研究表明,农业灌溉水费占农户收入比重的5%~8%较为合理,农业水费占亩纯收益的10%~13%为宜,农民易于承受[5]。

## 2.3 农业节水精准奖补机制

农业节水精准奖补机制主要包括农业节水精准补贴机制和节水奖励机制,奖补机制应与节水成效、调价幅度、财力状况相匹配,主要为奖补资金来源、对象以及相关标准的确立。根据国内农业水价综合改革实施情况,奖补资金来源渠道通常包括推行差别水价、超额累进加价、农业用水水资源费分成收入以及财政资金拨款,其中财政资金拨款为奖补资金的主要来源。

精准补贴对象主要为在灌溉定额内用水的种植作物的用水主体,主要包括农民用水户、正式登记注册的农民用水合作组织、依法设立的新型农业经营组织以及相关农业水利设施管护主体等。补贴标准主要根据定额内用水成本与运行维护成本的差额,综合考虑农业水价调整范围、农户水价承受能力等因素确定。

节水奖励补贴则应根据改革区域内的实际情况,建立易于操作、用水户普遍接受的奖励机制,奖励对象主要为积极推广工程节水,调整优化种植结构、提高管理水平等较好实现农业节水的用水主体。奖励标准主要考虑节水水量、水权交易、示范作用、影响效应、社会效益等因素,也应注意排除对主要由种植面积缩减或者转产等非节水因素引起的用水量下降的用水主体。

## 3 农业水价综合改革实施成效

### 3.1 经济成效

农业水价综合改革经济效益主要包括农业增产效益和节水效益。通过农业水价综合改革项目的实施,推进了高效节水灌溉技术创新和应用,改善了农业生产条件,优化了科学管理体制,从而可大幅提升农业综合生产能力,稳定甚至增加经济作物种植面积,使经济作物产量得到保证。此外,改革的实施完善了农业灌溉工程体系,大幅提高了灌区灌溉水利用系数,并充分调动了广大用户自觉节水的积极性和主动性,大大提高了节水效益。如浙江省某平原河网区通过农业水价综合改革,试点面积 1 810 亩,改革完成后年结余用水 44.2 万 $m^3$,节水率达到 32%,运行成本由 62.4 元/亩下降到 56.0 元/亩,下降率为10.3%;又如广东省某县农业水价综合改革覆盖的灌溉面积 4 700 亩,改革完成后每亩地可节水 130 $m^3$,年节水量达 61.10 万 $m^3$,按该区域成本水价 0.5 元/$m^3$ 计算,年节水效益达到 30.55 万元。

### 3.2 社会成效

通过农业水价综合改革,提高了水资源利用率,节约的水量可进一步扩大林草地的灌溉,或供生活、工业用水,有利于项目区生态环境的改善或经济发展。通过完善计量设施、明晰工程权属、建立合理科学的水价机制、组建用水户协会、建立农业节水精准补贴机制等一系列举措,可有力推动项目区节水和工程良性运行,进一步促进农民增收,加快社会主义新农村建设进程,助力美丽乡村建设。

### 3.3 可持续影响

国内农业水价改革在部分区域试点成功的基础上,逐步向全国推进实施,改革以建章立制为重点,不断完善水价形成机制、精准补贴机制、考核奖励制度等,实现节水工程和末级渠系工程管护的精细化、长效化,明确农田水利设施责任主体,进一步落实管护责任和经费,确保农田水利长效、可持续运行。

## 4 结语与建议

### 4.1 形成改革合力

农业水价综合改革是一项复杂的系统工程,涉及供水、用水、管水、水利工程建设改造等环节,覆盖资源、产权、价格等领域,包含工程、技术、政策等措施,牵涉政府、社会、农民等主体,需要正确平衡和处理短期收益与长期目标、公平与效率、市场与政府的关系,加强政府方的组织领导作用,明确各相关方的责任分工,充分发挥财政资金的引导撬动作用,加大资金投入,加强政策引导,形成推进改革的合力,推动农业水价综合改革更好地助力实现水资源优化配置、高效利用。

### 4.2 加强宣传引导

农业水价综合改革是一项探索性的工作,政策性强、覆盖面广、情况复杂。项目开展应加强宣传引导,充分利用电视、广播、网络、报刊等媒体,采取调研参观、座谈交流、培训教育、宣传报道等多种方式和途径加大宣传力度,让用水户切实认识到农业水价综合改革的重要意义,赢得群众理解和支持,积极参与和推进改革工作。

## 4.3 强化考核监督

探讨研究农业水价改革绩效评价的方法、量化指标及评价标准,加强项目绩效考核,积极开展对农业水价综合改革项目为实现其项目资金所确定的绩效目标的实现程度,以及为实现这一目标所安排预算的执行结果进行的综合性评价。

# 参考文献

[1] 宋晓丹.基于LoRa的农业水价综合改革系统的设计:以洪洞县农业水价综合改革项目为例[D].太原:太原理工大学,2018.

[2] 吾斯曼江.塔里木河流域水资源配置模式及水价确定[J].河南水利与南水北调,2022(9):34-35.

[3] 李秉祥,黄泉川.节水型社会水价机制研究[J].中国水利,2005(13):163-165.

[4] 王蔷,林泓宇,郭晓鸣.农业水价形成机制的建构与检验:以四川武引灌区为例[J].中国农业资源与区划,2022,44(3):18-25.

[5] 康爱卿,龙岩,刘晓志,等.内蒙古河套灌区农业水价综合改革理论与实践[M].北京:中国水利水电出版社,2020.

# 大藤峡水库汛期水位动态控制可行性分析

李　颖　黄光胆　赵光辉

(广西大藤峡水利枢纽开发有限责任公司,广西南宁　533000)

**摘　要:** 大藤峡水利枢纽对珠江流域防洪和水资源配置有着重要作用,在汛期需要维持汛限水位,调蓄可能到来的大洪水,在汛末又需要尽快回蓄水位,以应对枯水期水资源需求和供电需求,由此造成了防洪和水资源配置、兴利等的矛盾。本文旨在通过对大藤峡水库这一粤港澳大湾区防洪供水"王牌"枢纽在初期运行阶段面临的现实问题进行讨论,开展水位动态控制的可行性探讨研究,以期为流域防洪抗旱、最大化水资源调配提供可行参考。

**关键词:** 水库调度;防汛抗旱;动态控制;数字孪生;高效利用

## 1　研究背景

大藤峡水利枢纽工程地处广西壮族自治区桂平市,坝址下距桂平市彩虹桥 6.6 km,是一座以防洪、航运、发电、水资源配置为主,结合灌溉等综合利用的大型水利枢纽,是国家 172 项节水供水重大水利工程的标志性工程和珠江流域关键控制性工程。大藤峡水利枢纽自 2020 年 3 月 10 日开始下闸蓄水,9 月 6 日 18 时蓄至 52 m,进入初期运行阶段。2022 年 9 月 28 日,通过水利部主持的二期蓄水验收,工程满足蓄水至 61 m 正常蓄水位条件。2023 年 6 月 28 日,最后一台发电机组进行吊装,预计 2023 年底,枢纽主体工程建设将全部完工,投入正式运行。

大藤峡水库正常蓄水位 61.0 m,汛期 6—8 月按 47.6 m 控制运行,5 月、9 月按 59.6 m 控制运行,防洪运用最低水位 44.00 m。水库总库容 32.77 亿 $m^3$,防洪库容 15.00 亿 $m^3$。大藤峡水库的 47.6 m 汛限水位,是充分考虑大藤峡河道型水库特点,以尽可能地减少淹没为原则,选取 1947 年 6 月、1949 年 7 月、1968 年 6 月、1988 年 9 月、1994 年 6 月、1998 年 6 月和 2005 年 6 月这几场峰高量大、对防洪偏于不利的洪水为典型洪水来进行调洪演算得出的。郭生练等[1]认为,现行法律法规规定的汛限水位要求水库时刻预防小概率发生的设计洪水,没有考虑暴雨洪水季节性变化规律与新时代水文气象预报发展情况,会导致汛期弃水浪费、汛末无水可蓄等困局,以及洪水资源综合利用效益不高等问题,而实行汛期水位动态控制是统筹协调防汛抗旱和洪水资源高效利用的有效手段。对金沙江、三峡水库的研究表明,在保证大坝和下游防洪标准不变的前提下,对汛期水位进行动

---

作者简介:李颖(1994—),女,硕士,主要从事水情测报及水库调度工作。

态控制使库水位比汛限水位有所抬高,不仅有利于库区航运和生态环境,还可增加发电量和给下游补水,经济社会和生态环境效益巨大[2-3]。

本文旨在通过分析大藤峡水利枢纽在初期运行阶段面临的流域水资源供需矛盾、流域饮水安全、水环境安全和电网运行安全等多重挑战,论证工程建成完工后开展大藤峡水库汛期水位动态控制的可行性,为新形势下骨干水库运行管理和未来珠江流域调度决策提供有效参考。

## 2 大藤峡水库实际调度中面临的问题

大藤峡水利枢纽对珠江流域防洪和水资源配置有着重要作用,在汛期需要维持汛限水位,调蓄可能到来的大洪水,在汛末又需要尽快回蓄水位,以应对枯水期水资源需求和供电需求,由此造成了防洪和水资源配置、兴利等的矛盾。症结具体表现在如下几点:

### 2.1 汛限水位维持时间与流域水文干旱发生时间有所重叠的矛盾

珠江流域虽然年降水量充沛,但受东亚季风影响,降水时空分布不均[4]。作为珠江流域重要水资源工程,大藤峡水库在初期运行阶段便在水资源调配上发挥了积极作用:2021 年冬至 2022 年春,大藤峡水库枯水期累计向下游补水近 3.3 亿 $m^3$;2022 年冬至 2023 年春,大藤峡水库累计向下游补水近 9.3 亿 $m^3$,显著提高了珠澳供水系统平岗泵站和中山主要取水口取淡概率,有效保障了春节前后澳门、珠海及中山等粤港澳大湾区城市供水安全。但是仍需关注的是,以地表水、地下水的短缺作为水文干旱评价指标,吴志勇等[5]对珠江流域 1981—2020 年水文干旱的研究表明,约有 95%的区域水文干旱集中发生在夏季 6—8 月,且由于水文干旱存在夏季向秋季延迟的趋势,秋季可能发生大范围的水文干旱。钱燕等[6]的分析表明,2021 年珠江流域降雨持续偏少,重要水库蓄水不足导致上游径流减少,加上河口潮汐动力共同影响,咸潮上溯活动加剧,直接影响珠江下游珠三角地区城乡居民生活用水安全。水文干旱的发生不可避免,但是可以通过水库调蓄缓解,若不考虑气象规律,只以汛限水位控制汛期大藤峡水库水位,在遭遇水文干旱后的秋冬季节或许会出现汛期弃水浪费、非汛期无水可调的困局。

### 2.2 汛限水位与广西用电高峰的矛盾

国家能源局在 2023 年 6 月组织发布的《新型电力系统发展蓝皮书》表明:清洁低碳是构建新型电力系统的核心目标。新型电力系统中,非化石能源发电将逐步转变为装机主体和电量主体,核、水、风、光、储等多种清洁能源协同互补发展,化石能源发电装机及发电量占比下降的同时,在新型低碳零碳负碳技术的引领下,电力系统碳排放总量逐步达到"双碳"目标要求。这对水电提出了更高要求,努力挖掘水电站发电潜能是必由之路。大藤峡水利枢纽电站作为广西电网的主要电源之一,承担广西电网的发电和调峰任务,受高温天气影响,夏季 6—8 月电力负荷大幅攀升,但此时受汛限水位制约,大藤峡水库水位需维持在 47.6 m,此时上下游水头差无法达到机组满发要求,发电耗水率偏高。通过大藤峡水库汛期水位动态控制,抬高发电水头,大藤峡水利枢纽电站可增加发电效益 1 亿 kW·h,增加的年发电量可以缓解电网调峰容量不足的问题,提高电网供电质量,对电网安全、稳定和经济运行具有很好的促进作用。

## 3 可行性分析

通过预报技术排除可能出现的大洪水,降低防洪风险是实现水库汛期水位动态控制的前提,而具有预报、预警、预演、预案功能的数字孪生大藤峡防洪与水量调度"四预"平台,则为大藤峡水库汛期水位动态控制提供了强有力的技术支撑。

### 3.1 大藤峡水库预报预泄能力

#### 3.1.1 水情预报能力

汛期水位动态控制需在水情预报的基础上进行,而水情预报的预见期和预报精度是直接影响大藤峡水库能否实现在较大洪水来临前预泄到汛期限制水位的主要因素。西江流域具有集水面积大、流程长的特点,流域性大洪水和特大洪水的形成通常是在稳定的天气系统和大气环流背景下,由持续几天以上的大范围、高强度暴雨过程形成的,而局部突发性的小范围暴雨不可能形成流域性大洪水。目前大藤峡水库采用的是"长短结合、滚动预报"的方式。

(1)长期预测预报方法,提前 5~10 d 进行的前瞻性来水趋势预测,虽存在诸多不确定性因素,但在前期气候特征无异常征兆,大气环流形势较稳定的前提下,根据气象部门的降雨数值预报,制作的江河来水预报的可靠性将大大增加,对汛期是否出现大洪水的分析预测具有重要的参考价值。

(2)中期预测方法,提前 3~5 d 可较准确地预报大洪水和特大洪水,对防洪水库的调度目标控制有很好的指导作用。

(3)短期预测方法,提前 24~48 h 进行来水预报,可以精确地对预见期内的洪水进行定性定量判断,并能准确预报洪水的洪峰量级和洪峰出现时间,是实时调度防洪水库的重要依据。

#### 3.1.2 水库预泄腾空能力

大藤峡水库为河道型水库,库区水位回落至各坝前水位相应的库水位仍要滞后一段时间。为切实保障库区安全,大藤峡水库预泄腾空需考虑在不形成人造洪峰、预泄流量必须小于下游安全泄量的前提下,在较大洪水来临之前根据入库洪水量级,将坝前水位预泄至汛限水位或最低防洪水位 44 m 或指定水位,库区水位也需回落至各水位相应的库区水位。考虑大藤峡水库库区上游控制断面预报精度,将大藤峡水库有效预见期按 24 h 考虑。以 1 d 为坝前腾空时间,采用一维水流数学模型,计算不同流量级入库洪水下,1 d 库区水位回落至 50 m、47.6 m、44 m 水位相应的库水位回落的腾空时间,见表 1。可以看出,按预见期 24 h 考虑,提前 1 d 预泄,坝前水位从 52 m、50 m 与 47.6 m 分别回落至 50 m、47.6 m 与 44 m 相应的库区回落时间平均为 2.1 d、2.2 d 和 2.2 d,库区回落时间比坝前回落时间分别滞后 1.1 d、1.2 d 和 1.2 d。根据统计,8 月期间武宣洪水从 11 000 m³/s 涨至 15 100 m³/s 的平均涨水历时为 2.5 d,从 15 100 m³/s 涨至 20 000 m³/s 的平均涨水历时为 3.2 d,流量涨至高量级的平均涨水时间均大于等于库区水位回落滞后时间,若坝前水位考虑 24 h 预见期提前启动预泄,库区水位基本可在流量达到更高量级前降至相应较低水位。

表1 不同坝前水位提前1 d预泄库区水位回落的腾空时间

| 入库流量/(m³/s) | 库区水位回落的腾空时间/d | | |
|---|---|---|---|
| | 47.6 m 降至 44 m | 50 m 降至 47.6 m | 52 m 降至 50 m |
| 5 000 | 1.8 | 2.4 | 2.2 |
| 7 000 | 2.0 | 2.3 | 2.2 |
| 9 000 | 2.3 | 2.3 | 2.2 |
| 11 000 | 2.3 | 2.3 | 2.2 |
| 13 000 | 2.3 | 2.2 | 2.1 |
| 15 000 | 2.3 | 2.1 | 2.1 |
| 17 000 | 2.2 | 2.1 | 2.1 |
| 19 000 | 2.1 | 2.1 | 2.0 |
| 20 000 | 2.2 | 2.1 | 2.0 |

## 3.2 大藤峡水库调度决策信息化水平

根据《水利部关于开展数字孪生流域建设先行先试工作的通知》和《水利部办公厅关于印发〈数字孪生流域建设先行先试台账〉的通知》,大藤峡水利枢纽开发有限公司承担了数字孪生大藤峡建设先行先试任务。该项目中的防洪与水量调度"四预"平台全面整合了工程基础资料、水文资料和多年积累的信息化成果,共享集成珠江水利委员会掌握的地形资料、遥感资料等,深度开发信息资源,基本实现大藤峡水库调度决策科学化、信息化,大大优化了水库调度效率。

### 3.2.1 快速预警

制定风险阈值和指标,完善预警发布机制,建立预警发布平台,拓宽预警发布渠道,及时把江河洪水、临时淹没、工程安全等风险预警信息直达工作一线,及时采取应急处置措施,做好防灾避险准备。同时,结合河道各重点断面预报水位信息,打通预警信息"最后一公里",直达受影响区域的社会公众,实现风险预警发布全覆盖。

### 3.2.2 仿真预演

集成耦合工程来水预报信息与流域防洪调度、水资源管理调配、上下游水利工程调度运用、突发水事件处置、水生态过程调节等信息和边界条件,预设不同情景目标,在数字孪生工程中进行典型历史事件或未来预报情景下的水利工程调度方案模拟仿真,实时分析发现水利工作面临的风险形势和问题,提出水利调度安全可行的方案集。特别是在预报的基础上,结合调度模型及具体调度规则,预演不同泄洪流量情景下的下游水流传播情况,评估洪水溃漫堤风险,模拟地表洪水演进过程,实现调度目标与规则配置、调度方案自动生成以及库区淹没和下游淹没的仿真模拟,最后对调度方案进行对比评估。

### 3.2.3 智能预案

结合工程运行状况、经济社会发展现状等,对预演方案集进行评估优选,及时发现问题,迭代优化方案,实现人员、车辆、物资的智能调配,提供撤离路线和安置点,并据此制定水利工程运行、应急调度、人员防灾避险等应对措施,形成工程调度方案和计划,提高方案预案的科学性和可操作性。

数字孪生大藤峡防洪与水量调度"四预"平台基于自研框架,满足国产化环境部署及应用需求,自主安全可控。深入开发和充分利用数据资源,对业务过程进行全息精准化模拟和超前仿真推演,有助于科学合理地制订调度运用方案、精准可靠地控制工程设施以及实时精确地掌握工程安全状况,可实现对工程管理精细化、趋势预测精准化、决策支持科学化,将有力保障大藤峡水利枢纽安全稳定运行,提高应急处置能力,保障工程综合效益发挥。

## 4　结论与展望

依托"长短结合、滚动预报"的高精度水文预报技术与数字孪生大藤峡防洪与水量调度"四预"平台,可以看出大藤峡水库汛期水位动态控制是具有较高可行性的。但同时还需多方考虑库水位高于汛限水位带来的风险,比如可能出现的短时局地强降雨、提前预泄或者库区水位回落滞后造成的淹没损失等,这些可以通过吸收运用更先进的预报手段、设置应急预案、建立赔偿机制等来完善。总的来说,探求更高效的水能利用方式,为国家安全高效、清洁低碳、柔性灵活、智慧融合新型电力系统提供更有效的支持,是大藤峡水库不懈追求的目标。

## 参考文献

[1] 郭生练,刘攀,王俊,等.再论水库汛期水位动态控制的必要性和可行性[J].水利学报,2023, 54(1):1-12.

[2] 熊丰,郭生练,陈柯兵,等.金沙江下游梯级水库运行期设计洪水及汛控水位[J].水科学进展,2019, 30(3):401-410.

[3] 王俊,郭生练.三峡水库汛期控制水位及运用条件[J].水科学进展,2020, 31(4):473-478.

[4] 周照强,邹华志,史海匀.珠江流域干旱时空变化特征及驱动力分析[J].中国防汛抗旱,2023,33(6):1-11.

[5] 吴志勇,白博宇,何海,等.珠江流域1981—2020年水文干旱时空特征分析[J].河海大学学报(自然科学版)2023, 51(1):1-9.

[6] 钱燕,卢康明.2021年珠江流域旱情分析与思考[J].中国防汛抗旱,2022(6):27-30.

# 皖西南革命老区水资源优化配置问题研究

尚晓三　王艳艳　裴　颖

(安徽省水利水电勘测设计研究总院有限公司,安徽合肥　230088)

**摘　要:**安庆市位于安徽省西南部,是皖西南政治、经济、文化、科教、交通和航运中心,是皖赣鄂三省交界处全国重要的综合交通枢纽和军事战略要地,对皖江城市带的经济、生态安全的持续健康发展具有重要作用。本文通过对安庆市水资源情势的分析,剖析当前水资源开发利用存在的问题,鉴于安庆市特殊的地形地貌、中部丘岗区、缺乏蓄水条件、开发利用的难度较大、山丘区工程性缺水严重、灌溉水源保障率低等问题,提出通过建设水源调蓄工程、引调水及渠系工程、提水补源工程、河湖连通工程,支撑经济社会可持续发展。

**关键词:**水资源;优化配置;皖西南革命老区

　　水资源优化配置是指遵循可持续开发、高效、公平、节约等原则,在有效保护水资源、合理增加供水及抑制需求的情况下,采取非工程措施和工程措施统筹调配特定区域范围内的水资源,以满足经济、环境、人口与资源协调发展对水资源在质量、数量、空间、时间上的要求,实现水资源的永续利用及其效益最大化[1-2]。配置过程中充分考虑经济发展趋势对水资源的要求以及水资源开发利用现状、条件,协调经济社会发展模式与水资源布局,明确总体配置策略,提出各分区土地利用调整与产业发展方向、水资源利用方式与开发重点、水资源配置格局与社会管理要求等[3]。因此,本文结合皖西南革命老区水资源现状,提出水资源优化配置布局方案,以促进经济、资源、环境和人口的协调发展,保障城市饮水、供水和生态安全。

## 1　基本情况分析

　　皖西南位于安徽省西南部,一般指安庆市。安庆市位于长江下游北岸,素有“万里长江此封喉,吴楚分疆第一州”的美誉,境内山、丘、岗、圩兼备,河流纵横、湖泊棋布,十河九湖入一江的水系格局独具特色。安庆市境内水土资源丰富,建有花凉亭水库和下浒山水库等大中型水库,以及花凉亭水库灌区等61座大中型灌区,为区域水资源优化配置提供了良好的本底条件。但受多重因素影响,水利基础设施存在薄弱环节和突出短板,互连互通程度不够,系统性、协同性及空间均衡水平不高,旱情频发。2022年9月15日安庆市委主要领导在市防汛抗旱指挥部调研,9月18日召开全市抗大旱抗久旱保秋收保秋种会

---

**作者简介:**尚晓三(1985—),男,高级工程师,主要从事水文水资源研究与应用工作。

议,为深入贯彻落实会议精神,安庆市及各县(区)水利局积极谋划开展皖西南革命老区水资源优化配置工程建设,解决区域水资源空间不均衡问题,支撑经济社会高质量发展。

### 1.1 水资源情势

根据第三次水资源调查评价,安庆市多年平均面降雨量为 1 416 mm,地表径流深 664.7 mm,径流系数为 0.47。降雨年内年际差异大,其中最大年面雨量为 2020 年的 2 251.4 mm,最小年面雨量为 1978 年的 873.0 mm,最大年面雨量是最小年面雨量的 2.58 倍。年内分配极不均匀,年内最大月(6 月)雨量占年总雨量的 17.7%,最小月(12 月)雨量仅占年总雨量的 2.5%,汛期(5—9 月)降雨量占全年的 59.6%。非汛期或干旱年份水量少,区域内旱情频发。中华人民共和国成立以来,发生过特旱 4 年,重旱 7 年,轻旱 24 年,具有"十年一大旱,三年一中旱,小旱年年现"的干旱特点。

水资源总量的空间分布基本与降水量、地表水资源量一致。多年平均水资源总量为 93.37 亿 m³,其中地表水资源量为 90.41 亿 m³,占水资源总量的 96.8%;与地表水资源不重复的地下水资源量为 2.96 亿 m³,占水资源总量的 3.2%。安庆市多年平均产水模数为 68.65 万 m³/km²,高于全省多年平均产水模数(52.9 万 m³/km²)。上游山区来水面积较大,水量丰富,其中位于大别山区腹地的岳西县最大,为 86.30 万 m³/km²;潜山市最小,为 55.10 万 m³/km²。安庆市人均水资源量为 2 241 m³,接近全国平均水平,亩均占有水资源量为 1 642.1 m³。

### 1.2 水资源开发利用现状

2021 年全市供水总量 22.37 亿 m³(包括直流火电用水),其中地表水供水量 22.14 亿 m³,占供水总量的 98.97%;地下水供水量 0.10 亿 m³,占供水总量的;0.4%;其他水源供水量 0.21 亿 m³,占供水总量的 0.94%。全市用水总量 22.37 亿 m³,其中农业用水 12.76 亿 m³,占用水总量的 57.0%;工业用水 7.06 亿 m³(其中火电工业用水量 4.28 亿 m³),占用水总量的 31.6%;生活用水 2.3 亿 m³,占用水总量的 10.3%;生态环境用水 0.25 亿 m³,占用水总量的 1.1%。

全市人均用水量 554.3 m³,扣除直流火电冷却用水,人均用水量 435.5 m³,万元 GDP(当年价)用水量 68.3 m³,万元工业增加值(当年价)用水量 25 m³。城镇居民人均生活用水量(不含公共用水量)164.7 L/d,农村居民人均生活用水量 106.3 L/d。农田灌溉亩均用水量 318.9 m³,农田灌溉水利用系数 0.542 8。对比安徽省的用水效率,安庆市水资源利用水平相对不高,工业用水效率稍低于全省平均水平,农田灌溉水有效利用系数相对较低,低于沿江各市水平。农业用水量占总用水量的比重较大,使得万元地区生产总值用水量也偏高,低于全省平均水平。

## 2 皖西南革命老区水资源开发利用存在的问题

### 2.1 城市供水水源单一,存在安全隐患

安庆市区备用水源建设相对滞后,潜山市城市供水为河道型取水方式,缺乏调蓄水体,桐城备用水源与常规水源存在同丰同枯现象。城市供水干旱年份应急供水保障能力不足,农村饮用水源安全保障程度不高,城乡供水一体化建设任重道远。未来一段时间,长江经济带、长三角一体化发展、中部地区加快崛起等重大战略叠加效应集中释放,安庆

市发挥左右逢源、左右逢"群"的优势,预计"十四五"末,地区生产总值将突破 4 000 亿元,刚性需水将持续增加,但区域水资源优化配置能力不足,上游水库优质水源主要用于农业灌溉,与高质量发展所需的优质水源保障要求相比仍有较大差距。

## 2.2 山丘区工程性缺水严重,灌溉水源保障率低

桐城、怀宁、潜山、宿松等丘岗地区水资源配置能力相对不足,以本地小型蓄水工程和河流引提水为主,区内大中型灌区骨干水源工程基本完好,但续建配套工程滞后,存在渠道渗漏、渠系建筑物老化、渠道淤积等问题,渠道水利用率低,灌溉支、斗、农渠均存在配套建筑物不完善,其中花凉亭灌区有效灌溉率不足 70%,部分地区 2019 年旱情达到严重干旱程度,其中潜山黄铺镇、黄泥镇等地区达到特大干旱等级。沿江圩区水源条件虽然较好,但部分地区存在引提水能力不足,引水涵闸及提水泵站年久失修、损坏严重等现象,如宿松县佐坝乡濒临泊湖,因车木岭提水站年久失修无法发挥效益,2019 年该区域旱情严重。

## 2.3 跨流域调水工程缺乏,尚未实现空间均衡

安庆市位于大别山南麓,地貌多样,地形总体特征为西北高、东南低,受地形条件影响,降雨从大别山区向沿江圩区减少。境内河道属于季节性河流,非汛期或干旱年份水量少,全年 60% 以上的径流集中在 5—9 月。上游山区来水面积较大,水量丰富,耕地面积少,人口密度不大,水资源需求量相对较低,中下游耕地资源丰富,人口密集,工业发达,水资源需求量持续增加,但缺乏跨流域调水工程,水资源空间分布不均,水资源开发利用程度不高,大量优质水源排至长江,干旱年份,缺水严重,2019 年部分地区旱情达到严重程度,潜山市以河道径流作为供水水源,缺乏调蓄水体,桐城市以中型水库作为供水水源,来水面积较小,灌溉供水矛盾特殊,难以支撑区域高质量发展。

## 2.4 下游湖泊连通不畅,生态水位保障不足

安庆市平原湖泊众多,湖广水浅,沿江绝大多数通江湖泊均筑坝建闸,华阳河湖群入江口建有杨湾闸、华阳闸,控制湖区水量与长江水量交换。武昌湖通过幸福河与皖河连通,在幸福河入皖河口处建有皖河闸,控制武昌湖水位以及武昌湖与长江水量交换。菜子湖入江口建有枞阳闸,控制湖区水量与长江水量交换。闸坝建设使部分河流湖泊水文过程发生变化,水体流动减弱,河湖水体自净能力减弱、纳污能力降低,湖底淤泥不断增加,导致河床不断抬高,水深进一步缩减,同时由于长期的粗放式发展,湖区渔业围网养殖、沿湖农业种植和规模畜禽养殖以及环湖生活污水排放等,总氮、总磷存在程度不同的超标问题,水环境状况不容乐观。

# 3 皖西南革命老区水资源优化配置工程布局

水资源配置的基本思路是:以水资源分区为单元,以水资源供需分析为手段,进行不同行业各规划水平年规划目标实现程度及供需平衡缺口分析,采取调整产业结构、加强污水处理回用、增加跨流域调水遇到旱地蓄水、强化节水等措施,确保供水规划目标的实现[4]。根据水量调度原则和供水优先顺序,各类经济活动用水优先考虑地表水供给,地表水源不足时考虑增加非传统水源和地下水供给,结合可持续利用规划开辟新的引水水源,对居民生活用水优先满足以及其他生产用水合理安排[5-6]。依据此原则,结合安庆市

地形地貌特征,考虑区域未来发展需求,皖西南革命老区水资源优化配置工程的主要建设内容为水源调蓄工程、引调水及渠系工程、提水补源工程、河湖连通工程等。

皖西南革命老区水资源优化配置工程立足花凉亭水库以及灌区渠系等基础条件,统筹花凉亭水库、钓鱼台水库、下浒山水库、牯牛背水库、华阳河湖泊群等水源,进一步优化水资源配置格局,保障 260 万人喝上优质水源,保障 190 万亩耕地灌溉用水需求。该工程着眼于保障安庆市(桐城市、怀宁县、潜山市、太湖县、岳西县和宿松县)供水安全,并研究向铜陵市以及合肥市供水能力。通过渡槽或管道引水供给城市用水及城乡供水一体化、优水优用,实现中心城区和县城"一源一备"的供水保障格局,维护供水安全,确保城乡居民饮水安全。通过续建配套与节水改造,进一步完善现有灌区渠系,新建花凉亭东干渠、扩大灌溉范围,将花凉亭灌区和钓鱼台灌区、方洲灌区、牯牛背灌区以及拟建的下浒山灌区进行连通,利用下游湖泊蓄水,补给灌区末端,新建大中型水库,推进牯牛背水库扩容、构建本地水源、花凉亭水库水源、华阳河湖群水源等组成的多水源水资源调配格局,形成"库水入城、八湖连通、九渠灌溉、多点串珠"的工程体系,实现"江水、湖水"北上,"库水"南下东流,保障区域供水安全、粮食安全、生态安全。皖西南革命老区水资源优化配置框架示意图见图 1。

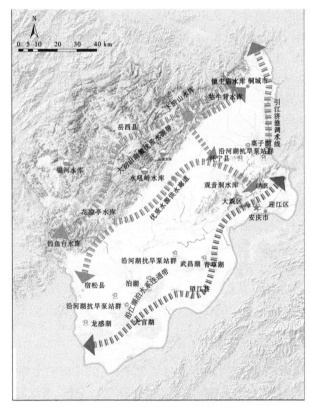

**图 1　皖西南革命老区水资源优化配置框架示意**

## 3.1　水源工程

通过实施花凉亭水库移民安置,恢复水库设计水位,充分发挥水库综合效益,大水年份为下游蓄洪削峰,干旱年份保障用水需求。规划新建银河、乌石堰、鲁锁山和深河等水库,进一步提高大别山区水资源调配能力,与花凉亭、下浒山、牯牛背、境主庙、相公庙等水库组成大别山南麓优质水源带,构建区域供水龙头,将天然水资源转化成生态产品,挖掘优质水源潜力,保障老区居民喝上优质水。

### 3.2 引调水及渠系工程

以花凉亭、下浒山等大中型水库为源头,以长江、沿江湖库群为重要补充,通过兴建一批水系连通和渠系工程,形成山麓之水入城、九渠甘霖润岗的水资源调配格局,完善安庆市供水保障网,保障生活供水,补充农业灌溉用水,为重要河道生态用水创造条件。一是构建优质水源供水廊道,利用渡槽或管道等形式引水至太湖、潜山、怀宁、宿松、桐城、岳西和安庆市中心城区,解决区域城乡一体化供水安全问题。二是加快推进现有灌区续建配套与节水改造工程建设,补齐花凉亭、钓鱼台灌区等重点大中型水利基础设施薄弱短板,恢复设计灌溉面积,灌溉保证率达到 90%。三是加快推进花凉亭东干渠建设、下浒山灌区建设,解决干旱年灌溉死角问题。四是新建引江济淮与下浒山水库水源联合配置工程,与下浒山水库灌区东干渠连通。

### 3.3 抗旱泵站

依托华阳河群、菜子湖等沿江湖库群,沿长河、皖水、潜水、珠流河、大沙河、挂车河、龙眠河、孔城河实施引水补源工程,因地制宜开展抗旱泵站建设,完善区域灌溉工程体系。规划新建南干渠补水站、北干渠二级抗旱站,扩建中圩泵站,修复乔木提灌站等。

### 3.4 河湖连通

沿长江星罗棋布的湖泊水系,是居民饮用水、工农业用水的重要来源,也是保持生物多样性的重要基地,通过更新、增加一批引提水设施,采取明渠连通、暗管疏导等手段,提升湖泊水位水量调控能力,强化湖泊与长江、湖泊与湖泊、湖泊与圩区的沟通,改善湖泊水动力条件,进一步提升区域水环境承载力。

## 4 结语

安庆市是皖西南区域中心城市,优化配置和使用皖西南革命老区的水资源,是切实发挥水利对保障粮食安全、供水安全、生态安全支撑作用的重要途径,是进一步巩固革命老区脱贫攻坚成果,促进经济社会高质量发展的基础设施。受气候变化、社会经济等因素的影响,皖西南革命老区存在以下问题:城市供水水源单一,存在安全隐患;山丘区工程性缺水严重,灌溉水源保障率低;跨流域调水工程缺乏,尚未实现空间均衡;下游湖泊连通不畅,生态水位保障不足。为了解决水资源配置中存在的问题,切实发挥水利设施的支撑作用,实现水资源空间均衡,亟须开展区域水资源优化配置工程,新建水源工程,与现有大中型水库构建大别山区优质水源廊道;完善灌溉工程体系,夯实农业灌溉发展基础;建设河湖连通工程,改善下游湖区和圩区水动力条件,提升区域生态环境。通过对水资源合理开发和优化配置,满足安庆市用水需求,保障安庆市经济社会可持续发展。

## 参考文献

[1] 李力,沈冰. 太原市水资源合理配置研究[J]. 西北农林科技大学学报(自然科学版),2008(2):199-

204.

［2］ 兰岚,许银山,梅亚东.水资源配置研究热点与展望[J].中国农村水利水电,2012(3):73-77,82.

［3］ 王浩,刘家宏.国家水资源与经济社会系统协同配置探讨[J].中国水利,2016(17):7-9.

［4］ 王宏伟,张鑫,邱俊楠,等.基于多目标遗传算法的西宁市水资源优化配置研究[J].水土保持通报,
2012,32(2):150-153.

［5］ 方子杰,柯胜绍.对坚持"空间均衡"破解水资源短缺问题的思考[J].中国水利,2015(12):21-24.

［6］ 孙法圣,杨贵羽,张博,等.基于水资源配置的流域水环境安全研究[J].中国农村水利水电,2014
(11):73-76.

# 东莞市供水安全保障现状评估及提升策略探讨

薛 娇 钟逸轩 高艺桔 姜欣彤 廖小龙

(中水珠江规划勘测设计有限公司,广东广州 510610)

摘 要:东莞市位于广东省中南部,是粤港澳大湾区重要节点城市。在系统梳理东莞市供水现状和问题的基础上,构建符合东莞市的供水安全评估指标体系,并辨识了2021年供水安全状态,提出供水安全保障能力提升策略。结果表明,东莞市供水安全指数在粤港澳大湾区九市中相对较低,仅位于第七位,其与排名第一的深圳市有很大差距。东莞市急需通过完善供水规划体系、推进水资源集约节约高效利用、推进水源工程及其配套工程建设、加强水源利用工程改造及建设、强化水资源保护、提升水资源管理"四预"能力,全面提升供水安全保障能力。

关键词:东莞;供水安全;现状评估;策略

## 1 概述

东莞市位于广东省中南部,珠江口东岸,与广州、深圳、惠州相邻,陆域面积 2 460 km²,东江、珠江、狮子洋环绕左右,莲花山脉横贯东西,坐拥山江海城交融的自然地理格局,呈现"六分山水三分园,还有一分是农田"的自然禀赋特征。

东莞市境内水系发达,河流归属珠江流域,主要有东江水系、东江三角洲网河区、石马河、寒溪水、东引运河、茅洲河流域、珠江河口,干流及主要支流长度共计 818 km[1]。市境内多年平均降水量 1 693.0 mm,降水量年内分配不均匀、年际变化较大,汛期4—9月多年平均降水量占年降水量的 84%~90%,最丰年(1993 年)降水量为最枯年(1963 年)降水量的 2.50 倍。多年平均水资源量 20.76 亿 m³,其中多年平均地表水资源量 20.52 亿 m³,多年平均地下水资源量 5.63 亿 m³,地表水与地下水重复计算量 5.39 亿 m³。

东莞市是粤港澳大湾区重要节点城市,是广深"双城联动"的重要联结纽带。2021年,东莞市成功迈上"双万"新起点,成为地区生产总值过万亿元、人口超千万的城市。当前,我国进入新发展阶段,新发展格局加快形成,粤港澳大湾区建设、深圳建设中国特色社会主义先行示范区等重大国家战略深入实施,对东莞发展提出了新要求。经济社会发展离不开坚实的供水安全保障支撑,自21世纪初水资源综合规划批复以来,东莞市供水形势发生了较大变化,东莞市现状供水系统无法适应新形势水资源利用的需求。本文在系统梳理东莞市供水现状及问题、评估供水安全基础上,提出供水安全保障能力提升策略,

作者简介:薛娇(1989—),女,高级工程师,主要从事水利规划工作。

通信作者:廖小龙(1978—),男,正高级工程师,主要从事水利规划工作。

为东莞水网建设提供思路,为东莞市深度融入"一核一带一区"区域发展格局提供供水安全保障支撑。

## 2 供水系统现状

### 2.1 供水水源情况

#### 2.1.1 供水水源现状及规划情况

东莞市现以河道型水源为主,湖库型水源为辅,现状供水水源单一。近 95% 的供水量取自东江水源,其中自来水供水量中 99% 来自东江。河道型水源地主要分布在东江干流、东江南支流和中堂水道,湖库型水源主要包括境内现有供水任务的 16 座水库。

在现有的东江水源基础上,在建的珠江三角洲水资源配置工程将为东莞市调来西江水源;根据《东莞市供水安全保障规划(2020—2035)》[2],远期境内 22 座水库作为饮用水源水库,未来东莞市将形成"两源多点"的水源格局。

#### 2.1.2 水源保护情况

东莞市于 2018 年完成了河道型水源地饮用水源保护区划定工作,但由于历史原因,东江水源地很大程度上受到沿线闸泵排洪、排涝水质超标的影响,水质安全仍存在一定风险。规划的 22 座饮用水源水库中,9 座水库未完成饮用水水源地保护区划分,且仅有五点梅水库群启动了水源保护相关工作,短期内无法达到规划提出的应急备用水量、水质目标。

### 2.2 水源工程情况

#### 2.2.1 蓄水工程

东莞市现有小型及以上水库 118 座,总库容约 4.1 亿 m³,兴利库容约 2.5 亿 m³。现有供水任务的 16 座水库,总库容约 1.4 亿 m³,兴利库容约 0.9 亿 m³。远期拟保留的 22 座饮用水源水库,总库容约 1.1 亿 m³,兴利库容约 0.7 亿 m³。

#### 2.2.2 引提水工程

东莞市的引水工程主要分布在东江干支流及三角洲地区,中型以上工程有东引运河和旗岭灌区,其中东引运河原引水功能已转变为生态补水,旗岭灌区引水工程主要从东深供水工程引水,现状农田灌溉功能基本被工业和生活用水功能取代。提水工程主要为直接从河道取水的市政自来水工程、企业自备水源工程和其他小型提水工程,除市第三水厂外,其余全部为小型提水工程。

#### 2.2.3 调水工程

东莞市境内有 3 座已建、在建的调水工程,分别为东深供水工程、江库联网工程、珠江三角洲水资源配置工程。东深供水工程于 1965 年 3 月通水,经过 4 次扩建改造,现设计供水流量 100 m³/s,设计年供水能力 24.23 亿 m³,分配给东莞的水量为 4 亿 m³。东深供水工程供给东莞市东部 8 个镇的用水,通过东部 17 座水厂将原水供给用户。江库联网工程设计取水规模 27 m³/s,设计供水流量 24 m³/s,规划供水范围为东莞市缺水问题较为突出的中部及沿海片区 15 个镇(街、园区)。工程原设计将东江与境内 9 座水库连通,形成环状输水通道,一期工程已于 2015 年 4 月建成,二期工程暂缓实施。目前,江库联网工程尚未发挥供水功能。珠江三角洲水资源配置工程设计引水流量 80 m³/s,多年平均供水量

17.08 亿 m³,其中东莞市分水流量 20 m³/s,年分配水量 3.30 亿 m³。工程于 2019 年 4 月启动建设程序,计划于 2023 年底通水,东莞市相关配套工程仍在建设中。

### 2.2.4 地下水工程

地下水的量和质均达不到大规模开采的条件,加之国家对地下水保护和限制开采等的有关政策,现状东莞市地下水资源的利用较少,几乎不利用。

### 2.3 水厂及其配套管网情况

东莞市现有运行水厂 40 座,水厂规模为 651.25 万 m³/d,其中东江沿线水厂 17 座,总供水能力 458 万 m³/d,东深关联水厂 17 座,总供水能力 169.75 万 m³/d,水库周边水厂 6 座,总供水能力 23.5 万 m³/d。各水厂中,除第六水厂采用臭氧活性炭深度处理工艺外,其他水厂均采用常规处理工艺。东部东深供水片区由相应镇内的水厂供水,其他镇街主要依靠东江沿线水厂供水,水厂距离部分镇街较远。

东莞市现有市政供水管网总长约 2.3 万 km,供水管网漏损率 9.3%,与大湾区深圳、佛山等地仍存在差距。东部东深供水片区供水系统相对独立,镇间配水管网未连通;水乡片区镇间仅通过主力水厂支状管线实现连通,无其他互连互通措施;其他镇街均通过主力水厂供水管网实现连通,部分镇街间有其他管线连通。大朗、松山湖、大岭山等镇区位于管网末端,供水压力难以稳定保障。

### 2.4 现状供用水量及供用水水平

2021 年,东莞市供水总量 21.06 亿 m³(含微咸水)[3],其中地表水、地下水、其他水供水量分别占总供水量的 97.93%、0.01%、2.06%。蓄水工程供水量仅占总供水量的 3.16%,引提调水工程供水量占总供水量的 94.77%,见图 1。

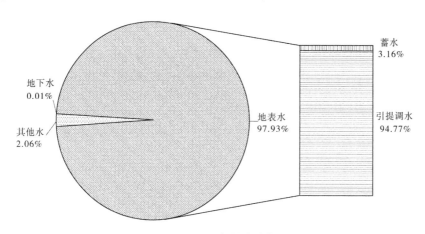

**图 1 2021 年供水结构**

在供水量中,自来水供水总量 16.73 亿 m³,其中东深片区 4.07 亿 m³、其他片区 12.66 亿 m³,日均供水量 458.47 万 m³。自来水供水水源以东江为主,占比 99%,其中直接从东江取水 16.70 亿 m³,从本地水库取水 0.17 亿 m³。

## 3 供水安全现状评估

### 3.1 评估方法

学者们曾对水安全相关指标体系的构建进行过广泛研究[4-8]，供水安全评估是其中的重要组成部分。供水安全涉及自然、社会、经济等众多领域，影响着与供水安全息息相关的水量、水质、供水设施、用水效率等。

采用分级指标评分法，逐级加权，综合评分，构建供水安全指数(WSI)，评估指标从水量、水质、供水设施、用水效率及社会经济 5 个层次选取，并对各指标赋权，得到一个综合指标，评估东莞市供水安全保障水平。

### 3.2 供水安全评估指标体系

#### 3.2.1 指标体系建立

供水安全评估指标体系采用目标层、系统层和指标层 3 级体系。目标层即供水安全指数，系统层包括 5 个方面，分别为水量、水质、供水设施、用水效率、社会经济。遵循综合性、客观性、独立性、易获性等原则，选取评估指标，具体见表 1。

表 1 供水安全评估指标体系

| 目标层 | 系统层 | 指标层 | 指标定义 | 指标属性 |
|---|---|---|---|---|
| 供水安全指数 | 水量 | 人均水资源量 | 评价年人均水资源量,反映区域水量风险 | 正向 |
| | 水质 | 集中式供水饮用水水源水质达标率 | 评价年水源地水质情况,反映区域水质风险 | 正向 |
| | 供水设施 | 人均库容 | 评价年区域人均库容,反映水源工程供水能力 | 正向 |
| | | 供水管网漏损率 | 评价年供水管网漏损率,反映水源利用工程供水水平 | 逆向 |
| | 用水效率 | 单方水 GDP 产出 | 评价年单方水所产生的 GDP,反映综合用水效率 | 正向 |
| | | 万元工业增加值用水量 | 评价年产万元工业增加值所需水量,反映工业用水效率 | 逆向 |
| | 社会经济 | 人均 GDP | 评价年区域人均 GDP,反映经济发展水平,间接影响用水需求 | 正向 |
| | | 人口密度 | 评价年每平方千米的人口数量,反映区域人口聚集程度,间接影响用水需求 | 逆向 |

#### 3.2.2 供水安全指数计算方法

本次选取的指标量纲、趋势均存在差异,采用指数型功效函数[7]对指标进行标准化,指标的阈值主要参考国际先进发展水平及相关参考文献,并结合评估区域的经济社会发展水平确定,并附权重,见表2,加权平均计算供水安全指数。

表2 供水安全评估指标阈值及权重

| 目标层 | 系统层 | 指标层 | 单位 | 上限阈值 | 下限阈值 | 指标权重/% | 指标属性 |
|---|---|---|---|---|---|---|---|
| 供水安全指数 | 水量 | 人均水资源量 | m³ | 2 537 | 89 | 20.0 | 正向 |
| | 水质 | 集中式供水饮用水水源水质达标率 | % | 100 | 90 | 15.0 | 正向 |
| | 供水设施 | 人均库容 | m³ | 527 | 13 | 12.5 | 正向 |
| | | 供水管网漏损率 | % | 14 | 8 | 12.5 | 逆向 |
| | 用水效率 | 单方水GDP产出 | 元 | 1 389 | 139 | 10.0 | 正向 |
| | | 万元工业增加值用水量 | m³ | 37 | 5 | 10.0 | 逆向 |
| | 社会经济 | 人均GDP | 万元 | 17 | 6 | 10.0 | 正向 |
| | | 人口密度 | 万人/km² | 0.76 | 0.03 | 10.0 | 逆向 |

## 3.3 评估结果

选取2021年作为供水安全评估的典型年,相关指标数据均来自国家及地方的统计年鉴、水利统计年鉴、水资源公报等[3,9-11],数据权威可靠。

东莞市及相关城市2021年供水安全指数计算成果见表3。由表3可知,东莞市供水安全水平在粤港澳大湾区九市中相对较低,仅位于第7位,其与排名第一的深圳市差距很大,也低于大湾区九市、广东省及全国平均水平。

表3 供水安全指数计算结果

| 地区 | 供水安全指数 | 排名 | 地区 | 供水安全指数 | 排名 |
|---|---|---|---|---|---|
| 东莞 | 0.33 | 7 | 中山 | 0.29 | 9 |
| 广州 | 0.31 | 8 | 江门 | 0.54 | 3 |
| 深圳 | 0.58 | 1 | 肇庆 | 0.57 | 2 |
| 珠海 | 0.46 | 4 | 大湾区九市 | 0.41 | — |
| 佛山 | 0.42 | 6 | 广东省 | 0.46 | — |
| 惠州 | 0.48 | 5 | 全国 | 0.54 | — |

# 4 供水安全保障能力提升策略

## 4.1 强化顶层设计,完善供水规划体系

适时修编水资源综合规划、非常规水资源利用规划、市级水网规划,补齐供水规划短板,强化顶层设计,描绘东莞市供水安全保障新蓝图。

## 4.2 推进水资源集约节约高效利用

(1)强化水资源刚性约束。严格实行用水总量和强度双控制,严格水资源论证和取

水许可管理,以水资源刚性约束倒逼产业发展结构和产业布局优化。

(2)深入实施节水行动。完善节水政策法规、标准体系、市场机制,补齐节水基础设施,增强节水监管能力,提高用水效率和效益,增强全社会节水意识。

(3)试点水权水价水市场改革。探索建立"以水价促节水、以节水促减污"的南方丰水区域节水模式。积极培育水权交易市场,创新水价形成机制,健全水价调节机制。

### 4.3 推进水源工程及其配套工程建设

(1)加快推进水库扩建工程建设。针对东莞市境内调蓄和应急备用能力不足的问题,对有条件的水库进行扩建,加强市域调蓄及应急备用能力。

(2)加快推进原水连通工程建设。加快市域珠江三角洲水资源配置工程配套原水管线建设和各片区间及片区内原水连通工程建设,形成多源共济、互连互通的水资源配置体系。

(3)积极研究其他水资源配置工程。东莞市多数主力水厂取水口易受排涝及咸潮上溯影响,研究取水口上移、河口洪潮涝咸系统治理工程,提升水源水质保障能力。探索大湾区区域间水源互连互通,提高互连互济能力,促进区域一体化发展。

### 4.4 加强水源利用工程改造及建设

(1)优化水厂布局及制水工艺。加快建设珠江三角洲水资源配置工程的配套水厂,新建、扩建、改建现有水厂,优化水厂布局,全面提升原水利用能力;因地制宜对部分主力水厂制水工艺进行升级改造,提升水厂出水水质。

(2)优化供水管网布局。加快新建水厂配水管网的建设,推动全市供水管网互连互通和老旧管网改造,降低供水管网漏损率,提升管网水水质。

(3)实施二次供水设施改造。东莞市境内二次供水设施管理主体多、职责不清、服务水平参差不齐。强化二次供水设施改造,提升二次供水水质,切实保障"最后一公里"的用水安全。

### 4.5 强化水资源保护

(1)强化水源地保护。推进饮用水水源保护区划定和规范化建设工作,尽快完成剩余 9 座水库的饮用水水源保护区划定。加快水源保护工程建设,通过物理隔离、生物措施等,结合管理等非工程措施,保护水源水质。

(2)重视非饮用水源水库保护。对不再承担供水任务的水库,建议按照程序有序调整水功能区划。对于拟调整为非饮用功能的重要水库,主要为江库联网及 3 座中型水库和 3 座小型水库,按照不低于饮用水源标准进行治理与保护。

### 4.6 提升水资源管理"四预"能力

(1)强化水资源调度管理。珠江三角洲水资源配置工程通水后,东莞市将形成"两源多点"的水源格局,水资源配置系统相对复杂。建议在东、西江水资源调度方案的指导下,从日常调度、应急调度等方面编制各类水源工程水资源调度方案,提升水资源调度能力。

(2)强化预报、预警、预演、预案"四预"措施。利用信息化技术,加强水资源预报、预警、预演、预案能力建设,制定相关标准和启动条件,预演不同情境下供水安全保障情况,制订供水保障预案。

## 5  结论

东莞市现状以东江水源为主,供水水源单一,水源互连互通不足;水厂布局不均衡,以常规供水工艺为主,镇街配水管网间连通不足。采用供水安全指数评估可知,东莞市现状供水安全保障水平低于大湾区多数城市,与排名第一的深圳市相差较大。

东莞市急需通过完善供水规划体系、推进水资源集约节约高效利用、推进水源工程及其配套工程建设、加强水源利用工程改造及建设、强化水资源保护、提升水资源管理"四预"能力,全面提升供水安全保障能力。

## 参考文献

[1] 中水珠江规划勘测设计有限公司. 东莞市流域综合规划修编报告[R]. 广州:中水珠江规划勘测设计有限公司, 2014.

[2] 东莞市水务局. 东莞市供水安全保障规划(2020—2035)[R]. 东莞:东莞市水务局, 2021.

[3] 东莞市水务局. 东莞市水资源公报[M]. 东莞:东莞市水务局, 2022.

[4] 向红梅. 区域水安全评价指标体系的构建与应用研究[D]. 广州:暨南大学, 2011.

[5] 邵东国,样丰顺,刘玉龙,等. 城市水安全指数及其评价标准[J]. 南水北调与水利科技, 2013, 11(1):122-126.

[6] 徐波, 李森. 水安全指数编制方法研究[J]. 水利发展研究,2017,17(5):21-23,69.

[7] 吴强, 李森, 高龙. 水安全指数编制及水安全状况评估研究[J]. 水利发展研究, 2019, 19(1):4-11,30.

[8] 陈茂山, 王建平, 乔根平. 关于"幸福河"内涵及评价指标体系的认识与思考[J]. 水利发展研究, 2020(1):3-5.

[9] 中华人民共和国水利部. 中国水利统计年鉴[M]. 北京:中国水利水电出版社,2022.

[10] 中华人民共和国水利部. 中国水资源公报[M]. 北京:中国水利水电出版社, 2022.

[11] 广东省水利厅. 广东省水资源公报[R]. 广州:广东省水利厅, 2022.

# 梅州市平远县水资源供需平衡预测分析

## 林 思 聂 鹏 杨秋佳

(中水珠江规划勘测设计有限公司,广东广州 510610)

**摘 要:**平远县地处广东省东北部,以山地和丘陵地貌为主,水资源供需平衡对全县社会经济发展至关重要。为探究平远县水资源供需平衡状况,以 2015 年为现状年,对近期 2020 年和远期 2030 年的水资源供需状况进行预测分析。预测结果显示,对于平远县城和相关灌区,典型年 $P=50\%$、$90\%$、$97\%$ 情况下,平远县城、河头镇(河头河区间) 2020 年、2030 年生活、工业需水量均能得到保障;凤池灌区、高峰滩灌区和富石灌区需水亦能满足,该结果为后期项目建设提供了参考。

**关键词:**平远县;水资源;供需平衡

## 1 引言

水资源供需平衡分析是指在一定范围内不同时期的可供水量和需水量的供求关系分析[1-2]。主要包括分析水资源开发利用的现状、未来天然水资源及工程供水能力、未来各需水部门的需水量及耗水量、区域内未来水资源的余缺情况和供需间存在的问题等[3-4]。分析过程中供需两方面都需要将整个区域分成若干个单元,选择一定代表年,按不同时期的情况分别进行研究。分析的时期除现状外,应再包括近期及远期等两三个规划水平年[5]。

本文综合考虑平远县城经济社会发展规划、城市总体规划以及供水规划等相关规划,选取平远县城乡的综合生活用水与工业用水为供水对象,确定 2015 年为现状水平年,2020 年为近期规划水平年,2030 年为远期规划水平年,供水保证率为 97%,对平远县水资源供需平衡进行预测分析,为后期项目建设提供参考。

## 2 研究区概况

平远县地处广东省东北部粤、赣、闽三省交界处,是梅州市下辖的一个县,位于北纬 24°23′~24°56′,东经 115°43′~116°07′。全县土地面积 1 381.6 km²,耕地面积 15.72 万亩,其中水田面积 12.83 万亩,旱地面积 2.89 万亩。县内大部分为山地、丘陵和沿河小盆地,山地及丘陵面积占总面积的 84%,地势总体是西北高、东南低、南北长、东西窄。全县下辖 12 个镇,包括大柘、仁居、东石、石正、八尺、差干、上举、泗水、长田、热柘、中行、河头,

---

**作者简介:**林思(1990—),男,硕士,主要从事工程总承包管理工作。

县城所在地为该县中南部的大柘镇。平远县城现状供水工程主要有高峰清流制水有限公司水厂(简称"高峰水厂")、高峰滩引水工程和富石水库引水工程,供水水源包括黄田水库、河头河来水、中行河来水和富石水库。

## 3 需水预测

采用定额法对平远县城及黄田水库—高峰滩引水陂区间的综合生活、工业、城镇生态和相关灌区农业灌溉需水进行预测。

### 3.1 综合生活需水

根据现有水厂供水人口数据,生活综合净用水量(含居民生活和城镇公共用水)483万 $m^3$,城镇生活综合用水定额约 156 L/(人·d),结合未来的人口和用水水平,预测得到2020 年、2030 年平远县城生活净用水量为838.5 万 $m^3$、1 325.3 万 $m^3$。

2020 年管网漏失率选取 10%,远期漏失率进一步降低,2030 年为 8%。预测得到2020 年、2030 年大柘镇(平远县城)、黄田水库—高峰滩引水陂区间综合生活用水量预测成果见表 1、表 2。

表 1  平远县城综合生活用水量预测成果

| 水平年 | 用水人口/万人 | 城镇生活综合用水定额/[L/(人·d)] | 管网漏失率/% | 城镇生活用水量 | |
|---|---|---|---|---|---|
| | | | | 净用水量/万 $m^3$ | 毛用水量/万 $m^3$ |
| 2015 | 8.5 | 155.7 | 23.2 | 483.0 | 628.9 |
| 2020 | 10.94 | 210 | 10 | 838.5 | 931.6 |
| 2030 | 17.29 | 210 | 8 | 1 325.3 | 1 440.6 |

注:1. 2015 年用水人口为县城自来水厂提供的数据;

2. 规划水平年定额采用《广东省用水定额》(DB44/T 1461—2014)的推荐值,该定额已含城镇生态环境用水。

表 2  黄田水库—高峰滩引水陂区间生活用水量预测成果

| 水平年 | 人口/万人 | | | 用水定额/[L/(人·d)] | | 净用水量/万 $m^3$ | | | 毛用水量/万 $m^3$ | | |
|---|---|---|---|---|---|---|---|---|---|---|---|
| | 城镇 | 农村 | 总人口 | 城镇综合生活 | 农村居民生活 | 城镇 | 农村 | 合计 | 城镇 | 农村 | 合计 |
| 2015 | 0.16 | 0.95 | 1.11 | 210 | 137 | 12.1 | 47.6 | 59.7 | 13.5 | 52.9 | 66.4 |
| 2020 | 0.34 | 0.80 | 1.14 | 210 | 140 | 26.21 | 40.78 | 66.99 | 29.1 | 45.3 | 74.4 |
| 2030 | 0.47 | 0.71 | 1.18 | 210 | 140 | 36.18 | 36.18 | 72.36 | 39.3 | 39.3 | 78.6 |

### 3.2 工业需水

#### 3.2.1 大柘镇(平远县城)

根据统计年鉴,2010 年县城工业增加值为 89 844 万元,至 2015 年工业增加值达到 164 232 万元,"十二五"期间年均增长率为 12.8%。据此预测 2020 年、3030 年县城工业增加值为 289 433 万元、624 864 万元。

根据大柘镇现状用水效率情况,参照《平远县最严格水资源管理制度实施方案》,2020 年的工业万元增加值比 2015 年降低 35%,为 97.3 $m^3$/万元;2030 年工业万元增加值用水毛定额较 2020 年降低 45%,用水毛定额为 53.5 $m^3$/万元。经预测,2020 年、2030 年县城工业用水量为 2 816.2 万 $m^3$、3 343.0 万 $m^3$。工业用水量预测成果见表 3。

表 3　平远县城工业用水量预测成果

| 水平年 | 工业增加值/万元 | 用水毛定额/($m^3$/万元) | 用水量/万 $m^3$ |
|---|---|---|---|
| 2015 | 164 232 | 149.7 | 2 458.6 |
| 2020 | 289 433 | 97.3 | 2 816.2 |
| 2030 | 624 864 | 53.5 | 3 343.0 |

#### 3.2.2 黄田水库—高峰滩引水陂区间

河头镇工业均位于黄田水库—高峰滩引水陂区间,根据统计年鉴,2015 年河头镇工业增加值为 2 164 万元,本次预测 2015—2020 年、2020—2030 年的工业增加值年均增长率分别为 11%、10%,2020 年、2030 年工业增加值分别为 3 646 万元、9 458 万元。2015 年河头镇万元工业增加值用水量为 374.0 $m^3$/万元,2020 年万元工业增加值用水量比 2015 年降低 35%,为 243.1 $m^3$/万元;2030 年工业万元增加值用水毛定额较 2020 年降低 45%,用水毛定额为 133.7 $m^3$/万元。经预测,2020 年、2030 年河头河区间工业用水量分别为 88.6 万 $m^3$、126.4 万 $m^3$。工业用水量预测成果见表 4。

表 4　河头镇工业用水量预测成果

| 水平年 | 工业增加值/万元 | 用水毛定额/($m^3$/万元) | 用水量/万 $m^3$ |
|---|---|---|---|
| 2015 | 2 164 | 374.0 | 80.9 |
| 2020 | 3 646 | 243.1 | 88.6 |
| 2030 | 9 458 | 133.7 | 126.4 |

### 3.3 灌溉需水

#### 3.3.1 高峰滩灌区

高峰滩灌区的现状年灌溉用水量 3 140 万 $m^3$。灌溉为一年三熟制,灌溉定额按《广东省一年三熟灌溉定额》(1999 年)中沙壤土灌溉定额。灌区改造后灌溉用水系数由现状年的 0.60 提升至 0.70,据此分别计算丰水年($P$=10%)、平水年($P$=50%)和枯水年($P$=90%)用水量。需水成果分别见表 5、表 6。

表 5　2015 年高峰滩灌区各级频率需水量

| 频率 | 项目 | 单位 | 4 月 | 5 月 | 6 月 | 7 月 | 8 月 | 9 月 | 10 月 | 11 月 | 12 月 | 1 月 | 2 月 | 3 月 | 全年 |
|---|---|---|---|---|---|---|---|---|---|---|---|---|---|---|---|
| 10% | 毛定额 | m³/亩 | 149 | 107 | 121 | 83 | 90 | 0 | 120 | 36 | 59 | 101 | 33 | 0 | 899 |
| | 灌溉水量 | 万 m³ | 351 | 252 | 285 | 195 | 212 | 0 | 282 | 85 | 139 | 238 | 78 | 0 | 2 117 |
| 50% | 毛定额 | m³/亩 | 148 | 102 | 178 | 102 | 102 | 118 | 119 | 17 | 62 | 34 | 68 | 0 | 1 050 |
| | 灌溉水量 | 万 m³ | 348 | 240 | 419 | 240 | 240 | 278 | 280 | 40 | 146 | 80 | 160 | 0 | 2 471 |
| 90% | 毛定额 | m³/亩 | 234 | 0 | 61 | 198 | 180 | 243 | 178 | 16 | 89 | 100 | 0 | 35 | 1 334 |
| | 灌溉水量 | 万 m³ | 551 | 0 | 144 | 466 | 424 | 572 | 419 | 38 | 209 | 235 | 0 | 82 | 3 140 |

表 6　2020 年、2030 年高峰滩灌区各级频率需水量

| 频率 | 项目 | 单位 | 4 月 | 5 月 | 6 月 | 7 月 | 8 月 | 9 月 | 10 月 | 11 月 | 12 月 | 1 月 | 2 月 | 3 月 | 全年 |
|---|---|---|---|---|---|---|---|---|---|---|---|---|---|---|---|
| 10% | 毛定额 | m³/亩 | 128 | 92 | 104 | 72 | 77 | 0 | 103 | 31 | 50 | 86 | 28 | 0 | 771 |
| | 灌溉水量 | 万 m³ | 301 | 217 | 245 | 169 | 181 | 0 | 242 | 73 | 118 | 202 | 66 | 0 | 1 814 |
| 50% | 毛定额 | m³/亩 | 127 | 87 | 152 | 87 | 87 | 101 | 102 | 15 | 53 | 29 | 58 | 0 | 898 |
| | 灌溉水量 | 万 m³ | 299 | 205 | 358 | 205 | 205 | 238 | 240 | 35 | 125 | 68 | 137 | 0 | 2 115 |
| 90% | 毛定额 | m³/亩 | 200 | 0 | 52 | 170 | 154 | 208 | 152 | 13 | 76 | 86 | 0 | 30 | 1 141 |
| | 灌溉水量 | 万 m³ | 471 | 0 | 122 | 400 | 362 | 490 | 358 | 31 | 179 | 202 | 0 | 71 | 2 686 |

### 3.3.2　凤池水库新增灌区

根据《平远县水利发展"十三五"规划》及《平远县国民经济和社会发展第十三个五年规划纲要》,规划 2020 年新建凤池水库,新增灌溉面积 3 450 亩(其中大柘镇凤池村水田 750 亩、南药基地 1 500 亩、脐橙基地 1 200 亩),替代并改善下游红星陂灌区 230 亩灌区。

凤池水库新增灌区需水采用《广东省平远县凤池水库工程可行性研究报告》的相关成果,2020 年 $P = 10\%$、$50\%$、$90\%$ 来水下需水量分别为 124 万 m³、137 万 m³、161 万 m³,2030 年维持 2020 年的需水量不变。

### 3.3.3　富石水库灌区

富石水库灌区主要位于平远县石正镇及大柘镇超竹村,灌区需水量 2020 年 $P = 10\%$、$50\%$、$90\%$ 来水下需水量分别为 1 334.2 万 m³、1 557.9 万 m³、1 974.5 万 m³,2030 年维持 2020 年的需水量不变。

### 3.3.4　黄田水库—高峰滩引水陂区间灌溉需水

黄田水库—高峰滩引水陂区间灌溉面积为 0.33 万亩,灌溉水利用系数为 0.60,据此分别计算丰水年($P = 10\%$)、平水年($P = 50\%$)和枯水年($P = 90\%$)用水量,需水成果见表 7。

表 7　黄田水库—高峰滩引水陂区间各级频率灌溉需水量

| 频率 | 项目 | 单位 | 4 月 | 5 月 | 6 月 | 7 月 | 8 月 | 9 月 | 10 月 | 11 月 | 12 月 | 1 月 | 2 月 | 3 月 | 全年 |
|---|---|---|---|---|---|---|---|---|---|---|---|---|---|---|---|
| 10% | 毛定额 | m³/亩 | 149 | 107 | 121 | 83 | 90 | 0 | 120 | 36 | 59 | 101 | 33 | 0 | 899 |
| | 灌溉水量 | 万 m³ | 48.9 | 35.1 | 39.7 | 27.2 | 29.5 | 0 | 39.4 | 11.8 | 19.4 | 33.1 | 10.8 | 0 | 294.9 |
| 50% | 毛定额 | m³/亩 | 148 | 102 | 178 | 102 | 102 | 118 | 119 | 17 | 62 | 34 | 68 | 0 | 1 050 |
| | 灌溉水量 | 万 m³ | 48.5 | 33.5 | 58.4 | 33.5 | 33.5 | 38.7 | 39.0 | 5.6 | 20.3 | 11.2 | 22.3 | 0 | 344.4 |
| 90% | 毛定额 | m³/亩 | 234 | 0 | 61 | 198 | 180 | 243 | 178 | 16 | 89 | 100 | 0 | 35 | 1 334 |
| | 灌溉水量 | 万 m³ | 76.8 | 0 | 20.0 | 64.9 | 59.0 | 79.7 | 58.4 | 5.2 | 29.2 | 32.8 | 0 | 11.5 | 437.6 |

### 3.4　需水预测汇总

#### 3.4.1　大柘镇(平远县城)

汇总以上国民经济各用水户需水预测成果,见表 8。

表 8　需水预测成果汇总(县城+灌区)　　　　　　　　　　单位:万 m³

| 水平年 | 县城生活、工业用水 | | | 灌溉需水 P＝90% | | | 总计 |
|---|---|---|---|---|---|---|---|
| | 城镇综合生活(含城镇生态) | 工业 | 小计 | 凤池灌区 | 高峰滩灌区 | 富石灌区 | |
| 2015 | 629 | 2 459.0 | 3 088.0 | — | 3 140.0 | | — |
| 2020 | 931.6 | 2 816.9 | 3 748.5 | 161.0 | 2 686.0 | 1 974.5 | 8 570.0 |
| 2030 | 1 440.6 | 3 344.7 | 4 785.3 | 161.0 | 2 686.0 | 1 974.5 | 9 606.8 |

#### 3.4.2　黄田水库—高峰滩引水陂区间

汇总以上需水预测成果,见表 9。

表 9　需水预测成果汇总表(区间)　　　　　　　　　　　单位:万 m³

| 水平年 | 生活、工业用水 | | | | 灌溉需水 P＝90% | 总计 |
|---|---|---|---|---|---|---|
| | 城镇综合生活 | 农村生活 | 工业 | 小计 | | |
| 2015 | 13.5 | 34.5 | 80.9 | 128.9 | 437.6 | 566.4 |
| 2020 | 29.1 | 26.0 | 88.7 | 143.8 | 437.6 | 581.3 |
| 2030 | 39.3 | 19.8 | 126.4 | 185.5 | 437.6 | 623.0 |

## 4　水资源配置

　　平远县城现状供水水源工程包括黄田水库、高峰滩引水工程和富石水库,根据《平远县水利发展"十三五"规划》及《平远县国民经济和社会发展第十三个五年规划纲要》,2020 前规划新建凤池水库。凤池水库工程任务是以供水灌溉为主,兼顾发电,供水对象主要为工业园区,灌溉对象为水库下游的农田及林果地。

根据县城现状供水情况,结合规划凤池水库的建设和"供水规划"等相关规划的水资源配置格局,规划水资源配置见表10。

表 10　水资源配置情况

| 供水水源 | 供水对象 |
|---|---|
| 高峰滩引水陂 | 平远县城综合生活,工业、高峰滩灌区 |
| 黄田水库—高峰滩引水陂区间径流 | 黄田水库—高峰滩引水陂区间的河头镇城镇综合生活、农村生活、工业、灌溉 |
| 富石水库 | 工业、富石灌区 |
| 凤池水库 | 工业、凤池灌区 |

## 5　供需平衡分析

### 5.1　基本资料

#### 5.1.1　来水

(1)黄田水库来水。

在黄田水库天然径流系列的基础上,扣除上游乡镇各水平年耗水得到水库1974—2016年逐月来水量。上游乡镇包括八尺镇、河头镇(黄田水库流域内)。

①黄田水库长系列天然径流。黄田水库控制集水面积140 km²,黄田断面多年平均天然流量为12 302.9 万 m³(3.90 m³/s)。

②黄田水库坝址以上耗水。黄田水库坝址以上主要的行政区包括八尺镇和河头镇(黄田水库流域内)。各镇区农业灌溉面积,根据水利普查以及相关规划确定。综上得到各水平年八尺镇、河头镇灌溉面积分别为1.282万亩、0.383万亩。各水平年的城镇生活用水定额采用《广东省用水定额》(DB44/T 1461—2014)的推荐值,2020年、2030年的定额分别为 210 L/(人·d),农村用水定额亦采用《广东省用水定额》(DB44/T 1461—2014)的成果,2020年、2030年的农村生活用水定额均为 140 L/(人·d)。

依据《平远县最严格水资源管理制度实施方案》(2016—2020),八尺镇、河头镇2020年的万元工业产值用水定额分别为48 m³/万元、243 m³/万元,2030年的万元工业增加值用水量根据2016—2020年的趋势预测,八尺镇、河头镇用水指标为26.4 m³/万元、133.7 m³/万元。

农业灌溉定额采用《广东省一年三熟灌溉定额》(1999 年)中沙壤土的灌溉定额。根据八尺镇、河头镇国民经济发展指标和用水指标,采用定额法预测不同水平年的需水,在此基础上计算耗水量。经计算,2015年、2020年、2030年八尺镇和河头镇 $P=90\%$ 来水下耗水总量分别为 1 024.3 万 m³、1 025.4 万 m³、1 026.9 万 m³。成果见表11。

#### 表 11  黄田水库上游镇区耗水量成果

| 水平年 | 生活耗水量 | | | | | | 工业耗水量 | | | 农业灌溉耗水量 | | | 用水量合计/万 m³ | 耗水量合计（P=90%）/万 m³ |
|---|---|---|---|---|---|---|---|---|---|---|---|---|---|---|
| | 城镇生活 | | | 农村生活 | | | 用水量/万 m³ | 耗水率/% | 耗水量/万 m³ | 用水量（P=90%）/万 m³ | 耗水率/% | 耗水量/万 m³ | | |
| | 用水量/万 m³ | 耗水率/% | 耗水量/万 m³ | 用水量/万 m³ | 耗水率/% | 耗水量/万 m³ | | | | | | | | |
| 2015 | 29.2 | 22 | 6.4 | 84.4 | 70 | 59.1 | 46.2 | 17.6 | 8.1 | 2 221.3 | 42.8 | 950.7 | 2 381.1 | 1 024.3 |
| 2020 | 40.0 | 22 | 8.8 | 81.5 | 70 | 57.0 | 50.5 | 17.6 | 8.9 | 2 221.3 | 42.8 | 950.7 | 2 393.2 | 1 025.4 |
| 2030 | 54.2 | 22 | 11.9 | 73.7 | 70 | 51.6 | 72.1 | 17.6 | 12.7 | 2 221.3 | 42.8 | 950.7 | 2 421.3 | 1 026.9 |

注：各用水部门耗水率采用《梅州市水资源综合规划》的成果。

③黄田水库以上净来水。扣除上游耗水后，2015 年、2020 年、2030 年多年平均来水分别为 11 464 万 m³、11 463 万 m³、11 461 万 m³。

（2）黄田水库—高峰滩引水陂区间径流。

黄田水库—高峰滩引水陂区间径流由黄田水库—高峰滩引水陂区间长系列天然径流过程扣除中行河天然径流过程得到，天然多年平均来水量为 4 948 万 m³。

（3）富石水库和凤池水库来水。

富石水库径流以黄田水库天然径流为基础采用水文比拟法计算，经计算，富石水库多年平均来水量为 4 658 万 m³。

凤池水库径流采用《广东省平远县凤池水库工程可行性研究报告》的成果，多年平均径流 4 346 万 m³。

#### 5.1.2  需水

（1）平远县城需水。

根据需水预测成果，2020 年平远县城生活、工业需水总量为 3 748.5 万 m³，综合生活（含城镇生态）需水量为 931.6 万 m³、工业需水量为 2 816.8 万 m³，其中 1 561 万 m³ 工业需水量由黄田水库承担；P=90% 下，凤池灌区需水量为 161 万 m³，高峰滩灌区需水量为 2 686 万 m³，富石灌区需水量为 1 974.5 万 m³。

2030 年平远县城生活、工业需水总量为 4 785.3 万 m³，其中综合生活（含城镇生态）需水量为 1 440.6 万 m³、工业需水量为 3 344.7 万 m³，其中 1 561 万 m³ 工业需水量由黄田水库承担；P=90% 下，凤池灌区需水量为 161 万 m³，高峰滩灌区需水量为 2 686 万 m³，富石灌区需水量为 1 974.5 万 m³。

本工程用水户（县城综合生活）2020 年、2030 年需水量分别为 931.6 万 m³、1 440.6 万 m³。考虑到原水输水管漏失以及水厂自用水（按 10% 考虑），2020 年、2030 年取水量分别为 1 024.8 万 m³、1 584.6 万 m³。

（2）黄田水库—高峰滩引水陂区间需水。

根据需水预测成果，2020 年区间生活、工业需水总量为 143.8 万 m³，P=90% 下灌溉需水为 437.6 万 m³；2030 年生活、工业需水总量为 185.5 万 m³，P=90% 下灌溉需水量为 437.6 万 m³。

（3）水库下游河道生态基流。

黄田水库、富石水库、凤池水库下游河道的生态基流分别为 0.39 m³/s、0.15 m³/s、0.14 m³/s。黄田水库—高峰滩引水陂区间生态基流采用多年平均流量百分比法计算，按黄田水库—高峰滩引水陂区间多年平均天然径流量的 10% 考虑，生态基流为 0.16 m³/s。

（4）水库损失。

水库损失包括供水过程中的蒸发、渗漏损失，根据当地经验和水库的实际，蒸发、渗漏损失量按月平均库容的 1.5% 计算。

### 5.1.3 供需平衡

（1）调算原则。

①优先满足河道内生态基流，其次为生活用水、工业用水、农业用水。

②黄田水库汛期 4—7 月按照 255 m 运行，其他月份水位蓄至 256 m，256 m 对应兴利库容为 4 174 万 m³，255 m 对应库容为 3 977 万 m³。

③调节计算时考虑水库供水过程中的蒸发、渗漏损失。根据当地经验和水库的实际，蒸发、渗漏损失按月平均库容的 1.5% 计算。

④平远县城生活、工业、灌溉用水优先利用黄田水库来水，不足部分由黄田水库—高峰滩引水陂区间径流补给。

⑤高峰滩引水陂来水径流包括黄田水库来水和黄田水库—高峰滩引水陂区间径流，平远县城生活、工业、灌溉用水优先利用黄田水库来水，不足部分由黄田水库—高峰滩引水陂区间径流补给。

（2）供需平衡分析。

根据来水量、需水量系列，进行供需平衡分析，规划水平年平远县城和相关灌区供需平衡结果见表 12 和表 13。对于平远县城和相关灌区，典型年 $P=50\%$、90%、97% 情况下，平远县城、河头镇（河头河区间）2020 年、2030 年生活、工业需水量均能得到保障；凤池水库灌区、高峰滩灌区和富石水库灌区需水亦能满足。

表 12　规划水平年平远县城供需平衡计算结果　　单位：万 m³

| 水平年 | 频率 | 需水 | | | 供水 | | | 缺水量 | | |
|---|---|---|---|---|---|---|---|---|---|---|
| | | 县城生活 | 工业 | 小计 | 县城生活 | 工业 | 小计 | 县城生活 | 工业 | 小计 |
| 2020 | 50% | 1 025 | 2 817 | 3 842 | 1 025 | 2 817 | 3 842 | 0 | 0 | 0 |
| | 90% | 1 025 | 2 817 | 3 842 | 1 025 | 2 817 | 3 842 | 0 | 0 | 0 |
| | 97% | 1 025 | 2 817 | 3 842 | 1 025 | 2 817 | 3 842 | 0 | 0 | 0 |
| 2030 | 50% | 1 585 | 3 345 | 4 930 | 1 585 | 3 345 | 4 930 | 0 | 0 | 0 |
| | 90% | 1 585 | 3 345 | 4 930 | 1 585 | 3 345 | 4 930 | 0 | 0 | 0 |
| | 97% | 1 585 | 3 345 | 4 930 | 1 585 | 3 345 | 4 930 | 0 | 0 | 0 |

表 13　灌区供需平衡成果( $P=90\%$ )　　　　　　　　单位:万 m³

| 分项 | 需水量 | 供水量 | 缺水量 | 备注 |
| --- | --- | --- | --- | --- |
| 高峰滩灌区 | 2 691 | 2 691 | 0 | 以黄田水库和河头河区间来水为水源 |
| 凤池灌区 | 161 | 161 | 0 | 以凤池水库为水源 |
| 富石灌区 | 1 974.5 | 1 974.5 | 0 | 以富石水库为水源 |

　　对于平远县城供水水源,2020 年、2030 年取水保证率均为 97%,同时可保障平远县城工业(部分)用水和高峰滩灌区用水,并保证河头镇用水。

## 6　结论

　　本文基于经济社会指标及生产生活用水指标,结合平远县水资源现状、地区水资源管控和相关政府政策文件,以 2015 年为现状年,对规划年 2020 年、2030 年的需水量和地表可供水量进行预测,对地区水资源供需情况进行计算得出:在典型年 $P=50\%$、$90\%$、$97\%$ 情况下,平远县城、河头镇(河头河区间)、凤池灌区、高峰滩灌区和富石灌区 2020 年、2030 年生活、工业需水量均能得到满足,供水水源取水保证率均为 97%,同时可保障平远县城工业(部分)用水和高峰滩灌区用水,并保证河头镇用水,相关计算结果可为后期项目建设提供参考。

## 参考文献

[1] 李治军,侯岳,景安琳.桦川县水资源供需平衡预测分析[J].水资源开发与管理,2022,8(7):6-9,37.

[2] 雷鹏.合阳县节水灌溉项目水资源供需平衡分析[J].陕西水利,2022(5):95-97.

[3] 王菲,彭湘,王丽影,等.基于供需平衡分析的玉林市水资源承载力研究[J].广东水利水电,2022(3):51-57.

[4] 鲍文平.三原县 2018 年农田水利建设水资源供需平衡分析[J].广西水利水电,2019(5):30-33.

[5] 王晓蕾,欧正蜂,孙春敏,等.黄洞河灌区水资源供需平衡分析[J].广东水利水电,2020(11):79-82.

# 水资源集约节约利用

# 东莞市再生水利用现状与建议

王丽影[1]　陈伯浩[2]　韩妮妮[1]　陈浩翔[1]

(1. 中水珠江规划勘测设计有限公司,广东广州　510610;
2. 东莞市水务局,广东东莞　510610)

**摘　要:**利用再生水可以增加供水、减少排污,对优化水资源配置体系、提高水资源利用效率具有重要作用,是经济社会高质量发展的内在要求与必然选择。当前,东莞市以再生水利用配置试点建设为契机,通过完善顶层设计,着力将再生水纳入水资源统一配置体系,探索建立推广再生水利用的体制机制,不断扩大再生水利用规模和水平。本文在梳理东莞市再生水利用现状的基础上,总结分析了掣肘再生水推广的主要问题,提出了促进再生水利用的对策和建议。东莞市再生水利用的实践经验具有典型性和可推广性,研究成果可为其他经济发达城市提供参考。

**关键词:**东莞市;再生水;问题;建议

## 1　再生水利用的必要性

2021 年,东莞市正式成为 GDP 超过万亿元、人口超千万人的"双万"城市。踏上"双万"新起点,东莞市经济社会高质量发展对水安全保障提出了更高要求。东莞市虽然地处南方丰水地区,但人均本地水资源量严重偏低,2022 年仅有 221 $m^3$/人,仅为广东省人均水资源量 1 455 $m^3$/人的 15%,不足国际人均 500 $m^3$ 缺水临界值的一半。2020—2022 年,东莞市用水总量分别为 19.6 亿 $m^3$、21.1 亿 $m^3$、21.0 亿 $m^3$,已非常逼近 2025 年用水总量控制指标 22.07 亿 $m^3$。另外,东莞市 90% 以上供水依赖东江,缺乏备用水源,一旦东江发生旱情或突发水污染事故,将严重威胁东莞市供水安全。可以看出,东莞市属于缺水城市,水资源量与经济和人口规模极不匹配,水资源供需矛盾已成为制约经济社会发展的因素之一。

开源节流,全面提升水资源利用效率和效益,是缓解东莞市水资源供需矛盾、保障水安全的必然选择。2022 年,东莞市万元地区生产总值用水量为 18.8 $m^3$,仅高于深圳市和珠海市,位列全省 21 个地级市中的第 3 名;人均综合用水量为 201 $m^3$,仅高于深圳市和汕头市,亦位列全省第 3 名。从上述数据可以看出,从现有水资源节流的角度,东莞市已属于较为先进的水平,若未来仅通过进一步节流解决水资源问题,其技术难度和经济代价将越来越高。因此,在节流的基础上,进一步开源,将非常规水特别是再生水纳入水资源统

---

**作者简介:**王丽影(1979—),女,高级工程师,生态环境咨询中心总工,主要从事水文规划工作。

一配置体系,不断扩大其利用领域和利用规模,是建设资源节约型和环境友好型社会的内在要求,是保障东莞市水资源可持续利用和经济社会高质量发展的战略举措之一。

## 2 再生水利用现状

### 2.1 再生水水源

截至 2021 年底,东莞市共有 61 座城镇集中生活污水处理厂,总规模为 377 万 t/d,2021 年平均日实际处理污水量约为 368 万 t/d。全市现状集中生活污水处理厂出水水质均能满足《城镇污水处理厂污染物排放标准》(GB 18918—2002)一级 A 标准及广东省地方标准《水污染物排放限值》(DB 44/26—2001)第二时段一级标准的较严值,其中 7 宗污水处理设施设计出水标准还满足《地表水环境质量标准》(GB 3838—2002)准Ⅳ类标准。已纳入污水处理厂尾水常规监测的指标基本满足《城市污水再生利用 城市杂用水水质》(GB/T 18920—2020)、《城市污水再生利用 景观环境用水水质》(GB/T 18921—2019)、《城市污水再生利用 工业用水水质》(GB/T 19923—2005)等国家标准。

### 2.2 利用领域及规模

2021 年东莞市再生水利用率为 18%,日用水规模约为 77 万 m³/d。再生水主要应用于景观环境用水、工业用水和市政杂用水等领域,其中景观环境用水占主导,占总再生水利用量的 90% 以上。工业再生水利用项目主要集中于 6 个电镀、印染环保专业基地,现状工业再生水回用设施生产输配能力约为 10 万 t/d。市政杂用主要是部分镇街用于绿地浇灌、道路洒扫等环卫用水,采用环卫车灌装取水的方式,总体利用规模较小。

### 2.3 制度建设

制度建设方面,东莞市于 2019 年出台了政府规章《东莞市节约用水管理规定》(东府〔2019〕38 号),其中规定园林绿化、生态景观以及城市道路清扫等市政用水鼓励和支持使用再生水,在有条件使用再生水的区域,限制或者禁止使用自来水用于上述用途。2019 年印发的部门规范性文件《东莞市水务局非常规水资源管理办法》(东水务〔2019〕215 号)明确提出将再生水纳入水资源统一配置,实行地表水、地下水、再生水等联合调度,总量控制;城市绿化、环境卫生等市政用水以及生态景观用水应当优先使用再生水、雨水等非常规水源。有条件使用再生水的单位,应当优先使用再生水;鼓励"四类建筑"配套建设再生水利用设施;各级人民政府应加大财政资金投入力度,大力实施再生水资源利用规划和再生水资源利用设施建设发展规划,加快再生水利用设施建设进度,完善再生水利用设施系统,做到管网配套;再生水销售价格实行市场调节价,由经营者依法自主制定。

除制度文件外,东莞市近年先后编制了《东莞市石马河流域和茅洲河流域再生水利用规划》(2019 年)、《生态园再生水综合利用专项规划》(2020 年)等区域性再生水利用规划,另外在《东莞市供水安全保障规划》(2020 年)和《东莞市海绵城市专项规划》(2021 年)中,也对再生水利用提出了要求。

## 3 制约再生水推广的主要问题

### 3.1 缺乏再生水利用制度顶层设计

在再生水利用顶层设计方面,东莞市与全国大多数城市一样,存在下列共性问题:

(1)缺乏系统的规划引领。东莞市编制了石马河、茅洲河流域及生态园等局部区域的再生水利用专项规划,尚未对全市域再生水利用作出专项规划,城市供水专项规划未将再生水纳入城市公共供水范畴。城市建设总体规划没有包含再生水输水管线规划,市政道路和市政管线建设也没有给再生水管道铺设预留空间。

(2)管理体制机制尚未理顺。再生水利用管理涉及住建、水利、环保、工信、发改、财政等众多部门,各部门尚未形成清晰的职责分工,存在管理空白和职能交叉,部门之间尚未建立起顺畅的沟通协调机制,难以形成协调联动、齐抓共管的合力。

(3)再生水利用的管理制度不健全。无论是国家层面还是省层面,目前尚未出台关于再生水利用的专门性法律或法规[1],东莞市也尚未有再生水利用的专门性规章与规范性文件,再生水利用缺乏规章制度的顶层设计和系统指导。

## 3.2 缺乏具体的再生水利用激励扶持政策

国家层面曾出台文件,要求对再生水生产实行优惠电价,免征水资源费和城市公用事业附加费,再生水企业享受增值税即征即退政策等税费优惠政策[2],但因缺乏具体的操作路径,导致地方上优惠政策难以落实到位。加之市场投融资机制不成熟,财政补贴扶持及成本分担机制未建立,再生水利用工程建设缺乏资金渠道,导致再生水利用项目推动困难,企业生产和利用再生水的积极性不高。

## 3.3 再生水较自来水难以形成价格优势

当前,在没有政府补贴的情况下,再生水用户需要支付的费用除覆盖再生水输配工程建设成本、再生水厂生产运营成本及再生水生产运营企业的合理利润外,工业企业用户还要支付再生水进一步深度处理(降低生物指标、除盐等)的成本以及因使用再生水后废水达标排放增加的成本(因再生水部分污染物浓度较自来水高带来的废水污染物削减成本)。上述成本叠加后,再生水使用成本往往较高,而与之形成对比的是,东莞市自来水价格总体偏低,非居民水价仅约 1.98 元/t,污水处理费仅 0.9 元/t。再生水与自来水之间的价差不明显,甚至出现再生水使用成本比自来水高的现象,这不仅限制了再生水的合理定价,也造成再生水的价格优势难以显现,抑制了用水户使用再生水的积极性。

## 3.4 再生水利用安全监管机制不健全

再生水水量与水质的调查监测统计体系尚未建立,主要表现在安全监管主体缺位,再生水水质日常监测制度及第三方检测机构对再生水水质的定期抽检制度未建立。目前东莞市工业用水较大比重是用于冷却和洗涤,对水质较多关注含氯度、电导率、重金属等指标,而污水处理厂目前水质排放标准只对《城镇污水处理厂污染物排放标准》(GB 18918—2002)中 11 项(COD、BOD 等)有要求,未能按照用户水质要求匹配进行监测,导致供水水源与再生水用户水质适配性分析缺乏历史监测数据支撑。另外,当前再生水供水企业缺乏风险防控措施,对再生水使用过程中可能出现的安全隐患缺少相应的应急预案。水质安全监管机制不健全一方面导致安全事故风险增加,另一方面也使用水户对再生水水量、水质的安全可靠性产生顾虑,担心因再生水水质波动造成生产设备和产品损害而造成大的经济损失,从而表现出对再生水的使用意愿不强。

## 3.5 用水户分布不集中,再生水输配设施成本高

东莞市城市化是积极型城市化的典型样本,"就地城镇化"模式使其城镇规模在现有

的行政区划格局下得到快速发展,并形成了城镇经济高度发达、城镇人口高度集聚的东莞城镇发展模式,特殊的地理位置、特殊的行政架构、特殊的经济结构、特殊的人口结构,形成了东莞市中心城区与建制镇并行发展和"一镇一中心"的独特城市格局。与城市格局相对应的,东莞市再生水工业及城市杂用用户分散在各个镇街(园、区),与周边发达城市如广州、深圳相比,其产业聚集不明显,导致再生水输配设施难以产生规模效应,单方水成本较高。

## 4 对策建议

### 4.1 建立健全再生水管理制度顶层设计

启动《东莞市再生水利用管理办法》制订工作,系统性理顺再生水建设、利用、运行维护、定价、监管、考核、财政奖补等问题,确保各环节有法可依,对部门职责、激励政策等顶层设计通过规范性文件形式予以明确。编制《东莞市再生水利用专项规划》,系统分析东莞市水资源特点及开发利用情况,突出再生水的资源属性,从水资源系统角度全面统筹,将再生水纳入水资源统一配置体系,明确生产、生活、生态等各类用水使用再生水水源的需求和配置数量,经过技术经济分析后确定再生水生产、输配设施总体布局和建设方案。

### 4.2 探索建立再生水利用激励与引导政策

激励层面,在国家和省有关再生水利用用电、税、费优惠政策的框架下,立足东莞市再生水推广利用实际需求,探索地方再生水利用鼓励与激励政策及具体操作措施。对于再生水净化处理、输配管网等工程,政府加大奖补扶持,制定吸引和鼓励社会资本参与再生水利用建设的优惠扶持政策,具体可包含再生水设施运行的电价优惠、税费减免、融资帮扶,在收支难以平衡的情况下,研究制定合理的财政补贴政策。对工业再生水利用大户,研究制定税收优惠,用电、用地优惠,以及规费、污水处理费减免的奖励措施,将区域再生水利用项目纳入主要水污染物减排量认定范畴。

引导层面,加强再生水利用配置管理。以用水总量控制和取水许可审批为抓手,重点关注造纸、印染、化工、石化、火电等高耗水行业取水许可审批,提高高耗水行业再生水利用量;水权交易价格与再生水利用情况挂钩,倒逼镇街推动再生水利用。将非常规水利用指标分解到镇街,并将其纳入最严格水资源管理制度考核,引导镇街重视再生水利用配置管理。

适时提高自来水水价,拉大自来水与再生水的价差,提升再生水的吸引力。

### 4.3 完善水质安全监管制度

加快强化对污水处理厂尾水排放的指标增补监测,要求运营单位按照相关再生水利用系列标准,结合具体用户的水质要求,增补浊度、含氯度、电导率等指标,确保水质稳定满足用水户需求;强化再生水用户进水端的水质在线监测,指导用户建立相关应急机制,例如建立备用水源等,以应对再生水水质突变情况。水务部门采取定期巡查或者随机抽检的方式对再生水运营单位进行监督检查。

### 4.4 推广就近利用、对点直连的利用模式

坚持从东莞市多中心城市格局的实际出发,根据再生水水源及用水户均较为分散的特点,以就近利用、经济高效为目标,因地制宜推广分布式、小型化的污水处理再生利用设

施,实现从水源到用户的"精准配置"和"点对点"输送,从而尽可能降低再生水输配工程的投资,降低再生水利用的总成本。

### 4.5 加强宣传教育,提高社会对再生水的接受度

再生水利用涉及工业、服务业和市民生活等方面,关系到市民思想观念、行为方式转变等层面,因而深入持久地开展再生水利用的宣传教育,减少人们对污水处理回用的种种顾虑,树立使用再生水的信心,是关系到再生水利用推进的重要议题。要通过各种宣传方式,让广大群众认识再生水、了解再生水,积极参与并认可再生水的使用。

## 5 主要结论

目前东莞市再生水利用缺乏全域系统规划和管理制度体系,再生水利用形式单一,利用率较低,制约再生水推广利用的问题有国内普遍存在的共性问题[1,3-9],例如管理制度体系顶层设计不完善、缺乏具体的再生水利用激励扶持政策、再生水利用安全监管机制不健全等;也有南方丰水地区代表性问题,如自来水价格偏低,再生水没有价格优势;还有城市发展格局带来的个性化问题,如用户不集中、输配设施建设成本高等问题。针对上述问题,本文提出了建立健全再生水管理制度顶层设计,探索建立再生水利用激励与引导政策,完善水质安全监管制度,推广就近利用、对点直连的利用模式,通过宣传教育提高社会对再生水的接受度等对策和建议,以期为东莞市再生水利用推广工作提供有益参考。东莞市作为全国第一批再生水利用配置试点,其推广模式和经验做法可为其他经济发达城市提供借鉴。

## 参考文献

[1] 李肇桀,刘洪先.关于再生水利用的短板分析与对策建议[J].水利发展研究,2021(11):65-67.

[2] 刘洪先.关于完善我国再生水利用价格体系的措施与建议[J].水利发展研究,2019(6):3-5.

[3] 刘静,陈莹,赵辉,等.关于促进我国再生水利用的思考[J].中国水利,2017(15):6-11.

[4] 张亮.我国城市再生水利用的主要制约因素及对策建议[J].发展研究,2016(3):14-16.

[5] 马东春,唐摇影,于宗绪.北京市再生水利用发展对策研究[J].西北大学学报(自然科学版),2020,50(5):779-786.

[6] 杜吉灿.昆明市再生水利用回顾与展望[J].水科学与工程技术,2023(2):1-3.

[7] 常桂峰.临沂市再生水资源利用存在问题及建议[J].山东水利,2020(7):43-44.

[8] 虞静静,王颖,季树勋,等.宁波市推进城市再生水利用的对策建议[J].浙江水利科技,2023(3):1-3.

[9] 司源,马兰,王生保,等.宁夏再生水利用现状、存在问题及对策建议[J].宁夏农林科技,2021,62(12):43-46.

# 高州水库灌区节水潜力与节水措施分析

## 聂 鹏 林 思

(中水珠江规划勘测设计有限公司,广东广州 510610)

**摘 要:** 高州水库灌区位于广东省粤西沿海鉴江流域中下游平原,目前存在供水端水资源浪费严重、再生水回用率低、水量计量及管网监测设施不完善等问题。通过对高州水库灌区现状节水潜力进行分析,结果表明,农业供水端具有较大节水潜力,设计水平年2025年农业节水潜力为2 636万 m³。通过对高州水库灌区采取节水工程措施和非工程措施,可取得显著的经济效益、社会效益和生态效益。

**关键词:** 高州水库灌区;节水潜力;节水措施;节水效果

## 1 研究区概况

高州水库灌区位于广东省粤西沿海鉴江流域中下游平原,南北长约53 km,东西宽约40 km。灌区北起高州市东岸镇,南至湛江市坡头区乾塘镇,东至茂名市电白区霞垌镇,西至吴川市塘缀镇,共涉及茂名市的茂南区、电白区、高州市、化州市和湛江市的吴川市。高州水库灌区土地面积380.41万亩,其中耕地面积144.42万亩。灌区设计灌溉面积118万亩,2018年有效灌溉面积91.29万亩,实灌面积88.72万亩,有效灌溉率为63.2%。2018年,高州水库灌区范围内总人口420.86万人,其中城镇人口180.75万人,农村人口240.11万人,城镇化率为42.9%。农业人口人均占有耕地面积0.60万亩,人均有效灌溉面积0.22万亩。

以现状年2018年的实际供用水资料作为现状供用水水平分析的基础。2018年灌区用水量15.26亿 m³,其中生活用水量2.96亿 m³,城镇公共用水量0.42亿 m³,工业用水量1.68亿 m³,农田灌溉用水量8.0亿 m³,林牧渔畜用水量1.82亿 m³,生态环境用水量0.38亿 m³。

## 2 现状节水存在的问题

近年来,通过深入贯彻中央、广东省关于实行最严格水资源管理制度的要求,认真落实用水总量控制、用水效率控制和水功能区限制纳污"三条红线"以及实行最严格水资源管理考核制度,高州水库灌区节水工作取得了一定成效,目前节水方面还存在以下问题:

(1)供水设施老化,供水端水资源浪费严重。

---

**作者简介:** 聂鹏(1991—),男,硕士,工程师,主要从事水工建筑物结构设计工作。

灌区范围现状城镇供水主要为管道,吴川市、茂名市市辖区、化州市、高州市供水管网漏损率分别为 15%、13%、15%、18%,超过了《城市供水管网漏损控制及评定标准》(CJJ 92—2016)中城市供水管网基本漏损率不应大于 12% 的要求;灌溉水利用系数 0.489,尚未达到《节水评价技术要求》评价区域东南区平均水平 0.565。

(2)再生水回用率低,回用设施建设及推广力度不够。

灌区范围现状城镇污水处理率 77.2%,尚未满足《水污染防治行动计划》提出的要求;现状尚无再生水回用。在污水处理率基本达标的情况下,再生水回用的相关规划推进及实施力度不够,配套供水设施、管网设施等建设不足,经污水处理厂处理达标后的污水最终多排入河道内。

(3)水量计量、管网监测设施不完善。

现状城镇居民生活、公共生活、工业水量计量设施基本完备,但农村生活和农业生产水量计量设施尚不完善,特别是还未实施节水改造的中小型灌区水量计量、监测设施不够,给水费的计收带来难度;部分城镇爆管等水量跑冒滴漏现象预警、维护时效性不佳,供水管网监测设施有待完善。

## 3 现状节水潜力分析

### 3.1 综合生活节水潜力

#### 3.1.1 节水可能性分析

(1)用户端。

灌区供水范围内现状城镇居民人均净用水量 135 L/(人·d),未达到广东省《用水定额 第 3 部分:生活》(DB 44/T 1461.3—2021)140 L/(人·d)的上限要求;农村居民人均净用水量 113 L/(人·d),未达到广东省《用水定额 第 3 部分:生活》(DB44/T 1461.3—2021)130 L/(人·d)的上限标准;节水器具普及率为 88%,与国家和广东省相关节水要求尚有一定差距。未来随着评价范围经济社会发展和人民生活质量的不断改善,城乡生活用水水平将有所提高,就现状用水指标而言,生活用水没有节水潜力。

(2)供水端。

灌区范围现状城镇供水主要采用管道,吴川市、茂名市市辖区、化州市、高州市供水管网漏损率分别为 15%、13%、15%、18%,不符合《城市供水管网漏损控制及评定标准》(CJJ 92—2016)[1] "城市供水管网基本漏损率不应大于 12%" 的要求。未来随着节水型社会的建设、公众节水意识的增强,预计设计水平年 2025 年城镇供水管网漏损率将降至 8.0%。因此,评价范围城镇生活供水端具有一定的节水潜力。

#### 3.1.2 存量节水量

综合生活存量节水仅考虑城镇管网漏损率降低带来的影响,但高州水库灌区范围无生活供水任务,故本工程不计算生活存量节水量。

### 3.2 农业节水潜力

#### 3.2.1 节水可能性分析

(1)用户端。

灌区范围现状农田综合净灌溉定额为 441 m³/亩。根据广东省、茂名市、湛江市 "十四五"农业发展规划、农田水利发展规划等相关资料,设计水平年 2025 年灌区范围农田多年平均综合净灌溉定额将减小。因此,农业用户端存在节水可能性。

(2)供水端。

灌区范围现状农田以常规灌溉为主,灌溉水利用系数为 0.489。根据国家和广东省最严格水资源管理制度相关文件,广东省灌溉水利用系数,2030 年要提高至 0.60 以上。为达成目标,未来灌区范围要通过积极开展灌区节水改造、改变传统灌溉方式、建设渠道防渗、实施田间节水工程建设、增加高效灌溉面积、提高节灌率和高效节灌率,同时进行农业水价改革,现有灌区续建配套及升级改造后农田灌溉水利用系数在 2025 年提高至 0.56。因此,农业供水端具有较大的节水潜力。

### 3.2.2 存量节水量

考虑到用户端节水与农业规划、种植结构、资金投入、群众接受度等多个因素相关,具有较大不确定性,而供水端节水主要依靠灌溉水利用系数提高即可实现,灌区续建配套与节水改造也是农业生产的关键环节,年度最严格水资源管理定有考核任务。因此,本次农业存量节水主要是通过提高灌溉水利用系数估算。

"十四五"期间,通过现代化改造,高州水库灌区恢复灌溉面积 12.71 万亩,改善灌溉面积 23.17 万亩,存量节水量主要体现在改善的 23.17 万亩灌溉面积内,通过加强节水改造、提高节灌率等措施提高灌溉水利用系数至 0.56,设计水平年 2025 年可节约水量 2 636 万 $m^3$。

### 3.3 总节水潜力

综上分析,高州水库灌区通过实施续建配套与节水改造工程等节水方案,设计水平年 2025 年存量节水总量为 2 636 万 $m^3$(农业节水量)。节水后,可用于新增生活、工业和城市浇洒道路、绿地用水,有利于灌区范围内农业发展、生态环境改善和区域生态文明建设。

## 4 节水措施与节水效果评价

### 4.1 节水措施方案

#### 4.1.1 工程措施

高州水库灌区渠道现状以土渠为主,输水损失大,灌区水资源浪费严重,急需加大整治力度,保障水源供应,推动灌区末级渠系配套建设,使灌区发挥最大效益。采取的工程措施主要包括对灌区现有的部分干支渠及渠系建筑物进行加固和现代化改造,改造范围内的灌区工程设施进一步完善,信息化管理水平逐步提高,更好地保障灌区效益的发挥。

#### 4.1.2 非工程措施

(1)大力宣传水的商品属性及水费改革的重要意义,规范价格管理,按照补偿成本、合理收益、公平负担的原则,合理制定和调整水利工程供水价格。

(2)完善水利工程供水折旧费、维修费的使用办法,规范水费的使用管理,严格控制人员编制,精简机构,降低供水成本,加强水费监督检查,确保水费收入"取之于水,用之于水"。

(3)改革农田灌溉用水管理体制,安装供水渠系计量设施,加强农业水价的管理监督,逐步理顺供水体制。同时,加大农渠的改造投入,提高渠系水利用系数,减少水的渗漏损失,并完善计量设施,实行按用水量计量收费。

(4)强化水资源的分配和管理,实行科学的节水水价制度,对各类用水,均应实行定额管理,在调查研究的基础上合理确定用水定额,超定额用水实行累进加价,逐步实行基本水价和超计量水价相结合的两部制水价制度,对于浪费水资源行为,要按照水资源浪费的数量实行惩罚性水价。

(5)建立健全水费征收政策和办法,加大水费征收力度,逐步提高水费征收标准,达到以水养水的目的。

## 4.2　节水效果评价

### 4.2.1　节水经济效果评价

节水经济效益包括节省水费、污水处理费和土地节约、劳动力节约、增产增收等,以及减少供水、排水、污水处理工程投资等。根据现状单位水量产生的国民经济生产总值折算节水量可能产生的经济效益。经估算,灌区范围设计水平年2025年较现状存量节水潜力为2 636万 $m^3$,2018年单位供水量产生的地区生产总值为140元/ $m^3$,由此估算设计水平年2025年评价范围存量节水经济效益约37亿元,经济效益显著。

### 4.2.2　节水社会效果评价

通过节水项目的实施,可节约和保护有限的水资源,促进经济增长方式的转变,对有效缓解评价范围缺水状况,特别是干旱年份与高峰期用水紧张状况,保障经济社会又好又快发展具有特别重要的作用。

(1)缓解地区水资源供需矛盾。

灌区范围经济社会发展与供水矛盾突出,通过节水工程措施的实施,可提高供水保证率和用水效率,缓解地区未来缺水问题,对经济社会可持续发展起到保障作用。

(2)节约用水管理水平大幅提高。

通过节水措施的实施,完善了水务一体化管理的水资源管理体制,明确了职责。同时,节水建设制度体系以及配套的法规和技术标准逐渐完善,逐步实现有法可依、执法有力,减少水事纠纷,对保障社会稳定也有积极意义。

(3)全社会节水意识得到普遍提高。

节水措施的实施,可使公众的节水意识得到普遍提高,自觉参与配合节水建设规划实施,倡导文明的生产和消费方式,强化自我约束和社会约束,在全社会形成"节水光荣、浪费可耻",广大群众自觉参与节水、监督节水的良好社会风尚和良好的节水社会氛围。

### 4.2.3　节水生态效果评价

节水的核心是正确处理人和水的关系,要求量水而行,打造与当地水资源、水环境禀赋相适应的产业结构。通过实施节水措施,在降低经济社会发展所需取水量的同时维持了基本生态用水,减少排污量的同时改善了生态与环境,对提高水资源承载能力,促进水资源可持续利用具有极为重要的作用。通过节水措施的实施,可降低经济社会发展对水资源需求弹性系数,减少地下水开采量,有效遏制生态脆弱区环境恶化,水资源得到休养生息、自然代谢、良性循环,特别对局部水环境恶化地区水资源质量有很好的恢复作用。节水建设维持了基本生态用水需求,减少了污水排放量以及建设水源工程、治污工程等对生态环境的影响,促进了水资源可持续利用,是实现人水和谐的有效途径。

### 4.3 节水保障措施

(1)对灌区渠系进行配套改造,降低输水损失,提高节约用水水平。

(2)在灌区范围内大力推广使用高效节水灌溉方式。

(3)加强能力建设,提高监管效率。加强各级节水管理机构和队伍建设,健全节水管理和服务体系。制订实施节水管理人员培训计划,全面提升节水管理队伍能力和素质。

(4)落实用水效率控制制度。建立节水管理制度,充分发挥节水管理机构的作用,为灌区节水管理提供有力的制度保障,促进区域经济社会发展与生态环境的和谐共处。

强化用水定额管理,建立用水单位重点监控体系,强化用水监控管理。新建、扩建和改建项目应制订节水措施方案,与建设项目取水许可一并报批,保证节水设施与主体工程同时设计、同时施工、同时投产,并强化监督管理。

(5)完善公共参与机制。系统完善节水宣传、教育机制,提高公众节水意识,掌握日常节水技能,将节水渗透在日常生产、生活中。制定相应的激励措施,提高公众节水积极性。建立公开透明的公众参与机制,提升公众参与能力,保证公众有效参与各项节水工作的管理和监督,促进节水的社会化。结合灌区实际情况,出台相应的公众参与机制建设方案。

(6)加强宣传教育,倡导节水文化。建立公开透明的参与机制,保证公众广泛参与各项节水工作的管理和监督。强化舆论监督,建立节水监督举报网站,设立节水监督举报电话,公开曝光浪费水、破坏水设施、污染水环境等不良行为。加强节水科技培训,普及节水知识,提升公众参与能力。

## 5 结语

实施大型灌区的续建配套与节水改造工程,旨在促进农业农村经济社会稳定发展,提高节水灌溉能力、充分利用水资源,为加快我国农业现代化建设提供有力支持[2-5]。高州水库灌区目前存在供水端水资源浪费严重、再生水回用率低、水量计量及管网监测设施不完善等问题。本文对高州水库灌区现状节水潜力进行分析,结果表明,高州水库灌区通过加强节水改造、提高节灌率等措施,灌溉水利用系数可由现状 0.489 提高至设计水平年的 0.56,农业供水端具有较大节水潜力,设计水平年 2025 年农业节水潜力为 2 636 万 $m^3$。通过对高州水库灌区现有的部分干支渠及渠系建筑物采取加固和现代化改造的工程措施,同时采取加大宣传力度、完善管理制度、逐步提高水费征收标准等节水非工程措施,可取得显著的经济效益、社会效益和生态效益。

## 参考文献

[1] 中华人民共和国住房和城乡建设部. 城市供水管网漏损控制及评定标准:CJJ 92—2016[S]. 北京:中国建筑工业出版社,2017.

[2] 王立伟.梧桐河灌区续建配套与节水改造项目综合效益评价研究[D].哈尔滨:东北农业大学,2014.

［3］田雨丰,何武全,刘丽艳,等.大型灌区节水改造项目实施效果综合评价［J］.排灌机械工程学报,2023,41(5):519-526.

［4］景明,樊玉苗,王军涛.黄河流域大型灌区"十四五"节水潜力分析［J］.中国水利,2023(13):27-29.

［5］谢维,宋博,邹体峰.新时期实施大型灌区建设和现代化改造的重要意义和总体考虑［J］.中国水利,2021(18):33-35.

# 淮河东线受水区节水潜力及释放途径分析

焦　军　余小明

（中水淮河规划设计研究有限公司,安徽合肥　230601）

**摘　要:** 南水北调工程是解决我国北方水资源严重短缺问题的重大战略举措,也是畅通国家南北经济循环,构建新发展格局的特大型基础设施。本文以淮河东线受水区为对象,测算重点行业现状节水潜力,探讨节水潜力释放途径及效果,分析表明:生活节水潜力释放仅能用于补充少量存量生活用水需求的增长,工业节水潜力释放可以较为明显地支撑未来工业用水需求的增长,农业节水潜力释放主要用于改善现状不充分灌溉条件,保障未来农业稳产高产发展需要,成果可为相关区域开展节水工作提供参考借鉴。

**关键词:** 东线工程;节水水平;节水潜力;释放途径

南水北调工程是构建我国"四横三纵、南北调配、东西互济"水资源配置总体格局的重大战略性工程。从 20 世纪 50 年代提出设想,历经半个多世纪的前期工作,形成了规划的总体格局。东线工程从扬州附近的长江干流引水,利用江苏省江水北调工程,扩大规模,向北延伸,主要任务是为黄淮海平原东部和胶东地区补充水源,与引黄工程和南水北调中线工程共同解决华北地区水资源短缺问题,供水目标是解决调水线路沿线和山东半岛的城市及工业用水,改善淮北地区的农业供水条件,并在北方需要时,提供农业和生态环境用水。

东线一期工程 2002 年底开工建设,2013 年通水运行,截至 2021 年 8 个调水年度累计调水量超过 53 亿 $m^3$,直接受益人口约 5 800 万人,发挥了巨大的经济效益、生态效益和社会效益。淮河(指水资源一级分区——淮河区)东线工程受水区包括江苏、安徽、山东 3 省 22 个地级市 110 个县级行政区,占淮河区总面积的近 40%,对支撑淮河流域和山东半岛经济社会高质量发展具有重大意义。

2020 年 11 月 13 日和 2021 年 5 月 14 日,习近平总书记先后视察东线工程水源枢纽江都水利枢纽和召开推进南水北调后续工程高质量发展座谈会,明确要坚持节水优先,把节水作为受水区的根本出路,长期深入做好节水工作。为贯彻落实习近平总书记关于南水北调工作的指示批示,使节水成为南水北调受水区水资源开发、利用、保护、配置、调度的基本前提,以淮河东线工程受水区为对象,开展淮河东线受水区节水水平评价,识别受水区节水重点领域和重要区域,深入分析节水潜力释放途径和转化路径,对于提升淮河受

---

**作者简介:** 焦军(1989—),男,工程师,硕士,主要从事水资源规划、节约和配置等工作。

水区节约集约利用水资源和开展东线后续工程相关规划设计工作都具有十分重要的意义[1]。

## 1 现状节水水平

淮河东线受水区现状 2020 年实际用水总量 258.62 亿 m³,其中生活用水量占 15.4%,工业用水量占 11.3%,农田灌溉和林牧渔畜用水量占 68.4%,生态环境用水量占 4.9%。

受水区现状人均用水量 319 m³/人,略高于淮河区平均水平,约为全国的 3/4,但分区域看差异十分明显,淮河流域受水区人均用水量 436 m³/人,是山东半岛受水区人均用水量 175 m³/人的 2.5 倍;现状万元 GDP 用水量 36.3 m³,仅为全国平均万元 GDP 用水量的 64%,其中山东半岛受水区万元 GDP 用水量 15.8 m³,不到全国平均万元 GDP 用水量的 1/3。

受水区现状万元工业增加值用水量 12.2 m³,小于淮河区平均万元工业增加值用水量 28%,仅为全国平均万元工业增加值用水量的 37%,分区域看,淮河流域受水区万元工业增加值用水量 14.4 m³,低于淮河区万元工业增加值用水量,不到全国万元工业增加值用水量的一半,山东半岛受水区万元工业增加值用水量 10.1 m³,不到全国万元工业增加值用水量的 1/3。

受水区现状城市供水管网漏损率在 8%~10%,全国城市供水管网漏损率均在 10% 左右,受水区城市供水管网输水效率高于全国平均水平;受水区现状农田灌溉水有效利用系数 0.623,高于淮河区 6.5%,高于全国平均水平 10.3%。

淮河东线受水区现状节水水平见表 1。

表 1 淮河东线受水区现状节水水平

| 水资源分区 | 省 | 人均用水量/(m³/人) | 万元 GDP 用水量/m³ | 万元工业增加值用水量/m³ | 城镇供水管网漏损率/% | 灌溉水有效利用系数 |
|---|---|---|---|---|---|---|
| 淮河流域受水区 | 江苏省 | 595 | 73.4 | 10.7 | 9.30 | 0.616 |
| | 安徽省 | 302 | 44.9 | 30.6 | 10 | 0.565 |
| | 山东省 | 221 | 44.2 | 17.4 | 7.95 | 0.646 |
| | 淮河流域 | 436 | 63.1 | 14.4 | 9.08 | 0.617 |
| 山东半岛受水区 | | 175 | 15.8 | 10.1 | 7.95 | 0.660 |
| 受水区合计 | | 319 | 36.3 | 12.2 | 8.56 | 0.623 |
| 淮河区 | | 294 | 43.1 | 16.9 | 9.50 | 0.585 |
| 全国 | | 412 | 57.2 | 32.9 | 10 | 0.565 |

## 2 现状节水潜力

### 2.1 用户端节水可能性分析

用户端节水可能性分析以对比基准年 2020 年和规划年 2035 年居民生活用水定额、

工业增加值用水定额和农业灌溉净定额分析各行业用户端节水现状距离目标值的程度进行分析。

规划年相比基准年城镇人均生活用水定额不同地区增长 8%~30%,农村人均生活用水定额不同地区增长 20%~50%,随着人民对美好生活向往目标的逐步实现,广大人民群众的生活质量、卫生环境条件未来将会进一步改善,人均用水器具会增加,居民生活用水整体上呈上升趋势,居民生活用水用户端无节水潜力,生活用水用户端的节水重点应放在提高居民节水意识、制止用水浪费行为、提高居民家庭用水器具水效等级等方面。

在最严格水资源管理制度的约束下,万元工业增加值用水量将呈现明显下降趋势,规划年相比基准年万元工业增加值用水量大幅下降,下降率各区域基本都在 20% 以上,随着产业结构的调整、工艺的改良,工业用水用户端的节水潜力较大[2]。

农业灌溉从用户端来看,节水潜力并不明显,农业灌溉净定额主要受作物种植的影响,而气候条件是作物种植制约性和限制性因素,未来在局部上存在改善作物种植结构的情况[3]。整体上看,长期以来,各地区已形成与当地自然条件、气候环境相适宜的种植结构,各地区的灌溉净需求节水空间不大。

## 2.2 供水端节水可能性分析

生活用水从供水端节水分析,供水管网漏损率至 2035 年有 0.5%~2% 的下降空间,节水器具普及率有 2%~24% 的提高空间,生活用水从供水端看仍有一定的节水潜力。

工业用水供水端节水分析主要为工业用水重复利用率[4],现状年相比规划年有 3%~5% 的提高空间,在工业用水循环利用设计上存在一定的节水空间。

农业用水供水端节水分析主要为灌溉水有效利用系数,现状相比规划有 5%~9% 的提高空间,通过节水潜力分析,农业节水占比较重,农业节水的重要抓手和关键所在应是采用节水灌溉,努力提高农业灌溉水利用效率。

## 2.3 节水潜力分析

节水潜力是以各部门、各行业(含农作物)通过综合节水措施所达到的节水指标为参照标准[5],分析现状用水水平与节水指标的差值,并根据现状发展的实物量指标计算最大的可能节水量。

节水潜力分析主要考虑各项节水指标,对生活、工业、农业等分行业进行综合衡量,分析现状用水水平与节水指标的差值,并根据实物量指标测算节水量。生活用水节水潜力主要包括降低管网漏损率和提高节水器具普及率两方面;工业用水量取决于工业产值、工业结构和科技水平,主要体现在万元工业增加值取水量上,以现状水平年工业增加值为计算基础,工业节水的关键是合理调整工业结构和布局,提高科技水平、推广节水技术、提高工业用水效率;农业节水潜力主要体现在农田灌溉用水上,主要通过调整作物种植结构,采用节水灌溉提高灌溉水有效利用系数,以现状年农田灌溉用水量为计算基础。

节水潜力计算最为广泛认可和使用的是水利部提出的节水潜力计算公式[6],该公式针对城镇生活、农业和工业节水潜力分别提出计算公式,具有适用范围广、数据易于获取等优点,本次分析计算采用该公式。经测算,淮河东线受水区重点节水领域节水潜力 11.81 亿 m³,其中生活仅占 3.6%,工业占 45.5%,农业占 50.9%,工业和农业是重点节水领域。

淮河东线受水区节水潜力见表2。

表2 淮河东线受水区节水潜力 单位:亿 m³

| 分区 | 省 | 生活 | 工业 | 农业 | 合计 |
|------|------|------|------|------|------|
| 淮河流域 | 江苏省 | 0.20 | 2.48 | 3.89 | 6.57 |
| | 安徽省 | 0.06 | 1.23 | 0.27 | 1.56 |
| | 山东省 | 0.02 | 0.38 | 0.61 | 1.01 |
| | 淮河流域 | 0.28 | 4.09 | 4.77 | 9.14 |
| 山东半岛 | | 0.15 | 1.28 | 1.24 | 2.67 |
| 淮河东线受水区 | | 0.43 | 5.37 | 6.01 | 11.81 |

## 3 节水潜力释放途径分析

节水潜力释放途径,坚持"生态优先、保护优先",各行业节水潜力释放优先退还河湖生态环境挤占用水,其次按照优先保障本行业发展用水需求,有余力时进一步用来保障经济社会用水持续增长行业的用水需求。

### 3.1 生活节水潜力释放

受水区现状生活用水量39.77亿 m³,生活节水潜力0.44亿 m³,受水区节水潜力仅占现状用水量的1.1%,且未来考虑人民生活水平进一步提高,生活用水定额还会随着生活品质提高而逐渐上升,城镇生活存量用水量会有一定提升,存量用水增长根据现状年人口和规划年人均用水定额增长情况分析,规划年存量用水增长16.11亿 m³。

城镇化进程的加快,带来了城镇人口的增长,相应带来了大量的增量生活用水需求,增量生活用水增长采用规划年人口增量与规划年人均用水定额计算,规划年增量生活用水增长6.18亿 m³。

经测算,到2035年,受水区城镇生活用水量的增长21.85亿 m³,生活节水潜力的释放仅能用于补充少量存量用水增长,对于缓解未来生活用水量缺口的作用不大。

淮河东线受水区生活节水潜力释放途径见表3、图1。

表3 淮河东线受水区生活节水潜力释放途径 单位:亿 m³

| 分区 | 省 | 现状生活用水 | 存量节水潜力 | 存量增长 | 增量增长 | 规划年需水 |
|------|------|------|------|------|------|------|
| 淮河流域 | 江苏省 | 15.39 | 0.21 | 6.22 | 0.87 | 22.27 |
| | 安徽省 | 3.16 | 0.06 | 1.31 | 2.21 | 6.62 |
| | 山东省 | 5.05 | 0.02 | 2.74 | 0.62 | 8.38 |
| | 合计 | 23.60 | 0.29 | 10.27 | 3.70 | 37.28 |
| 山东半岛 | | 16.17 | 0.15 | 5.84 | 2.48 | 24.34 |
| 淮河东线受水区 | | 39.77 | 0.44 | 16.11 | 6.18 | 61.62 |

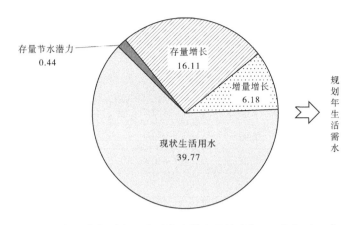

**图1 淮河东线受水区生活节水潜力释放途径** （单位:亿 m³）

### 3.2 工业节水潜力释放

受水区现状工业用水量29.28亿 m³,工业节水潜力5.37亿 m³,受水区节水潜力占现状用水量的18.3%。但同时,受水区属于我国经济较发达区域,按照区域功能定位和工业发展态势,未来工业增加值仍处于稳定增长趋势,根据规划年工业增加值增长情况和规划年万元工业增加值用水指标分析增量工业用水增长,规划年增量工业用水增长14.45亿 m³。

经测算,规划年在实现工业节水目标的前提下,存量工业节水潜力5.37亿 m³的释放可以支撑37.2%的工业用水增长需求,节水效果明显。

淮河东线受水区工业节水潜力释放途径见表4、图2。

**表4 淮河东线受水区工业节水潜力释放途径** 单位:亿 m³

| 分区 | 省 | 现状工业用水 | 存量节水潜力 | 增量增长 | 规划年需水 |
|---|---|---|---|---|---|
| 淮河流域 | 江苏省 | 8.37 | 2.48 | 5.48 | 11.37 |
|  | 安徽省 | 4.06 | 1.23 | 2.61 | 5.44 |
|  | 山东省 | 4.11 | 0.38 | 1.73 | 5.46 |
|  | 合计 | 16.54 | 4.09 | 9.82 | 22.27 |
| 山东半岛 |  | 12.74 | 1.28 | 4.63 | 16.09 |
| 淮河东线受水区 |  | 29.28 | 5.37 | 14.45 | 38.36 |

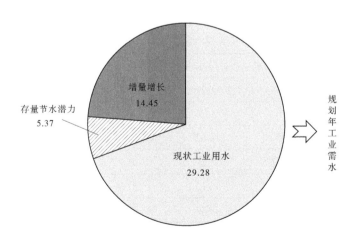

**图2 淮河东线受水区工业节水潜力释放途径** （单位:亿 m³）

### 3.3 农业节水潜力释放

受水区现状农业灌溉用水量 160.91 亿 $m^3$,受水源条件等因素的影响,淮河流域山东省和山东半岛现状农田灌溉长期处于亏水灌溉状态,此外,尚有一部分有效灌溉面积未能充分灌溉,若按照有效灌溉面积下农作物的灌溉需求,现状农业灌溉需水量为 189.68 亿 $m^3$,现状农田灌溉缺水 28.77 亿 $m^3$,缺水率 15%。

未来农业灌溉需水量会随着灌区节水改造、灌溉水系用系数的提高、灌溉定额的减小而有所下降,减少 22.45 亿 $m^3$ 用水需求,规划年农业需水仅需要 167.23 亿 $m^3$,再通过现状农业存量节水潜力 6.02 亿 $m^3$ 的释放,可用于补充农业本身的灌溉用水需求,改善现状不充分灌溉的条件,总体能够保障未来农业发展需求,农业节水效益显著。

淮河东线受水区农业节水潜力释放途径见表 5、图 3。

表 5 淮河东线受水区农业节水潜力释放途径 单位:亿 $m^3$

| 分区 | 省 | 现状农田灌溉用水 | 存量节水潜力 | 基准农田灌溉需水 | 增量增长 | 规划年需水 |
|---|---|---|---|---|---|---|
| 淮河流域 | 江苏省 | 114.38 | 3.90 | 114.08 | −16.47 | 97.61 |
| | 安徽省 | 7.85 | 0.27 | 16.37 | −2.56 | 13.81 |
| | 山东省 | 17.98 | 0.61 | 22.9 | −0.67 | 22.23 |
| | 合计 | 140.21 | 4.78 | 153.35 | −19.70 | 133.65 |
| 山东半岛 | | 20.7 | 1.24 | 36.33 | −2.75 | 33.58 |
| 淮河东线受水区 | | 160.91 | 6.02 | 189.68 | −22.45 | 167.23 |

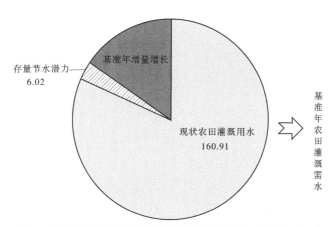

图 3 淮河东线受水区农业节水潜力释放途径 (单位:亿 $m^3$)

## 4 结语

(1)淮河东线受水区节水水平高于淮河整体节水水平,尤其山东半岛受水区,处于全国节水先进水平,节水潜力 11.81 亿 $m^3$,工业和农业是重点节水领域,江苏和山东半岛是重点节水区域。

（2）淮河东线受水区生活节水潜力释放仅能用于补充少量的存量生活用水需求的增长，对缓解未来生活用水缺口作用不大；工业节水潜力释放可以支撑未来 1/3 工业用水需求的增长，节水效果明显；农业节水潜力释放结合农田水利设施建设，主要用于提高灌溉保障程度，改善现状不充分灌溉条件，保障未来农业稳产高产发展需要。

（3）为有效应对淮河东线受水区严峻的缺水形势，仅仅依靠存量节水潜力释放难以实现可持续高质量发展，必须贯彻落实"空间均衡"治水思路，进一步推动东线后续工程建设，持续促进受水区人口经济与水资源环境均衡发展。

## 参考文献

［1］李英能.浅论跨流域调水的节水问题［J］.南水北调与水利科技,2005,3(3):768-774.

［2］唐晓灵,李竹青.区域工业用水效率及节水潜力研究:以关中平原城市群为例［J］.生态经济,2020,36(10):7.

［3］顾世祥,朱赟,李亚龙,等.滇中受水区农业节水潜力估算与分析［J］.长江科学院院报,2021,38(7):150-154.

［4］沈福新,耿雷华,秦福兴,等.黄淮海流域及南水北调中线东线受水区工业节水分析［J］.水科学进展,2002,13(6):768-774.

［5］秦长海,赵勇,李海红,等.区域节水潜力评估［J］.南水北调与水利科技(中英文),2021,19(1):36-42.

［6］马素英,李月霞,白振江.节水潜力计算方法分析与比较［J］.河北水利,2008(S1):41-43.

# 郁江流域贵港断面最小下泄流量合理性研究

杨辉辉　李媛媛　刘　成　黄　锋

（中水珠江规划勘测设计有限公司，广东广州　510610）

**摘　要：** 贵港断面最小下泄流量的合理性涉及郁江流域水资源开发利用及整个珠江流域水资源配置。本文通过梳理珠江流域历次规划研究成果，剖析贵港断面最小下泄流量起源及演变过程；基于长系列资料采用数理统计法和 Coupla 相关函数法，分析贵港断面径流与梧州断面径流、珠江河口咸潮的相关关系，基于上述成果论述贵港断面最小下泄流量的内涵及合理性。结果表明：贵港断面最小下泄流量从珠江流域水资源综合规划的非汛期河道内需水量演变而来；大小主要是依据《保障澳门、珠海供水安全专项规划报告》提出的梧州压咸流量 1 800 m³/s 推算取整；保证率沿用了珠江流域水资源综合规划水资源配置分析计算结果；经分析，贵港断面与梧州断面径流在天然情况下相关性达到 74%，而梧州断面径流与珠江河口压咸密切相关。综上所述，贵港断面最小下泄流量与珠江河口压咸密切相关，为落实流域水资源统一配置，郁江作为西江最大支流，制定贵港断面最小下泄流量是必要的；且现有指标与历次规划研究成果一脉相承，基本合理。

**关键词：** 郁江流域；贵港断面；最小下泄流量；河口压咸

## 1　引言

　　郁江为西江流域第一大支流，最小下泄流量的确定，影响到郁江流域的水资源开发利用和整个珠江流域的水资源配置。2022 年广西在推动环北部湾广西水资源配置工程前期工作过程中，有专家对郁江贵港断面最小下泄流量的合理性产生了质疑。按照相关批复文件，郁江贵港断面最小下泄流量为 400 m³/s，保证率为 90%。其大小高于生态基流 201 m³/s，其保证率高于现状实测保证率 81.7%。建议全面回顾梳理郁江贵港断面最小下泄流量的制定过程，分析贵港断面最小下泄流量与珠江河口压咸的关系，剖析贵港断面最小下泄流量的意义及合理性。因此，郁江贵港断面最小下泄流量的合理性不仅涉及郁江流域的水资源开发利用、环北部湾广西水资源配置工程的顺利推进，也涉及珠江流域调水压咸及整个珠江流域的水资源配置，开展全面梳理研究是十分必要和迫切的。

　　郁江贵港断面最小下泄流量的研究和提出，是一个逐步演进的过程。2000 年前后，随着经济社会的快速发展，澳门、珠海用水量不断增长，叠加珠江流域连续枯水、河道变化等原因。珠江河口咸潮上溯，严重威胁了澳门、珠海及珠江三角洲地区的供水安全。2006

---

**作者简介：** 杨辉辉（1982—），男，高级工程师，主要从事水资源配置与水利规划方面的研究工作。

年,珠江水利委员会根据国务院领导的指示和水利部的部署,组织开展了《保障澳门、珠海供水安全专项规划》的研究[1]。研究提出采取综合性措施解决澳门、珠海的供水问题,一方面通过流域水资源配置确保基本的压咸流量,遏制咸潮上溯,保护河道水质;另一方面完善当地供水工程布局,加大蓄淡库容和适当上移取水口,形成一个具备一定御咸能力的供水体系。规划提出,流域水资源配置确保基本的压咸流量为思贤滘 2 500 $m^3/s$。同期开展的《珠江流域及红河水资源综合规划》在此研究成果的基础上[2],按照全国统一要求计算提出珠江流域主要控制节点河道内非汛期生态需水量,将思贤滘压咸流量(生态需水量)2 500 $m^3/s$ 进一步分摊到流域上游主要干支流断面,其中郁江贵港断面为 400 $m^3/s$,保证率为 90%以上。2013 年批复《珠江流域综合规划》采用该研究成果[3]。2020年《西江流域水量分配方案》[4]在此基础上提出贵港断面最小下泄流量,取河道内生态环境需水、河道内生产需水(航运需水)、与河道外基本生活生产用水外包,大小为 400 $m^3/s$,月均保证率为 90%。

本文通过全面梳理上述规划研究成果,阐述贵港断面最小下泄流量提出的过程,分析郁江贵港径流与西江梧州径流、珠江河口咸潮的关系,剖析贵港断面最小下泄流量的内涵及制订的必要性。希望为郁江流域水资源开发利用和珠江流域水资源调度管理提供帮助。

## 2 产生的过程

### 2.1 《保障澳门、珠海供水安全专项规划》

2000 年前后,随着经济社会的发展,澳门、珠海用水量不断增加,叠加珠江流域连续枯水、河道变化等原因,珠江河口咸潮上溯增强,严重威胁着澳门、珠海及珠江三角洲地区的供水安全。为从根本上解决枯水期水资源调配能力与用水快速增长之间的矛盾及珠江河口咸潮上溯带来的问题,保证澳门、珠海供水安全,珠江水利委员会根据国务院领导的批示及水利部部署,开展了保障澳门、珠海供水安全专项规划研究。

规划报告根据珠江河口咸潮的运动规律,澳门、珠海供水面临的形势,提出要抑制咸潮、改善水环境,保障澳门、珠海及西北江三角洲的供水安全,除要加强节水减污、河道采砂管理、河道及河口管理外,还要从流域的层面,对水资源进行统筹考虑、合理配置,保障流域下游三角洲区域水环境要求的最小流量。结合咸潮观测数据、压咸补淡应急调水实践及生态环境需水量计算等分析成果,提出西北江三角洲思贤滘压咸流量以 2 500 $m^3/s$ 左右为宜。在西江已(在)建大型骨干水库的基础上,建设具有水资源配置功能的大藤峡水利枢纽,形成西江、北江的大藤峡水库和飞来峡水库为控制,其他骨干水库为调配水库的水资源合理配置格局,保证梧州站最小流量达到 2 100 $m^3/s$,石角站最小流量达到 200 $m^3/s$。

### 2.2 《珠江流域及红河水资源综合规划》

为促进我国人口、资源、环境和经济的协调发展,以水资源的可持续利用支持经济社会的可持续发展,2002 年 3 月国家计委、水利部会同有关部门以水规计〔2002〕83 号文,联合部署了全国水资源综合规划编制工作。根据《全国水资源综合规划技术细则》,河道内需水一般来讲不消耗水量,但因其对水位、流量等有一定的要求,为做好河道内控制节点的水量平衡,亦需要对此类用水量进行估算。河道内需水包括河道内生态环境用水、河道内其他生产用水两部分。河道内生态环境用水一般分为维持河道基本功能和河口生态环境的用水;河道内其他生产活动用水包括航运、水电、渔业、旅游等河道内用水。河道内需水根据河道内生态环境需水和河道内其他生产需水的对比分析,取月外包过程线。

贵港断面河道内需水量的制定,主要采用了正算、反算两种方法。正算法,即根据《全国水资源综合规划技术细则》采用 Tenant 法计算河道内生态需水量,再与河道内其他生产需水取外包。根据断面 1956—2000 年的径流量资料,先采用最小月系列 $Q_{90}$ 法计算出该节点的生态基流;然后根据设定的河流生态环境需水的目标,参照 Tenant 法选取河流生态环境需水与生态基流的合理比例,计算出河流的生态环境需水量,再与航运等其他生产需水取外包。反算法,即根据下游生态需水量,逐级反推上游生态需水量,再与河道内其他生产需水取外包。以下游梧州断面最小流量 2 100 m³/s,扣除大藤峡等梯级承担的水资源配置任务后,按照天然径流量比逐级向上递推,确定上游各控制断面的生态需水量,再与航运等其他生产需水取外包。贵港断面最小下泄流量根据上述两种计算方法分别计算,并以地表水资源开发利用率进行区域协调,最后修正取整后确定。经计算,贵港断面非汛期河道内需水量为 400 m³/s,保证率为 90%。

## 2.3 《西江流域水量分配方案》

为贯彻落实最严格水资源管理制度,严格控制流域和区域取用水总量,加快制订主要江河流域水量分配方案,建立覆盖流域和省、市、县三级行政区域的取用水总量控制指标体系,实施流域和区域取用水总量控制。2011 年以来,水利部统一部署开展全国主要跨省江河流域水量分配工作,先后组织开展了第一批 25 条河流水量分配工作、第二批 28 条河流水量分配工作、第三批 30 条河流水量分配工作。珠江流域在 3 个批次中先后开展了 12 条河流的水量分配方案,其中在第二批次中开展了《西江流域水量分配方案》。根据编制技术要求,方案提出郁江贵港断面最小下泄流量。最小下泄流量是满足河流生态基流和下游河道外基本生活生产用水需求的流量(水量、水位、水深)过程。参考水资源规划技术细则以及水量分配方案技术大纲的相关要求,水量控制以生态需水、航运需水、压咸流量的最大外包作为流量控制指标;并根据流域水量平衡及其转换关系,分析不同来水条件下下泄水量控制指标。分配方案经复核,提出贵港断面"最小下泄流量"与水资源综合规划"非汛期河道内需水量"一致,为 400 m³/s,保证率也为 90%。

# 3 与压咸的关系

## 3.1 河口咸潮与西江、北江径流的关系

珠江河口咸潮入侵主要受径流及潮汐动力影响,在河口区海洋动力相对稳定的情况下,上游径流成为控制咸潮上溯距离的主要因素。西江、北江来水于思贤滘断面汇合,其径流大小直接影响珠江河口咸潮(含氯度)及泵站取水时间。考虑到含氯度变化受潮汐动力影响,存在明显的半月潮周期性变化,见图 1。因此,在建立思贤滘流量-取水达标时间相关关系时,时间长度选择半个月潮周期。

根据 2006 年 10 月至 2020 年 12 月枯水期实测资料,按潮周期统计平岗主要取水点(咸情站)的平均日达标时数与上游思贤滘断面平均流量的相关关系,见图 2。从图 2 中

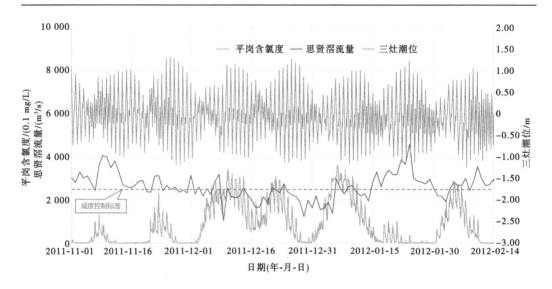

**图 1　主要取水口含氯度与径流、潮汐动力的关系**

可看出,当思贤滘流量为 2 500 m³/s 时,主力水厂平岗泵站日达标时数为 4～14 h,平均日达标时数为 7 h 左右,平均取淡概率为 30%,可基本满足当地"抢淡"充库的时间要求,保障珠澳供水安全。

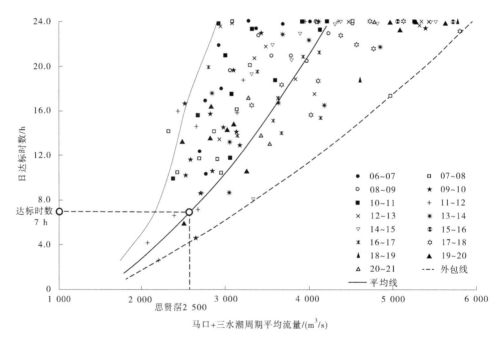

**图 2　主要取水口日达标时数与思贤滘潮周期平均流量的相关关系**

### 3.2　贵港断面与梧州断面径流的关系

根据 1956—2016 年贵港断面、梧州断面长系列逐月实测径流资料,分别采用数理统计法、Coupla 相关函数法[5-6]分析贵港与梧州断面径流关系,见表 1、表 2。

表 1　采用数理统计法分析贵港断面、梧州断面径流关系　　　　　　　　%

| 统计时段 | 贵港 400 m³/s 保证率 | 梧州 1 800 m³/s 保证率 | 当梧州小于 1 800 m³/s 时 | |
|---|---|---|---|---|
| | | | 贵港小于 400 m³/s 概率 | 贵港大于 400 m³/s 概率 |
| 1956—2016 年 | 81.7 | 85.4 | 74 | 26 |

表 2　采用 Coupla 相关函数分析贵港断面、梧州断面径流关系　　　　　　　%

| 项目 | | 梧州流量(m³/s) | | | | |
|---|---|---|---|---|---|---|
| | | 1 180 | 1 500 | 1 800 | 2 100 | 2 400 |
| 贵港流量/ (m³/s) | 210 | 98 | 96 | 91 | 83 | 72 |
| | 400 | 76 | 76 | 75 | 71 | 65 |
| | 600 | 45 | 45 | 45 | 45 | 43 |
| | 800 | 24 | 24 | 24 | 24 | 23 |
| | 1 000 | 12 | 12 | 12 | 12 | 12 |

　　从保证率来看,实测情况下贵港断面径流大于 400 m³/s 逐月历时保证率为 81.7%,梧州断面大于 1 800 m³/s 逐月历时保证率为 85.4%,两控制断面径流的逐月历时保证率基本相同。从枯水遭遇概率来看,当梧州小于 1 800 m³/s 时,贵港小于 400 m³/s 的概率,数量统计法为 74%, Coupla 相关函数法为 75%,两断面枯水遭遇的概率较高,见图 3。

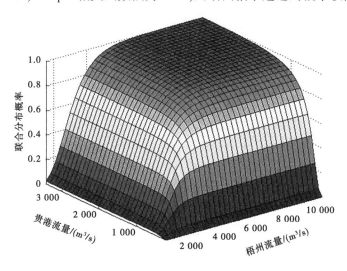

图 3　梧州断面流量与贵港断面流量(枯水期 10 月至次年 3 月)联合分布三维图

　　从年内过程来看,贵港断面小于 400 m³/s 的时段共计出现 132 次,主要分布于 12 月至次年 4 月;梧州断面流量小于 1 800 m³/s 的时段共计出现 105 次,主要分布于 12 月至次年 3 月,两断面枯水发生的时段也基本相同。

　　梧州流量与贵港流量保证率相关关系分布见图 4。

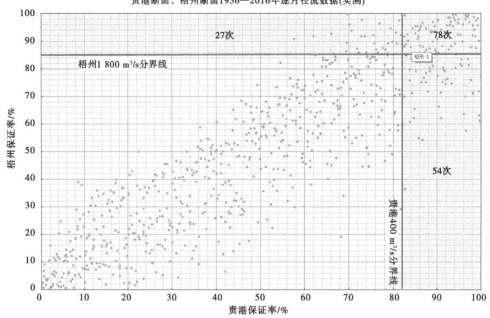

图4　梧州流量与贵港流量保证率相关关系分布

## 4　内涵及必要性

### 4.1　贵港断面最小下泄流量的内涵

贵港断面最小下泄流量从《珠江流域及红河水资源综合规划》"非汛期河道内需水量"演变为《西江流域水量分配方案》"最小下泄流量"。从"非汛期河道内需水量"内涵来看,包括非汛期河道内生态环境需水和河道内其他生产用水[7-10],进一步细分为维持河道基本功能用水,河口生态环境用水,河道内航运、水电、渔业、旅游等用水。从"最小下泄流量"的内涵来看,是满足河流生态基流和下游河道外基本生活生产用水需求的流量[11-13]。由此可见,"最小下泄流量"除满足河道生态基流外,还应满足河口生态环境用水、河道内其他生产用水,以及预留下游河道外基本生活生产用水。

贵港断面无水电、渔业、旅游等河道内其他生产用水需求,航运用水也小于目前设置的下泄流量指标。结合其制定过程、与河口咸潮关系及包含的涵义可知,贵港断面最小下泄流量的本质内涵是落实流域水资源配置,压制珠江河口咸潮上溯,保障下游河道外基本生产生活用水。从管理要求来看,在水资源综合规划阶段,非汛期河道内需水量虽为非汛期概念,但实际成果中非汛期各月均按400 m³/s控制。在水量分配方案阶段,最小下泄流量则明确提出按月均流量进行控制,将水资源规划中要求进一步显性化。

### 4.2　贵港断面最小下泄流量的意义

(1)配合调水压咸,落实流域水资源配置的需要。

为保证思贤滘压咸流量达2 500 m³/s,珠江相关规划提出在已(在)建大型骨干水库的基础上,建设具有水资源配置功能的大藤峡水利枢纽,形成以西江的大藤峡水库和北江的飞来峡水库为控制,其他骨干水库调配的水资源配置格局,共同保障梧州站最小流量达到 2 100 m³/s,石角站最小流量达到 200 m³/s。郁江作为西江的最大支流,建有百色等骨干水库,具有较好的调节能力。制定郁江贵港断面最小下泄流量,是落实流域"中调"的水资源配置格局,保障流域供水安全的需要。

(2)合理划分水权,促进全流域统一节水的需要。

贵港断面"最小下泄流量"也是"非汛期河道内需水量",主要由"非汛期河道内生态环境需水"确定。"非汛期河道内生态环境需水"从其定义和计算方法来看,与目标生态需水量相对应。根据第三次水资源调查评价,可利用量=水资源量−目标生态需水量。由此可见,贵港断面最小下泄流量也是合理控制流域可利用量[14]、划分河道内外水权、促进全流域统一节水的关键指标。

(3)统一治理管理,压实流域干支流责任的需要。

流域性是江河湖泊最根本、最鲜明的天然特性。流域治理管理必须坚持流域系统观念,全流域"一盘棋"。为落实流域水资源配置,对珠江河口防潮压咸,桂粤两省(区)交界梧州断面压咸流量按 2 100 m³/s 控制。扣除大藤峡等骨干梯级调度承担的任务外,西江上游红水河(迁江以上)及主要支流柳江、郁江、桂江需承担梧州生态需水量达到 1 800 m³/s,按径流量分摊后分别承担 494 m³/s、217 m³/s、400 m³/s、55 m³/s。由此可见,制定贵港断面最小下泄流量,是把江河水量控制指标逐级分解到流域主要控制断面,压实干支流责任的需要。

## 5 结语

贵港断面"最小下泄流量"从珠江流域水资源综合规划的"非汛期河道内需水"演变而来;大小主要是依据《保障澳门、珠海供水安全专项规划报告》提出的梧州生态需水量 1 800 m³/s 推算取整;保证率沿用了珠江流域水资源综合规划水资源配置分析计算结果;经分析,贵港断面与梧州断面径流在天然情况下相关性达到 74%左右,而梧州断面径流与珠江河口压咸密切相关。

综上所述,贵港断面最小下泄流量与珠江河口压咸密切相关,为落实流域水资源统一配置,制定贵港断面最小下泄流量是必要的;且现有指标按技术要求采用正算、反算两种方法计算,上下游协调取整后确定,与历次规划成果一致,基本合理。

## 参考文献

[1] 珠江水利委员会.保障澳门、珠海供水安全专项规划[R].2001.

[2] 珠江水利委员会.珠江流域及红河水资源综合规划[R].2001.

[3] 珠江水利委员会.珠江流域综合规划[R].2001.

[4] 珠江水利委员会.西江流域水量分配方案[R].2001.

[5] 郑骞,柳丹霞,兰昱佳,等.基于 Copula 函数的逐月频率法开展衢江生态流量研究[J].中国农村水利水电,2022(8):29-34.

[6] 黄锋,侯贵兵,易灵,等.基于 Copula 函数的长洲水利枢纽年最大洪水联合分布研究[J].人民珠江,2020,41(8):21-25,33.

[7] 周振民,刘俊秀,范秀. 河道生态需水量计算方法及应用研究[J]. 中国农村水利水电,2015(11):126-128,132.

[8] 胡波,郑艳霞,翟红娟,等. 生态需求流量与河道内生态需水量计算研究:以澜沧江、红河为例[J]. 长江科学院院报,2015,32(3):99-106.

[9] 孙甲岚,雷晓辉,蒋云钟,等. 河流生态需水量研究综述[J]. 南水北调与水利科技,2012,10(1):112-115.

[10] 杨琳琳,刘莹,刘岩. 基于黄泥河生态流量的几种研究方法对比分析[J]. 黑龙江水利科技,2022,50(6):125-128.

[11] 水利部关于印发第一批重点河湖生态流量保障目标的函[J]. 中国水利,2020(15):5-7.

[12] 邓伟铸,廉浩,刘斌. 大型水利枢纽工程最小下泄流量的确定:以贵州夹岩水利枢纽为例[J]. 人民珠江,2016,37(5):68-71.

[13] 金苗. 水利水电工程最小下泄流量常用的几种计算方法[J]. 水利科技与经济,2015,21(8):30-32.

[14] 李世曙,彭莹,崔巍. 厦门市地表水资源可利用量计算[J]. 水文,2023,43(2):86-90.

# 玉溪市红塔区再生水利用现状、问题及建议

## 杨义忠　卢元伟

（中水珠江规划勘测设计有限公司，广东广州　510610）

**摘　要：** 开展区域再生水利用配置是国家关于污水资源化决策部署的重要举措。玉溪市红塔区是水资源极度紧缺地区，加强再生水利用是缓解玉溪市水资源短缺问题的必要手段之一。本文介绍了红塔区再生水利用现实情况，结合当地实际情况及城市规划分析了再生水利用潜力，提出了促进再生水利用进一步发展的相关措施，对推动红塔区再生水利用具有一定的参考价值。

**关键词：** 再生水；水资源紧缺；利用潜力

## 1　引言

水是生命之源、生产之要、生态之基，随着我国人口的增长和经济的发展，水资源短缺已经成为制约我国经济社会可持续发展的瓶颈。污水再生利用水平不高已成为水资源供需紧张的主要矛盾之一，开展区域再生水利用配置是缓解这一矛盾的有效措施[1]。玉溪市红塔区属于水资源极度紧缺地区，本文通过分析红塔区污水、再生水现状及存在的问题，结合规划文件预测再生水利用潜力，提出下一步发展应完善再生水相关基础设施体系、完善制度保障体系、提高公众再生水利用意识，为区域水资源循环利用规划决策提供科学依据。

## 2　政策背景

为加快推进污水资源化利用，加强水资源集约节约利用，近年来，国家和地方政府相关行政主管部门出台了一系列政策法规[2]。2021年1月，国家发改委会同九部门联合印发《关于推进污水资源化利用的指导意见》（发改环资〔2021〕13号），提出了一系列切合我国实际的有力措施，对推进生态文明建设，实现高质量发展提供支撑与保障；同年12月，水利部等6部门联合印发《典型地区再生水利用配置试点方案》（水节约〔2021〕377号），提出"十四五"期间，试点城市要以加强再生水利用规划布局和配置管理为重点，大幅提高再生水利用率；2021年12月，生态环境部等四部委联合印发《关于开展〈区域再生

---

**作者简介：** 杨义忠（1970—），男，高级工程师，主要从事水利工程技术经济、工程咨询等工作。

**通信作者：** 卢元伟（1994—），男，工程师，主要从事水利工程技术经济、工程咨询等工作。

水循环利用试点实施方案〉的通知》(环办水体〔2021〕28 号),该方案对于提高缺水地区再生水利用能力、缓解水资源供需矛盾、引领我国各地挖掘污水资源化利用潜力具有重要意义。2023 年 6 月,水利部联合国家发改委印发《关于加强非常规水源配置利用的指导意见》(水节约〔2023〕206 号),指出开发利用非常规水源具有增加供水、减少排污、优化水资源配置体系、提高水资源利用效率等重要作用,是高质量发展的内在要求。

## 3 红塔区概况

### 3.1 滇中城市群的重要节点城市,工业经济高速发展

红塔区历史悠久、人文荟萃,有 600 多年的青花瓷烧制历史,是中国三大青花瓷产地之一,素有"聂耳故乡、云烟之乡、花灯之乡"的美誉,距离昆明 88 km,是距离省会昆明最近的州市级行政区,是玉溪市的政治、经济、文化中心,也是云南滇中城市经济圈建设的核心城市之一。

红塔区目前已形成以卷烟及配套、矿冶及装备制造、高原特色现代农业、生物医药及大健康等产业为主导的发展格局,辖区内工业园区也在高质量发展的道路上不断取得新突破,但随着工业经济的高速发展,工业用水紧张问题日益突出。

### 3.2 资源性缺水与水质性缺水问题并存

红塔区人均水资源量不足 500 m³,属于水资源极度紧缺地区,水资源时空分布不均,资源性缺水问题突出。此外,水质性缺水问题也一并存在,由于主要水体水质恶化,城市缺水现象日益突出,挤占生态环境和农业用水的问题严重,水生态环境形势严峻。作为云南省经济最具活力、开放程度最高、创新能力最强的区域之一,通过加强再生水利用缓解玉溪市两大缺水问题已成为必要手段。

## 4 再生水利用概况

### 4.1 污水处理规模现状

红塔区现有 3 座污水处理厂,分别是位于红塔区大营街街道唐旗村旁的玉溪市第一污水处理厂,设计规模 10 万 m³/d,满负荷运行,主要收集并处理老城区(玉兴街道、玉带街道、凤凰街道)和高仓街道产生的污水;位于研和街道梁海村大沙河旁的玉溪市第二污水处理厂,已建规模 1 万 m³/d,拟扩建规模 1 万 m³/d;位于大营街街道甸尾村的玉溪市第三污水处理厂,在建,设计规模 15 万 m³/d。

### 4.2 再生水利用现状

红塔区范围内现有再生水厂 2 座,再生水设计规模约为 2.6 万 m³/d,实际日均供出再生水量约 1.52 万 m³,再生水利用率约为 15%,再生水配套管线总长约为 22.65 km,现状再生水利用的途径主要为工业用水,并且在城市绿化、城市景观补水、农业灌溉等方面发挥积极作用。

其中,玉溪市第一污水处理厂再生水厂规模为 2 万 m³/d,再生水管道沿新西河路、杯湖路、国道 213 线一路向南,经高仓到达研和工业园区,再生水主要向玉溪新兴钢铁有限公司、太标集团、红塔区环卫站、橄榄绿物业服务有限公司和玉溪市生活垃圾焚烧发电项目供给工业用水,再生水管道总长度约 17 km。

玉溪市第二污水处理厂再生水厂规模为 0.6 万 m³/d，再生水管道分别通向玉钢集团和太标集水厂，再生水管道总长度约为 5.65 km。

### 4.3 存在问题

目前，红塔区再生水利用在利用率、用途和水量上存在诸多不足，主要有以下几方面：

（1）再生水利用配套设施滞后，缺乏利用的必要条件。再生水利用管网设施的建设是推广利用再生水的必要条件，但是由于基础设施不完善，管网设施不配套，成为影响再生水推广利用的瓶颈问题[3]。由于再生水必须通过厂外专用的再生水管网才能提供给更多的用户，而管网建设投资庞大，目前仅能惠及再生水管道铺设到的区域[4]。

（2）再生水利用率有待提高。目前，红塔区再生水利用率仅为 15%。而毗邻的昆明市，2020 年利用率近 60%，二者相差甚远。为提高再生水利用率，红塔区必须加强再生水利用规划，提高再生水生产能力，才能提高再生水利用率[5]。

（3）缺乏相关政策制度保障。玉溪市再生水利用的相关政策体系尚未建立，尚未制定相关技术标准，未设立相关专项建设资金，缺少定价机制，公众认可度不高、积极性不强[6]。

## 5 再生水应用前景

### 5.1 规划目标

根据《玉溪市城市总体规划》（2018—2035 年），红塔区 2020 年再生水利用目标（约束性）为 27%，中期 2035 年为 35%，远景 2050 年为 55%。为提倡水的梯级利用，遵循"节约、循环"理念，提升城市供水能力和水资源利用率，后文的再生水需求量预测以 2035 年再生水利用率达 35% 为目标开展探讨研究。

### 5.2 污水量预测

#### 5.2.1 预测方法

对污水量的预测归根到底是对用水量的预测，通过预测规划用水量，再乘以污水排放系数得出污水量。用水量预测的方法很多，总体来看大致可以分为两大类：第一类是综合预测法，主要包括单位人口综合用水量指标法、单位建设用地综合用水量指标法、万元 GDP 用水量指标法；第二类为分类预测法，主要包括不同性质用地用水量指标法、不同产业用水量预测法等[7]。

本文结合红塔区实际情况，采用单位人口综合用水量指标法预测（简称人均综合用水指标法）。

#### 5.2.2 人口预测

根据《玉溪市红塔区第七次全国人口普查》结果，2020 年红塔区全区总人口（常住人口）为 57.65 万人，各乡（街道）人口情况见表 1。

表 1　第七次全国人口普查红塔区各乡(街道)人口情况

| 乡(街道) | 总人口/万人 | 乡(街道) | 总人口/万人 |
|---|---|---|---|
| 玉兴街道 | 7.71 | 李棋街道 | 6.94 |
| 凤凰街道 | 9.74 | 大营街街道 | 5.17 |
| 玉带街道 | 7.74 | 研和街道 | 5.11 |
| 北城街道 | 5.91 | 高仓街道 | 2.42 |
| 春和街道 | 6.91 | 合计 | 57.65 |

根据《玉溪市国土空间规划(2021—2035 年)》《玉溪市城市总体规划(2018—2035
年)》和《玉溪市"一水两污"设施体系规划及近期行动计划(2021—2035)》,至 2035 年,
红塔区区域总人口为 95.97 万人,人口增长率为 3.42%。红塔区各街道人口预测情况见
表 2。

表 2　红塔区各街道人口预测情况

| 乡(街道) | 2035 年人口/万人 | 乡(街道) | 2035 年人口/万人 |
|---|---|---|---|
| 玉兴街道 | 12.83 | 李棋街道 | 11.55 |
| 凤凰街道 | 16.21 | 大营街街道 | 8.61 |
| 玉带街道 | 12.88 | 研和街道 | 8.51 |
| 北城街道 | 9.84 | 高仓街道 | 4.03 |
| 春和街道 | 11.50 | 合计 | 95.97 |

### 5.2.3　污水量预测

污水量的预测,通常需要考虑综合用水量指标、污水排放系数、地下水渗入量等有关
参数[8],计算公式如下:

$$Q = Nqz(1 + \xi) \times 10$$

式中:$Q$ 为设计综合污水量,$m^3/d$;$N$ 为区域服务人口,人;$q$ 为综合用水量指标,
$L/(人 \cdot d)$;$z$ 为综合排放系数;$\xi$ 为地下水渗入率。

根据《玉溪市"一水两污"设施体系规划及近期行动计划(2021—2035)》,红塔区中心
城区最高日综合用水量指标为 350 $L/(人 \cdot d)$,日变化系数为 1.40,污水排放系数为
0.9,考虑 10% 的地下水渗入。

(1)第一污水处理厂服务范围污水量预测。至 2035 年,第一污水处理厂服务范围总
人口约为 45.96 万人,则第一污水处理厂服务范围的污水量为

$$Q_{1(2035)} = 45.96 \times 350 \div 1.40 \times 0.9 \times (1 + 10\%) \times 10 = 11.38(万 m^3/d)$$

(2)第二(研和)污水处理厂服务范围污水量预测。至 2035 年,第二(研和)污水处理厂服务
范围总人口约为 8.51 万人,则第二(研和)污水处理厂服务范围的污水量为

$$Q_{2(2035)} = 8.51 \times 350 \div 1.40 \times 0.9 \times (1 + 10\%) \times 10 = 2.11(万 m^3/d)$$

(3)第三污水处理厂服务范围污水量预测。至 2035 年,第三污水处理厂服务范围总

人口约为 41.50 万人,则第三污水处理厂服务范围的污水量为

$$Q_{3(2035)} = 41.50 \times 350 \div 1.40 \times 0.9 \times (1 + 10\%) \times 10 = 10.27(万 m^3/d)$$

综上所述,红塔区中心城区污水处理规模预测情况见表 3。

表 3    红塔区中心城区污水处理规模预测情况

| 污水系统分区 | 2035 年污水处理规模/(万 m³/d) |
|---|---|
| 第一污水处理厂 | 11.38 |
| 第二(研和)污水处理厂 | 2.11 |
| 第三污水处理厂 | 10.27 |
| 合计 | 23.76 |

按污水处理规模预测,2035 年红塔区污水处理量可达 23.76 万 m³/d,若要完成再生水利用率达 35%的目标,再生水产水能力需达到 8.32 万 m³/d。

### 5.3    再生水利用潜力分析

根据《玉溪市国土空间规划(2021—2035 年)》草案,红塔区划定城镇开发边界面积 9 831.652 hm²,中心城区人均公共绿地面积按 15 m² 计算控制,广场、道路面积占比按 10%。根据《室外给水设计标准》)(GB 50014—2021)[9],浇洒市政道路、广场和绿地用水量应根据路面、绿化、气候和土壤等条件确定。浇洒道路和广场用水可根据浇洒面积按 2.0~3.0 L/(m²·d)计算,浇洒绿地用水可根据浇洒面积按 1.0~3.0 L/(m²·d)计算。

根据《玉溪市城市总体规划(2018—2035 年)》,2035 年人均工业用地面积按 15.18 m² 计算控制,2035 年工业用地共计 1 040.7 hm²,其中红塔工业园观音山片区面积为 154.62 hm²。

考虑到金水河贯穿城区发展新轴向,周围景观需求较大,对金水河进行补水。根据《玉溪市城市总体规划(2018—2035 年)》蓝线规划,金水河规划河道宽度为 15 m,补水深度按照 0.2 m 设计,流速按 0.1 m/s 计算,引水流量为 0.3 m³/s。

红塔区再生水需求计算见表 4。

表 4    红塔区再生水需求分析

| 序号 | 用地类型 | 面积/hm² | 用水指标 | | 备注 |
|---|---|---|---|---|---|
| | | | L/(m²·d) | m³/d | |
| 一 | 浇洒绿地及道路需求 | | | | |
| 1 | 绿地浇洒 | 1 439.55 | 1 | 14 396 | |
| 2 | 市政道路 | 983.17 | 2 | 19 663 | |
| 二 | 工业用水需求 | | | | |
| | 工业用地需水总量 | 1 040.741 | 100 | 104 074 | 工业用水总需求 |
| 1 | 工业用地再生水需求 | | | 36 426 | 取工业用水 35% |
| 三 | 河道补水需求 | | | | |
| 1 | 金水河补水 | | | 25 920 | |
| 四 | 合计 | | | 96 405 | |

根据以上预测结果,再生水需求量约为 9.64 万 $m^3/d$,2035 年再生水生产能力可达 8.32 万 $m^3/d$,能够满足当地再生水约 86.3%的利用需求,未来可继续加大再生水生产能力规模以满足供需平衡。

## 6 下一步发展建议

### 6.1 完善再生水相关基础设施体系

再生水生产、利用能力不足,导致处理过的达标清水白白流走,再生水利用率未达规划目标。随着经济社会的高速发展,对再生水的需求将会逐步增加,针对再生水供需平衡问题,应尽快加大再生水厂建设;管网设施不配套,导致再生水推广利用遭遇瓶颈,针对再生水管网配套不足的实际,应尽快启动实施城乡供排水一体化改革,建设供水、污水、再生水"三张网",逐步完成污水、再生水管网建设和提升改造,实现污水应收尽收、再生水循环利用。

### 6.2 完善制度保障体系

(1)构建资金投入保障机制。建立投融资体系,统筹政府直接投资、资源注入、采购服务、税收返还等方式,打造市场化的投融资主体;利用项目自身收入创新融资模式,通过发行股票及债券、融资租赁、REITs 等方式进行融资;激发社会投资活力,鼓励企业投资建设配套管网,对社会资本投资建设或运营管理的再生水利用项目,给予优惠政策。

(2)完善再生水利用监管体系。目前,红塔区暂未颁布实施再生水监督管理的相关文件,建议尽快出台关于再生水生产、供应、应急抢修、设施管养运维、安全生产等方面的监管文件,使再生水建设、运行、维护等环节能够规范化实施。

(3)建立定价机制。水资源是一种特殊商品,其价格制定机制必然要受到政策性的影响,合理确立再生水价格制定机制是推动再生水得到广泛应用的重要因素。限于当地再生水利用市场化尚未成熟,当地政府可先全面考虑再生水生产成本后发布政府最高指导价[10],之后按照市场化方向,建立使用者付费制度,由再生水供应企业与再生水使用者自主协商定价,所定价格不能超过政府最高指导价。待再生水利用市场发展到一定阶段后,可再根据再生水水质制定差异化价格管理体系,推进由不同水质定价的价格调节机制,通过价格反映再生水生产成本差异,提高再生水生产企业的积极性,同时加强再生水利用的技术革新。

### 6.3 提高公众再生水利用意识

引导公众提高再生水利用意识,不仅要采取行政和经济措施,更需要引导公众形成正确利用再生水的理念。目前仍存在一些公众对再生水利用心存顾虑的问题,究其原因就是再生水利用的宣传普及力度不足,相关部门可以依托世界水日、中国水周等活动,结合户外教育、传媒宣传、展馆科普、课堂教育等载体,普及国内外再生水利用的成熟案例,充分利用政府网站、新闻媒体、街道宣传栏、微信公众号等途径,扩大宣传教育的影响范围,增强宣传教育的影响力度。

## 7 结语

在缺水背景下,再生水推广利用是一个好的契机,其优点一方面在于可缓解水资源供需矛盾,成为城市的"第二水资源",改善水生态环境质量,另一方面促进了经济社会发展全面绿色转型,是高质量发展的必要举措。本文分析了玉溪市红塔区再生水利用现状,并预测了再生水利用的潜力,识别了红塔区再生水利用发展存在的问题,并提出下一步发展的建议,对其他城市有一定借鉴价值。

## 参考文献

[1] 施晔,代晓炫,李磊,等.北海市再生水利用发展措施体系研究[J].中国水利,2023,958(4):43-46.

[2] 邱浩,赵莹,陈永良.浅析典型缺水地区再生水资源优化配置与实践[J].山东水利,2023,290(1):18-20.

[3] 李育宏,黄建军,李阳.我国再生水利用发展现状分析[J].水工业市场,2012(5):34-37.

[4] 陶春.淮南市非常规水源利用思考与对策[J].治淮,2022,525(5):14-16.

[5] 陈莹,耿华,刘静,等.再生水利用规划与管理存在的问题及思考[J].中国水利,2021,921(15):52-54.

[6] 马东春,唐摇影,于宗绪.北京市再生水利用发展对策研究[J].西北大学学报(自然科学版),2020,50(5):779-786.

[7] 钱筱暄,孙传辉.芜湖市再生水利用潜力与应用前景初探[J].江淮水利科技,2021,96(6):28-30.

[8] 刘倩.某市工业新城污水水量论证方法研究[J].建材与装饰,2014(44):18-19,20.

[9] 中华人民共和国住房和城乡建设部.室外排水设计标准:GB 50014—2021[S].北京:中国计划出版社,2021.

[10] 王雷,江小平.中国城市再生水利用及价格政策研究[J].给水排水,2021,57(7):48-53,59.

# 合同节水管理典型模式及适用性分析

仇永婷[1,2]　　韩妮妮[1,2]　　王丽影[1,2]

(1. 中水珠江规划勘测设计有限公司,广东广州　510610;
2. 水利部珠江水利委员会水生态工程中心,广东广州　510610)

**摘　要:**合同节水管理是贯彻落实"两手发力"要求、运用市场机制推进节水工作的一项重要
机制创新。本文选取了全国现已实施的合同节水管理项目典型案例,重点对案例的
实施背景、具体模式、服务内容及获得效益 4 个方面进行分析总结,进一步归纳了节
水效益分享型、节水效果保证型、用水费用托管型 3 种模式的特点、适用对象及适用
条件,以期为合同节水管理的进一步推广提供指引。

**关键词:**合同节水管理;典型模式;案例;适用性分析

## 1　引言

合同节水管理是指节水服务企业与用水户以合同形式,为用水户募集资本、集成先进
技术,提供节水改造和管理等服务,以分享节水效益方式收回投资、获取收益的节水服务
机制。

合同节水管理是贯彻落实"两手发力"要求、运用市场机制推进节水工作的一项重要
机制创新[1]。自 2016 年水利部会同国家发展和改革委员会等部门联合发布《关于推行
合同节水管理促进节水服务产业发展的意见》以来,指导全国各地探索实施了一批合同
节水管理项目,取得初步成效。

但是总体上,全国合同节水管理工作仍处于起步阶段,多点开花的局面还未形成,用
水户对合同节水管理的了解还不够到位,对项目具体实施流程等还存在疑问。本文主要
对全国现已实施的合同节水管理项目典型案例进行分析,重点选取节水效益分享型、节水
效果保证型、用水费用托管型的相关案例,从合同节水管理项目的实施背景、具体模式、服
务内容及获得效益 4 个方面进行总结,并分析各模式的适用性,以期为合同节水管理工作
开展提供指引。

## 2　节水效益分享型

### 2.1　概念及框架

节水效益分享型即节水改造工程的投入按照节水服务企业与用水户的约定共同承担

---

**作者简介:**仇永婷(1992—),女,工程师,从事水资源管理、生态环境保护与修复等方面的工作。

或由节水服务企业单独承担。项目实施完成后根据双方共同确认的节水目标,节水服务企业按照与用水户约定的分成比例分享节水效益,以收回投资成本并获取相应的利润。合同期满后,节水设施设备所有权全部无偿移交给用水户。

节水效益分享型实施主要框架[2]见图1。

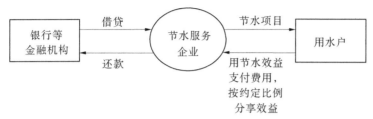

图1 节水效益分享型实施主要框架

## 2.2 案例分析

本文主要选深圳职业技术学院、广东省外语艺术职业学院、合肥工业大学、双鸭山市人民医院、福州市城市供水5个合同节水管理项目作为节水效益分析型典型案例,分别从合同节水管理项目的实施背景、具体模式、服务内容及取得效益4个方面进行分析,结果见表1。

表1 节水效益分析型合同节水管理项目分析

| 项目名称 | 实施背景 | 具体模式 | 服务内容 | 取得效益 |
|---|---|---|---|---|
| 深圳职业技术学院合同节水管理项目 | 人均综合用水量约210 L/(人·d),用水定额偏高 | 2017年12月签订合同;节水服务企业投资金额为490.5万元;节水服务企业节水效益分享比例为95%;合同期为10年 | ①供水管网探漏维修;②用水器具改造;③搭建两校区供水管网的"监、管、控"平台 | 年综合节水率约28%,年节水量约30万m³,年节水总收益约140万元 |
| 广东省外语艺术职业学院合同节水管理项目 | 以节水型高校创建工作为契机,该校积极开展,通过合同节水管理,对五山校区和燕岭校区实施节水改造 | 2022年6月签订合同;节水服务企业投资金额为198万元;公司90%,学校10%分享效益,计划节水率不低于25%,合同期为5年 | ①计量器具改造;②用水器具改造;③管网探漏与修复;④搭建节水监控平台 | 截至2022年12月,节水量为11 582 m³,节水率达15% |
| 合肥工业大学合同节水管理项目 | 节水改造前三年(2017—2019年)用水量均值为114万t,第三方审计120万t,结合前两项数据,合同节水基准为117万t;现行的水费单价为3元/t | 2021年10月签订合同;节水服务企业投资金额为274.41万元,承诺最低年节水率不低于30%,按节约水费的85%分享收益;合同期4年 | ①用水器具改造;②管道节水改造;③搭建智慧平台;④节水宣传 | 2022年6月1日起进入分享期,第一年节水率33.24% |

续表 1

| 项目名称 | 实施背景 | 具体模式 | 服务内容 | 取得效益 |
|---|---|---|---|---|
| 双鸭山市人民医院合同节水管理项目[3] | 用水设施存在样式较老旧、起泡器缺失、水箱冲厕水箱容量大、延时阀延时过长等情况,未达到国家节水相关标准,有较大节水空间 | 医院污水处理系统项目由节水服务企业一次性投入 315 万元,合同期为 10 年,前 5 年以节约的水费支付项目投资,乙方享有 100% 的项目效益,第 6~10 年分别按甲乙双方 1:9、2:8、3:7、4:6、5:5 的分配比例分享收益 | 增设污水回用系统 | 实现污水日处理量 560 m³,处理水经消毒后回用到医院冲厕、绿化等,每年可节水 20.16 万 m³,每年可节省自来水水费 149 万元 |
| 福州市城市供水漏损治理合同节水管理项目[4] | 福州市老仓山(盖山西路以东)区域年供水量约为 8 000 万 m³,管网漏损率约为 37% | 项目投入初步估算 7 873 万元,投资回报以节约的水量按照 1.7 元/m³ 作为项目投资的回收和获益,合同期限为 54 个月,合同期限内节水服务企业若仍未收回保本收益,则回收期相应延长,总合同期不超过 72 个月 | ①更换智能远传水表;②加装智能压力变送器、智能远传超声波流量计;③NB-IOT 网络基站建设 | 该项目分 14 个片区,针对分区进行逐一治理,截至 2019 年 12 月底,已累计找到并维修了 1 366 个漏点,梳理并整治废弃管道 155 根。经测算,节约水量约 1 600 万 m³/a |

## 2.3　案例总结及适用性分析

综合以上案例可知,节水效益分享型模式的优点在于用水户无须投入或少投入节水改造费用[5],可减轻用水户的财政负担;但节水服务企业的收益直接取决于项目实施后的实际节水效益,实际上承担着一定的经济技术风险。在选用节水效益分享型时,节水改造投资费用与节水效益的平衡,是重点需要考虑的因素。目前,国内节水效果分享型模式主要用在学校、医院及供水公司。

### 2.3.1　高校类节水效益分享型模式合同节水管理项目

在学校方面,主要适用于节水空间较大、节水量产生的效益能在一定期限内覆盖节水改造投资的院校,具体表现为用水规模较大、管网漏损严重、用水量远高于地方用水定额等。学校合同节水管理的内容一般包括供水管网勘探测绘、更换和封堵破损供水管网、更换节水型用水设施、三级计量监测体系建设、智慧管控平台开发、雨水收集利用等。而在合同期限方面,关联因子主要是年节水量及地方水价,当节水空间大、地方水价高时,节水效益能更快覆盖节水改造费用,合同期相对较短;反之,合同期较长,目前案例多为3~8年不等。

### 2.3.2　医院类节水效益分享型模式合同节水管理项目

在医院方面,节水效益分享型的使用条件基本和学校相似,在合同节水管理内容上,除从供水管网防漏、节水器具更换等方面入手外,还有污水处理系统的建设,实现中水回用,减少年取水量。通过中水回用节水,获得节水效益的合同节水项目,在拟定合同期限时,需考虑污水处理系统的运维费用,核算收回成本的期限,并适当考虑收取利润年限。从目前案例来看,合同期组成为收回成本年数加收取利润年数,成本年效益100%支付给节水服务企业,产生利润后年份效益由用水户和节水服务企业按比例分享。

### 2.3.3　供水公司类节水效益分享型模式合同节水管理项目

在供水公司方面,主要适用于管网老旧、漏损严重的供水区域。合同节水管理内容主要是通过更换智能远传水表、智能压力变送器、智能远传超声波流量计等节水工程实施及漏损治理减少漏损量,提高供水效率。供水公司的合同节水项目,产销差降低、供水效率提高后,节水效益非常显著,因此合同期的拟定主要取决于前期节水改造的投资,前期节水改造费用高,合同期相对较长;反之,合同期相对较短。

## 3　节水效果保证型

### 3.1　概念及框架

节水服务企业与用水单位签订节水效果保证合同,通过节水改造达到约定节水目标的,用水户一次性或分次向节水服务企业支付节水改造费用,以收回投资成本并获取相应的利润。如果未达到约定的节水目标,差额部分将由节水服务企业承担;如果节水效益超过合同约定的目标,则超额节水效益由双方按照约定比例分享。

节水效果保证型实施主要框架如图2所示。

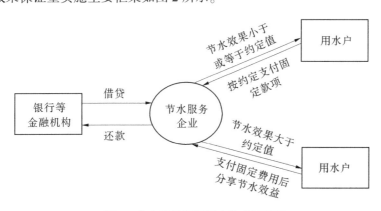

**图2　节水效果保证型实施主要框架**

## 3.2 案例分析

本文主要选取天津市护仓河水环境治理合同节水管理项目、南京体育学院合同节水管理项目、广西壮族自治区水利厅机关合同节水管理项目、上海市水务局合同节水管理项目 4 个合同节水管理项目作为节水效果保证型典型案例,分别从合同节水管理项目的实施背景、具体模式、服务内容及取得效益 4 个方面进行分析,分析结果见表 2。

表 2    节水效果保证型合同节水管理项目分析

| 项目名称 | 实施背景 | 具体模式 | 服务内容 | 取得效益 |
|---|---|---|---|---|
| 天津市护仓河水环境治理合同节水管理项目[5] | 护仓河部分河段水体流动性差,水生态系统脆弱,部分时段发生水华暴发、水体黑臭,严重影响城市景观环境 | 节水服务企业投资 1 318.29 万元对河道进行治理,合同期限 3 年。治理目标是水体透明度提升到 50 cm 以上,消除水华现象,主要指标(化学需氧量、氨氮、总磷)削减 40% 以上 | ①设计制定生态清淤 + EPSB 工程菌 + EHBR 强化耦合生物膜 + 复合硅酸铝水处理剂 + 水生植物净化技术 + 曝气增氧 + 水面保洁等技术组合形成的集成技术体系; ②强化治理与持续维护相结合 | 每年可节约用于稀释的水资源 400 万 m³ 以上,节约了引海河水用于稀释的水费 864 万元/年、污水处理费 108 万元/年、蓝藻应急治理费 54 万元/年、化学需氧量(COD)减排效益 68 万元/年,估算实现的经济效益超过 1 000 万元/年 |
| 南京体育学院合同节水管理项目 | 学校主要用水涉及教育用水、住宿用水、办公用水、食堂用水、居民用水等,年用水量近 100 万 m³。经调查发现,学校供水管网老旧,漏水量大等问题都亟待解决 | 2017 年 11 月 1 日起正式开展合同节水相关工作,合同期为 3 年;完成每年合同节水总量不低于 2 万 m³ 且用水综合单耗年均降低不少于 4% 的目标 | ①管网漏损检测服务; ②水平衡测试及用水分析; ③开展节水宣传教育工作 | 截至 2018 年 8 月,共计节约用水 4.10 万 m³,年节水效益为 13.09 万元(水价按 3.19 元/m³ 计算),取得了较显著的节水效果 |

续表 2

| 项目名称 | 实施背景 | 具体模式 | 服务内容 | 取得效益 |
|---|---|---|---|---|
| 广西壮族自治区水利厅机关合同节水管理项目 | 广西壮族自治区因地处南方丰水地区,节水市场化、专业化的意识长期以来较为淡薄,要做好节水工作,必须解放思想,扭转观念 | 节水服务企业保证在未来 3 年的合同期内,使水利厅办公大楼的节水率不低于 2016—2018 年用水总量的 10%,并在项目通过验收后 60 d 内,向水利厅出具担保项目期间节水效率为 10% 的银行保函,保函金额不低于项目 3 年合同期内的节水预期效益 | ①节水诊断;<br>②智能远传水表安装;<br>③节水监测系统建设;<br>④用水管理人员的培训 | 通过项目实施,有效避免了每月约 100 m³ 的漏水量;全厅每日人均减少用水 8.38 L,全年减少用水量 2 352 m³,降低水费支出 6 327 元 |
| 上海市水务局合同节水管理项目 | 2019 年,上海市水务局决定建设节水型机关,实施节水型机关建设项目 | 2019 年 5 月,上海市水务局通过政府招标投标的方式确定了第三方节水服务企业,采用合同节水管理效果保证型的创新模式签订项目合作合同开展建设工作 | ①建设雨水集蓄设施;<br>②安装智能水表;<br>③开发智慧用水管理系统;<br>④更换节水型器具;<br>⑤张贴节水宣传标识 | 本次节水型机关建设工作开始后,日均用水量与 2017 年、2019 年同期相比,节水率分别为 22.60% 和 54% |

### 3.3 案例总结及适用性分析

节水效果保证型合同节水模式可用于有具体指标指向效果达标的水环境治理项目或节水规模较小的机关、事业单位等,且一般合同期较短。从节水服务内容上看,水环境治理项目专业技术要求较高,机关、事业单位一般以探漏、计量及更换节水器具为主,这些技术在节水行业较为成熟。

#### 3.3.1 水环境治理类节水效果保证型合同节水管理项目

从水环境治理类项目来看,开展节水效果保证型合同节水管理项目一般需要具备以下 2 个特点:一是治理后可减少污水排放量、减少污水治理费用,或能节约用于稀释受污染水体的引水水量,能体现合同节水的基本特征。二是治理前后有明确的指标可以判断治理效果是否达标,符合效果保证型的基本特征。从节水服务内容来看,水环境治理项目需要通过综合考量水质现状、污染成因、周边环境及管理现状等,设计制定一项或多项治理技术体系。因此,水环境治理类的合同节水项目要求服务企业有较强的专业技术力量,若前期投入较大,还需企业具有一定的集资能力。

#### 3.3.2 机关、事业单位类节水效果保证型合同节水管理项目

机关、事业单位的节水效果保证型合同节水管理项目,与机关、事业单位节水效益分

享型的合同节水管理项目不同,其虽也具有一定的节水空间,但总用水规模不大。合同节水服务内容一般包括建设雨水集蓄设施、安装智能水表、开发智慧用水管理系统、更换节水型器具等。合同额一般由项目工本费+利润构成,甲乙双方拟定最终合同额。甲方一般先按一定比例支付费用用于节水工程实施,待项目运行后,达到合同拟定效果后,支付剩余费用。

## 4  用水费用托管型

### 4.1  概念及框架

用水户委托节水服务企业进行供用水系统的运行管理和节水改造,并按照合同约定支付用水托管费用,此为用水费用托管型模式。该模式下,用水户将提高用水效率或者供水服务的相关项目全部委托节水服务公司进行管理。节水服务公司则根据实际需要进行项目改造,在运营维护、人力资源、体制框架等方面进行服务,并且按照合同约定拥有全部或者部分的水资源节约效益。用水费用托管型实施主要框架如图 3 所示。

图 3  用水费用托管型实施主要框架

### 4.2  案例分析

本文主要选取南京市外国语学校、西北农林科技大学、西北师范大学 3 个合同节水项目作为典型案例,分别从合同节水管理项目的实施背景、具体模式、服务内容及取得效益 4 个方面进行分析,结果见表 3。

表 3  用水费用托管型合同节水管理项目分析

| 项目名称 | 实施背景 | 具体模式 | 服务内容 | 取得效益 |
|---|---|---|---|---|
| 南京市外国语学校合同节水管理项目[6] | 该校区管网已运行 15 年,近年来自来水管网暗漏严重,虽然进行了十多次维修,但效果并不明显 | 学校支付的水费 95 万元/年,节水服务企业在服务期内采取全方位的节水服务,每年 95 万元费用除去为学校缴纳其正常情况下用水产生的水费、管网修漏费、DMA 系统维护费等费用外,剩余的部分为节水修漏后节约水量所产生的效益,为节水服务企业所有,合同服务期 10 年 | ①开展节水核查;<br>②地下管网及设施的全面勘测、维修;<br>③校园 DMA 分区建设;<br>④建设智慧水务综合服务平台 | 预计 10 年共可节约用水支出 320 万元,年均节水率近 30%,人均用水单耗下降超过 20% |

续表 3

| 项目名称 | 实施背景 | 具体模式 | 服务内容 | 取得效益 |
|---|---|---|---|---|
| 西北农林科技大学合同节水管理项目 | 西北农林科技大学地处陕西省关中平原西的杨凌农业高新技术产业示范区,这里人均水资源量仅206 m³,不足全省的1/6,属水资源紧缺地区 | 节水服务企业投资建设绿色节能浴室,约560万元,合同期限7年,合同期内,企业按照合同条款自主经营,学校仅收取水电费用。授权经营期满后,中标企业将项目所有权和经营权无偿移交给学校 | ①供热设施改造;②水控设备安装调试;③浴室功能设计、整体装修改造 | 学校通过3个浴室的改造,年节水21万 m³,仅此一项节省水费74万元,节水成效显著 |
| 西北师范大学合同节水管理项目 | 学校两座浴室改造前,计费方式采用时间计费,此计费方式无法进行水量大小的控制,水资源浪费严重 | 2019年7月,西北师范大学同节水服务企业签订8年合同,采用用水费用托管型合同节水管理模式,节水服务企业一次性投资约550万元对学生浴室进行升级改造。2019年8月,西北师范大学浴室空气能热源洗浴系统建设BOT项目正式启动,于2019年9月开始正常运营 | ①配置空气能机组;②对公共浴室进行重新设计装修;③喷头改造为节水型;④收费方式由按照时间计取改为按照流量计取 | 通过本次改造,学校每年预计节水约3.32万 m³,预计节水近40%,有效提高了水资源利用的效率和效益 |

## 4.3　案例总结及适用性分析

用水费用托管型模式下,用水户向节水服务企业支付的费用是事先约定好的固定金额,与节水效率和效果均不挂钩,规避了因节水效果不容易准确计量和评估可能带来的争议。用水户的用水费用由节水服务企业向供水部门支付,节约的水越多,节水服务企业代缴的水费越少,能够得到的效益也越好,因此更能激发节水服务企业提高节水效能的积极性。而对于用水户来说,只需要约定一个比合同节水管理前所需缴纳水费少的用水托管费用,并提出供水保障需求,其他都无须再管,可大大节省管理成本。这种模式节水服务公司则根据实际需要进行项目改造,在运营维护、人力资源、体制框架等方面进行服务,对于用水户来说是比较省力的,节水服务企业也有一定的自主权。因此,该模式适用于公共机构、高耗水工业、生态环境治理等前期投入大、运营维护复杂、节水效果难以准确计量,以及缺少专业管理人员的用水单位。

## 5　结语

节水效益分享型、节水效果保证型、用水费用托管型合同节水管理模式在学校、医院等公共机构基本适用,但合同节水管理项目的开展可不拘泥于现有的模式框架。在开展合同节水管理项目时,可根据项目自身特点,综合考虑节水服务双方的需求,对典型模式进行创新应用,如探索"托管+保证"混合型、"合同节水管理+水权交易"等创新模式[7-8],助力合同节水项目顺利落地。

## 参考文献

[1] 肖新民.合同水资源管理模式初探[J].中国水利,2014(7):22-25.

[2] 尹庆民,刘德艳,焦晓东.合同节水管理模式发展与国外经验借鉴[J].节水灌溉,2016(10):101-108.

[3] 李学文.双鸭山市人民医院合同节水管理应用模式分析[D].哈尔滨:黑龙江大学,2017.

[4] 吴浩云,秦忠,孙志,等.太湖流域片合同节水管理实践与思考[J].水资源管理,2018(5):18-20.

[5] 赵立敏.合同节水管理机制的创新与实践[J].河北水利,2015(8):6-7.

[6] 韩东刚,陈科仲.合同节水管理模式在水环境领域探索实践研究[J].河海水利,2017(1):46-50.

[7] 陈松峰,孙晓文,何菡丹.江苏省合同节水管理实践及对策研究[J].水资源开发与管理,2022(10):18-21.

[8] 郭晖,陈向东,董增川,等.基于合同节水管理的水权交易构建方法[J].水资源保护,2019,35(3):33-38.

# 以色列节水经验对甘肃省水资源节约集约利用的启示

王 哲 吴 京 李长春 朱亚强

(甘肃省水利水电勘测设计研究院有限责任公司,甘肃兰州 730000)

**摘 要:** 以色列的水资源管理和节水水平处于世界前列,研究其先进的节水经验对甘肃省水资源节约集约利用具有重要意义。大力发展节水灌溉技术、提高水资源循环利用率、健全水资源管理法律政策、高度重视节水宣传是以色列的成功节水经验,但甘肃省存在用水计量设施未全面覆盖、用水户对水资源价值认识有限、缺乏节水建设资金等推行以色列节水经验的制约因素。结合我国节水相关政策和甘肃省实际,论文提出以色列节水经验对甘肃省未来水资源节约集约利用的启示:加大农业灌溉基础设施和农业科技方面的投入、加强水资源管理和节水制度建设、健全农业用水合作组织、调整产业结构。

**关键词:** 以色列;甘肃省;水资源节约集约利用;启示

以色列属于发达国家,工业化程度高,以知识密集型产业为主,高附加值农业、生化、电子、军工等部门技术水平较高,农业节水灌溉设备和技术在全球领先。2021年以色列国民生产总值为5 241.12亿美元,人均GDP达5.49万美元,居世界第三。然而,以色列是世界上水资源严重缺乏的国家之一,人均水资源占有量仅为299 m³[1],约为世界平均水平的3%,是我国平均水平的14%。在水资源如此短缺的条件下,以色列政府通过发展节水灌溉技术、提高水资源循环利用率、健全水资源管理法律政策以及高度重视节水宣传等措施,在中东地区的沙漠中破解水资源短缺对以色列经济社会发展的制约,跻身世界发达国家之列。

国内外学者对以色列水资源管理[2]、节水制度[3]和节水农业发展[4]等方面的研究较多,鲜有研究人员就以色列节水经验针对我国某些省份的实际情况进行对比研究。本文立足甘肃省和以色列自然本底条件的相似性,从水资源节约集约利用角度梳理以色列的先进节水经验,结合实际分析其甘肃省推行的制约因素,进一步提出以色列节水经验对甘肃省未来水资源节约集约利用的启示。

## 1 甘肃省与以色列自然条件和水资源情况对比分析

甘肃省位于我国西北内陆,地处黄土高原、青藏高原、内蒙古高原三大高原和西北干

**作者简介:** 王哲(1997—),男,助理工程师,主要从事水利工程规划设计工作。

**通信作者:** 吴京(1993—),女,工程师,主要从事水利工程规划设计工作。

旱区、青藏高寒区、东部季风区三大自然区域交会地带,全省土地面积 42.59 万 km²,其中 70% 的面积为干旱半干旱区,特殊的自然地理和气候条件决定了甘肃是我国水资源最紧缺的区域之一。以色列位于亚洲西部,土地面积 2.5 万 km²,干旱地区面积占土地总面积的 75% 以上[5],属于典型的亚热带地中海型气候。甘肃省与以色列自然条件和水资源情况如表 1 所示,总体来看,甘肃省与以色列具有相似的自然本底条件:气候干旱、水资源匮乏、水资源时空分布不均、与经济社会发展布局不匹配。相似的自然条件和水资源情况决定了以色列先进节水经验可为甘肃省借鉴。

表 1  甘肃省与以色列自然条件和水资源情况对比

| 项目 | 甘肃省 | 以色列 |
|---|---|---|
| 气候类型 | 从南向北包括了亚热带季风气候、温带季风气候、温带大陆性气候和高原高寒气候等四大气候类型 | 地中海气候 |
| 干旱地区面积占比 | 70% 以上 | 75% 以上 |
| 多年平均降水量/mm | 289 | 350 |
| 多年平均蒸发量/mm | 1 100~3 000 | 2 500 |
| 水资源总量/亿 m³ | 277 | 28.6 |
| 人均水资源量/m³ | 1 087 | 299 |
| 水资源时间分布 | 降雨集中在每年的 6—8 月,占全年降水量的 50% 以上 | 降雨集中在每年 11 月至次年 3 月,其余 7 个月为干旱季节 |
| 水资源空间分布 | 内陆河流域分布着全省 63% 的灌溉面积,水资源量仅占 21%;黄河流域集中全省 70% 的人口和 GDP,水资源量仅占 44%;长江流域水资源量占全省 35%,人口仅占 12%,GDP 占比仅 6% | 北部地区占全国水资源的 80%,南部地区仅占全国水资源的 20%,而农耕面积约有 70% 位于南部地区 |

## 2  以色列先进节水经验

### 2.1  大力发展节水灌溉技术,提升农业节水管理水平

面对有限的耕地资源、匮乏的水资源和农业生态环境恶化的状况,以色列以精准节水农业作为现代农业发展思路,将生物技术、信息技术以及资源节约技术作为农业发展的主要任务,把农业科技研发的重点放在节水灌溉、农机设备、良种培育等方面[6]。通过几十年的发展,以色列灌溉系统均实现计算机控制,配有传感器精准测定作物需水量和灌溉用水量;运用物联网技术打造滴灌节水系统,在农田内铺设塑料管线,将溶解肥料后的灌溉用水直接输送到农作物根部;滴灌节水系统能够根据气象条件、土壤含水量、农作物需水量等参数及时调整滴灌水量和频率,有效避免水资源浪费。这种封闭的输水和配水灌溉系统有效地减少了田间灌溉过程中的渗漏和蒸发损失,使水肥利用率达 80%~90%[7],农

业灌溉亩均用水量减少至 341 m³。此外,以色列农业经济采用"公司+合作社"运营模式,重视人力资源管理和科技研发投入,注重集约化经营和资源的利用效率,全国 25 万 hm² 的灌溉面积基本实现喷灌和滴灌化作业,农民数量逐年减少,但农产品产量和产值增高[8],水资源利用效率得到提升。

## 2.2 注重污水处理与海水淡化,提高水资源循环利用率

以色列政府十分重视发展污水处理与海水淡化技术,以色列人把工业与城市生活污水经过净化处理后用于农业生产灌溉,同时淡化海水作为工业和生活用水,以此增加替代水源来缓解水资源紧张问题[6]。1972 年以色列实施了"国家污水再利用工程",把工业与城市生活产生的污水集中进行净化处理后二次用于农业生产灌溉、城市非饮用水和城市绿化[9],这样既能避免城市污水直接排放后污染水源,又能降低农业用水对淡水资源的需求,目前以色列污水回用率已经达到 90%;充足的海水资源和严重匮乏的淡水资源使以色列将研究海水淡化作为解决淡水资源短缺问题的重要手段,政府于 1999 年实施了"大规模海水淡化计划",在缺水的南部地区集中兴建大型海水淡化厂,随着海水淡化技术的提高和成本下降,以色列目前拥有 5 家规模较大的海水淡化工厂,全国海水淡化量超过 5.6 亿 m³/年,是全国水资源总量的 20%。

## 2.3 健全水资源管理法律,完善水价制度和财税政策

以色列政府从立法上保护及重视水资源,《水法》是以色列建国后出台的关于水资源管理方面最重要的法律,以色列历届政府不断完善水资源管理法律法规体系,使得有限的水资源能够满足国家发展和人民生产生活需要。《水法》规定水资源是国家的公共财产,开采或使用水资源都必须取得许可证,任何个人或组织不得私自开采或使用水资源。同时,以色列政府成立水资源委员会统一管理全国水资源,水资源委员会负责制定国家水资源政策、涉水经济发展计划,保障水资源的严格分配和合理利用,满足生活生产需要[10]。以色列普遍实行分类水价和阶梯水价,国内所有用水户必须安装水表,实现分类计量、按档收费,超额用水价格为限额内用水价格的 200%~300%(见表 2);以色列在设置水资源税率标准时按非农业用水和农业用水分类进行设计,同时对不同等级的用水量设置不同的税率标准,对超配额用水进行处罚。为了鼓励农业节水和纳税的积极性,政府将所收税款以财政补贴的形式返还于农,用于农业废水循环再利用、节水设备改造、用水计量设施维护等方面的支出[11]。

表 2 以色列各用水行业水价情况

| 类别 | 限额内用水价格/(美元/m³) | | 超额用水价格/(美元/m³) | | 说明 |
| --- | --- | --- | --- | --- | --- |
| | 水量 ≤50%限额 | 水量 >50%限额 | 水量 ≤10%超额 | 水量 >10%超额 | |
| 生活用水 | 0.70~1.00 | | 1.60 | | 平均配额用水量: 100~180 m³/(人·年) |
| 工业用水 | 0.20 | | 0.40 | 0.60 | |
| 农业用水 | 0.10 | 0.14 | 0.26 | 0.50 | |

### 2.4 加大节水教育宣传力度,增强居民节水意识

以色列注重对公众全面节水意识的培养,通过宣传画、报纸、网站、标语等媒介大力号召节约用水,报道节水的好典型、批评浪费水的坏现象,大力推广介绍节水的小诀窍和办法;政府相关部门发布了《家庭节约用水的十项规定》《花园节约用水的十项规定》以及《节约用水的建议》等文件。为提高生活节水效率,以色列优化生活用水设备,发明应用了多种流量调节阀和流量限定器来限制流速,使用循环清洗设备洗车,推广双冲式冲厕水箱等。调查显示,目前约 85% 的以色列公民意识到国家严峻的水资源危机,并愿意为此安装节水装置;约 70% 的公民愿意学习更多的节水技巧;约 30% 的以色列公民宣称已经在节水方面采取了多种措施[12]。

## 3 以色列先进节水经验在甘肃省推行的制约因素分析

### 3.1 用水计量设施未全面覆盖

用水计量全覆盖是以色列发展节水灌溉技术、完善水价制度和严格水资源管理的基础。但甘肃省目前取水口监测计量设施安装率为 83%,部分地下机井没有安装水表;大中型灌区渠首取水口计量未完全覆盖,部分灌区末级渠系无计量设施,农业用水存在"按亩摊费"问题;居民生活用水未全面实现精准计量和远程控制。因此,用水计量设施不完善是甘肃省推行先进节水经验的制约因素之一。

### 3.2 用水户对水资源价值认识有限

以色列充分发挥水价杠杆调节作用,通过实行分类水价、阶梯水价等水价制度倒逼用水户节水。但自新中国成立以来,甘肃省水费征收经历了不收水费、按亩计费到计量收费的改革过程,各地区水价差异较大。城区供水水价基本实行分类水价和阶梯水价,水价核定包含了水资源费、污水处理费及供水成本等;农村居民生活水价存在按户或按人收费现象,水价标准远达不到供水成本;农业供水水价也存在按亩计费现象,不能保障灌区供水工程良性运行;此外,部分地区农业用水户没有水商品意识,水费征收困难,农业灌溉水费收缴率较低。因此,甘肃省水价制定需要统筹供水区社会经济状况、供水工程投资、用水户承受能力等分区域核定供水价格,逐步完善水价制度。

### 3.3 农业发展模式不一,缺乏节水建设资金

以色列建国初期实行"粮食自给自足型"农业生产模式,由于小麦等大田作物对水土资源要求高、产出较低且经济价值不高,20 世纪 70 年代以后,以色列根据国际市场和本国实际,转为发展"出口创汇"为主的农业生产模式,鼓励农民种植蔬菜、水果和花卉等附加值较高的经济作物用于出口[10],农产品出口创汇额远大于农产品进口所需外汇,为以色列创造了巨大的经济价值,促进其农业节水灌溉和现代化发展,达到以农养农的目的。

然而中国作为人口大国,粮食安全是关系国计民生的重大问题,是国家安全的重要基础,必须实行"粮食自给自足型"农业生产模式。根据调研测算,甘肃省发展高效节水灌溉平均投资在 1 200 元/亩左右[13],采用高效节水灌溉后带来的经济效益与投入存在差距,且高效节水灌溉所带来的收益在短时间内很难实现,农民通过节水所实现的收益甚微,导致成本与价格倒挂[14]。因此,缺乏高效节水灌溉建设资金是制约甘肃省农业节水的重要因素之一。

# 4 甘肃省水资源节约集约利用的启示

## 4.1 加大农业灌溉基础设施和农业科技方面的投入

农业用水作为用水大户具有一定的节水潜力,但农业作为弱势产业,其发展离不开政府支持。一是通过建设农业灌溉基础设施如大型调水工程、节水供水工程、调蓄工程等解决甘肃省水资源空间分布不均的问题[15]。二是引进发达国家的先进节水灌溉技术、污水回用技术和雨水集蓄技术,鼓励科研单位或技术推广部门加大农业节水相关技术的研究,研发适合甘肃省地域特点的农业节水灌溉设备,推进节水技术市场化。三是加快农业信息化建设,学习以色列的滴灌节水系统并在河西地区先行先试,按照作物需水量进行高效灌溉和自动化控制,推进农业现代化建设。

## 4.2 加强水资源管理和节水相关制度建设

以色列统一实施的水资源法制管理对其水资源节约利用的发展起到了巨大作用,甘肃省可借鉴以色列的成功经验,一是在甘肃省已出台的《甘肃省取水许可和水资源费征收管理办法》《甘肃省节约用水条例》《甘肃省水资源管理监督检查办法(试行)》等水资源法律法规基础上,进一步明确各流域、区域、行业、企业等层面的节水管理职责,完善农业水资源管理法律,在农业水权、用水总量控制和定额管理方面进一步加强管理。二是积极推进节水财税政策,节水具有很强的公益性和正外部性,需要政府主导[16],甘肃省应完善对节水供水工程的投入机制,健全社会资本参与节水投资机制和节水财政补助机制。三是完善水价形成机制,逐步将居民生活用水价格调整至不低于成本水平,非居民用水价格调整至补偿成本并合理盈利水平;分区域制订合理的农业水价调整方案,井灌区应严格控制地下水开采量,逐步提高水资源费标准以充分体现水资源的稀缺性;地表水灌区供水成本相对较低,水价应按全成本测算,逐步提价至成本水价;高扬程提水灌区供水成本高,政府可给予适当补助。

## 4.3 健全农业用水合作组织,调整各用水行业产业结构

以色列的"公司+合作社"农业经济运营模式是促进以色列高效节水的重要管理模式,甘肃省可通过健全农业用水合作组织、走集约化农业道路来促进农业节水。2014 年中共中央办公厅、国务院办公厅印发的《关于引导农村土地经营权有序流转发展农业适度规模经营的意见》指出,土地流转和适度规模经营是发展现代农业的必由之路。土地流转可以使各农户分散零碎的耕地,经过统一规划设计,达到统筹种植布局、系统灌溉的目标[8],甘肃省可重点在耕地集中连片的河西地区推行土地流转,采用大户种植、联户经营、公司经营等模式统一经营管理。此外,甘肃省在农业现代化、新型工业化和城镇化的建设中,要充分考虑水资源的利用率和承载能力,因地制宜进行产业结构调整。一是加大精细型和集约化农业的投资力度,在保障粮食安全的前提下,适当降低中高度耗水、单位水价值较低作物的种植面积,增加蔬菜和水果等经济作物种植面积。二是积极引进耗水量较少和污染较少的工业企业,在城镇化过程中充分考虑水资源承载能力和生活污水处理回用的可能性[17],加大中水在生态建设和生态恢复方面的利用率。

# 参考文献

[1] 潘光,汪舒明.以色列:一个国家的创新成功之路[M].上海:上海交通大学出版社,2018.

[2] 陶爱祥.发达国家节水农业经验及启示[J].世界农业,2014(8):151-153.

[3] 李一凡,刘福胜.以色列农业水价分担制度对我国的启示[J].灌溉排水学报,2016,35(S1):108-111.

[4] 何志龙,李丹.以色列农业现代化成功经验及其对陕西农业发展的启示[J].陕西教育学院学报,2012,28(3):63-69.

[5] 来艳华,赵亚中.国内外节水高效农业发展经验对黑龙江省农业节水技术启示[J].农业科技通讯,2019(10):4-10.

[6] 杨彪.以色列农业转型的特征与启示[J].西南林业大学学报(社会科学),2023,7(1):27-33.

[7] 韩清瑞,高祥照.以色列、土耳其节水农业发展状况与启示[J].中国农业信息,2014(4):11-13.

[8] 王映红,夏金梧,李铭利.以色列节水农业对新疆农业现代化的启示[J].水利发展研究,2016,16(12):26-29,36.

[9] Paul Rivlin. The Israeli economy [M]. Boulder Westview Press, 1992.

[10] 贾蕾,甄瑞.以色列农业水资源管理模式和节水经验[J].黑龙江农业科学,2015(2):156-158.

[11] 梁宁,刘蒨,那英军.以色列水资源税制度经验与启示[J].水利经济,2020,38(6):72-76,84.

[12] 王参民.以色列水资源问题研究[D].开封:河南大学,2016.

[13] 陈晓兰,张国山.陕县高效节水灌溉项目技术经济分析[J].河南水利与南水北调,2013(16):89-90.

[14] 任苗.甘肃省高效节水灌溉发展存在的问题及对策[J].农业科技与信息,2021,617(12):95-96.

[15] 焦冠杰,许月奎,孙凯臻.以色列节水农业对辽宁省朝阳市农业发展的借鉴作用[J].山西农经,2018(16):43,45.

[16] 刘啸,戴向前,周飞,等.国外节水相关制度建设经验借鉴[J].水利发展研究,2022,22(11):70-73.

[17] 马乃毅,徐敏.以色列水资源管理实践经验及对中国西北干旱区的启示[J].管理现代化,2013(2):117-119.

# 珠江区用水总量控制管理浅析

## 陈　艳　朱凤霞　韩　江

(中水珠江规划勘测设计有限公司,广东广州　510610)

**摘　要**:针对我国水资源短缺问题,国务院在 2012 年确立了 2030 年全国用水不超过 7 000 亿 $m^3$ 的水资源开发利用红线。全国各地市县、流域根据全国的用水总量分别拟定了各行政区、各级流域的用水总量控制指标,该指标是行政区、流域水资源开发利用的上限。本文介绍了珠江流域 2030 年用水总量指标分配情况,论述了珠江流域现行用水总量管控主要分为区域管理和流域管理,主要管理手段有水量分配、水资源调度、流域规划、规划水资源论证及取水许可管理,由于流域用水总量指标尚未纳入用水总量指标考核体系,目前流域用水总量管理效果不佳。同时由于缺乏法律依据,作为用水总量管理抓手之一的水资源调度等工作的协调难度大。根据珠江流域目前在用水总量控制管理中存在的问题,提出流域用水总量管理的建议。

**关键词**:用水总量指标;水量分配;水资源调度;珠江流域

## 1　引言

水资源短缺是我国水资源开发利用面临的主要问题,2012 年 2 月,国务院以国发〔2012〕3 号文下发了《国务院关于实行最严格水资源管理制度的意见》(简称《意见》),首次提出在全国实行最严格水资源管理制度,要求强化用水需求和用水过程管理,严格控制用水总量,全面提高用水效率,严格控制入河湖排污总量。《意见》确立了我国水资源开发利用控制红线,到 2030 年全国用水总量控制在 7 000 亿 $m^3$ 以内。此后,全国各地市县及流域完成了行政区或流域的水量分配,确定了相应的用水红线。珠江区内云南、贵州、广西、广东、湖南、江西、福建、海南等 8 省(区)2030 年用水总量指标为 2 047.73 亿 $m^3$。

## 2　用水总量管理方式

围绕总量控制指标,珠江区现状用水总量管理采取区域管理与流域管理相结合的模式。

### 2.1　区域管理

目前,珠江区内各省(区)已初步形成了按照省、市、县三级行政区域进行用水总量指标管理体系,包括总量指标的制定、管控、考核等。

---

**作者简介**:陈艳(1981—),女,高级工程师,主要从事水资源规划及水资源管理的研究工作。

### 2.1.1 用水总量指标制定

珠江片所涉及省(区)制定了覆盖省、市、县三级行政区全域的用水总量控制指标,同时珠江水利委员会也确定了各省(区)在珠江片的用水总量。珠江区内 8 省(区)用水总量指标见表 1。

表 1 珠江区涉及省(区)用水总量指标

| 省级行政区划 | 行政区用水总量 | | 珠江片用水总量 | |
|---|---|---|---|---|
| | 2020 年 | 2030 年 | 2020 年 | 2030 年 |
| 云南 | 214.63 | 226.82 | 82.68 | 90.16 |
| 贵州 | 134.39 | 143.33 | 34.05 | 36.31 |
| 广西 | 309.00 | 314.00 | 296.61 | 301.61 |
| 广东 | 456.04 | 450.18 | 455.87 | 450.01 |
| 湖南 | 359.75 | 359.77 | 4.69 | 4.69 |
| 江西 | 260.00 | 264.63 | 3.42 | 3.48 |
| 福建 | 223.00 | 233.00 | 13.41 | 14.01 |
| 海南 | 50.30 | 56.00 | 50.30 | 56.00 |
| 合计 | 2 007.11 | 2 047.73 | 941.03 | 956.27 |

### 2.1.2 用水总量指标管控

珠江片涉及的省、市、县三级水行政主管部门按照权限负责辖区内用水总量控制指标管控,负责权限范围内的取水许可审批;向上级水行政主管部门申报行政区域内的年度用水计划,以及审核下级水行政主管部门的年度用水计划,并督促其年度实际用水符合经批准的年度用水计划;负责区域内的水资源统一调度,包括制订水资源调度方案、应急调度预案和调度计划。

### 2.1.3 用水总量指标考核

对于用水总量指标的考核,各省级行政区也分别建立了辖区内考核办法,对市、县级行政区逐级考核。主要目标包括用水总量控制目标、用水效率控制目标(万元工业增加值用水量、万元国内生产总值用水量及农田灌溉水有效利用系数等)、水功能区限制纳污控制目标三类。按照评分结果划分为优秀、良好、合格、不合格 4 个等级。近年来珠江区的各省(区)用水总量考核结果均在合格以上。

## 2.2 流域管理

珠江流域用水总量管理目前有水量分配、取水许可审批、省级用水总量管理指标考核等。由于现行的用水总量指标管理主要考核各级行政区用水总量指标,尚未对省(区)内各流域的用水总量进行考核。流域管理机构在用水总量区域管理中的职能主要体现在指导和监督。

### 2.2.1 跨省河流水量分配

珠江水利委员会根据水利部的任务分工,现已完成北江、北盘江、黄泥河、东江、韩江、西江、柳江、六硐河、谷拉河、黄华河、九洲江、罗江共 12 条重要跨省河流水量分配方案。按照跨省河流水量分配成果,珠江区 2030 年跨省河流河道外地表多年平均已分配水量为 506.21 亿 m³,占珠江区用水总量指标的 53%,分配水量见表 2。

表 2  珠江区内跨省河流已批复水量分配方案分配水量  单位:亿 m³

| 流域 | 行政区 | 河道外地表多年平均分配水量 |
| --- | --- | --- |
| 东江(石龙以上) | 江西 | 3.33 |
| | 广东 | 43.43 |
| | 小计 | 46.76 |
| 北盘江 | 云南 | 15.55 |
| | 贵州 | 3.18 |
| | 小计 | 18.73 |
| 黄泥河 | 云南 | 5.22 |
| | 贵州 | 1.81 |
| | 小计 | 7.03 |
| 韩江 | 广东 | 33.84 |
| | 福建 | 14.01 |
| | 江西 | 0.10 |
| | 小计 | 47.95 |
| 北江 | 湖南 | 3.96 |
| | 江西 | 0.05 |
| | 广西 | 0.01 |
| | 广东 | 49.05 |
| | 小计 | 53.07 |
| 柳江 | 贵州 | 6.55 |
| | 湖南 | 0.23 |
| | 广西 | 45.63 |
| | 小计 | 52.41 |
| 西江 | 云南 | 39.13 |
| | 贵州 | 36.31 |
| | 湖南 | 0.73 |
| | 广西 | 238.40 |
| | 广东 | 31.02 |
| | 小计 | 345.59 |

**续表 2**

| 流域 | 行政区 | 河道外地表多年平均分配水量 |
|---|---|---|
| 黄华河 | 广西 | 1.37 |
| | 广东 | 1.82 |
| | 小计 | 3.19 |
| 谷拉河 | 云南 | 0.88 |
| | 广西 | 0.76 |
| | 小计 | 1.64 |
| 九洲江 | 广西 | 2.59 |
| | 广东 | 4.19 |
| | 小计 | 6.78 |
| 罗江 | 广西 | 1.64 |
| | 广东 | 4.42 |
| | 小计 | 6.06 |
| 六硐河 | 贵州 | 2.27 |
| | 广西 | 0.26 |
| | 小计 | 2.53 |
| 合计(西江与其支流黄泥河、北盘江、柳江、黄华河、谷拉河、六硐河不重复计算) | 云南 | 39.13 |
| | 贵州 | 36.31 |
| | 广西 | 242.64 |
| | 广东 | 165.95 |
| | 湖南 | 4.69 |
| | 江西 | 3.48 |
| | 福建 | 14.01 |
| | 小计 | 506.21 |

### 2.2.2 取水许可审批及监督检查

珠江水利委员会目前按照审批权限(具体见《关于授予珠江水利委员会取水许可管理权限的通知》(水政资〔1994〕555 号)),对珠江水系的大江大河、跨省河流规模以上及珠江流域片内由国务院批准的大型建设项目的取水许可进行审批。

此外,珠江水利委员会还对流域内的取水许可进行监督检查,对流域内重点用水单位开展暗访检查,重点检查取用水管控及地下水监管、取水口取水监管、用水定额和计划用水制度执行情况、用水计量设施建设与运行管理、非常规水源利用、节水管理制度建设和节约用水宣传教育情况等。针对监督检查情况,工作组对各省(区)的水资源管理和节约用水工作提出了意见和建议。

### 2.2.3 省级用水总量管理指标考核

同时,珠江水利委员会参与省级行政区年度用水总量目标完成情况相关检查复核工作,考核结果经国务院审定对外发布。

此外,珠江流域以跨省河流年度水资源调度计划为抓手,对跨省河流内各省级行政区的用水总量申请进行审核批准,再在调度期结束后对各省级行政区的实际用水量及考核断面的流量达标情况进行总结并上报水利部。

## 3 用水总量管理手段

在用水总量管理手段方面,珠江流域现状总量指标管理手段可概括为微观、中观与宏观相结合的管理手段[1]。总体上,宏观的水量分配和水资源调度管理正处在实践阶段;中观的流域规划管理方面形成了一套较完备的规划体系,流域规划管理工作取得了一定成效,但规划水资源论证尚处于起步阶段;微观的取水许可管理工作已经能够很好地完成。

### 3.1 宏观管理

宏观管理主要包括水量分配及水资源调度管理。

#### 3.1.1 水量分配

目前,珠江流域已完成 3 批 12 条跨省重要江河流域水量分配方案,根据水量分配方案的批复意见,主要明确了跨省河流的各省(区)分配水量、主要控制断面下泄水量及最小下泄流量控制指标,根据表 2 中分配水量的统计,珠江流域跨省河流分配水量共591.74 亿 m³,占珠江流域 2021 年用水总量的 75%。

#### 3.1.2 水资源调度

为落实水量分配方案的各项指标,珠江水利委员会从 2018 年开始,以东江、黄泥河为试点开展了跨省江河流域水资源调度,组织云南、贵州、广东、江西四省(区)编制水资源调度方案;后续又编制了黄泥河、北江、柳江、北盘江等跨省江河的水资源调度方案,至2022 年,珠江流域开展水量分配的 12 条跨省江河的水资源调度方案全部编制完毕。考虑到郁江流域的重要性,珠江水利委员会还在上述河流水资源调度方案制订的基础上,增加了郁江流域水资源调度方案。各水资源调度方案均明确了控制断面最小下泄流量要求,并提出控制性工程名录及其调度规则。

珠江水利委员会开展的水资源调度工作,标志着珠江水量统一调度已由初始的调水压咸应急举措发展到兼顾生产的多赢并举,调度方案由单一的水库补水发展到多库群联调,调度工作日趋成熟完善。

### 3.2 中观管理

中观管理主要包括规划管理及规划水资源论证管理。

#### 3.2.1 规划管理

珠江水利委员会成立 40 年来,先后编制了绿色珠江建设战略规划、珠江流域综合规划、珠江流域防洪、水资源保护、水土保持生态建设、水资源综合规划、澳门附近水域综合治理、保障澳门珠海供水安全、珠江河口治理等规划,初步形成了由战略规划、综合规划、专业规划、专项规划、发展规划等一系列规划构成的流域水利规划体系框架,为流域治理、水资源开发利用、节约保护和综合管理提供了科学依据,有效地指导了流域的开发治理和管理工作,为维护河流健康,建设绿色珠江,保障水资源可持续利用和支撑经济社会可持续协调发展奠定了基础。

珠江流域水利规划体系现状构成见表 3。

**表 3 珠江流域水利规划体系现状构成**

| 分类 | 规划名称 |
| --- | --- |
| 流域战略规划(1 项) | 绿色珠江建设战略规划 |
| 流域综合规划(6 项) | 珠江流域综合规划 |
| | 柳江流域综合规划 |
| | 红河流域综合规划 |
| | 韩江流域综合规划 |
| | 贺江流域综合规划 |
| | 北盘江流域综合规划 |
| 流域专业规划(3 项) | 珠江水资源综合规划 |
| | 珠江流域水资源保护规划 |
| | 珠江流域防洪规划 |
| 流域专项规划(4 项) | 珠江流域大中型水库建设规划 |
| | 珠江流域节水型社会建设规划 |
| | 保障澳门珠海供水安全专项规划 |
| | 粤港澳大湾区水安全保障规划 |

### 3.2.2 规划水资源论证管理

珠江流域规划水资源论证工作总体上处于起步阶段,流域内的贵州省于 2014 年率先提出并公布了《关于开展规划水资源论证工作通知》(黔水资〔2014〕22 号),贵州省水行政主管部门已经开展了规划水资源论证报告书的审查审批工作,例如《贵州省兴义市城市总体规划水资源论证》《兴仁县工业园区规划水资源论证报告》。流域内,珠江水利委员会于 2012 年、2014 年以水资源费项目探索并组织编制了《海口市总体规划水资源论证》《东方市规划水资源论证》等,于 2021 年正式审查了第一份建设项目规划水资源论证报告书,即《环北部湾广东水资源配置工程规划水资源论证报告书》,2023 年审查了《北部湾广西水资源配置工程规划水资源论证报告书》,对大型水资源配置工程与区域水资源条件的适应性作了科学论证,为规划决策和水资源管理提供了依据。

### 3.3 微观管理

微观管理主要指的是取水许可管理。

取水许可审批主要依据法律法规规定的取水许可管理权限,实现取水许可的"流域、省、市、县"四级审批管理,在用水总量控制中发挥了极其重要的作用。2019 年,珠江区地表水实际取用水量 779.6 亿 $m^3$,其中珠江水利委员会审批核定的河道外取水量约占珠江流域河道外年取水量的 11%。

## 4 存在的问题

珠江流域现行的区域管理与流域管理相结合的用水总量管理,最显著的问题是与区域管理相比较,流域管理相对薄弱,主要体现在以下三个方面。

### 4.1 用水管理实践以项目管理为主

近 20 年来,取水许可制度不断完善,用水管理实践工作落实了取水许可制度要求,规范并保障了项目取用水。但就流域管理机构而言,珠江流域取水许可授权十分有限,且"放管服"将国家发展和改革委员会核准项目的取水许可审批下放到省级,进一步弱化了流域管理机构关于项目的取水许可管理。以 2019 年为例,珠江水利委员会审批核定的河道外取水许可,只占流域用水总量的一成左右,实际的管理效果不佳。

### 4.2 总量管理制度以区域管理为主

现行的用水总量管理是以省、市、县三级行政区域管理为主线,相关的考核也是按照行政区进行,尚未对河流的用水总量开展具体管理考核。流域管理机构在用水总量管理方面,缺乏相关权限,直接参与管理的比重较低。

### 4.3 法律赋予流域宏观管理未落实

水资源调度不仅仅局限于水利部门,涉及流域各方利益,开展调度工作的体制机制尚未完善,流域管理至今尚无完整系统的流域管理条例及细则,流域管理机构宏观管理职责未落实,没有配套相关制度,体制机制不顺。2019 年珠江水利委员会组织编制了《珠江水量调度条例》,但目前仍处于上报阶段。珠江水量调度工作还缺少法律支撑,仍依靠行政协调来组织实施,中央和地方的事权划分及水利部门与其他部门之间的关系等尚未理顺,因此水量分配和水量调度工作推动难度大。

## 5 建议

针对珠江流域用水总量控制管理存在的问题,建议从提升流域总量管理地位、强化流域总量管理手段,坚实流域总量管理依据等方面建设,提升流域用水总量管理水平。

(1)提升流域总量管理地位。珠江流域已经完成了 12 条跨省河流的水量分配任务,占珠江区用水总量指标的一半以上,各省(区)也陆续进行了所辖区域内的跨市、县江河的水量分配,以流域为单元的用水总量管理已基本具备条件,建议将流域的用水总量指标纳入以行政区为单元的用水总量指标考核体系中。在省、市、县三级行政区域管理中,按照管理权限,并行增加不同管辖范围内流域的用水总量管理。

(2)强化流域总量管理手段。流域用水总量是个体用水行为在流域层面上的累计,用水总量管理的基础是个体用水量的核定。要继续加强对规模取水口用水监测范围,将取用水户用水统计调查制度执行情况依法纳入征信管理[2];同时在宏观层面上利用区域水量平衡核验等手段检验用水总量指标。

(3)积极探索建立符合实际的流域治理管理体制机制,加快《珠江水量调度条例》等立法进程,为流域用水总量管控提供制度保障。

# 参考文献

［1］刘艳菊.南方丰水地区水资源刚性约束用水总量管理探讨:以珠江流域为例［J］.人民珠江,2023,44
（6）:36-40.

［2］曹伟.新疆用水总量管理信息系统构建研究［J］.水利信息化,2022(2):83-88.

# 超高水头长引水径流式电站枢纽布置设计

余红松[1]　聂　鹏[1]　刘　一[2]　韩　羽[1]

(1. 中水珠江规划勘测设计有限公司,广东广州　510610;
2. 中国电建集团成都勘测设计研究院有限公司,四川成都　610070)

**摘　要:** 尼泊尔三金考拉水电站具有高海拔、1 000 m 以上超高水头、长引水径流式发电、泥沙含量高等显著特点,根据水文地形地质条件、工程投资、施工条件等,确定首部枢纽+沉沙池+引水隧洞+压力管道+地下厂房的总体布置方式。为解决山区泥沙淤积问题,选择冲沙闸+网筛式挡渣墙+前池(一级沉沙池)+沉沙池(二级洞内有压沉沙池)的防沙冲沙系统布置。该枢纽布置方案能充分利用高程落差,有效地解决泥沙淤积等问题,能满足工程安全、功能及运行需求,可为类似高海拔山区超高水头长引水径流式电站的布置设计提供一定参考。

**关键词:** 高水头;径流式电站;枢纽布置;三金考拉水电站

## 1　引言

枢纽布置是影响水电站安全运行及工程投资的最重要因素,做好枢纽布置的核心是趋利避害、统筹兼顾,基础是充分掌握工程建设的各项基础资料,包括水文泥沙、地形地质、工程规划及运行要求等[1]。近年来,众多专家及工程师对国内外水电站枢纽布置设计进行了研究探讨,胡清义等[1]对河谷狭窄、工程泄洪、导流量大、机组数量多的乌东德水电站枢纽布置设计进行了研究;徐建军等[2]对坝址河谷狭窄、边坡高陡的杨房沟水电站枢纽布置设计进行了探讨;鄢双红等[3]对具有低水头、大流量、高淹没特点的金沙水电站枢纽布置设计进行了总结;杨启贵等[4]对具有地震烈度高、坝址区岩性软弱、泄洪规模大、泥沙问题突出等的卡洛特水电站枢纽布置设计进行了研究。

在水电站开发建设中,中高水头的径流引水式电站的开发在山区占有相当大的比例,这些电站大都具备以下特点:①挡水建筑物不高,一般为低坝;②一般采用卧式机组,发电厂房工程量相对小;③引水渠道一般较长,为几十米甚至十几千米,引水工程部分占枢纽总工程较大比重[5-6]。然而,从已有的工程案例及文献分析,对于超高水头长径流水电站的枢纽布置设计探讨不多,现结合尼泊尔三金考拉水电站工程实例,对高海拔山区低坝超高水头长引水径流式水电站的枢纽布置设计要点进行总结探讨。

---

**作者简介:** 余红松(1970—),男,高级工程师,主要从事水利水电工程的项目管理工作。

## 2 工程概况

Chilime 河为恒河支流 Trishuli 河右岸一级支流,发源于中国西藏喜马拉雅山南麓,自西北向东南流入尼泊尔境内,最高海拔 7 356 m,流域面积 280 km²,河长约 44 km,落差 5 876 m,河道平均比降 7.49%,属典型的山区河流,具有径流丰沛和落差巨大的优越自然条件。

三金考拉水电站位于尼泊尔巴格马蒂区西北部喜马拉雅山南麓 Chilime 河中游的高寒地区,坝址取水口流域面积 143 km²,电站厂址位于坝址下游约 6 km 处,控制流域面积 179 km²。除厂址附近河谷约 3.2 km² 流域海拔在 3 000 m 以下外,其他海拔均在 3 000 m 以上,海拔 5 000 m 以上地区占流域面积的 36% 左右。

三金考拉水电站开发任务为发电,设计水平年 2030 年,设计保证率 95%。坝址位于山区河流,河道自然坡降大,无形成大库的良好地形条件,宜采用低坝长引水开发方式,为径流式小流量高水头电站,无调节能力,出力丰枯变化大。正常蓄水位 3 391 m,设计引用流量 9.3 m³/s,利用落差 1 015 m,装机容量 78 MW,装机 3 台单机容量 26 MW 的冲击式水轮发电机组,多年平均发电量 412.4 GW·h,装机年利用小时数 5 287 h。工程等别为三等,工程规模为中型。电站计划于 2023 年左右投产,建成后在尼泊尔具有足够的市场空间。

## 3 水文气象条件

Chilime 河流域受季风气候影响,降水年内分配不均匀,每年 5—10 月受来自阿拉伯海及孟加拉湾的季风影响,地形抬升使得暖湿气流迅速凝结形成丰沛的降水,其间降水量占全年降水量的 80% 左右;每年 11 月至次年 4 月印度低压消失,西伯利亚—蒙古高压控制南亚大陆,干冷气流控制该地区,使得降水减少。多年平均悬移质输沙量为 9.1 万 t,多年平均推移质输沙量为 2.73 万 t。

根据 Helambhu 水文站 1990—2008 年(1997 年缺测,2000 年及 2008 年按异常值处理)共计 16 年年最大瞬时流量系列,按期望公式计算经验频率,采用 P-Ⅲ型曲线适线确定统计参数。Helambhu 水文站设计洪水成果见表 1。

表 1 Helambhu 水文站设计洪水成果

| 断面位置 | 流域面积/km² | 均值/(m³/s) | $C_v$ | $C_s/C_v$ | 设计流量/(m³/s) | | | | | |
|---|---|---|---|---|---|---|---|---|---|---|
| | | | | | $P=0.2\%$ | $P=0.5\%$ | $P=1\%$ | $P=2\%$ | $P=5\%$ | $P=10\%$ |
| 水文站 | 112 | 51.0 | 0.35 | 4.0 | 132 | 119 | 109 | 99.3 | 85.6 | 74.9 |

## 4 地质条件

工程区地处喜马拉雅弧形构造带区域,枢纽区下游段为前寒武系喜马拉雅组下段(Hma)地层,岩性为片麻岩;上游段为前寒武系喜马拉雅组上段(Hmb)地层,岩性为石英岩夹片麻岩。工程区 50 年超越概率 10% 的基岩峰值水平加速度为 0.23g,地震基本烈度为Ⅷ度。三金考拉水电站库区位于尼泊尔境内北部山区,库区属高山地貌,两岸地形总体陡峭,呈台阶状,河床附近地形坡度一般为 30°~40°,局部大于 60°,以上为基岩陡壁。河道总体顺直,近坝右库岸分布一处较大规模的崩塌堆积体(B1),方量约 1.7 万 m³。

库区两岸基岩为灰色—灰白色石英岩夹片麻岩,岩层产状 N70°~85°E/NW∠65°~80°,总体为横向谷,次块状—块状结构为主,弱风化。库区及库尾以上邻近河段两岸坡脚多为第四系崩积(colQ)、崩坡积(col+dlQ)覆盖,主要由块石、碎石及少量粉土组成,分选性差,直径大者可达数米甚至 10 m 以上,小者一般 5~30 cm。

库区及库尾以上邻近河段未见明显顺河向Ⅲ级以上规模构造发育,局部可能存在顺层发育的Ⅳ级小断层及挤压带,一般规模较小。片(麻)理面延伸较长,可达 50 m 以上,地表多卸荷张开裂隙宽度大于 5 mm,局部片麻岩夹层在地表水作用下被淘蚀成空腔状,厚度一般为 10~30 cm,部分可达 50~60 cm,在两岸 3 600 m 高程以上还发育一组顺河向的近垂直横节理,延伸超过 20 m,形成卸荷裂隙,局部可见宽度达数米的拉裂缝和拉陷带,无明显位移。库区上游河段内冰劈作用引起的崩塌现象普遍发育,卫星影像遥感地质解译显示,成规模的松散堆积物(见图 1)有 17 处,堆积方量为数百立方米至数万立方米不等。

图 1　库区上游河段典型松散堆积物照片

## 5　电站枢纽布置

水电站坝址、厂址的选择应根据地形地质条件、枢纽布置、运行条件、施工条件、淹没损失、环境影响、工程量及投资等因素在技术经济比较的基础上选择[7-9]。枢纽总体布置应满足综合利用要求,应通过技术经济比较合理布置挡水、泄水、引水、发电、通航等建筑物。尼泊尔三金考拉水电站结合河道自然大坡降和山体以石英岩、片麻岩等坚硬岩体为主的地形地质特点,充分利用高程落差,选择有压引水布置,并考虑施工投资及施工工期等,确定三金考拉水电站采用低坝长引水开发方式,枢纽由首部枢纽建筑物和左岸引水发电建筑物组成。首部枢纽建筑物由溢流坝、冲沙闸、挡水坝、取水口、前池及侧堰、进水口组成,左岸引水发电建筑物由引水隧洞、地下沉沙池、压力管道、地下厂房及附属洞室组成[10],如图 2 所示。

**图 2 尼泊尔三金考拉水电站枢纽总布置示意图**

### 5.1 挡(泄)水建筑物布置

枢纽布置设计中最关键的问题是合理确定泄洪消能建筑物的布置,水电站泄水建筑物形式、尺寸及高程应根据地形、地质、枢纽布置、泥沙、泄量、工程量、施工、投资等条件通过技术经济比较确定。对首部枢纽泄洪建筑物形式进行研究,拟定了溢流坝和水闸两种方案进行比较,优选泄洪建筑物形式。

#### 5.1.1 溢流坝方案

溢流坝方案首部枢纽坝轴线为折线形布置,夹角 50°。右侧为溢流坝和冲沙闸,左侧为取水口和挡水坝段。溢流坝段采用混凝土重力坝形式,设 1 孔无闸门控制表孔溢流堰,堰顶高程 3 391.00 m,单孔宽 14 m。溢流坝段宽 14.5 m,顺水流向长 20.5 m,最大坝高 18 m。溢流坝建基面高程 3 373.00 m,基础置于基岩。溢流坝下游接护坦,采用急流衔接形式,长 20 m,底板顶高程 3 379.00 m,底板厚 1.5 m。

冲沙闸位于溢流坝左侧,轴线长 6.3 m,顺水流向长 20.5 m。冲沙闸建基面高程 3 371.00 m,基础置于基岩。冲沙闸内设置 1 道检修闸门和 1 道工作闸门,闸门底坎高程 3 383.50 m。检修闸门孔口尺寸 4 m×4.5 m,工作闸门孔口尺寸 4 m×4 m。

#### 5.1.2 水闸方案

水闸方案的首部枢纽布置格局与溢流坝方案基本相同,区别仅在于将泄洪建筑物由溢流坝改为开敞式平底水闸。

开敞式平底水闸闸室总宽 19 m,长 20.5 m。闸顶高程 3 396.00 m,闸室底坎高程 3 384.00 m,底板厚度 3 m。上下游齿墙底高程分别为 3 378.00 m、3 376.00 m。底板下覆盖层清除后回填 C15 混凝土。泄洪闸采用平底板无压孔形式,布置 2 孔泄水闸孔,单孔净宽 6.0 m,孔口高 6.0 m,中墩厚 3.0 m,左边墩厚 2.5 m,右边墩厚 1.5 m。设置 1 道弧形工作闸门和 1 道平板事故闸门。水闸下游接护坦,采用急流衔接形式,纵坡 1:10,长 20 m,宽 21.5 m,底板顶高程 3 379.00 m,底板厚 1.5 m。

水闸方案中冲沙闸、取水口、前池(兼作一级沉沙池)及侧堰、进水口结构均与溢流坝方案相同。

从工程投资、施工条件、运行管理、冲沙效果和风险预测等方面对溢流坝方案和水闸方案进行了比较,见表 2。综合以上各方面的比较结果,确定首部枢纽泄洪建筑物选用溢流坝方案。

表 2    首部枢纽泄洪建筑物方案比较

| 序号 | 比较条件 | 水闸方案 | 溢流坝方案 |
|---|---|---|---|
| 1 | 建筑工程投资 | 499.5 万美元 | 493.7 万美元 |
| 2 | 金属结构投资 | 2 道闸门<br>83.8 万美元 | 无闸门 |
| 3 | 施工条件 | 施工难度均较小 | |
| 4 | 运行方式 | 存在闸门、启闭机运行管理不方便,后期运行复杂,维护费用高等问题,若汛期操作不及时,闸门未能及时开启,则影响工程安全 | 自由溢流,结构相对简单,便于管理,运行安全、方便 |
| 5 | 运维费用 | 高 | 低 |
| 6 | 冲沙效果 | 泄洪闸前缘宽度较宽,闸室底槛高程低,冲沙效果较好 | 仅有 1 孔冲沙闸进行冲沙,冲沙效果相比平闸稍差。根据下游 Chilime 电站运行经验,单孔冲沙闸冲沙可保障电站正常取水发电 |
| 7 | 风险预测 | 汛期推移质通过闸孔泄放,闸孔淤堵可能性小,但不排除汛期推移质卡住闸门槽闸门提不起来的可能性 | 汛期溢流坝前会出现淤堵,冲沙闸和取水口前有淤积的可能。通过开启冲沙闸冲沙可使淤积高程低于取水口底坎高程,保障电站正常取水发电 |

故首部枢纽坝轴线为折线形布置,夹角 50°,从右至左依次为溢流坝、冲沙闸、取水口和挡水坝,坝轴线长 45.8 m。正常蓄水位 3 391.00 m,高于河床约 5.5 m,总库容 0.56 万 m³。最大坝高 21.5 m,满足拦水取水要求,基本不形成淹没,能够保护高原珍稀的土地资源,对环境破坏小。溢流坝采用混凝土重力坝,坝高 18 m,基础置于基岩。坝顶高程 3 396.00 m,堰顶高程 3 391.00 m,溢流前缘宽 14 m,可自由溢流,管理方便,施工技术简单,对地形地质条件适应性较强。

从已建成投产工程了解到,Chilime 河泥沙较大,几年内可淤满整个库容,须定期清理。为解决好引水防沙问题,在首部枢纽布置上采取了下列几项措施:①紧靠取水口布置冲沙闸,采用斜向取水、正向排沙的布置形式;②取水口底坎比冲沙闸底板高出 5.5 m,使取水口前缘形成一道底坎,以拦截进入冲沙道的推移质,防止其进入取水口。取水口紧邻冲沙闸左侧布置,与坝轴线的夹角为 50°,为侧向取水。枢纽设计时只要求保持"门前清",在取水口与溢流坝之间设置 1 道尺寸为 4 m×4 m 的冲沙闸,及时冲走取水口前推移物质,对进入取水口后的悬移质泥沙,设专用沉沙池解决。同时,为防止大粒径推移质进入取水口,并改善冲沙效果,在冲沙闸与溢流坝之间的上游库内顺水流方向设置一道网筛式挡渣墙。

结合地形取水口采用 2 孔,尺寸为 3 m×3 m,轴线与溢流坝轴线夹角 50°,后接长 45.1 m 前池,平均深度 7.2 m,在前池右端设置侧堰排水入河道,满足机组甩负荷时引水道中涌浪泄放要求。

左岸挡水坝段坝顶长 12.93 m,坝顶高程 3 396.00 m,坝顶宽 5.0 m,最低建基面高程 3 381.00 m,最大坝高 15.0 m,坝基最大宽度 7.33 m。

尼泊尔三金考拉水电站首部枢纽平面布置见图 3。

**图 3 尼泊尔三金考拉水电站首部枢纽平面布置**

## 5.2 引水建筑物布置

水电站进水口设计应符合以下 4 个方面要求:①在各级运行水位下应水流顺畅、流态平稳、进流均匀并满足引用流量要求;②应避免产生贯通式漏斗漩涡;③当泥沙淤积影响取水或影响机组安全运行时,应设置防沙和冲沙设施;④在多污物河流上应设置防污、排污设施(严寒地区应设置防冰、排冰设施)。根据以上原则,三金考拉水电站进水口底板高程 3 385.3 m,进水塔体尺寸为 6.3 m×6.5 m×9.2 m(长×宽×高)。进水塔采用单流道布置,设事故闸门 1 道,孔口尺寸为 2.2 m×2.2 m(宽×高)。为防止前池粗粒径颗粒物进入引水道,前池底板末端与进水口底板形成错台,高差 2.5 m。

为解决好引水防沙问题,在首部枢纽布置上初步采取了下列几项措施:①紧靠取水口布置冲沙闸,采用斜向取水、正向排沙的布置形式;②取水口底坎比冲沙闸底板高出 5.5 m,使取水口前缘形成一道底坎,以拦截进入冲沙道的推移质,防止其进入取水口。

根据多年来中小水电站设计经验,引水系统占枢纽总工程较大比重,其设计对高水头电站工程的总体设计至关重要。结合电站地形地质特点,引水系统应优先考虑以隧洞为主引水进行布置,其优点体现在:①采用隧洞引水可以拉直渠线,避免急转弯,使水流平顺,减少水头损失;②对水土保持有利,避免山体植被遭破坏,可减少土地和山林的赔偿费用;③随着施工经验的不断积累,小断面长隧洞的施工方法日趋成熟,隧洞工程的相对造价明显降低;④运行管理方便,可避免渠道上方山体滑坡堵塞压塌、破坏渠道,也可避免区间洪水进入渠道而引起渠道漫顶等;⑤从已投入运行的中小水电站引水隧洞分析,大都运行良好,很少出现隧洞遭破坏而影响发电。

根据以上原则,三金考拉水电站选择长引水隧洞作为引水建筑物,引水隧洞布置于三金考拉河左岸的山体内,埋深 30~450 m,隧洞沿线山体雄厚,地形陡峻,基岩多裸露。综合考虑隧洞长度、隧洞埋深以及主洞与支洞的连接,引水隧洞沿线共布置了 4 个平面转弯点,弯道转弯半径均为 15 m,引水隧洞进洞点高程为 3 385.30 m,隧洞末端高程为3 065.00 m。引水隧洞长 4 665.4 m,隧洞为城门洞形有压洞,开挖尺寸为 3 m×3 m。引水隧洞进洞底高程 3 385.30 m,隧洞末端高程 3 065.00 m。沉沙池前洞段坡度 2.9%,沉沙池后洞段坡度 7.7%。

由于三金考拉水电站周围喜马拉雅山较大规模的崩塌堆积体,泥沙淤积问题严重,取水口后接前池,作为一级沉沙池使用;在前池后约 390 m 处设置地下沉沙池作为二级沉沙池使用。一级沉沙池主要用于沉淀进入取水口的大粒径颗粒物,二级洞内有压沉沙池主要用于沉淀细颗粒。前池长 45.1 m,其中连接段长 20.1 m;工作段长 25.0 m,纵坡 $i=$ 4%;净宽 6.0 m,前池右侧设侧堰,工作段平均深度约 7.2 m。地下沉沙池布置 2 组,为定期冲洗式沉沙池。2 个沉沙池工作段长度均为 130 m,沉沙池断面为马蹄形,底宽 2.5 m,顶宽 7.8 m,高 7.6~11.5 m。2 组沉沙池共用一条冲沙洞。

根据地面厂房的布置,压力管道为地下埋藏式,采用 1 条主管,经两级岔管分为 3 条支管分别向厂房内 3 台机组供水的布置方式。压力管道由上平段、上斜井段、中一平段、中斜井段、中二平段、下斜井段、下平段(含下平段主管段、岔管段、支管段)等组成,沿主管、1# 支管轴线,压力管道全长 2 014.165 m,其中主管段长 1 986.408 m,支管最大长度 27.757 m。压力钢管管径逐渐变小,主管管径 1.6~1.2 m,支管管径 1.1~0.8 m。

## 5.3　厂房枢纽布置

水电站厂房的形式应结合枢纽布置、地形、地质、上下游水位变幅等因素经技术经济比较后确定,可分别采用地面式、地下式、半地下式、溢流式或坝内式。根据地形条件,三金考拉水电站发电厂房形式为地下厂房,位于河道左岸山体内。厂区枢纽建筑物主要由主厂房、副厂房、主变室、母线洞、进厂交通洞、出线及排风洞、尾水洞、出线场组成。发电厂房形式为地下厂房,位于河道左岸山体内。

厂区主洞室为主厂房和主变室,其轴线方向确定主要遵循以下原则:①与岩体主要结构面及断层走向呈较大夹角;②与最大主应力方向呈较小夹角;③使引水和尾水相对顺畅,洞线长度尽可能缩短。根据岩体结构面产状和厂区洞室群协调布置需求,确定主厂房和主变室的轴线方向为 N20°W,与片麻理走向夹角为 70°,与最大主应力方向夹角为 20°,同时也兼顾了与压力管道、尾水洞及交通洞的布置衔接。

本电站工程厂区主洞室包括主副厂房和主变室。主副厂房洞室布置为"一"字形,轴向方向 N20°W,从左至右依次为安装间、主机间和副厂房。主副厂房洞室总长 71 m,上部宽 15.6 m,下部宽 14.2 m,最大高 31 m。

主变室位于主厂房下游,与主厂房平行布置,与主厂房间岩柱厚 25.3 m。主变室长 53 m,宽 12 m,高 11.5 m。

母线洞布置 1 条,位于主厂房与主变室之间,轴线与主厂房垂直。母线洞长 26 m,净断面尺寸 8.5 m×5.5 m(宽×高),城门洞形。

进厂交通洞长 268.96 m,从安装间左端墙进厂。进厂交通洞净断面尺寸 5 m×6 m(宽×高),城门洞形。

出线及排风洞长 365 m,从副厂房右端接入。主变室右端布置 1 条出线洞,与出线及排风洞连接,长 16 m。出线及排风净断面尺寸 4 m×4 m(宽×高),城门洞形。

尾水洞包含 3 条尾水支洞和 1 条尾水主洞。1#、2#、3#尾水支洞长度分别为 65.5 m、57.7 m、50 m(包含渐变段),净断面尺寸 2.5 m×3 m(宽×高),城门洞形。尾水支洞轴线方向 N70°E。尾水主洞长 210 m,轴线方向 N14°E,净断面尺寸 3.5 m×3.5 m(宽×高),城门洞形。

出线场布置于地面,位于出线及排风洞洞口,场坪高程 2 375.00 m。出线场平面尺寸 20 m×11.5 m。

# 6 结论

尼泊尔三金考拉水电站枢纽布置设计主要有以下几个方面的显著特点:

(1)根据地形地质条件,尼泊尔三金考拉水电站具有高海拔、1 000 m 以上超高水头、长引水径流式发电等显著特点,本工程选择首部枢纽+沉沙池+引水隧洞+压力管道+地下厂房的布置方式。

(2)枢纽布置设计中最关键的问题是合理确定泄洪消能建筑物的布置,从工程投资、施工条件、运行管理、冲沙效果和风险预测等方面进行对比,三金考拉水电站选择溢流坝为本工程的泄洪建筑物。

(3)尼泊尔三金考拉水电站地处喜马拉雅山区,泥沙淤积问题严重,解决泥沙问题是枢纽布置设计的难点,经充分论证,选择冲沙闸+网筛式挡渣墙+前池(一级沉沙池)+沉沙池(二级洞内有压沉沙池)的防沙冲沙系统布置。

在尼泊尔三金考拉水电站枢纽布置设计中,综合考虑了工程区地形地质条件、工程投资、施工条件等因素,该枢纽布置方案适应了坝址区基本条件,能充分利用高程落差,有效解决水库泥沙淤积等问题。本工程案例可为类似高海拔区低坝超高水头长引水径流式电站的枢纽布置设计提供一定参考。

# 参考文献

[1] 胡清义,翁永红,曹去修,等.乌东德水电站枢纽布置设计与研究[J].人民长江,2014,45(20):16-20.

[2] 徐建军,殷亮.杨房沟水电站枢纽布置设计及主要工程技术[J].人民长江,2018,49(24):49-54.

［3］鄢双红,王志宏,夏传星.金沙水电站枢纽布置设计研究[J].水利水电快报,2022,43(3):1-4.

［4］杨启贵,孔凡辉,万云辉,等.卡洛特水电站枢纽布置设计[J].人民长江,2022,53(2):132-137.

［5］金诚.浅析高水头径流引水式电站布置[J].小水电,2012(2):25-28.

［6］赵东华.中高水头径流引水式小水电站引水部分设计探讨[J].广东水利水电,2001,9(3):16-17.

［7］中华人民共和国水利部.水电站引水渠及前池设计规范:SL 205—2015[S].北京:中国建筑工业出版社,2015.

［8］中华人民共和国水利部.水电站压力钢管设计规范:NB/T 35056—2015[S].北京:中国建筑工业出版社,2015.

［9］中华人民共和国水利部.水电站厂房设计规范:SL 266—2014[S].北京:中国建筑工业出版社,2014.

［10］中国电建集团成都勘测设计研究院有限公司.尼泊尔三金考拉水电站基础设计报告[R].成都:中国电建集团成都勘测设计研究院有限公司,2020.

# 河湖治理与
# 生态环境复苏

# 新时期西江肇庆段"一河一策"治理措施探讨

伍 峥[1,2] 孔 兰[1,2] 王 菲[1,2] 施 晔[1,2]

(1. 中水珠江规划勘测设计有限公司,广东广州 510610;
2. 水利部珠江水利委员会水生态工程中心,广东广州 510610)

**摘 要:**西江是珠江的主干流,肇庆市西江流域水资源分布不均,水资源供需矛盾仍然突出,执法能力不足,河道整治难度大,河流管护任务艰巨。为全面推进西江肇庆段"一河一策"实施工作,本文通过开展河流治理措施研究,梳理了西江肇庆段河流健康所存在的主要问题。结合流域特色,提出了切实可行的治理与保护措施,包括保护水资源、保障水安全、防治水污染、改善水环境、修复水生态、管理保护水域岸线、强化执法监管等。防洪、内涝治理、雨水管渠、截污、清淤疏浚、垃圾收运处理等工程建设必须突出重点,解决突出矛盾,按时间顺序,分层次逐步展开。研究成果对全面推行河长制、加强河湖管理保护具有重要的参考意义。

**关键词:**河长制;一河一策;治理与保护措施;西江;肇庆市

中共中央、国务院一直以来高度重视水安全和河湖管理保护工作。习近平总书记强调,保护江河湖泊,事关人民群众福祉和中华民族长远发展。国务院原总理李克强指出,江河湿地是大自然赐予人类的绿色财富,必须倍加珍惜。党的十八大以来,中央提出了一系列生态文明建设特别是制度建设的新理念、新思路、新举措。2016 年 12 月 11 日,中共中央办公厅、国务院办公厅印发了《关于全面推行河长制的意见》[1]。广东省人民政府印发了《广东省全面推行河长制工作方案》(粤委办〔2017〕42 号文),明确了推行河长制的保护水资源、保障水安全、防治水污染、改善水环境、修复水生态、管理保护水域岸线及强化执法监管等七项主要任务,比中央要求的多了一项保障水安全任务,致力解决好广东水资源短缺、水灾害频发、水环境污染、水生态损害等群众反映突出的水问题。肇庆市委、市政府出台了《肇庆市全面推行河长制工作方案》,要求全市境内河湖全面建立河长制,构建市、县、镇、村四级河长制组织体系(不含省级河长),从水资源、水安全、水污染、水环境、水生态、水域岸线管理、执法监管等方面,实现水资源利用更加充分,水环境改善更加明显,水安全保障更加有力,基本实现"河畅、水清、堤固、岸绿、景美"的总目标。本文就

**作者简介:**伍峥(1975—),男,高级工程师,主要从事水利工程规划、设计、技术经济、管理等方面的研究工作。

**通信作者:**孔兰(1973—),女,正高级工程师,主要从事水资源、水生态等方面的研究工作。

西江肇庆段"一河一策"治理措施进行探讨,分析存在的问题,提出治理与保护措施,为肇庆市河长制的推行落实提供技术支持,对维护河湖健康、实现河湖功能的有序利用提供参考[2-5]。

## 1 概况

肇庆市位于广东省中西部,东北靠清远市,东南接佛山市,南面为云浮市,西及西北与广西壮族自治区相邻。位置在东经 111°21′~112°51′,北纬 22°47′~24°23′。全市土地面积 14 891 km²,跨西江、北江两大流域。西江流域肇庆段位于肇庆市西部和南部,面积 7 942 km²,涉及三区两县,分别是端州区、高要区、鼎湖区、德庆县、封开县。西江肇庆段南北两岸,先后汇入西江干流的 100 km² 以上的河流有贺江、谷圩河、蟠龙水、渌水、马圩河、悦城河、大榕水、大迳河、新兴江、宋隆河、九坑河、金利河共 12 条。西江河宽水深,航运畅通,为两广水路客货运输大动脉。目前可通航 1 000 t 级一顶二分节驳顶推船队。主要的浅滩有界首横带沙、都城新滩、都乐滩及蟠龙滩。西江干流肇庆段河长 225 km,河床平均坡降 0.58‰。肇庆市西江流域水系示意图见图 1。

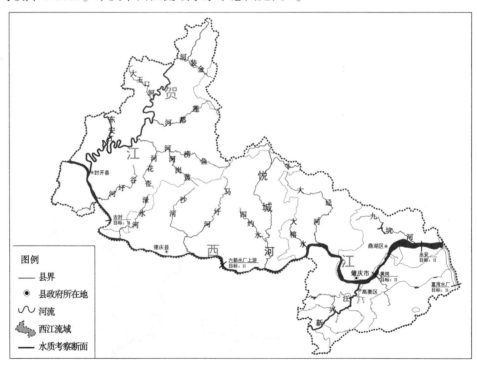

**图 1　肇庆市西江流域水系示意**

## 2 存在的主要问题

肇庆市西江流域水资源分布不均,水资源供需矛盾仍然突出,"清四乱"工作不够彻底,执法能力不足,河道整治难度大,河流管护任务艰巨。在深入了解西江流域现状的基础上,从水资源、水安全、水污染、水环境、水生态、水域岸线、执法监管等方面,对西江流域肇庆段河流健康存在的主要问题[6-7]进行了梳理,简述如下。

## 2.1 水资源方面

一是最严格水资源管理制度待加强。从西江肇庆段 2018 年现状用水效率来看,目前存在水资源利用方式粗放、用水效率不高、用水浪费等问题。2018 年,万元 GDP 用水量为 84 m³/万元,远高于全省平均水平 43 m³/万元;城镇居民生活用水量为 182 L/(人·a),与国内外发达地区相比仍有较大的差距。从水功能区水质达标情况来看,西江流域部分水功能区不达标,金龙高水库、金龙低水库不达标,两水库均为饮用水水源区,超标项目主要是高锰酸盐和氨氮。

二是水资源保护方面规划体系不完善。肇庆市目前尚未编制水资源保护规划、节水型社会建设规划等。

三是水资源管理体制机制仍不健全。软硬件配套缺位,最严格水资源管理制度体系有待进一步完善。

## 2.2 水安全方面

一是防洪体系有待进一步完善。目前肇庆市西江沿岸主要通过堤围设防来提高防洪标准。西江干流目前达到 50 年一遇防洪标准的堤防只有肇庆城区的景丰联围景福围,其余堤围按 20~30 年一遇洪水标准已完成达标加固建设或正在进行达标加固建设,景福围存在的问题包括堤防两侧挡土墙等建筑物破损严重、部分堤段汛期渗漏严重等,其他堤围存在河床局部下切引起深槽迫岸、穿堤建筑物老化严重、部分堤围渗水严重等问题。

二是排涝体系不完善,内涝问题突出。内涝给经济建设和人民生活及财产造成的灾害日益严重,在局部地区每年都发生不同程度的内涝,特别是在经济较发达的端州、高要、鼎湖等地区常出现严重的内涝。现状共划分为 24 个涝区 49 个涝片,涝区总面积 82 km²,其中耕地面积 8 万亩,约占涝区总面积的 62.42%。肇庆市的排涝设施大多建于 20 世纪七八十年代,现有的机电排涝站、排水闸、排水渠等工程有些已运行了三四十年,设备老化,建设标准低,经历数年运行,许多隐患逐渐暴露,目前排涝标准与广东省水利现代化的要求有较大差距。

三是防洪非工程措施薄弱。流域性水文遥测站网、洪水的预报预警系统及防洪决策支持系统均未建立,上下游协调有待加强。

## 2.3 水污染方面

一是生活污水处理设施建设滞后。随着城乡建设速度的加快,居民生活水平的提高,生活污水量持续增加,生活污水处理设施建设滞后,且部分旧城区多为雨污合流体制,造成下雨天过多雨水进入污水处理厂,导致污水处理厂入口污染物浓度偏低,降低整个污水处理厂的运行效果和运行成本,同时在某种程度上造成城镇污水处理厂的投资浪费。

二是"小散乱污"企业污染源整治需加强。落后工艺及产能行业淘汰不及时,排污口整顿不彻底,沿江沿线水源保护等敏感区内依然存在重污染项目,"小散乱污"企业污染源整治需加强。

三是畜禽与水产养殖水污染整治不到位。禁养区、限养区内畜禽养殖业清理整治不到位,依法关闭或搬迁禁养区内的养殖场(小区)和养殖专业户等相关工作有待加强;流域内分布许多鱼塘,水产养殖场规模化、集约化水平不高,水产养殖区域统筹规划布局不完善,配套污水处理设施不到位。

四是港口及船舶污染存在隐患。港口码头污染物主要包括含油污水、生活污水和垃圾,船舶污染物接收设施不足,港口及船舶污染存在隐患。

## 2.4 水环境方面

一是水源保护工作不完善,标准化建设亟待加强。西江流域的市级、县级饮用水源保护区有 6 个位于西江干流,尽管现状集中式饮用水源水质达标,但仍存在建设不规范、饮用水源保护区内有违法建设项目、污染源等问题,存在一定的水质污染风险。

二是农村水环境保护工作滞后,畜禽养殖污染治理明显不足。农村生态环境面临的形势仍然十分严峻,"脏、乱、差"现象仍普遍存在,农村环境基础设施严重滞后。畜禽养殖方式粗放以及治理水平落后等因素,导致高要区和鼎湖区河涌水质极差。

三是局部水环境污染突出,环境风险隐患日益增加。随着经济的快速发展和城镇化进程的加快,西江下游部分流经城市的内河涌水污染防治问题尤为突出。其中,纳入常规监测的新兴江水质现状水质标准为 Ⅳ 类,未达到功能区水质目标,且水质呈恶化趋势。

四是环境监管能力亟待加强,环保监管体制机制尚需优化。随着城镇化、工业化的不断推进,环保能力滞后、资金保障不足、人员缺乏。环境监测、监察等机构与国家标准化建设的要求相比仍有较大差距。

## 2.5 水生态方面

一是物种资源较丰富,保护形势仍严峻。总体来讲,西江肇庆段水生生物资源较丰富,但是水环境污染以及拦河工程的兴建破坏了水生生物栖息地环境,导致水生生境退化问题日益凸显,对水生生物资源的保护亟待加强。

二是局部河段仍需加强水土流失防治。根据《广东省水土保持规划》,肇庆市属于岭南山地丘陵土壤保持水源涵养区 Ⅱ 3,地形地貌以丘陵、山地地貌为主,区域水土流失主要表现为垦殖坡地、面蚀和崩岗。现场勘查显示,西江肇庆段内大部分区域植被覆盖良好,仅有小部分区域出现岸坡裸露,需做水土保持,对岸坡植被进行恢复。

## 2.6 水域岸线方面

一是岸线管理不到位。局部河道两岸占滩现象严重,确权划界工作进展缓慢,岸线管理缺乏统筹协调。

二是非法采砂现象依然存在。依照《广东省河道采砂管理条例》及相关法律、法规的规定,西江干流为禁止采砂区。西江干流河道管理点多、线长、面广,非法采砂、侵占水域岸线、乱占滥用等现象时有发生。

三是局部违法侵占岸线情况依然存在。依据《广东省河道堤防管理条例》,对于已有堤防的河段或水利工程虽然有较明确的管理范围,但由于历史遗留原因,管理区和地方土地划界不明确,加之原有界桩界墙不完善、不明确或年久失修,侵占管理区用地现象时有发生。

## 2.7 执法监管方面

一是联合执法有待加强。上下游地级市之间、部门之间、群众与政府之间的问题沟通渠道不畅,难以及时对治河问题进行统一行动,联合执法有待加强;市政府协调各部门治水行动,但是由于"多龙管水",最终的考核指标难以拆解到部门,造成难以以部门为主体进行履约处罚。

二是基层执法能力不足。基层水政监察部门、环保监察大队专项编制及资金有限,在河湖巡查、监管上,仍然存在执法队伍人员少、经费不足、力量弱,存在执法不到位的问题。

三是执法手段和装备相对滞后。水务、环保等主要涉水执法监督技术仍主要依靠传统手段,对"互联网+"、大数据、卫星遥感、无人机船等新的先进技术应用较为滞后。

## 3 治理与保护措施

为使全流域的水资源利用更加充分,水环境改善更加明显,水安全保障更加有力,水域岸线管理更加规范,水污染得到全面控制,水生态功能恢复,水务执法监管能力进一步增强,建成区水体全面消除黑臭,已划定地表水环境功能区的水体水质达到既定水质目标以上,基本实现"河畅、水清、堤固、岸绿、景美"的总目标。针对存在的问题,结合流域特色,提出具体治理与保护措施[8-10]如下。

### 3.1 保护水资源

保护水资源,应加强水资源"三条红线"控制、落实水资源管理制度、水资源监控能力建设等。用水总量控制方面,针对西江干流肇庆段用水总量控制指标,严格取水审批、严格开展水资源论证工作等。用水效率控制方面,要针对农业、工业、生活等开展相应的节水工作,积极开展非常规水源利用,进一步提高各行业用水效率。水功能区限制纳污方面,需复核水功能区纳污能力、限制审批新增入西江排污口、严格执行建设项目主要污染物排放总量前置审核制度、严格工业企业排污监督管理。

### 3.2 保障水安全

防洪规划采用"上蓄、中防、下排、外挡"的综合治理原则,规划续建、扩建和新建达标加固堤围,总长139.25 km。重点规划堤防主要有景丰联围、高要城区堤防、德庆江滨堤围。提高治涝标准,对现有治涝设施进行技术改造和扩建,加强技术改造,发挥现有治涝工程的作用;对现有设施更新换代,发挥其原有作用;合理调整原有治涝体系,整治排灌系统,分仓排水,保证涝水及时排掉;根据实际情况,调整作物结构;要注意科学调度,发挥综合工程的作用。把治涝规划纳入城镇总体规划,有效解决城乡开发中的洪涝问题。对存在设计标准低、施工质量差、设施老化破损或不完备等问题的水闸进行整治,主要对蟠龙口水闸、水口水闸、大桥水闸、大塘水闸进行除险加固。完善非工程措施,建立健全洪水预警预报系统、责任机制、监督机制、流域防洪联合调度方案、超标准洪水预案等,确保应急管理工作及时有效[11]。

### 3.3 防治水污染

为了保障水环境安全,防止西江干流水质恶化,同步考虑到任务可达性,应分区域、分阶段推进各流域的水环境综合整治。近期以东南板块为重点,以新兴江、西围水、宋隆水(包括双金河)、独水河、鼎湖区重污染河涌等对西江干流水质影响较大的水体为目标,以生活源、畜禽养殖源为治理重点,对化学需氧量、氨氮、总磷及其他特征污染物采取针对性措施,加大整治力度。同步推进西北板块凤岗河、大冲水、谷圩河、南街河等河流的综合整治。

### 3.4 治理水环境

严格执行饮用水水源保护制度,近期县级及以上集中式饮用水水源水质全部达到或优于Ⅲ类,每年完成县级以上集中式饮用水水源地的环境状况评估工作。对取水口改变、保护区划分不符合现行技术标准、供排水格局统筹调整等相关县级及以上饮用水源开展保护区划整体调整工作。推进流域农村环境综合整治工作,包括农村生活污水和垃圾处理、畜禽养殖废弃物综合利用与处置,以及农药、化肥等面源污染综合防治工作,提升改善农村水环境质量[12]。加强重点水体环境综合整治,分区域、分阶段推进各流域的水环境综合整治,推进羚山涌、石咀涌黑臭水体整治工程。

### 3.5 修复水生态

根据上游水源涵养区、中游水源保护区和下游开发治理区的不同问题,制定不同的水生态保护与修复措施。加快对西江干流堤防出险加固工程,结合整治工程,维护和恢复河流自然蜿蜒性及河流地貌形态多样性。护岸形式宜优先选用坡式护岸,在保证河岸具有一定抗冲刷能力的前提下,尽量考虑保留原有岸坡或者采用生态型护坡。有抗冲刷要求的河堤可采用格宾石笼、无砂混凝土护坡、埋石混凝土护脚等形式,常遇洪水位以上优先采用植物护坡。建设仿自然河道生态环境,为生物群落提供多样的栖息地。保持现有湿地数量不减少,各级湿地自然保护区和湿地公园得到有效保护,维护淡水资源安全。禁止侵占自然湿地等水源涵养空间,已侵占的要限期予以恢复。

### 3.6 管理保护水域岸线

根据《关于开展河湖管理范围和水利工程管理与保护范围划定工作的通知》(水建管〔2014〕285 号)、水利部办公厅《关于开展河湖及水利工程划界确权情况调查工作的通知》(办建管〔2014〕186 号)以及《肇庆市全面推动河长制工作方案》,近期完成西江河道岸线管理保护范围的划定工作,并依法依规逐步确定管理范围内的土地使用权属。任何单位和个人都不得在其范围内从事污染水资源、危害水利工程安全的活动,管理范围外边线至保护范围边线之间的土地所有权和使用权权属不变,仍归原单位[13]。

### 3.7 强化执法监管

加强管理制度建设,针对工业企业污水排放,应由市环保局制定《肇庆市西江流域工业企业污染防控及巡查办法》,落实工业污染的防治及巡查;针对农村畜禽养殖问题,应由市畜牧兽医局牵头制定《肇庆市西江流域畜禽禁养巡查及处罚办法》,由村级河长负责巡查,市环保、农业、城管协同执法;针对河流沿线垃圾倾倒问题,应由河长办制定《肇庆市西江流域日常巡查办法》,将村级河长的沿河巡查落实到位,明确城管、公安对垃圾倾倒的处罚力度。根据肇庆市已开展的相关工作经验,应对非法排污、养殖、侵占水域岸线等开展河湖专项执法活动,将政策、法规宣传放在首要位置,努力提高群众认识,形成全民参与管河护河的良好氛围,借助肇庆市河长制微信公众号,调动群众参与的积极性和时效性,提高执法的精准度。加大涉河(湖)案件的处理力度,严格依法查处水事违法案件。强化整改落实力度,对违法项目整改情况要加强跟踪检查。

## 4 实施效果

防洪、内涝治理、雨水管渠、截污、清淤疏浚、垃圾收运处理等工程建设必须突出重点,解决突出矛盾,按时间顺序、分层次逐步展开。通过开展西江"一河一策"治理工作,使全流域的水资源利用更加充分,水环境改善更加明显,水安全保障更加有力,水域岸线管理更加规范,水污染得到全面控制,水生态功能恢复,水务执法监管能力进一步增强,基本实现"河畅、水清、堤固、岸绿、景美"的总目标。全流域重要水功能区水质达标率将提高至100%,地表水水质优良(达到或优于Ⅲ类)比例将达100%;划定地表水环境功能区划的水体断面消除劣Ⅴ类,县级以上集中式饮用水水源水质将全部达到或优于Ⅲ类;有效遏制乱占乱建、乱围乱堵、乱采乱挖、乱倒乱排等现象。

## 5 结论

为全面推进西江肇庆段"一河一策"实施工作,从水资源、水安全、水污染、水环境、水生态、水域岸线、执法监管等7个方面对西江流域河流健康存在的主要问题进行了梳理,结合西江流域的特色,从保护水资源、保障水安全、防治水污染、改善水环境、修复水生态、管理保护水域岸线、强化执法监管等方面提出了具体治理与保护措施。

## 参考文献

[1] 中共中央办公厅,国务院办公厅.关于全面推行河长制的意见[J].中国水利,2016(23):4-5.
[2] 肖俊霞,豆鹏鹏,彭惠玲,等."河长制"全面推行的实践与探索:以广东省肇庆市为例[J].中国资源综合利用,2017,35(11):106-108,111.
[3] 李嘉琳,黄锦林,胡雁.广东省山区五市中小河流"河长制"治理实践与启示[J].广东水利水电,2016(12):59-61.
[4] 刘长兴.广东省河长制的实践经验与法制思考[J].环境保护,2017,45(9):34-37.
[5] 李嘉琳.河长制:一种破解中国水治理困局的制度评析[J].广东水利水电,2017(2):11-13,29.
[6] 孙秀峰,黄翠,张鹏.广东省小型水库运行管理存在问题及对策分析[J].广东水利水电,2017(1):18-20.
[7] 姜斌.对河长制管理制度问题的思考[J].中国水利,2016(21):6-7.
[8] 王蓉蓉."一河一策"方案编制中的问题探讨[J].水利技术监督,2019(3):112-113.
[9] 水利部."一河(湖)一策"方案编制指南(试行)[R].2017.
[10] 广东省全面推行河长制"一河一策"实施方案(2017—2020年)编制指南[R].2017.
[11] 夏甜,赵珊,杨文滨.广州市水库运行管理现状和整改对策探讨[J].广东水利水电,2016(10):52-54.
[12] 游胜,郭川,蒋任飞,等.以"一河一策"推进高州市水污染防治与水环境治理[J].水利发展研究,2019,19(3)19-24.
[13] 孔兰,肖许沐,祝银,等.贺江干流肇庆市段"一河一策"实施方案初探[J].广东水利水电,2019(3):26-29.

# 河流生态廊道空间范围划分方法研究

汤广忠[1]　施　晔[1,2]

（1. 中水珠江规划勘测设计有限公司，广东广州　510610；
2. 水利部珠江水利委员会水生态工程中心，广东广州　510610）

**摘　要**：河流生态廊道建设是水生态文明建设的基础工作，对于构建区域生态安全格局具有重要意义，随着国家对生态系统安全的日益重视，河流生态廊道建设的基础研究及实践工作十分紧迫。在给出河流生态廊道概念的基础上，分析河流生态廊道结构和功能发挥受外界的主要胁迫影响因素，并提出了河流生态廊道空间范围划分的思路及一般方法，为河流生态廊道建设明确具体的空间范围对象，最后以东江为例对河流生态廊道空间范围划分方法进行验证。研究成果在完善河流生态廊道建设基础理论的同时，也为区域开展河流生态廊道建设的相关实践工作提供一定的指导意义。

**关键词**：河流；生态廊道；空间范围划分

河流是城市的天然生态廊道，也是城市流动的风景线，在城市经济社会发展和人水关系建立中都占据重要地位。党的十九大报告中就明确提出要实施重要生态系统保护和修复重大工程，优化生态安全屏障体系，构建生态廊道和生物多样性保护网络，提升生态系统质量和稳定性。党的二十大又加深了对生态廊道建设的内在要求，从构建美丽中国的角度要求加快实施重要生态系统保护和修复重大工程和生物多样性保护重大工程，推行草原、森林、河流、湖泊、湿地休养生息。可以看出，河流生态廊道建设工作不仅是地方治水工作的重要内容，更事关国家及区域生态安全。但目前我国河流生态廊道建设工作正处于起步阶段，国家及地方都还未出台相关的建设指南或规范导则，包括廊道范围、廊道评价体系和廊道构建技术等基础理论研究成果还不多，成熟的案例也偏少，给地方开展河流生态廊道建设带来不小难题。基于以上背景，本文从河流生态廊道概念出发，通过分析生态廊道结构和功能发挥主要受到外界胁迫影响因素，初步提出其范围划分方法，并以东江为应用案例，可以为区域河流生态廊道范围划分提供思路，也为地方开展河流生态廊道保护与修复工作提供理论基础。

## 1　河流生态廊道概念

河流廊道概念来源于景观生态学理论，目前多应用于河流保护与管理、生态空间规划

---

**作者简介**：汤广忠（1966—），男，高级工程师，主要从事水利水电工程工作。

**通信作者**：施晔（1986—），男，高级工程师，主要从事水利规划及生态环境咨询工作。

等领域,但不同学科对河流廊道的理解各异,随着各学科的发展融合,河流廊道被认为是沿河流分布在河流两侧不同于周围基质的植被带[1],其包括河床、河漫滩、河堤和部分高地等具有不同价值的沿河土地[2]。而考虑到生态廊道是指具有保护生物多样性、过滤污染物质、保持水土、防风固沙、调控洪水等生态服务功能的一种廊道类型[3],河流生态廊道应是能连接河流两岸不同斑块、上下游河段不同生物种群、维持区域生物多样性、维持河流生态系统健康稳定的生态空间[4-5]。

## 2 河流生态廊道范围划分方法

### 2.1 划分原则

(1)坚守底线,战略发展原则。坚持生态优先、绿色发展,尊重自然规律和经济社会发展规律,树立底线思维和红线意识,并以发展眼光统筹河流生态廊道空间的开发保护和管理。

(2)统筹兼顾,均衡发展原则。河流生态廊道空间划分时,应将河流保护和开发作为一个整体进行考虑,以有效发挥防洪、供水、生态、文化等综合功能,实现河流与经济社会的均衡发展。

(3)确保功能,分级管控原则。加强水源涵养、水土保持、水域岸线等空间管制,保障河流生态廊道边界稳定,并针对不同功能的水生态廊道空间及资源环境生态各要素,提出差别化管控要求。

### 2.2 划分思路

河流生态廊道的结构和功能发挥主要受到外界胁迫影响,外界胁迫带来的干扰也可分结构胁迫、功能胁迫,其中物理重建是最直接且能够引发多种功能性破坏的一种类型,即因土地类型改变导致廊道结构改变或破坏,可能引起栖息地丧失、生物迁徙受阻、水土流失、过滤或屏障作用失效、物质输送不畅通等功能性问题。因此,本文在确定廊道范围时,根据廊道所受胁迫程度,分以下三种情况考虑:

(1)无胁迫或轻度胁迫情况。此时河流生态廊道结构完整且功能健全,廊道范围应以保护其完整结构和健全功能、维持稳定可持续最佳状态为最大可能目标来确定。

(2)发生中度胁迫情况。河流廊道范围的确定应综合考虑廊道经历了胁迫压力接受、抵抗胁迫、新生态系统平衡、新结构功能成型等几个阶段过程,最终形成新生的范围。

(3)发生高度胁迫情况。如胁迫强度足够大且持续时间足够长,将会打破廊道平衡,导致河流廊道生态系统崩溃,此时廊道范围无限缩小,需重新定位或赋予其新的主导功能,并采取必要的修复措施作为支撑,方能确定廊道范围。

### 2.3 划分方法

根据以上思路,本文提出综合考虑河流生态廊道纵、横、垂三向的范围划分的一般方法,其中,纵向关注地貌分区,横向关注土地类型、功能正常发挥程度,垂向则在二维平面延伸至满足结构稳定和功能正常发挥所需的垂向范围。具体地,以地貌分区进行纵向廊道类型一级分类划分,引入土地胁迫指数作为二级因子,以河流生态廊道各类主导功能为三级指标,共同组成纵、横两向的划分标准体系。

### 2.3.1 一级分类

一级分类结合河流生态廊道的地貌特征,可按山地、高原、盆地(支流)、丘陵、平原等进行划分。

### 2.3.2 二级指标

结合已有研究成果,引入土地胁迫指数作为划分河流生态廊道范围的二级评价因子。土地胁迫指数主要表征评价区域内土地质量遭受胁迫的程度,可以用评价区域内单位面积上水土流失、土地沙化、土地开发等胁迫类型面积等表示。参考《生态环境状况评价技术规范》(HJ 192—2015),土地胁迫指数划分标准如下。

(1)评价要素及权重。

土地胁迫指数选择重度侵蚀、中度侵蚀、建设用地、其他土地胁迫,综合考虑自然因素和人为因素。权重设计方面参照《生态环境状况评价技术规范》(HJ 192—2015)进行调整,见表 1。

表 1　河流廊道土地胁迫指数分权重

| 类型 | 重度侵蚀 | 中度侵蚀 | 建设用地 | 其他土地胁迫 |
|------|---------|---------|---------|-------------|
| 权重 | 0.35 | 0.15 | 0.35 | 0.15 |

(2)计算方法。

河流生态廊道土地胁迫指数计算方法如下:

$$DSI = Aero \times (0.35A_1 + 0.15A_2 + 0.35A_3 + 0.15A_i)/F \qquad (1)$$

式中:Aero 为土地胁迫指数的归一化系数,参考值为 236.04;$A_1$ 为重度侵蚀面积;$A_2$ 为中度侵蚀面积;$A_3$ 为建设用地面积;$A_i$ 为其他土地胁迫;$F$ 为河段原生廊道面积,可认为是不受干扰时的面积。

(3)河流生态廊道土地胁迫强度划分。

河流生态廊道土地胁迫强度可划分三个等级,具体见表 2。

表 2　河流生态廊道土地胁迫强度划分

| 类型 | 无胁迫或轻度胁迫 | 中度胁迫 | 重度胁迫 |
|------|----------------|---------|---------|
| 胁迫指数 | DSI<30 | 30≤DSI<70 | DSI≥70 |

### 2.3.3 三级指标

三级指标以河流生态廊道各类主导功能表征,包括水源涵养、水土保持、特殊空间保护、生物多样性、防洪、防污、景观文化载体等[6-8]。

综合以上划分标准,在界定河流生态廊道范围时,可按照生态系统的整体性、系统性、功能性进行分段划分,当某河段具备多种功能时,其廊道范围按照各功能划分方法计算取值,最后取其外包值。具体划分标准见表 3。

表 3　河流生态廊道划分标准

| 一级分类 | 二级指标<br>（胁迫分级） | 三级指标<br>（主导功能） | 生态廊道范围 | 标准 |
|---|---|---|---|---|
| 按地形地貌：<br>山地<br>高原<br>盆地<br>丘陵<br>平原 | 无胁迫或轻度<br>胁迫：DSI<30 | 水源涵养功能 | 以汇水范围线为界 | 结合汇水范围线确定，<br>缺乏相关数据资料时可<br>参考 500~1 000 m |
|  |  | 水土保持功能 |  | 30~80 m |
|  | 中度胁迫：<br>30≤DSI<70 | 特殊空间<br>保护功能 | 保护区分区边界 | 根据相关保护区划分<br>成果确定范围边界 |
|  |  | 生物多样性功能 | 生物多样性保护<br>范围边界线 | — |
|  | 重度胁迫：<br>DSI≥70 | 防洪功能 | 100 年一遇洪水淹没线<br>或者防洪控制线 | 经水文计算确定 |
|  |  | 防污功能 | 防污控制带 | 30~250 m |
|  |  | 景观、文化载体功能 | 沿线景观带边界线 | 250~500 m |

## 3　东江生态廊道范围划分案例

东江是珠江流域三大水系之一，发源于江西省寻乌县桠髻钵山，自东北向西南流入广东省境，注入狮子洋。东江干流全长 562 km，流域总面积 35 340 km²。东江流域地势东北部高、西南部低，上中游主要为山区丘陵河谷区，出沙岭峡谷后，进入平原堤围区，石龙以下为三角洲河网地带，考虑到河网区水系及周边环境复杂性较强，本文中生态廊道范围划定暂不考虑石龙以下河网地区。根据以上划分方法，东江生态廊道范围划分成果如下。

### 3.1　东江上游段

#### 3.1.1　源头水源涵养区段

该河段位于江西赣州，长约 110 km，区域定位为限制开发的国家重点生态功能区、东江源水源涵养与水质保护生态功能区。因此，其河流生态廊道范围取水源涵养、生物多样性、水土保持等功能所需生态廊道宽度外包值。

#### 3.1.2　上游水源保护区段

该河段范围自赣州寻乌与河源龙川县界至枫树坝水库，长约 28 km，其中枫树坝水库是河源市重要饮用水源地。因此，河流生态廊道范围取水库水源涵养和自然保护区特殊空间保护等功能所需生态廊道宽度外包值。

### 3.2 东江中游段

#### 3.2.1 枫树坝水库—龙川县城段

该河段长约 54 km,主要土地类型为未利用地、林地、草地、天然水域,该段有枫树坝自然保护区及大面积水源涵养林。因此,生态廊道范围取水源涵养、生物多样性等功能所需生态廊道宽度的外包值。

#### 3.2.2 龙川县城—东源蓝口段

该河段长约 36 km,主要土地类型为耕地、乡村乡镇区,区域内多出现暴雨,在紫金、和平易产生崩岗形式的水土流失,同时面临防洪防污压力。因此,河流生态廊道范围取生物多样性、水土保持、防洪、防污等功能所需廊道宽度外包值。

#### 3.2.3 东源蓝口—东洱仙塘段

该河段长约 32 km,主要土地类型为未利用地、林地、草地、天然水域,总体生态性好。因此,河流生态廊道范围取生物多样性和水源涵养等功能所需廊道宽度外包值。

#### 3.2.4 东源仙塘—紫金段

该河段长约 40 km,城镇聚落、都市建设用地居多,开发强度较大,生态胁迫强度强,该段右岸流域范围内有东江国家湿地公园,为河道自然形成的湿地生态系统;另有新丰江自然保护区,内部两栖爬行动物资源丰富。因此,生态廊道范围取城市河流防洪、防污、景观和文化载体、生物多样性和自然保护区保护等功能所需廊道宽度外包值。

#### 3.2.5 紫金—观音阁段

该河段长约 32 km,土地以耕地、乡镇村区为主。因此,河流生态廊道范围取生物多样性、水土保持、防洪、防污等功能所需廊道宽度外包值。

### 3.3 东江下游段

#### 3.3.1 观音阁—独洲洲头段

该河段长约 68 km,两侧山体、农田、村镇间隔分布,土地以耕地、养殖用地、经济林地、乡村乡镇区段为主,生态胁迫程度较强。因此,河流生态廊道范围取水土保持、防污、生物多样性等功能所需河滨带宽度外包值。

#### 3.3.2 独洲洲头—惠州建业大道段

该河段穿越惠州主城区,长约 12 km,河道两侧建有堤防,有较大支流西枝江汇入。堤外土地以城镇聚落、都市建设用地为主,生态胁迫程度强。因此,河流生态廊道范围取防洪、景观、文化载体等功能所需河滨带宽度外包值。

#### 3.3.3 惠州建业大道—宋屋洲洲头段

该河段长约 37 km,河道两侧山体、农田、村镇间隔分布,部分河段有堤防,此段末端有东深供水太原泵站取水口。河道两侧土地以耕地、养殖用地、经济林地、乡村乡镇区段为主,生态胁迫程度较强。因此,河流生态廊道范围取水土保持、防污、生物多样性等功能所需河滨带宽度外包值。

#### 3.3.4 宋屋洲洲头—东莞石龙段

该河段穿越东莞市部分镇街建成区,长约 33 km。河道两侧建有堤防,有较大支流石马河汇入,有自来水厂取水口分布。堤外土地以城镇聚落、都市建设用地为主,生态胁迫程度强。因此,河流生态廊道范围取防洪、景观、文化载体等功能所需河滨带宽度外包值。

### 3.3.5　东莞石龙—东江北干流河口段

该河段穿越东莞市部分镇街建成区,长约 42 km,为广州和东莞的界河。堤防外用地以城镇聚落、都市建设用地为主,生态胁迫程度强。因此,河流生态廊道范围取防洪、景观、文化载体等功能所需河滨带宽度外包值。

### 3.3.6　东莞石龙—东江南支流河口段

东莞石龙—东江南支流河口段穿越东莞市部分镇街建成区,长约 40 km。河道两侧建有堤防,有自来水厂取水口分布,在上游来水较少时会受到咸潮影响。堤防外以城镇聚落、都市建设用地为主要土地利用类型,生态胁迫程度强。因此,河流生态廊道范围取防洪、景观、文化载体等功能所需河滨带宽度的外包值。

需要说明的是,以上各河段在划分生态廊道范围时,如遇饮用水源保护区河段,还应外包二级饮用水水源保护区的陆域边界线。

## 4　结语

河流生态廊道建设是当前国家生态安全的重要举措,也是落实地方生态系统保护和修复及生物多样性保护的关键手段,对于构建区域生态安全格局意义重大。本文提出的河流生态廊道范围划分方法是河流生态廊道建设基础理论体系中的关键环节,不仅可以为河流生态廊道保护、修复及管理界定范围对象,还可为地方开展廊道建设工作提供理论指导,但本文提出的方法在具体应用时需要根据河流实际、区域发展定位等条件不断完善,才能为河流生态廊道建设工作提供更为坚实的基础。

## 参考文献

[1] 邓金杰,陈柳新,杨成韫.高度城市化地区生态廊道重要性评价探索:以深圳为例[J].地理研究,2017,36(3):573-582.

[2] 王芳,汪耀龙,谢祥财.生态学价值视角下的城市河流绿道宽度研究进展[J].中国城市林业,2019(1):57-61.

[3] 朱强,俞孔坚,李迪华.景观规划中的生态廊道宽度[J].生态学报,2005,25(9):2406-2412.

[4] 翟学正,刘颖,赵琪,等.生态廊道修复技术及在大清河的应用[J].中国水利,2021(16):30-32.

[5] 凌耀忠,施晔,韩妮妮,等.南方河流生态廊道保护与修复关键策略研究[J].水利规划与设计,2022(9):6-13.

[6] 衡先培.全域旅游背景下河流生态廊道规划设计[J].水利技术监督,2022(4):97-100.

[7] 吴静,黎仁杰,程朋根.城市生态源地识别与生态廊道构建[J].测绘科学,2022,47(4):175-180.

[8] 宋海龙.云南省大理市环洱海湖滨生态廊道生态景观规划研究[J].热带农业工程,2022,46(2):106-109.

# 北盘江万家口子水电站生态调度方案研究

林若兰　　侯贵兵　李媛媛　　王玉虎

（中水珠江规划勘测设计有限公司，广东广州　　510610）

**摘　要**：为提高北盘江大渡口断面的生态流量保障程度，恢复河流生态系统健康，采用 Tennant 法等多种水文学法初步确定上游万家口子水电站生态流量范围，将生态放流与发电调度相结合，构建水库调度模型进行长序列调算，在满足生态调度需求的基础上，分析对水电站发电效益等的影响，合理确定万家口子的生态调度方案。结果表明：万家口子的生态流量范围为 $12.67 \sim 17.44 \ m^3/s$，当取 $12.67 \sim 13.83 \ m^3/s$ 时，对下游大渡口断面生态流量的保障程度较高，且对水库发电量影响较小，水量利用率略微上升，生态调度可行性较高，其中取 $12.67 \ m^3/s$ 时调度效果最佳。研究成果可为万家口子水电站的运行调度提供参考。

**关键词**：生态流量；发电调度；调度图；调度模型

　　梯级水库建设等水资源开发利用行为对河流生态系统造成一定负面影响，为恢复河流水文情势、维持河流生态系统健康，需要改善传统的水库调度方式，开展水库生态调度。生态调度是实现水库原有多目标任务的前提下，兼顾河流生态系统需求的调度方法[1]。近几十年来，生态调度的理论和技术不断发展，研究主要集中在生态调度目标、运行调度规则等方面。生态调度目标包括生态水量、流量、水质等河道内环境指标值及其变化性。其中生态流量计算方法包括水文学法、水力学法、栖息地法以及整体分析法等，通常结合研究区的整体特点，采用两种或多种方法进行对比分析[2-5]。较多学者通过构建调度模型结合生态调度需求研究水库运行调度方式，许拯民等[6]选用 Tennant 法等计算大凌河白石水库的生态流量，并构建供水、发电、生态协调最优的生态调度模型，研究水库生态放流对策；王海涛等[7]结合控制断面生态水量缺口情况，分别选取各控制工程对清水河流域控制断面进行生态调水，提出了调度期内的生态调水方案；戴凌全等[8]构建梯级水库长短期耦合双层优化模型，提出兼顾四大家鱼产卵流量需求的梯级水库日调度方案；张颖等[9]采用生态水力半径等多种方法对湟水西宁段生态流量进行计算，并基于水质水量耦合模型对生态流量下泄方案进行模拟优选；方国华等[10]针对水库下游减脱水河段的生态保护问题，构建以生态保护程度和发电量最大为目标的水库生态优化调度模型，并采用改进 NSGA-Ⅱ算法对模型进行求解。

　　水库生态调度对下游河道内生态环境的保护至关重要，目前生态调度方案多侧重于

**作者简介**：林若兰（1994—），女，工程师，硕士，主要从事水工程调度和水文学研究工作。

**通信作者**：侯贵兵（1984—），男，高级工程师，主要从事水工程调度和水利规划设计工作。

生态流量的满足程度,与其他经济效益目标的协调研究相对较少。以北盘江大渡口断面以上河段为研究对象,将蓄水工程的生态放流与下游河道断面生态流量目标相协调,结合生态调度需求和工程本身发电任务,制订合理的生态调度方案,以期为北盘江万家口子水电站的合理运行提供参考。

# 1 研究方法

## 1.1 生态流量计算

水文学法是常用的生态流量计算方法,原理简单易操作,在资料缺乏的山区河流具有优势[11],主要包括 Tennant 法、$Q_P$ 法、Texas 法、NGPRP 法等[12]。

Tennant 法[13]是以预先确定的多年平均流量百分数为基础,将保护水生态和水环境的河流流量推荐值分为 7 个标准,并依据水生生物对水环境的季节性要求不同,不同时段按照不同流量推荐值。非汛期时一般取各月多年平均流量的 10%,汛期时取各月多年平均流量的 30%。

$Q_P$ 法将多年的最枯天然月均流量进行排频,以一定频率的最枯月均流量为生态流量,频率通常取 90%。

Texas 法[14]将多年逐月平均流量进行排频,取 50%保证率下月流量的特定百分率作为生态基流,特定百分率的设定以研究区水生态需求为依据。参考国内的研究成果[15],选择 50%保证率下的天然月平均流量的 20%作为生态流量。

NGPRP 法[12]将水文序列划分为丰水年组、平水年组、枯水年组,取平水年组各月流量 90%保证率下的流量值作为最小生态流量。可根据《水文情报预报规范》(SL 250—2000),将距平百分率在−20%~20%的年份划入平水年组。

## 1.2 水库调度模型构建

构建水库中长期调度模型,以水库的长序列入库流量、生态需水、发电调度线为基本资料,以调度年作为周期,按月划分时段,记为 $T$ 个阶段,以 $t$ 为阶段变量,$t=1,2,\cdots,T$。$V_t$、$V_{t+1}$ 分别为 $t$ 时段初、末的蓄水状态。水库调度以发电调度为基础,将防洪、生态的要求作为硬性约束条件处理。

### 1.2.1 约束条件

(1)水量平衡约束

$$V_{t+1} = V_t + (Q_{in} - Q_{out})\Delta t \tag{1}$$

其中
$$Q_{out} = Q_{fd} + Q_{qt}$$

(2)出库流量约束:在不动用死库容前提下

$$Q_{eco} \leq Q_{out} \leq Q_{max} \tag{2}$$

(3)水库水位约束:

$$Z_{dead} \leq Z_t \leq Z_{max} \tag{3}$$

(4)出力计算及约束:

$$N_{min} \leq N_t \leq N_{max} \tag{4}$$

$$N_t = \begin{cases} \alpha N_b & H_t \geq H_{s,t} \\ \beta N_b & H_{s,t} \geq H_t \geq H_{x,t} \\ \gamma N_b & H_t \leq H_{x,t} \end{cases} \tag{5}$$

（5）电量平衡约束：

$$E_t = N_t \Delta t \tag{6}$$

（6）非负约束：所有变量均为正值。

式（1）~式（6）中：$V_t$、$V_{t+1}$ 分别为 $t$ 时段初、末的库容；$Q_{in}$、$Q_{out}$、$Q_{fd}$、$Q_{qt}$、$Q_{eco}$、$Q_{max}$ 分别为入库流量、出库流量、发电流量、其他下泄流量、生态基流、最大下泄流量；$Z_{dead}$、$Z_t$ 分别为死水位、$t$ 阶段初水位；$Z_{max}$ 为最大允许水位（汛期时为汛限水位，非汛期为正常蓄水位）；$N_{min}$、$N_t$、$N_{max}$ 分别为最小允许出力、$t$ 阶段出力、最大允许出力；$\alpha$、$\beta$、$\gamma$ 分别为水位高于上调度线的出力倍数、水位在上下调度线之间的出力倍数、水位低于下调度线的出力倍数；$N_b$ 为保证出力；$H_t$、$H_{s,t}$、$H_{x,t}$ 为 $t$ 时库水位、上调度线水位、下调度线水位；$E_t$ 为时段发电量。

### 1.2.2 调度原则

库水位超过正常蓄水位时，发电按最大出力，入库流量超过最大发电流量，水库弃水；在不动用死库容前提下，出库流量不小于生态流量；水位到达死水位，停止发电。

## 2 实例应用

### 2.1 应用对象

万家口子水电站位于革香河云、贵两省的分界河段，在拖长江汇入口下游 1.5 km 处，于 2018 年 9 月正式投运，装机容量 2×90 MW，为坝后式水电站，水库为不完全年调节型，多年平均来水量 73.8 m³/s，正常蓄水位 1 450.0 m，汛限水位 1 450.0 m，死水位 1 415.0 m，正常蓄水位库容为 2.69 亿 m³，调节库容为 1.70 亿 m³。发电调度图如图 1 所示，其中 6—9 月为万家口子水库蓄水期，由于库容系数较小，一般情况下 1 个月即可蓄满水库；平水期为 10—11 月，水库蓄满后水位维持在正常蓄水位，按天然来水流量发电；12 月至次年 5 月为供水期。

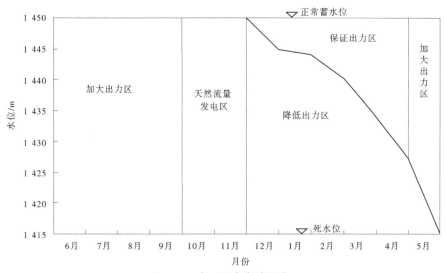

图 1 万家口子水电站调度

万家口子水库位于北盘江大渡口水文站上游,是保障大渡口生态流量的骨干水库。万家口子—大渡口河段上的毛家河、响水水电站以及支流可渡河上的泥猪河水电站调节性能均为日调节,且尾水排放均在大渡口断面的上游,按照每日来多少放多少的原则调度,对大渡口断面流量影响不大。梯级电站、水文站以及水系的分布如图 2 所示。

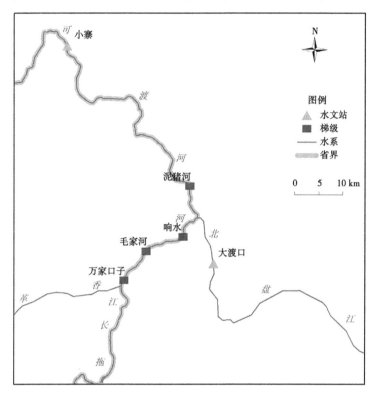

**图 2 北盘江流域概况**

2020 年水利部印发《水利部关于印发第一批重点河湖生态流量保障目标的函》,明确大渡口水文站生态基流为 20 m³/s,且原则上按日均流量进行保障。大渡口水文站集水面积 8 545 km²,万家口子水电站集水面积 4 685 km²,而万家口子取水许可批复水库坝后最小生态下泄流量为 7.38 m³/s,与后来制定的大渡口断面生态基流不协调,因此需要对万家口子下泄的生态流量进行复核,协调上下游断面生态流量,制订生态调度方案,提高大渡口断面生态流量保障程度。

## 2.2 结果分析

### 2.2.1 生态流量计算结果

根据大渡口水文站、小寨水文站 1963—2021 年共 59 年水文资料,对径流数据进行还原,按照面积比的方法推求万家口子坝址的逐月流量序列。

采用 Tennant 法计算万家口子坝址生态流量,取多年平均流量的 10%~30%,即 6.92~20.75 m³/s。由于下游大渡口断面生态基流需要全年逐日保持在 20 m³/s 以上,若万家口子水文站汛期下放生态流量 20.75 m³/s,非汛期下放 6.92 m³/s,而万家口子坝址集水面积占大渡口的 55.42%,非汛期大渡口断面生态流量难以保障,故万家口子坝址生态流量按全年取单一值。采用 Tennant 法 20%情况下的值,万家口子下放生态流量暂取 13.83 m³/s。按照 $Q_P$ 法、Texas 法、NGPRP 法,万家口子下放生态流量分别为 12.67 m³/s、13.56 m³/s、17.44 m³/s。统筹考虑 4 种生态流量计算方法,万家口子下放生态流量在 12.67~17.44 m³/s,NGPRP 法计算的生态流量值最大,而 $Q_P$ 法计算的生态流量值最小,如表 1 所示。

表 1 不同方法计算的万家口子坝址生态流量

| 计算方法 | Tennant 法 | | | $Q_P$ 法 | Texas 法 | NGPRP 法 |
|---|---|---|---|---|---|---|
| | 10% | 20% | 30% | | | |
| 计算成果 | 6.92 | 13.83 | 20.75 | 12.67 | 13.56 | 17.44 |

### 2.2.2 生态需求结合发电调度结果

计算万家口子水电站生态流量在 12.67~17.44 m³/s,据此将生态需求和发电调度结合进行长序列调度计算。当万家口子水电站只考虑发电调度时,下游大渡口断面生态流量不达标天数达 380 d;当万家口子水电站下放生态流量为 7.38 m³/s 时,下游大渡口断面不达标天数大幅度减少;当万家口子生态流量取 12.67 m³/s 时,下游大渡口断面不达标天数进一步减少;万家口子水电站生态流量为 12.67~13.83 m³/s 时,下游大渡口断面不达标天数变化不大;当万家口子水电站生态流量取 17.44 m³/s 时,大渡口断面生态流量的保障程度反而下降,主要原因是在万家口子水电站下放生态流量较大,枯水期末水库较早降低至死水位,枯水期末无水可调,加上万家口子—大渡口区间的来水较小,导致大渡口断面生态流量不达标天数增加。

万家口子水库调节性能为季调节,下放 12.67~17.44 m³/s 生态流量,对万家口子水库的蓄满率基本无影响。万家口子水电站发电调度水量利用率 91.24%,发电调度兼顾下放 12.67~17.44 m³/s 生态流量可使水量利用率略微提升,达 91.27%~91.28%,且对多年平均发电量影响不大。若万家口子水电站生态流量取 12.67~13.83 m³/s,下放生态流量保证率较高,可达 99.59%以上,下放生态流量可行;若万家口子水电站生态流量取 17.44 m³/s,下放生态流量保证率下降,有 180 d 不能满足下放 17.44 m³/s 生态流量的要求,如表 2 所示。

综上所述,万家口子水电站生态流量取 12.67~13.83 m³/s,对下游大渡口断面生态流量的保障程度较高,且对水库发电量影响不大,水量利用率略微上升,生态调度可行性较高,其中又以生态流量取 12.67 m³/s 时调度效果最佳。

调度时,毛家河、响水、泥猪河等日调节水电站按照每日来多少放多少的原则下放流量,减少对大渡口断面生态流量的影响。

表 2　各情景下万家口子水电站多年平均运行指标统计

| 断面 | 项目 | 无水库调节 | 水库发电调度 | 水库发电调度兼下放生态流量/（m³/s） | | | | |
|---|---|---|---|---|---|---|---|---|
| | | | | 7.38 | 12.67 | 13.56 | 13.83 | 17.44 |
| 大渡口 | 生态流量总不达标天数/d | 575 | 380 | 72 | 21 | 23 | 24 | 43 |
| | 生态流量历时（日）保证率/% | 97.33 | 98.24 | 99.67 | 99.90 | 99.89 | 99.89 | 99.80 |
| 万家口子 | 生态流量总不达标天数/d | — | | 45 | 73 | 83 | 88 | 180 |
| | 生态流量历时（日）保证率/% | — | | 99.79 | 99.66 | 99.61 | 99.59 | 99.16 |
| | 水库蓄满率/% | | 100.00 | 100.00 | 100.00 | 100.00 | 100.00 | 100.00 |
| | 年弃水量/万 m³ | | 20 549 | 20 494 | 20 472 | 20 469 | 20 468 | 20 541 |
| | 水量利用率/% | | 91.24 | 91.26 | 91.27 | 91.27 | 91.28 | 91.24 |
| | 年发电量/（亿 kW·h） | | 6.81 | 6.80 | 6.80 | 6.80 | 6.80 | 6.79 |
| | 汛期发电量/（亿 kW·h） | | 4.92 | 4.92 | 4.92 | 4.92 | 4.92 | 4.92 |
| | 枯水期发电量/（亿 kW·h） | | 1.88 | 1.88 | 1.88 | 1.88 | 1.88 | 1.87 |

注："无水库调节"指在天然径流情况下。

## 3　结论

通过多种水文学法计算万家口子生态流量，初步确定万家口子生态流量的范围为 12.67~17.44 m³/s。将生态放流与发电调度相结合，构建水库调度模型进行长序列调算，确定万家口子水电站下放 12.67 m³/s 生态流量对下游大渡口断面生态流量保障程度较高，且对水电站本身的发电量影响较小，水量利用率略微提升，生态调度可行，可为万家口子水电站的长期调度运行提供参考。

## 参考文献

[1] 董哲仁,孙东亚,赵进勇.水库多目标生态调度[J].水利水电技术,2007(1):28-32.
[2] 穆文彬,于福亮,李传哲,等.河流生态基流概念与评价方法的差异性及其影响[J].中国农村水利水电,2015(1):90-94.
[3] 周明通,魏宣,王宁,等.克里雅河生态基流水文学计算方法优选[J].中国农村水利水电,2022(11):50-57.
[4] 马玲,李润杰,黄佳盛,等.格尔木河生态基流研究[J].水力发电,2022,48(9):28-33,44.
[5] 李新红.清远市乐排河河道断面生态基流计算分析[J].广东水利水电,2021(10):65-68,96.
[6] 许拯民,莫修旭,雷冠军,等.大凌河白石水库生态调度放流对策模型研究[J/OL].水利水电技术（中英文）:1-11.
[7] 王海涛,焦旭洋,郭文献.考虑生态水量的宁夏清水河生态调度方案研究[J].水电能源科学,2022,40(8):92-95.
[8] 戴凌全,戴会超,李玮,等.兼顾四大家鱼产卵需求的梯级水电站生态调度[J].水力发电学报,2022,

41(5):21-30.

[9] 张颖,侯庆志,田福昌,等.基于水质水量耦合模型的湟水西宁市段生态流量计算及模拟分析[J/OL].水力发电:1-9

[10] 方国华,丁紫玉,黄显峰,等.考虑河流生态保护的水电站水库优化调度研究[J].水力发电学报,2018,37(7):1-9.

[11] ABDI R, YASI M. Evaluation of environmental flow requirements using eco-hydrologic-hydraulic methods in perennial rivers [J]. Water Science & Technology, 2015, 72(3):354-363.

[12] 崔静思,关帅,刘树锋,等.梯级小水电开发中最小生态流量计算方法探究[J].水力发电,2023,49(1):19-24.

[13] Tennant D L. Instreamflow regimens for fish, wildlife,recreation and related environmental resources LJI Fisheries,1976,1(4)6-10.

[14] MATHEWS R C, BAO Y X. The Texas method of preliminary instream flow assessment[J]. Rivers, 1991,2(4):295-310.

[15] 侯世文.基于多种水文学法分析大汶河干流生态基流[J].水文,2015,35(6):61-66.

# 多基站无人机激光雷达点云技术的应用研究
## ——以怀集县河湖划界为例

王进科 沈清华 孙 雨 邓神宝 叶文芳

(中水珠江规划勘测设计有限公司,广东广州 510610)

**摘 要:**针对河湖划界工程中受河道狭长带状分布以及测区范围内植被茂密的影响,采用机载激光雷达进行测量可以准确有效地提取高程特征线,为水利工程管理及保护范围划界提供创新技术方法与手段。目前机载激光雷达多采用单基站差分形式,单基站差分模式的结构比较简单,其局限要求移动站和基准站具有较强的误差相关性,一般要求基准站和移动站的距离不超过 35 km,否则精度会很难满足要求,设置多基站可以精确有效地估计基准站和移动站之间的空间误差,有效地弥补了单基站差分形式的缺点,提高激光雷达点云数据的精度,保证了河湖划界的准确性,对促进数字孪生流域的建设具有重要意义。

**关键词:**激光雷达;点云数据;多基站;河湖划界;数字孪生流域

河湖是水资源的重要载体,水利工程是实施水资源调控的重要基础设施。河湖确权管理涉及多方面水利建设项目等重点内容,是保证河湖资源可持续利用的重要工作,是新环境下水利工作的一项重要任务[1]。加强河湖和水利工程管理对于保障防洪排涝、生态调节等综合效益发挥,促进经济社会可持续发展具有重要意义。2016 年 10 月 11 日,中共中央办公厅、国务院办公厅印发《关于全面推行河长制的意见》,提出依法划定河湖管理范围的主要任务。2018 年 12 月,水利部印发《关于加快推进河湖管理范围划定工作的通知》,明确了 2020 年底前,基本完成全国河湖管理范围划定工作的目标[2]。在当前"水利工程补短板,水利行业强监管"的新时期水利改革发展的总基调下,伴随着全国政府机构改革和河长制工作的推进,河湖划界确权工作显得尤为重要。

针对河湖划界管理和保护范围提取,国内学者积极进行研究探索。金鹤鸣[3]等运用水文分析方法对沈阳市浑南区牤牛河进行分析,推出牤牛河管理范围线;周晓明[4]借助高分辨率遥感影像数据的光谱信息,提出一种针对河流水系信息的面向对象识别的模型;周长志等[5]利用航测技术和实景三维技术对聊城市河湖水利工程进行探讨。上述方法对于河湖划界管理的高程信息采集有重要作用,但是对于植被茂密的山沟、地形复杂区域都有自身的缺点,高程精度会有所损失,水边线及高程线提取不准确,适

---

**作者简介:**王进科(1992—),男,工程师,主要从事水利航摄测绘工作。

用性较差。

航空摄影测量与机载激光雷达扫描技术已经逐渐成为一种新型测绘地理信息产品。激光雷达系统是一种集激光扫描、差分 GPS 定位技术、惯导技术于一体的新型测量技术。将激光雷达系统搭载在无人机飞行平台上,通过向地面发射激光脉冲的形式,从而计算激光扫描仪到地面的距离,结合 GPS 系统定位可以计算出地面点三维坐标,从而实现高精度三维空间信息的快速提取[6]。王学文[7]等利用 AS-900HL 多平台激光雷达测量系统在地形高低起伏巨大、实施难度大的河道进行测量;陈龙海[8]利用无人机载激光雷达技术对航道进行测绘;李良卫利用无人机载激光雷达在江西省广丰区七星水库引水工程中获得 DEM 数据与地形图。但是上述研究是基于单基站数据源进行点云数据获取,由于激光雷达系统解算是基于流动站和基准站之间的差分值,因此精度与流动站和基准站之间距离有直接影响关系,当站间距离大于 35 km 时,站间的误差不能保证时间和空间具有相关性,可能导致高程精度下降[9]。考虑到实际测区距离较远,因此在航摄区域范围内,布设多个基站进行同步测量,解算数据时进行动态联合平差,才能有效保证机载 LIDAR 和 POS 动态定位精度的准确性,最后根据实际要求,人工主观干预,可以快速准确地获取高精度高程线。

# 1 测区数据概况

## 1.1 工程概况

广东省肇庆市怀集县位于广东省西北部地区,绥江上游。怀集县河流密布,水域面积 1.67 万 hm²,其中流域面积在 100 km² 以上的河流有 30 多条。绥江主流位于怀集县中部,有上帅河、太平水、柑洞水 3 条流域面积在 100 km² 以上的二级支流,干流经连山县和怀集县的中洲、连麦、坳仔,至怀集、广宁界入绥江河段。上帅河主河道全长 31 km,其中怀集县境内 15.854 km;凤岗河属北江二级支流,干流长 102 km,永固河为绥江的一级支流,主河道全长 81 km,其中怀集县境内 70.513 km;金装河属西江二级支流,地处怀集县城西南部,主河流长 43 km,其中怀集县境内 17.7 km。桃花水属三级支流,地处怀集县城东部,主河道长 59 km,其中怀集县 27 km,桃花水流至怀集县凤岗墟入凤岗河;冷坑水属三级支流,地处县地西北部,流域面积 233 km²,主河流长 38 km,河流自北向南经冷坑镇平原区至栏马村流入马宁水。怀集县河道所跨区域广且呈狭长形带状分布,地形河道水域范围广,如图 1 所示。

怀集县处于粤西隆起带,地貌大致分为西部盆地区,中部、南部低丘区和高丘区,东部、北部、西北部山地区等三部分。地域总体为山地丘陵地貌,面积占全县总面积的 80%。中生代燕山运动时期,花岗岩浆侵入县内北部、东部及南部,使地盘隆起,形成北部高、南部低,自西北至北向东南倾斜的山地,后又经河水长期侵蚀,在中部、南部形成了丘陵。县内山地地势起伏大,全县海拔 1 000 m 以上的山峰有 60 座,其中北部 53 座,遥感地形图如图 2 所示。

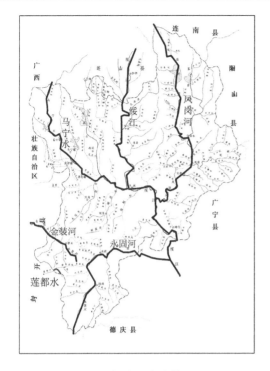

图1　怀集县水域范围

图2　怀集县区域遥感图

## 1.2　数据获取

怀集县河道测量比例尺偏小,垂起固定翼无人机与多旋翼无人机相比具有所需场地小、不需要跑道等优势,并且垂起固定翼续航时间长、飞行距离长、速度快[10],可搭载激光雷达等多元化测量设备,可以用于怀集县长距离大面积河道测绘。采用华测垂直起降无人机搭载机载激光雷达进行航空影像数据及点云数据的获取,总共飞行一个架次,测区范围内包含建筑物、道路、植被、树木等地物,且地势起伏较大、地貌复杂的山地区域,测区航线规划如图3所示,技术路线如图4所示。

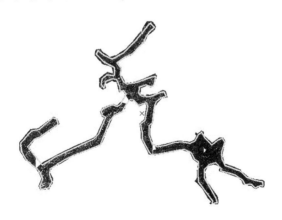

图3　怀集县河道航线规划图

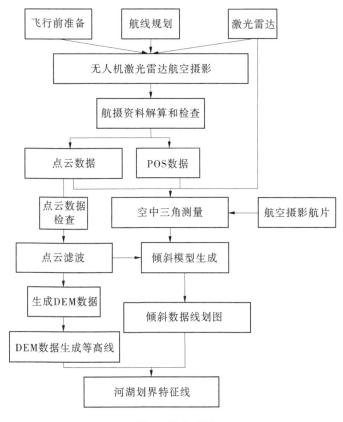

图 4 技术路线

## 2 试验区域数据处理

利用 Inertial Explorer 软件平差解算获得点云数据航线轨迹,根据华测公司研发的 Copre 软件联合解算得到点云数据及航空影像的精密 POS 数据,利用 Terrasolid 软件对原始点云数据进行滤波处理,可以分类得到地面点,为更好地得到滤波处理后点云数据精度的准确性,利用广东 cores 在整个测区均匀采集检查点 30 个,测量检查点的高程和平面误差。

### 2.1 单基站激光雷达点云数据

单基站平差法是指测区范围内采用单个基准站进行静态测量,其结构和算法较为简单,要求具有较强的误差相关性[11]。基站信号采样频率为 2 Hz,采样卫星高度截止角为 10°,惯性测量单元采样频率为 200 Hz,其中机载激光雷达系统 GPS 导航数据与 INS 飞行姿态数据相互独立分布,根据规划完成的航线进行点云数据采集,如图 5 所示,数据采集完需要对 POS 数据进行联合平差解算,可以得到准确高精度三维坐标信息的点云数据。在本测区将移动站数据与基准站数据联合差分解算,得到以高斯投影 6°带、CGCS2000 坐标系、1985 高程基准的点云数据,如图 6 所示。

### 2.2 多基站激光雷达点云数据

多基站定位平差法是指在进行 GPS 定位测量时,同时布置多个基站进行同步观

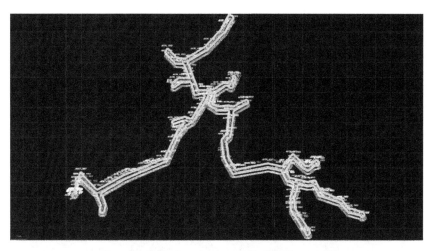

图 5　单基站 Inertial Explorer 软件解算 POS 图

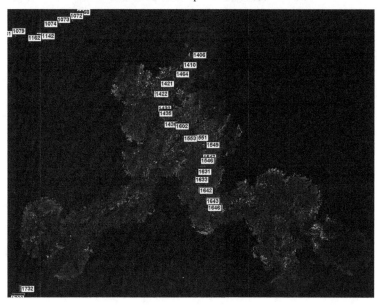

图 6　单基站点云数据图

测[12]，各个基站同步不间断提供高精度、高可靠性的骨架基线，流动站与多个基站之间构成同步向量，采用多基准站 GPS 数据，进行动态联合平差。解算基准站数据时，通过合理增加基准站数量的方法来提高点云数据精度和 POS 点精度，如图 7、图 8 所示，其中平差方法利用抗差 $M$ 估计法。每个基站对移动站的定位结果为 $\begin{bmatrix} x_s & y_s & z_s \end{bmatrix}$，其中 $n$ 为解算的基准站的数量。

求得平均值：

$$\begin{bmatrix} x_s \\ y_s \\ z_s \end{bmatrix} = \begin{bmatrix} \begin{bmatrix} x_{si} \end{bmatrix}/n \\ \begin{bmatrix} y_{si} \end{bmatrix}/n \\ \begin{bmatrix} z_{si} \end{bmatrix}/n \end{bmatrix} \tag{1}$$

计算定位坐标的残差：

$$
\begin{bmatrix} v_{xi} \\ v_{yi} \\ v_{zi} \end{bmatrix} = \begin{bmatrix} x_s - x_{si} \\ y_s - y_{si} \\ z_s - z_{si} \end{bmatrix} \quad (i = 1,2,\cdots,n) \tag{2}
$$

赋予各定位结果的权值 $[P_{si} \quad P_{si} \quad P_{si}]$ ,得到各定位结果的权平均值,求出最后的平差值即可,其中 $P_i = |V_i / \sigma_i|, V_i = [V_{xi} \quad V_{yi} \quad V_{zi}], \sigma_i = [\sigma_{xi} \quad \sigma_{yi} \quad \sigma_{zi}]$

$$
\begin{bmatrix} \hat{x}_s \\ \hat{y}_s \\ \hat{z}_s \end{bmatrix} = \begin{bmatrix} [P_x x_{si}] / P_x \\ [P_y y_{si}] / P_y \\ [P_z z_{si}] / P_z \end{bmatrix} \tag{3}
$$

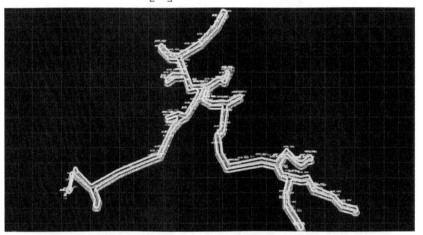

图 7 多基站 Inertial Explorer 软件解算 POS 图

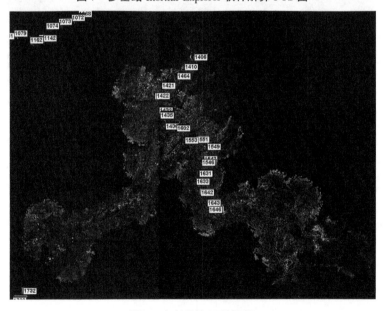

图 8 多基站点云数据图

## 2.3 试验数据精度分析

为了进一步测量滤波处理后点云的精确性,利用中海达广东 cores 在测区范围内采集河道检查点 30 个,植被茂密地区在地面分类时仍然存在低矮的植被点云以及少量的孤立点云,对于点云的精度分析仍然存在误差,因此多选择裸露的地表区域进行点云精度比较。图 9~图 11 分别为 X、Y 方向以及高程精度的对比分析。

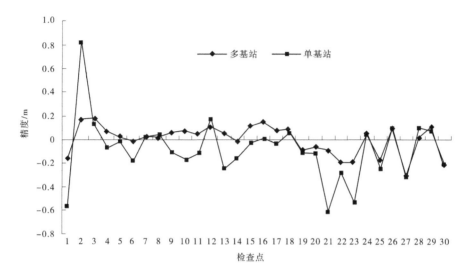

**图 9　多基站与单基站高程精度**

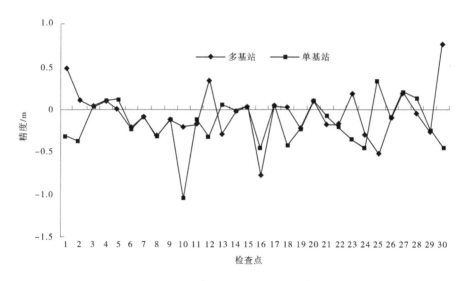

**图 10　多基站与单基站 X 方向精度**

从图 9~图 11 可以看出多基站的高程精度在 20 cm 之内,单基站的高程精度除去误差比较大的点平均在 40 cm 的范围之内,平面方向的精度在 6 cm 之内,多基站和单基站点云高程精度相差较小,说明多基站激光雷达点云数据比单基站点云数据在高程精度方面更准确。

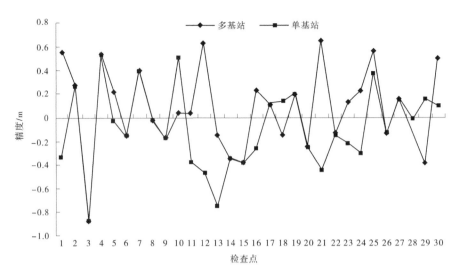

图 11　多基站与单基站 $Y$ 方向精度

## 3　河湖划界特征线提取

利用点云数据生成的原始等高线因为残存部分植被点,以及对于道路的特征范围不能自动识别打断,会出现等高线穿过道路,分布大量的零星图斑,在水域范围也存在两岸等高线相连接的情况,等高线会穿越房屋、水田、旱地等地物,不能正确区分地物线与等高线的交接区域,会影响河湖划界的后续管理以及保护范围划定的准确性[13],如图 12 所示。

图 12　穿越道路的原始等高线

经过后期等高线的人工主观干预,正确绘制出等高线的区域,排除等高线穿越道路、房屋、水田、旱地等情况,获取到高精度特征轮廓线,最终得到规范的河湖管理范围与保护线范围[14],如图13所示。

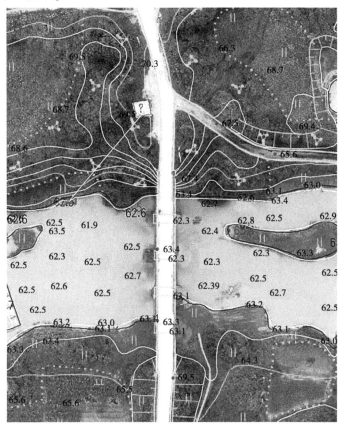

**图13　人工干预后的等高线**

利用多基站架设不仅可提高点云的精度,绘制准确的等高线和地物线,而且加入少量人工的干预,使河湖管理与保护范围线提取变得切实可行[15]。

## 4　结论

从测区试验段的点云精度分析,多基站的激光雷达点云数据高程精度比单基站的点云数据高程精度提高近20 cm,平面精度相对可以提高5 cm以内,说明增设基站对于激光雷达点云高程精度的提升具有较好的效果,保证了河湖划界特征线的准确性,同时对促进数字孪生流域的建设具有重要意义。

## 参考文献

[1] 姜沛,李广阔,束方坤.珠江流域河湖管理工作探索[J].人民珠江,2014,35(6):164-165.
[2] 夏祖伟,荣利会.融合雷达点云与正射影像的河湖划界技术研究[J].人民珠江,2020,41(10):109-114.

［3］金鹤鸣,缪丹.牤牛河管理范围划定研究［J］.水利科学与寒区工程,2020,3(2):145-147.

［4］周晓明.基于特征和规则的河流水系信息提取研究:以宜昌市河长制水系信息核查为例［J］.长江科学院院报,2018,35(8):128-131,138.

［5］周长志,陈瑞聪,李涛,等.河湖划界测量应用探讨:以聊城市河湖水利工程为例［J］.测绘通报,2020(8):105-107.

［6］谷潇.无人机机载激光雷达在地质测绘与工程测量中的应用研究［J］.应用激光,2020,40(6):1126-1131.

［7］王学文,梁向棋,郭雄强,等.AS-900HL 多平台激光雷达测量系统在河道地形测量中的应用［J］.水运工程,2021(2):34-37,38.

［8］陈龙海.无人机倾斜摄影测量技术在航道测绘中的应用［J］.船舶物资与市场,2020(8):81-82.

［9］孙中豪,徐照磊,王永收,等.基于平面 Delaunay 三角网的多基站差分 GPS 数据处理方法［J］.测绘地理信息,2012,37(5):37-39,52.

［10］李涛,高波,张允涛,等.天狼星无人机航测技术在河湖划界中的应用［J］.测绘通报,2019(3):151-154.

［11］杨国柱,王和平,胡伟,等.基于精密单点定位技术的机载 POS 定位精度分析［J］.测绘与地理空间信息,2020,43(2):41-43,48.

［12］张方玉.多基准站式快速静态 GPS 测量及其应用［J］.城市勘测,2015(3):90-92.

［13］高仁强,张显峰,孙敏,等.融合 LiDAR 点云与正射影像的建筑物图割优化提取方法［J］.测绘学报,2018,47(4):519-527.

［14］杜守基,邹峥嵘,张云生,等.融合无人机 LIDAR 和高分辨率光学影像的点云分类方法［J］.人民珠江,2020,41(10):109-114.

［15］罗珊珊,龙章发,刘慧婷.无堤防河道管理范围划界技术及分析［J］.水利规划与设计,2020(3):91-93.

# 解密广东自贸区灵山岛北岸超级堤关键技术

曹春顶　王　盟　陈婉芬　唐　乐　雷茂哲

（中水珠江规划勘测设计有限公司，广东广州　510610）

**摘　要：** 灵山岛是广东自贸区的重要组成部分，处于粤港澳大湾区的几何中心；灵山岛规划总用地面积 3.5 km²，其城市功能定位为面向世界的粤港澳全面合作高端商务示范区，是广州市南沙新区 CEPA 及南沙自贸区先行先试综合示范区的一部分。该岛位于京珠高速、灵新大道、蕉门水道、上横沥包围区域，为了打造一个环境质量优良、人居环境优美、生态文明发达的滨海灵山新城，需要在灵山岛沿外江海岸上设置一道城水和谐相处并具备特色活力的超级堤滨水休闲景观带。已建设完成的灵山岛北岸超级堤工程在设计技术理念上是以"多级景观消浪平台技术"关键技术为基础，结合"锥孔骑缝自嵌抗浪植草集成砌块生态结构技术"和"滨海景观带迎水面系统排水技术"，来实现该工程的防洪安全、生态环境、城市景观等综合功能建设目标，该工程已具备显著的防洪效益、生态效益及社会效益。

**关键词：** 超级堤；消浪平台；生态结构；系统排水

## 1　灵山岛北岸超级堤概况

灵山岛北岸超级堤工程（见图 1）按 200 年一遇的防潮标准进行建设，工程级别为 1 级海堤，结合长度 3.054 km 海岸上布置有 3 座闸桥合建的建筑物，可研立项批复投资约 9.1 亿元，于 2014 年 12 月正式开工建设，2018 年 12 月完工，由中水珠江规划勘测设计有限公司设计。设计团队在中国海堤创新技术理念上首次提出由传统单一粗犷的防潮海堤向多元化滨水景观生态海堤进行转变，其关键内容为中水珠江规划勘测设计有限公司已拥有专利的三项创新技术：多级景观消浪平台技术、锥孔骑缝自嵌抗浪植草集成砌块生态结构技术、滨海景观带迎水面系统排水技术，可有效降低海堤堤顶及滨水步道高程并破解"堤防围城"的难题（降低传统设计上的堤顶高程约 2 m，并经受住了 2017 年"天鸽"、2018 年"山竹"等超强台风的考验；其创新技术已被水利部列入 2021 年水利先进实用技术重点推广指导目录），真正实现中国生态海堤的滨水景观效果，可满足滨海城镇居民对美好生活及生态滨水景观居住环境的向往需求，应用以上三项关键技术建成的灵山岛北岸工程先后获得了"全国优秀水利水电设计奖""国家优质工程奖""亚洲都市景观奖""保尔森可持续发展奖""国际可持续城区奖"等多项国内国际大奖，还被中央 10 多家主流媒体（中央电视台综合频道及新闻频道、新华网、中国网、经济日报、人民日报、中国环境报、中国水利报等）进行科普推广及多次

**作者简介：** 曹春顶（1981—），男，高级工程师，主要从事水利工程咨询和设计工作。

宣传报道,已成为广州对外宣传的新名片和网红打卡地,为粤港澳大湾区提供了一个高品质且独具岭南特色的超级生态海堤滨水景观带典范。

图1　灵山岛北岸工程总平面图

## 2　设计理念及结构布局

灵山岛北岸工程位于珠江入海口的蕉门水道南岸(滨海景观带用地最大宽度130 m;200年一遇设计潮位为7.90 m,采用广州城建高程系统),在北岸海堤景观范围带25万 $m^2$ 面积内建设有儿童活动乐园、景观活动大草坪、城市会客厅、滨水嘉年华、水舞广场、观潮平台、渔人码头、音乐喷泉、灵山岛灯塔等多个景观节点,新建的3座闸桥合建工程具备通游艇的功能;该工程在设计定位上要实现灵山新城"岭南水乡、钻石水城、国际水都、理想湾区"的目标,努力打造一个具有高品质并能引领珠江三角洲繁荣的城市名片,要把该岛超级堤景观带建成珠江三角洲乃至整个中国最好、最美的"黄金海岸"。北岸工程典型断面如图2、图3所示。

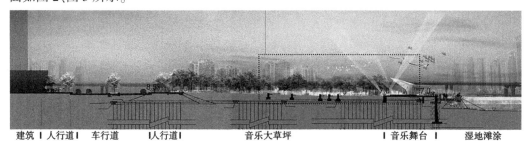

建筑 ｜人行道｜ 车行道 ｜人行道｜　　　音乐大草坪　　　｜　音乐舞台　｜ 湿地滩涂

图2　北岸工程典型断面示意图(1/2)

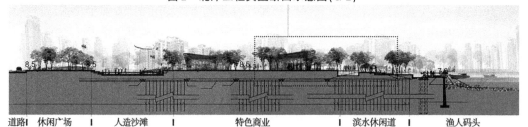

道路｜休闲广场　｜　人造沙滩　｜　　　特色商业　　　｜　滨水休闲道　｜ 渔人码头

图3　北岸工程典型断面示意图(2/2)

### 2.1 先进设计理念

北岸工程在设计理念上由传统单一的海堤向多元化生态景观超级堤进行转变,新的设计理念为"是堤,又不似堤",既具有堤的所有功能,但远看又不能像堤,弱化防浪墙的设置理念,通过景观布置采用"多级景观消浪平台技术"来降低传统的堤顶高程约2 m,以此达到生态亲水性。工程具有以下先进理念:采用从传统海岸堤防演变为滨海景观超级生态堤防的结构创新理念;坚持休闲滨水海岸的生态理念;采用建筑物有机结合实际地形及周围景观的和谐理念;坚持水景观与水文化的融合理念;方案优中求精与传承岭南特色的文化理念;合理布置施工措施与注重生态环境的发展理念;积极推广新技术、新工艺、新材料的应用理念。

### 2.2 结构合理布局

为了解决防洪和滨海景观亲水性在设计上的矛盾,通过"多级景观消浪平台技术"来降低堤顶高程及亲水平台高程;在沿外海侧设置一条$B=5$ m、$H=6.8$ m的景观滨水步道;超级堤的堤顶步道和景观绿道均为$B=3.5$ m,其中景观绿道的路面高程都在8.5 m以上并贯穿整个堤防,景观绿道3.5 m以外为景观用地并设置越浪后吸纳潮水系统。超级堤的堤脚位置在高程堤防迎水面的采用"锥孔骑缝自嵌抗浪植草集成砌块生态结构技术"与高程8.5 m堤顶步道衔接,来削弱海浪对临水面的冲刷影响,对于超级堤外侧护坡上的潮水采用"滨海景观带迎水面系统排水技术"来实现"外水外排、内水内排"。堤防背水侧采用自然草皮边坡与规划路路面衔接;堤身基础采用堆载预压塑料排水板进行排水;北岸工程新建的3座闸桥合建工程既能满足防洪排涝和通航内河观光游艇的功能,还能使外观美观和节约用地。灵山岛北岸工程实景航拍展示见图4。

图4　灵山岛北岸工程实景航拍展示

## 3 解密三项关键技术

### 3.1 多级景观消浪平台技术

该技术结合地形和景观层次(见图5、图6),利用不同高程结构之间形成的多级平台进行消浪,可逐步降低波浪强度和波浪爬高,已达到降低超级堤的堤顶高程的效果,打破传统堤岸"围城"情况,打破传统海堤防浪墙对波浪的"挡"和"抗"硬对硬模式;采用横向多级景观消浪平台技术进行削减越浪,在横向60~130 m的尺度范围内有效降低纵向堤顶高程约2 m。

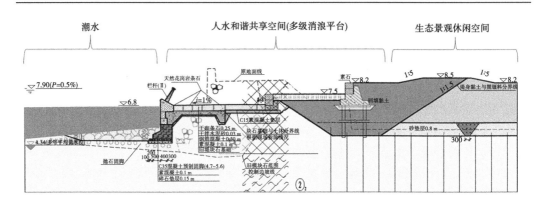

图5 多级景观消浪平台技术展示

图6 多级景观消浪平台实景展示

## 3.2 锥孔骑缝自嵌抗浪植草集成砌块生态结构技术

该技术是一种用于抗海浪可植草绿化的新型生态护坡结构技术,由于海堤的迎水面往往需要承受较大的波浪作用力,而护面结构所采用单一的混凝土等硬性结构通常很影响滨水海堤的生态景观。本工程创新使用"锥孔骑缝自嵌抗浪植草集成砌块生态结构技术",使迎水面护坡结构既能够承受海堤越浪区经常性的强度高的海浪淘刷,又能进行水体植物的种植和保护,还能为动植物提供休憩场所,其外形美观、安装方便、牢固性强、可集成化生产;具体结构形式是在每个砌块上沿中心轴对称设置有4个锥形(上窄下宽)空心孔,每个砌块的边缘通过互嵌骑缝铺装后形成整体护面,在4个锥孔的种植区域内填充营养土并进行种植。这种结构在满足滨海景观越浪区海堤防护材料美观生态的同时,又具备抗浪防冲能力,见图7和图8。

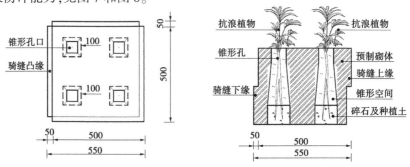

图7 锥孔骑缝自嵌抗浪植草集成砌块技术展示

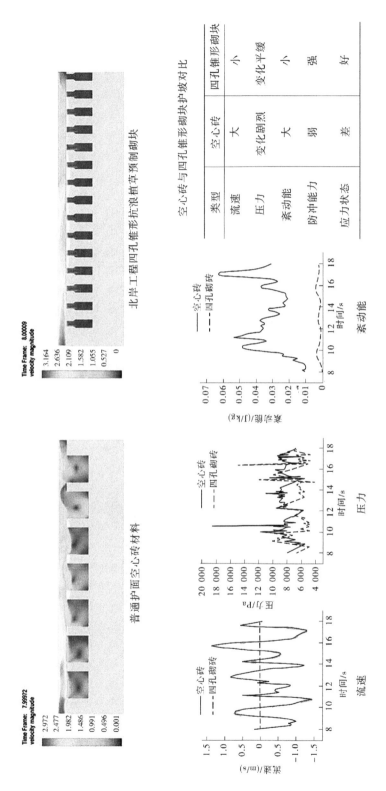

图 8　锥孔骑缝自嵌抗浪植草集成砌块抗浪成果对比展示

空心砖与四孔锥形砌块砌护坡对比

| 类型 | 空心砖 | 四孔锥形砌块 |
| --- | --- | --- |
| 流速 | 大 | 小 |
| 压力 | 变化剧烈 | 变化平缓 |
| 紊动能 | 大 | 小 |
| 防冲能力 | 弱 | 强 |
| 应力状态 | 差 | 好 |

北岸工程四孔锥形抗浪植草预制砌块

普通护面空心砖材料

### 3.3 滨海景观带迎水面系统排水技术

该技术实现了对海浪在迎水面的越浪区进行有效的系统排水,已经经受住了 2017 年
"天鸽"、2018 年"山竹"等超强台风的侵袭 。该项技术打破传统海堤中的层层防浪墙完
全抵抗海浪的模式,提出"外水外排,内水内排"的先进创新理念,采用横向多级景观消浪
平台技术削减越浪,并设置多级排水系统来实现越浪自排;其核心理念是对迎水面海浪进
行"通""排""蓄"的柔性衔接并体现了生态超级景观的海绵城市设计理念;北岸工程的
迎水坡面是朝外海侧设置一定的排水坡度和凹槽,排水系统首先对坡面越浪进行外排
(比例约 80%);对于坡面排水无法排完的越浪,在每级消浪平台后侧的堤身内部设置完
善的排水沟井系统,收集后进行内排(比例约 20%),见图 9~图 12。

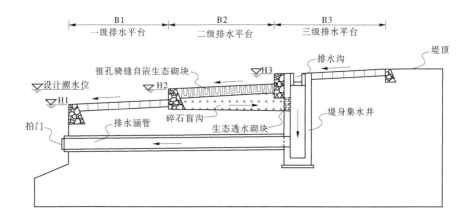

图 9 滨海迎水面系统排水技术结构

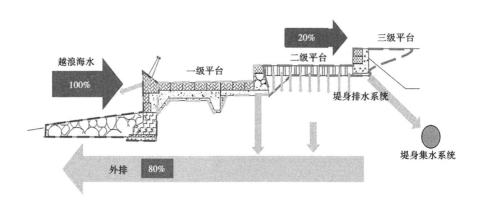

图 10 滨海迎水面系统排水技术展示

图 11  滨海迎水面系统排水技术实景展示

图 12  灵山岛北岸工程实景照片建设前后对比

## 4  结语

在灵山岛北岸超级堤工程的设计中,为解决城市防潮和滨海景观生态海堤亲水性的矛盾,设计从创新技术理念上由传统单一的防潮海堤向多元化滨海景观生态海堤转变,设计团队创新使用了以下三项关键技术:多级消浪平台技术、锥孔骑缝自嵌抗浪植草集成砌块生态结构技术、滨海景观带迎水面系统排水技术。工程建成后遭遇了 2017 年"天鸽"、2018 年"山竹"两次台风暴潮影响(两次潮位均达到 200 年一遇),由于本超级堤合理的消浪及防浪断面体系,有效地保障了岛内安全,到目前经过数次风暴潮检验证明达到了预期效果,该工程已成为南沙乃至广州对外宣传的新名片和网红打卡地,其关键技术成果为岭南地区的生态建设乃至中国滨海河口地区同类型海堤建设提供极佳的经验。

# 流域治理生态补水工程规模研究

陈莉苹[1]　张　舟[2]　金　梅[1]

（1. 安徽职业技术学院，安徽合肥　230011；
2. 珠江水资源保护科学研究所，广东广州　510611）

**摘　要**：生态补水是流域治理中重要的工程项目，传统的生态补水以水质达标为目的，可有效改善河湖水质，但治理效果可持续性差，水质问题容易反复。为建立流域治理长效机制，流域水景观功能的维护至关重要，因此生态补水要同时兼顾水质改善效果及生态系统构建的水动力需求，以此为前提研究生态补水规模具有重要的实践意义，可有效节约工程成本。生态补水规模的确定依赖于模型的量化，以华东某城区小流域为例，基于二维水环境模型，综合考虑城市景观生态需求和水质目标，论证流域生态补水规模。结果显示，补水规模为 4 300 m³/d 时，流域内浮山路渠水动力满足生态系统构建需求，流域水质达标，可为流域生态补水项目作参考。

**关键词**：生态补水；流域治理；二维水环境模型

生态补水广泛应用于自然水体中，如河流[1]、湖泊[2-3]等，为了维持生态基流或者改善水质，通过模型量化补水规模，实现环境治理效益最优化。

随着国家制订水污染防治行动计划，大力推进黑臭水体治理项目，生态补水作用也愈来愈凸显，通过提高水体流动性，加大水体自净能力，增强水环境改善效果。姜莉[4]以株洲市黑臭水体为例，通过流域模型对比分析生态补水量，确定补水方案，以确保消除黑臭和水质达标。

近年来，为进一步维持黑臭水体治理效果，国家发布黑臭水体实施方案，加快建立防止黑臭水体返黑返臭长效机制，同时随着碳排放和碳中和发展战略的提出，流域治理已经从水环境治理迈入水景观治理阶段。传统的流域治理中，污染源削减是根本，治理核心为水质达标，对治理效果的可持续性关注较少。城市流域治理不仅达到水质达标的目的，同时需要兼顾生态景观建设，打造绿色城市，因此生态补水需要兼顾水质达标和生态系统构建的水动力要求，以使得流域可持续性绿色发展。

为此，以华东某城市小流域为研究对象，考虑水景观植物的生长条件，综合考虑水动力和水质改善效果，采用流域水环境模型 MIKE21，论证生态补水规模，使得浮山路渠水质达标，水动力满足景观生态需求，为后续相关流域治理项目作参考。

---

**作者简介**：陈莉苹（1990—），女，工程师，研究方向为水环境数值模拟。

## 1　研究区域概况

研究区域位于城市区域内,流域水系主要包括一个湖泊(柏堰湖)、一条河流(斑鸠堰河)以及两个支渠(浮山路渠、东支渠),流域综合治理目标为改善流域水环境质量,水质达到《地表水环境质量标准》(GB 3838—2002)中的Ⅳ类水标准。

根据项目现状,流域内浮山路渠现状流动性很差,无自然水源补给,主要补水水源为沿途生活污水及自然雨水径流,枯水季浮山路渠水量完全无法满足河道生态环境用水需求,有必要对浮山路渠进行生态补水,维持生态基流。

根据补水路线及新建补水泵站情况,确定研究范围为整个浮山路渠及柏堰湖,如图 1 所示。

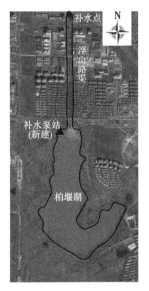

图 1　生态补水研究区域

## 2　研究方法

研究范围涉及河涌和湖泊,因此选用二维水环境模型 MIKE21,量化浮山路渠生态补水规模。

### 2.1　模型原理

MIKE21 水动力模块采用二维垂向平均浅水方程组,控制方程如下:

连续方程

$$\frac{\partial h}{\partial t} + \frac{\partial h\bar{u}}{\partial x} + \frac{\partial h\bar{v}}{\partial y} = hS$$

动量方程

$$\frac{\partial h\bar{u}}{\partial t} + \frac{\partial h\bar{u}^2}{\partial x} + \frac{\partial h\bar{u}\,\bar{v}}{\partial y} = f\bar{v}h - gh\frac{\partial \eta}{\partial x} - \frac{gh^2}{2\rho_0}\frac{\partial \rho}{\partial x} +$$

$$\frac{\tau_{sx}}{\rho_0} - \frac{\tau_{bx}}{\rho_0} + \frac{\partial}{\partial x}(hT_{xx}) + \frac{\partial}{\partial y}(hT_{xy}) + hu_s S$$

$$\frac{\partial h\bar{v}}{\partial t} + \frac{\partial h\bar{u}\,\bar{v}}{\partial x} + \frac{\partial h\bar{v}^2}{\partial y} = -f\bar{u}h - gh\frac{\partial \eta}{\partial y} - \frac{gh^2}{2\rho_0}\frac{\partial \rho}{\partial y} +$$

$$\frac{\tau_{sy}}{\rho_0} - \frac{\tau_{by}}{\rho_0} + \frac{\partial}{\partial x}(hT_{xy}) + \frac{\partial}{\partial y}(hT_{yy}) + hv_s S$$

式中:$t$ 为时间;$u$、$v$ 分别为 $x$、$y$ 方向的流速分量;$S$ 为源汇项;$\rho$ 为水密度;$\rho_0$ 为参考水密度;$\eta$ 为表面水位;$h$ 为总水深,$h = \eta + d$,$d$ 为静止水深;$T_{xx}$、$T_{xy}$、$T_{yy}$ 为水平黏滞应力项;$u_s$、$v_s$ 为源汇项水流流速;$(\tau_{sx},\tau_{sy})$、$(\tau_{bx},\tau_{by})$ 分别为风应力、底部切应力在 $x$、$y$ 方向上的分量;$f$ 为 Coriolis 参数,$f = 2\Omega\sin\Phi$,其中 $\Omega$ 为地球自转角速率,$\Phi$ 为地理纬度。

## 2.2 模型构建

MIKE21模型构建主要包括网格布置、边界条件及参数设定、模型率定三个部分：

### 2.2.1 网格布置和地形图

采用三角非结构网格对模型区域进行划分，为重点获取浮山路渠水域变化情况，对其作加密处理，最小分辨率为100 m，模拟水域共设置1 409个网格905个节点，地形数据来源于CAD地形图(1∶1 000地形图)，并根据网格点插值得到模型地形，如图2所示。

### 2.2.2 边界条件及参数设定

（1）边界设定。

①水动力边界：上游给定流量0.001 m³/s，下游给定常水位33.01 m。初始条件水位，取上下边界的水位均值，为33.01 m。

②水质边界：补水水质为Ⅲ类水，COD 20 mg/L，氨氮1 mg/L，总磷0.2 mg/L。

（2）参数设定。

①干湿点判断：干水深为0.005 m，洪水深为0.05 m，湿水深为0.1 m。

②河床糙率：在MIKE21中，以曼宁系数为度量单位，曼宁系数越大表示河床糙率越小，根据相关文献资料，取28 $m^{1/3}/s$。

（3）情景设定。

模拟枯水期最不利情况，模拟时间为2021年1月1日0时至1月16日0时，时间步长为300 s，共计4 320个时间步长。

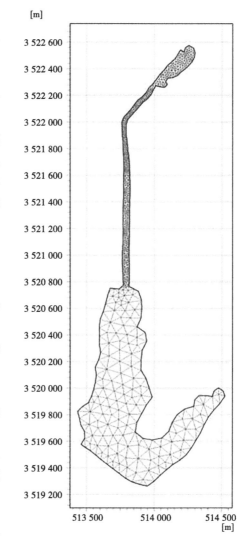

图2　水域网格化及地形图

### 2.2.3 模型率定

采用纳什效率系数(NSE)和确定系数($R_2$)对模型准确度进行评估，其中NSE是衡量仿真精度的一个指标。具体公式如下

$$E = 1 - \frac{\sum_{i=1}^{n} (y_i - y_{io})^2}{\sum_{i=1}^{n} (y_i - y_p)^2}$$

式中：$E$为效率系数，在$-\infty$与1之间，数值越大，说明模拟效果越好，如果$E$小于0，则说明模拟精度不高；$y_p$为测量值的平均数；$n$为资料序列的长度。

相关系数是描述两个变量之间相关性强弱的指标,具体公式为

$$R = \frac{\mathrm{Cov}(X, Y)}{\sqrt{DX - DY}}$$

式中:$R$ 为相关系数,$R^2$ 介于 $0 \sim 1$,值越大表示模拟效果越好;$\mathrm{Cov}(X, Y)$ 为 $X$ 和 $Y$ 的协方差;$DX$ 为 $X$ 的方差;$DY$ 为 $Y$ 的方差。

选择浮山路渠与柏堰湖汇入点上游 100 m 进行水位及流速率定,模拟结果与监测结果对比如图 3、图 4 所示。

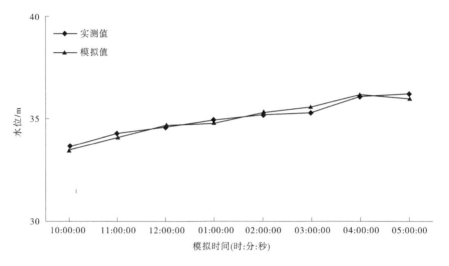

**图 3　水位率定对比**

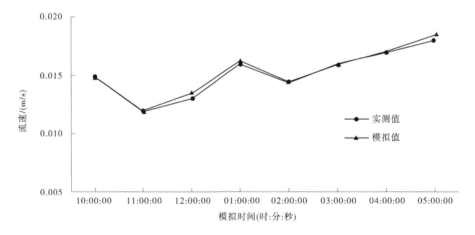

**图 4　流速率定对比**

从图 3、图 4 中可以看出,监测点位模拟值与实测值基本一致,其中水位评价指标 NSE = 0.978、$R^2$ = 0.998,流速评价指标 NSE = 0.952、$R^2$ = 0.986,以评价指标来看,模型的率定效果良好,构建的模型可以用于实际应用,模型精度符合要求。

## 3 补水规模论证

### 3.1 补水方案设计

生态补水需要重点考虑生态系统构建的水动力要求,因此补水需水量需要综合考虑城市景观功能适宜水深需求以及河道水生植物生长需求。

#### 3.1.1 水深需求

根据《城市绿地设计规范》(2016 年版)(GB 50420—2007),水体深度应依不同要求而定,考虑到浮山路渠沿线水生植物布置需求,拟定沿渠水深在 0.4~0.7 m。

#### 3.1.2 水生植物生长需求

为了重塑河道生态系统,治理工程构建了含有苦草和竹叶眼子菜的沉水植物系统,苦草的适宜生长流速不超过 0.5 m/s,竹叶眼子菜适宜生长流速不超过 1.0 m/s,因此渠道流速不能超过 0.5 m/s。

综上所述,浮山路渠水深在 0.4~0.7 m,流速不能超过 0.5 m/s。

考虑工程成本及补水泵相关情况,设定出三种不同区间补水方案,分别为 3 000 m³/d、4 300 m³/d、6 000 m³/d,通过二维水环境模型优化补水规模区间,找寻适宜的生态补水规模。

### 3.2 规模论证

#### 3.2.1 水质分析

模型结果显示补水规模为 3 000 m³/d、4 300 m³/d、6 000 m³/d 均能使得水体达标,因此需重点关注景观生态需求。

#### 3.2.2 水深分析

根据模型模拟结果,浮山路渠水深从北向南逐渐增加,在浮山路渠最下游水深最深,这主要是因为浮山路渠下游设置有拦水堰,堰附近水体会变深。当补水流量为 3 000 m³/d 时,浮山路渠水深分布均不超过 0.7 m,水深大多分布在 0.1~0.5 m;当补水流量为 4 300 m³/d 时,浮山路渠除下游拦水堰附近水深超过 0.7 m 外,其他均分布在 0.5~0.7 m,水深均匀,满足水生植物布置需求;当补水流量为 6 000 m³/d 时,浮山路渠会有部分水深超过 0.7 m,不利于水生植物布置,因此根据水深情况,补水流量适宜区间为 4 300~6 000 m³/d。

#### 3.2.3 流速分析

模拟结果显示,补水前浮山路渠整体水流速度缓慢,基本上是静止的,这是因为在枯水期,上游水源补给不足,造成了沟渠的水动力不足;补水后,水流速度显著增加,并随补充量的增加而增加,补水流量为 3 000 m³/d、4 300 m³/d 和 6 000 m³/d 时流速均不超过 0.5 m/s 和 1.0 m/s,有利于水生植物生长。

综合水质与水动力模拟结果,补水规模适宜区间为 4 300~6 000 m³/d,考虑工程成本,将补水规模定为 4 300 m³/d,可兼顾浮山路渠水质达标需求和水动力需求。

## 4 结论及展望

生态补水规模的确定是项目的重难点,项目工程选用不同的方案区间进行模型试算,通过水环境模型量化出适宜的补水规模,指导工程实际运营,节约成本。根据模拟结果(见图 5、图 6),补水规模定为 4 300 m³/d 时,可以满足浮山路渠生态景观需求,可持续进行流域生态维护。

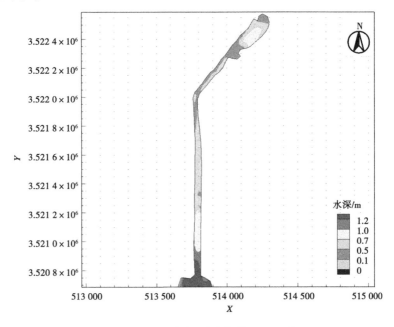

图 5　浮山渠水深分布(补水规模 4 300 m³/d)

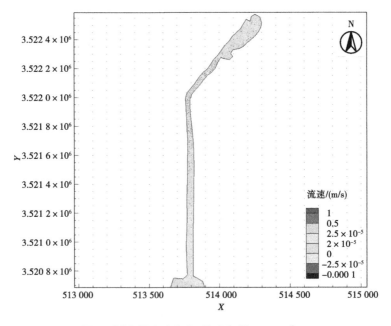

图 6　浮山渠流速分布(补水规模 4 300 m³/d)

随着国家大力发展低碳经济,流域水环境治理需要着重考虑生态元素,水环境治理也已经从单纯的水治理阶段转为水景观阶段,通过模型量化生态补水规模,维持流域水环境生态景观,是后续大力发展方向,流域需要兼顾水质和水动力两方面的需求,同时融入智慧化流域管理,实现流域智慧化运营。

## 参考文献

[1] 魏健,等.基于生态补水的缺水河流生态修复研究[J].水资源与水工程学报,2020,31(1):64-69, 76.

[2] 杨博林,MIKE21 模型对傀儡湖水动力与水质改善的应用研究[J].山东化工,2021(12):247-250, 252.

[3] 熊亚兰.基于MIKE21生态补水工程对洋澜湖水质改善研究[J].环境科学与管理,2021,46(10): 51-54.

[4] 姜莉.数值模拟研究在株洲市黑臭水体治理中的应用[J].中国市政工程,2021(6):93-97.

# 梅县区重点河流生态流量确定
# 及保障措施探讨

王春玲[1,2]　祝　银[1,2]　李国辉[1]

（1.中水珠江规划勘测设计有限公司,广东广州　510610;
2.水利部珠江水利委员会水生态工程中心,广东广州　510610）

**摘　要**:生态流量是维系河湖生态系统健康的重要组成部分。本文在对梅县区重点河流现状分析的基础上,识别目前存在的问题并确定重点河流生态保护对象;选取可覆盖上中下游及干支流的水文站断面、主要控制性水工程断面、河口断面以及跨行政区断面作为生态流量控制断面,采用 $Q_{90}$ 法及 Tennant 法计算控制断面生态流量并进行合理性分析,确定各控制断面生态流量目标,提出各控制断面调度方案。根据控制断面存在的问题及生态流量目标,主要从生态调度、取用水管理、设施完善、监测预警、监督管理、科技支撑等方面提出生态流量保障措施,为梅县区重点河流生态流量保障实施提供科学依据。

**关键词**:生态流量;控制断面;生态调度;保障措施

## 1　引言

保障河湖生态流量(水量)是加强水资源开发利用管控、维系河湖生态健康的基本要求,也是实现新时期水利高质量发展的重要抓手[1]。近年来,中共中央、国务院先后印发了一系列政策文件,对生态流量保障提出了明确要求[2]。水利部制定出台生态流量管理政策措施,同时确定一批重点河湖生态流量目标并抓好落地实施[3-4]。梅县区位于粤东山区,区域生活、生产和生态用水矛盾日益突出,河流断流、生态服务功能下降等问题较为严峻,科学核定并有效落实重点河流生态流量保障工作,改善河道水生态环境,在深入推进梅县区新阶段水利高质量发展中举足轻重。

## 2　基本情况

梅县区位于韩江上游,境内水资源丰富,多年平均降水量 37.20 亿 $m^3$,多年平均地表水资源量 19.39 亿 $m^3$,但时空分配不均,汛期多,枯水期少。境内河流众多,水系分散,河

---

**作者简介**:王春玲(1992—),女,工程师,主要从事水力学及河流动力学相关工作。

流流域面积较小,流程短,比降大,具有"短小流急"的特征。境内小水电建设密度高,建有 186 座小水电,以引水式开发为主,密布于大小河流干支流之上,生境阻隔问题、减脱水现象较为突出。

梅县区重点河流为境内集水面积大于 100 km² 的松源河、古屋水、荷泗水、南口水、琴江水、周溪水、三乡水、高思水及隆文水。境内重点河流不涉及涉水自然保护区、涉水风景名胜区、重要湿地与湿地公园、水产种质资源保护区等法定生态敏感区。小水电密布于河流之上,因小水电开发而形成了减(脱)水河段,生态系统遭受破坏,河流基本形态及河流基本自净能力受到一定影响。因此,确定梅县区重点河流生态保护对象以维持河流基本形态、基本生态廊道及基本自净能力为主。

## 3 生态流量控制断面确定

### 3.1 控制断面确定原则

(1)统筹覆盖全面且突出重点。全面覆盖重点河流境内河段,并与已有成果确定的控制断面相衔接。对于水生态环境敏感、水资源开发程度高的重点区域适当加密断面布控。

(2)体现有效管理与高效监控。优先利用现有水文站、重要控制节点水库或水电站等具备可监测、可调度、可管控条件的断面作为生态流量控制断面,这类断面具有长系列水文资料,可利用现有水文资料分析制定生态流量目标,且具备未来实行监管的基础条件。

(3)落实生态空间管控要求。在优先保障生活用水的前提下,考虑河道基本形态、基本自净能力维持以及珍稀水生生物保护的需求,可通过断面流量管控保障河流生态保护对象的生态需求。

### 3.2 控制断面确定及分类

综合考虑河流基本特征、高效监控、河流廊道基本生态功能维护、河口生境条件改善等因素,确定覆盖上中下游及干支流的控制断面。以河流上水文站断面、主要控制性水工程断面、河口断面以及跨界断面作为生态流量控制断面,并将其分为监测断面及管理断面。

梅县区重点河流确定 2 个水文站断面、16 个主要控制性水工程断面、4 个河口断面及 5 个跨界断面,全面覆盖重点河流干流河段,梅县区重点河流控制断面基本情况见表 1。其中水文站断面为监测断面,具有长系列水文资料且具有流量监测能力;主要控制性水工程断面为管理断面,优先设置河道内装机容量较大、具备生态流量泄放能力的水电站为控制断面并作为管理断面监控其生态流量泄放情况;河口断面为监测断面,考虑河口区生态保护需求及干支流的生态流量需求设置;跨界断面为监测断面,为确保上游来水,设置跨界断面以监测上游来水,保障跨界河流生态水量。

**表 1　梅县区重点河流控制断面基本情况**　　　　　　　　单位:km²

| 序号 | 河流 | 断面名称 | 河流集水面积 | 断面集水面积 | 断面类型 |
|---|---|---|---|---|---|
| 1 | 松源河 | 松源河跨界断面 | 642 | 102 | 跨界断面 |
| 2 | | 横坊电站 | | 240 | 主要控制性水工程断面 |
| 3 | | 宝坑水文站 | | 437 | 水文站断面 |
| 4 | | 浩上水电站 | | 461 | 主要控制性水工程断面 |
| 5 | | 鸡卵滩水电站 | | 584 | 主要控制性水工程断面 |
| 6 | | 松源河河口断面 | | 642 | 河口断面 |
| 7 | 古屋水 | 新九龙水电站羊田角分站 | 104 | 49.7 | 主要控制性水工程断面 |
| 8 | | 古屋水河口断面 | | 104 | 河口断面 |
| 9 | 荷泗水 | 荷泗水跨界断面 | 175 | 80.7 | 跨界断面 |
| 10 | | 荷泗响水水电站 | | 130 | 主要控制性水工程断面 |
| 11 | | 荷泗水河口断面 | | 175 | 河口断面 |
| 12 | 南口水 | 深南水电站 | 144 | 14 | 主要控制性水工程断面 |
| 13 | | 大劲水库 | | 58.9 | 主要控制性水工程断面 |
| 14 | | 车陂水电站 | | 142 | 主要控制性水工程断面 |
| 15 | 琴江水 | 石篆水电站 | 122 | 62.3 | 主要控制性水工程断面 |
| 16 | | 龙虎(二)水文站 | | 102 | 水文站断面 |
| 17 | 周溪水 | 巴庄水库 | 118 | 24.5 | 主要控制性水工程断面 |
| 18 | | 周溪水跨界断面-1 | | 51 | 跨界断面 |
| 19 | | 周溪水跨界断面-2 | | 110 | 跨界断面 |
| 20 | 三乡水 | 三乡双坝桥水电站 | 134 | 72.5 | 主要控制性水工程断面 |
| 21 | | 三乡水河口断面 | | 134 | 河口断面 |
| 22 | 高思水 | 高思水跨界断面 | 128 | 56.3 | 跨界断面 |
| 23 | | 白渡嵩灵水电站 | | 97 | 主要控制性水工程断面 |
| 24 | | 源润水电站(二水庵车间) | | 124 | 主要控制性水工程断面 |
| 25 | 隆文水 | 芦墩坳水库 | 297 | 17.1 | 主要控制性水工程断面 |
| 26 | | 松口五星水电站 | | 118 | 主要控制性水工程断面 |
| 27 | | 松南小黄坝 | | 292 | 主要控制性水工程断面 |

# 4 生态流量控制目标核定及调度方案确定

## 4.1 控制断面生态流量核定

目前生态流量计算分析方法超过 200 种,总体上可以分为水文学法、水力学法、生境模拟法和综合分析法 4 类[5-6]。广东省生态流量确定要求按照"先粗后细,先易后难"的原则,综合考虑流域内重要生态敏感区和保护对象、水资源开发利用程度等,采取 $Q_P$ 法、Tennant 法等常用方法确定生态流量目标。针对已确定生态流量目标的主要控制性水工程断面,原则上直接采用已有成果;其他断面生态流量目标取 $Q_{90}$ 法及 Tennant 法计算结果的大值[7-8]。

宝坑水文站及龙虎(二)水文站采用 $Q_P$ 适线成果,其余控制断面采用水文比拟法计算。梅县区重点河流生态流量目标值见表 2。

表 2 梅县区重点河流生态流量目标值     单位:$m^3/s$

| 序号 | 河流 | 断面名称 | $Q_{90}$ 法 | Tennant 法 | 生态流量目标 | 备注 |
|---|---|---|---|---|---|---|
| 1 | | 松源河跨界断面 | 0.16 | 0.26 | 0.26 | 核定成果 |
| 2 | | 横坊电站 | 0.38 | 0.62 | 0.62 | 核定成果 |
| 3 | 松源河 | 宝坑水文站 | 0.70 | 1.13 | 1.13 | 核定成果 |
| 4 | | 诰上水电站 | 0.74 | 1.19 | 1.19 | 核定成果 |
| 5 | | 鸡卵滩水电站 | — | — | 1.26 | 已有成果 |
| 6 | | 松源河河口断面 | 1.03 | 1.66 | 1.66 | 核定成果 |
| 7 | 古屋水 | 新九龙水电站羊田角分站 | — | — | 0.10 | 已有成果 |
| 8 | | 古屋水河口断面 | 1.03 | 1.66 | 0.27 | 核定成果 |
| 9 | | 荷泗水跨界断面 | 0.27 | 0.25 | 0.21 | 核定成果 |
| 10 | 荷泗水 | 荷泗响水水电站 | — | — | 0.29 | 已有成果 |
| 11 | | 荷泗水河口断面 | 0.45 | 0.43 | 0.45 | 核定成果 |
| 12 | | 深南水电站 | — | — | 0.03 | 已有成果 |
| 13 | 南口水 | 大劲水库 | — | — | 0.11 | 已有成果 |
| 14 | | 车陂水电站 | — | — | 0.24 | 已有成果 |
| 15 | 琴江水 | 石篆水电站 | 0.16 | 0.15 | 0.16 | 核定成果 |
| 16 | | 龙虎(二)水文站 | 0.26 | 0.25 | 0.26 | 核定成果 |
| 17 | | 巴庄水库 | — | — | 0.06 | 已有成果 |
| 18 | 周溪水 | 周溪水跨界断面-1 | 0.13 | 0.13 | 0.13 | 核定成果 |
| 19 | | 周溪水跨界断面-2 | 0.28 | 0.27 | 0.28 | 核定成果 |

**续表2**

| 序号 | 河流 | 断面名称 | Q₉₀法 | Tennant法 | 生态流量目标 | 备注 |
|---|---|---|---|---|---|---|
| 20 | 三乡水 | 三乡双坝桥水电站 | — | — | 0.17 | 已有成果 |
| 21 | 三乡水 | 三乡水河口断面 | 0.22 | 0.35 | 0.35 | 核定成果 |
| 22 | 高思水 | 高思水跨界断面 | 0.09 | 0.15 | 0.15 | 核定成果 |
| 23 | 高思水 | 白渡嵩灵水电站 | — | — | 0.18 | 已有成果 |
| 24 | 高思水 | 源润水电站(二水庵车间) | 0.20 | 0.32 | 0.32 | 核定成果 |
| 25 | 隆文水 | 芦墩坳水库 | — | — | 0.04 | 已有成果 |
| 26 | 隆文水 | 松口五星水电站 | — | — | 0.15 | 已有成果 |
| 27 | 隆文水 | 松南小黄坝 | — | — | 0.52 | 已有成果 |

### 4.2 核定成果合理性检验

#### 4.2.1 满足程度分析

通过收集水文站多年的水文数据来达到间接计算河道生态流量的满足程度是否达标,本次收集到龙虎(二)水文站、宝坑水文站长系列的实测径流量资料,对龙虎(二)水文站、宝坑水文站建站以来的生态流量满足程度进行评价,其满足程度见表3。

**表3 水文站断面生态流量满足程度情况**

| 序号 | 河流 | 断面名称 | 生态流量目标/(m³/s) | 满足程度/% |
|---|---|---|---|---|
| 1 | 琴江水 | 龙虎(二)水文站 | 0.26 | 99.24 |
| 2 | 松源河 | 宝坑水文站 | 1.13 | 98.18 |

在天然来水条件下,龙虎(二)水文站、宝坑水文站满足生态流量要求的月份占全年的比例均能达到95%以上,生态流量满足程度较高,在天然来水条件下,河道生态流量能够得到有效保障,重点河流生态流量目标基本合理。

#### 4.2.2 与干支流、上下游成果衔接

考虑到流域面积与流量的水文特征差异及不同河流的水量不均衡性,从流量分配角度来看,核定成果与流域内干支流、上下游生态流量计算成果协调。按此生态流量控制,可满足程江、梅江控制断面生态流量要求,重点河流生态流量目标基本合理。

梅江流域生态流量平衡见图1。

### 4.3 生态流量调度方案

针对主要控制性水工程断面,当日均来流量小于生态流量核定值时,以来流量下放;当日均来流量大于生态流量核定值时,控制生态流量下放不小于生态流量核定值,电站视上游来水情况运行发电。

针对跨界断面,当实测来流量小于生态流量核定值时,地方水务部门应商请上一级水

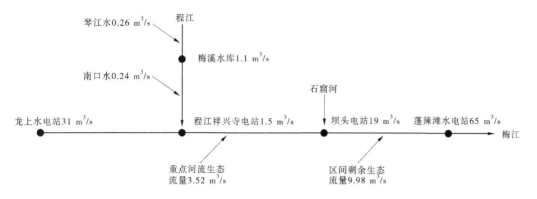

**图 1　梅江流域生态流量平衡图**

务部门统筹协调断面上游县(区)水利工程调度,确保断面达标。

针对水文站断面及河口断面,当实测来流量小于生态流量核定值时,由地方水务部门统筹协调断面上游水利工程调度,确保断面达标。

# 5　生态流量保障措施

## 5.1　优化水利水电工程生态调度

统筹防洪、发电、供水、灌溉及生态流量保障,制定梅县区重点河流水工程统一调度管理办法,按照"电调服从水调"的原则,从常规调度、枯水年调度及应急调度方面开展生态调度。

常规调度,电调服从水调。动态调整、滚动修正调度期取水计划、下泄流量等,当发生预警时,按优先满足生活用水兼顾农业、工业、生态用水的原则,流域内各水电站、水库按实时调度指令增加下泄量,保障各断面生态流量。

枯水年调度,汛期水资源调度服从防洪调度,电调服从水调。偏枯来水年份,当下游河道不能满足生态流量用水需求时,由上游水电站、水库按生态流量所需水量向下游补水;枯水年份调度,重点河流水电站和水库通过自身调节保持生态流量下泄,流域受水区必须采取节水措施。

应急调度,汛期生态流量调度应服从防洪调度。遭遇一般干旱的情况时,合理统筹"三生"用水,全力保障河道生态流量;当遭遇极端干旱、连续枯水年等情况时,优先保障居民生活用水。同时,加强流域取用水工程和引调水工程管控、实施水库应急调度、加强水文监测等。

## 5.2　强化河道内取用水管理力度

强化辖区内用水总量控制,加强水资源统一调度管理,制订重点河流年度水量调度计划,重点管控区间河道外取用水户,依法依规整治取用水过程中的突出问题,全面、准确、及时掌握取用水情况,规范取用水行为,强化河道内取用水的管理力度。将生态流量保障工作纳入最严格水资源管理和河湖长制考核内容,严格考核评估问责,通过考核来强化水资源监督管理工作以及生态流量管控力度。

### 5.3 完善水工程生态流量泄放设施

按照"因地制宜、安全可靠、技术合理、经济适用"的原则对重点河流水工程生态流量泄放设施不完善之处提出如下建议:针对小型水库,复核水库放空管下泄能力后,对水库原有放空管增设闸阀控制系统;针对引水式电站,在陂头处设置节制闸或泄流渠泄放生态流量,增设闸门行程控制器控制节制闸的开度以控泄生态流量,对设计不合理或渠底过高的泄流渠进行改造,渠道上坝后适当位置开口修建侧堰或埋设放水管;针对坝后式水电站,改造原有的引水设施,可在机组进水控制阀旁通管上开孔引接放水管。

### 5.4 提升生态流量监测预警能力

建立梅县区生态流量监测预警平台并接入地方水利信息化平台,完善生态流量控制断面的监测预警能力建设,强化生态流量预警评估与监督管理[9]。

对控制断面进行实时监测。针对水文站断面,直接采用现有设施对断面的水位、流量进行实时监测;针对主要控制性水工程断面,水电站控制断面增设现场测点水文监测设施,对断面的水位、流量进行实时监测;水库断面利用原有的水文监测设施,对入库流量、出库流量、水库水位、水库蓄水量、雨量等指标进行实时监测。针对河口断面及跨界断面,增设水文监测设施,重点对断面的水位、流量进行实时监测。

综合考虑梅县区重点河流水资源及水工程特点、监测能力、应急处理能力等,合理设置 3 个预警级别,紧急程度由高至低依次为红色预警、橙色预警、蓝色预警,并以生态流量为基准按 80%、100%、120% 比例设置控制断面的预警阈值,采用日均流量作为最小预警单元,当预报 7 d 日均流量小于等于阈值时发布相应的生态流量预警信息。

### 5.5 健全生态流量监督管理体系

明确生态流量落实过程中各责任主体的管理职责,健全生态流量监督管理工作。行政主体方面,地方水务部门负责监督、协调、指挥辖区内生态流量的调度工作,制定相应的管理制度,确保生态流量的落实。小水电站运营单位应该按照地方水务部门的要求,建立生态流量下泄的管理手册,确定小水电站生态流量下泄管理责任人,做好生态流量下泄记录,并按要求向地方水务部门报送。

### 5.6 推进生态流量科技支撑工作

根据实际落实效果不断优化调整保障实施及评估,开展生态流量后续科技支撑工作。研究建立生态流量落实效果评价体系,选取评价指标,确定评价方法,构成相应的评价指数,以评价指数的高低来评价落实效果;研究建立科学有效的考核体系,以生态流量目标为核心,从强化生态流量落实的因素着手,围绕管控目标、行政管理、运营管理、公众参与等方面构建考核指标;研究建立小水电站生态流量泄放技术方法,制定针对小水电的生态流量泄放设施及监测设施的相关技术导则,规范并科学指导小水电站生态流量管理工作。

## 6 结语

生态流量保障是维系河湖生态环境健康的保障。本文在充分考虑河道基本生态用水需求基础上,根据梅县区重点河流的生态特性,研究确定了梅县区重点河流生态保护对象、生态流量控制断面及生态流量目标,提出梅县区重点河流生态流量保障措施。在满足河道生态流量的情况下,加大生态流量监管力度,更好地为梅县区重点河流生态环境健康提供保障。

## 参考文献

[1] 董丽丹,高爽.阿伦河生态流量保障实施方案探究[J].东北水利水电,2023,41(2):31-32.

[2] 陈连军,邓瑞,邓志民.汉江流域水工程生态流量保障实践及思考[J].人民长江,2023,54(5):101-105,120.

[3] 张建永,黄锦辉,孙翀,等.已建水利水电工程生态流量核定与保障思路研究[J].水利规划与设计,2023(8):1-5.

[4] 吴传漫,张孟康,操丕军.九龙河生态流量评估及保障措施探讨[J].四川水利,2023,44(1):115-118.

[5] 黄梦楠.水阳江流域生态流量目标分析及保障措施研究[J].治淮,2023(3):35-36.

[6] 徐宗学,武玮,于松延.生态基流研究:进展与挑战[J].水力发电学报,2016(4):1-11.

[7] 陈晖,刘达,雷洪成,等.广东省生态流量确定与管控浅议[J].广东水利水电,2020(11):21-24,29.

[8] 李扬,孙翀,刘涵希.福建省域河流生态流量监管与控制目标核定[J].水资源保护,2020,36(2):92-96.

[9] 刘兆孝,王孟,李斐,等.推进长江生态流量保障工作的思考与建议[J].中国水利,2022(9):42-44,51.

# 南渡江引水工程生态鱼道布置形式
# 对过鱼效果的影响

徐观兵[1,2]　黎新欣[3]　王建平[1,2]　张金明[1,2]　马茂原[1,2]

(1. 珠江水利委员会珠江水利科学研究院,广东广州　510611;
2. 水利部珠江河口治理与保护重点实验室,广东广州　510611;
3. 中水珠江规划勘测设计有限公司,广东广州　510610)

**摘　要:**生态鱼道过鱼效果受流速、流态及水深等参数影响,而不同的鱼道布置形式会形成不同的水流条件,明确南渡江引水工程生态鱼道布置形式对过鱼效果的影响有利于提高鱼道过鱼成功率。本书对两种不同布置形式的生态鱼道进行试验研究,分析不同布置形式下流速及流态分布差异。结果表明:错位短距离蛮石布置形式及错位长距离蛮石布置形式均能在水流控制段内形成流速范围在 0.8~1.5 m/s 的高中低流速通道;两种布置形式均能形成复杂的水流条件,且短距离蛮石布置较长距离蛮石水流紊动更大。错位蛮石布置形式能有效降低流速,并能形成流速梯度。因此,采用错位蛮石布置形式的生态鱼道更利于鱼类洄游,并且可以依据现场条件合理选择布置距离。

**关键词:**引水工程;生态鱼道;鱼道型式;过鱼效果

## 1　引言

　　生态鱼道是一种人工设计的鱼类洄游通道,旨在帮助鱼类在河流或水域中顺利迁徙[1-2]。它通过模拟自然环境和调整水流条件来提供鱼类生存与迁徙所需的合适条件。生态鱼道的作用主要包括改善鱼类迁徙通道、减少鱼类迁徙中的障碍等[3]。随着人类活动对自然生态环境的不断干扰和破坏,许多鱼类的栖息地遭受了严重的破坏,导致鱼类的迁徙受阻[4]。因此,采取适当的措施来建立生态鱼道,帮助鱼类顺利迁徙成为一项紧迫任务。然而,目前对于不同布置形式的生态鱼道对鱼类过鱼效果的影响需要进一步研究。

　　已有的研究表明[5-7],生态鱼道的布置形式对其效果产生重要影响。布置形式包括通道宽度、地形以及障碍物等因素,这些因素之间的相互作用也很复杂,而这些因素会在鱼道内形成不同的水深、流速等水流条件,从而影响过鱼效果[8]。研究发现,适当的通道宽度可以提供充足的空间供鱼类顺利通过,但过宽的通道可能导致水流速度减慢,进而影响

---

**作者简介:**徐观兵(1990—),男,博士,主要从事生态水利学研究工作。

鱼类迁徙的效果[9]。另外,研究还发现,水深的变化会对鱼类产卵和迁徙造成重要影响,适当的水深可以帮助鱼类更好地通过鱼道洄游上溯[10]。此外,地形也对生态鱼道的效果产生影响。地形的变化可以影响水流速度和水深的分布,从而对鱼类迁徙产生影响[11-12]。

南渡江引水工程位于南渡江干流上,生态鱼道靠河床右岸布置,左侧与溢流坝段连接,南渡江主要洄游鱼类为大鳞鲢、光倒刺鲃、黄尾鲴、草鱼、赤眼鳟、鲢、鳙、鲮、三角鲂等,鱼类繁殖洄游时间为4—8月,不同洄游鱼类游泳能力不相同,且南渡江主要洄游鱼类游泳能力集中在0.8~1.5 m/s。因此,如何在鱼道内营造高、中、低流速通道从而满足不同游泳能力鱼类洄游需求,是生态鱼道过鱼能否成功的关键。

基于此,本文开展南渡江引水工程生态鱼道布置形式研究,以期为南渡江引水工程生态鱼道设计建设提供理论依据与数据支撑。

## 2 模型布置

### 2.1 模型设计

采用正态模型,按重力相似准则设计。模型几何比尺为1:7,主要研究典型断面的过鱼水流条件,试验选择控制段(典型断面)作为研究范围,并将上下游直段作为过渡段,上游设进水前池,下游设尾水池。鱼道水流控制段过流量设为5.0 m³/s,控制断面水深为1 m。模型流量由流量计控制,上、下游水位由固定测针量测;流速由精细的LS-3C光电旋桨流速仪施测;沿程流态由数码相机记录。鱼道模型长10.5 m、宽2.5 m、高0.6 m。

### 2.2 模型制作

模型试验段及过渡段均采用断面板法制作,水泥砂浆抹面;钢筋石笼采用铁丝网包裹石子的方法进行模拟,石子尺寸按照几何比尺对原型10~30 cm块石进行换算,石子直径为1.4~4.3 cm;漂石同样采用几何比尺对原型50~100 cm块石进行换算,模型漂石尺寸为7~14 cm。

模型制作完成后进行物理验证,模型各部位误差控制在±0.2 mm以内,满足水工模型试验规程要求。

### 2.3 试验工况

#### 2.3.1 工况1:错对位蛮石短距离布置

主断面中心间距为3.6 m;主断面蛮石按3区4通道设置,蛮石分别设置在横向断面的两个坡脚及中央位置,蛮石宽度分别为1.3 m、2.7 m和1.3 m,低速通道孔宽0.8 m,中速通道孔宽1.2 m,高速通道为宽1.3 m的断面;低速通道主断面之间1/3和2/3位置各设置辅助蛮石,蛮石宽度为通道宽度的1.2倍;中速通道主断面1/2位置设置辅助蛮石,蛮石宽度同通道宽度;主断面蛮石及辅助蛮石高度为0.95~1.05 m,如图1所示。

#### 2.3.2 工况2:错对位蛮石长距离布置

主断面中心间距为7.0 m;主断面蛮石按3区4通道设置,蛮石分别设置在横向断面的两个坡脚及中央位置,蛮石宽度分别为1.6 m、3.3 m和1.6 m,低速通道孔宽0.5 m,中速通道孔宽0.8 m,高速通道为宽1.5 m的断面;低速通道主断面上下游1.0~1.3 m位置设置宽度为0.7 m的辅助蛮石;中速通道主断面上游1.0~1.3 m位置设置宽度为0.96 m

的辅助蛮石;主断面蛮石及辅助蛮石高度在 0.95~1.05 m,如图 2、图 3 所示。

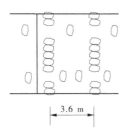
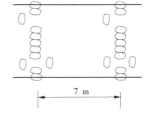

图 1  蛮石短距离布置平面图  图 2  蛮石长距离布置平面图  图 3  流速通道平面示意图

## 3  结果

### 3.1  阻水比

通过对工程前鱼道过流面积及各工况阻水面积进行计算,得出各试验工况的阻水比。其中,工程前鱼道的过流面积为 15.5 m²,工况 2、工况 3 的阻水面积分别为 7.7 m² 以及 7.9 m²。因此,计算可得工况 2、工况 3 的阻水比分别为 50%、51%,见表 1。

表 1  各试验工况阻水比

| 项目 | 工况 2 | 工况 3 |
| --- | --- | --- |
| 工程前过流面积/m² | 15.5 | 15.5 |
| 阻水面积/m² | 7.7 | 7.9 |
| 阻水比/% | 50 | 51 |

### 3.2  流速及流态分布结果

#### 3.2.1  错对位蛮石短距离布置流速及流态分布

错对位蛮石短距离布置的流速分布如图 4 所示。鱼道能形成高、中、低流速梯度,高流速通道流速范围为 1.32~1.45 m/s,中流速通道流速范围为 1.15~1.20 m/s,低流速通道流速范围为 0.98~1.02 m/s。不同主断面的流速通道内流速变化均不明显,但同一断面高、中、低流速差异较大,高流速通道流速是低流速通道流速的 1.4 倍。同时,主断面中间蛮石后形成缓流区,流速范围为 0.19~0.40 m/s。

错对位蛮石短距离布置的流态分布如图 5 所示。鱼道能形成复杂的流态结构,由图 5 可知,通道孔处水流紊动较大,两侧高流速区紊动次之,中间蛮石之间的区域紊动最小。复杂的水流条件能为鱼类洄游提供条件。

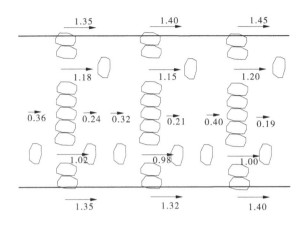

图 4　蛮石短距离布置流速分布　（单位：m/s）

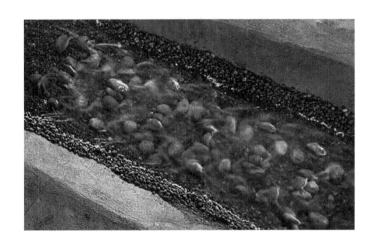

图 5　错对位蛮石短距离布置流态分布

### 3.2.2　错对位蛮石长距离布置流速及流态分布

错对位蛮石长距离布置的流速分布如图 6 所示。鱼道能形成高、中、低流速梯度，高流速通道流速范围在 1.43~1.47 m/s，中流速通道流速范围在 1.17~1.18 m/s，低流速通道流速范围在 0.80~0.83 m/s。不同主断面的流速通道内流速变化均不明显，但同一断面高、中、低流速差异较大，高流速通道流速是低流速通道流速的 1.8 倍。同时，主断面中间蛮石后形成缓流区，流速范围为 0.21~0.40 m/s。

错对位蛮石长距离布置的流态分布如图 7 所示。鱼道能形成复杂的流态结构，由图 7 可知，水流紊动主要集中在通道孔处，两侧高流速区水流较平顺。中低通道满足游泳能力较低的鱼类洄游，两侧高流速区满足游泳能力强的鱼类洄游，复杂的水流条件能为各类鱼类洄游提供条件。

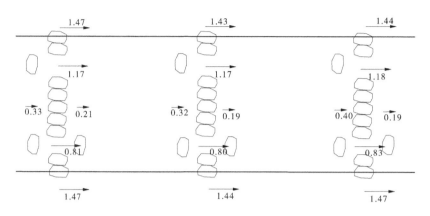

图 6　错对位蛮石长距离布置流速分布　（单位：m/s）

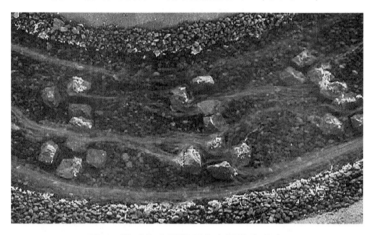

图 7　错对位蛮石长距离布置流态分布

## 4　讨论

鱼道流速分布影响鱼类洄游行为。研究表明,流速可以影响鱼类的行为决策,包括栖息时间、游泳速度和洄游路径的选择等[13]。不同流速条件下,鱼类可能会选择不同的洄游路径,在高流速下,鱼类可能更倾向于选择远离主流的区域,以减少洄游的耗能和防止过度疲劳,而过低流速减少了对鱼类的刺激,则可能降低洄游效率,甚至导致洄游失败[14]。因此,研究鱼道流速分布对鱼类洄游行为的影响可以为鱼类洄游保护和鱼类资源管理提供重要的参考和指导。

南渡江引水工程主要过鱼对象为大鳞鲢、光倒刺鲃、黄尾鲴、草鱼、赤眼鳟、鲢、鳙、鲮、三角鲂,鱼类繁殖洄游时间为 4—8 月。根据其游泳能力,鱼道水流控制段洄游通道流速值应该控制在 1.5 m/s 以内。

鱼道在不布置蛮石条件下,假定鱼道的下泄流量和水深不变,鱼道平均流速约为 2 m/s。此时鱼道流速超过了鱼类游泳能力,鱼类不能通过鱼道洄游,该工况不满足过鱼条件,会影响鱼道过鱼效果。在鱼道内布置蛮石,洄游通道流速范围为 0.8~1.5 m/s,最大流速控制在鱼类游泳能力之内,该工况满足过鱼条件,复杂的水流条件能吸引鱼类上溯,鱼类能通过鱼道进行洄游。同时,由于短距离布置蛮石与长距离布置蛮石阻水比接近且均能满足过鱼条件,可依据现场条件以及生态保护等方面进行最优比选。

## 5 结论

为明确南渡江引水工程生态鱼道布置形式对过鱼效果的影响,对两种不同布置形式的生态鱼道进行试验研究,分析不同布置形式下流速及流态分布差异。试验结果表明,错位短距离蛮石布置形式及错位长距离蛮石布置形式均能有效降低流速,并能形成流速梯度。因此,进行错位蛮石布置形式的生态鱼道更利于鱼类洄游。同时,由于长距离蛮石布置方式与短距离方式流速分布结果相似,在满足鱼类洄游的条件下,可依据现场条件选择适合距离进行布置。

## 参考文献

[1] 简震,蒙富康.仿生态鱼道施工技术[J].水运工程,2021(12):73-78.

[2] 郭生根.赣江新干航电枢纽仿生态鱼道整体设计[J].水运工程,2018(12):155-159.

[3] 范穗兴,蒋光灿,黄天宝.大藤峡水利枢纽南木江鱼道水力衔接段的研究应用[J].人民珠江,2022,43(12):6-12.

[4] KIM J,YOON J,BAEK S. An efficiency analysis of a nature like fishway for freshwater fish ascending a large Korean River[J]. water,2016,8(3):1-18.

[5] 祝龙,胡乔一,王程,等.枞阳仿自然鱼道水流条件优化数值模拟研究[J].中国农村水利水电,2022(6):1-7.

[6] 朱世洪,王智娟,黎贤访,等.仿自然通道及鱼道池室结构布置研究[J].长江科学院院报,2017,34(12):48-52.

[7] 柯明辉,何承农,王乐乐.仿自然鱼道低流速区流场塑造试验研究[J].水利科技,2021(4):11-15.

[8] 李广宁,孙双科,郭子琪,等.仿自然鱼道水力及过鱼性能物理模型试验[J].农业工程学报,2019,35(9):147-154.

[9] 尹志勤.阁山水库仿生态式鱼道模型水力特性试验研究[J].水电能源科学,2018,36(11):101-103.

[10] 李雪凤,韦瑛.岷江航电犍为枢纽仿生态鱼道设计[J].水运工程,2021(12):43-46.

[11] 林宁亚,安瑞冬,李嘉,等.交错蛮石墙式仿自然鱼道水力学特性研究[J].水电能源科学,2017,35(12):82-85.

[12] 何雨艨,安瑞冬,李嘉,等.蛮石斜坡型仿自然鱼道水力学特性研究[J].水力发电学报,2016,35(10):40-47.

[13] 杨庆,胡鹏,杨泽凡,等.草鱼洄游的适宜流速条件与适应阈值[J].水生态学杂志,2019,40(4):93-100.

[14] 王锐,李嘉.引水式水电站减水河段的水温、流速及水深变化对鱼类产卵的影响分析[J].四川水力发电,2010,29(2):76-79.

# 珠江流域水土保持体系构建

## 马　永　王　国　江冬敏

（中水珠江规划勘测设计有限公司,广东广州　510610）

**摘　要:** 构建流域水土保持体系是服务国家重大战略布局的要求,如何构建珠江流域完整科学的水土保持体系是新时代的重要任务。通过分析历史沿革、流域本底条件和新时代任务,提出构建流域水土保持体系的任务是系统维护和提高土地生产力、系统增强流域水土保持功能,支撑流域水资源安全和防洪安全。流域片防治格局是在上游片持续开展石漠化区水土流失治理和坡耕地水土流失治理,中游片突出农林开发水土流失防治,下游片以大力推进城郊生态清洁小流域建设为重点服务粤港澳大湾区绿色生态屏障。通过建立水土保持空间管控制度、完善生产建设项目水土保持监督管理、抓好重要干支流的水土保持目标考核等方式,在全流域形成有效的水土流失预防体系。根据流域水土流失防治特点和需求,开展石漠化水土流失治理方略研究、坡耕地水土流失防治机制研究、农林开发水土流失防治标准研究、崩岗防治对策研究等流域重大水土保持课题。

**关键词:** 珠江流域;水土保持;任务;防治格局;课题研究

## 1　构建流域水土保持体系的必要性

### 1.1　中央要求

近年来,中央针对区域发展重大战略布局突出了以流域为区域的战略布局,如京津冀协同发展(海河流域)、长江经济带发展、粤港澳大湾区建设(珠江三角洲)、长三角一体化发展、黄河流域生态保护和高质量发展等,以及区域经济社会发展要坚持"以水定城、以水定地、以水定人、以水定产",均凸显流域为国家重要战略框架。习近平总书记深刻指出:要从生态系统整体性和流域性出发,追根溯源、系统治疗。上下游、干支流、左右岸统筹谋划,共同抓好大保护,协同推进大治理。水土保持是生态文明建设的重要内容,科学推进水土流失治理是中央的明确要求,构建流域水土保持体系是贯彻中央要求的具体举措。

### 1.2　法律规定

《中华人民共和国水土保持法》(简称《水土保持法》)颁布后,以法律条文的形式明确了流域水土保持的地位、作用、体系构成等。一是明确了流域机构的水土保持法定职

---

**作者简介:** 马永(1973—),男,正高级工程师,主要从事水土保持规划设计咨询工作。

责。《水土保持法》第五条规定,国务院水行政主管部门在国家确定的重要江河、湖泊设立的流域管理机构,在所管辖范围内依法承担水土保持监督管理职责。二是明确了流域水土保持规划是国家水土保持规划体系的组成部分。《水土保持法》第十三条规定,水土保持规划包括对流域或者区域预防和治理水土流失、保护和合理利用水土资源做出的整体部署,以及根据整体部署对水土保持专项工作或者特定区域预防和治理水土流失做出的专项部署。三是明确了以流域为架构的预防和治理布局。《水土保持法》第十八条规定,在侵蚀沟的沟坡和沟岸、河流的两岸以及湖泊和水库的周边,土地所有权人、使用权人或者有关管理单位应当营造植物保护带;第三十一条规定,国家加强江河源头区、饮用水水源保护区和水源涵养区水土流失的预防和治理工作;第三十五条规定,在水力侵蚀地区,地方各级人民政府及其有关部门应当组织单位和个人,以天然沟壑及其两侧山坡地形成的小流域为单元,因地制宜地采取工程措施、植物措施和保护性耕作措施等措施,进行坡耕地和沟道水土流失综合治理等。

以上法律条文,十分明确地指出我国水土保持工作应当以流域为框架建立完整的水土保持体系。

### 1.3 流域需求

水土保持是江河保护治理的根本措施,是流域水安全综合保障的重要组成部分。珠江流域片涉及西南岩溶区和南方红壤区,2020年水土流失面积仍占土地总面积的16.88%;珠江中上游南北盘江水土流失面积占比超过30%,严重的水土流失导致耕地变瘠、岩石裸露,是我国石漠化最严重和典型的区域;西江中游及韩江中上游崩岗侵蚀剧烈,是引发山洪灾害、山地灾害的重要原因,时常淤埋农田、水利设施和道路。流域片水热资源丰富,广袤的南方低山丘陵既是生态屏障的主体,又具有较大的生产潜力,开发利用强度较大,林下水土流失不容忽视。系统治理水土流失是实现流域片防洪保安全、优质水资源、健康水生态、宜居水环境的必然要求,构建珠江流域片水土保持体系是流域规划体系的重要组成部分。

### 1.4 沿革传承

新中国成立后,我国水土保持管理始终坚持流域管理和区域管理相结合的管理体制,在国家开展大规模水土流失防治工作中,实际上执行的是流域管理为主的体制。中央为加强黄河中游水土流失治理和长江上游水土流失治理的统筹协调工作,于1964年成立黄河中游水土保持委员会、1988年成立长江上游水土保持委员会至今,先后启动了黄河中游水土保持综合治理工程、长江上游重点水土流失区治理工程,在珠江流域则实施了珠江上游南北盘江石灰岩地区水土保持综合治理试点工程,均以流域机构为治理管理主体。流域水土保持体系是构成国家水土保持体系的重要组成部分,若干流域水土保持体系构成国家水土保持体系。流域水土保持体系构建的主要目的是站在中央政府层面,解决重大流域左右岸、干支流特定的水土流失问题,构建方法上是围绕左右岸、干支流特定水土流失问题以及所要实现的目标,制定水土流失预防和治理规划与布局,对各省(市、自治区)的水土保持工作具有指导、协调和约束作用,确保中央的水土保持战略意图得到执行。进入新时代,守正创新,科学治理防治水土流失,不断健全流域水土保持体系,是流域机构的时代任务。

## 2 构建流域水土保持体系重大任务

### 2.1 系统维护和提高土地生产力

水土资源是人类赖以生存和发展的基础资源。保护水土资源的目的是合理利用、高效利用、可持续利用水土资源,根本目的是维护土地生产力、发展土地生产力[1]。流域是上下游、左右岸联系紧密的一个系统,土地生产力维护也应坚持系统理念。人类文明发展的历史进程,也是生产布局不断演进的过程,有利于社会生产发展的产业结构或模式逐渐沉淀,在微小流域的生产格局中,逐渐形成了山顶林、山腰果、山脚田的农林生产布局;在大中流域,则总体上呈上游重生态、中游重农耕、下游重工商的产业格局。不同的产业格局对土地生产力有着不同的需求,同是小流域,上游的小流域与下游的小流域在农林生产布局上又有区别。珠江流域片人均耕地面积 0.89 亩,人均产粮 178 kg,亩均产粮 200 kg,分别是全国平均水平的 59%、38%、63%,土地生产力明显低于全国平均水平,与流域片水热资源丰富、作物易于生产的气候环境存在明显差距,土地生产力提升具有较大空间。流域水土保持对土地生产力的维护,应在宏观格局指引下,有针对性地服务于生产。珠江流域上游人均耕地相对较多,质量低,灌溉保证率低,应大力开展梯田化改造或提质增效,不断完善"五小"水利工程,抢救土壤,增强抗旱能力;中游人均耕地接近 1 亩,地势相对平缓,质量相对较好,基本用于粮食、糖料生产,主要做好水利配套,由于耕地相对有限,群众向山坡地开发林果以增加收入,相应带来坡林(园)地水土流失问题,应重点关注坡地开发保持水土,维护坡地土地生产力;下游人均耕地较少,工业、服务业发达,耕地已基本实现精细化管理,主要功能以保障城市"菜蓝子"供应为主,水土保持维护土地生产力的任务转向服务都市现代农业和营造优美的生活环境。

### 2.2 系统增强流域水土保持功能

水土保持目的之一是"利于充分发挥水、土资源的生态效益、经济效益、社会效益,建立良好生态环境"[2],增强流域水土保持功能是水土保持重大任务之一。流域水土保持功能不是单一的,随着生产发展布局、生态空间格局的不同,上中下游、左右岸、干支流水土保持功能也不尽相同。流域水土保持应根据不同区域的自然生态本底条件、经济社会发展布局,而增强诸如水源涵养、土壤保持、蓄水保水、水质维护、防灾减灾、拦沙减沙、人居环境维护等水土保持功能。按照全国水土保持区划,珠江流域片共涉及 17 个水土保持三级区,三级区是基本功能区[1],在该区,应围绕如何提升区域主导基础功能开展水土保持工作。水土保持小流域综合治理本质是增加小流域水土保持功能的行为,并通过水土保持功能的发挥,达到维持小流域生态安全平衡的作用。若干小流域的生态安全,构成流域系统的生态安全[7]。处于南岭山地水源涵养保土区的广西金秀自 1998 年始,开展水土保持生态建设后,通过多年建设水土保持径流调控工程,发展茶叶、八角、毛竹、水果等绿色产业,加大生态公益林的保护力度和恢复重建速度,25 条河流径流量增加,森林覆盖率达广西之最,有植物资源 2 335 种、动物资源 281 种,成为仅次于云南西双版纳的全国第二大生物基因库,水源涵养、土壤保持、生态维护等水土保持功能大幅提升[8]。石海霞等[3]分析了南方红壤区数据相对完整、治理年限超过 10 年的 26 条典型小流域,结果发现开展了水土流失综合防治的小流域土壤侵蚀模数平均下降 76%,植被覆盖率平均增幅

72%,人均纯收入平均增加194%,且随着小流域内平均植被覆盖率和农民人均纯收入的不断增加,其平均土壤侵蚀模数也呈下降趋势[9],土壤保持、生态维护等水土保持功能显著增强。

### 2.3 支撑流域水资源安全和防洪安全

珠江流域虽地处南方,但受地理条件和经济社会发展的影响,水资源安全和防洪安全仍存在较大压力。截至2019年,珠江区蓄水工程总库容仅占多年平均径流量的12.3%,无调节能力的引提调水工程供水量占总供水量的56.3%,珠江区内的北盘江、都柳江、黄泥河、泸江等重要支流2000年以后均出现过断流情况,珠江口的冬春旱季每年还会发生咸潮,影响澳门、珠海、中山等市的供水安全,珠江水利委员会已连续18年实施压咸补淡应急调水。水土保持是江河治理的根本,是江河治理历史教训和经验的总结。通过全面实施小流域综合治理、增加植被覆盖和建设拦沙减沙体系,有效增强涵养水源功能,起到一定程度的调节径流、削减洪峰、减轻江河湖库泥沙淤积作用。水土流失作为载体在向江河湖库输送大量泥沙的同时,也输送了大量施用后的化肥、农药和生活垃圾,严重影响饮水安全,水土保持工程和生态清洁小流域建设,可以发挥土壤和植被的缓冲和净化作用,提高水资源利用率,净化水质,增强供水能力。石海霞等[3]通过对南方红壤区7省(区)177个水土保持重点工程县水土流失治理成效的多尺度趋势分析,得出从典型流域尺度来看,近几十年江河流域径流量随时间的推移有显著上升趋势,但输沙量显著下降,完整的水土保持体系在调节江河径流、减少泥沙淤积方面具有明显作用。广东省开展的小流域综合治理防洪减灾效果也十分明显,郑国权等[4]以清远市瑶安小流域为研究对象进行小流域综合治理效益的定量评价,结果表明,治理后瑶安小流域的防洪减灾综合效益增长了260.5%,其中农田防洪能力、村庄防洪能力、堤围防洪能力、人口防护比例、耕地防护比例分别增长了100%、100%、300%、92.5%、41.0%。

## 3 珠江流域水土流失防治格局

### 3.1 上游片持续开展石漠化和坡耕地水土流失治理

珠江流域上游和红河流域中上游属西南岩溶区,地处滇黔桂接壤区,是流域片石漠化最严重和最典型的区域。分布有滇黔桂岩溶石漠化国家级水土流失重点治理区、西南诸河高山峡谷国家级水土流失重点治理区,有国家级重点治理县67个,重点治理区土地总面积16.42万km²,占珠江流域片西南岩溶区的54.4%,其中南北盘江的重点治理区面积占其土地面积的87.7%,红河流域重点治理区面积占其土地面积的47.5%。上游片还是坡耕地最为集中的区域,上游片坡耕地面积占珠江流域片坡耕地面积的68.6%,水土流失面积占珠江流域片坡耕地水土流失面积的78.2%。上游片南北盘江的林草覆盖率仅为58.2%,是珠江流域除珠江三角洲外,林草覆盖率最低的区域。上游片亦是全国脱贫攻坚重点区域之一,巩固脱贫攻坚成果、实现乡村振兴,任务仍然艰巨。因此,该片仍应坚持不懈地抓好水土流失重点治理,结合新时期生态文明建设要求,科学开展水土流失防治。在防治布局上,以增强区域蓄水保土功能和巩固脱贫攻坚成果、支撑乡村振兴为主要目标,以石漠化和坡耕地为主要治理对象,山区抢救和改造坡耕地,巩固基本农田和提质增效,配置坡面水系工程,充分积蓄、高效利用降雨和地表、地下水资源,荒坡地和退耕地上大力营造水源涵养林、水土保持林,持续实施生态修复,促进植被恢复,控制石漠化发展,培育优势产业;盆地及平坝区做好沟道防护,保护现有耕地,完善灌排渠系,减少坡面径流对盆地区的危害。

## 3.2 中游片突出农林开发水土流失的预防和管理

珠江流域中游地貌主要为粤桂丘陵及东南沿海丘陵,水热资源丰富,风化土层较厚。丘陵坡地是我国东部南部农林生产的重要区域,具有持续生产力的可能性,充分改良和利用坡地是解决我国农业问题的关键之一[5]。随着国家日益重视粮食安全,以及耕地非粮化的逐步扭转和高标准农田主要种植粮食作物的规定出台,木本粮油和林特产品上坡是必然的趋势。但珠江流域降雨西少东多、北少南多,上游少、中下游多,流域中游年降雨侵蚀力基本在 8 000~14 000 MJ·mm/(hm²·h),是我国降雨侵蚀力高值区域,加之地面坡度与水土流失强度呈正相关,因此在中下游丘陵坡地开展农林生产必然带来水土流失问题。近年的水土流失遥感监测成果印证了这一现象的产生。据 2019 年流域水土保持监测成果,地处粤桂丘陵及东南沿海丘陵的西江中下游、北江、东江等流域,农林开发水土流失均为水土流失的主要构成,其中西江中下游园林地开发水土流失面积占其区域水土流失面积的 26.1%,北江占 20.9%,东江占 30.0%,主要是果园、中药材园、速生丰产林等,建园初期,不合理的整地、垦种方式,导致明显的水土流失现象,且高植被覆盖度的林园地仍会有水土流失产生,高植被覆盖度的水土流失面积占林园地水土流失面积的 50.3%。控制好农林开发水土流失是今后珠江流域水土保持工作的重大挑战,当务之急是尽快出台农林开发水土流失的防治标准、措施名录、治理示范,并规范和指导农林开发的空间布局。

## 3.3 下游片服务粤港澳大湾区绿色生态屏障

珠江流域下游地处粤港澳大湾区和珠江三角洲,是我国开放程度最好、经济活力最强的区域之一。以大力推进城郊生态清洁小流域建设为重点,山地培育生态公益水源涵养林,农田精细无害化管理,沟道生态亲民化改造,人居洁净海绵化整治。同时,推动大湾区生产建设项目水土保持监督管理的体制机制创新。土石方调配和管控是生产建设项目水土保持方案的核心内容,大湾区由于特殊的自然条件和社会经济条件,生产建设项目的土石方来源和废弃基本上通过市场化解决,废弃土石方"应当堆放在水土保持方案确定的专门存放地"是法律规定,应推动地方政府构建大湾区统一的土石料场、弃渣消纳场、土石方资源交流平台,完善跨市、跨区土石料开采、运输、消纳处置的费用测算、结算办法和标准,为生产建设项目做好水土保持服务保障。

## 3.4 全流域做好水土流失预防工作

"预防为主、保护优先"是水土保持工作的基本方针。预防的本质是约束人的行为、规范人的行为。水土流失预防工作主要包括 3 个方面:一是对现有生态环境较好、生态功能重要区域的保护;二是对各类生产开发具体行为的水土流失预防;三是做好约束和规范地方政府经济社会行为的水土保持制度安排。

流域水土流失预防重点区域在江河源头区。江河源头区是流域生命健康的根本所在,源头区水源涵养功能的高低和生态质量的好坏对整个流域水安全具有重要战略意义。江河源头区的预防保护,一方面要建立空间管控制度,减轻人为扰动强度;另一方面对一些需要改善生态的地方辅以必要的人工措施,提高林草植被覆盖率,提升生态系统自我修复能力,加快自然修复速度。珠江流域上游的南岭山地水源涵养重要区是全国 17 个重要水源涵养区之一,是国家重要生态功能区,应是流域机构重点关注和加强管控预防的区域。

对各类生产开发具体行为的水土流失预防,就是严格贯彻落实《水土保持法》的规定,规范生产活动和生产建设项目的水土保持行为,有效管控人为水土流失的发生。目前生产建设项目的水土保持监管已基本实现规范化,薄弱环节在于对农林生产活动的规范和监管,应逐步完善。

约束和规范政府行为的水土保持制度安排主要是明确流域或重要干支流的水土保持目标,引导地方政府实施有利于水土保持的各类经济社会活动,同时协调建立上下游、保护与受益主体之间的水土保持生态补偿机制,让牺牲产业发展前景、提供生态屏障的一方获得相当的经济补偿,形成全流域的生态、经济平衡。围绕重大流域水土保持目标,分解区域目标和职责,完善流域所涉地方政府的考核机制,违规受罚,有绩能奖,避免出现各自为政的情况,形成流域上下游、左右岸协调配合的水土保持体系。在重点干支流,将水资源利用率考核和水土保持率考核有机结合,充分发挥流域机构优势,为国家重要区域的发展保驾护航。如东江流域事关香港、深圳、东莞、惠州、河源等地 4 500 万人口的供水安全问题,水资源开发利用率已占可开发利用量的 77.2%(2016 年),提高流域水源涵养功能和水质维护功能就是流域水土保持的重大任务,可依托赣粤交界水文测站,设置江西省东江流域水土保持率,依托广东博罗水文测站设置广东省东江流域水土保持率,与径流泥沙、河流水质相互验证,评估各省(区)水土保持业绩。诸如南盘江、北盘江、都柳江、韩江、九洲江等跨省(区)且水土流失严重或水资源利用矛盾突出的重要干支流,也可采用此办法,充分利用流域职能做好重要区域的发展支撑。

# 4 珠江流域水土流失防治的重大课题

## 4.1 石漠化区水土流失治理方略研究

现阶段,治理石漠化的实用技术研究和总结较多,生态构建、产业发展、能源替代、移民搬迁等各领域总结的各种治理模式也较丰富。但如何紧扣针对不同类型石漠化区的水土流失特点去防治水土流失,达到保护、改良与合理利用水土资源,维护和提高土地生产力这个水土保持的核心目的,并没有形成一套成熟的、完整的防治模式和治理体系。特别是针对不同水土保持功能分区,既体现区域水土保持功能需求又体现群众现实的生产生活发展需求的措施配置体系,目前鲜有成果。随着经济社会的发展,薪柴已不再是山区群众的主要燃料,对植被的人为破坏减少了,山区的劣质耕地甚至稍微偏远的梯地已开始撂荒,为植被的自然修复打好了基础,传统的水土保持林和坡改梯已很难实施下去,治理的基础条件和社会条件在不断地变化,治理模式也必然要有相应的调整。珠江流域是全国石漠化最严重、最集中的区域,石漠化区水土流失治理方略的研究是珠江流域水土保持的首要课题。可从紧扣如何提升区域土壤保持、蓄水保水等水土保持基础功能出发,结合国土空间“三区三线”的划分,研究提出永久基本农田内的提质增效措施、“三线”以外的水土保持空间管控措施以及坡耕地保土保水措施、林草地立体化开发与郁闭措施、坡面径流和地下泉水的高效利用措施,形成不同搭配组合模式。

### 4.2　坡耕地水土流失防治机制研究

坡耕地是水土流失的重要策源地,我国的地形条件和人多地少的矛盾,决定了坡耕地将长期存在。流域片有坡耕地面积 342.26 万 hm²(2019 年),占耕地面积的 29.6%,红河流域坡耕地面积占其耕地面积的比例达 59.0%。流域内南方红壤区和西南岩溶区的坡耕地耕作特点和利用方式有着明显的不同。南方红壤区坡耕地集中分布在缓丘和台地,海拔低,坡度缓,成片,面积大,人均耕地少;西南岩溶区坡耕地集中在云贵高原塬面及其向东、向南过渡的斜坡地带,海拔高,坡耕地较为零碎,人均耕地相对较多。不同区域的坡耕地可以采取哪些水土保持措施,如何处理好坡耕地治理与粮食生产的关系、坡耕地治理与撂荒现象的关系、坡耕地治理与巩固脱贫成果的关系、坡耕地治理与群众需求的关系等,目前还存在许多现实矛盾和困惑。南方红壤区坡耕地突出截洪排水、精细化管理和高效可持续利用开展研究;西南岩溶区则在建设人均 1 亩渠路池配套的高标准农田基础上,突出保护坡耕地耕作层不流失、形成不同地域各具特色的农林产业开展研究。

### 4.3　农林开发水土流失治理标准研究

近年来,建设油茶、茶叶、芒果、猕猴桃、中药材等农林基地,几乎是产业扶贫的不二选择,山丘区农林基地建设也是流域农业生产发展的阶段性选择。据统计,海南、广东、广西 3 省(区)茶叶和园林水果面积 2019 年较 2010 年分别增长了 78.1%、15.6%。2019 年,流域片园地、林地水土流失面积 6.29 万 hm²,占水土流失总面积的 56.1%,是流域片水土流失面积的主要来源,且主要集中珠江流域中游片区,农林开发水土流失在流域片愈加凸显。传统上认为植树种草就是一种水土保持,因此对农林开发水土流失一直较为忽视,农林开发水土流失的治理措施、治理标准、样板示范均较缺乏,这就给监督管理带来困难。加强农林开发水土流失治理的水土保持措施、模式、标准的研究和推广,为各级水土保持监督管理部门提供依据是当前较为迫切的任务。

### 4.4　崩岗防治对策研究

崩岗是南方红壤区的典型土壤侵蚀类型,主要位于花岗岩及泥质页岩分布的丘陵区,这些区域又是群众生产活动较为密集的区域,对当地自然环境和群众生产生活影响较大。但目前研究崩岗治理类型,均是以单个崩岗为研究对象,崩岗的分类主要是按形态和活动状态分类,而实际上,崩岗既与人为活动有关,又是一种自然水土流失现象,与人类生产活动不紧密的、自然发生的崩岗并没有较好的预防办法,强行治理,往往临时施工道路的扰动破坏远远大于崩岗自身的破坏面积。对于已产生的崩岗现象,长期以来形成了"上截下拦、林草填肚"的成熟治理经验,但现有的崩岗分类与治理的相关性没有建立必然的联系,对治理的指导意义不强;现有的治理模式投入较大,植被恢复较差,景观度较差。因此,仍需要对崩岗的分类和治理模式进行深入研究,特别是崩岗治理对维护农田安全、增加耕地占补平衡的效益研究。

## 参考文献

[1] 全国水土保持规划编制工作领导小组办公室,水利部水利水电规划设计总院.中国水土保持区划

［M］.北京:中国水利水电出版社,2016.

［2］ 中华人民共和国国家质量监督检验检疫总局,中国国家标准化管理委员会.水土保持术语:GB/T 20465—2006［S］.北京:中国标准出版社,2006.

［3］ 石海霞,梁音,朱绪超,等.南方红壤区水土流失治理成效的多尺度趋势分析［J］.中国水土保持科学,2019(6):72-73.

［4］ 郑国权,杨宪杰,温美丽,等.广东省小流域综合治理效益的定量评价:以清远市瑶安小流域为例［J］.水土保持通报,2016(8):240-241.

［5］ 邓度.中国生态地理区域系统研究［M］.北京:商务印书馆,2008.

# 北方地区河湖生态环境复苏实施路径探讨
## ——以小南河综合整治工程为例

刘　博[1]　韩　笑[1]　杨敏军[1]　孙学斌[2]

(1. 中水东北勘测设计研究有限责任公司,吉林长春　130021；
2. 辽宁省沈阳生态环境监测中心,辽宁沈阳　110000)

**摘　要**:我国北方地区水资源开发利用程度普遍偏高,一些河流出现河道断流、河床干涸、水污染形势严峻等严重生态问题。为解决北方地区河湖水生态问题,推动新水利项目高质量发展,通过水利建设满足人民对美好生活的向往,增加人民的幸福感、获得感,成为新阶段水利建设的首要问题。在解决长春市小南河农村段及城区段防洪提升的基础上,本文着重分析了小南河生态环境问题,有针对性地提出了河湖生态修复路径与方法,并以九台区小南河生态综合整治工程为例,分析和总结了东北地区河湖生态修复的工程技术经验,为将来同类工程的设计和建设提供宝贵经验。

**关键词**:生态环境;北方地区;流域复苏;实施路径

## 1　小南河流域特征与生态复苏路径

### 1.1　治理前小南河流域现状及存在问题

　　小南河系饮马河中游右侧的一级支流,发源于长春市九台区桦树北山西南,流经土们岭街道、营城街道、九台城区南,至九郊街道小莲花泡村西南入饮马河,全河(河口以上)流域面积 311 km²,河长 37.4 km,河道平均坡度 1.7‰。小南河共有 4 条较大的支流,沿河流方向分别为南苇河、二道沟、官地河及杨家河,河道总长 64.6 km。

　　小南河流域是典型的北方季节性河流,封冻期一般为每年的 11 月上旬至翌年 3 月下旬,春汛期(径流量占年径流量 13%左右)一般在 3 月下旬至 5 月末,夏汛期(径流量占年径流量 70%左右)为 6 月初至 9 月上旬,秋汛期(径流量占年径流量 8%左右)为 9 月中旬至 10 月末。小南河流量主要依靠雨水补给,地区多年平均降水量 560.7 mm。

　　小南河流域水土流失情况较为严重,根据《吉林省水土保持公报》(2018 年),九台区水土流失面积为 1 339.37 km²,占总面积的 39.68%。其中,轻度侵蚀面积 1 078.53 km²,中度侵蚀面积 159.96 km²,强烈侵蚀面积 58.36 km²,极强烈侵蚀面积 35.61 km²,剧烈侵蚀面积 6.91 km²。

　　2017 年九台市政府对小南河小河沿子村、文化街、新立池塘断面水质进行检测,小南

---

**作者简介**:刘博(1987—),男,工程师,主要从事水环境生态综合整治、水利水电工程环境保护等工作。

河 $COD_{Cr}$、$NH_3$-N 和 TP 严重超标,最大超标 2~6 倍,监测断面水质均低于 V 类。河道沿线景观较差,有明显异味,部分河道水面被藻类遮盖,是附近居民熟知的"龙须沟"。

小南河流域存在的主要问题有如下两点:

(1)小南河及其支流河段两侧大部分无堤防工程,防洪任务主要依靠主河槽及其滩地行洪,现状河道的防洪能力不足 20 年一遇。

(2)小南河沿河污水主管线年久失修,损坏及泄漏严重,辖区内的棚户区大部分未布设污水管网,农村生活污水、养殖废水直排入河时常发生。污染负荷远超河水纳污能力,水体自净功能完全丧失。2018 年,小南河、官地河和二道沟水质均为劣 V 类,岸带及水体生态已遭到严重破坏。

## 1.2 水利工程生态复苏新发展

传统水利工作的核心是除水害、兴水利。但随着社会发展新阶段的应运而生,人民群众对水景观、水环境、水安全提出了新要求;另外,为推动全涉水水利高质量发展,解决人民群众最关心、最直接、最现实的涉水问题,新阶段水利工程也需要从防洪、供水、生态三方面实现新发展,为人民群众提供优质水公共服务[1]。

新阶段水利高质量发展具有两个方面的目标要义:一是为人类社会提供更加优质的公共服务,满足人们美好生活的水需求,提高全社会水福利;二是强化水利的社会化管理,约束和转变人的不合理涉水行为,以降低水资源开发利用的环境外部性。2022 年,水利部水资源司司长杨得瑞[2]指出,复苏河湖生态环境是新阶段水利高质量发展的重要实施路径。

河湖生态环境复苏是一件系统性工作,目前机理还在研究当中[3],但一般认为生态复苏需要经过"量-质-域-流-温"多要素协同保护与修复过程[1]。王建华等[1]提出对于河湖生态系统而言,水量、水质、水域空间、水流连通性、水温节律是其为水生生物提供适宜生境条件的 5 个重要要素,也是河湖生态系统受人类活动干扰和影响的 5 个主要方面。因此,复苏小南河生态环境应从以上 5 方面路径展开。

以小南河流域作为生态复苏的基本单元,结合流域情况,综合提出从内源治理、活水循环、控源截污、生态整治、清水补给等 5 方面入手,减轻小南河受污染程度,逐步恢复小南河自净功能,从而达到复苏生态环境的目的。

本文从工程实践进行总结,以长春市九台区小南河综合整治工程为例,对研究河湖生态环境复苏关键问题展开讨论。

# 2 小南河生态复苏工程措施

## 2.1 小南河生态复苏总体思路

小南河生态复苏按照防洪和环境整治两条思路展开,分别形成以防洪为骨架,以岸线水土保持为辅助,以景观设计为手段的仿自然岸线工程,以及以环境综合整治为骨架,以清水补给为辅助,以人工曝气增氧为手段,恢复水体天然自净能力的水面整治工程。

工程整体布局以流域为单元,以恢复河流良好水质为前提,以工程措施为依托,最终实现流域内"山、水、林、田、湖、草"系统正向循环,按照"水污染问题在河里,根源在岸上,一河一岸,综合考虑"的整治路线,结合海绵城市的建设,构建人水和谐的生态文明,最终达到"河畅、岸绿、水清、景美"的目标。

小南河生态综合整治工程总体思路如下：

（1）以污染源控制为基础手段。强化联动机制，通过地方各行政主管部门的点源截污、面源控制等工程配合，清除河底淤泥，重整生态河道。建设具有截留污染物，适合河岸水体交换，适宜植被生长的绿色生态化护岸工程。

（2）以生态修复为辅助手段。在污染源控制的基础上，结合景观涵闸，并通过水生植物生态浮岛、增氧曝气、活水循环等措施，改善河道内水质，实施河道内水体综合治理。

（3）以强化管理为配套措施。水体整治，三分治理，七分管理，重在管理。在污染源控制和生态修复的同时，地方各部门应强化管理措施，以巩固和提高本工程的实施效果，形成日益完善的管理系统。

## 2.2 控源截污工程

工程实施阶段，经与建设单位充分沟通，截污工程由地方行政主管部门统筹组织实施。地方政府通过推进污水溢流治理、老旧管网改造和雨污分流工程的实施，加强对违法排污企业的打击力度，对污水处理厂出水进行实时监测等手段，对流域周边点源污染源进行全面治理，严禁污水直排入河。

地方政府推进实行农村生活污水收集，推广建设农村污水处理设施；科学合理划定河道管理范围和生态保护带范围，建立生态缓冲带；建立农村生活垃圾治理长效管理机制，因地制宜设置垃圾分类转运处置站，加强普法宣传，防止河流沿岸生活垃圾进入河道；鼓励和引导第三方处理企业将养殖场户畜禽粪污进行专业化集中处理，禁止在河道两岸倾倒堆积畜禽粪便；城区段，地方政府结合海绵城市理念减少初期污染雨水进入河道等措施手段，对流域面源污染进行治理。

## 2.3 内源污染治理工程

河道底泥通常是黏土、泥沙、有机质及各种矿物的混合物，经过长时间物理、化学及生物等作用及水体传输而沉积于水体底部所形成。内源污染指长期受到污染的河流因排污、养殖、水生物残体以及大气干湿沉降等方式输入的污染物与泥沙结合在一起形成的污染底泥。

清污疏浚既是提高河流行洪安全，恢复河道及岸线天然形态的重要水利工程措施，也可以有针对性地局部挖除污染底泥，是河道内源污染治理的重要组成部分。通过对河道有针对性的清淤疏浚，可以从根本上减少污染底泥对水体释放的污染物，从而起到生态恢复的作用。

## 2.4 生态综合整治工程

生态修复工程包括生态化护岸建设、水生植物补植、生态修复、活水循环和水土保持等措施，是增强水体自净能力和纳污能力，实现流域生态从岸线到河面的全方位修复，确保河道恢复天然水生态环境的重要工程项目。

### 2.4.1 生态化护岸建设

生态化护岸是既能满足岸坡防护基本功能，又适宜河水与土壤相互渗透，有利于恢复岸坡系统生态平衡、提高河流自净能力的工程措施。

小南河农村以天然河道为主，修建生态护岸既可最大限度地保留河道沿线的自然属性,又不破坏农村天然河岸景观,是理想的农村河道防护形式。同时,岸坡带的野生乡土植物也可达到良好的护坡和生态效果,适宜植被自然恢复,维持河岸生态的自然演替。此外,生态护岸还具有截留降解农村生活、农业和畜禽面源污染,降低污染物入河的功能。

小南河城区段由于堤防工程的建设基本成型,城区段河道的形态已基本固定,城区段河道两岸大部分建有各种形式的防洪堤,故宜对直立式挡墙的防洪堤进行生态化改造,改为自然生态的缓坡防洪堤,可以重塑健康自然的弯曲河岸线,恢复水体自然形态,营造岸绿景美的生态景观,营造多样性生物生存环境,恢复和增强河湖水系的自净功能。

### 2.4.2 水生植物补植

小南河生态综合整治充分考虑了河岸植被补植,补植水生植物既然可以稳定岸坡,减少水土流失,还可以形成植被带天然河岸景观,缓冲和截留周围的面源污染,一举多得。选取适宜当地气候的植物物种,补植挺水、沉水或浮叶植物,构建净水水生植物系统,可以起到有效降低藻类暴发风险、净化河道水质和提升景观效果等多方面作用。

### 2.4.3 生态浮岛

生态浮岛,又称人工浮床、生态浮床等,是一种运用水生植物无土栽培技术原理建立的高效人工生态系统。它能够大幅度提高水体透明度,同时水质指标也得到有改善作用,特别是对藻类有很好的抑制效果。生态浮岛最主要的功效是利用植物的根系吸收水中的富营养化物质,例如 TP、$NH_3-N$、$COD_{Cr}$ 等,减轻水体由于封闭或自循环不足带来的水体腥臭、富营养化现象。近年来,生态浮岛技术在城市水体生态修复、农村的水体污染治理和湿地景区等多方面已取得较好的应用效果。

### 2.4.4 曝气增氧

曝气增氧是指利用河道跌水天然曝气或曝气设备等技术手段提高水体溶解氧含量,从而达到提高水体自净能力和纳污能力的目的。增氧曝气不仅可以加速有机污染物的降解(如 $NH_3-N$ 和 $COD_{Cr}$),还可以促进水体表层和底层循环,减少河底因厌氧或缺氧状态产气,导致水体浑浊的效果。曝气增氧技术在水面宽阔、水流缓慢的景观河段具有良好的效果。

## 2.5 活水循环工程

### 2.5.1 水库生态补水

将小南河和杨家河流经城区段河道建设成景观湿地后,由于蒸发、漏失量的增大,原有河道水量可能不足,因此应协调长春市石头口门水库闸坝下泄水量进行生态调度,适时补充小南河水量。

### 2.5.2 中水生态补水

小南河新建人工湿地对九台市营城污水处理厂尾水进行深度处理,采用稳定塘和人工湿地两级天然处理,出水达到Ⅳ类标准后排入河道,补充河道生态用水。

## 2.6 水土保持工程

从水土保持角度出发,需要在保持岸线水土稳定的同时,兼顾透水性能,便于植物生长,堤防工程在水面线以上采用铰接式水工砖护坡,便于布撒草籽和种植植物;常水位水面线以下采用雷诺垫护坡,利于边坡稳定和透水。此外,为进一步提高景观和生态效果,工程在堤防背水侧设置植草护坡。

## 2.7 景观工程

生态综合整治是工程的骨架,打造具有独特水风景和适合居民健康娱乐水景观岸带是工程的灵魂,工程建设结合综合治理需求,打造新立塘生态恢复区、运动健康休闲区、南山景观核心区、滨河文化景观区、自然生态湿地区和杨家河生态宜居休闲区 6 大水风景板块。景观工程主要包括亲水平台、景观桥、休闲广场、景观文化公园等。

# 3 生态复苏初步效果

2019 年,长春市九台区投资 15.6 亿元,小南河生态综合整治工程正式开工建设,目前工程已接近完成。经过 3 年的生态修复,小南河岸生态景观初步打造完成,生态修复工作取得一定成果(见图 1、表 1)。经过数据对比,治理后的小南河水质指标明显改善,截污控源工程有效降低了小南河干流及支流的 $NH_3-N$、$COD_{Cr}$ 含量,清淤工程有效降低了水体的总磷(TP)含量,曝气增氧工程有效提高了小南河的总体溶解氧(DO)水平。生态修复工作取得一定进展,小南河流域生态得到初步复苏。

| (a)城区段 | (b)水面涵闸 |

图 1 小南河工程

表 1 小南河整治前后水质指标对比

| 位置 | 采样点位 | 检测项目(2023 年) | | | | | 检测项目(2017 年) | | | | |
|---|---|---|---|---|---|---|---|---|---|---|---|
| | | pH | DO | $NH_3-N$ | TP | COD | pH | DO | $NH_3-N$ | TP | COD |
| 小南河支流 | 营城河 | 7.2 | 6.55 | 0.07 | 0.34 | 23 | 8.64 | 2.81 | 1.71 | 0.15 | 16 |
| | 官地河 | 7.3 | 7.11 | 0.04 | 0.05 | 32 | 7.30 | 2.37 | 6.82 | 0.73 | 48 |
| | 二道河 | 7.3 | 5.65 | 1.87 | 1.23 | 15 | 7.96 | 3.15 | 0.30 | 0.15 | 35 |
| | 杨家河 | 7.2 | 6.44 | 1.74 | 0.43 | 12 | 8.95 | 2.31 | 3.76 | 0.38 | 46 |
| 小南河干流 | 小南河农村段 | 7.2 | 6.55 | 2.94 | 0.09 | 27 | 8.14 | 3.72 | 0.45 | 0.06 | 14 |
| | 小南河城区段 | 7.3 | 6.46 | 0.124 | 0.08 | 20 | 8.50 | 2.72 | 13.58 | 1.45 | 72 |

由于目前营城污水处理厂尾水深度处理工程尚未完成,以及部分河段尚存在截污不到位、管理落实不到位的情况,小南河部分河段仍存在少量水质指标达不到Ⅳ类景观水体的情况。但随着工程的逐步完工,监督和管理工作的进一步落实,小南河终将成为一条适宜市民休憩和游玩的生态化河流。截至 2023 年,小南河生态综合整治工程已经受到多家媒体采访,逐步取得市民的认可,并计划申报"省级水利风景区"。

## 4 复苏河湖生态复苏路径探索

以小南河流域生态复苏为例,通过工程实践,对北方地区河湖生态复苏路径进行初步总结和探索。

(1)北方地区河流天然来水分布不均衡。北方地区水量主要集中在6—9月,部分支流旱季水少甚至出现断流,冬季河面上冻情况普遍。根据上述特点,截污控源工作在北方地区的实践中十分重要,由于旱季天然来水普遍较小,城市街道及农田地表漫流、个体养殖废水、生活排污产生的水量所占河水的比例较大,超过河水天然净化能力,易对河流水质造成冲击。但若将流域内污水全部截留,河道流量将大幅减少,河流生态用水又显不足。面对这样的难题,本工程采用调度水库泄放生态调度流量和采取中水补水的方法,取得了良好效果。

(2)加强河湖生态保护管理,加强入河污染物监督工作。人工强化措施可以起到恢复河湖生态自净的部分功能,但仍需加强管理,禁止生活污水、生活垃圾和养殖废弃物等进入河道,危害水体生态环境。应当建立长效机制,由河道管理机构对流域上、下游河岸进行监督管理,组织专门机构定期对河道水质进行监测,实时掌握河流生态状况,适时进行维护。

(3)清除河道淤积底泥、修建生态透水护岸对小南河水质起到了较好的作用。清淤工程极大地降低了水体中的营养物质,尤其是磷的含量,能有效抑制藻类暴发。岸线两侧种植植物,可以对河流中营养元素(TN和TP)起到吸收和降解的作用,对于维持河道景观和水质起到了关键作用,但有关管理部门需要组织对水生植物定期收割和外运,防止营养元素在流域中积累。

近几年来,长春市九台区在保护河湖生态环境方面做了大量工作,并取得了一定成效。为了推动小南河流域早日实现"清水绿岸、鱼翔浅底"的美好景象,满足人民群众的景观、休闲、戏水等亲水的要求,仍然需要不懈努力,需要地方各部门继续强化管理手段,巩固和提高工程实施效果,让小南河流域的水生态环境经得起历史的检验、人民的检验!

## 参考文献

[1] 王建华,胡鹏.立足系统观念的河湖生态环境复苏认知与实践框架[J].中国水利,2022(7):36-39.

[2] 杨得瑞.复苏河湖生态环境增强大江大河大湖生态保护治理能力[J].中国水利,2022(7):3.

[3] 马颖卓.中国工程院院士、中国水利水电科学研究院原副院长胡春宏:我国复苏河湖生态环境实践与关键问题探讨[J].中国水利,2022(15):6-8.

# 城市中小河流水环境综合治理实践思考
## ——以鹤山市沙坪河综合整治工程为例

陈浩翔[1]　陈　思[2]　汪　瀚[3]

(1. 中水珠江规划勘测设计有限公司,广东广州　510610;
2. 北控技术服务(广东)有限公司,广东广州　511338;
3. 深圳市华合建筑顾问有限公司,广东深圳　518081)

**摘　要:**本文在优先实施截污工程的基础上,构建了沙坪河流域水动力、水质模型,分析了污水处理厂提标改造、活水引流、生态湿地建设等子项工程对水质提升的贡献度,并根据贡献度安排工程实施计划。以沙坪河流域水动力、水质模型为核心工具,评估了各工程方案的实施效果,并根据实施效果合理确定各子项工程的实施顺序,有效指导了项目的实施。

**关键词:**中小河流;流域综合治理;水质提升

## 1　项目背景

　　鹤山市位于珠江三角洲西江下游右岸,境内沙坪河属西江一级支流。沙坪河流域是鹤山市经济社会最为发达的区域,流域面积 328 km²,流域内人口集中,约 30 万人,占全市人口的 2/3,经济总量占全市的 80% 以上。随着鹤山市工业的快速发展,城市人口不断增加,大量未经处理的工业废水及生活污水排入沙坪河,造成了水体的严重污染。根据当地环保部门 2011—2016 年的水质监测成果,沙坪河干流玉桥至沙坪水闸河段水体长期处于劣 V 类水平,枯水期水体发黑发臭现象明显,污染严重。沙坪河干支流的污染对鹤山城区的环境质量和城市景观造成极大损害,影响市民的正常生活和工作,制约了鹤山经济社会发展。

　　《鹤山市沙坪河综合整治工程》主要建设内容包括城市防洪工程、路桥工程、景观工程、截污工程等,采用政府与社会资本合作(PPP)及 EPC+O 模式,按照“整体规划、分步实施”的原则,工程分两期实施。第一期工程包含桥梁工程、防洪工程、景观等,已于 2016 年 4 月动工建设,2018 年全面竣工。第二期工程主要内容包含上游支流(龙口河、桃源河、升平河、古蚕水)流域内工业、生活、面源等控源截污工程。通过两期工程的实施,最终实现沙坪河全流域“河畅、水清、岸绿、景美”的总体目标。第二期项目于 2017 年正式启动,2020 年全面完工。

---

**作者简介:**陈浩翔(1992—),男,工程师,从事水环境综合治理项目咨询工作。

## 2 城市水环境综合治理项目工作难点

沙坪河综合整治工程(第二期)项目启动前期,恰逢中共中央、国务院印发《关于全面加强生态环境保护 坚决打好污染防治攻坚战的意见》,环境保护工作提升到前所未有的新高度。在项目前期咨询直至项目实施、完成的全生命周期过程中,一直面临工作周期紧、任务繁杂、效果要求高、协调难度大等工作难点。

### 2.1 工作周期紧张

沙坪河综合整治工程(二期)在可研前期咨询、项目设计、项目施工过程中,一直面临各阶段工作时间紧张的直接困难,各阶段主要工作开始及完成时间汇总见表1。

表1 沙坪河综合整治工程(二期)主要工作周期

| 序号 | 项目阶段 | 主要工作周期 |
| --- | --- | --- |
| 1 | 项目前期咨询 | 2017年9月启动可研编制,2017年10月完成专家评审,2018年1月取得项目立项批复 |
| 2 | 项目设计 | 2018年1月启动初步设计,2018年4月完成初步设计批复,具备EPC项目招标条件;2018年6月完成EPC+O项目招标投标,进入施工图设计阶段;2018年7—12月分批完成施工图设计 |
| 3 | 项目施工 | 2018年8月收到第一批施工图开始施工,至2020年12月基本完成项目施工 |

### 2.2 工程任务繁杂

根据项目整体计划部署,至2020年底,沙坪河流域需要在城乡防洪、城乡黑臭水体治理、水生态提升等方面达到目标要求,如何在短时间内合理安排各项工程项目的实施顺序,合理控制各子项工程的工期及投资,是项目的难点之一。

### 2.3 工程效果要求高

沙坪河综合整治工程的核心任务为沙坪河水质考核断面(沙坪河水闸)需达到地表Ⅴ类标准,城区段堤防满足50年一遇洪水防御目标,水生态得到有效恢复,全面实现"河畅、水清、堤固、岸绿、景美"的总体目标。

## 3 城市水环境综合治理项目工作主要做法

### 3.1 顶层设计先行

沙坪河综合整治工程(一期)在启动之初,就成立了以鹤山市委主要领导为指挥长的工程项目指挥部,成员涵盖发改、财政、自然资源、水务、生态环境等多部门,并建立了高效、统一的项目例会制度,实现了高效、快速解决项目在实施过程中遇到的重大问题。

### 3.2 定量分析助力方案设计

在项目可研咨询阶段,通过细致的外业调查与排水统计资料分析相结合的工作方式,基本摸清了沙坪河流域干支流所在区域的供排水情况及主要排水点位置,绘制了干支流水量平衡及污染负荷贡献率图表(见表 2、图 1),精准锁定排污大户与截污管网空白区、缺漏区,直接为截污工程指明工作范围,并根据排口直排污水量大小拟定排口截流实施计划,实现高效、精准截污。

表 2　沙坪河流域部分镇街排水平衡成果　　　　　　　　　　　单位:m³/a

| 镇区 | 工业区排水量 | 城镇排水量 | 污水厂处理量 | 污水直排量 |
|------|------------|-----------|-------------|-----------|
| 古劳镇 | 1 551 904 | 602 811 | 876 000 | 1 278 715 |
| 桃源镇 | 2 006 383 | 334 639 | 657 000 | 1 684 022 |
| 龙口镇 | 1 703 741 | 254 223 | 438 000 | 1 519 964 |

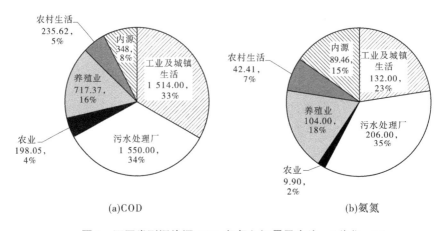

(a)COD　　　　　　　　　　　　　　　　　(b)氨氮

图 1　不同类型污染源 COD、氨氮入河量及占比　(单位:t/a)

在整体方案设计过程中,通过建立沙坪河流域水动力-水质模型,准确提出了污水处理厂提标需求、补水工程规模,并分析预测在截污工程推进过程中,沙坪河考核断面(沙坪水闸)的水质变化情况(见表 3),并助力项目业主单位制订以水质达标为核心的调度方案,降低运营期各项风险。

表 3　各设计工况下沙坪河水闸断面达标情况

| 工况条件 | 截污进度 | 面源整治进度 | 污水厂尾水标准 | 上游来水 | 引水增容工程 | 达标情况(以 NH₃-N 为控制污染物) |
|---------|---------|------------|--------------|---------|------------|------------------------------|
| 工况一 | 二期截污工程全部完工 | | 桃源厂及二污提升至一级 A | 枯水期实测流量及水质 | | 未达标 |
| 工况二 | 二期截污工程全部完工 | | 桃源厂及二污提升至一级 A | 枯水期实测流量及水质 | 从西江引水 86 万 m³/d | 达标 |

续表 3

| 工况条件 | 截污进度 | 面源整治进度 | 污水厂尾水标准 | 上游来水 | 引水增容工程 | 达标情况（以 NH3-N 为控制污染物） |
|---|---|---|---|---|---|---|
| 工况三 | 二期截污工程全部完工 | | 桃源厂及二污提升至准Ⅳ类 | 枯水期实测流量及水质 | | 未达标 |
| 工况四 | 流域内截污率达到 90% | 管控率达到 70% | 桃源厂及二污提升至一级 A | 枯水期实测流量及水质 | | 未达标 |
| 工况五 | 流域内截污率达到 90% | 管控率达到 70% | 桃源厂及二污提升至准Ⅳ类 | 上游来水保证在Ⅴ类以上 | | 达标 |
| 工况六 | 流域内截污率达到 90% | 管控率达到 70% | 桃源厂及二污提升至一级 A | 枯水期实测流量及水质 | 从西江引水50 万 m³/d | 达标 |

### 3.3 积极主动运用新工艺、新方法

本项目位于广东典型的城乡融合区域，村居、鱼塘、农田与县城建成区交错布置，部分区域缺少直接与外部相连的道路，导致存在污水管网空白区。如二期工程中的中东西渠整治工程，中东西村位于鹤山县城中部，为县城的城中村，部分居民点及厂房被村中鱼塘割裂，无市政道路直接到达。在项目截污方案设计过程中，针对中东西渠上的污水直排口数量多、流量小、分布散、主要为居民生活排水的特点，积极运用负压排水的新工艺，减少了施工过程中的临时用地协调，为工程提前完成奠定了基础。

## 4 项目实施效果

2020 年底，沙坪河综合整治工程（第二期）基本完工，沙坪河水闸考核断面水质逐步恢复至地表Ⅴ类，实现项目预期目标。同时，项目入选"广东省首届国土空间生态修复十大范例"[1]，并作为正面典型案例多次写入广东省及水利部河长制工作简报，得到当地居民高度赞誉。

## 5 结语

未来，城市水环境综合治理工作更加注重系统治理思路，需要在项目初始阶段就构建完整的"目标—问题—解决思路"的分析链条，并通过定量分析计算（特别是水环境数学模型工具应用）的方式，评估解决措施的实际效果，并不断修正指引项目实施路径，提前预判可能出现的各类问题。

# 参考文献

[1] 广东省自然资源厅.关于广东省首届国土空间生态修复十大范例评选结果的公示[R/OL]. 2019-11-18,http://nr. gd. gov. cn/zwgknew/tzgg/tz/content/post_2706472. html.

# 大藤峡水利枢纽南木江仿自然鱼道创新设计

唐 纯 谢章绍 刘 琦

（中水珠江规划勘测设计有限公司，广东广州 510610）

**摘 要**：南木江仿自然鱼道，全国首创提出将鱼道和河流生态系统统筹设计，将鱼道融入河道甚至河道范围以外的湿地环境里，通过鱼道本身与两岸环境之间的融合来建立"陆地-河岸带-河道"完整的生态模式。南木江仿自然鱼道布置在南木江副坝左岸及下游处，为全国最大的多出口混合型鱼道，采用坝下仿自然鱼道及过坝技术型鱼道相结合的过鱼方式。南木江仿自然鱼道的创新在于改变了传统工程鱼道设计的形态，将原来的硬质驳岸改成生态河床、浅滩、草坡，将生硬的直线还原成自然曲线，模拟自然河道设计为形态深浅不一、蜿蜒多变的"下洼式绿河"，形成一个多样化的生物栖息地、鱼类涵养地。并将鱼类增殖站、保育中心及鱼类产卵栖息地和鱼道、湿地进行统筹规划整合布置，建成后的南木江仿自然生态鱼道是集科研、繁育、科普和休闲观光于一体的生态保护园。本文针对大藤峡水利枢纽南木江仿自然鱼道的布置、研究方法、创新设计、建设成效等进行论述，对南木江仿自然鱼道构建的生态廊道进行较为详细的介绍。

**关键词**：仿自然鱼道；生态融合；景观联通

## 1 引言

近几年来，随着国家加快推进生态文明建设的决策部署，水利部大力倡导水利工程补生态建设短板，各大水利、航运工程不断尝试建设生态鱼道。大藤峡水利枢纽工程位于广西桂平市西江流域上的黔江河段，是国务院确定的172项节水供水重大水利工程之一。大藤峡水利枢纽大藤峡江段位于高原山地急流性鱼类向江河平原鱼类过渡的地区，是花鳗鲡、鲥等水生珍稀、濒危鱼类赖以生存的地方，也是江中洄游鱼类的重要通道。为最大程度减少大藤峡水利枢纽工程建设对流域水生态环境的影响，保证流域内鱼类正常洄游和繁殖，大藤峡水利枢纽工程在设计时充分考虑了黔江和南木江洄游性鱼类的过鱼需求，分别在黔江主坝和南木江副坝布置了黔江主坝工程鱼道和南木江副坝仿自然生态鱼道。鉴于黔江主坝鱼道为传统的工程鱼道，除在理论上满足个别鱼类的迁徙要求外，对维护水生态系统完整性的贡献极为有限。

仿自然鱼道是目前国际上十分流行的鱼道布置形式，其典型特点是利用漂石与天然河道床沙质构建尽可能接近于天然河流的水流流态。与传统的工程鱼道相比，仿自然鱼

---

**作者简介**：唐纯（1971—），女，高级工程师，主要从事建筑、景观及城市规划的设计工作。

道由于构建了鱼类熟悉的水流流态,因而往往具有更高的过鱼效率[1]。南木江副坝仿自然鱼道在设计上通过分析、研究国内外成功与失败案例,结合国内实际工程案例,改变传统的研究习惯,提出具有创新性的、行之有效的设计方法,设计过程中考虑通过鱼道本身与两岸环境之间的融合来建立"陆地-河岸带-河道"完整的生态模式[2]。南木江仿自然鱼道将是工程对生态环境不利影响的重要补偿措施。

## 2 南木江仿自然鱼道

### 2.1 总体布置

南木江仿自然鱼道布置在南木江副坝左岸及下游处,为全国最大的多出口混合型鱼道,分布位置见图1。采用坝下仿自然鱼道及过坝技术型鱼道相结合的过鱼方式。汛期与非汛期鱼类先通过南木江仿自然鱼道进入南木江副坝下游,再通过技术型鱼道进入上游库内。

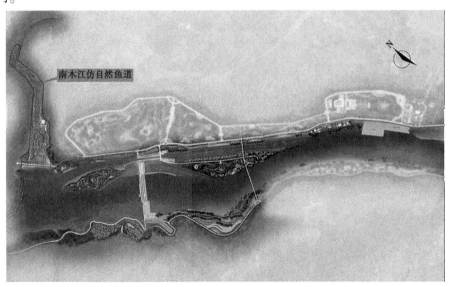

**图1 南木江仿自然鱼道在大藤峡水利枢纽工程的区位示意图**

南木江仿自然鱼道将鱼道和河流生态系统统筹设计,将鱼道融入河道甚至河道范围以外的湿地环境,通过鱼道本身与两岸环境之间的融合来建立"陆地-河岸带-河道"完整的生态模式。总平面上将原来的硬质驳岸改成生态河床、浅滩、草坡,将生硬的直线还原成自然曲线,模拟自然河道设计为形态深浅不一、蜿蜒多变的"下洼式绿河",并将鱼类增殖站、保育中心及鱼类产卵栖息地和鱼道、湿地进行统筹规划整合布置,形成一个多样化的生物栖息地、鱼类涵养地。南木江仿自然鱼道的总平面布置见图2,设计效果见图3,建设中、建成投入使用后的航拍见图4、图5。

### 2.2 鱼道设计

南木江仿自然鱼道与大坝结合的鱼道过坝口建筑物级别为1级,设计洪水标准与大坝相同;其余鱼道建筑物按枢纽次要建筑物考虑,建筑物级别为3级。

为满足南木江生态及过鱼要求,需将紫荆河与南木江汇合口处地势较高的河段进行

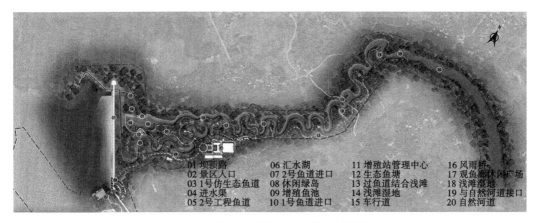

01 坝顶路　　　　06 汇水湖　　　　　11 增殖站管理中心　　16 风雨桥
02 景区入口　　　07 2号鱼道进口　　12 生态鱼塘　　　　　17 观鱼廊休闲广场
03 1号仿生态鱼道　08 休闲绿岛　　　　13 过鱼道结合浅滩　　18 浅滩湿地
04 进水渠　　　　09 增殖鱼池　　　　14 浅滩湿地　　　　　19 与自然河道接口
05 2号工程鱼道　　10 1号鱼道进口　　15 车行道　　　　　　20 自然河道

图 2　南木江仿自然鱼道总体平面布置

图 3　南木江仿自然鱼道总体设计效果图

开挖疏通。依据南木江河床整体走势及过鱼水深要求,开挖疏通高程取 30 m。为保证南木江水流的连续性及足够的过鱼水深,在疏通上述河段的同时,将南木江副坝下游 3 km 河段(约至牛角村)填渣束窄,堆砌石滩,构筑成仿自然鱼道。仿自然鱼道道坡比为 1/330,底高程由 39 m 降至 32 m。

仿自然鱼道设计标准参照南木江两岸堤防设计标准,按 20 年一遇洪水设计。依据水文专业提供资料,南木江副坝至其下游 2.57 km 范围内设计洪水流量为 63.5 m³/s,南木江副坝下游 2.57~3.89 km 范围内设计洪水流量为 103 m³/s。为满足过鱼水深要求,同时为降低近自然河道两岸填筑高度,避免由于区间汇流使得南木江内水位过高,影响两岸村庄,仿自然过鱼通道采用复式断面。主槽断面底宽 5 m,高 3.5 m,两侧边坡为 1:3,非汛期通过主槽过鱼;漫滩宽 10 m,分别与两侧 1:3 的边坡相接,汛期时两岸汇集的洪水漫过主槽,在整个近自然过鱼通道内形成较大水面。仿自然鱼道内通过铺设砾石、块石以及种植水生植物等措施加大通道的综合糙率。

图 4　南木江仿自然鱼道建设中航拍

图 5　南木江仿自然鱼道投入使用后航拍

　　南木江仿自然鱼道平面布置,由景观湖、1#生态鱼道、2#生态鱼道、下游总生态鱼道等组成,具体布置见图 6。

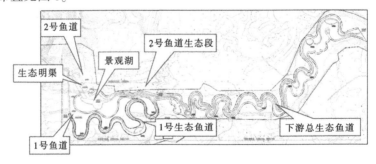

图 6　南木江仿自然鱼道分区平面布置图

（1）景观湖面标高44.80~45.85 m,湖底42.5 m,漫滩43.1 m,一年四季水位比较稳定。景观湖剖面结构图详见图7,建成后的效果见图8。

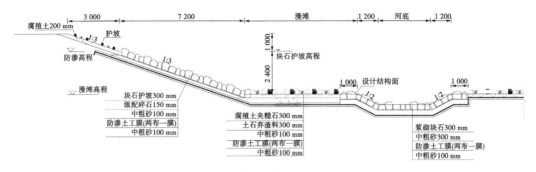

**图7　景观湖剖面结构图**

**图8　景观湖建成后的效果**

（2）1#生态鱼道:漫滩约10 cm水深,主槽70 cm水深,但在6—8月为枯水期(其间2#鱼道过鱼),漫滩干枯,该段不过洪水。1#生态鱼道主剖面结构见图9。

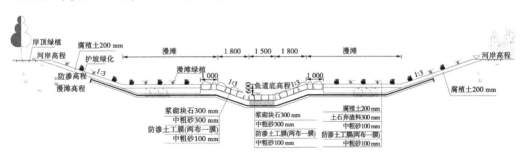

**图9　1#生态鱼道主剖面结构**

（3）2#生态鱼道:漫滩水深10~100 cm,主槽70~150 cm。9月至翌年3月为枯水期(其间1号鱼道过鱼且无生态流量下放),漫滩干枯,有泄洪需求。2号生态鱼道主剖面结构见图10,建成后的效果见图11。

（4）下游总生态鱼道,漫滩常年有10~100 cm水,主槽70~150 cm。有泄洪需求。下游总生态鱼道剖面结构见图12,建成后的效果见图13。

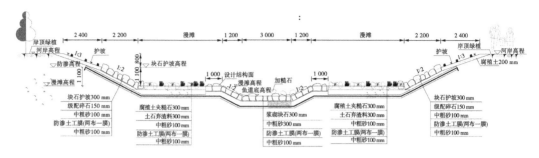

图 10　2#生态鱼道主剖面结构

图 11　2#生态鱼道建成后的效果

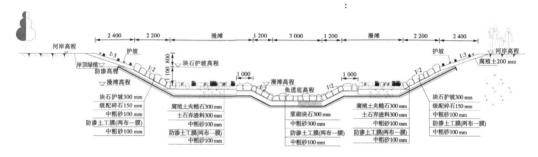

图 12　下游总生态鱼道剖面结构

图 13　下游总生态鱼道建成后的效果

### 2.3 过鱼对象及过鱼季节

#### 2.3.1 过鱼对象

大藤峡水利枢纽影响区分布的鱼类中,有海洋至江河之间的洄游鱼类花鳗鲡、鳗鲡等,江湖洄游鱼类四大家鱼、鳡鱼、鳤鱼及赤眼鳟鱼等。根据大藤峡水利枢纽影响区鱼类资源现状,将花鳗鲡、鳗鲡、四大家鱼、鳡鱼、鳤鱼及赤眼鳟鱼等列为工程的主要过鱼种类。白肌银鱼、七丝鲚、三角鲂、银鲴、黄尾鲴、翘嘴鲌、蒙古鲌及其他在坝上坝下均有分布的鱼类作为兼顾过鱼种类。

#### 2.3.2 过鱼季节

花鳗鲡、鳗鲡2—3月溯河,草鱼、青鱼、鲢、鳙等的繁殖期为5—7月。因此,本工程的重点过鱼季节为2—7月。此外,为保证上下游的遗传交流,需具备全年过鱼条件。

## 3 南木江仿自然鱼道创新设计

### 3.1 营造功能与环境合一的生态鱼道

南木江仿自然鱼道的创新在于改变了传统工程鱼道设计的形态,将原来的硬质驳岸改成生态河床、浅滩、草坡,将生硬的直线还原成自然曲线,更利于结合周边生态环境及地形,构建天然河道的生态模式。其中,池底、池宽及纵坡等的数值在传统水力计算基础上,根据现场情况修正而来,鱼道最大程度地处理成仿自然溪流,采用生态护岸,形成生态河道和湿地功能及优美的自然景观。

仿自然河道与生态河道湿地顺应地形地貌,将河道设计成"下洼式绿河",模拟自然河道设计造型赋予龙的造型特征,并增加多处湿地水塘,营造一个多样化的生物栖息地、鱼类涵养地。南木江仿自然鱼道建成后的效果见图14。

**图14 南木江仿自然鱼道建成后的效果**

### 3.2 打造鱼类产卵栖息地,切实解决增殖放流的问题

依据鱼类产卵的水力学需求,结合设计在适当深度的区域设置不同鱼类的产卵栖息地,使鱼群产卵存活率、产卵率、繁殖率更高。进行鱼类的野生亲本捕捞、运输、驯养,实施人工繁殖和苗种培育,提供苗种进行放流等。

目前,南木江仿自然鱼道和配套建设的鱼类增殖放流站已经投入使用,2021年开展首次过鱼效果监测工作,监测到鱼道内鱼类有齐氏罗非鱼、草鱼、海南似鲌及广东鲂等21种。技术人员在南木江仿自然鱼道投入使用后的工作照片见图15。

（a）技术人员向南木江副坝仿生态过
鱼通道内投放监测用的水下摄像头

（b）技术人员在回收用于监测过
鱼种类的地笼网

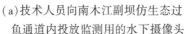

图15　技术人员在南木江仿自然鱼道投入使用后的工作照片

## 3.3　节省工程造价，增加可持续性

通过将人工河道（鱼道）回复弯曲，使其长度拉长，在保持鱼道纵坡一定的前提下，有效缩短鱼道出入口直线距离，节省建设用地；降低了水流速度，适合各种游泳能力的鱼类，保证了过鱼效果；仿自然生态鱼道根据地形走势布置，有效地减少挖填方工程量，降低工程造价，缩短工期，实现经济效益和生态效益最大化。

## 4　结语

南木江仿自然鱼道创新设计，以传统鱼道理论为基础，引入景观生态学中的提高河道连接度的思想，在设计过程中既考虑水工力学和生态水力学的要求，兼顾景观生态学的原理，最终建成的南木江副坝仿自然鱼道不但满足过鱼要求，同时还提高景观连接度。目前，南木江仿自然鱼道和配套建设的鱼类增殖放流站已经投入使用，南木江仿自然鱼道现场，蜿蜒曲折、宽窄相间的仿自然生态鱼道宛如一条躺卧在龙潭山旁的蜿蜒巨龙，与龙潭山上"连绵的飞龙"山水呼应，形成飞龙在天、卧龙潜水的画面。鱼道景观水清岸绿，白鹭翩飞，美人蕉花开正艳，俨然一幅"人水和谐"的美丽画卷。南木江仿自然鱼道创新设计，满足了不同鱼类洄游的要求，保持生态平衡，为江内鱼群洄游产卵搭建了自然的生命通道。

## 参考文献

[1] 孙双科,张国强.环境友好的近自然型鱼道[J].中国水利水电科学研究院学报,2012(1):41-47.
[2] 杨宇,严忠民,陈金生.鱼道的生态廊道功能研究[J].水利渔业,2006(3):65-67.

# 广东省大湾区西北江三角洲西江
# 干流河道变化趋势分析

谢成海[1]　王　鑫[2]　段元胜[1]　姜红旭[3]

(1. 中水东北勘测设计研究有限责任公司,吉林长春　130021;
2. 广东省水利电力勘测设计研究院有限公司,广东广州　510611;
3. 大连国际旅行卫生保健中心,辽宁大连　116000)

**摘　要:** 目前西北江三角洲内水道较20世纪末普遍下切,上游来沙情况是水道能否达到新的冲淤平衡的关键因素,也是影响水安全的重要因素。本文从西北江三角洲西江干流河道变化情况、输沙量年际变化情况、主要泥沙来源情况、水库拦蓄作用、采砂情况、水保减沙情况分析来沙趋势,以判断河道未来的变化趋势。

**关键词:** 广东省大湾区;西北三角洲;河道下切;思贤滘;泥沙;龙滩水库;采砂

广东省大湾区位于广东省东南部,地处珠江流域尾闾。珠江河口地区河网密布、河涌交错,是世界上最复杂的河口之一。流域内主要河流有西江、北江、东江及三角洲诸河流,西江、北江经思贤滘调节后进入西北江三角洲河网区。广东省大湾区西北江三角洲区域涉及广州市、佛山市、江门市、中山市、珠海市等主要的大湾区城市,经济发达,人口密布,是广东省大湾区内的重要区域。目前,西北江三角洲内水道较20世纪末普遍下切,给堤防安全带来一定的安全隐患,同时影响新建堤防工程的设计水位确定。通过对西北江三角洲主要水道西江干流水道河道变化情况的分析及对上游来沙量的分析,综合判断未来河道的变化趋势。

## 1　河道变化情况分析

利用2020年实测河道地形与1999年实测河道地形,对比分析河道变化情况。三角洲西江干流水道从思贤滘到西海水道与东海水道分流处,河道全长55 km,河段上平均1 km布置1个断面,共布置56个断面。

### 1.1　河底高程变化

西北江三角洲西江干流水道断面平均河底高程沿程变化如图1所示。1999年断面平均河底高程的变化范围在-21.4~-3.4 m,平均为-9.5 m;2020年断面平均河底高程的变化范围在-25.4~-5.8 m,平均为-12.6 m。2020年平均比1999年下切3.1 m,河底高

---

**作者简介:** 谢成海(1988—),男,高级工程师,主要从事水文水资源工作。

程下切幅度最大的断面下切 5.3 m。

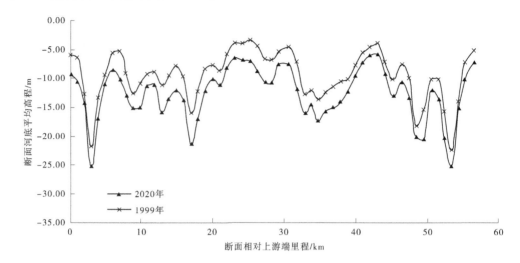

图 1　西北江三角洲西江干流水道断面河底平均高程沿程变化

断面深泓点高程沿程及历史变化如图 2 所示。1999 年断面深泓点高程点的变化范围在 −38.7~−8 m,2020 年河道断面深泓点高程在 −44.1~−10.5 m。河道深泓整体呈现下切趋势,下切深度最大处深泓下切 15.9 m。局部断面深泓点略有抬高,为 1.7~2.8 m。

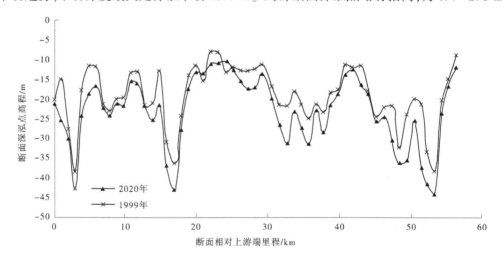

图 2　西北江三角洲西江干流水道深泓点高程沿程变化

## 1.2　断面过流面积

断面过流面积变化情况如图 3 所示。在 2.5 m 水位下,1999 年河道断面过流面积在 10 528~20 185 m², 平均为 14 487 m²;2020 年河道断面过流面积在 13 221~25 740 m², 平均为 18 510 m²。河道过流面积沿程整体呈现增大的变化趋势,2020 年河段断面过流面积平均比 1999 年增大 27.8%。其中过流面积增幅最大的断面过流面积由 1999 年的 10 644 m² 增大至 2020 年的 18 378 m²。

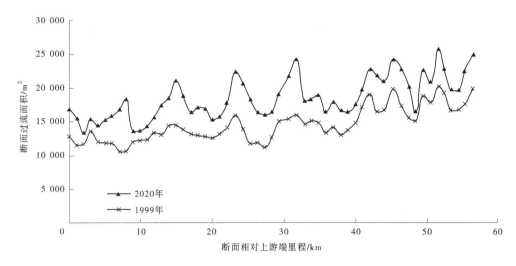

图 3    西北江三角洲西江干流水道沿程断面过流面积

## 1.3    河床冲淤变化

在 2.5 m 水位下,1999 年河道容积为 81 982 万 m³,2020 年河道容积为 104 680 万 m³,2020 年比 1999 年增加 22 698 万 m³,整体上呈冲刷状态。

## 2    来沙变化分析

思贤滘为虚拟断面,位于西北江三角洲顶部,统计指标为马口水文站与三水水文站测验成果相加而得,是西北江三角洲上游主要泥沙来源区。思贤滘多年平均悬移质输沙量为 6 480 万 t,1980 年以前多年平均悬移质输沙量为 8 442 万 t,自 1990 年起,输沙量逐年下降,至 21 世纪初已经下降至 1 388 万 t,见表 1。三角洲河道变化的首要因素是来沙量,如泥沙量持续减少,则三角洲内西江干流水道河道则不会淤积。

表 1    思贤滘断面多年平均悬移质输沙量统计                    单位:万 t

| 站点 | 思贤滘 |
| --- | --- |
| 多年平均 | 6 480 |
| 1980 年以前 | 8 442 |
| 20 世纪 80 年代 | 8 432 |
| 20 世纪 90 年代 | 7 341 |
| 21 世纪初 | 1 388 |
| 2011—2019 年 | 2 430 |

一般认为,珠江流域在 20 世纪 80 年代以前为天然状态,即人类活动对自然流域的影响较小。20 世纪 80 年代后来沙量逐渐减小,人类活动影响因素较大。

## 3 来水趋势分析

### 3.1 思贤滘断面泥沙来源分析

珠江流域思贤滘以上水系由西江流域与北江流域组成,西江流域又由郁江流域、红水河流域、柳江流域组成,水系复杂,流域广阔。为找到问题的主要矛盾,分析泥沙的主要来源,分析泥沙来源的变化情况,以分析泥沙减少的原因。

根据西江流域、北江流域多个干流控制性站点1960—2010年输沙量资料(见表2)分析,按照各西江上游支流的来沙量占思贤滘输沙量的比例分析,红水河流域天峨站、迁江站泥沙占比最大,可见西北江三角洲的泥沙主要来源于西江流域,西江流域的泥沙又主要来自红水河流域,特别是天峨以上的区域,在1960—1979年,天峨以上流域来沙4 750万t,占思贤滘泥沙悬移质输沙量8 442万t的56%;北江流域、郁江流域输沙量略有减少,柳江流域输沙量略有增加,总体较为稳定。

表2 思贤滘以上流域主要水文站悬移质输沙量统计     单位:万 t

| 流域 | 站名 | 1960—1979年平均 | 1980—1999年平均 | 2000—2010年平均 | 1960—1979年占思贤滘比/% |
|---|---|---|---|---|---|
| 西北江三角洲 | 马口+三水 | 8 442 | 7 887 | 1 388 | 100 |
| 西江 | 高要 | 7 124 | 6 989 | 2 260 | 84 |
| 北江 | 石角 | 623 | 618 | 401 | 7 |
| 黔浔江 | 武宣 | 5 470 | 5 500 | 1 350 | 65 |
| 郁江 | 贵港 | 884 | 744 | 722 | 10 |
| 红水河 | 迁江 | 5 020 | 4 590 | 533 | 59 |
| 柳江 | 柳州 | 396 | 546 | 503 | 5 |
| 柳江 | 对亭 | 116 | 43.9 | 112 | 1 |
| 红水河 | 天峨 | 4 750 | 5 860 | 1 550 | 56 |

2000年以后西北江三角洲的输沙量下降幅度较大,根据泥沙来源分析,年代间多年平均输沙量减少6 000余万t,由1960—1979年平均8 442万t,减少为1 388万t,主要是迁江以上流域,特别是天峨以上流域来沙减少造成的,天峨站年代间输沙量减少3 000万~4 000万t。其他流域年际间输沙量变化的影响远小于红水河流域天峨站以上流域来沙变化的影响。另外,由于上游来沙量的减少,多个区间由产沙变为落沙,区间沙量为负值,也是导致思贤滘输沙量减少的一个原因。

### 3.2 红水河流域水库拦沙作用分析

红水河流域作为思贤滘泥沙的主要来源区,且是思贤滘泥沙减少的主要源头,红水河流域水库的拦沙作用是重要影响因素之一。

#### 3.2.1 红水河流域梯级电站建设情况

红水河干流大化电站1982年蓄水运行,以后陆续兴建了鲁布革、天生桥一级、天生桥二级、平班、光照、龙滩、岩滩、大化、百龙滩、乐滩、桥巩等多座水库,水电站分布情况见图4,水电站特征指标统计见表3。

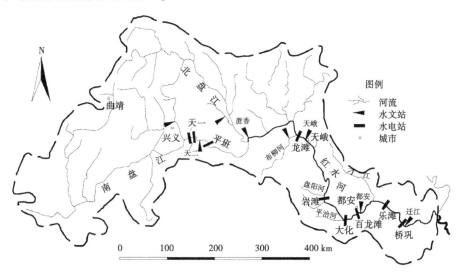

**图4　红水河主要梯级水库分布**

**表3　红水河流域迁江水文站以上流域主要梯级水库统计**

| 名称 | 所在河流 | 坝址控制面积/ km² | 多年平均流量/ （m³/s） | 总库容/ 亿m³ | 调节方式 | 蓄水时间 | 备注 |
|------|------|------|------|------|------|------|------|
| 鲁布革 | 黄泥河 | 7 283 | 163 | 1.11 | 日 | — | 已建 |
| 天生桥一级 | 南盘江 | 49 900 | 612 | 84 | 多年 | 1997 | 已建 |
| 天生桥二级 | 南盘江 | 50 194 | 615 | 0.26 | 日 | 1989 | 已建 |
| 平班 | 南盘江 | 51 650 | 616 | 2.78 | 日 | — | 已建 |
| 光照 | 北盘江 | 13 548 | 257 | 32.45 | 多年 | 2007 | 已建 |
| 龙滩 | 红水河 | 105 354 | 1 640 | 273 | 多年 | 2006 | 已建 |
| 岩滩 | 红水河 | 113 740 | 1 760 | 33.5 | 年 | 1992 | 已建 |
| 大化 | 红水河 | 118 274 | 1 990 | 9.64 | 日 | 1982 | 已建 |
| 百龙滩 | 红水河 | 119 890 | 2 020 | 3.4 | 无 | 1996 | 已建 |
| 乐滩 | 红水河 | 125 964 | 2 050 | 9.5 | 日 | 2006 | 已建 |
| 桥巩 | 红水河 | 128 564 | 2 130 | 9.03 | 日 | 2008 | 已建 |

### 3.2.2 电站拦沙情况

根据各水库设计及实际运行情况,统计红水河干流各库排沙情况见表 4。龙滩水电站根据设计资料排沙比仅为 30%,结合天峨站实测多年实测资料,1960—1979 年多年平均悬移质输沙量为 4 750 万 t,其 30% 约为 1 400 万 t,与 2000 年后的实测情况较为吻合。龙滩下游岩滩电站拦沙作用较强,加之自龙滩与迁江干流有多个电站,致使天峨至迁江区间的沙量在 1980 年之后呈现负值。

表 4 红水河干流水库排沙情况统计

| 名称 | 排沙比/% | 冲淤平衡年限 | 备注 |
|---|---|---|---|
| 龙滩 | 30 | — | 依据设计资料 |
| 岩滩 | 30 | — | 1992—2002 年实测资料 |
| 大化 | 90 | — | 1981—1999 年实测资料 |
| 百龙滩 | — | 15 | 模型计算 |

### 3.2.3 淤积平衡年限分析

由于天峨以上是主要产沙区域,且龙滩电站库容较大,是影响下游输沙量的关键性因素。根据龙滩电站的水库特征参数,采用布伦公式[1]推算龙滩电站的排沙比情况,以推断龙滩电站的淤积平衡年限。

$$\beta = \frac{\dfrac{V}{W}}{0.012 + 0.010\ 2\ \dfrac{V}{W}} \tag{1}$$

式中:$\beta$ 为拦沙率;$V$ 为水库库容,亿 m³;$W$ 为年水量,亿 m³。

根据布伦公式计算成果,水库运行初期拦沙率为 89.7%,水库运行 50 年后,水库拦沙率仍为 89%,该拦沙率比水库设计过程中通过模型计算的拦沙率 70% 略大,但由于龙滩水库库容巨大,50 年前后的拦沙率变化不大的趋势是合理的。根据计算成果,龙滩水库将长期拦蓄上游大量泥沙。

随着流域内人类活动的增加,流域输沙量一般呈上升趋势,但西北江三角洲以上流域,特别是红水河流域转入 2000 年以后,输沙量逐渐减少,通过以上分析可知,主要原因是流域兴建的水库工程初期会拦蓄大量泥沙。

## 3.3 河道采砂影响分析

### 3.3.1 历史采砂情况

20 世纪 80 年代以来,随着珠江三角洲经济的高速发展,珠江流域出现大规模采挖河床泥沙的现象。据 1998 年调查分析,西江羚羊峡至青岐涌段和思贤滘至马口段的年均采沙量共约 373 万 t,相当于西江来沙量的 5%;北江的清远至河口段的平均采沙量约 901 万 t,

是三水站 1991—2000 年平均输沙量的 75%。陆永军等根据 1998 年、2003 年珠江三角洲河道采砂船及采砂量统计以及经济建设用砂估算,1984—1999 年,西北江三角洲河道采砂量每年可能达到 5 000 万~6 000 万 m³,16 年的河道采砂总量为 7.5 亿~8.0 亿 m³;东江三角洲年均采砂量约 2 600 万 m³,16 年的河道采砂总量约 3.87 亿 m³;珠江三角洲 1984—1999 年采砂总量约为 11.5 亿 m³,年均采砂量约为 7 600 万 m³。截至 2003 年,约 20 年的河道采砂取走了 13.95 亿 m³ 的泥沙,相当于珠江三角洲河道 100~150 年的自然淤积量。河道人工采砂量使得主要河道的河床演变过程发生了较大改变,珠江三角洲网河区主要水道由历史上的总体缓慢淤积为主转变为总体快速侵蚀为主,河床普遍大幅下切[2]。

2004 年 1 月,广东省水利厅组织编制了《广东省主要河道采砂控制规划》,用于指导"十一五"期间广东省主要河道采砂工作;2008 年起,珠江三角洲河道年度禁采区公告均划定为禁采区。2011 年广东省水利厅又组织编制完成了《广东省主要河道"十二五"采砂控制规划》,将三角洲网河河道全面划为禁采河道。

### 3.3.2 河道沿程淤沙

进入珠江三角洲的泥沙估算,传统上是通过东江、北江、西江下游、网河区上游河道控制水文站的泥沙测验成果计算的。近年控制站泥沙来量大幅减少,除产沙的水保措施、控制站上游河道采砂、上游水库的拦沙作用外,上游河道泥沙落淤也是控制站来沙减少的一个原因。

河道大规模、盲目、无序甚至超量开采,造成了河道出现许多隐患,严重影响到航行及沿河水利设施的正常运行,甚至威胁到防洪大堤的安全。表现在河道地形上,在原先多年河床冲淤处于相对平衡和稳定的基础上,出现了上下游、左右岸犬牙交错的深坑、陡槽、浅滩、主流改道等河道地形,且随着水沙运移、河床再造导致河床在动态调整,如部分深坑由于上游来沙量减少出现"溯源冲蚀"现象等。

现有各种报告、专著、论文对河道淤积的估算是基于 20 世纪 80 年代前河道处于相对冲淤平衡前提下进行的,估算的河道淤积量占来沙量的 20%。目前,虽然上游来沙减少、变细,但由于上述河道变化,上游来的泥沙在深坑、浅滩等处,颗粒级配相对较大的泥沙会首先在此分选后"填洼"落淤。对比 1999 年和 2020 年地形图,这种现象已经开始显现。

沿河道落淤的泥沙不能到达下游控制断面,减小了控制断面的泥沙来量,也减少了进入三角洲网河区的泥沙。

### 3.3.3 上游采砂搬运

珠江三角洲内由于社会经济较发达,建筑行业对于建筑沙的需求量巨大。2011 年三角洲网河河道全面划为禁采河道后,建筑沙的主采区转移至更上游,使得西北江上游淤积至河道的泥沙,符合使用要求的建筑沙直接在上游被挖采。这一人为因素导致了上游产沙难以向下游输送,也导致了下游测站测量到的输沙量成果减小。

### 3.4 水保减沙

长期开展水保工作初见成效。据 1984—1988 年进行的遥感调查,珠江流域的水土流失面积为 5.71 万 km²，占我国境内的珠江流域面积的 12.9%。本流域的水土流失主要发生在易风化的花岗岩、砂页岩等山地、丘陵区和易受水流侵蚀的碳酸盐地区。前者在上游高原区，水土流失面积达 4.22 万 km²，主要在红水河上游的南、北盘江地区；后者在中游的石灰岩地区，水土流失面积仅 0.94 万 km²，但具有水土流失程度高的潜在危险；剩下的 0.55 万 km² 的水土流失面积，主要在广东境内，流失面积虽小，但侵蚀强度高，其中崩岗侵蚀尤为严重。

1980 年以来，珠江水利委员会在水利部的支持下，在各种地质环境的水土流失区兴办了 17 条水土保持小流域治理试点。经过 5 年的综合、集中、连续治理，重点探索出不同水土流失类型区加速治理的途径。这些试点，一般治理程度都达到 70%。修建的谷坊、拦沙坝的拦沙效率也达到 70% 以上。在这些小流域试点成功的带动下，十多年共开办小流域治理点 147 处，连同上面的治理，截至 1990 年，全流域累计已治理水土流失面积 1.75 万 km²，约占流域水土流失总面积的 31.79%。

南、北盘江中上游地区是珠江流域水土流失最严重的地区，1992 年已被水利部列为国家水土流失重点防治区。在 1998 年通过验收 21 条小流域，共完成治理水土流失面积 678 km²；各小流域的林草覆盖率平均提高到 30% 以上，缓洪、拦沙和保土效益显著。在西江中游主要是石灰岩地区，经过十多年的整治，共治理水土流失面积达 4 800 km²。经查有关资料，广西流域的森林覆盖率在 1980 年约为 22%，1990 年上升至 25%，2000 年提升至 39.26%，至 2005 年再提高至 52.71%。

在广东境内，十多年共完成治理水土流失面积 5 444 km²，修建谷坊 68 776 座，筑拦沙坝 8 790 座。森林覆盖率从 1985 年的 27.7% 提高至 2005 年的 55.9%。

目前，可以统计出每年治理水土流失面积，但是还没有确切的资料能提供出每年不可避免的自然或人为因素引发的新增水土流失面积。因此，尚难以进一步分析近 20～30 年在珠江流域开展水保工作中拦沙方面的准确效果。不过，尽管如此，从上述的治理过程，特别是红水河中下游重点防治的效果，亦能说明近 20～30 年来开展水保持工作卓有成效，对减少河流泥沙量有不可忽视的效果。

### 3.5 来沙趋势

由于红水河流域梯级水库的拦沙作用、近年来水土保持的有效成果，思贤滘断面的来沙将持续减小。

## 4 结论

西北江三角洲区域河道整体呈下切趋势，2020 年相比 1999 年地形相差较大。通过对西北江三角洲控制断面思贤滘断面输沙量年际变化的分析，发现近 20 年来输沙量逐渐减少的趋势。通过分析思贤滘以上流域各主要支流水文测站的泥沙输沙量统计成果，红水河流域天峨水文站以上流域是思贤滘断面泥沙的主要来源区。红水河流域兴建的多个梯级水库拦蓄了大量泥沙，导致思贤滘断面输沙量环比 20 世纪六七十年代减少 30%～40%，是导致思贤滘断面输沙量减少的主要原因。上游来沙减少，流域内又存在大量采砂情况,间接导致了下游输沙量的减少。同时,我国水保工作的成功开展,也使流域产沙减少。上游来沙较少,没有泥沙淤积来源,河道地形难以恢复至 1999 年地形状态。

## 参考文献

[1] 涂启华,杨赉斐.泥沙设计手册[M].北京:中国水利水电出版社,2006.

[2] 广东省主要河道采砂规划总报告(2021—2025 年)[R].广州:广东省水利厅,广东省水利电力勘测设计研究院有限责任公司,2021.

# 广西凭祥市凭祥河水环境综合
# 整治(一期)典型设计

黄 翠 游锦敏 陈 勇

(中水珠江规划勘测设计有限公司,广东广州 510610)

**摘 要:**凭祥河属典型山区丘陵雨源型河流,丰、枯季流量悬殊,河道比降高,部分河段断流,水生态不连续,自净能力有限。为提升凭祥河水环境的质量和品质,凭祥河水环境综合整治(一期)工程,采用"水安全、水环境、水生态和水景观"四位一体的模式进行工程设计和生态系统构建,工程措施主要包括河道清淤、生态护岸、生态湿地、景观打造,在不影响行洪的前提下,通过气盾闸抬高水位形成连续水体,通过湿地和生态护岸提高对水体水质的净化。具体方案可供山区丘陵雨源型河流、河道比降高、河道易断流的城区河道综合治理工程参考。

**关键词:**山区丘陵雨源型河流;河段断流;河道生态湿地;水质提升

河道综合治理和水生态修复与地区生态环境改善和经济社会效益密切相关,是可持续发展战略进一步深化的重要体现[1-5]。我国中小河流仍存在着防洪标准偏低、水资源浪费严重、水生态恶化等问题[6-7]。广西凭祥市凭祥河现状也存在着防洪标准低、水生态恶化等问题,为贯彻落实和积极践行国家关于水污染、水生态、水安全工作部署的要求,同时切实改善凭祥河水环境质量,凭祥市水利局于 2018 年启动了凭祥河水环境综合整治工程项目。

凭祥河水环境综合整治工程以大象水库为界分成了上游和下游,凭祥河水环境综合整治(一期)工程为大象水库下游城区段,建设范围起点为大象水库坝址,终点为滨河桥,河段总长约 2.64 km。

## 1 水文与地质

### 1.1 流域概况

凭祥河,旧称凭江,属珠江流域西江水系,为西江的三级支流(一级支流为郁江,二级支流为左江)。凭祥河发源于凭祥市友谊镇隘口村,自南向北流经凭祥市中心,在友谊镇的平而村汇入左江上游的平而河段。凭祥河全长约 30 km,流域面积 107 km²,河道平均比降 6.71‰,多年平均流量 1.75 m³/s。

---

**作者简介:**黄翠(1986—),女,高级工程师,主要从事生态水环境治理和给排水工作。

凭祥河是穿越凭祥市城区的唯一河流,属典型山区丘陵雨源型河流,因河短源小、降雨年内分配不均,表现为丰、枯水季节流量悬殊,汛期洪水暴涨暴落,易发生暴雨洪涝,对两岸居民生命财产安全、经济社会发展造成不良影响。河道枯期因水量过小,河道比降高,导致部分河段断流无水,影响河道滨水景观环境,也不利于水生动植物繁衍和水体自净。区域内雨污分流不彻底,城区仍有污水排入河道,导致河道水质受到污染,影响城区整体环境。凭祥河汛期(4—9月)径流量占年径流量的77.4%,枯期(10月至翌年3月)径流量仅占全年的22.6%,其洪水由暴雨引发,洪水的出现时间与暴雨一致,多集中在5—8月,由于集水面积较小,洪水持续时间短(一般为1 d),过程尖瘦,暴涨暴落,呈典型山区洪水特点。

### 1.2 气象

凭祥河位于亚热带季风区,阳光充足,雨量充沛,霜少无雪,气候温和。根据凭祥气象站实测资料统计,年均气温21.7 ℃,年平均风速1.8 m/s,最大风速16.9 m/s,最多风向为东风。多年平均相对湿度80%。年平均日照时数1 614 h,年最大日照时数1 781 h(1977年),年最小日照时数1 299 h(1970年)。

根据凭祥气象站实测资料统计:凭祥市多年平均降水量1 359 mm,最大年降水量1 838 mm(1970年),年最小降水量937.8 mm(1965年);年均蒸发量1 295 mm。

### 1.3 地质

区域构造稳定性及地震动参数:区内未发现活动性断裂,属区域构造稳定地区。根据《中国地震动参数区划图》(GB 18306—2015),本区地震动峰值加速度为0.05g,地震动反映谱特征周期0.35 s,地震基本烈度为Ⅵ度。

地层岩性:工程区范围内主要出露第四系、三叠系、二叠系、石炭系地层。

## 2 工程目标

通过凭祥河水环境综合整治,打造一条代表凭祥城市形象的河流——平安祥和之河、代表城市形象之河,使凭祥河成为凭祥市民日常活动的重要空间,成为人与自然环境亲近的纽带。

(1)河道水环境质量目标:通过各项规划工程的实施,凭祥河河道水环境质量得到明显改善,河道水质满足城区河道景观环境水体的标准要求,达到地表Ⅴ类水质标准。

(2)河道水生态目标:通过规划工程的实施,河道水生态系统得到有效恢复,形成水域和陆域两相空间连接的健康河流廊道,呈现出健康的自然生态系统。

(3)河道水景观目标:通过规划工程实施,河道及周边环境景观明显改善,大大提升了凭祥市城区的整体环境质量,为凭祥市民创造更多休闲活动和满足娱乐亲水性需求的空间。

## 3 方法和技术路线

凭祥河水环境综合整治采用"水安全、水环境、水生态和水景观"四位一体的模式进行工程设计和生态系统构建,工程方法和技术路线如图1所示。

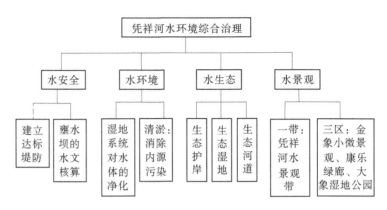

图 1　水环境综合治理技术路线

## 4　工程设计

### 4.1　工程等级和总布置

本工程主要保护凭祥市及周边区域的防洪安全,根据《防洪标准》(GB 50201—2014)的相关指标,确定的防洪标准为 20 年一遇。根据《堤防工程设计规范》(GB 50286—2013),本工程堤防护岸建筑物级别为 4 级。

大象水库上游河道为天然河道,大象水库下游河道主要为整治河段,局部为天然河道。工程任务主要为保证河道的行洪,保护沿岸城镇、村庄及农田。从节约工程量和节省征地的角度,工程拟沿原河道进行布置,一期整治堤岸长度约 2.13 km,河道清淤约 2.64 km。工程范围内景观工程沿河道两岸布置呈现河道沿岸景观带,同时在重点区域和位置打造一座面积约 108 亩的湿地公园和一座约 10 亩的金象小微景观公园。同时考虑河道属典型山区性雨源型河道,为保证区域内河道景观水位,考虑在桩号 1+200 和桩号 1+850 建设 2 座壅水坝。工程总体布置见图 2。

### 4.2　堤防与护岸工程

#### 4.2.1　堤型选择

鉴于建设河道两岸现状堤防多为土堤或破损浆砌石墙,本阶段从地形条件、地质条件、占地条件、生态环境等多方面综合分析考虑,因地制宜,因需制宜,此次生态堤岸建设,主要河道宽敞段采用斜坡式土堤形式;较窄、用地条件有限制的河道采用浆砌石挡墙与斜坡土堤式相结合的复合式堤防形式;局部施工条件限制较大的部位,采用加高现状浆砌石挡墙的直立式堤型,以满足安全、生态、景观等多方面功能需求。

#### 4.2.2　护坡形式选择

目前常用的护坡形式有植草皮、混凝土框格梁+连锁预制砖块、生态混凝土护坡、浆砌石护坡等几种,各有优缺点。

为重点打造凭祥河两岸生态文化景观带,对于护坡生态美观性要求较高,根据凭祥河两岸堤防特点,大部分河段岸坡较缓,大部分河道较宽,洪水冲刷程度较轻。

综合考虑,选取护坡形式主要为草皮护坡,局部岸坡较陡、河道较窄堤段采用混凝土框格梁+连锁预制块,既保持护岸美观性,又可保护岸坡稳定。

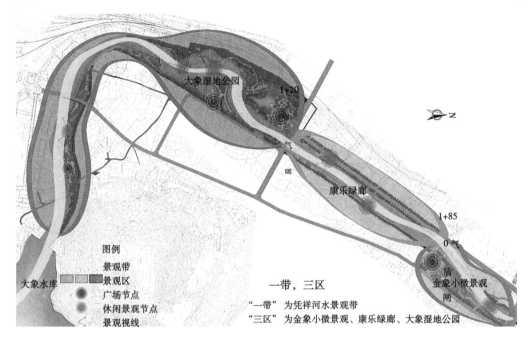

图2 工程总体布置

### 4.2.3 堤防坡比选择

根据堤基地质参数和天然建筑材料分布,黏土的饱和快剪强度参数:$c \approx 23.9$ kPa,内摩擦角 $\varphi = 20°$。根据本地区已建工程,堤防填筑材料采用黏土,堤身迎水侧坡比采用 1:2,背水侧坡比采用 1:2,局部较窄地区采用 1:1.5。

### 4.2.4 安全监测

观测项目包含堤身沉降、位移观测,水位观测,排水涵位移变形观测,表面巡视观测(包括堤身裂缝、洞穴、滑动及翻沙管涌等渗透变形现象,排水涵的表面异常)。特别对险工段及穿堤建筑必须加强观测。

(1)堤防工程监测布置。

①垂直位移观测:沿堤线每隔 500 m 布设 1 个垂直位移标点,共 25 个标点。

②水平位移观测:工作基点在堤顶道路边按 1 km 左右布置,共设工作基点 24 个,工作基点通过 GPS 校核。沿堤线每隔 500 m 设 1 个水平位移标点,水平位移标点与垂直位移标点共用,共 25 个标点。

(2)穿堤建筑物变形监测。

本工程穿堤建筑物有排水涵,每座穿堤建筑物需布置变形监测。利用防洪堤工作基点用全站仪观测。

①水平变形监测:每座排水涵、排水闸各布置 1 个水平位移点,以监测排水涵和排水闸的水平位移。

②垂直变形监测:垂直位移标点与水平位移点共用,用堤防的全站仪同时监测排水涵的垂直位移。

③水位观测:在堤防上游段设 1 个水尺,城区段设 2 个水尺,下游段设 1 个水尺,共设

4 个水尺,以监测水位变化情况。

### 4.3 壅水建筑物

考虑凭祥河河道坡度较大,枯水时段流量小,在非汛期河道难以保证必要的景观水面,拟在城区段建设壅水建筑物。景观闸作用为壅水形成水面景观效果,成为水环境综合整治的一个重要环节。

目前相应桩号所在河道地形开阔,堤线顺直。景观闸需要满足壅水、泄洪、景观等要求,两座景观闸拟建设与河道轴线平行,闸室垂直河道布置,边墩直接接两岸堤防。

本工程现状河道的全线都不同程度地存在行洪能力不足的问题,尤其是城区段受到两岸城市建设的制约,满足河道的防洪标准是整治工程的一大难点。设置常规溢流堰式的壅水建筑物不可避免会影响河道行洪,增加水位壅高,从而增加整治的难度和工程投资;同时,本项目景观闸除具有壅水作用外,还需要考虑视觉景观效果,结合类似工程的经验,壅水建筑物采用气盾闸方案。气盾闸集传统钢闸门和橡胶坝的优势于一体,主体部分由起支撑作用的橡胶气囊、钢护板和锚固部件构成。气盾闸工作时,气囊充气或泄气,支撑钢护板的起落,从而完成对河道或堤坝上游水位的控制。气盾闸在不同跨度、低水头、布置紧凑的闸坝工程中具有较大优势,能够与周围环境相协调,充分满足现代水利工程生态化、景观化的要求。

本项目河道现状河宽约 17 m,两座景观闸垂直河道布置,孔口布置与河道等宽,两闸均为单孔,净宽 17 m,经调洪过流复核,水闸净宽可满足排洪要求。上游及下游侧翼墙平面均呈平行布置,采用浆砌石重力式结构。景观闸控制房布置在水闸左侧堤顶上。景观闸为钢筋混凝土结构,主要由闸室、上游侧和下游侧翼墙、上游侧混凝土护坦、下游侧消力池、海漫以及海漫末端的防冲槽等组成。景观闸上游布置长 10 m 的混凝土护坦,在护底的末端布置长 1.5 m 的抛石防冲槽。景观闸下游布置长 10 m 的钢筋混凝土消力池和长 10 m 的浆砌石海漫,海漫末端设顺水流方向长 1.5 m 的抛石防冲槽。

根据水文计算及景观布置需求,景观闸设计高程见表 1。

表 1　景观闸设计高程

单位:m

| 水闸编号 | 设计闸底高程 | 设计洪水位 | 挡水位(景观水位) | 水头高(挡水高度) | 设计边墩高 | 堤顶高 |
|---|---|---|---|---|---|---|
| 1 号景观闸<br>(1+200.00) | 240.50 | 243.89 | 242.50 | 2.00 | 243.10 | 244.89 |
| 2 号景观闸<br>(1+850.00) | 238.50 | 241.93 | 240.50 | 2.00 | 241.10 | 242.93 |

### 4.4 清淤

河道清淤工程的实施一方面可以保障河道的行洪断面,另一方面可以清除受污染底泥造成的内源污染。结合河道水面线和现状河道行洪复核,进行相应河段的清淤工程。

(1)桩号 0+000~0+600:该河段结合河段护岸建设,在现有河槽基础上进行清淤疏浚,以保证河道的正常行洪功能。

(2)桩号0+600~1+200:该河段位于新规划建设的大象湿地公园范围内,河道水域范围纳入湿地公园水域范围。区域内河道结合湿地公园的设计进行河道开挖,拓宽局部河段的水域范围。

(3)桩号1+200~2+640:河道现状淤积严重,清淤工程结合河道护岸改造进行。

清淤方式采用抓斗挖泥船和长臂钩机直接清挖。其中,部分河段河宽较窄且水位较浅,不适合采用抓斗挖泥船施工作业的采用长臂钩机清挖。

淤泥处理工艺的选择:清淤出来的底泥主要是降低含水率,减少体积量,实现土方材料的再利用。其结合现场场地条件,建议考虑采用长臂勾机直接清挖至河道旁边的临时堆场,然后再转运至淤泥堆场。

## 4.5 生态景观

凭祥市山体星罗密布,作为理想的山水城市,山体资源较为丰富,但是城市发展对河川、水系的胁迫、侵占比较严重,水面率不足。而凭祥河是凭祥市山水城市特色的最佳景观载体,是连接"山-城-水"的重要生态景观廊道。凭祥河承载着凭祥市人们的日常休闲活动及各种美好记忆,成为人与自然环境亲近的纽带,唤醒河道生命力,构筑河岸绿色生活。

根据河流的不同现状特点和城市发展需求,总体布局结构为"一带三区四大特色"(见图2),力求实现健身与亲水融合、观景与运动交互的设计愿景。其中"一带"为凭祥河水景观带,通过水系串联各个景观节点,根据河道的不同形态打造层次多样的岸坡景观带。其中,湿地及中心湖为核心水景观区。"三区"为金象小微景观、康乐绿廊、大象湿地公园;四大特色即为水系特色、文化特色、道路特色、场地特色。生态景观带平面见图3。

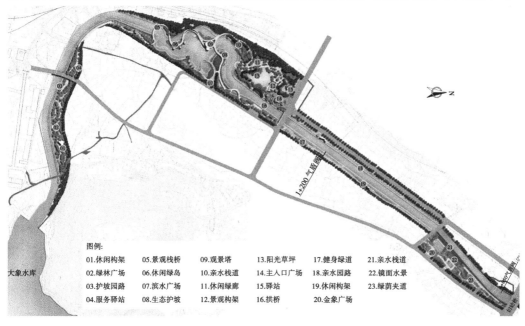

图例:
| 01.休闲构架 | 05.景观栈桥 | 09.观景塔 | 13.阳光草坪 | 17.健身绿道 | 21.亲水栈道 |
| 02.绿林广场 | 06.休闲绿岛 | 10.亲水栈道 | 14.主入口广场 | 18.亲水园路 | 22.镜面水景 |
| 03.护坡园路 | 07.滨水广场 | 11.休闲绿廊 | 15.驿站 | 19.休闲构架 | 23.绿荫夹道 |
| 04.服务驿站 | 08.生态护坡 | 12.景观园架 | 16.拱桥 | 20.金象广场 | |

大象水库

**图3 生态景观带平面**

## 5    结论

凭祥河丰、枯季流量相差悬殊,河道比降高,部分河段断流,水生态不连续,自净能力有限。本工程采用"水安全、水环境、水生态和水景观"四位一体的模式进行工程设计和生态系统构建,采用河道清淤、生态护岸、生态湿地、景观打造,在不影响行洪的前提下,通过气盾闸抬高水位形成连续水体,通过湿地和生态护岸提高对水体的净化。采用的工程措施非常适合当地水体和城镇发展,可供其他河道综合治理与生态环境复苏工程借鉴。

## 参考文献

[1] 朱雷,刘琴,陈威.城市化进程中小流域河流综合治理的研究[J].市政技术,2008,26(6):514-516.

[2] 陈鸿飞,刘刚.中小型河流综合治理措施探讨[J].水利建设与管理,2008,28(11):86-89.

[3] 余新晓.小流域综合治理的几个理论问题探讨[J].中国水土保持科学,2012,10(4):22-29.

[4] 张洪江,张长印,赵永军,等.我国小流域综合治理面临的问题与对策[J].中国水土保持科学,2016,14(1):131-137.

[5] 毕小刚,杨进怀,李永贵,等.北京市建设生态清洁型小流域的思路与实践[J].中国水土保持,2005(1):22-24,55.

[6] 张晓兰.我国中小河流治理存在的问题及对策[J].水利发展研究,2005,5(1):68-70.

[7] 王越,丁艳荣,徐建华.中小河流治理技术研究及生态修复探讨[J].中国水利,2012(6):42-44.

# 海绵城市建设规划及管控策略研究

韩妮妮　仇永婷

中水珠江规划勘测设计有限公司,广东广州　510610

**摘　要**:现阶段,多数城市经济社会正处于快速发展转型阶段,面临水资源短缺、洪涝灾害、水生态环境持续有待改善等多种水问题,海绵城市建设理念作为一种新型城市建设方式,在适应气候变化、抵御暴雨灾害、涵养水源等方面具有良好的弹性和韧性,最大限度地减少城市开发建设行为对原有自然水文特征和水生态环境造成的破坏,已逐渐融入城市发展建设中,以期实现城市经济与生态环境的和谐发展。本文面对指标定量分析不足、用地规划与海绵规划脱节、建设内容片面等规划和建设问题,对国内外海绵城市发展进行了介绍,提出海绵城市规划思路,以及分区海绵目标管控策略、自然海绵体保护与管控策略、分区分类管控策略,并对水安全保障、水环境提升、水生态修复、水资源利用海绵城市建设四大体系内容进行了论述,为我国海绵城市规划和建设提供技术支撑。

**关键词**:韧性城市;海绵城市;分区分类;管控

## 1　背景

随着城市经济社会的快速发展,新城区不断扩展和工业集聚发展,导致自然生态用地逐渐减少,硬化地面增加,很大程度上弱化了城市的透水功能,并且各个排水分区的建设强度不同,老城区和工业区建筑物密集、硬化率高,积水、水环境污染等新老问题处于并存态势。在此发展背景下,海绵城市建设理念应运而生。

美国、英国、澳大利亚、日本及欧洲的一些发达国家,针对城镇化进程中所出现的内涝频发、径流污染加重、自然资源短缺、生态环境污染等问题,相继开展探索研究,并建立了一套模拟自然排水的雨洪管理体系[1-3]。譬如,英国创建了"可持续城市排水系统"(SUDS)[4],澳大利亚形成了水敏感性城市设计(WSUD)系统[5],新西兰构建了低影响城市设计与开发(LIUDD)系统[6]。2012年2月,我国首次提出"海绵城市"的概念,习近平总书记在2013年中央城镇化工作会议上明确提出:解决城市缺水问题,必须顺应自然;在提升城市排水系统时,要优先考虑把有限的雨水留下来,优先考虑更多利用自然力量排水,建设自然积存、自然渗透、自然净化的"海绵城市"。国家出台了一系列海绵城市建设

**作者简介**:韩妮妮(1987—),女,高级工程师,硕士研究生,主要从事环境工程工作。

的相关政策文件和规范标准,海绵城市由试点示范走向全面推进。本文基于海绵城市建设理念,提出了海绵城市建设规划思路及管控策略,以及海绵城市体系建设要点,为海绵城市的构建提供借鉴。

## 2 海绵城市建设思路和策略

### 2.1 规划思路

海绵城市理念对城市规划提出了更多、更新的要求,但现状海绵城市规划中仍面临指标定量分析不足、用地规划与海绵规划脱节、建设内容片面等问题[6],结合规划区生态、气候、水文、土壤地质、涉水基础设施、建设用地等本底条件,从城市整体规划着手,深层次研究规划区现状,深度挖掘区域潜在水问题,充分衔接现有规划成果,制定出切合城市发展需求的海绵城市建设总体目标,综合运用多个专业技术,采取"渗、滞、蓄、净、用、排"等措施,最大限度地减少城市开发建设对生态环境的影响,构建安全且具有弹性的韧性城市。海绵城市规划建设思路如图 1 所示。

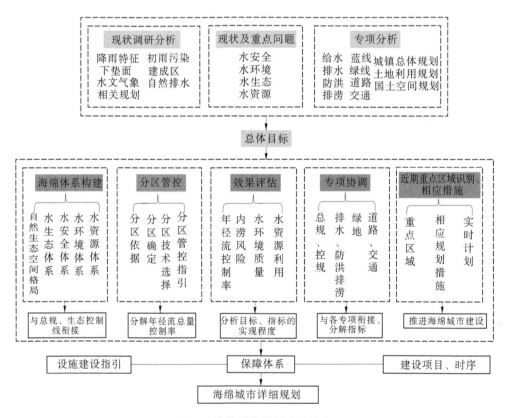

图 1　海绵城市规划建设思路

### 2.2 分区分类管控策略

#### 2.2.1 海绵分区目标管控策略

为有效推进海绵城市建设,在规划层面需要针对大范围的城市区域进行分区分类划分。结合城市地形、水系以及路网等资料,参考城市排水规划中雨水系统排水分区,以城市排水管网的走向为基础,以河涌、暗渠、河流水系、山脊线等为边界,划分城市管控分区。根据地块用地性质,将每个管控分区的地块进一步细分为道路广场类、工业仓储类、公共建筑类、公园绿地类、居住小区类、商业用地和农林用地,由各类用地下垫面径流系数面积加权计算得到各用地径流系数。由广义式下沉式绿地下沉深度可算得各地块调蓄容积,结合各类用地径流系数,基于容积法算得各地块设计降雨量,根据年径流总量控制率与设计降雨量关系可得各地块年径流总量控制率。考虑城市规划更新需求,若地块规划用地性质改变,各地块低影响开发措施组合方案及对应年径流总量控制率以改变后的用地性质为准;考虑到远期城市更新的可能性及进行海绵化改造的需要,这类现状用地按照改造类目标进行管控;水域无须对年径流总量控制率进行管控。各类用地下垫面构成见表1,年径流总量控制率计算成果见表2。

表 1    W 城市各类用地下垫面构成

| 用地类型 | 道路广场/% | 绿地率/% | 铺装/% | 建筑/% | 径流系数 |
|---|---|---|---|---|---|
| 居住小区 | 20 | 30 | 20 | 30 | 0.57 |
| 商业用地 | 15 | 25 | 15 | 45 | 0.62 |
| 公共建筑 | 15 | 25 | 15 | 45 | 0.62 |
| 工业仓储 | 15 | 30 | 15 | 40 | 0.59 |
| 道路 | 75 | 15 | 10 | 0 | 0.65 |
| 公园广场 | 10 | 70 | 20 | 0 | 0.30 |
| 农林用地 | 0 | 100 | 0 | 0 | 0.15 |

表 2    W 城市年径流总量控制率计算成果

| 用地类型 | 用地状态 | 年径流总量控制率/% | 下沉式绿地率/% | 透水铺装率/% | 绿色屋顶率/% |
|---|---|---|---|---|---|
| 居住用地类 | 现状 | 43 | 25 | 70 | — |
| | 改造 | 55 | 45 | 70 | 30 |
| | 新建 | 70 | 65 | 90 | 30 |
| 商业用地类 | 现状 | 38 | 10 | 15 | — |
| | 改造 | 60 | 25 | 35 | 30 |
| | 新建 | 75 | 45 | 55 | 30 |
| 公共建筑类 | 现状 | 38 | 35 | 55 | 35 |
| | 改造 | 60 | 40 | 50 | 50 |
| | 新建 | 75 | 60 | 70 | 50 |

续表 2

| 用地类型 | 用地状态 | 年径流总量控制率/% | 下沉式绿地率/% | 透水铺装率/% | 绿色屋顶率/% |
|---|---|---|---|---|---|
| 工业仓储类 | 现状 | 41 | 25 | 15 | 35 |
| | 改造 | 50 | 25 | 35 | 35 |
| | 新建 | 65 | 45 | 55 | 35 |
| 道路类 | 现状 | 36 | 70 | 70 | — |
| | 改造 | 60 | 70 | 70 | — |
| | 新建 | 70 | 90 | 90 | — |
| 公园广场类 | 现状 | 70 | 15 | 65 | — |
| | 改造 | 80 | 15 | 65 | — |
| | 新建 | 85 | 35 | 85 | — |
| 农林用地 | — | 85 | | | |
| 水域 | — | 0 | | | |

### 2.2.2 自然海绵体保护与管控策略

自然海绵体保护是海绵城市建设的重要实施途径,应对在传统粗放式城市建设模式下,已经受到破坏的水体和其他自然环境,运用生态的手段进行恢复和修复,维持一定比例的生态空间并提升生态空间质量。结合城市的生态本底特色,规划从生态控制线、"小山小湖"和水系蓝线等方面对自然海绵体进行保护与管控。自然海绵体保护总体思路见图 2。

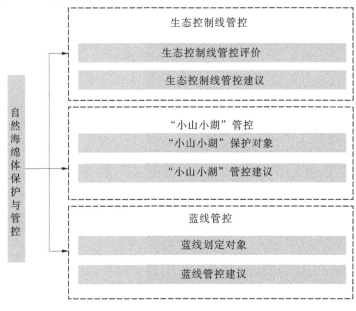

图 2 自然海绵体保护总体思路

### 2.2.3 分区分类管控策略

旧城区海绵城市建设,要加强对现有山体、林地、农田、河流等自然海绵体的保护,划定区内河湖水系蓝线;已建区域以问题为导向,重点解决城市内涝、河涌重度污染等问题;与"三旧"改造、道路翻新、公园广场景观绿化提升等民生工程相结合,同步建设本方案海绵城市设施;完善现有外江堤防体系,充分利用城市内自然水体调蓄功能,以完善排水管渠系统为重点,高标准建设排水防涝设施;继续推进污水次支管网建设,因地制宜进行雨污分流改造或完善现状合流制系统截污管网,逐步消除旱天污水直排,保留现状合流制的要适当提高合流制污水截流倍数,减少雨天合流制溢流污染;利用河道蓝线内用地、滨河公园等,建设分散式污水处理设施,用以处理漏排污水及合流制溢流污水。

新城区海绵城市建设,要加强对新城区内重要山体、林地、农田、河涌、坑塘等自然海绵体的保护,划定区内河湖水系蓝线;新建地区以目标为导向,所有新建、改建、扩建项目全面落实海绵城市要求;新建地区要建设雨污分流制排水管网;加强管网建设过程监管,减少错接、混接现象,提高污水管网施工质量以减小地下水渗入量;完善现有外江堤防体系;充分利用自然水体调蓄功能,蓄排结合,高标准建设排水防涝设施,注重竖向规划,提升排水防涝标准;新城区中若有"三旧"改造区,要与"三旧"改造、道路翻新、公园广场景观绿化提升等民生工程相结合,同步建设海绵城市设施;新城区特别是工业园区,可结合硬质地面建设地上或地下蓄水模块,促进雨水资源化利用。

## 3 海绵城市体系构建

海绵城市建设主要包括保持原有的生态环境、对被污染的水体和自然环境进行修复和治理、对城市进行低影响开发三个方面[7-8]。本文在保护和恢复自然生态安全格局基础上构建水安全保障、水环境提升、水生态修复、水资源利用四大体系[9]。

### 3.1 水安全保障体系

水安全保障体系主要包括防洪体系和排水防涝体系。重点推进防洪工程建设、堤防达标加固工程建设、水利设施除险加固工程建设;加强雨水管网和重点涝区治涝工程建设,同时针对"三旧"改造区配建一定规模的雨水调蓄设施,可以削弱雨水洪峰流量,提高区域的排水标准和防洪能力,减少内涝灾害。防洪体系通过加强区域内河道防洪工程建设,形成"上截-中疏利用-下泄"的防洪格局。排水防涝通过构建大、小排水系统相结合的排涝体系,合理规划新建改造雨水管线,布置涝水行泄通道,实现"小雨不积水、大雨不内涝"。

### 3.2 水环境提升体系

水环境提升体系主要包括源头削减、过程控制和末端处理。源头削减主要采用低影响开发技术,如绿色屋顶、可渗透路面、透水性公园和广场、下沉式绿地、生态滞留设施、调蓄设施等海绵设施,建设海绵型建筑与小区、海绵型公园与广场和海绵型道路工程,从源头增大雨水入渗量,净化雨水径流,减少面源污染。过程控制主要从城市径流和农业面源等方面提出控制措施。末端处理主要从初期雨水和污水的收集处理以及重污染水体的治理等方面实现雨污水的净化,构建具有综合防控特点的水环境提升体系。

### 3.3 水生态修复体系

水生态修复体系主要包括水生态系统的构建,旨在一方面保护城市现有的自然生态系统,构建海绵城市自然生态格局[10],修复城市的水文循环;另一方面,对河道景观和生态空间进行修复,遵循"自然渗透、自然积存、自然净化"的海绵建设理念,保留大型栖息地和蓄滞水空间,结合"渗、滞、蓄、净、用、排"等低影响开发设施,开展硬质驳岸生态化改造、河道生境构建、碧道工程建设等,增加透水表面,因势利导,提高生物多样性和生态结构稳定性,构建良好的城市水生态系统。

### 3.4 水资源利用体系

海绵城市在适应环境变化和应对自然灾害等方面具有良好的"弹性",降雨时将雨水进行收集蓄存,同时将雨水净化处理后存储回用,作为城市绿化用水及其他城市用水,对于海绵城市建设和节水型社会建设具有重要的推进作用。水资源利用体系主要是充分利用下垫面涵养保留的蓄水空间中的分散式雨水进行资源化利用,并对截污系统的污水进行再生回用。

## 4 结语

在城市发展过程中,为有效推进海绵城市规划落实,一方面要持续完善海绵城市规划体系,修编海绵城市相关的供水、污水处理、防洪排涝、交通、绿地等专项规划时,充分衔接海绵城市规划;编制城市空间规划或控制性详细规划时,将雨水年径流总量控制率纳入城市规划,将自然生态空间格局作为其空间开发管制要素[11]。另一方面,海绵城市建设实施进程中,在规划编制、土地出让、设计审查、施工管理、竣工验收和后期监管等环节增加海绵城市建设要求的相关内容,实现海绵城市建设实施的全过程管理。本文提出了海绵城市规划建设思路和分区分类管控策略,以及海绵城市体系建设要点,以期为类似技术措施的海绵城市建设规划和工程实践提供理论指导。

## 参考文献

[1] DELETIC A B, MAKSIMOVIC C T. Evaluation of water quality factors in storm run off from paved areas [J]. Journal of Environmental Engineering, 1998, 124(9): 869-879.

[2] GROMAIRE M C, GARNAUD S, SAAD M, et al. Contribution of different sources to the pollution of wet weather flows in combined sewers [J]. Water research, 2001, 35(2): 521-533.

[3] JENNINGS D B, JARNAGIN S T. Changes in anthropogenic impervious surfaces, precipitalion and daily streamflow discharge: a historical perspective in a mid-Atlantic subwatershed [J]. Landscape Ecology, 2002, 17(5): 471-489.

[4] SPILLETT P B, EVANS S G, Colquhoun K. International perspective on BMPs/SUDS: UK-sustainable storm-water management in the UK[C]// Bucks, Dale A. O′Neil, Mike Dedrick, et al. World Water and Environmental Resources Congress. USA: ASCE, 2005: 196.

[5] LLOYD S, WONG T, CHESTERFIELD C. Water Sensitive Urban Design: A Stormwater Management Perspective [R]. CRC: CRC for Catchment Hydmlogy, 2002.

[6] VAN M RR, GREENAWAY A, DIXON J E, et al. Low Impact Urban Design and Development: scope,

founding principles and collaborative learning[C]//Ana Delectic，Tim Fletcher. 7th International Conference on Urban Drainage Modeling and the 4th International Conference on Waer Sensitive Urban Design. Melbourne：Monash University，2006：531.

[7] 胡文超. 基于海绵城市理念的城市规划问题研究［J］. 工程技术研 究 ,2020,5( 13) :192-193.

[8] 罗秋芳. 基于海绵城市理念的城市规划方法[J]. 中国建筑金属结构,2023,22(5):126-128.

[9] 吕红亮,吴岩杰,于德淼,等. 后试点时代的已建区海绵城市建设方案编制[J]. 中国给水排水, 2023,39(6):41-48.

[10] 欧阳章智,范世平,孙健,等. 海绵城市专项规划的生态敏感性分析研究[J]. 人民黄河,2020,42 (S1):33-35.

[11] 杨正,李俊奇,王文亮,等. 对低影响开发与海绵城市的再认识[J]]. 环境工程,2020,38(4):10-15.

# 海南迈湾水利枢纽工程过鱼设施
# 优化设计研究

张祖林　　周　浩　　杨宗儒

（中水珠江规划勘测设计有限公司，广东广州　510610）

**摘　要**：随着践行绿水青山就是金山银山、山水林田湖草沙一体化保护和系统治理，国家对环境保护越来越重视，江河河道建闸、筑坝工程环境影响评价多数都提出了过鱼设施建设，维护鱼类洄游通道要求。对于低水头闸坝，大量鱼道已经成功应用，取得了成熟的经验；但对于高坝工程，过鱼设施成功应用较少，信息化、智能化相关技术问题亟待解决。本文通过迈湾升鱼机系统优化设计实践，对升鱼机诱鱼方案、赶鱼栅形式、集鱼斗及集鱼分拣箱结构、AGV 运鱼车运行管理、过坝方式、鱼类卸放、设备间联动、系统智能控制管理等关键技术进行深入分析，立足以人为本、以鱼为本，设计开发出一种全自动化、智能高效升鱼机，以供类似工程设计参考。

**关键词**：过鱼设施；升鱼机；自动化；赶鱼栅；卸鱼滑槽

## 1　引言

党的十八大提出"五位一体"总体布局，将生态文明建设提到了前所未有的高度，必须坚持人与自然和谐共生。环境保护部门明确要求，在珍稀保护、特有、具有重要经济价值的鱼类洄游通道建闸、筑坝，须采取过鱼措施。对于拦河闸和水头较低的大坝，宜修建鱼道、鱼闸等永久性的过鱼建筑物；对于高坝大库，宜设置升鱼机，配备鱼泵、过鱼船，以及采取人工网捕过坝措施。同时应重视掌握各种鱼类生态习性和水电水利工程对鱼类影响的研究，加强过鱼措施实际效果的监测，并据此不断修改过鱼设施设计，调整改建过鱼设施，优化运行管理。国内乌弄龙、黄登、大华桥、苏洼龙等高坝升鱼机先后建成并投入运行，但升鱼机运行过程部分环节需人工介入，自动化运行程度不高，运行效率也有待提高，不满足新阶段水利高质量发展重要路径之智慧水利建设要求。本文结合迈湾升鱼机设计[1]进行优化研究，贯彻高质量发展、高质量设计理念，从设计、施工、运维全生命周期考虑人与鱼的需求，开发出一种全自动化、智能高效升鱼机，以供类似工程设计参考。

## 2　工程概况

迈湾水利枢纽工程位于海南省南渡江干流的中游河段，本工程开发任务是以供水和

---

**作者简介**：张祖林（1974—），男，高级工程师，主要从事金属结构设计咨询工作。

防洪为主,兼顾灌溉和发电的综合利用大(2)型水利枢纽工程,是保障下游海口市及定安县、澄迈县供水、防洪和生态用水安全的控制性水源工程。水库正常蓄水位 108 m,正常库容 4.96 亿 $m^3$,总库容 6.05 亿 $m^3$,发电厂房装机为 40 MW。枢纽布置方案为左岸重力式挡水坝段+溢流坝+发电进水口+右岸灌区进水口+右岸重力式挡水坝段,总体布置见图 1。主坝坝顶总长 476 m,坝顶路面高程 113.0 m,最大坝高 75 m。

**图 1 迈湾水利枢纽工程总体布置**

根据本工程水生态调查成果,南渡江流域水域中有国家二级保护鱼类花鳗鲡 1 种,其他珍稀鱼类小银鮈、海南长臀鮠(亚种)、锯齿海南鳘等 9 种,经济鱼类包括海南红鲌、蒙古红鲌、鳙等。南渡江干流花鳗鲡、鳗鲡、七丝鲚等具有河海洄游习性,鲢鱼、鳙鱼、草鱼等鱼类以及鲌亚科、鮈亚科等的一些种类具有河道洄游习性,受工程阻隔影响最大,可能造成鱼类种群及其遗传交流受阻,应作为过鱼设施主要过鱼对象;其他珍稀特有鱼类和经济鱼类作为兼顾过鱼种类。

## 3　过鱼设施选型研究

闸坝过鱼的措施较多,可采用技术上实用的方法或模仿自然的方法来构造,主要包括仿自然旁通式鱼道、技术型鱼道、鱼闸、升鱼机、集运鱼系统等,过鱼方式选择一般根据工程区地形条件、工程特性、鱼类生物学特性等方面进行综合考虑[2-3]。

本工程位于南渡江中游,河道狭窄,没有航运要求,坝高达 75.0 m。工程区不具备建设仿自然旁通式鱼道以及鱼闸的基本条件,同时坝址区右岸地形较陡,左岸相对平缓,发电厂房位于右岸,总体来看,布置鱼道技术难度较大,而升鱼机受地形条件、工程区枢纽布置的影响较小,对此具体进行比选。

升鱼机结合枢纽建筑物进行布置,根据工程枢纽布置以及河段地形条件,将升鱼机布置于右岸,诱鱼系统及集鱼系统布置于电站厂房尾水区右岸岸边,提升系统布置于集鱼平台及坝顶平台。设置有拦鱼电栅、诱鱼鱼道、赶鱼栅、集鱼斗、集鱼分拣箱、AGV( Automated Guided Vehicle)运鱼车、专用电梯、卸鱼滑槽等设施。

对于鱼道方案,本工程电站布置在右侧坝后,鱼道进鱼口布置在厂房尾水渠下游右侧,因此考虑将鱼道布置在大坝右岸山坡。根据地形条件,鱼道沿着右岸山坡,向下游地形低洼处盘旋后,再折返向上游方向盘旋而上,到达大坝右岸水库出鱼口,鱼道总长约 4.48 km。

经综合比较,鱼道长 4.48 km,需开挖人工鱼道,新增占地面积较大,且占地范围现状为林地和农用地,其上植被将被破坏,对周围环境影响大,建设工程量大,工程投资远远大于升鱼机方案,推荐升鱼机作为过鱼设施方案。

## 4 升鱼机设计方案优化研究

### 4.1 升鱼机总体布置

根据工程总体布置,升鱼机布置在电站尾水渠右侧,包括集鱼系统、运鱼系统、放鱼系统及集控系统。集鱼系统布置在电站尾水渠右侧岸边,通过诱鱼鱼道将鱼类吸引至集鱼池中,利用赶鱼栅将鱼驱赶至集鱼斗,再提升至厂区 78.50 m 高程平台进行二次集鱼分拣研究,然后通过运鱼车沿着厂区道路将鱼运输至坝内竖井专用鱼梯,电梯将运鱼车垂直提升至 113.00 m 高程坝顶平台,运鱼车再沿着坝顶路面将鱼运输至大坝左侧上游卸鱼口,通过卸鱼滑槽将鱼导入上游库区,运鱼车再返回集鱼分拣室待命,根据设定条件循环往复,升鱼机总体布置见图 2。升鱼机整个运行过程无须人工介入,通过控制系统控制自动完成。

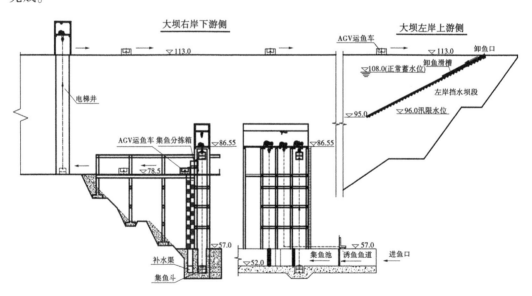

图 2　升鱼机总体布置　(单位:m)

### 4.2 诱鱼方案选择

升鱼机诱鱼口位置选择比较了尾水管顶板诱鱼口方案和右岸尾水下游岸边式诱鱼口方案。前者诱鱼口布置在电站尾水管出口两侧,共设置 3 个诱鱼口,从右至左分别为 1#~3# 诱鱼口,1# 诱鱼口为深孔进鱼口,2#、3# 诱鱼口为浅水鱼类诱鱼口。后者诱鱼口布置在距厂房尾水管出口下游约 80 m 处,通过一条短鱼道将集鱼池和下游进鱼口相接,短鱼道采用同侧竖缝式鱼道结构形式,底部抛填天然石块模仿天然河岸,鱼道总长 33 m。为确保诱鱼效果,在鱼道右侧设置 1 条补水渠,直接向鱼道进口针对性补水;为防止鱼类误入补水渠,在补水渠出口设 1 道固定隔鱼栅;另为防止鱼误入尾水渠影响集鱼效果,在鱼道进鱼口左侧布置 1 道拦鱼电栅。与尾水管顶板诱鱼口方案相比,岸边式诱鱼口方案能有效避开尾水出口紊流区,改善诱集鱼效果,故作为推荐方案。

对升鱼机诱鱼口诱鱼水源也开展了优化研究,初步方案为节约供水成本,拟引机组尾水诱鱼,但尾水水流难以控制,不能形成稳定水源,且水流流速偏低,无法实现目标;方案二拟通过灌溉取水钢管分岔管从库区自流取水诱鱼,库区水位变幅较大,高水位运行时间较长,水头较高,取水出口需设置流量调节阀调流消能,水能损失影响电站发电效益;最终采用水泵直接从尾水渠提水诱鱼,提水扬程较低,更经济。

## 4.3 集鱼系统设计

升鱼机集鱼系统包括集鱼池、隔鱼栅、赶鱼栅、集鱼斗和集鱼分拣箱等设施。

鱼通过鱼道汇集到集鱼池后,为进一步将鱼集中到集鱼斗,在集鱼池内设 1 道赶鱼栅。赶鱼栅由赶鱼栅网、赶鱼小车、钢丝绳牵引系统和赶鱼绞车等组成,赶鱼栅网的收放和赶鱼小车的水平运行均通过赶鱼绞车操作控制,总体布置见图 3。诱鱼时赶鱼栅网收起,以便鱼进入集鱼池内,赶鱼前赶鱼小车放下赶鱼栅网,赶鱼小车在绞车牵引下向上游水平移动至设定位置,将鱼赶至集鱼斗范围,集鱼斗通过提升机提升至集鱼分拣平台,赶鱼小车收起赶鱼栅网,运行至集鱼池下游设定位置,进入下一个赶鱼循环。为防止鱼进入集鱼池上游供水池,在供水池下游侧紧邻集鱼斗设一道隔鱼栅。

集鱼斗底部设计成斜坡形式,为滞留在集鱼斗下方的少量鱼预留生存空间,同时也便于鱼在相邻设备间的转移,集鱼斗侧下部靠近分拣箱侧设有 1 道控制闸门。集鱼斗利用自重下沉至集鱼斗坑,集鱼斗底部设有抗浮进水孔,利于集鱼斗入水下沉,待鱼进入集鱼斗上方区域后,采用提升机对集鱼斗进行提升。集鱼斗上部四周设有滤水孔,当集鱼斗上升进行部分排水,既能减小提升机负荷,还能防止鱼跳出。集鱼斗提升至预定位置,通过与集鱼分拣箱对接装置联动,自动将集鱼斗闸门打开,鱼随水流导入集鱼分拣箱。

集鱼分拣箱布置在 78.5 m 高程平台,主要完成鱼的中转收集、信息采集。集鱼分拣箱底部设计成斜坡形式,在分拣箱侧下部靠近运鱼通道侧设 1 扇控制闸门,分拣箱中部设有溢流孔,上部水体由溢流孔排出,预留受水空间,集鱼分拣箱底部设有排沙孔,根据需要进行排沙处理。集鱼分拣箱可以多次接收并临时存储鱼类,待收集鱼类达到一定数量或设定时间后再由运鱼车运走。集鱼分拣箱配备鱼类补氧等生态保持系统,设在线 AI 智能识别系统进行信息采集,为进一步优化升鱼机调度运行方式、评估升鱼机过鱼效果和研究河段鱼类迁移情况提供基础数据支撑。

## 4.4 过坝运输方式研究

目前高坝升鱼机过坝运输主要有以下几种方式:方式一,传统汽车运输承鱼箱,到达库区专用码头后再转运承鱼箱至专用船只,由船只运送到指定位置放鱼,承鱼箱装卸需配备起吊设备,操作较不方便,效率低下;方式二,AGV 运鱼车运输承鱼箱,到坝下后通过跨坝顶吊机配专用抓梁将承鱼箱提升至坝面,再水平运行至上游坝前,下放至库内专用船只

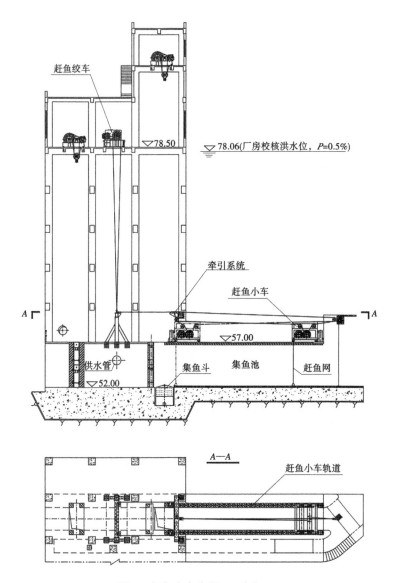

**图 3　赶鱼小车布置**　（单位：m）

上,多环节均需人工介入,效率较低;方式三,AGV 运鱼车运输承鱼箱直接过坝,到达库区专用码头后再转运承鱼箱至专用船只,坝高太高时,运输路程将较远,转运码头需配备起吊设备,效率不高;方式四,坝上、坝下设置缆机塔架,通过缆机将承鱼箱运输过坝,多环节均需人工介入,缆机投资较大。

　　迈湾升鱼机方案设计时立足全自动化和高效运行,过坝运输从集鱼分拣箱装车运鱼车承鱼箱,过坝直至放鱼到上游水库库区,设计了两段水平运输和两段垂直运输。通过排架将 78.50 m 高程厂区道路和集鱼平台进行衔接,运鱼车经过厂区道路水平行驶至坝体竖井内,通过坝内专用电梯将运鱼车垂直提升至坝顶 113.0 m 高程平台,再水平行驶至左侧坝前不受引水发电影响的水域放流,循环往复进行。

　　承鱼箱与运鱼车一体化设计制造,配置鱼类补氧等生态保持系统,侧面设一扇控制闸门。运鱼车按设定路线自动导航运行,在设定位置自动停启,机房停车位处设置充电桩自动充电。达到运鱼设定条件后,运鱼车从停车位行驶至集鱼分拣箱处,与之对接装鱼后发车。

过坝专用电梯主要完成运鱼车的上坝、下坝过程,运鱼车靠近或者离开时,电梯能够自动就位、开门、关门,过坝电梯与运鱼车自动通信衔接。

本工程放鱼系统主要由卸鱼滑槽及其配套设备组成,运鱼车行驶至卸鱼口,承鱼箱控制闸门自动开启,箱内鱼随水流由卸鱼滑槽导入库区水域中。卸鱼前,需通过补水系统向卸鱼滑槽先行补水,承鱼箱水体卸放完毕后,还需持续补水一段时间,防止滑行较慢的鱼缺水。

### 4.5　系统控制研究

升鱼机系统通过软硬件系统集成,实时监控、智能调度,形成一个全自动化运行系统。主要包括:诱鱼水流监控系统,对诱鱼流场进行实时监测并自适应调整,营造最佳诱鱼水流条件;赶鱼栅运行监控系统,对赶鱼小车、赶鱼栅网状态实时监控;集鱼斗运行监控系统;集鱼分拣箱鱼类信息采集系统,通过在线 AI 智能识别系统对鱼的种类、数量、大小等进行信息采集;运鱼车运行监控系统,对运鱼车自动导航、运行状态、跨设备通信、安全保护、自动充电等进行全面监控管理。升鱼机所有子系统最终整合为一个综合集控系统,实现升鱼机全过程自动化、安全、高效运行。

## 5　结语

本文介绍的迈湾升鱼机,从设计入手,结合工程环境条件和充分考虑需求,实现全过程自动化运行。本工程升鱼机土建和设备总图设计已经完成,主体工程已进入施工高峰期,目前正开展设备产品设计,即将进行产品生产,后续将结合设备调试运行进一步总结经验教训,助力国内众多高坝工程过鱼设施研究,为升鱼机技术发展提供参考。

### 参考文献

[1] 陆伟,冯梦雪,李代茂,等.水利水电工程金属结构设计技术与实践[M].郑州:黄河水利出版社, 2022.

[2] 中华人民共和国水利部.水利水电工程鱼道设计导则:SL 609—2013[S].北京:中国水利水电出版社,2013.

[3] 国家能源局.水电工程过鱼设施设计规范:NB/T 35054—2015[S].北京:中国电力出版社,2015.

# 韩江源驳岸生态环境复苏研究

邓水明　　糜凯华

（中水珠江规划勘测设计有限公司，广东广州　510610）

**摘　要**：为改善韩江源水土流失，修复驳岸生态系统和生物栖息地，提升驳岸生态环境，宣传并提高人民群众生态保护意识；分析韩江源现状水生态及复苏目标，研究其存在的问题，探讨并提出韩江源驳岸生态环境复苏的实现途径。结果表明：韩江源驳岸生态修复工程实施后，岸坡得到稳定，安全性得到保障，水土流失得到改善，岸坡生态环境得到提升，为地方经济发展提供了良好条件。

**关键词**：韩江源；生态环境；水土流失；生态修复

## 1　研究背景

　　韩江中上游山水林田湖草沙一体化保护和修复工程，是实现"韩江秀水长青"、保障粤东供水安全、提升南岭山地生态安全、筑牢广东省和粤港澳大湾区生态屏障的重要举措[1]。实施韩江中上游生态保护修复，不仅有利于南岭山地森林及生物多样性保护，且能打通南岭山地及武夷山森林和生物多样性保护区域的生态廊道，筑牢南方丘陵山地带生态安全屏障。

　　受高陂水利枢纽建成运行后水位陡涨骤降影响，韩江源部分驳岸岸坡存在较大崩塌风险甚至已经出现崩塌，已对沿岸生态系统造成实质性破坏。在驳岸原有自然条件发生极大改变、干扰因素长期存在的情况下，若仅依赖自然作用，不仅无法对生态系统实施有效保护，还会因为进一步的崩塌和水土流失，造成更多更严重的破坏。

　　因此，有必要采取有效的人工手段，加强对河岸的防护与修复[2-3]，避免河岸继续崩塌和水土流失持续不断，保护河岸结构稳定，保持生态系统长期健康。

## 2　水生态现状分析

　　从现状情况看，汀江左岸—韩江左岸、梅江右岸—韩江右岸、梅江左岸—汀江右岸的岸坡及滩地植被长势良好，但在水岸交界处冲刷较严重，地表裸露。梅江左岸塌方处植被损毁，生态系统遭到严重破坏。另外，梅江左岸—汀江右岸部分岸坡被村民占用开垦为菜地，破坏了原有生态系统，并产生面源污染。

---

**作者简介**：邓水明（1984—），男，高级工程师，主要从事河湖生态治理及修复研究工作。

## 2.1 汀江左岸—韩江左岸

韩江左岸及汀江左岸河道管理范围线内分布着密集的民居,楼层为 2~5 层,且均位于边坡坡顶处。由于没有统一排水系统,坡顶民居的排水通过自排管散排至岸坡,增加岸坡的冲刷。其次,现状坡面上分布着较多的违建物,岸坡上有较多的鸡笼、猪圈等构筑物,加大了岸坡的荷载,也增加了岸坡的不稳定风险。汀江左岸—韩江左岸现状见图1。

（a） （b）

**图 1 汀江左岸—韩江左岸现状**

## 2.2 梅江右岸—韩江右岸

高陂水电站建成蓄水后水位升高,导致原有滩地被淹没,水面迫近驳岸。高陂水利枢纽蓄水后水位陡涨骤降是常态,驳岸受水流不断浸泡和淘蚀,稳定性变差,部分驳岸表面裸露,易引发水土流失。梅江右岸—韩江右岸现状见图2。

（a） （b）

**图 2 梅江右岸—韩江右岸现状**

## 2.3 梅江左岸—汀江右岸

高陂水电站建成蓄水后水位升高,导致原有滩地被淹没,水面迫近堤岸。部分驳岸临水侧被附近居民用于种菜,存在面源污染,也增加了水土流失风险。梅江左岸—汀江右岸现状见图3。

图3　梅江左岸—汀江右岸现状

# 3　工程总体布置

工程主要建设内容为汀江左岸—韩江左岸驳岸生态修复工程、梅江右岸—韩江右岸驳岸生态修复工程、梅江左岸—汀江右岸驳岸生态修复工程及良江村梅州鼋栖息地生态修复工程。工程总体布置范围见图4。

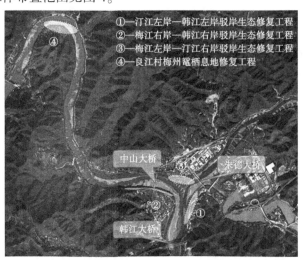

①—汀江左岸—韩江左岸驳岸生态修复工程
②—梅江右岸—韩江右岸驳岸生态修复工程
③—梅江左岸—汀江右岸驳岸生态修复工程
④—良江村梅州鼋栖息地修复工程

图4　韩江源驳岸生态修复工程总布置范围

## 3.1　汀江左岸—韩江左岸驳岸生态修复工程

对朱德大桥至韩江大桥之间的汀江、韩江驳岸进行生态修复,驳岸修复长度为428.91 m,其中加固不稳定岸坡长度为380.85 m;对坡面及水岸进行生态修复;开展招鸟工程设计。

岸坡结构稳定河段,主要进行坡面生态修复;不稳定河段,对岸坡边坡进行加固,边坡采用锚索+框格梁+锚杆进行加固,坡脚采取抗冲刷措施,同时采用植物措施对驳岸坡面进行生态修复。

## 3.2　梅江右岸—韩江右岸驳岸生态修复工程

对梅江右岸中山大桥上游650 m至韩江源客家母亲雕像之间驳岸开展生态修复工程并开展招鸟工程设计。对中山大桥至韩江大桥之间现状地表裸露的滩地进行植被修复。对中山大桥上游驳岸进行岸坡加固,并对坡面进行生态修复。

### 3.3 梅江左岸—汀江右岸驳岸生态修复工程

对中山大桥至朱德大桥之间的梅江、汀江驳岸岸坡进行生态修复。

### 3.4 良江村鼋栖息地生态修复工程

对梅江右岸中山大桥上游约 5.6 km 处良江村梅州鼋栖息地进行生态修复。

## 4 驳岸生态修复

### 4.1 驳岸结构设计

整治河段范围内坡面采用锚索+框格梁+锚杆加固,如图 5 所示。整治河段为梅江迎流顶冲河段,为增加河道抗冲稳定性,坡脚采用抛石+模袋混凝土。采用简化毕肖普法(simplified bishop)进行岸坡土质边坡稳定计算。经计算,边坡进行加固后,均处于稳定状态。结合地质勘查资料,整个范围内水下部分均为中粗砂层,经计算得冲刷深度为 0~0.26 m,护脚采用抛石,抛石厚不小于 1 m,满足冲刷深度要求。

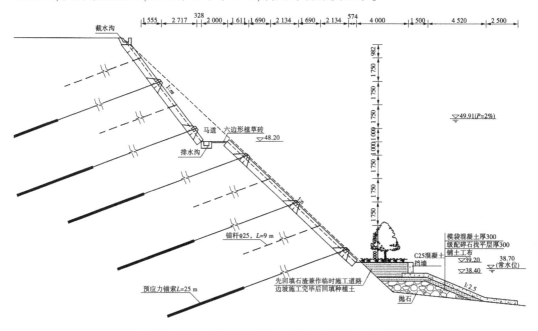

**图 5 边坡加固支护图** （单位:尺寸,mm;高程,m）

### 4.2 生态修复设计

生态修复分坡面生态修复及水岸生态修复及招鸟工程设计。坡面生态修复为在韩江边坡开挖加固后,通过种植植物,利用植物与岩、土体相互作用对边坡形成防护、加固,使之能满足边坡表层稳定的要求,是一种有效的护坡、固坡手段。水岸为陆生与水生生态系统之间的过渡带[4],通过水岸生态修复恢复水岸植被,对阻隔或减缓人类活动对河湖的直接干扰、保护江河生物多样性、减少面源污染物入江河等具有重要意义。

#### 4.2.1 坡面生态修复设计

考虑到护岸稳定性,兼顾护岸生态性,岸坡比陡于 1:1.5、坡高超过 15 m,框格梁内采用三维植被网护坡,沿框内左侧、下侧、右侧三边 0.3 m 宽区域内单列种植地被花叶勒杜

鹃,种植密度9株/m²,如图6所示;框格中间区域种植灌木,每格框格梁内放置12株花叶
勒杜鹃球,种植间距为1 m,灌木合理种植间距为地被草籽提供生长条件。

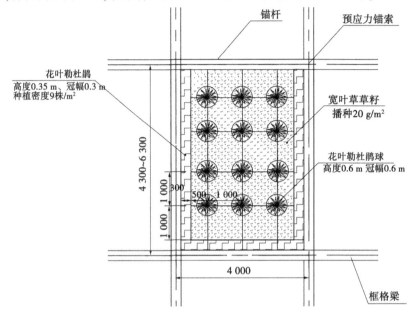

**图6 三维植被网护坡植被示意图** (单位:mm)

用铁丝固定于框格梁突出土壤面层部分,种植花叶勒杜鹃植物时将枝条缠绕于钢丝
上,引导植物生长覆盖框格梁,避免切断生物连通道。岸坡坡比较缓处种植乔木铁冬青
及红叶乌桕,为鸟类提供食物及栖息地。

### 4.2.2 水岸生态修复设计

岸坡施工完成后,混凝土挡墙内侧填充植土厚0.8 m,对坡脚平台复绿(如图7所
示);坡脚高程39.65~40.2 m范围内种植肾蕨及鸭脚木,提升岸坡生态多样性;临水侧水
岸放置生态框,减弱水流对岸线及岸线植物冲击,生态框内种植水生植物,恢复水岸生态,

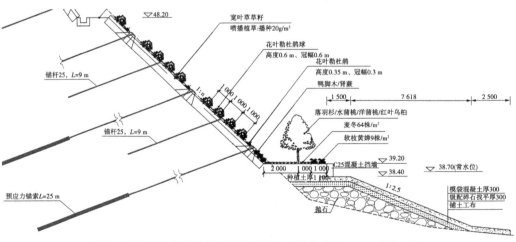

**图7 坡脚生态修复典型断面示意图** (单位:尺寸,mm;高程,m)

为动物提供食物及栖息地。

### 4.2.3 招鸟工程设计

工程整治河段驳岸边坡较陡,现状坡面植被多为竹子及杂草,缺少鸟类食源,坡顶为人类居住区,存在一定噪声干扰鸟类栖息。通过种植果树,增加鸟类食源,布置人工鸟巢等方式,对过往的候鸟进行招引。

植物选择以本土植物和挂果植物为主,并通过植物群落配置的模式,在空间增加驳岸生态层次,以满足不同动植物的生态需求。

本土植物:无论作为营巢地还是作为食源物都更易被鸟类接受,并且其果实成熟期往往与鸟类的繁殖期或迁徙期一致,根据工程特性、种植区域及植物生长习性选择植物以乡土植物为主,红叶乌桕、凤凰木、铁冬青、水蒲桃、落羽杉、花叶勒杜鹃、肾蕨、鸭脚木、软枝黄婵、麦冬、狗牙根草籽、宽叶草草籽选择栽植这些植物,既能防止外来物种入侵,又能满足鸟类对栖息地的需求度。

挂果植物:铁冬青花期3—4月,果期8月至翌年2月;水蒲桃花期3—4月、果期6—7月;洋蒲桃花期3—4月、果期6—7月;麦冬花期5—8月,果期8—9月;鸭脚木花期9—12月、果期12月;几种植物挂果时间四季连贯,一定程度上保障了食谷鸟四季食源,沿驳岸种植,其果实为食谷鸟及杂食鸟提供食物,水体为鸟类提供取水源,两者同时也是鸟类和其他动物的栖息地。

植物群落配置模式:灌草及乔草多模式植物群落搭配,增强群落稳定性形成"小群落,大混交"的植物群落。灌草模式——坡面坡度陡,不适宜种植高大乔木,选用灌木花叶勒杜鹃作为第一层提供鸟类躲避空间和栖息之所,地被种植宽叶草草籽、肾蕨、鸭脚木预留鸟类穿行空间;乔草模式——坡脚平稳种植落羽杉、红叶乌桕高大乔木构建群落第一层和构成一个视觉中心,中层的乔木使用大量的水蒲桃、洋蒲桃、铁冬青搭配的引鸟植物,也可吸引鸟类取食。中下层使用草本进行搭配。在复合群落构建中,最终期望能形成一个多层次的,鸟类有多个立体空间取食、穿行、躲避的空间。

参考鸟类巢营的外形、材质以及巢营地位置,针对不同种类的鸟类设置人工鸟巢,见图8、图9。对于鸣禽鸟巢挂在树上,对于游禽和涉禽鸟巢可以置于滩涂草丛中。本项目分别在竹林、林带、驳岸滩地上设置了一定数量的人工鸟巢,目的是给自身不筑巢的攀禽以及在树上筑巢的涉禽、游禽提供巢营地。

图8　仿真鸟窝

图9　生态挂式鸟屋

"昆虫旅馆"利用循环可再利用的材料,如木材、稻草、砖头、竹子等不同材质的自然材料,设计成各种造型,再依照昆虫习性制作,打造出不同类型的"房间",作为它们繁殖、栖息及越冬的场所。进一步保障食虫鸟及杂食鸟食源。

## 5　结语

针对韩江源现状水生态分析,结合韩江源驳岸生态系统修复的总体目标,对汀江左岸—韩江左岸、梅江右岸—韩江右岸、梅江左岸—汀江右岸及良江村梅州鼋栖息地提出行之有效的生态修复措施。工程实施后,加固了沿江护岸,改善了水环境,使水生态系统得以保护及恢复。在保护当地人民群众生命财产安全、改善人居环境、修复生态系统的同时,还可进一步利用周边红色文化及乡村振兴的良好基础,形成"连片连段"效果,以较低投入打造效果显著的乡村振兴示范工程,成为乡村振兴及生态文明建设的"点睛之笔"[5],具有显著的经济效益、社会效益和生态环境效益。

## 参考文献

[1] 国家发展和改革委员会.　"十四五"重点流域水环境综合治理规划[R].北京:国家发展和改革委员会,2021.
[2] 张芸.复苏河湖生态环境实施路径探讨[J].水生态,2023(1):17-19.
[3] 本报评论员.复苏河湖生态环境须要硬措施[N].中国水利报,2022-01-21.
[4] 于贵瑞,伏玉玲,孙晓敏,等.中国陆地生态系统通量观测研究网络(China FLUX)的研究进展及其发展思路[J].中国科学(D辑):地球科学,2006(S1):1-21.
[5] 范峥.加快经济复苏振兴 加强生态环境保护[N].江阴日报,2009-06-02.

# 黑河"母亲河复苏"水资源治理方案研究

谢　飞　段志鹏　杨祯婷

(甘肃省水利水电勘测设计研究院有限责任公司,甘肃兰州　730010)

**摘　要**:开展母亲河复苏行动,让河流流动起来,把湖泊恢复起来,是建设美丽幸福河湖的生动实践。黑河是我国西北内陆河流域中生态环境最敏感、人口聚集程度最高、人水关系最紧张的河流之一。自 20 世纪 60 年代以来,人口增长和经济发展,对水土资源过度开发造成流域生态环境急剧恶化,省际水事矛盾更加突出。经过近 20 年的治理,这一恶化趋势得到根本遏制,但距离河流生态环境复苏的要求仍有不小差距。本文在深入研究黑河流域基本情况和存在问题的基础上,提出母亲河复苏行动水资源治理的具体措施,供学者们略作参考。

**关键词**:黑河;母亲河;复苏;方案

黑河是我国第二大内陆河,也是内陆河流域中人口最密集、水资源开发利用程度最高、用水矛盾最突出、生态环境最脆弱的流域之一[1],更是连接祁连山冰川与水源涵养重点生态功能区和北方防沙带的重要生态区,生态安全地位极其重要。李国英在 2022 年全国水利工作会议上明确要求:全面排查确定断流河流、萎缩干涸湖泊修复名录,制定"一河一策""一湖一策",从各地的母亲河做起,开展母亲河复苏行动,让河流流动起来,把湖泊恢复起来[2-3]。随后,黑河被纳入《母亲河复苏行动河湖名单(2022—2025 年)》中。因黑河流域水资源供需矛盾突出、开发利用程度高,如何实现"还水于河"是母亲河复苏行动的关键。

## 1　概况

黑河发源于祁连山南的托勒山与走廊南山之间,东临石羊河流域,西接疏勒河流域,涉及青海、甘肃、内蒙古三省(区),以及我国重要的国防科研基地东风场区。黑河干流全长 883 km,流域面积 80 781 km²,分为西、中、东三个子水系[4],其中东部子水系即黑河干流水系,流域面积 11.6 万 km²。黑河干流甘肃段,河长 465.89 km,流域面积 6.18 万 km²,涉及张掖市肃南裕固族自治县、甘州区、临泽县、高台县,酒泉市金塔县,共 2 市 5 县(区)。

**基金项目**:水文水资源与水利工程科学国家重点实验室开放基金(2021492111)。

**作者简介**:谢飞(1985—),男,高级工程师,主要从事水利水电工程规划设计工作。

## 2 水资源开发利用状况

### 2.1 水资源条件

黑河流域地表水资源主要产于莺落峡出山口以上祁连山区,水资源量占 79.5%。径流主要分布在 6—9 月,占全年的 67.8%[5]。流域多年平均地表水资源量 21.00 亿 $m^3$,与地表水不重复的地下水资源量 2.87 亿 $m^3$,水资源总量 23.87 亿 $m^3$。河流水质总体较好,普遍优于考核断面水质目标。根据第三次甘肃省水资源调查评价,Ⅱ类水质河长占 78.4%。

### 2.2 开发利用状况

黑河流域近 5 年年均用水量 33.87 亿 $m^3$,其中地表水 23.93 亿 $m^3$,地下水 9.21 亿 $m^3$,其他水 0.73 亿 $m^3$。流域地表水开发利用率 114%,地下水开采率 39.2%,水资源开发利用率 142%,属高开发利用河流。

## 3 治理成效和存在的问题

### 3.1 黑河治理成效

随着国务院批复的《黑河流域近期治理规划(2001 年)》《黑河流域国家水资源监控能力建设项目(2016—2018 年)》的实施,流域建立起以用水总量控制为主要目标的水资源管理体系。黑河上游项目区水源涵养能力有所改善,中游及下游鼎新片区通过大规模节水改造使进入下游的水量不断增加,有效地遏制了生态环境恶化的趋势。地下水局部回升,绿洲面积有所扩大,特别是有效改善和恢复了下游胡杨林及居延海生态环境,阻止了沙漠化趋势。同时,保障了下游国防的供水安全,加快了流域产业结构调整、农业产业结构优化,取得了良好的生态效益和经济社会效益。自黑河水量调度以来,向东居延海补水 53 次,累计进水 12.5 亿 $m^3$,年均 0.54 亿 $m^3$,实现连续 18 年不干涸,水域面积常年保持在 30~40 $km^2$,湿地鸟类达 123 种,栖息候鸟 10 万多只,生物多样性明显改善。

### 3.2 存在的问题

一是水资源开发利用不合理,河道内生态环境用水被挤占。黑河流域灌溉面积大,超过流域水资源承载能力,水资源开发利用率高于全省平均水平。维持下游胡杨林和居延海生态用水,目前主要依赖行政手段调水。地表水资源不足,导致地下水补给不足,虽然流域内超采量持续减少,但部分地区地下水位仍在下降。

二是水资源用水效率不高,节水水平有待提高。且黑河流域农业用水占比高,灌溉水有效利用系数仍有较大提升潜力,水资源利用效率与效益较低,与水资源短缺形势不相适应。大中型灌区续建配套与节水改造等农田水利灌排能力建设进展缓慢,灌区骨干工程效益发挥不足。同时,城镇管网漏损率、节水器具普及率、中水回用率等指标尚有较大提升空间。

三是水资源配置和水量调度缺乏工程手段,难以全部实现水量分配目标。由于干流缺少控制性骨干调蓄工程,2000 年 7 月以来实施黑河水量统一调度只能采取对中游灌区"全线闭口、集中下泄"的行政手段措施,水量调度效果受制于来水过程。这种水资源配置方式存在两个突出问题:一是难以满足国家批复的分水方案,也不能满足中游灌区灌溉高峰期和下游额济纳绿洲春季生态关键期的水量需求;二是对中游灌区用水带来较大影响,难以长久实施。

## 4 水资源治理措施

### 4.1 开源节流并重,退还挤占用水

#### 4.1.1 农业节水增效

黑河农业用水总量大、占比高,是节水的关键领域。加快实施大中型灌区现代化与节水改造,加强信息化建设提升灌区基础设施条件和现代化管理水平。推进种植结构调整,推进适水种植、量水生产,严格依照农田灌溉配水面积,减少高耗水作物种植面积,扩大耐旱经济作物种植比例[6]。有序推进城镇供水管网延伸,加快推进农村集中供水建设,实施规模养殖场节水改造和建设。完善农业节水社会化服务体系,充分发挥用水协会作用。

#### 4.1.2 工业节水减排

大力推进工业节水改造,强化煤矿等重点行业节水监管,逐步淘汰高耗水产能,推广高效洗涤冷却、循环用水、再生利用等节水工艺和技术,提高水资源重复利用率。推进工业园区开展资源循环改造,促进不同用水企业间分质用水、串联用水、循环用水。建立健全水平衡测试制度,全面核查工业企业节水设施运行状况,强化工业企业取用水和排水过程监管,落实三级水计量设备。

#### 4.1.3 加强城镇节水降损

对老旧城镇供水管网实施更新改造,努力推动分区计量管理,重点解决寒区冻胀管问题,降低损耗。巩固节水型城市建设成效,推广应用节水新技术、新工艺和新产品,进一步提高节水器具普及率。

#### 4.1.4 加强再生水利用

将污水资源化利用作为节水开源的重要内容,优先将再生水用于火电工业、金属冶炼等对水质要求不高的工业冷却水,城市生态、环境卫生、杂用水要逐步全部替换为再生水。将雨水、矿井涌水等非常规水统一配置管理,对地方政府进行非常规水利用比例指标考核。

### 4.2 优化水量调度,确保生态流量

《黑河干流水量分配方案》确定平水年份正义峡下泄水量达到 9.5 亿 m³,全流域生态用水量达到 7.3 亿 m³。探索逐月滚动修正水量调度方案,丰水期多调水、枯水期少调水,在保证生态流量的前提下,制订灵活的黑河调水方案,尽力满足甘肃、内蒙古、青海和东风场区合理的用水需求。

如遇有关地区出现危及城乡生活供水安全等紧急情形,或预测到年度正义峡水文断面少下泄水量可能超过年度水量调度方案中确定的控制指标的 5% 时,应适时启动应急水量调度预案,采用日调节的调度措施,优先保障生活用水,严格控制其他用水,确保顺利度过水危机。

### 4.3 加强生态流量管控泄放

按照《甘肃省水利厅 甘肃省环境保护厅关于严格落实祁连山地区水电站最小下泄流量的通知》(甘水河湖发〔2018〕189 号),继续严格落实枯水期、丰水期两个时间段水电站生态下泄流量。通过增设专用生态泄水设施、增设生态机组、开展河床清淤整治、修建过

鱼设施等措施,确保生态流量,改善水生条件,恢复连通性。严格管理水电站用水审批和运行,确保下泄水量和流量按计划履行,保障鱼类繁殖期的基本生态用水。对枯水期河流水文情势影响大的水电站,应季节性限制运行,必要时停止发电。

### 4.4 实施水系连通和生态补水项目

紧抓国家水网建设重大机遇,加快黄藏寺水库建设,争取早日建成运行,加强水量调控。积极推进张掖市高台县小海子水库至大湖湾水库水系连通工程,通过规划实施水系连通工程和调蓄工程,以河流水系为脉络、受益村庄为节点,改善城市水环境,促进区域中心城市经济社会发展与生态文明建设[7]。

巩固退耕还湿地成果,维护好张掖黑河湿地国家级自然保护区面积 61.5 万亩不退减,有计划地进行封育保护,减少人为干扰和影响,力争湿地生物量在 3~5 年内恢复到自然群落水平。

## 5　结语与展望

由于内陆河流域处于干旱区,水文循环过程独特[8],普遍存在水资源过度开发利用、地下水超采、水环境水动力循环条件差、生态水量保障不足、监督管理能力薄弱等问题,其生态环境复苏较其他地区河流有较大不同。进入 21 世纪后,黑河流域治理保护取得长足进步,因缺水导致的生态环境恶化趋势得到根本扭转,但由于历史欠账较多,距离"复苏"尚有不少差距。在有效降低生产生活用水、加大再生水回用、优化水量调度、确保生态流量泄放、加快实施水系连通和生态补水项目的基础上,强化科技支撑,将数字孪生、3D GIS+BIM、大数据、物联网等新理念和新技术应用到复苏水资源治理中,早日"还水于河",恢复人民家门口的"幸福河"。

## 参考文献

[1] 张金良.黄河流域河湖生态环境复苏研究[J].水资源保护,2022,38(1):141-146.

[2] 胡春宏.我国复苏河湖生态环境实践与关键问题探讨[J].中国水利,2022(15):6-8.

[3] 李福生,彭少明,李克飞,等.南水北调西线工程受水区缺水形势研究[J].人民黄河,2023,45(5):19-23.

[4] 张婕.黑河干流水量调度关键技术研究[J].甘肃水利水电技术,2011,47(1):3-4,22.

[5] 贾路,于坤霞,邓铭江,等.黑河流域年 NPP 时空变化及其对气候因子的响应[J].应用基础与工程科学学报,2023,31(3):523-540.

[6] 国家发展改革委、水利部联合印发《国家节水行动方案》[J].中国水利,2019(8):3.

[7] 王晓红,张建永,史晓新.母亲河复苏行动总体思路与对策[J].中国水利,2022(20):48-51.

[8] 邓铭江.干旱内陆河流域河湖生态环境复苏关键技术[J].中国水利,2022(7):21-27.

# 南方城市构建水系生态网的措施体系及其应用探讨

仇永婷[1,2]　韩妮妮[1,2]　梁瑶瑶[1,2]

(1. 中水珠江规划勘测设计有限公司，广东广州　510610；
2. 水利部珠江水利委员会水生态工程中心，广东广州　510610)

**摘　要:** 水系生态网是区域水网体系中的重要组成部分，对构建区域水安全格局具有重要意义。南方地区水系发达，河网密布，但局部河段水质不达标、生态流量不足、水生态空间被挤占等问题依然突出，这些问题均制约着区域水经济的高质量发展。本文梳理出了流域源头区加强水源地保护和生态涵养，中游区强化控源截污、水环境治理，下游区重视水环境与生态修复的流域水生态环境优化重点，总结了南方地区构建水系生态网包括水系连通、水源地保护、重要江河综合治理、水生态保护与修复、水土保持在内的关键技术体系。此外，本文以构建南宁市水系生态网为例，进一步对构建水系生态网的措施体系进行应用，以期为南方地区水系生态网建设工作的开展提供参考。

**关键词:** 水生态环境；水网；构建技术；南方城市

## 1　引言

党的十九届五中全会和国家"十四五"规划纲要作出实施国家水网重大工程的战略部署，国家发展和改革委员会、水利部组织编制《国家水网建设规划纲要》。2021年12月，水利部印发《关于实施国家水网重大工程的指导意见》(简称《指导意见》)。《指导意见》要求，到2025年，建设一批国家水网骨干工程，有序实施省、市、县水网建设，着力补齐水资源配置、城乡供水、防洪排涝、水生态保护、水网智慧化等短板和薄弱环节，水安全保障能力进一步提升。

水系生态网是区域水网体系的重要组成部分，对构建区域水安全格局具有重要意义。南方地区水系发达，河网密布，但局部河段水质不达标[1]、生态流量不足[2]、水生态空间被挤占等问题依然突出，这些问题均制约着区域水经济的高质量发展。

本文基于南方水系水环境问题特点，梳理南方城市建设水系生态网的总体思路，总结南方地区构建水系生态网的关键措施体系，并以构建南宁市水系生态网为例，进一步对构建水系生态网的措施体系进行应用，以期为南方地区水系生态网建设工作的开展提供参考。

**作者简介:** 仇永婷(1992—)，女，工程师，主要从事水资源管理、生态环境保护与修复等方面的工作。

## 2　构建水系生态网的总体思路

基于区域生态格局下的水生态条件,依托主要河流、大中小型水库等自然生态水系,重塑结构清晰的水网物理架构;结合区域生态空间功能定位,充分分析江河湖库的水质、水量、岸线等基础条件,确定河流水系的治理任务。

具体至流域,按照"系统治理、协同治理、源头治理、综合治理"原则,流域源头区加强水源地保护和生态涵养,中游区强化水环境综合治理、河湖水系连通与生态修复,下游区重点进行水环境治理和水生态修复建设,发挥全流域水系的生态廊道功能,重新塑造水系自然的生态环境。

## 3　构建水系生态网的措施体系

### 3.1　水系生态廊道保护与修复

一般选择区域骨干河道开展生态廊道保护与修复,保障区域整体的水系生态健康。根据河段的主要生态保护对象,制订主要的保护措施[3]。

具体如下:

加强水利水电枢纽统一调度,保障干流枯水期生态基流,提升鱼类及其他水生生物廊道的连通性,在流域内有条件的河段推广人工鱼巢增殖放流,保障鱼类洄游,提升水生生物多样性;开展河岸边带湿地修复,河口红树林湿地生态系统修复;推进硬质化堤岸生态修复,因地制宜地营造多样化生物栖息地空间,建设湿地公园。

### 3.2　重点河湖生态流量保障

通过保证生态流量,提升水体自净能力,同时恢复河道自然生境,保护流域生物多样性。具体通过推进水电站清理整治和绿色小水电站建设,制订相应生态流量下泄方案[4],完善水电站生态流量泄放及监控设施,确保生态流量下泄。

### 3.3　重要饮用水水源地保护

加强饮用水水源地保护,可保证区域水源水质持续优良、水量充足稳定,同时提升区域生态品质。

具体措施[5]包括:①严格饮用水水源保护区划分工作,对定为饮用水水源地但未划定保护区的需加快水源保护区划定;②完善水源地管理标准化,建设包括规范化管理设施建设、水质在线监测与监控设施建设、突发水污染风险防范设施建设等;③加强水源地污染治理和生态修复,对现有的点源、面源、内源等各类污染源采取综合治理措施,如隔离防护、截污导流、植被修复、生态清淤等。

### 3.4　河湖水系水环境治理

通过治理不达标河湖和黑臭水体等重点污染对象,提升区域水环境质量。具体可从控源截污[6]、内源减负、动力活水、生态扩容等四个方面入手[7]。

控源截污主要包括补齐区域污水处理能力缺口、提高污水管网覆盖率、加强沿河排污口排查整治和污水截流管线建设、加快雨污分流;内源减负包括对河湖的重污染河段开展生态清淤、种植水生植物等;动力活水主要是指河湖水系连通工程,包括清淤清岸、打通断头涌、闸泵群联合调度等措施;生态扩容包括河湖生态缓冲带修复、生态沟渠、滞留塘和湿地建设。

### 3.5　水源涵养与水土保持

水源涵养与水土保持主要包括小流域综合治理[8]及崩岗和石漠化综合治理。具体包括治山保水、治河疏水和林草植被缓冲带建设等措施。

## 4　案例实践

### 4.1　水系生态环境问题分析

目前,南宁市水生态环境问题依然存在,河湖生态保护治理体系待完善。

一是饮用水水源地保护工作有待进一步完善。个别县级以上和千吨万人集中式饮用水源地安全保障达标建设仍有待开展;水源地监控水平、水源地风险应急防护水平、水源地精细化管理水平等有待提高。

二是城乡水环境治理任务有待进一步推进。南宁市部分河湖仍存在水环境污染问题,市辖区(不含武鸣区)以外其他县(区、市)建成区仍存在黑臭水体;部分城市建成区污水处理设施及配套管网建设滞后,农村污水收集处理率偏低,污水收集处理设施亟待完善。

三是水生态保护与修复工作有待进一步加强。南宁市内水库、电站等水利工程较多,影响河道纵向连通性,且部分工程未配套建设生态流量泄放设施,导致下游河道出现脱流或减水,使河道生态流量难以满足,水体纳污能力降低;水生态空间管控能力不足,"四乱"问题依然存在;护岸硬质化问题突出,导致河道生境受损。

四是流域水土流失问题有待进一步解决。目前,古潭、九娘、马头河等多个小流域仍存在水土流失现象,导致河道淤积,破坏自然岸线。

### 4.2　水系生态网骨干结构

基于南宁水网大生态格局下的水生态条件,依托现有的邕江及其支流、清水河等多条河流、大中小型水库等生态水系,重塑结构清晰的水网物理架构,构建"一核一环多点"的生态宜居水系生态网,如图1所示。

其中,"一核"是指通过水生态环境系统治理,积极营造水质良好、系统健康的城市生态水系核心;"一环"是指通过优化水生态空间格局、河岸带生态修复等手段,构建邕江、左江、渌水江、八尺江—滑石江、清水河、武鸣河、甘棠河等多条水生态长廊,通过河岸带生态修复等手段,打造河流生态廊道;"多点"指规划范围内的污水处理工程、水环境治理工程、水土保持工程以及饮用水水源地保护工程等。

### 4.3　水系生态网建设布局

南宁水系生态网以水环境保护与水生态修复为主,突出"综合治理"的指导方针,以城市水系生态治理为重点,明确建设的任务包括:生态廊道建设与修复、生态流量保障、重要饮用水水源地保护、水系生态连通、重要江河综合治理、水土保持等,综合全域化的整治手段,全面改善南宁市的江河水环境,并逐步恢复水环境的生态功能。

### 4.4　水系生态网建设内容

#### 4.4.1　河流绿色生态廊道建设

(1)郁江干流生态廊道建设。

规划推进老口、西津等重要水源地保护和规范化建设;加强西津等大型水库和梯级电

**图 1　南宁市水系生态网构建骨架**

站的生态调度,开展鱼类增殖放流和重要栖息地的生境保护,结合平陆运河建设补建过鱼设施和生态流量监控设施;建设沿江生态产业带,推进生态养殖,加强面源污染控制;重点在流经隆安县、市辖区、横州市的约 88 km 城区河段生态岸线整治,建设滨岸植被缓冲带和亲水平台,打造沿江生态景观廊道。

(2)其他骨干河流生态廊道建设

规划通过河岸植被缓冲带生态修复、水生生境构建、生物多样性保护等多种手段,构建左江、渌水江、八尺江—滑石江、清水河、武鸣河、甘棠河 6 条水网骨干河流生态廊道。

**4.4.2　生态流量保障**

南宁市境内水资源较为充沛,红水河、右江、郁江干流水生态环境较好,主要江河生态需水满足程度及敏感生态需水满足程度均较高,但是一些支流特别是城市内河生态需水满足程度大多为劣或差。而从敏感生态需水满足程度来看,南宁市主要生态敏感区的生态需水满足程度较高。

因此,稳步推进江北引水干渠工程、江南内河提水补水工程、六大环城水系工程、湖生态补水工程等多个在建、拟建城市内河补水工程,以满足城市内河生态需水量,改善城市河道水生态环境。

**4.4.3　重要饮用水水源地保护**

根据南宁市水源地保护区划定情况,规划持续推进千人以上农村水源地划定工作。此外,对新增水源地应加快推进饮用水水源保护区划分工作,依法划定水源保护区。

开展邕江、峙村河水库、西云江水库等多个重要饮用水水源地保护区的规范化建设,主要工程内容为拆除违规建筑物、水源地立碑定界、设立宣传牌与警示牌和设置绿色护栏、监控监测设施等;开展农村集中式饮用水水源地保护区规范化建设,保护区布设界标、宣传牌、警示牌、建设防护隔离设施。推广生态农业和节水农业灌溉技术,减少农业用水量;通过加强农村集中式污水处理设施建设,提高畜禽粪污综合利用率,科学种植,减少农药化肥施用量等措施,控制农村生活污水、牲畜养殖污水和农药、化肥等面源径流对水源地水质的影响。

#### 4.4.4 河湖水系水环境治理

(1)水系连通工程。

推进市辖区水系连通工程,包括马巢河—凤凰江连通运河罗文大道—沙井亭洪立交段、同乐路—新村大道段综合整治工程,实现马巢河—凤凰江水系生态连通,并结合河岸生态化护坡建设等措施,恢复市辖区河湖生态系统完整性。

通过开展宾阳县城区水系连通工程,解决包括凤凰水库在内的水库、河渠等水体连通性、流动性较差,生态用水长期无法得到满足,水体纳污能力降低等水环境突出问题;通过开展青秀区城区水系连通工程,从郁江与青龙江交汇处开始,利用青龙江、那兰河、南阳江及斗油沟为水系主干道,以青龙江水库、马安水库、六爷水库及草樟水库4个水库为中转,结合周边现有小水系及新建连通工程作为补充,最终又从斗油沟汇入郁江,形成青秀区水系连通。

(2)城市河湖水环境综合治理。

对未开展治理的城市内河开展水环境治理工程,对已开展水环境治理的河湖进行治理效果巩固提升。采取截污纳管、清淤疏浚、水生态修复等措施,减少污染源,改善内河水动力条件,提升自净能力,改善健康水生态和宜居水环境。此外,开展大王滩水库水环境综合整治工程,通过底泥污染治理、增设人工湿地等,保障水库水质。

(3)黑臭水体治理。

横州市、武鸣区需加快推进建成区内黑臭水体排查,加强农业农村和工业企业污染防治,有效控制城市入河污染物排放量。强化溯源整治,杜绝污水直接排入雨水管网。推进城镇污水管网建设与改造,对进水情况出现明显异常的污水处理厂,开展片区管网系统化整治。

(4)城乡污水处理。

为完善城乡污水处理设施建设,提高南宁市污水集中收集率,重点考虑各县(区、市)污水处理设施建设与污水收集管网建设。根据《广西农村生活污水治理实施方案》,按照"因地制宜、分类治理,先易后难、有序推进,保证质量、注重实效,政府主导、依靠群众,生态优先、绿色发展"的原则,对南宁市各区(县、市)行政村(包括下属自然村屯)进行生活污水治理。

(5)涵养与水土保持。

南宁市水土流失重点治理区主要包括自治区划定的邕宁区、马山县、横县,以及市级重点治理区武鸣区宁武镇、锣圩镇,宾阳县黎塘镇、洋桥镇,隆安县乔建镇、南圩镇,上林县乔贤镇、木山乡。这些区域内水土流失较为严重,局部崩岗发育,坡耕地散布,对土地资源、农业生产生活、主要河流湖库淤积影响较大,贫困人口分布相对集中。

水系生态网建设以河湖水生态修复为出发点,重点开展以上区域生态清洁型小流域水土流失综合治理及崩岗综合治理。

## 5　结语

　　水系生态网的构建需充分结合自然本底条件,确定构建水系生态网重点任务前,需重点分析区域河流生态环境问题,针对具体水生态环境问题确定一个或多个水系生态网构建措施。而水系生态网是整个水网建设的一部分,在制订具体措施时,应充分协调水资源配置、防洪减灾等需求,务求实现综合效益最大化。

## 参考文献

[1] 刘付真,易勇,肖家鹏,等. 南方某河流水环境问题分析及防治对策建议[J]. 水电能源科学,2023,41(4):65-68,72.

[2] 张丽,陈婕汝,万东辉,等. 小水电影响下的南方山区河流适宜生态流量[J]. 湖南有色金属,2022,38(2):65-68,64.

[3] 凌耀忠,施晔,王菲,等. 南方河流生态廊道保护与修复关键策略研究[J]. 水利规划与设计,2022(9):6-9,13.

[4] 滕燕. 广西桂江干流生态流量保障调度方案分析[J]. 广西水利水电,2021(3):76-80.

[5] 周杨.南方水库型饮用水源地水环境污染系统控制方案初步研究:以高州水库为例[D].长沙:湖南农业大学,2012.

[6] 沙桐,王洋,汪聪,等. 南方水系发达区域村镇水环境综合治理关键技术与示范[J]. 净水技术,2022,41(10):115-119,129.

[7] 许锦林,宫经成,陈泽锐,等. 南方城市水环境综合整治技术路径研究[J]. 施工技术(中英文),2022,51(5):105-109.

[8] 廖建文,胡惠方,甄育才,等. 南方红壤丘陵区小流域综合治理研究[J]. 人民珠江,2016,37(4):112-114.

# 大藤峡水利枢纽区生态护坡设计探讨

唐　纯　　谢章绍　　范华诗

（中水珠江规划勘测设计有限公司,广东广州　510610）

**摘　要**:生态护坡,是综合工程力学、土壤学、生态学和植物学等学科的基本知识对斜坡或边坡进行支护,形成由植物或工程和植物组成的综合护坡系统的护坡技术。生态护坡目前是水库、河道、公路及山体护坡等工程的主流,正在逐步替代传统的刚性护坡。在提倡人与自然和谐相处的今天,边坡治理也从过去的仅注重安全、经济的治理模式向保持边坡的自然特征的生态模式转变。大藤峡水利枢纽在建设中多处采用了各种类型的生态护坡,本文介绍了生态护坡的设计原则、设计方法及优缺点,并列举了3处典型案例,详细介绍了设计方案,图文并茂地反映出几类生态护坡实际应用的效果。

**关键词**:生态护坡;植物群落;大藤峡水利枢纽

## 1　引言

大藤峡水利枢纽工程是国务院批准的《珠江流域综合利用规划》和《珠江流域防洪规划》确定的流域防洪控制性工程,是广西建设西江亿吨黄金水道的关键节点。随着国家加快推进生态文明建设的决策部署,水利部大力倡导水利工程补生态建设短板,为适应新时代生态文明建设的需要,共建幸福珠江,大藤峡水利枢纽工程的生态战略定位是将大藤峡水利枢纽工程打造成人水和谐、生态多样、工程壮美的新时期示范性生态水利工程。

针对大藤峡水利枢纽区的护坡地质基础,区内的护坡设计采用多种生态护坡技术,从而实现对自然生态系统的维护和恢复。

## 2　水利工程常用的护坡形式

护坡指的是为防止边坡受到冲刷,在坡面上所做的各种铺砌和栽植的统称。

护坡即边坡防护,指采用各种相关的措施对边坡进行处理以保证边坡的稳定。传统的护坡方法一般以水泥、石料、混凝土等硬性材料为主要建材,在设计上从力学的角度去思考边坡稳定。传统型护坡大致可分为浅层防护类护坡、砌石类护坡、框格护坡、护面墙护坡和喷混类护坡。总体来说,传统型护坡具有护坡能力强、结构稳定等优点,但一次投

---

**作者简介**:唐纯(1971—),女,高级工程师,主要从事建筑、景观及城市规划的设计工作。

入较大,且对当地的植被和水土存在毁坏情况。

生态护坡,是综合工程力学、土壤学、生态学和植物学等学科的基本知识对斜坡或边坡进行支护,形成由植物或工程和植物组成的综合护坡系统的护坡技术。开挖边坡形成以后,通过种植植物,利用植物与岩、土体的相互作用(根系锚固作用)对边坡表层进行防护、加固,使之既能满足对边坡表层稳定的要求,又能恢复被破坏的自然生态环境的护坡方式,是一种有效的护坡、固坡手段。

水利工程生态护坡是指由植物或植物与辅助结构组成的综合护坡体系,具有水土保持、生态修复、维持生境连续性、改善景观等边坡防护功能。

水利工程常见生态护坡形式一般包括人工植被护坡、平铺草皮护坡、固结植生护坡、生态袋护坡、三维土工网垫植草护坡、土工格室植草护坡、混凝土或砌体框格网护坡、多孔植生砌块护坡、喷混植生护坡、生态混凝土植被护坡等。

## 3 大藤峡水利枢纽区生态护坡设计

大藤峡水利枢纽工程位于珠江流域西江水系黔江干流大藤峡出口弩滩上,地属广西桂平市。坝址控制流域面积 19.86 万 $km^2$,占西江流域面积的 56%。工程水土流失防治责任范围 1 249.01 $hm^2$,移民工程水土流失防治责任范围 19 792.16 $hm^2$。

在大藤峡水利枢纽工程建设及施工中将不可避免地对水土和植被资源进行大规模的开发,导致大量的次生裸地及水土流失问题,如不采取措施将导致该区域的生态环境失衡。

然而传统的边坡防护方式一般采取硬化护砌工程措施,传统的护砌材料主要有混凝土、石材、砖砌体等,这些护砌结构侧重于工程稳定而忽视生态环境建设,传统护坡不仅破坏了环境整体和谐,也对生物群种的生存起到了很大的负面作用。

大藤峡水利枢纽工程水利工程的生态护坡是利用植被与工程材料相结合,在岸坡构建既能防护岸坡又具有生态功能的护坡系统,达到抗冲蚀、抗滑动和生态恢复的多重效果,从而减少水土流失,维持坡面植物生存环境,提高坡面动物和微生物栖息地的质量,营造生物多样性,提高河流自净能力。生态护坡植物垂直根系可深入岸坡相对较稳定的岩土层,在一定程度上起到锚固表层松散土体作用,提高坡体抗滑力,起到固土护坡的作用;生态护坡还能削减面源污染,降雨截留削弱溅蚀,抑制地表径流,减少水土流失,植被护坡为陆生生物提供良好的栖息地,为水生动物提供食物和生境[1]。

大藤峡水利枢纽工程生态护坡设计首先满足了岸坡稳定与安全的要求。大藤峡水利枢纽水库区位于桂中、桂东北地区,地跨桂平、武宣、来宾、象州、柳江和鹿寨等县(市),红水河、柳江和黔江三大干流流经库区,地质情况复杂,在设计上结合边坡类型、重要性和地形地质条件等选用更耐久、更稳固、更有效的生态护坡技术,通过边坡布置方案优化提高边坡本身的稳定能力,并将其造价控制在合理的范围之内。生态护坡设计遵循了因地制宜、就地取材、经济适用、环保高效的原则。

大藤峡水利枢纽工程生态护坡在设计上,尽量减少人为的破坏和扰动,保持原有场地的自然堤岸和原有的植被,对需要开挖地段尽量恢复周边的植被自然环境,在植被搭配时做到错落有致,既保证静态视觉美观又防止动态视觉的重复而审美疲劳。

大藤峡水利枢纽工程生态护坡在设计上遵循近似于自然的植物群落自然演替规律，以培育乔灌草型群落为目标。植物种选择以具有良好的水土保持功能的当地乡土物种为主，选择处于同一气候带的，具有抗干旱、耐贫瘠、防污染、抗病虫的植物品种，优先选择根系发达的乔灌木且以乔灌木为主，乔灌草结合，慎用藤本。设计上尽量选择落叶量较大或固氮能力较好的植物种，以常绿植物为主形成常绿景观，在有条件的地方，配置了一些有花的常绿品种，少量的选用了一些经过长期适应驯化已野生化的外来物种[2]。

## 3.1 大藤峡水利枢纽玖瓴台的生态护坡设计

玖瓴台位于右岸山体半山腰处，项目建筑标高为 90.00 m，坝体标高为 64.00 m。建筑、景观顺着水势面山而建，建筑、道路、坡体覆绿最大程度的契合所在基地的自然环境特征，融于环境之中。基地周边山体已被破坏，结合坡体土质进行了生态护坡设计。根据规划要求及地质条件，玖瓴台的生态护坡采用了混凝土框格网护坡及三维土工网垫植草护坡相结合的生态护坡形式。

根据设计方式把坡面分为三部分，从下往上分别为：

（1）下层。标高 64.00~90.000 m 的混凝土框格网生态护坡。

（2）中层。标高 90.00~110.00 m 的混凝土框格网生态护坡。

（3）上层。标高 110.00~130.00 m 的三维土工网垫植草护坡。

### 3.1.1 玖瓴台的格网生态护坡设计

所谓的格网生态护坡，是由砖、石、混凝土砌块、现浇混凝土等材料形成网格，在网格中栽植植物，形成网格与植物综合护坡系统，既能起到护坡作用，同时能恢复生态、保护环境。

格网生态护坡将工程护坡结构与植物护坡相结合，护坡效果非常好。选择的现浇网格生态护坡是一种新型护坡专利技术，具有护坡能力极强、施工工艺简单、技术合理、经济实用等优点。在本次设计中，下层及中层的坡面都设计为现浇混凝土框格网护坡的形式。

下层坡面：标高 64.00~90.00，坡面的坡度为 1:2.2，在标高 70.00 m 处设置 3 m 宽的马道，坡面长度约 380 m。该坡面为混凝土框格网生态护坡，混凝土强度等级为 C25；框格截面宽度为 50 cm，厚度为 70 cm，框格间距为 3.5 m 的方格形，在框格节点处设置锚杆以固定框架。

中层坡面：标高 90.00~110.00 m，坡面的坡度为 1:2.5，在标高 100.00 m 处设置 3 m 宽的马道，坡面长度约 320 m。该坡面为混凝土框格网生态护坡，混凝土强度等级为 C25；框格截面宽度为 50 cm，厚度为 70 cm，框格间距为 3.5 m 的方格形，框格节点处设置锚杆以固定框架。

混凝土框格网护坡按照自下而上的顺序浇筑或砌筑框格，框格平整、稳固、缝线规则，并按设计要求做好固脚、封顶现浇混凝土施工。

植被设计也是格网生态护坡的重要环节。生态护坡植被层以草、灌植被为主，优先选择了适宜当地气候特点和立地条件的植被，网格中栽植植物以色块为主要形式，全部选用开花地被，皆为抗性能力强的植物，适合野外生长环境，生长速度快，如巴西野杜鹃、勒杜鹃、含笑、毛杜鹃、蟛蜞菊、云南黄素馨、软枝黄婵等。

### 3.1.2 玖瓴台的三维土工网垫植草护坡设计

三维土工网垫植草护坡是在铺设的三维结构网垫内充填种植土并喷播种子等形成植被防护体系的一种边坡防护形式。

在本次设计中,上层坡面:标高 110.00~130.00,坡面的坡度为 1:2.5,在标高 120.00 m 处设置 3 m 宽的马道,坡面长度约 200 m,该坡面为三维土工网垫植草护坡。

本次设计选择要求品质良好、单位面积质量 400 g/m², 厚度 1.6 cm、纵横向最大抗拉力不宜小于 2.0 kN/m 的三维土工网垫;三维土工网垫顺坡铺设,铺于坡顶时延伸长度 60 cm,网与网之间平搭宽度 20 cm,搭接部位用连接钉固定;三维土工网垫采用 U 形钉、地锚钉等措施固定;边坡喷植厚度 15 cm,坡面应选用易成活、生长快、根系发达的植物狗牙根+宽叶草。

玖瓴台生态护坡施工前后航拍见图 1。

(a)施工前　　　　　　　　　　　　(b)施工后

**图 1　玖瓴台生态护坡施工前后航拍**

### 3.2　南木江副坝肩的生态护坡设计

南木江副坝肩生态护坡位于南木江副坝左坝靠山位置,该位置为南木江副坝坝顶路的视觉尽头。根据总平面布置分别产生两个坡面,一个坡面为环形,在坝体的尽端,分三级放坡;另一个坡面位于工程鱼道左岸,坡面平整分三级放坡。

根据护坡的坡度分别选取不同的生态处理方式,如图 2 所示。

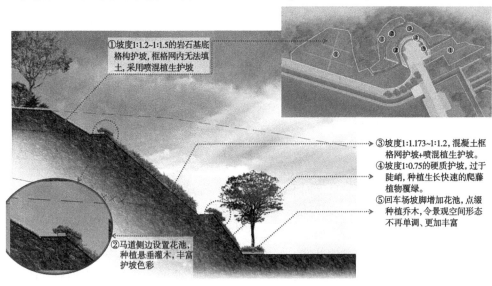

**图 2　南木江副坝肩生态护坡剖面**

坡度为 1:1.2~1:1.5 的坡面,岩石基底格构护坡结构,生态处理为喷混植生护坡。

坡度为 1:1.175~1:1.2 的坡面,采用混凝土框格网护坡+喷混植生护坡。

坡度为 1:0.75 的坡面,过于陡峭,为混凝土面护坡,生态处理为在坡顶及坡脚处种植生长快速的爬藤植物覆绿。

### 3.2.1 南木江副坝肩的喷混植生护坡设计

喷混植生护坡是将种子、肥料、黏合剂、土壤改良剂、保水剂等与水的混合物喷播到基体坡面形成植被防护体系的一种边坡防护形式。

本次喷混植生护坡设计先清理边坡上的碎石杂物,特别是浮石、浮土,同时对边坡作简易修整,保证边坡的稳定性和挂网的可操作性。在坡面间隔 10 m 设置一条横向排水沟,在边坡四周、马道及边坡的纵向每 30 m 设置跌水沟。将铁丝网沿坡面顺势铺下,铺设时应拉紧网,用钻机在坡面上打孔,沿坡面铺平整顺后用长锚杆和短锚杆自上而下固定,铁丝网与坡面应保持距离 3~6 cm。挂网采用机编镀锌(规格):50 mm×50 mm,$\Phi=2$ mm。长锚杆为直径 16 mm、长度 45 cm,短锚杆直径为 12 mm、长度为 25 cm,长锚杆与短锚杆交错排列,纵横向间距约为 1 m。在坡顶处,铁丝网伸出坡顶 30 cm,用锚杆紧埋于土下;铁丝网之间搭接应大于 10 cm。根据岩质情况制定出合理的基质材料配比,将土壤有机质、肥料、黏合剂搅拌均匀,利用喷混机械将混合料加保水剂、pH 缓冲剂和水搅拌均匀喷射到岩面上,施工图见图 3。均匀喷射,喷射平均厚度达到 8 cm,将镀锌网覆盖。客土喷播工程数量见表 1。

图 3　南木江副坝肩喷射基质施工图片

表 1　客土喷播工程数量

| 壤土 | m³ | 15.00 |
| --- | --- | --- |
| 岩石绿化料 | m³ | 15.00 |
| 镀锌网 | m² | 119.00 |
| 有机肥 | kg | 9.00 |

续表 1

| 复合肥 | kg | 21.00 |
|---|---|---|
| 过磷酸钙 | kg | 12.00 |
| 保水、稳定剂 | m² | 100.00 |
| 复合草籽 | kg | 3.53 |
| 水 | m³ | 48.00 |

基质材料喷射完毕后,加入种子进行基质面层喷射,厚度 3 cm;保证基质在铁丝网上不少于 5 cm。本区域喷播花混草种子比例为高羊茅 10%、百喜草 30%、狗牙根 25%、黑麦草 10%、木豆 15%、波斯菊 10%。种子喷播后,选用 20 g/m² 的无纺布从上至下进行覆盖,用竹签或 U 形钉固定,无纺布的覆盖待苗出齐后揭除。植物喷播完毕后,在草种发芽、成坪期和苗木恢复生根期每天保持基质层湿润。根据天气情况控制浇水量,结合浇水进行病虫害的防治和生长期追肥。

### 3.2.2 南木江副坝肩的多种护坡方式结合设计

坡度为 1∶1.175~1∶1.2 的坡面,采用混凝土框格网护坡+喷混植生护坡的护坡处理,该方式是在现浇混凝土形成网格,在网格中喷混植生植物的处理,以上两种手法同上,不再赘述。

坡度为 1∶0.75 的坡面,过于陡峭,为混凝土面护坡,生态处理为在坡顶及坡脚处种植生长快速的爬藤植物覆绿。

本次设计先沿山顶走势砌筑排水沟,排水沟、蓄水池均采用 M7.5 水泥砂浆、MU10 砖砌筑,内外均采用 20 mm 厚 1∶2.5 水泥砂浆抹面。在场地高处修建蓄水池,利用水泵将水抽到蓄水池,然后从蓄水池引出水管,形成喷管系统。

南木江副坝肩生态护坡施工前后航拍见图 4。

(a)施工前　　　　　　　　　　　　　(b)施工后

**图 4　南木江副坝肩生态护坡施工前后航拍**

### 3.3　龙珠岛的生态护坡设计

龙珠岛位于上引航道右侧,黔江主坝上游约 500 m 处,岛的景观面积约 163 200 m²,岛的对外交通为与主坝连接的隔流堤顶路。由于开挖航道,故龙珠岛的四周均出现开挖坡面,常水位以上的坡面均设计为生态护坡的形式。目标为尽量不做大的土方调整基础上重塑地形,因地制宜地进行建筑、景观设计,依地势起伏设置环岛道路,使人工景观与自然环境和谐统一。

根据护坡的坡度分别选取不同的生态处理方式。

### 3.3.1 龙珠岛的喷混植生护坡设计

引航道一侧的有 3 个坡面,长度分别为 200 m、150 m 及 220 m,三个坡面坡比均为 1:2.5。位于车行环道的内侧,该 3 个坡面均喷混植生护坡的护坡方式。边坡的处理和挂网的方式与玖瓴台的三维土工网垫相同,该处绿化草籽比例为高羊茅 10%、百喜草 30%、狗牙根 25%、黑麦草 10%、木豆 25%。

### 3.3.2 龙珠岛的平铺草皮护坡设计

引航道一侧距离道路约 10 m 处为一个 1:5 的缓坡,该处采用平铺草皮护坡。平铺草皮护坡是在基体坡面上铺设人工草皮形成植被防护体系的一种边坡防护形式。本次设计采用 30 cm×30 cm 的台湾草草坪作为材料,草皮应密实铺设,防止脱空,草皮块之间宜保留 2~3 cm 间隙,块与块的间隙填入细土;草皮宜采用竹签、U 形钉等措施固定。

（a）                                  （b）

**图 5　龙珠岛上工人对边坡进行绿化养护**

### 3.3.3 龙珠岛的人工植被护坡设计

在龙珠岛的靠原河道一侧多为原始山体及少量开挖面的边坡,需要作护坡设计,为了恢复自然景观保留原有的植被,采用人工植被护坡的方式进行边坡防护(见图 5)。人工植被护坡是直接在基体上进行播种或栽植形成植被防护体系的一种边坡防护形式。

本次设计选用易成活、生长快、根系发达、叶茎矮或有匍匐茎的多年生乡土植物;本区域草籽的设计比例为高羊茅 10%、百喜草 30%、狗牙根 25%、黑麦草 10%、木豆 25%。施工前,清除坡面上的垃圾、碎石,平整坡面;播种前对坡面进行洒水湿润;采用人工撒播,种子沿边坡自上而下均匀撒播;撒播草施工完成之后,在边坡表面覆盖无纺布,并进行定期养护管理,养护内容包括浇水、施肥、补种、去除杂草、防治病虫害等。

## 4　总结与讨论

大藤峡水利枢纽工程中玖瓴台、南木江副坝肩、龙珠岛的生态护坡只是众多生态护坡的缩影,目前这 3 处护坡已竣工及养护 2 年,基本达到了设计的效果,为大藤峡水利枢纽的生态文明建设及水土保持产生了积极的影响。

生态护坡目前是水库、河道、公路及山体护坡等工程的主流,正在逐步替代传统的刚性护坡。在提倡人与自然和谐相处的今天,边坡治理也从过去的仅注重安全、经济的治理模式向保持边坡的自然特征的生态模式转变。

生态护坡具有结构稳定、绿色环保、造型美观等特征。但是,生态护坡仍然存在一定的缺陷,例如植物根系的过度延伸将导致土体裂隙的出现,这不利于土体的稳定;植物的后期养护成品和技术对护坡的美观也有很大的影响。

边坡设计,需要遵从"安全适用、经济合理,并充分考虑国内最新技术水平"的原则[3]。因此,在实际设计中,应当将生态护坡技术与工程措施相结合,从而更好地发挥其维护边坡稳定性的功能。既不能片面追求生态效果而采用生态护坡,也不能只强调稳定性的计算方便而采用传统护坡,要多进行勘察,并结合工程实际,选择合理的护坡形式。

## 参考文献

[1] 王浩,董盛文. 水利工程中生态护坡措施功能及特点分析[J]. 中国水运,2019(1):167-168.
[2] 深圳市市场监督管理局. 边坡生态防护技术指南:SZDB/Z 31—2010[S].
[3] 中华人民共和国水利部. 水利水电工程边坡设计规范:SL 386—2007[S]. 北京:中国水利水电出版社,2007.

# 环北部湾广东水资源配置工程
# 陆生生态影响研究

范利平　杨晓灵

（珠江水资源保护科学研究所，广东广州　510611）

**摘　要**：水利水电工程是生态类环境影响的典型工程，始终受到生态环境主管部门的重视，引调水工程是水利水电工程的一种，工程的环境影响由点、线、面构成，有一定的独特性，然而专门研究引调水工程陆生生态影响的论文不多。环北部湾广东水资源配置工程采用封闭式输水工艺，工程对陆生生态的影响主要集中在输水线路区的工程占地和施工活动，对照现行的环境影响评价技术导则提供的生态影响程度等级划分判定依据，工程陆生生态影响程度为中等，主要的保护措施有线路避让、污染治理、植被恢复、建立珍稀保护植物资源圃、移栽、生态补偿等。

**关键词**：引调水工程；水利水电工程；陆生生态；环境影响

水利水电工程一般需要建大坝拦截河流，建设引调水工程则会改变影响水域的水文情势，也影响到相关水域的水环境、水生生态生境、水生生物等，同时水利水电工程淹没、移民、工程占地等行为又会破坏陆生生物，因此水利水电工程作为生态类环境影响的典型工程始终受到生态环境主管部门的重视，现行的相关规范有《环境影响评价技术导则　水利水电工程》（HJ/T 88—2003）、《建设项目竣工环境保护验收技术规范水利水电》（HJ 464—2009），2022年7月1日开始实施的《环境影响评价技术导则　生态影响》（HJ 19—2022）在评价范围的确定、生态影响预测与评价、生态保护对策措施、生态监测和环境管理、景观生态学评价方法等方面对水利水电项目也有专门的要求。生态环境部还专门发布了《水利建设项目（引调水工程）环境影响评价文件审批原则（试行）》和《水利建设项目（枢纽类和引调水工程）重大变动清单（试行）》，规范了引调水类水利水电工程环境影响评价文件的审批。引调水工程的环境影响研究方面，陆海明等[1]、安国庆等[2]、陈艳丽等[3]、黄伟等[4]、郑冲泉等[5]、余堃等[6]、范利平等[7]研究认为，取水影响主要为调出区下游河道减水产生的影响，甚至可能导致下游基本生态流量无法保障，也要重视调出区的水质保护措施，都以分析引调水工程水文和水质影响为主。本文针对环北部湾广东水资源配置工程施工期的陆生生态影响展开研究，供其他引调水工程的环境保护工作参考。

---

**作者简介**：范利平（1970—），男，高级工程师，副总工程师，主要从事环境影响评价工作。

## 1 区域概况

环北部湾广东水资源配置工程位于广东省西南部,涉及粤西地区湛江、茂名、阳江和云浮 4 个地级市,区域南临北部湾和南海,与海南省隔海相望,西与广西玉林、北海、梧州毗邻,北以西江为界与封开、德庆相望,东以肇庆、高明、鹤山、江门市为邻。区域背靠西南、华南诸省,面向海外东南亚各国,是我国大西南出海的便捷通道,区域面积 4.04 万 km²,占广东省总面积的 22%,2021 年常住人口 1 826 万,占广东省总人口的 14.4%,2021 年地区生产总值(GDP)9 913 亿元,占广东省的 8% 左右。广东省委、省政府贯彻落实习近平总书记 2018 年 10 月、2020 年 10 月两次视察广东的指示精神,加快推进构建"一核一带一区"区域发展新格局,促进全省区域协调发展,湛江作为省域副中心、粤西作为沿海西翼增长极的定位更为凸显。区域长期存在缺水问题,特别是苦旱的湛江市雷州半岛为珠江区的重度缺水地区,地下水超采、农业用水与河道生态流量被挤占等问题突出。随着国家"一带一路"建设、粤港澳大湾区建设、珠江—西江经济带、北部湾城市群等国家级战略的实施,广东省《广东省沿海经济带综合发展规划》《关于构建"一核一带一区"区域发展新格局促进全省区域协调发展的意见》的推进,粤西地区作为战略发展区迎来了发展最好机遇,对水安全保障提出了更高的要求。

## 2 评价内容及方法

环北部湾广东水资源配置工程的取水建筑物为 1 座西江地心泵站,输水建筑物为 1 条输水干线和 3 条输水分干线,调蓄水库 10 座。项目工程特性见表 1。

表 1 环北部湾广东水资源配置工程特性

| 空间划分 | 工程内容和性质 | | 生产工艺 | 地点及规模 |
|---|---|---|---|---|
| 水源区 | 取水枢纽 | 新建,泵站 | 无坝取水 | 西江地心泵站取水口位于云浮市郁南县都城镇下游 15.2 km 处的地心村西江干流河段最大设计引水流量 110 m³/s |
| 输水线路区 | 输水建筑物 | 新建,泵站、有压隧洞、无压隧洞、暗涵、渡槽、钢管式倒虹吸、隧洞式倒虹吸、管道 | 封闭式 | 输水线路全长 499.9 km,其中输水干线总长 201.9 km,输水分干线总长 298 km |
| | 调蓄水库 | 已建,水库 | | 工程依托 10 座已建水库实施调蓄,包括高州、鹤地等 2 座在线调蓄水库和金银河、名湖等 8 座末端充蓄水库 |
| 受水区 | | | | 供水范围包括湛江、茂名、阳江、云浮等 4 市 13 县(区),2035 年西江多年平均引水量分别为 16.32 亿 m³,利用当地水利设施增供本地水量 5.1 亿 m³/年,扣除输水损失后,受水区合计增供水量 20.79 亿 m³/年,其中城乡生活和工业供水 14.38 亿 m³/年,农业灌溉供水 6.41 亿 m³/年 |

根据环北部广东水资源配置工程的特性,项目采用了封闭式输水工艺,因此没有阻隔陆生动物通道的情形,所以运行期对陆生生态基本没有影响,工程的陆生生态影响来自于施工期占地和施工扰动两种行为。占地行为涉及工程输水线路施工区、施工支洞、施工营地、渣场、料场、施工交通等,工程占地使植被受到破坏,破坏动物生境,其间或周围的动物受到一定的惊扰。经初步分析,本工程输水线路区施工期陆生生态的影响基本上就代表了本工程陆生生态影响,因此,本文研究的重点是输水线路区施工期陆生生态的影响,分析植物、动物、重点保护野生动植物、古树名木等相关的物种、面积、生物量等生态评价因子。陆生生态评价方法的主要依据是《环境影响评价技术导则 生态影响》(HJ 19—2022),见表2。

表2 陆生生态评价因子和评价方法

| 评价对象 | 评价因子 | 评价方法 |
|---|---|---|
| 植物 | 面积、物种、生物量、景观板块优势度 | 生物量、生态机理法、景观指数 |
| 动物 | 面积、物种、连通性 | 生态机理法 |
| 重点保护野生植物 | 物种 | 生态机理法 |
| 古树名木 | 物种 | 生态机理法 |

## 3 评价结果分析

### 3.1 植物

#### 3.1.1 工程占地对植物的影响

输水线路工程总占地面积为 19.05 $km^2$,包括永久占地面积 1.83 $km^2$(输水线路区和出水口等),临时占地面积为 17.22 $km^2$(施工区、施工道路、弃渣场等),输水线路区占用土地利用类型见表3。

表3 输水线路区占地类型一览　　　　　　　　单位:$km^2$

| 土地利用类型 | 永久占地面积 | 临时占地面积 | 合计 |
|---|---|---|---|
| 林地 | 1.11 | 9.22 | 10.33 |
| 草地 | 0.01 | 0.06 | 0.07 |
| 耕地 | 0.42 | 5.75 | 6.17 |
| 水域及水利设施用地 | 0.22 | 1.47 | 1.69 |
| 建设用地及其他土地 | 0.07 | 0.72 | 0.79 |
| 合计 | 1.83 | 17.22 | 19.05 |

工程占地不可避免地会破坏占地区植物及植被。根据工程布置,结合现场调查,输水线路区占地区植被主要以耕地、人工林地、灌丛和灌草丛为主,少部分区域为针叶林、阔叶林、水域及水利设施用地等。生物量损失计算为

$$T = MP \tag{1}$$

式中:$T$ 为生物量,t;$M$ 为不同植被类型面积,$km^2$;$P$ 为平均生物量,$t/km^2$。

工程占地造成评价区植被生物量损失情况见表4。输水线路区生物量损失较大的植被类型依次为阔叶林、针叶林、经济林和农作物,占输水线路区生物量比例很小,因此工程建设造成沿线生物量损失影响有限。

表4 工程占地造成评价区植被生物量损失情况

| 类型 | 平均生物量/<br>($t/km^2$) | 生物量损失 | | | |
|---|---|---|---|---|---|
| | | 永久/t | 临时/t | 总损失/t | 损失占输水线路区比例/% |
| 针叶林 | 5 151 | 2 099.39 | 16 118.16 | 18 217.55 | 0.198 8 |
| 阔叶林 | 12 638 | 2 480.23 | 19 042.10 | 21 522.33 | 0.234 8 |
| 竹林 | 4 924 | 93.88 | 101.99 | 195.87 | 0.002 1 |
| 经济林 | 2 300 | 1 120.78 | 10 489.74 | 11 610.52 | 0.126 7 |
| 灌丛和灌草丛 | 1 700 | 14.81 | 102.44 | 117.25 | 0.001 3 |
| 农作物 | 1 000 | 8.71 | 5 749.74 | 5 758.45 | 0.062 8 |
| 水生植被 | 120 | 27.06 | 176.01 | 203.07 | 0.002 2 |
| 合计 | | 5 844.86 | 51 780.18 | 57 625.04 | 0.628 7 |

景观板块优势度计算公式为

$$D_o = \left[ \frac{(R_d + R_f)}{2} + L_P \right] \Big/ 2 \times 100\% \qquad (2)$$

式中:$D_o$ 为优势度值(%);$R_d$ 为密度,嵌块 I 的数目/嵌块总数×100%;$R_f$ 为频度,嵌块 I 出现的样方数/总样方数×100%;$L_p$ 为景观比例,嵌块 I 的面积/样地总面积×100%。

输水线路区工程建设前后景观板块优势度对比见表5。工程建设后,林地优势度下降幅度为0.04%,建设用地及其他用地优势度增加幅度0.12%,增加幅度较小。林地仍然是该地区的模地,对生态环境质量仍将具有较强的调控能力,表明景观生态体系的生产能力和受干扰以后的恢复能力仍较强。因此,工程建设不会改变区域的模地地位,对区域自然体系的景观生态体系质量影响不大。

表5 工程建设前后输水线路区景观斑块优势度值    %

| 斑块类型 | $R_d$ | | $R_f$ | | $L_p$ | | $D_o$ | |
|---|---|---|---|---|---|---|---|---|
| | 建设前 | 建设后 | 建设前 | 建设后 | 建设前 | 建设后 | 建设前 | 建设后 |
| 林地 | 44.55 | 44.21 | 63.27 | 63.55 | 62.83 | 62.79 | 58.37 | 58.33 |
| 草地 | 17.08 | 16.97 | 4.35 | 4.23 | 3.99 | 3.99 | 7.35 | 7.29 |
| 耕地 | 28.04 | 27.82 | 18.56 | 17.98 | 17.29 | 17.26 | 20.29 | 20.09 |
| 水域及水利设施用地 | 2.93 | 2.89 | 7.56 | 7.33 | 7.06 | 7.05 | 6.15 | 6.08 |
| 建设用地及其他用地 | 7.40 | 8.11 | 9.45 | 9.05 | 8.83 | 8.91 | 8.63 | 8.74 |

### 3.1.2 工程对植物的其他影响

工程对植物的影响除占地外,还有地下水位变化、地下部分根系破坏等影响因素。

引水隧洞对植被的影响主要表现为施工期隧洞施工可能引起地下水位变化,进而对地表植被造成影响。隧洞下穿改变地下水等非生物因子对植被产生影响,主要集中于输水线路区。引水线路沿线土壤水分供给主要通过天然降水补给,受饱和带地下水影响较小。即使隧洞施工临时降水导致所在区域地下水位发生变化,土壤水带中水分依旧要达到过饱和状态后才以重力水形式下渗。因此,考虑广东地区较为丰沛的降雨量以及降雨入渗过程,隧洞施工对沿线土壤水分影响可控,隧洞上方植被均为常见类型,植物均为中生植物,其对水分条件的适应能力强,因此对沿线地表植被和植物的影响相对较小。

地下部分根系破坏会使得植物地上枯萎或死亡。浅埋隧洞、顶管、沉管、倒虹吸施工对植物的影响主要为可能会破坏该区域植物根系,影响植物根系生命活动,进而会对植物地上部分的生长产生不利影响。施工区植物根系多分布于 100 cm 以上土层,因此浅埋隧洞施工对植物及植被的影响区较小。

评价区分布有国家重点保护野生植物 17 种,广东省级重点保护植物 1 种。根据现场调查,工程临时施工场地多布置在农田、草沟谷草坡等,群落结构相对简单,临时施工场地周边未发现重点保护野生植物。受工程直接影响的古树有 19 株,主要是受工程放坡开挖埋管范围内临时堆土的影响,可能受工程间接影响较明显的古树有 53 株,主要是容易受到施工活动的干扰。

### 3.2 动物

工程对动物的影响,因不同动物的生活习性而不同。由于评价区多以隧洞、埋管或渡槽等形式建设,其占地面积相对较小,影响范围有限。同时输水线路评价区内及周围存在大量同类型的生境,工程实施期间,这些两栖类动物可迁移至周边相似生境生活,同时可加强对施工人员的教育和管理,合理安排施工时间,在采取相关措施后,评价区施工对两栖类动物的影响可控。工程施工会使爬行类动物转移到施工区域以外的相似生境中,将一定程度改变爬行类动物在施工区及其范围外的分布格局,但是不会导致爬行类动物物种消失。鸟类的感官非常灵敏,对噪声和震动反应较为敏感,工程实施期间挖掘机、推土机和混凝土搅拌机等的机械噪声,运输车辆、土石方开挖、钻爆施工等的噪声将对附近栖息的鸟类产生较大干扰,使鸟类远离施工区域。由于鸟类的活动能力强,评价区内鸟类适宜生境较多,且噪声影响是暂时的,随着施工的结束而消失。因此,在做好科学合理的施工进度安排,采取适当的保护措施的前提下,噪声对鸟类的影响基本可控。输水线路的施工人为活动增多、施工噪声增加与废水废气污染增多等,将造成评价区兽类生存环境面积有所缩减,兽类会迁移到附近相似的生境栖息。但是由于施工纵向范围小,各段施工时间有限,这种影响不会长时间持续。随着工程的结束和当地植被的恢复,它们仍可回到原来的领地生活。综上所述,在采取适当的保护措施前提下,工程对动物的影响较小。

评价区暂未记录有国家一级重点保护动物分布,有国家二级重点保护动物 19 种,此外,还分布有广东省级重点保护动物 26 种,主要是鸟类和哺乳类,其中广东省级重点保护鸟类 25 种、哺乳类 1 种(为小麂)。评价区附近重点保护动物多为鸟类,其中大部分为猛禽,飞翔能力较强,活动范围广,工程建设期间可转移到附近相似生境生活,受工程影响相对较小。其他种类如虎纹蛙主要分布于评价区周边的水田及水塘周边的静水环境中,分布范围较为广泛。本工程为线性工程,水田附近的埋管开挖和渡槽工程对虎纹蛙活动区域土地造成一定扰动,但总体上影响范围相对较小,对虎纹蛙正常栖息和觅食影响不大。

### 3.3 陆生生态影响评价结果

根据工程对植物生物量、景观板块优势度值,两栖动物、爬行动物、鸟类、哺乳类动物的生境,重点保护野生动植物物种和古树名木的分析结果,工程对陆生生态影响较小。对照《环境影响评价技术导则 生态影响》(HJ 19—2022)提供的生态影响程度等级划分判定依据,本工程永久占地面积为1.83 km²,动植物会有长期的影响,影响程度为中等。对临时用地(面积为17.22 km²)的影响是暂时的,且在干扰消失后可以修复或自然恢复,因此影响程度为弱。环北部湾广东水资源配置工程陆生生态影响评价结果见表6。

表6 陆生生态影响评价结果

| 评价对象 | 影响方式 | 影响途径或数量 | 影响性质 | 影响程度 | 拟采取措施 |
| --- | --- | --- | --- | --- | --- |
| 植物 | 直接影响 | 永久占地改变土地利用方式 | 长期,不可逆 | 中 | 生态补偿 |
| | 直接影响 | 临时占地改变土地利用方式 | 短期,可逆 | 弱 | 植被恢复 |
| 动物 | 直接影响 | 占地破坏两栖类生境 | 长期,不可逆 | 中 | 植被恢复、生态补偿 |
| | 直接影响 | 占地破坏爬行类生境 | 长期,不可逆 | 中 | 植被恢复、生态补偿 |
| | 直接影响 | 施工噪声影响鸟类生境 | 短期,可逆 | 弱 | 噪声防治 |
| 重点保护野生动植物 | 直接影响 | 占地破坏兽类生境 | 长期,不可逆 | 中 | 植被恢复、生态补偿 |
| | 直接影响 | 线路穿越生态敏感区 | 长期,不可逆 | 中 | 建立珍稀保护植物资源圃 |
| | 直接影响 | 影响哺乳类重点保护动物生境 | 长期,不可逆 | 中 | 生态补偿 |
| 古树名木 | 直接影响 | 工程占地影响19株 | 短期,可逆 | 弱 | 移栽 |
| | 间接影响 | 工程施工影响53株 | 短期,可逆 | 弱 | 避让 |

## 4 结论

环北部湾广东水资源配置工程属于水利水电类工程中的引调水工程,根据工程特性判断,其陆生生态影响空间上主要集中在输水线路区。工程采用封闭式输水工艺,工程所在地降雨丰沛,植物根系发达,因此隧洞施工产生的影响较小,工程对陆生生态影响途径是工程占地和施工活动。对照《环境影响评价技术导则 生态影响》(HJ 19—2022)提供的生态影响程度等级划分判定依据,本项目因为有永久占地,因此影响程度为中等,工程临时占地和施工活动的影响都是暂时的,一般随着施工期结束而结束,主要的保护措施有线路避让、污染治理、植被恢复、建立珍稀保护植物资源圃、移栽、减少施工期人为干扰等。

建议《环境影响评价技术导则 生态影响》(HJ 19—2022)中影响程度判定依据进一步量化,指标可以包括生物量、景观板块优势度、受影响重点保护野生动植物物种数量、古树名木数量等。

## 参考文献

[1] 陆海明, 邹鹰, 丰华丽. 国内外典型引调水工程生态环境影响分析及启示[J]. 水利规划与设计, 2018(12):88-92,166.

[2] 安国庆, 贾良清, 李堃. 调水工程对生态环境的影响[J]. 安徽农业科学, 2008(25):362-364.

[3] 陈艳丽, 彭金涛. 跨流域调水工程环境影响评价中的重点问题探讨[J]. 水利规划与设计, 2016(1):10-12.

[4] 黄伟, 彭文启, 向晨光, 等. 跨流域调水工程水量水质保护关键技术研究[J]. 环境影响评价, 2019, 41(6):12-15,32.

[5] 郑冲泉, 白致昆. 牛栏江—滇池补水工程水源区与输水区水环境保护思考[J]. 水利水电技术, 2020,51(S2):342-345.

[6] 余堃. 引(供)水工程的水环境问题及其对策[J]. 水资源保护,1998(1):54-57.

[7] 范利平, 燕琳, 杨晓灵. 珠江三角洲水资源配置工程调出区水污染管控体系研究[J]. 人民珠江, 2021(S2):29-33.

# 迈湾水利枢纽过鱼设施研究与设计

## 樊 锐 杨景文 胡 刚

( 中水珠江规划勘测设计有限公司,广东广州 510610)

**摘 要**:为避免鱼种的单一化和退化,在系统研究南渡江流域花鳗鲡、七丝鲚等鱼类习性的基础上,结合地形条件、枢纽布置、过鱼效果、投资等因素进行综合比选,迈湾水利枢纽过鱼设施采用升鱼机设计方案。整个升鱼系统由集鱼系统、运鱼系统、放鱼系统及集控系统 4 个部分组成,通过数值模拟开展了升鱼机流场研究。结果表明,在电站不同的运行工况下鱼槽进口可形成差异化流速场,诱导鱼类进入集鱼池。迈湾水利枢纽升鱼机作为南渡江上首个升鱼机工程实践,为缓解水利开发对南渡江流域生态环境的不利影响提供了理论支撑。

**关键词**:全自动升鱼系统;过鱼设施;升鱼机;迈湾水利枢纽

水利枢纽工程建成后,发挥了防洪、发电、供水、灌溉等综合效益,但也阻隔了河流的连通性,影响了大坝上下游鱼类种群的基因交流,需要建造过鱼设施,形成鱼类的洄游通道。根据工程经验,现阶段对上下游水位差 30 m 以内并有可依托支流的水电水利建设项目,应采取仿自然通道过鱼设施;对上下游水位差 60 m 以内、坝体两岸地形地质条件开阔的,在不具备采取仿自然通道的前提下,应首先重点研究采取鱼道过鱼;对上下游水位差超过 60 m 的水利水电建设项目,应结合场地条件和枢纽布置特性,研究采取鱼道、升鱼机、集运鱼系统或不同组合方式的过鱼设施[1]。

## 1 工程概况

迈湾水利枢纽工程是海南省南渡江干流中下游河段的一座控制水利枢纽工程,坝址位于海南省屯昌县,开发任务为以供水和防洪为主,兼顾灌溉和发电等综合利用。枢纽建筑物由主坝、副坝和左岸灌区渠首组成,其中主坝为碾压混凝土重力坝。工程分期建设,近期正常蓄水位 101 m,终期正常蓄水位 108 m。重力坝坝顶高程 113.0 m,最大坝高 75 m,总库容 6.05 亿 m³(终期),发电厂房装机容量 40 MW,水库总库容介于 1.0 亿 ~ 10 亿 m³,依据《水利水电工程等级划分及洪水标准》(SL 252—2017),本工程等别为 Ⅱ 等,工程规模为大(2)型。主要建筑物为 2 级,设计洪水标准为 500 年一遇,校核洪水标准为 2 000 年一遇。

为减少枢纽工程建设对洄游鱼类的不利影响,枢纽中设置过鱼设施解决鱼类洄游通

---

**作者简介**:樊锐(1985—),男,高级工程师,硕士,主要从事水利水电工程设计工作。

道。迈湾水利枢纽主坝由左岸重力坝挡水坝段、溢流坝段、进水口坝段(包括引水发电进水口、右岸灌区取水口)、右岸重力坝挡水坝段、坝后式发电厂房及过鱼设施等组成;副坝包括1#~7#副坝。过鱼设施布置于右岸发电厂房尾水位置。坝顶总长度476 m,最大坝高75 m[2]。

工程于2020年4月开工建设。

## 2 过鱼对象及习性

迈湾工程过鱼目标主要是维持大坝上下游各种鱼类种群的基因交流,避免鱼种的单一化和退化。根据评价鱼类资源及其生物学、生态学特点,确定过鱼对象,主要过鱼对象包括具有河海洄游习性的花鳗鲡、鳗鲡、七丝鲚以及具有河道洄游习性的鲢鱼、鳙鱼、草鱼和鲌亚科、鮈亚科等的一些种类,兼顾过鱼种类为其他珍稀特有鱼类和经济鱼类。

南渡江流域产黏沉性卵鱼类主要产卵期为4—6月,产漂流性卵鱼类产卵时间及鱼类生态敏感期为6—8月,综合确定本工程主要过鱼时间为4—8月。

## 3 过鱼设施形式选择

### 3.1 过鱼设施类型分析

大坝过鱼的措施较多,可采用技术上实用的方法(技术型过鱼设施)或模仿自然的方法(仿自然过鱼设施)来构造,主要包括仿自然旁通式鱼道、技术型鱼道、鱼闸、升鱼机、集运鱼系统等,过鱼措施方式根据一般受枢纽工程区地形条件、工程特性(枢纽布置、坝型、坝高)、鱼类生物学特性等方面进行综合比选。

本工程位于南渡江中游,河道狭窄,没有航运要求,坝高78.5 m,水头54 m。综合枢纽工程区地形条件、工程特性以及该河段鱼类生物学特性,工程区不具备建设仿自然旁通式鱼道以及鱼闸基本条件。工程下游为谷石滩库区,集运鱼系统难以保证。发电厂房位于右岸,但坝址区右岸地形较陡,右岸布置鱼道技术难度较大,技术型鱼道能沿河道左岸进行布置。升鱼机受地形条件、工程区枢纽布置以及鱼类生物学特性影响较小,具备建设的基本条件。从流域已建/在建工程过鱼设施选择以及本工程区建设条件来看,本工程过鱼设施适宜布置技术型鱼道或升鱼机。

### 3.2 过鱼方案选择

本次拟定了鱼道和升鱼机方案,从布置难度、过鱼效果、施工条件、占地影响、运行条件、工程投资等方面进行综合比较。

#### 3.2.1 布置难度

鱼道根据地形条件沿着右岸山坡盘旋布置,但由于本工程水头高,鱼道总长度布置达到4.48 km。升鱼机需布置于大坝坝身,建设方案相对较为灵活,建设难度相对较小。总体来看,鱼道布置难度相对较大,升鱼机方案较优。

#### 3.2.2 过鱼效果

鱼道技术较为成熟,主要应用于低水头水利水电工程;在中、高水头水利水电工程中设计、建设难度大,应用相对较少。本工程鱼道进口位于下游谷石滩库区,进口诱鱼效果有待进一步论证;鱼道长达4.31 km,鱼类通过时间较长,并可能导致过鱼效果下降;或者需要建设较长的休息区便于鱼类体能恢复,但将进一步受到地形的限制并加大投资。升鱼机在国外有运行成功案例,升鱼机方案利用发电尾水的吸引流,同时考虑下游河道流场较为复杂,进口处采用鱼道形式进口,不仅布置灵活,可适应下游不同水位变幅和流速变化要求,能起到较好的过鱼效果。升鱼机效果较好。

### 3.2.3 施工条件

鱼道总长度 4.48 km,需要新增施工道路和永久运行道路,施工不方便。升鱼机布置在主坝枢纽内,施工方便,且无须新增施工道路。因此,施工条件方面,升鱼机较优。

### 3.2.4 占地影响

鱼道方案需要在南渡江干流左岸坝址下游开挖人工鱼道,鱼道占地范围现状为林地和农用地,其总面积约 284 亩,不仅须新增占地及移民补偿投资 1 988 万元,且占地范围内植被将被破坏,对陆生生态的影响相对较大。升鱼机方案结合枢纽布置,无新增用地,对陆生植被的破坏较小。其他环境影响方面,两个方案无本质的区别。从环境影响角度分析,升鱼机方案的环境影响略小。

### 3.2.5 运行条件

升鱼机方案通过 1 台坝内电梯、运输车和固定卷扬机进行垂直提升和水平提升,运行费用较高,但是升鱼机集中布置在主坝枢纽范围内,运行管理方便。鱼道模拟人工过鱼渠道,运行费用相对较低。

### 3.2.6 工程投资

经计算,鱼道工程直接费投资为 25 267 万元,新增工程占地投资为 1 988 万元,即鱼道总投资约 2.73 亿元;升鱼机直接费投资概算大约 0.39 亿元,升鱼机方案投资较节省。

根据以上分析,虽然鱼道能够连续过鱼,人为控制因素少,但是鱼道进口布置在下游梯级谷石滩库尾附近,完全靠自身补水诱鱼,集诱鱼效果较差,鱼道长度 4.31 km,工程量大,占地大,工程投资远远大于升鱼机方案,因此推荐升鱼机为过鱼设施方案。

升鱼机与枢纽布置示意见图 1。

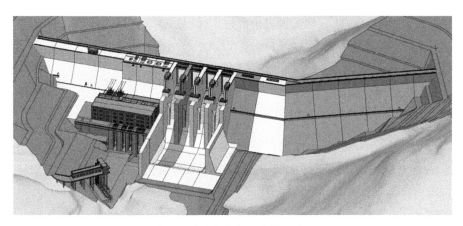

**图 1　升鱼机与枢纽布置示意**

# 4 升鱼机设计

## 4.1 总体布置

根据工程总体布置,升鱼系统布置在发电厂房右侧。整个升鱼系统由集鱼系统、运鱼系统、放鱼系统及集控系统 4 个部分组成,如图 2 所示。前 3 个系统前后依次衔接,通过集控系统协调控制为一个全自动升鱼系统,可无人值守循环完成下游鱼类的过坝过程,助推枢纽水域的生态自然。

集鱼系统布置在发电厂房尾水渠右侧岸边,厂房下游约 100 m 处,利用厂房发电尾水的流场将鱼类诱至集鱼池中,通过集鱼斗将鱼类从尾水渠 52.0 m 高程提升至进厂道路 78.50 高程,AGV 运输车沿着厂区道路将鱼运输至重力挡水坝段竖井电梯内,电梯将鱼类提升至坝顶 113.00 m 高程,AGV 运输车再沿着坝

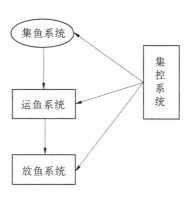

图 2 升鱼系统流程

顶路和 113.0 m 高程马道将鱼运输至鱼类投放点,如图 3 所示。放鱼设施由卸鱼滑槽及其配套设备组成,AGV 运输车行驶至投放点时自动完成对位操作,鱼类通过鱼滑槽投放至库区内。

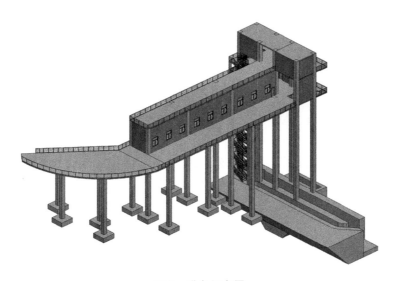

图 3 升鱼机布置

## 4.2 集鱼系统

### 4.2.1 结构布置

(1)集鱼池布置。

集鱼池通过厂房尾水渠水流和泵站补水进行诱鱼,集鱼池进口底高程设计低水位取 1 台小机组发电对应的下游尾水位 54.37 m,设计高水位取 3 台机组满发对应的下游尾水

位 56.29 m。为保证诱鱼进口水深,且考虑与尾水渠护坦的衔接,取进口底板高程为 52.00 m,与尾水渠护坦同高程。

集鱼池布置在尾水渠右侧岸边,总长 32.0 m,净宽 2.50 m,底坡为 0,沿程设计流速保证在 0.5~1.0 m/s。集鱼池底高程为 52.00 m,顶高程 57.00 m,顺水流方向依次布置闸门段、补水段、集鱼段和诱鱼进口段。

(2)集鱼平台。

通过岸坡排架将集鱼池和进厂道路连接,排架上方设置集鱼平台,高程 78.50 m。鱼类通过从 52.0 m 高程提升至 78.50 高程后,在此平台上完成中转存储、观察分析以及学习研究,布置工具室、鱼类标本室和鱼类分拣室,并预留足够宽的 AGV 运输车通道,平台尺寸为 33.40 m×11.60 m。

### 4.2.2 设备布置

集鱼系统金属结构设备主要由拦鱼电栅、赶鱼栅、固定隔鱼栅、集鱼斗、隔水工作闸门、集鱼分拣箱及相应启闭设备组成。

(1)拦鱼电栅。

为防止鱼类进入电站尾水区域,在尾水渠末段集鱼池左边墙与溢流坝消力池导墙间设一套拦鱼电栅。通过拦鱼系统可以有效地避免鱼类进入敏感或危险区域,有利于引导鱼类进入预定区域。

(2)赶鱼栅。

为完成鱼类的收集工作,在集鱼池内设 1 道移动赶鱼栅,移动赶鱼栅为露顶平面直栅。赶鱼栅材料为不锈钢,赶鱼栅与两侧闸墙、底槛接触面装设一层过滤毛刷。诱鱼、集鱼时赶鱼栅提到水面以上,由 2×50 kN 绞车进行提栅操作,以便鱼进入集鱼池内;赶鱼时放下赶鱼栅,赶鱼栅由 2×50 kN 绞车牵引水平移动,将鱼赶至集鱼池上游集鱼斗内。绞车轨道为轻轨道 P38 双轨,绞车电机功率 15 kW。赶鱼栅设行程及位置实时监测系统。

(3)固定隔鱼栅。

为防止鱼进入集鱼池上游集鱼斗以外范围,在集鱼斗上游侧设一道固定隔鱼栅,固定隔鱼栅为露顶平面直栅,孔口尺寸(宽×高)2.5 m×5.0 m,底槛高程 52.0 m,栅体总高 5.0 m,固定隔鱼栅材料为不锈钢。

(4)集鱼斗。

鱼类由赶鱼栅引导至集鱼斗上方,由集鱼斗完成收集工作。集鱼斗规格为(长×宽×高)2.5 m×2.0 m×2.0 m,材料采用不锈钢。集鱼斗底部设计成斜坡形式,侧边下部靠近分拣系统侧设 1 道控制闸门。

(5)隔水工作闸门。

正常运行时集鱼池由机组尾水补水,在集鱼池上游出口段布置一道隔水工作闸门,对集鱼池内的水流起调节作用,完全由泵补水时起隔断水流、防止水流倒流的作用。工作闸门为露顶平面滑动钢闸门,孔口尺寸(宽×高)2.5 m×5.0 m,底槛高程 52.0 m,闸顶高程 57.0 m。闸门支承跨度 2.82 m,封水宽度 2.62 m。

（6）集鱼分拣箱

集鱼分拣箱布置在 78.5 m 高程平台，主要完成鱼类的中转存储、观察分析以及学习研究。集鱼斗提升至预定位置后，集鱼斗控制闸门开启，鱼随水沿导槽导入集鱼分拣箱。集鱼分拣箱规格为（长×宽×高）2.0 m×3.0 m×2.0 m，材料采用不锈钢，分拣箱底部设计成斜坡形式。

## 4.3 运鱼系统

运鱼系统主要完成鱼从分拣箱至放鱼系统之间的转运工作，包括两段水平运输和两段垂直运输，主要由带承鱼箱 AGV 运输车、过坝电梯及配套设备组成。

通过岸坡排架将集鱼系统和 78.50 m 高程进厂道路衔接。AGV 运输车经过进厂道路、电站厂区后水平运输至重力坝下游坝体竖井内，通过坝内电梯将承鱼箱进行垂直提升至坝顶平台 113.0 m 高程，再经左侧重力坝段水平运输至坝前不受引水发电影响的岸边水域放流投放，如此反复进行。

## 4.4 放鱼系统

放鱼系统主要完成鱼类的生态放养过程。其主要由卸鱼滑槽及其配套设备组成。

AGV 运输车行驶至生态放养系统处，自动完成对位操作后，承鱼箱控制闸门自动开启，箱内鱼随水由卸鱼滑槽进入枢纽上游水域中。放养卸鱼之前，需通过补水泵向卸鱼滑槽先行补水，承鱼箱卸放完毕后，还需持续补水一段时间，防止滑行较慢的鱼缺水。生态放养系统需设实时温度监测系统。待卸鱼完成后，AGV 运输车自动返回，如此便完成一次集鱼—运鱼—放鱼循环。

# 5 数值分析研究

为验证鱼道布置的合理性，开展了一系列不同电站运行工况下流场数值分析研究，主要结论见表 1、图 4。

表 1 计算工况

| 序号 | 计算工况 | 流量/(m³/s) | 下游水位/m |
|---|---|---|---|
| 1 | 1#机组发电 | 17.2 | 53.98 |
| 2 | 2#机组发电 | 17.2 | 53.98 |
| 3 | 3#机组发电 | 78.68 | 55.42 |
| 4 | 1#+3#机组发电 | 95.88 | 55.68 |
| 5 | 1#+2#机组发电 | 34.40 | 54.56 |
| 6 | 1#+2#+3#机组发电 | 113.08 | 55.90 |

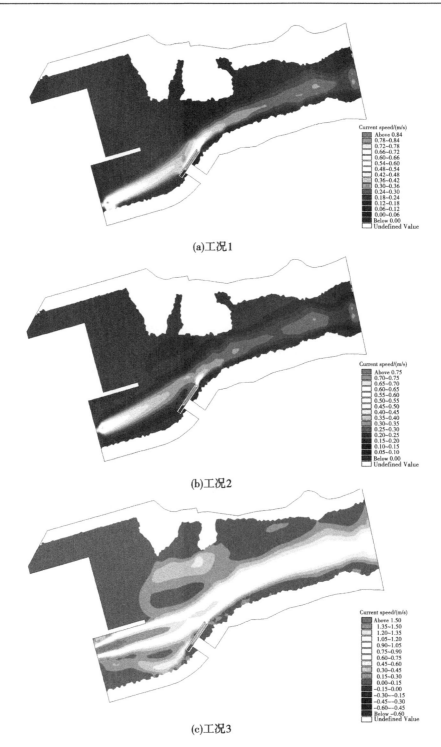

(a)工况1

(b)工况2

(c)工况3

图 4　电站不同运行工况下电站尾水流场分布

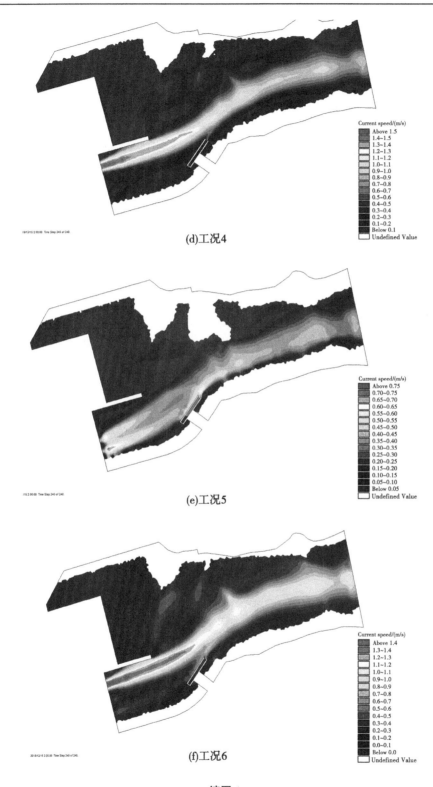

(d)工况4

(e)工况5

(f)工况6

续图4

（1）集鱼槽布置在右岸小机组尾水下游约 95 m 处,电站不同运行工况主流均经过集鱼槽进口,且无明显回流区,表明升鱼机的位置可兼顾电站不同运行工况的流场适宜性,方案可行。

（2）电站不同运行工况下集鱼槽进口附近水深为 2.16~4.09 m,满足过鱼水位需求。

（3）6 种工况下集鱼槽进口处的尾水主流断面最大流速分别为 0.41 m/s、0.32 m/s、1.12 m/s、1.15 m/s、0.40 m/s 和 1.20 m/s,工程通过水泵定量补水控制鱼槽进口流速 0.7 m/s,在鱼槽进口形成了差异化流速场。主流断面流速为 0.40 m/s 左右时,0.7 m/s 的流速大于大部分鱼类感应流速,可形成吸引流;主流断面流速接近 1.20 m/s 时,达到多数鱼类的极限游泳能力,0.7 m/s 的流速亦能为鱼类提供一个相对低速休息区,诱导鱼类进入集鱼池[3]。

## 6 结语

迈湾水利枢纽作为国家大型工程,既要满足技术和经济上合理可行的要求,也要重视对生态环境的保护。经过多方面研究分析,采用了升鱼机方案。整个升鱼系统由集鱼系统、运鱼系统、放鱼系统及集控系统 4 个部分组成,是一个全自动升鱼系统,可无人值守循环完成下游鱼类的过坝过程,助推枢纽水域的生态自然。为国内类似挡水高度较大的水利枢纽工程设置升鱼机,具有参考和借鉴意义。本工程升鱼机未建成投入运营,将来的实际过鱼效果还有待实践检验。

## 参考文献

[1] 栾丽,彭艳,何涛,等.不同类型过鱼设施特点及适应性研究[J].水力发电,2020(11):11-14.
[2] 中水珠江规划勘测设计有限公司.海南省南渡江迈湾水利枢纽工程初步设计报告[R].广州:中水珠江规划勘测设计有限公司,2019.
[3] 珠江水利委员会珠江水利科学研究院.海南省南渡江迈湾水利枢纽工程升鱼机数值模拟研究报告[R].广州:珠江水利委员会珠江水利科学研究院,2019.

# 美舍河环境质量巩固提升思考

任　毅[1]　刘雨琪[1]　谭小茹[2]　吴挺飞[2]　林芳秀[1]　胡和平[1]

(1. 中水珠江规划勘测设计有限公司,广东广州　510610;
2. 海口市水务局,海南海口　570100)

**摘　要:**海口市正深入开展"六水共治"工作,并以污水治理作为攻坚主战场,本文在分析美舍河近年水质变化趋势的基础上,提出聚焦生活污染、工业污染、农业面源污染、城市面源污染四大问题,结合水质数据分析污染物产生量与处理量,科学诊断水环境问题,制定河道运行水位,分析减排效益的美舍河环境质量巩固提升技术路线,梳理典型断面水质监测、河道运行水位调试、污水处理系统溯源量化与减排效益分析的重点任务。在美舍河合理运行水位与河道清污分流及排水防涝工程协同作用下,长堤路水质净化厂效能显著改善,进水 BOD$_5$ 浓度由 31 mg/L 提高至 98 mg/L,污水处理厂负荷率由 120% 下降至 61%,美舍河环境质量巩固提升的实践效果对于"六水共治"期间持续保持美舍河水质稳定达标,提升城镇生活污水收集与处理效能,探讨构建适应水质目标、技术经济合理与管理规范的浅水型健康生态系统具有积极意义。

**关键词:**美舍河;环境质量;合理水位;浅水型健康生态系统;减排效益

## 1　美舍河概况

美舍河发源于沙坡水库,流经海口市龙华区、琼山区和美兰区,于板桥上村汇入海甸溪。流域面积 45.92 km$^2$,干流河长 15.96 km,平均坡降 1.90‰[1-2]。美舍河于 2017 年被列为国家水利风景名胜区,2022 年被评为水利部第二届"最美家乡河",是海口市绿色生态系统的一个关键性、基础性的廊道。

## 2　水质分析

根据海口市河湖名录,海口市现有 373 个地表水体,共 31 个水体的 33 个断面列入城镇内河湖考核,其中美舍河有凤翔桥与 3 号桥 2 个考核断面。2016 年 4 月,海口市在全国范围内率先尝试将治理水体整体打包,运作水环境综合治理政府与社会资本合作(简称 PPP)项目。美舍河上游段水环境综合治理工程、美舍河下游段水环境综合治理工程为海口市水环境综合治理 PPP 项目第一标段的主要实施内容之一,该工程建设完毕并投

---

**基金项目:**国家自然科学基金资助项目(51378129);广东省自然科学基金资助项目(2017A030313321);
中水珠江规划勘测设计有限公司研究项目(201903)。

**通信作者:**任毅(1984—),男,高级工程师,主要从事市政与水利给排水规划设计工作。

入运行后,取得了一定的实施效果。2016—2022 年,美舍河水质总体呈改善趋势,上游凤翔桥断面水质优于下游 3 号桥断面。未实现水质目标的主要超标因子为氨氮,总磷、高锰酸盐指数和化学需氧量,年均值均达地表水 V 类标准。2016 年以来,美舍河考核断面水质情况见表 1。

表 1　美舍河考核断面水质情况

| 年度 | 水质目标 | 水质类别 | |
| --- | --- | --- | --- |
| | | 凤翔桥考核断面 | 3 号桥考核断面 |
| 2016 | V 类 | 劣 V 类(氨氮超标 0.61 倍) | 劣 V 类(氨氮超标 0.52 倍) |
| 2017 | | 劣 V 类(氨氮超标 0.26 倍) | V 类 |
| 2018 | | IV 类 | IV 类 |
| 2019 | | IV 类 | IV 类 |
| 2020 | | 劣 V 类(氨氮超标 0.16 倍) | IV 类 |
| 2021 | | 劣 V 类(氨氮超标 0.07 倍) | V 类 |
| 2022 | | III 类 | V 类 |

　　2022 年期间,凤翔桥断面与 3 号桥断面水质满足考核目标要求,其中凤翔桥断面水质年均值达到了 III 类标准,3 号桥考核断面水质年均值达到了 V 类标准。值得注意的是,2022 年期间,美舍河氨氮浓度明显升高,超标风险较大。凤翔桥氨氮从 2022 年 8 月开始上升到 12 月的 1.64 mg/L;3 号桥断面 2022 年 5 月氨氮高达 3.82 mg/L,8 月、9 月、11 月氨氮均在 1.8 mg/L 以上,超标风险大。美舍河考核断面 2022 年逐月水质见图 1。

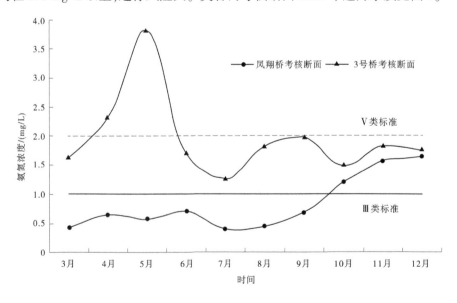

图 1　美舍河考核断面 2022 年逐月水质

# 3 巩固提升技术路线

## 3.1 总体目标

根据海口市治水工作领导小组办公室印发的《海口市美舍河水环境综合治理巩固提升工作方案》,到 2023 年底,美舍河凤翔桥监测断面水质考核达到地表水Ⅳ类,3 号桥监测断面水质考核达到地表水Ⅴ类;到 2025 年 12 月底,美舍河流域重点片区基本实现清污分流;2028 年 12 月底,美舍河全流域基本实现清污分流,省、市监测断面水质全面达到地表水Ⅳ类。

## 3.2 技术路线

为促进美舍河环境质量巩固提升,按照聚焦重点、梳理问题、分析原因、提出对策建议、制定总体方案的思路,提出技术路线,如图 2 所示。

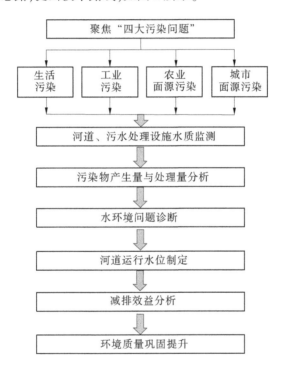

图 2 技术路线

## 3.3 巩固提升重点任务

### 3.3.1 典型断面水质监测

根据美舍河未实现水质目标的主要超标因子,水质检测指标主要为氨氮,可结合实际增加检测五日生化需氧量($BOD_5$)、二氧化氯和余氯。每天具体监测时段为 08:00~10:00(早)、11:30~13:30(中)、19:00~21:00(晚),3 个时段各开展一次监测。原则上,晴天直接开展监测,小雨雨停后、中雨雨停 2 d 后、大雨及以上雨停 3 d 后开展监测。水质监测取样点一般设置于水面下 0.5 m 处,水深不足 0.5 m 时,应设置在水深的 1/2 处,避免采集底泥[3-4]。水质监测中,现场记录水样温度、颜色、气味等。

### 3.3.2 河道运行水位调试

在典型断面水质监测结果的基础上,结合美舍河污染物产生量与处理量分析,开展河道运行水位调试。美舍河沿程分布有10座闸坝,从上游至下游分布有高坡村溢流坝、政通驾校旁水闸、丁村橡胶坝、丁村闸、凤翔闸、中山南闸、河口闸、巴伦路溢流坝、3号桥闸与仙桥闸。

河道运行水位调试规则为每次下降0.1 m,并停留观察2 d,密切关注鱼类生存状况,当出现鱼类缺氧状况,及时补水抬高水位。同时考虑下游红树林养护要求,每隔3 d实行高水位2.0 m,浸泡红树林8 h,高低水位循环交替。河道运行水位调试期间,观察河道水位对污水管道水位控制的影响和污水处理厂浓度提升贡献分析[5]。

### 3.3.3 污水处理系统溯源量化与减排效益分析

美舍河流域污水处理主要关联丁村、滨江西、长堤路和白沙门等4座污水处理厂站,通过辖区内污水处理厂站水质浓度分析,长堤路水质净化厂和白沙门污水处理厂的$BOD_5$浓度低于100 mg/L,按照"污水处理厂—泵站—主管—支管—源头"逐级向上缩小问题区域,对问题进行量化诊断,追根溯源,找准问题源头[6-7]。

如溯源点$BOD_5$、氨氮水质浓度较低、水量大、现场水样无色无味,进一步开展余氯或二氧化氯指标检测;若指标检测结果超标,则初步判定为受自来水爆漏影响,需进一步溯源自来水管爆漏点;如溯源点$BOD_5$、氨氮水质浓度较低、水量大、现场水样无色无味,余氯或二氧化氯指标检测结果未超标,可开展进一步溯源,摸清管网是否与河流、在建工地、地下水等连通,若连通,则判定为受外水影响。通过排水管网溯源量化分析,快速确定污水低浓度区域与问题源头,并结合河道运行水位调试实施管网完善工程,提升污水处理设施减排效益[8]。

## 4 实践效果

为了解决美舍河流域污水溢流、污水管高水位及白沙门污水处理厂运行负荷过高等问题,海口市建设了长堤路水质净化厂,设计规模为3.0万 m³/d,水质净化设施污水服务范围为美兰区美舍河流域西侧3.4 km²的生活污水,具体包括和平北路东侧,和平南路东侧建筑区,文明东路周边,海府路东南侧周边,蓝天路周边,国兴大道以北区域。

长堤路水质净化厂试运行期间的进水$BOD_5$浓度偏低,为进一步提升污水处理效能,2022年第四季度,海口市启动美舍河3号桥闸—仙桥闸闸段运行水位调试,将仙桥闸闸前水位由1.30 m逐级降低至0.65 m。与此同时,实施美舍河清污分流及排水防涝工程(一期)项目,项目主要包括本区域市政排水空白区域的管网完善,部分区域雨污分流改造,管网错接、漏接整改,破损管网修复,部分合流管道调蓄,管网清淤修复工程和排口整治等工程。在美舍河合理运行水位与河道清污分流及排水防涝工程协同作用下,长堤路水质净化厂效能显著改善。2022年9月至2023年3月,进水$BOD_5$浓度由31 mg/L提高至98 mg/L,污水处理厂负荷率呈现逐步下降的趋势,负荷率由120%下降至61%。长堤路水质净化厂运行效能变化趋势如图3所示。

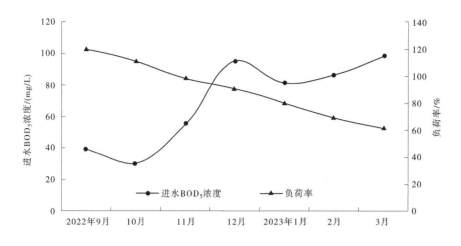

图3 长堤路水质净化厂运行效能变化趋势

## 5 结语

美舍河为了维持传统水景观、提升水环境容量,日常由河口路泵站从南渡江取水,全天候向美舍河补水,补水水量不低于3.0 m³/s。此外,沙坡水库日常情况下按0.5 m³/s向美舍河补水,特殊情况下按主管部门统一调度进行补水,美舍河日常高水位运行一定程度上造成投资高、能耗大;加之高水位造成河道复氧能力低,不利于河流水动力与光照作用,底泥长期处于厌氧状态,容易发黑发臭,也不利于暴露河流沿线排口,影响工作人员进行溯源改造[9]。海口市正深入开展"六水共治"工作,并以打好五年攻坚战,实施治水三部曲,两年消除城市黑臭水体,三年剿灭劣Ⅴ类水体,五年省控、国控断面全部达标为总体目标[10]。本文对合理运行水位与河道清污分流及排水防涝工程协同作用下,提升美舍河环境质量进行有针对性的探讨,对于"六水共治"期间持续保持美舍河水质稳定达标,提升城镇生活污水收集处理效能,探讨构建适应水质目标、技术经济合理与管理规范的浅水型健康生态系统具有积极意义。

**参考文献**

[1] 李彤彤.海口市水资源优化配置及调度系统[D].广州:华南理工大学,2018.

[2] 李晓洁,刘瑞霞,傲德姆,等.黑臭水体综合整治案例分析:以海口市美舍河为例[J].环境工程技术学报,2020,10(5):733-739.

[3] 张燕,陶进雄,梁妙,等.中山市典型污染河涌水体整治试验方法和效果分析[J].环境工程,2019,37(10):73-77.

[4] 王晓娟.南京市黑臭河道整治实践与思考:以农花河为例[J].中国水利.2018(21):25-27.

[5] 白永强,鲁梅,刘绪为,等.镇江市"四位一体"排水管网诊断流程及工程实践[J].中国给水排水.2023,39(12):26-31.

[6] 韩建,李明,马龙,等.南方某水质净化厂污水系统旱天外水入流调查[J].城市勘测,2022(5):173-

176.

[7] 任毅,谌鹏飞,徐琛,等.农村生活污水治理问题诊断及策略思考[C]//2021 第九届中国水生态大会
论文集. 2021.

[8] 王正林,杜建国,杨国亮,等.关于长江流域水环境治理的几点思考[J].城镇供水,2023(3):62-66.

[9] 李明,陈文龙,吴琼.广州市城市河流低水位运行生态修复理念与实践[J].中国水利,2023(9):31-
35.

[10] 王强.在"六水共治"中践行"国之大者" 蹚出海南自贸港建设治水新路[J].中国水利,2022(24):
78.

# 某城市退水渠水环境综合整治综述

黄远泽 程 振

(中水东北勘测设计研究有限责任公司,吉林长春 130021)

**摘 要:**随着城市发展建设步伐的加快,某城市退水渠生态环境受到了不同程度的污染和破坏,导致渠道不规则、岸坡杂乱、景观效果较差、调蓄水量和防洪排涝能力不足、水质污染严重、水生态环境脆弱等问题,阻碍了城市的快速发展,限制了城市的整体规划进程,同时给人民生产、生活带来了一定影响。为改善城市人居环境,提高退水渠总体防洪排涝能力、改善水生态、提升水景观,推进海绵城市建设,根据城市总体规划及相关专业规划,考虑工程现状,结合渠道原有功能,通过控源截污、内源治理、生态修复等多方面措施并举,采用了一些水利重点推广的先进实用技术,对退水渠水环境进行了全面综合整治,取得了良好成效。

**关键词:**退水渠;水生态;水环境;整治;先进实用技术

## 1 工程概况

某城市退水渠覆盖区域南北向为长白铁路至二引干渠、东西向为二总干渠至五泄干渠,区域面积 66.4 km²。自东向西贯穿整个城市江南区,全长 19.48 km。

根据当时现场调查,退水渠存在的主要问题如下:

(1)渠道调蓄水量和防洪排涝能力不足;

(2)渠道不规则、岸坡杂乱,景观效果较差;

(3)水质污染严重,水生态环境脆弱。

污水来源主要为生活污水、畜禽养殖、工业污水、农业面源、城市地表径流及生活垃圾。

以上因素极大地阻碍了城市的快速发展,限制了城市的整体规划进程,同时给人民生产、生活带来了一定影响。根据城市总体规划及相关专业规划,考虑工程现状,结合渠道原有功能,对渠道开展全线综合整治,整治工程涵盖水利工程和市政工程两个方面,通过采取控源截污、河道疏浚、生态补水等工程措施与非工程措施并举,在满足基本防洪排涝能力的前提下,使退水渠水生态环境、水景观得到改善和提高。

## 2 设计标准和工程规模

根据《防洪标准》(GB 50201—2014),退水渠防洪标准为 30 年一遇;根据《城市排水

---

**作者简介:**黄远泽(1982—),男,高级工程师,主要从事水利水电工程设计工作。

(雨水)防涝综合规划编制大纲》、《城市排水(雨水)防涝综合规划(送审稿)》,规划除涝标准为30年一遇。

据《堤防工程设计规范》(GB 50286—2013),确定本工程堤防、护岸等主要建筑物工程级别为3级,相应的引水涵闸、景观闸坝、跨河涵洞、退水涵洞等水工建筑物级别为3级,临时建筑物如施工围堰的工程级别为5级。

水利工程建设内容包括河道清淤疏浚18.51 km,清淤总量5.7万 m³,河道全线堤岸防护19.48 km,新建引水闸2座,节制闸4座,景观闸4座、跨河涵洞18座、桥梁11座。

控源截污工程:①污水干管工程,新建污水干管500~1 000 mm,总长约1.7 km;新建污水提升泵站7座;②雨水吐口治理工程,新建雨水吐口治理设备8套;③滨河缓冲带绿化工程,滨河绿地面积37.2万 m²,其中滨河缓冲带面积2.4万 m²;④垃圾转运站:新建垃圾转运站9座,转运垃圾能力45 t/d,新建公厕9座。

道路工程:新建面源污染控制型道路4条,其中市政路总长约6.3 km,堤顶路全长约12 km。新建雨水管线600~1 500 mm,总长约2.4 km。

海绵城市在线监测与智慧平台:水环境质量检测系统22套,水雨情自动监测系统6套,海绵监测与智慧平台1套。

## 3 河道断面与堤岸设计

### 3.1 设计思路

本次河道整治的主要任务为防洪排涝、改善水质水环境、提升水景观,因此河道结构设计思路如下:

(1)河道的主要功能是排除涝水,故河道的设计断面要满足最大排涝的过流要求,在设计条件下,河道分段过流量不应小于相应设计频率洪水流量。

(2)河道边坡土质大部分为砂土,边坡抗冲流速一般较小,为保障河道行洪排涝断面结构安全,对河道边坡应进行防护。

(3)河道大部分岸坡需结合景观设计,在边坡中部设一平台,一方面有利于河道边坡稳定,另一方面周边市民与河道的亲水性,根据景观的水深要求,将平台设在河底以上1.75~2 m高程比较适宜。

(4)河道生态性要求,是现代水利设计的基本要求,河道的护砌结构选择既要有利于生态发展和平衡,又要满足防洪排涝安全基本功能性要求。

(5)河道设计岸线应考虑征占地实际情况,与现状周边环境相协调。

### 3.2 河道断面形式选择

河道的断面形式一般可分为直立式、陡倾式、斜坡式、复合式等类型。直立式河道断面能节省土地,同时硬质化的结构抗冲能力强,但是生态性能差、亲水性不足;陡倾式河道断面利用预制块自重及块体之间的嵌固作用,形成坡度较陡(近乎直立)的河道岸坡,具有节省土地、方便施工、生态效果良好等特点,但投资造价偏高;斜坡式河道断面工程占地最大,但河道的生态景观效果以亲水性最好,可采用先进的生态护坡技术,保持天然河道面貌;复合式河道断面亲水性和生态性相对较好,护坡形式多样,河道占地较直立式大。

本工程河道断面形式选择与设计从实际出发,以退水渠现状河岸条件为基础,将上述四种断面形式有针对性地应用在不同的河段治理中。

## 3.3 护岸结构形式选择

### 3.3.1 斜坡式护岸结构形式选择

本工程岸坡土质为粉质黏土和细砂,护坡结构既要安全可靠,又要便于施工。根据上述特点,列举植草护坡、蜂格护坡、干砌石、雷诺护垫四种常用的斜坡式护岸结构形式进行比选,见表1。

表1 斜坡式护坡方案比较

| 护坡形式 | 植草护坡 | 蜂格护坡 | 干砌石 | 雷诺护垫 |
|---|---|---|---|---|
| 适用范围 | 水上 | 水上 | 水上、水下 | 水上、水下 |
| 生态效果 | 一般 | 好 | 较差 | 较好 |
| 抗冲刷能力 | 较差 | 较好 | 好 | 好 |
| 施工难度 | 简单 | 简单 | 复杂 | 简单 |
| 工程造价 | 低 | 较低 | 一般 | 一般 |

对于河道常水位以上边坡防护,植草护坡虽然造价低,但生态效果一般,抗冲刷能力差,蜂格护坡作为2019年度水利重点推广的先进实用技术,采用环境友好型生态护坡工程材料,虽造价略高,但具有生态效果好、施工速度快、与植被结合抗冲蚀能力强、后期免维护、能实现99%以上绿化面积等诸多优点,故本阶段常水位以上采用蜂格护坡。

对于河道常水位以下边坡防护,干砌石护坡属硬质刚性护坡,虽抗冲刷能力强,但生态效果较差,且施工难度大,工期长,雷诺护垫护坡属柔性护坡,适应变形能力强,抗冲刷,且生态效果好,施工便捷,故本阶段常水位以下采用雷诺护垫护坡。

### 3.3.2 陡倾式、直立式护岸结构形式选择

由于本退水渠为城区河道,局部段河道整治受征(占)地限制,为减少工程征(占)地拆迁,对局部段河道需采用陡倾式及直立式护岸结构形式,其常用的形式主要包括钢筋混凝土挡墙、石笼挡墙、混凝土预制块挡墙、波浪桩等,各方案特点比较见表2。

表2 直立式护岸结构方案比较

| 挡墙形式 | 钢筋混凝土挡墙 | 石笼挡墙 | 混凝土预制块挡墙 | 波浪桩 |
|---|---|---|---|---|
| 结构强度 | 高 | 较低 | 较高 | 较高 |
| 透水性 | 差 | 好 | 好 | 较差 |
| 抗冲性 | 好 | 一般 | 较好 | 好 |
| 稳定性 | 好 | 较好 | 较好 | 较好 |
| 生态性 | 差 | 较好 | 好 | 较好 |
| 造价 | 高 | 低 | 较低 | 高 |

考虑各类护岸防护形式各具特点,由于整治范围内退水渠流经农田、厂区、村庄、城区等多个不同类别的区域,本次设计针对无名泄支沿线特点,充分发挥各类护岸形式的优缺点,分别采用不同形式的护岸结构,对于占地受限的农田、村庄、城区段,选用混凝土预制块挡墙、波浪桩两种护岸形式,混凝土挡块的选择结合 2019 年水利重点推广的先进实用技术,采用装配式绿色生态框护岸,装配式绿色生态框是一种新型的生态护坡结构,利用空箱结构堆叠安装,箱内回填碎石种植土形成挡土结构,对于厂区、桥下等不需要生态景观打造的较窄河段选用混凝土挡墙,用以达到节约占地的目的。

## 4　水污染治理

依据《城市黑臭水体整治工作指南》《吉林省城市黑臭水体整治技术导则》《吉林省人民政府办公厅关于印发吉林省城市黑臭水体治理三年攻坚作战方案的通知》等文件,按照城市黑臭水体整治技术措施"截污控源、内源治理;活水循环、清水补给;水质净化、生态修复"的基本技术路线,在水污染治理与河道基本功能紧密结合、保证防洪排涝等基本功能的前提下,充分提高河道自净和生态修复能力,使资源可持续利用和生态环境健康紧密结合,促进河道生态系统良性发展。

结合海绵城市的建设,采取截污纳管、增设生态截污带、雨水吐口处理、设置垃圾转运站与公厕、垃圾清理、清淤疏浚、岸带修复、生态净化、人工增氧、清水补给、在线监测、智慧管理、长效管控等措施,构建人水和谐的生态文明,最终达到"河畅、岸绿、水清、景美"的目标。

## 5　结语

本工程通过上述综合整治理念的落地实施,取得了良好的成效,2021 年顺利通过了中央和吉林省生态环境保护"回头看"及水污染治理专项督查,相关工程措施可供类似工程参考借鉴。水环境综合整治是一项系统工程,需要全方位、多角度、持续性地治理和维护,明确责任,加强监管,才能保障生态文明建设和生态环境保护取得重要进展和成效。只有人与自然和谐共生,才能更好地促进地方经济快速发展。

# 平原区低水头水利(航电、航运)枢纽工程
# 仿生态鱼道设计与研究

张 勇 杨 健 修翅飞

(中水珠江规划勘测设计有限公司,广东广州 510610)

**摘 要**:枢纽工程环境保护问题受到高度重视,过鱼设施已成为工程环境影响评价的主要内容之一,鱼道的过鱼效率不仅取决于鱼道进出口与鱼道内的水流流态及水力学指标,更主要的是取决于过鱼对象与鱼道水流之间的协调性,为改善河道生态,近年来仿生态鱼道技术应运而生。在此背景下,本文结合某航电枢纽工程仿生态鱼道设计,对水利(航电、航运)枢纽工程项目在规划、设计、模型试验和运营期过鱼监测阶段进行了研究,分析与验证了仿生态鱼道过鱼能力、效果,为类似工程项目提供参考。

**关键词**:河道生态;仿生态鱼道;模型试验;过鱼监测

最初的鱼道往往是为了解决特定鱼类的上溯而设计建造的,其典型代表为比利时人发明的丹尼尔式鱼道,之后相继出现了堰流式鱼道和竖缝式鱼道。上述鱼道都是人类为鱼类通过闸坝等障碍物而主观拟定的过鱼建筑物,一般多采用钢筋混凝土结构,也有少数采用木质结构的,均属于工程鱼道的范畴,其结构布置和水流流态与天然河流有显著差异。

我国目前仍处于水利、水电、水运工程建设的高峰时期,环境保护问题受到社会各方面的高度重视,过鱼设施已成为工程环境影响评价的主要内容之一,许多在建或待建的水利、水电、水运工程都已着手开展针对过鱼设施的设计和研究工作,有些河流已在开展河道生态修复措施的研究。鱼道的过鱼效率不仅取决于鱼道进出口与鱼道内的水流流态及水力学指标,更主要的是取决于过鱼对象与鱼道水流之间的协调性。工程鱼道与天然河道在水力学特性上的本质差异无疑是影响工程鱼道过鱼效率的关键所在。为改善河道生态,近年来仿生态鱼道技术应运而生。

在此背景下,本文以某航电枢纽工程仿生态鱼道设计为例,对水利(航电、航运)枢纽工程项目在规划、设计和运营期过鱼监测阶段进行分析研究,供同类项目参考。

## 1 鱼道工程概况

航电枢纽工程鱼道设计紧跟时代发展趋势,秉承生态环保设计理念,立足项目特色,

---

**作者简介**:张勇(1983—),男,高级工程师,主要从事水工结构设计工作。

为创造仿生态的鱼道特点,尽可能还原河流原始状态,营造良好的过鱼环境和突出滨水空间的游赏景观体验,贯彻人与自然和谐相处的设计理念,某工程采用仿自然鱼道设计,为国内航电枢纽首例。仿自然鱼道布置在电站厂房右岸滩地上,鱼道总长度1 042 m,生态段坡度1:150,混凝土段坡度1:200,边坡不陡于1:2,鱼道设置两扇进口闸门,出口布置检修闸门,中间设置鱼道观察室,穿土坝位置设置挡洪闸门。

该航电枢纽仿生态鱼道设计尽可能还原河流原始状态,鱼道走势蜿蜒,底坡坡度多变,断面形态各异,缓急相间,使水流流态尽可能地接近天然河道,见图1。通过布置格宾石笼隔墙、渠底铺设漂石控制流速,漂石的排列呈不规则的松散状态。根据水位情况鱼道上部采用变化的缓坡,按多级护坡设计,充分还原自然河道环境,根据湿地植物生长适宜深度为其提供生长环境,规划枯水位与洪水位之间的绿化用地、活动场地,种植了适应性植被,使其可淹可用。并且通过设置梯级湿地、亲水平台、草坡石阶、观景廊等丰富的亲水体验空间,满足使用者漫步、游憩、观赏等功能,创造丰富的亲水体验,富含文化创意[1]。

(a)　　　　　　　　　　　　(b)

(c)　　　　　　　　　　　　(d)

图1　仿生态鱼道实景照

## 2　鱼道参数选择

### 2.1　主要过鱼对象

过鱼对象主要是赣江干流洄游鱼类和江湖洄游鱼类,其中江湖洄游鱼类主要以"四大家鱼"为主,同时还有珍稀鱼类(如鲫鱼)。

### 2.2　主要过鱼季节

过鱼季节,即指鱼道主要过鱼对象需要通过该鱼道溯河上行的时段。鲫鱼产卵时间多在6—7月的12—18时;青鱼在每年的5—7月,常由长江中、下游溯游至流速较高的场所产卵繁殖;草鱼一般在4月下旬即开始产卵;鲢鱼在4月中旬开始繁殖;鳙鱼的产卵期在每年的4—6月。根据以上资料,确定该鱼道的主要过鱼季节为每年的4—7月。

### 2.3　主要过鱼季节时上、下游水位

鱼道上、下游的运行水位,直接影响到鱼道在过鱼季节中是否有适宜的过鱼条件;鱼道上、下游的水位变幅,也会影响鱼道出口和进口的水面衔接和池室水流条件,使到达出口部位的鱼无法进入水库,也可以使下游进口附近的鱼无法进入鱼道。该鱼道进口设计水位取24.694~28.94 m,出口设计水位取32~32.5 m。

### 2.4　过鱼孔设计流速

鱼道设计流速,是指在设计水位差情况下,鱼道隔板过鱼孔中的最大流速值。根据我国的一些室内外试验和观测资料,对于体长大于30 cm的鲤科鱼类,鱼道设计流速为1.0~1.2 m/s,鲫鱼喜爱的流速为0.7~1.0 m/s,故鱼道设计流速选0.7~1.2 m/s。

## 3　水力学计算

### 3.1　计算参数及取值

$Q$——过流流量,$m^3/s$;

$z_u$、$z_d$——上、下游断面设计水位,m;

$h_u$、$h_d$——上、下游断面设计底高程,m;

$A_u$、$A_d$——上、下游过水断面面积,$m^2$;

$b$——鱼道底宽,m;

$m$、$n$——鱼道内边坡坡率及糙率;

$\alpha$、$\zeta$——动能修正系数,局部水头损失系数;

$\Delta s$——上、下游断面间距,m

$K$——流量模数,$m^3/s$;

$i$——鱼道底平均坡降;

$v$——平均流速,m/s;

$L$——鱼道长度,m。

各参数取值为:$z_u = 32.5$ m、$z_d = 25.0$ m、$h_u = 30.5$ m、$h_d = 23.0$ m、$m = 2$、$n = 0.073$、$b = 2$ m、$i = 1/150$、$\alpha = 1$、$\zeta = 0$、$L = 1\,042$ m。

### 3.2　计算公式及计算结果

根据吴持恭主编的《水力学》(高等教育出版社,第3版)上册6.8节,计算公式如下:

$$A_u = (z_u - h_u)[m(z_u - h_u) + b] = 12;$$

$$A_d = (z_d - h_d)[m(z_d - h_d) + b] = 12;$$

$$\chi_u = 2(z_u - h_u)(1 + m^2)^{0.5} + b = 10.944;$$

$$\chi_d = 2(z_d - h_d)(1 + m^2)^{0.5} + b = 10.944;$$

$$R_u = \frac{A_u}{\chi_u} = 1.096, R_d = \frac{A_d}{\chi_d} = 1.096;$$

$$\Delta s = \frac{z_u - z_d}{i} = 1.125 \times 10^3;$$

$$K_u = A_u R_u^{2/3}/n = 174.792, K_d = A_d R_d^{2/3}/n = 174.792;$$

$$K = (K_u + K_d)/2 = 174.792;$$

$$Q = \left[ \frac{z_u - z_d}{\frac{(A_u^2 - A_d^2)(\alpha + \zeta)}{2g A_u^2 A_d^2} + \frac{\Delta s}{K^2}} \right]^{0.5} = 14.272, v = \frac{Q}{Au} = 1.189。$$

经计算,鱼道在设计 $z_u = 32.5$ m、$z_d = 25.0$ m、$n = 0.073$、$i = 1/150$、$L = 1042$ m 等条件下计算流速为 1.189 m/s,满足鱼道设计流速为 0.7~1.2 m/s 的要求。

## 4 模型验证研究

为掌握鱼道的水力特性,该工程采用资料分析、数值仿真模型和物理模型相结合的方法对该工程仿生态鱼道的水力特性进行研究[2]。

(1)资料总结与分析。分析国内外仿生态鱼道的研究进展[3],结合该枢纽的实际情况,提出适宜的仿生态鱼道形式,并对该类型鱼道的尺寸进行探讨。

(2)概化数值仿真模型研究。在步骤(1)的基础上,建立概化的三维数值仿真模型(如图2所示),研究不同透水率、偏移率、池室长度、宽度、边坡时,仿生态鱼道中的流速场;分析鱼道各参数的合理取值范围;并结合工程实际,提出初步的鱼道设计尺寸[4]。

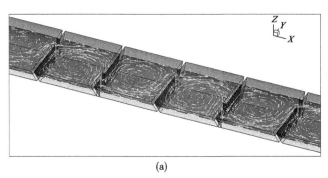
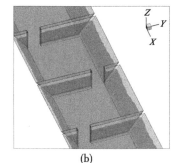

| (a) | (b) |

**图2 数值仿真模型**

(3)整体物理模型试验研究。建立 1:12 的整体物理模型(如图3所示),对数值模型提出的方案进行验证[5]。在此基础上,进一步探究仿生态鱼道的改进和优化措施,包括:①补水流量和补水方式的优化研究;②隔墙高度的优化研究;③进口方案的优化研究。

最后,总结研究成果,并结合已有的工程经验,对仿生态鱼道的运行和观测提出相关的建议。

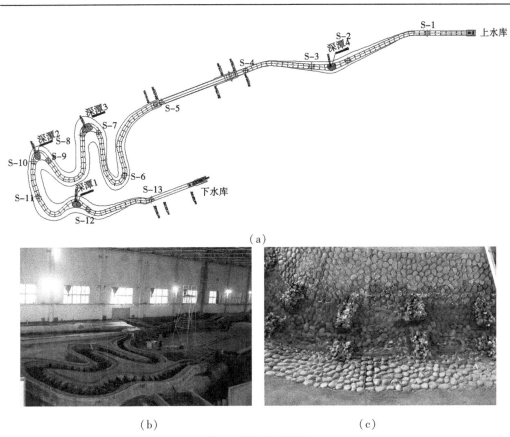

(a)

(b)　　　　　　　　　　　　　　(c)

图 3　整体物理模型

## 4.1　数值仿真模拟结论

本文通过建立三维紊流数学模型,研究了透水率、偏移率、池室长度、池室宽度、池室边坡坡度对池室水流的影响[6],获得的主要结论如下:

(1)当隔板透水率达到 0.25 后,鱼道消能效果显著降低,建议隔板透水率小于 0.25。竖缝流速与透水率关系如图 4 所示。

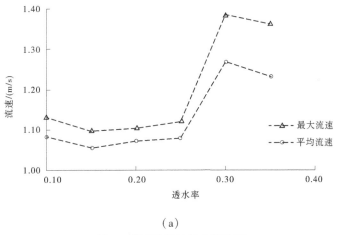

(a)

图 4　竖缝流速与透水率关系

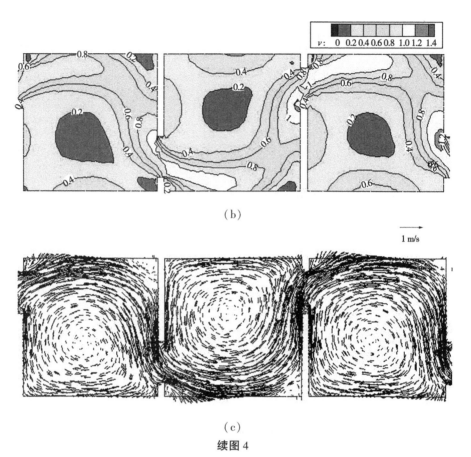

（c）

续图4

（2）竖缝偏移率过小,达不到消能效果,过大则可能导致流线过度弯曲,因此建议竖缝偏移率介于0.3~0.6。竖缝流速与偏移率关系如图5所示。

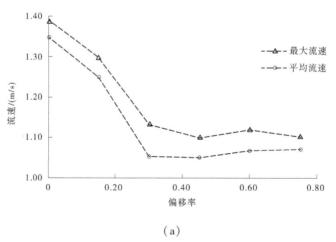

（a）

图 5　竖缝流速与偏移率关系

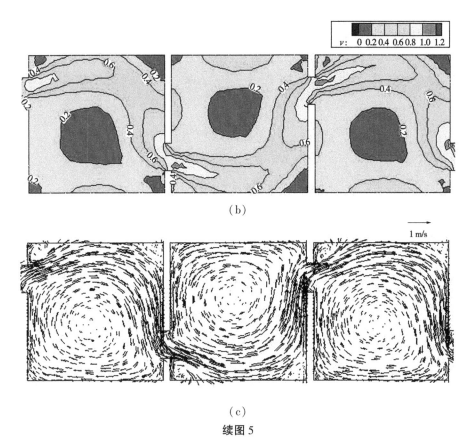

（b）

（c）

续图5

（3）池室长度对竖缝流速影响显著，为避免过大的竖缝流速，鱼道池室长度不宜大于8 m（鱼道总长一定时）。竖缝流速与池室长度关系如图6所示。

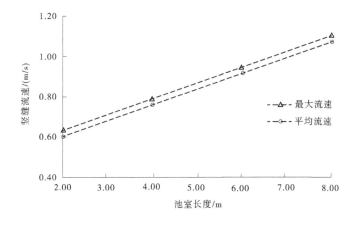

图6　竖缝流速与池室长度关系

（4）池室宽度变化对隔板竖缝最大流速及其平均值的影响较小，如图7所示。

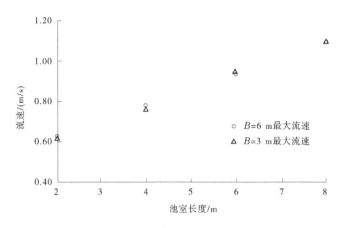

图7 不同池室宽度下竖缝流速随池室长度变化

(5)边坡坡度变化对竖缝最大流速影响不大,对于本仿生态鱼道,鱼道边坡坡度可适当放缓,对池室流速影响不大,如图8所示。

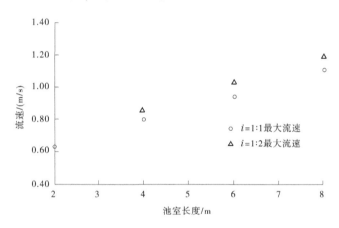

图8 不同边坡坡度时竖缝流速与池室长度关系

### 4.2 整体物理模型结论

整体物理模型试验的目的就是在数学模型的基础上,分析整个鱼道内的流场,研究不同水位组合、不同过水断面、不同补水流量下的过鱼效果,验证每级池室间水头差是否能满足设计要求。该工程仿生态鱼道整体物理模型主要结论如下。

(1)原方案难以满足高水位运行工况,鱼道需要进行如下调整:

①将鱼道整体抬高0.5 m(上游出鱼口高程为31.0 m,下游进鱼口高程为23.5 m);

②深潭3上游隔墙高度统一降低为1.35 m(出鱼口段前6块隔墙高度为1.6 m);

③深潭3下游鱼道池室底宽由5.8 m改为3.0 m(各深潭底宽维持不变),顶宽不变,深潭3下游鱼道隔墙统一改为1.1 m,将该段偏移率由0.42改为0.37(隔墙竖缝中心线偏移距离由2.44 m减小为1.11 m)。

(2)下游高水位(27.14 m)运行时,建议在深潭3和深潭2处各补水1 m³/s,下游极端高水位(28.11 m)时,建议深潭3和深潭2处各补水2 m³/s。

（3）在深潭处补水 1~2 m³/s，采用洒水补水方案或者碎石缝冒水补水方案均是可行的，后者更优。

（4）建议保留两个进鱼口，尽管两个进鱼口当前布置方案下仅能单独运行，但保留两个进口对于后期鱼道适应性管理有利。

（5）由于水位变幅很大，进鱼口宜设置闸门，控制开度，方便进鱼口调整流速。

（6）计算结果表明，结构段坡度为 0.003 4，能满足鱼类上溯需求。

# 5 鱼道过鱼效果监测

项目试运行期间，委托中科院水生生物研究所开展本项目试运行期的水生生态环境监测，重点调查库区生境、物种类型、数量、生物量、鱼类种群、优势种、分布及变化情况[7]。对鱼类"三场"和坝下鱼卵、仔鱼量、鱼类品种、数量、种群动态、生境条件等进行监测。对鱼道过鱼状况、过鱼品种、数量等进行调查，并分析发展趋势，以便采取相应对策措施。对鲥鱼产卵场进行生境监测，确定新的鲥鱼产卵场的位置及规模等。

鱼道运行期间，研究人员通过视频录像监测、观察室现场观测，鱼道内设置定制网具等方式对鱼道过鱼效果进行了调查。经过调查，在鱼道内共检测到鱼类 11 种，分别为鳘、银鮈、鳡、鳊、赤眼鳟、鲇、鲢、鲫、鳙、草鱼、青鱼[8]。

在现场调查过程中，3 d 随机取样（每天记录 8 h）记录共计记录鱼道过鱼数据 1 686 条，鳘最多，记录 819 条，占总过鱼记录数据的 48.58%；四大家鱼数据共计 96 条，占总记录数据的 5.69%，其中青鱼通过 45 尾，草鱼通过 27 尾，鲢鱼通过 99 尾，鳙鱼通过 117 尾。鳡鱼数据 18 条，占比 1.07%。从随机取样的结果来看，该工程鱼道的修建能够有效降低工程建设对洄游性鱼类的影响，四大家鱼及鳡鱼能够通过鱼道到达上游水域。

据拍摄的鱼道过鱼视频资料（见图 9）显示，鳘、银鮈、鲫等小型鱼类集群通过鱼道的数量最高可达 100~200 尾/min，能够起到鱼类资源保护作用。

(a)　　　　　　　　　　　(b)

**图 9　鱼道监测设备拍摄过鱼影像**

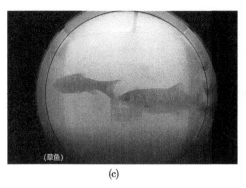

(c)

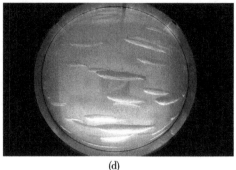

(d)

续图9

## 6 结语

本文依托某大型航电枢纽工程仿生态鱼道设计、模型试验、运行、监测成果,探讨了仿生态鱼道发展趋势和设计理念,研究了仿生态鱼道主要过鱼对象、主要过鱼季节、上下游水位选取、过鱼设计流速等主要参数的选择,通过水力学计算初步分析鱼道设计的合理性;结合数值仿真模拟研究了不同透水率、偏移率、池室长度、池室宽度、边坡时,仿生态鱼道中的流速场,分析了鱼道各参数的合理取值范围,并结合工程实际,提出初步的鱼道设计尺寸;在数值仿真模拟的基础上开展整体模型试验,分析整个鱼道内的流场,研究不同水位组合、不同过水断面、不同补水流量下的过鱼效果,验证每级池室间水头差是否能满足设计要求;并结合运行期鱼道过鱼监测,分析与验证仿生态鱼道实际过鱼效果。

## 参考文献

[1] 谭民强,梁学功.人工再造鱼类适宜生境[J].中国三峡(科技版),2011(3):70-72.

[2] 中华人民共和国水利部.水工(常规)模型试验规程:SL 155—2012[S].北京:中国水利水电出版社,2012.

[3] 王亚平,黄岳,宣国祥.吉林省老龙口水利枢纽鱼道水工水力学模型试验综合研究[R].南京:南京水利科学研究院,2005.

[4] Fish passes-Design, dimensions and monitoring,Published by the Food and Agriculture Organization of the United Nations in arrangement with Deutscher Verband für Wasserwirtschaft und Kulturbau e. V. (DVWK),Rome, 2002

[5] 王亚平,陈惠欣,杨臣莹,等.鱼道[M].北京:电力工业出版社,1982.

[6] 南京水利科学研究院,水利水电科学研究院.水工模型试验[M].2版.北京:水利电力出版社,1985.

[7] 中华人民共和国水利部.水工与河工模型常用仪器校验方法:SL/T 233—2016[S].北京:中国水利水电出版社,2016.

[8] 杜浩,班璇,张辉,等.天然河道中鱼类对水深、流速选择特性的初步观测[J].长江科学院学报,2010,27(10):70-74.

# 前河流域水生态保护思路与修复措施研究

## 石轶凡　马熙民

（中水东北勘测设计研究有限责任公司,吉林长春　130021）

**摘　要:**前河流域多年来一直没有进行完整的流域综合规划,随着流域经济社会的快速发展,对防洪安全保障、水资源开发利用、水生态环境保护和水资源管理水平均提出了更高的要求,单靠传统的河道治理及污染减排手段已不能满足水生态系统健康和水利高质量发展的需求,迫切需要按照新时期治水思路,站在人与自然和谐共生的高度,谋划水利高质量发展。本文拟结合流域综合规划工作,提出水生态保护与修复规划的主要内容,重点针对水生态系统、水生生物多样性保护的新思路进行研究探讨,建立健全流域水生态保护体系,构建流域人与自然和谐共生的发展局面,以促进新形势下水生态系统健康发展。

**关键词:**流域综合规划;水生态保护与修复;水生态健康;水利高质量发展

2019 年,生态环境部印发《重点流域水生态环境保护"十四五"规划编制技术大纲》(简称《技术大纲》),明确提出要突出水资源、水生态、水环境"三水"统筹,实现"有河有水,有鱼有草,人水和谐"的目标。2022 年,习近平总书记在党的二十大报告中提出"推动绿色发展,促进人与自然和谐共生",水生态健康发展是中国式现代化与美丽中国建设的资源基础、重要载体和显著标志,在绿色低碳发展中具有不可替代的作用。新时期、新形势与新要求的流域水生态保护和修复工作,应当牢固树立和践行"绿水青山就是金山银山"的理念,站在人与自然和谐共生的高度,谋划水利高质量发展,也是响应习近平总书记伟大号召、贯彻落实党的二十大的具体行动。同时,"十四五"是建设美丽中国的起步五年,开好头、布好局至关重要,因此单靠传统的污染减排模式已不能满足水生态系统健康和水利高质量发展需求。本文拟结合吉林省汪清县前河流域综合规划工作基础,研究探讨满足河流生态保护与修复的新要求和新思路,建立健全流域水生态保护体系,构建流域人与自然和谐共生的发展局面。

## 1　水生态环境现状及存在的问题

### 1.1　水质污染

前河为嘎呀河右岸支流,属于季节性河流,流域面积 729 km²,河长 57.5 km,河道坡度 6.3‰,多年平均地表水资源量 17 432 万 m³,多年平均径流量 6 301 万 m³。2020 年前

---

**作者简介:**石轶凡(1996—),男,助理工程师,主要从事环境保护设计、环境影响评价等工作。

河流域用水总量为 2 096 万 m³,水资源开发利用程度为 11.98%,流域内用水结构主要以农业灌溉、居民生活以及林牧渔补水为主,其中农业灌溉用水量占总用水量的 97.61%。流域内现状农业用水水平和农村居民生活用水水平均高于全省平均水平。根据流域综合规划编制期间实测资料,并对比近几年环境质量公报,流域内目前无入河排污口,流域水功能区水质现状总体较好。但河流沿岸分布较多农田与村庄,灌区退水是污染物的主要来源,化学需氧量和氨氮入河量分别约占流域总量的 83.33% 和 35.79%,水体污染风险仍然较高。

## 1.2 水土流失

流域内地貌主要为山地和丘陵漫岗区,山多坡多,土壤主要为棕壤,土壤养分含量高、抗蚀性差,遇强降雨极易产生侵蚀形成细沟。流域内土地利用以林地、耕地为主,坡耕地主要分布在流域中下游。流域所在区域属于长白山国家级水土流失重点预防区,水土流失类型以水力侵蚀,以轻度、中度侵蚀为主,主要发生在坡耕地、侵蚀沟内。由于当地农民采取传统耕作方式,且坡耕地分布集中,侵蚀沟切割严重,在径流的冲刷作用下,侵蚀沟发育、沟头扩张、上冲下淤、河床抬高、河岸坍塌、坡耕地耕作层渐薄、地力减退,致使流域水土持续流失。

## 1.3 生态系统

前河流域的森林生态系统和珍稀濒危动物集中分布区域,是流域最为重要、敏感或脆弱的区域,对维持流域生态系统和物种多样性具有重要意义。前河流域所在区域属于长白山区水源涵养与生物多样性保护重要区,同时也是长白山国家级水土流失重点预防区,生态敏感性较高,也是前河流域规划制定与实施的关键性生态制约因素。流域森林资源丰富,植被种类繁多,其中林地面积约占流域总面积的 75.6%,耕地主要在河岸边和山坡底部谷底等分布,约占流域总面积的 20.5%,其他各类土地主要分布在以上两种土地类型的边缘和交错地带,占流域总面积的 3.9%。流域内陆生植被以天然次生林的针阔混交林为主,生长有红松、蛇足石杉、水曲柳、紫椴、白桦、蒙古栎等珍贵树种;前河流域范围内有一处国家公园,为东北虎豹国家公园,流域内分布面积约 263.26 km²,占公园总面积的 1.9%,主要保护对象为东北虎、东北豹等国家级保护野生动植物。

随着区域经济社会的快速发展,人为活动频繁,防洪及灌溉建筑物数量明显增多,植被资源减少,河流渠化、片断化比例增加,改变了河流自然状态下起伏变化的河床面貌,致使生物多样性和涵养水源能力降低。

## 2 水生态保护思路与目标

### 2.1 思路

以流域空间格局优化和管控为前提,坚持"保护优先,防治并举"的基本策略,按照"统筹规划、突出重点、强化管理、标本兼治"的原则,以恢复及构建前河流域良性健康的生态系统、维护优化流域生态功能为核心,统筹实施水源涵养与湿地修复、水污染防治、水土流失治理、生物多样性保护与综合管理等措施,在防洪减灾、灌溉、重大水利水电工程等规划中,合理协调水资源开发与生态敏感区保护之间的关系,全面修复流域生态功能,大力提升生态环境承载能力,促进水生态系统健康发展。

## 2.2 目标

以推进水环境污染治理、有效保护珍稀物种栖息地及生物多样性、提升流域水生态保护管理水平为总体目标,加强流域水生态格局优化与空间管控,强化水资源保护与水土流失治理,提升流域综合管理能力,实现湿地资源的可持续利用和区域经济社会的可持续发展。预计到2030年,前河流域突出生态环境问题基本得到解决,生态环境显著改善,生态环境承载能力明显提升,入河污染负荷明显减少,河流水质维持Ⅲ类水平,COD、氨氮排放量进一步削减;提升湿地生态功能、稳定流域湿地面积;林草覆盖率提高约0.2%,年减少土壤流失量16万t,输入河流湖库的泥沙大幅减少,水源涵养功能明显提高;生物多样性保护水平得到全面有效提高,区域经济发展与生物多样性保护之间的矛盾得到有效协调。

## 3 水生态保护与修复方案

根据前河流域"保护优先,防治并举"以及"山水林田湖草"系统治理的总体思路,在流域空间格局优化与管控的基础上,统筹协调水资源开发利用与保护的关系,规划设计实施水资源与水环境保护、水源涵养与水土流失治理、湿地修复与生物多样性保护等工程。

### 3.1 水资源与水环境保护

以提升流域水环境质量为核心,坚持源头防控、过程削减、末端治理相结合,进一步强化水环境承载力刚性约束,统筹点源、面源与内源水污染综合治理,制订流域纳污限排实施方案,抓好农业农村点源污染治理,优化畜禽养殖场布局,提高规模化养殖比例,实施农田退水湿地处理工程,建立农业面源污染防控体系;开展农村分散式水源地保护管理与规范化建设,逐步提升河流水质、消除污染水体、保障饮用水源地水质稳定达标。

(1)水域生态空间保护。在源头水重点保护水域,实行差别化管控,禁止有损水资源量和水环境质量的活动,允许适度的保障民生性基础建设活动。在水生生物重点保护水域,严格控制水能水资源开发强度,尽量避免在该类水域布置拦河建筑物,民生需求迫切的水资源开发利用项目,应深入论证其对水生生境的影响,并提出切实可行的保护措施。

(2)全面落实河长制。以水资源保护和水污染防控的长效机制建设为抓手,推进流域跨部门联手治污,定期对前河流域重要断面开展联合监测与联合执法检查,协同处置突发水污染事件,妥善处理水事纠纷。

(3)加强保护能力建设。优化并建立前河流域水量、水质、水生态监测网络,加强专职水资源保护人员的队伍建设,强化自然保护区水域等重要水域的自动监测和远程监控。加强应对突发性水污染事故和应急监测的能力建设,加强水资源保护管理的决策支持系统建设。

(4)饮用水水源保护。加强流域内农村分散式饮用水水源地隔离防护及农药施用管理,在划定的水源地保护区边界设立隔离防护设施,防止人类活动等对水源地的干扰,拦截污染物防止其直接进入水源地保护区,保护范围内农田严禁施用高残留、高毒农药,全面推行低毒、低残留农药或生物、物理防治方法。

(5)畜禽养殖及农业面源污染治理。调整畜禽养殖布局,推广畜禽养殖业粪便综合利用和处理技术,鼓励并建立养殖业和种植业紧密结合的生态工程,降低养殖业面源污染。树立绿色、低碳、循环的现代生态农业发展理念,把转变农业发展方式作为防治农业面源污染的根本出路,有效控制农药、化肥施用量,推广使用低毒、低残留农药和可回收降解的农用薄膜,大力发展节水农业,提高农业灌溉用水的有效利用系数,有效减少农业生产面源污染。开展灌区生态治理工程,在退水沟渠中种植生态植物,并在沟渠末端构建塘堰湿地,对农田退水进一步处理,有效拦截农田退水污染物进入河道。严禁破坏河道两岸植被,实施河道截污清淤、堤岸整治、沿岸绿化等工程,严禁直接向河道排放超标工业和生活废污水。以创建生态乡镇、生态村为契机,科学制订农村生活污水治理规划,如采用化粪池、生物接触氧化池、厌氧生物膜滤池、人工湿地、稳定塘等组合处理技术,生态处理农村生活污水。

### 3.2 水源涵养与水土流失治理

根据区域实际情况,坚持"综合治理、因地制宜",遵循"大预防、小治理""集中连片、以重点预防区为主兼顾其他"的原则,以小流域综合治理为重点,统筹生物、工程与耕作措施,形成综合防护体系,以水利部门为主,各部门协作,社会力量参与,沟坡兼治,维护黑土资源可持续利用,重点为坡耕地改造和小流域沟道治理工程。

(1)重点区域水土流失综合治理。以小流域(片区)为单元,山水林田路综合规划,营造水土保持林和水源涵养林,优化水土资源配置。采取鱼鳞坑、水平阶、竹节梯田等方式整地后营造水土保持林、经果林、地埂植物带,并完善坡面蓄排水体系;发展特色产业、复合农林业,开发与利用高效水土保持植物。对疏林地、采伐迹地、退化草地等存在水土流失的林地、草地采用围栏封禁措施进行生态修复,辅以疏林补植、抚育更新、林相更新、补植种草、打井灌溉等措施促进林草植被恢复。严禁不合理的建设开发,坚持源头保护,预防水土流失,涵养水源。

(2)坡耕地综合整治。以梯田建设为主,实施坡改梯、保土耕作、退耕还林等工程,将坡耕地整修、改造成高标准梯田或反坡梯田,结合雨水集蓄利用、径流排导、沟头防护等坡面工程,配套机耕道路、排引沟渠和蓄水池等小型水利水保工程,完善坡面蓄排水体系,并在田埂、园面种植地埂植物,改善生产条件、增加地表覆盖,达到保水、保土、保肥和稳产增产的效果。

(3)小流域沟道治理。根据实际情况分别采取沟头埂、沟头跌水等沟头防护工程,遏制侵蚀沟道发展,保护土地资源,减少入河泥沙。沟坡采取沟坡防护措施或采用削坡、鱼鳞坑、水平阶等形式整地后全面造林,沟底修筑谷坊、跌水并全面造林。重点修筑沟道谷坊、沟头和沟坡防护并建立排水体系,营造农田防护林网,在河流两岸及湖泊和水库的周边营造植物保护带,建设生态清洁型小流域,整治人居环境,促进小流域生态环境的良性循环发展。

### 3.3 湿地修复与生物多样性保护

针对前河流域生态环境现状较好,但整体依然脆弱的特征,在国土空间保护和流域水生态空间管控的基础上,以湿地修复、河岸缓冲带建设、生物多样性保护为总思路,通过保障生态需水、湿地生态系统修复、重要生境建设等方式,加强入河河口湿地在流域生态系统中的关键节点作用;通过沿河生态缓冲带建设与修复以及良好管护,使缓冲带充分发挥生态屏障功能;通过生物多样性保护与增殖放流等措施,促进流域生态系统进一步恢复和改善,增强流域生态系统的稳定和生物多样性。

（1）生态需水保障。前河流域分布有地区特有鱼类和国家Ⅱ级保护鱼种，以及鱼类"三场"等涉水敏感区，虽然水生态现状较好，但对水生态环境要求较高。规划的拦河工程仅有一座抽水蓄能电站拦河筑坝成库，为保证河流生态健康、生物多样性丰富和鱼类保护等多方面的用水需求，确定电站下水库坝址控制断面的生态流量汛期按多年平均流量的30%，非汛期按多年平均流量的10%，确保河流生态需水。

（2）重要生境保护与修复。根据前河流域鱼类资源种类组成与分布特点，前河下游及河口为宽谷河段，特别是汛期水位上升，淹没大量滩涂草甸，为鱼类提供了重要的繁殖、索饵的场所，是满足鱼类完成生活史的重要生境，也是鱼类资源较为丰富的区域，前河上游和后河上游，基本上能完成东北七鳃鳗等珍稀冷水性鱼类完成生活史。根据地形、土地资源、气候及动物生境要求等情况，在前河干流至嘎呀入河口的部分区域和支流马鹿沟河入前河河口至入嘎呀河河口的范围内，选择河湾、缓流、避风水域以重建鱼类栖息地，包括在水域稀疏打入柳木或松木桩，木桩之间放置生态袋，生态袋上种植湿地植物，如芦苇、黑三棱等。前河支流后河生境条件与前河相似，将后河划为生境保留区，不再规划任何开发项目。实行全流域禁渔制度，禁渔期为每年4—8月，同时将干流河段分布的索饵场划定为禁渔区，设立标志区界，禁止在该区域进行任何捕捞、采砂等对索饵场生境有影响的涉水活动；将后河全部划定为禁渔区，在此区域设置警示牌，加强渔业资源保护，保护冷水性鱼类产卵场，安排专人负责日常维护管理，同时开展水质、鱼类和水生生物等生态环境监测。

（3）生物多样性保护。前河流域主要的珍稀保护物种为东北七鳃鳗和图们江中鮈，属于体型小、游泳能力较差的冷水性鱼种。由于规划工程的实施会对前河流域的鱼类资源造成一定的影响，通过有计划地开展人工放流经济鱼类苗种，可以增加经济鱼类资源中低、幼龄鱼类数量，扩大群体规模，储备足够繁殖后备群体。主要放流对象为经人工驯养繁殖成功后进行增殖放流的东北七鳃鳗、图们江中鮈和拉氏鱥，放流地点根据流域自然环境以及鱼类水域的分布情况，选择在西阳村（规划抽水蓄能电站下水库坝址下游）和嘎呀河河口的位置进行投放。为保障河流岸线多样性特征，在河流两岸建立绿色廊道，对现有河道尽可能保持原有的宽度和自然的状态，对岸线侵占严重的河段，通过退田还河、退渔还河等措施，恢复河流水域面积；以本地植物增加植被覆盖，建立河岸植被缓冲带，修复湿地区域内洼地、高岗等自然地貌特点，放缓河岸坡度，实施生态化改造，使之成为具有栖息地、生物廊道、水岸过滤带、生物堤等多种生态功能的生态河道。

## 4　结论

随着经济社会的发展和人为活动的加强，前河流域出现生态系统退化、水污染压力增大、水土流失加剧与生物多样性降低的问题，生态风险持续增大，流域空间有待优化。前河生态保护与修复，要以空间优化和管控为前提，坚持山水林田湖草系统治理，实施河流控污治污、生境保护与修复、水土流失治理、环境管理能力建设等措施，恢复前河流域健康生态功能，提升环境承载能力，构建流域人与自然和谐共生的发展局面，以促进新形势下水生态系统的健康发展。

# 浅谈生态护坡在河道治理工程中的应用

向　鹏　胡赛潇

（中水珠江规划勘测设计有限公司，广东广州　510610）

**摘　要：**生态护坡作为岩土工程与环境工程相结合的产物，兼顾了防护与环境两方面的功效，近年来在河道治理工程中得到了越来越广泛的应用。通过生态护坡的设计原则，浅谈常用生态护坡结构形式的适用范围及优缺点。生态护坡主要包括植物型护坡、土工网垫护坡、格宾生态格网护坡、混凝土预制块护坡、生态混凝土护坡、生态袋护坡等。运用时应综合考虑河道地形地质、水流条件、工程造价、施工条件和河道总体布置等因素，选择合适的结构形式进行防护，并结合当地生态系统和生态景观的分析与研究，选择合适的植被进行种植，实现河道治理工程"水清、岸绿、自然、生态"的综合治理目标。

**关键词：**生态；护坡；河道治理

## 1　引言

生态护坡，是综合工程力学、土壤学、生态学和植物学等学科的基本知识对边坡进行支护，形成由植物或工程和植物组成的综合护坡系统的护坡技术。"生态"即满足生态平衡的要求，建立良性循环的河坡生态系统；"护"即是符合原本应有的防洪抗冲的要求，达到护坡的基本作用[1]；生态护坡应是在满足河道防护的基础上建立的河道生态平衡系统，而"护"与"生态"两者缺一不可，既要保证人们社会经济发展的安全，又要维持人与自然环境的和谐发展[2]。

传统的河道治理工程中护坡常采用砌石或者混凝土等硬性结构，仅起到防洪抗冲的作用，对生态环境的保护作用甚微，相反还会破坏生态环境的和谐[3]。随着经济的发展及环保意识的增强，河道治理不仅仅满足于防洪等传统功能，更要把社会与自然、生态与景观统一结合在一起，因而生态护坡得到越来越广泛的应用[4]。本文通过对生态护坡的设计要点探讨，浅谈生态护坡在河道治理工程中的应用，为类似工程提供参考依据，具有一定的应用价值和现实意义。

## 2　设计原则

生态护坡的设计原则主要有两个：生态和安全。

---

**作者简介：**向鹏（1989—），男，工程师，主要从事水利工程设计工作。

生态原则即生态护坡设计应与生态过程相协调,尽量使其对环境的破坏影响达到最小。这种协调意味着设计应以尊重物种多样性,减少对资源的剥夺,保持营养和水循环,维持植物生境和动物栖息地的质量,有助于改善人居环境及生态系统的健康为总体原则[5]。

安全原则即护坡应保护岸坡土体,满足岸坡稳定的要求。岸坡的不稳定性因素主要有:①岸坡面逐步冲刷引起的不稳定;②表层土滑动破坏引起的不稳定;③深层滑动引起的不稳定。

## 3 护坡结构形式

生态护坡在满足防洪标准要求的基础上,重点构筑能透水透气、生长植物的生态防护平台,通过在岸滩种植特定植被可以固土抗冲,利用植物将污染物进行体内新陈代谢而分解掉或将吸收的物质存储在体内,从而起到对水体的净化作用,还可以美化河岸带,给人们带来优美的亲水环境[6]。

护坡结构形式选择应综合考虑河道地形、地质、水流、工程造价、施工条件和河道总体布置等因素,常用形式主要包括植物型护坡、土工网垫护坡、格宾生态格网护坡、混凝土预制块护坡、生态混凝土护坡、生态袋护坡等。其适用范围及优缺点简述如下:

### 3.1 植物型护坡

植物型护坡(见图1)通过在护坡种植植被(乔木、灌木、草皮等),利用植物发达根系的力学效应(深根锚固和浅根加筋)和水文效应(降低孔压、削弱溅蚀和控制径流)进行护坡固土,防止水土流失,在满足生态环境需要的同时进行景观造景。主要应用于水流条件平缓的河道。优点:①种植简单,费用低;②生长快,防护效果好;③适用性广,具备景观性。缺点:抗水流、风浪冲刷能力有限,对水流条件要求较高,且初期易被雨水冲刷形成深沟,影响护坡效果。

图1 植物型护坡

### 3.2 土工网垫护坡

土工网垫护坡(见图2)主要由网垫、种植土和草籽3部分组成。常用土工网以热塑性树脂为原料,其底层强度高,足以防止植被网变形,并能有效降低雨滴的冲击能量,在草籽未成长为草毯之前可有效防止水流、雨淋冲刷,防止草籽流失,待草毯长成后,其根系与周围植被网交织在一起,网状结构被植被根系固定在土中,提高了单纯草皮护坡的抗冲能力。优点:①固土效果好;②抗冲刷能力强;③经济环保。网垫采用可降解材料,无污染;与混凝土护岸相比,该护岸形式更为经济。缺点:①抗暴雨冲刷能力仍然较弱,取决于植物的生长情况;②在水位线附近及以下不适用该技术。

图2　土工网垫护坡

### 3.3　格宾生态格网护坡

石笼网是由高抗腐蚀、高强度、有一定延展性的低碳钢丝包裹上PVC材料后使用机械编织而成的箱型结构。在河道护坡中,一般选用耐锈蚀和喷塑铁丝网笼。在石笼网里填充大小不一的石块后,以一定的方式组合并固定于河岸处使之成为网石笼结构护坡。根据材质外形可分为格宾护坡(见图3)、雷诺护坡、合金网兜等。优点:①具有较强的整体性、透水性、抗冲刷性、生态适宜性;②应用面广,柔性结构能适应地基的变化,比刚性结

图3　格宾生态格网护坡

构具备更好的安全稳定性,起到良好的维护岸坡稳定、维持河道生态功能的作用;③网笼结构的透水性对地下水的自然作用及过滤作用具有较强的包容性,使水中的悬移物和淤泥得以沉积于石块缝隙中,有利于自然植物的生长,使岸坡环境得到改善;④造价低,经济实惠,运输方便。缺点:①由于该护坡主体以石块填充为主,需要大量的石材,因此在平原地区的适用性不强;②在局部护岸破损后需要及时补救,以免内部石材泄露,影响岸坡的稳定性。

### 3.4 混凝土预制块护坡

混凝土预制块护坡(见图4)是利用多孔混凝土预制块进行植草的一类护坡,具有连续贯穿的多孔结构,为动植物提供了良好的生存空间和栖息场所,可在水陆之间进行能量交换,是一种具有"呼吸功能"的护坡[7]。同时,异株植物根系的盘根交织与坡体有机融为一体,形成了对基础坡体的锚固作用,也起到了透气、透水、保土、固坡的效果。优点:①形式多样,可以根据不同的需求选择不同外形的多孔混凝土预制块,风格更加丰富,满足多种需求;②多孔混凝土预制块的孔隙既可以用来种草,水下部分还可以作为鱼虾的栖息地;③具有较强的水循环能力和抗冲刷能力。缺点:①护坡坡度不能过大,否则易滑落至河道;②护坡必须坚固,土需压实、压紧,否则经河水不断冲刷易形成凹陷地带,造成薄层多孔预制块的松动而被冲走;③成本较高,施工难度不大,但施工工作量较大;④不适合砂质土层,不适合河岸弯曲较多的河道。

**图4 混凝土预制块护坡**

### 3.5 生态混凝土护坡

生态混凝土护坡(见图5)是一种性能介于普通混凝土和耕植土之间的新型材料,将混凝土集料与生态护坡专用添加剂进行适当的配比和现浇施工而成。由于生态护坡专用添加剂的特殊贡献,该技术使生态混凝土同时具有强度高、孔隙率大、孔径小的性能特点,实现了耐久、透水、反滤的护坡功能,能适应多种植生方式,满足绿化覆盖率达到95%以上的设计要求。优点:①可为植物生长提供基质;②抗冲刷性能好,协调变形性能好;③护坡孔隙率高,为动物及微生物提供繁殖场所;④材料的高透气性在很大程度上保证了被保护土与空气间的湿热交换能力。缺点:①需做降碱处理,降碱问题若处理不好,会影响植物的生长;②相比于其他护岸类型,该类型的护岸价格偏高,但比混凝土护坡要低。

图 5　生态混凝土护坡

## 3.6　生态袋护坡

生态袋指采用专用机械设备,依据特定的生产工艺,把肥料、草种和保水剂按一定密度定植在可自然降解的无纺布或其他材料上,并经机器的滚压和针刺等工序而形成的产品。生态袋共分 5 层,最外层和最内层为尼龙纤维网,次外层为加厚的无纺布,中层为植物种子、有机基质、保水剂、长效肥等混合料,次内层是在短期内自动分解的无纺纤维布。优点:①生态袋应用三角内摩擦紧缩结构,整体受力,具有科学的稳定性;②具有透水不透土的过滤功能,既能防止填充物(土壤和营养成分混合物)流失,又能实现水分在土壤中的正常交流;③植物种子分布更加均匀,不受人为因素和水流冲刷的扰动,且节约了种子的播种时间,使植物的选择更加丰富多样,有利于生态系统的快速恢复;④施工简单快捷,无须大型机械,而且不产生噪声和垃圾。缺点:①生态袋护坡(见图 6)存在易老化,生态袋内植物种子再生问题;②生态袋孔隙过大,袋状物易在水流冲刷下脱离袋体,造成沉降,影响岸坡稳定,而孔隙过小对植物根系延伸造成阻碍,影响柔性边坡的结构稳定,透水性能降低。

图 6　生态袋护坡

## 4 护坡植被选取

护坡种植植被,植被的根系可以固化土壤,防止水土流失,切实可行地做到了"固滩固岸",还能保护岸坡不受侵蚀[8]。生态护坡有加固河岸,防止河道淤积、侵蚀和下切的功能。然而,植被的种植也会给河道水流的水力特性造成不利的影响。岸滩植被增大了河流边壁阻力,减缓了河流流速,导致河道水位的一定上升,甚至引起部分泥沙的淤积。另外,河道水流部分能量被迫转换成植被附近产生的紊流脉动动能,使水流动能得到一定的消耗。从这方面考虑,种植植被则降低了河道的泄洪能力。因此,需要从各方面综合考虑生态护坡的植被种植技术,分析利弊,因地制宜,找出最合理的种植方案,使其扬利除弊,更大限度地发挥正面作用,能切实可行地做到"固滩护堤",并能起到营造优美生态环境的作用[9]。

对植被的选取,生态护坡工程应围绕建设良性生态系统和生态景观,通过河道水位、流量、水质调查,当地土壤、气候、气温调查,当地河道水生动植物、陆生动植物、生物链等生态系统调查,确定当地可行的生态模式,选择合适的植被,达到恢复生态环境、治水、净水、美化景观、加固堤岸的目的[10]。

护坡上种植植被,将水、河道、堤岸、植被、微生物、水生生物等结合成了一个完整的河流生态体系,从而利用本身的生态功能对河坡进行保护。植物根在土壤中生长并形成根系网,吸收河坡表面的营养物质,有助于各类土壤微生物和生物的生长繁殖。护坡植被的另一个功能就是能对水体进行初级净化。植被对泥沙能实现有效的控制,一些水生植物如芦苇、菖蒲等对营养物质 N、P 也有一定的去除效果;另外,植被繁茂的根系还为微生物生长提供了良好的环境,而由此形成的生物膜便可以对水质进行净化;再者,由于河堤不再是平滑的混凝土护坡,自然形成的鱼道和鱼巢造成了水体的紊流,也有利于水体的复氧。

用于生态护坡的植被必须因地制宜,且要选择能达到要求的适合植物,主要包括:

(1)多年生草本植物,主要有野牛草、结缕草、早熟禾、黑麦草、扁穗冰草等。除早熟禾是疏丛型外,其余品种的植株都低矮稠密。它们一般具有匍匐根或茎,适应性广,耐践踏,对土壤要求不严。其中,结缕草比较耐旱,扁穗冰草既耐旱又耐寒。

(2)发达根系固土植物,其在水土保持方面有很好的效果,国内外对此研究也较多。采用发达根系植物进行护坡固土,既可以达到固土保沙,防止水土流失,又可以满足生态环境的需要,还可进行景观造景,在生态护坡方面大可借鉴。固土植物可以选择的主要有沙棘林、刺槐林、墨穗醋栗、黄檀、胡枝子、池杉、龙须草、金银花、紫穗槐、油松、黄花、常青藤、蔓草等。

(3)近岸挺水水生植物,如芦苇、菖蒲等,以及耐湿陆生植物,如杨柳等。这类植被在生态护坡工程中已有广泛的运用。

生态护坡可供选择的植被有很多,不过必须根据实际河道的形态、生长环境等因素慎重选取,这样才能达到预想的结果。

## 5 结语

生态护坡是既能满足河道护坡功能,又有利于恢复河道生态平衡的系统工程,在运用过程中,应综合考虑河道地形、地质、水流、工程造价、施工条件和河道总体布置等因素选择合适的结构形式,并因地制宜地根据河道生态系统做好植被的选择,实现护坡防护与生态建设的双赢局面。

# 参考文献

[1] 楼佳男.河道整治工程中的生态护坡防洪堤设计[J].珠江水运,2023(7):64-66.

[2] 罗再根.生态护坡在城市河道综合整治中的应用[J].城市建筑,2022,19(6):62-64,68.

[3] 王永红.河道生态护坡技术[J].现代农村科技,2023(1):44-45.

[4] 邢来顺.生态护坡技术在河道治理中的应用研究[J].大众标准化,2022(24):154-156.

[5] 曹喜翰.生态护坡技术在河道治理中的应用研究[J].价值工程,2022,41(4):110-112.

[6] 陈禹嘉.综合生态护坡技术对某河堤段安全稳定整治的影响分析[J].黑龙江水利科技,2023,51(3):72-74,113.

[7] 赵鹏鹏.水利工程生态护坡设计[J].河南水利与南水北调,2022,51(11):9-10.

[8] 范昕然.植物型生态护坡在河道治理中的应用[J].水运工程,2023(S2):15-19.

[9] 黄志豪.基于生态护坡理念的河道岸坡土体力学试验及安全稳定性研究[J].水利科学与寒区工程,2023,6(1):22-26.

[10] 张宜龙.耐淹反季节植物生态护坡阻水特性研究[J].中国水运.2023,23(7):83-85.

# 论生态观念下的鱼类增殖放流站设计理念
## ——以丰满水电站重建工程鱼类增殖放流站设计为例

卞勋文　金德泽

(中水东北勘测设计研究有限责任公司,吉林长春　130021)

**摘　要**:党的十八大明确提出,将生态文明建设放在突出地位,融入经济、政治、文化、社会建设的各方面和全过程。要求必须树立人与自然和谐相处、尊重自然、顺应自然、保护自然的生态理念,改善生态和人居环境,建设生态文明为根本出发点。本文以丰满水电站重建工程鱼类增殖放流站为例,阐述了鱼类增殖放流站与生态景观相结合的设计理念,在满足生产工艺的前提下,从整体角度使站内构筑物生态景观化,创造出集鱼类增殖放流保护、生态科技示范、景观示范、观光旅游、技术培训等多功能于一体的新型现代生态科教示范园区,为城区环境的良性发展奠定基础。

**关键词**:丰满水电站;鱼类增殖放流站;生态景观;科技示范园

## 1　项目背景

丰满水电站位于吉林省境内松花江干流丰满峡谷口,是松花江干流上修建的第一座大型水力发电工程,始建于 1937 年。其后,在丰满水电站上游修建了红石水电站和白山水电站,下游修建了永庆反调节水库、哈达山水利枢纽等。梯级电站的建设,使完整的河流生态环境被分割成不同的片段,鱼类生境处于片段化和破碎化,上下游种群间基因不能交流,使各个种群的遗传多样性降低,珍稀特有鱼类总资源显著下降,濒危物种增多,鱼类的生活繁殖环境受到极大影响。为保护和恢复所在河流的生物物种多样性和特有鱼类资源,在丰满水电站重建工程中,建设鱼类增殖放流站,承担松花江上游流域的增殖放流任务,减缓水电工程建设对鱼类的不利影响、促进流域水电开发与水生生态环境保护的持续、协调发展具有积极意义。

## 2　工作任务

本增殖放流站[1]的主要工作任务是野生亲本的捕捞、运输、驯养、人工繁殖和苗种培育,对放流苗种进行标志(或标记),建立遗传档案,实施放流、放流效果监测,调整生产规模和方式。考虑到松花江鱼类放流的特点,增殖放流工作分两阶段进行:一是部分鱼类直接收集亲本、繁殖、鱼苗培育到一定规格后放流;二是部分鱼类须通过研究,待人工繁殖技术成熟后开始放流。同时兼顾鱼类资源的救护工作及作为鱼类保护相关研究的技术平台。

---

**作者简介**:卞勋文(1983—),男,高级工程师,主要从事水利水电工程环境保护工作。

## 3 目标定位

新时期,集产业、生态、景观、游憩等多元理论支撑系统于一体的生态景观综合园备受欢迎。根据项目区所处特殊区域和位置,遵循人水和谐的理念,以景观建设为途径,以产业导入为发展契机,通过高起点规划设计和实施,将增殖放流站打造成集鱼类增殖放流生产基地、科研试验、生态知识科普宣传、旅游观光、技术推广与培训"五位一体"的园林式科技示范园区,以获取较好的生态效益、经济效益和社会效益。

## 4 生产工艺

遵循生态优先、零排放、无污染的工艺设计原则。根据增殖放流鱼类的生态特性,从整个增殖站室内、外鱼池统筹考虑规划布局,实施循环流水繁育,室内水经净化达标后一部分循环于室内鱼池,一部分循环补充到室外鱼池;室外鱼池结合周围水环境敏感因素和场地条件,将养殖鱼池废水处理和生态沟渠相结合,水生净化植物、鲢鳙净化鱼类等组合的生态物种食物链循环,实现无废污水排放,达到既有生态繁育又有生态景观观赏的功能。

## 5 总体规划布局与分区设计

### 5.1 总体布置设计原则

根据鱼类增殖放流规模、种类、习性及繁育工艺要求,在满足生产孵化、育苗和放流数量的前提下,综合考虑场地地形、地质、水文条件、给排水系统、各建(构)筑物性质、生产流程等因素,合理规划布局,力争建设成为"国际一流、国内领先"的景观式增殖放流站。设计遵循:①功能性原则,满足生产工艺为前提,交通流线顺畅,功能分区合理;②科学性原则,符合工业生产流程,兼顾科学展示及科普作用;③生态性原则,生态优先、零排放、零污染、生态流程展示、人工生态系统;④景观性原则,园林景观化站区、参观流线景观化;⑤艺术性原则,展陈系统的艺术化、植物设计的艺术化、艺术小品的文化性。

### 5.2 总体布局与分区设计

增殖放流站在丰满水电站下游10.7 km的永庆反调节水库坝头左岸,占地面积约5.54 hm²,紧邻松花江。按功能分为办公区、室内生产、室外鱼池区和放流渠道。办公区为新建的一栋三层办公楼,与生产厂房成"7"字形布置,办公楼及生产厂房前布置硬质地面铺装,办公区主要包括管理人员的办公、展览、食堂和住宿;室内生产区主要包括(冷水鱼)亲鱼培育、孵化车间、苗种养殖等,车间内划分为供水区、催产区、水处理车间、孵化区、鱼苗暂养区、防疫隔离区等功能区;办公楼及生产厂房将室外鱼池分为亲鱼池及苗种池两部分。室外鱼池区主要包括温水鱼亲鱼培育、苗种培育及水质净化兼作观赏池。沿鱼池一侧布置4 m宽车行路,鱼池之间设置1.5~3 m人行池埂路,室外鱼池均呈东西向布置,有利于池中浮游生物的光合作用及生产繁殖;沿厂房前主要道路西侧布置水质净化池兼作观赏池,为增殖放流站打造良好的景观环境;将沉淀池布置在东北角。将主入口设在吉丰西路一侧,次入口设置在滨江路上。

# 6 景观工程规划设计

## 6.1 景观设计原则

（1）注重景观的均好性。以水景为主要特色，重点是结合室外鱼池，丰富景观效果，达到每一个组团、每一个景点都有水景，仿佛置身于一个以"水"为主题的特色公园内。

（2）控制室外鱼池水面面积。在不改变室外鱼池生产功能的基础上，适当扩大或缩小水面及适当地增加驳岸、亲水栈道等，使可利用的水面面积达到景观效果最大化。

（3）注重水景的多样化。通过驳岸、景观置石及水生植物种植的变化，使每一处水景在效果呈现上都略有不同但又在整体风格上保持一致。

（4）每个水景之间有机联系。以道路和主要水系为主线，形成明显的景观序列，贯穿整个站区。

（5）营造丰富多彩的特色景观。在不改变所有功能分区的基础上，以水景为主，同时充分利用色彩、质感等景观要素，使整个站区景观的观赏性更高。

（6）在满足使用功能的同时，保障鱼池之间的车型流线。

## 6.2 主要景观功能分区

（1）办公楼前入口广场区：办公楼前入口广场占地近 1 000 m²，与办公楼前自然式水景紧密相连，是本厂职工上下班的密集地，也是外来客人入厂的第一印象场所。设计采取简洁、大方，入口两侧设两排规则树池，栽植彩色叶亚乔类植物；广场最前端贴近 1 号鱼池，使人可以亲水、观水，最大程度上丰富主入口景观效果。

（2）室外亲鱼池区：将鱼池边线尽量变为圆滑、自然的样条曲线，并在每个鱼池边搭配高矮、颜色、形状不尽相同的景观置石，达到最自然、最休闲的景观效果。

（3）净化展示区：此区域完全采用自然式水系的景观处理手法，配以丰富的微地形处理、景观置石、景观驳岸及亲水木栈道。在保证原有使用功能的基础上使人们能亲水、赏水，达到步移景换的景观效果。

（4）苗种展示区：在不改变鱼池大体形状、位置及使用功能的基础上，通过在岸边适当摆放景观置石及丰富种植效果的处理手法，最大程度地提升其景观效果。

## 6.3 景观设计方案

考虑既满足增殖放流站的工艺要求，又具有生态美学的观赏性，还能看到繁育的鱼苗生态放流的一整套科普流程。在满足室外鱼池养殖密度前提下，充分体现景观园林美学特点，将室外鱼池均设计成不规则曲线；设置问鱼桥、观鱼台、假山、特种鱼种等观光点；鱼苗培育和催产孵化车间等站内建筑物相对集中区域，设鱼类保护生态广场；室外鱼池场地全部绿化，场内道路植树绿化、生态护坡，协调鱼池构筑物尽量美观、贴近自然景观。总之，在满足生产工艺的前提下，从整体角度使鱼类增殖放流站内构筑物生态景观化，形成园林景观式增殖放流站，其效果见图 1。

# 7 监控水质系统设计

鱼类增殖放流监控，包括正常生产性监控和放流效果监测两部分。增殖放流站运行期监控，包括生产水质系统监控和安全监控两部分。

**图1 增殖放流站鸟瞰**

### 7.1 生产水质系统监控

为了随时掌握生产系统的每个部分功能运行状况,对循环水系统设施通过先进的监控和过程控制软件进行管理,实现对系统的全部中央控制(包括水质参数、设备与马达控制)。控制手段可采用观测、抽样检测和在线监测相结合的手段。室外鱼池及车间均设监控点,用于观察生产系统安全有关情况。

设置水质自动监测系统一套,监测室外鱼池及车间水质生产技术情况,以便及时发现鱼病并进行防治。

### 7.2 安全监控

安全监控可采用巡查和视频监控相结合的方式。监控内容主要包括检查生产设施和防护设施完好性,避免生产事故和外来干扰因素造成的损失等。

### 7.3 放流效果监测与评估

放流效果监测设计,遵循针对性、代表性、经济合理性和可操作性原则。建设单位依据对增殖放流效果监测(评价)来调整下阶段放流计划。监测单位或部门,采用季报或年报的方式定期向建设单位、渔业及环保等相关部门报告鱼类放流及效果监测情况。评价放流效果,首先考虑增殖放流鱼类放流后资源本身的生物学特点和资源量变化,然后依次考虑生态效益和社会经济效益。

## 8 科普展示

为了更好地宣传鱼类增殖放流意义,提高公众对鱼类保护意识,在办公楼内设计两间科普展示间。定期对外发布增殖放流站运行情况,并吸引媒体报道,报道情况张贴于宣传栏上。在入门处设置主体广场,亲鱼池间设置喂鱼桥,车间与办公楼间设置鱼类保护生态广场,使室外鱼池观赏区更加自然、园林化,突出生态科普文化主题,同时可作为松花湖风景名胜区的科普旅游景点。

## 9 增殖放流技术研究

鱼类增殖放流规模为150万尾/年。放流河段为红石水电站坝下至哈达山水库库尾约425 km的松花江上游干流江段及其分布的主要支流。细鳞鲑、怀头鲇、黑龙江茴鱼江鳕、乌苏拟鲿、花鰍、长春鳊等近期放流对象有关研究内容由本增殖放流站在技术依托单位和专家指导下完成,项目有关研究内容计划五年完成,主要开展放流鱼类亲鱼采集与驯养技术、人工繁殖技术、苗种培育技术和病害防治研究及鱼类放流技术、放流效果的监测与评价。乌苏里白鲑、拟赤稍鱼、黑斑狗鱼等远期放流对象有关研究内容通过招标完成。

## 10 科研试验

在高密度养殖条件下,水质好坏及变化趋势至关重要,有必要对水质进行日常例行监测;在亲鱼的培育、催产时,需要及时了解亲鱼的成熟度及性腺发育情况;在苗种培育阶段,需要对苗种进行观察,以便及时发现、解决鱼病等问题。因此,在鱼类增殖放流站建立实验室一个,配备常用的观察和试验仪器。

## 11 运行管理

增殖放流站管理的好坏,直接关系到放流效果,而增殖放流站的运行,专业性较强,涉及专业较多,需要相关的管理和技术依托。因此,为了保证增殖放流站的正常运行,宜采用业主负责,渔业部门和环保等相关部门监督,有关研究部门参与的形式进行。

## 12 结语

当前集产业、生态、景观、游憩等多元理论支撑系统于一体的生态景观综合园备受欢迎。特别是丰满水电站鱼类增殖放流站位于吉林市区,为东北地区第一个也是寒冷地区第一个鱼类增殖放流站,故其规划设计理念,既要充分突出功能性又要兼顾多样性,既要考虑主体布局又要与生态景观有机融合,由此才能建成集水生态保护、科普宣传、科研试验、技术培训、生态示范、休闲娱乐等多功能于一体的生态示范园区。期望本文对新时期水生态科技示范园规划设计有所裨益。

## 参考文献

[1] 苏加林,金德泽,符杰凤,等.丰满水电站全面治理(重建)工程鱼类增殖放流站专题设计报告[R].广州:中水东北勘测设计研究有限责任公司.

# 城市水生态环境建设工程中有效
# 降低预制波浪桩桩长的措施分析

张新荣　　黄远泽

（中水东北勘测设计研究有限责任公司,吉林长春　130021）

摘　要:城市水生态环境建设工程中广泛应用占地面积较小的预制波浪桩护岸,该护岸形式施工快、水上作业、断面刚度大、结构稳定、造型美观等诸多优点。预制波浪桩护岸造价较高,如何采取有效的工程措施降低桩长,降低投资造价,是城市水生态环境建设工程波浪桩护岸面临的关键问题。本文围绕水生态环境建设工程中预制波浪桩桩长计算,分析了影响桩长的因素,提出了有效降低桩长的工程措施,为降低施工难度、控制投资造价提供了保障。

关键字　水生态环境建设工程;波浪桩;桩长

## 1　概述

哈尔滨市松北灌排体系及水生态环境建设工程,位于哈尔滨市松北区,是充分利用松花江、呼兰河等松北现有的及规划的水利工程条件,统筹兼顾相关部门的现状及发展规划需求,疏通整合松北现有防洪排涝体系,通过实施增强排涝能力、协调防洪排涝调度、采取引江水促流动、连湿地复生态、拓湖泊添美景等综合治理措施,打造具有引水灌溉、排涝减灾、改善生态、旅游观光等综合功能的河网体系[1]。

集乐支渠是松北灌排体系中末级的排涝支渠之一,全长4.51 km,起点位于集乐泵站,终点位于发生渠,从上游至下游分别穿越保利别墅区、华远清华小区、哈尔滨商业大学等人口密集的区域。哈尔滨商业大学始建于1952年,校园内景色优美、树木茂密,集乐支渠从东至西穿越校园A、B两区,校内部分集乐支渠用地归属为教育科研用地,商业大学对渠道建设提出明确要求,最大程度保护岸顶疏林地不被破坏。近年来,随着城市建设的加快,集乐支渠两岸岸线及滨水空间被大量开发利用,集乐支渠征地范围内地面附着物及渠道现状条件发生重大改变。受以上建设边界条件制约,为确保岸顶林地、道路、景观不被破坏,考虑采用占地面积较小的预制波浪桩护岸,具有施工快、水上作业、断面刚度大、结构稳定、造型美观等诸多优点。预制波浪桩护岸造价较高,每根桩单位延米造价约700元,在满足护岸功能的同时,如何采取有效的工程措施降低桩长,进而降低投资造价,是本

作者简介:张新荣(1986—),女,高级工程师,主要从事水利水电设计工作。

工程急需解决的关键问题。

波浪桩桩长受地质条件、悬臂长度等因素的影响。本文围绕水生态环境建设工程中预制波浪桩桩长计算,分析了影响桩长的因素,提出了有效降低桩长的工程措施,为降低施工难度、控制投资造价提供了保障。

## 2 直立式护岸设计方案

预制波浪桩是一种新型的基础围护挡土桩预制构件,广泛应用于河道护坡治理、航岸港口码头、市政桥梁护坡工程、城市基坑支护工程等。常见的直立式支挡结构还有钻孔灌注桩、钢波浪、混凝土平波浪、管桩等,钻孔灌注桩施工慢,施工过程中对周边环境污染大;钢波浪耐久性差,不适合作为永久工程使用;混凝土管桩与平波浪在基坑较深情况下,断面尺寸较大,挤土效应对周边建筑影响较大。与之相比,预制波浪采用了更合理的波浪型截面受力结构,桩身截面积小,薄壁结构节省了成桩材料,挡土面积大,受力性能更好;不截流,不受汛期影响;施工迅速,一天可完成 15 m 渠道双侧护岸施工,极大缩短了工期;成桩美观,安全可靠;材料耐腐蚀性好,维护简单。从诸多工程实例建设效果看,预制波浪的应用技术已经非常成熟,其占地少、施工快、造型美观,尤其适用于城市内河道治理工程,近年来应用领域涵盖了工民建、水利建设的各个领域,效果良好。

预制波浪桩长受基坑深度及锚固深度控制,基坑深度越深,则锚固深度越深,需要设计桩长越长。从技术可行、经济合理的角度出发,本次设计根据地形条件确定合理桩长。集乐支渠直立式护岸波浪桩的设计断面见图 1。

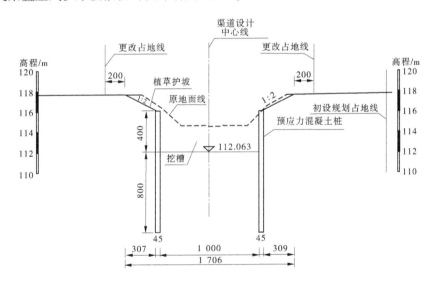

**图 1 直立式护岸波浪桩的设计断面** (单位:尺寸,cm;高程,m)

根据地质资料,集乐支渠地面高程 114.50～117.50 m,地势较平缓。表层土为杂填土,下部主要为细砂,局部见粉质黏土。地下水属第四系孔隙潜水,埋深 0.50～5.50 m,分布高程 114.60～112.61 m,受大气降水补给,向松花江排泄。物理力学参数指标见表 1。

表1　物理力学参数指标

| 岩性名称 | 密度/(g/cm³) | | 层底埋深/m | 渗透系数 k/(cm/s) | 压缩模量 $E_s$/MPa | 允许承载力 R/kPa | 抗剪强度 | |
|---|---|---|---|---|---|---|---|---|
| | 湿 $\rho$ | 饱和 $\rho_{sat}$ | | | | | 内摩擦角 $\varphi$/(°) | 凝聚力 c/kPa |
| 杂填土 | — | | 114.44~115.39 | — | — | — | — | — |
| 粉质黏土 | 1.92 | 2.0 | 114.04~114.09 | | 5 | 100 | 8 | 19 |
| 细砂 | 1.91 | 2.0 | 109.24~112.29 | 4.53×10⁻⁴ | | 100 | 20(18) | 0 |
| 粗砂 | 1.90 | 2.0 | 102.39~102.84 | | | | 30(27) | 0 |

## 3　桩长计算

波浪桩属于悬臂式支挡结构,其嵌固桩长由整体稳定性计算、抗倾覆稳定计算等综合确定。

悬臂式支护结构嵌固桩长 $l_d$ 满足抗倾覆稳定要求,计算公式如下[2]:

$$K = \frac{E_{pk} Z_{p1}}{E_{ak} Z_{a1}} \geqslant K_{em} \tag{1}$$

式中:$K$ 为安全系数;$E_{pk}$、$E_{ak}$ 分别为被动土压力、主动土压力,kN;$Z_{p1}$、$Z_{a1}$ 分别为基坑内侧被动土压力、基坑外侧主动土压力合力作用点至挡土构件底端的距离,m。

采用理正深基坑7.0程序计算桩长,设计桩长由悬臂桩长及锚固桩长两部分组成,悬臂桩长为4 m,锚固桩长及桩顶位移需满足《建筑基坑支护技术规程》(JGJ 120—2012)的要求。基坑深度4 m,地下水位低于桩顶下2 m,波浪桩直径为0.8 m,计算模型见图2。

对桩顶设冠梁、冠梁无冠梁、桩顶设支撑三种工况分别计算锚固桩长,对比分析桩长计算结果。

(1)桩顶设冠梁。桩顶设置现浇C30混凝土冠梁,冠梁宽0.60 m,高0.70 m,冠梁水平侧向刚度168.93 MN/m[3]。计算结果见图3,嵌固桩长为8.10 m,总桩长12.10 m。

(2)桩顶无冠梁。桩顶无冠梁,计算结果见图4,嵌固桩长为10.00 m,总桩长14.00 m。

(3)桩顶设支撑。桩顶设置横向支撑,计算结果见图5,嵌固桩长为6.00 m,总桩长10.00 m。

经计算,桩顶无冠梁时,锚固桩长最长为10.00 m,桩顶位移最大为9.97 mm,桩顶设支撑时,锚固桩长最短为6.00 m,桩顶位移最小为8.70 mm。各工况计算结果详见表2。

表2　各工况计算成果汇总

| 序号 | 设计工况 | 锚固桩长/m | 桩顶位移/m |
|---|---|---|---|
| 1 | 桩顶设冠梁 | 8.10 | 9.69 |
| 2 | 桩顶无冠梁 | 10.00 | 9.97 |
| 3 | 桩顶设支撑 | 6.00 | 8.70 |

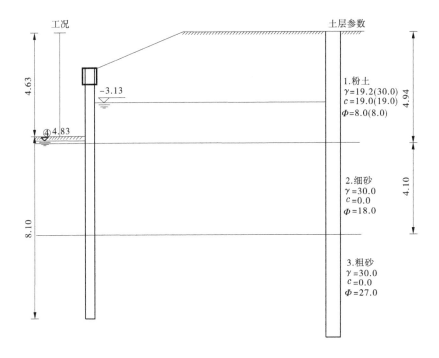

图 2 波浪桩桩长计算模型 （单位:m）

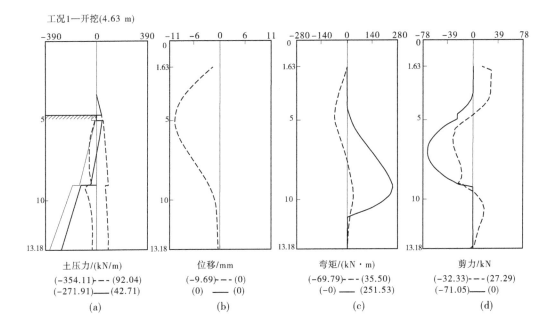

图 3 桩顶设冠梁计算内力包络图

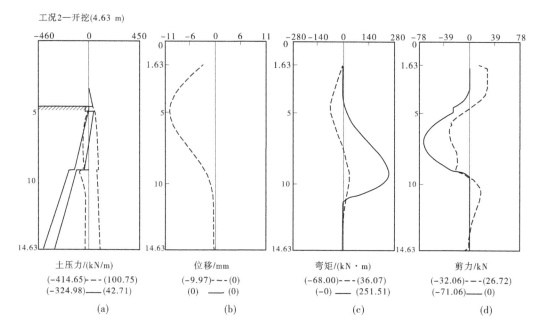

图 4　无冠梁计算内力包络图

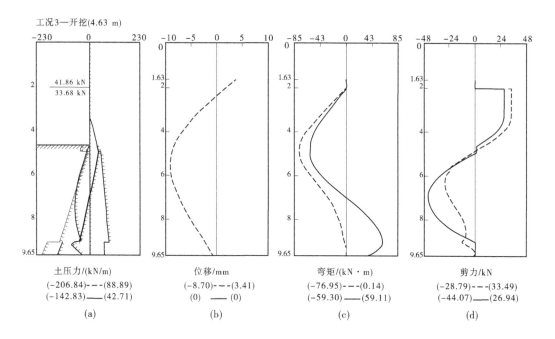

图 5　桩顶设支撑计算内力包络图

## 4　桩长影响因素分析

锚固桩长主要受抗倾覆稳定性控制,锚固桩长计算除要满足结构整体抗倾覆稳定要求外,桩顶位移还需满足规范要求的限制值,本工程限制桩顶位移为 10.00 mm。

由于预制波浪桩之间为相对独立的支挡结构,桩顶设置冠梁,增加了支挡结构的整体刚度,从而减小了桩顶位移。桩顶设置冠梁提高了支挡结构的稳定性,能够有效减小桩顶位移,一定程度上减小锚固桩长,是影响桩长的间接因素。

桩顶设置横向支撑,提供了水平支撑力,从而大大降低了锚固桩长。从理论计算结果分析,增加基坑内横向支撑是降低锚固桩长的最有效措施,是影响桩长的直接因素。

## 5 降低桩长措施分析

通过桩长计算及桩长影响因素分析,降低桩长主要有以下措施:

(1)桩顶设冠梁。桩顶设置冠梁,提高了支挡结构的稳定性,能够有效降低桩顶位移,一定程度上减小锚固桩长。桩顶冠梁施工方便、造型美观,同时可作为栏杆等结构的支座,满足工程建设的安全性要求。

(2)桩顶设支撑。桩顶设横向支撑,提供了水平支撑力,从而大大减小了锚固桩长。桩顶设置横向支撑,横向支撑为钢支撑或混凝土支撑结构,施工相对困难,支撑沿河道每10 m 或 20 m 设置一道,影响河道的整体景观效果。

综上所述,桩顶设置冠梁及支撑均能有效降低锚固桩长。桩顶设置冠梁降低桩长效果有限,但施工难度低,景观效果好,桩顶设置支撑降低桩长效果明显,但施工难度大,景观效果差,可根据不同要求选择适宜的措施降低桩长。

## 6 结论

本文围绕直立式护岸波浪桩设计桩长计算,分析了桩顶设冠梁、桩顶无冠梁、桩顶设支撑三种工况的土压力、内力及桩顶位移。由计算结果可知,桩顶设置冠梁及支撑能有效降低锚固桩长。设置冠梁增加了支挡结构的整体刚度,从而降低了桩顶位移。设置横向支撑提供了水平支撑力,从而大大降低了锚固桩长。

桩顶设置冠梁及支撑均能有效降低锚固桩长。桩顶设置冠梁降低桩长效果有限,但施工难度低,景观效果好,桩顶设置支撑降低桩长效果明显,但施工难度大,景观效果差,可根据不同要求选择适宜的措施降低桩长。

## 参考文献

[1] 哈尔滨市松北灌排体系及水生态环境建设一期工程初步设计报告[R]. 长春:中水东北勘测设计研究有限责任公司,2010.

[2] 中华人民共和国住房和城乡建设部. 建筑基坑支护技术规程:JGJ 120—2012[S]. 北京:中国建筑工业出版社,2012.

[3] 中华人民共和国水利部. 水工混凝土结构设计规范:SL 191—2008[S]. 北京:中国水利水电出版社,2009.

# 川槎涌片区水环境综合整治设计与实践研究

糜凯华　　邓水明

(中水珠江规划勘测设计有限公司，广东广州　510610)

**摘　要**：为解决城市河道淤积严重、水动力不足、水流不畅问题，改善河道周边人文居住环境。本文研究了川槎涌片区现状存在的问题，探讨并提出改善河道水动力不足的措施，增大涌容，完善内河涌防洪排涝体系。结果表明，通过对川槎涌片区水环境综合整治，为整个水环境整治工程提供有效保障，配合相关环境保护工程措施，河道水环境有明显改善，能够促进地方水乡特色的发展及乡镇规划目标的实现。

**关键词**：城市河道；水环境；实践研究；川槎涌

## 1　研究背景

　　川槎涌片区水环境综合整治工程位于东莞市麻涌镇境内。工程主要任务是清淤疏浚、水系连通，同时兼顾水环境、水生态、防洪、景观功能。河涌按20年一遇防洪标准设计，工程等别为Ⅳ等，工程规模为小(1)型。

　　为树立和践行绿水青山就是金山银山的新发展理念，全面落实河长制各项工作任务部署和中央环保督察整改要求，加快补齐水生态短板，改善内河涌水环境，让人民群众在河涌治理中得到实实在在的获得感和幸福感[1-2]。借鉴周边河涌整治经验，对川槎涌进行彻底整治，并把这项工程打造成为市跨镇河流治理的示范工程，引领市跨镇河流的整治，推进市跨镇河涌的综合治理[3-4]。

　　川槎涌片区占用河道现象突出，沿岸居民生活污水、工厂垃圾废水入河造成河水黑臭，底泥淤积严重，河水流动缓慢，部分河段甚至淤积露底，河道的过流能力及可调蓄能力严重下降，居民生活环境遭受破坏。区域内河涌之间采用闸门进行隔断，导致河道内水动力及水体交换能力不足。由于缺乏水生植物、水生动物的净化措施，没有完善的水生态水质净化处理系统，对进入河道内的污染物主要依靠微生物自然降解，导致区域水生态系统较为脆弱[5]。因此，采取有效措施，实施川槎涌片区水环境综合整治工程是十分迫切和必要的。

## 2　河涌存在的问题

### 2.1　水安全

　　川槎涌片区位于四乡联围片，防洪排涝规划最高运行水位1.8 m，川槎涌片区内大部

---

**作者简介**：糜凯华(1986—)，男，工程师，主要从事河湖生态治理研究工作。

分岸坡顶高程可以满足设计要求,但局部河段未能满足。

## 2.2 水环境

(1)河道淤积严重,底泥存在二次污染风险。随着麻涌镇经济的迅速发展,工业厂房迅猛增加,部分生活垃圾、工业污染物等直排入河涌,河涌底泥淤积日益增多,底泥污染严重。底泥作为巨大的潜在污染源,不仅对生物及生态系统造成危害,重金属还可能通过底泥的土地利用污染土壤,最终进入动植物体内,进而影响人类的健康。

(2)河道水动力条件差,缺乏水源补给。川槎涌片区各河涌连通情况较差,底泥淤积严重,部分河段淤积露底,河道过流能力下降,同时缺乏水源补给,造成河道水动力条件差,河道自净能力大大降低。

(3)水生态环境现状较差,影响人文居住环境。沿岸居民及工厂垃圾废水入河造成河水黑臭,底泥淤积严重,表层底泥受污染物沉降的影响,有机质、营养物质含量相对较高,受耗氧有机物污染的底泥,往往呈黑色、灰黑色,且易再悬浮,处于微流动状态,同时溶解氧的消耗会引发一系列环境问题,如臭气的发散,COD、氮、磷的释放,容易造成二次污染。受到排污、底泥以及水动力条件差的影响,川槎涌片区水系的水生态环境较差,根据2018年水质监测成果,川槎涌水质为劣Ⅴ类,严重影响周边居民的居住环境,影响景观及人们生活和健康,也严重限制了城市自身的发展,破坏了城市的美好形象。

## 2.3 水生态

现状部分河段建设直立挡墙或其他形式混凝土护岸,生物生长环境缺失。硬化的河岸无法为植被提供生长环境,植被难以生长,导致水陆生态系统之间的联系被阻断。

## 2.4 水景观

川槎涌片区现状部分水体严重黑臭,沿河建筑侵占河道现象明显,公共空间和亲水空间缺失,河岸景观连续性和整体性不佳,缺乏水文化特色,无法实现人河和谐发展,严重影响了人民休闲身心的美好需求。

# 3 工程总体布置

川槎涌片区水环境综合整治工程,河道整治总长5.444 km,河道清淤5.444 km,岸坡整治3.993 km,新建1座水闸。通过清淤疏浚、水系连通保证生态补水基流,提高区域水动力;通过岸坡整治提高河涌的防洪排涝能力;通过水生态修复改善河道水环境。

## 3.1 清淤疏浚工程

川槎涌片区河涌较多,范围广,跨度大,断面宽窄不一,水深不等,部分河涌周边有建筑物及管线。需因地制宜,对不同河段采取不同的清淤断面。对有立式护岸及管线的河道,离现状护岸2 m范围内清除表层浮泥(0.3 m),以1:3~1:4的坡比清淤至设计底高程。沿线有单侧或双侧土质边坡的河段,以1:3~1:4的坡比清淤至设计底高程。

## 3.2 堤岸整治工程

川槎涌片区各河涌大部分堤岸满足20年一遇设计洪水,未能满足的局部河段以土坡结合木桩、抛石、水生植物、草皮等措施进行加固,堤顶设置3.0 m宽路面与现状道路相接。对于受地形及征地限制的河段采用复式或直立式护岸结构,其他河道整治段两岸均为缓坡式生态护岸。

### 3.3 生态修复工程

主要对因实施清淤疏浚、岸坡整治等措施而造成河床及河岸扰动的河涌进行水生态系统构建。生态修复主要通过在松木桩与现状堤岸之间的回填区间种植挺水植物。

## 4 工程设计

### 4.1 清淤疏浚设计

川槎涌片区共清挖 5 条河道,其中大茅涌堵塞段与欧涌清淤底泥疏挖后通过陆运方式运抵底泥处理场进行处理,如图 1 所示;黎滘涌、沙涌及川槎涌清淤底泥疏挖后通过泥驳倒运+泥罐车运抵底泥处理场进行处理,如图 2、图 3 所示;底泥处理场底泥经过脱水固结一体化处理后用于制砖。

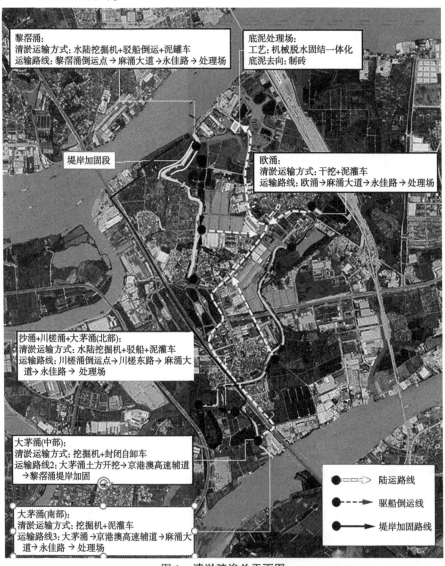

图 1 清淤疏浚总平面图

图 2 泥驳运输

图 3 泥罐车运输

底泥处理场(见图 4)符合环境要求,不会对附近村庄、农田造成二次污染,处理场界限距居民集中区不小于 50 m;不占基本农田及耕地,尽量利用低洼地、空地,同时避免选择河道最高水位线以下的滩地、洪泛区和受内涝威胁的低洼地带,若不可避免时,应具有可靠的防洪、排涝措施[6]。

底泥处理工艺(见图 5)的重点是加强前置预处理,实现前期减量;重视过程环保和循环利用;使水环境治理过程也能做到节能环保、循环利用、资源再生,同时大大降低了后续的处置难度。

### 4.2 堤岸结构设计

部分堤段不满足内河涌 20 年一遇防洪要求。现状堤身软土层较厚,稳定性较差,为与现有道路衔接并满足行洪要求,不影响河堤的稳定,对不满足防洪要求的河堤加高至 3.00 m 高程,堤顶设置 3.00 m 宽路面与现状道路相接。堤身为均质土堤,堤顶宽 3.00 m,迎水坡和背水坡比均为 1:2.5,迎水坡及背水坡均采用草皮护坡,迎水坡坡脚设置抛石护脚,松木桩顶设 2.0 m 宽平台种植水生植物,典型断面如图 6 所示。

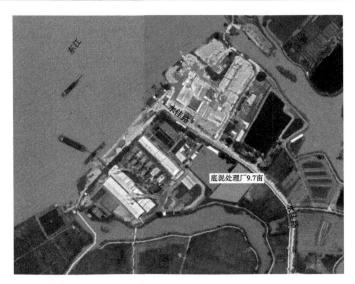

图 4　底泥处理场

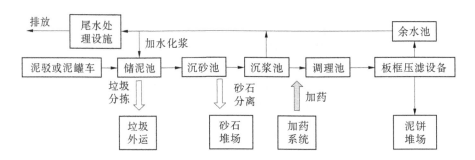

图 5　底泥处理工艺

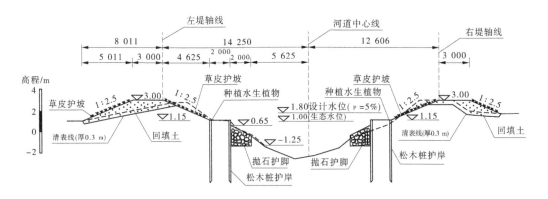

图 6　河堤加固段典型断面

　　部分河道总体狭窄,水闸开启后引水,受潮汐水涨跌影响,水流急,对河岸冲刷严重,河道基本呈狭窄的 V 形,局部河床底高程低于清淤底高程-1.25 m。对该河涌在受冲刷严重段增加抛石护脚,提高河堤的整体稳定性。

松木桩护岸(见图7)治理效果好、生态性好,对地基适应能力强,造价低,施工难度小,水土交换、水生植物及植被生长环境好。结合现场环境、征地范围以及工程投资等问题,川槎水系内河涌堤岸治理采用双排松木桩固脚,松木桩桩长 6.0 m,松木桩与现状堤岸之间地势低洼处采用开挖土料回填至松木桩桩顶高程。设计河底高程−1.25 m,中间设 2.00 m 宽松木桩平台,平台顶高程 1.15 m,种植水生植物。

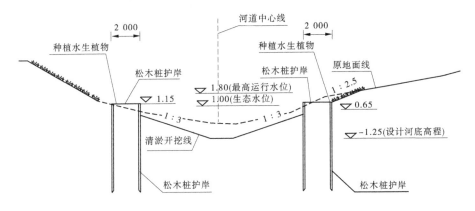

**图 7　松木桩护岸段典型断面** （单位:mm）

## 4.3　生态修复设计

川槎水系内河涌生态修复在现状河道清淤、松木桩护岸的基础上,在两排松木桩护岸之间的淤泥回填区设置宽约 2.0 m 的挺水植物带,如图8所示。

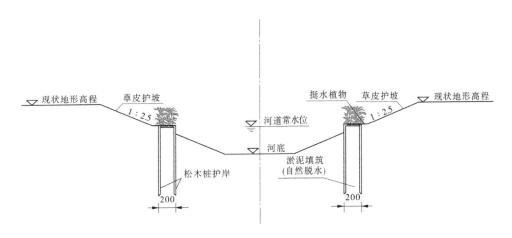

**图 8　挺水植物带示意图** （单位:cm）

挺水植物的选择主要满足生态修复和河道景观需求,另外考虑到工程河段可能受海水上溯影响,盐度偏高,因此选择鸢尾和美人蕉(见图9)等景观性好、耐盐性强的挺水植物,其中鸢尾成株高 30~50 cm,美人蕉成株高 70~100 cm,对减少岸坡侵蚀、截流陆地入河的污染有重要作用。

(a)鸢尾

(b)美人蕉

图9　挺水植物种类示意

## 4.4　景观设计

结合乡镇、村落布局,以及工程场地因素,在川槎涌下游段,设置休闲平台、种植景观植物带。休闲平台种植草皮及低矮灌木绿化,布置树池、休闲广场等,如图10所示。两岸现状水生植物种类单一,河道两岸植物景观不成体系,景观效果缺乏层次感和立体感。植物种植采用通透式种植方式,以花色艳丽的黄花风铃木列植作为行道树;适当片植姿态优美色泽鲜明的落羽杉,营造季相鲜明、色彩丰富的滨水特色植物景观,如图11所示。

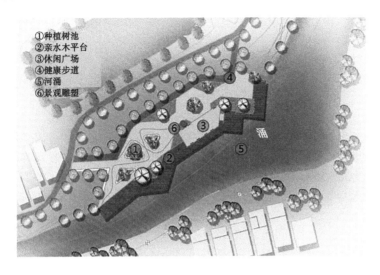

①种植树池
②亲水木平台
③休闲广场
④健康步道
⑤河涌
⑥景观雕塑

图 10　休闲平台布置

主要植物品种：

| 黄花风铃木 (3—4月) | 落羽杉 (11—12月) | 红花鸡蛋花 (5—11月) | 大叶油草 |

图 11　景观植物带效果示意

# 5　结语

　　针对川槎涌片区现状存在的问题，提出行之有效的整治措施。通过清淤疏浚、水系连通保证生态补水基流，提高区域水动力；通过岸坡整治提高河涌的防洪排涝能力；通过水生态修复和改善河道水环境。工程实施后可提高区域防洪、排涝标准，为地方经济、社会发展提供安全保障，社会效益、经济效益、生态效益显著。

# 参考文献

［1］李卫忠,汪粉明,王荣方.水利河道工程治理中存在问题及对策研究［J］.运输经理世界,2021(9):
　　145-146.

［2］皇甫铮.城区水环境综合整治的实践思考［J］.城市地理,2017(4):134.

［3］耿辉.浅析水利工程河道治理存在的问题与对策［J］.清洗世界,2020,35(12):43-44.

［4］贾伟.水利工程河道治理存在的问题及管理［J］.城市建设理论研究:电子版,2019(23):54.

［5］吴赛霞.关于城市河道水环境生态治理的策略探析［J］.资源节约与环保,2021(3):40-41.

［6］尹沛泉.水环境综合整治中河道底泥处置技术比选［J］.陕西水利,2022(7):114-115.

# 城市富营养化浅水湖泊沉水植物群落恢复实践与思考

## ——以长江中下游某城市湖泊为例

罗　坤[1,2]　陈　锋[1,2]　马方凯[1,2]

(1. 流域水安全保障湖北省重点实验室,湖北武汉　430010;
2. 长江勘测规划设计研究有限责任公司,湖北武汉　430010)

**摘　要:** 沉水植物恢复是浅水湖泊生态恢复的重要内容,也是浅水湖泊富营养化治理的重要途径。以长江中下游某城市浅水湖泊为研究对象,探讨了沉水植物群落恢复总体思路、工程方案与技术要求。通过回顾湖泊沉水植物群落恢复工程实践,包括入湖排口生态化改造、湖泊水位调控、水体透明度提升、湖底底质改良、鱼类调控等生境条件营造工程和沉水植物种植、运营维护措施,总结提出了入湖污染控制和生境条件构建对沉水植物群落恢复至关重要,并指出行业对尽快出台相关技术标准的迫切需求。研究成果可为富营养化浅水湖泊生态修复提供参考。

**关键词:** 浅水湖泊;沉水植物;生态修复

## 1　引言

水生植物是湖泊生态系统的重要组成部分,在整个湖泊生态系统的建构、平衡、维持、恢复等过程中起着举足轻重的作用,其构成的复杂空间生境,不仅能为水生生物提供栖息地或掩体,也具有吸收水体营养盐和稳固沉积物等作用,是湖泊稳态维持和健康生态服务功能的保障[1]。我国长江中下游城市湖泊众多,但多数已处于富营养化状态,导致水生植物尤其是沉水植物消退,逐渐转变为以藻类为优势的浊水态水体。据调查,长江中下游绝大多数城市湖泊沉水植物覆盖度和生物量极低,部分湖泊甚至未见有沉水植物分布[2]。

浅水湖泊的沉水植物群落恢复分为自然恢复和人工恢复两种方式[3]。其中,自然恢复主要依靠沉水植物保存在沉积物中的种子库或繁殖体,逐渐恢复沉水植物群落结构,不仅易受环境因子的影响,而且在湖泊经历长时间富营养化过程中,保存在沉积物中的沉水植物种子库相对匮乏;同时,受鱼类、水体营养盐、透明度等因素限制,原有的生态系统结构难以自我恢复到原有健康水平,恢复周期漫长。人工恢复主要通过人工调节可控环境因子(水位、透明度等),改善水下光照条件,通过移植合适的沉水植物种类,加速沉水植

---

**作者简介:** 罗坤(1990—),男,高级工程师,主要从事城市河湖水环境治理与保护工作。

物群落恢复[4]。目前,人工恢复已广泛应用于湖泊生态修复,但在沉水植物种类筛选、种群搭配、种植单元分区与划分方法、水质与外源负荷、适宜水深、底泥性质、种植面积和生物量等技术层面还存在诸多问题与误区,尤其缺乏对沉水植物种群搭配、适宜种植面积和生物量等关键要点的界定[1,5]。

本文选取长江中下游某城市内湖为研究对象,在分析湖泊沉水植物群落现状及边界条件的基础上,开展沉水植物群落恢复工程实践研究,提出了富营养化浅水湖泊沉水植群落恢复总体思路、技术要求及思考建议,以期为城市浅水湖泊治理与保护提供科学依据。

## 2 工程实践

### 2.1 研究区域

该湖泊位于长江中下游某城市中心城区,流域范围内基本为已建成区,湖泊水面面积 3.16 km², 湖岸线全长 29 km, 常年水位 18.0 m( 黄海高程), 平均水深 1.94 m, 最高水位 19.3 m, 属于城市浅水型湖泊(见图 1)。湖区主体地貌为低山丘陵,年平均气温 15.8 ~ 17.1 ℃, 年平均降水量 1 316.9 mm, 属亚热带大陆性季风气候。

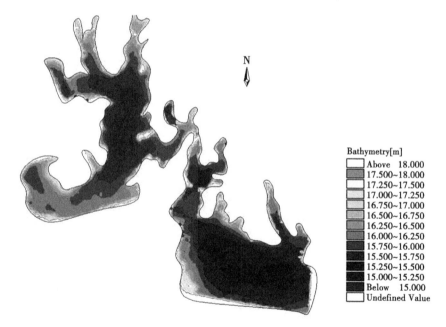

**图 1 湖泊水下地形**

### 2.2 现状问题

该湖内部湖湾较多,与外界基本不发生水体交换,非汛期外江水位较低时,开启节制闸自流排江;汛期外江水位较高时,关闭节制闸通过泵站抽排出江,整个湖区没有引水补水通道,水体流动性差。该湖尚有 6 处溢流排口,加之城市面源和河湖底泥污染释放的影响,湖泊水质整体为劣Ⅴ类。通过现场调查,该湖全湖透明度仅 20 ~ 40 cm, 无沉水植物分布,少量挺水植物成斑块状或带状沿湖岸带分布,整个生态系统属于以典型的浮游植物为主要生产者的藻型浊水状态。

## 2.3 工程方案

本工程在入湖污染得到有效控制的基础上,通过湖泊水位调控、水体透明度提升、湖底底质改良、鱼类调控营造沉水植物群落恢复良好生境条件。在此基础上,分析沉水植物恢复种群搭配、种植密度、种植方式,制定长效运营管护机制,包括藻华风险防控、极端天气或自然灾害应急处理及日常维护管养,实现湖泊清水稳态持续性。

### 2.3.1 排口生态化改造

该湖泊沿岸现状分布有 6 处混流排口和 12 处大型雨水排口,虽然经过沿湖末端截流,但在降雨强度较大的情况下,仍有溢流污染和大量初期雨水进入湖体,对湖泊水质安全构成威胁。研究显示,一般雨污混流排口带入的污染主要为有机物、营养盐及大量固体悬浮物等[6]。针对此类污染物,通过在各排口前端设计面积约 160 $m^2$ 强效生态净化床,利用净化床内的脱氮除磷填料、附着微生物、水生植物等作用,过滤水体悬浮物,吸附、净化水体营养盐等。同时,本工程通过在 12 处雨水排口前端设置小型缓冲湿地,利用植物茎叶、碎石等起到缓冲排口水体流速,拦截、沉淀雨水中的悬浮物质,达到降低污染量的目的。研究显示,初雨中悬浮颗粒物对水体中磷、氮、有机质等具有较强的吸附作用,其中总磷吸附率为 68.6%～83.1%,COD 吸附率为 46.4%～55.5%,悬浮颗粒的去除可有效降低入湖污染负荷[7]。混流排口生态改造示意如图 2 所示。

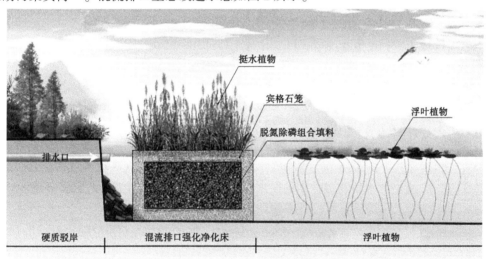

**图 2 混流排口生态改造示意**

### 2.3.2 径流污染净化

湖泊滨岸带作为连接水体和陆地的重要过渡区域,在调节湖泊水文、生态、防治土壤流失、环境保护等方面都起到重要作用[8]。随着城市经济社会的发展,该湖环湖建设开发强度逐渐增大,尤其是西部湖区,现状建设用地密集,且湖岸为抛石硬质护岸,大量城市径流污染可以直接入湖。本工程通过对该湖西部湖区硬质驳岸段进行改造,采用仿木桩结合阶梯式花池构建滨水缓冲带,拦截和净化入湖径流污染,如图 3 所示。

### 2.3.3 生态水位调控

对沉水植物而言,水位变化可能影响沉水植物的生长周期、潜在生长区域[9]。由于

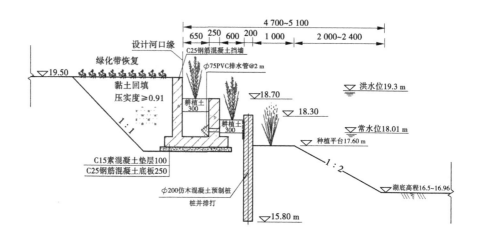

**图 3　阶梯式花池+仿木桩护坡结构示意图** （单位:尺寸,mm;高程:m）

水位的高低、变化的频率和幅度、持续时间及变化率等均会对水生植物产生各种影响,水位变化通过改变光质和光量进而影响植物光合作用的能力。根据《湖泊生态修复技术指南》《生态治理设计指南》和《生态治理技术要点及养护手册》,健康湖泊的高等水生植物覆盖面积应不低于总水域面积的 30%。国内外实践经验表明,浅水湖泊大型水生植物的生物量保持在 3 kg/m² 左右,覆盖面积达到湖泊面积的 30% 以上时,对净化水质和维持湖泊生态系统良性循环较为有利[5]。

根据大量生态调查和工程实践,沉水植物如苦草、菹草、轮叶黑藻等适宜种植的最小水深为 0.3~0.5 m,最大水深约为 2.5 m[10]。通过分析该湖底高程和实际运行 18.01 m 的常水位条件,推算该湖适宜种植水生植物的区域湖底高程为 15.5~17.5 m。各湖底高程的区域分布对应的面积见表 1。当种植湖底高程区域为 16.0~17.5 m 时,该湖沉水植物最大种植水深为 2 m,满足沉水植物生长的水深需求,对应湖底高程区域占全湖水域面积的 37.42%,满足沉水植物覆盖度的需求,可作为沉水植物群落恢复的主要分布区域。

**表 1　不同高程范围湖底高程面积统计**

| 序号 | 湖底高程范围/m | 涉及湖泊面积/m² | 占全湖面积比例/% |
| --- | --- | --- | --- |
| 1 | 15.5~17.5 | 2 416 053 | 82.18 |
| 2 | 16.0~17.5 | 1 100 192 | 37.42 |
| 3 | 16.5~17.5 | 327 091 | 11.12 |
| 4 | 17.0~17.5 | 24 581 | 0.84 |

### 2.3.4　湖底底质改良

在实施水生态修复前需对湖泊底泥污染较重的区域进行生态清淤,同时对湖底基底进行改良,提高底泥的氧化还原电位,抑制底泥中有害病原体滋生,降解清淤后底泥表层浮泥中的污染物含量,为沉水植物生长提供良好条件。本工程采用投加的微生物菌剂改善基底环境,通过投加有机质降解菌、总氮降解菌及总磷降解菌等,为沉水植被种植提供良好的底质环境,待植被扎根分蘖后,微生物可附着在植株根、茎、叶等表面继续降解底泥、水体等污染物。该湖平均水深约 2.0 m,在植被种植前投加微生物菌剂,投加浓度约 10 g/m² ,待微生物投加 3～5 d 后,开始种植沉水植物。

### 2.3.5 水体透明度提升

光照强度是影响沉水植物生长、繁殖的环境因子。当水下光强不足入射光的 1% 时,沉水植物难以成活。该现状水体透明度为 20～40 cm,透明度分布如图 4 所示。

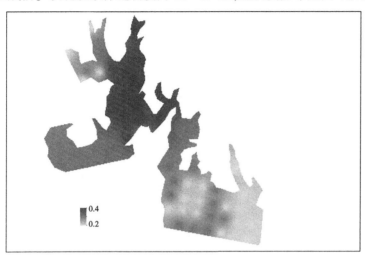

**图 4 湖泊现状水体透明度分布** (单位:m)

影响湖泊底部光强的主要因素为太阳辐射强度、水深和透明度,其与水生植物生长水深的关系可由如下方程表述:

$$E \times WD = \ln(I_s) - (I_{植物}) \tag{1}$$

式中:$E$ 为水体消光系数,$m^{-1}$ ;WD 为沉水植物生长水深,m;$I_s$ 为水体表层光照强度,$\mu m/(m^2 \cdot s)$ ;$I_{植物}$ 为沉水植物生长的最小光照需求量,$\mu m/(m^2 \cdot s)$ 。

参考周边湖泊经验,该水体透明度(SD)与水体消光系数的回归方程为

$$E = \frac{1.4667}{SD} + 1.2123 \qquad R^2 = 0.5378 \tag{2}$$

据此推算该湖沉水植物生长水深(WD)与水体透明度(SD)的关系如图 5 所示。

本工程通过投加 PBA 改性黏土,快速提升水体透明度,并在底泥表层覆盖一层黏土膜,降低底泥中污染物释放量,为沉水植被恢复提供良好的生长环境,投加量为 10～15 g/m² 。水体透明度提升应在沉水植物群落重建之前进行,整体以保证沉水植物群落的生长与自然恢复过程为目标。

### 2.3.6 鱼类调控

湖泊内杂食性鱼对水下生态净化系统的构建极为不利,主要表现在:①易搅浑水体,不利于水体透明度的提高;②对种植初期沉水植物造成破坏,杂食性鱼类会牧食水草、搅动底泥抑制水草扎根,不利于后期沉水植被恢复;③杂食性鱼类对水体浮游动物摄食压力大,使得浮游动物数量降低,对藻类的控制力差,水体藻类密度高,在水体营养盐高,夏季

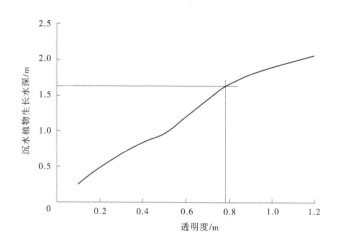

图 5 沉水植物生长水深与水体透明度的关系

温度上升时,极易暴发水华。因此,在生态系统构建前期要及时对杂食性鱼进行清理和转移。

根据该湖泊鱼类的调查结果,植食性为主的杂食性鲤科是湖中分布最广泛的鱼类,占鱼类种数的 72.9%,鲤鱼和鲫鱼作为耐受性较强的底层鱼类,不仅适应性较强,同时对底质扰动较大,抑制水草扎根,也会牧食水草,不利于沉水植物恢复。因此,本工程在沉水植物种植前,通过人工驱赶、地笼、撒刺网、拖网等物理方法,将湖内肉食性、滤食性鱼类等转移到在周边湖湾暂养,待沉水植物恢复后转移回湖内,同时捕捞鲨条、鲫鱼、鲤鱼等杂食性鱼类另行处置,为沉水植被恢复提供基础环境。

### 2.3.7 沉水植物种植

沉水植物群落是水生生态系统重要的组成部分之一,以沉水植被为优势的水体通常能维持清水态,水质优良[1]。沉水植物一方面可吸收水体和底泥中的营养盐,减少底泥中的营养盐再释放;另一方面可通过与藻类进行资源竞争,分泌化感物质抑制藻类生长繁殖[11]。本工程在满足生态水位、水体透明度、湖底基底条件,并清除杂食性鱼类的基础上,开展沉水植物群落恢复。对于水深小于 1.0 m 区域,主要种植根须发达的矮型苦草,固定底泥污染物,防止植株长出水面,影响湖泊景观;在排口前端种植少量黑藻、眼子菜等冠层型植株,促进排口水体中悬浮颗粒物沉降。水深不小于 1 m 区域,主要配置冠层型植株,眼子菜、狐尾藻等,充分利用水体光能,确保植物的高成活率。

### 2.4 运营维护

由于水生植物过度繁殖有负面效应,因此需要对水生植物的生物量进行控制[1]。同时,在工程建设及运营期,可能发生突发污染事件,如高强度暴雨冲击、意外排污事件等,短时间内对水体水质及透明度造成严重的不利影响。通常情况下,清水型生态系统具有良好的自我恢复能力,但为了进一步增加系统安全性,增加应对突发大事件的能力,保障系统长期良好运营,本工程制定了春夏季藻华风险、极端天气及日常维护管养的应对措施。

### 2.4.1　藻华风险管控

本工程在开展藻华监测的基础上制订了前期预防和爆发期应急处置方案。在藻华易发高发的季节和区域,密切监测水体叶绿素a的浓度和藻密度,当发现局部水域出现水体叶绿素a浓度和藻密度快速上升趋势,通过开启活水循环曝气推流等措施进行预防控制,避免大规模蓝藻聚集暴发水华。当局部水域暴发大规模蓝藻水华并造成一定程度的不良影响时,采取微滤除藻、微纳米气浮除藻和复合微生物菌剂抑藻除藻等应急处置方案,在短时间内控制蓝藻水华暴发面积和规模,降低水体蓝藻生物量,及时降低消除蓝藻水华暴发造成的不利影响。

### 2.4.2　极端天气应急处理

为降低极端天气(暴雨)或自然灾害(洪水)对河道生态修复的影响,本工程采取增加水体溶解氧+提高水体透明度的措施,保障水体水质稳定,使沉水植物正常生长。

### 2.4.3　日常维护管养

日常维护管养是保障水生态系统健康、稳定、持续的关键,具体内容包括日常水面保洁、水生植物群落维护、水生动植物维护、水体生态监测、设备维护等。通过持续管养,可促使生态系统结构合理、健康、稳定、长效运行,使湖体水体清澈、水质良好,同时满足较高的生态景观需求。

## 3　几点思考

### 3.1　有效控制入湖污染是湖泊沉水植物群落构建的前提

良好的湖泊水质是实施生态修复、恢复沉水植物群落的前置条件。研究表明,沉水植物生长及分布的生态因子受到光照、温度、营养盐及水生动物牧食等多方面因素影响[11]。其中,湖泊营养盐水平与人类活动息息相关,是导致湖泊由沉水植物占优势的清水稳态向浮游植物占优势的浊水稳态转变的关键。在一定范围内,水体营养水平增加可以促进沉水植物的生长,但当水体营养物浓度超过临界阈值时,沉水植物出现衰退甚至消失[12]。另外,湖泊富营养化也会造成水体中的各种物质对红蓝光波谱吸收和散射作用增大,导致光强和光质均发生显著改变,进而影响沉水植物的生长、繁殖[13]。因此,有效控制入湖污染,降低湖泊营养盐含量是沉水植物群落构建的前提。

### 3.2　创建良好的湖泊生境条件是沉水植物群落恢复的基础

沉水植物恢复受水体生境条件中诸多因素(包括温度、光照、透明度等)的制约,适宜的生境条件对沉水植物种植初期存活至关重要。研究发现,水体透明度与水深的比值(透明度/水深)对浅水湖泊中沉水植物的分布、群落组成与生物量具有重要影响。在工程实践中,基于常见的沉水植物与水位的关系,往往通过人为调节水位和透明度来控制沉水植物的生长方向[10]。在底部环境方面,底质条件对沉水植物定植与存活有着直接限制,不仅具有固定植株的作用,也是沉水植物的主要营养来源。长期研究发现,沉水植物的衰退很大程度上是受到底泥理化性质的改变影响[14]。因此,在湖泊水质改善的基础上,创建良好的生境条件,能够有效提高沉水植物存活率。

### 3.3　尽快出台湖泊沉水植物群落恢复技术标准是行业迫切需求

随着国家和地方政府对生态环境治理的持续投入,各地城市湖泊修复项目陆续上马,恢复以沉水植物为主的大型水生植物群落已成为治理浅水湖泊富营养化和开展水生态修复的重要方式。然而,在工程实践中,尚无相应的规范或指南对沉水植物覆盖度参数的设计取值有较明确的指导[1,5]。虽然生态环境部已经颁布了《湖滨带生态修复工程技术指南》及《湖泊流域入湖河流河道生态修复技术指南》,明确了沉水植物恢复的原则和总体要求,但现有技术导则[如《河湖生态保护与修复规划导则》(SL 709—2015)、《河湖生态系统保护与修复工程技术导则(征求意见稿)》]、技术指南(如《湖滨带生态修复工程技术指南》《湖泊流域入湖河流河道生态修复技术指南》)均未对沉水植物种类筛选、种群搭配、覆盖度等关键要点的界定,难以指导城市浅水湖泊水生植物群落恢复和保护工作。因此,尽快出台湖泊沉水植物群落恢复技术标准已成为行业发展的迫切需求。

## 4 结语

近年来,在长江大保护的背景下,中央和地方高度重视长江经济带生态环境保护,沿江城市湖泊生态修复工程项目发展形势迅猛,以沉水植物群落恢复为重点的修复技术已成为当下的热点。本文通过介绍长江中下游某城市湖泊生态修复工程实践,分析了沉水植物群落恢复总体思路、治理方案与技术要求。在此基础上,总结提出入湖污染控制和生境条件构建对沉水植物群落恢复至关重要,并指出行业对尽快出台相关技术标准的迫切需求。

## 参考文献

[1] 李春华,叶春,孔祥臻,等.浅水湖泊水生植物适宜生物量评估方法的探讨[J].中国环境科学,2018,38(12):4644-4652.

[2] 赵钰,殷春雨,高弋明,等.沉水植物生态化学计量学特征的区域差异以及生态修复的影响[J].生态科学,2022,41(4):16-24.

[3] 高海龙.富营养化浅水湖泊沉水植物恢复研究[D].南京:南京大学,2020.

[4] 徐盼盼,何培民,邵留,等.人工沉床技术引导沉水植物恢复的生态工程实践[J].湿地科学,2022,20(4):554-564.

[5] 罗希,马俊超.关于浅水湖泊沉水植物覆盖度设计依据的探讨[J].长江科学院院报,2021,38(3):20-24,38.

[6] 陈雅欣.合流制污水管网沉积物冲刷的溢流污染规律与调控研究[D].西安:西安建筑科技大学,2023.

[7] 吴攀.典型下垫面雨水径流颗粒污染物粒径分布特征研究[D].重庆:重庆交通大学,2023.

[8] 李春江.湖泊缓冲带三种不同类型草林复合系统生态效益评价[D].上海:东华大学,2015.

[9] 吕兴菊,任婧,高登成,等.湖泊水动力变化对沉水植物的影响研究综述[J].生态学报,2022,42(10):4245-4254.

[10] 何瑞,李宁,孙玲玲,等.水环境治理中沉水植物应用及其研究进展[J].人民珠江,2023,44(S1):112-118,133.

[11] 郭超,李为,李诗琦,等.盐龙湖沉水植物群落变化规律及其驱动因子研究[J].水生态学杂志,2021,42(6):34-40.

[12] 刘颖. 富营养化与牧食作用对沉水植物生长的复合影响研究[D]. 南昌:南昌大学,2022.

[13] 刘寒. 沉水植物适应富营养化湖泊弱光环境的生理生态学机制[D]. 武汉:中国科学院大学(中国科学院武汉植物园),2022.

[14] 蔡晨晨,汪维峰,卜岩枫,等. 复杂底质条件下沉水植物的恢复技术研究进展[J]. 安徽农业科学,2023,51(13):14-17,25.

# 第 18 届世界水资源大会

## ——科技创新支撑水利高质量发展暨
## 中水珠江设计公司转制 20 周年学术交流会论文集

# 下册

《第 18 届世界水资源大会——科技创新支撑水利高质量发展暨
中水珠江设计公司转制 20 周年学术交流会论文集》编委会　编

黄河水利出版社
·郑州·

## 图书在版编目(CIP)数据

第18届世界水资源大会:科技创新支撑水利高质量发展暨中水珠江设计公司转制20周年学术交流会论文集:上、下册/《第18届世界水资源大会——科技创新支撑水利高质量发展暨中水珠江设计公司转制20周年学术交流会论文集》编委会编. —郑州:黄河水利出版社,2023.8

ISBN 978-7-5509-3738-3

Ⅰ.①第⋯ Ⅱ.①第⋯ Ⅲ.①水资源管理-文集 Ⅳ.①TV213.4-53

中国国家版本馆 CIP 数据核字(2023)第 173636 号

组稿编辑:王志宽　电话:0371-66024331　E-mail:wangzhikuan83@126.com

| | | | |
|---|---|---|---|
| 责任编辑 | 乔韵青 | 责任校对 | 杨秀英 |
| 封面设计 | 黄瑞宁 | 责任监制 | 常红昕 |

出版发行　黄河水利出版社

地址:河南省郑州市顺河路49号　邮政编码:450003

网址:www.yrcp.com　E-mail:hhslcbs@126.com

发行部电话:0371-66020550

承印单位　河南新华印刷集团有限公司

开　　本　787 mm×1 092 mm　1/16

印　　张　63.75

字　　数　1 473 千字

版次印次　2023 年 8 月第 1 版　2023 年 8 月第 1 次印刷

定　　价　420.00 元(上、下册)

# 《第18届世界水资源大会——科技创新支撑水利高质量发展暨中水珠江设计公司转制20周年学术交流会论文集》

# 编委会

**主任委员**　凌耀忠

**副主任委员**　蒋　翼　　刘元勋

**委　　员**　陈明清　汤广忠　王自新

　　　　　　伍　峥　易　灵　谢江松

**主　　编**　刘元勋　翁映标

**副　主　编**　黎新欣　杨秋佳　钟翠华

**编写人员**　（论文第一作者，排名不分先后）

| | | | | |
|---|---|---|---|---|
| 杨义忠 | 赵薛强 | 王政平 | 汤广忠 | 王自新 |
| 伍　峥 | 何宝根 | 张永恒 | 杨辉辉 | 马　永 |
| 唐　纯 | 胡　刚 | 智勇鸣 | 李兴印 | 韩妮妮 |
| 向慧昌 | 黄　锋 | 刘永琦 | 靳高阳 | 钟逸轩 |
| 樊祥船 | 邹　浩 | 王　蓓 | 高慧琴 | 朱　旭 |
| 王海建 | 钟翠华 | 冯德锃 | 黄华平 | 林　思 |
| 王申芳 | 尚晓三 | 李　颖 | 薛　娇 | 聂　鹏 |
| 焦　军 | 王丽影 | 仇永婷 | 陈　艳 | 王　哲 |
| 王进科 | 王春玲 | 陈莉苹 | 徐观兵 | 林若兰 |
| 刘　博 | 谢成海 | 余红松 | 黄远泽 | 石轶凡 |
| 卞勋文 | 张新荣 | 张　婉 | 陈浩翔 | 黄　翠 |
| 张祖林 | 范利平 | 袁　喆 | 邓水明 | 樊　锐 |
| 任　毅 | 谢　飞 | 黄健豪 | 韩　江 | 罗　坤 |
| 张　勇 | 向　鹏 | 张　雯 | 曹春顶 | 糜凯华 |

邓神宝　陈垚森　罗　青　郑建雷　夏　强

张淑芳　刘庆林　赖　杭　张　伟　许艳琴

高德恒　杨宗儒　朱长富　王建成　舒刘海

刘君健　王建娥　丁秀平　张志文　姜宏广

符传立　董　伟　范丽婵　凌小康　冯　松

柏　平　赵　琳　甘志军　徐延强　尼　珂

杨　林　石俊奎　赵松鹏　刘　枫　胡赛潇

李晓旭　单其宽　丘雨轲　焦新宸　徐　林

陈大安　欧阳庆晓　欧阳乐颖

# 《第18届世界水资源大会——科技创新支撑水利高质量发展暨中水珠江设计公司转制20周年学术交流会论文集》

## 评审委员会

**主　任**　刘元勋　中水珠江规划勘测设计有限公司总工程师/正高级工程师

**成　员**　（排名不分先后）

王俊红　中水珠江规划勘测设计有限公司首席专家、副总工程师/正高级工程师

刘丙军　中山大学/教授

黄国如　华南理工大学/教授

金　生　大连理工大学/教授

朱　伟　河海大学/教授

郑　源　河海大学/教授

闻德保　广州大学/教授

王振红　中国水利水电科学研究院/正高级工程师

李炳奇　中国水利水电科学研究院/正高级工程师

马志鹏　珠江水利委员会珠江水利科学研究院/正高级工程师

王　超　中水东北勘测设计研究有限公司/正高级工程师

王　宇　中水淮河规划设计研究有限公司/正高级工程师

邱　静　广东省水利水电科学研究院/正高级工程师

黎开志　中水珠江规划勘测设计有限公司副总工程师/正高级工程师

翁映标　中水珠江规划勘测设计有限公司副总工程师/正高级工程师

凌春海　中水珠江规划勘测设计有限公司副总工程师/正高级工程师

何宝根　中水珠江规划勘测设计有限公司/正高级工程师

陆　伟　中水珠江规划勘测设计有限公司/正高级工程师

马　永　中水珠江规划勘测设计有限公司/正高级工程师

毕树根　中水珠江规划勘测设计有限公司/正高级工程师

智勇鸣　中水珠江规划勘测设计有限公司/正高级工程师

廖小龙　中水珠江规划勘测设计有限公司/正高级工程师

李振嵩　中水珠江规划勘测设计有限公司/高级工程师

杨辉辉　中水珠江规划勘测设计有限公司/高级工程师

施　晔　中水珠江规划勘测设计有限公司/高级工程师

# 前　言

习近平总书记指出,推进中国式现代化,要把水资源问题考虑进去。高质量发展是全面建设社会主义现代化国家的首要任务,水利是实现高质量发展的基础性支撑和重要带动力量。

"科技是第一生产力、人才是第一资源、创新是第一动力",科技创新为水利事业发展提供了重要引擎和关键动力。作为水利部珠江水利委员会的主要技术支撑单位,中水珠江规划勘测设计有限公司深入学习贯彻习近平总书记关于治水的重要论述,高度重视科技创新,围绕珠江流域重大水问题、重大水利工程,着力提高解决重难技术问题的能力,培厚水利科技创新土壤,为水利工程建设提升实力。公司改企转制20年来,规划发展目标持续实现、流域技术支撑能力持续加强、人才队伍建设持续强化、科技创新能力持续发力,一路走来,砥砺奋进,硕果累累,公司的经济实力、技术水平、生产效率、创新能力、行业影响力不断迈上新的台阶,改革发展不断实现新的跨越。

第18届世界水资源大会是国际水资源学会组织,水利部主办,水利部水利水电规划设计总院、国际水资源学会中国委员会、北京市水务局承办的世界性学术会议,是国际水资源领域参加人员范围最广、影响范围最大、专业水平最高的学术会议之一,是世界水议程、水政策和水科学知识分享的重要国际交流平台。为深入学习贯彻党的二十大精神,践行"节水优先、空间均衡、系统治理、两手发力"治水思路和水利部关于新阶段水利高质量发展的有关决策部署,结合中水珠江设计公司转制20周年以来技术支撑流域机构治水兴水"四个统一"、服务珠江流域经济社会高质量发展的生动实践,充分发挥科技创新支撑引领作用,加强行业内外先进技术交流互动,展示学术研究、科技创新最新成果,共同推动新阶段水利高质量发展。在水利部水利水电规划设计总院的支持和帮助下,公司主办了第18届世界水资源大会的边会之一"科技创新支撑水利高质量发展暨中水珠江设计公司转制20周年学术交流会",得到了广大水利科技工作者的积极响应。本次学术交流会参与范围广,收到了来自36家单位的130余篇高质量学术论文,专业领域涵盖了水旱灾害防御、水资源优化配置、水资源集约节约利用、河湖治理与生态环境复苏、国家水网等水利工程建设与运行、智慧水利、水文化建设等多个方向,内容涉及面广,涌现出许多具有创新思维和对实际工作颇有指导意义的优秀论文。编委会编辑了本次学术交流会论文集,希望能够展示学术研究、科技创新最新成果,为共同推动新阶段水利高质量发展提供参考借鉴。

在论文征集和评审过程中,得到了水利部珠江水利委员会的悉心指导,以及行业内外有关科研院所、高等院校和同行单位的积极参与和大力支持,黄河水利出版社为论文集编辑出版做了大量工作,在此对大家的辛勤努力和付出表示衷心的感谢!由于编者时间及能力有限,本论文集难免存在缺憾与不足,敬请读者批评指正。

编委会

2023 年 8 月

# 优秀论文目录

# 目 录

## 水旱灾害防御

## 水资源优化配置

## 水资源集约节约利用

## 河湖治理与生态环境复苏

## 国家水网等水利工程建设与运行

## 智慧水利

# 水文化建设

# 国家水网等水利工程建设与运行

# 石碌水库除险加固工程设计方案探析

## 汤广忠 聂 鹏

（中水珠江规划勘测设计有限公司,广东广州 510610）

**摘 要**:海南省石碌水库建于1958年,由于当时设计标准偏低、建设资金困难、施工管理混乱,工程质量较差。水库经过60多年运行,暴露出较多问题。针对石碌水库现状存在的问题,对水库主坝、南副坝、北副坝、新涵坝、溢洪道及坝下输水涵管等提出有针对性的除险加固方案,该方案的实施可排除工程重大安全隐患,使水库枢纽的功能达到设计标准,充分发挥大型水库的工程效益。本文针对大型病险水库提出的除险加固设计方案技术可行、经济合理、安全可靠,可为其他类似工程提供有益借鉴。

**关键词**:石碌水库;安全隐患;除险加固;工程设计

## 1 引言

石碌水库是一座以灌溉、供水为主,兼顾发电和生态等综合利用的大(2)型水利工程,位于海南省昌江黎族自治县石碌镇。水库正常蓄水位125.60 m,相应库容9 888万 $m^3$,100年一遇设计洪水位125.67 m,2 000年一遇校核洪水位127.51 m,总库容11 955万 $m^3$。水库设计灌溉面积15.0万亩,实灌面积7.73万亩。坝后电站装机2台,装机容量1 000 kW,多年平均发电量483万 kW·h。石碌水库提供昌江县城工业和生活用水1 600万 t/年,保护下游8个乡镇共计5万人及4万多亩农田安全。石碌水库由主坝,南副坝,北副坝,新涵坝及新、旧溢洪道,坝下输水涵管和坝后电站等组成,见图1。

石碌水库是在1958年组织白沙、昌江和东方3个县的部分群众兴建,由于建设时期特殊的历史年代,当时设计标准偏低、建设资金困难、施工管理混乱,土料质量和碾压质量控制不严,且大坝基础基本上未做清基和防渗处理,大坝坝基、坝体和岸坡有不同程度的漏水,局部坝段渗漏严重。水库经过60多年的运行,暴露出较多问题。对病险水库进行除险加固,可排除工程隐患,充分发挥水库的工程效益[1-4]。

## 2 工程存在的问题

石碌水库工程经多次除险加固,大坝达到现有标准。历年来虽然对水库大坝及其配套建筑物进行了加固处理,仍然存在部分工程安全隐患。根据工程安全鉴定成果[5],本工程存在的主要问题或建议如下:

---

**作者简介**:汤广忠(1966—),男,高级工程师,主要从事水利水电工程工作。

图 1　石碌水库枢纽全貌

（1）对南副坝、北副坝坝体进行防渗处理，降低坝体浸润线，提高坝体整体稳定性。大坝上游面混凝土护坡局部存在裂缝。

（2）旧溢洪道浇筑至今已超过 50 年，溢流面出现多条裂缝，部分剥离。新溢洪道浇筑至今 35 年，启闭机房、铺盖、溢流面存在多条裂缝，新溢洪道闸墩、牛腿结构及配筋复核不符合规范要求，泄洪时泄水建筑物结构存在一定的安全隐患。

（3）输水涵管进口放水塔混凝土强度不满足规范要求，排架柱和护栏有多条裂缝，混凝土表层砂浆大面积脱落，骨料严重裸露，且混凝土浇筑至今已 50 年，存在一定的安全隐患。

（4）按相关规范修复补充大坝安全监测设备，并加强对坝体日常巡查、检查监测的力度。

## 3　工程除险加固设计

### 3.1　大坝除险加固设计

#### 3.1.1　南副坝防渗加固设计

经复核，主坝、北副坝、新涵坝坝体浸润线正常，南副坝坝体浸润线偏高。南副坝坝体填筑土密实程度不均匀，局部含碎石较多，孔隙比较大，渗透系数偏大；坝基局部未清理干净，渗透性能偏大，长期高水位运行存在渗漏现象。

针对现状存在的问题，本次对南副坝采用黏土混凝土防渗墙+坝基帷幕灌浆防渗处理方式。黏土混凝土防渗墙防渗桩号 0-003 ~ 0+379，墙厚 0.6 m，顶部浇筑混凝土导向槽；防渗墙墙顶高程 127.6 m，墙底最低设计底高程 100.26 m，成墙最大深度 27.34 m，防渗墙位于坝轴线。对大坝桩号 0-013 ~ 0+379 采用坝基帷幕灌浆，帷幕灌浆与防渗墙搭接长 2.0 m，灌浆孔间距 2.0 m，双排，分三序孔施工，梅花形布置，排距 2.0 m，帷幕底线伸入相对不透水层 5 Lu 以下 5 m。

### 3.1.2 大坝坝顶加固

石碌水库现状坝顶路面以泥结碎石路面为主,经多年风雨洗涤,路面碎石结构松散、路两侧杂草丛生,雨天容易泥泞,晴天容易扬尘。为满足防汛通行要求,本次加固拟对全坝段坝顶路面进行硬化加固,采用沥青混凝土路面硬化,下设 20 cm 厚水泥碎石稳定层和 15 cm 石渣垫层,路面下游侧设置警示桩。

新涵坝现状坝顶宽 4.5~4.8 m,不满足规范要求[6]。本次加固拟将新涵坝坝顶总宽度(含防浪墙)加宽至 5.0 m。

根据坝顶高程复核,现状坝顶高程均满足防洪要求。现状主坝防浪墙顶高于堤顶0.3~0.8 m,南副坝、北副坝和新涵坝防浪墙顶高于堤顶 0.7~0.8 m,防护高度不够,有一定坠落安全隐患。出于安全考虑,本次加固拟在全坝段防浪墙上设置防护栏杆,防浪墙加上栏杆总高度按不低于 1.1 m 控制。

### 3.1.3 上游护坡加固

主坝、南副坝、北副坝的正常蓄水位以下水位变动区护坡混凝土已大部分脱浆,粗骨料外露,本次加固拟对损坏的护坡翻新重建,主要为主坝、南副坝、北副坝正常蓄水位以下水位变动区(高程 121.28~125.6 m)混凝土护坡进行全面拆除重建,主坝、南副坝、北副坝和新涵坝正常蓄水位以上破损部位进行翻新。本次加固上游护坡采用 0.15 m 厚混凝土护坡,每块尺寸 5.0 m(宽)×6.0 m(高),缝间用聚乙烯闭孔泡沫板填塞,板上设 φ50PVC 排水孔,间排距 2.5 m,梅花形布置。

### 3.1.4 下游护坡加固

对主坝、南副坝、北副坝、新涵坝下游破损的坝坡进行修补,平整后重新铺设草皮护坡。主坝、南副坝、北副坝下游设有纵横排水沟,排水沟为 U 形槽和浆砌石结构,经多年运行,现已大部分老化、脱落和断裂,部分排水沟淤积和长满灌木,本次加固拟对 U 形排水沟全面翻新重建,对浆砌石排水沟进行修补。

## 3.2 溢洪道除险加固设计

### 3.2.1 溢洪道重建工程

结合石碌水库枢纽布置及地形地质情况综合分析,本次溢洪道加固设计推荐原址拆除重建方案。为更好地与下游主河床衔接,重建溢洪道基本坐落在原新溢洪道闸址处,并向原旧溢洪道方向拓宽 2 孔,保证下泄水流充分泄入主河床。重建溢洪道过流净宽 77 m,全长约 146 m,由进水渠、控制段、泄槽段、挑流鼻坎段及下游导墙段等组成。

进水渠采用 C30 钢筋混凝土底板,底板厚 0.8 m 下铺 0.1 m 厚 C15 混凝土垫层,进水渠两侧根据挡土高度分别采用 C30 钢筋混凝土扶壁式挡墙和 C30 钢筋混凝土箱式挡墙形式,上游采用喇叭口形式进水。

控制段长 30 m,过水断面宽 77 m,由 7 孔 11 m 宽弧形钢闸门控制,中墩厚 2.5 m,边墩顶厚 2 m。堰面采用驼峰堰,堰顶高程 117.00 m,堰上最大水头 10 m。溢流面采用 C30钢筋混凝土,堰上设叠梁检修钢闸门和弧形工作门。

泄槽段过水断面宽 92 m,纵坡 1:6,泄槽段平面长 57 m,底板厚 1.2 m,泄槽末端连接挑流鼻坎段。泄槽底板下设长 5 m 的 C25 锚杆,入岩 4 m,间距 1.5 m,矩形布置。

挑流鼻坎段长 19 m，鼻坎顶高程 103.80 m，鼻坎结构采用 C30 钢筋混凝土，转弯半径 30 m，挑角 16.9°；经鼻坎挑流后，下泄水流可直接挑入下游主河槽。

挑流鼻坎下游设 30 m 长 C20 混凝土护底段，河床基岩出漏，宽约 142 m。在挑流鼻坎下游左岸设有一段约 60 m 长的左岸导墙段，右岸恢复重建 20 m 导墙，导顺下游水流流态，使下泄水流顺接至主河床。

### 3.2.2 原旧溢洪道拆除重建均质坝

本次重建溢洪道过流总净宽 77 m，同规模替代原新、旧 2 座溢洪道泄洪需求。原旧溢洪道采取拆除封堵处理，拆除原旧溢洪道硬质混凝土结构，改为黏土心墙风化料坝，黏土心墙填筑压实度不小于 98%，渗透系数不大于 $1\times10^{-5}$ cm/s。旧溢洪道位于南副坝和重建溢洪道之间，拆除后重建坝体坝顶高程 130.10 m，上游设 C25 钢筋混凝土防浪墙，坝顶宽度为 6 m，采用沥青混凝土路面。

坝体上游坝坡 1:2.7，在 123.60 m 高程设一道 2 m 宽马道与南副坝马道衔接，采用 C20 混凝土护坡，坡脚设 C20 混凝土护脚；下游坝坡 1:2.5，采用草皮护坡，在 116.10 m 高程设一道 4 m 宽马道，马道上设有纵向排水沟与坡面横向排水沟组合进行坡面排水。

黏土心墙防渗体断面顶部水平宽度 3.0 m，心墙顶高程 129.67 m，黏土采用库区土料，为改善土料的防渗性能，采用掺 10% 水泥的黏土增强心墙的防渗性能。心墙上、下游边坡均为 1:0.25。在黏土心墙防渗体上、下游侧均设反滤层和过渡层。心墙底部设 C20 混凝土灌浆盖板，心墙及反滤层底基本坐落在弱风化基岩上。

坝基防渗采用双排帷幕灌浆进行处理，并与南副坝防渗和重建溢洪道防渗系统形成闭合，帷幕灌浆底线伸入相对不透水层 5 Lu 以下 5 m。为增强心墙部位坝基基岩的完整性及灌浆盖板与基岩的良好接触，在帷幕上游侧设一排、下游侧设两排固结灌浆。为防止灌浆盖板的抬动，盖板下设长管 5 m，间排距 1.5 m 的锚杆，入岩深度不小于 4 m。

## 3.3 输水涵除险加固设计

### 3.3.1 拆除重建进水渠及进水口

现状输水涵管进口放水塔混凝土强度不满足现行规范要求，排架柱和护栏有多条裂缝，混凝土表层砂浆大面积脱落，骨料严重裸露，且混凝土浇筑至今已 50 年，存在一定的安全隐患。现需对进口放水塔拆除重建。

输水涵管结构全长约 113.56 m，为有压管，由进水渠、进水塔段、坝内埋管段组成。本次除险加固拟对上游进水渠及岸塔式进水口进行拆除重建。

上游进水渠长 20 m，由 500 mm 厚 C25 钢筋混凝土底板和混凝土护坡组成。进水塔段长 6.9 m，进口设一道拦污栅，后设一道事故检修闸门，为下游阀门设备及管线的安装创造条件。启闭机房与坝顶采用交通桥连接，交通桥长约 40.5 m，宽 2.0 m。

### 3.3.2 钢筋混凝土管防腐处理

原钢筋混凝土涵管为 1970 年修建，运行时间较久，目前无变形。原混凝土内径 2.0 m，壁厚 0.35 m，管内套钢管厚 10 mm，钢管内径 1.85 m。通过对钢管转折及出口段的观测，表面一般锈蚀，钢管外露部分表面涂层局部脱落，有明显的蚀斑、蚀坑，为保证钢管后期良好运行，本次仅对现状钢管过水面层进行防腐处理，底层采用环氧防锈底漆 80 μm，面层采用厚浆型无溶剂环氧树脂涂料 400 μm。

### 3.4 工程安全监测

工程主要建筑物级别为2级,根据相关规范要求,安全监测项目设置变形监测、渗流监测、水力学监测及环境量监测,监测部位包括主坝、南副坝、北副坝、新涵坝、溢洪道及坝下输水涵管。

#### 3.4.1 水位、气温及雨量等环境监测

在溢洪道下游河道的合适位置设置1组水尺,用于人工观测下游水位;并在上游输水涵管进水塔处增设1组水尺,对水位进行校核。在大坝上游面设置库水温固定观测点,测点设于正常蓄水位以下,采用1支深水温度计,接入大坝自动化监测系统。

#### 3.4.2 变形监测

大坝现有变形监测设施均为竖向位移测点,未设水平位移测点,竖向位移监测断面间距、测点数量均不满足监测规范要求,部分测点已损坏,运行多年的标心锈蚀严重,影响正常观测和测量精度。故本次除险加固拟对坝体变形监测重新布置,新建表面变形监测、内部变形监测、接裂缝监测等。

#### 3.4.3 渗流监测

由于现有埋在坝体内部的渗压计和电缆安装时间较长,多数已损坏无读数,所有渗压计均无法采集数据,且未设绕坝渗流监测点。现状南副坝设有一座量水堰,堰板锈蚀严重,影响正常观测和测量精度,其余坝未设渗流量观测设施。本次除险加固拟对坝体渗流监测重新布测,新建渗流监测设施。渗流监测包括坝体渗流压力和坝基渗流压力、绕坝渗流、地下水位、渗漏量等。

#### 3.4.4 水力学监测

水力学监测包含水流流态、流速观测、流量监测、水面线监测、消能监测和冲刷监测等项目。本次对不同水力学监测采用对应的监测设备,全面掌握水库的水力动态。

## 4 结语

针对石碌水库现状存在的问题,通过进一步分析复核,确定采取以下工程措施:
(1)对南副坝采用黏土混凝土防渗墙+坝基帷幕灌浆防渗处理措施;
(2)对大坝坝顶路面采用沥青混凝土进行硬化;
(3)对大坝上游正常蓄水位以上破损部位进行翻新硬化;
(4)对大坝下游破损的坝坡进行修补,平整后重新铺设草皮护坡;
(5)拆除原新溢洪道,并在原址处新建溢洪道;
(6)拆除原旧溢洪道硬质混凝土结构,改为黏土心墙风化料坝;
(7)对输水涵管上游进水渠及岸塔式进水口进行拆除重建;
(8)对输水钢筋混凝土管进行防腐处理;
(9)在主坝、南副坝、北副坝、新涵坝、溢洪道及坝下输水涵管等部位设置变形监测、渗流监测、水力学监测及环境量监测等项目。

对海南石碌水库采取以上针对性的除险加固措施,可排除工程重大安全隐患,使水库枢纽的功能达到设计标准,保障灌溉、供水、发电和生态等综合利用效益,充分发挥大型水库的工程效益。本文针对大型病险水库的除险加固方案技术可行、经济合理、安全可靠,可为其他类似工程提供有益借鉴。

## 参考文献

[1] 杨启林. 吴岭水库除险加固效益分析[J]. 中国水利,2017(8):34-35.

[2] 严祖文,魏迎奇,张国栋. 病险水库除险加固现状分析及对策[J]. 水利水电技术,2010,41(10):76-79.

[3] 钮新强. 水库病害特点及除险加固技术[J]. 岩土工程学报,2010,32(1):153-157.

[4] 杨启贵,高大水. 我国病险水库加固技术现状及展望[J]. 人民长江,2011,42(12):6-11.

[5] 中华人民共和国水利部. 水库大坝安全评价导则:SL 258—2017[S]. 北京:中国水利水电出版社,2017.

[6] 中华人民共和国水利部. 碾压式土石坝设计规范:SL 274—2020[S]. 北京:中国水利水电出版社,2020.

# 水下钻孔爆破仿真分析与防控方案优化

王政平　　王　盟　　杜梦洁

(中水珠江规划勘测设计有限公司,广东广州　510610)

**摘　要:** 既要达到水下岩石爆破效果,又要保证附近建筑爆破振动的安全,须对爆破方案进行科学准确的分析和预测。根据爆破点附近环境,运用三维流固耦合数值仿真对水下钻孔爆破进行数值仿真,对比分析了水对爆破的影响,预测爆破方案的爆破效果,发现岩块破碎效果较好,但紧邻的堤防振动速度不能满足安全要求,须采取合适的防控措施。从减气泡帷幕、减振孔、起爆方式和起爆时延等角度提出爆破防控方案,采取微差时延为 15 ms 钻孔爆破,并在爆破区与堤防间设一道气泡帷幕和 4 道减振孔。根据分析成果,提出相应环境下的爆破振动的经验公式,反推无防控措施下最大安全控制药量。研究成果可为爆破方案和防护设计提供参考。

**关键词:** 水下;钻孔;爆破;仿真;防控

## 1　引言

水下钻孔爆破是指对水下岩体进行钻孔,进行水下爆破开挖的一种爆破方法,具有炸药利用率高、爆破效果好等优点,是水下爆破工程的主要施工方法[1],已被广泛用于水下炸礁、河道清理、围堰拆除工程中,甚至洪水应急处理中也急需水下爆破技术[2]。近年来,我国水利枢纽、码头建设和航道疏通等工程的高速建设及爆破技术快速发展,水下钻孔爆破技术在水下工程中的作用越来越重要。与陆地爆破相比,水下爆破的炸药单耗更大,且在一定范围内线性相关,水下爆破环境和爆破机理过程更复杂,其理论研究和应用较滞后,因此水下爆破防控不能完全套用陆地爆破;特别是水下爆破紧邻重要建筑时,既要保证爆破效果,又要对爆破振动等危害进行精准防控,这对水下爆破控制提出很高的要求和挑战[3]。目前已有许多业内专家学者对水下爆破开展了大量研究,并取得了大量成果。陈国芳等[4]对不同起爆方式、水深及孔网参数等条件下的爆破岩石应力进行分析,并对孔网参数进行优化以提高爆破效果。胡伟才等[5]对水下钻孔爆破影响下桥墩的动力响应特征及减震控制进行研究。但有关水下钻孔爆破对紧邻堤防等重要建筑物的影响及防控措施的研究还较少。相关规程[6]对水下钻孔爆破振动速度等有一些规定,但在许多工程的具体应用上仍然存在不少困难,如爆破振动速度与距离、地基特性、水文地质环境、建筑物本身的动力特性、爆破方案等,具有复杂性、瞬时性、随机性,无法通过简单解析计算来分析,这为水下爆破工程的实施提出了很大挑战。

**基金项目:** 水利部重大科技项目(SKS-2022116)。

**作者简介:** 王政平(1978—),男,正高级工程师,主要从事水利岩土工程的设计和数值仿真工作。

**通信作者:** 王盟(1978—),男,正高级工程师,主要从事水利工程的设计和管理工作。

随着计算技术的发展,数值仿真可以较好地考虑建筑工程自身特性、水文地质环境、复杂的爆破方案和起爆方式等的主要影响因素,只需要较少的概化,就可对水下钻孔爆破和防护方案的效果进行模拟和预测,为水下钻孔爆破的研究和应用提供了新的重要途径。为了更好地了解水下岩石爆破方案的效果和安全性,根据爆破点附近环境,运用三维流固耦合数值仿真对水下钻孔爆破进行数值仿真,预测爆破方案的爆破效果,分析并提出爆破防护推荐方案。

## 2 工程概况

某工程需紧邻一堤防工程进行水下爆破作业。该堤防采用浆砌块石挡墙,最大高度5.8 m,年代久远。爆破点距堤防最近距离34.8 m,爆破岩石成分中粒花岗岩,弹性模量为50 GPa,泊松比为0.25。采用水下钻孔爆破,水深2~4 m,钻孔直径为110 mm,孔深为4 m,超深为0.8 m,孔距为2.1 m,排距为1.8 m,采用直径为90 mm的2号岩石乳化炸药,炮孔和炸药之间采用水耦合,每次爆破为5排,详见图1。采用微差延时起爆,微差延时初始值为25 ms。堤岸安全允许最大振动速度为2 cm/s。

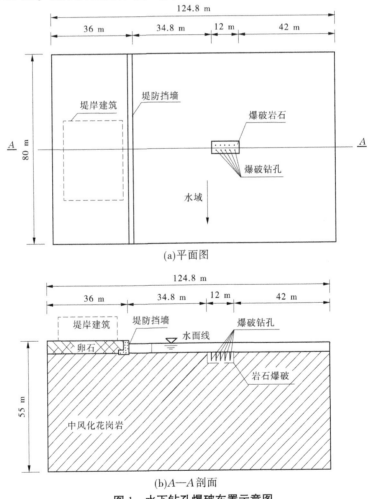

图1 水下钻孔爆破布置示意图

## 3 计算模型与主要参数

### 3.1 网格模型

假设各材料各向同性,整个爆炸为绝热过程,不考虑水黏滞阻力,根据爆破方案和附近的水文条件,建立"炸药—水—地基—挡墙—堤岸"三维流固耦合[6-7]的数学模型。为了节省计算资源,根据对称性原理,建立 1/2 模型的三维网络模型,如图 2 所示。炸药、水和空气采用 ALE 单元,其他采用 Lagrange 单元[7-8]。模型采用无反射边界。编程,对爆破区岩体节点采用节点约束,并由应变来控制约束的有效性。

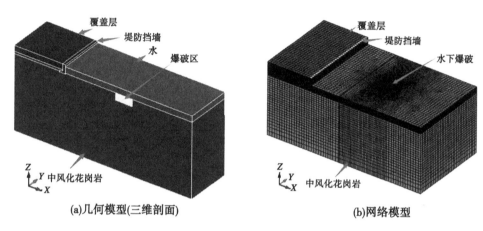

(a)几何模型(三维剖面)　　　　　　(b)网络模型

**图 2　数值仿真模型**

### 3.2 数学模型与主要参数取值

岩石采用 MAT_PLASTIC_KINEMATIC[6-7]来模拟,此模型不仅考虑了岩石介质的弹塑性特性,而且能够对材料的强化效应和应变率变化效应加以描述。应变率用 Cowper-Symonds 模型来考虑,屈服应力 $\sigma_y$ 与应变率 $\varepsilon$ 关系如下[6-7,9]:

$$\sigma_y = \left[ 1 + \left( \frac{\varepsilon}{C} \right)^{\frac{1}{p}} \right] \left( \sigma_0 + \beta \frac{E_0 E_{\tan}}{E_0 - E_{\tan}} \varepsilon_p^e \right) \tag{1}$$

式中:$\sigma_0$ 为岩体的初始屈服应力,Pa;$\varepsilon$ 为加载应变率,s$^{-1}$;$C$、$p$ 为 Cowper-Symonds 应变率参数;$E_0$ 为杨氏模量,Pa;$E_{\tan}$ 为切线模量,Pa;$\beta$ 为各向同性硬化和随动硬化贡献的硬化参数,$0 \leq \beta \leq 1$;$\varepsilon_p^e$ 为有效塑性应变。

计算采用的基岩材料密度为 2 530 kg/m$^3$,弹性模量为 50 GPa,泊松比为 0.25,屈服强度为 45 MPa,变形模量为 25 MPa;覆盖层弹性模量为 30 MPa,泊松比为 0.25,屈服强度为 22 MPa。

### 3.3 炸药模型及参数

模拟中使用 2 号岩石乳化炸药参数,采用高能炸药材料模型 MAT_HIGH_EXPLOSIVE_BURN 结合爆生气体压力-体积关系的状态方程 JWL 来计算[6-7]。JWL 状态方程的 $p_{eos} \sim V$ 关系如下[10-11]:

$$p_{eos} = A\left(1 - \frac{\omega}{R_1 V}\right)e^{-R_1 V} + B\left(1 - \frac{\omega}{R_2 V}\right)e^{-R_2 V} + \frac{\omega E_0}{V} \qquad (2)$$

式中：$A$、$B$、$R_1$、$R_2$、$\omega$ 为试验确定的常数；$V$ 为相对体积；$E_0$ 为初始内能[6-7,12]。

这里炸药的密度取 1.21 kg/m³，$E_0$ 取 5 GJ，$A$ 取 214.4 GPa，$B$ 取 0.181 GPa，$R_1$ 取 4.2，$R_2$ 取 0.9，$\omega$ 取 0.35。

### 3.4 水材料模型及参数

流体材料一般需要使用本构方程和状态方程两种方式来描述材料行为。本构模型采用空物质材料本构模型 MAT_NULL[6-7]。水采用 Gruneisen 状态方程[6-7]，方程形式如下[6-8]：

$$p = \frac{\rho_0 C^2 \mu\left[1 + \left(1 - \frac{\gamma_0}{2}\right)\mu - \left(\frac{\alpha}{2}\right)\mu^2\right]}{\left[1 - (S_1 - 1)\mu - S_2\frac{\mu^2}{\mu + 1} - S_3\frac{\mu^3}{(\mu + 1)^2}\right]^2} + (\gamma_0 + \alpha^\mu)E_0 \qquad (3)$$

式中：$C$ 为 $v_s-v_p$ 曲线的截距；$S_1$、$S_2$、$S_3$ 为 $v_s-v_p$ 曲线斜率的系数；$\alpha$ 为 $\gamma_0$ 和 $\mu$ 的一阶体积修正量；$\rho_0$ 为材料的初始密度；$E_0$ 为单位体积的初始能量。

这里 $C$ 取 1.65，$\alpha = 0$，$\gamma_0$ 取 0.035，$S_1$ 取 1.92，$S_2$ 取 -0.096，$S_3$ 取 0，$E_0$ 取 0。

### 3.5 空气模型及参数

本构模型采用空物质材料本构模型 MAT_NULL[6-7]，采用"多线性状态方程"[8]。

多线性状态方程：

$$p = (C_0 + C_1\mu + C_2\mu^2 + C_3\mu^3) + (C_4 + C_5\mu + C_6\mu^2)E_0 \qquad (4)$$

式中：$C_0 \sim C_6$ 为常数；$E_0$ 为单位体积的初始能量；$\mu = \frac{1}{V-1}$，其中 $V$ 表示相对体积。

这里密度为 1.29 kg/m³，$C_0$ 为 0.1 MPa，$C_1 = C_2 = C_3 = C_6 = 0$ MPa，$C_4 = C_5 = 0.4$ MPa，$E_0$ 为 0.25。

## 4 水下钻孔爆破仿真分析

### 4.1 水下钻孔爆破数值仿真

基于上述模型和参数，对水下钻孔爆破进行动力数值仿真。仿真揭示，各钻孔按设计路径逐孔微差爆破；炸药爆炸时在钻孔内瞬间产生高压和冲击波。岩块在瞬间高压下，应力较大的节点上各单元节点约束失效而分离、破裂，岩体自身发生复杂的撞击和摩擦，并与水、爆轰产物发生相互作用，呈现高速、高应变、高应变率的相互耦合的动力响应。岩块破碎后，炸药能量过剩，继续对岩块和水做功并膨胀上浮，水面出现膨鼓包。膨鼓包不断上升，厚度减小，并随爆轰产物外泄而破裂、跌落，产生较高的水花，但由于体量少，涌浪对堤岸的影响较小。由于本次爆破的岩块只有顶面一个临空面，抵抗线较长，破碎难度较大，而爆破区只有角落局部岩体没有松动，绝大部分岩块被爆轰成碎块，大体积岩块数量较少，破碎率超过 80%，达到了爆破预期效果。动力响应的主要特点状态见图 3。本次爆破为后续爆破增加了临空面，对后续爆破破碎有利。为进一步探讨水下爆破与露天爆破的主要区

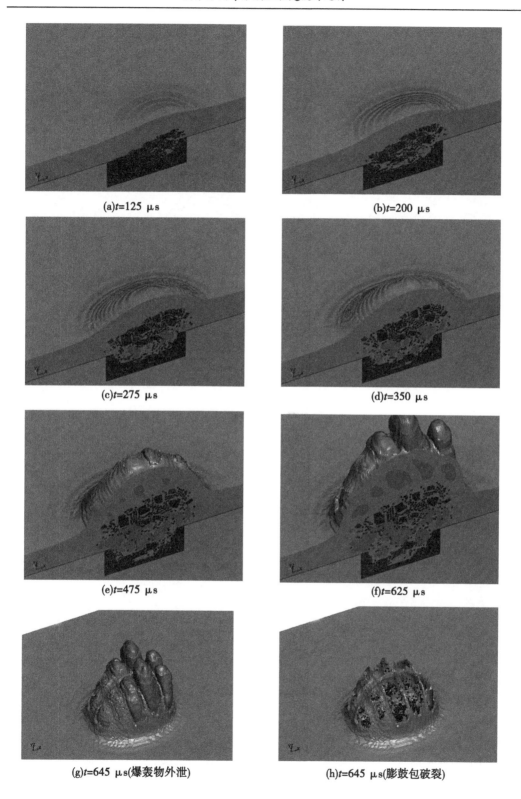

(a)$t$=125 μs

(b)$t$=200 μs

(c)$t$=275 μs

(d)$t$=350 μs

(e)$t$=475 μs

(f)$t$=625 μs

(g)$t$=645 μs(爆轰物外泄)

(h)$t$=645 μs(膨鼓包破裂)

图 3　水下钻孔微差爆破主要时刻的状态

别,对上述爆破方案的露天爆破情况进行了数值仿真,并与水下爆破进行对比,同一时刻爆破后的岩块运动状态对比见图 4。水的阻力远大于空气的阻力,因此水下爆破的岩块飞落半径远小于露天爆破情况。这表明水对岩块的飞落有着很好的抑制作用,对于安全有利。

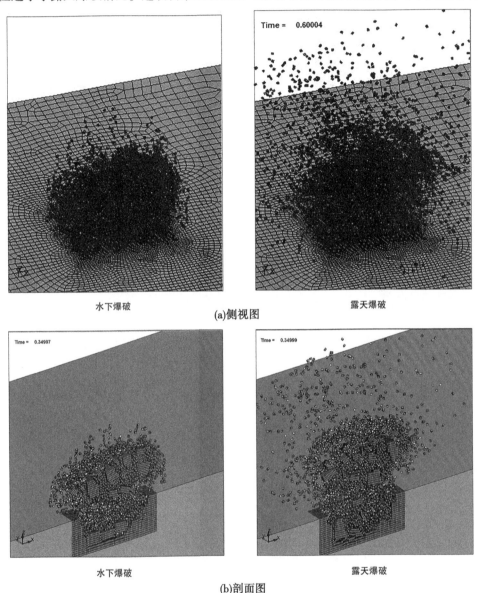

图 4　水下钻孔爆破与露天钻孔爆破岩块状态对比

同时,爆破产生巨大的冲击波引起地基和建筑的振动,这是我们关注的焦点。对主要特征点的振动速度进行侦测,测点位置沿 $A$、$O$、$B$、$C$、$D$、$E$、$F$ 和 $G$ 布置,见图 5。以各点到 $A$ 点的距离为 $X$ 轴,各点振动速度为 $Y$ 轴,各测点的振动速度(三向速度的矢量和)分布见图 6、图 7。

图 6 显示,最大振动速度区位于爆破区,且最大振动速度位于微差爆破的终止点附近;距离爆破区距离越大,振动速度越小;在堤防挡墙处地面高程突变,且堤防后的覆土刚度较低,因此地面振动速度出现突变。水对爆破的影响是十分复杂的,水的自重可对爆轰产物进行反压,加强了对地基的冲击作用,但水也会因振动和阻尼对爆破振动起消散作用;露天爆破时爆破压载小,对地基的冲击较弱等。图 7 显示,挡墙最大振动速度为 5.7 cm/s,发生在 $O$ 点,超过了安全允许要求的 2 cm/s,因此须对爆破作业采取防护措施。

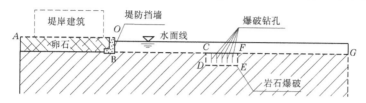

图 5　振动速度监测点位置示意

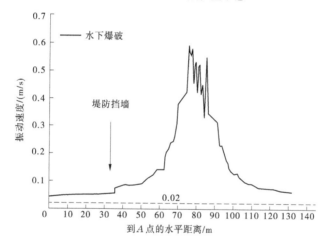

图 6　地面最大振动速度包络分布

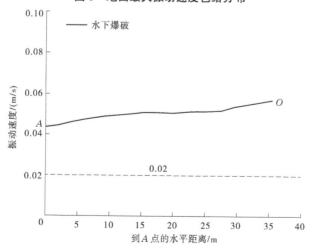

图 7　堤岸地面最大振动速度分布

### 4.2 仿真分析精度验证

相关文献对长江太子矶航道疏浚爆破进行了地震波测试。为验证数值仿真模型和参数的精度,对相关文献的测试工况采用了同样方法进行仿真,并与相关文献的测试成果对比。太子矶航道爆破作业区长 180 m,宽 80 m,水深 0~5 m。爆破岩石成分为灰白色中粒花岗岩,中等风化,单轴抗压强度 69.21 MPa。工程钻孔直径为 100 mm,孔深 7.4~10.5 m,平均超深 0.8 m,孔距 1.5 m,排距 1.2 m,炸药选用直径为 70 mm 的乳化炸药,每次爆破 2~3 排。经检测,最大单响药量为 346 kg 时,位于江边、距爆破点 550 m 的 2 号测点实测最大振动速度为 0.225 6 cm/s [13]。测点布置如图 8 所示。

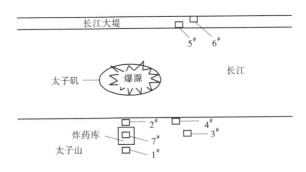

图 8　测点布置示意图

由于没有该工程的详细资料,先假定太子矶航道岸坡为直立堤,水深 4 m,对实测的爆破作业进行仿真。经反演,发现振动速度主要与爆破点的距离、地基模量、水深和爆破方案有关,对实测的爆破方案,仿真模型 2# 测点位置竖向振动速度达到实测 0.225 6 cm/s 时,地基综合模量取 23 GPa,该值位于中等风化花岗岩模量数参区间内,这表明本文采用的计算方法和模型具有较好的合理性和精度。

## 5　爆破防护方案与优化分析

爆破对紧邻堤岸产生的振动速度过大,须采取合适的减振防护措施进行防护。爆破对堤防的振动影响主要是通过岩基和水对爆破冲击波的传递。从削减冲击波传播的角度,提出气泡帷幕、减振孔及其组合的减振措施[14]。通过计算,对比分析其防护效果,优选出防护方案。

### 5.1 采用气泡帷幕进行防护

在挡墙前 9 m 处,设 1 道气泡帷幕,如图 9 所示。气泡帷幕由高压气泵向水下多孔气管连续供气,气体出管后膨胀并连续上升,形成气泡帷幕。气泡帷幕变形性强,可较好地抑制冲击波的传播。计算时,设气泡帷幕等厚,具有空气属性,采用 ALE 算法。

经计算,气泡帷幕下地表的振动速度分布见图 10,堤岸振动速度分布见图 11。图 10、图 11 揭示了气泡帷幕后的地面振动速度位于原水下爆破方案的下方,表明气泡帷幕可有效削减振动速度,起到防护效果。气泡帷幕后的堤岸最大振动速度为 4.1 cm/s,仍超出安全要求的 2 cm/s,还需要更强措施进行防护。

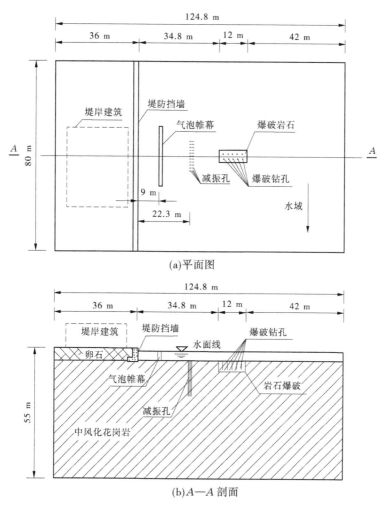

图9 爆破方案防护措施示意图

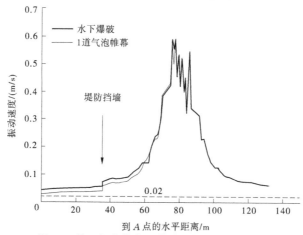

图10 单一气泡帷幕下的地面振动速度分布

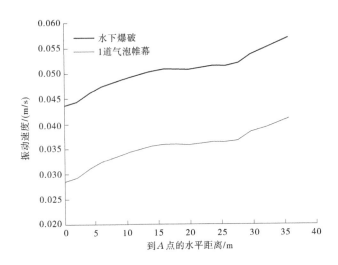

图 11　单一气泡帷幕下的堤岸振动速度分布

## 5.2　采取减振孔进行防护

在堤防与爆破区之间单设减振孔,加强冲击波在孔壁的反射和消耗,以削减冲击的传播。设减振孔位于堤防前 22.3 m 处,减振孔直径为 110 mm,孔距 0.5 m,排距 0.4 m,孔深 20 m,每排布孔长 15 m,排数设 3~4 排,具体由计算确定[11,15]。减振孔的布置详见图 9。

经计算,单一减振孔下地面的振动速度分布见图 12,堤岸振动速度分布见图 13。图 12、图 13 揭示了减振孔后的地面振动速度位于原水下爆破方案的下方,表明减振孔可有效削减振动速度,起到防护效果。堤岸在 3 排、4 排减振孔后的堤岸最大振动速度分别为 3.2 cm/s 和 3.6 cm/s,表明 4 排减振孔的减振效果较 3 排好,但仍超出安全要求的 2 cm/s,还需要更强措施进行防护。

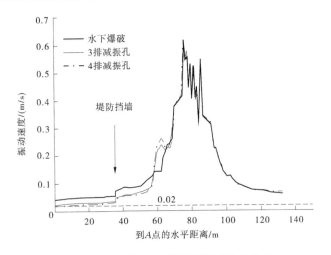

图 12　单一减振孔下的地面振动速度分布

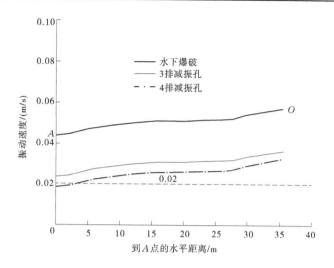

**图13 单一减振孔下的堤岸振动速度分布**

### 5.3 同时采取气泡帷幕和减振孔进行防护

经分析,气泡帷幕和减振孔均可有效地削减爆破振动,可考虑两者错开一定距离布置,联合加强以同时在水和基岩中削减冲击的传播。组合方案为:采取1道气泡帷幕和3~4排减振孔。

经计算,组合方式防护后的地面振动速度分布见图14,堤岸振动速度分布见图15。图14、图15揭示了减振孔后的地面振动速度进一步下移。采取1道气泡帷幕+3排减振孔的方案时,堤岸大部分区域的振动速度小于2 cm/s,只有挡墙附近区最大振动速度为2.2 cm/s,略高于2 cm/s;采取1道气泡帷幕+4排减振孔的方案时,堤岸区域最大振动速度为1.7 cm/s,小于2 cm/s,满足安全要求。因此,推荐减振方案采用1道气泡帷幕+4排减振孔。

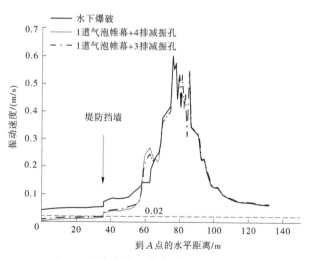

**图14 组合方式下的地面振动速度分布**

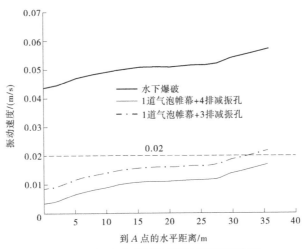

图 15　组合方式下的堤岸振动速度分布

### 5.4　微差爆破时延优化

炸药按延时依次爆炸,先起爆的炸药为后起爆的炸药创造了新临空面,降低了后爆炸药的抵抗线,提高了爆破效率;另外微差爆破延长了爆破做功时间,降低了同一时刻单响药量,减少了爆破地震效应,大大降低了对环境的影响,所以推荐优先使用微差爆破。微差爆破延时过小时,振动影响可能会较大;延时过大时可有效避免振动叠加,但先爆孔可能会破坏后爆孔的起爆线路。因此合适的起爆延时设计是必要的。对延时分别为 0( 齐发爆破)、10 ms、15 ms、20 ms、25 ms、35 ms、50 ms 和 65 ms 的情况分别进行分析。经计算,各延时下岩块的破碎效果均较好,引起堤岸的振动速度见图 16。图 16 显示,齐发爆破单响药量最大,对堤岸的振动速度最大,达 10.5 cm/s,远超安全要求,应避免;延时为 15~65 ms 时,堤岸振动速度均满足安全;在延时为 15 ms 时,堤岸最大振动速度最小,为 1.4 cm/s,安全性最好。

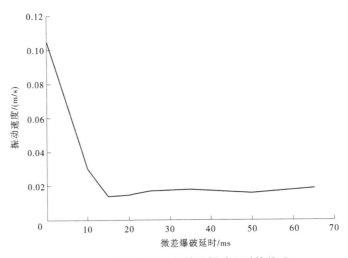

图 16　堤岸振动速度与钻孔爆破延时的关系

## 6 爆破振动速度经验公式

水下钻孔爆破的振动影响因素很多,不仅与炸药量、起爆点的距离、岩性有关,还与构筑物的动力特性、水深、起爆方式等密切相关,计算分析十分复杂,难以适应实际需要,因此简便的经验估计公式是必要的,质点的最大振动速度[5]为

$$v = K(Q^{1/3}/R)^{\alpha} \tag{5}$$

式中:$v$ 为质点的振动速度,cm/s;$Q$ 为单段最大药量,kg;$R$ 为到爆破中心的距离,m;$\alpha$ 为衰减指数;$K$ 为现场地质条件系数。

对未采取安全防护措施情况,爆破振动分析成果见图 6 的曲线,对该地区的爆破振动速度进行回归分析,有

$$v = 798\left(\frac{Q^{1/3}}{R}\right)^{1.989} \tag{6}$$

对未采取安全防护情况,若距离爆破点 34.8 m 的堤防的最大振动速度控制标准取 2 cm/s,可根据式(6)反推爆破单响最大安全药量为 5 kg。

## 7 结论

爆破振动速度的计算和控制,是爆破工程安全实施的重要内容。通过数值仿真方法,对爆破方案的效果进行预测,认为减振防护是必要的,提出并分析了主动、被动防控措施,为工程安全提供了支撑,分析方法和思路对类似工程的实施具有参考意义。本文对岩块破碎进行精细的仿真,直观体现了爆破方案对岩块破碎的效果,这一方法具有先进性,并可运用于需要分析岩块破碎后的运动轨迹和堆积形态,如水下岩塞爆破。爆破方案的影响因素很多,后续还可以结合试验和仿真,对减振孔位置、直径、深度、起爆路径、水位等展开研究。

## 参考文献

[1] 朱彬彬.邻近桥墩水下钻孔爆破水击波有害效应及防护研究[D].武汉:中国地质大学,2018.

[2] 赵根,黎卫超.水下爆破技术发展[J].爆破,2020,37(1):1-12.

[3] 陶明.水下钻孔爆破水击波衰减规律的研究[D].武汉:武汉理工大学,2009.

[4] 陈国芳,郭鑫智,耿加波,等.水下钻孔爆破应力分析与孔网参数优化[J].科学技术与工程,2023,23(16):6853-6861.

[5] 胡伟才,李国徽,郭铭芳,等.水下钻孔爆破影响下桥墩的动力响应特征及减震控制[J].工程抗震与加固改造,2019,41(5):42-48.

[6] 中华人民共和国国家质量监督检验检疫总局,中国国家标准化管理委员会.爆破安全规程:GB 6722—2014[S].北京:中国标准出版社,2015.

[7] LIVERMORE SOFTWARE TECHNOLOGY (LST).AN ANSYS COMPANY,LS-DYNA ® KEYWORD USER'S MANUAL VOLUME I,2020(r:13109),LS-DYNA R12.

[8] John O. Hallquist,LS-DYNARTHEORY MANUAL. March 2006.

[9] 郭强.水下钻孔爆破孔网参数优化研究[D].武汉:武汉理工大学,2005.

[10] 胡春红,冯新,李昕,等. 水下爆炸作用下结构响应的数值计算研究综述[J]. 工程爆破,2007,13 (1):28-34.

[11] 柏劲松,陈森华,李平. 水下爆炸过程的高精度数值计算[J]. 应用力学学报,2003,20(1):103-106.

[12] 颜事龙,徐颖. 水耦合装药爆破破岩机理的数值模拟研究[J]. 地下空间与工程学报,2005,1(6): 921-924.

[13] 钟冬望. 太子矶航道水下钻孔爆破地震波测试与分析[J]. 武汉科技大学学报,2011,34(5): 350-353.

[14] 曹棉,李嘉龙,邹永胜,等. 水下钻孔爆破减震孔与气泡帷幕协同减震效果研究[J]. 三峡大学学报 (自然科学版),2020,42(4):42-47.

[15] 覃振洲,苏莹. 紧邻桥梁水下钻孔爆破安全防控技术研究[J]. 江苏科技信息,2022,39(23):68-70,76.

# 水利水电测绘生产若干问题及对策探讨

## 何宝根　何定池

（中水珠江规划勘测设计有限公司，广东广州　510610）

**摘　要**：一个水利水电项目的勘测设计需要测绘、钻探、物探、地质、水文、规划、移民、水工、施工、金结、机电、造价、水保、环评、建筑等多专业协同才能完成，水利水电测绘作为其中的一个基础专业，其提交的测绘成果资料是规划、勘测、设计和施工的基础。在水利水电测绘生产过程中经常会遇到采用什么坐标系、采用什么高程系、如何确定各种高程基面的转换关系、用错高程基面等若干问题，如果处理不慎，就会给后续工作造成严重后果，严重影响项目的进度和质量。本文就水利水电测绘生产过程中经常遇到的若干问题及对策措施进行阐述，希望对从事水利水电测绘生产及相关设计人员能有所帮助，避免类似问题再发生。

**关键词**：水利水电测绘；坐标高程系统；若干问题；对策

　　一个水利水电项目如要顺利建成运营，一般要经历规划及可行性研究阶段、初步设计阶段、招标和施工图设计阶段。每一个勘测设计阶段都需要测绘、钻探、物探、地质、水文、规划、移民、水工、施工、金结、机电、造价、水保、环评、建筑等多专业协同才能完成，其中测绘专业是其中必不可少的一个专业。本文就水利水电测绘生产过程中各阶段遇见的常见问题及对策做探讨。

## 1　规划及可行性研究阶段

　　在规划及可行性研究阶段，测量的主要工作内容是沿河测量，水平比例尺一般为1:2 000~1:5 000的横断面测量资料，断面间距1~5 km；对重要建筑物，测量比例尺一般为1:2 000~1:5 000地形图[1]。规划及可研阶段测绘专业碰到的常见问题及相应对策如下。

### 1.1　坐标系的选择

　　统一坐标系统建设是我国国民经济建设和社会发展不可或缺的基础性、先行性工作，为决策者提供准确的测量基准资料，提高管理决策水平。我国先后采用了1954北京坐标系、1980西安坐标系和2000国家大地坐标系。各个重要城市一般还有自己的城市独立坐标系。

　　2008年3月，国土资源部正式上报国务院《关于中国采用2000国家大地坐标系的请

**基金项目**：中水珠江规划勘测设计有限公司科研项目（2022KY06）。

**作者简介**：何宝根（1969—），男，正高级工程师，主要从事测绘生产与管理工作。

示》,并于 2008 年 4 月获得国务院批准;决定自 2008 年 7 月 1 日起,我国将全面启用 2000 国家大地坐标系,授权国家测绘局组织实施。

新时代新阶段,2000 国家大地坐标系已是国家法定坐标系,工程建设项目应该采用 2000 国家大地坐标系作为工程的坐标系统,不宜采用其他的坐标系;不得已采用旧坐标系时,应建立与 2000 国家大地坐标系的转换关系。现阶段测绘主管部门已不向社会提供除 2000 国家大地坐标系外的其他坐标系统成果。

### 1.2 高程系的选择

1985 年,在全国一等水准网布测协调组扩大会议上确定采用青岛验潮站 1952—1979 年的验潮观测资料,按 19 年周期计算 10 个滑动平均海水面的平均值作为我国新的高程基准面"1985 国家高程基准"。国家测绘局以国测发〔1987〕198 号通告明确提出:1985 国家高程基准已经国务院批准,现公布使用,同时废止 1956 年黄海高程系统;启用国家一等水准网成果,国家一等水准网是以"1985 国家高程基准"为依据起算的,是全国高程控制的骨干,其他等级的国家水准点的高程均依次推算;为统一全国的高程系统,各有关主管部门,应将采用其他高程基准推算各类水准点高程成果,逐步归算至"1985 国家高程基准"。2002 年 8 月 29 日颁布的《中华人民共和国测绘法》第八条规定,国家设立和采用全国统一的大地基准、高程基准、深度基准和重力基准。

新时代新阶段,"1985 国家高程基准"已是国家法定高程基准,工程建设项目应采用 "1985 国家高程基准",不宜采用其他高程系统。不得已采用旧高程基准时,应建立与 "1985 国家高程基准"的转换关系。现阶段测绘主管部门已不向社会提供除"1985 国家高程基准"外的其他高程基准成果。

### 1.3 珠江基面与其他基面高程转换关系的确定

珠江流域,特别是珠江三角洲地区水利部门,仍普遍采用珠江基面高程,其与"1985 国家高程基准"的转换关系一直困扰着工程建设的相关方。典型的做法是在作业范围内联测两个以上具有珠江基面高程值和"1985 国家高程基准"值的水准点,求出两者的差值。但因水准点的珠江基面高程几十年没有复测,水准点有没有下沉难以判定,采用联测水准点求差值方法已失去意义。现在业内普遍采用的是,20 世纪 90 年代广东省水电设计院在珠江三角洲地区得出的两者平均差值 0.744 m 作为全省的两个高程基准的换算关系,即广东地区某点的珠江基面高程值等于 1985 国家高程基准值减去 0.744 m。该转换关系在业内存在不同意见。

1956 黄海高程=1985 国家高程-0.158 m,如图 1 所示。

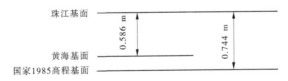

**图 1　珠江三角洲地区珠江基面与其他基面转换关系示意**

### 1.4 河流缺乏统一的规划高程基准

河流规划是开展一切工作的基础,而高程基准又是规划落地所必需的基础资料。河流规划阶段容易忽视的问题是河流缺乏统一的高程基准,可能造成上下游河流水头的损失,通航河流水深如不能有序衔接,会造成河流季节性断航。解决办法是沿河布设三等及以上级别高程控制网,为河流规划实施落地提供统一的高程基准,并严格按该基准实施。如在四川马边河水能资源规划过程中,某勘测设计单位沿河布设了统一的三等高程控制网,为官帽舟等水电站的开发提供了统一的高程基准,马边河上的各水电站均顺利得以实施。又如在北盘江革香河流域开发过程中,沿河没有建立统一的高程系统,上游 A 水电站 2008 年已经建成,图上标明采用的是 1956 年黄海高程,但在勘测下游 B 水电站过程中,发现 A 水电站实际采用的是假定高程系。如按该水头实施,两者正常蓄水位有 0.5 m 的水头差连接不上,就会造成水能资源的浪费。

### 1.5 用错坐标、高程基准的问题

规划及可研阶段很容易造成用错坐标高程基准。城市测量时,业主要求采用当地城市坐标系,如实际测量采用其他坐标系,则满足不了业主的要求。这时就要采用符合业主和设计要求的坐标系进行测量;成果还要能转换至 2000 国家大地坐标系,以满足不同部门的审批要求。

测图分站也容易造成坐标高程基准用错。在某枢纽勘测设计过程中,在进行一个岛上公路测量时,如把分站点的高程记错了,就会导致该岛地形图整体偏低几十厘米的严重后果。分站时一定要用分站之外的控制点进行校核,校核无误后才使用。

### 1.6 测量工作量多与经费不足的矛盾

项目规划、可研阶段经常碰到的问题是测量工作量大,但规划、可研阶段经费偏低,不能满足测量专业工作的需要。解决的办法是规划、可研阶段安排一部分测量工作经费,剩余的工作经费可在初步设计阶段进行安排,前提是项目规划、可研及初设工作由一家勘测设计单位完成。环北部湾广东水资源配置工程就采用了这一模式,把项目的可研、初设及施工图设计工作一起打包作为一个标招标,选定联合体单位中标,保证了工作的连续性,避免了可研与初设、施工图由不同的勘测设计单位承担,保证了工作的连续性,避免了项目的脱节。如有可能,大江大河的规划可在水利前期工作中争取一部分经费,提前沿河流布设上下游统一的高程控制网。如在西江中下游干流就从水利部争取了一部分前期工作经费,统一了珠江中下游干流及珠江河口高程控制基准,为珠江治导线规划等河流规划和大藤峡水利枢纽、环北部湾水资源配置工程等项目可研前期工作打下了一定的基础。

### 1.7 测量工作量大与工期不足的矛盾

规划及可研阶段测量工作量大,但工期短,测量人员又有限,很难满足设计的进度需要。解决办法之一就是采用无人机等先进的测绘技术,提高劳动生产率。如环北部湾广东水资源配置工程可研阶段要测绘 1 300 km² 的 1:2 000 比例尺地形图,需在 3 个月的时间内完成。如采用常规的 RTK 地形测量方法,同样的人用一年的时间都不一定能测完。通过采用无人机机载激光雷达测量手段,如期提供了测量资料,满足了设计的需要,成倍提高了劳动生产率,也为单位创造了良好的效益。解决办法之二是利用签订合同前的空档期,提前进场测量,可提前争取 20 d 左右的时间进场测量。解决办法之三是与设计多商量,分清轻重缓急,先安排测量那些急需的部分,测完急需的再测缓一步的,总体满足设计进度要求就行了。解决办法之四是借用外单位的力量,但要花费大量的经费,而且外委

产品质量很难保证。

## 1.8 航测漏测点状、线状地物

现地形测量普遍采用无人机航空摄影测量,因受分辨率限制,内业很容易漏掉电杆、排水(污)口等线状地物以及植被的分类,此时进出水口等重要测区就要由外业调绘组及时补充调绘完成。

## 1.9 线路方案频繁变化,导致无用的测量工作量多

现阶段调水工程任务比较多,可研阶段一个重要任务就是方案比选,经常出现刚测完就出现白测的情况发生,设计说因方案变化,这块地形不需要了。解决的办法是设计要充分了解业主的意图,在已有地形图上做足方案选择的工作,并且一定要进行充分的现场踏勘,充分评估选定的方案在现场能否走得通,在方案基本确定后再安排测量工作。外业测绘时,遇到输水线路难走通时,测量人员要及时向设计人员反馈,以及时变更线路。这样就可以减少外业等测量工作量,也可以节省工期,尽可能避免重复进场。

## 2 初步设计阶段

在初步设计阶段,测量的主要工作内容是沿河测量,水平比例尺一般为 1:200 ~ 1:2 000 的横断面测量资料,断面间距 0.5 ~ 2 km;在枢纽区测量比例尺一般为 1:500 ~ 1:1 000 的地形图,非枢纽区测量比例尺一般为 1:1 000 ~ 1:2 000 的地形图[1]。

初设阶段碰到的常见问题及相应对策如下。

### 2.1 用可研阶段地形图代替初设阶段地形图

该阶段最常见的问题是因经费及进度等原因,初步设计阶段不测地形图,用可研阶段 1:2 000 地形图甚至放大图来代替 1:500 ~ 1:1 000 地形图,造成地形图精度满足不了设计的要求。此时就要拿出规范条文同设计专业人员及时进行沟通,跟设计专业人员说明利害关系,在初设阶段枢纽区及时测绘 1:500 ~ 1:1 000 地形图。

### 2.2 漏测关键地形点

在枢纽区漏测关键转弯地形点,勾绘的等高线走样,导致设计没有按实际地形来布置地物。如水电站大坝采用拱坝,对拱坝两端的坝址地形要求精度高,初设阶段就需要详细测绘坝址区 1:500 地形图。需要把坝址每一部分的地形都要详细测绘出来,包括陡峭地区的地形。如漏测坝址处的关键地形点,测绘的等高线就不能反映出该处的实际地形,就会导致设计坝线走样,增加坝址基础处理的工作量。

### 2.3 起算控制点整体下沉问题

在珠海、南沙、东莞、深圳、新会、台山等冲积平原地区进行测量时,高程控制点会整体下沉。在用邻近控制点校核时,反映不出控制点的高程变化,如用下沉的控制点进行测量,就会导致测区测量地形图高程普遍不准。解决的办法:一是校核已有高程控制点时,一定要用一个不易沉降的山边高程控制点来进行校核;二是采用广东 CORS 系统来进行校核,从而避免因控制点整体下沉而造成堤顶高程达不到防洪标准的严重质量事故发生。

## 3 招标和施工图设计阶段

施工图设计阶段,测量的主要工作内容是布设首级施工控制网、补测地形等。

### 3.1 施工控制网布设问题

《水利水电工程施工测量规范》(SL 52—2015)[2]规定,施工阶段要根据工程施工总布置图和有关测绘资料,布设施工控制网[2]。施工控制网是施工的基准,大中型水利枢纽在施工图设计阶段需要布设施工控制网。业主说是设计的责任,设计说是业主的责任[3],很难分得清。这就要根据双方签订的合同规定来界定双方的责任。经常发生的问题是不布设施工控制网,把测图控制网当成施工控制网使用,导致控制网精度满足不了施工的需要。测图控制网是为满足测图需要而布设的,范围大,相对精度要求低;施工控制网是为满足施工需要而布设,范围相对小,相对精度要求高。施工控制网需要单独布设,并在主体施工开始前基本完成布设。大中型水利枢纽都要分标,一般都有几个施工单位一起同时施工,单一的施工单位一般不具备在整个枢纽区布设施工控制网的能力。通常的办法是由业主出经费,另行委托勘测设计单位沿枢纽区统一布设首级施工控制网,各施工单位在首级施工控制网的基础上再布设自己的加密施工控制网。业主还要委托设计单位定期复测首级施工控制网,一般每年委托复测一次。广西长洲水利枢纽、江西石虎塘航电枢纽、江西新干航电枢纽、清远水利枢纽、海南红岭水利枢纽、潼南航电枢纽、重庆利泽航运枢纽、大藤峡水利枢纽等都采用了这一模式,满足了施工的需要,工程顺利建成运营或试运营。

首级施工控制网建立费用可在工程投资估算第五部分独立费用的施工作业准备费中列支,复测费用可在第五部分独立费用的建设管理费或其他费用中列支。

### 3.2 补测经费问题

施工图阶段测量专业往往都要有补充测量任务,但设计单位的生产管理部门往往没有考虑该阶段的测量经费。解决的办法:一是先根据设计的要求及时完成测量补测任务,事后测量专业再根据实际完成的测量工作量向单位的生产管理部门申请测量经费;二是单位的生产管理部门修改生产管理办法,在施工图设计阶段下达测量等外业专业的工作经费。

## 4 结论

(1)新时代新发展阶段,工程建设项目应采用 2000 国家大地坐标系、1985 国家高程基准。

(2)可采用沿河布设高程控制网的方法解决河流规划高程基准缺乏问题。对于用错坐标、高程系统的问题,要了解设计的意图,加强校核。

(3)对于单位内部结算可研阶段测量工作经费不足的问题,可在初步设计阶段给予补足。对于测量工作量大与工期不足的矛盾,可采用先进测量技术、提前进场、外委、分步测量等方法解决。对于线路方案频繁变化的问题,要充分了解业主的意图,先在已有地图上做足方案选择的工作,采用现场踏勘的方法解决。施工图勘测设计阶段一般都要进行补测,单位的生产管理部门应下达相应的测绘生产经费。

(4)航测漏测点状、线状地物宜采用实地调绘的方法解决。初步设计阶段应及时测绘满足精度要求的地形图。初设阶段不能漏测枢纽区关键地形点。要联测一个不易沉降的山边高程控制点或用联测广东 CORS 系统的方法来校核冲积平原地区起算控制点整体下沉问题。

（5）如合同没有专门规定，大中型水利枢纽在施工图设计阶段需要由业主另行委托勘测设计单位布设首级施工控制网。

## 参考文献

[1] 中华人民共和国水利部. 水利水电工程测量规范:SL 197—2013[S]. 北京:中国水利水电出版社,2013.

[2] 中华人民共和国水利部. 水利水电工程施工测量规范:SL 52—2015[S]. 北京:中国水利水电出版社,2015.

[3] 何宝根,王小刚,王建成. 石虎塘航电枢纽工程首级施工控制网若干问题探讨[J]. 人民珠江,2011,32(1):36-37.

# 环北部湾广东水资源配置工程
# 越江隧洞盾构选型研究

刘庆林　　钟翠华

(中水珠江规划勘测设计有限公司,广东广州　510610)

**摘　要**:下穿江河等大型地表水体隧洞常采用盾构法,而盾构选型是否合理往往决定着施工的成败。环北部湾广东水资源配置工程需多次下穿河道。本文以高鹤干线合江倒虹吸段盾构隧洞为背景,通过研究盾构下穿凌江、罗江等工程重难点,结合工程地质条件对盾构进行分析比选,尽可能控制工程实施风险,并在此基础上对施工风险控制提出建设性意见,可以为类似工程提供参考和借鉴。

**关键词**:引调水工程;盾构选型;越江隧洞;风险分析

随着我国综合实力的不断提高,我国盾构设备制造水平已处于国际先进行列,借助盾构机国产化的红利,越来越多的大型工程采用盾构法施工。如南水北调中线工程穿黄河输水隧洞、珠江三角洲水资源配置工程、汕头海湾隧道以及各大城市的轨道交通隧道。盾构法以其低风险、经济性高等特点,显示出了巨大的应用潜力,符合国家大力推广的装配式、机械化施工理念[1]。本文以环北部湾广东水资源配置工程跨越凌江、罗江段隧洞实例为背景,综合水文地质、建(构)筑物条件及造价,对越江隧洞盾构选型进行针对性的分析,以便于达到工程实施风险安全可控、经济性优和施工便利的目的[2]。

## 1　工程概况

环北部湾广东水资源配置工程位于广东省粤西地区,工程从云浮市西江干流取水,向粤西地区的湛江、茂名、阳江、云浮4市供水。本工程由西江水源工程、输水干线工程和输水分干线工程等组成,包括取水泵站1座,加压泵站4座,输水线路总长490.33 km。输水干线工程合江倒虹吸段分别下穿凌江、罗江,隧洞采用盾构法施工,外径8.5 m,纵断面最大坡度为50‰,最小曲线半径为2 000 m,隧洞顶部埋深11~131 m。其中,下穿凌江段隧洞长度约92 m,凌江水深约4.9 m,隧洞与河床底的竖向净距16.8 m;下穿罗江段隧洞长度约91 m,罗江水深约1.9 m,隧洞与河床底的竖向净距约20.5 m。

隧洞越江段平面图见图1。

---

**作者简介**:刘庆林(1988—),男,工程师,主要从事地下结构设计研究工作。

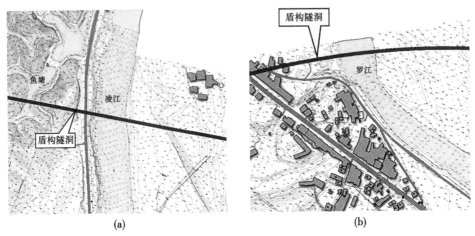

(a)
(b)

图 1 隧洞越江段平面示意

## 2 地质条件

根据地勘报告,跨凌江段,围岩为云母石英片岩、变粒岩($Pt_{2-3}Y^4$)及玢岩岩脉($\eta o \mu K_2^3$),估算一般岩体外水压力为 0.2~0.4 MPa,断裂带附近外水压力为 0.6~0.8 MPa。断层呈碎裂结构,宽约 35 m,断面有擦痕及压扭性现象,本段弱风化顶板起伏较大,围岩呈纵向软硬不均及掌子面出现软硬相间半岩半土现象,对盾构施工产生影响。本段地下水丰富,且穿越凌江,围岩呈不稳定—极不稳定,且沿断层及节理密集带存在涌水突泥问题。

跨罗江段地形平坦,围岩为侵入岩($\gamma \delta N h^c$)花岗闪长岩,受到侵入及构造影响,本段岩体破碎,风化较深,桩号 GH51+000~51+740 段洞身段主要处于全强风化层内,GH51+740~51+920 段洞身为弱风化层,软—较软岩,破碎—完整性差,弱透水为主,估算一般岩体外水压力 0.2 MPa。

具体各层地层分布情况如图 2 所示。

## 3 区间隧洞设计

### 3.1 隧洞线路

盾构隧洞东起合江倒虹吸进口,以盾构型式自东向西穿越大坑岭,行经下穿车田村部分居民楼和岭正小学后,隧洞下穿凌江然后进入下高丫岭,最后穿越山岭以及鱼塘,在川教村和松岭村范围局部下穿部分居民楼往西南方向敷设,经穿越罗江以及化州市合江新圩部分居民楼,终止于接收洞室,隧洞总长 8 448.8 m,线路最小曲线半径为 2 000 m,隧洞顶部埋深 11~131 m。线路平面、地质纵断面如图 3、图 4 所示。

### 3.2 工程重难点

(1)隧洞下穿凌江,下穿长度约 92 m,凌江水深约 4.9 m,隧洞与河床底的竖向净距约 16.8 m,隧洞洞身主要位于强风化岩层中,其渗透系数为 $6.93 \times 10^{-4}$ cm/s 局部位置破碎带发育。隧洞拱顶地层从上至下依次为淤泥质土、含泥粉细砂、中粗砂、含泥砂卵砾砂、全风化变质砂岩、强风化变质砂岩。沿凌江则推测可能分布一条破碎带,弱风化层受构造运动挤压迹象明显。

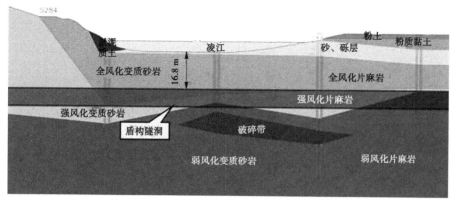

(a)凌江

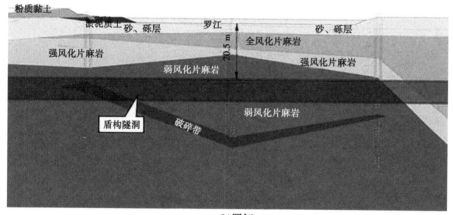

(b)罗江

图2 隧洞地质情况示意图

图3 线路平面示意图

（2）隧洞下穿罗江，下穿长度约91 m，凌江水深约1.9 m，隧洞与河床底的竖向净距约20.5 m，隧洞洞身主要位于弱风化岩层中，局部位置破碎带发育。隧洞拱顶地层从上至下依次为淤泥质土、含泥粉细砂、中粗砂、含泥砂卵砾砂、全风化变质砂岩、强风化变质砂岩、弱风化变质砂岩。其中，隧洞顶部连续分布有3~8 m厚的全风化层，其渗透系数为$10^{-4}$~$10^{-5}$ cm/s，弱风化层局部位置受构造运动挤压迹象明显，揭露有破碎带，拱部连续弱风化层厚2~9 m。

（3）区间穿越F71、F214、F67、F69、F68，断裂带为岩石碎屑层，地层自稳性差，地下水

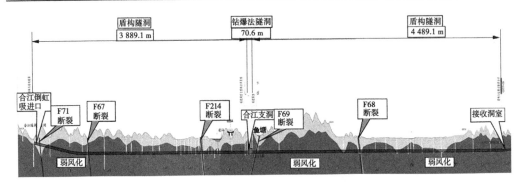

图 4　线路地质纵断面示意图

丰富,断裂带与盾构线路相交,盾构通过断裂带时,易发生涌水、喷涌等现象,土压难保持,易造成地表沉降甚至坍塌[3]。

（4）在施工过程中,弱风化岩地层的渗透系数较低,同步浆液凝结时间较长,可能会导致管片上浮,从而产生错台、破裂等不良影响,严重影响隧洞成洞质量。

（5）在地质条件不均的情况下,盾构施工时,隧洞底板对滚刀的支撑力大于顶板,这会导致刀盘和主驱动器受到偏载,从而影响盾构施工的姿态控制和刀具的正常使用。当前盾切口受到隧洞底板斜面的挤压,特别是边刀磨损后,容易引起盾构推进的抬头趋势,从而降低掘进效率[4],并可能导致地表沉降问题。

（6）隧洞始发段及下穿河流、村镇居民区段洞身主要位于强风化层;穿越山岭段主要位于弱风化岩层中,包括弱风化变质石英砂岩、弱风化云母石英片岩、变粒岩,弱风化变质泥质粉砂岩,弱风化花岗角闪岩,岩层有软—中硬—坚硬,单轴抗压强度为 26.8~51.3 MPa,施工过程中盾构机需应对软硬相间半岩半土地层,盾构机需具备复合地层掘进能力。

## 4　盾构设备选型

### 4.1　选型原则

（1）合江倒虹吸进口位置端头隧洞主要穿越土层以及 F71 破碎带,中间长约 6.9 km 穿越地层主要为弱风化泥质粉砂岩、云母石英片岩、变粒岩。穿越多条断裂破碎带,破碎带位置岩体破碎,透水性大,局部位置有承压水。另隧洞分别穿越凌江、罗江,穿越长度约 90 m,下穿位置隧洞顶板以上覆土层相对较浅。

（2）应能确保下穿段居民楼、高压电塔等建筑物的安全。一般情况下,地表沉降宜控制在 -30~+10 mm。

（3）盾构机一次推进距离应能大于 4.5 km,平均推进速度能达到 5~7 m/d。

（4）盾构机直径应考虑管片厚度、施工工艺等要求[5]。

（5）要求考虑施工设备购置费摊销后,每延米综合价格经济合理。

### 4.2　盾构选型

盾构施工段一般较长,在同一个盾构施工段,某些区段的地质和环境适合选用土压平衡盾构,但另一些区段又很适合选用泥水盾构。盾构选型时应综合考虑并对不同选择进行风险分析,择其优者。

根据本工程的总体布置、工程地质及水文地质条件、沿线建筑设施及地下管线等环境条件、盾构隧洞衬砌结构、施工条件及工期等多方面要求,可供选择的盾构机主要有加泥式土压平衡盾构及泥水加压式盾构,两种盾构机比较见表1。

**表 1　盾构机选型比较**

| 比较项目 | 加泥式土压平衡盾构 | 泥水加压式盾构 |
|---|---|---|
| 地层适应性 | 适用于有一定细颗粒含量的地层,可通过调节添加材料的浓度和用量等辅助工法扩大地层适用范围,但当水头较高、土层渗透系数较大时,搅拌土难以起到封水作用 | 适合淤泥质黏土、粉土、粉细沙等各类软土地层及复合地层,特别是在渗透系数较大,且水头较高的江河大海下优越性较大 |
| 土压平衡建立方式 | 通过切削下来的土体填满土仓建立压力,来平衡开挖面的土压力和水压力 | 通过向土舱注入一定配比的泥浆建立压力,来平衡开挖面的土压力和水压力 |
| 开挖面稳定能力 | 通过排(进)土量控制,稳定性能较好 | 通过泥浆压力及流量控制,稳定性能好 |
| 泥土输送方式 | 螺旋机+皮带机+电瓶车+行车运至地面后弃土,输送间断不连续,施工速度慢 | 泥水管道输送,可连续输送,输送速度快而均匀;占用隧洞空间小,但设备故障影响很大 |
| 施工场地条件 | 所需施工场地较小 | 需泥浆制备处理场,施工场地较大 |
| 地面沉降控制 | 压力控制精度相对较低,对地面沉降控制精度相对较低,更适用于中小直径的盾构掘进机,沉降量一般为 20~30 mm | 压力控制精度高,对地面沉降控制精度高,更适用于大直径的盾构掘进机,沉降量一般为 10~20 mm |
| 对周围环境的影响 | 渣土运输对环境产生一定影响 | 泥浆处理设备噪声、振动及渣土运输对环境产生影响较大 |
| 止水性能 | 通过土砂管理及加入添加剂,可防止喷发,但较泥水盾构差 | 在完全密封的条件下,不会喷发 |
| 方向控制 | 盾构周围地层压密,千斤顶推力大,方向控制性较泥水盾构差 | 地层与盾构之间有泥浆润滑,方向易控制,推力小,施工容易 |
| 开挖效率 | 加入合适的添加剂后增加流动性和止水性,可提高掘进效率,添加剂管理容易 | 泥浆循环分离费时,泥浆管理难 |
| 施工可能存在的问题 | 在高水压地层中施工,需要采用合理的辅助施工措施;地表沉降控制与施工人员的施工经验关系密切,需经验丰富的盾构操作人员 | 水土不易分离,泥浆处理困难 |
| 施工费用 | 开挖出来的原状土运至地面后可直接进行弃土作业,施工费用较低 | 弃土前需进行泥水分离作业,施工费用相对较高 |
| 设备费用 | 设备费用较泥水盾构低 | 需要增加接管机等管道输送设备,再加上地面泥水分离设备,设备费用高 |

综合以上泥水盾构和土压平衡盾构优缺点及工程实施经验,结合本段区间现有地质资料、勘察报告,考虑隧洞穿越多条断裂带,局部断裂位置地面为鱼塘,以及前后共两次下穿凌江、罗江(其中下穿凌江段隧洞主要位于强风化层,且物探揭露有断裂带发育,河水与掌子面地层可能存在水力联系;下穿罗江段隧洞洞身主要位于弱风化层,但局部位置揭露有破碎带,隧洞洞身以上存在较厚的砂、淤泥等软弱地层,隧洞施工过程中存在涌水突泥风险),另本工程主要位于乡村,施工场地布置相对宽裕,从保持开挖面的稳定、控制地面沉降的角度来看,使用泥水盾构要比使用土压平衡盾构效果好一些,特别是在江河湖海等水体下、在密集的建筑物或构筑物下及上软下硬的地层中施工时。在这些特殊的施工环境中,施工过程的安全性是盾构选型时的一项极其重要的选择,同时采用泥水盾构还可以降低地质变化差异大造成的施工风险,为尽可能控制盾构下穿水体的施工风险,经综合比选,本段区间隧洞推荐采用泥水平衡盾构。

## 5 隧洞下穿河流施工风险控制措施

(1)盾构施工的风险,总是利用或寻找"地质和环境的复杂性"作为突破口,引发工程事故。为了有效防控地质及环境风险,必须详细掌握工程地质、水文地质及施工环境条件。

(2)根据目前广深地区硬岩掘进经验,在弱风化段掘进时,盾构机应提高转速、增大推力。

(3)越江段掘进过程中应严格控制隧洞的轴线,每环均匀纠偏,减少对土体的扰动,同时应提高同步注浆量,选用初凝时间较短的浆液。此外,在同步注浆的基础上,通过管片上的预留注浆孔进行水泥、水玻璃双液注浆,使隧洞纵向形成间断的止水隔离带,控制管片的上浮[6]。

(4)隧洞掘进过程中需进行换刀,施工单位应提前制订换刀预案,为换刀作业提供可靠的安全保护措施。

## 6 结论

盾构选型是盾构法隧洞能否安全、环保、优质、经济、快速建成的关键。其首要原则是安全性,要以确保开挖面稳定为中心[7]。为此,应注意工程地质条件及水文地质条件,同时应充分明确场地条件、盾构工作井周边的环境条件、施工线路地上及地下建(构)筑物件、特殊场地条件等所要求的功能,在安全可靠的情况下,考虑技术先进性和经济合理性,才能选择出合适的盾构。本工程盾构隧洞地质条件复杂,穿江段揭露有透水风化层以及断层构造,且下穿地面建构筑区域隧洞洞身及以上存在较厚的砂、淤泥等软弱地层。针对工程以及水文地质特点,为控制工程实施风险,采用泥水平衡盾构能较好地适应透水地层并控制地面沉降,同时施工过程中加强监测,并根据监测情况动态调整施工参数,确保隧洞以及地面建构筑物安全可控[8]。

## 参考文献

[1] 程卫民. 日本在砂层中的长距离盾构法隧道施工技术[J]. 人民长江,1994(4):45-46.

［2］张旭东.土压平衡盾构穿越富水砂层施工技术探讨［J］.岩土工程学报,2009,31(9):1445-1449.

［3］郭朝.复合地层φ7 m盾构的刀盘适应性及施工引起地层变形规律分析［D］.北京:北京交通大学,2014.

［4］苏培森.福州轨道交通越江隧洞盾构选型研究［J］.铁道勘测与设计,2018(1):18-20.

［5］徐明,杨草蕾,张朋银.水利工程盾构选型及适应性分析研究［J］.青海水力发电,2020(4):40-44.

［6］黎新亮.盾构隧道穿越湘江溶洞区工程风险分析及应对措施探讨［J］.铁道标准设计,2014(2):64-69,70.

［7］蒋磊,钟可,戴勇,等.穿越湘江水下岩溶发育区地铁盾构选型研究与应用［J］.都市快轨交通,2019(2):85-90.

［8］中华人民共和国住房和城乡建设部.城市轨道交通工程监测技术规范:GB 50911—2013［S］.北京:中国建筑工业出版社,2013.

# 基于 SLAM 激光扫描仪的隧洞施工检测

## 邓神宝　黄　杏

( 中水珠江规划勘测设计有限公司,广东广州　510610)

**摘　要:**隧洞施工通常面临较多挑战,对施工质量有必要进行定期检测。为了精准、全面地检测隧洞施工质量,本文提出基于 SLAM 激光扫描仪的隧洞施工检测技术路线,主要包括控制测量、数据采集、数据预处理、质量评价和数据分析等工序,以施工中的输水隧洞为试验对象,采集隧洞点云模型,试验过程的控制测量、点云数据成果精度均符合规范要求,基于隧洞点云计算隧洞中线偏差、岩塞厚度、开挖方量等指标,为综合评判隧洞施工质量、施工安全和施工进度提供了准确、翔实的数据支撑,验证了 SLAM 激光扫描仪用于隧洞施工检测的可行性,为隧洞施工检测提供了高效、精准的技术方案。

**关键词:**SLAM;激光扫描;点云;隧洞施工检测

隧洞施工面临地质条件复杂、工作面狭窄、劳动条件差、工序多、干扰因素多等挑战,施工难度大,容易产生方向偏差、超挖欠挖等问题,因此施工质量检测显得极为必要。以往常用的检测方法有全站仪、架站式三维激光扫描仪等,其中全站仪属于单点采集设备,无法完整表达隧洞整体信息,特征点的选取易受主观因素影响,可能忽略关键的特征点[1];架站式三维激光扫描仪能实现三维快速采集,在隧道工程中已有应用,但需多次设站,测量效率不高,成果受多站数据拼接误差影响较大[2]。为改进以上不足,本文探索使用 SLAM 激光扫描仪实施隧洞施工检测的可行性。SLAM( simultaneous localization and mapping)是指即时定位与地图构建,是一种算法,用于融合移动扫描系统传感器(如激光雷达、相机、IMU 等)所捕捉的数据,以确定设备在移动过程中所处位置和产生的扫描轨迹。SLAM 激光设备已被广泛用于新型基础测绘、矿山地形测绘、大比例尺测图等方面[3-5],SLAM 激光设备的测量效率和精度得到验证和认可。

## 1　技术流程

图 1 为本文提出的技术流程,主要包含控制测量、数据采集、数据预处理、质量评价、数据分析等工作。

### 1.1　控制测量

参照《长距离水工隧洞控制测量技术规范》( DB61/T 1419—2021) 的要求[6],洞外布

---

**作者简介:**邓神宝(1990—),男,硕士,主要从事水利工程测量工作。

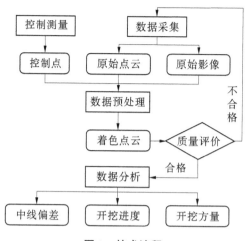

**图 1　技术流程**

设 3~4 个控制点,采用 GNSS 卫星定位测量,保证至少两点与洞口通视,作为洞内传递方向的洞外联系边。洞内平面控制采用导线法施测,高程控制采用水准或光电测距三角高程方法施测。洞口与洞内控制点根据视距条件按 50~500 m 间距成对布设,平面、高程控制点可共桩,平面控制测量等级不低于一级,高程控制测量等级不低于四等。

## 1.2　数据采集

数据采集流程主要有如下几个步骤:

(1)查勘测区。测量员在采集前查勘现场,了解现场通行条件和工作环境,掌握扫描重点部位和难点部位情况。根据设备续航能力和测区结构,将测区划分为若干数据子集。

(2)布设锚点。锚点是锁定扫描数据、纠正扫描仪误差的有效措施。锚点按 50~100 m 间距布设,每个数据子集的锚点数量不少于 3 个,拼接锚点宜布设于数据子集之间的重叠区域,坐标转换锚点均匀分布于测区外围。

(3)路线规划。采集路线尽可能多地规划闭环扫描。此外,采集路线要保证数据子集之间有足够重叠,确保数据子集拼接成功。

(4)数据采集。根据测区环境复杂程度和精度要求,设置适当的拍照间距,以稍慢于正常行走的速度实施采集。针对关键部位,采取降速、折返、调整角度等措施,进行重点采集。采集的原始数据主要包括激光点云、全景相片等。

## 1.3　数据预处理

将扫描仪采集的数据及锚点坐标导入数据处理软件 SiteMaker,设定输出点云的分辨率、格式等参数,完成全景生产、点云拼接、点云去噪、点云着色、数据优化等。根据电脑配置的不同,数据预处理与采集时间之比为 1:5~1:2。

## 1.4　质量评价

质量评价主要根据激光点云的以下几个指标综合评定:

(1)着色效果。通过目视方法判断隧洞点云中物体边缘、棱角、色彩、纹理的可辨识度。

(2)噪点情况。包括表面噪点和穿透性噪点。表面噪点会使隧洞表面产生模糊感,使原本竖直的表面切片产生一定的厚度,从而影响点云的几何精度,这类噪点无法删除,很大程度上反映了扫描设备的系统精度。表面噪点造成的点云厚度应控制在 5 cm 以内。穿透性噪点指的是位于地面下或墙壁内等扫描仪原本不能探测到的冗余点,可通过后期选取剔除。

(3)相对精度。是指数据在设定的局部范围内的准确性,适用于单一数据子集内部的几何精度评价。在同一个数据子集范围内,通过量取隧洞中的物体长度、高度,与点云中测量的数值进行对比来判断相对误差。

(4)绝对精度。是指数据在全局范围内的准确性,适用于多个数据子集之间的几何精度评价,其中包含了不同数据子集之间的拼接误差。如果点云已转换为工程坐标,绝对精度还包含了坐标转换误差。绝对精度可通过全站仪测量的检查点三维坐标,与点云中同名点的坐标值进行对比,计算相对中误差得出。

### 1.5 数据分析

基于隧洞点云模型计算分析后可得出以下几方面成果:

(1)中线偏差。利用隧洞点云模型提取隧洞开挖轴线,与设计轴线对比可计算出偏差值。

(2)开挖进度。利用隧洞点云准确的三维空间位置信息,可以准确量算相向开挖的两个工作面剩余岩体厚度,量算掌子面与取水口的岩塞厚度以及空间位置关系等。

(3)开挖方量。对比隧洞点云与设计方案,通过断面分析、模型比对等方法,计算隧洞各部位存在的超挖、欠挖方量以及总工程量。

## 2 试验及分析

### 2.1 研究对象

为验证本文所提出的技术路线,选取施工中的输水隧洞进行试验,试验段隧洞长度约为 500 m。该输水隧洞取水口位于水库正常蓄水位以下,取水口采用岩塞爆破法施工,在开展本次试验时,隧洞已开挖至距离取水口地面约 10 m 处。试验设备采用 NavVis VLX 穿戴式激光扫描仪,该设备配备 2 个 16 线雷达和 4 个鱼眼相机,通过 SLAM 方式实现自身定位。

### 2.2 成果分析

#### 2.2.1 数据质量

本次试验埋设洞口控制点 3 个,用 GNSS 观测法、水准测量法分别测得洞口控制点的平面坐标和高程。洞内布设控制点 25 个,以洞口控制点为起算依据,洞内平面控制测量采用导线测量法,高程控制测量采用光电测距三角高程测量法。导线测量精度见表 1,精度满足《水利水电工程测量规范》(SL 197—2013)五等导线的技术要求;高程测量精度满足该规范四等光电测距三角高程测量精度要求[7]。使用 5 个洞内控制点作为 SLAM 激光扫描的坐标转换和拼接锚点,本次试验共采集 2 个数据子集,输出 3 cm 分辨率着色点云 500 MB,以及 130 幅全景图。

表 1    导线测量精度统计

| 角度闭合差/(″) | | 全长相对闭合差 | | 高差闭合差/mm | |
| --- | --- | --- | --- | --- | --- |
| 测量值 | 限差(按五等) | 测量值 | 限差(按五等) | 测量值 | 限差(按四等) |
| 60.90 | 83.14 | 1/16 242 | 1/10 000 | 3.18 | 42.19 |

隧洞着色点云效果见图 2、图 3,点云纹理清晰,可分辨的最小地物规格大小为 5~10 cm;对比全站仪实测的 21 个检查点,点云中同名点的高程中误差、平面位置中误差均小于 10 cm。

图 2    隧洞掌子面处点云模型

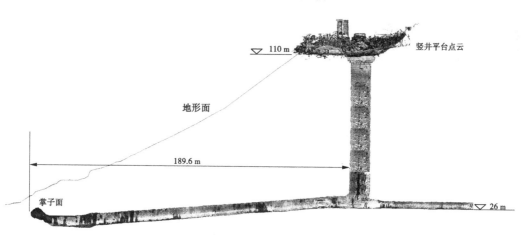

图 3    输水隧洞及竖井平台点云剖面

### 2.2.2    施工检测

(1)中线偏差。如图 4 所示,使用隧洞点云提取中线,即为隧洞的实际开挖中线,与隧洞设计中线对比,测得掌子面处中线偏差大约为 3.9 m。

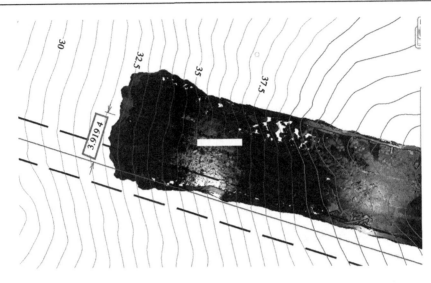

图 4　中线偏差计算

（2）岩塞厚度。岩塞的位置和几何形状确定后，才能进行岩塞爆破设计。岩塞厚度是确保施工安全与设计合理的主要影响因素，是输水隧洞能否顺利通水的关键工序。如图 5 所示，使用取水口周边 1∶200 大比例尺地形图，建立三维地形模型，结合本次采集的隧洞点云模型进行三维空间分析，剖取垂直于隧洞掌子面的多个剖面模型，测得岩塞厚度为 7.7～9.6 m。

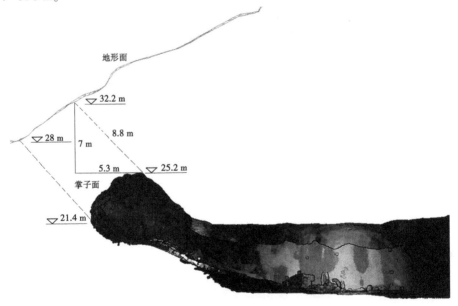

图 5　岩塞厚度计算

## 3 断面分析

基于隧洞点云模型,批量提取隧洞断面如图6所示,计算得出检测段开挖总方量约为6 400 m³。导入设计断面进行对比计算,可以得出在任一截面处的超挖、欠挖量,如图7所示。

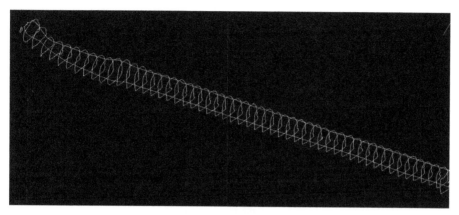

**图6 隧洞断面**

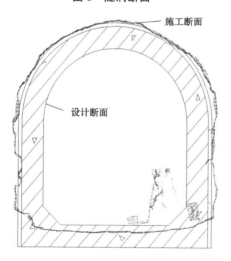

**图7 设计断面对比施工断面**

## 4 结语

本文提出使用 SLAM 激光扫描仪实施隧洞施工检测的技术流程,以输水隧洞为研究对象进行试验,验证了技术流程的可行性。相比于全站仪、地面激光扫描仪等,本文采用 SLAM 激光扫描仪的采集效率至少提高了3倍,同时能够保证成果精度。

# 参考文献

［1］李徐然. 三维激光点云数字化爆破质量分析与评价［D］. 成都：西南交通大学,2018.

［2］马自军,谯生有,闻道荣. 三维激光扫描仪在隧道工程施工中的应用［J］. 测绘通报,2020(3)：157-159.

［3］杨震,孟祥武,唐顺均,等. 室内移动测量系统在新型基础测绘中的应用［J］. 测绘通报,2023(1)：149-153.

［4］张清宇,崔丽珍,杜秀铎,等. 矿山环境三维激光雷达 SLAM 算法建图与定位［J］. 测绘通报,2023(5)：72-77.

［5］邱世聪,陈远鸿,汪国宏,等. 可穿戴式三维激光扫描系统在大比例尺测图中的应用［J］. 北京测绘,2023,37(2)：208-210.

［6］陕西省市场监督管理局. 长距离水工隧洞控制测量技术规范：DB61/T 1419—2021［S］.

［7］中华人民共和国水利部. 水利水电工程测量规范：SL 197—2013［S］. 北京：中国水利水电出版社,2014.

# 无人机在水利勘测设计行业的典型应用

## ——以珠江流域机构设计单位为例

何宝根　孙　雨　江冬敏

（中水珠江规划勘测设计有限公司，广东广州　510610）

**摘　要**：针对传统水利水电测绘作业效率低、工期难保证、产品单一、安全风险大的难题，提出了航摄、激光测图、全景图及视频汇报监控等无人机解决方案；结合江西赣江某枢纽工程测量、环北部湾广东水资源配置工程、浙江 G20 杭州峰会核心区内河道来水水质净化工程、环北部湾广西水资源配置工程、大藤峡水利枢纽工程等应用案例，阐述了单位无人机业务发展的主要背景、历程、典型应用和未来前景。通过采用无人机作业，实现了测绘作业方式外业转内业、机器代人的革命性变化，减轻了劳动强度，提升了劳动生产率，提供了正射影像（DOM）、数字高程模型（DEM）、数字表面模型（DSM）、全景图、视频、三维点云等多样化测绘产品，跟上了时代发展的潮流。

**关键词**：无人机；发展历程；水利测绘；典型应用

　　无人机（UAV）是无人驾驶飞行器的简称，是采用无线电遥控设备或自备的程序控制装置实现操纵的不载人飞机[1]。无人机系统[2]由无人机机体、飞行控制、数据链、发射回收、载荷等子系统，以及电源系统等构成。根据不同的作业要求，无人机可搭载相机、摄影机、激光雷达进行数据采集，得到具有一定重叠度的图像、点云数据和 POS 数据，再经过无人机图像处理，得到作业区的正射影像（DOM）、数字高程模型（DEM）、数字表面模型（DSM）、全景图、视频、三维点云等成果。无人机作为一项新兴的遥感监测平台，具有机动性高、适用性强，分辨率高、成本低廉等优势[3]，有效弥补了卫星和有人机等遥感之间的空白点[4]，减轻了传统水利水电测绘作业的劳动强度，越来越受到科研勘测设计人员的欢迎，应用也越来越普及。刘昌军等[5]论述了无人机在防洪抗旱减灾领域发挥的重要作用。朱菲[6]论述了无人机在观音阁水库的应用研究。樊灏等[7]分析了无人机在水利地质监测中的应用。中水珠江规划勘测设计有限公司作为珠江流域机构的设计院，从2009 年起提出无人机解决方案，经过十几年的发展壮大，目前无人机已成为单位测绘地理信息的主要采集手段。2023 年是公司转制 20 周年，总结过去，展望未来，下文对单位无人机业务发展的主要背景、历程、典型应用和未来前景，进行总结探讨，希望对同行和下一步发展有所启示和帮助。

**基金项目**：中水珠江规划勘测设计有限公司科研项目（2022KY06）。

**作者简介**：何宝根（1969—），男，正高级工程师，主要从事测绘生产与管理工作。

## 1 无人机发展背景

（1）传统水利水电测绘劳动强度大，危险性高，劳动生产率低。

传统水利水电测绘作业的最大特点就是流动作业，劳动强度大，效率低，主要靠人一步步走出来，经常要跋山涉水，危险性大，非常辛苦。愿意从事传统测绘工作的人越来越少，而项目越来越多，时间要求越来越紧。传统测绘效率低，难以满足设计进度要求。测绘成果是勘测设计的基础，测绘成果不能按时提交，会严重影响整个项目的生产进度。转变测绘的生产方式，减轻测绘人的劳动强度，尽可能将数据采集、处理、计算、管理等通过机器完成，提高生产效率，是珠江水利水电测绘人一直追求的目标。

（2）国内无人机应用的标志性事件。

1917 年，英国人成功研制了世界上第一架无人机，主要应用于军事侦察。2008 年 5 月 12 日，四川发生汶川大地震，国内无人机逐渐被大众所知。在道路、通信全部中断的情况下，我国首批科研人员利用无人机带回很多灾区资料和信息，为救助人民起到了非常重要的作用[8]。无人机以最快的速度拿出震后实时遥感影像图，对应急救援发挥了重要作用。

2010 年 4 月，国家测绘局在全国测绘系统推广应用国产固定翼轻型无人机航摄系统。

随着科技的进步，无人机逐渐向低成本、小型化、轻型化方向发展，越来越多的无人机用于个人兴趣爱好、娱乐航拍、家庭跟拍等场景，消费级无人机逐步走向大众化。

（3）无人机测绘的主要优势。

一是体积小，重量轻，搬运方便，放在车内就可运输；二是起飞容易，可弹射架起飞，可手抛起飞，更可垂直起飞；三是受天气影响小，飞行高度低，能获取高分辨率数据；四是特别适合应急测绘。

## 2 无人机的主要类别及特点

无人机根据外形分类主要有旋翼、固定翼及复合翼等。

（1）旋翼无人机一般采用电动垂直起降方式，优势是起飞降落容易，但续飞时间短，飞行速度慢，单架次一般在 0.5 h 左右。

（2）固定翼无人机一般采用油动或电动滑行起降的方式，起飞降落不容易，对操控手要求高，但持续飞行时间长，飞行速度快，单架次一般在 1 h 以上。

（3）复合翼无人机兼顾了旋翼无人机和固定翼无人机的优点，动力形式有油动、电动等。起飞降落时用旋翼方式，正常作业用固定翼飞行方式，解决了固定翼飞机起飞降落的难题，是目前无人机大面积作业的主流机型。

## 3 无人机航摄搭载的主要传感器

无人机航摄搭载的主要传感器有可见光相机、多光谱相机、激光扫描仪及摄像机等。

可见光相机一般为正射单镜头、倾斜五镜头；多光谱相机取决于具体用途；激光扫描仪主要有奥地利瑞格 VUX-1LR，适合 5~530 m 高度采集；摄像机有索尼 a7rii 等。

## 4  发展历程

中水珠江规划勘测设计有限公司空间信息院(简称空间院),前身是珠江三角洲整治规划办公室测量队。河道测量和水利水电工程测量是空间院的主要业务。2009年以前空间院不具备航空摄影测量能力,陆地主要作业方式靠人司尺作业,跋山涉水,非常辛苦。空间院引进无人机低空摄影测量技术,经过科研、合作、学习创新、独立飞行等阶段,形成了企业标准。

(1)2009—2010年,为科研阶段,提出无人机机载激光测图解决方案。

2009年9月,空间院与华南理工大学自动化系合作,率先提出无人机机载激光雷达测图解决方案,成功申请广州市科研项目"无人直升机激光扫描快速数字地形测绘系统研究与设计"。通过此科研项目,空间院比同行早一步介入无人机,发现了无人机在地形测绘方面不可限量的前景。

(2)2010—2011年,为合作阶段,引进内业航摄数据处理软件。

2010年9月开展台山风电场60 km²地形测量任务。测区平均海拔300 m左右,地形陡峭、植被茂盛、交通不便,要求3个月内提交1:5 000地形图成果。采用常规的人工测量方法,要投入很多人,且容易发生安全生产事故。通过与无人机测绘单位的优势互补、互相合作,短时间、高效率顺利地完成了该项目,颠覆了传统航空摄影测量的观念。2010年底空间院引进适普数字摄影测量系统,开展航摄内业处理。

(3)2011—2013年,为学习创新阶段,培养操控手,申请资质。

合作满足不了单位随时作业的要求,空间院着手自己组建无人机航摄队,首先是培养无人机航摄专业人才,选派研究生去学校学习无人机操控,并去北京一家公司实习。2012年空间院申请到了无人机航摄资质,成为广东省首批5家具有无人机航摄资质的单位之一。

(4)2014年至今,组建无人机航摄队,开展独立飞行。

2014年,空间院购买了两架LT-150型固定翼无人机,并安排人员考取了测绘主管部门的无人机飞行证,组建了自己的无人机航摄队。后面又购进了旋翼无人机、垂直起降无人机,也购进了摄像头、多镜头设备、机载激光设备。同时配备了齐全的航空内业处理软件和图形处理工作站,具备了内外业一体化处理能力。空间院独立承接完成了东江干流、北江干流、西江干流、云南德厚水库、大藤峡水利枢纽施工监控、环北部湾广东水资源配置工程等许多航飞任务,可以生成DLG、DEM、DOM、DSM、视频、全景图等多种产品,累计航飞面积超过1万km²。无人机的使用彻底改变了空间院的作业方式,测绘外业作业时间大幅缩短,实现了外业转内业的目标。许多外业测量人员转为内业,不用整天风吹日晒,同时解决了年纪大的员工的出路问题。现大部分测绘项目采用无人机作业,甚至工会集体活动、项目查勘、招标投标工作等都用到了无人机。2012年,无人机项目还获得全国优秀测绘工程银奖,空间院在无人机应用方面走在了全国水利水电行业的前列。

## 5　典型应用

### 5.1　三维数字测图(可为勘测设计专业快速提供 4D 产品)

无人机航摄可快速提供正射影像(DOM)、数字线划图(DLG)、数字高程模型(DEM)、数字栅格地图(DRG)等 4D 产品成果,可满足项目勘测设计工作的不同需要。

在 2011 年江西赣江某枢纽工程测量中,采用固定翼无人机作业。航飞面积 160 km²,像控点采用网络 RTK 作业,空中三角测量采用 VirtuoZoAAT 软件作业,立体测图采用 VirtuoZo 全数字摄影测量工作站完成,并批量生成 DEM、DOM。VirtuoZo 数字航空摄影测量数据处理技术在该工程中得到了明显提高,减少了外业工作量,有很大的推广应用价值[9]。

经多次调研,2019 年空间院引进了无人机机载三维激光测量系统。该系统集成了三维激光扫描设备、惯导(IMU)设备、GPS 设备、通信设备,是一种新型主动式航空传感器,多次回波,可穿透植被,直接获得地面厘米级精度的点云数据(激光系统 pos 精度高,可节省大量像控测量,少许控制点主要用于高程参数改正)。激光雷达数据测量作业的生产环节,主要包括航摄设计、航摄数据采集、数据预处理、激光数据分类、数字高程模型(DEM)制作、数字正射影像图(DOM)制作。

无人机机载三维激光测量系统可进行三维实景建模,可生成 DEM 模型,采集数字地形图,解决了高密植被地形的数据采集问题,特别适合南方植被茂盛地区作业。该系统颠覆了传统作业方式,减轻了劳动强度,减少了外业作业时间,把大部分外业时间转移到内业上来,劳动效率提高 3 倍以上。如环北部湾广东水资源配置工程采用该系统作业,用 3 个月时间完成航飞 1 300 km² 的地形测量外业数据采集任务,满足了可研工作需要;如果用同样的人力,用常规的测量方法去作业,1 年时间也难完成。

### 5.2　正射影像图(可为工程管理、村庄规划提供清晰的挂图)

正射影像图的生产环节,主要包括影像预处理、图像增强、自动空三处理、正射影像纠正、匀色、镶嵌拼接、影像处理。

水利枢纽工程在建造过程中或竣工后,可用无人机拍摄制作出清晰的正射影像图挂图,供工程管理者使用。在美丽乡村建设过程中,也可用无人机拍摄制作出村庄的正射影像图挂图,作为振兴乡村的规划底图。

### 5.3　全景图(可为项目踏勘提供现场全景展示效果)

全景图制作环节主要包括外业采集、内业处理。360°全景图,可用于虚拟现实浏览,把二维的平面图模拟成真实的三维空间。水利枢纽、调水工程一般都要进行现场踏勘,用无人机沿途拍摄全景图,可把踏勘的现场搬到计算机上或网络上,供勘测设计人员随时查看,非常方便。

环北部湾广东水资源配置工程可研审查汇报,进出水口、泵站、料场、渣场都拍摄了全景图,并加载在基于网络的三维 GIS 展示平台上。设计人员依据全景图进行汇报,给评审专家身临其境的感觉,得到了主管部门和专家的肯定。目前项目现场踏勘带上无人机拍摄全景图已成为单位的标配。

### 5.4 视频（可为项目投标、项目汇报、方案评审、成果展示提供可视化展示效果）

视频制作的主要环节包括视频采集、视频后处理、剪辑拼接、编辑整饰等。根据经营、规划、设计部门的要求，可开展航摄影像视频制作，同时可针对特殊要求添加标注、说明等文字注释。也可在视频中加入施工方案展示，如设计线路、区域加强显示、设计思路图形或动画融合航摄视频等。

在项目投标阶段，可用无人机拍摄视频进行设计方案的展示，汇报效果直观。

河道整治项目汇报阶段，在视频上叠加移民征地拆迁范围线，直观显示出拟拆迁范围内的建筑物位置、名称、面积及拆迁费用，向政府主管部门及领导汇报，为其决策提供了一种全新的辅助手段。

方案评审阶段把调水线路加载到拍摄的视频上，在向业主及专家汇报时，清楚直观，能帮助业主及专家当场给出符合现场情况的意见。

成果展示阶段，通过无人机拍摄的视频，加载字符及语音解说，在成果推广现场进行展示播放，能给参会嘉宾留下深刻印象。如浙江 G20 杭州峰会核心区内河道来水水质净化工程，用无人机拍摄了视频，加工制成影视短片。该短片解说了项目工程的主要组成部分，调度原理、过程及现场效果，犹如美丽风光短片，起到了很好的效果。

### 5.5 三维实景模型（可为勘测设计、河长制管理提供数据支撑）

三维点云模型是在完成空三加密后自动生成三维点云模型，同时可导出三维实景模型。利用后处理软件可在模型上定点标注各类信息，实现点、线、面的标注。还可在三维模型上根据设计要求切出横断面、纵断面，满足设计的需要。

用无人机搭载倾斜摄影测量及激光雷达设备，沿河道两岸进行航飞数据采集，叠加水下地形、BIM 模型及相关属性数据，可打造孪生河道，为勘测设计、防汛抗旱及河长制管理提供数据支撑。

环北部湾广西水资源配置工程，在无人机拍摄的三维模型叠加断面水下地形，根据设计专业要求，沿河道每隔 500 m 切一条横断面，满足了设计需要。

### 5.6 周期性航摄（可为重大水利工程建设管理提供测绘保障）

大藤峡水利枢纽施工，利用多种类型无人机搭载不同传感器进行航空摄影，对库区重点防护区域每半年实施一次 10 cm 分辨率监控航摄，并对蓄水前后进行比较淹没分析。枢纽工程坝区用无人机每季度实施一次 10 cm 分辨率的监控航摄。坝区主要施工区域每半个月实施一次优于 3 cm 分辨率的倾斜摄影无人机监控航摄。开发了无人机自动巡检系统、大藤峡虚拟现实全景管理系统和大藤峡水利枢纽实景三维可视化淹没分析系统。这些成果不仅为大藤峡水利枢纽留下了宝贵的档案数据，而且为大藤峡水利枢纽设计、建设、运营提供了全生命周期服务[9]，为施工组织管理、工程进度管理、工程安全管理、土方平衡计算[10]、工程形象展示提供了可靠的测绘保障。

## 6 未来前景与挑战

（1）无人机机载激光雷达测量系统会普及大多数地形测绘队伍。

机载激光雷达测量系统，能实现影像数据和点云数据一体化采集，能获取高精度的地面高程数据，优势明显。该系统会向小型化方向发展，价格也会越来越便宜，会普及有地形测绘业务的大多数地形测绘队伍。

（2）大数据处理与管理会向云处理方向发展。

无人机航摄系统拍摄的数据量非常大，是典型的大数据。目前是组建工作站集群进行数据处理，用服务器进行数据管理，最终会实现云处理。要建设一个系统，比如打造智慧珠江管理系统对整个系统进行管理。

（3）人工画图向机器智能画图转变。

目前无人机采集的地物数据主要靠人工画图，制约了测绘效率的进一步提高，下一步会向机器学习、智能识别转变，最终会实现机器智能画图，完成大部分地物的自动识别和勾画。最终实现直接在三维地图上进行设计。

（4）现场调绘是不可缺少的环节。

涵洞、水闸等水工建筑物的尺寸，电杆、通信线路、里程碑等点状、线状地物，村庄名、道路名等属性数据，必须依靠测量人员现场调绘解决，不可缺少。

（5）无人机跨界应用会成为一种趋势。

不仅测绘专业会应用无人机，地质、规划、水保、水工、移民等专业也需要应用无人机。测绘专业要想求得大发展，跨界应用是必由之路。学习其他专业的知识或适当引进跨专业人才，实现多源数据融合，打造虚拟现实和全景真三维成果，满足用户需求是解决跨界应用的可行办法。

（6）传统涉密成果正逐渐被设计人员抛弃。

测绘成果的生命力在于应用。传统1:10 000、1:50 000万涉密地形图成果因解决不了网络应用问题，正逐渐被勘测设计人员所抛弃。

## 7  结论

（1）无人机主要有旋翼无人机和固定翼无人机，带旋翼的能垂直起降的无人机已成为测绘作业的主流模式。

（2）无人机作为一种搭载平台，应用场景取决于所搭载的传感设备，应用前景广阔。随着以大疆为代表的消费级无人机崛起，无人机会越来越普及，无人机机载激光雷达测量系统会深入普及大多数地形测绘作业队伍，成为主要的数据采集方式。

（3）单位无人机航摄经过十几年的发展，已成为地理信息获取的主要方式。测绘作业已实现了机器代人、外业转内业的革命性变化，可以提供DLG、DEM、DOM、视频、全景图等多种产品，可以提供施工现场监控，成倍减轻劳动强度，数倍提高劳动生产率。测绘成果的生命力在于运用，目前单位正在大力打造流域版的高清影像地图系统——中水珠江实景三维可视化系统，我们期待跟流域的各级单位及地方水行政主管部门合作，进一步促进无人机在流域的普及应用，做好技术支撑，打造珠江流域的"奥维地图"，全力为智慧珠江助力。

## 参考文献

[1] 吕厚谊.无人机发展与无人机技术[J]. 世界科技研究与发展, 1998,20(6):113-116.

［2］甄云卉,路平.无人机相关技术与发展趋势[J].兵工自动化,2009,28(1):14-16.

［3］蒋涛.无人机遥感技术在水利工程中的应用[J].中国战略新兴产业,2021,41(13):66-68.

［4］吕书强,晏磊,张兵,等,无人机遥感系统的集成与飞行试验研究[J].测绘科学,2007,32(1):
84-86.

［5］刘昌军,郭良,兰驷东,等.无人机技术综述及在水利行业的应用[J].中国防汛抗旱,2016,26(3):
34-38.

［6］朱菲.无人机技术在观音阁水库的应用研究[J].水利信息化,2017(6):55-58.

［7］樊灏,邢立文,樊漓,等.无人机低空影像技术在水利地质灾害监测中的应用[J].中国信息化,2019
(4):67-68.

［8］代允.浅谈无人机应用涉及到的技术领域[J].中国新通信,2021,23(9):100-101.

［9］张永,李奇,陈淼新,等.无人机航空摄影和全数字立体测图技术在江西永泰航电枢纽工程中的应用
[J].人民珠江,2011,32(S1):8-12.

［10］孙雨,黄鹏嘉,杨健达.无人机低空遥感技术在大藤峡工程中的应用实践[J].中国水利,2020(4):
95-97.

［11］陈淼新,袁树才,孙雨.无人机航空摄影测量在土方平衡中的应用[J].测绘与空间地理信息,
2017,40(12):177-179,182.

# 顶管穿越施工技术在水利供水工程中的应用

张淑芳　　詹　杰

( 中水珠江规划勘测设计有限公司，广东广州　510610)

**摘　要**：顶管技术作为日益成熟的施工技术，近年来被广泛应用到油气管道、供水管线、公路铁路过路等各种类型的管道穿越工程中。作为非开挖施工法中最重要的一种施工技术，顶管施工技术在解决交通繁忙、人口密集、地面建筑物众多、地下管线复杂等问题时凸显其优势，顶管穿越有利于周边环境的协调与迁占，降低征地手续办理难度及拆迁成本，不阻断城市主干道，减少道路占用及拥堵，减少土方开挖。本文结合水利供水工程实例，介绍双排顶管的布置，确定工作井的尺寸，从顶管布置、顶管顶力估算、后座反力验算、控制沉降等方面，阐述了顶管穿越施工技术在水利供水工程中的应用，解决了供水管线穿越市政道路及河道的问题，达到减少占地、缩短工期及确保供水安全的目的。

**关键词**：顶管穿越；施工技术；供水工程；布置及应用

## 1　工程概况

东江与水库联网一期工程在东莞市石排镇沙角村的东江取水，通过供水管道向松木山水库输水，输水方式采用管道加压方式，设计输水规模为233.3万 $m^3/d$。管道采用埋地式，管线设计总长为29.95 km，双管输水。在桩号11+608.57处布置加压泵站，加压泵站前采用DN3 000管径，加压泵站后采用DN3 200管径，两种管径均为预应力钢筒混凝土管（PCCP管），施工方式以明挖浅埋、回填压实为主。顶管段采用钢管，管中心间距4.5 m，钢管两端以空间弯管外包混凝土后与PCCP管衔接。管道穿越横沥镇、大朗镇、松山湖等镇区主干道，沿线道路交通量大，运行繁忙，建设征地及断开交通明挖铺管实施难度大。穿越东引运河、寒溪河段河道为淤泥质土，具流塑、饱和及高压缩性，管槽开挖及破堤施工风险大，施工工期长。根据管道线路布置及地层地质等情况，拟采用顶管施工穿越上述地形及构筑物。

## 2　地质条件

工程基本位于第四系冲积台地上，地势平坦，局部及尾端靠近松木山水库一带为残丘地貌单元。管线布置基础主要由①层人工填土、②-1层软土、②层黏性土、③层花斑黏土、④-2层—含泥中粗细砂层及风化土组成，风化土母岩为 $P_{z1}$ 花岗片麻岩和 $J_{1ln}$ 粉、细

---

**作者简介**：张淑芳(1972—)，女，高级工程师，主要从事水利水电工程施工组织设计工作。

砂岩,已风化呈密实土状,其中花岗片麻岩风化土遇水易软化。地基层位较稳定,起伏较大,埋藏稍浅。

# 3 顶管工程布置

## 3.1 顶管布置原则

(1)根据地质勘查剖面选定顶管土层,一般选择黏土、粉质黏土、含泥砂层及风化土等较均匀的土层,避免软硬交接面布置,以免顶管时发生轴线偏移[1]。

(2)管顶的覆土层厚度宜大于管外径的1.5倍,且不小于1.5 m。管道穿越河底时,考虑管道抗浮和河道冲刷等要求,覆盖层还应适当加厚。

(3)双管顶管施工时不应相互干扰,管道平行顶进时,管道间净距不应小于1倍管径并考虑一定的安全距离[2-3]。

(4)顶管工作井选址应远离房屋、地下管线及高压架空线等不利于顶管施工的场所。考虑渣土及设备运输,顶管井布置要方便交通,但应距离穿越的公路或堤防有一定的安全距离,以免由于顶管施工作业引起公路、堤防的沉降,影响车辆的通行安全。

(5)顶管井后背墙在顶管施工作业过程中承受很大的推力,要求后背墙土层力学指标较好,不易发生较为明显的变形。

## 3.2 顶管布置

### 3.2.1 穿越省道120

顶管管线沿输水管线布置,穿越省道120顶管段总长度为112.6 m,顶管底高程为-3.2 m,管顶距离新南路路面平均厚度为8.14 m。工作井距离东引河河堤约15 m,距离东莞第五水厂供水管线8 m,距离省道120直线距离23 m。为避开居民房及配电房,顶管接收井布置距离公路稍远,为45 m。

### 3.2.2 穿越东引运河

本段顶管横穿东引河布置,前后管线与顶管段夹角91°,顶管总长度为187.7 m。东引河顶管处平均底高程2 m,河宽约110 m,顶管工作井、接收井布置于两岸河堤外侧,工作井距离河堤10 m,顶管底高程为-8.6 m,顶管管顶距离河床平均覆土厚度为7.5 m。

### 3.2.3 穿越南环路、寒溪河

南环路沿寒溪河堤走向,穿越南环路及寒溪河段,顶管总长度为221.6 m。由于南环路车流大,为减少对市政道路的影响,考虑本段顶管与输水方向反向施顶,工作井布置在寒溪河左岸大堤外侧,距离大堤8 m。顶管底高程-8.6 m,顶管管顶距离南环路路面平均厚度为12.5 m,管顶距寒溪河河床平均厚度为6.5 m。接收井布置在南环路和江南南路交叉口的路边转弯处,距离南环路路肩3 m,距离街边房屋16 m。

### 3.2.4 穿越省道357

顶管管线沿输水管线布置,本段顶管由三段组成。从上游开始,第一段为沿寒溪河布置,并穿越省道357,顶管长度为89.5 m;第二段为穿越寒溪河段,顶管长度为46.6 m;第三段为沿寒溪河堤岸布置,顶管长度为197.8 m。三段顶管轴线平面夹角分别为118.3°、121.3°。顶管采取从两端向中间顶的施工顺序,1#井、4#井为工作井;2#井既是第一段顶管的接收井,又是第二段顶管的工作井;3#井为接收井,为第二段和第三段顶管共用。1#、

2#顶管井和接收井分别距离省道 357 40 m、31 m 和 36 m。顶管水平布置,顶管底高程 -4.0 m,至路面覆土厚度为 9.6 m。

### 3.2.5 穿越富民北路

顶管管线沿输水管线与富民北路斜交布置,顶管长度为 175.0 m。顶管井布置在寒溪河堤岸。富民北路为规划新建路,路面含绿化带宽 48 m,路旁有地下光缆,顶管工作井距离道路边 16 m,接收井距离路边 10 m。顶管底高程-1.0 m,顶管管顶距离富民北路路面平均厚度为 7.8 m。

### 3.2.6 穿越美景大道

顶管管线沿输水管线布置,长度为 195.0 m。顶管工作井布置在松山湖尾水渠堤岸,距离渠边约 6.5 m,接收井布置在美景大道边,距离尾水渠 8 m,顶管管底高程 2.0 m,管顶距路面平均覆土厚度为 7.3 m。

### 3.2.7 穿越环湖路

顶管管线沿输水管线布置,顶管长度为 68.8 m,管底高程 2.0 m。顶管井布置避开路边地下光缆和沿路管道。工作井距离环湖路约 15 m,接收井距离路边 13 m。管顶距环湖路路面平均覆土厚度为 8.8 m。

## 4 管道结构计算

### 4.1 钢管允许顶力

根据《给水排水工程顶管技术规程》(CECS 246—2008)[2],钢管段允许顶力值,按式(1)计算:

$$F_{ds} = \frac{\phi_1 \phi_3 \phi_4}{\gamma_{Qd}} f_s A_P \tag{1}$$

式中:$F_{ds}$ 为钢管管道允许顶力设计值,N;$\phi_1$ 为钢材受压强度折减系数,取 1.00;$\phi_3$ 为钢材脆性系数,取 1.00;$\phi_4$ 为钢管顶管稳定系数,取 0.36,管长小于 300 m 时,穿越土层均匀,取 0.45;$f_s$ 为钢材受压强度设计值,N/mm²,Q235C 型;$A_P$ 为管道的最小有效传力面积,mm²,钢管壁厚 30 mm,DN3 000 钢管 $A_P = 285\ 426$ mm²,DN3 200 钢管 $A_P = 304\ 266$ mm²;$\gamma_{Qd}$ 为顶力分项系数,取 1.3。

计算得 DN3 000 钢管允许顶力 $F_{ds}$ 为 23 218 kN,DN3 200 钢管允许顶力 $F_{ds}$ 为 24 751 kN。

### 4.2 顶管顶进阻力

顶管要克服迎面和管道周边土体阻力才能进行顶进作业,顶管总顶力可通过计算顶管顶进阻力和迎面阻力之和确定,迎面阻力又称为初始推力[2,4]。本工程共有 7 处顶管,各段顶管最长顶进距离分别为 112.6 m、187.7 m、221.6 m、197.8 m、175.0 m、195.0 m、68.8 m。按照不设中继间验算顶进阻力。

根据《给水排水工程顶管技术规程》(CECS 246—2008)[2]计算管段总顶力值,按式(2)、式(3)计算:

$$F_0 = \pi D_1 L f_k + N_F \tag{2}$$

$$N_F = 4\pi D_g^2 \gamma_s H_s \tag{3}$$

式中：$F_0$ 为总顶力标准值，N；$D_1$ 为管道的外径，m；$L$ 为管道设计顶进长度，m；$f_k$ 为管道外壁与土的平均摩阻力，$kN/m^2$，考虑触变泥浆注浆减阻作用，参考《给水排水工程顶管技术规程》（CECS 246—2008）[2] 中摩阻力平均值及相关文献，顶进时采用膨润土触变泥浆护壁减摩[4]，取 7 $kN/m^2$；$N_F$ 为顶管机的迎面阻力，kN；$D_g$ 为顶管机的外径，m；$\gamma_s$ 为土的重度，$kN/m^2$；$H_s$ 为覆盖层厚度，m，依据顶管处地层的物理力学特性综合比选，顶管机型采用泥水平衡式顶管机[2]，据此进行迎面阻力计算。

顶管最大顶力估算结果汇总见表1。

表1 顶管最大顶力估算结果汇总

| 穿越建筑物 | $L/m$ | 直径 $D_1/m$ | $f_k/kPa$ | $N_F/kN$ | $F_0/kN$ |
|---|---|---|---|---|---|
| 穿越省道120 | 112.6 | 3.0 | 7 | 1 243.2 | 8 682.9 |
| 穿越东引运河 | 187.7 | 3.0 | 7 | 1 446.9 | 13 904.2 |
| 穿越南环路、寒溪河 | 221.6 | 3.0 | 7 | 1 558.7 | 16 523.0 |
| 穿越省道357 | 197.8 | 3.2 | 7 | 1 655.2 | 15 567.7 |
| 穿越富民北路 | 175.0 | 3.2 | 7 | 1 373.2 | 13 682.0 |
| 穿越美景大道 | 195.0 | 3.2 | 7 | 1 549.2 | 15 264.7 |
| 穿越环湖路 | 68.8 | 3.2 | 7 | 1 557.2 | 6 396.3 |

## 5 工作井和接收井设计

工作井是安放顶进设备的场所，也是顶管掘进机的始发地，同时又是承受主顶油缸反作用力的构筑物。按照工作井形状区分，有矩形、圆形和多边形等。按照结构区分有钢筋混凝土井、钢板桩井等。顶管工作井的内净尺寸需要满足管节吊装、各种机械设备吊装、施工人员进出、井内施工操作空间等。接收井为接收顶管机和工具管的场所[1]。

### 5.1 结构形式

本工程顶管为大直径、深覆土顶管，堤防、公路对截渗、沉降要求高，采用钢筋混凝土井可靠性高。在连续顶管段，顶管不在一条直线上，与轴线呈一定夹角，在井内向不同方向顶进或接收顶管，为方便施工，采用圆形井结构。其余直线顶管段，考虑充分利用井内空间并节约投资，采用矩形井。

### 5.2 工作井尺寸拟定

#### 5.2.1 工作井长度

根据《给水排水工程顶管技术规程》（CECS 246—2008）[2]，当按下井管节长度确定工作井内净尺寸时，按照式(4)计算：

$$L = L_1 + L_2 + L_3 + K \tag{4}$$

式中：$L_1$ 为千斤顶长度，取 2.5 m；$L_2$ 为下井管节长度，钢管，取 6.0 m；$L_3$ 为留在井内的管道最小长度,取 0.5 m;$K$ 为后座及顶铁的厚度及安装富余量,m。

计算工作井内净长度尺寸为 10.6 m。

### 5.2.2 工作井宽度

工作井宽度 $B$ 按下式计算:

$$B = 2D_1 + J + S \tag{5}$$

式中:$B$ 为工作井内净宽度,m;$D_1$ 为管道外径,DN3 000,管道外径为 3.03 m,DN3 200,管道外径为 3.23 m;$J$ 为两条顶管的间距,为 4.5 m。

计算工作井内净宽度为 13 m、13.5 m。

### 5.3 接收井尺寸拟定

接收井不受顶力作用,尺寸能满足接收顶管机出洞即可。接收井内净尺寸按 6 m×13 m(6 m×13.5 m)考虑。

## 6 后座反力验算

顶管作业过程中,为了使分散的各油缸推力的反力均匀地作用在工作井后方的土体上,在顶管工作井后方浇筑一座后座墙,后座墙和工作井后背土体组成顶管后座,完全承受油缸总推力 $P$ 的反力[4]。

### 6.1 后背墙验算

后背墙受力按式(6)验算:

$$F_c = f_c \times A \tag{6}$$

式中:$F_c$ 为后背墙承受的压力,N;$f_c$ 为混凝土的轴心抗压强度,采用 C25 混凝土,取 $f_c = 11.9$ N/mm²;$A$ 为混凝土受压处的面积。

工作井后背墙厚 1.0 m,采用 C25 混凝土。

在顶管轴线位置后背墙固定 4 m×4 m×0.08 m 的钢板,后背墙承受的压力 $F_c = f_c \times A = 19\ 040$ t,后背墙可承受压力远大于千斤顶的力,所以后背墙不会受到破坏。

### 6.2 后座反力验算

根据工作井内部尺寸和所顶管道外径,结合工作井结构及内衬墙布置,后座反力按式(7)计算:

$$R = \alpha B\left(\gamma H^2 \frac{K_p}{2} + 2cH\sqrt{K_p} + \gamma hHK_p\right) \tag{7}$$

式中:$R$ 为总推力反力,kN;$\alpha$ 为系数,取 1.5~2.5;$B$ 为后座墙宽度,m;$\gamma$ 为土的重度,kN/m³;$H$ 为后座墙的高度,m;$K_p$ 为土的被动土压力系数,$K_p = \tan^2(45° + \varphi/2)$;$c$ 为土的黏聚力,kPa,$\varphi$ 为土体内摩擦角,(°);$h$ 为地面到后座墙顶部土体的高度,m。

顶管后座反力计算结果见表 2。

为确保后座墙在顶管顶进过程中的安全,后座反力应为总顶进力的 1.2~1.6 倍[4],后座反力不允许超过顶管的允许顶力。从表 2 中可以看出,工作井越深,后座墙尺寸越大,后座墙所提供的反力越大。顶管估算顶力小于钢管允许顶力,也小于工作井后座反力,满足施工要求,可不设置中继间。

## 6.3 井背土体被动土压力

井背土体承载力应满足最大顶力要求,能承受主顶千斤顶的最大反作用力而不致破坏。顶管顶进时,水平顶进力通过后座墙传递到土体上,考虑后座板联合支撑作用,将顶力分散传递,土体产生近似弹性的荷载曲线,扩大了支撑面[5]。将弹性载荷曲线简化为梯形力系,如图1所示。

**表2 顶管后座反力计算结果**

| 穿越建筑物 | $\alpha$ | $B$/m | $H$/m | $\gamma$/ $(kN/m^3)$ | $c$/ kPa | $\varphi$/ $(°)$ | $K_p$ | $h$/ m | $R$/ kN | $(R/1.6)$/ kN |
|---|---|---|---|---|---|---|---|---|---|---|
| 穿越新南路省道120 | 1.5 | 13.0 | 5.6 | 18.5 | 25.0 | 10.0 | 1.42 | 5.1 | 27 909 | 17 443 |
| 穿越东引运河 | 1.5 | 13.0 | 5.5 | 19.0 | 24.6 | 9.0 | 1.37 | 5.8 | 30 015 | 18 759 |
| 穿越南环路、寒溪河 | 1.5 | 13.0 | 7.0 | 19.0 | 24.6 | 9.0 | 1.37 | 6.2 | 42 282 | 26 427 |
| 穿越省道357 | 1.5 | 13.5 | 5.4 | 19.0 | 14.2 | 14.5 | 1.66 | 5.4 | 30 501 | 19 063 |
| 穿越富民北路 | 1.5 | 13.5 | 5.3 | 19.0 | 14.2 | 14.5 | 1.66 | 5.0 | 29 904 | 18 690 |
| 穿越美景大道 | 1.5 | 13.5 | 5.2 | 19.3 | 14.2 | 14.5 | 1.66 | 6.0 | 32 504 | 20 315 |
| 穿越环湖路 | 1.5 | 13.5 | 5.4 | 19.5 | 18.0 | 25.0 | 2.46 | 4.0 | 30 588 | 19 118 |

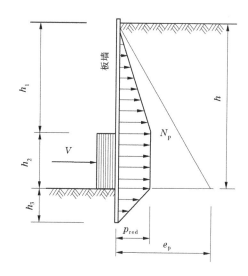

**图1 简化后的后座受力图**

作用在井背土体上的应力可通过式(8)计算:

$$p_{red} = \frac{2h_2}{h_1 + 2h_2 + h_3}p \qquad (8)$$

其中

$$p = \frac{V}{bh_2}$$

式中:$p_{red}$ 为作用在后座土体上的应力,$kN/m^2$;$V$ 为顶进力反力,kN;$b$ 为后座宽度,m;$h_1$ 为地面到后座墙顶部土体的高度,m;$h_2$ 为后座墙高度,m;$h_3$ 为工作井埋入土体的深度,m。

作用在后座井背土体上的应力与土体被动土压力的关系式表达为 $e_p > \eta p_{red}$,其中:$e_p$ 为被动土压力,$kN/m^2$,$e_p = K_p \gamma h$,$h$ 为工作井的深度,m;$\eta$ 为安全系数,通常取值不小于 1.5。

井背土体应力及土体被动土压力计算值汇总见表 3。

表 3　井背土体应力及土体被动土压力计算值汇总

| 穿越建筑物 | 井背土层 | $h_1/m$ | $h_2/m$ | $h_3/m$ | $K_p$ | $\eta$ | $p/$ $(kN/m^2)$ | $e_p/$ $(kN/m^2)$ | $p_{red}/$ $(kN/m^2)$ | $\eta p_{red}/$ $(kN/m^2)$ |
|---|---|---|---|---|---|---|---|---|---|---|
| 穿越省道 120 | 花斑黏土 | 6.4 | 5.6 | 3.0 | 1.42 | 2.0 | 118.8 | 314.74 | 64.6 | 129.7 |
| 穿越东引运河 | 黏土 | 8.1 | 5.5 | 3.0 | 1.37 | 2.0 | 193.3 | 353.61 | 96.2 | 192.5 |
| 穿越南环路、寒溪河 | 粉质黏土 | 9.4 | 7.0 | 3.0 | 1.37 | 2.0 | 226.4 | 426.41 | 120.1 | 240.1 |
| 穿越省道 357 | 泥质粉细砂 | 7.4 | 5.4 | 3.0 | 1.66 | 2.0 | 221.8 | 402.76 | 113.0 | 225.9 |
| 穿越富民北路 | 泥质粉细砂 | 7.0 | 5.3 | 3.0 | 1.66 | 2.0 | 198.2 | 395.22 | 102.2 | 204.4 |
| 穿越美景大道 | 泥质粉细砂 | 6.4 | 5.2 | 3.0 | 1.66 | 2.0 | 225.8 | 366.93 | 118.6 | 237.2 |
| 穿越环湖路 | 全风化土 | 5.0 | 5.4 | 3.0 | 2.46 | 2.0 | 91.1 | 498.56 | 52.3 | 104.7 |

由表 3 可知,井背土体被动土压力大于顶管顶推力反力对墙后土体产生的应力,满足 $e_p > \eta p_{red}$ 的条件,顶管施工过程中井背土体不会被破坏,工作井不会发生井体位移或失稳,因而工作井后座土体不需要加固。

## 7　顶管顶进施工

顶管施工采用对基础黏土及泥质沙性土适应性较好、对顶管周边土体扰动较小的泥水平衡式顶管工艺,同时其在穿越河道时可以防止可能出现的渗水及管涌等问题[3,6]。首先在构筑好的顶管井内进行井下设备安装,井下设备安装包括导轨及主顶系统(主顶油缸、主顶油泵及控制阀)安装、后背墙及洞口止水圈安装、顶管机头在导轨的安装等。顶管机安装在所顶管道的最前端,采用风镐破除预留素混凝土墙,推进机头,顶管顺利出洞后,开始顶进施工。千斤顶推进的同时,机头刀盘旋转切土,通过进排泥系统向机头泥水仓注入一定压力的泥水浆液,便于土体切割,同时保持泥水压力平衡及挖掘面稳定[7],排泥系统将机头泥浆送至地面泥浆池沉淀,注浆管将膨润土注入到顶管四周土体,使管周外壁形成泥浆润滑套,从而降低顶进时的摩阻力。顶管采用激光导向系统定位,根据测量反馈的结果,调整纠偏千斤顶,对顶进方向实现有效控制。顶管初始顶进时顶进速度控制在 20 ~ 30 mm/min,正常顶进时速度为 50 ~ 150 mm/min,施工过程中的最大顶力及顶管井的位移、沉降在安全范围以内。

## 8 地面沉降验算与控制沉降措施

穿越施工引起的地面沉降计算方法主要有经验法和解析法,目前工程界常采用 Peck 提出的沉降槽理论进行计算[1],按下式计算:

$$S(x) = S_{max} \exp\left(-\frac{x^2}{2i^2}\right) \tag{9}$$

$$S_{max} \approx \frac{V_s}{2.5i}$$

$$i = \frac{H}{\sqrt{2\pi} \cdot \tan(45° - \varphi/2)}$$

式中:$S(x)$ 为 $x$ 处的地面沉降量,m;$x$ 为顶进管道轴线的横向水平距离,m;$i$ 为地面沉降槽宽度系数,m;$\varphi$ 为土的内摩擦角;$H$ 为管道中心至地面的覆土厚度,m;$S_{max}$ 为顶进管道轴线上方的最大地面沉降量,mm;$V_s$ 为超挖量,$m^3$。

泥水平衡顶管施工控制顶进速度,严格控制出土量,防止超挖及欠挖;压注触变泥浆减少管周摩阻力,遵循"先注后顶、随顶随注、及时补浆"的原则,以达到注浆饱满、减小摩擦力的效果。顶进时通过调整千斤顶的合力中心控制初始偏差,确保机头状态稳定,轴线顺直,加强顶管顶进施工监测,实时纠偏,纠偏角度不大于 0.5°,顶管施工完成后采用水泥砂浆及时置换管周的触变泥浆,减少工后沉降量。

经计算,采取以上措施后,公路、堤防中线最大沉降量为 18.3 mm,小于《给水排水工程顶管技术规程》(CECS 246—2008)[2]规定的允许值 20.0 mm,满足工程要求。

## 9 结语

(1)顶管穿越施工技术施工具有减少征地及拆迁、不影响交通以及保证施工安全等优点。在供水工程穿越道路、河流等类似的工程中,考虑征地、工期以及环保等综合因素,宜选用非开挖顶管技术进行穿越施工。

(2)顶管穿越方案需重点进行顶推力、管道允许顶力、后背墙反力及路面沉降等计算分析。另外,为保证顶管顺利施工,应合理选择工作井尺寸及型式。

(3)顶管埋深越深,井后座墙能提供更大的推力,地面产生的沉降越小,顶管施工越有利。但埋深越大,工作井的建造费用越高,且顶管与两端浅埋管段衔接角度变小,运行期局部水头损失会相应加大。因此,须在满足覆土厚度的前提下结合理论计算和实践经验确定管道埋设深度。

(4)为快速、安全地完成顶管穿越,施工进场前应对管线两侧范围进行地质复勘,详细勘察管道沿线的地质构造情况,选取与地层地质条件相适应的顶管施工设备及工艺。

(5)顶管井做好截渗,避免因施工降水引起路面及沿线建筑物沉陷开裂;加强顶管及周边建筑物的变形监测;控制顶管机姿态,及时纠偏,保证注浆减摩效果。

## 参考文献

[1] 葛春辉.顶管工程设计与施工 [M].北京:中国建筑工业出版社,2012.

[2] 中国工程建设标准化协会.给水排水工程顶管技术规程:CECS 246—2008[S].北京:中国计划出版社,2008.

[3] 李进.双排顶管工程穿越京杭运河应考虑的因素[J].中国给水排水,2011,27(14):105-108.

[4] 余彬泉 陈传灿.顶管施工技术[M].北京:人民交通出版社,1998.

[5] 中国非开挖技术协会行业标准.顶管施工技术及验收规范(试行)[S].

[6] 张波,胡涛,陈雯.长距离穿越长江大堤顶管施工技术[J].人民长江,2011,42(16):61-64.

[7] 许磊,易立新,刘永生.泥水平衡顶管施工中若干技术问题的探讨[J].资源环境与工程,2008,22:62-66.

# 高陂水利枢纽移民安置
# 践行高质量发展理念实践与展望

陈垚森　　陈正维

(中水珠江规划勘测设计有限公司,广东广州　510610)

**摘　要:**高陂水利枢纽工程建设征地补偿和移民安置于2022年2月被水利部水库移民司初步选定为移民安置规划设计理念先进、实施管理水平高、移民获得感幸福感强的工程项目典型案例。为不断总结高陂水利枢纽移民工作实践,为各级各部门进行建设征地补偿和移民安置工作的管理与决策提供科学有效的理论参考和实践借鉴,本文对高陂水利枢纽工程建设征地移民安置高质量发展实践进行总结和凝练,提出践行高质量发展理念的工作展望,以期为其他水利水电工程建设征地移民工作提供可分享、可交流、可推广及可复制的"高陂模式"。

**关键词:**高质量发展;移民安置;高陂水利枢纽

## 1　概况

### 1.1　工程项目简况

　　高陂水利枢纽是国务院部署的172项重大水利工程之一,也是国家和广东省确定第一批引进社会资本参与建设运营(PPP)的重大水利试点工程。高陂水利枢纽工程位于广东省大埔县境内,是韩江干流集防洪、供水、发电、航运及生态效益等综合利用于一体的大型水利枢纽工程,设计正常蓄水位38 m,校核洪水位47.44 m,水库总库容3.66亿 $m^3$,电站总装机容量10万 kW。主体工程于2016年9月16日开工建设,计划总工期66个月。工程建设静态总投资59.18亿元,其中工程建设征地移民安置投资22.63亿元。

　　高陂水利枢纽工程于2015年10月开工建设,2020年12月通过下闸蓄水阶段验收,2021年1月正式下闸蓄水[1],2021年5月第一台机组正式发电投产。

### 1.2　征地移民简况

　　韩江高陂水利枢纽影响主要涉及大埔县高陂、银江、大麻、三河和茶阳5个乡(镇)。工程永久征收土地2 277.47 $hm^2$,其中耕地226.13 $hm^2$、园地40.33 $hm^2$、林地273.8 $hm^2$;临时占地9.2 $hm^2$。工程建设影响各类房屋拆迁15.5万 $m^2$。

　　高陂水利枢纽工程至规划水平年(2019年)共有生产安置人口5 896人,搬迁安置人

**作者简介:**陈垚森(1987—),男,高级工程师、硕士生导师,主要从事水利水电工程建设征地移民规划设计、咨询评估等工作。

口 4 178。农村移民生产安置采取以耕地长期补偿为主,其他安置方式为辅。移民搬迁安置以集中安置为主,配套自行分散安置。

## 2 践行高质量发展理念

为深入贯彻习近平总书记在 2021 年 5 月 14 日推进南水北调后续工程高质量发展座谈会的重要讲话精神,全面落实习近平总书记提出的"要继续做好移民安置后续帮扶工作,全面推进乡村振兴,种田务农、外出务工、发展新业态一起抓,多措并举畅通增收渠道,确保搬迁群众稳得住、能发展、可致富"的指示,结合高陂水利枢纽工程移民安置工作实践,贯彻创新发展理念,探讨实际工作成效,推进水利工程移民安置工作高质量发展。

### 2.1 加强多方案比选论证,减少征地移民数量

节约集约用地是本工程移民安置工作的一大亮点。工程建设用地的征地和移民数量主要取决于工程建设规模、功能和建筑物布置,地形地质条件,以及工程经济技术条件等因素[2]。因此,对工程进行优化设计,科学确定工程建设规模,不仅能节省大量工程建设资金,也可以最大限度地削减用地规模,减少工程移民数量,达到科学节约用地的目的。

(1)可研阶段方案论证必选由正常蓄水位 43 m 降低至 38 m,减少淹没土地 15.4 万亩、搬迁人口 1.9 万。

(2)结合低水头径流式电站的枢纽特征,通过优化工程水库防洪运行调度方式减少水库淹没影响范围,减少搬迁人口 2 436,减少耕园地征收 2 839 亩[3]。

(3)通过开展库区防护工程可行性论证,采取防护工程措施,作为减少水库淹没土地和移民搬迁的一种有效途径,减少搬迁移民 527 户 3 139,减少征收耕地 819 亩。

### 2.2 创新生产安置方式,满足移民多途径多渠道安置需求

党的十八大以来,习近平总书记在一系列重要讲话中多次强调"以人民为中心"的发展思想。如何将"以人民为中心"的发展思想应用到水库移民安置工作中,破解移民安置难题,实现水库移民对搬迁安置后美好生活的向往,是当前水库移民管理者、建设者必须深入思考的问题。新时期,农村产业调整转移、农民就业的变化和多样性,要求水利水电工程移民生产安置方式也要多样化[4]。

在充分调研的基础上,按照"五大发展理念"和创新驱动要求,高陂水利枢纽工程征地补偿实施了移民"共享工程建设效益"的"长期补偿"生产安置模式,并由地方政府财政统筹兜底解决补偿资金不足部分[5],使移民权益得到充分保障,破解了工程建设征地移民生产安置与人多地少、安置困难的问题,是从水库移民意愿出发,满足移民多途径多渠道安置需求的有益探索,为今后水利水电工程建设征地补偿和移民安置方式提供了新的发展方向和模式[6]。

### 2.3 新时期移民搬迁安置与城镇化发展相结合是大势所趋

走集镇化的移民安置道路也是一大亮点,切合当地经济社会发展实际。随着广东省经济社会的快速发展,第二、三产业日益占据主导地位,农村居民从业方式也发生了很大变化,青壮年逐步脱离农村进入城镇,依托城镇务工、经商的现象已成为常态。

城镇化安置作为非农业安置方法,已经成为水库移民安置的新趋势,也顺应了城镇化高质量发展的大背景。同时,完善的社会保障体系也进一步助推了水库移民城镇化安置。

为贯彻新时期创新、协调、共享等新发展理念,高陂水利枢纽工程建设征地移民开创移民安置地使用权换取具有市场价值的商品房(商铺),形成"移民出地+开发商出钱+地方政府监管"的商品房安置方式,满足新时代水库移民城镇化安置发展趋势,对农村宅基地使用权入市做了有益探索。

为了适应进城安置的客观要求,要加强依法依规搬迁安置移民的意识,对于移民安置区的房屋等固定资产,要适应有关法律法规的新要求,落实不动产权登记措施,解决移民后顾之忧。

### 2.4 依法依规科学确定征地补偿标准,充分保障移民权益

高陂水利枢纽工程地处梅州市大埔县,属于原中央苏区县,工程建设被列入《国务院关于支持赣南等原中央苏区县振兴发展的若干意见》(国发〔2012〕21号)中加快水利基础设施建设范畴,工程项目享受参照执行西部地区中央预算内投资政策。工程建设征收耕地规划设计根据中央一号文件(规划基准年2015年)精神,参照广东省梅汕铁路客运专线征地补偿标准,分析确定水田补偿单价。按照水田的综合平均亩产值的30倍计列补偿标准,基准年水田年产值为2 461元/亩,综合补偿单价为73 830元/亩,充分体现了《中华人民共和国土地管理法》的"保障移民原有生活水平不降低、长远生计有保障"[7],有效促进移民安置工作顺利实施,维护库区和移民安置区的和谐稳定。

### 2.5 创新验收管理,推动移民安置专项验收工作顺利完成

高陂水利枢纽工程建设施工导(截)流方案库区临时淹没影响处理是移民安置验收工作的创新亮点,是在临时淹没影响范围内且永久搬迁线下移民群众未完全搬迁完毕,且一并纳入预案管理的一种有效方案和有益补充。

(1)水利水电工程建设可以科学合理地采用临时淹没影响处理方式,一定程度上减少了库区淹没损失[8],实现了水库移民区的人口、经济、社会与环境的持续协调发展。

(2)在施工导(截)流方案设计、验收管理等方面进行适当制度创新,优化完善相关技术规范标准。

### 2.6 整合特色优势资源,促进库区经济社会跨越式高质量发展

农村移民生产安置方案要融入乡村振兴,与地方产业发展规划相衔接。结合乡村振兴规划、地方产业发展规划、经济社会发展规划等相关规划对库区和移民安置区的功能进行定位,利用库区优势资源,积极发展第二、三产业,推动经济社会产业转型升级。

为有利于韩江高陂水利风景区规划建设,保护特色民居,梅州市及大埔县政府统筹协调、前瞻决策,对因受库区回水影响纳入征收范围的大麻镇河唇街、北埔及中兰村部分房屋进行了保留,并规划融合韩江绿色健康文化旅游产业带进行开发建设。该处房屋历史人文富有客家特色,是客家人的"生动符号"和地域文化发展的"历史文化链条",通过整合库区两岸人文与自然旅游资源,有利于激发乡贤反哺家乡情怀,带动旅游产业转型升级,助推新时代乡村振兴,促进库区和移民安置区跨越式高质量发展。

### 2.7 以人民为中心,维护库区和移民安置区的社会和谐稳定

高陂水利枢纽工程移民安置工作始终贯彻落实"以人民为中心"的发展理念,发挥移民群众的主体作用,充分尊重移民意愿,依法做好信息公开,积极做好政策解读,及时回应社会关切,畅通移民诉求渠道,着力抓好源头化解、现场调解,切实保障移民群众的合法权

益,确保移民工作具有广泛的群众基础,实现了工程无障碍施工,信访工作总体稳定,未发生集体访、越级访、进京访等非访事件,保障了工程的顺利建设,维护了库区移民安置区社会的和谐稳定。

## 3 展望

### 3.1 践行"减少征地移民数量"设计理念,实现库区资源环境可持续发展

征地移民安置是水利水电工程建设项目的重要组成部分,是一项复杂的系统工程。随着我国经济社会的飞速发展,征地移民的相关法律、法规、规章、政策和技术规范的进一步完善,征地移民安置工作正在向制度化、规范化的方向稳步推进。新时代做好水库移民安置工作,切实保障移民的合法权益,关系到移民的生存和发展,有利于进一步发挥工程效益。

(1)要遵循确有需要、生态安全、可以持续的重大水利水电工程论证原则,依据国土空间管控和规划,在方案论证中合理确定建设征地范围,切实做到"减少征地移民数量",特别是工程规模论证中要把减少征地移民数量作为论证的重要条件之一。

(2)工程设计方案比选过程中,工程坝址、坝型、蓄水深度等要做多方案论证,择优选定,发挥最大工程效益及社会效益。有条件的,采取抬填垫高方案,建设安全可行的防护工程等措施,集约节约利用土地。

(3)在制度创新方面尽快出台水利水电工程用地标准,优化工程占地,真正做到集约节约用地。在移民安置方案论证中要根据建设征地区剩余资源禀赋,合理确定增加的外迁或远迁移民。

### 3.2 融合乡村振兴发展战略,推动农村移民生产安置方式多元化

在国家实施乡村振兴战略大背景下,各省(市)都出台了推进乡村振兴战略的实施意见。新时期农村在农田质量提升、种业研发、农业科技和设备、产业体系、畜牧渔产业升级、数字农业、生态农业、农产品加工、冷链物流、美丽乡村游等方面将全面发力,为水利水电工程农村移民生产安置提供广阔的就业门路和机会。

(1)农村移民生产安置方案要融入乡村振兴,与地方产业发展规划相衔接。突出地区特色,根据移民区资源、环境、基础设施等特点,因地制宜,发挥安置区自然环境、民俗特色等优势,注重发展特色产业,选择移民群众易接受、有带动力及竞争力的特色产业,促进第一、二、三产业融合发展。

(2)找准市场定位,开展市场需求调查,在水库淹没影响调查环节,详细调查可能影响对象的生计方式、收入水平、生活状态及创业能力。

(3)充分考虑移民群众对美好生活的更高需求,结合地方产业发展规划、经济社会发展规划、美丽乡村建设规划、乡村振兴规划等相关规划对移民安置区的功能进行定位,合理评估安置区特色产业发展的市场前景,根据市场需求并尊重移民意愿,充分考虑短期效益和长期效益,合理确定移民生产安置方案。

(4)在充分征求移民意愿的基础上,对移民按照年龄段分类,进行职业技能培训,使其拥有相应职业技能,并加强就业指导和职业介绍,提高自谋职业的积极性和成功率,促其实现就业,促进库区和移民安置区可持续性发展。

### 3.3 整合区位优势资源,实现移民安置区农村公共服务均等化

移民安置区农村公共服务设施主要包括移民村基础教育、卫生室、养老服务、防灾救灾、文化广场、体育设施、社区公共服务中心、农家书屋、超市等。将公共服务设施项目按应设项目和可设项目进行分类。对应设项目,要布置在农村移民集中安置点,设计时因地制宜地把上述必要的基本公共服务设施纳入安置点布局设计。

在修改《水利水电工程建设征地移民安置规划设计规范》(SL 290—2009)时,像增加安置点风情风貌打造一样把应设基本公共服务设施列入集中安置点设计内容。对可设项目,应整合各种社会资源,拓宽投资渠道,积极吸引社会资金,加快移民安置区公共服务设施配套建设。如将移民补偿资金和行业发展逐年投入的资金、乡村振兴发展资金、水库移民后期扶持资金等有机结合起来,捆绑使用,同时应制定适合当前实际的切实可行的近期目标和步骤,处理好近期和远期的关系,分阶段实现公共服务设施配套的目标,不能指望所有的公共服务设施一次性建成,应是一个逐步发展的过程。

### 3.4 创新应用信息化技术,提高水利工程征地移民设计信息化水平

随着大数据互联网时代的来临,以新一代信息通信网络为基础,以云平台构建线上数据池为载体,融合 BIM、GIS、互联网辅助设计及管理等水利工程设计信息化水平不断提高,数据采集和处理效率、成果演示运用、信息共享和维护手段等日新月异,为新时期水利工程征地移民设计提供了先进的技术手段[9]。水利工程征地移民设计信息化能大幅度提高设计单位的生产效率以及业主、政府(移民管理机构)、实施单位等实施管理的效率。

(1)要提高水利水电工程征地移民设计的信息化水平,关键在于设计单位要加大对征地移民设计信息化的投入,有能力的自己研发水利工程征地移民设计信息化应用软件平台,没有能力研发的要购买,硬件、软件、云端数据库等先提升上去,为征地移民设计信息化做好技术储备。

(2)要有专门的单位牵头,做好数据标准化工作,包括数据的分类标准、数据精度、数据质量等,满足数据处理、综合统计等共享需求。

(3)要加强信息安全建设,包括改善计算机运行的外部环境,避免信息数据出现永久性损坏;同时加强防火墙的应用,避免黑客跟踪地址攻击目标系统;加强访问控制技术的应用,构建起访问控制体制,有效防护网络信息安全。

### 3.5 强化公众参与工作,充分保障安置过程的移民意愿

征地移民安置方案应深入现场调查研究,征求移民意愿,在多方案比较的基础上,优化工程建设规模和施工组织设计,节约集约利用土地,提出尽可能减少征地和移民数量、妥善安置移民的合理可行方案,同时因地制宜积极探索采用稳妥的征地移民安置方式,保证移民生活不低于搬迁前水平,进一步实现搬得出,稳得住,逐步能致富。

(1)在移民安置设计的前期阶段,要广泛对移民进行工程、补偿政策、安置方案等宣传宣讲,解答移民对政策的相关疑惑,争取移民的理解和支持。

(2)在移民安置工作中应充分尊重移民的意愿,充分调研分析,制订多个切实可行的方案供移民选择,切实保障移民的知情权、参与权、表达权。

(3)着力解决好移民安置、生产生活恢复、安置点基础设施以及安置房建设、后续发展等与移民群众切身利益相关的突出问题,切实消除移民的后顾之忧,解决失地群众的实

际困难,增强了移民群众在工程建设中的获得感,为征地拆迁移民安置创造有利社会条件。

## 参考文献

[1] 陈垚森,吴家敏. 基于临时淹没影响的导截流阶段移民安置验收实践[J]. 水利规划与设计,2020(3):87-90.

[2] 姚玉琴. 水利水电工程征地移民 70 年[J]. 水力发电,2020,46(5):8-12.

[3] 苏扬,罗涛涛,曹宇,等. 广东省韩江高陂水利枢纽工程初步设计建设征地移民安置专题报告[R]. 广州:2015.

[4] 张穹,矫勇,周英. 大中型水利水电工程建设征地补偿和移民安置条例释义[M]. 北京:中国水利水电出版社,2007.

[5] 陈垚森,吴家敏. 高陂水利枢纽建设征收耕地长期补偿实践探讨[J]. 广东水利电力职业技术学院学报,2018,16(2):12-16.

[6] 苏扬. 韩江高陂水利枢纽工程水库移民长期补偿生产安置方案探讨[J]. 广东水利水电,2016(1):56-58.

[7] 陈垚森. 基于技术规程的水利水电工程移民监督评估实践[J]. 水利经济,2017,35(4):69-74.

[8] 王丹,姚凯文,顾培根. 径流式防洪水利枢纽超蓄安全性分析及处理方式[J]. 水电能源科学,2018,36(8):64-68.

[9] 罗子波,李少科. 韩江高陂水利枢纽工程设计与创新[J]. 水利规划与设计,2019(7):140-144.

# 河床式航电枢纽工程施工导流技术应用

张淑芳　　闫世建

（中水珠江规划勘测设计有限公司,广东广州　510610）

**摘　要**:施工导流是水利水电工程施工过程中,将原河道水流通过适当方式导向下游的工程措施。利用导流工程对水流过程进行控制,使天然径流部分或全部改道,为水利工程施工提供干地施工作业环境,解决水流蓄泄与工程干地施工需求的交叉问题,形成较好的施工环境。平原地区河床式航电枢纽具有两岸地形较平缓,河床宽、流量大、河道分汊,建筑物及两岸堤防挡水头低等特点。本文结合信江八字嘴航电枢纽工程水文地形、布置特性等条件,依据平原地区水闸上下游水位差等要求,介绍河床式航电枢纽工程分期导流施工技术的应用,重点阐述导流时段选取、导流建筑物设计、施工期通航及导流程序设计,导流方案保持了原分汊河道分流比,满足了上游堤防防洪安全及施工期通航要求,合理地安排了信江八字嘴施工导流程序,降低了信江八字嘴工程施工受洪水影响风险,保证了工程安全施工。

**关键词**:施工导流;平原地区;航电枢纽工程;技术应用

平原地区河床式低水头航运枢纽工程在导流过程中,由于枢纽一般建在河面开阔、河道中有沙洲或河汊的顺直河道段,多采用分期导流方式。施工时由于河床束窄,河道过流宽度变小,洪水期间上游水位将会壅高,库区两岸地势较低,施工导流要考虑上游防汛水位的要求,以尽量不影响大堤安全、减少耕地淹没为原则,确保施工期间的度汛安全。由于主体工程规模大,施工期长,在通航河道上修建航运枢纽时,还存在施工期通航问题。施工导流不仅影响工程的施工安全、施工工期及工程造价,还涉及坝址上下游地区的防洪安全、施工期航运和供水等要求[1],需综合考虑以上各种因素,从导流标准、导流时段、导流建筑物形式等进行多方面分析,最终确定合理可行的施工导流程序与导流设计方案。

## 1　工程概况

信江八字嘴航电枢纽工程位于江西省东部的信江干流上,枢纽属Ⅱ等工程,船闸等级为3级,设计船型为1顶2×1 000吨级驳船队,建设规模为180 m×23 m×3.5 m(长×宽×门槛水深)。枢纽工程是以航运为主,兼有发电等综合利用工程,总库容约3.44亿 m³,电站装机容量12.6 MW,枢纽正常蓄水位18.0 m。

枢纽工程处河道水流由东南向西北流入鄱阳湖,于坝址上游约1 km处分汊,分为东

---

**作者简介**:张淑芳(1972—),高级工程师,主要从事水利水电工程施工组织设计工作。

大河与西大河,东大河河床宽 250～300 m,西大河河床宽约 500 m,坝址区河道较顺直,平均比降 0.145‰,东大河、西大河间有河心岛滩地。工程顺河向从左到右依次为西大河枢纽、连接土坝和东大河枢纽。其中,西大河枢纽包括左岸土坝、船闸、门库坝段、18 孔泄水闸、河床式厂房,电站装机容量 7.0 MW。东大河枢纽包括船闸、门库坝段、12 孔泄水闸、河床式厂房及右岸土坝,电站装机容量 5.6 MW。枢纽布置沿坝轴线全长 1 511.25 m。

工程库区堤防加设防渗墙及堤后减压井、截渗沟的堤段 23.2 km,险工险段处理长度 5 km。新、重建水闸共 8 座,新、重建电排站 14 座。

## 2 导流布置特点和要求

坝址区河道宽阔,洪水流量大。工程上游堤防设防标准为防御 10 年一遇洪水位,坝址处两岸为宽阔的矮丘平原区,地形较平且堤防不高,堤身由粉细砂、粉质黏土及局部杂填土组成。工程上游库区淹没长度 41.1 km,堤外村庄、基本农田密布,涉及 5 个乡镇的 25 个村组及林场。

本工程施工导流设计的特点及要求如下:

(1)坝址上游水位壅高满足堤防挡水要求,库区回水水位线不高于堤防设计水位线,保证防洪安全,减小上游淹没损失及上游堤防渗透变形风险。

(2)尽量使枢纽工程施工期内不断航或缩短断航期。

(3)合理布置导流明渠,保证下游供水,尽可能不改变东大河、西大河分流比,保证水流下泄顺畅。

(4)围堰构造简单,建修、维护、拆除均较方便,充分利用当地材料,节省工程造价。

(5)经济合理地安排东大河、西大河分期导流施工程序。

## 3 平原地区过闸水位差与壅高水位

《水闸设计规范》(SL 265—2016)[2]规定,平原地区水闸的过闸水位差一般为 0.1～0.3 m,即水闸设计时闸上下游水位差采用 0.1～0.3 m。过闸水位差超过 0.3 m 时,即闸址上游壅高水位超过堤防防洪水位 0.3 m,汛期持续高水位作用下,堤防背水坡出现管涌、堤防决口等险情的概率会大大增加,容易造成一定范围的洪涝灾害。为减小上游堤防负担,确保施工期间不影响上游堤防的防洪安全,导流设计参照该规定,以闸址上游壅高后水位不高于堤防设计洪水位值 0.1～0.3 m 考虑。

## 4 导流方案设计

### 4.1 导流方式及标准

工程为河床式开发枢纽,充分利用枢纽处河心岛的天然地形,导流工程采用分期导流方式[3],共分二期施工。

船闸等级为 3 级,按库容分等指标,枢纽属 Ⅱ 等工程;泄水闸、船闸挡水部分、厂房,左、右岸接头土石坝段按 2 级建筑物设计,次要建筑物按 3 级设计。根据《水利水电工程施工组织设计规范》(SL 303—2017)[4]的有关规定,确定导流建筑物级别为 4 级,设计洪水标准为 10 年一遇。

### 4.2　导流时段选择

导流时段的选择是为了确定主体工程施工顺序和施工期间不同时期宣泄不同的导流流量。选择导流时段，应研究降低导流设计流量的可能性和合理性，使导流方案达到安全与经济的统一[3]。工程河道汛期洪水暴雨强，洪量大，8 月降雨逐渐稀少，进入枯水期旱季，次年 4 月进入雨季。导流时段的选取，考虑全年和枯水期施工时段进行分析。

工程上游堤防标准为全年 10 年一遇洪水，相应流量为 11 200 m³/s，干流分汊处（堰前）相应水位为 23.1 m，堤顶高程 24.5 m。受上游库区淹没条件控制，须确保各期导流期间，当天然来水量小于或等于 11 200 m³/s 时，参照过闸水位差，上游围堰堰前水位不超过 23.4 m。

考虑全年施工时段时，在河心岛开挖顺河纵向的 Y 字形导流明渠，尾端分别流向东大河、西大河下游；根据地形及枢纽布置，明渠最大底宽 200 m，长 1 800 m，明渠过流面积 2 442 m²。东大河、西大河河道分别与纵向明渠联合泄流，施工时上游最大壅高水位为 24.0 m，超过堤防设计挡水水位 0.9 m，超过了库区允许淹没水位。

施工时段选择枯水期，从满足建筑物施工进度要求考虑，需选择尽可能长的施工导流时段。依据水文资料，枯水期为 7 个月时，相应 10 年一遇流量为 4 740 m³/s，施工时上游最大壅高水位为 23.3 m，超过上游堤防设计水位 0.2 m，在设计要求范围内，满足设计要求。

对枯水期施工方案的选择，汛期拆除围堰恢复原河床度汛，汛前仅对堤防局部薄弱部位加固补强即可，堤防防洪度汛仍然沿用原设计防洪标准，施工期减少库区临时避洪及搬迁，由防洪及库区淹没带来的社会稳定风险也会大大减小，从经济效益、社会效益综合考虑，选择枯水时段的施工方案。

导流选择枯水期（9 月至次年 3 月）枯水时段施工，安排 8 月下河截流。本工程航道疏浚量及砂砾料场覆盖层砂砾开挖量大，弃渣量较多，可利用砂砾开挖料填筑围堰，在施工准备期提前备料，截流期围堰填筑不受影响。

信江河道在坝址上游分汊，因而电站厂房不论采用全年围堰导流还是采用枯水期围堰导流，一期电站厂房发电工期均相同，均需待二期枯水期围堰填筑完成、闭气后才具备围堰挡水发电条件。因此，电站厂房采用枯水期时段导流即可满足施工进度要求，即电站厂房在枯水期围堰基坑内施工，不单独布置厂房围堰。

### 4.3　导流水力学

施工导流水力学指标见表 1。

## 5　导流程序

### 5.1　导流程序选择

施工导流程序结合业主要求、东西大河电站终端塔布置、装机容量以及砂砾料运输确定。西大河电站装机容量 7.0 MW，东大河电站装机容量 5.6 MW，坝址砂砾料场位于坝址分汊口上游右岸沙洲。当一期施工东大河时，砂砾料通过东大河上下游围堰连接上岛，汽车运输距离短，运输费用节省 900 万元。东大河电站装机容量较小，施工期发电效益比西大河减少 164.7 万元。东大河电站厂房位于右岸，终端塔设在右岸，架空线跨河的跨距大(须送电回左岸的大溪乡);与终端塔设在西大河相比,电能接入系统增加投资约 30 万元。综合比选,一期先施工东大河比一期先施工西大河节省投资约 700 万元。从经济性分析一期先施工东大河方案较优,且满足业主对东大河 2020 年底通航的时间节点要求,因此选择一期先施工东大河,二期施工西大河的导流程序。

表 1　施工导流水力学指标

| 项目 | 一枯<br>(9 月至<br>次年 3 月) | 一汛<br>(4—8 月) | 二枯<br>(9 月至<br>次年 3 月) | 二汛<br>(4—8 月) | 三枯<br>(9 月至<br>次年 3 月) | 三汛<br>(4—8 月) | 四枯<br>(9 月至<br>次年 3 月) |
|---|---|---|---|---|---|---|---|
| 设计频率/% | 10 | 10 | 10 | 10 | 10 | 10 | 10 |
| 设计流量/<br>(m³/s) | 4 740 | 11 200 | 4 740 | 11 200 | 4 740 | 11 200 | 4 740 |
| 挡水建筑物 | 东大河<br>上下游<br>枯水期围堰 | — | 东大河<br>上下游<br>枯水期围堰 | — | 西大河<br>上下游<br>枯水期围堰 | — | 西大河<br>上下游<br>枯水期围堰 |
| 泄水建筑物 | 西大河+<br>导流明渠 | 东大河<br>(堰顶高程<br>12 m)+<br>西大河 | 西大河+<br>导流明渠 | 东大河完建<br>泄水闸+<br>西大河 | 东大河+<br>导流明渠 | 东大河完<br>建泄水闸、<br>西大河<br>(堰顶<br>高程 12 m) | 东大河+<br>导流明渠 |
| 上游水位/m | 22.0 | 23.1 | 22.0 | 23.06 | 23.3 | 23.02 | 23.3 |
| 下游水位/m | 21.2 | 22.79 | 21.2 | 22.79 | 21.1 | 22.94 | 21.1 |
| 上下游<br>水位差/m | 0.8 | 0.31 | 0.8 | 0.27 | 2.2 | 0.08 | 2.2 |
| 八字嘴<br>天然水位/m | 21.3 | 23.1 | 21.3 | 23.1 | 21.3 | 23.1 | 21.3 |
| 八字嘴水位<br>壅高值/m | 0.7 | 0 | 0.7 | -0.04* | 2.0 | -0.08* | 2.0 |

注:由于河道疏浚及航道渠化,汛期上游壅高水位降低,低于天然水位,因而壅高值为负值。

### 5.2　导流程序设计

施工准备期,承包商进场在河心岛开挖东大河船闸基础及上下游引航道疏浚,开挖料运至存渣场临时堆存;开挖导流明渠并在截流前完成明渠边坡及渠底防护。

一期安排东大河施工,安排 2 个枯水期施工,一枯完成船闸、厂房、泄水闸以及门库等建筑物汛期常水位以下部分土建工程,一汛前拆除东大河上下游枯水期围堰 12 m 高程以上过洪度汛,船闸、泄水闸及电站厂房暂停施工。二枯,恢复枯水期围堰,继续施工船闸、厂房、泄水闸等建筑物施工。

二期三枯,枯水期围堰一次性拦断西大河,施工西大河船闸、厂房及 20 孔泄水闸等主体建筑物,已建的东大河闸孔过流及船闸通航。三汛前拆除上下游枯水期围堰 12m 高程以上过洪度汛。四枯恢复枯水期围堰,继续施工,完成船闸、泄水闸上部混凝土浇筑及闸门安装,完成连接土坝、鱼道等施工,完成厂房混凝土浇筑施工及厂房检修钢闸门安装。四汛在电站厂房上下游检修钢闸门的保护下完成机组安装及调试,工程具备蓄水运行及发电条件,工程竣工验收。

# 6 导流建筑物设计

## 6.1 围堰

围堰是施工导流工程中的临时挡水建筑物,用来围护基坑,保证建筑物能在干地顺利施工。围堰采用土石围堰形式,为节约投资,全部利用疏浚砂砾开挖料填筑,截流戗堤为围堰的一部分。

一期东大河工程枯水期土石围堰堰顶高程 23.2 m,顶宽 7.0 m,最大堰高 18.2 m。围堰上游侧 17.0 m 高程设置马道。下游围堰顶高程 22.4 m,顶宽 7.0 m,上游边坡 1:2.75,其间设置一 2 m 宽马道(截流戗堤),并设置块石护坡。下游边坡 1:2.5,下游围堰最大堰高 17.4 m。上游围堰轴线长 461.4 m,下游围堰轴线长 603.1 m。围堰采用土石渣填筑,高压旋喷防渗墙防渗,能满足围堰对基础的渗透和稳定性要求。

二期西大河工程枯水期土石围堰堰顶高程 24.5 m,顶宽 7.0 m,最大堰高 19.5 m。围堰上游侧 17.0 m 高程设置 2 m 宽马道(截流戗堤)。下游围堰堰顶高程 22.3 m,顶宽 7.0 m,下游围堰最大堰高 18.3 m。上游围堰轴线长 858.77 m,下游围堰轴线长 818.43 m。上、下游围堰堰体防渗墙底部进入强风化不透水层不小于 1 m。

纵向围堰布置在河心岛上,为一、二期共用围堰,采用土石围堰,堰顶宽 7.0 m,边坡坡 1:2.5,纵向围堰长 1 831.2 m。纵向围堰为一、二期共用,堰顶兼作场区施工道路,与场外主干道连接。

汛期拆除上下游围堰主河床部分,拆除至通航高程 12.0 m,恢复河道泄流度汛及通航;两岸衔接封闭防渗墙及纵向围堰不拆除。次年枯水期恢复围堰,填筑拆除部分围堰并恢复防渗系统,继续枢纽工程施工。在拆除围堰上部进行主动充水平压形成水垫,并在围堰坡脚设置沙袋和模袋砂,避免充水时水流淘刷围堰坡脚。枯水期围堰恢复后采用水泵抽排,恢复干地施工条件。

## 6.2 导流明渠

东大河、西大河分期施工,为保证下游供水及临时通航,需布置连通东大河、西大河的导流明渠。洪水经过坝址后,通过导流明渠分流向东大河、西大河下游。

天然状态下,当设计来流量为 10 年一遇时,设计洪水流量 $Q = 4\ 740\ \mathrm{m^3/s}$,东大河、西大河分流比为 0.36:0.64,即东大河分流 1 710 $\mathrm{m^3/s}$,西大河分流 3 030 $\mathrm{m^3/s}$。工程各等级分流比见表2。

与通常意义上的顺河向导流明渠不同,在河心岛布置基本平行于枢纽轴线的横向导流明渠,将明渠进口布置在下游围堰的下游约 30 m 处。充分考虑地形、地质及水力学等条件,使明渠进、出口与渠内水流平稳顺畅。

表 2　各等级流量东大河、西大河分流比成果

| 流量等级/（m³/s） | 东大河分流比 $K_东$ | 西大河分流比 $K_西$ |
|---|---|---|
| $Q_{八字嘴} > 1\ 200$ | 0.36 | 0.64 |
| $300 < Q_{八字嘴} \leqslant 1\ 200$ | 0.39 | 0.61 |
| $200 < Q_{八字嘴} \leqslant 300$ | 0.44 | 0.56 |
| $100 < Q_{八字嘴} \leqslant 200$ | 0.53 | 0.47 |
| $60 < Q_{八字嘴} \leqslant 100$ | 0.64 | 0.36 |
| $Q_{八字嘴} \leqslant 60$ | 0.72 | 0.28 |

拟定的导流连通明渠为一字形,明渠采用复式断面使边坡更加稳定[3]。考虑与东大河、西大河河床衔接及满足施工期通航要求[5],渠底高程布置在 7.0 m,渠底宽 70 m,明渠进出口转弯半径 100 m。导流明渠分两级坡开挖,第一级开挖至标高 13.0 m,13.0 m 以上开挖边坡采用 1:2,13.0 m 高程设置 35 m 宽一级肩台;13.0 m 高程以下边坡采用 1:2.5。二期导流时结合东大河下游围堰拆除及航道清淤,将导流明渠底部扩宽至 120 m,从而使更多的流量通过导流明渠进入西大河。

采用以上明渠设计方案,经模型试验验证[6],东大河、西大河的分流量与天然流量基本吻合,误差值基本控制在 6% 内。在设计流量下,西大河为主流河道,将导流明渠轴线与枢纽轴线偏移一定角度,使东大河至西大河水流更加顺畅,但为保证一期西大河至东大河导流平顺,偏移角度又不宜太大。试验验证后调整东大河向西大河下游的偏移角度为 4.6°,能够保证设计标准时一、二期东大河与西大河的分流量与天然流量分流比。明渠渠道总长度 550 m,平面开口拟定宽度 205 m。各级流量下东大河、西大河分流比试验值和天然流量对比见表 3。

表 3　各级流量下东大河、西大河分流比试验值和天然流量对比

| 时段 | 流量/（m³/s） | 东大河分流量 | | | 西大河分流量 | | |
|---|---|---|---|---|---|---|---|
| | | 天然流量/（m³/s） | 试验值/（m³/s） | 误差值/% | 天然流量/（m³/s） | 试验值/（m³/s） | 误差值/% |
| 一枯 | 4 260 | 1 530 | 1 490 | −2.61 | 2 730 | 2 770 | 1.47 |
| | 4 740 | 1 710 | 1 630 | −4.68 | 3 030 | 3 110 | 2.64 |
| 一汛 | 9 160 | 3 300 | 3 375 | 2.27 | 5 860 | 5 785 | −1.28 |
| | 11 200 | 4 030 | 4 275 | 6.08 | 7 170 | 6 925 | −3.42 |
| 三枯 | 4 740 | 1 710 | 1 705 | −0.29 | 3 030 | 3 035 | 0.17 |
| 三汛 | 9 160 | 3 300 | 3 444 | 4.36 | 5 860 | 5 715 | −2.47 |
| | 11 200 | 4 030 | 4 267 | 5.88 | 7 170 | 6 821 | −4.87 |

设计标准洪水时,明渠底流速及面流速均超过中细砂的起动流速 0.4~0.7 m/s。导流明渠护坡、护底采用砂肋软体排方案,软体排排布采用 380 g/m² 针刺复合布,排体顺水流方向布置,砂肋选用 200 g/m² 编织布,砂肋、加肋带间距为 0.4 m,砂肋 φ300 mm。充填料为砂料,黏粒含量(<0.005 m)小于 10%。

## 7 施工期通航

### 7.1 通航现状

现状河道为 Ⅶ 级航道,通航 50 吨级船舶。按照《内河通航标准》(GB 50139—2014)[7] 相关条文规定,Ⅶ 级限制性航道的航道水深为 1.5 m,双线航道直线段宽度不少于 16 m,转弯半径不少于 100 m,通航年保证率不低于 90%,天然河流 Ⅶ 级航道最高通航水位洪水重现期为 5 年一遇。5 年一遇重现期对应主河床来流量 9 160 m³/s。

### 7.2 施工期通航

工程施工期间,按设计最低通航保证率 90%。将明渠进出口两岸简化为过河建筑物,按照《内河通航标准》(GB 50139—2014)[7] 附录 C,当过河建筑物法线方向(明渠方向)与河道水流流向的交角大于 5°时,按照 Ⅶ 级限制性航道货船船队尺度计算,明渠进出口通航净宽需要 36.65 m。一枯及三枯横向流速小于 0.8 m/s 时,Ⅶ 级双向航道净宽增加值为 66 m,航道需总净宽大于或等于 102.65 m。一期两侧平台间宽度 140 m,二期 170 m,当来流量为 2 400 m³/s 时,明渠水位 20.1 m,明渠水面最小水深 7.1 m,满足施工期通航标准要求。

经模型试验验证[6],一期导流期间,明渠满足自航要求;施工过程中基本实现了不断航的要求,但在三枯时段流量大时,由于横向流速大,枯水期需加强洪水观测,须适当增大导流明渠进、出口处的航迹线转弯半径、增加引导航标及应急拖轮等助航措施,减小水流和航迹线夹角,减小船舶所受横向力。当横向流速超过 0.8 m/s 时,船舶操纵十分困难,为保证安全,河道需安排临时停航,停航天数约 25 d。

汛期恢复河道行洪及通航,三汛时东大河船闸具备通航条件,满足通航要求。

施工期通航指标汇总见表 4。

表 4 施工期通航指标汇总

| 分期 | 通航流量/(m³/s) | 通航流速/(m/s) | | 回流流速/(m/s) | 落差/m | 航深/m | 航行特性 |
|---|---|---|---|---|---|---|---|
| | | 纵向 | 横向 | | | | |
| 一枯 | 2 400 | 0.83 | 0.22 | <0.4 | <0.5 | ≥2.0 | 自航 |
| | 4 740 | 1.25 | 0.45 | <0.4 | <0.5 | ≥2.0 | 增大转弯半径,助航 |
| 一汛 | 9 160 | 1.09 | | | | ≥2.0 | 自航 |
| 三枯 | 578 | 0.46 | 0.32 | <0.4 | <0.5 | ≥2.0 | 增大转弯半径,自航 |
| | 2 400 | 0.73 | 1.03 | <0.4 | <0.5 | ≥2.0 | 停航 |
| 三汛 | 9 160 | 0.81 | | | | ≥2.0 | 船闸通航 |

## 8 结语

工程利用河道地形,布置一、二期上下游及共用纵向导流围堰,形成干地施工条件,充分利用枯水期,一、二期工程在封闭基坑内实现枢纽的全坝段施工。加强施工现场的协调和指挥,保证工序间紧密衔接。河道受下游鄱阳湖回水顶托影响,流速小,施工期加强洪水预报,利用汛末小流量时段,择机下河截流,保证施工工期。

对于河床式航运枢纽建设工程,施工导流方案的选择,需要考虑社会影响及风险率的影响。施工导流方案满足防洪安全及减少库区淹没要求,降低河道堤防防洪风险,基本没有改变东大河、西大河的分流比,水流下泄顺畅,施工期河道基本不断航。目前工程电站已按计划并网发电,水库蓄水,船闸实现通航运行。选定的导流方案符合工程施工特性,满足导流设计要求。

参考文献

[1] 郑守仁,王世华,夏仲平,等.导流截流及围堰工程[M].北京:中国水利水电出版社,2004.
[2] 中华人民共和国水利部.水闸设计规范:SL 265—2016[S].北京:中国水利水电出版社,2017.
[3] 杨文俊,郭熙灵,周良景,等.施工过程水流控制与围堰安全[M].北京:科学出版社,2017.
[4] 中华人民共和国水利部.水利水电工程施工组织设计规范:SL 303—2017[S].北京:中国水利水电出版社,2017.
[5] 全国水利水电施工技术信息网.水利水电工程施工手册:第5卷:施工导(截)流与度汛工程[M].北京:中国电力出版社,2005.
[6] 南京水利科学研究院.江西信江八字嘴航电枢纽工程施工导截流模型试验研究报告[R].南京:南京水利科学研究院,2018.
[7] 中华人民共和国住房和城乡建设部.内河通航标准:GB 50139—2014[S].北京:中国计划出版社,2015.

# 跨流域调水工程水土流失特点及
# 水土保持措施总体布局研究
## ——以环北部湾广东水资源配置工程为例

向慧昌　　史卓琳　　李燕晓

（中水珠江规划勘测设计有限公司，广东广州　510610）

**摘　要**：跨流域调水工程是关乎国计民生的重要水利基础设施，能够解决缺水地区水资源紧张问题，科学平衡配置地区水量，具有需求量多、水质要求高、输水线路长、扰动面积大、生产要求高等特点。在绿色发展理念指导下，跨流域调水工程的水土保持工作至关重要，同时跨流域调水工程的水土流失问题极为复杂，值得投入更多的关注和研究。水土保持措施总体布局不仅是工程水土保持工作成败的关键所在，也是整个工程绿色、协调、可持续高质量发展的关键所在。本文以我国南方大型水利项目环北部湾广东水资源配置工程的水土保持工作为例，针对其水土流失特点，在合理划分防治水土流失分区的基础上，按照水土保持相关技术规范要求，以工程措施为先导，通过工程措施与植物措施的有机结合，永久措施与临时措施相互补充，因地制宜地布置拦挡、放坡、排水、绿化美化等水土流失防治措施，构建了与主体工程相集成、措施实用、效果显著的水土流失综合防治体系，为推进可持续的调水工程建设提供参考。

**关键词**：跨流域调水工程；水土流失特点；水土保持措施；总体布局；环北部湾广东水资源配置工程

## 1　引言

跨流域调水工程是指跨越两个或两个以上流域，将水资源从丰水地区转移到缺水地区，从而实现跨流域调配水量，解决缺水地区用水需求的工程，已逐渐成为关系国计民生的重要水利基础设施之一[1-2]。据不完全统计，截至 2015 年，全球已建成或在建的跨流域调水工程共 160 多个，分布在约 20 个国家和地区，主要包括中国、印度、美国、加拿大、巴基斯坦等，占全球总调水量的 80% 以上[1]。其中，一些调水工程规模较大，干渠总长可超过 3 500 km，如中国南水北调工程[3]、印度国家河流连接工程[4]、利比亚大河[5]等。

自 20 世纪 50 年代以来，中国建设了一大批从丰水地区向缺水地区引水的重大工程[6]，设计能力不断提高。根据现有丰富的研究成果和项目经验，跨流域调水工程需求量大、水质要求高、输水线路长、扰动面积大、生产要求高，通常涉及大规模地修建水库、隧

**作者简介**：向慧昌（1976—），男，高级工程师，主要从事生产建设项目水土保持方案、监测、设施验收、水土保持监督管理、国家水土保持示范工程创建等工作。

道和抽水设施[7-8]，施工环境复杂多变，如不采取防护措施，可能造成较为严重的水土流失后果。正如许多研究表明，水土流失会导致表层土、养分和土壤有机质的流失，这是土壤退化、生态系统退化和粮食产量减少的主要原因[9-10]。2023 年 1 月，中共中央办公厅和国务院办公厅印发的《关于加强新时代水土保持工作的意见》指出，水土保持是江河保护治理的根本措施，是生态文明建设的必然要求。在绿色发展理念的指导下，结合对水安全保障问题的高度重视，跨流域调水工程的水土保持至关重要。由于不同地区的水土保持措施不同，跨流域调水工程中的水土流失问题是极其复杂的，值得更多的关注和研究[11]。水土保持措施的总体布局不仅是水土保持工作取得成功的关键，也是整个项目实现绿色、协调、可持续、高质量发展的关键[12-13]。

本文以环北部湾广东水资源配置工程为例，针对水土流失特点，在合理划分水土流失防治分区的基础上，按照水土保持相关技术规范的要求，将全面、实用、高效的水土流失防治体系与主体工程相结合，贯彻落实"生态友好型输水工程"的设计理念，为推进可持续调水工程建设提供参考。

## 2 项目简介

### 2.1 项目概况

环北部湾广东水资源配置工程是系统解决粤西 4 个地级市（湛江、茂名、阳江、云浮），特别是雷州半岛水资源短缺问题的重大水利工程，建设任务以城乡生活和工业供水为主，兼顾农业灌溉，为改善水生态环境创造条件。工程由水源工程、输水干线工程、输水次干线工程等组成，包括 1 座取水泵站、4 座升压泵站，输水线路全长 499.9 km，扩建 1 条连接通道，建成后，多年平均可向粤西供水 20.79 亿 m³。

### 2.2 气候与地表覆盖

该工程涉及区域台风多、湿度高、夏季漫长、热量充足，年平均降水量 1 899.8 mm，极端最高气温 37.8 ℃，极端最低气温 1.7 ℃，年平均日照时数 2 078.7 h。主要土壤类型为红土、水稻土、海岸土等，植被覆盖良好，以热带和亚热带常绿阔叶林为主要植被类型，主要用材林为桉树和木麻黄。

## 3 水土流失特点及防治分区

### 3.1 水土流失特点

#### 3.1.1 施工复杂且扰动形式多样化

调水工程建设过程中，输水线路常常要求充分考虑沿线地形、穿越交通、河流等条件，分别采用隧道、渡槽、倒虹吸管、箱涵等建筑形式和压力输水方式。河流和道路穿越工程主要采用顶管施工方法，扰动形式多样化。

#### 3.1.2 扰动范围广且土石方量大

工程输水线路较长，涉及粤西 4 个地级市（湛江、茂名、阳江、云浮）13 个区（县），挖填扰动面积总计 1 946.15 hm²。本工程挖填土方量大，产生弃渣 2 718 万 m³（共选择弃渣场 78 个）。弃方分散，弃渣处置难度大。

### 3.1.3 涉及敏感区多,治理标准高

本工程沿线涉及大量水源保护区及敏感区,类型多样、防治要求高。考虑到调水工程对水质的要求,周边植被恢复有必要作为重点工作。工程所经过的部分县、区涉及西江下游省级水土流失重点治理区、鉴江上中游省级水土流失重点治理区以及茂名市水土流失重点预防保护区、湛江市级水土流失重点预防区等共6项,且无法避让。水土流失防治标准执行一级标准,并应提高林草覆盖率等防治指标值,降低工程建设的水土流失影响。同时,输水线路沿线为宜农区,为生产安置需要,临时用地需要复垦为耕地,表层土需求量大,表土剥离与保护的要求也需相应提高。

### 3.1.4 自然气候条件差异显著,防治难度大

输水线路穿行山区和平原区,涉及热带和亚热带多种气候类型。项目区降水丰沛,多年平均降水量高达1 899.8 mm,南部多为台风雨,强度大,径流冲刷表现显著,水土流失防治难度大。

## 3.2 水土流失防治分区

根据建设地点与建设内容,工程涉及丘陵与平原两种地形,包含泵站、连通渠、隧洞、管线等诸多工程设施。水土流失防治分区主要分为丘陵区和平原区两个一级分区,丘陵区分为11个二级分区,平原区分为9个二级分区(见表1)。

**表1 水土流失防治分区一览**

| 一级分区 | 二级分区 | 范围及内容 |
|---|---|---|
| 丘陵区 | 泵站工程区 | 包括泵站厂房、进水口、量水间、生产生活管理区等主体建构筑物,取水口、交水口、高位水库池等其他相关附属设施 |
| | 连通渠工程区 | 施工开挖边坡、渠底等范围 |
| | 隧洞工程区 | 隧洞两端、支洞等洞脸范围 |
| | 管线工程区 | 包括盾构、钻爆、顶管、埋管、箱涵、倒虹吸及调压井等工法(型式)的输水管线及相关附属设施 |
| | 永久道路区 | 包括泵站进场路、管线沿线检修路等永久道路及道路相关附属设施 |
| | 临时道路区 | 各施工区场内临时道路及当地道路改造的施工道路 |
| | 弃渣场区 | 各弃渣场 |
| | 料场区 | 各土石料场 |
| | 临时堆场区 | 各砂石土料堆场、转运场、表土堆放场等 |
| | 施工生产生活区 | 各施工临建工厂、仓库、生活区、管理区、作业带等 |
| | 移民安置区 | 移民集中安置区域 |

**续表 1**

| 一级分区 | 二级分区 | 范围及内容 |
|---|---|---|
| 平原区 | 泵站工程区 | 包括泵站厂房、进水口、量水间、生产生活管理区等主体建(构)筑物,取水口、交水口、高位水库池等其他相关附属设施 |
| | 隧洞工程区 | 永、临盾构井洞口范围 |
| | 管线工程区 | 包括盾构、钻爆、顶管、埋管、箱涵、倒虹吸及调压井等工法(型式)的输水管线及相关附属设施 |
| | 永久道路区 | 包括泵站进场路等永久道路及道路相关附属设施 |
| | 临时道路区 | 各施工区场内临时道路及当地道路改造的施工道路 |
| | 弃渣场区 | 各弃渣场 |
| | 料场区 | 各土石料场 |
| | 临时堆场区 | 各砂石土料堆场、转运场、表土堆放场等 |
| | 施工生产生活区 | 各施工临建工厂、仓库、生活区、管理区、作业带等 |

## 4 水土保持措施总体布局

按照水土保持相关技术规范的要求,基于以上确定的防治分区,本文对水土保持措施进行了总体布局的研究,对包括泵站工程区在内的 11 个分区均进行了全面、完善的设计。坚持生态优先,极为重视表土资源丰富及易被冲刷的重点区域、涉水敏感区域,隧洞、管线、弃渣场等复杂区域;重视资源集约,统筹调配,力求避免各施工阶段浪费。以期取得科学、理想的引调水工程水土流失防治效果,促进引调水工程水土保持工作的高质量发展。

### 4.1 特定区域的表土剥离及边坡防护

首先,对于泵站工程区、隧洞工程区、管线工程区、永久道路区、临时道路区等原始表土资源丰富的特定区域,在施工扰动前应对区域内可剥离的表土进行剥离,并采取临时苫盖、拦挡等措施防护,建设完成后,表土是园林绿化最重要的资源之一,应采取回覆措施;其次,对裸露地表及高陡边坡的防护是水土保持措施布设中极为重要的环节之一,边坡下游应布置挡墙及护脚等挡护措施,边坡成型后及时布设草皮护坡或护面、六棱植草砖护坡等防护措施,总体科学落实截排水措施。同时,对临时扰动区域,应注意施工结束后及时地恢复与绿化。

### 4.2 涉水区域的防护措施

在对连通渠工程等涉水区域进行施工时,围堰填筑应选择在枯水季节施工,填筑施工过程中,对围堰外边坡同步进行抛石防护,对内边坡及时进行覆盖,结合高喷防渗墙的先进工艺应用,尽可能减少填筑土体冲刷。围堰填筑完成,排干基坑水体,沿渠道底部修建临时排水沟,排水口设临时沉沙池,汇集雨水后抽排。

### 4.3 隧洞工程区

隧洞工程区主要包括盾构隧洞、顶管、沉管等输水管道、水库取水口(含茂阳线河角水库、茅硐水库清淤)、出水口及其附属建筑物等。水土流失防治的重点在附属设施工区、穿山隧洞洞口、施工支洞洞口、顶管施工作业面等区域。最后,待施工结束后,复垦耕地和果园,全面预防和治理水土流失。

### 4.4 管线工程区

埋管部分长度较长,采用分段施工。施工前,剥离挖填扰动区域的表土,土方装袋,用于平地段施工场地外侧或坡地段下边坡的临时拦挡;坡地段上边坡结合地形布设截排水措施。施工过程中,管沟挖方可直接利用的,直接运至施工区域回填;间接利用的土方在场内空地或运至临时堆场区集中堆放;对管沟裸露边坡及坡地段的土质边坡进行彩条布临时苫盖。沟槽回填后,对临时占用的原耕地和果园复耕,对坡地段稳定的土质边坡植草或铺草皮护坡,对平缓区域园林绿化。

### 4.5 弃渣场区

本项目的弃渣量较大,弃方分散,弃渣处置难度大。项目弃渣场类型主要分为平地型与沟道型,堆渣前均应剥离表土并妥善保存。堆渣结束,及时进行全面整地,整理渣面和边坡坡面,铺填表土,边坡采用植草护坡,渣顶台面原耕地和果园复耕、种植乔灌草绿化等。

对平地型弃渣场,应在周边布设截水沟、末端设消力池(兼蓄水),周围布设浆砌石挡土墙,按照设计的高度、坡比自下而上分层堆渣。若需填坑,应在周边布设生态型截水沟,排水沟末端设置沉沙池。如包含鱼塘类场地,应抽干或放干坑塘水后堆渣;按照设计的高度从前到后推进式堆渣,如高出塘埂堆渣应采取放坡。对废弃矿坑,采取按照设计高度从一侧推进式堆渣的方式。对沟道型弃渣场,需在弃渣场周边布设排洪沟、末端设消力池(兼蓄水),底部设盲沟,渣体下游布设浆砌石挡墙或拦渣坝,并按照设计的高度、坡比自下而上分层堆渣,推土机适度压实。

## 5 结语

本文基于环北部湾广东水资源配置工程,针对工程水土保持工作的重点和难点,结合水资源配置的生产要求、建设特点和周边敏感区的分布,在合理分区的基础上,努力践行山水林田湖共同体理念,贯彻落实"生态友好型输水工程"的设计理念,保护水土资源,全面防治水土流失,致力于建设跨流域引调水国家水土保持示范工程,为推进可持续调水工程建设提供参考。

## 参考文献

[1] Wen Zhuang. Ecoenvironmental impact of interbasin water transfer projects:a review[J]. Environ Sci. Pollut Res. ,2016,23:12867-12879.

[2] 贾绍凤,梁媛. 调水工程研究评述与展望[J]. 地球科学进展,2023,38(3):221-235.

[3] Zhao Z Y, Zuo J, Zillante G. Transformation of water resource management:a case study of the South-to-North Water Diversion project[J]. J. Clean. Prod. In Press, 2015.

[4] Ghassemi F, White I. Interbasin water transfer:case studies from Australia, United States, Canada [J].

Cambridge University Press China and India, 2007.

[5] Fang Y. Interbasin water diversion projects abroad and the corresponding ecoenvironment influences [J]. Yangtze River, 2005, 36(10):9-10,28.

[6] Siao Sun, Xian Zhou, Haixing Liu, et al. Unraveling the effect of inter-basin water transfer on reducing water scarcity and its inequality in China [J]. Water Research, 2021,194:116931.

[7] Gupta J, van der Zaag P. Interbasin water transfers and integrated water resources management: Where engineering, science and politics interlock [J]. Physics and Chemistry of the Earth, 2008,33(1-2):28-40.

[8] Shumilova O, Tockner K, Thieme M, et al. Global water transfer mega projects: A potential solution for the water-food-energy nexus? [J]. Frontiers in Environmental Science, 2018,6:11.

[9] Zhao W W, Fu B J, Chen L D. A comparison of the soil loss evaluation index and the rusle model: a case study in the loess plateau of China [J]. Hydrol. Earth Syst. Sci., 2012,16:2739-2748.

[10] Fu B J, Wang Y F, Lü Y H, et al. The effects of landuse combinations on soil erosion: a case study in the Loess Plateau of China[J]. Prog. Phys. Geogr. 2009,33(6):793-804.

[11] Lizhi Jia, Wenwu Zhao, Ruijie Zhai, et al. Regional differences in the soil and water conservation efficiency of conservation tillage in China [J]. CATENA, 2019,175:18-26.

[12] 张立强. 大型引调水工程水土保持施工图设计关键环节:以引江济淮(河南段)工程为例[J]. 中国水土保持, 2022,482(5):18-21.

[13] 白翠霞,翁丽珠,王童. 引调水工程水土保持植物措施浅析[J]. 水利水电工程设计, 2022,41(3):31-33.

# 临水船闸深基坑设计与监测对比分析

高德恒　许艳琴

(中水珠江规划勘测设计有限公司,广东广州　510610)

**摘　要**:新建船闸临水侧深基坑的支护结构面临稳定和止水等特性,施工开挖过程的安全风险极高。本文以临水新建船闸深基坑为例,通过对深基坑支护结构的监测形变结果与监测设计进行对比,来判断临水深基坑开挖过程中结构体系的安全状态,对有效地指导类似临水深基坑工程的设计和施工具有重要的参考价值。

**关键词**:临水深基坑;船闸;监测设计;数据分析

## 1　引言

为充分发挥水路运输运量大、成本低、低碳环保的优势,在已有水利枢纽新建或扩建二线船闸加大水路运输能力成为各地的必然选项。新建船闸受已有水利枢纽、堤防防汛等限制,为减少征地拆迁和最大限度利用已有土地,主体结构基坑紧邻已有的水利枢纽布置,呈现出典型的"深、大、紧、近"的特点[1],因临水深基坑围护结构施工和开挖具有复杂性和独特性,面临的基坑技术问题也多种多样,施工过程中可能会导致结构开裂、失稳、漏水等事故灾害,风险极高。国内外学者对临水基坑监测进行了大量研究,在临水基坑及围堰支护变形影响分析方面,胡奇等[2]以杨树浦港桥台深基坑为例对临水深基坑及围堰支护变形影响进行了分析和总结;黄骥[3]以上海市北横通道新建工程——北虹立交墩台基坑工程为例,对紧邻防汛墙基坑的方案及施工实践进行了探究;高君杰等[4]对北江清远枢纽二线船闸基坑关键技术进行研究并与实际监测数据进行了对比分析。本文基于某新建的二线船闸深基坑支护结构的监测形变结果与基坑设计方案对比,来判断临水深基坑开挖过程中结构体系的安全状态,对相关工程具有理论价值和参考意义。

## 2　工程设计概况

新建 1 000 吨级船闸紧邻已建成的水利枢纽一线船闸布置,距离一线船闸闸墙临水线 12 m,基坑围护结构距离北江岸线水边最近仅 3 m。船闸基坑长 530 m,宽 45.5 m,基坑开挖最大深度为 20.5 m,基坑支撑采用八字撑结合对撑的布置形式,竖向设置钢筋混凝土支撑,对撑最大间距 11.2 m,最小间距 5.6 m,混凝土强度等级为 C30,属于超大型临水一级深基坑(见图 1)。

基坑范围主要岩土层自上而下划分为第四系人工填土层($Q_4^{ml}$)、第四系冲洪积层($Q_4^{al+pl}$)及第四系残积层($Q^{el}$);下伏基岩为石炭系下统(C1)灰岩、炭质灰岩。岩土层表层

---

**作者简介**:高德恒(1982—),男,高级工程师,主要从事工程监测工作。

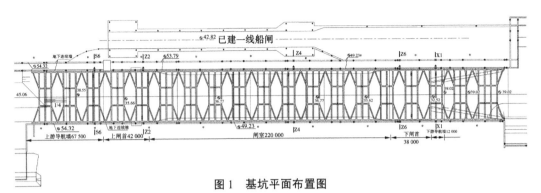

**图 1 基坑平面布置图**

为杂填土,层厚 0.4~5.7 m,下部依次为砂土和卵石层,砂土厚 2.6~5.7 m,卵石层厚 3.80~6.60 m,其下为中风化灰岩,中风化顶板埋深 15.0~15.3 m,相应高程为 38.30~ 38.43 m。根据地质勘察报告,二线船闸地质为透水性较强的卵石层,地下水位埋深 0.30~4.45 m,层状碎屑岩类孔隙—裂隙水,主要分布于砂砾岩和砂页岩中。

基坑支护结构挡水侧和非挡水侧分别采用不同的设计方案,考虑临水侧基坑支护结构面临基坑紧邻已有的水利枢纽布置,挡水侧基坑围护结构在基坑开挖过程中需要面临巨大的外水压力和周边土体共同作用,特别是汛期洪水来临时,其面临的风险极大,一旦发生漏水和失稳事故,将会是灾难性的。因此,对挡水侧基坑围护结构采用双排板桩墙基础+上部门架结构(见图 2),地下连续墙厚 1.0 m,混凝土强度等级为 C30,抗渗等级为 W6,标准槽段宽 6 m,采用工字钢接头,前后墙均通过顶部 1 m 厚连板相连。非挡水侧采用单排地下连续墙支护结构,墙厚 1.0 m。

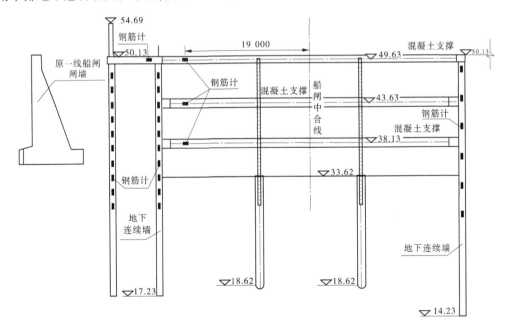

**图 2 基坑支护体系的典型监测布置断面位置**

## 3 基坑监测点的布置

施工期基坑变形监测内容包括水平位移、沉降、深层水平位移、立柱桩沉降及上下游横向围堰的水平位移和沉降。地下连续墙顶部水平位移监测点共布置了 130 个,水平间距约 20 m。地下连续墙墙身的深层水平位移监测点水平间距约 50 m,共布置 52 个。立柱桩沉降监测点布置在立柱桩顶部,共布置 20 个。上下游横向围堰的水平位移监测点布置在围堰顶部,合计布置 11 个。

基坑支护体系内力监测的内容主要包括地下连续墙墙身内力监测、连板内力监测、水平撑杆轴力监测,内力监测点布置在基坑支护体系的典型断面位置。地下连续墙墙身内力通过焊接在地下连续墙钢筋笼主筋上的差阻式钢筋计进行监测,差阻式钢筋计在每排地连墙中均成对布置,以监测墙身的正负弯矩。左岸双排地下连续墙沿高程方向每间隔约 2 m 布置一对差阻式钢筋计,前、后排地下连续墙均布置;右岸单排地下连续墙沿高程方向每间隔约 4 m 布置一对差阻式钢筋计,共布置 117 对(234 个)差阻式钢筋计。连板内力监测点布置在连板靠近基坑侧部位,连板的上下侧均布置内力监测点,共布置 10 个内力监测点,采用 5 对(10 个)差阻式钢筋计。水平撑杆轴力监测点布置在双排地下连续墙附近,每根撑杆截面上的 4 个角点均布置监测点,各层撑杆轴力监测点的位置在竖向上宜保持一致,共布置 52 个监测点,采用 52 个差阻式钢筋计。基坑外地下水位监测点沿基坑周边布置,间距约 50 m,共布置 26 个,见表 1。

表 1　二线船闸基坑监测点数量及设计变形允许值

| 监测点位置或类型 | 测点数量/个 | 监测点位置或类型 | 测点数量/个 |
|---|---|---|---|
| 地下连续墙顶部水平位移与沉降监测点 | 130 | 地下连续墙墙身内力监测点 | 234 |
| 立柱桩顶部沉降监测点 | 20 | 连板内力监测点 | 10 |
| 横向围堰水平位移与沉降监测点 | 11 | 水平撑杆轴力监测点 | 52 |
| 地下连续墙深层水平位移监测点 | 52 | 基坑外地下水位监测点 | 26 |

## 4 监测数据分析

### 4.1 地下连续墙水平位移监测

地下连续墙水平位移监测自 2018 年 10 月 29 日开始,至 2020 年 4 月 19 日结束。图 3 为地下连续墙顶部水平位移监测曲线,从图 3 可以看出:

(1)2018 年 10 月至 2019 年 1 月底开挖至 6 m 深度,土层主要为人工填土层、砂卵石土层,大部分基坑地下连续墙表面水平位移量在 10 mm 左右,2019 年 1 月底第二道支撑完成浇筑后,地下连续墙顶部水平位移变形明显收敛放缓。

(2)2019 年 2 月底至 8 月开挖 6~13 m 深度时,基坑内围岩主要是岩石风化残积土、全风化炭质灰岩等,大部分基坑地下连续墙表面水平位移量在 15 mm 左右,第二层土体开挖连续墙变形较少。

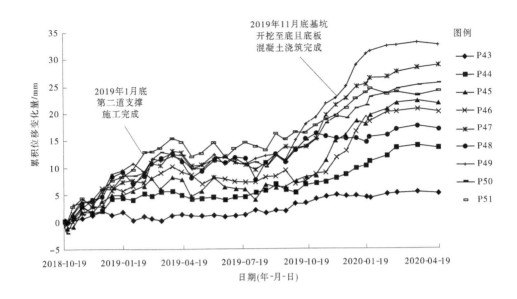

**图3 地下连续墙顶部水平位移监测曲线**

（3）2019年8月底至11月开挖13~19 m深度时,基坑内围岩主要是强风化炭质灰岩和中风化石灰岩,开挖采用爆破松动方式进行,大部分基坑地下连续墙表面水平位移量在12 mm左右且持续缓慢增加至25 mm左右,至基坑底板浇筑完成2个月后水平位移变化量开始收敛至平稳。

（4）基坑表面变形测点至累积位移变化量总体趋于稳定,并朝着基坑方向移动,仅一个测点的位移累积量最大为33.21 mm,大于设计允许的控制值±30 mm。

（5）地下连续墙顶部水平位移主要由围护结构顶支撑施筑前开挖引起的变形和支撑杆件压缩带来的变形两部分组成,随着基坑开挖深度的增加,地下连续墙顶部位移逐渐增大,并且以阶梯式形状的规律增大,当开挖到一定深度以后,墙顶的最大位移逐渐趋向于稳定值,这是因为基坑采取了分层分段开挖,每开挖一个单元层土体,就添加一道支撑梁,这在一定程度上约束了墙顶的位移,当开挖达到底部后,已有两道支撑梁,导致基坑底层的位移影响减弱,变化量就很小,随着闸室底板的浇筑完成以及基坑的回填,地下连续墙顶部位移基本保持稳定状态。

### 4.2 立柱桩顶部沉降监测

立柱桩顶部沉降监测自2018年11月10日开始,至2020年4月19日结束。图4为立柱桩顶部沉降监测曲线,从图4可以看出:

（1）2019年3月前,立柱沉降量较小,基本趋于平稳,2019年3—8月期间,随着基坑开挖的加深,立柱先往下沉,沉降量为5~8 mm。

（2）2019年7月开挖至6~13 m深度后,部分立柱开始呈现上浮趋势,开挖至基坑底部后监测数据显示Z03立柱上浮12.5 mm,Z04立柱测点上浮7.1 mm,立柱上浮的分界点在基坑开挖10 m左右。

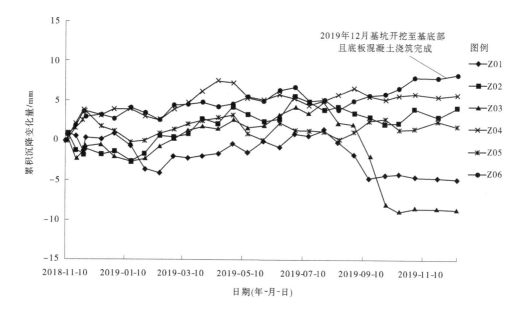

**图 4　立柱桩顶部沉降监测曲线**

（3）经分析认为这是因为 2019 年 8 月以后，立柱受到的上部施工荷载和土体摩擦力等减小，特别是对基坑内围岩进行爆破松动，造成坑底围岩产生回弹，同时开挖后基坑底部强风化炭质灰岩、炭质石灰岩等开挖揭露后风化等膨胀，使坑底进一步隆起造成部分立柱上浮，监测成果较好地反映了基坑开挖过程中立柱沉降的变化情况。

## 4.3　地下连续墙深层水平位移监测

地下连续墙深层水平位移监测自 2018 年 8 月 16 日开始，至 2019 年 11 月 30 日结束。图 5 为地下连续墙深层水平位移监测曲线，从图 5 可以看出：

（1）2018 年 10 月至 2019 年 1 月底开挖至 6 m 深度，地下连续墙深层水平位移量较小，最大变形量为 10 mm 左右。

（2）2019 年 2 月底至 8 月开挖 6～13 m 深度时，地下连续墙深层水平位移量主要变形量在 4～8 m 位置处，最大变形量为 20 mm 左右，地下连续墙深层变形受基坑开挖的影响较为明显。

（3）2019 年 8 月底至 11 月开挖 13～19 m 深度时，基坑内围岩主要是强风化炭质灰岩和中风化石灰岩，开挖采用爆破松动方式进行，地下连续墙深部位移变化最大位置仍在4～8 m 处，最大变形量持续缓慢增加至 32 mm 左右，至基坑底板浇筑完成 2 个月后墙体深层水平位移变化量开始收敛至平稳。从图 5 可以看出，地下连续墙深层水平位移从基坑开挖至坑底直至主体内衬混凝土浇筑完毕的整个过程中，变形量受基坑层开挖影响明显，变形量最大处一般位于地下连续墙中部位置附近。

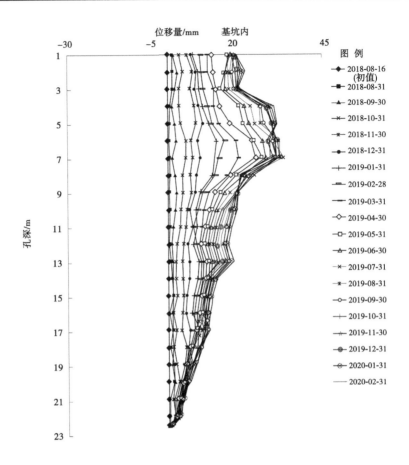

图 5  地下连续墙深层水平位移监测曲线

### 4.4  地下连续墙内部应力监测

地下连续墙内部应力监测自 2018 年 6 月 3 日开始,至 2020 年 4 月 19 日结束。图 6 为地下连续墙内部应力监测曲线,从图 6 可以看出:

(1) 2018 年 10 月至 2019 年 1 月底开挖至 6 m 深度,地下连续墙内部应力变化量较小,基本上在 60 MPa 以内,变化速率也很小。

(2) 2019 年 2 月底至 8 月开挖 6~13 m 深度时,随着开挖深度的逐步增大,地下连续墙内部应力值缓慢增加,截至 2020 年 3 月,应力值变化量处于比较稳定的状态,除个别测点外增加量均不大。

(3) 2019 年 3 月,SB43 槽段的 SB43-8 监测点应力值明显增大,该测点位于地下连续墙 8 m 深度位置,至 4 月底增至 361.24 MPa。2019 年 3 月 21—25 日在该监测点附近约 5 m 的位置频繁地爆破,经现场查看该点位置为微风化的炭质灰岩,岩层硬度高,受爆破影响造成该测点应力过大。

### 4.5  混凝土支撑轴力监测

混凝土支撑轴力监测自 2018 年 11 月 20 日开始,至 2019 年 11 月 30 日结束。图 7 为混凝土支撑轴力监测曲线,从图 7 可以看出:

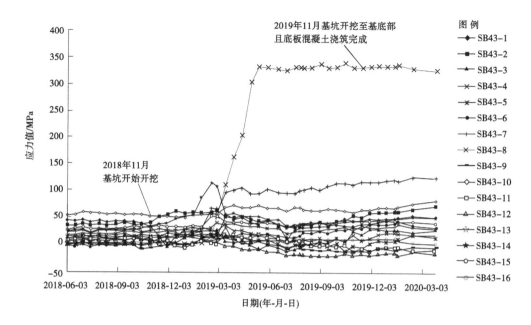

**图6 地下连续墙内部应力监测曲线**

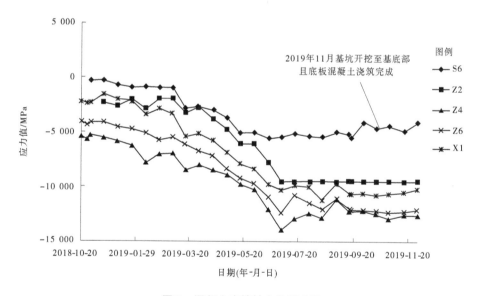

**图7 混凝土支撑轴力监测曲线**

（1）2018年10月至2019年1月底开挖至6 m深度，5根支撑梁的受压值为1 200 kN左右，最大值为1 782 kN（设计允许值3 810 kN），第一道混凝土支撑轴力随着基坑开挖深度的增加呈逐步增加趋势，随着第二道支撑的浇筑完成后，2019年2—5月第一道支撑轴力值增加较少，第一道支撑的轴力值均在设计允许值范围。

（2）2019年6月底开挖至12 m深度时，主要地层为沙石和卵石地层，第二道Z4支撑的轴力值最大值为−13 864 kN（控制值−11 090 kN），Z6断面第二道支撑轴力值达到

–9 528.73 kN,超出设计允许值(控制值 9 420 kN);X1 断面第二道支撑轴力值达到
–7 874.64 kN(控制值 6 620 kN),支撑轴力在开挖至基坑深度 2/3 处时增加明显且部分
超过设计允许值。

(3)2019 年 8 月底至 11 月开挖 12~19 m 深度时,基坑内围岩主要是强风化炭质灰岩
和中风化石灰岩,开挖采用爆破松动方式进行,第二道支撑轴力值随基坑深度的增加没有
明显增大。

(4)支撑轴力主要受基坑深度、开挖土层、基坑内水位变化的影响较为明显,特别是
砂卵石地层中开挖基坑支撑梁所受压力随开挖深度的增加非常明显。2019 年 10 月以
后,随着基坑开挖至最大值后,支撑轴力值也基本趋于稳定状态。

### 4.6 基坑周边地下水位监测

基坑周边地下水位监测自 2018 年 10 月 25 日开始,至 2019 年 11 月 30 日结束。图 8
为基坑周边地下水位监测曲线,从图 8 可以看出:

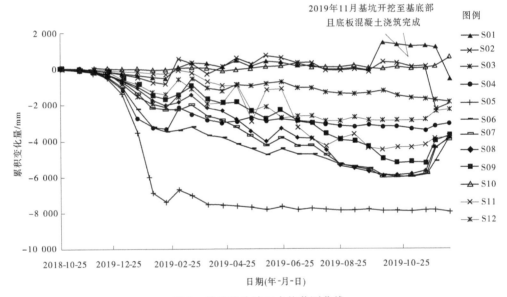

图 8　基坑周边地下水位监测曲线

(1)2018 年 10 月至 2019 年 6 月,开始进行基坑内降水并开挖,基坑外部水位监测点
的水位呈逐步下降的趋势,后期呈逐步上升的趋势,监测显示已建的闸室沉降量变化很
微小。

(2)2019 年 6 月底开挖至 13 m 深度后,基坑周边地下水位下降量较小,2019 年 7 月
至 2019 年 11 月底,基坑外部地下水位监测点变化平稳,后期部分监测点水位逐步上升。
因为基坑 12~19 m 主要地层为强风化炭质灰岩和中风化石灰岩,该地层含水量较小且属
微透水层。地下水位变化主要受基坑开挖过程中坑内降水影响较大,监测成果较好地反
映了基坑开挖降水的过程,符合基坑开挖过程中降水引起周边地下水位下降的一般规律。

(3)基坑开挖过程较为顺利,围护结构止水效果良好,未有明显水柱形渗水情况发
生,坑内水位控制较好地满足基坑开挖的要求。

## 5 结语

（1）通过采用双排地下连续墙加强临水侧围护结构设计，较好地解决了临水侧围护结构稳定和止水问题，基坑开挖至主体浇筑完成未发生明显涌水、涌沙的情况，基坑周边建（构）筑物及地表也未发生明显破坏和裂缝，证明该临水深基坑围护结构设计方案是成功的。

（2）该临水船闸深基坑从开挖至底板浇筑完成历经 15 个月，按照基坑监测设计方案与实测数据对比，除支撑轴力部分监测值稍超设计控制值外，其余各监测数据基本处于设计允许值范围，通过监测数据验证对比设计预估的各项允许值差别不大，在施工中各项监测数据未有明显突变情况发生。监测结果表明，基坑支护结构各设计参数较为合理，基坑施工经历汛期几次高水位考验未发生重大险情。

（3）通过该临水船闸深基坑设计与监测成果的紧密结合分析，可充分发挥动态监测和设计作用，对监测设计预测与实测数据的分析总结具有重要的工程意义和价值，可为类似船闸工程深基坑提供借鉴和参考。

## 参考文献

[1] 张翠霞. 临江复杂条件下超大深基坑围护设计关键技术[J]. 上海应用技术学院学报（自然科学版），2011（11）：77-80.

[2] 胡奇，徐燕. 临水深基坑及围堰支护变形影响分析[J]. 科技研究，2020（7）：278-280.

[3] 黄骥. 紧邻防汛墙基坑的方案及施工实践[J]. 山西建筑，2018（21）：73-75.

[4] 高君杰，郑跃. 北江清远枢纽二线船闸基坑关键技术研究[J]. 中国水运，2020（3）：134-136.

# 隧洞软岩段锚杆应力监测数据回归分析

郑建雷　黄　杏　吴文新

（中水珠江规划勘测设计有限公司，广东广州　510610）

**摘　要**：以云南省某隧道工程监测数据为例，分析了监测数据并给出了时间变化曲线图，对隧洞软岩变形段的锚杆应力监测数据进行回归分析。通过对不同的回归函数进行分析对比，找出应力随时间变化的规律，及时判定围岩应力稳定情况以及锚杆支护参数的合理性。研究结果表明，三种回归模型的相关系数都较高，但对不同的围岩变形曲线做回归分析时，回归函数的选取有其适用性和局限性。

**关键词**：隧洞；监测；数据分析；回归分析

## 1　引言

软岩因其强度低、孔隙度大、胶结程度差，受结构面切割及风化显著的岩体在长期外力的作用下会发生显著的蠕变变形。蠕变试验表明，当施加的荷载小于某一荷载水平时，岩体处于稳定变形状态，变形曲线趋于某一稳定值，随时间增加不再变化；当所施加的荷载大于某一荷载水平时，岩体呈明显的塑性变形加速现象，进而产生不稳定变形，这一荷载称为软岩的软化临界荷载，亦即使岩体产生明显变形的最小荷载[1]。锚杆作为一种主动支护手段，其支护结构具有效果好、适应性强和施工简便等特点，通过锚杆支护的方式，使破坏的岩土体稳固地依附在稳定岩层上，锚杆的拉力作用增加了潜在滑动面上的法向应力，从而提高了抗剪强度，使岩层得到加固。同时，对锚杆应力观测数据进行回归分析，可以很好地得出隧洞围岩应力变形与时间的关系，判断围岩稳定性和调整支护设计参数，对优化设计提供数据依据[2]。

## 2　工程应用

### 2.1　工程概况

隧洞洞身穿越地层岩性主要有强-弱风化泥灰岩、强风化砂岩、强风化长石石英砂岩、强风化泥灰岩。设计断面形式为城门洞形，作业环境具有空间小、运输困难、组织难度大等特点。隧洞软岩变形洞段揭露围岩主要为全风化泥岩、粉砂质泥岩等极软岩、软岩，开挖时干燥无水，支护完成后上部裂隙水、周边层间水向开挖断面周边下渗、汇集，泥岩遇水软化、泥化，加之膨胀作用，产生泥岩塑性变形。为应对软岩段的变形加剧，采用挂网喷混凝土（25 cm 厚）、系统锚杆（25 mm）、钢支撑（I20），间距 60 cm 以及排水孔的方式进行

---

**作者简介**：郑建雷（1989—），男，工程师，主要从事水利工程监测、测绘的研究工作。

初期支护。监测断面如图 1 所示。

## 2.2　监测数据分析

对软岩变形段已安装埋设的锚杆应力计测点作应力-时间曲线图,如图 2 所示。由图 2 可以看出,左侧直墙处 M11 测点处的应力值基本趋于稳定,说明该处部位的围岩较为稳定。左侧锁脚 M10 测点、右侧边墙 M12 测点和右侧锁脚 M13 测点处的应力值经历了剧变、缓慢变形、二次扰动的过程,变形曲线呈明显的"双平台"特征。M10 测点、M12 测点和 M13 测点应力值在前 72 d 内变化较大,其原因是该断面处为软岩部位,围岩较为破碎,开挖掘进时下切底板,加大了临空下滑力,受邻近区段开挖扰动,支护段围岩右侧沿结构面顺层挤压破坏,支护结构刚度和强度不足以抵抗应力释放,加之岩体裂隙贯通、地下水汇集,泥岩在水的作用和浸泡下,强度大幅降低,加剧了变形破坏,导致支护产生了严重的软岩挤压变形,这也说明了锚杆支护安装以后,该处软岩变形得到了很好的抑制,随着围岩内部应力重新分配,逐渐形成了初期支护与内部围岩平衡状态。

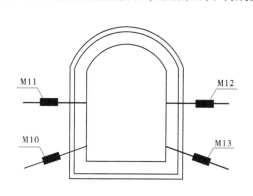

图 1　监测断面　　　　　　图 2　锚杆应力计测点应力-时间曲线

## 2.3　影响因子分析

在进行变形建模分析过程中,根据长期的监测数据分析,该段软岩部位锚杆应力计锁定后造成应力变形成因的影响因子包括:①钢材料的应力松弛;②混凝土的徐变;③被加固介质的流变和破碎岩体中裂隙的逐渐压密;④其他一些影响因素,例如气温变化等。由于当前工程中普遍采用的钢筋材质较好,钢材松弛量变化相对较小,且气温变化的影响均较小[3]。影响应力发生变化的主要因素是被加固介质的流变和破碎岩体中裂隙的逐渐压密。

## 2.4　回归分析

被加固土体的流变本身是一个非线性的过程,从而导致应力变形也是非线性的。常用的非线性回归函数有指数函数 $y = a\mathrm{e}^{(-b/x)}$、对数函数 $y = a + b/\ln(1+x)$、双曲线函数 $\dfrac{1}{y} = a + b\dfrac{1}{x}$。为便于分析,将指数函数、对数函数和双曲线函数换算为一元线性函数分别为:

$$Y = \ln A + BX \qquad (1)$$

$$Y = \ln y,\ X = \frac{1}{x}$$

$$Y = A + BX \tag{2}$$

$$X = 1/\ln(1 + x)$$

$$Y = A + BX \tag{3}$$

$$Y = \frac{1}{y}, X = \frac{1}{x}$$

为更好地分析左侧锁脚 M10 测点、右侧边墙 M12 测点和右侧锁脚 M13 测点处锚杆应力变化与时间的关系,以及预测该部位处围岩最大应力值,指导二衬作业,对以上几种函数模型进行回归分析,获取回归曲线,如图 3~图 5 所示。

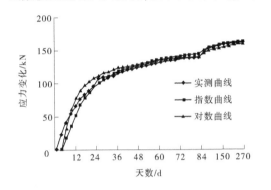

图 3  M10 测点实测曲线与回归曲线对比　　　图 4  M12 测点实测曲线与回归曲线对比

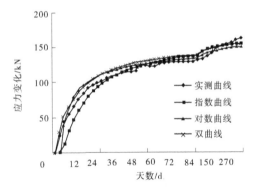

图 5  M13 测点实测曲线与回归曲线对比

## 2.5  精度分析

回归分析模型须经过检验和判断,才能更好地应用于实际工程的预测[4]。检验回归分析模型的主要指标为残差平方和 $Q$ 和相关系数 $R$。残差平方和 $Q$ 值越小,说明自变量和因变量间的相关性越密切,则所得的回归曲线反映自变量和因变量之间的关系效果越好;相关系数 $R$ 越大,越接近于 1,说明回归模型拟合程度越高。对 3 支锚杆的回归模型进行分析,统计结果如表 1~表 3 所示。

表 1　M10 回归分析结果统计

| 函数 | $a$ | $b$ | $Q$ | $R$ |
|---|---|---|---|---|
| 指数函数 | 167.720 | −13.820 | 1.187 | 0.975 |
| 对数函数 | 223.060 | −373.580 | 0.050 | 0.982 |
| 双曲线函数 | 169.250 | 18.940 | 0.050 | 0.994 |

表 2　M12 回归分析结果统计

| 函数 | $a$ | $b$ | $Q$ | $R$ |
|---|---|---|---|---|
| 指数函数 | 116.180 | −13.220 | 2.371 | 0.959 |
| 对数函数 | 147.190 | −218.370 | 1.201 | 0.963 |
| 双曲线函数 | 119.390 | 18.940 | 1.186 | 0.989 |

表 3　M13 回归分析结果统计

| 函数 | $a$ | $b$ | $Q$ | $R$ |
|---|---|---|---|---|
| 指数函数 | 162.630 | −14.580 | 5.389 | 0.940 |
| 对数函数 | 206.000 | 320.480 | 6.902 | 0.912 |
| 双曲线函数 | 159.390 | 12.360 | 7.350 | 0.899 |

## 2.6　综合分析

由图 3~图 5、表 1~表 3 可以看出,M10、M12、M13 测点的实测曲线与三种曲线函数回归分析契合度都比较高,但 M10 测点和 M12 测点的回归分析拟合度要高于 M13 测点。采用的三种非线性函数回归分析相关系数 $R$ 值都基本趋近于 1,回归精度较高,但 M10、M12 测点的曲线拟合效果较好于 M13 测点。对 M10、M12 测点比较三种函数的回归分析结果可以清楚地看出 $R_{曲} > R_{对} > R_{指}$,说明双曲线函数对于 M10、M12 测点的拟合效果较好;对 M13 测点比较三种函数的回归分析结果可以清楚地看出 $R_{指} > R_{对} > R_{曲}$,说明指数函数对于 M13 测点的拟合效果较好。因此,对 M10、M12 测点的应力监测数据回归分析采用双曲线函数,M13 测点的应力监测数据回归分析采用指数函数。

对式(1)~式(3)分别求极限得出的数值即是围岩最大应力值;式(3) $\lim\limits_{x \to \infty} y = a, a$ 即是围岩最大应力值。通过求极限可得,M10 测点的最大应力值为 169.25 kN,M12 测点最大应力值为 119.39 kN,M13 测点的最大应力值为 162.63 kN,而当前 M10 测点的应力值为 161.35 kN,M12 测点的应力值为 112.41 kN,M13 测点的应力值为 162.43 kN,三测点当前值基本趋于最大值。

综上所述,通过对 3 个锚杆测点的应力回归分析可以看出,当前 3 支锚杆应力计的应力值基本趋于最大应力值,此断面处围岩应力变形基本稳定,也说明了锚杆支护参数是合理的,能确保施工安全。

## 3 结论

监测是隧洞施工过程中非常重要的环节,正确分析监测数据,对隧洞的施工安全和设计参数的优化相当重要。对于地质条件较差的洞段,比如软岩变形段和围岩破碎段,采取相关系数较高的回归模型对监测数据进行处理分析[5],可以更好地反映出地质条件较差的围岩变形情况,采用科学的分析方法,找出问题,以便更好地指导施工。

### 参考文献

[1] 杨辉,陈晨.影响锚杆预应力的因素浅析[J].城市道桥和防洪,2006(1):45-47.

[2] 李瑞,姜新元,秦涛.多元线性回归在大坝变形监测数据处理中的应用[J].黄河水利职业技术学院学报,2017,29(1):17-19.

[3] 黄燕和.影响锚杆预应力损失的各种因素分析[J].施工技术,2008(4):91-92.

[4] 卢荣.回归分析在沉降预测数据处理中的应用[J].城市勘测,2011(3):106-108.

[5] 杨杰,李拴杰,孙飞跃.隧道监测技术及数据回归分析[J].洛阳理工学院学报(自然科学版),2018(28):11-16.

# 某大型病险水库土石坝除险加固设计探讨

余红松　聂　鹏

（中水珠江规划勘测设计有限公司，广东广州　510610）

**摘　要**：对水库大坝进行除险加固有利于排除工程安全隐患，充分发挥工程的综合效益。本文针对某大型病险水库工程土石坝运行多年后存在的问题，进行加固设计。对坝体、坝基全风化层采用塑性混凝土防渗墙防渗，对坝基、坝肩全风化层以下采用帷幕灌浆防渗，并对大坝上下游坝坡、坝顶及排水棱体等进行加固设计，对加固后的大坝进行计算。结果表明，大坝在各计算工况下的渗流稳定和坝坡抗滑稳定均满足规范要求，说明该除险加固措施技术可行、安全可靠，能为类似大型病险水库土石坝的除险加固设计提供一定参考。

**关键词**：大型水库；土石坝；除险加固；加固设计

## 1　引言

我国现有水库 9.8 万多座，其中大型水库近 800 座，中型水库 4 100 多座，小型水库近 9.4 万座。按坝型分，土石坝 9 万多座，占 92%。这些水库在防洪、灌溉、供水、发电等方面发挥了巨大效益[1-3]，为促进城镇国民经济发展、提高人民生活水平、保障社会稳定、改善生态环境等作出了巨大贡献。但这些水库大坝 87% 以上修建于 20 世纪 50—70 年代，受限于当时的建设环境，水库存在防洪标准偏低，达不到有关规程、规范的要求，同时经过多年运行，工程老化失修，形成病险水库[4-5]。病险水库特别是大型病险水库对下游广大人民群众的生命和财产安全构成重要威胁，成为国家防洪安全体系中的短板和薄弱环节。因此，有必要对水库大坝进行除险加固，排除工程安全隐患，充分发挥工程综合效益，为地区经济发展和社会稳定提供安全保障。

## 2　工程现状

### 2.1　研究区概况

某水库工程位于广西南宁，属珠江流域西江水系郁江支流，水库总库容 5.08 亿 m³，是以灌溉为主，兼有供水、发电等综合效益的大（2）型水利工程。水库正常高水位 175.12 m（1985 国家高程基准），设计洪水位 177.74 m（$P = 1\%$），校核洪水位 179.03 m（$P = 0.05\%$）。大坝原设计为碾压式均质土坝，1994—2000 年加固增设塑性混凝土心墙。大

---

**作者简介**：余红松（1970—），男，高级工程师，主要从事水利水电工程的项目管理工作。

坝坝顶高程 180.3 m,防浪墙顶高程 180.80 m,最大坝高 53.62 m,坝顶长 192.7 m,坝顶宽度 7.5 m,坝基防渗型式为防渗墙。该水库枢纽于 1958 年 10 月底动工建设,1960 年 4 月基本建成。水库自投入运行至今 60 多年,主管部门针对存在的问题及运行中出现的险情,对水库大坝进行过多次维修和加固,但根据 2018—2019 年的安全鉴定现场检查,水库大坝仍存在较多隐患。

### 2.2　大坝存在的主要问题

现状大坝主要存在如下问题:

(1)大坝填土压实度不满足规范要求,混凝土防渗心墙局部渗透系数不满足设计要求,大坝下游坝坡抗滑稳定安全系数不满足规范要求。

(2)坝基清基不彻底,坝基、坝肩岩土体均为中等透水性,坝基、坝肩仍然存在渗漏问题。

(3)在各计算工况下,混凝土防渗心墙未能有效降低坝体浸润线。大坝坝中断面计算最大渗漏量为 16.94 L/s,大坝存在局部渗透不稳定的安全隐患。

(4)坝顶混凝土路面局部开裂沉陷,坝顶防浪墙局部贴面瓷砖砂浆风化脱落,对建筑物结构耐久性不利。

(5)上游坝坡混凝土护坡局部开裂,出现蜂窝、麻面,未设排水孔,上游护坡混凝土碳化较严重,护坡质量较差。

(6)下游坝坡踏步、140.34 m 高程马道的混凝土存在多处开裂、局部塌陷,抹面砂浆脱落,下游坝坡局部存在蚁患。

(7)大坝下游坡左侧 140.00~154.20 m 高程有渗湿现象,在排水棱体顶部左侧排水沟内侧集中排水孔常年有明显水流,下游堆石排水棱体风化较严重,局部出现松动现象。

## 3　土石坝除险加固设计

### 3.1　大坝防渗加固设计

由以上大坝存在的问题可以看出,大坝存在严重的渗漏问题,可能危及大坝安全,因此有必要对大坝及坝肩进行防渗加固。由于水平防渗方案不仅需放空水库,且需围堰保护下方才能进行施工,围堰工程量较大,施工较困难,经济上不合理,故本次除险加固的防渗加固设计采取垂直防渗方案。根据国内工程经验,防渗加固常见有塑性混凝土防渗墙及高压旋喷灌浆防渗,现对两种防渗型式进行比较,即"塑性混凝土防渗墙+帷幕灌浆"和"高压旋喷灌浆+帷幕灌浆"。

塑性混凝土防渗墙方案的优点是投资较少、技术安全可靠性高、防渗效果好,考虑到本工程大坝渗漏量较大等问题,塑性混凝土防渗墙方案可较为彻底地解决大坝存在的上述问题;其缺点是施工速度较慢,施工周期较长。虽然高压旋喷灌浆方案的优点是施工速度较快,施工周期较短,但该方案投资较大,且当防渗墙深度较大时,由于钻孔偏斜旋喷墙下部容易开岔,施工质量不容易控制,因此从防渗可靠性和使用年限等方面比较均不如塑性混凝土防渗墙。另外,根据广西大型水库土石坝除险加固设计的施工经验,塑性混凝土防渗墙已得到普遍应用,如已施工完成的大型水库百色市澄碧河水库、贵港市六陈水库、贵港市达开水库等,均采用了塑性混凝土防渗墙方案,技术比较成熟,可靠性高,防渗效果较好。

综合分析,推荐采用"塑性混凝土防渗墙+帷幕灌浆"防渗方案。

## 3.2 大坝除险加固设计

### 3.2.1 塑性混凝土防渗墙设计

1. 防渗墙厚度确定

防渗墙厚度按常规经验公式计算:

$$d = \frac{h}{[J]} \tag{1}$$

式中:$d$ 为防渗墙厚度,m;$h$ 为墙体最大作用水头;$[J]$ 为墙体允许渗透比降,考虑施工和混凝土老化等综合因素取 $[J] = 60 \sim 80$。

经计算,混凝土防渗墙墙体最大作用水头约为 39.3 m,取 $[J] = 60$,计算得墙体厚度为 0.66 m。根据计算结果,同时考虑坝基帷幕灌浆需在墙体内预埋管的施工要求,为保证防渗墙的施工质量,类比其他工程经验,防渗墙设计厚度采用 0.8 m。

2. 防渗墙技术参数

塑性混凝土防渗墙抗压强度 $R_{28} = 2 \sim 4$ MPa,初始弹性模量 $E_{28} \leq 1\,000$ MPa,抗渗等级 W6,渗透系数 $K \leq 1 \times 10^{-7}$ cm/s,墙体允许渗透比降 $[J] = 60$。

综上所述,塑性混凝土防渗墙设计方案为:布置在坝轴线下游侧 2 m 处,防渗墙穿过坝基全风化层,并嵌入强风化岩层 1.0 m。塑性混凝土防渗墙长 192 m,墙顶高程 179.20 m,墙底最低 120.20 m,高程为最大墙深 59 m,塑性混凝土防渗墙厚 0.8 m,渗透系数 $1 \times 10^{-7}$ cm/s,允许渗透坡比降 $[J] = 60 \sim 80$。

### 3.2.2 帷幕灌浆设计

考虑到大坝坝基及坝肩岩层透水性较大,坝基和坝肩仍存在渗漏问题,对坝肩和坝基全线进行帷幕灌浆。帷幕灌浆沿防渗墙轴线布置,灌浆线总长 320 m,最大孔深 75.7 m,采用单排帷幕灌浆,灌浆孔距为 2 m。帷幕灌浆下限线深入 5 Lu 线以下 5 m,左岸岸坡段防渗帷幕长度延伸至正常蓄水位与 5 Lu 线相交处,右岸岸坡段防渗帷幕长度延伸至正常蓄水位与地下水位相交处。

### 3.2.3 上游坝坡加固设计

1. 护坡结构选择

大坝上游原为混凝土护坡,由于护坡混凝土碳化较深,局部存在裂缝,有效厚度已接近不稳定的下限值,且护坡未设排水孔,本文拟对上游坝坡进行加固,采用混凝土护坡加固。

经综合考虑,上游采用边长为 2 m 的六角形现浇混凝土护坡,较为美观,经计算护坡厚度为 0.094 m,参考国内已建的水库大坝护坡经验,经综合考虑,上游护坡厚度取整值,为 12 cm。

2. 混凝土护坡范围的确定

根据《碾压式土石坝设计规范》(SL 274—2020)[6],大坝上游面护坡覆盖范围为上部自坝顶起,下部至死水位以下不宜小于 2.5 m。本水库死水位为 159.42 m,大坝上游护坡底高程确定为 156.92 m。考虑到死水位以下属涉水作业,若考虑混凝土护坡,则需增设围堰,施工难度较大,投资较高。因此,在死水位 159.42 m 处设置混凝土齿墙,齿墙深 1.5 m,死水位 159.42 m 以下采用模袋混凝土护坡,死水位 159.42 m 以上至坝顶采用现浇混凝土护坡。

### 3. 上游坝坡加固设计

在现有混凝土护坡表面现浇厚 12 cm 的 C20 混凝土六角块护坡,局部采用混合砂找平层,混凝土护坡与混合砂垫层之间采用牛皮纸分隔。混凝土护坡按边长 2 m 的六角形分缝,分缝间缝宽 100 mm,缝间先涂刷沥青二道,再浇筑充填后期的 C20 混凝土。

混凝土护坡坡脚设 C20 混凝土齿墙,齿墙顶高程为 159.42 m,宽 0.8 m,高 1.5 m。高程 159.42~156.92 m 水下范围内直接采用 20 cm 厚 C20 模袋混凝土防护。

### 3.2.4 下游坝坡加固

先由白蚁防治人员对大坝进行清查,并采取相应措施清除蚁患。对下游坝面全面清除杂草,对局部凹凸不平坝面进行整理,局部再种植优质草皮。对坡面排水沟及台阶已经损坏部分进行修缮。

### 3.2.5 坝顶加固设计

综合考虑防渗墙施工布置要求,对坝顶防浪墙及坝顶结构拆除重建。

重建坝顶总宽 9 m,坝顶高程 180.44 m。重建防浪墙采用 C30 钢筋混凝土 L 形结构,防浪墙高出坝顶 1.0 m,墙顶高程 181.44 m,顶宽 0.4 m。坝顶路面采用 C25 混凝土铺筑,厚 20 cm,路面下设碎石垫层,厚 20 cm。下游侧设 C20 混凝土排水沟,沟宽 30 cm、深 30 cm。坝顶下游侧设 C20 混凝土防护墩,间隔 1 m。

### 3.2.6 排水棱体加固设计

本文拟对坝脚排水棱体进行局部修缮,即将表层局部松散或风化严重的排水棱体块石进行更换,修缮完后在排水棱顶部设宽 1.9 m、厚 20 cm 的 C20 混凝土压顶,内侧设排水沟。

## 4 土石坝加固后渗流及稳定计算

### 4.1 计算断面及参数

#### 4.1.1 计算断面

分别选取大坝最大坝高断面以及现状复核相应的左右坝肩断面作为计算典型断面,大坝防渗加固后渗流及抗滑稳定计算断面简图见图 1~图 3。

#### 4.1.2 计算参数

大坝坝体各层物理力学参数根据工程地质勘察报告的建议值选取,混凝土防渗墙和帷幕灌浆的渗透系数类比其他工程的试验值选取。

#### 4.1.3 计算软件

渗流稳定和抗滑稳定计算程序采用北京理正软件设计研究院岩土系列软件计算。

### 4.2 渗流计算成果

渗流计算成果见表 1。

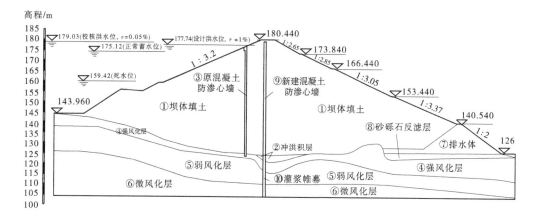

**图 1　大坝防渗加固后坝中渗流及抗滑稳定计算断面简图**

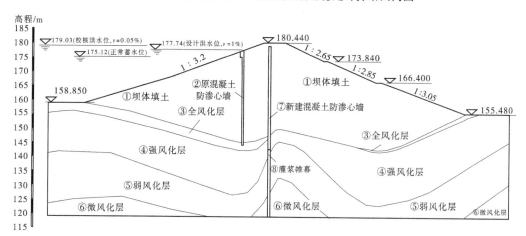

**图 2　大坝加固后左坝肩渗流及抗滑稳定计算简图**

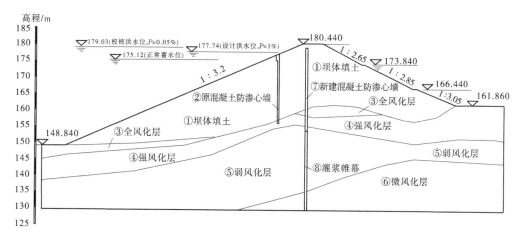

**图 3　大坝加固后右坝肩渗流及抗滑稳定计算简图**

表 1   大坝加固后渗流计算成果

| 计算断面 | 工况 | 最大渗透比降 | 允许比降 | 坝体渗漏量 | |
|---|---|---|---|---|---|
| | | | | m³/(d·m) | L/s |
| 坝中断面 | 正常蓄水位 175.12 m | 0.12 | 0.52 | 2.37 | 5.09 |
| | 设计洪水位 177.74 m | 0.13 | 0.52 | 2.62 | 5.62 |
| | 校核洪水位 179.03 m | 0.13 | 0.52 | 2.75 | 5.92 |
| | 校核洪水位降至正常蓄水位 | 0.13 | 0.52 | 2.74 | 5.88 |
| 左坝肩断面 | 正常蓄水位 175.12 m | 0.21 | 0.52 | 0.35 | — |
| | 设计洪水位 177.74 m | 0.24 | 0.52 | 0.45 | — |
| | 校核洪水位 179.03 m | 0.26 | 0.52 | 0.50 | — |
| | 校核洪水位降至正常蓄水位 | 0.18 | 0.52 | 0.42 | — |
| 右坝肩断面 | 正常蓄水位 175.12 m | 0.22 | 0.52 | 0.20 | — |
| | 设计洪水位 177.74 m | 0.25 | 0.52 | 0.28 | — |
| | 校核洪水位 179.03 m | 0.28 | 0.52 | 0.33 | — |
| | 校核洪水位降至正常蓄水位 | 0.27 | 0.52 | 0.26 | — |

表 1 的计算结果表明,大坝经防渗加固后,坝体及坝基土体在各计算工况下的最大渗透比降均小于允许渗透比降,满足规范要求。

### 4.3   稳定计算成果

大坝坝坡稳定计算成果见表 2。

表 2   大坝坝坡稳定计算成果

| 计算断面 | 计算工况 | 坝坡 | 计算方法 | 安全系数(简化 Bishop 法) | |
|---|---|---|---|---|---|
| | | | | 计算值 | 规范值 |
| 坝中断面 | 正常工况 正常蓄水位 175.12 m | 上游坡 | 有效应力法 | 1.933 | 1.35 |
| | | 下游坡 | 有效应力法 | 1.682 | 1.35 |
| | 设计洪水位 177.74 m | 下游坡 | 有效应力法 | 1.663 | 1.35 |
| | 最不利水位 156.12 m | 上游坡 | 有效应力法 | 1.587 | 1.35 |
| | 非常工况 校核洪水位 179.03 m | 下游坡 | 有效应力法 | 1.656 | 1.25 |
| | 校核洪水位 179.03 m 骤降至正常蓄水位 175.12 m | 上游坡 | 有效应力法 | 1.995 | 1.25 |
| | | | 总应力法 | 1.975 | 1.25 |
| | 正常蓄水位+地震工况 | 上游坡 | 有效应力法 | 1.644 | 1.15 |
| | | 下游坡 | 有效应力法 | 1.539 | 1.15 |

**续表2**

| 计算断面 | 计算工况 | | | 坝坡 | 计算方法 | 安全系数(简化Bishop法) | |
|---|---|---|---|---|---|---|---|
| | | | | | | 计算值 | 规范值 |
| 左坝肩断面 | 正常工况 | 正常蓄水位175.12 m | | 上游坡 | 有效应力法 | 2.473 | 1.35 |
| | | | | 下游坡 | 有效应力法 | 1.632 | 1.35 |
| | | 设计洪水位177.74 m | | 下游坡 | 有效应力法 | 1.560 | 1.35 |
| | | 最不利水位166.05 m | | 上游坡 | 有效应力法 | 2.027 | 1.35 |
| | 非常工况 | 校核洪水位179.03 m | | 下游坡 | 有效应力法 | 1.523 | 1.25 |
| | | 校核洪水位179.03 m 骤降至正常蓄水位175.12 m | | 上游坡 | 有效应力法 | 2.613 | 1.25 |
| | | | | | 总应力法 | 2.582 | 1.25 |
| | | 正常蓄水位+地震工况 | | 上游坡 | 有效应力法 | 2.130 | 1.15 |
| | | | | 下游坡 | 有效应力法 | 1.490 | 1.15 |
| 右坝肩断面 | 正常工况 | 正常蓄水位175.12 m | | 上游坡 | 有效应力法 | 1.952 | 1.35 |
| | | | | 下游坡 | 有效应力法 | 1.487 | 1.35 |
| | | 设计洪水位177.74 m | | 下游坡 | 有效应力法 | 1.385 | 1.35 |
| | | 最不利水位159.37 m | | 上游坡 | 有效应力法 | 1.613 | 1.35 |
| | 非常工况 | 校核洪水位179.03 m | | 下游坡 | 有效应力法 | 1.332 | 1.25 |
| | | 校核洪水位179.03 m 骤降至正常蓄水位175.12 m | | 上游坡 | 有效应力法 | 2.009 | 1.25 |
| | | | | | 总应力法 | 1.995 | 1.25 |
| | | 正常蓄水位+地震工况 | | 上游坡 | 有效应力法 | 1.686 | 1.15 |
| | | | | 下游坡 | 有效应力法 | 1.360 | 1.15 |

表2的计算结果表明,大坝经防渗加固后,在各计算工况下的坝坡抗滑稳定安全系数 $K$ 均大于规范规定的最小安全系数[$K$],满足规范要求。

## 5 结语

土石坝经过多年运行,存在严重的安全隐患,水库已处于病险状态,严重影响水库的安全运行。为保障大坝安全,充分发挥水库枢纽的综合效益,应对土石坝进行加固设计。针对大型病险水库的土石坝,采取以下措施:①坝体、坝基全风化层采用塑性混凝土防渗墙防渗,坝基、坝肩全风化层以下采用帷幕灌浆防渗。②修整原上游坡护坡并采用混凝土六角块防护。③下游坡护坡修整,局部补种植草皮;新建或修缮坝坡排水沟、台阶。④重建坝顶防浪墙、坝顶公路。⑤局部修缮堆石排水棱体。对加固后的土石坝进行计算,结果表明,大坝的渗流及抗滑稳定均能满足规范要求,说明该设计方案安全可靠且经济合理。该除险加固设计方案可为类似大型病险水库的土石坝加固设计提供一定参考。

# 参考文献

[1] 钮新强. 水库病害特点及除险加固技术[J]. 岩土工程学报,2010,32(1):153-157.

[2] 谭界雄,位敏. 我国水库大坝病害特点及除险加固技术概述[J]. 中国水利,2010(18):17-20.

[3] 杨杰,郑成成,江德军,等. 病险水库理论分析研究进展[J]. 水科学进展,2014,25(1):148-154.

[4] 梁峰. 大坝渗流稳定及坝坡稳定计算分析[J]. 广西水利水电,2019(1):20-22.

[5] 严祖文,魏迎奇,张国栋. 病险水库除险加固现状分析及对策[J]. 水利水电技术,2010,41(10):76-79.

[6] 中华人民共和国水利部. 碾压式土石坝设计规范:SL 274—2020[S]. 北京:中国水利水电出版社,2020.

# 渗透型防护涂层对混凝土抗渗及抗硫酸盐腐蚀性能的影响

夏　强[1,2,3,4]　刘兴荣[1,2,3,4]

（1. 南京水利科学研究院,江苏南京　210029；

2. 南京瑞迪高新技术有限公司,江苏南京　210024；

3. 水利部水工新材料工程技术中心,江苏南京　210024；

4. 安徽瑞和新材料有限公司,安徽马鞍山　238281）

**摘　要**:本文通过渗水高度法及干湿循环加速硫酸盐腐蚀试验,研究了渗透型防护涂层对混凝土抗渗及抗硫酸盐腐蚀性能的影响。结果表明,带涂层砂浆试件平均渗水高度比基准试件减少 85.4%,去除涂层试件比基准试件减少 65.2%,抗渗性能明显改善。硫酸盐腐蚀条件下,带涂层砂浆试件和基准试件的抗折强度、超声波速、相对动弹性模量均表现出先增大后减小的趋势。带涂层砂浆试件相比于基准试件性能下降幅度和速率大大减小,28 次干湿循环时,带涂层砂浆试件抗折强度比基准试件高 22.8%,超声波速损失率比基准试件低 73.9%,相对动弹性模量比基准试件高 20.5%,表明防护涂层对硫酸盐腐蚀具有较好的防护效果。

**关键词**:防护涂层;抗渗;抗硫酸盐腐蚀;超声波速

## 1　引言

我国西部地区自然环境严酷,气候干燥,昼夜温差大,盐渍土和盐湖分布广,其中 $SO_4^{2-}$ 浓度为海水中的 5~10 倍[1-2]。混凝土作为一种多孔、脆性材料,长期处于不断的干湿交替、盐碱腐蚀等多种因素的作用下,表面极易出现开裂、剥落破坏。一旦混凝土产生裂缝,其渗透性大大增加,各种侵蚀性物质会侵入混凝土内部,加剧混凝土腐蚀损伤和内部钢筋的锈蚀,形成恶性循环[3-4]。其中,硫酸盐腐蚀危害很大,尤其在干湿循环加速作用下,成为影响混凝土结构安全性和耐久性的重要威胁[5-6]。

近年来兴起的混凝土表面防护材料能够对混凝土起到保护作用并提高其耐久性,逐渐成为研究的热点。目前,国内外表面防护材料主要集中在各种有机防护涂料,如有机硅、氟碳、环氧树脂、丙烯酸酯、聚氨酯防护材料[7-10]。这些材料改善了混凝土的耐久性,但也存在与混凝土基体相容性差、附着力减小、性能不稳定等缺点[11-12]。渗透型表面防

**基金项目**:中央级公益性科研院所基本科研业务费专项资金项目(Y420011)。

**作者简介**:夏强(1989—),男,工程师,主要从事水工新材料研发及耐久性研究工作。

护材料可以向混凝土内部孔隙渗透,其中活性物质与 $Ca(OH)_2$ 及未水化水泥颗粒反应生成结晶,提高表面密实性。本文主要研究涂刷渗透型防护材料后混凝土的抗渗性能及干湿循环条件下抗硫酸盐腐蚀性能。

## 2 试验

### 2.1 原材料及试样制作

#### 2.1.1 抗渗试验

所用水泥为海螺 P·O 42.5 级水泥,其性能指标见表 1。细骨料为细度模数为 2.8 的河砂,含泥量为 0.6%。粗骨料为 5~10 mm、10~20 mm 碎石按 4:6 混合均匀使用,其中 5~10 mm 碎石的含泥量为 0.16%,10~20 mm 碎石的含泥量为 0.13%。拌和水为自来水。渗透型表面防护材料以特种水泥为基体,添加渗透结晶剂及高性能聚合物乳液,由南京瑞迪高新技术有限公司提供,按液料:粉料=0.3:1(质量比)将防护材料搅拌均匀后涂刷在混凝土表面(下同)。

表 1　水泥的性能指标

| 比表面积/ ($m^2$/kg) | 安定性 | 凝结时间/min | | 抗折强度/MPa | | 抗压强度/MPa | |
|---|---|---|---|---|---|---|---|
| | | 初凝 | 终凝 | 3 d | 28 d | 3 d | 28 d |
| 355 | 合格 | 207 | 260 | 5.0 | 8.5 | 25.0 | 49.3 |

按照《普通混凝土长期性能和耐久性能试验方法标准》(GB/T 50082—2009)成型抗渗试件,基准混凝土抗渗试件的配合比如表 2 所示,同时成型三组抗渗试件,静置 1 d 后拆模,用钢丝刷将试件两端表面刷毛,清除油污,清洗干净待用。

表 2　基准混凝土配合比　　　　　　　　　　　　　单位:kg/$m^3$

| 水泥 | 中砂 | 5~10 mm 碎石 | 10~20 mm 碎石 | 水 |
|---|---|---|---|---|
| 330 | 710 | 460 | 700 | 195 |

带涂层混凝土抗渗试件制作:从三组试件中随机选择一组,用毛刷将防护材料在试件的迎水面分两次涂刷,用量为 1.5 kg/$m^2$,完成后,移入标准养护室养护。

去除涂层混凝土抗渗试件制作:从剩余两组试件中随机选取一组,裁剪比试件迎水面尺寸略大的网格布作为覆面材料,在迎水面分两次涂刷防护材料,用量为 1.5 kg/$m^2$,完成后,移入标准养护室养护。

#### 2.1.2 抗硫酸盐腐蚀试验

所用水泥为海螺 P·O 42.5 级水泥,细骨料为 ISO 标准砂,按表 3 配合比成型三组 40 mm×40 mm×160 mm 基准砂浆试件,静置 1 d 后拆模,用钢丝刷将砂浆试件的 6 个表面打磨平整,并清洗干净。然后随机选取一组砂浆将防护材料分两次涂刷于试件表面,用量为 1.5 kg/$m^2$。完成后,三组试件均移入标准养护室养护 7 d。

表3 基准砂浆配合比

单位:g

| 水泥 | ISO 标准砂 | 水 |
|---|---|---|
| 450 | 1 350 | 225 |

## 2.2 试验方法

### 2.2.1 抗渗试验

标准养护到 27 d 时将三组抗渗试件取出,将基准混凝土和带涂层混凝土抗渗试件表面擦干待测。将去除涂层混凝土抗渗试件,用角磨机将网格布表面涂层及网格布打磨去除,然后清洗擦干待测。

采用渗水高度法对三组试件的抗渗性能进行测试,试验设备为 HS-4OA 型混凝土渗透仪。依据《水工混凝土试验规程》(SL/T 352—2020)的规定,将抗渗仪水压力一次性加到 0.8 MPa,恒压 24 h 后,将混凝土试件劈开,测量每组试件的渗水高度,按下式计算混凝土的相对渗透性系数:

$$K_r = \frac{aD_m^2}{2tH} \qquad (1)$$

式中:$K_r$ 为相对渗透性系数,cm/h;$D_m$ 为平均渗水高度,cm;$H$ 为水压力,以水柱高度表示,cm;$t$ 为恒压时间,h;$a$ 为混凝土的吸水率,一般取 0.03。

### 2.2.2 抗硫酸盐腐蚀试验

将其中一组基准砂浆试件和带涂层砂浆试件进行干湿循环加速的硫酸盐腐蚀试验。循环过程[13]为:在质量浓度为 10% 的 $Na_2SO_4$ 溶液中浸泡 16 h,之后放入烘箱中升温至 (60±5)℃,持续 6 h,之后自然冷却 2 h,24 h 作为一个干湿循环。试验同时将另一组基准砂浆试件进行标养作为对照组。

在规定干湿循环次数时,测试各组砂浆试件的抗折强度,并采用 C62 非金属超声波检测仪测试砂浆试件的超声波速。超声波速测试时,采用专用耦合剂,将超声发生器与接收器分别置于试件两端的中心轴上进行对测,如图1所示。

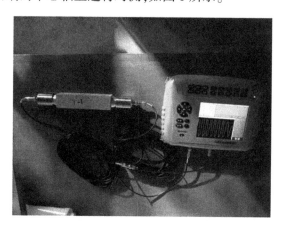

图1 对测法测试超声波速

## 3 结果与讨论

### 3.1 抗渗性能

三组混凝土试件的渗水高度及相对渗透性系数结果如表 4 所示。可以发现,表面涂刷防护材料后,平均渗水高度相比于基准试件减少了 85.4%,相对渗透性系数降低了 97.8%,抗渗性能得到显著提高。渗透型表面防护材料中含有渗透结晶剂及高性能聚合物乳液,一方面通过渗透作用提高表面密实度;另一方面聚合物通过成膜与水泥水化产物交织缠绕形成互穿网络结构[14],改善了水泥石的结构形态,从而减少了水泥基材料的孔隙率和提高抗渗性。

表 4 渗水高度及相对渗透性系数结果

| 项目 | 渗水高度/mm | | | 相对渗透性系数/($10^{-6}$ cm/h) |
|---|---|---|---|---|
| | 最大值 | 最小值 | 平均 | |
| 基准试件 | 121 | 100 | 106.6 | 8.70 |
| 带涂层试件 | 19 | 14 | 15.6 | 0.19 |
| 去除涂层试件 | 43 | 33 | 37.1 | 1.05 |

由表 4 可以发现,去除涂层试件的平均渗水高度比带涂层试件略大,但是相比于基准试件减少了 65.2%,相对渗透性系数降低了 87.9%,抗渗性能也明显改善。这是由于防护涂层中含有的渗透活性物质,能够通过混凝土表面孔隙向内部渗透,形成结晶填充孔隙,从而提高基体混凝土的密实性。可见,采用渗透型防护材料后,即便混凝土表面涂层发生破损,也可以提高混凝土基体的抗渗性能。

### 3.2 抗硫酸盐腐蚀性能

#### 3.2.1 防护涂层对抗折强度的影响

干湿循环加速硫酸盐腐蚀及标准养护条件下的砂浆试件抗折强度如表 5 所示。由表 5 可见,标准养护条件下砂浆试件的抗折强度逐渐增大,而硫酸盐腐蚀条件下,砂浆试件的抗折强度先增大后减小。经过 7 次干湿循环时,硫酸盐腐蚀条件下的砂浆试件抗折强度比标养条件下更高。主要原因是在腐蚀初期,一方面水泥水化程度逐渐增大;另一方面大量研究表明[15-16],溶液中 $Na_2SO_4$ 与水泥水化产物反应,促进钙矾石的形成,早期膨胀产物生成量比较少,填充在砂浆表面孔隙提高了试件表面密实度,因此强度提高。随着腐蚀反应的进行,膨胀产物逐渐增多,另外,干湿循环中 $Na_2SO_4 \cdot 10H_2O$ 结晶也具有膨胀作用,当总的膨胀应力增大超过砂浆表面抗拉强度时,表面就会出现微裂纹,微裂纹的产生又加快了 $SO_4^{2-}$ 向内传输,损伤劣化进一步加快,导致抗折强度减小。

由表 5 还可以发现,带涂层砂浆试件比基准试件抗折强度更高,28 次干湿循环时,带涂层砂浆试件抗折强度比基准试件高 22.8%,这是由于涂刷表面防护材料后,在砂浆表面形成了一道致密的保护层,渗透反应也增加了砂浆基体的密实度,使得表面孔隙率减小。另外,涂层比砂浆基体具有更高的抗拉强度,对腐蚀产物膨胀和硫酸盐结晶膨胀压力的抵抗能力大大提高,从而提高了砂浆抗硫酸盐腐蚀作用。

表5    不同砂浆试件的抗折强度变化

| 干湿循环次数 | 基准砂浆试件-标养/MPa | 带涂层砂浆试件-腐蚀/MPa | 基准砂浆试件-腐蚀/MPa |
|---|---|---|---|
| 0 | 9.1 | 9.2 | 9.1 |
| 7 | 10.7 | 11.8 | 11.2 |
| 14 | 11.6 | 11.5 | 11.0 |
| 21 | 12.1 | 10.6 | 9.4 |
| 28 | 12.4 | 9.7 | 7.9 |

### 3.2.2    防护涂层对超声波速的影响

超声波的传播速度与砂浆密度、弹性模量以及内部结构密切相关,砂浆越密实,超声波速越快[17]。图2为不同养护条件下的砂浆试件超声波速随干湿循环次数变化曲线,可见标准养护条件下试件的超声波速最高,且随着龄期不断增长,对应着水化程度的增加和内部结构的不断密实。在硫酸盐腐蚀条件下,由于防护材料与砂浆存在结合界面,带涂层试件的初始超声波速较小,

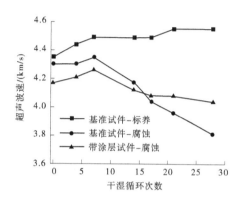

图2    超声波速随干湿循环次数变化曲线

为4.17 km/s。在7次干湿循环之前,基准试件的超声波速高于带涂层试件,此后基准试件超声波速快速减小,28次干湿循环时超声波速损失率为11.5%,而带涂层试件的超声波速损失率仅为3.0%。基准试件的超声波速快速减小表明腐蚀损伤程度快速加深,带涂层试件的超声波速下降速率较缓,表明涂层有效减弱了硫酸盐对砂浆的腐蚀损伤,具有较好的防护作用。

### 3.2.3    防护涂层对相对动弹性模量的影响

按式(2)、式(3)计算各试件不同养护条件不同循环次数下的相对动弹性模量[18],结果如图3所示。

$$E_d = \frac{(1 + \mu)(1 - 2\mu)\rho v^2}{1 - \mu} \tag{2}$$

$$E_{rd} = \frac{E_{dt}}{E_{d0}} = \frac{v_t^2}{v_0^2} \tag{3}$$

式中:$E_d$ 为动弹性模量;$E_{dt}$ 和 $E_{d0}$ 分别为 $t$ 时刻及初始时刻的动弹性模量;$\mu$ 为试件的泊松比,假定损伤前后泊松比近似相等;$\rho$ 为试件的密度,假定损伤前后密度近似相等;$v$ 为超声波速;$v_t$ 和 $v_0$ 分别为 $t$ 时刻及初始时刻的超声波速。

由图3可见,与超声波速变化规律相同,标准养护条件下试件的相对动弹性模量不断增大。在干湿循环加速硫酸盐腐蚀条件下,基准试件与带涂层试件的相对动弹性模量早期略有提高,在7次干湿循环时,基准砂浆试件的相对动弹性模量增大至102%,带涂层砂

浆试件相对动弹性模量提高至104%。此后基准试件相对动弹性模量迅速减小,28 d时相对动弹性模量下降到初始的78%,而带涂层砂浆试件相对动弹性模量下降幅度较小,28 d时相对动弹性模量为初始的94%。可见,防护涂层有效抑制了硫酸盐侵蚀,提高了试件抗硫酸盐腐蚀性能。

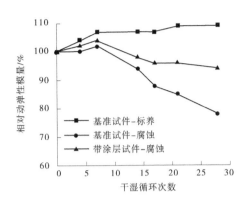

图3 相对动弹性模量随干湿循环次数变化曲线

## 4 结论

(1)带涂层混凝土试件平均渗水高度相比于基准试件减少了85.4%,相对渗透性系数降低了97.8%,抗渗性能得到显著提高。去除涂层试件的平均渗水高度比基准试件减少了65.2%,相对渗透性系数降低了87.9%,抗渗性能也明显改善。

(2)标养条件下砂浆试件的抗折强度、超声波速、相对动弹性模量逐渐增大,而干湿循环加速硫酸盐腐蚀条件下,带涂层砂浆试件和基准试件的抗折强度、超声波速、相对动弹性模量表现出先增大后减小的趋势。

(3)干湿循环加速硫酸盐腐蚀条件下,带涂层砂浆试件相比于基准试件性能下降幅度和速率大大减小,28次干湿循环时,带涂层砂浆试件抗折强度比基准试件高22.8%,超声波速损失率比基准试件低73.9%,相对动弹性模量比基准试件高20.5%,表明防护涂层对硫酸盐腐蚀具有较好的防护效果。

## 参考文献

[1] 于剑桥,乔宏霞,朱飞飞,等.西部盐雾腐蚀环境下基于Wiener模型的纤维混凝土损伤劣化研究[J].水资源与水工程学报,2021,32(4):185-193.

[2] 沈天升.西部地区盐渍环境下混凝土腐蚀研究综述[J].宁夏农林科技,2018,59(4):50-51.

[3] 曹园章,郭丽萍,臧文洁,等.氯盐和硫酸盐交互作用下水泥基材料的破坏机理综述[J].材料导报,2018,32(23):4142-4149.

[4] 刘芳,尤占平,刘状壮.基于环境与荷载因素的水泥混凝土硫酸盐侵蚀研究进展[J].硅酸盐通报,2018,37(4):1240-1248.

[5] 覃源,关科,马颖彪,等.硫酸盐干湿循环下纤维混凝土的耐久性及寿命[J].水力发电学报,2021,40(9):141-150.

[6] 吴萌,张云升,刘志勇,等.水泥基材料碳硫硅钙石型硫酸盐侵蚀的研究进展[J].硅酸盐学报,2022,50(8):2270-2283.

[7] 顾宁,马宇,杨庆胜,等.水工建筑物混凝土表面防护材料的应用进展[J].大坝与安全,2020,122(6):49-52.

[8] 余茂林,邓安仲,罗盛,等.混凝土表面防护涂层材料的研究进展[J].混凝土与水泥制品,2021,306(10):29-34.

[9] 张东方,范志宏,唐光星,等.华南滨海环境下硅烷浸渍混凝土长期防腐性能研究[J].水运工程,

2022,592(3):32-37,54.

[10] 王媛怡,陈亮,汪在芹. 水工混凝土大坝表面防护涂层材料研究进展[J]. 材料导报,2016,30 (5):81-86.

[11] 陈云,彭远续,倪静妁,等. 混凝土聚氨酯防护涂层老化条件下保护效果的影响评价[J]. 材料保护,2018,51(4):39-42.

[12] 颜晨曦,曹建平,于洋. 大气环境下环氧涂层的老化行为及防护性能[J]. 电镀与精饰,2021,43(6):50-56.

[13] 周茗如,罗小博,路承功,等. 硫酸盐与干湿循环作用下混凝土耐久性试验研究[J]. 混凝土,2017 (9):15-19.

[14] 周蓉,王继茹,张海波. 聚合物改性水泥基材料研究进展[J]. 化工新型材料,2021,49(12):275-279.

[15] 刘超,姚羿舟,刘化威,等. 硫酸盐干湿循环下再生复合微粉混凝土的劣化机理[J]. 建筑材料学报,2022,25(11):1128-1135.

[16] 潘自林,朱洁,王福升,等. 混凝土硫酸盐侵蚀破坏分析与研究[J]. 宁夏工程技术,2022,21(1):34-39.

[17] 杜健民,李再婷,于贵霞,等. 混凝土硫酸盐腐蚀层厚度的超声对测法研究[J]. 混凝土,2015,(10):52-55.

[18] 刘洪珠,赵铁军,陆文攀,等. 硫酸盐侵蚀环境下水泥砂浆损伤评价研究[J]. 工程建设,2015,47 (4):6-9.

# 大藤峡水利枢纽二期前方营地办公楼
# 绿色建筑节能设计探讨

唐　纯　谢章绍　刘静欣

（中水珠江规划勘测设计有限公司，广东广州　510610）

**摘　要**：随着绿色建筑概念的提出，建筑节能在建筑设计规划中变得越来越重要。绿色建筑是指在全寿命期内，节约资源、保护环境、减少污染，为人们提供健康、适用、高效的使用空间，最大限度地实现人与自然和谐共生的高质量建筑。绿色建筑技术措施将为项目带来用能的节约与污染排放的减少，其长期经济效益远远高于项目初期产生的增量成本，在环境影响方面起到良性的作用，遵循了可持续发展原则，也响应了国家节能减排、发展低碳经济的基本国策的要求。本文结合大藤峡水利枢纽二期前方营地办公楼工程实例，初步探讨建筑节能与建筑规划设计的联系及建筑规划节能设计的要点。

**关键词**：建筑；节能；体形系数；窗墙比

## 1　工程概况

大藤峡水利枢纽工程位于广西桂平市西江流域上的黔江河段，是国务院确定的 172 项节水供水重大水利工程之一。大藤峡水利枢纽二期前方营地位于大藤峡左岸下游，二期营地办公楼总建筑面积约 11 400 m²，其中地上 5 层建筑面积 9 300 m² 集办公、防汛指挥及企业展览多功能为一体，地下 1 层建筑面积 2 100 m² 为车库及设备用房，建筑高度为 21. 10 m。该工程建筑热工设计分区为夏热冬暖地区，光气候分区为Ⅲ区，建筑气候区划为 4B 区，应满足夏季隔热要求。

## 2　建筑节能与建筑规划设计的关联

建筑节能应当从规划设计着手，合理的建筑规划设计并辅以有效的技术措施可降低高达 75% 的建筑能耗[1]。

因此，在建筑规划设计之初，因地制宜，仔细研究建筑所在地区的气候条件，建筑物的朝向、方位、地势以及周边环境等客观因素的影响，合理布局，尽量适应现有的地形地貌，减少建设过程当中的土方工程量，减少对既有生态环境的破坏，充分利用当地自然环境的优势创造良好的室内外微气候，进而降低建筑对设备的依赖，实现科学节能、绿色节能的目的[2]。

**作者简介**：唐纯（1971—），女，高级工程师，主要从事建筑、景观及城市规划的设计工作。

## 2.1 规划设计对工程建造直接能源消耗产生的影响

规划设计是建筑工程的初始阶段,本阶段的节能设计是整个建筑实现科学降耗、绿色节能的关键。在规划设计中,选择哪一种平面布局、体形系数、建筑间距和建筑朝向等都会对建筑整体节能产生不同的影响。如果规划设计不合理,就可能导致建筑能耗增加,无法起到有效的节能降耗的效果。在对建筑日照和朝向进行选择的过程中,规划设计必须确保建筑在寒冷的季节能够取得足够的日照和躲避主导风向,在炎热的季节也能够充分利用自然通风和避免太阳辐射[3]。除需要考虑这些自然因素的影响外,还需要充分考虑城市规划、历史文化等社会因素的影响。在实际规划设计中,要想保证建筑物的朝向能满足冬季保温、夏季散热的要求是比较困难的。因此,在规划设计中必须综合评估各种因素的影响,从中权衡,找到一个平衡点,确保建筑规划设计选择最佳的朝向。大藤峡水利枢纽二期前方营地办公楼总平面图见图1。

图1 大藤峡水利枢纽二期前方营地办公楼总平面

## 2.2 规划设计影响工程建成后使用的能耗

建筑工程涉及的范围很广,要想实现良好的节能效果,必须从最初的规划设计阶段、施工阶段和运营使用阶段全过程实现节能。鉴于设计方案对后续的施工和使用会产生直接的影响,必须做好建筑规划节能从而为建筑提供最有效的节能方案和手段。

# 3 建筑规划节能设计

## 3.1 建筑体形系数

建筑体形系数指的是建筑物和室外大气接触的外表面积与其所包围的体积的比值,能够有效反映出一个建筑物的围护结构散热面积以及体形复杂程度。体形的复杂程度会随着体形系数的降低而变得简单,进而建筑围护结构的散热面积就会降低,建筑物围护结构传热耗热量就会随之降低,因此建筑体形系数是对建筑物耗热量指标进行影响的重要因素之一,是建筑节能设计的一个重要指标。

在本次办公楼设计中,对建筑物外围护结构临空面的面积大而导致的热能损失的情况进行严格把控,降低办公楼建筑体型系数,建筑的耗能量会随着体形系数的增加而增大,体形系数越小,则说明建筑物节能效果越好。为有效降低建筑物的体形系数,从以下几个方面进行了深度研究:一是建筑平面局部紧凑,外墙凹凸变化尽量减少,也就是减小外墙面的长度;二是对建筑物的栋深进行加大;三是增加建筑物的层数;四是对建筑物的体量进行加大。在满足使用功能和外立面美观的前提下减小建筑体型系数,找到有效的平衡点。办公楼鸟瞰图见图 2,办公楼地点图见图 3~图 5。

图 2    大藤峡水利枢纽二期前方营地办公楼鸟瞰

图 3    大藤峡水利枢纽二期前方营地办公楼正立面

据相关调查研究发现,体形系数在 0.3 的基础上每增加 0.01,则建筑物的能耗就会增加约 2.5%。多层建筑的体形系数一般低于 0.35,如果高于 0.35 则需要对围护结构进

**图4  大藤峡水利枢纽二期前方营地办公楼远观**

**图5  大藤峡水利枢纽二期前方营地办公楼侧立面**

行优化,实现节能设计。本办公楼将体形系数控制到了 0.15,实现了科学节能、绿色节能的效果。

## 3.2  建筑朝向及平面布局与建筑节能

在建筑朝向上,进行了合理的选择,确保建筑能够对被动式太阳能进行充分的利用,可建立起自然采光系统,并且对夏季和冬季的热损失进行降低,能够尽量在不使用空调的情况下达到建筑的舒适度。在本工程的设计中,建筑主要办公空间布置在南北向,避开了冬季主导风向将次要功能房间及楼梯布置在东西向,楼梯紧凑、错落,有效地避免了冬季强风的渗入。

在总平面布局方面,根据建筑平面及功能特点,结合当地气候特点和基地现状,建筑呈方形布置,中间布置通高中庭,利用中庭的拔风效应形成风压差,使整栋建筑通风良好,从而增强建筑物与空气的热交换,有效降低建筑物的温度,进而降低建筑能耗。

从建筑采光的角度来说,这种平面布局方式能够使几乎所有的房间得到较好的日照和自然通风。

### 3.3　建筑单体节能

建筑室内过热的原因主要有三个方面:一是太阳辐射热和热空气通过敞口直接进入室内;二是在特高温以及强烈的阳光的作用下,大量的热量通过外墙以及屋面进入室内;三是生活所产生的热量。在上述三种因素的影响下,室内的气候条件出现热量堆积。针对上述三个因素,主要采用如下手段避免室内过热,实现建筑单体节能:

一是降低室外的热作用。主要手段就是合理、科学地进行建筑朝向的选择,避免建筑西晒;同时还可以在建筑周围进行绿化环境的设置,降低环境辐射和气温;另外,采用浅颜色装饰建筑表面,以实现降低被太阳辐射吸收的目的,最终实现对热量的控制。

二是强化建筑围护结构的隔热和散热作用,针对屋面和外墙设置科学的隔热处理措施,进而降低传入室内的热量,并且降低围护结构的内表面温度。理想的构造方案是白天隔热好而夜间散热快。其中,屋面采用隔热材料绝热挤塑聚苯乙烯板;东、西、北向玻璃幕墙采用普通铝合金窗+中透光Low-E玻璃,南向玻璃幕墙采用隔热铝合金窗+高透光Low-E玻璃。

三是保证房间的自然通风,带走室内的部分热量。一定的风速可以促进散热,建筑中合理设计房间的门窗位置,大型中庭可以形成穿堂风,从而增加房间内的空气流动,利于室内换气和散热。

本工程屋面干铺聚酯纤维无纺布一层,采用50 mm厚绝热挤塑聚苯乙烯泡沫板和6 mm厚高聚物改性沥青防水卷材。

外门窗东、西、北向玻璃采用普通铝合金窗+中透光Low-E玻璃,自身遮阳系数0.448,传热系数3.150 W/(m²·K)。

## 4　结语

随着绿色建筑理念的不断深入和发展,建筑规划中对建筑节能的要求逐渐提高,建筑节能规划和设计手段的运用越来越多。在建筑规划中,为取得良好的节能效果,必须具有前瞻性,除采用绿色建材高能效设备与系统及新技术新材料等绿色建筑技术措施外;设计还要从源头上将被动节能转变成主动节能,从建筑平面布局、建筑间距、建筑朝向和建筑体形系数等多方面入手,提高建筑节能效果和水平。

### 参考文献

[1] 鲁春华.建筑节能设计在建筑规划设计中的实践应用[J].江西建材,2014(22):38.
[2] 陈晓晨.浅谈在建筑规划设计中实现建筑节能[J].中国新技术新产品,2012(3):166.
[3] 刘金萍.住宅建筑规划与设计的节能措施[J].山西建筑,2009,35(17):224.

# 临水深基坑爆破振动监测与控制分析

## ——以濛浬枢纽二线船闸为例

### 许艳琴　高德恒

(中水珠江规划勘测设计有限公司,广东广州　510610)

**摘　要:**本文以濛浬枢纽二线船闸临水深基坑硬岩爆破开挖为例,通过对爆破振动产生的振速及振动频率等试验结果进行分析研究,来判断建筑物的安全性能以及调整和优化爆破参数控制爆破对已建水利枢纽的影响,对有效地指导类似爆破施工具有重要的参考价值。

**关键词:**深基坑;爆破监测;船闸;振速

## 1　引言

在深基坑开挖中遇到硬岩通常采取爆破的方式进行开挖,爆破过程中不可避免地会对周边环境及建(构)筑物产生爆破振动影响,尤其是在临水深基坑爆破开挖,爆破振动过大可能会导致已建船闸开裂、闸墙失稳、漏水等事故灾害。国内外学者对紧邻水工建筑物环境下爆破振动进行了大量研究,在爆破振动对邻近水工建筑物影响的监测与分析方面,钟权等[1]对大渡河深溪沟水电站安装间排水廊道爆破开挖对水电站长发机组的振动影响进行了分析和总结;朱智斌等[2]在老挝南俄1水电站扩机工程进水口开挖爆破振动监测中对进水口南开挖爆破影响大坝和电站厂房开展的爆破振动跟踪监测进行分析,通过有效措施控制爆破施工的影响,为爆破反馈设计和指导施工提供依据。爆破振动对建筑物的破坏,主要受质点振速峰值、振动主频、持续时间和建筑物固有频率等多种因素影响[3-4]。因此,在爆破施工中需要对爆破振动进行监测,通过监测成果反馈调整和优化爆破参数,减小爆破振动的危害,确保周边建(构)筑物的安全。

## 2　工程概况

北江航道扩能升级项目是广东省水运史上最大的航道扩能升级工程,其中第二级是在北江濛浬水利枢纽新建1 000吨级1座二线船闸,船闸基坑长度为743 m,宽度为50 m,基坑开挖深度最大为19.5 m,属于超大型临水一级深基坑。基坑地连墙采用双排混凝土结构,地下连续墙宽度为1 m,两排地下连续墙间距为8 m,地下连续墙外侧距一线船闸导航墙及闸室墙最近距离仅为3 m。基坑范围内岩土层自上而下划分为第四系人工填土层

**作者简介:**许艳琴(1986—),女,工程师,主要从事工程设计等相关工作。

（$Q_4^{ml}$）、第四系冲洪积层（$Q_4^{al+pl}$）及第四系残坡积层（$Q_4^{dl+el}$）；下伏基岩为石炭系下统（C1）石灰岩、炭质灰岩、泥灰岩、炭质页岩。基坑范围内破碎条带多，岩体受挤压、扭曲严重，揭露以坚硬—中硬岩为主。因船闸基坑内大部分为坚硬岩，因此采用爆破的方法进行基坑施工开挖。

## 3 爆破安全设计及监测方案

### 3.1 爆破安全设计

基坑爆破区域位于二线船闸深基坑内，爆破施工现场条件较复杂，爆区内有110 kV高压线穿过以及信号塔基站，通信基站与爆区最近点距离为20 m，已建并运营的一线船闸离最近点基坑爆区仅11 m，爆区北侧与正在使用的水利枢纽坝顶公路交通桥相距20 m。根据爆破区域的周边环境，采用分区分片台阶爆破、减振爆破和控制单孔炸药量的方法。在靠近基坑连续墙边缘时，预留缓冲区对地下连续墙及一线船闸导航墙进行保护，缓冲区岩石采用小孔径、小台阶弱松动爆破施工控制爆破振动对地连墙及旧船闸的影响，爆破临空面方向与地连墙垂直采用单孔单响起爆方式，具体装药量根据炮孔与旧船闸的距离进行调整，对可能出现的爆破振动、块石飞溅、机械伤害等爆破风险进行防护。

### 3.2 监测方案

爆破时需将爆破振动控制在《爆破安全规程》（GB 6722—2014）规定的安全振动范围之内，因此对爆破施工要求非常高，需严格监测控制飞石及爆破振动的影响。爆破监测对象的选取综合爆破施工方案后进行实地调查选定，并结合基坑爆破区域地质情况进行预分析。通过爆破影响区排查，确定爆破影响区域内需要监测的重点建（构）筑物及范围。

爆破施工时，重点做好邻近建（构）筑物的爆破振动和重点建筑物的水平及沉降位移观测，以便及时反馈监测数据。已建船闸闸室墙、电信基站发射塔、坝顶公路交通桥等距离爆破区域较近，作为重点监测对象，其中船闸右侧闸墙距离爆破区域最近，如振速过大会导致闸墙损伤后闸室漏水，因此在爆破施工中作为监测的重中之重。

## 4 爆破振动控制

### 4.1 炸药用量的振速控制

为确保爆破振动安全允许值满足《水运工程爆破技术规范》（JTS 204—2008）及《爆破安全规程》（GB 6722—2014）等相关技术规范规定。为减少爆破振动对一线船闸（最近点距离11 m）、一线船闸及附属建筑物（最近点距离61 m）、濛浬枢纽坝顶公路交通桥（最近点距离31 m）、濛浬枢纽泄水室（最近点距离91 m）、通信塔基站（最近点距离为20 m）、运行中的濛浬水电站（最近点距离344 m）的影响，分别验算安全爆破振动最大装药量，运行中的北江濛浬水电站按0.5 cm/s，濛浬枢纽坝顶公路交通桥按4 cm/s，通信塔基站塔基按2.0 cm/s，一线船闸及附属建筑物、濛浬枢纽闸室按2.0 cm/s分别进行安全校核，取其中的较小值。

### 4.2 爆破振动安全校核

依据《爆破安全规程》（GB 6722—2014）中的规定，爆破振动安全允许距离按式（1）计算。

$$R = \left(\frac{K}{v}\right)^{\frac{1}{\alpha}} Q^{\frac{1}{3}} \qquad (1)$$

式中：$R$ 为爆破振动安全允许距离，m；$Q$ 为装药量，齐发爆破为总药量，延时爆破为最大单段药量，kg；$v$ 为保护对象所在地质点振动安全允许速度，cm/s；$K$、$\alpha$ 分别为与爆破点至计算保护对象间的地形、地质条件有关的系数和衰减指数（其中 $K = 150$，$\alpha = 1.6$）。

按照规程分别计算单次爆破允许的最大段装药量 $Q_{max}$。各种距离条件下的最大单段装药量如表 1 所示。

表 1    基坑爆破距离被保护物不同距离时最大单段装药量

| 序号 | 保护对象类别 | 允许振速/(cm/s) | 距离/m | 最大允许单段装药量/kg | 孔径/mm | 备注 |
|------|------------|-----------------|--------|----------------------|---------|------|
| 1 | 船闸闸墙 | 3.0 | 13 | 3.7 | 50 | 单孔单段网路 |
| 2 | 船闸公路桥 | 4.0 | 31 | 33.3 | 76 | 单孔单段网路 |
| 3 | 通信基站 | 2.0 | 30 | 2.2 | 50 | 单孔单段网路 |
| 4 | 泄水闸 | 2.0 | 61 | 69.2 | 76 | 单孔单段网路 |
| 5 | 运行中的濛浬水电站 | 0.5 | 280 | 351 | 76 | 单孔单段网路 |
| 6 | 高压线塔基 | 1.0 | 112 | 116.8 | 76 | 两孔一段网路 |

### 4.3    爆破方法的振动控制

对爆破振动进行严格控制的主要是基坑区域的台阶爆破，根据振动校核的单段最大装药量与之前设计的单孔药量的对比，为充分控制爆破振动，对邻近不同建（构）筑物的区域选择不同的起爆网路来控制最大段起爆药量。爆破采用分区分台阶的方法进行，在距离旧船闸槽壁 12~22 m 处采用直径为 50 mm 的钻孔进行松动爆破，台阶高度为 5 m，为控制爆破振动对地连墙及旧船闸的影响，爆破临空面方向与地连墙垂直，采用单孔单响起爆方式。在靠近基坑连续墙边缘时另外预留 11 m 范围岩体为缓冲区对地连墙及一线船闸进行保护，缓冲区岩石采用孔径为 50 mm 的小孔径、小台阶弱松动爆破施工，爆破后连续墙边预留松动石方靠挖掘机挖除。接近基底时，保证基底岩体完整及控制超欠挖。

### 4.4    爆破飞溅防护

基坑岩体在爆破后产生的高压气体会将炮孔内的泥浆压出孔外。为了防止涌出的泥浆飞溅和地面隆起，严格控制单孔、单响药量，在炮孔上部先用麻袋装沙后覆盖钢板，再加压 3 层沙袋覆盖的防爆破飞溅措施。基坑爆破自 2017 年 6 月开始至 2018 年 10 月结束，单次爆破总药量最大为 2 310 kg，由于防护到位，未发生由于岩石硬度的变化、过量装药或者覆盖不到位，引起爆破飞石造成伤亡事故，证明按照上述方案实施的飞溅防护措施（见图 1）是成功的。

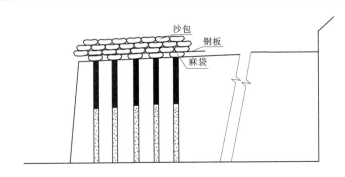

图1　飞石防护示意图

## 5　监测数据分析

### 5.1　一线船闸

（1）邻近一线船闸区域爆破施工自2017年7月开始至2018年6月结束，共进行爆破40余次，仅在2017年11月17日监测到一线船闸闸墙顶部爆破中的振动速度值为-1.39~2.33 cm/s，振动持续时间为2.34~3.13 s，大于该测点建（构）筑物规定的安全允许振速2.0 cm/s。如图2所示，其中通道1（X轴）指向爆心，通道2为Y轴，通道3为Z轴。本次爆破振动监测质点速度对应着最近炮孔爆心距离测点的距离为15 m，基坑开挖面高程距离设计底部高程为5 m，爆破的炮孔直径为50 mm，药卷直径为32 mm，单孔装药量为3.1 kg。一线船闸区域其余测次振速均小于安全允许振速2.0 cm/s，主振频率大部分在5.5~86.7 Hz。

（2）一线船闸闸室邻近基坑爆破40余次仅在2017年11月17日监测的振动速度值最大，为2.33 cm/s，大于该测点建（构）筑物规定的安全允许振速2.0 cm/s，但对测点附近区域进行检查时没有发现新裂缝或原有裂缝张开和位移的现象，表明当次爆破对船闸闸室结构影响微小，爆破期间船闸均正常运行，船闸建筑物均处于安全状态，后续爆破参数根据该次爆破监测振速超限进行优化后，在船闸区域测点振速未有超限现象发生。

（3）自2017年7月至2018年6月共进行爆破振动监测40余次，其爆破振动频率在5.5~86.7 Hz，远离船闸等建（构）筑物的固有频率（一般为3 Hz左右），因而不会引起船闸闸室的共振破坏。

（4）在同一次爆破中，闸墙顶部测点的振动速度总体均大于底部测点，在两次爆破钻孔数、装药量基本相近的情况下对比分析爆破振动监测数据。随着基坑爆破开挖高程从上至下，一线船闸监测点的振动速度总的趋势是增大的，即随着基坑深度的逐渐增加振动速度有放大的趋势，船闸闸墙顶部测点振速最大放大倍速约2.8，而船闸闸墙根部测点振速随着基坑深度的开挖也有放大趋势但比闸墙顶部小，如表2所示。

（5）为客观分析爆破振动的破坏影响，爆破完成后均对闸室进行检查巡视，未发现有新增裂缝存在。

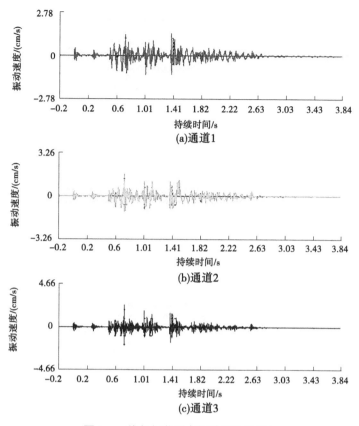

图2　一线船闸监测点爆破振动波形

表2　船闸闸墙上、下爆破监测点振动速度成果

| 部位 | 振速峰值/(cm/s) | | 到爆心最近距离/m |
|---|---|---|---|
| | 2017年7月20日 | 2017年11月17日 | |
| | 开挖深度2 m | 开挖深度16 m | |
| 闸墙顶部ZD1(47.8 m高程) | 0.83 | 2.33 | 13 |
| 闸墙根部ZD2(40.2 m高程) | 0.68 | 0.89 | 13 |

## 5.2　电信塔基站监测

（1）电信塔基站爆破施工自2017年7月开始至2018年7月结束,共爆破监测40余次,在2017年11月5日监测到一线船闸闸室爆破中的振动速度最大值为-1.37~1.72 cm/s,振动持续时间为2.65~3.84 s,主振频率为16.5~124.5 Hz,测值均小于安全允许振速2.0 cm/s。如图3所示,其中通道1($X$轴)指向爆心,通道2为$Y$轴,通道3为$Z$轴。

（2）由于电信塔基站离基坑边坡最近距离为30 m且位于邻近基坑的土质山坡顶鞍部中心位置,在两次爆破钻孔数、距爆心距离一致,药量基本相近的情况下对比分析电信塔爆破振动监测数据,随着基坑爆破开挖高程从上至下,电信塔基站监测点的振动速度基本相近(见表 3),其爆破振速大小主要受爆破药量、距爆心距离及炮孔深度影响。分析其主要原因是爆心距电信塔基础较远且高差相差较大,且地震波在覆盖层较厚且地层变化的边坡中传播衰减路径复杂,地震波经过不同岩层和土层中衰减较快造成的。

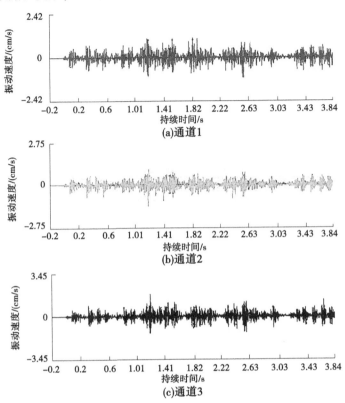

图 3　电信塔基站监测点爆破振动波形

表 3　电信塔基站基础监测点振动速度成果

| 部位 | 振速峰值/(cm/s) | | 到爆心最近距离/m |
|---|---|---|---|
| | 2017 年 8 月 18 日 | 2017 年 11 月 15 日 | |
| | 开挖深度 2 m | 开挖深度 16 m | |
| 电信塔基站(EL97.2) | 1.46 | 1.72 | 42 |

(3)每次爆破监测前后均对电信大基础等进行检查巡视,未发现有新增裂缝存在,电信运营商在整个爆破期间也未反馈爆破影响其正常运行。

(4)出现最大峰值速度的时间为 2017 年 11 月 17 日,其监测的振动速度值最大为 2.33 cm/s,振动持续时间为 2.34~3.13 s,大于该测点建(构)筑物规定的安全允许振速 2.0 cm/s,对应着最近炮孔爆心距该测点的位置为 15 m,基坑距离设计底部高程为 5 m 左右,该次爆破因基坑即将至底部且距监测断点最近的爆破区产生的振动量最大。该区域的炮孔直径为 50 mm,药卷直径为 32 mm,单孔装药量为 3.1 kg,并不大,这表明距离是决定振动速度大小的最重要的、最敏感的因素,而单段起爆药量对振动速度大小的影响作用为其次。

# 6 结语

(1)以濛洼二线船闸开挖爆破工程为实例,通过选取合理的爆破设计参数,对比监测的各邻近建(构)筑物的爆破振动速度均没有超过振动安全允许值,巡视检查未见有新裂缝和原裂缝新扩大发生,结合沉降、位移监测在爆破后实测数据未有明显突变情况发生,结果表明,现场爆破设计参数较为合理,爆破振动控制效果明显有效。

(2)在同一次爆破施工中,闸墙顶部测点的振动速度和振动频率总体均大于底部测点,并且随着基坑开挖深度的增加,闸墙顶部测点与底部测点的振动速度差值呈倍数增加,分析原因为船闸闸墙为直角梯形断面结构形式,由于右侧基坑开挖后临空面增加,受到邻近爆破能量时闸墙结构上部的振动受临空面的增加发生自下而上的振动放大效应,分析成果可为类似船闸工程控制爆破开挖提供借鉴和参考。

## 参考文献

[1] 钟权,李家亮,王义昌.爆破振动对临近水工建筑物原型的监测与分析[J].人民长江,2015,46(10):84-86.

[2] 朱智斌,范鹏鹏,代思波,等.老挝南俄1水电站扩机工程进水口开挖爆破振动监测[J].水电与新能源,2019,33(10):21-24,62.

[3] 国家质量监督检验检疫总局,中国标准化管理委员会.爆破安全规程:GB 6722—2014[S].北京:中国标准出版社,2015.

[4] 赵新涛.城市岩体开挖爆破振动效应及安全控制研究[D].重庆:重庆大学,2010.

# 水工隧洞典型围岩收敛监测数据分析与建模

张　伟　龙耿文

（1. 中水珠江规划勘测设计有限公司，广东广州　510610）

**摘　要：** 隧洞在施工开挖过程中，会向隧洞内部收敛变形，因而需要开展隧洞围岩变形监测，进而掌握围岩和支护的稳定性态，并及时反馈、指导施工作业。收敛监测是监测隧洞施工中围岩和支护系统稳定状态的重要手段之一，在国内外隧洞施工中应用广泛。通过分析收敛监测结果，可以找出变形规律，进而预测变形的发展，能够用于指导调整施工方案或采取相应应急措施。本文基于滇中引水工程红河段水工隧洞中4个典型收敛断面观测时序成果，并采用多项式拟合法建立模型，各拟合残差标准差最小仅0.655 7 mm，拟合优度最高达0.999 6，各模型拟合效果较好，模型整体及各项参数统计检验结果均通过显著性检验。采用多项式拟合法建模方法和步骤简单，易于编程实现自动化处理，具有一定的推广意义。

**关键词：** 水工隧洞；围岩监测；收敛监测；建模

## 1　引言

隧洞在施工开挖过程中，围岩受开挖卸荷的影响，会向隧洞内部收缩产生变形，需要对隧洞围岩变形进行监测，掌握围岩和支护的动态信息，并及时反馈、指导施工作业，了解支护结构的作业和效果，确保工程施工的安全性和经济性[1-3]。岩体表面变形是隧洞开挖后其应力形态变化的直观反映，对于地下工程的状态稳定与否能够提供可靠的信息，因此收敛监测是判断围岩稳定性的主要监测项目之一。传统的隧洞收敛监测主要采用收敛计进行测量，其优点是操作简单，但收敛计观测为接触式测量，易受现场作业干扰；采用全站仪进行收敛监测，可以在任意通视点设站，测取各收敛测点坐标，进而计算得到收敛变形，因而得到了广泛的应用[4-6]。

围岩收敛监测数据中蕴藏了丰富的反映监测断面处围岩性态的信息，自20世纪50年代以来，国内外相关工程技术和研究人员就积极开展监测数据分析，期望找出变形规律，进而预测变形的发展动态，用于指导调整施工方案，或采取相应应急措施[1,7-10]。

## 2　常用建模方法

针对变形结果，所采用的数理统计模型建立方法主要有两类：一是采用回归分析法建立变形与负载间的对应数学关系，具有后验的性质，常用的分析方法包括多元回归分析、主成分回归分析和岭回归分析等；二是针对坝体变形序列本身的数理统计规律，从历史变形监测

**作者简介：** 张伟（1990—），男，工程师，主要从事水工结构安全监测研究工作。

资料提取变形规律并进行预报分析,这一类常用的分析方法包括曲线拟合分析、时间序列分析、灰关联分析、模糊聚类分析等。这些方法既可以单独使用,也可以根据需要组合开展建模。本文基于云南省滇中引水工程 4 个典型隧洞收敛监测断面结果,进行建模分析。

## 2.1 趋势分析法

趋势分析法,也叫曲线拟合法,即使用各种光滑曲线来近似描述序列的基本趋势,如式(1)所示。使用该方法对变形时间序列拟合后,并将其剔除,去除时间序列中的趋势项,得到平稳的时间序列,并开展进一步分析。

$$Y_t = f(t, \theta) + \varepsilon_t \tag{1}$$

式中:$Y_t$ 为观测值序列;$\varepsilon_t$ 为观测值噪声;$f(t, \theta)$ 可根据不同的需要和假设,选择不同的形式;$\theta$ 为待估参数。

常用的拟合曲线模型有以下 8 种:

多项式模型

$$Y_t = a_0 + a_1 t + \cdots + a_n t^n \tag{2}$$

对数模型

$$Y_t = a + b\ln t \tag{3}$$

幂函数模型

$$Y_t = a t^b \tag{4}$$

指数模型

$$Y_t = a e^{bt} \tag{5}$$

双曲线模型

$$Y_t = a + b/t \tag{6}$$

修正指数模型

$$Y_t = L - a e^{bt} \tag{7}$$

Logistic 模型

$$Y_t = L/(1 + \mu e^{-bt}) \tag{8}$$

Gompertz 模型

$$Y_t = L \exp[-\beta e^{-\theta t}] \quad \beta > 0, \theta > 0 \tag{9}$$

## 2.2 时间序列分析

时间序列分析是 19 世纪 20 年代提出的一种数据处理方法,其基本思想是:对于平稳、正态、零均值的时间序列 $\{x_t\}$,如果 $x_t$ 的取值与其前 $p$ 个序列值以及前 $q$ 个序列噪声值有关,根据多元回归分析,则 ARMA$(p, q)$ 表示为

$$x_t = \phi_1 x_{t-1} + \phi_2 x_{t-2} + \cdots + \phi_p x_{t-p} - \theta_1 \varepsilon_{t-1} - \theta_2 \varepsilon_{t-2} - \cdots - \theta_q \varepsilon_{t-q} + \varepsilon_t \tag{10}$$

建立 ARMA$(p, q)$ 模型的一般步骤为:首先对观测得到的时间序列进行分析和检验,剔除粗差,并对序列进行正态性、平稳性和零均值性检验,对于不符合平稳性要求的序列,进行差分或去趋势项处理;其次是模型的结构、类型的初步确定,通过自相关分析法来识别模型类别和阶次;再次采用相应的估计方法(如最小二乘、极大似然、矩估计等)来估计各项参数,并对模型整体和参数进行检验,若不显著则需重新判断模型的类型和阶次;最

后一步是模型诊断,分析模型。

偏自相关函数对于 AR 模型具有截尾性,对 MA 模型则表现出拖尾性,因此可以根据自相关函数和偏自相关函数特征来进行时间序列模型识别和定阶。

模型特征识别见表1。

表 1　模型特征识别

| 类别 | AR($p$) | MA($q$) | ARMA($p,q$) |
| --- | --- | --- | --- |
| 自相关函数 | 拖尾 | 截尾 | 拖尾 |
| 偏自相关函数 | 截尾 | 拖尾 | 拖尾 |

模型阶次可以通过样本自相关函数和偏自相关函数的渐近分布来判断:

(1) 对于 MA($q$)模型,样本数量 $N$ 充分大,则其自相关函数的分布渐近于正态分布 $N(0,(1/\sqrt{N})^2)$,那么

$$p\left\{|\rho_k| \leqslant \frac{1}{\sqrt{N}}\right\} \approx 68.3\% \tag{11}$$

$$p\left\{|\rho_k| \leqslant \frac{2}{\sqrt{N}}\right\} \approx 95.5\% \tag{12}$$

则第一个满足式(12)的 $\rho_q$ 就是自相关函数截尾处,即为 MA($q$)阶模型。

(2)对于 AR($p$)模型,样本数量 $N$ 充分大,则其偏自相关函数的分布渐近于正态分布 $N(0,(1/\sqrt{N})^2)$,可以按照上文所述方法进行定阶。

(3)若自相关函数和偏自相关函数均不表现为截尾性,但快速收敛于 0,那么该序列可能为 ARMA($p,q$)模型,此时,$p$ 和 $q$ 的值较难确定,一般采用从低阶向高阶逐步建模分析,直至经检验认为模型合适为止。

## 3　收敛时序分析与建模

### 3.1　工程概况

滇中引水工程是国务院确定的 172 项节水供水重大水利工程之一,是优化云南省水资源配置的重大战略性基础工程,也是我国在建的最大引水工程。其中,红河段输水总干渠长 108.54 km,共有隧洞 18 条,总长 93.04 km,隧洞沿线穿越多套地层、岩性,地质条件复杂,根据永久安全监测设计要求,需对各隧洞收敛断面进行抽检复测,观测频率为 7 d/次,收敛断面测点分布如图 1 所示。

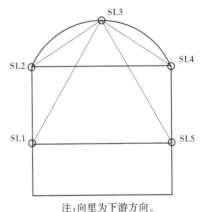

注:向里为下游方向。

图 1　收敛断面测点布置示意

### 3.2　典型收敛断面

图 2 为红河段隧洞内 4 个典型围岩收敛监测断面的收敛值-时间过程曲线,主要受断面处围岩松散破碎、地下水丰富影响,围岩整体强度低,无自稳能力,同时部分断面存在软岩,遇水膨胀现象。断面拱脚处拱架约束最小,故 SL1~SL5 测线累计收敛值均为最大的,以该测线为例展开分析。可以看出 A 断面累计收敛值近似为匀速上升,且未达到收敛阶

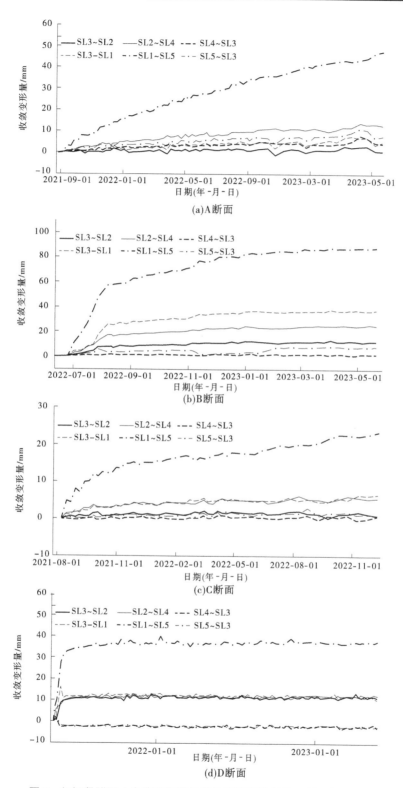

图2 红河段隧洞4个典型围岩收敛监测断面收敛值-时间过程曲线

段;B 断面也是近似匀速上升,但前期和后期的变化速率明显不一致,前期较大;C 断面和 D 断面均非匀速收敛,而 C 断面曲线速率变化较为均匀,D 断面则不然。

### 3.3 拟合结果

结合 3.2 节初步分析结果,采用多项式法分别对这 4 个典型断面 SL1~SL5 测线累计收敛过程曲线进行拟合,求取模型参数,结果如表 2 和图 3 所示。

表 2 拟合结果统计

| 断面 | 拟合阶数 | 残差标准差 | 拟合优度 | F 检验 | |
|---|---|---|---|---|---|
| A | 6 | 0.655 7 | 0.999 5 | 21 000(6,63) | $p < 2.2 \times 10^{-16}$ |
| B | 7 | 0.981 4 | 0.998 3 | 4 472(7,45) | $p < 2.2 \times 10^{-16}$ |
| C | 9 | 1.383 0 | 0.999 6 | 14 540(9,39) | $p < 2.2e \times 10^{-16}$ |
| D | 11 | 0.896 6 | 0.999 4 | 14 860(11,92) | $p < 2.2 \times 10^{-16}$ |

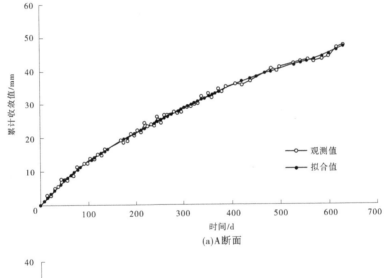

(a)A断面

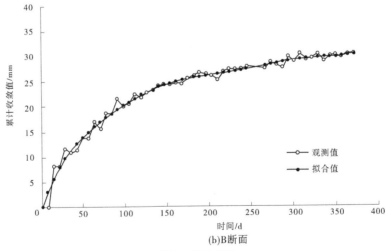

(b)B断面

图 3 拟合结果

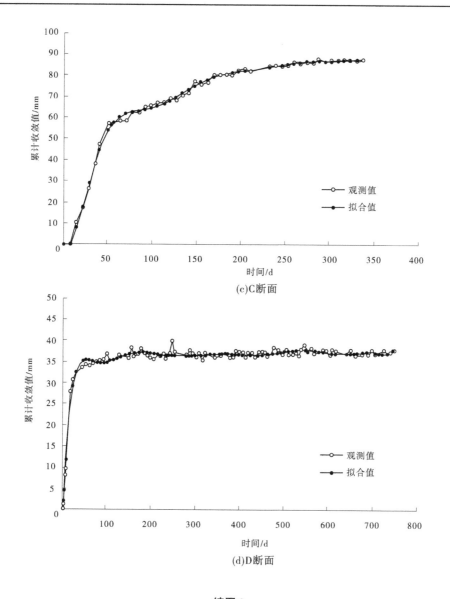

(c)C断面

(d)D断面

**续图3**

多项式拟合法的关键在于确定模型的阶数,阶数越高,拟合效果越好,但是模型越复杂,虽然对原始数据拟合效果较好,但泛化能力不一定最好,因而在建模时倾向于找到一个相对简单,并拥有良好的泛化能力的模型。通过逐步提升模型阶数,比较模型残差、残差标准差、模型参数显著性等结果,最终确定各断面 SL1~SL5 收敛值-时间过程曲线的拟合阶数,并采用最小二乘法求取模型参数。可以看出,拟合结果均与原始观测结果一致性较好,各曲线最终拟合结果如下:

$$y_A = 0.173t - 5.232 \times 10^{-4}t^2 + 1.088 \times 10^{-6}t^3 + 3.562 \times 10^{-11}t^4 - 3.159 \times 10^{-12}t^5 + 2.907 \times 10^{-15}t^6 + e_t \tag{13}$$

$$y_B = 0.5005t - 7.229 \times 10^{-3}t^2 + 7.861 \times 10^{-5}t^3 - 5.111 \times 10^{-7}t^4 + 1.844 \times$$

$$10^{-9}t^5 - 3.403 \times 10^{-12}t^6 + 2.500\,5 \times 10^{-15}t^7 + e_t \tag{14}$$

$$y_C = -0.689\,6t + 0.130\,4t^2 - 3.452 \times 10^{-3}t^3 + 4.386 \times 10^{-5}t^4 - 3.170 \times 10^{-7}t^5 +$$
$$1.373 \times 10^{-9}t^6 - 3.531 \times 10^{-12}t^7 + 4.979 \times 10^{-15}t^8 - 2.967 \times 10^{-18}t^9 + e_t \tag{15}$$

$$y_D = 2.319t - 0.060\,09t^2 + 8.125 \times 10^{-4}t^3 - 6.475 \times 10^{-6}t^4 + 3.261 \times 10^{-8}t^5 -$$
$$1.078 \times 10^{-10}t^6 + 2.371 \times 10^{-13}t^7 - 3.435 \times 10^{-16}t^8 + 3.148 \times 10^{-19}t^9 -$$
$$1.654 \times 10^{-22}t^{10} + 3.795 \times 10^{-26}t^{11} + e_t \tag{16}$$

式中：$y_a$、$y_b$、$y_c$、$y_d$ 分别为 A、B、C、D 断面 SL1~SL5 测线累计收敛值；$t$ 为时间，d；$e_t$ 为白噪声。

## 4 结语

收敛监测是监测隧洞施工中围岩和支护系统稳定状态的重要手段之一，能够为隧洞的开挖和初期支护提供数据支撑，在国内隧洞施工中应用广泛。本文基于滇中引水工程红河段水工隧洞中4个典型收敛断面观测时序成果，展开分析，并采用多项式拟合法，建立了模型，从模型拟合结果可以看出，各模型拟合效果较好，模型整体及各项参数统计检验结果均是显著的。该模型既可以用于变形预测，以了解该断面后续变化规律；也可以计算收敛加速度，以判定该断面处围岩稳定性态并指导后续支护加固工作。采用多项式拟合法建模方法和步骤简单，易于编程实现自动化处理，具有一定的推广意义。

## 参考文献

[1] 张争,刘永智,范新宇,等.变形隧洞围岩收敛监测及回归分析[J].西北水电,2020(5):61-63.

[2] 殷康.地下洞室收敛监测在Ⅳ类花岗岩支护中的应用[C]//中国水力发电工程学会电网调峰与抽水蓄能专业委员会.抽水蓄能电站工程建设文集2014.北京:中国电力出版社,2014.

[3] 方涛,陈远瞩,张斌.鄂北配水工程隧洞收敛监测方法研究及数据分析[J].科学技术创新,2018(26):100-101.

[4] 郭飞.哈尔滨地铁1号线变形监测方法及数据分析[J].交通科技与经济,2016,18(3):77-80.

[5] 冶小平,孙强.某软岩巷道围岩变形监测研究[J].西部探矿工程,2009,21(10):108-110.

[6] 余振,陈新,申庆成.某水电站引水隧洞施工期收敛变形监测[J].四川水利,2008(3):50-53.

[7] 冯雪磊,马凤山,赵海军,等.深部高地应力碎胀巷道岩体变形破坏与收敛监测分析[C]//2018年全国工程地质学术年会,2018.

[8] 刘永波,王戟锋.隧道收敛自动监测系统在公铁交叉施工中的应用分析[J].城市勘测,2021(3):154-157.

[9] 李世民,李世阳,苑广会,等.隧洞围岩收敛变形监测数据分析[J].云南水力发电,2012,28(6):1-2.

[10] 李新平,郭得令,徐鹏程.尾水隧洞位移收敛监测及拱顶上升原因分析[J].矿产勘查,2006(3):74-76.

# 隧洞收敛监测数据处理分析

郑建雷 黄 杏 吴文新

( 中水珠江规划勘测设计有限公司,广东广州 510610)

**摘 要**:本文结合某隧洞施工开挖过程中收敛变形监测工程实例,对隧洞净空方向和拱顶相对侧墙方向采集的具有一定精度的监测数据进行处理和分析。通过对监测数据变形值回归分析、误差检验和统计分析的处理结果,来定性和定量地评估隧洞开挖过程中整体的变形状态情况。

**关键词**:隧洞;收敛;回归分析;误差检验

## 1 引言

监控量测是隧洞开挖施工的重要组成部分,是对隧洞围岩的动态变化、支护结构受力情况以及周边环境等的监测。采用合适的方法对监控量测资料进行处理和综合分析,可客观反映出隧道的相对动态变形、刚性绝对的变形或不同性质变形同时存在的情况,据此可对工程安全、质量、设计等进行准确的评估和判定[1]。实践证明,这样做不但能充分反映出隧道变形体的变形状态信息,而且有较高的效益[2]。

## 2 工程应用

### 2.1 工程概况及变形状态判断

该隧道地质情况较为复杂,沿线穿越板岩、泥岩、砂岩和白云岩,地质构造有长岭岗断层和中营复式褶皱,含水层以裂隙水、岩溶水为主。该段隧洞多以五类围岩为主,基本属散体结构,呈强—全风化,变形破坏较大。

本隧洞开挖方式采用爆破钻孔的施工方法,Ⅲ类围岩岩体较完整,采用挂网喷混凝土和系统锚杆的支护方式;Ⅳ类围岩多属层状或薄层状碎裂结构,节理裂隙较发育,自稳能力较差,采用挂网喷混凝土、系统锚杆、钢支撑和排水孔的支护方式;Ⅴ类围岩段基本属散体结构,节理裂隙密集,为极不稳定围岩,不能自稳,变形破坏较大,采用超前支护、挂网喷混凝土、系统锚杆、钢支撑和排水孔的支护方式。

在整个隧洞开挖掘进过程中,对两侧直墙中部和顶拱布设收敛变形点,从隧洞0+400的位置开始,每隔15 m布设一组,共布设50组收敛监测点。对布设的收敛点每次都监测2个测回,每一组点都进行了30个周期的等精度独立观测,最后对每个断面的累计收敛

**作者简介**:郑建雷(1989—),男,工程师,主要从事水利工程监测、测绘的研究工作。

值进行数据分析。

在隧洞开挖掘进过程中,净空面水平和
垂直方向是受力的特殊方向,两侧直墙中部
和顶拱是最大可能产生变形的薄弱点,所以
在这些部位埋设收敛变形监测点尤为重要。
收敛监测点位布置示意如图 1 所示。若
SL1～SL2 测线长度变化,则说明隧洞发生了
横向的相对动态变形;若 SL1～SL3 和 SL2～
SL3 测线长度变化,则说明拱顶发生了相对动
态变形和绝对变形,判断是刚性的绝对位置
顶拱沉降还是横向的几何相对动态变形,就
应将 SL1～SL2 测线收敛变形与其一起分析,
即可做出正确的判断。

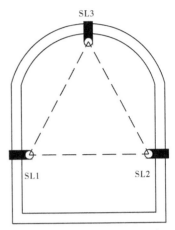

图 1　收敛监测点位布置示意

因假设检验以及构造回归模型有关的区间估计都需要获取子样元素标准差 $\sigma$ 的估
计量,所以先对 $\sigma^2$ 做估计。表 1 中数据为一组收敛累计变形值子样元素 $x$,由统计理论
可知,它服从正态分布 $x \sim N(\mu, \sigma)$。由表 1 可得出,SL1～SL2、SL1～SL3、SL2～SL3 数学期
望的估计值和标准差的估计值见表 2。

表 1　隧洞监测变形量统计　　　　　　　　　　　单位:mm

| 测点桩号 | SL1～SL2 | SL1～SL3 | SL2～SL3 | 测点桩号 | SL1～SL2 | SL1～SL3 | SL2～SL3 |
|---|---|---|---|---|---|---|---|
| 0+400 | 1.11 | 0.92 | 0.98 | 0+775 | 1.13 | 0.66 | 0.09 |
| 0+415 | 0.30 | 0.56 | -1.05 | 0+790 | 2.13 | 1.08 | 0.62 |
| 0+430 | 1.13 | 0.56 | 0.12 | 0+805 | 2.45 | 0.29 | 0.76 |
| 0+445 | 0.07 | 0.27 | 0.37 | 0+820 | 1.39 | 0.89 | 0.29 |
| 0+460 | 0.48 | -0.20 | 0.17 | 0+835 | -0.10 | -0.88 | -0.76 |
| 0+475 | -0.25 | -0.15 | -0.33 | 0+850 | 1.29 | 0.30 | 0.53 |
| 0+490 | -0.38 | 0.28 | -0.30 | 0+865 | -0.55 | 0.39 | 0.45 |
| 0+505 | 1.36 | 0.32 | 0.48 | 0+880 | 1.38 | 0.23 | 0.40 |
| 0+520 | 0.44 | -0.10 | -0.30 | 0+895 | 0.73 | 0.91 | 0.02 |
| 0+535 | 0.60 | -0.33 | 0.75 | 0+910 | 1.01 | 0.44 | -0.05 |
| 0+550 | 2.70 | 0.51 | -0.56 | 0+925 | 0.14 | 0.18 | -0.18 |
| 0+565 | 1.85 | 0.60 | -0.18 | 0+940 | 0.31 | 0.24 | 1.04 |
| 0+580 | -1.14 | -0.03 | -0.85 | 0+955 | 0.99 | 0.88 | 0.72 |
| 0+595 | 0.24 | 0.01 | -0.05 | 0+970 | 0.92 | 0.29 | 0.35 |
| 0+610 | -0.62 | 0.30 | -0.52 | 0+985 | 0.08 | -0.07 | 0.07 |

续表 1

| 测点桩号 | SL1~SL2 | SL1~SL3 | SL2~SL3 | 测点桩号 | SL1~SL2 | SL1~SL3 | SL2~SL3 |
|---|---|---|---|---|---|---|---|
| 0+625 | 1.37 | 1.03 | 0.33 | 1+000 | -0.32 | -0.16 | 0.08 |
| 0+640 | 0.41 | -0.08 | 0.21 | 1+015 | -0.24 | -0.06 | -0.14 |
| 0+655 | 1.21 | 0.50 | -0.37 | 1+030 | 0.05 | 0.40 | -0.10 |
| 0+670 | 2.61 | -0.28 | -0.36 | 1+045 | 0.99 | -0.02 | 0.72 |
| 0+685 | 1.91 | 0.59 | 0.40 | 1+060 | -0.16 | -0.03 | -0.32 |
| 0+700 | 0.46 | 0.20 | 0.46 | 1+075 | 0.85 | 0.49 | 1.00 |
| 0+715 | 0.26 | 0.89 | 0.66 | 1+090 | -0.39 | 0.00 | -0.36 |
| 0+730 | 0.64 | 0.55 | 0.26 | 1+105 | -1.19 | -0.62 | -0.93 |
| 0+745 | 1.12 | 0.73 | 0.85 | 1+120 | -1.91 | 1.07 | -1.31 |
| 0+760 | 2.70 | 0.47 | 0.12 | 1+135 | -1.31 | -0.16 | -0.65 |

表 2  收敛数据参数估计值

单位:mm

| 测线 | 数学期望估计值 | 标准差估计值 |
|---|---|---|
| SL1~SL2 | 0.61 | 1.19 |
| SL1~SL3 | 0.30 | 0.52 |
| SL2~SL3 | 0.07 | 0.56 |

## 2.2 数学模型的建立

对监测数据分别进行线性回归分析,设回归方程为 $y = ax + b$,采用回归分析计算程序,对数据进行回归统计,可以得到的回归方程分别为

$$SL1 \sim SL2: \qquad y = -0.001\ 436x + 0.147\ 869 \qquad (1)$$

$$SL1 \sim SL3: \qquad y = -0.009\ 998x + 0.149\ 971 \qquad (2)$$

$$SL2 \sim SL3: \qquad y = -0.008\ 918x + 0.147\ 647 \qquad (3)$$

## 2.3 回归方程显著性检验

方差分析法检验回归显著性,方差分析以分割响应变量 $y$ 的总变异性为基础。根据回归方程,分别计算出 SL1~SL2、SL1~SL3 和 SL2~SL3 的 $F$ 统计值和相关系数 $R^2$,计算结果见表 3。

表 3  $F$ 值和相关系数 $R^2$ 统计计算结果

| 测线 | $F$ 值 | $R^2$ 值 |
|---|---|---|
| SL1~SL2 | 0.238 | 0.005 |
| SL2~SL3 | 2.123 | 0.042 |
| SL1~SL3 | 2.796 | 0.021 |

取显著水平 $\alpha = 0.05$,查 $F$ 分布临界值表得 $F_{\alpha = 0.05} = 4.043$,可以看出计算出的 $F$ 值均小于 $F_{\alpha = 0.05}$,回归方程无显著差异,且 $R^2$ 值基本趋于 0,可说明回归方程拟合较差,且 2 个变量之间不存在线性相关,说明收敛变形值与测点桩号间不存在系统性、倾向性规律,再进行回归方程分析没有意义。

### 2.4 误差检验

对表 1 中采集的收敛数据进行误差假设检验,以判断是系统误差还是偶然误差。对表 1 中的数据进行以下检验。

(1)误差正负号个数的检验。作原假设 $H_0$:误差正负号个数相等,统计量正误差个数 $S_\beta$ 和负误差个数 $S_{\beta'}$ 将以 95.45% 的概率满足:$|S_\beta - S_{\beta'}| < 2\sqrt{n}$,而不满足此式的概率为 4.55%,这是一个小概率事件,如果这个情况发生了,则否定原假设,即不能认为正负号误差出现的概率为 1/2。检验结果见表 4。

表 4 误差正负号个数的检验结果

| 测线 | $\lvert S_\beta - S_{\beta'} \rvert$ 值 | $2\sqrt{n} = 14$ | 结果 |
|---|---|---|---|
| SL1~SL2 | 24 | >14 | 拒绝 $H_0$ |
| SL2~SL3 | 18 | >14 | 拒绝 $H_0$ |
| SL1~SL3 | 8 | <14 | 接受 $H_0$ |

(2)正负误差分配顺序的检验。作原假设 $H_0 : p = q = 1/2$,统计量误差列中同号交替与异号交替之差 $W$ 将以 95.45% 的概率满足:$|W| < 2\sqrt{n-1}$,若 $W$ 不能满足上式,则否定原假设,认为误差列中可能存在与观测测序有关的系统误差影响。检验结果见表 5。

表 5 正负误差分配顺序的检验结果

| 测线 | $\lvert W \rvert$ 值 | $2\sqrt{n-1} = 14$ | 结果 |
|---|---|---|---|
| SL1~SL2 | 19 | >14 | 拒绝 $H_0$ |
| SL2~SL3 | 11 | <14 | 接受 $H_0$ |
| SL1~SL3 | 11 | <14 | 接受 $H_0$ |

(3)误差数值和的检验。作原假设 $H_0$:误差均值为 0,统计量满足 $|[\Delta]| < 2\sqrt{n}\sigma$,若不能满足上式,则否定原假设。检验结果见表 6。

表 6 误差数值的检验结果

| 测线 | $\lvert [\Delta] \rvert$ 值 | $2\sqrt{n}\sigma$ | 结果 |
|---|---|---|---|
| SL1~SL2 | 30.25 | >16.86 | 拒绝 $H_0$ |
| SL2~SL3 | 14.86 | >7.42 | 拒绝 $H_0$ |
| SL1~SL3 | 3.63 | <7.88 | 接受 $H_0$ |

（4）正负误差平方和之差的检验：作原假设 $H_0:p=q=1/2$，统计量满足 $-2\sqrt{3n}\,\sigma^2<S_{[k\Delta^2]}<2\sqrt{3n}\,\sigma^2$，若不能满足上式，则否定原假设。检验结果见表 7。

表 7　正负误差平方和之差的检验结果

| 测线 | $S_{[k\Delta^2]}$ | $2\sqrt{3n}\,\sigma^2$ | 结果 |
|---|---|---|---|
| SL1~SL2 | 52.41 | >34.81 | 拒绝 $H_0$ |
| SL2~SL3 | 10.78 | >6.74 | 拒绝 $H_0$ |
| SL1~SL3 | 1.77 | <7.61 | 接受 $H_0$ |

（5）个别误差值的检验：由第一特性知，误差超出某一界限的概率等于 0。作原假设 $H_0$：可能出现的最大误差为 $2m$（极限误差），统计量满足 $|\Delta_i|<2m$，若不能满足上式，则否定原假设。检验结果见表 8。

表 8　个别误差值的检验结果

| 测线 | 极限误差 $2m$/mm | >$2m$ 个数 | 结果 |
|---|---|---|---|
| SL1~SL2 | 2.38 | 4 个 | 拒绝 $H_0$ |
| SL2~SL3 | 1.05 | 2 个 | 拒绝 $H_0$ |
| SL1~SL3 | 1.11 | 1 个 | 拒绝 $H_0$ |

## 2.5　统计分析及工程评价

对上述收敛监测数据的统计分析可知，该组子样值是服从正态分布的一组观测值，但对该组数据的回归分析可知，该组数据 $x$ 和 $y$ 之间不存在相关性，不存在系统性和倾向性的规律。又由误差检验可知：①SL1~SL2 监测数据不符合偶然误差的特性，可以认为净空收敛（SL1~SL2）有一个系统的变形，变形方向为两侧围岩向净空面挤压，该系统误差值为其数学期望估计（0.61 mm）；②SL2~SL3 监测数据不符合偶然误差的特性，认为有一个系统性的 0.30 mm 的沿拱顶至腰线部位的收缩；③SL1~SL3 监测数据不符合偶然误差的特性，也认为有一个系统性的 0.07 mm 的沿拱顶至腰线部位的收缩，因数值较小，分析时也可作为另外的情况来考虑，使问题得到简化，即认为该部位没有系统性误差。

通过对收敛整体监测数据统计分析和检验可以看出，0+400~1+135 段隧洞的变形为左右水平方向和垂直方向围岩土往净空方向挤压收缩，两侧侧墙伴随 0.61 mm 的相对变化的系统误差，顶拱与左侧侧墙伴随 0.30 mm 的相对变化的系统误差，顶拱与右侧侧墙伴随 0.07 mm 的相对变化的系统误差。通过整体的数据可以判断出该隧洞当前的变形状态为两侧侧墙往内收缩，顶拱相对动态变形，上下压扁，绝对位移整体上移。考虑到该组样本数据的容量不算小，出现了个别监测数据较大的情况不算多，在剔除相对变化的系统误差后，数据也都比较符合偶然误差的特性。同时 3 条测线监测数据累计值都很小，最大的累计值才 2.70 mm，收敛最大中误差为 1.19 mm，这也说明该段隧洞自开挖至开挖结束都比较稳定，说明该隧洞采用的设计方案是合理的，开挖过程也是安全的，为工程质与量的评价提供了可靠的资料与依据，对以后类似工程监测数据处理和分析工作也具有一定的参考意义。

## 3 结语

通过对隧洞进行规范合理的监控量测以及对监测数据科学合理的分析,能很好地判断隧洞围岩、地表以及周边环境等的稳定性,对隧洞施工开挖有着科学的指导意义,也为施工安全提供保障。对监测数据科学的统计分析和检验,可及时发现隧洞开挖过程中的异常现象,通过多方面变形数据的综合分析考虑,快速找出原因。根据处理的结果,进而对工程的安全、质量、设计等进行综合分析和评估,为工程的顺利进行提供保障,同时对以后类似工程监测数据处理和分析工作也具有一定的参考意义。

## 参考文献

[1] 李玉宝,沈志敏,苏明,等.地铁盾构隧道收敛和沉降监测数据处理与分析[J].东南大学学报,2013,43(S2):296-301.
[2] 潘国荣.地铁盾构施工中若干测量手段及方法[J].测绘通报,2001(1):23-25.

# 窄深式弧形钢闸门设计探讨

## 杨宗儒　张祖林

( 中水珠江规划勘测设计有限公司,广东广州　510610)

**摘　要**:弧形钢闸门因其具有良好的水流形态和受力条件被广泛地应用于水利水电工程中,而随着城市化的不断推进和水资源管理要求的不断提高,弧形钢闸门逐渐朝着窄而深的方向发展。本文简要介绍了窄深式弧形钢闸门的设计特点和设计要求,并据此引出窄深式弧形钢闸门的数值分析和空间有限元分析两种方法,对两种方法的设计思路和流程进行了介绍。然后以海南省南渡江迈湾水利枢纽工程溢流坝窄深式弧形钢闸门作为应用实例,分别采用数值分析法和空间有限元法对闸门在全水头挡水工况和启门瞬间工况下进行结构计算与分析,通过两种方法的结论对比,验证窄深式弧形钢闸门设计思路的合理性。

**关键词**:水利水电工程;窄深式弧形钢闸门;数值分析法;空间有限元法

## 1　概述

弧形钢闸门是一种广泛应用于水利水电工程的水控结构,其独特的弧形结构设计使其在启、闭门过水时能够分散水流的能量,减小水流对闸门的冲击,因此相对于传统的平面闸门,弧形钢闸门具有较好的结构强度和稳定性。弧形钢闸门对孔口的适应性较强,随着城市化的不断推进和水资源管理要求的不断提高,以及设备布置空间的局限性,弧形钢闸门逐渐朝着窄而深的方向发展,这对设计、制造及安装提出了更高的要求,国内外关于此类型闸门的设计也有很多,然而仍存在一些挑战和问题。本文对窄深式弧形钢闸门设计的基本特点、基本要求和方法进行分析和探讨,并结合工程实例对闸门的结构稳定性及承载能力进行验证,对同类型闸门的设计提供一定的参考和借鉴。

## 2　窄深式弧形钢闸门的设计思路

### 2.1　基本特点

窄深式弧形钢闸门的设计基本特点主要有两点,一是弧形设计,二是窄深式设计。窄深式弧形闸门通常配以"WES 型"曲线堰面,弧形设计使其具有较好的水流条件,闸门启闭过程中水流形态较好,水流冲击小,闸门及启闭机运行平稳。所谓窄深式设计,即闸门的宽高比较小,同等宽度下更深的闸门可以保证闸门在关闭时能够存蓄更多的水,闸门开启时可以有更多的调节梯度,以此满足工程在不同时期、不同阶段的运行调度要求。

---

**作者简介**:杨宗儒( 1992—) ,男,工程师,主要从事水工金属结构设计工作。

## 2.2 基本要求

窄深式弧形钢闸门应遵循设计合理、制造简易、安装及运行维护方便的原则。弧形钢闸门是一种重要的挡、泄水结构,其工作性能的优劣直接决定了整个工程运行的可靠性与安全性[1]。因此,设计时,对于闸门结构的布置、设计、材料选型及防腐工艺需要严格满足相关的标准和规范,以确保闸门的强度、稳定性及耐久性,在满足标准、规范的前提下,尽量简化闸门结构的布置,以简化制造流程,降低安装及后期维护难度[2]。

## 2.3 基本方法

窄深式弧形钢闸门的设计过程主要就是结构强度及稳定性的验算过程,现阶段主要采用数值分析法和空间有限元分析法。

### 2.3.1 数值分析法

数值分析法的主要分析流程见图1。

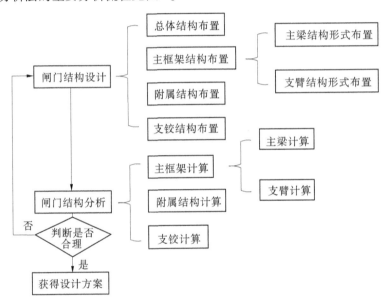

**图1 数值分析法的主要分析流程**

大多数弧形闸门经常涉及局部开启、溢洪泄流的工况,运行条件比较恶劣,其总体结构布置是否合理,将直接决定弧形钢闸门结构的可靠性及安全性。总体结构布置主要包含闸门面板曲率半径、闸门宽度、闸门高度、闸门材料、止水材料及型式的确定等。主框架结构布置主要包含主梁结构形式(主横梁或主纵梁)及截面的确定,支臂结构形式(直支臂或斜支臂)、数量(单支臂或两支臂或三支臂)及截面的确定等。附属结构布置主要包含次梁、边梁形式及截面的确定。支铰结构布置主要包含支铰中心距、铰轴直径及材料等的确定。

闸门结构设计初步完成后,便按照流程进行弧形闸门的结构计算分析,结构的计算分析采用容许应力法,将计算的结果与容许应力进行比较,若实际计算值超越容许应力值或低于容许应力值太多,则结构设计不合理,需返回修改,修改后重新计算分析,直至计算结构合理获得最终的设计方案为止。

### 2.3.2 空间有限元分析法

空间有限元分析法的流程见图2。

空间有限元分析法是近几年快速兴起的一种分析方法,是随着计算机技术的发展而产生的[3]。与数值分析法不同的是,空间有限元分析法是建立整个闸门的有限元模型而非对单个结构件或部件进行的分析,充分考虑了闸门的整体性。运算中,空间有限元分析法先将计算模型离散单元化,依据各个单元之间的相互联系对各个计算单元逐一计算,最后综合处理每个单元的应力、应变等数据,使其清晰地显示在计算机中。这种"化整为零,聚零为整"的分析方式能够充分体现出弧形钢闸门的空间效应,也能获得较为准确的分析结果,能够提早发现闸门设计中存在的问题。

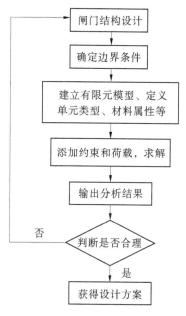

图2 空间有限元分析法的流程

## 3 窄深式弧形闸门设计实例

迈湾水利枢纽工程位于海南省南渡江干流中下游,形成的水库正常蓄水位108 m,防洪高水位110.51 m,整个库区的库容量达到6.66亿 m³。迈湾溢流坝弧形钢闸门共设4孔,孔口净宽13 m,闸门高度24.5 m,闸门宽高比为0.53,属于典型的窄深式结构,具有很好的代表性。闸门设计的基本参数为:闸门采用露顶式三斜支臂弧形钢闸门,孔口净宽13 m,挡水高度24.01 m,底槛高程86.50 m。

### 3.1 闸门结构设计

#### 3.1.1 总体布置

本工程根据闸门挡水高度确定闸门高为24.5 m,闸门宽高比为0.53,闸门设计时采用主横梁或者主纵梁结构,均能满足设计和使用运行要求,但从制造、运输及安装角度考虑,主横梁结构厂内分节制造更为简易,且能有效减小运输尺寸,现场拼装时,现场主要结构件的连接焊缝均为横向焊缝,容易保证焊缝质量,因此本工程弧形闸门选用主横梁结构。

#### 3.1.2 主框架结构布置

主框架由闸门主梁及支臂构成,根据《水利水电工程钢闸门设计规范》(SL 74—2019)条文6.1.9选择π形结构作为主框架形式[4],如图3所示。

主框架的数量与支臂及主梁的数量相契合,根据《水利水电工程钢闸门设计规范》(SL 74—2019)可初定闸门面板外缘曲率半径为30 m,支铰距闸门底缘高度为12 m,由此确定闸门面板弧长为25 200 mm,若选用

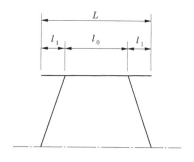

图3 主框架结构示意图

双主梁等荷载布置,闸门上支臂以上悬臂段较长,其刚度难以满足使用要求,需另设加强结构,且支臂及主梁截面尺寸较大。若采用三支臂结构,可有效减小上支臂以上悬臂段长度,无须设加强结构,强度即能满足要求,支臂及主梁截面也可相应减小。三支臂闸门相对于两支臂闸门虽然支臂和主梁数量增多,制造、安装较为复杂,但主梁和支臂截面小,门叶悬臂段减小,支臂受力趋于均匀,闸门整体刚度和稳定性及抗震性能也更优[5]。考虑到闸门的运行工况及重要性,本工程弧形闸门选用三支臂结构。主梁及支臂的刚度比为5.871。闸门结构布置如图 4 所示。

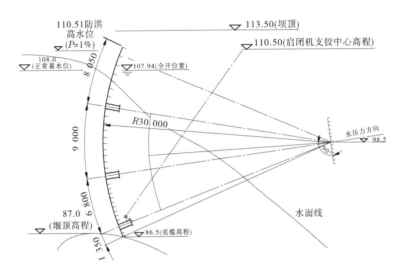

图 4　闸门结构布置简图　(单位:尺寸,mm;高程,m)

主梁及支臂数量确定后,初定主梁及支臂截面如图 5、图 6 所示。

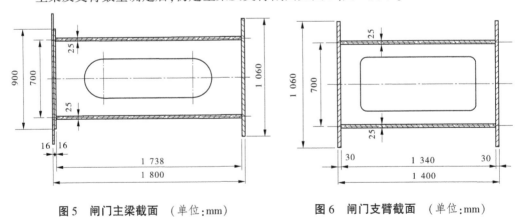

图 5　闸门主梁截面　(单位:mm)　　　　图 6　闸门支臂截面　(单位:mm)

### 3.1.3　附属结构

附属结构布置主要包含次梁、边梁形式及截面的确定。其确定较为简单,此处不作详细介绍。

### 3.1.4 支铰结构布置

支铰作为弧形钢闸门的重要结构件,其性能的优劣也将直接影响到闸门的运行平稳状态,为校正弧形钢闸门制造及安装误差,减小支铰摩擦系数,减小启闭机容量,本工程弧形钢闸门选用铜基镶嵌自润滑关节轴承,轴承内圈材质采用022Cr22Ni5Mo3N,铰轴直径 $\phi$ 800 mm,铰轴材质40Cr,铰座由活动铰座和固定铰座组成,材质均为ZG35Cr1Mo。

## 3.2 闸门结构分析

### 3.2.1 主框架计算

弧形钢闸门的结构计算假定依然采用平面体系,忽略面板及纵向梁系的曲率影响,闸门面板按四边支撑弹性薄板方法进行计算。闸门依据《水利水电工程钢闸门设计规范》(SL 74—2019)中4.0.4条中基本荷载组合设计,并进行弧门面板、主梁、支臂、支铰及其他附属构件的强度、刚度及稳定性验算。承重构件的验算采用容许应力法,主梁按均布荷载简支梁计算,次梁按连续梁计算,闸门整体动力系数取1.2,材料容许应力调整系数取0.85。支铰及其他零部件按《水利水电工程钢闸门设计规范》(SL 74—2019)有关规定验算其强度、刚度及稳定。

本工程弧形钢闸门共有上、中、下3组主框架,3组主框架结构形式相同,荷载大小不同,其中中、下2组主框架受外荷载较大。闸门在全水头挡水状态及启门瞬间受力最为复杂,本文选取以上两种情况对弧形钢闸门中、下主框架进行计算分析,计算主要成果见表1。

**表1 中、下主框架主要计算成果**

| 计算框架 | 计算项目 | 计算工况 | |
|---|---|---|---|
| | | 挡水工况 | 启门工况 |
| 中框架 | 主梁跨中截面压应力/MPa | 86.687 | 74.015 |
| | 主梁跨中截面拉力/MPa | −87.003 | −72.971 |
| | 主梁跨端截面压应力/MPa | −68.849 | −80.768 |
| | 主梁跨端截面拉力/MPa | 43.477 | 50.495 |
| | 主梁跨端剪应力/MPa | 75.778 | 92.06 |
| | 主梁跨端折算应力/MPa | 121.319 | 146.721 |
| | 主梁端部折算应力/MPa | 47.716 | 61.302 |
| | 支臂截面强度/MPa | 77.212 | 132.008 |
| | | 102.057 | 131.953 |
| | 支臂平面内稳定性/MPa | 119.944 | 181.584 |
| | | 153.198 | 181.511 |
| | 支臂平面外稳定性/MPa | 82.203 | 134.335 |
| | | 100.464 | 134.295 |
| | 主梁跨中挠度/mm | 1.76 | 0.369 |
| | 主梁跨端挠度/mm | 1.71 | 0.334 |

续表 1

| 计算框架 | 计算项目 | 计算工况 | |
| --- | --- | --- | --- |
| | | 挡水工况 | 启门工况 |
| 下框架 | 主梁跨中截面压应力/MPa | 72.597 | -0.447 |
| | 主梁跨中截面拉应力/MPa | -72.843 | 8.044 |
| | 主梁跨端截面压应力/MPa | -58.222 | -126.933 |
| | 主梁跨端截面拉应力/MPa | 36.745 | 77.197 |
| | 主梁跨端剪应力/MPa | 63.596 | 104.896 |
| | 主梁跨端折算应力/MPa | 101.89 | 173.349 |
| | 主梁端部折算应力/MPa | 40.046 | 118.521 |
| | 支臂截面强度/MPa | 99.444 | 157.913 |
| | | 121.07 | 162.245 |
| | 支臂平面内稳定性/MPa | 126.639 | 183.855 |
| | | 154.09 | 189.355 |
| | 支臂平面外稳定性/MPa | 104.067 | 160.857 |
| | | 119.962 | 164.041 |
| | 主梁跨中挠度/mm | 1.48 | 0.392 |
| | 主梁跨端挠度/mm | 1.44 | 1.31 |

### 3.2.2 支铰计算

本弧形闸门采用三斜支臂布置形式,铰座同时受轴向荷载和垂向荷载,铰轴及铰座主要计算结果见表 2。

表 2 铰轴及铰座主要计算结果

| 计算结构 | | 计算项目 | 数值 |
| --- | --- | --- | --- |
| 支铰轴承 | | 额定动荷载/kN | 66 670 |
| | | 轴承孔紧接承压/MPa | 59.147 |
| 铰轴 | | 弯曲应力/MPa | 97.531 |
| | | 剪应力/MPa | 39.288 |
| 铰座 | 活动铰 | 颈部承压/MPa | 17.823 |
| | 固定铰 | 底板混凝土最大压应力/MPa | 8.49 |
| | | 底板弯曲应力/MPa | 125.773 |

根据表 1、表 2 计算结果可发现,弧形钢闸门的主要结构件强度、刚度及稳定性均能满足规范要求,有一定的安全裕度,说明设计是合理、安全的。

### 3.2.3 空间有限元分析法

为进一步验证闸门结构设计的合理性,采用空间有限元法对弧形钢闸门进行静力分析。同样选取全水头挡水状态及启门瞬间进行分析,分析结果见图7~图10。

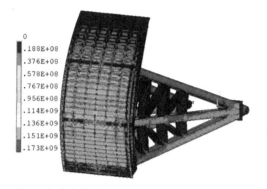

图7 全水头挡水工况下应力云图 （单位:Pa）

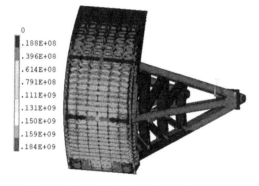

图9 启门工况下应力云图 （单位:Pa）

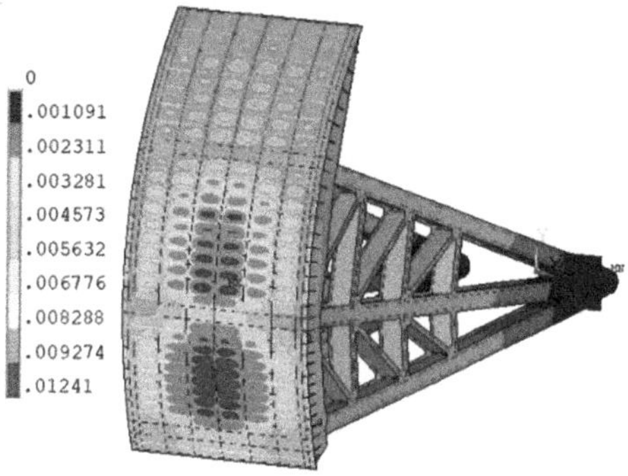

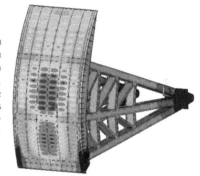

图8 全水头挡水工况下应变云图 （单位:m）

图10 启门工况下应变云图 （单位:m）

由图7~图10可得出,去除掉部分应力应变集中点,闸门在选取的两种计算工况下的最大应力值为184 MPa,小于容许应力191.25 MPa,说明闸门的强度满足规范要求。闸门的最大变形量为13.32 mm,考虑到此数值为各结构件的累计变形量的综合效应,闸门的整体刚度满足规范要求。

两种工况下,上框架各结构应力应变均较小,中框架与下主梁的应力应变比较接近且分布均匀,说明闸门主梁、支臂的布置及截面尺寸的选择相对合理。

## 4 结语

本文首先指出了窄深式弧形钢闸门的发展趋势,总结了窄深式弧形钢闸门的两种常见分析方法,然后以海南省南渡江迈湾水利枢纽工程溢流坝弧形钢闸门为例,分别采用数值分析法和空间有限元法对闸门在全水头挡水工况和启门工况进行结构分析。两种计算分析方法得到的结果数值接近且均能满足相关规范和标准的要求,说明此类闸门结构设计及布置思路是合理的。

# 参考文献

［1］水电站机电设计手册编写组.水电站机电设计手册金属结构［M］.北京:水利电力出版社,1986.
［2］梁明华,张波,刘慧杰.超大型弧形闸门安装工艺方法［J］.云南水力发电,2022,38(8):227-229.
［3］邓伦,王占华.弧形钢闸门有限元分析及安全性评价［J］.水电站机电技术,2022,45(7):89-92.
［4］中华人民共和国水利部.水利水电工程钢闸门设计规范:SL 74—2019［S］.北京:中国水利水电出版
社,2019.
［5］谭大基,方勇,孙丹霞.汉江蜀河水电站泄洪闸三支臂弧形工作闸门设计［J］.西北水电,2010(6):
50-53.

# 百色水利枢纽剥隘镇滑坡特征
# 及地表监测数据分析

王建成　　龙耿文

（中水珠江规划勘测设计有限公司，广东广州　510610）

**摘　要**：广西百色水利枢纽剥隘镇四、七、九片区位于古滑坡上，滑坡变形严重威胁着周围居民的生命及财产安全，从出现滑坡迹象开始，对该地区进行了详细的地质勘察，确定了滑坡的基本特征，并陆续采取了抗滑支挡、回填压脚、系统排水等措施，同时进行了长期动态监测，获得了大量的监测数据，为滑坡应急抢险和综合治理提供依据。为了分析滑坡变形影响因素，掌握滑坡变化规律和发展趋势，预测滑坡变形失稳模式，结合滑坡基本特征和日降雨量数据，对表面监测点监测数据变化进行了充分分析，通过研究监测点过程线变化特点，掌握了滑坡位移变化情况，并对滑坡稳定性进行综合分析评价，得出了重要结论，可对滑坡的变形特征和变形机制进行更深层次的分析研究提供重要分析数据。

**关键词**：百色水利枢纽；剥隘镇；滑坡监测；日降雨量；地表变形监测

富宁县剥隘镇为百色水利枢纽库区移民镇，行政区划隶属云南省文山州，西南距富宁县城98 km，东距广西百色市73 km，有323国道在东面通过，交通方便。该镇始建于2003年，2008年剥隘镇建成，规划2005年的人口规模为4 262人，远期规划2020年人口规模为7 089人。位于甲村河左岸的四、七、九片区及甲村是剥隘镇不可分割的组成部分，其上居民、房屋、居民点众多（民房213栋，人口1 000余人），道路、水、医院、客运站等配套设施齐全。

2006年后，局部地段挡墙开裂，斜坡地面出现裂缝；2008年11月受持续强降雨和百色水库高水位共同作用，部分民房变形开裂，地表出现贯穿性地裂缝，滑坡迹象明显，严重影响当地居民生命财产安全。

地质灾害险情发生后，及时对滑坡体采取了抗滑支挡、回填压脚、系统排水等措施[1]，对滑坡体进行变形监测（分为地表监测和深部监测），并全面查明了灾害区基本地质条件，揭示了特大型顺层基岩古滑坡的存在，分析了沿坡变形现状与发展趋势，研究了滑坡稳定性[2]，为滑坡应急抢险与综合治理工程设计提供了重要依据。

**基金项目**：中水珠江规划勘测设计有限公司科研项目（2022KY06）；中水珠江勘测信息系统开发。

**作者简介**：王建成（1981—），男，高级工程师，主要从事安全监测方面的研究和管理工作。

**通信作者**：龙耿文（1966—），男，工程师，主要从事安全监测、工程监测工作。

## 1　滑坡基本特征

剥隘镇四、七、九片区位于一大型古滑坡体[3]上,经过前期勘察论证,剥隘镇四、七、
九片区滑坡为一多序次大型顺层基岩古滑坡;后缘至水处理厂,高程 400~415 m,南侧以
10 号冲沟为界,北侧以 6 号冲沟为界;前缘临库地面高程 205~217 m(剪出口高程 200~
215 m)。前缘宽约 570 m,后缘宽约 250 m,滑坡平面上窄下宽,滑坡体长约 800 m。滑坡
平均厚度 40 m,滑体厚度 25~64 m,分布面积约 0.4 km²,体积约 1 600 万 m³。

滑坡地形地貌总体表现为斜坡与冲沟、斜坡与缓台相间分布的特点,根据地形地貌、
物质组成与地质结构等差异,剥隘镇滑坡由低到高可大致分为三个序次[4],其分布位置
见图 1。

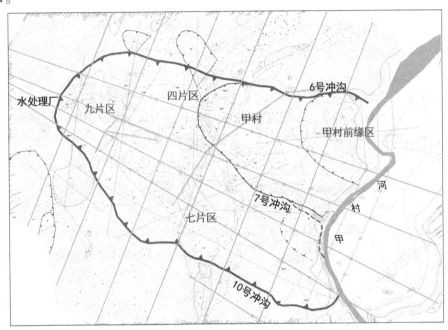

**图 1　剥隘镇四、七、九片区滑坡体分布位置示意图**

第一序次为发生于甲村滑坡前缘的次生解体,其后缘高程约 260 m,前缘临库高程
202~210 m(剪出口高程与第二序次相当),该序次滑坡面积 0.04 km²,体积约 100 万 m³。

第二序次为甲村滑坡体,其后缘位于博爱大街一带(高程约 310 m),前缘临库高程
205~212 m(剪出口高程 200~212 m),南侧以 7 号冲沟为界,北侧以 6 号冲沟为界,分布
面积约 0.1 km²,体积约 440 万 m³。

第三序次为四、七、九片区滑坡残留体范围,以及望江路以下 7 号、10 号沟之间的斜
坡,其前缘剪出口高程 202~215 m,现今四、九片区滑体上仍保留有明显滑坡后壁特征,滑
体厚度也明显变薄,第一序次滑坡北侧部分(四、九片区)大多又随第二序次解体下滑至
甲村一带,滑坡残留体积约 1 060 万 m³。

## 2 滑坡监测点布置

为了保证人民的生命财产安全,防止地质灾害对当地人民群众的生命财产造成危害,根据滑坡勘察、治理及地形情况,布置了永久监测点[5],在滑坡体外围稳定地方布置了 5 个监测基准点,在滑坡体上布置了 21 个地表变形监测点、6 孔深部位移监测点、8 处抗滑桩应力锚力监测点、5 孔钻孔地下水位点、3 处 1 号排水洞内裂缝开合度和 1 处渗流量监测点,水库水位和剥隘降雨量数据由百色水利枢纽水文测报系统每天进行观测记录,监测点布置示意图见图 2。

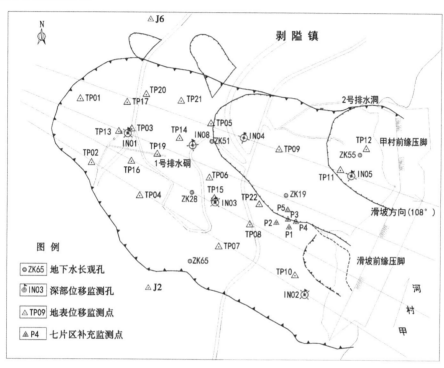

**图 2　监测点布置示意图**

自 2013 年至今,对滑坡变形实施了长期动态监测,每月对监测成果进行汇总分析,截至 2022 年 12 月,共监测了 255 期,实时、准确地提供了滑坡变形监测数据,及时预测滑坡变形趋势,为滑坡治理和现场安全提供了可靠的监测资料,现就日降雨量和地表监测数据展开分析。

### 2.1　日降雨量数据分析

图 3 为剥隘镇日降雨量变化过程线,通过统计分析 2010—2022 年日降雨量数据可知:剥隘镇雨季多发暴雨,降雨主要集中在 4—10 月,2015 年 8 月 29 日,最大日降雨量达 146 mm,为近几年最大日降雨量,其他时间段日最大降雨量在 90 mm 以下,汛期日最大降雨量一般集中在 60～90 mm。

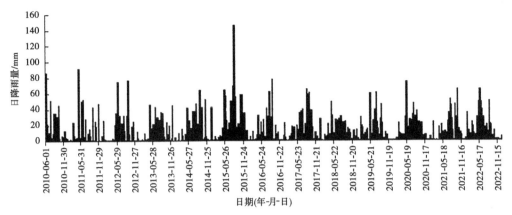

图 3　剥隘镇日降雨量变化过程线

## 2.2　地表监测数据分析

剥隘镇滑坡监测时间为 2010—2022 年,分片区对地表变形监测数据进行了统计,绘制了监测点变化过程线,滑坡方向下滑为正,反之为负;垂直方向下沉为正,隆起为负。按区域进行监测数据分析。

### 2.2.1　四、九片区剥隘大街以上一带区域

四、九片区剥隘大街以上一带区域监测点位于滑坡体上部,图 4、图 5 为地表变形监测点水平位移和垂直位移变化情况,由监测点变化过程线可知:

(1)位于区域顶部 EL398 高程的 TP01 水平位移累计值为 15.3 mm,384 m 高程 TP17、TP02、TP13 变化值分别为 41.5 mm、46.6 mm、60.8 mm,378 m 高程 TP03 变化值为 61.1 mm,位于该区域最下端的 TP05、TP14 变化值分别为 63.3 mm、72.3 mm。由监测数据变化量可知,该区域滑坡变形自上而下变化量逐渐增大,顶部变化量较小,高程越低变化量越大。

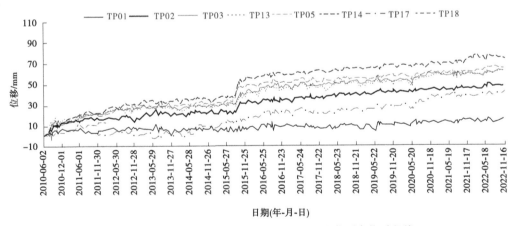

图 4　四、九片区剥隘大街以上一带水平位移监测变化过程线

(2)监测点滑坡方向变化趋势明显,监测点高程越低变化速率越大,最大年变化速率达 5.8 mm/年。

(3)2015 年 8 月 29 日,受强降雨影响,较低高程的监测点数据明显增大,表明滑坡位

移与降雨量相关性关系明显。

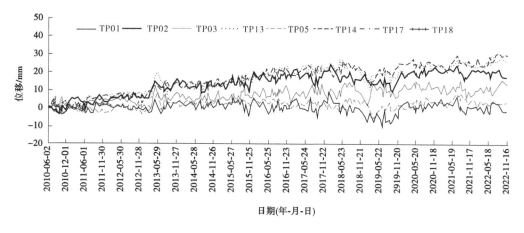

图5　四、九片区剥隘大街以上一带垂直位移监测变化过程线

（4）监测点垂直位移变化相对水平位移变化较小，水平位移变化趋势较垂直位移明显，表明滑坡体以向下滑动为主。

### 2.2.2　七片区域

图6、图7为七片区域地表变形监测点水平位移和垂直位移变化情况，由监测点变化过程线可知：

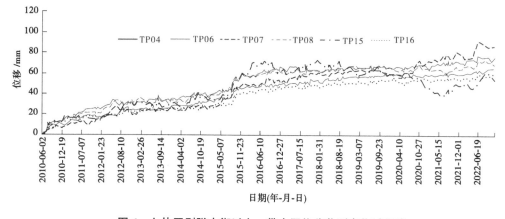

图6　七片区剥隘大街以上一带水平位移监测变化过程线

（1）2015年8月29日，该区域监测点受强降雨影响，监测数据明显增大。

（2）监测点TP15垂直位移变化量达到97.6 mm，变化量呈增大趋势，水平位移变化量增大趋势不明显，表明该区域以沉降为主。

（3）TP04、TP06、TP07、TP08、TP16水平位移变化趋势明显，垂直位移变化不大，表明该区域以水平向下滑动为主，329 m高程TP07水平位移变化量达到86.2 mm，近几年变化速率有增大趋势。

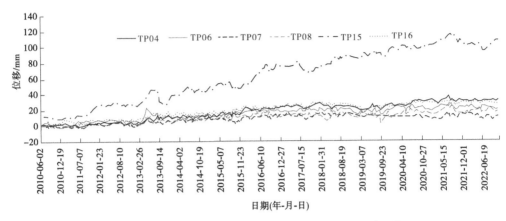

图 7  七片区剥隘大街以上一带垂直位移监测变化过程线

### 2.2.3  甲村一带区域

甲村一带监测点位于滑坡体下边缘,监测点高程为 252~296 m,图 8、图 9 为地表变形监测点水平位移和垂直位移变化情况,由监测点变化过程线可知:

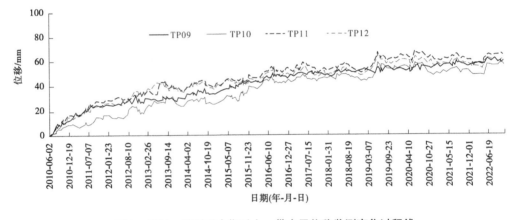

图 8  甲村一带剥隘大街以上一带水平位移监测变化过程线

(1)TP09、TP10、TP11、TP12 监测点累计变化量达 61.1~62.7 mm,水平位移较垂直位移变化趋势明显,表明该区域以水平向下滑动为主。

(2)受到阶段降雨影响,每年汛期监测点都有 4~10 mm 的变化,非汛期监测点变化较为稳定。

(3)从变化趋势分析,近几年变化趋势较缓,变化速率较小,监测点垂直方向上出现下沉后少量隆起现象,之后数据平稳变化。

### 2.2.4  七号沟区域

七号沟加固半坡监测点分布在沟两侧,图 10、图 11 为地表变形监测点水平位移和垂直位移变化情况,由监测点变化过程线可知:该区域受到滑坡及排水影响,监测点变化趋势明显,P2 监测点变形最为显著,累计值达到 168.6 mm,年变化速率达到 22.5 mm/年,该区域监测数据最不稳定。

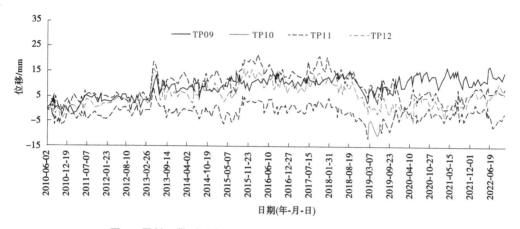

图9 甲村一带剥隘大街以上一带垂直位移监测变化过程线

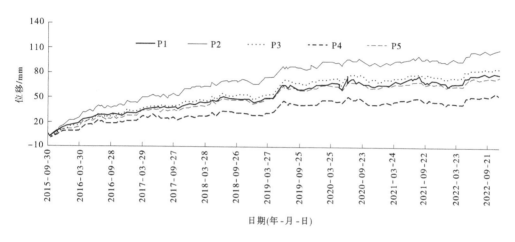

图10 七号沟加固半坡水平位移监测变化过程线

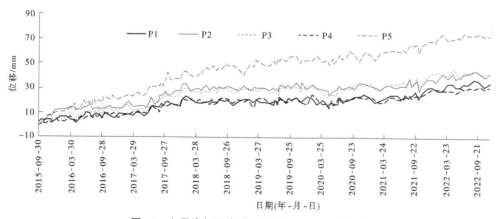

图11 七号沟加固半坡垂直位移监测变化过程线

## 3 结论

（1）滑坡受强降雨影响位移变形明显，日降雨量达 146 mm 时，滑坡出现"跳跃"式变形，为滑坡位移变化明显时段，日降雨量 90 mm 以下时，滑坡突变不明显，可分析滑坡活动与降雨特征值的关系[6]，从中确定引起滑坡活动的降雨阈值[7]，可提高滑坡预报水平。

（2）监测数据变化过程线表明，滑坡方向水平位移变化最为明显，能够反映滑坡位移的动态变化，大部分监测点垂直位移变化不明显，可起到滑坡位移辅助判断作用。

（3）滑坡位移体变形自上而下变化量逐渐增大，高程较高部位变化量较小，高程越低变化量越大，下端稳定性较差，滑坡体中下部位置变化量普遍为 60.0~90.0 mm，滑坡位移变化仍然处于增大趋势，需加强现场监测，实时反馈监测数据变化情况。

（4）滑坡位移变化受雨水影响较大，需注意滑坡体排水，七号沟地势较低，受到排水影响，该区域滑坡位移变化比较明显，应注意现场安全。

（5）考虑滑坡变形和降雨量相关性密切，下一步可根据监测数据变化情况，布置自动化监测预警系统[8]，采用自动化监测方式实时采集现场监测数据，及时发现问题，达到提前预警效果。

## 参考文献

[1] 赵浩丞,张子飞,全莉芸.剥隘镇四、七、九片区滑坡治理方案设计[J].广西水利水电,2016(5)：55-58.

[2] 韩民赛,刘岁海,罗明,等.滑坡预测预报研究与进展[J].地质装备,2023,24(1)：22-26,39.

[3] 李会中,王团乐,刘冲平,等.百色库区剥隘镇滑坡变形特征与稳定性研究[J].人民长江,2009,40(17)：42-44.

[4] 王团乐,潘玉珍,刘冲平,等.百色库区剥隘镇滑坡成因机制分析与演化过程研究[J].资源环境与工程,2009,23(5)：608-611,623.

[5] 黄军明,徐卓揆,魏峰,等.剥隘镇滑坡变形监测网的设计与实施[J].绿色科技,2010(9)：160-163.

[6] 魏来.降雨诱发滑坡预测模型研究[D].重庆：重庆交通大学,2013.

[7] 贾琰棋,易武,黄晓虎.基于前期雨型影响的汉江支流堵河左岸麻池村 1 号滑坡监测预警降雨阈值研究[J].水利水电技术(中英文),2023,54(5)：38-50.

[8] 张振威,刘滋源,张帅.自动化监测预警系统在滑坡监测中的应用[J].地理空间信息,2022,20(9)：110-112.

# 大坝变形监测的新技术新方法

赵　琳　刘金玉　韩婷婷　徐晓臣　郭建春

(中水北方勘测设计研究有限责任公司,天津河西　300202)

**摘　要**:大坝是用于蓄水和防洪的重要工程结构。然而,由于地质活动、水位变化、沉降等因素的影响,大坝可能会发生变形。为了确保大坝的安全性和稳定性,大坝变形监测成为必不可少的工作,同时,大坝变形监测是智慧水利"2+N"业务中水利工程建设与运行管理的重要内容之一。本文梳理了大坝安全监测传统方法存在的缺陷及面临的挑战,并调研了当前用于大坝安全监测的新技术、新方法,分析其特点、优势和应用流程,为大坝变形监测提供了新思路。

**关键词**:变形监测;InSAR;贴近摄影测量;管道机器人

## 1　引言

大坝变形监测是管理者掌握大坝及边坡安全运行最有效、最直接的手段之一。通过分析变形监测数据的规律和趋势,对大坝及边坡潜在的安全异常状况进行预报和预警,可为决策者制定除险措施提供准确、可靠的信息支撑[1]。

大坝变形监测项目主要包括坝体(基)的表面变形和内部变形,防渗体变形,溢洪道及进水口塔架变形,界面、接(裂)缝和脱空变形,近坝岸坡变形以及地下洞室围岩变形等。大坝变形监测包括表面变形监测和内部变形监测[2]。

传统的表面变形监测方法主要是以光电技术为主,借助全站仪、卫星接收机等设备的人工大地测量法。传统的内部变形监测方法主要是将沉降仪、测斜仪和位移计等设备进行埋设和监测。传统的方法普遍存在工作量大、对实施人员技术水平要求高、受气象条件限制、人为干预多等弊端[1]。

## 2　大坝变形监测面临的新挑战和新需求

新时期,随着科学技术的快速发展,极端天气的增多,对水利工程的要求不断提升。目前,新建的水利工程具有规模大、投资大、工作条件和技术条件复杂等特点。因此,大坝变形监测面临着巨大的新挑战和新需求,具体表现为以下几点:

(1)坝体断面规模大、监测范围大;

(2)变形空间分布不规律,需要更加精细的监测数据支撑决策分析;

(3)变形周期分布不规律,需要长时序、多周期的监测数据支撑决策分析;

---

**作者简介**:赵琳(1989—),女,工程师,主要从事水利信息化工作。

（4）坝体内部无廊道，人员难以进入内部进行观测，技术难度大。

# 3 大坝变形监测的新技术、新方法

## 3.1 合成孔径雷达干涉技术 InSAR

合成孔径雷达干涉技术（interferometric synthetic aperture radar，InSAR）是近50年来发展起来的一种空间大地测量手段，该技术借助搭载的雷达设备主动向目标物发射微波信号以获取地表的相位信息，通过一系列的信号处理流程后得到地面高程信息或地表形变信息[3]，属于主动遥感的一种。InSAR技术具有空间分辨率高、不受云雾影响、覆盖面积广和全天时、全天候等特点，已被广泛应用于地表沉降、变形监测、冰川运动等领域。在InSAR技术发展初期，许多学者利用该技术进行滑坡、裂缝、沉降等监测，并取得了良好的效果，其监测精度也在试验中得到了很好的验证。

用于大坝表面变形（坝体外部及近坝岸坡）监测的InSAR主要包括星载InSAR和地基InSAR两种方法。

### 3.1.1 星载 InSAR 技术

（1）技术概述。

InSAR技术是利用覆盖同一地区不同时刻的两景或多景复数影像，通过共轭相乘得到干涉信号，最初该方法被应用于地形图测绘及三维地形数据的获取。InSAR干涉信号除与高程相关，还与形变相关，因此去除地形相位贡献后，可用于获取微小地表形变信息，该技术称为差分InSAR（D-InSAR）技术。

为了克服传统D-InSAR技术容易失相关的局限性，提高InSAR技术形变监测的精度，国内外众多学者在D-InSAR技术的基础上提出了一系列时序D-InSAR（Time-Series InSAR，TS-InSAR）技术，又称为多时相InSAR（Multi-Temporal InSAR，MT-InSAR）[3]。常见的时序D-InSAR技术包括永久散射体InSAR（PS-InSAR）和短小基线InSAR（SBAS-InSAR）。

常见的雷达卫星影像包括意大利的Radarsat-2（C波段）、日本的ALOS-2（L波段）、欧洲空间局的Sentinel-1（C波段）、意大利的CSOMOS（X波段）等。

（2）技术优势。

①监测精度可达到亚毫米级别；

②不受天气影响，可以实现全天时、全天候、全自动的监测；

③单次同时监测范围可达数万平方千米；

④监测周期可达到数天。

（3）技术流程。

利用长时序雷达卫星影像，基于差分干涉技术，通过多视处理、斑点滤波、地理编码、辐射定标、图像配准、干涉处理等操作，获取工作区的形变边界、形变速率、累计形变量、变化特征等信息，具体处理流程如图1所示。

此外，也可将星载InSAR技术与北斗/GNSS联合监测，以实现两种技术的优势互补，两种方法的对比情况如表1所示[3]。

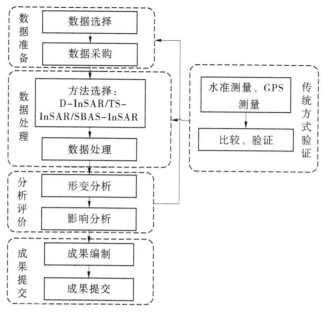

**图 1　InSAR 形变监测技术流程**

**表 1　InSAR 技术与 GNSS 技术对比**

| 指标 | InSAR 技术 | GNSS 技术 |
| --- | --- | --- |
| 观测量 | 视线向(一维) | 水平向、垂直向(三维) |
| 时间分辨率 | 周期性(数天至数十天) | 近连续(采样率可达 200 Hz) |
| 空间分辨率 | 空间连续、面状覆盖 | 离散点 |
| 获取形变量 | 相对量 | 绝对量和相对量 |
| 垂直方向形变敏感度 | 敏感 | 相对不敏感 |
| 现场作业 | 无须(必要时加角反射器) | 须布设接收机 |

　　InSAR 技术与北斗/GNSS 技术在大坝变形监测、大范围区域沉降、基础设施安全监测领域已经有了诸多成功案例。

### 3.1.2　地基 InSAR 技术

　　(1)技术概述。

　　GB-InSAR 是星载、机载干涉雷达技术在安全监测领域的地面应用,将合成孔径雷达(SAR)、干涉/差分干涉雷达(InSAR/D-InSAR)技术转化到地基平台,在地基平台载荷上利用星载或机载雷达原理,实现各类工程或边坡的变形监测。

　　GB-InSAR 是基于合成孔径雷达技术和差分干涉测量技术的雷达应用。利用天线在水平平直轨道或者转台上运动,形成方位向合成孔径,获取雷达回波数据。通过天线多次沿轨道的往复运动获取观测区域的时间序列合成孔径雷达数据,利用干涉技术实现毫米级精度区域形变监测。

（2）技术优势。

①近距离遥感监测；

②近实时性；

③面状范围监测。

（3）技术流程。

基于地基 InSAR 的形变提取技术流程主要包括站点布设、数据采集、图像配准、干涉处理和相关系数计算、有效像元选取、干涉相位滤波、大气干扰相位校正、形变反演与地理编码。

### 3.2 摄影测量技术

#### 3.2.1 贴近摄影测量技术

（1）技术概述。

该技术是由武汉大学张祖勋院士针对滑坡调查和监测预警提出的精细化监测手段，目前已广泛应用于古文物修复、地质工程勘探、地质灾害监测、水利工程监测、建筑物精细建模、土方量计算等方面。贴近摄影测量技术利用无人机对非常规地面（如滑坡、大坝、高边坡等）或者人工物体表面（如建筑物立面、高大古建筑、地表建筑等）进行亚厘米甚至毫米级分辨率影像的自动化高效采集，并通过高精度空中三角测量处理，实现目标对象的精细化重建[4]。

（2）技术优势。

该技术的优势主要体现为：高精细度几何结构、特殊复杂的场景环境也适用、高精度绝对空间坐标、高分辨率纹理。

（3）技术特点。

①"巡航导弹式"摄影：无人机摄影路线沿着被摄物体的表面，避免同一飞行高度带来的影像分辨率变化的问题，同时可避免隐蔽区域反映在影像上的扭曲变形现象。

②贴面拍摄：可根据目标表面形状，调整无人机角度或相机拍摄角度，这个特点要求数据获取平台（无人机）具备较高的灵活性。

③可近距离摄影（5～50 m）：可获取目标物表面超高分辨率影像（亚厘米甚至毫米级别分辨率）。

④需要已知目标的初始场景信息：基于目标的初始场景信息进行贴近航迹规划，需要目标已有的低分辨率的重建模型，或通过常规摄影或人工控制无人机对目标进行拍摄以重建粗略的场景信息[4]。

（4）技术关键点。

该技术的关键点主要包括贴近航迹规划、空中三角测量处理、三维重建。

（5）技术流程。

该技术的关键步骤包括：初始场景信息的获取、贴近航迹规划、数据采集、数据处理（空中三角测量）、三维重建、精细地理信息提取。具体流程如图 2 所示。

（6）技术应用。

将该技术应用于大坝表面变形监测，应当布设像控点和检查点，以保证测量精度；通

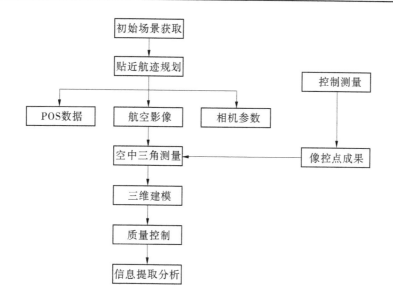

**图 2　贴近摄影测量技术流程**

过多周期的贴近摄影测量,获取大坝关注区域的精细化三维模型,提取特征点的位移变形曲线。

### 3.2.2　优视摄影测量技术

（1）技术概述。

优视摄影测量本质上属于张祖勋院士提出的贴近摄影测量范畴,该技术以三维概略模型为规划依据,通过观测采样、可观测性分析等处理,优化选取适配场景对象空间几何结构并符合测量应用技术要求的无人机航摄视角以及备选像控点,智能化的规划形成无人机航摄路径和像控布设方案[5]。

其路径规划方法是利用已有的二维地图和遥感影像,生成地物场景的盒式概略模型（三维模型）,避免数据的两次采集。结合密集采样的初始视点生成和采样点可重建性约束的视点优化技术,实现无人机路径规划和精准数据的采集。

（2）技术优势。

该技术的优势主要体现为:高精细度几何结构、特殊复杂的场景环境也适用、最优化观测角度、高精度绝对空间坐标、高分辨率纹理。

（3）技术特点。

航迹线合理规划得到最优的飞行路径和最优的拍摄角度。

（4）技术流程。

该技术的流程与贴近摄影测量技术的流程相似,不同之处在于飞行路径的优化处理。

（5）技术应用。

将该技术应用于大坝表面变形监测,应当布设像控点和检查点,以保证测量精度;通过多周期的优视摄影测量,获取大坝关注区域的精细化三维模型,提取特征点的位移变形曲线。

### 3.3 地面三维激光扫描技术

#### 3.3.1 技术概述

三维激光扫描技术是一种用于地形测绘和地质研究的新手段,属于非接触式主动测量方法,可进行大面积、高密度空间三维数据的采集,具有精度高、密度大、速度快等特点。其工作原理是把激光脉冲发射体发射出的窄束激光脉冲通过两个快速旋转的同步反射棱镜,扫描被测目标。通过测量每个激光脉冲从发射到返回仪器所需要的时间,计算出仪器与被测物体间的距离。与此同时,测量每个脉冲激光的角度,综合计算出落在物体表面激光点的三维坐标。三维激光扫描以平面扫描的方式,高效率、测量精度均匀,能分辨出滑坡体细微变形和蠕变[6]。

#### 3.3.2 技术优势

(1)速度快,现场节约时间,测量完整、精确,可多视角观察可视化三维点云模型;

(2)不需要接触被测物体,光线昏暗甚至黑夜均可作业,特别是对表面复杂的物体外形测量,并能色彩还原;

(3)能标注和测量模型的相关数据,如距离、高差、体积、表面积、断面、2D 图等,或创建各种复杂几何形状,如弯头、锥形管等;

(4)能将 3D 模型转换到 CAD 系统或不同软件操作平台的数据格式,进行三维建模。

#### 3.3.3 技术流程

地面三维激光扫描技术用于大坝表面变形监测,具体流程如图 3 所示,主要包括控制测量、扫描站布设、数据采集、数据处理、变形分析等过程。

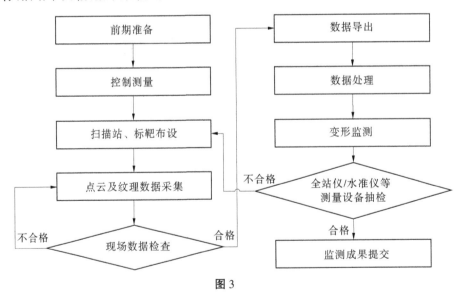

**图 3**

### 3.4 柔性管道机器人技术

该技术通过在大坝建设期提前预埋特殊材质的柔性管道,大坝运行期借助集成高精度激光惯导、多路里程编码器和微小变形补偿装置的管道机器人,实现大坝内部的变形测量。

关键点一:柔性管道具备柔性(随大坝同步变形,便于 U 形和弧形布设)、抗压(抗压性好,结合埋设工法,保证管道自身只发生微弱变形)、管卡对中(高精度加工圆筒管卡强制对中,与精密棱镜配合,保证初始位置精度)的特点。

关键点二:设计水平铺设柔性管道施工工法,制定测量作业程序,保障管道熔接质量以及管道抗压能力,为高精度测量和耐久监测奠定基础。

关键点三:集成高精度激光惯导、多路里程编码器和微小变形补偿装置的管道机器人,实现管道重复测量线性一致性约束优化。

## 4　应用案例

深圳市水务规划设计院有限公司熊寻安等提出基于北斗/GNSS 与 InSAR 技术的水库群坝体表面变形监测体系,适用于中小型水库土石坝[7];中水北方勘测设计研究有限责任公司李晓强等利用 GB-InSAR 技术对万家寨水库大坝进行坝体变形监测,取得了较好的结果;深圳大学李清泉团队将优视摄影测量技术应用于丹江口水利枢纽,制作精细化数字底座,并进行缺陷(裂缝)检测;李清泉团队利用柔性管道机器人技术对夹岩大坝内部进行变形监测,并得出变形规律:越靠近坝轴线沉降量越大,沉降量随时间的延长越来越大。

## 参考文献

[1] 韩荣荣,柳翔,吴伟.水电站大坝外部变形自动化监测技术应用现状分析[J].大坝与安全,2022(3):53-57.

[2] 中华人民共和国水利部.土石坝安全监测技术规范:SL 551—2012[S].北京:中国水利水电出版社,2012.

[3] 何秀凤,高壮,肖儒雅,等.InSAR 与北斗/GNSS 综合方法监测地表形变研究现状与展望[J].测绘学报,2022,51(7):1338-1355.

[4] 何佳男.贴近摄影测量及其关键技术研究[D].武汉:武汉大学,2019.

[5] 李清泉,黄惠,姜三,等.优视摄影测量方法及精度分析[J].测绘学报,2022,51(6):996-1007.

[6] 周凯.地面三维激光扫描技术在工程测量中的应用[J].电力与电子技术,2021(13):104-107.

[7] 熊寻安,龚春龙,王明洲.基于北斗/GNSS 与 InSAR 的水库群坝体表面监测体系[J].水利信息化,2019(3):45-49,61.

# 大坝平面监测控制网平差计算方法

王建成　张　伟

（中水珠江规划勘测设计有限公司，广东广州　510610）

**摘　要：**全站仪边角测量方法是建立大坝平面监测控制网的常用方法，具有图形结构强度高、检核条件多、观测精度高的特点，边角测量数据计算过程复杂，为了详细地掌握其计算过程，根据边角网测量条件平差法计算原理，结合水电站大坝平面监测控制网边角测量数据，采用条件平差法对边角网进行了严密平差计算，计算出角度和边长改正数，分析了平差计算精度。计算结果表明，本次测量计算的平面监测控制网测角中误差和边长相对中误差满足规范要求，下一步将针对全站仪边角网测量数据，开发更为智能化的软件，实现软件自动平差计算，满足大坝及边坡全面、准确、长期的监测。

**关键词：**大坝平面监测控制网；边角测量；条件平差法

随着科技的发展，越来越多的方法应用在大坝平面监测控制网建立中，全球导航卫星系统（GNSS）因具有全天候观测、不受通视条件限制等优点，被广泛应用在平面监测控制网测量中[1]，但在河流峡谷地区，GNSS 卫星信号易受到遮挡，达不到高精度测量要求。虽然测量机器人测边和测角具有较高的精度，但是采用全站仪边角测量方法仍然在大坝平面监测控制网中发挥着不可替代的作用[2-3]。测量过程中，为了能及时发现错误、粗差及进一步提高测量精度，往往对平面监测控制网的边长、角度进行全部测量，在连续三角形中测量所有角度和边长，形成相互关联的边角网，通过严密的条件平差计算，解算出平面监测控制网点坐标。本文结合思林水电站大坝平面监测控制网测量机器人测边和测角情况，介绍大坝平面控制网布设与平差计算方法。

## 1　平面监测网概况

思林水电站位于贵州省铜仁市思南县境内的乌江上，是乌江干流的第八级梯级电站，距上游构皮滩电站 89 km，距下游沙沱水电站 115 km，距乌江河口涪陵市 366 km。思林水电站为碾压混凝土重力坝，最大坝高 117 m，坝顶全长 326.5 m，坝顶高程 452 m，水库正常蓄水位 440 m，相应库容 12.05 亿 m³，调节库容 3.17 亿 m³。电站额定水头 64 m，装机容量 105 万 kW，多年平均发电量 40.64 亿 kW·h。枢纽工程开发任务以发电为主，其次为航运，兼顾防洪、灌溉等，整个通航建筑物由上游引航道、中间通航渠道、垂直升船机本体段和下游引航道等 4 个部分组成，全长约 1 100 m。

**基金项目：**中水珠江规划勘测设计有限公司科研项目中水珠江勘测信息系统开发（2022KY06）。

**作者简介：**王建成（1981—），男，高级工程师，主要从事安全监测方面的研究和管理工作。

思林水电站平面监测控制网由 7 个基准点和 3 个工作基点组成,控制网点分布在乌江两岸、坝址上下游。从下游向上游,左岸基准点编号为 TN01、TN03、TN05、TN07,右岸基准点编号为 TN02、TN04、TN06。工作基点分布在右岸,编号为 TPL1、TPL2、TPL3,监测控制网最长边长平距为 1 075. 26 m,最短边长平距为 282. 72 m,平均边长 589. 66 m,基准点高差相差不大,高程为 517. 7~566. 2 m。思林水电站平面监测控制网点布置图见图 1。

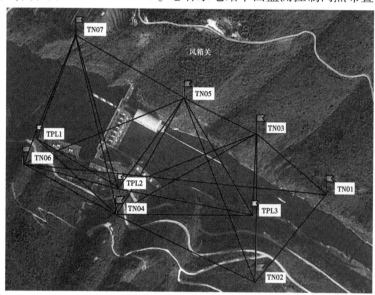

图 1　思林水电站平面监测控制网点布置

## 2　计算原理

### 2.1　确定条件方程

测边测角三角网中,将对边长、角度分别测量[4],设 $n$ 为网中三角点的个数;$N$ 为观测角度的个数;$S$ 为观测边长的个数,可列出 $r$ 个线性无关的条件方程[5],条件方程式的总数:$r=N+S-2n+3$,条件平差法就是以条件方程作为基本函数模型,按最小二乘原理进行平差的方法,其准则模型可表示为

$$V^{\mathrm{T}}PV = \min \tag{1}$$

式中:$V$ 为改正数阵;$P$ 为权阵。

### 2.2　定权

在进行测边角网平差时,确定角度的权与边长的权必须有统一的单位权中误差 $\mu$,用下列公式定权:

$$\left.\begin{aligned} P_\beta &= \frac{\mu^2}{m_\beta^2} \\ P_s &= \frac{\mu^2}{m_s^2} \end{aligned}\right\} \tag{2}$$

测角精度相同,测边精度不同,边长观测值的权为测角中误差的平方与边长中误差平方之比[6],可令 $\mu = m_\beta$,则式(2)为

$$\left.\begin{array}{l} P_\beta = 1 \\ P_{s_i} = \dfrac{m_\beta^2}{m_{s_i}^2} \end{array}\right\} \tag{3}$$

边长观测值的单位应与其中误差的单位相同[7],以免计算出现错误。

### 2.3 列条件方程

根据边角网的组成,可选若干个按角度的图形条件方程式和若干个正弦条件方程式[8]。如图 2 所示的三角形中,三个内角的观测值为 $A$、$B$、$C$,三条边的观测值为 $s_a$、$s_b$、$s_c$,其平差值为 $[A]$、$[B]$、$[C]$ 和 $[s_a]$、$[s_b]$、$[s_c]$,相应的角度改正数为 $v_A$、$v_B$、$v_C$,边长改正数为 $v_a$、$v_b$、$v_c$,可列出 1 个按角度的图形条件方程和 2 个正弦条件方程式。

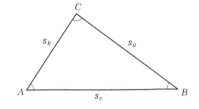

图 2　计算原理示意图

条件方程可表示为

$$\left.\begin{array}{l} v_A + v_B + v_C + w_1 = 0 \\ \sin B v_a - \sin A v_b - s_b \cos A \dfrac{v_A}{\rho} + s_a \cos B \dfrac{v_B}{\rho} + w_2 = 0 \\ \sin C v_a - \sin A v_c - s_c \cos A \dfrac{v_A}{\rho} + s_a \cos C \dfrac{v_c}{\rho} + w_3 = 0 \end{array}\right\} \tag{4}$$

其中闭合差 $w$ 为

$$\left.\begin{array}{l} w_1 = A + B + C - 180° \\ w_2 = s_a \sin B - s_b \sin A \\ w_3 = s_a \sin C - s_c \sin A \end{array}\right\} \tag{5}$$

然后根据条件式及各观测值的权按一般方法列出法方程式,即可解决计算出角度和边长改正数。

### 2.4 组成法方程并求解

根据条件方程的系数、闭合差及观测值的权阵组成法方程,计算系数 $K$,法方程公式为

$$AP^{-1}A^\mathrm{T}K + W = 0 \tag{6}$$

式中:$A$ 为条件方程系数阵;$P$ 为权阵;$K$ 为拉格朗日联系数;$W$ 为闭合差阵。

### 2.5 计算改正数

根据已知参数,计算改正数 $V$,改正数计算公式为

$$V = P^{-1}A^\mathrm{T}K \tag{7}$$

### 2.6 精度计算

计算测角中误差 $\mu_\beta$ 和边长中误差 $\mu_s$,评定测量精度,中误差按下式计算:

$$\mu_\beta = \sqrt{\dfrac{[P_\beta v_\beta v_\beta]}{n_\beta}} \tag{8}$$

$$\mu_s = \sqrt{\frac{[P_s v_s v_s]}{n_s}} \tag{9}$$

式中：$n_\beta$、$n_s$分别为测角个数、测边个数。

在条件平差时，平差值函数的权函数式比较简单，因为可以同时出现角度改正数和边长改正数。

## 3 平差计算

思林水电站平面监测控制网按一等精度要求进行观测。利用全站仪机器人对水平角、竖直角、斜距观测 12 测回，并同时记录测站和测点的温度、气压。水平方向观测和垂直角观测读数取至 0.1″，温度读至 0.1 ℃，气压读至 0.1 hPa(毫帕)，实测边长经过气象、加乘常数改正后计算成平距，边长读数至 0.1 mm，计算至 0.01 mm。

### 3.1 确定条件方程

思林水电站平面监测控制网采用边角网方式测量，网中三角点的个数为 10，观测角度个数为 50，观测边长的个数为 30，根据公式计算条件方程式总数为 $r = N + S - 2n + 3 = 63$。

### 3.2 定权

在进行测边角网平差时，采用的全站仪机器人标称精度为：测角精度 0.5″，测距精度 1 mm+1×10⁻⁶$D$，测角精度相同，测角权系数定为 $P_\beta = 1$，测边精度与距离有关，需要根据实际边长距离按式(3)进行计算。

### 3.3 列条件方程

根据测边测角过程，分别在 TN01、TN02、⋯、TPL3 设置测站，顺时针测出角度并计算最终观测角度值，角度编号为 $\alpha_1$、$\alpha_2$、⋯、$\alpha_{50}$，同时顺时针分别测出边长，边长经改正后计算成平距[9]，边长编号为 $s_1$、$s_2$、⋯、$s_{30}$，如图 3 所示，相应的角度改正数为 $v_{\alpha 1}$、$v_{\alpha 2}$、⋯、$v_{\alpha 50}$，边长改正数为 $v_{s_1}$、$v_{s_2}$、⋯、$v_{s_{30}}$。

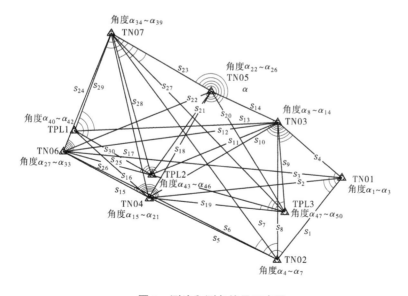

图 3 测边和测角编号示意图

根据条件方程式(4),可列出 21 个按角度的图形条件方程和 42 个正弦条件方程,见式(10),求解方程组。

$$
\left.
\begin{aligned}
&v_{\alpha_1} + v_{\alpha_7} + v_{\alpha_{21}} - v_{\alpha_{19}} + w_1 = 0 \\
&v_{\alpha_2} - v_{\alpha_1} + v_{\alpha_{19}} + v_{\alpha_{33}} - v_{\alpha_{29}} + w_2 = 0 \\
&\qquad\qquad\vdots \\
&v_{\alpha_{47}} + v_{\alpha_{33}} - v_{\alpha_{31}} + v_{\alpha_{20}} + w_{31} = 0 \\[6pt]
&\sin\alpha_7 v_{s_5} - \sin\alpha_1 v_{s_2} - s_2\cos\alpha_1 \frac{v_{a_1}}{\rho} + s_5\cos\alpha_7 \frac{v_{\alpha_7}}{\rho} + w_{32} = 0 \\[6pt]
&\sin\alpha_{19} v_{s_{15}} - \sin(\alpha_2 - \alpha_1) v_{s_3} - s_3\cos(\alpha_2 - \alpha_1) \frac{v_{(\alpha_2 - \alpha_1)}}{\rho} + s_{15}\cos\alpha_{19} \frac{v_{\alpha_{19}}}{\rho} + w_{33} = 0 \\[6pt]
&\qquad\qquad\vdots \\
&\sin(\alpha_{50} - \alpha_{49}) v_{s_9} - \sin(\alpha_{23} - \alpha_{22}) v_{s_{14}} - s_{14}\cos(\alpha_{23} - \alpha_{22}) \frac{v_{(\alpha_{23} - \alpha_{22})}}{\rho} + \\
&\qquad\qquad s_9\cos(\alpha_{50} - \alpha_{49}) \frac{v_{(\alpha_{50} - \alpha_{49})}}{\rho} + w_{63} = 0
\end{aligned}
\right\} \quad (10)
$$

根据式(5)计算 $w$ 为

$$
w = \begin{bmatrix} -0.6'' & -9.9'' & \cdots & 0.1'' & 0.12 & 0.53 & \cdots & -0.10 \end{bmatrix}^{\mathrm{T}}
$$

### 3.4 计算边长和角度改正数

根据方程计算角度改正数和边长改正数,角度改正数见表 1,边长改正数见表 2,根据 TN01 和 TN06 已知点坐标,以及平差后的角度和边长,计算平面监测基准网各基准点的坐标值。

表 1 平面监测控制网平差计算角度改正数统计

| 序号 | 观测角度 | 角度编号 | 观测角 $\alpha_i$/ (° ′ ″) | 改正数 $v_{\alpha i}$/ ( ″ ) | 平差后值 $[\alpha_i]$/ (° ′ ″) |
|---|---|---|---|---|---|
| 1 | TN02-TN01-TN04 | $\alpha_1$ | 45 11 56.7 | 0.19 | 45 11 56.89 |
| 2 | TN02-TN01-TN06 | $\alpha_2$ | 56 20 42.4 | 0.32 | 56 20 42.72 |
| 3 | TN02-TN01-TN03 | $\alpha_3$ | 91 23 51.2 | 1.34 | 91 23 52.54 |
| 4 | TN04-TN02-TN06 | $\alpha_4$ | 01 10 48.2 | 0.38 | 01 10 48.58 |
| 5 | TN04-TN02-TN07 | $\alpha_5$ | 28 02 35.8 | 0.30 | 28 02 36.10 |
| 6 | TN04-TN02-TN03 | $\alpha_6$ | 65 15 19.5 | -0.23 | 65 15 19.27 |
| 7 | TN04-TN02-TN01 | $\alpha_7$ | 103 56 33.3 | 0.31 | 103 56 33.61 |
| ⋮ | ⋮ | ⋮ | ⋮ | ⋮ | ⋮ |
| 47 | TN04-TPL3-TN06 | $\alpha_{47}$ | 09 13 02.4 | 1.01 | 09 13 03.41 |
| 48 | TN04-TPL3-TN07 | $\alpha_{48}$ | 39 24 19.2 | 1.40 | 39 24 20.60 |
| 49 | TN04-TPL3-TN05 | $\alpha_{49}$ | 52 01 32.7 | 0.78 | 52 01 33.48 |
| 50 | TN04-TPL3-TN03 | $\alpha_{50}$ | 79 33 24.5 | 0.85 | 79 33 25.35 |

表 2　平面监测控制网平差计算边长改正数统计

| 测站 | 照准 | 距离编号 | 观测边长 $s_i$ /m | 改正数 $v_{s_i}$ /m | 平差后值 $[s_i]$ /m |
|---|---|---|---|---|---|
| 1 | TN01—TN02 | $s_1$ | 393.162 98 | 0.000 27 | 393.163 25 |
| 2 | TN01—TN04 | $s_2$ | 743.942 60 | 0.000 48 | 743.943 08 |
| 3 | TN01—TN06 | $s_3$ | 1 075.256 76 | 0.000 04 | 1 075.256 80 |
| 4 | TN01—TN03 | $s_4$ | 321.210 00 | 0.001 09 | 321.211 09 |
| 5 | TN02—TN04 | $s_5$ | 543.896 08 | 0.000 92 | 543.897 00 |
| 6 | TN02—TN06 | $s_6$ | 917.707 42 | 0.000 06 | 917.707 48 |
| 7 | TN02—TN07 | $s_7$ | 1 061.074 12 | -0.001 94 | 1 061.072 18 |
| 8 | TN02—TN03 | $s_8$ | 513.727 03 | 0.000 31 | 513.727 34 |
| ⋮ | ⋮ | ⋮ | ⋮ | ⋮ | ⋮ |
| 27 | TN07—TPL3 | $s_{27}$ | 946.270 51 | -0.001 04 | 946.269 47 |
| 28 | TN07—TPL2 | $s_{28}$ | 553.466 84 | -0.001 42 | 553.465 42 |
| 29 | TN07—TPL1 | $s_{29}$ | 393.845 17 | 0.000 29 | 393.845 46 |
| 30 | TPL1—TPL2 | $s_{30}$ | 341.436 61 | 0.001 00 | 341.437 61 |

### 3.5　精度分析

根据式(8)和式(9)计算测角中误差为 0.53″,满足限差 0.7″要求;测边中误差为 0.26 mm,最大边长相对中误差为 1/484 962,满足限差 1/300 000 的要求,计算结果满足《混凝土坝安全监测技术规范》(DL/T 5178—2016)的要求。

## 4　总结

全站仪边角网测量经常用于大坝平面监测基准网测量中,该方法具有图形结构强度高、检核条件多、观测精度高的特点,采用测边、测角条件平差法,可以获得高精度的坐标成果,能够满足大坝变形监测要求,另外在进行测量计算过程中,还可以获得平面控制网基准点的高程成果[10],可用于边坡高程监测。下一步将针对全站仪边角网测量数据,利用计算机语言编写开发更为智能化的软件,实现软件自动平差计算,同时研究 GNSS 和全站仪边角联合测量,进行多源数据联合平差方法[11],满足大坝及边坡全面、准确、长期的监测。

## 参考文献

[1] 田茂森,朱庆锋.GPS 技术在施工监测控制网测量中的应用[J].建筑技术,2019,50(S2):48-50.

[2] 梁露,阳振宇.全站仪导线测量平差方法的比较:以水利工程导线控制网为例[J].工程技术研究,2021,6(12):50-51.

[3] 刘洪臣,孙愿平,陈磊.全站仪自由设站法在建筑基坑监测中的应用条件研究[J].岩土工程技术,

2020,34(1):13-17.

[4] 闫继朋.导线测量法在水平位移监测控制网中的应用[J].四川水泥,2022,309(5):21-23.

[5] 陶本藻.综述测边、测边角网的平差计算(续完)[J].测绘通报,1981(1):11-15.

[6] 张玉呆.边角网平差计算中观测边长"权"的确定[J].同煤科技,2010,123(1):18-20.

[7] 刘洪晓.边角网平差函数模型的系数矩阵计算的探讨[J].山东工业技术,2019,284(6):94.

[8] 万应玲.边角网大地四边形条件平差时各类条件的特点与选择[J].矿山测量,2015,179(5):53-56,75.

[9] 王文贯.浅谈测距边长改化在勐曼二级水电站施工控制网测量中的应用[J].人民珠江,2012,33(4):15-17.

[10] 杨凡,范百兴,李广云,等.大尺寸高精度三维控制网技术探讨[J].测绘科学技术学报,2015,32(2):120-124.

[11] 苏秀永,胡俊凯,吴文超,等.多源数据联合平差以及合理的定权方法实践——以某抽水蓄能电站施工测量控制网为例[J].测绘与空间地理信息,2022,45(3):176-179.

# 大水位变幅库内取水圆筒泵站的布置与设计

胡　刚　廖祥君　王海建　袁　喆

(中水珠江规划勘测设计有限公司,广东广州　510610)

**摘　要**:结合小流量、高扬程、大水位变幅的工作条件,论述了库内取水泵站宜选择卧式多级双吸中开离心泵型并采用大直径圆筒形加隔墙内支撑的泵房结构形式,探讨了解决库内泵站抗浮稳定和渗漏问题的有效措施,为相似工程的布置设计提供了参考和借鉴。

**关键词**:库内取水;大水位变幅;圆筒泵站;泵型选择;布置设计

## 1　工程概况

朱昌河水库工程位于贵州省盘州市英武乡和刘官镇交界的乌都河左岸支流朱昌河下游河段,工程枢纽地处东经104°48′,北纬25°47′,在英武乡上游约4 km,距盘县县城约40 km。工程附近有镇胜高速(英武、刘官出口)、G320国道经过,交通便利。

朱昌河水库工程任务是以供水为主,兼顾发电。工程水库正常蓄水位1 460.0 m,校核洪水位1 461.29 m,死水位1 420.0 m,总库容4 420万 m³,死库容691万 m³,调节库容3 531万 m³,为多年调节水库。工程满足95%保证率的年平均供水量为5 256万 m³,供水对象为城镇和乡村居民的生活用水及工业用水,其中供往刘官镇方向5 003万 m³,英武乡方向253万 m³。

朱昌河水库工程由水源工程和供水工程两大部分组成。水源工程包括挡水坝、溢流坝、发电引水系统及右岸坝后式地面厂房。供水工程包括上游刘官镇方向供水工程和下游英武乡方向供水工程,分别由取水泵站、高位水池和供水管线三部分组成。

上游刘官镇方向供水工程的取水泵站布置于拦河坝上游约4 km的三角田村附近,位于水库库腰部位。泵站运行工况要求最低死水位、最高正常蓄水位都能够正常取水,因此泵站运行水位变幅高达40 m,水位变化幅度和挡水高度均较大。

## 2　泵站地形地质条件

工程地处黔西高原,属可溶岩与碎屑岩相间分布的溶蚀、侵蚀低中山地貌,区内地势高峻,河谷深切。供水区位于云南高原向贵州高原过渡带,为溶蚀、侵蚀低中山与峡谷地形,相对高差大于500 m。

工程枢纽与供水区主要地质构造为英武背斜及普安向斜,处于背、向斜之间的单斜地层区,未见有大的断层发育。工程位于新构造运动活动相对微弱区,据《中国地震动参数

---

**作者简介**:胡刚(1978—),男,高级工程师,主要从事设计和管理工作。

区划图(1:400万)》,工程区地震动峰值加速度为 0.05g,相应地震基本烈度为Ⅵ度,区域构造稳定性好。

库内取水泵站布置于三角田村和东边花甲山村之间的冲沟东侧约 50 m,位于库内,该处地面高程 1 411.0~1 440.0 m,地形坡度 20°~30°。表层覆盖层厚度 4.50~5.10 m,为粉质黏土夹碎块石,地基下部为中厚层状弱风化 $T_1yn^3$ 灰岩,岩层产状 N265.9°、SW∠48°。

取水泵站场地地形相对较陡,西侧距离冲沟较近,地基 $T_1yn^3$ 灰岩地层倾向坡内,基坑边坡开挖均为逆向坡或斜向坡,边坡稳定性良好。泵站基础均位于弱风化基岩上,强度满足泵房地基承载力要求。

## 3 泵站机组选型

### 3.1 泵站设计参数

刘官镇方向供水流量为 2.22 m³/s,设计净扬程 301.5 m,适合此扬程的泵型为多级泵,可采用卧式多级双吸中开离心泵、立式长轴泵和井用潜水泵三种方案[1]。

#### 3.1.1 卧式多级双吸中开离心泵方案

卧式多级双吸中开离心泵运行维护简单,水泵效率高,水泵采用双吸结构,轴向力由双吸叶轮基本平衡,残余轴向力由轴承平衡,在大型高扬程泵站多采用此泵型。满足本工程参数水平要求的生产厂商较多且应用较广。近年来,卧式多级双吸中开离心泵已在沙特阿拉伯胡富夫市供水项目、云南石屏县小路南提水工程、阿尔及利亚 AEP TAMAN-RASSET-STATIONS DE P 等大型供水项目中使用。本方案选定 6 台卧式多级双吸中开离心泵,4用2备,单泵设计流量 0.555 m³/s,配套电机单泵功率 2 500 kW。

#### 3.1.2 立式长轴泵方案

立式长轴泵制造难度较大,对本工程参数水平仅有较少生产厂商能提出相应方案,具有该规模生产能力的生产厂商不多。初拟水泵台数为 4用2备,单泵流量为 0.555 m³/s。表1列出了部分水泵制造厂为本泵站提供的水泵参数。

表 1 部分水泵制造厂提供的立式长轴泵参数

| 制造厂家 | 设计流量/<br>(m³/s) | 设计扬程/<br>m | 效率/<br>% | 转速/<br>(r/min) | 比转速 | 进口淹深要求<br>(至吸水口)/m |
|---|---|---|---|---|---|---|
| 厂家一 | 0.555 | 303.60 | 83.50 | 998 | 105.55 | 7.68 |
| 厂家二 | 0.555 | 303.60 | 86.00 | 980 | 143.06 | 4.00 |
| 厂家三 | 0.555 | 303.60 | 81.00 | 1 490 | 157.58 | 5.0 |

该参数水平的立式长轴泵国内外具有生产制造能力的厂家不多,考虑方案可行性,暂选取厂家三的方案参数水平进行比较,即水泵转速为 1 490 r/min,取水泵效率为 81.00%,满足《离心泵效率》(GB/T 13007—2011)。

### 3.1.3 井用潜水泵方案

对 wilo 水泵、富兰克林电气(上海)有限公司、KSB 泵业、上海深井泵厂等井用潜水泵生产厂家进行咨询,在 300 m 扬程段,目前 KSB 能够生产较大流量的井用潜水泵,wilo 水泵等厂商在该扬程段的流量约为 130 m³/h,流量较小,需采用台数约为 60 台,数量庞大。

根据地质取钻孔水、河水做室内水质简分析试验,朱昌河河水属于 $HCO_3^- + SO_4^{2-}$—$Mg^{2+} + Ca^{2+}$、$HCO_3^- + Cl^-$—$Ca^{2+}$ 型水,pH 为 7.20,地下水属于 $HCO_3^-$—$Ca^{2+} + Mg^{2+}$、$HCO_3^-$—$Ca^{2+} + Na^+ + K^+$ 型水,pH 为 7.20~7.30。水库内水中阳离子 $Ca^{2+}$、$Mg^{2+}$ 含量较大,总硬度较大。

锦屏一级水电站工程水文地质的水型多为 $SO_4$—$HCO_3$—$Mg$;左右岸大理岩岩溶—裂隙水及右岸泉水以 $HCO_3$—$Ca$ 水型为主,少地表水的 $Ca^{2+}$ 的含量为 33.16~53.42 mg/L,$Mg^{2+}$ 的含量为 4.47~17.87 mg/L,总硬度为 114.99~174.79 mg/L。锦屏一级水电站大坝集水井采用井用潜水泵进行排除大坝渗漏水,水泵安装运行数月后,电机外壳覆盖了约 3 mm 厚的钙化物及一层薄薄质地较坚硬的水垢,致使潜水电机温度较高;水泵叶轮、水泵轴、水泵腔内均附着一层水垢,疑似水垢结晶体填充了水泵轴承部位,导致水泵轴承间隙变小,电机阻力增大,造成运行电流会突然增大。在这类水型条件下井用潜水泵运行存在安全隐患。

本工程的河水内阳离子含量和总硬度略低于锦屏一级水电站,但本工程属于重要的供水工程,利用小时数较高,采用井用潜水泵,其水泵故障率会较其他结构形式水泵高,故本工程不推荐使用井用潜水泵。

### 3.2 泵型选择

从设备制造方面来分析,中开离心泵方案对应水泵参数的应用较多,是较为成熟的产品;立式长轴泵方案运行较为广泛,多用于低扬程、大流量的供水泵站或高扬程、小流量的供水泵站,然而立式长轴泵对应参数的产品不多,仅有部分厂家具有此制造能力。

从泵房布置及运行维护方面来分析,中开离心泵方案水泵与电动机水平布置,机组检修时,只需将水泵泵盖打开,就可以将转轮吊出检修,节约了检修安装时间;立式长轴泵方案为水泵与电动机立式布置,如需检修水泵,需将电机先拆出,检修工作量加大,不利于后期运行维护。受水泵安全及稳定要求,长轴泵泵轴长度宜控制在 20 m 以下,致使泵房尺寸变化不大,立式长轴泵节省厂房的尺寸优势已不明显。

从投资和年运行费用方面来分析,离心泵方案机电设备投资较省,比长轴泵方案少266.1 万元,但土建投资比长轴泵方案多 546.1 万元,总投资离心泵方案比长轴泵方案多65.4 万元。两种方案的电度电费主要来自泵组、变压器、站用变,根据贵州省大工业水电价格水平,按 0.55 元/(kW·h)计算,离心泵方案比长轴泵方案每年节约 70.8 万元。两方案均设置一台容量为 16 000 kVA 的主变压器,无基本电费差别,离心泵方案年运行费用比长轴泵方案节约 70.8 万元。两种方案均能满足提水要求,效果一致,采用费用比选法进行比选,采用计算周期 30 年,折现率 $i=8\%$,离心泵方案费用现值较长轴泵方案略少732.0 万元。从经济比选来看,离心泵方案略优。

综合设备制造能力、泵房布置及运行维护和经济性三个方面的分析论述,本工程泵型推荐采用卧式多级双吸中开离心泵方案。

## 4 泵站布置设计

### 4.1 泵房形式选择

本泵站工程为库内单级取水,可采用的泵房形式有库内干室泵房、库内排架式泵房、岸边竖井式泵房等。结合水机泵型推荐卧式多级双吸中开离心泵方案。相应泵房形式可排除库内排架式这类湿室泵房,而采用库内干室泵房、岸边竖井式泵房[2]。

泵组台数需布置 6 台(4 用 2 备),若岸边开挖竖井,则竖井开挖直径和深度都将近 50 m,竖井开挖和支护难度较大,还需开挖一条引水隧洞或明渠,难以解决对周边影响及弃渣问题,经济技术上均不合适。因此,泵房形式推荐采用库内干室泵房。对于库内干室泵房有圆筒形布置方案和矩形布置方案。

#### 4.1.1 圆筒形泵房方案

泵房圆形布置,四周为钢筋混凝土圆筒,基础坐落在弱风化灰岩上,基底高程 1 410.0 m。为充分利用空间,泵机在泵房内前后交错布置,圆筒内径需要 42.0 m,圆筒壁厚 1.5~3.5 m。圆筒内横向布置两道隔墙,将泵房分割成 3 个空间,分别为进水间、主机间、副厂房。进水间外墙共设置 2 个进水口,下进水口中心高程 1 717.0 m。主机间布置水泵机组以及楼梯间、电梯井等。副厂房首层 6 台机组出水管在此汇总成 2 根主管道,叉管较多,因此采用大块体混凝土外包。

#### 4.1.2 矩形泵房方案

矩形泵房方案与圆筒形泵房方案总体布置基本一致,泵房采用矩形。

泵房分为上下两部分,下部泵房整体尺寸为 55.0 m×29.0 m×24 m(长×宽×高),建基面高程 1 410.0 m,顶板高程 1 434.0 m,布置一台桥式起重机,用于水机设备检修。上部泵房尺寸为 44.5 m×18.5 m×28.6 m(长×宽×高),顶高程为 1 462.6 m。1 462.6 m 高程以上为排架式结构,布置一台双向桥式起重机,用于将设备吊运至下部泵房,同时兼作检修闸门启闭设备。

下部泵房四周墙体厚 3.3 m,顶板厚 2.5 m;上部泵房四周墙体厚 2.5 m,布置 6 台泵组。上部泵房共布置 3 层电气副厂房。

#### 4.1.3 方案选择

圆筒形泵房方案和矩形泵房方案相比,泵组设备布置相同,矩形泵房方案投资稍大。同时库内取水泵站在水库正常水位时泵房挡水墙承受外水压力可达 500 kPa,结构承受荷载大,且外水头变幅高达 40 m,内外温差大,结构受力复杂。圆筒形泵房的结构受力条件较好,能较好地发挥混凝土抗压强度高的特点。圆筒形泵房方案仅需在进水间外墙上布置高低不同的进水口,并增加相应的启闭设备即可实现在大水位变幅条件下分层取水,而矩形泵房做到分层取水的话可采用叠梁门方案,增加的投资较多。因此,最终推荐圆筒形泵房方案。

### 4.2 泵站布置

取水泵站布置于三角田村与花甲山村之间的山坡处,泵站形式采用整体式圆筒形干室泵房,基础坐落在弱风化灰岩上,基底高程 1 410.0 m。泵房四周为钢筋混凝土圆筒,圆筒内径 42.0 m,圆筒壁厚在 1 439.0 m 高程以下为 3.5 m,在 1 441.0 m 高程以上为 1.5 m,中间 2 m 高度为渐变段。泵房内共布置 6 台卧式多级中开离心泵(4 用 2 备),安装高程 1 417.6 m(计至泵轴中心高程),总装机容量 15 000 kW。为充分利用空间,泵机在泵房内前后交错布置。圆筒泵房顶高程 1 462.6 m,该高程以上为排架式结构,布置启闭机一台起重量为 16 t 的桥式起重机,跨度 21 m。

泵房内布置两道横向隔墙,将泵房在平面总体上分隔成 3 个空间,分别为进水间、主机间、副厂房。

为了实现分层取水的功能,使取水质量更有保障,布置从泵房圆筒突出的高低层进水口段,突出段平面尺寸 5 m×6 m(长×宽),从进水方向依次为拦污栅、下层进水口、上层进水口。下层取水口尺寸 2 m×2 m,底高程 1 416.4 m,上层取水口尺寸同样为 2 m×2 m,底高程 1 439.0 m。拦污栅孔底高程 1 416.4 m,孔顶高程与上层取水口顶高程一致,为 1 441.0 m。进水口上部布置启闭机房,检修闸门及拦污栅共用一套移动式启闭机,用于检修操作。为提高结构强度,进水间布置 4 道支撑隔墙,隔墙底部开孔连通,隔墙厚均为 1.3 m。

主机间布置 6 台水泵机组以及左右 2 座楼梯电梯间等。主机间地面高程 1 416.6 m,泵机中心线间距分别为 6.95 m、4.15 m、8.9 m、4.15 m、6.95 m。主机间四周 1 419.3 m 高程设宽 1.2 m 的巡视平台,平台布置钢梯至地面 1 416.6 m 高程,下游侧 1 419.3 m 高程平台宽度扩大至 3.0 m,作为副厂房布置补偿柜等电气设备。泵房位于库内,水库水位高且变幅大,为减少渗漏,在泵房圆筒外壁和进水间临水面刷涂或喷涂水泥基渗透结晶型防水涂料,且在主机间右侧布置渗漏集水井和排水泵,以将运行过程中可能产生的渗漏水及时排出泵房。

副厂房分为主机间下游副厂房和进水间上部副厂房。首层 6 台机组出水管在主机间下游首层副厂房汇合成 2 根主管道,因叉管较多,采用大块体混凝土外包。出水管道斜出圆筒泵房底板后沿开挖后边坡爬升至高位水池,出水管上方在 1 462.6 m 高程布置交通桥连接泵房和岸边。主机间下游从 1 462.6 m 高程及以下共布置 8 层副厂房,用于布置电气设备等功能房间和备用扩展空间。进水间上部 1 462.6 m 高程布置进厂大厅、值班室、吊运平台和中控室、柴油发电机室等。库内取水圆筒泵站的综合布置见图 1、图 2。

## 4.3 整体稳定分析

根据《泵站设计标准》(GB 50265—2022),需要分别进行泵房的抗滑稳定、抗浮稳定和地基应力计算[3]。本工程泵房为 2 级建筑物,工程区地震设计烈度为Ⅵ度,可不进行抗震计算。泵房地基布置在弱风化灰岩逆向坡上,其抗剪断指标为: $f' = 1.0$、$c' = 0.9$ MPa;承载力标准值 $f_k = 3.0 \sim 4.0$ MPa,地基稳定性和承载条件较好。泵站主要的水平荷载为泵站运行时在出水管断面产生的水平水推力,出水管管径较小,只有 1.2 m,水推力数值相对抗滑力较小,因此抗滑稳定和地基承载力要求是较容易满足的。

本泵站为库内岸边建筑物,最大水深 50 m,圆筒体外直径达到 49.0 m,浮托力巨大,且圆筒内为 3 个空腔体,抗浮主要靠建筑物自重,其抗浮稳定需要重点考察。

抗浮稳定采用计算公式:

$$K_f = \frac{\sum V}{\sum U}$$

式中: $K_f$ 为抗浮稳定安全系数; $\sum V$ 为作用于泵房基础底面以上的全部重力,kN; $\sum U$ 为作用于泵房基础底面以上的扬压力,kN。

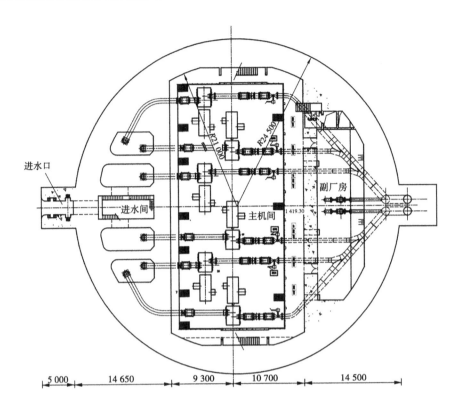

图 1 库内取水圆筒泵站水泵层平面布置图

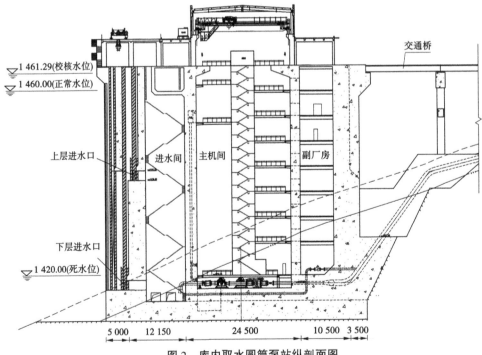

图 2 库内取水圆筒泵站纵剖面图

根据本工程取水泵房结构特点,计算工况、荷载组合及计算结果见表2。

**表2 计算工况、荷载组合及计算结果**

| 荷载组合 | 计算工况 | 水位/m | 荷载类别 | | | | | | 计算结果 | |
|---|---|---|---|---|---|---|---|---|---|---|
| | | | 结构自重 | 水重 | 淤沙压力 | 静水压力 | 扬压力 | 浪压力 | 计算值 | 允许值 |
| 基本组合 | 完建 | — | √ | — | — | — | — | — | 满足 | 1.10 |
| | 设计运用 | 1 460.03 | √ | √ | √ | √ | √ | √ | 1.23 | |
| 特殊组合 | 检修 | 1 460.0 | √ | √ | √ | √ | √ | √ | 1.09 | 1.05 |
| | 校核 | 1 460.71 | √ | √ | √ | √ | √ | √ | 1.20 | |

计算结果表明,抗浮稳定满足要求,最小值控制在检修工况下。为留有一定的安全储备,在底板设置242根抗浮砂浆锚杆,锚杆直径25 mm,长度6.7 m/5.2 m,按间排距为3 m长短间隔布置,锚杆伸入底板1.2 m并与底板底层钢筋焊接连接。

## 5 结语

本文论述了朱昌河水库工程库内取水泵站在机组选型基础上进行布置和设计的方法和实践,有以下几点结论可供相似工程参考和借鉴:

(1)在小流量、高扬程、大水位变幅的工作条件下,综合设备制造能力、泵房布置及运行维护和经济性三方面来考量,库内取水泵站推荐采用卧式多级双吸中开离心泵组是适宜的。

(2)库内取水泵站岸边布置,选择基岩浅埋或裸露的逆向坡位置,开挖边坡和地基整体稳定性较好,可大大节省边坡支护和地基处理工程量,泵房结构的整体稳定性也较容易满足要求。

(3)在高外水头作用、大水位变幅以及泵房尺寸要求较大时,整体圆筒形、筒内隔墙支撑的泵站结构形式能满足中开离心泵组的空间功能要求,更能充分发挥钢筋混凝土抗压强度高的优势,整体空间结构的受力性能良好,且容易布置分层取水口以提高取水质量。同时外防渗和内排水相结合是解决库内取水泵站渗漏问题的有效措施。

(4)库内取水泵站的整体稳定性验算中,岩基上的抗滑稳定和地基承载力是比较容易满足要求的,需要重点考察抗浮稳定性,安全系数最小值往往控制在检修工况和校核运行工况下。为留有一定的安全储备,在底板设置一定数量的抗浮锚杆是必要且经济可行的。

## 参考文献

[1] 中华人民共和国住房和城乡建设部.泵站设计规范:GB 50265—2010[S].北京:中国计划出版社,2011.

[2] 水利部水利水电规划设计总院.水工设计手册:第 9 卷:灌溉、供水[M].2 版.北京:中国水利水电出版社,2014.

[3] 中水珠江规划勘测设计有限公司.贵州省盘县朱昌河水库工程设计变更报告(审定本)[R].广州:中水珠江规划勘测设计有限公司,2017.

# 大型引调水工程运行管理设计要点探讨

## 韩 江 汤广忠

（中水珠江规划勘测设计有限公司，广东广州 510610）

**摘 要**：为充分发挥工程的综合效益，促进水资源的可持续利用，保障经济社会高质量发展，需加强水利工程管理，保证工程安全，提高管理效能。为此，环北部湾广东水资源工程作为新建大（1）型引调水工程，提出该工程管理设计的关键问题是管理体制、管理用房、必备的管理设施等。依据现行规范、法律法规及类似工程的成功经验，采用定额法规范管理单位的岗位定员、管理用房及交通设施测算等。经分析，环北部湾广东水资源工程管理单位性质为企业，广东粤海粤西供水有限公司作为项目公司，建管一体，运行管理机构定员为550人，用房面积为24 877 m²，交通工具为59辆（艘），划定了工程管理范围与保护范围，可为类似工程设计参考。

**关键词**：运行管理；定员；用房面积；交通工具

## 1 背景

为推动广东省经济社会高质量发展，需深入贯彻落实中共中央、国务院加快重大水利工程建设的决策部署，积极发挥水利对稳定宏观经济大盘的重要作用。为此，保证重大水利工程工程管理设计质量是关键环节。认真总结环北部湾广东水资源工程的工程管理设计经验是十分必要的。

## 2 工程管理设计要点

按照水利水电工程初步设计报告编制规程的规定，工程管理设计涉及工程管理、水文、规划、水工、建筑、道桥、水机、电气、金属结构、劳动安全、工程信息化、经评等专业，各专业经济评价需紧密配合，才能形成系统的工程运行管理设计成果。

### 2.1 工程管理体制

工程管理体制包括管理单位性质、行政隶属关系和资产权属、管理机构设置、人员编制、管理职责等。建设期管理一般实行项目法人责任制、招标投标制、建设监理制和合同制，其中项目法人应正式成立，并提出建设期机构设置与招标投标方案。而运行管理机构设置与人员编制设计要以水工、水机等专业成果为基础进行测算，并充分征求业主意见，因此运行管理机构设置与人员编制设计是要点。

### 2.2 工程运行管理

工程运行管理主要包括调度运用规程、建筑物和设施的操作规程要点、建筑物维护检

---

**作者简介**：韩江（1968—），男，高级工程师，主要从事水利水电工程规划设计工作。

修条件与技术要求、安全管理办法与措施、工程运行费用及来源等。需规划、水工、水机、经济评价等专业提供相关成果。

### 2.3　工程管理范围与保护范围

工程管理范围需永久占地。工程保护范围是指工程管理范围外延的范围,其中工程管理范围划定是要点。

### 2.4　工程管理设施与设备

工程管理设施与设备的主要内容有确定管理区位置与用地数量;辅助生产、办公、生活用房面积,交通、通信、安全防护设施设备配置;水文监测、工程安全监测的设施设备数量,并提出设施设备的维护管理要点和技术要求;监视控制、分析决策、预报预警、巡查巡检等信息化设施设备的建设内容及运行维护管理要点。需水文、水工、建筑、劳动安全、工程信息化等专业提供相关成果。工程管理章节侧重于相应专业章节未涉及或未计列投资的管理设施。管理区位置选择是决定管理单位运行管理方便与否的关键因素;用房面积测算需以人员编制为基础,按相关规范规定分析;交通工具需根据工程管理的要求,按工程规模测算;用房面积及交通工具均充分征求业主意见,因此管理区位置、用房面积及交通工具测算是要点。

## 3　案例分析

以下案例分析围绕工程管理设计要点进行。

### 3.1　工程概况

环北部湾广东水资源配置工程是系统解决粤西地区,特别是雷州半岛水资源短缺问题的重大水利工程。工程的开发任务以城乡生活和工业供水为主,兼顾农业灌溉,为改善水生态环境创造条件。工程受水区包括云浮、茂名、阳江、湛江4市的13个区县。设计水平年工程从西江多年平均引水量为16.32亿 $m^3$ ,利用当地水利设施增供水量5.10亿 $m^3$ 。工程设计引水流量110 $m^3/s$ ,工程为Ⅰ等大(1)型。包括取水泵站1座、加压泵站4座,输水线路总长度490.33 km。

水源工程自广东省云浮市郁南县西江干流地心村河段右岸无坝引水,取水泵站设计引水流量110 $m^3/s$ ,采用立式单级单吸离心泵,5用1备,总装机容量为276 MW。输水干线总长201.68 km,包括西江取水口—高州水库段干线(简称西高干线,长127.33 km)、高州水库—鹤地水库段干线(简称高鹤干线,长74.35 km),通过高州水库、鹤地水库2座已建大型水库进行调蓄。

输水分干线长288.65 km,包括云浮分干线(25.24 km)、茂名阳江分干线(94.56 km)、湛江分干线(168.85 km)。云浮分干线输水至云浮市金银河水库。茂名阳江分干线沿线依次分水至名湖水库、河角水库、茅峒水库。湛江分干线从鹤地水库取水,自北向南布线直至大水桥水库,沿线依次设置廉江、合雷、松竹、龙门泵站等4座加压泵站,总装机容量为70.65 MW。由此可见,本项目为大型引调水工程,具有线路长、供水范围广、运行调度复杂、管理内容多等特点。

### 3.2　管理体制

环北部湾广东水资源配置工程是一项协调人口、经济、环境、资源的优化配置工程,是保障北部湾城市群用水需求、改善粤西诸河水生态环境的重要基础保障设施,事关经济社会可持续发展和人民群众的切身利益,具有公益性及社会效益与一定的经济效益。据该工程的功能、作用及国内外跨地区调水工程的经验,对照《水利工程管理体制改革实施意见》,本工程属于第二类准公益性项目,水管单位定性为企业。

广东粤海粤西供水有限公司作为项目公司,建管一体,实行企业化管理,按《中华人民共和国公司法》设立董事会、监事会。公司负责项目建设管理、工程运行和维护、偿还项目贷款。广东省水利厅作为其行业主管部门。

按照"科学、精简、高效"的原则,满足生产管理的需要,广东粤海粤西供水有限公司下设行政管理、技术管理、财务与资产管理、运行维护和综合经营等职能部门。项目公司下设云浮管理部、茂阳管理部、湛江管理部。云浮管理部下设地心分部和罗定分部,茂阳管理部下设高州分部和茂名分部,湛江管理部下设廉江分部、合雷分部、松竹分部和龙门分部。

各类岗位设置及人员编制,主要依据《关于印发〈水利工程管理单位定岗标准(试点)〉和〈水利工程维修养护定额标准(试点)〉的通知》(水利部、财政部文件水办〔2004〕307号)(简称《定岗标准》)。根据本工程的实际特点,按"因事设岗、以岗定责、以工作量定员"的原则,优化人员结构,精简管理机构,推进集约化管理,鼓励一人多岗,能够归并的进行合理归并,进行定岗定员。参照东深供水工程管理经验及类似已批复的工程项目定员,拟定公司岗位定员编制总数550人,其中管理岗位137人,运行观测岗位276人,辅助岗位35人,线路巡查维护52人,机电维修50人。

根据工程布置、运行调度、重要性、管理便利性及行政区划等因素分析,项目公司负总责,定员为173人;云浮管理部22人,地心分部管理取水泵站及西高干线西江至宝珠隧洞出水池段定员61人,罗定分部管理西高干线宝珠隧洞出水池段至贵子支洞段及云浮分干线定员23人;茂阳管理部21人,高州分部管理西高干线贵子支洞至高州水库段及高鹤干线定员32人,茂名分部管理茂阳分干线定员21人;湛江管理部22人,廉江分部管理湛江分干线鹤地水库至合流水库段定员47人、合雷分部管理湛江分干线合雷泵站至松竹泵站段定员45人、松竹分部管理湛江分干线松竹泵站至龙门泵站段定员39人、龙门分部管理湛江分干线龙门泵站至大水桥水库段定员44人。

### 3.3 管理范围与保护范围

应按保障工程安全、方便运行等原则,根据工程管理需要,结合自然地理条件,合理划定工程管理范围和保护范围。现行依据主要有《广东省水利工程管理条例》、《水库工程管理设计规范》(SL 106—2017)[1]、《水闸设计规范》(SL 265—2016)[2]、《堤防工程管理设计规范》(SL/T 171—2020)等,还需参照类似工程经验确定工程管理范围与保护范围。工程管理范围应该在工程设计过程中同步确定,并将该范围列入征地范围。可在工程管理范围和保护范围内的明显位置设立界桩、安全警示牌及标识牌,并根据需要设置安全警戒标志等。

### 3.4 管理设施

#### 3.4.1 管理区规划

本工程项目包括1座取水泵站、4座加压泵站及490.33 km的输水管线。工程涉及湛江、茂名、阳江、云浮4市。根据管理单位机构设置,考虑工程重要程度、运行调度便利性、巡检及维护养护方便程度等运行管理因素,并符合管理相关规范及政策要求,共分7个管理区:地心(含地心分部、云浮管理部及罗定分部)管理区,驻地为地心泵站;茂阳管理部及茂名分部管理区,驻地为茂名市石骨隧洞出口;高州分部管理区,驻地为高州东岸1#隧洞出口;廉江分部管理区,驻地为廉江泵站现场;合雷(含项目公司及湛江管理部)管理区,驻地为合雷泵站;松竹分部管理区,驻地为松竹泵站;龙门分部管理区,驻地为龙门泵站。

### 3.4.2 管理用房

《水利水电工程初步设计报告编制规程》(SL/T 619—2021)规定,管理用房主要指辅助生产用房、办公用房、生活用房。办公用房可包括办公室、会议室等;辅助生产用房可包括仓库、资料档案室、防汛调度室等;生活用房可包括值班宿舍以及值班室、车库、食堂等。按照满足工程正常生产和生活所需为原则,参考《水库工程管理设计规范》(SL 106—2017)、《水闸设计规范》(SL 265—2016)、《堤防工程管理设计规范》(SL/T 171—2020)及《党政机关办公用房建设标准》(国家发展和改革委员会、住房和城乡建设部,发改投资〔2014〕2674号),结合实际,确定了各类功能用房标准。经计算得新增管理房面积24 877 $m^2$,其中办公用房6 725 $m^2$,辅助生产及生活用房18 152 $m^2$。

新增管理房面积24 877 $m^2$,人均建筑面积为45 $m^2$。小于《水库工程管理设计规范》(SL 106—2017)规定的"办公用房应根据定编人数,按人均建筑面积不大于15 $m^2$确定;生产、生活用房中仓库、资料档案室、防汛调度室建筑面积应根据防汛任务及其他管理要求确定,其他用房总面积按定编人数人均不大于35 $m^2$确定"。与类似的滇中引水工程(46 $m^2$/人)相比略小,可见本工程管理用房建筑面积是合理的。

### 3.4.3 交通工具

本工程运营总线路长,地形复杂,经过偏远的云开大山地带,地埋钢管、PCCP管、供排泵站、排气孔、闸(阀)、分水口、出水池、倒虹吸、流量计、量水间等地表建(构)筑物众多,水源地分散在各节点上,单机流量国内最大的地心泵站运行可靠性还需在运行期经受考验,运营巡视工程、监测水质及机电设备检修任务较重,工程处于沿海台风频发易涝地区,防汛排涝压力大,故用车需求量较大。参考《水库工程管理设计规范》(SL 106—2017)、《水闸设计规范》(SL 265—2016)、《堤防工程管理设计规范》(SL/T 171—2020),并参考地形条件和工程布置类似的滇中引水工程项目经验,拟配备必须的交通工具59辆(艘),其中小型客车15辆(7座)、防汛车15辆、工具车18辆、中型客车8辆、机动船3艘。

## 4 结语

(1)广东粤海粤西供水有限公司作为项目公司,广东省水利厅作为其行业主管部门。广东粤海粤西供水有限公司下设职能部门、管理部和管理分部。依据《定岗标准》及本工程的实际特点,按"因事设岗、以岗定责、以工作量定员"的原则,优化人员结构,精简管理机构,推进集约化管理,鼓励一人多岗,能够归并的进行合理归并,进行定岗定员,并参照东深供水工程管理经验及类似已批复的工程项目定员、定岗、定编。

（2）根据现行的地方水利工程管理条例、《水库工程管理设计规范》（SL 106—2017）、《水闸设计规范》（SL 265—2016）、《堤防工程管理设计规范》（SL/T 171—2020）等，参照类似工程经验确定工程管理范围与保护范围。工程管理范围应该在工程设计过程中同步确定，并将该范围列入征地范围。

（3）按《水利水电工程初步设计报告编制规程》（SL/T 619—2021），管理用房主要指辅助生产用房、办公用房、生活用房。辅助生产用房可包括仓库、资料档案室、防汛调度室等；办公用房可包括办公室、会议室等；生活用房可包括值班宿舍以及值班室、车库、食堂等。结合现行规范，确定办公用房、辅助生产用房、生活用房面积。

（4）参考《水库工程管理设计规范》（SL 106—2017）、《水闸设计规范》（SL 265—2016）、《堤防工程管理设计规范》（SL/T 171—2020），并结合地形条件和工程布置类似的滇中引水工程项目经验，拟配备必须的交通工具。

（5）本文系统梳理了运行管理设计内容，归纳工程运行管理设计要点，以环北广东水资源配置工程为例说明项目的工程运行管理设计情况，为类似工程管理设计参考。

## 参考文献

［1］中华人民共和国水利部. 水库工程管理设计规范：SL 106—2017［S］. 北京：中国水利水电出版社，2017.

［2］中华人民共和国水利部. 水闸设计规范：SL 265—2016［S］. 北京：中国水利水电出版社，2017.

# 顶管施工关键技术的认识与理解

## 舒刘海　沈　云

（中水淮河规划设计研究有限公司，安徽合肥　230601）

**摘　要**：随着经济的飞速发展，需采用顶管施工的工程越来越多，这给顶管施工技术的发展带来了很大的机遇。顶管施工关键技术的发展需要总结以往的施工经验和教训，找到并解决问题，不断积累和持续创新，推动顶管技术升级。本文通过作者对顶管施工的认识和理解，针对顶管施工关键技术进行了详细分析，叙述了各项关键技术包含的原理和对应的施工方法，列出了施工过程中的注意事项，给相关单位的顶管施工提供有效的参照。

**关键词**：顶管施工；关键技术；施工方法

## 1　引言

近年来，随着经济的飞速发展，为了调节水源供需矛盾，一些长距离输调水工程显著增多，这些工程施工过程中，输水管道难免会遇到需穿越公路、铁路、桥梁、河道等情况，于是顶管施工等非开挖施工技术的使用愈发受到人们的关注。本文着重介绍顶管施工的关键技术，为今后顶管施工提供借鉴和参考。顶管施工的关键技术有管道的穿墙及止水、测量与纠偏、管段接口处理、触变泥浆减阻、中继间等。

## 2　穿墙及止水

穿墙及止水是顶管施工最为重要的工序之一。从打开封门，将掘进机顶出工作井外，这一过程称为穿墙。穿墙时，首先要防止井外的泥水大量涌入井内，严防塌方和流沙；其次要使管道不偏离轴线，顶进方向要准确。顶管穿墙关键应做好以下几个方面的工作：管线放线、后座墙附加层制作、导轨铺设、洞口止水和穿墙等。

穿墙及止水主要由挡环、盘根、轧兰组成，由轧兰将盘根压紧后起止水挡土作用。为避免地下水和泥土大量涌入工作井，一般应在穿墙管内事先填埋经夯实的黄黏土。打开穿墙板闷板后，应立即将工作管顶进。此时穿墙管内的黄黏土受挤压，堵住穿墙管与工具管之间的环缝，起临时止水作用。同时还必须注意将工作井周围的建筑垃圾等杂物清理干净，避免掘进机出洞时，钢筋等杂物进入绞笼，损坏绞刀，致使顶管不能正常顶进。

## 3　测量与纠偏

顶管施工时，在顶进前要求按设计的高程和方向精确地安装导轨、修筑后背及布置顶

---

**作者简介**：舒刘海（1981—），男，高级工程师，主要从事水利水电工程设计工作。

铁,目的是使管节按规定的方向前进。同时必须不断地观测管节前进的轨迹,当发现前段管节前进的方向或高程偏离设计位置后,应立即纠偏,使管节回到设计位置上。

### 3.1 测量

#### 3.1.1 初顶测量

在顶第一节管(工具管)时,应不断地对管节的高程、方向及转角进行测量,测量间隔不应超过 30 cm,保证管道入土位置正确;即使在发现误差进行校正偏差过程中,测量间隔也不应超过 30 cm;在管道进入土层后的正常顶进时,每隔 60~80 cm 测量一次。

#### 3.1.2 中心测量

为观察首节管在顶进过程中与设计中心线的偏离度,并计算其发展趋势,应在首节管两端各设一固定点,以便检查首节管实际位置与设计位置的偏差。

顶进长度在 60 m 范围内,可采用垂球拉线的方法进行测量。一次顶进超过 60 m 时,应采用经纬仪或激光导向仪测量(用激光束定位)。

#### 3.1.3 高程测量

用水准仪及特制高程尺(比管节内径小的标尺)根据工作井内设置的水准点标高(应设两个),测量第一节管前端与后端管内底高程,以掌握第一节管子的走向趋势。测量后应与工作井另一水准点闭合。水准测量最远测距数十米,当长距离顶距时,可用连通管观测两端水位刻度定高程,简单而方便。

#### 3.1.4 激光测量

激光测量时,将激光经纬仪(激光发射器)安装在工作井内,并按管线设计的坡度和方向将发射器调整好,同时在管内装上接收靶(激光接收装置),靶上刻有尺度线,当顶进的管道与设计位置一致时,激光点即可射到靶心,说明顶进无偏差,否则根据偏差量进行校正。

#### 3.1.5 顶后测量

全段顶完后,应在每个管节接口处测量其水平轴线和高程,有错口时,应测出相对高差。

### 3.2 纠偏

当顶进偏差超过允许偏差时,应该进行纠偏处理,防止因偏心度过大而使管节接头压损或管节中部出现环向裂缝[1]。

顶管的误差校正是逐步进行的,形成误差后不可立即将已顶好的管节校正到位,应缓慢进行,使管节逐渐复位。常用的方法有以下三种。

#### 3.2.1 超挖纠偏法

超挖纠偏法的效果比较缓慢,当偏差为 1~2 cm 时,可采用此法,即在管节偏向的反侧适当超挖,而在偏向侧不超挖甚至留坎,形成阻力,使管节在顶进中向阻力小的超挖侧偏向。如管头误差为正值,应在管底部位超挖土方(但不能过量),在管节继续顶进后借助管节本身重量而沉降,逐渐回到设计位置。

#### 3.2.2 顶木纠偏法

偏差大于 2 cm 时,在超挖纠偏法不起作用的情况下可用顶木纠偏法。用圆木或方木的一端顶在管子偏向的另一侧内壁上,另一端斜撑在垫有钢板或木板的管前土壤上,支顶牢固后顶进,在顶进中配合超挖纠偏法,边顶边支。利用顶进时斜支撑分力产生的阻力,使顶管向阻力小的一侧校正。

### 3.2.3 千斤顶纠偏法

当顶距较短时(在15 m范围内),可用千斤顶纠偏法。该方法基本同顶木纠偏法,只是在顶木上用小千斤顶强行将管节慢慢移位校正。

纠偏应符合下列规定:①顶管过程中应绘制顶管机水平与高程轨迹图、顶力变化曲线图、管节编号图,随时掌握顶进方向和趋势。②在顶进中及时纠偏。③采用小角度纠偏方式。④纠偏时开挖面土体应保持稳定;采用挖土纠偏方式,超挖量应符合地层变形控制和施工设计要求。⑤刀盘式顶管机应有纠正顶管机旋转措施。

## 4 管段接口处理

顶管工程中,管段不同的接口处理,会使接口强度和性能不同,将直接影响施工进度和工程质量。

管段接口按性能可分为刚性接口和柔性接口,一般刚性接口有:钢管所采用焊接口、铸铁管采用的承插口、钢筋混凝土管采用的外套环对接(F型)接口;柔性接口是指钢筋混凝土管所采用的平口接口和企口接口[2]。按管道使用要求可分为密闭性接口和非密闭性接口,例如在地下水位下顶进或在需要灌注润滑材料时,要求管道接口具有良好的密闭性,故应采用密闭性接口。施工时要根据现场条件和管道使用要求等合理选择管道接口形式,以保证施工方便和竣工后管道的质量。

钢管在顶进施工中的连接,主要采用永久性的焊接。焊接口的优点是接口强度高、节约材料和工时,但应防止焊接后管材产生变形。平接口是钢筋混凝土管最常用的接口形式。平接口最常用的做法是:在两管节的接口处加衬垫,一般是垫25~30 mm直径的麻辫或3~4层油毡,将其在偏于管缝外侧放置,这样使顶进后管的内缝有1~2 cm的深度,以便顶进完成后进行填缝。

## 5 触变泥浆减阻

在长距离、大直径管道的顶进过程中,有效降低顶进阻力是施工中必须解决的关键问题。顶进阻力主要由迎面阻力和管壁外周摩阻力两部分组成。在超长距离顶管工程中,迎面阻力占顶进总阻力的比例较小。对于一定的土层和管径,其迎面阻力为定值,而沿程摩阻力则随着顶进长度的延长而增加。为了充分发挥顶力的作用,达到尽可能长的顶进距离,除在中间设置若干个中继间外,更为重要的是尽可能降低顶进过程中的管壁外周摩阻力。

顶管工程中主要采用触变泥浆改变管节与土层间的界面性质,这种泥浆除起润滑作用外,静置一定时间后,泥浆便会固结,产生一定的强度[3]。顶进时,通过工具管及顶进管节上预留的注浆孔,向管道外壁压入一定量的减阻泥浆,在管道外围形成一个泥浆套,使管道在泥浆套中前进,可使管外壁和土层间摩阻力大大降低,从而降低50%~70%的顶力值。

另外,在顶管顶进过程中,为使管壁外周形成的泥浆环始终起到支承土体和减阻的作用,在中继间和管道的适当点位还必须进行跟踪补浆,以补充在顶进过程中的触变泥浆损失量。一般压浆量为管道外周环形空隙的 1.5~2.0 倍,施工过程中,泥浆主要从顶管前端进行灌注,顶进一定距离后可从后端及中间进行补浆。

触变泥浆注浆工艺应符合下列规定:

(1)注浆工艺方案应包括下列内容:①泥浆配比、注浆量及压力的确定;②制备和输送泥浆的设备及其安装;③注浆工艺、注浆系统及注浆孔的布置。

(2)确保顶进时管外壁和土体之间的间隙能形成稳定、连续的泥浆套。

(3)泥浆材料的选择、组成和技术指标要求,应经现场试验确定;顶管机尾部同步注浆宜选择黏度较高、失水量小、稳定性好的材料;补浆的材料宜黏滞小、流动性好。

(4)触变泥浆应搅拌均匀,并具有下列性能:①在输送和注浆过程中应呈胶状液体,具有相应的流动性;②注浆后经一定的静置时间应呈胶凝状,具有一定的固结强度;③管道顶进时,触变泥浆被扰动后胶凝结构破坏,但应呈胶状液体;④触变泥浆材料对环境无危害。

(5)顶管机尾部的后续几节管节应连续设置注浆孔。

(6)应遵循"同步注浆与补浆相结合"和"先注后顶、随顶随注、及时补浆"的原则,制定合理的注浆工艺。

(7)施工中应对触变泥浆的黏度、重度、pH、注浆压力、注浆量等进行检测。

(8)触变泥浆注浆系统应符合下列规定:①制浆装置容积应满足形成泥浆套的需要。②注浆泵宜选用液压泵、活塞泵或螺杆泵。③注浆管应根据顶管长度和注浆孔位置设置,管接头拆卸方便、密封可靠。④注浆孔的布置按管道直径大小确定,每个断面可设置 3~5个;相邻断面上的注浆孔可平行布置或交错布置;每个注浆孔宜安装球阀,在顶管机尾部和其他适当位置的注浆孔管道上应设置压力表。⑤注浆前,应检查注浆装置的水密性;注浆时压力应逐步升至控制压力;注浆遇有机械故障、管路堵塞、接头渗漏等情况时,经处理后方可继续顶进。

# 6 中继间

在长距离顶进中,采用中继间实施分段顶进是顶管施工中的重要技术措施。中继间,也称中继站或中继环,是在顶进管段中间安装的接力顶进工作室,此工作室内部有中继千斤顶,从而把整个一次顶进的管道分成若干个推进区间。中继间必须具有足够的强度、刚度、良好的密封性,且要方便安装。因管体结构及中继间工作状态不同,中继间的构造也有所不同。

采用中继间顶进时,其设计顶力、设置数量和位置应符合施工方案,并应符合下列规定:①设计顶力严禁超过管材允许顶力。②第一个中继间的设计顶力,应保证其允许最大顶力能克服前方管道的外壁摩擦阻力及顶管机的迎面阻力之和;而后续中继间设计顶力应克服两个中继间之间的管道外壁摩擦阻力。③确定中继间位置时,应留有足够的顶力安全系数,第一个中继间位置应根据经验确定并提前安装,同时考虑正面阻力反弹,防止地面沉降。④中继间密封装置宜采用径向可调形式,密封配合面的加工精度和密封材料的质量应满足要求。⑤超深、超长距离顶管工程,中继间应具有可更换密封止水圈的功能。

中继间的安装、运行、拆除应符合下列规定：①中继间壳体应有足够的刚度；其千斤顶的数量应根据该段施工长度的顶力计算确定，并沿周长均匀分布安装；其伸缩行程应满足施工和中继间结构受力的要求。②中继间外壳在伸缩时，滑动部分应具有止水性能和耐磨性，且滑动时无阻滞。③中继间安装前应检查各部件，确认正常后方可安装；安装完毕应通过试运转检验后方可使用。④中继间的启动和拆除应由前向后依次进行；⑤拆除中继间时，应具有对接接头的措施；中继间的外壳若不拆除，应在安装前进行防腐处理。

## 7　结语

随着需要采用顶管施工的工程增多，认识和理解顶管施工的关键技术，正确地采用相对应的施工方法，通过融会贯通和试验创新，不断优化、简化施工工艺，是今后顶管施工的必经之路，也成为保障工程安全、顺利实施的基础。

## 参考文献

[1] 邬君.市政给排水施工中长距离顶管施工技术研究[J].中国管理信息化,2021(6):147-148.
[2] 赵惠新,马延廷,丁喜富.顶管施工技术[J].黑龙江水利科技,1999(2):94-95.
[3] 林昌岱.浅析市政给排水施工中长距离顶管施工技术[J].建筑工程技术与设计,2016(18):1680.

# 枫林水利枢纽防洪库容的确定探讨

徐延强　蒋　攀　宋伯杨

(中水东北勘测设计研究有限责任公司,吉林长春　130021)

**摘　要:** 枫林水库是龙泉河流域关键性综合利用枢纽工程,在龙泉河流域防洪体系中的作用十分重要,根据不同泄洪方式比选,确定防洪库容为 2 483 万 $m^3$。

**关键词:** 防洪库容;洪水调节;枫林水库

## 1 枫林水库概况及防洪要求

### 1.1 水库概况

枫林水库位于安徽省池州市东至县南部龙泉河干流上游,坝址位于泥溪镇双溪村境内,距东至县县城约 42 km。水库的开发任务是以城乡供水、防洪、农业灌溉为主,兼顾发电,并为旅游、生态文明建设、促进乡村振兴创造条件。

### 1.2 防洪现状及任务

#### 1.2.1 防洪现状及存在的问题

龙泉河流域属皖赣暴雨中心区,受地理及气候影响,降雨季节分配不均,尤以夏季梅雨集中,暴雨量大;东至县境内龙泉河上游为山区,河道坡度大,到省界龙泉大桥河段及以下,河道比降明显变缓,龙泉大桥以下河道略有缩窄,造成昭潭镇至龙泉大桥河段洪水泄流不畅,频繁遭受旱灾,其中 1998 年以来,灾害损失较大的年份有 1998 年、2013 年、2015 年、2016 年、1999 年及 2020 年,主要受淹城镇包括龙泉镇、昭潭镇及石门街镇。

#### 1.2.2 现状防洪体系

龙泉河流域现有众多中小型水库,其中绝大多数是控制流域面积小于 5 $km^2$ 的小(2)型水库,中型水库仅有一座大板水库,小(1)型水库有中湾、虎岭、跃进、杨屋等 4 座。现有小型水库仅能承担局部的零散的灌溉、供水任务,基本不具有防洪能力。因此,龙泉河干流现状防洪体系以堤防工程为主。

#### 1.2.3 防洪保护范围和防洪保护对象

枫林水利枢纽坝址位于龙泉河干流上游,坝址以上控制流域面积 233 $km^2$,占比约 23.4%。受控制面积限制,仅能有效控制坝址上游洪水,对龙泉河干流洪水起到一定的削减作用,因此枫林水利枢纽的防洪保护区范围为水库坝址至龙泉大桥,保护范围涉及昭潭镇、龙泉镇,保护对象包括昭潭镇区、龙泉镇区及沿河村屯和农田。另外,枫林水利枢纽建成后,可在一定程度上削减下游江西省段的洪峰流量,减轻下游城镇的防洪压力。

---

**作者简介:** 徐延强(1990—),男,工程师,主要从事水利水电规划工作。

### 1.2.4 防洪任务

根据《池州市现代水网规划》《龙泉河流域防洪规划》等规划中规划防洪标准、防洪体系,结合《东至县乡村振兴发展规划》等发展规划和防洪现状,确定枫林水利枢纽防洪任务是:①保证下游龙泉镇达到20年一遇防洪标准;②兼顾削减昭潭镇中心学校断面的20年一遇及以上洪水。

## 1.3 防洪标准及安全泄量

枫林水利枢纽的防洪保护范围为下游2个乡镇,防洪标准主要参考《防洪标准》(GB 50201—2014),并综合考虑地区经济、政治、社会、环境等因素合理确定为20年一遇。

控制断面龙泉大桥安全泄量为1 320 $m^3/s$。

## 2 防洪库容论证

对枫林水利枢纽初步分析采用区间补偿法和固定泄量法[1],初步库容分析时,根据1998年、2020年两种年型洪水过程分别进行计算和分析。

### 2.1 区间补偿法

根据坝址、区间来水过程,凑泄试算上游坝址水库泄水过程,经错时后泄水过程与区间洪水相加,满足下游防洪控制断面的防洪要求。采用区间补偿法分别计算不同典型年不同组合20年一遇洪水枫林水利枢纽需要的防洪库容。

根据坝址、区间来水过程,凑泄试算上游坝址水库泄水过程,经错时后泄水过程与区间洪水相加,满足下游防洪控制断面的防洪要求。调洪原则如下:

#### 2.1.1 涨水段

当区间来水小于1 320 $m^3/s$、区间洪水与枫林入库洪水叠加小于1 320 $m^3/s$时,枫林水利枢纽来多少泄多少;

当区间来水小于1 320 $m^3/s$、区间洪水与枫林入库洪水叠加大于等于1 320 $m^3/s$时,枫林水利枢纽根据区间洪水进行控泄,控制叠加后龙泉大桥断面流量为1 320 $m^3/s$;

当区间来水大于等于1 320 $m^3/s$时,枫林水利枢纽不下泄。

#### 2.1.2 退水段

当区间来水小于1 320 $m^3/s$、区间洪水与枫林入库洪水叠加大于等于1 320 $m^3/s$时,枫林水利枢纽根据区间洪水进行控泄,控制叠加后龙泉大桥断面流量为1 320 $m^3/s$;当区间洪水与枫林入库洪水叠加小于1 320 $m^3/s$时,按500 $m^3/s$泄流至汛限水位。

根据上述原则进行调洪计算,对比2个典型年共4种计算成果,满足4种计算成果下的区间补偿法防洪库容为2 483万 $m^3$,调洪成果见表1,调洪洪水过程线见图1。

该方案是水库最小的防洪库容,优点是移民淹没投资最少,但该方法调度方式相对复杂,要求泄水闸门随时调整开度,对水文预报精准有一定要求。

表1　区间补偿法20年一遇洪水调洪成果

| 项目 | 1998年枫林为主 | 1998年区间为主 | 2020年枫林为主 | 2020年区间为主 |
|---|---|---|---|---|
| 最大入库流量/（m³/s） | 1 040 | 470 | 1 040 | 450 |
| 最大下泄流量/（m³/s） | 500 | 470 | 500 | 450 |
| 防洪库容/万 m³ | 2 483 | 1 922 | 2 369 | 1 994 |

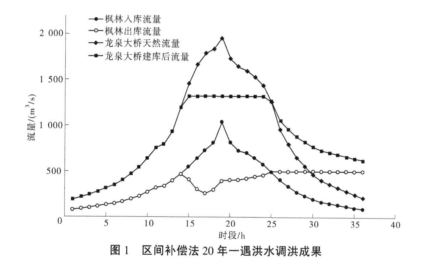

图1　区间补偿法20年一遇洪水调洪成果

## 2.2　固定泄流量

### 2.2.1　固定泄流流量

已知龙泉河大桥防洪控制断面安全泄量为 1 320 m³/s，根据1998年和2020年组合洪水过程，枫林—龙泉大桥区间同频洪峰均为 1 650 m³/s，已超过防洪控制断面安全泄量，因此不以区间同频洪水方案计算防洪库容。1998年和2020年枫林—龙泉大桥区间相应洪水洪峰分别为 1 060 m³/s 和 990 m³/s，安全泄量与1998年和2020年区间洪峰差值分别为 260 m³/s 和 330 m³/s，经分析按照 260 m³/s 控泄所得防洪库容大于按照 330 m³/s 控泄，以此确定枫林水利枢纽按照1998年枫林—龙泉大桥区间同频洪水过程和固定泄流 260 m³/s 计算防洪库容。

（1）涨水段。水库来水小于 260 m³/s 时，来多少泄多少；水库来水大于 260 m³/s 时，按 260 m³/s控泄。

（2）退水段。按照 260 m³/s 固定泄流至汛限水位。

经计算，防洪库容为 4 051 万 m³，调洪洪水过程线见图2。该方法调度方式简便、调度失误概率小，但所需防洪库容偏大，按此方式进行调度为水库最大防洪库容。

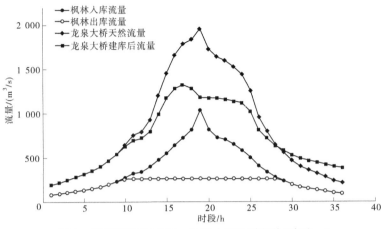

图 2　固定泄量法 20 年一遇洪水调洪过程线(方法一)

### 2.2.2　固定泄流时段

分析龙泉大桥断面洪水过程,考虑洪水传播时间及响应时间,区间洪水与枫林入库洪水叠加超过 900 $m^3$/s 时按 260 $m^3$/s 控泄,控泄时间为 13 个时段。

(1)涨水段。区间洪水与枫林入库洪水叠加小于 900 $m^3$/s 时,来多少泄多少;区间洪水与枫林入库洪水叠加大于 900 $m^3$/s 时,水库按 260 $m^3$/s 进行控泄。

(2)退水段。区间洪水与枫林入库洪水叠加小于 1 000 $m^3$/s 时,按 500 $m^3$/s 泄流至汛限水位。

经计算,防洪库容为 3 775 万 $m^3$,调洪洪水过程线见图 3。该方法调度方式相对简便、调度失误概率较小,调度原则中考虑到洪水传播时间和洪水时段,比第一种固定泄流方法可减少 296 万 $m^3$ 防洪库容和对应淹没投资,库容介于最大防洪库容和区间补偿法防洪库容之间。

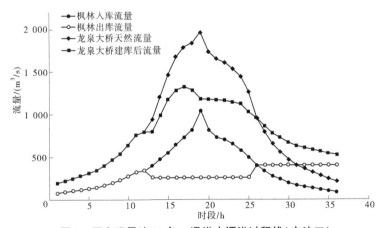

图 3　固定泄量法 20 年一遇洪水调洪过程线(方法二)

## 3 防洪库容的确定

根据以上计算成果,枫林水利枢纽所需防洪库容最小为 2 483 万 m³,最大为 4 051 万 m³。龙泉河有流域面积相近的支流石城河,且下游有石门街水文站进行实时测报,另有拟建昭潭水文站,现状具有一定水文预报能力,且枫林水利枢纽上游淹没投资较为敏感,经综合分析防洪效益、淹没投资及运行调度等因素,确定防洪库容为 2 483 万 m³,同时水库上游及龙泉河支流需配套完善相关水文预警预报系统,配合水库调度。不同防洪库容方案成果汇总见表 2。

表 2    不同防洪库容方案成果汇总

| 计算方法 | 防洪库容/万 m³ | 防洪库容淹没投资/万 m³ | 优点 | 缺点 | 备注 |
|---|---|---|---|---|---|
| 区间补偿法 | 2 483 | 2.77 | 移民淹没投资最少 | 调度方式相对复杂,要求泄水闸门随时调整开度,对水文预报精准有一定要求 | 凑泄 |
| 固定泄量法1 | 4 051 | 4.15 | 调度方式简便、调度失误概率小 | 移民投资大 | 全程按照 260 m³/s 控泄 |
| 固定泄量法2 | 3 775 | 3.65 | 调度方式较为简便、调度失误概率较小 | 移民投资较大 | 控泄 13 个时段 |

## 4 结语

目前,流域缺少洪水预报系统,从建设完善的暴雨洪水预警预报系统角度来讲,今后可结合预报系统建成情况进一步优化水库运用方式,进行水库动态汛限水位研究,发挥水库最佳的综合效益。

## 参考文献

[1] 莫丽红. 三荔水库防洪库容的确定[J]. 陕西水利,2018(7):212-217.

# 高面板堆石坝砂卵石覆盖层坝基优化设计

刘君健[1]　刘　程[2]

(1. 中水珠江规划勘测设计有限公司,广东广州　510610;

2. 广州地铁建设管理有限公司,广东广州　510220)

**摘　要:** 贵州某中型水库高面板堆石坝坝基河床有约 10 m 厚砂卵石覆盖层,前期设计考虑大坝为高坝,结合相关审查意见采用清除全部砂卵石层。开工后,料场被附近其他工程先行征用,料源供应不稳定,且附近村民经常阻工,导致工期的不断压缩,为保障工程的顺利进展,需尽可能降低石料填筑量,减少石料场对工程进度影响。经分析大坝河床砂卵石覆盖层情况并进行有针对性的平板荷载试验后,评审认为可充分利用河床砂卵石覆盖层基础,减少灰岩料用量,缩短工期。

**关键词:** 砂卵石层;高面板堆石坝;优化设计;坝基

## 1　工程概况

贵州某中型水库以城镇供水、灌溉及农村人畜饮水等为开发任务,总库容 1 826 万 m³,兴利库容 1 431 万 m³,为多年调节水库。水库工程等别属Ⅲ等,规模为中型。水库主要建筑物包括混凝土面板堆石坝、右岸溢洪道、右岸引水放空隧洞等。挡水建筑物为面板堆石坝,最大坝高 75.7 m,坝顶长 212 m,坝顶宽 8 m。泄水建筑物为开敞式溢洪道,设 2 孔 6 m×10 m(宽×高)表孔,溢洪道平面总长 305 m;引水放空洞采用三层取水,隧洞为圆形有压洞,洞径 2 m,隧洞总长 522 m。

根据地质钻孔揭示的主要情况为:

河床覆盖层为第四系河流冲积层($Q_4^{al}$),为漂石及砂砾卵石层,表层呈松散状,中下部呈中密状,厚 7.0~9.0 m,主要分布在河床及河漫滩。施工期间,对河床覆盖层进行槽探,探槽位于河床段坝轴线下游 5.0~10.0 m,基本已横贯河床平段部位,开挖深度 4.1 m 左右。根据探槽揭示岩性为含泥粉细砂砾石卵石漂石、含粉细砂砾石卵石、弱风化粉、细砂岩。

河流冲积层下覆基岩为中统边阳组第三段($T_2b^3$),灰色、深灰色中厚层细砂岩夹粉砂质泥岩。软岩所占比例为 7.5%~14.8%,层厚大于 200 m。河床冲积层未发现淤泥层、粉细砂层或其他软弱夹层。

坝址区岩层总体呈东西走向,倾向南,倾角 40°~43°,总体倾向上游,岩层构成横向

---

**作者简介:** 刘君健(1983—),男,高级工程师,主要从事水工设计工作。

谷,坝址区未见大的断层发育。

## 2 初步设计及现场情况

大坝上游坝坡为 1:1.4,下游坝坡分两级,两级坝坡均为 1:1.6,两级间 705.0 m 高程设宽 2 m 的马道,下游坝坡平均坡比为 1:1.63。坝体材料分区从上游至下游依次分为:上游防渗补强区(盖重区、上游铺盖区)、钢筋混凝土面板、垫层区、过渡区、主堆石区、次堆石区、排水堆石区和下游护坡区。初步设计大坝堆石体基础清除所有砂卵石覆盖层,大坝置于岩基上,河床段坝体结构见图 1。

根据施工阶段坝基开挖所揭露的情况,河床部位地质情况与初步设计阶段结果基本吻合。河床覆盖层主要为砂卵石层;粉细砂含量为 10% ~ 30%,主要为填充物,没有集中分布,卵石、漂石成分主要为细砂岩,直径 5 ~ 20 cm 者居多,个别最大可达 1.0 m 左右,河床表层砂卵漂石层呈松散状,以下为密实状。河床冲积层未发现淤泥层、粉细砂层或其他软弱夹层。

### 2.1 原位密度及颗粒筛分试验

为了充分了解河床覆盖层的物理性质,在基坑进行了原位密度及颗粒筛分试验。分别在坝轴线及坝轴线上下游附近,各取一点,共 3 个点,进行原位密度及颗粒筛分试验。原位密度试验成果见表 1,筛分成果具体见表 2、图 2。

表 1 基坑原状土原位密度试验成果

| 取样部位 | 实测含水率 $\omega_f$/% | >5 mm含量 $P_5$/% | 最大粒径/mm | 实测干密度 $\rho_d$/(g/cm³) | <0.075 mm含量/% | $D_{60}$/% | $D_{30}$/% | $D_{10}$/% | 不均匀系数 $C_u$ >5 | 曲率系数 $C_c$ 1~3 | 级配判定 |
|---|---|---|---|---|---|---|---|---|---|---|---|
| 坝轴线下游 A3 | 2.8 | 82.4 | 584 | 2.09 | 1.3 | 81 | 19 | 1.9 | 43 | 2.3 | 良好 |
| 坝轴线 A1 | 2.8 | 81.0 | 492 | 2.11 | 3.7 | 70 | 18 | 1.0 | 70 | 4.6 | 不良 |
| 坝轴线上游 A2 | 4.6 | 74.2 | 368 | 2.08 | 7.3 | 57 | 7 | 0.3 | 190 | 2.9 | 良好 |
| 平均值 | 3.4 | 79.2 | 481 | 2.09 | 4.1 | — | — | — | — | — | — |

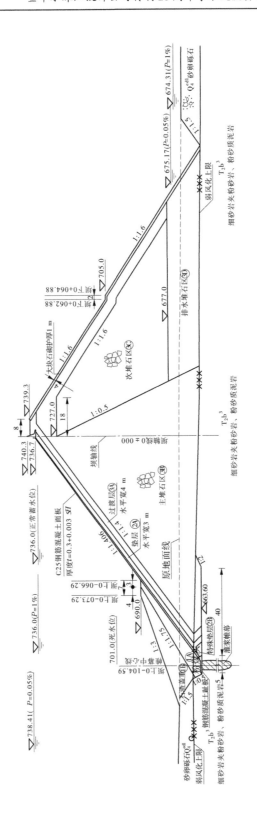

图 1　初步设计阶段河床段坝体结构

表2 基坑原状土筛分试验成果

| 级配范围 | 小于该孔径(mm)的总土质量百分数/% | | | | | | | | | | | | | | | |
|---|---|---|---|---|---|---|---|---|---|---|---|---|---|---|---|---|
| | 800 | 600 | 400 | 200 | 100 | 80 | 60 | 40 | 20 | 10 | 5 | 2 | 1 | 0.5 | 0.25 | 0.075 |
| 坝轴线下游 A3 | 100 | 100 | 94.3 | 84.2 | 69.1 | 55.6 | 47.6 | 38.9 | 23.9 | 19.3 | 13.5 | 8.5 | 5.9 | 4.5 | 2.3 | 1.1 |
| 坝轴线 A1 | 100 | 100 | 91.7 | 81.8 | 70.6 | 64.9 | 54.9 | 45.0 | 31.5 | 25.4 | 19.0 | 12.1 | 10.7 | 8.2 | 6.8 | 3.7 |
| 坝轴线上游 A2 | 100 | 100 | 100 | 90.5 | 75.9 | 68.8 | 61.4 | 52.6 | 41.3 | 34.3 | 25.8 | 18.2 | 14.5 | 12.2 | 9.0 | 7.3 |
| 平均值 | 100 | 100 | 94.8 | 84.2 | 70.3 | 64.4 | 56.2 | 46.7 | 34.5 | 28.1 | 20.8 | 13.5 | 11.3 | 8.8 | 6.8 | 4.1 |

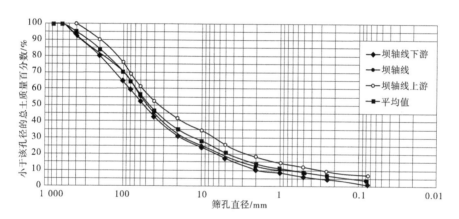

图2 基坑原状土颗粒级配分布曲线

## 2.2 平板载荷试验

为了进一步探明河床覆盖层情况,施工图设计阶段委托试验检测单位在河床中部进行了3组平板载荷试验,3个试验点分别为坝上0-024.52、坝下0+004.53和坝下0+044.53。试验结果表明,3个点的变形模量为134~141 MPa,承载力为1 000 kPa,见表3。

表3 静载试验成果

| 试点编号 | 试验终止荷载/ kPa | 极限荷载/ kPa | 比例界限荷载/ kPa | 变形模量/ MPa | 承载力特征值/ kPa | 地基承载力特征值/ kPa |
|---|---|---|---|---|---|---|
| A1 | 2 000 | 1 800 | 1 000 | 137 | 1 000 | |
| A2 | 1 800 | 1 600 | 1 000 | 141 | 1 000 | 1 000 |
| A3 | 2 000 | 1 800 | 1 000 | 134 | 1 000 | |

现场砂卵石覆盖层情况见图3~图5。

图 3    趾板处往下游看河床砂卵石

(a)                                                                (b)

图 4    河床砂卵石层探坑(坝轴线)

图 5    坝轴线下游侧河床砂卵石

## 3    坝基优化设计

根据在砂卵石上建面板堆石坝的经验,在复核坝体变形及坝坡稳定、确保大坝安全的基础上,初定保留部分河床砂卵石作为堆石体基础,仅趾板及趾板下游 35 m(约 0.5H)的坝体置于岩基上,其余坝基清除表层松散的 1.5 m 砂卵石后设计拟定用 25 t 振动碾碾压 10 遍后作为堆石体基础。优化后河床段坝体结构见图 6。

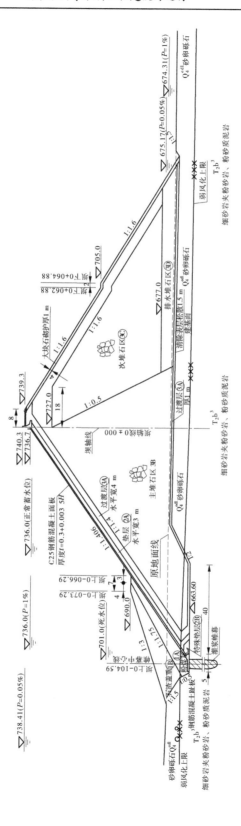

图 6  优化设计拟定河床段坝体结构图

## 4 坝体的变形分析

### 4.1 工程案例

国内一些采用砂卵石基础的面板堆石坝砂卵石变形模量如下：

（1）贵州省望谟县纳坝水库工程[1]初步设计6组试验建议饱和状态下砂卵石压缩模量为37 MPa。

（2）浙江珊溪水库[2]面板堆石坝，最大坝高130.8 m，河床段坝基仅清除趾板下游0.5H宽度。砂卵石层载荷试验2个点，荷载1 MPa时变形模量分别为50 MPa、40 MPa；实测竣工期压缩模量约为80 MPa。

（3）浙江白溪水库[3]面板堆石坝，最大坝高124.4 m，砂卵石层载荷试验变形模量为55.8~60.8 MPa，蓄水前实测压缩模量约为120 MPa。

（4）浙江梅溪水库[4]、浙江梁辉水库[5]两工程砂卵石原型监测变形模量在100 MPa左右。

（5）红河（元江）干流戛洒江一级水电站[6]面板堆石坝最大坝高147.5 m，河床冲积层变形模量为40~60 MPa，经适当处理作为坝体一部分保留。

### 4.2 施工期的沉降估算

施工期的沉降值按下式[7]估算：

$$S = \frac{h(H-h)}{E_{rc}}\gamma_d \tag{1}$$

式中：$S$ 为计算点的垂直沉降值，m；$H$ 为坝高，m；$h$ 为计算点离建基面的高度，m，取37.85 m；$E_{rc}$ 为堆石体的平均竖向压缩模量，$kN/m^2$，取71 000 $kN/m^2$；$\gamma_d$ 为堆石体密度，$kg/m^3$，取20.83 $kg/m^3$。

计算结果表明，沉降量沿坝高呈抛物线分布，$h=0.5H$ 处沉降量最大，为0.418 m。

### 4.3 坝体蓄水期的沉降估算

根据已建坝原型观测成果估算待建坝的坝体沉降值按下式[7]计算：

$$S_2 = \left(\frac{H_2}{H_1}\right)^2 \times \left(\frac{E_1}{E_2}\right) \times S_1 \tag{2}$$

式中：$S_2$ 为待建坝的预计沉降值，m；$S_1$ 为已建坝原型观测的坝顶沉降值，m，取0.868 m；$E_2$ 为待建坝的变形模量，MPa，坝体沿用初设值取130 MPa，砂卵石取试验平均值137 MPa，加权平均后取变形模量为130.5 MPa；$E_1$ 为已建坝的变形模量，MPa，取135 MPa；$H_2$ 为待建坝的坝高，m，取75.7 m；$H_1$ 为已建坝的坝高，m，取162 m。

计算结果为蓄水期 $S_2=0.196$ m。

初步设计计算结果 $S_2=0.197$ m。优化设计后蓄水期沉降约减少0.01 m。

优化设计采用河床砂卵石平板载荷试验所得河床砂卵石的变形模量为134~141 MPa，平均为137.3 MPa，大于本工程初步设计阶段所采用的坝体变形模量130 MPa，也普遍大于国内外众多砂卵石基础的变形模量，因此采用砂卵石地基（代替部分坝体）不会对大坝变形产生不利影响，是安全的。

## 5 坝坡抗滑稳定计算

由于此次优化上游侧坝体结构保持不变,因此不对上游坝坡稳定进行复核,仅对下游坝坡稳定进行复核,坝体材料参数见表4。

表4 坝体材料参数

| 序号 | 材料参数 | 密度/(g/cm³) | | $\varphi/(°)$ | $c/$ (10 kPa) |
| --- | --- | --- | --- | --- | --- |
| | | 干密度 | 饱和密度 | | |
| 1 | 弱风化基岩 | 2.71(天然) | | 47.7 | 110 |
| 2 | 河床砂卵(砾)石 $Q_4$ | 2.08 | 2.29 | 34 | 0 |
| 3 | 坝体主堆石 | 2.11 | 2.31 | 42 | 0 |
| 4 | 坝体次堆石 | 2.07 | 2.29 | 38 | 0 |
| 5 | 排水堆石区 | 2.06 | 2.31 | 42 | 0 |
| 6 | 垫层料 | 2.22 | 2.27 | 42 | 0 |
| 7 | 过渡层料 | 2.20 | 2.27 | 42 | 0 |

### 5.1 计算工况

工况一:正常蓄水位工况;
工况二:设计洪水位工况;
工况三:校核洪水位工况;
工况四:施工期工况。

### 5.2 计算过程

采用中国水利水电科学研究院 STAB 软件进行,计算方法采用该软件简化毕肖普法进行,填筑材料强度采用线性抗剪强度(与初步设计参数相同)。建模简图见图7。

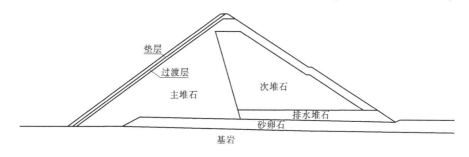

图7 建模简图

计算结果简图见图8。

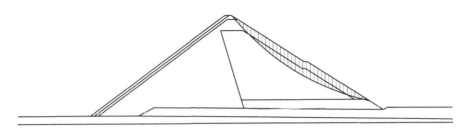

图8 下游坝坡滑弧示意

## 5.3 计算结果

坝坡最小安全系数见表5。

表5 坝坡最小安全系数

| 计算工况 | | 计算最小安全系数<br>（毕肖普法） | 规范允许最小安全系数<br>（毕肖普法） |
| --- | --- | --- | --- |
| 工况一 | 下游坝坡 | 1.40 | 1.35 |
| 工况二 | 下游坝坡 | 1.39 | 1.35 |
| 工况三 | 下游坝坡 | 1.39 | 1.25 |
| 工况四 | 下游坝坡 | 1.40 | 1.25 |

根据《碾压土石坝设计规范》（SL 274—2020）[8]的规定，采用计及条块间作用力的简化毕肖普法的坝坡稳定成果，其安全系数取值应按规范表8.3.15中的规定值，本工程大坝级别为2级，经计算分析，各种工况下，本工程坝坡稳定计算满足规范要求。

因此，采用河床砂卵石坝基后，大坝边坡稳定仍可满足规范要求，是安全的。

## 6　结论

河床段大坝堆石体基础优化设计后，对工程的规模、功能、安全等方面均无不利影响，减少石料用量2.25万 $m^3$，减小石料场对工程的制约，缩短工期，保障工程顺利进展，节能环保，节约投资约300万元。大坝建成后的观测资料显示，坝体变形正常。本优化解决了工程实施过程中的困难，取得一定的环保、经济效益，实现大坝运行安全稳定。

## 参考文献

[1] 贵州省水利水电勘测设计研究院.贵州省望谟县纳坝水库工程初步设计报告[R].贵阳:贵州省水利水电勘测设计研究院,2012.

[2] 周白迪.珊溪水库大坝堆石坝体变形性态分析[J].大坝与安全,2014(3):31-35.

[3] 王正发,郭于明.白溪水库面板堆石坝应力分析[J].小水电,2013(4):59-60.

[4] 李国英,吴威,沈珠江.覆盖层上混凝土面板堆石坝离心模型试验研究[J].水利水电技术,1997,28(9):51-54.

[5] 杨军,杨子亨,施景裕.梁辉水库砂卵石地基面板堆石坝的几个问题[J].水利水电科技进展,2002

（6）:47-48,60.

［6］王自高,马显光,高健,等.高土石坝深厚覆盖层地基勘察及处理实践［C］//水利水电土石坝工程信息网.土石坝技术 2014 年论文集.北京:中国电力出版社,2014:17-24.

［7］傅志安,凤家骥.混凝土面板堆石坝［M］.武汉:华中理工大学出版社,1993.

［8］中华人民共和国水利部.碾压式土石坝设计规范:SL 274—2020［S］.北京:中国水利水电出版社,2021.

# 基于流固耦合的大头支墩坝动力特性分析

王政平　　汤广忠　　杜梦洁　　李晓旭

(中水珠江规划勘测设计有限公司,广东广州　510610)

**摘　要:** 大头支墩坝动力特性的精准分析对其安全评估、设计优化和灾害预防具有重要的作用,而库水与大坝的复杂作用及非规则的大坝结构形状给动力分析带来巨大挑战。为了更好地分析和评价大头支墩坝的动力特性,依托我国最高的大头单支墩坝——新丰江水库大坝,运用势流体流固耦合的三维有限元数值方法,考虑水自由面和水体弹性,分别分析空库情况和正常水位情况下的大坝动力特性,并与附加质量法计算的成果对比分析,结果显示:大头单支墩坝整体横水流向水平刚度远小于顺水流向水平刚度,坝体横向抗震设计时应注重横向分缝的合理设置;库水对坝体顺水流向振动抑制明显,对坝体横水流向振动抑制不明显;势流体流固耦合法与附加质量法计算的大坝仅前 3 阶振型和频率相近,表明对存在较大倾斜面大头支墩坝,附加质量法的误差可能会较大,适用性有限。由于前者考虑了水自由面和水体弹性,也能较好地适应于斜坡界面,能较好地计及库水对地基的影响,因此适用性更好,计算精度更高、更可靠。分析表明势流体流固耦合数值分析可较好地分析大头支墩坝的动力特性,为大坝工程抗震、加固分析提供更好的方法和途径。

**关键词:** 支墩坝;动力特性;势流体;流固耦合;附加质量法

## 1　引言

　　大头支墩坝动力特性的精准分析对其安全评估、设计优化和灾害预防具有重要的作用,而库水与大坝的复杂作用及非规则的大坝结构形状给动力分析带来巨大挑战。库水对坝体结构的动力特性有着重要的影响。目前,针对这种影响在重力坝动力特性的研究较多,一般采用附加质量法等效库水对坝体的影响。大头支墩坝与重力坝在挡水原理和结构方面相似,都是三角形结构,都是依靠自重、水压力及与坝基面的接触来维持大坝的抗滑稳定,但重力坝上游面铅直,坝体除廊道外基本为实心结构,而大头支墩坝上游面为倾斜挡水面,且支墩间留有大体积空腔,即可利用坝上水重增加坝体的抗滑稳定性,又降低坝基扬压力,节省了混凝土用量。这些差异的存在,使得大头支墩坝与重力坝的动力特性存在巨大差异。重力坝动力特性分析常用的 Westergarrd 附加质量法假定坝基刚性,具有垂直上游面,且忽略了库水的可压缩性,因此该法是否适用于支墩坝的动力特性分析还有待探索[1-2],许多重力坝动力特性的成果也并不完全适合于大头支墩坝。

**基金项目:** 水利部重大科技项目(SKS-2022116)。

**作者简介:** 王政平(1978—),男,正高级工程师,主要从事水利岩土工程的设计和数值仿真工作。

水体的可压缩性对坝体结构的影响不可忽略[3-4]。近年计算技术的高速发展,为考虑流固耦合和库水弹性的大坝动力特性分析提供了可能。以新丰江水库大头支墩坝为例,运用流固耦合三维数值仿真方法,建立坝体–库水–地基相互作用的三维数值模型,分别分析了典型工况下的大坝动力特性,并与附加质量法计算成果进行对比分析。

## 2　基本情况

新丰江水电站(见图1)位于广东省河源市,是广东省境内库容最大的水电站。工程设计以发电为主,兼顾防洪、供水、灌溉、养殖、航运、压咸和旅游等功能,是一座综合利用的水利枢纽工程[5]。

**图1　新丰江水电站**

大坝为混凝土单支墩大头坝,由19个间距为18 m的单支墩大头坝和左右岸重力坝段组成。大坝轴线长440 m,坝顶高程124 m,最大坝高105 m,坝顶宽5 m,坝底最大宽度102.5 m,上、下游坡比均为1∶0.5。坝墩编号从左向右排列,1~5号及14~19号坝段分别为左右岸挡水坝段,6~9号坝段为发电引水坝段,内设4条直径5.2 m的引水钢管,10~13号坝段为溢流坝段,设有3孔表面式溢洪道,溢流堰顶前沿净宽45 m,堰顶高程111.6 m,设有3扇10 m×15 m弧形钢闸门。沿坝轴线剖面如图2所示。

## 3　基本原理与方法

这里大坝动力特性分析主要涉及两种方法:Westergarrd附加质量法和势流体流固耦合法。

### 3.1　附加质量法

附加质量法是由美国学者Westergarrd[6]提出的一种计算坝体表面动水压力的简化方法,假设库水不可压缩,库底为刚性,计算公式为

$$P = 7\rho a_n \sqrt{H_0 h}/8 \qquad (1)$$

式中:$\rho$为水体密度;$a_n$为坝面加速度;$H_0$为库水深度;$h$为计算点水深。

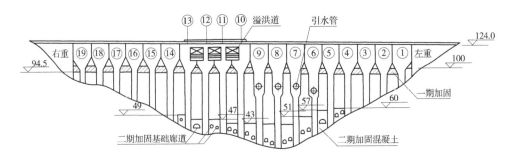

图2 沿坝轴线剖面

### 3.2 势流体流固耦合

势流体,即基于势的流体单元,可用于二维和三维分析,还可以与结构单元耦合,结构的运动使流体产生沿结构边界法向的相对运动,从而使流体对结构产生额外的作用力。势流体可以和压力边界条件耦合(没有结构和基于势的流体单元边界相连),可用于自由液面的模拟。势流体还可直接和流体单元耦合,流体单元的运动使势流体产生沿着流体边界法向的运动,从而使势流体对流体边界产生额外的作用力。在流固耦合计算模型中,对库水采用势流体单元进行模拟,应用数值方法将其耦合求解,通过流固耦合界面实现坝体和库水的相互作用,从而能够反映坝体和库水的耦合特性。

坝体、库水相互作用的动力平衡方程可写为[7]

$$\begin{bmatrix} M & 0 \\ \rho B & M_P \end{bmatrix}\begin{Bmatrix} \ddot{v} \\ \ddot{P} \end{Bmatrix} + \begin{bmatrix} C & 0 \\ 0 & C_P \end{bmatrix}\begin{Bmatrix} \dot{V} \\ \dot{P} \end{Bmatrix} + \begin{bmatrix} K & -B^{\mathrm{T}} \\ 0 & K_P \end{bmatrix}\begin{Bmatrix} v \\ P \end{Bmatrix} + \begin{Bmatrix} f_0 \\ q_0 \end{Bmatrix} = 0 \qquad (2)$$

式中:$K_P$ 为与流体相关的刚度矩阵;$M_P$ 为与流体相关的质量矩阵;$C_P$ 为阻尼矩阵;$v$ 为流体速度;$P$ 为流体单元受到扰动后压强的改变量;$\rho$ 为流体单元受到扰动后密度的改变量;$B$ 为流固交界面上的耦合矩阵;$q_0$ 为外力;$f_0$ 为除流固交界面上流体动力以外的其他外界刺激。

## 4 计算模型及主要参数取值

大头支墩坝的结构和应力具有明显的三维特征,因此须按三维空间模型来考虑,以独立坝段为研究对象。选取最高的非溢流坝段进行分析和研究。根据工程设计方案和地质资料,建立了地基-大坝-库水三维有限元动力分析数值模型。模型上游边界距坝踵300 m,下游边界距坝趾下游250 m,地基厚度约为250 m。模型主要采用四面体单元,坝体单元边长0.5~1.0 m,地基单元边长1~20 m。三维有限元整体模型见图3。库水与大坝的相互作用采用势流体的流固耦合算法计及,地基只计弹性影响不计质量。模态分析时假定坝体为线弹性体。坝体混凝土动弹性模量标准值取静态弹性模量的1.5倍,地基动弹性模量取同于静态弹模,具体材料性能参数取值见表1。地基四周及底面采用法向位移约束。

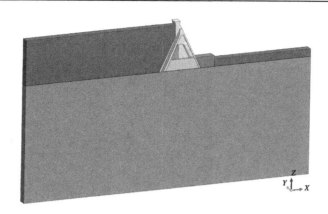

图3 三维有限元整体模型

表1 计算主要材料及参数主要取值

| 材料名称 | 静弹性模量/GPa | 泊松比 | 容重/(kN/m³) | 渗流系数/(cm/s) |
|---|---|---|---|---|
| 坝体混凝土 | 22.0 | 0.17 | 24 | 1.0×10⁻⁷ |
| 地基 | 52.0 | 0.25 | 26 | 1.0×10⁻⁴ |
| 帷幕 | 52.0 | 0.25 | 26 | 5.0×10⁻⁶ |

## 5 支墩坝的动力特性分析

动力特性分析确定大头支墩坝的固有频率和振型,为大坝动力响应分析和抗震设计提供重要依据[8-9]。采用流固耦合法对空库和正常蓄水位(116 m)情况下的大坝进行动力特性分析,前十阶自振频率见表2、图4,前六阶模态见图5~图7。

表2 大头支墩坝前十阶自振频率

| 模态阶数 | 空库 $f_1$/Hz | 正常蓄水位 | | $[(f_1-f_2)]/$ $f_1$/% | $[(f_3-f_2)/$ $f_3]/$% |
|---|---|---|---|---|---|
| | | 流固耦合法 $f_2$/Hz | 附加质量法 $f_3$/Hz | | |
| 1 | 0.974 | 0.972 | 0.973 | 0.21 | 0.10 |
| 2 | 4.166 | 3.601 | 3.726 | 13.56 | 3.35 |
| 3 | 4.610 | 3.970 | 4.141 | 13.88 | 4.13 |
| 4 | 5.091 | 4.143 | 4.794 | 18.62 | 13.58 |
| 5 | 8.982 | 4.508 | 7.344 | 49.81 | 38.62 |
| 6 | 9.122 | 5.052 | 8.248 | 44.62 | 38.75 |
| 7 | 9.810 | 5.902 | 9.680 | 39.84 | 39.03 |
| 8 | 11.730 | 7.506 | 11.069 | 36.01 | 32.19 |
| 9 | 12.840 | 8.686 | 11.593 | 32.35 | 25.08 |
| 10 | 14.210 | 9.077 | 11.708 | 36.12 | 22.47 |

大坝的1阶振型以绕建基面的横河立面内摆动为主,大坝的2阶振型以绕建基面的顺河立面内摆动为主;大坝的1阶频率为0.974 Hz,远小于2阶频率4.166 Hz,这表明大

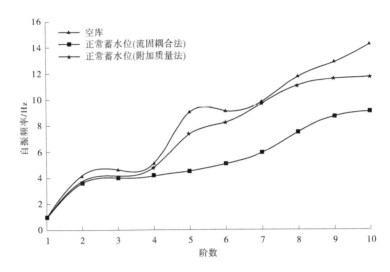

图 4　大头支墩坝前十阶自振频率

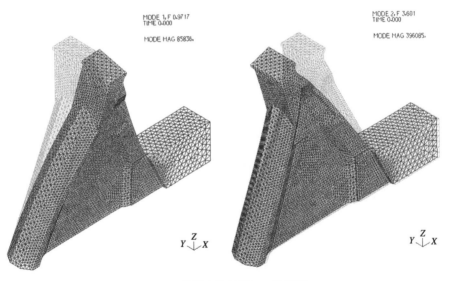

图 5　正常蓄水位的第 1、2 阶模态

坝横水流向水平刚度远小于大坝顺水流向水平刚度,横水流向抵抗地震变形的能力很弱。高阶振型表现出坝体在空间上的摆动,呈现扭转组合振型,较好地反映坝体在平面内的平移和空间内的扭转的耦合。坝体横向抗震设计时应注重横向分缝的合理设置。

与空库相比,挡水时大坝同阶的频率均降低,这表明库水对大坝的自振频率有抑制作用。大坝空库和挡水时的基频分别为 0.974 Hz、0.972 Hz,两者相差 0.21%;两者的前四阶频率差异较小,最大不超过 19%;第 5 阶频率差异最大,为 49.81%,这表明库水对大坝低阶频率影响整体较小,对高阶频率影响整体较大。

挡水时大坝的 1、2 阶频率分别为 0.972 Hz、3.601 Hz,较空库情况分别降低了 0.21%和 13.56%,而大坝的 1 阶振型以绕建基面的横水流立面内摆动为主,大坝的 2 阶振型以绕建基面的顺水流立面内摆动为主,这表明库水对坝体顺水流向振动抑制明显,对坝体横

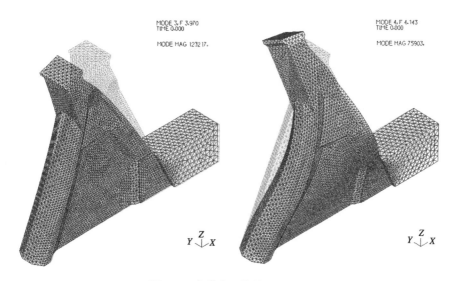

**图6 正常蓄水位的第3、4阶模态**

水流向振动抑制不明显。

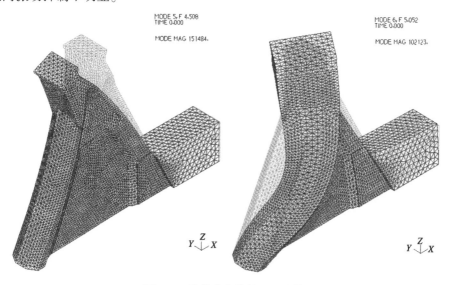

**图7 正常蓄水位的第5、6阶模态**

势流体流固耦合法与附加质量法计算的大坝前3阶振型和频率相近,最大差异小于5%;第4阶相差14%,第5~10阶相差23%~39%,差异较大。这表明对存在较大倾斜面的大头支墩坝,附加质量法分析大坝动力特性时误差可能会较大,适用性有限。由于势流体流固耦合法考虑了水自由面和水体弹性,也能较好地适应于斜坡界面,能较好地计及库水对地基的影响,因此适用性更好,计算精度更高、更可靠。

与重力坝相比,大头支墩坝的结构和刚度存在较大差异,其自振频率也存在较大差异。参考文献[10]分析了重力坝的动力特性,现与大头支墩坝的动力特性对比见表3。重力坝的自振频率整体较大头支墩坝的高,这表明实心的重力坝结构水平刚度整体较带空腔的大头支墩坝大。重力坝一阶模态主要是绕坝基顺水流向立面摆动,而大头支墩坝的一阶模态主要是以绕坝基横水流向立面内摆动,因此两者抗震设计关注的重点不同。

表 3 支墩坝和重力坝自振频率对比

| 模态阶数 | 支墩坝 | | | 重力坝 | | |
|---|---|---|---|---|---|---|
| | 空库 $f_1$/Hz | 正常蓄水位 $f_3$/Hz | $[(f_1-f_2)/f_1]$/% | 空库 $f_1'$/Hz | 正常蓄水位 $f_3'$/Hz | $[(f_1'-f_2')/f_1']$/% |
| 1 | 0.974 | 0.973 | 0.10 | 3.026 | 2.634 | 12.95 |
| 2 | 4.166 | 3.726 | 10.56 | 8.024 | 6.634 | 17.32 |

## 6 结论

依托我国最高的大头单支墩坝——新丰江水库大坝,运用势流体流固耦合的三维有限元数值方法,考虑水自由面和水体弹性,分别分析空库情况和正常水位情况下的大坝动力特性,并与附加质量法计算的成果对比分析。经分析,对存在较大倾斜面大头支墩坝,附加质量法分析大坝动力特性时误差可能会较大,适用性有限。由于势流体流固耦合法考虑了水自由面和水体弹性,也能较好地适应于斜坡界面,能较好地计及库水对地基的影响,因此适性更好,计算精度更高、更可靠。

## 参考文献

[1] 谢开仲,韦良,李海.考虑可压缩库水作用混凝土拱坝的动力特性和地震反应分析[J].水力发电,2009,35(5):49-51.

[2] Westergarrd H M. Water pressures on dams during earthquakes[J]. Transactions of the American Society of Civil Engineers, 1933,98(2):418-433.

[3] 曹宗杨,张燎军.拱坝-库水动力流固耦合作用的有限元数值研究[J].水电能源科学,2013,31(4):58-61.

[4] 王铭明,陈健云,徐强.重力坝-库水-地基相互作用分析方法比较研究[J].大连理工大学学报,2013,53(5):715-722.

[5] Song Xiaochun, Jiang Hui, Wang Lixin, et al. Analysis on Strong Motion Monitoring Data and Dynamic Characteristics of Xinfengjiang Reservoir Dam[J]. South China journal of seismology, 2016,36(4):34-41.

[6] 王忠.坝库相互作用及抗震技术研究[D].成都:四川大学,2001.

[7] 陈江,张少杰,闵兴鑫.坝体-库水相互作用的流固耦合分析[J].西南科技大学学报,2009,24(1):13-19.

[8] 雷婷.基于不同规范中混凝土动力特性对大坝抗震性能的影响分析[D].大连:大连理工大学,2020.

[9] 冯涛,李庆亮,孙大为.基于 ANSYS 的拱坝模态分析[J].河南科学,2011,29(9):1081-1084.

[10] 徐金英,李德玉,郭胜山.基于 ABAQUS 的两种库水附加质量模型下重力坝动力分析[J].中国水利水电科学研究院学报,2014,12(1):98-103.

# 高内压输水隧洞施工支洞封堵体稳定性研究

王建娥　詹　杰

（中水珠江规划勘测设计有限公司，广东广州　510610）

**摘　要**：引调水工程中，施工支洞封堵体与引调水隧洞等建筑物安全设计等级相同，对于高内压输水隧洞，封堵体的安全和稳定性极其重要。目前封堵体长度的计算方法繁多，且结算结果差异很大。本文总结对比了国内外隧洞封堵体长度设计和计算方法，并结合工程实例采用三维数值分析方法对封堵体设计的应力、应变等进行了计算分析，对封堵体计算的经验公式进行了验证，并对封堵体的设计原则和方法进行了分析总结。主要结论为：施工支洞与引水隧洞交角越小，相应封堵体的应力应变值越大；施工支洞与引水隧洞交汇段大半径圆弧形转弯段的设置易形成封堵体结构薄弱处，对封堵体安全不利；施工支洞洞径越大，封堵体应力应变值越小。研究结论可为输水隧洞封堵的设计提供具有指导意义的原则和方法。

**关键词**：引调水工程；高内压隧洞；封堵体；有限元

## 1　概述

随着经济社会的发展，引调水工程越来越成为水利工程的主要组成部分。而对于长输水隧洞来说，施工支洞封堵体的安全与稳定直接关系着整体工程的安全，因此封堵体作为永久建筑物，其设计等别与级别和主输水隧洞一致。然而目前封堵体的设计多采用公式法[1-2]，且各公式法计算结果差异较大[3]，本文总结了当前国内外 7 种公式法，并对结果进行了对比，在此基础上，以某调水工程施工支洞的封堵体设计为例，采用有限元方法进行了计算验证，并从封堵体的安全和稳定角度考虑，提出了施工支洞的设计原则与方法。

某引调水工程引水隧洞长约 28 km，布置 10 条施工支洞，其中 2# 施工支洞与 8# 施工支洞作为永久检修支洞，其余 8 条为施工支洞，均需要进行封堵体设计。该引水隧洞为圆形断面，洞径 3 m。需进行封堵设计的施工支洞断面为：1# 施工支洞、3# ~ 7# 施工支洞为圆拱墙形断面，断面尺寸为 4 m×4 m（宽×高），9# 施工支洞为圆拱墙形断面，断面尺寸为 5 m×5 m（宽×高），10# 施工支洞为圆拱墙形断面，断面尺寸为 4.5 m×5 m（宽×高）。该工程施工支洞较多，封堵体形式多。本文对该工程各施工支洞封堵体进行了计算分析，从而总结规律，得出结论。

---

**作者简介**：王建娥（1994—），女，工程师，主要从事水利水电工程施工组织设计工作。

## 2 封堵体设计

### 2.1 长度的确定

封堵体的长度计算方法常用的有按照洞径或水头,以及洞径水头之积确定的经验公式法、圆柱面冲压剪切原则法、纯剪切公式法、抗滑稳定法[4]、抗剪断法、抗渗公式法等,计算方法如下:

$$L \geqslant kD \tag{1}$$

$$L \geqslant kH/100 \tag{2}$$

$$L \geqslant HD/50 \tag{3}$$

式中:$k$ 为经验系数,低水头,围岩较好或工程等别较小时可取 $k \leqslant 2$,高水头或围岩较差、工程等别较高时取 $k \geqslant 3$;$D$ 为洞径或洞宽,m;$H$ 为封堵水头,m。

抗剪断强度公式为

$$L = \frac{kP}{A\gamma f' + SC'} \tag{4}$$

式中:$L$ 为封堵体长度,m;$P$ 为封堵体迎水静水水压,MN;$S$ 为封堵体剪切面周长,m;$A$ 为断面面积,$m^2$;$\gamma$ 为混凝土容重,$kN/m^3$;$f'$ 为混凝土与围岩或混凝土与混凝土的抗剪断摩擦系数;$C'$ 为混凝土与围岩或混凝土与混凝土的抗剪断凝聚力。

圆柱面冲压剪切原则法为

$$L = \frac{P}{[\tau]S} \tag{5}$$

式中:$[\tau]$ 为容许剪应力,MPa,可以参照《混凝土重力坝设计规范》(NB/T 35026—2022)对容许剪应力分项系数进行取值其他符号含义同前。

抗渗公式法为

$$i = \frac{H}{D} \leqslant k \tag{6}$$

式中:$i$ 为水力梯度。

$$KS \leqslant R \tag{7}$$

式中:$K$ 为按抗剪断强度计算的抗滑稳定安全系数;$S$ 为荷载效应设计值;$R$ 为封堵体的承载力设计值。

式(7)为抗滑稳定理论计算公式,是《水工隧洞设计规范》(SL 279—2016)与《水工隧洞设计规范》(DL/T 5195—2004)推荐算法。

$$S = \sum P \tag{8}$$

式中:$\sum P$ 为封堵体承受的全部荷载效应对滑动面的最大切向分值,kN;

$$R = f' \sum W + C' \sum A_i \lambda_i \tag{9}$$

式中:$\sum W$ 为封堵体承受的全部荷载效应对滑动面的法向分值;$A_i$ 为封堵体与底面、侧面与围岩或混凝土接触面积;$\lambda_i$ 为封堵体与底面、侧面与围岩或混凝土接触面的有效面积系数。

以该引调水工程 5# 施工支洞封堵体为例,其作用外水水头为 57.17 m,洞径为 4 m×4 m,采用上述方法计算结果见表 1。

**表 1　不同计算方法封堵体长度计算值**　　　　　单位:m

| 计算方法 | 式(1) | 式(2) | 式(3) | 式(4) | 式(5) | 式(6) | 式(7) |
|---|---|---|---|---|---|---|---|
| 封堵体长度 | 12.00 | 2.29 | 4.57 | 14.76 | 5.50 | 14.29 | 6.66 |

由表 1 可知,采用式(4)计算结果最大,为 14.76 m;式(2)计算结果最小,为 2.29 m。目前不同方法计算结果相差较大,因此进行三维有限元分析,得出较为准确的结果是必要的。

## 2.2　封堵体设计

由于出渣等施工需要,该引调水工程 1# 施工支洞、3#~7# 施工支洞在与引水隧洞交汇段设置渐变段与转弯段与之衔接,如图 1 所示。9# 施工支洞与 10# 施工支洞则仅设置小范围的圆弧段衔接,如图 2 所示。

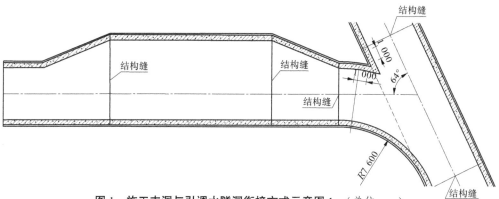

**图 1　施工支洞与引调水隧洞衔接方式示意图 1**　（单位:mm）

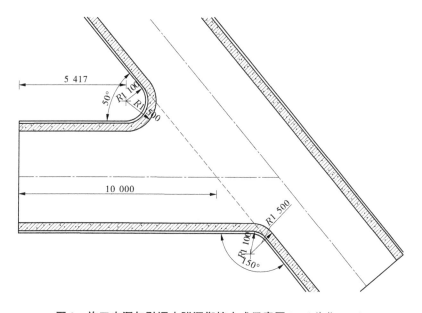

**图 2　施工支洞与引调水隧洞衔接方式示意图 2**　（单位:mm）

封堵体的设计参考上述公式法计算结果,并进行有限元计算,取有限元计算应变为0,且应力满足封堵混凝土强度要求的最小值作为最小封堵体长度。

## 3 计算模型修正

以该工程 5# 施工支洞封堵体为例进行三维有限元分析,计算中不考虑封堵体侧墙、拱顶与混凝土衬砌的黏结,仅在模型底部施加固定约束。封堵体采用 C25 混凝土,作用外水水头为 57.17 m。取主洞侧壁至扩挖段作为计算范围,建立有限元三维模型,计算模型范围平面示意图如图 3 所示。计算结果如图 4、图 5 所示。

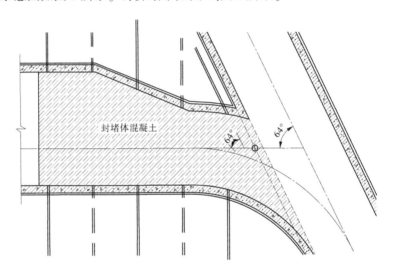

**图 3 封堵体平面示意图**

由图 4 和图 5 可以看出,最大主应力以及最大位移值均出现在主支洞交汇点处,此处混凝土很薄,呈片状体,最大压应力为 237.5 MPa,远大于 C25 混凝土抗压强度设计值 11.9 MPa;由于水压斜推,一侧出现了最大拉应力,最大拉应力为 12.81 MPa,大于 C25 混凝土抗拉强度设计值 1.27 MPa;最大应变值为 32.57 mm。

实际工程中,在施工支洞与引水隧洞交汇段开挖时不会出现模型所示的"几何薄片"。因此,将"几何薄片"裁剪之后进行计算。计算结果如图 6 和图 7 所示。

由图 6 和图 7 可以看出,模型修正后,最大主应力和最大应变出现在封堵体与主洞交汇段的侧墙薄弱处,最大压应力为 20.06 MPa,大于 C25 混凝土抗压强度设计值 11.9 MPa;最大拉应力为 0.128 5 MPa,小于 C25 混凝土抗拉强度设计值 1.27 MPa;最大应变值为 14.51 mm。计算结果表明,交汇处侧墙底部出现大于抗压强度设计值的最大压应力,应该考虑侧墙该薄弱处的加强措施。

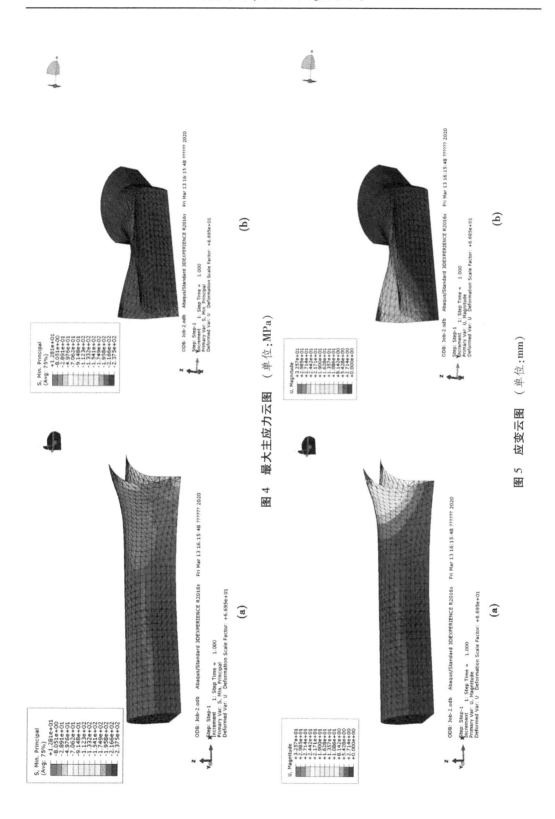

图 4　最大主应力云图（单位：MPa）

图 5　应变云图（单位：mm）

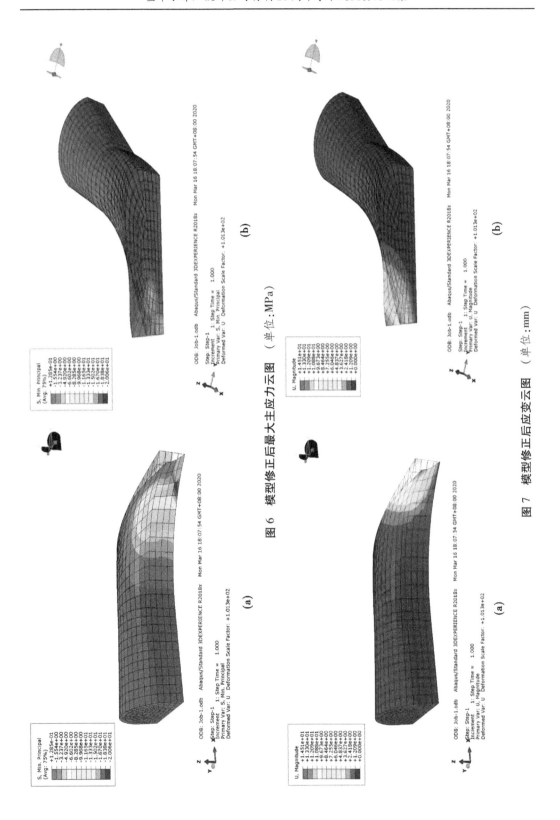

图 6 模型修正后最大主应力云图 （单位：MPa）

图 7 模型修正后应变云图 （单位：mm）

# 4　结果分析

按照上述方法,考虑引水隧洞水头对施工支洞封堵体的作用,对其他施工支洞封堵体进行有限元计算,计算结果如图8~图21所示。

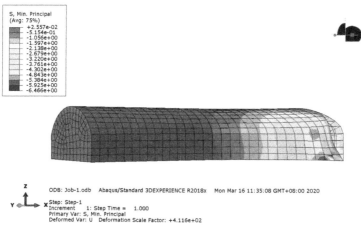

**图8　1#施工支洞封堵体最大主应力云图**　（单位:MPa）

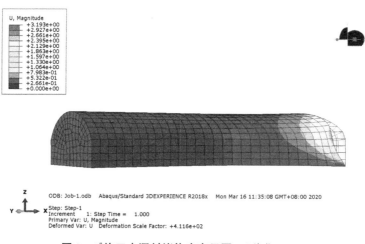

**图9　1#施工支洞封堵体应变云图**　（单位:mm）

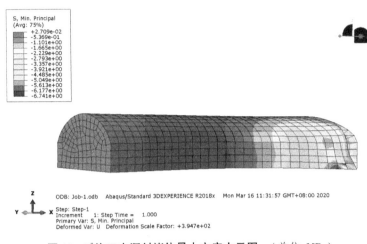

**图 10　3#施工支洞封堵体最大主应力云图**　（单位：MPa）

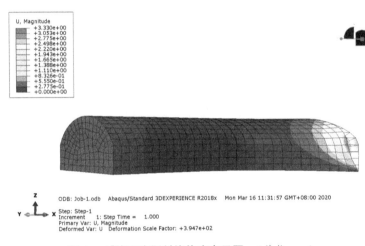

**图 11　3#施工支洞封堵体应变云图**　（单位：mm）

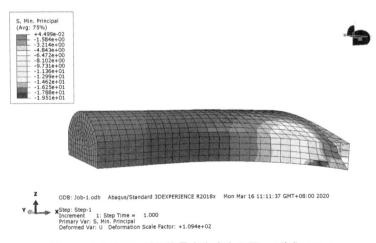

**图 12　4#施工支洞封堵体最大主应力云图**　（单位：MPa）

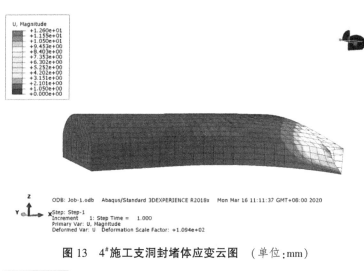

图 13　4#施工支洞封堵体应变云图　（单位：mm）

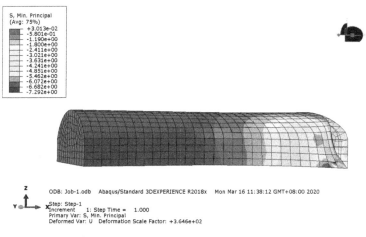

图 14　6#施工支洞封堵体最大主应力云图　（单位：MPa）

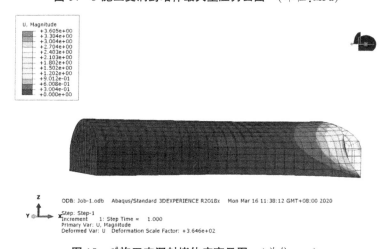

图 15　6#施工支洞封堵体应变云图　（单位：mm）

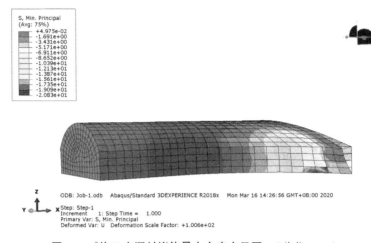

图 16　7#施工支洞封堵体最大主应力云图　（单位：MPa）

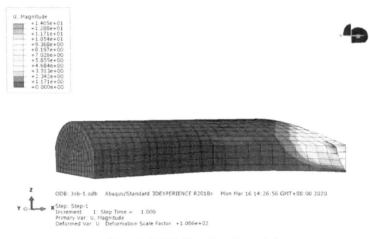

图 17　7#施工支洞封堵体应变云图　（单位：mm）

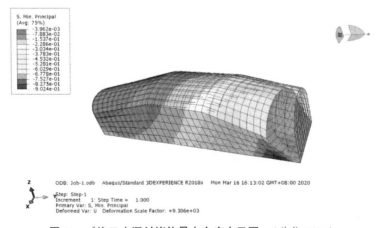

图 18　9#施工支洞封堵体最大主应力云图　（单位：MPa）

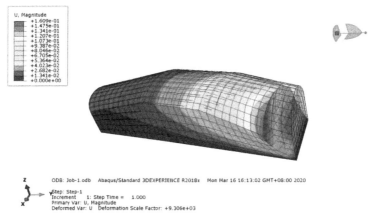

图 19　9#施工支洞封堵体应变云图　（单位：mm）

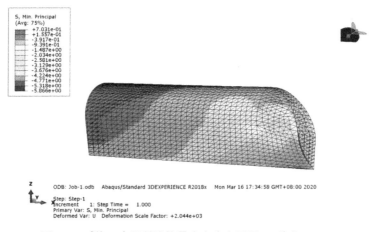

**图 20　10#施工支洞封堵体最大主应力云图**　（单位：MPa）

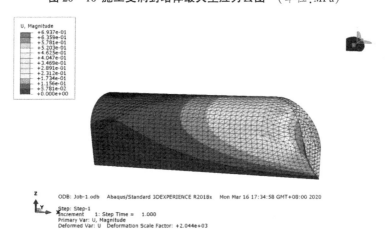

**图 21　10#施工支洞封堵体应变云图**　（单位：mm）

各施工支洞计算条件及结果见表 2。

**表 2　各施工支洞计算结果统计**

| 名称 | 断面/(m×m) | 作用水头/m | 交角/(°) | 最大压应力/MPa | 最大拉应力/MPa | 应变/mm |
|---|---|---|---|---|---|---|
| 1#施工支洞 | 4×4 | 52.18 | 90 | 6.47 | 0.026 | 3.19 |
| 3#施工支洞 | 4×4 | 54.43 | 90 | 6.74 | 0.027 | 3.33 |
| 4#施工支洞 | 4×4 | 55.68 | 78 | 19.51 | 0.045 | 12.60 |
| 5#施工支洞 | 4×4 | 57.18 | 64 | 20.06 | 0.128 | 15.41 |
| 6#施工支洞 | 4×4 | 58.93 | 90 | 7.29 | 0.030 | 3.61 |
| 7#施工支洞 | 4×4 | 60.38 | 72 | 20.83 | 0.050 | 14.05 |
| 9#施工支洞 | 5×5 | 63.04 | 76 | 0.90 | — | 0.16 |
| 10#施工支洞 | 4.5×5 | 64.05 | 50 | 5.87 | 0.703 | 0.69 |

由表 2 可知：

(1)由 1#、3#、6#施工支洞封堵体计算结果可知,随着水压力的增加,最大主应力和应变值逐渐增大。

(2)由 5#、6#施工支洞封堵体计算结果可知,即使 6#施工支洞水压力较大,但当 6#施工支洞主支洞交角变小,最大主应力和应变值显著增大;这是由于交角越小,交汇处断面越大,封堵体承受水压力的面积越大,且转弯段侧墙薄弱范围越大;同理,7#施工支洞封堵体应力应变值较其他支洞明显增大;因此,在需要设置封堵体的水工隧洞工程中,应尽量避免主支洞小角度相交。

(3)由 7#、9#、10#施工支洞封堵体计算结果可知,增大支洞断面面积,封堵体应力应变值明显减小,这是由于增大支洞断面使得封堵体与周围衬砌的粘结面积增大;另外,由于 9#、10#施工支洞未设置大的转弯半径(其他施工支洞主支洞交汇段均设置了 10 m 转弯半径),仅设置了约 1 m 的转弯半径,一定程度上减少了封堵体承受水压力的面积,因此 9#、10#施工支洞应力应变明显减小。

最后,考虑最大水锤压力工况及施工支洞外水压力工况对各施工支洞封堵体进行复核计算。参考公式法计算结果,根据有限元方法确定封堵体长度,取有限元计算应变为 0,且应力满足封堵混凝土强度要求的最小值作为封堵体长度,并综合考虑各支洞的几何变化点,最终确定封堵体长度。从计算结果来看,有限元计算取值与公式法的式(1)、式(4)、式(6)较为接近。该工程封堵体长度取值见表 3。

表 3　封堵体长度取值

| 名称 | 断面/m | 作用水头/m | 交角/(°) | 封堵体长度取值/m | 最大水锤压力/m | 最大水锤压力对应封堵体长度/m | 支洞外水压力/m |
|---|---|---|---|---|---|---|---|
| 1#施工支洞 | 4×4 | 52.18 | 90 | 14.543 | | 9.79 | 10 |
| 3#施工支洞 | 4×4 | 54.43 | 90 | 14.543 | | 9.79 | 30 |
| 4#施工支洞 | 4×4 | 55.68 | 78 | 12 | | 9.79 | 28 |
| 5#施工支洞 | 4×4 | 57.18 | 64 | 12 | 84.08 | 9.79 | 15 |
| 6#施工支洞 | 4×4 | 58.93 | 90 | 14.543 | | 9.79 | 101 |
| 7#施工支洞 | 4×4 | 60.38 | 72 | 12 | | 9.79 | 55 |
| 9#施工支洞 | 5×5 | 63.04 | 76 | 12 | | 8.73 | 17 |
| 10#施工支洞 | 4.5×5 | 64.05 | 50 | 12 | | 8.08 | 20 |

## 5　结论

通过本文分析、对比,从封堵体的安全和稳定角度考虑,可以得出以下结论:

(1)通过 5#施工支洞与 6#施工支洞封堵体的计算结果对比得出,在需要设置封堵体的施工支洞工程中,应尽量使施工支洞与引水隧洞大角度相交。

(2)通过 7#、9#、10#施工支洞封堵体的计算结果对比得出,施工支洞与引水隧洞相交处应尽量避免设置大的圆弧形转弯半径,以减少薄弱面的形成。

(3)施工支洞洞径越大时,封堵体的应力、应变值越小。

施工支洞设计时,可从以上三个方面进行考虑。施工支洞的设计受地形地质、交通条件、施工方法等多方面因素影响,本文从封堵体设计角度出发,提出的设计原则仅为其中一个方面,在其他方面相差不大的情况下,可以作为影响因素进行综合比选。

## 参考文献

[1] 郄永波.基于渗流-应力耦合的导流隧洞封堵期结构安全性研究[D].天津:天津大学,2011.
[2] 董志武,丁秀丽,叶三元,等.大型水电工程导流洞封堵体稳定性分析[J].长江科学院院报,2011,28(2):50-55.
[3] 郭西方,李娅,王建勇,等.妙隘水库导流洞改建及封堵设计[J].水利水电工程设计,2018,37(2):4-6.
[4] 刘力捷.乐昌峡水利枢纽导流洞汛期封堵设计与施工[J].广东水利水电,2016(2):44-48.

# 寒区松山大坝库区变形控制网及
# 坝体表面变形特性研究

刘　枫[1,2]　马洪亮[1,2]　刘天鹏[1,2]

（1. 中水东北勘测设计研究有限责任公司,吉林长春　130061;
2. 水利部寒区工程技术研究中心,吉林长春　130061）

**摘　要**:本文介绍了寒区松山大坝库区表面变形控制网网点及大坝表面变形监测测点的布置,采用比较法、作图法及特征值统计法对控制网及大坝表面变形特性进行研究,评价了控制网的稳定性,总结了坝体表面变形规律。分析认为控制网整体稳定,能够满足大坝表面变形监测的需要;坝体变形符合一般变化规律,已基本稳定。

**关键词**:寒区;混凝土面板堆石坝;安全监测;变形控制网;表面变形特性

## 1　引言

　　混凝土面板堆石坝已经在全球范围内得到了广泛应用,其主要优点在于建设工期短、建设成本低、施工简单和内在良好的抗震性能。而堆石坝建成后的变形特点直接影响到其安全性,因此关于堆石坝变形特性的研究引起了广泛的关注。Matheson 等[1]分析了 2 个堆石坝的沉降特性,指出坝内观测点的沉降占坝高的 0.05% ~ 0.1%,坝顶沉降为坝高的 0.1% ~ 0.2%。Dascal[2]根据现场观测数据,研究了堆石坝建后 3 年的变形特性。李克绵等[3]分析了寒区双沟堆石坝坝体的沉降规律,对沉降测值中出现的周期性变化进行了探讨。梁希林等[4]对寒区双沟堆石坝填筑料的邓肯 E-B 模型参数进行反演分析,并用反演所得的坝体材料参数及其实际填筑过程进行有限元计算,根据实际监测结果与预测值进行对比,分析了有限元计算结果的合理性。

## 2　工程概况

　　松山大坝位于吉林省抚松县头道松花江支流漫江上,距松江河镇约 28 km,工程以引水为主,即将漫江水通过引水洞引至松江河,供小山及下游电站发电。枢纽工程属大(2)型 Ⅱ 等工程,由混凝土面板堆石坝、左岸开敞式溢洪道、漫松引水隧洞等建筑物组成。面板堆石坝坝顶高程 713.80 m,防浪墙顶高程 715.00 m,最大坝高 80.80 m,坝顶宽 8.00

---

**作者简介**:刘枫(1982—),男,硕士,高级工程师,主要从事水工建筑物安全监测及地下工程等领域的研究工作。

m,坝顶长 258.26 m,大坝下游面 692.80 m、672.80 m、652.80 m 高程设置了 3 条马道。水库死水位 671.00 m,正常蓄水位和设计洪水位均为 711.00 m,水库总库容 1.33 亿 m³,为年调节水库。

## 3　监测布置

库区变形监测控制网包括平面控制网和高程控制网,分别通过布设在库区的平面控制网点和高程控制网点进行监测;堆石坝表面变形监测包括表面水平位移和垂直位移监测,表面水平位移和垂直位移分别通过布设在坝体表面的视准线测点、水准点进行监测。

### 3.1　变形监测控制网

#### 3.1.1　平面控制网

平面控制网由 4 个网点组成,编号为 J1~J4,J1 位于大坝下游上坝公路旁,J2 位于大坝右岸上游山顶,J3 位于水库上游,J4 位于大坝左岸山上;在视准线两岸山体上布置了 3 对(6个:AZ、AY、BZ、BY、CZ、CY)测点,网点及水平位移工作基点布置见图 1。平面控制网采用大地测量方法进行加测,以 J1 为起算点,以 J1—J2 方位角为起算方位角。

#### 3.1.2　高程控制网

高程控制网自工程竣工时起,有 7 个测点,IS1~IS3(水准原点组)、IS4~IS5(在坝后右岸)、IS6~IS7(在坝后左岸),布置见图 2。2000—2008 年,网点相继遭到破坏。2009 年对水准观测点进行改造,改造后编号为 LS1~

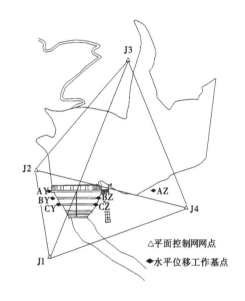

图 1　平面控制网点及水平位移工作基点布置

LS7,其中 LS1~LS3、LS6~LS7 5 点位置没有变(在原测点边上重新做点),由于 LS4、LS5(位置在导流洞出口右侧山坡)测点附近地质条件不好,在原测点斜上方(原填筑大坝上坝路)建立了新的测点。在近坝区岩体布置了 7 个垂直位移工作基点,编号分别为 SAZ、SAY、SBZ、SBY、SCZ、SCY、SDY。高程控制网水准观测采用一等水准监测。

### 3.2　大坝表面变形

大坝表面变形在坝顶和坝后 3 级马道布置 4 条测线(A、B、C、D 测线),高程分别为713.80 m、692.80 m、672.80 m、652.80 m,视准线测点与水准点成对布设,各 17 个测点,分别为 A 测线 5 个,B 测线 5 个,C 测线 4 个,D 测线 3 个,见图 3。A、B、C 测线采用视准线法观测,D 测线采用前方交会法观测;坝体表面垂直位移测点布置在水平位移测点旁,采用精密水准法观测。

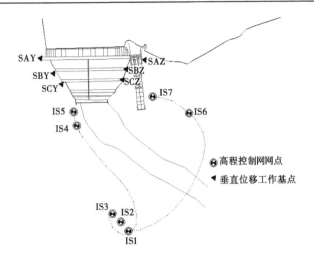

图 2　高程控制网点及垂直位移工作基点布置

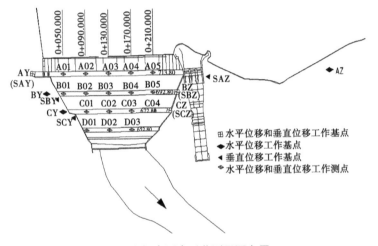

图 3　大坝表面变形监测平面布置

# 4　变形特性分析

## 4.1　变形监测控制网

### 4.1.1　平面控制网

平面控制网以 2002 年 3 月 23 日坐标值为基准值计算网点位移量,测值过程线见图 4,网点点位中误差见表 1。

(1)由于该网设计为国家一等平面控制网,按规范要求其网点平面点位中误差应小于 1.5 mm,由表 1 可以看出,水平位移各控制网点 J3、J4 测点中误差大多超过 1.5 mm,但超限不多。

(2)各网点各期坐标值与 2002 年 3 月 23 日坐标值差值不大,仅 2015 年、2021 年最大变形量达到 10.7 mm、11.3 mm。取 2 倍点位中误差(3.0 mm)作为位移量限差,超出此限差认为控制网不稳定,反之认为是稳定的。J2 控制点的位移量均在 3 mm 之内,视为稳定。J3、J4 自 2019 年后的位移量均超出 3 mm,2022 年最新位移量分别为 4.8 mm、3.9

mm,略超出位移量限差(3 mm)。

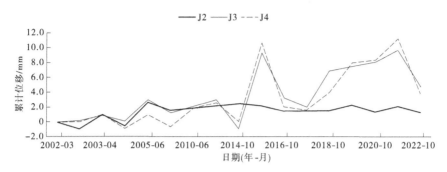

图 4　平面控制网点累计位移过程线

表 1　2019—2022 年平面控制网点点位中误差统计　　　单位:mm

| 测点 | 2019 年 10 月 | 2020 年 10 月 | 2021 年 10 月 | 2022 年 10 月 |
| --- | --- | --- | --- | --- |
| J2 | 0.810 | 1.241 | 1.372 | 0.787 |
| J3 | 1.577 | 2.417 | 2.672 | 1.747 |
| J4 | 1.445 | 2.215 | 2.448 | 1.587 |

(3)2019—2022 年,J1(基准网点)、J2 网点稳定,J3、J4 网点不够稳定,但从现场检查情况看,网点 J3、J4 没有异常。

工作基点 AZ、AY 于 2003 年 6 月开始观测,工作基点 BZ、BY、CZ、CY 于 2000 年 9 月开始观测。基点累计位移过程线见图 5,基点点位中误差见表 2。

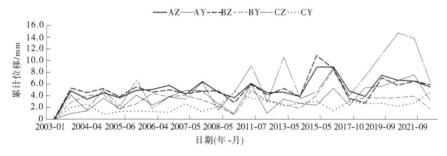

图 5　水平位移工作基点累计位移过程线

表 2　2019—2022 年水平位移工作基点点位中误差统计　　　单位:mm

| 测点 | 2019 年 9 月 | 2020 年 9 月 | 2021 年 9 月 | 2022 年 9 月 |
| --- | --- | --- | --- | --- |
| AZ | 2.875 | 4.766 | 2.909 | 2.198 |
| AY | 1.404 | 2.328 | 1.421 | 1.074 |
| BZ | 1.945 | 3.225 | 1.968 | 1.487 |
| BY | 1.966 | 3.259 | 1.989 | 1.503 |
| CZ | 1.488 | 2.467 | 1.506 | 1.137 |
| CY | 1.674 | 2.775 | 1.694 | 1.280 |

（1）工作基点按国家二等精度进行观测，按规范要求其网点平面点位中误差应小于
3.0 mm。由表 2 可以看出，除 AZ、BZ、BY 测点在 2020 年超过 3.0 mm 之外，其余测点点
位中误差均在 3.0 mm 以内，满足规范要求。

（2）基点 AZ、AY、BZ、CZ 复测值波动性较大，但总体而言，近几年趋势性变化较小，可
认为是稳定的。

（3）基点 BY、CY 在 2017—2022 年水平方向位移较小，最大不超过 4.7 mm，是稳定的。

### 4.1.2　高程控制网

高程控制网以 2013 年 6 月 10 日高程值为基准值计算网点沉降量，测值过程线见
图 6，网点点位中误差见表 3。

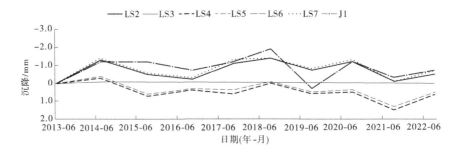

**图 6　高程控制网点累计沉降过程线**

**表 3　高程控制网点高程中误差统计**　　　　　单位:mm

| 测点 | 2019 年 9 月 | 2020 年 9 月 | 2021 年 9 月 | 2022 年 9 月 |
| --- | --- | --- | --- | --- |
| LS2 | 0.029 6 | 0.035 2 | 0.024 8 | 0.021 1 |
| LS3 | 0.037 8 | 0.046 1 | 0.030 1 | 0.027 4 |
| LS4 | 0.267 6 | 0.324 5 | 0.212 9 | 0.189 5 |
| LS5 | 0.268 8 | 0.326 1 | 0.213 9 | 0.190 5 |
| LS6 | 0.261 5 | 0.317 0 | 0.209 1 | 0.184 4 |
| LS7 | 0.260 2 | 0.315 2 | 0.207 7 | 0.183 4 |

高程控制网采用一等水准观测，按规范要求，其网点高程点面中误差应小于 0.3 mm，
由表 3 可以看出，除 2020 年 LS4~LS7 外，其余控制网点点位中误差均在 0.3 mm 以内。

各取 2 倍点位中误差(0.6 mm)作为沉降量限差，由表 3 可知，网点 LS2 和 LS3 高程
未发生变化，是稳定的，其他网点虽有变化，但最大不超过 1.5 mm，总体上看高程控制网
较稳定。

垂直位移工作基点采用二等附合水准路线进行往返观测，已知点为 LS5 和 LS6，基点
于 2003 年 11 月开始观测。基点累计沉降过程线见图 7，基点点位中误差见表 4。

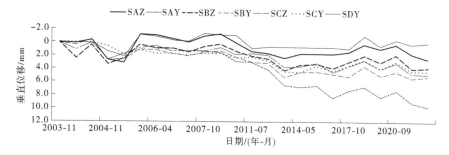

图 7 垂直位移工作基点累计沉降过程线

表 4 2019—2022 年垂直位移工作基点点位中误差统计
单位:mm

| 测点 | 2019 年 9 月 | 2020 年 9 月 | 2021 年 9 月 | 2022 年 9 月 |
|---|---|---|---|---|
| SAZ | 0.280 6 | 0.340 2 | 0.224 1 | 0.197 8 |
| SAY | 0.316 6 | 0.383 8 | 0.251 7 | 0.223 5 |
| SBZ | 0.298 0 | 0.361 4 | 0.237 6 | 0.210 1 |
| SBY | 0.318 0 | 0.385 4 | 0.252 8 | 0.224 6 |
| SCZ | 0.307 5 | 0.372 9 | 0.244 9 | 0.216 8 |
| SCY | 0.316 2 | 0.383 4 | 0.251 5 | 0.223 3 |
| SDY | 0.312 9 | 0.379 6 | 0.249 1 | 0.220 9 |

（1）垂直位移工作基点按规范要求,其网点高程点位中误差应小于 0.5 mm,由表 4 可以看出,各网点点位中误差均在 0.5 mm 以内,满足规范要求。

（2）SAZ、SAY、SBZ、SBY、SCZ 及 SCY 自 2014 年以后,过程线平稳,无明显趋势性变化,最大值在 5.5 mm 以内,处于稳定状态。

（3）SDY 在 2016—2022 年过程线比较平稳,最大值在 9.7 mm 以内,期间仅下沉 1.3 mm,从现场检查情况看,基点亦没有发生异常。

## 4.2 表面变形

大坝坝顶 A 测线于 2003 年 6 月 10 日首次观测;下游坝坡三级马道的 B、C、D 3 条测线首次观测时间分别为 2000 年 11 月 6 日、2000 年 9 月 18 日、2000 年 11 月 26 日。

（1）水平位移

大坝表面累计水平位移最大测点测值过程线见图 8,测点水平位移年均变化速率见表 5。

表 5 大坝表面水平位移年均变化速率统计

| 测点 | 年均值/mm | | | | | | 年均变化速率/（mm/a） | | | | |
|---|---|---|---|---|---|---|---|---|---|---|---|
| | 2017 年 | 2018 年 | 2019 年 | 2020 年 | 2021 年 | 2022 年 | 2018 年 | 2019 年 | 2020 年 | 2021 年 | 2022 年 |
| A02 | 38.23 | 37.11 | 40.74 | 39.92 | 41.45 | 40.65 | -1.12 | 3.63 | -0.82 | 1.53 | -0.80 |
| B02 | 48.01 | 46.77 | 46.67 | 46.30 | 47.65 | 49.60 | -1.24 | -0.10 | -0.37 | 1.35 | 1.95 |
| C02 | 109.06 | 109.13 | 108.6 | 108.62 | 109.44 | 110.73 | 0.07 | -0.53 | 0.02 | 0.82 | 1.29 |
| D03 | 54.40 | 55.40 | 56.70 | 54.87 | 55.01 | 56.81 | 1.00 | 1.30 | -1.83 | 0.14 | 1.80 |

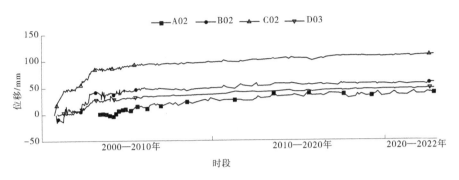

图8 大坝表面累计水平位移最大测点测值过程线

截至2022年11月3日,A、B、C、D测线最大累计位移分别为41.45 mm(A02)、49.60
mm(B02)、109.44 mm(C02)、56.81 mm(D03);C线位移量最大,坝顶位移量最小。A02
年平均变化速率为-1.12~3.63 mm/a,B02年平均变化速率为-1.24~1.95 mm/a,C02年
平均变化速率为-0.53~1.29 mm/a,D03年平均变化速率为-1.83~1.80 mm/a。自2017
年以来,坝体各测点沉降速率均较小,变形整体趋于收敛。

大坝各测点水平位移均呈现向下游的位移,近年来各测点位移增幅较缓慢。坝顶测
点由于设在坝面上,受温度影响较大,呈年周期性变化;下游坝坡测点位移虽有增加,但速
率较小,变形趋于收敛,坝体已基本稳定。

(2)垂直位移

大坝各级马道及坝顶表面累计垂直位移最大测点测值过程线见图9,测点垂直位移
年均变化速率见表6。

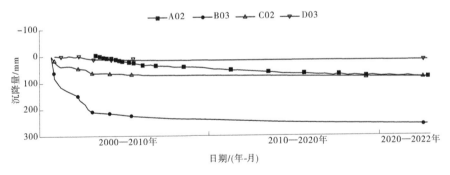

图9 大坝各级马道及坝顶表面累计垂直位移最大测点测值过程线

表6 大坝表面垂直位移年均变化速率统计

| 测点 | 年均值/mm | | | | | | 年均变化速率/(mm/a) | | | | |
|---|---|---|---|---|---|---|---|---|---|---|---|
| | 2017年 | 2018年 | 2019年 | 2020年 | 2021年 | 2022年 | 2018年 | 2019年 | 2020年 | 2021年 | 2022年 |
| A02 | 76.10 | 76.50 | 78.50 | 79.40 | 80.90 | 82.80 | 0.40 | 2.00 | 1.10 | 1.15 | 1.90 |
| B03 | 254.50 | 256.40 | 256.90 | 257.20 | 257.70 | 258.30 | 2.10 | 0.50 | 0.30 | 0.50 | 0.60 |
| C02 | 80.60 | 81.50 | 81.70 | 81.80 | 81.90 | 82.40 | 0.90 | 0.20 | 0.10 | 0.10 | 0.50 |
| D03 | 17.30 | 17.90 | 17.80 | 17.80 | 17.70 | 17.90 | 0.60 | 0.10 | 0 | 0.10 | 0.20 |

截至 2022 年 11 月 3 日, A、B、C、D 测线最大累计位移分别为 82.80 mm(A02)、258.30 mm(B03)、82.40 mm(C02)、17.90 mm(D03);A02 年平均变化速率为 0.40~2.00 mm/a,B03 年平均变化速率为 0.30~2.10 mm/a,C02 年平均变化速率为 0.10~0.90 mm/a,D03 年平均变化速率为 0~0.60 mm/a。自 2017 年以来,坝体各测点沉降速率逐年减小,变形整体趋于收敛。

坝体最大垂直位移约占最大坝高的 0.32%,仍在缓慢下沉,但速率较小,坝体已基本稳定。各测线靠近中间部位的沉降较大,靠近两端较小,符合土石坝变形的一般特性。

## 5 结论

通过对寒区松山面板堆石坝表面变形进行分析,可得出如下结论:

(1)平面控制网网点和工作基点整体处于稳定状态,网点 J3、J4 及工作基点 AZ、AY、BZ、CZ 复测值波动性较大,但从现场检查情况看,没有发生异常,尚能满足坝体表面水平位移观测需要。

(2)高程控制网网点最大变形不超过 1.5 mm,整体处于稳定状态;垂直位移工作基点基本稳定,能够满足坝体表面垂直位移观测的要求。

(3)大坝各测点水平位移均呈现向下游的位移;近年来各测点位移增幅较缓慢。坝顶测点由于设在坝面上,受温度影响较大,呈年周期性变化;下游坝坡测点位移虽有增加,但速率较小,变形趋于收敛,坝体已基本稳定。

(4)坝体最大垂直位移约占最大坝高的 0.32%,仍在缓慢下沉,但速率较小,坝体已基本稳定。各测线靠近中间部位的沉降较大,靠近两端较小,符合土石坝变形的一般特性。

## 参考文献

[1] Matheson G M, Parent W F. Construction and performance of two large rockfill embankments[J]. Journal of Geotechnical Engineering, 1989, 115(12): 1699-1716.

[2] Dascal O. Postconstruction deformations of rockfill dams[J]. Journal of Geotechnical Engineering, 1987, 113(1):46-59.

[3] 李克绵,张文东,刘天鹏,等. 振弦式沉降仪在双沟水电站混凝土面板堆石坝中的应用[J]. 水电自动化与大坝监测,2012,36(3):58-60.

[4] 梁希林,刘枫. 双沟水电站面板堆石坝变形反演分析[J]. 中国水利水电科学研究院学报,2019,17(6):423-431.

# 河口地区深厚软土地基筑坝方案研究

刘君健　范穗兴

( 中水珠江规划勘测设计有限公司,广东广州　510610)

**摘　要**:广东某新建水库坝址受河口地区地质条件、移民征地、已建工程和建筑物等因素制约,难以避让不良深厚软土地基。该工程天然坝基深厚软土层沉降和变形可能性大,坝基淤泥层含水量大、压缩性高、抗剪强度和承载力低,若不有效处理,可能导致上部挡水大坝过大沉降、开裂、渗漏、滑塌等影响其正常使用,甚至引起重大安全问题。本文根据工程实际,结合软土地基处理和相关类似工程经验,通过比选开挖换填、振冲碎石桩、水泥搅拌桩、"挖除+处理结合"等方案,推荐采用振冲碎石桩和水泥搅拌桩结合地基处理方案,能较好地解决深厚软土筑坝问题。研究成果对河口地区深厚软土地基筑坝方案具有一定的借鉴意义。

**关键词**:深厚软土;振冲碎石桩;水泥搅拌桩;复合地基;沉降变形;稳定

## 1　引言

综合分析地形条件、移民征地、蓄(供)水条件、实施难度等情况,具体考虑邻近城市供水、本地水库新建或扩建等现状,某新建水库为满足规模、任务、避让移民征地敏感点等,选址具备成库条件、无移民人口、征地少等优点,但坝址淤泥分布广泛且深厚,根据坝址的查勘成果,坝基淤泥软土范围大,工程建设难以避开淤泥软土层,且淤泥软土覆盖层深厚,最大深度达 33 m 以上,不具备直接作为建坝坝基的条件,需挖除或者经对坝基进行处理后建坝。本工程淤泥软土深厚、坝高较高,为国内外少见的深厚淤泥软土+中高坝的组合,目前未调查到国内外"30 m 以上深厚淤泥软土覆盖层+50 m 中高坝组合"的工程案例,查阅工程实例可知,本工程淤泥软土深度超过国内外已建工程。

该水库大坝坝顶高程 55.0 m,坝顶长 580 m,地基开挖方案最大坝高 89 m;地基处理方案最大坝高 53 m,坝顶宽 8 m,上游坝坡为 1:2.5、1:3.0,下游坝坡为 1:2.5、1:2.75。考虑适应软基变形能力,坝体选用黏土心墙坝坝型。黏土心墙上、下游坡比均为 1:0.25,心墙与坝体石渣间设两层反滤层。开挖方案坝壳体基础坐落在黏土、残积层上;处理方案坝壳体基础坐落在处理后软土复合地基上。

## 2　坝基地质条件

坝基河床部位覆盖层厚度 25.6~41.5 m,平均厚度 34.5 m;其中软土层(淤泥、淤泥

---

**作者简介**:刘君健(1983—),男,高级工程师,主要从事水工设计工作。

质砂、淤泥质土等)揭露厚度一般为 12.1~33.3 m,平均厚 22.2 m。全风化层厚度 4.2~30.0 m,平均厚度 14.7 m;强风化层厚度 2.8~13.4 m,平均厚度 9.2 m;中风化上带厚度 1.2~12.7 m,平均厚度 5.6 m。

坝址软土层土工试验成果见表 1。

表 1 坝址软土层土工试验成果

| 定名 | 含水率/% | 孔隙比 | 液限/% | 塑限/% | 塑性指数 | 压缩系数/MPa$^{-1}$ | 压缩模量/MPa | 直剪快剪 | | 天然地基承载力特征值/kPa |
|---|---|---|---|---|---|---|---|---|---|---|
| | | | | | | | | 凝聚力/kPa | 摩擦角/(°) | |
| ③-1(夹砂、含贝壳)淤泥质黏土 | 46 | 1.249 | 42.4 | 22.3 | 20.1 | 1.25 | 2.2 | 6.9 | 5.2 | 50~60 |
| ③-2 淤泥、夹砂淤泥、含贝壳淤泥 | 60.9 | 1.644 | 49.2 | 25.8 | 23.4 | 1.74 | 1.6 | 5.3 | 3 | 40~50 |
| ③-3 淤泥质、粉细砂 | 26.1 | | | | | | | | | 55~60 |
| ③-4 淤泥质黏土 | 47.5 | 1.284 | 43.2 | 22.7 | 20.5 | 1.15 | 2.1 | 6.7 | 4.9 | 50~60 |

## 3 坝基处理比选方案

坝基分布广泛的淤泥、淤泥质黏土层等软土层,含水量高、压缩性高,抗剪强度低,承载力差,最大深度达 33.3 m(最大埋深约 37 m),存在压缩变形、抗滑稳定等突出工程地质问题,给深厚淤泥层上建坝的安全稳定性带来极大挑战。坝基软土处理是本工程的关键技术问题。

根据《碾压式土石坝设计规范》(SL 274—2020)[1]6.1.3 条,当坝基中遇到软土情况时,应慎重研究和处理。根据《建筑地基处理技术规范》(JGJ 79—2012)[2]要求,淤泥、淤泥质土不能满足建(构)筑物对地基的要求时,需对其进行加固改良,形成人工地基,以满足建(构)筑物对地基的要求,保证其安全与正常使用。软弱地基处理方法的分类有很多种,根据《建筑地基处理技术规范》(JGJ 79—2012)[2],主要有换填垫层法、强夯、碎石桩、塑料排水板、真空预压、堆载预压、水泥搅拌桩等。刚性桩(如灌注桩、预制桩等)不适宜作为散粒状土坝坝体的基础处理,且投资较高,不选用。塑料排水板一般只能用在堤防、低坝等高度较小的部位,淤泥较深时排水固结困难。由于坝高较高,坝身部位基础不适宜采用塑料排水板方法,但该方法可用于荷载较小部位,作为坝基处理的辅助措施。根据勘探揭示地基土的物理力学性质,结合国内类似项目的工程经验和本地工程实践,选择几个方案进行比选,见表 2。

#### 表 2 坝址软土处理比选方案

| 项目 | 方案名称 | 方案内容及评价 |
|---|---|---|
| 方案一 | 开挖换填 | 开挖清除全部软土,换填较好填筑料,能较彻底地消除软土的不利影响 |
| 方案二 | 振冲碎石桩(散粒材料桩) | 在云南务坪[3-4]、四川仁宗海[5]、浙江汤浦[3-4]、四川拉哇[6]等项目大坝(围堰)坝基处理中已经应用,不开挖淤泥 |
| 方案三 | 水泥搅拌桩(柔性桩) | 在珠三角地区的港珠澳大桥[7]、深圳机场[8]等软土项目中应用较多,不开挖淤泥 |
| 方案四 | 上部挖除+下部处理方案(上部全部固化) | 上部固化后开挖换填结合下部振冲碎石桩和水泥搅拌桩。考虑本工程坝基软土分布情况,其中③-2 淤泥主要分布在上部,且③-2 层力学物理参数最差,进行分层处理;挖除上部全部采用原位固化的③-2 淤泥层结合下部地基处理(水泥搅拌桩处理坝体坝高较高的心墙底部、振冲碎石桩处理坝体两侧坝高较低底部)方案 |
| 方案五 | 上部开挖换填结合下部振冲碎石桩和水泥搅拌桩 | 与方案四相似,考虑原位固化代价较高,仅固化下部顶面,作为振冲碎石桩和水泥搅拌桩的施工平台 |
| 方案六 | 振冲碎石桩和水泥搅拌桩结合 | 水泥搅拌桩处理坝体坝高较高、变形防渗求较高的心墙底部、振冲碎石桩处理坝体两侧坝高较低底部 |

## 4 坝基处理方案选择

本工程不同坝高部位的荷载变化较大,不同坝体结构部位对沉降变形的要求不一致。因此,对各种软基处理方案进行综合比较分析,利用各方案的优点,避免其缺点,从而安全、经济地解决软土坝基带来的坝体稳定性不足、沉降变形大等问题。

淤泥软土坝基各方案的优缺点比较见表 3。

#### 表 3 淤泥软土坝基各处理方案优缺点比较

| 坝基处理方案 | | 优点 | 缺点 |
|---|---|---|---|
| 方案一 | 开挖换填 | 坝基可靠,解决了软土引起的变形和承载力等问题 | 淤泥开挖难度大、代价高,深坝基开挖会影响河岸堤防、附近村庄房屋的安全;淤泥弃渣方量大,且难以找到弃渣场;开挖后大大增加坝体填筑量。开挖受降雨影响严重,施工期受开挖进度影响明显 |

续表3

| 坝基处理方案 | | 优点 | 缺点 |
|---|---|---|---|
| 方案二 | 振冲碎石桩<br>(底部出料) | 适合作为土坝复合地基,兼有排水固结作用,有利于提高软土层的物理力学指标 | 需要碎石多,对石料来源有一定的压力,对淤泥需采用底部出料工艺。普通成桩工艺因桩周淤泥抗剪强度低,振冲碎石桩成桩困难 |
| 方案三 | 水泥搅拌桩 | 较为适合软基处理,坝基处理后沉降较小 | 工程投资大,桩长超20 m时单价较高 |
| 方案四 | 上部挖除+<br>下部处理<br>(上部全部固化) | 地基处理深度较浅,固化后施工安全性好 | 固结、开挖代价高,淤泥弃渣方量较大,且难以找到弃渣场;开挖后增加坝体填筑量。施工场地受开挖进度影响明显。开挖弃渣困难、坝基处理沉降较大的缺点同时存在 |
| 方案五 | 上部挖除+<br>下部处理<br>(下部顶面固化) | 地基处理深度较浅 | 开挖代价高,存在较大的施工安全风险,淤泥弃渣方量较大,且难以找到弃渣场;开挖后增加坝体填筑量。开挖受降雨影响严重,施工期受开挖进度影响明显。开挖弃渣困难、坝基处理沉降较大的缺点同时存在 |
| 方案六 | 振冲桩、<br>搅拌桩结合 | 坝基较为可靠,施工安全性好。搅拌桩承载力较高,能有效控制心墙变形裂缝,格栅式能抵抗一定水平荷载兼顾防渗作用 | 工程投资较大,需要碎石较多,对石料来源有一定的压力,对淤泥需采用底部出料工艺。搅拌桩桩长超20 m时单价较高。两种桩型处理易产生沉降差 |

经投资计算比较,投资由小到大分别为:方案二、方案六、方案三、方案五、方案一、方案四。方案二(自采)投资最小,即便考虑到振冲所采用的碎石外购,其投资也低于方案一和方案三等方案。方案六投资次之,方案三、方案五投资居中。方案一由于开挖代价大、开挖风险大、弃渣困难,投资较大;方案四由于固化代价大,投资最大。

水泥搅拌桩方案较振冲碎石桩方案坝体沉降较小,但其投资较高;振冲碎石桩坝基沉降较大,但其作为土坝复合地基,兼有排水固结作用,能提高软土指标,工程投资较小。根据防渗料料源储量情况,大坝采用心墙坝坝型。大坝心墙部位对沉降变形的要求较高,为确保大坝防渗结构安全,拟在防渗心墙底部采用格栅状水泥搅拌桩,提高坝基承载力、减少沉降变形以及坝基防渗的作用。大坝上、下游坝壳部位,对坝基变形适应性较大,拟采用投资较小的振冲碎石桩方案加固坝基。该方案具有提高地基承载力和变形模量,改善地基土均匀性的作用,同时能形成排水通道使淤泥软土固结,起到提高淤泥软土物理力学指标的作用。为进一步节省工程投资,坝体上、下游压台部位采用塑料排水板+堆载/真空预压的方式对淤泥软土进行加固,起到固结淤泥软土提高坝体边坡稳定性的作用。

综上所述,本工程拟采用振冲碎石桩+水泥搅拌桩+塑料排水板的组合坝基结构形式(方案六)。该方案比单纯采用振冲碎石桩投资稍多(约多3 821万元),但其沉降较少,防渗体可靠度增加,同时搅拌桩兼有防渗墙的作用,不需要在坝基上另设防渗心墙,工程投资增加不明显。本组合方案比单纯采用水泥搅拌桩方案节省投资18 442万元,在经济上有较大的优势。在坝体上、下游压台部位采用塑料排水板+堆载/真空预压的方式,在满足坝体结构稳定要求的同时,有利于进一步控制工程投资。

拟推荐坝基处理方案采用振冲碎石桩+水泥搅拌桩+塑料排水板的组合坝基结构形式。坝体心墙底部范围约60 m,采用水泥搅拌桩方案。水泥搅拌桩桩径为0.8 m,采用单排矩形格栅布置,矩形格栅为4.2 m×4.2 m,置换率57%。坝体上、下游坝壳部位坝基采用振冲碎石桩方案,桩径为1.2 m,矩形布置,置换率根据坝高的不同取50%~34%,平均间、排距1.64 m(平均置换率42%),并在顶部设置1~2 m中粗砂排水垫层加速淤泥排水固结。根据堤防、水闸等工程经验,坝坡滑动面穿过坝脚附近区,坝脚附近区为抗滑稳定的重要区域,上、下游坝脚压载平台及邻近无荷载部分地基采用1.0 m×1.0 m塑料排水板,并结合堆载预压等使淤泥软土加速排水,顶部铺0.5~1.0 m中粗砂作排水垫层,通过逐级平台填筑加荷加速固结。考虑淤泥地基处理排水固结情况,施工中要求控制填筑方式方法与填筑速度,通过适当延长施工期来减少地基不均匀沉降变形、减少大坝工后沉降及变形量。

以上3种地基处理形式变化处通过渐变置换率、间距、相互套嵌、长短桩间隔等措施逐渐过渡,防止地基承载力突变使上部结构出现不均匀沉降裂缝。同时,大坝地基不同处理措施结合区上方对应的坝体设置过渡区,过渡区填筑材料宜采用黏粒含量较高的填筑材料,并敷设土工格栅,以利于较好适应不均匀变形。

## 5 推荐方案计算分析

### 5.1 水泥搅拌桩

根据《地基处理手册》[8],承受竖向荷载作用的复合地基并不一定都能作为横向荷载作用下的复合地基,特别是在流塑状态的淤泥土中。当复合地基采用格栅状布桩形式桩桩相联,能保证复合地基在横向力作用下共同工作,即可作为横向荷载作用下复合地基。本工程坝基水泥搅拌桩需承受竖向坝体自重荷载,同时水库蓄水后,坝基水泥搅拌桩受到横向水平力,因此选用格栅状布桩形式。

坝体心墙底部范围约60 m,采用格栅状水泥搅拌桩。根据港珠澳大桥工程等经验,重大工程设计桩径一般较大,本工程坝基面积较大,设计最大桩长较大,桩径选用800 mm。根据规范格栅状桩间塔接150 mm,格栅状布桩形式轴线尺寸为4.2 m×4.2 m,置换率42%中间布置4根散桩;若置换率取57%中间布置9根散桩,桩贯穿坝基淤泥层。

根据规范[2]公式计算,单桩竖向承载力标准值为478.8 kPa,置换率取42%时,复合地基承载力标准值为402.7 kPa;置换率取57%时,复合地基承载力标准值为544.9 kPa。

### 5.2 振冲碎石桩

根据云南务坪[3-4]、四川仁宗海[5]、四川拉哇[6]等工程经验,重大工程设计桩径一般较大,本工程坝基面积较大、设计最大桩长较大,振冲碎石桩桩径初步选用 1 200 mm。坝体上、下游坝壳部位坝基采用振冲碎石桩方案,桩径为 1.2 m,矩形布置,置换率根据坝高的不同取 50%~34%,平均间、排距 1.64 m(平均置换率 42%),并在顶部设置 1~2 m 中粗砂排水垫层加速淤泥排水固结。

根据《碾压式土石坝设计规范》(SL 274—2020)[2]公式计算,单桩竖向承载力标准值为 737.4 kPa;坝基振冲碎石桩复合地基承载力 $f_{sp,kl}$ 为 124.35 kPa。根据《地基处理手册》[8]公式计算,当 $C_u$ = 4 时,单桩竖向承载力标准值为 100.8 kPa 或 83.2 kPa;当 $C_u$ = 20 时,单桩竖向承载力标准值为 504 kPa 或 416 kPa,参数取值不同结果相差较大。故从安全考虑按《振冲碎石桩复合地基》[9]中桩身强度取 400 kPa 考虑。坝基振冲碎石桩复合地基承载力 $f_{sp,kl}$ 为 199.9 kPa。

## 5.3　坝体稳定

为评判复合地基对大坝稳定安全影响,选取代表性坝体剖面进行初步设计分析。采用有限元软件进行坝体代表剖面边坡稳定计算,结果见表 4。结果表明,复合坝基平均置换率取 42%时坝坡安全系数能基本满足规范要求。

表 4　大坝坝坡稳定计算成果

| 工况 | | 水库水位/m | 稳定安全系数 | | 规范要求安全系数 |
|---|---|---|---|---|---|
| | | | 上游坝坡 | 下游坝坡 | |
| 稳定渗流期 | 施工期 | 无水 | 2.022 | 1.821 | 1.25 |
| | 正常蓄水位 | 51.50 | 2.305 | 1.366 | 1.35 |
| | 设计洪水位 | 51.79 | 2.317 | 1.362 | 1.35 |
| | 校核洪水位 | 51.99 | 2.326 | 1.358 | 1.35 |
| 水位降落期 | 正常水位骤降 | 51.50↘8.00 | 1.532 | — | 1.25 |
| 遇地震 | 地震工况 | 51.50 | 1.822 | 1.198 | 1.15 |

## 5.4　坝体、坝基沉降计算

根据规范[1]规定,黏性土坝体和坝基最终沉降量采用分层总和法计算,坝体最终沉降量为 217.03 cm,其中竣工时沉降量为 194.45,竣工后沉降量为 22.58 cm;坝基(处理后复合地基)最终沉降量为 231.00 cm,其中竣工时沉降量为 212.52 cm,竣工后沉降量为 18.48 cm。因此,坝体和坝基最终总沉降量为 448.03 cm,竣工时坝体和坝基沉降量为 406.97 cm,竣工后沉降量为 41.06 cm,小于坝高的 1%,满足规范要求。

## 6　结论

(1)根据规范要求,结合本工程的重要性及河口地区软土地基特点,建议进行现场原位试验。依据现场原位试验确定相关参数,进一步优化坝基的组合方式和衔接方法,确保本工程安全、经济、合理。

(2)大坝坝基处理技术难度大、安全重要性高,建议对大坝填筑过程及完建后的稳定、应力、沉降、蠕变等进行仿真研究,用于指导坝体结构、防渗设计、施工组织设计、运行控制等,确保大坝在施工和运行中的安全。

（3）工程中寻求解决河口地区软土地基带来的坝体稳定、沉降、工后变形等问题的有效处理措施,同时尽可能地节省工程投资,是相似工程急需解决的技术难题。

## 参考文献

[1] 中华人民共和国水利部. 碾压式土石坝设计规范:SL 274—2020[S]. 北京:中国水利水电出版社,2020.

[2] 中华人民共和国住房和城乡建设部. 建筑地基处理技术规范:JGJ 79—2012[S]. 北京:中国建筑工业出版社,2013.

[3] 陈祖煜,周晓光,陈立宏,等. 务坪水库软基筑坝基础处理技术[J]. 中国水利水电科学研究院学报,2004,2(3):167-171.

[4] 陈祖煜,周晓光,张天明,等. 云南务坪水库软基筑坝技术[M]. 北京:中国水利水电出版社,2004.

[5] 凡亚,王立海. 振冲碎石桩在仁宗海软弱坝基加固处理中的应用[J]. 中国水能及电气化,2012(11):55-60.

[6] 吴梦喜,宋世雄,吴文洪. 拉哇水电站上游围堰渗流与应力变形动态耦合仿真分析[J]. 岩土工程学报,2021,43(4):613-623.

[7] 刘志军,胡利文,卢普伟,等. 海上深层水泥搅拌法关键施工技术与试验研究[J]. 施工技术,2019,48(20):100-104.

[8] 龚晓南. 地基处理手册[M]. 3版. 北京:中国建筑工业出版社,2008.

[9] 何广讷. 振冲碎石桩复合地基[M]. 2版. 北京:人民交通出版社,2012.

# 红河州石屏灌区工程管线穿越输油管影响分析

尼 珂[1] 杜春荣[2] 王浩宇[1]

(1. 中水珠江规划勘测设计有限公司,广东广州 510610;

2. 云南省红河州大型灌区管理局,云南蒙自 661100)

**摘 要**:管线交汇在灌区工程中十分普遍,当遇到输水管与输油管等安全要求级别高、管道工作压力大的管道有空间交汇时,选用尽可能对原管道周边扰动小的穿越方式显得尤为重要。本文以红河州石屏灌区工程管线跨越输油管为例,选取浅埋穿越和贴地明管穿越两种跨越方式,通过理论分析和有限元验证,结果表明采用浅埋穿越和贴地明管穿越对输油管道影响均较小。

**关键词**:输水管;输油管;空间交汇

## 1 工程背景

红河州石屏灌区工程位于云南省红河哈尼族彝族自治州境内,输水线路全长 370.4 km。输水线路涉及与成品油管道空间交叉部位共有 5 处,输水管管径为 DN250~ND500 钢管,交汇部位输油管管径均为 457 mm,输油管现状埋深 1.3~2.9 m。由于输油管设计压力 13.5 MPa,且并非深埋方式,为尽量减小输水管埋设对输油管道的影响,在制订输水管穿越输油管方案时,采用了人工开挖浅埋穿越和贴地明管穿越两种方案进行比选研究。为确保比选结果的通用性,本次影响分析选取了输油管埋深最浅的部位,即 1.35 m 埋深部位,该部位输水管管径 DN250(管道工作压力 0.6 MPa)。为确保方案的可靠性,本次分析采用了理论附加荷载验算和有限元分析进行互校验证。

## 2 地质地貌及方案描述

### 2.1 地形地貌及地质条件

输水管线线路沿线主要分布地貌为溶蚀—侵蚀地貌,根据其发育特征又细分为:溶丘洼地地貌(Ⅲ1-1)、溶丘中山峡谷地形(Ⅲ2-2)、溶丘低山沟谷地形(Ⅲ2-3)、岩溶断陷盆地地形(Ⅲ3-1)、岩溶断块山地地貌(Ⅲ3-2)。

根据地勘钻孔揭露,穿越输油管附近区域沿线地形现状侵蚀堆积残丘向北延伸,地形整体北高南低,地形平缓开阔,地面坡度 5°~8°,现状均为农田,种植洋葱、玉米等农作物。沿线地表主要为残坡积($Q_4^{el}$)粉质黏土层,厚 1.50~4.50 m,下伏上第三系(N)泥质粉砂岩、粉砂岩、砂砾岩全—强风化层。管槽地基均为残积粉质黏土、含碎石粉质黏土,承载力

---

**作者简介**:尼珂(1979—),男,高级工程师,主要从事水工结构工作。

可以满足管线需要,其岩土物理力学性质指标建议值见表1。

表1 岩土物理力学性质指标建议值

| 土层名称 | 天然状态土的物理性指标 | | | 压缩系数 $a_v$/(MPa$^{-1}$) | 压缩模量 $E_s$/MPa | 天然快剪 | | 天然地基承载力特征值 $f_{ak}$/kPa |
| --- | --- | --- | --- | --- | --- | --- | --- | --- |
| | 含水量 $\omega_o$/% | 湿密度/(g/cm³) | 孔隙比 $e_o$ | | | 凝聚力 c/kPa | 摩擦角 $\varphi$/(°) | |
| 粉质黏土(碎屑岩残积土) | 36.45 | 1.83 | 0.867 | 1.0 | 4.48 | 16 | 8 | 110~140 |
| 全风化碎屑岩 | 15.80 | 1.99 | 0.54 | 0.22 | 7.79 | 33 | 11 | 200~300 |
| 全风化变质岩 | — | 2.0 | | 0.38 | 5.01 | 25 | 20 | 180~250 |
| 强风化碎屑岩 | — | 2.05 | | 0.32 | 5.76 | 25 | 30 | 400~500 |
| 强风化变质岩 | — | 2.08 | | 0.39 | 4.39 | 25 | 30 | 500~800 |

## 2.2 方案介绍

### 2.2.1 方案一 浅埋穿越方案

根据《室外给水设计标准》(GB 50013—2018)[1]的规定:给水管道与其他管线交叉时的最小垂直净距,应符合国家现行标准《城市工程管线综合规划规范》(GB 50289—2016)[2]的有关规定。根据《城市工程管线综合规划规范》(GB 50289—2016)表4.1.14中查询,给水管线交叉时最小垂直净间距0.15 m。根据《输油管道工程设计规范》(GB 50253—2014)[3]的规定:当埋地输油管道同其他埋地管道或金属构筑物交叉时,其垂直净距不应小于0.3 m。综合以上各规范的要求,本方案按垂直净距不小于0.55 m控制,同时从安全角度考虑交叉点上、下游7.5 m范围内输水管段采用外包混凝土防护,混凝土厚200 mm。方案一布置见图1。

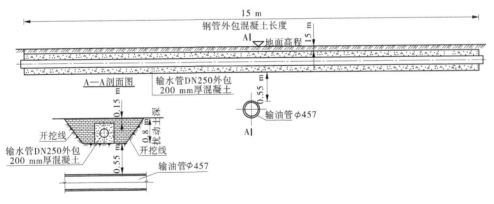

图1 方案一

### 2.2.2 方案二 贴地明管穿越方案

该方案管道布设不扰动输油管顶部覆盖层,即管底至输油管管顶净间距为1.35 m,完全满足前述各规范要求,跨越段两端各布置一座镇墩,为尽量避免镇墩对输油管造成影响,镇墩布置于交叉点上、下游 7.5 m 处。方案二布置见图 2。

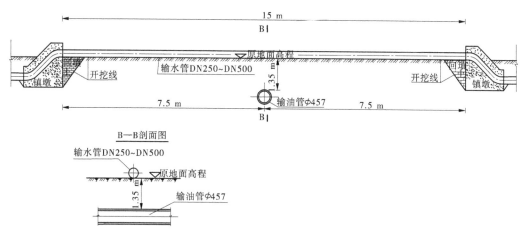

图 2　方案二

## 3　理论附加荷载初步验算分析

### 3.1　方案一　附加荷载分析

方案一单位延米范围内输油管顶部现状为填土,现状管顶荷载为 15.8 kN(管槽宽度按 0.65 m 计);采用钢管外包混凝土浅埋后,输油管顶部荷载为 18.6 kN(包含输水管管内水重)。管顶附加荷载增加 2.8 kN,初步分析该方案对输油管受力有影响,但由于输油管内压较大,因此附加荷载对其影响有限。

### 3.2　方案二　附加荷载分析

方案二未扰动输油管顶部覆土,输水管跨管两端镇墩距离输油管较远,对输油管不会造成影响。

## 4　有限元分析

### 4.1　数值模拟参数的确定

本文将利用 ABAQUS 有限元软件对该问题进行求解,并对解析解结果进行验证[4]。在用 ABAQUS 建立模型前,本文需确定模型的一些基本参数,模型基本参数及假定见表 2。

表 2　模型基本参数及假定

| 材料 | 弹性模量/Pa | 泊松比 | 密度/(kg/m³) | 部位 | 单元类型 |
| --- | --- | --- | --- | --- | --- |
| 混凝土 | $2.60 \times 10^{10}$ | 0.167 | 2 400 | 镇墩(管道外包混凝土) | C3D10(C3D8R) |
| 黏土 | $2.06 \times 10^{7}$ | 0.320 | 1 700 | 地基土 | C3D8R |
| 钢管 | $2.06 \times 10^{11}$ | 0.200 | 7 850 | 给水管及输油管 | S4R |

### 4.2　计算模型的建立

本文建立三维模型[5],模型尺寸采用 20 m×4 m×2.307 m(长×宽×高)。不同部件选取不同的网格划分方法,给水管和输油管采用四边形壳单元,单元尺寸 0.01 进行网格划分;镇墩采用四面体实体单元,单元尺寸 0.05 进行网格划分;管道外包混凝土采用六面体实体单元,单元尺寸 0.05 进行网格划分;地基土采用六面体实体单元,单元尺寸 0.1 进行网格划分。

根据不同方案,建立模型及网格划分如图 3 所示。

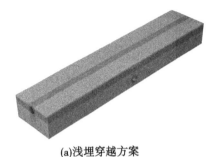

(a)浅埋穿越方案　　　　　　　　(b)贴地明管穿越方案

图 3　模型及网格划分

### 4.3　初始应力条件和边界条件的确定

在建模之后,需要对模型施加约束(位移边界条件)及荷载(应力边界条件)。对于约束,在模型底面施加三向约束,并在模型四周施加单向约束。对于荷载,对整个模型施加一个重力,并在给水管内表面施加 0.5 MPa 的内水压力。效果如图 4 所示。

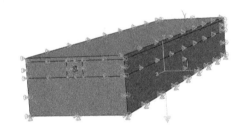

图 4　模型荷载及约束施加效果

### 4.4　模拟结果

边界条件确定后,进行作业提交,直接求解出模型的应力场,得出应力应变数据,结果如图 5、图 6 所示。

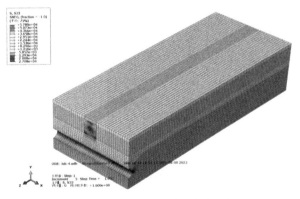

图 5　浅埋穿越方案模型应力云图

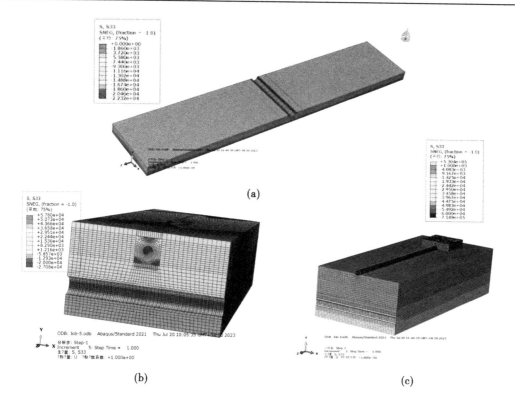

图 6　贴地明管穿越方案模型应力云图

## 5　结论

本文应用理论附加荷载初步验算和有限元数值模拟,对红河州石屏灌区工程管线穿越输油管的影响进行了分析,主要结论如下:

(1)浅埋穿越和贴地明管穿越两种跨越方式均可,虽然浅埋穿越会产生附加荷载,但在控制好交叉管间净间距的情况下不会对输油管受力造成影响;贴地明管穿越的优势是不会对输油管产生附加荷载。

(2)虽然采用贴地明管穿越方案对输油管的影响较小,但应注意尽量将两端镇墩远离输油管,当镇墩间距太小时,镇墩的受力会对输油管造成影响。

(3)施工现场实际需要考虑征地情况、村民意见等外在条件影响,可根据施工现场的客观条件灵活加以组合使用,在条件允许的情况下,优先采用贴地明管穿越方案跨越输油管。

(4)随着计算机硬件和数值仿真的快速发展,数值分析方法已成为求解工程问题的重要依据之一。当遇到岩土工程具有荷载及边界条件复杂,工程模型涉及多的情况,通常可以采用数值方法进行求解,方便快捷地得出结果。

# 参考文献

[1] 中华人民共和国住房和城乡建设部,国家市场监督管理总局.室外给水设计标准:GB 50013—2018 [S].北京:中国计划出版社,2019.

[2] 中华人民共和国住房和城乡建设部,国家质量监督检验检疫总局.城市工程管线综合规划规范:GB 50289—2016[S].北京:中国建筑工业出版社,2016.

[3] 中华人民共和国住房和城乡建设部,国家质量监督检验检疫总局.输油管道工程设计规范:GB 50253—2014[S].北京:中国计划出版社,2015.

[4] 费康,彭劼.ABAQUS岩土工程实例详解[M].北京:中国邮电出版社,2017.

[5] CAD/CAM/CAE技术联盟.ABAQUS 2020有限元分析从入门到精通[M].北京:清华大学出版社,2021.

# 混凝土坝渗流及应力应变监测应用

张志文　　赖忠良　　肖爱龙

(中水珠江规划勘测设计有限公司,广东广州　510610)

**摘　要**:混凝土坝的渗流情况会影响其结构稳定性,导致其发生变形,分析其应力应变变化规律对混凝土坝的稳定性至关重要。为分析混凝土坝的渗流情况及其稳定性,本文以迈湾水利枢纽工程为研究对象,基于现场监测,对其渗流及应力、应变进行监测,得出以下结论:对比大坝坝体的变形可得,大坝坝基的开合度绝对值较小,说明大坝的变形主要以其坝体为主,坝基处的平均渗压水位高程较小,说明大坝的渗流主要集中于其坝体部位,在实际工程中,需重点关注大坝坝体渗流及变形情况,并采取相关措施,减少其渗流及变形量。不同监测位置的渗压水位高程具有一定的差异性,其中,上游的渗压水位小于下游的渗压水位,在实际工程中,需重点关注坝体下游的渗流情况。监测数据表明,该混凝土坝的结合度较好,结合面状态基本稳定。

**关键词**:混凝土坝;渗流监测;开合度;应变

大坝蓄水会导致大坝内部发生渗流现象,导致其结构发生变形,不利于大坝的稳定性,近年来,许多专家学者针对大坝稳定性及变形规律开展相关监测研究。

闻杰等[1]以某水库工程为研究对象,分析其坝体运行期间的变形及渗流情况,结果表明,水库的稳定性较高。刘浩等[2]以某面板堆石坝为研究对象,对其应力应变情况进行监测,结果表明,大坝的变形主要集中于其坝顶。甘孝清等[3]对面板堆石坝的安全性进行监测,分析其接缝变形情况,结果表明,该大坝的变形及沉降均在安全范围内。刘贤鹏等[4]以某水库土石坝为研究对象,提出一种实时安全监测系统,对其大坝安全性及稳定性进行监测,结果表明,该系统可显著提高监测效率。陈冬燕[5]以某水库大坝为研究对象,对其表面变形及渗流情况进行监测,结果表明,该大坝的稳定性较高。

本文以迈湾水利枢纽工程为研究对象,对大坝坝体、坝基等受力较大部位布置仪器,进行应力、应变监测,分析其渗流及应力应变变化规律。

## 1　工程概况

本文以迈湾水利枢纽工程为研究对象,该工程是保障南渡江下游海口市及定安县、澄迈县供水和生态用水安全的控制性水源工程,其近期正常蓄水位 101.0 m,远期正常蓄水位为 108.0 m。重力坝坝顶高程 113.0 m,最大坝高 75 m,总库容 6.05 亿 m³(远期),发电厂房装机容量 40 MW,以水库总库容确定本工程等别属 Ⅱ 等,工程规模为大(2)型。枢纽

作者简介:张志文(1992—),男,工程师,主要从事安全监测工作。

建筑物由主坝、副坝和左岸灌区渠首组成,其中主坝为碾压混凝土重力坝。主坝由左岸重力坝挡水坝段、溢流坝段、进水口坝段(包括引水发电进水口、右岸灌区渠首进水口)、右岸重力坝挡水坝段、坝后式发电厂房及过鱼设施等组成;副坝包括1#~7#副坝。左岸灌区渠首位于大坝上游左岸0.7 km处,为引水隧洞形式。

## 2 监测系统

本工程主坝为混凝土重力坝,按《混凝土坝安全监测技术规范》(SL 601—2013)附录A监测项目要求,对大坝坝体、坝基等受力较大部位布置仪器,进行应力、应变监测。选定最大坝高的6#坝段、11#坝段进行坝体应力应变监测作为重点。应力应变监测采用五向应变计组、无应力计及压应力计和钢筋计。选取16#坝段作为进水口坝段代表坝段,设置横向观测断面,布设5支渗压计和2支测压管,对其渗流情况进行监测开合度。

## 3 结果分析

大坝坝体(0+167.00断面)的时间-开合度曲线如图1所示。由图1可知,随着时间的增加,J30与J31的开合度变化较为平缓,在监测前期,其开合度存在下降趋势,两个测点的开合度下降值为0.23 mm。在监测前期,测点J30的开合度大于测点J31,随着时间的增加,测点J30的开合度小于测点J31,测点J30、J31的开合度最小值分别为-0.30 mm、-0.32 mm,其平均月变幅分别为-0.03 mm、-0.04 mm,说明大坝坝体的变形无明显的增长趋势,其稳定性较好。测点J30、J31的最大开合度差值小于0.1 mm,说明不同监测位置的坝体开合度存在一定的差异性,但是监测位置对坝体开合度的影响并不明显。大坝坝体的监测数据测值变化介于-0.04~-0.03 mm,变形量不大,整体无异常情况,当前监测数据表明,该部位结合度较好,结合面状态基本稳定。

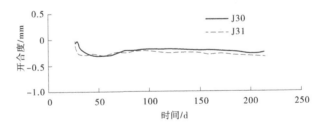

**图1 坝体时间-开合度曲线**

大坝坝基(0+167.00断面)的时间-开合度曲线如图2所示。由图2可知,随着时间的增加,大坝坝基的开合度变化趋势较为平缓,测点J17与测点J18的开合度差距较小,两个测点的监测数据测值变化介于-0.02~-0.01 mm,说明该部位基岩面结合度较好,结合面状态基本稳定。测点J17与测点J18的开合度平均月变幅分别为-0.01 mm、-0.02 mm,小于大坝坝体的变幅,说明坝基的开合度变化较为平稳。对比大坝坝体的变形可得,大坝坝基的开合度绝对值较小,说明大坝的变形主要以其坝体为主,在实际工程中,需重点关注大坝坝体变形,并采取相关措施,减少其变形量。

为分析混凝土坝的渗流情况,对其渗压水位进行监测,大坝坝体(0+167.00断面)的

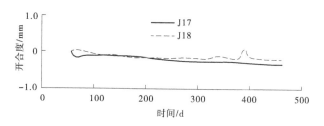

图 2　坝基时间-开合度曲线

渗压特征值见表 1。由表 1 可知,不同测点的平均渗压水位具有一定的差异性,其中,测点 P18、测点 P19 的平均渗压水位最大,其值为 85 m;测点 P14、测点 P15 的平均渗压水位最小,其值为 48 m,说明不同监测位置的渗压水位具有一定的差异性。其中,上游的渗压水位小于下游的渗压水位,在实际工程中,需重点关注坝体下游的渗流情况。

表 1　坝体 0+167.00 处渗压特征值统计

| 测点编号 | 上下游桩号/m | 平均渗压水位高程/m | 最大值/m | 最小值/m |
|---|---|---|---|---|
| P14 | 坝上 0-003.40 | 48.00 | 48.15 | 46.58 |
| P15 | 坝下 0+005.00 | 48.00 | 56.67 | 48.03 |
| P16 | 坝 0+000.00 | 65.00 | 65.68 | 65.02 |
| P17 | 坝下 0+004.50 | 65.00 | 65.44 | 65.00 |
| P18 | 坝下 0+001.00 | 85.00 | 0 | — |
| P19 | 坝下 0+004.50 | 85.00 | 0 | — |

为分析混凝土坝的渗流情况,对其渗压水位进行监测,大坝坝基(0+167.00 断面)渗压特征值见表 2。由表 2 可知,监测数据水位测值变化幅度介于-0.63~1.71 m,这是由于在监测过程中,受降雨影响,水位值有所上升,但是整体无异常情况,该部位渗透压力变化正常。对比大坝坝体的平均渗压水位可得,坝基处的平均渗压水位较小,说明大坝的渗流主要集中于其坝体部位,在实际工程中,需重点关注大坝坝体渗流情况,并采取相关的针对性措施。

表 2　坝基 0+167.00 处渗压计特征值统计

| 测点编号 | 上下游桩号/m | 平均渗压水位高程/m | 最大值/m | 最小值/m | 月变幅/m |
|---|---|---|---|---|---|
| P11 | 坝下 0+016.00 | 45.00 | 55.72 | 45.00 | -0.63 |
| P12 | 坝下 0+030.00 | 45.00 | 54.17 | 45.01 | -0.20 |
| P13 | 坝下 0+049.00 | 45.00 | 54.59 | 45.01 | 1.71 |

为分析混凝土坝的应变情况,对其应变进行监测,大坝坝体(0+167.00 断面)的时间-应变曲线如图 3 所示。由图 3 可知,随着时间的增加,大坝坝体的应变呈上下波动趋势,说明随着时间的增加,大坝坝体的应变仍处于不断变化的状态。不同测点的应变存在一定的差异性,其中测点 S4、S5 的应变较大,测点 S1 的应变较小。应变监测值变化介于

$-212.71\sim65.86$ $\mu\varepsilon$,应变值平均月变幅为 $13.24$ $\mu\varepsilon$,其变化量不大,整体无异常情况,当前监测数据表明,该部位五向应变计组变化正常,该部位应变状态基本稳定。

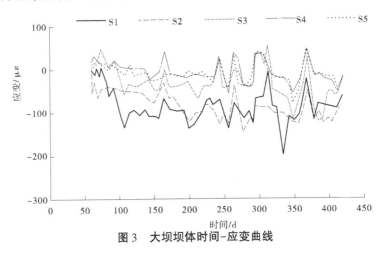

图 3　大坝坝体时间-应变曲线

## 4　结论

本文以迈湾水利枢纽工程为研究对象,对大坝坝体、坝基等受力较大部位布置仪器,进行应力应变监测,分析其渗流及应力应变变化规律,得出以下结论:

(1)在监测前期,其开合度存在下降趋势,两个测点的开合度下降值为 0.23 mm。在监测前期,测点 J30 的开合度大于测点 J31,随着时间的增加,测点 J30 的开合度小于测点 J31,测点 J30、J31 的开合度最小值分别为 -0.30 mm、-0.32 mm,其平均月变幅分别为 -0.03 mm、-0.04 mm。

(2)不同测点的平均渗压水位高程具有一定的差异性,其中测点 P18、P19 的平均渗压水位最大,其值为 85 m;测点 P14、P15 的平均渗压水位高程最小,其值为 48 m。

## 参考文献

[1] 闻杰,肖笛.水库沥青混凝土心墙坝监测及变形监测技术分析[J].黑龙江水利科技,2020,48(8):35-37.

[2] 刘浩,郑晓红.洪屏抽水蓄能电站上水库大坝安全监测设计及蓄水初期监测成果分析[J].大坝与安全,2017,103(5):26-34.

[3] 甘孝清,杨弘,宁晶.白莲河抽水蓄能电站面板堆石坝监测设计与监测资料分析[J].大坝与安全,2014,81(1):50-53,56.

[4] 刘贤鹏,蒋买勇,张艺清,等.基于监测反馈的土石坝实时安全评价系统开发及应用[J].湖南水利水电,2022,239(3):65-68.

[5] 陈冬燕.白龟山水库拦河坝监测数据分析[J].河南水利与南水北调,2023,52(2):70-72.

# 基于 NSGA-Ⅱ 的跨流域水库群
# 引水联合优化调度研究

姜宏广　　鲍玲玲　　柏　平

（重庆市水利电力建筑勘测设计研究院有限公司,重庆　401147）

**摘　要**：针对重庆市巴南和南岸地区的缺水问题,新规划大型水库安江和中型水库鱼孔滩,两者中间用藻渡渠道加以连通,达到跨流域引水的目的。本文以安江-鱼孔滩水库群为例,建立跨流域引水联合调度模型,并运用改进的多目标遗传算法（NSGA-Ⅱ）对模型进行求解,最后采用模糊优选法对得到的 Pareto 最优解集进行方案优选,探究授水与引水水库的调度规则。结果表明,通过优化调度,增加了城镇生产生活、农业灌溉的供水量,提高了长距离高成本引水量的有效性,发挥了水库对跨流域引水的补偿调节能力,从而实现跨流域引水供水系统的供水安全与经济运行的目标。

**关键词**：跨流域引水;联合调度;NSGA-Ⅱ

跨流域引水工程是解决水资源空间分布不均的最有效的工程措施之一。水库天然径流的随机性和难以预测性,是跨流域引水工程授水水库优化调度的难点[1-2]。跨流域引水工程中,水库群的水力联系错综复杂,供水目标和供水方式也具有很强的多样性,因此在水库群调度过程中需要制定科学的调度规则,合理安排调水时间和调水量,是指导跨流域引水工程高效运行的关键。许多国内外学者针对这一问题开展了大量研究。跨流域调度规则包括引（调）水规则和供水规则,引水规则确定水库何时启动引水,并同时确定引水的量值。曾祥等[3]提出一种新的调水启动标准,并建立跨水库群联合调度模拟-优化模型对北方3座水库进行跨流域调水工程研究。万芳等[4]构建跨流域水库群供水调度规则的三层规划模型,通过求解模型后提取调水规则、引水规则和供水规则,并探究三者之间的主从递阶层次关系。跨流域优化属于较复杂的调度问题,其求解方法按调度目标个数划分为单目标优化算法和多目标优化算法两大类。Zhu 等[5]采用跨流域引水供水调度的双层优化模型,并基于概率描述方法和混沌优化改进双层模型的初始求解,结果表明改进的双层优化模型与常规调度相比,计算时间更短。Zhou 等[6]使用标准遗传算法和自适应遗传算法优化供水调度规则,结果表明该计算结果可以减轻跨流域调水工程对供水区的负面影响。Xu 等[7]构建具有参考点自适应的多目标进化算法（AR-MOEA）进行求解多目标优化跨流域调水调度模型,结果显示 AR-MOEA 可提高 Pareto 解的收敛性和均匀性。

---

**作者简介**：姜宏广（1993—）,男,工程师,主要从事水利规划和水库群调度研究工作。

综上所述,本文采用多目标遗传算法(NSGA-Ⅱ)优化跨流域引水方案。以渝南地区安江水库与鱼孔滩水库跨流域水库群为例,分析联合调度模型求解结果的合理性和探究跨流域引水联合调度规则。

# 1 研究方法

## 1.1 调度图

常规调度图是以水库当前时段水位作为决策变量,根据其在调度图中的位置判断执行的调度规则[8-10]。本文所涉及的授水调度图、引水调度图和供水调度图是在常规调度图的基础上,在决策变量中加入径流预报信息与授水量和引水量,构成优化调度图如图 1 所示。

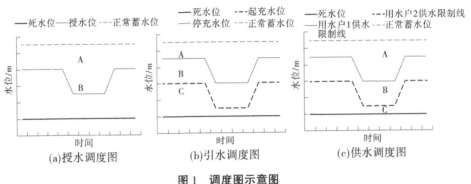

图 1 调度图示意图

授水调度图:调度图被正常蓄水位、授水线和死水位划分为 A、B 两个区域。当水位处于 A 区域时表明水库在该时段水量充足可以授水;当水位处于 B 区域时表明水库在该时段水量有限不能授水。

引水调度图:调度图被正常蓄水位、停充水位、起充水位和死水位划分为 A、B、C 三个区域。当水位处于 A 区域时表明水库在该时段水量充足,无引水需求;当水位处于 B 区域时表明水库在该时段水量有限,需引水;当水位处于 C 区域时表明水库在该时段严重缺水,需加大引水量。只有可授水与需引水条件同时满足时,才能启动水库间的引水过程。

供水调度规则:本文按用水对象的优先级(生态基流>城镇生产生活用水)设置限制供水线,根据水库水位在供水调度图中的相对位置进行决策[11-12]。河道生态基流保证率按 100% 控制,城乡生活生产保证率按 95% 控制。

为利用径流预报信息提高水资源的利用率,将径流信息与蓄水量一起构成引水调度图的决策变量。对于供水调度图和授水调度图,还需在之前的基础上将引水量纳入决策变量。改进后各调度图之间的关系及调度规则确定流程如图 2 所示。

## 1.2 模型构建与求解

### 1.2.1 目标函数

跨流域水库群引水联合调度可以在满足用水目标约束条件下,充分发挥不同流域水库间的补偿作用,使流域内水能和水资源利用率最高,供水量最大[13]。本文以城镇生产

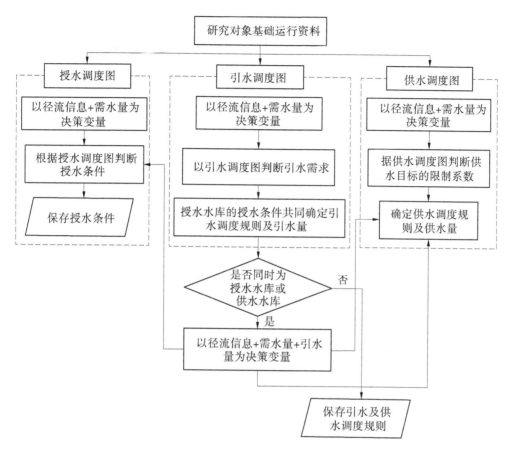

**图 2　基于调度图的调度规则确定流程**

生活用水、河流生态缺水为兴利目标,通过优化水库(群)调度运行方式,来达到尽可能提高各目标供水量,同时又要使水库弃水和生态缺水量最小。为了对城镇供水和生态用水总量与分布时段进行体现,并将相应供水保证率、水库弃水量和输水渠道规模作为和水库深度破坏作为惩罚,加入多目标调度的求解中。

综上所述,本文分别以全流域所有水库的城镇供水总量($f_1$)最大和河流生态缺水总量($f_2$)最小为目标函数,其具体表达式如下式。

$$\max f_1(x) = \max \sum_{i=1}^{N} \sum_{t=1}^{T} \{ W_{(\text{city},i,t)} - \alpha_i \text{Punish}(W_{(\text{city},i,t)})^{\beta_i} \}$$

$$\max f_2(x) = \min \sum_{i=1}^{N} \sum_{t=1}^{T} W_{(\text{eco},i,t)} \tag{1}$$

$$\text{Punish}(W_{\text{city}}; \text{Spill}_{(i,t)}; \text{Deep}_{(i,t)}) = \begin{cases} \max\{(P_{(e,\text{city})} - P_0), 0\} \\ \text{Spill}_{(i,t)} \\ \max\{(\text{level} - \text{deadline}), 0\} \end{cases} \tag{2}$$

式中:$N$ 为参与联合调度的水库总个数;$T$ 为调度时段总长;$W_{(\text{city},i,t)}$ 为 $i$ 水库在 $t$ 时段内的城镇生产生活供水量,$m^3$;$W_{(eco,i,t)}$ 为 $i$ 水库在 $t$ 时段内的河流生态缺水量,$m^3$;$\alpha_i$、$\beta_i$ 为针对 $i$ 水库设置的惩罚系数;Punish(·)为供水目标不满足保证率的时候,赋予的惩罚函数;Spill 为弃水量,$m^3$;Deep 为深度破坏时的水位(运行水位低于死水位的状态水位),m;level 为水库调度运行中的水位;deadline 为死水位。

### 1.2.2 约束条件

本文所构建的跨流域引水联合调度模型主要的约束条件有水量平衡约束、水库水位约束、生态流量约束、水库弃水量约束、输水渠道规模约束。

### 1.2.3 模型求解

多目标优化算法可以分别对多个目标进行求解,通过寻优得到各目标间互为非劣的 Pareto 前沿解集。NSGA-Ⅱ算法在 NSGA 算法基础上,引入了精英筛选策略,使其采样空间扩大,同时加入拥挤度比较算子,使计算效率大为提高。NSGA-Ⅱ算法是水库群多目标联合调度问题中常用的典型优化算法之一,该算法原理较为简单易于编程实现,且具有全局并行搜索能力突出、占用内存少、鲁棒性强等优点,在多目标寻找最优调度规则过程中展现出了优异的性能。

NSGA-Ⅱ算法计算流程见图 3。

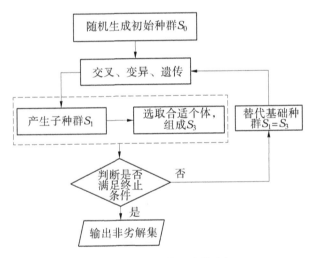

**图 3　NSGA-Ⅱ算法计算流程**

采用改进的多目标遗传算法(NSGA-Ⅱ)对模型进行求解,具体实现步骤如下。

步骤 1:随机生成一定规模的初始种群 $S_0$,经过非支配排序操作后,利用交叉、变异、遗传操作产生第一代子种群 $S_1$。

步骤 2:从第二代开始,将父、子两代种群进行种群合并 $S_2 = S_0 \cup S_1$ 进行快速非支配排序后对各层个体进行拥挤距离计算,根据非支配关系及个体拥挤距离选取合适的个体,组成新的父代种群 $S_3$。

步骤 3:以新的父代种群为基础 $S_0 = S_3$,通过遗传操作产生新一代种群,重复上述步骤 1、步骤 2,循环迭代。

步骤 4:当满足终止条件时,输出非劣解集及相应的最优调度。

## 2 研究区域概况

渝南水资源配置工程涉及江津、綦江、巴南、南岸、长寿、涪陵、万盛经开区、南川、武隆9个区,总规划幅员面积 1.18 km²。工程项目以"渝南水塔"为源,总体按"三线"进行配置,分别为西线、中线、东线。"中线"输水工程以安江水库和鱼孔滩水库联合调度为主,以安江-藻渡-鱼孔滩联合调度为主水源,解决綦江右岸、江津右岸、巴南、南岸等地的缺水问题,经水库调蓄后,由鱼孔滩分别向观景口水厂和新大江水厂供水。正常情况下安江水库-鱼孔滩水库经联合调度可供水量为 1.72 亿 m³,供水水厂为新大江水厂、观景口水厂,填补巴南南岸片区的用水缺口。安江水库位于松坎河干流,与藻渡水库仅相隔一个分水岭。安江水库-藻渡水库输水段线路总长 19.25 km,通过引水隧洞及埋管从安江水库库区引水入藻渡水库总干渠。藻渡水库输水干线从藻渡水库取水,经綦江后到达巴南区安澜镇仁流场,总干渠输水线路长 55.094 km。鱼孔滩水库死水位 258 m,死库容 237 万 m³,正常蓄水位 297 m,相应库容 4 973 万 m³,坝址多年平均来水量 3 886 万 m³。安江水库死水位 355 m,死库容 1 380 万 m³,正常蓄水位 393 m,相应库容 9 730 万 m³,汛限水位 384 m,预留防洪库容 2 950 万 m³,坝址多年平均来水量 63 644 万 m³。

## 3 结果分析与讨论

### 3.1 调度图

跨流域引水期期间安江水库的调度规则采用上述授水调度图的使用规则,鱼孔滩水库采用引水调度图的使用规则,同时两者都独立依照一张供水调度图:

(1)供水规则。根据时段初水位和径流信息处于调度图的位置制定供水决策,其中工业与生活或生态供水时,其限制供水系数分别为 0.9 和 0.7。

(2)授水规则。根据时段初水位和径流信息处于调度的位置制定授水决策,安江水库考虑扣除自身生活生产后,通过藻渡渠道剩余过水能力向鱼孔滩水库输水。

(3)引水规则。根据时段初水位和径流信息处于调度图的位置制定引水决策,其中按"一定引水规则引水"时,引水量根据水位大小在起充水位与停充水位之间的引水量间进行线性内插。为避免全年总引水量超过规划总量。由此可见,优化调度后提高了引水的有效性,发挥了水库对跨流域引水的补偿调节能力。

### 3.2 跨流域引水的有效性分析

(1)跨流域引水联合调度前鱼孔滩水库年均弃水量 39 万 m³,在满足下游河道生态环境用水量后,优化调度模型后 Pareto 前沿最优解年均弃水量 9 万 m³,水库优化前后逐年的弃水量变化过程如图 4 所示。说明应用授水、引水与供水联合优化调度进行水库兴利调节,考虑了引水的有效性,引水过程更合理有效。

(2)从水库逐年来水、引水、弃水量变化过程(见图 5)可知,鱼孔滩水库优化调度后在一定程度上提高了跨流域引水的有效性,并在 1960—2019 年共 60 年的模拟中,有 58 年无弃水发生,年均弃水量仅 9 万 m³。鱼孔滩水库坝址天然来水在年内和年际间都存在较大不均匀性,通过从安江水库调水,可以有效起到蓄丰补枯的作用,从而更充分地利用水资源,发挥工程效益。

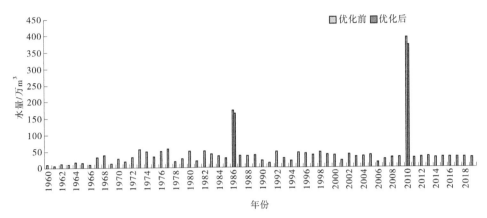

图4　联合调度优化前后鱼孔滩水库各年弃水量变化

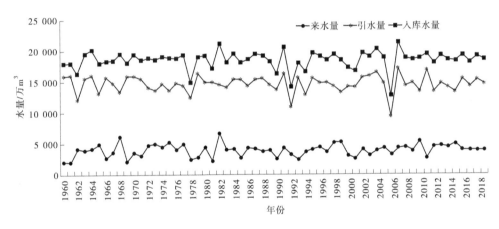

图5　联合调度优化后鱼孔滩水库各年来水、引水、弃水变化过程

## 4　结论

　　跨流域引水工程多由引水水库、引水管线(渠道)和授水水库组成,是一个多目标、多工程的复杂系统。本文在引水水库可调水量确定的基础上,专门针对跨流域引水期间授水水库授水与引水水库引水的联合调度问题,建立了水库群联合调度模型,研究推求授水水库与引水水库和供水联合调度图及其调度规则的模拟优化方法。以渝南地区"中线"安江-鱼孔滩水库为研究实例,依据本文建立的调度模型及求解方法,在规划的每年引水量1.72亿 m³ 及其引水管线输水能力的约束下,通过优化安江授水和供水调度图、鱼孔滩引水和供水调度图,先后求解引水期间安江-鱼孔滩城镇正常生活用水和农业灌溉最大供水量以及在此最大供水量及保证率约束下水库合理的引水过程,最后分析所求授水、引水、供水调度图及其调度规则的合理性、引水的有效性。通过优化调度,增加了城镇生产生活、农业灌溉的供水量,提高了长距离高成本引水量的有效性,发挥了水库对跨流域引水的补偿调节能力,从而实现跨流域引水供水系统的供水安全与经济运行的目标。

## 参考文献

［1］周惠成,刘莎,程爱民,等.跨流域引水期间授水水库引水与供水联合调度研究［J］.水利学报,2013,44(8):883-891.

［2］郭生练,郭家力,侯雨坤,等.基于 Budyko 假设预测长江流域未来径流量变化［J］.水科学进展,2015,26(2):151-160.

［3］曾祥,胡铁松,郭旭宁,等.跨流域供水水库群调水启动标准研究［J］.水利学报,2013,44(3):253-261.

［4］万芳,周进,原文林.大规模跨流域水库群供水优化调度规则［J］.水科学进展,2016,27(3):448-457.

［5］Zhu X, Zhang C, Fu G, et al. Bi-Level Opti mization for Determining Operating Strategies for Inter-Basin Water Transfer-Supply Reservoirs［J］Water Resources Management, 2017,31(14):4415-4432.

［6］Zhou Y, Guo S, Hong X, et al. Systematic impact assessment on inter-basin water transfer projects of the Hanjiang River Basin in China［J］. Journal of Hydrology,2017,553:584-595.

［7］Xu J, Bai D. Multi-Objective Optimal Operation of the Inter-Basin Water Transfer Project Considering the Unknown Shapes of Pareto Fronts［J］. Water, 2019,11(12):2644.

［8］Ouyang Shuo, Qin Hui, Shao Jun, et al. Multi-objective optimal water supply scheduling modelfor an inter-basin water transfer system: the South-to-North Water Diversion Middle Route Project, China［J］. Water Supply, 2020,20(2):550-564.

［9］彭安帮,马涛,刘九夫,等.考虑生态补水目标的丹江口水库供水调度研究［J］.水文,2021,41(3):82-87.

［10］艾学山,穆振宇,郭佳俊,等.考虑余留效益的水库长期优化调度图集及应用［J］.水力发电学报,2022,41(2):20-30.

［11］Xu Wei. Study on multi-objective operation strategy for multi-reservoirs in small-scale watershed considering ecological flows［J］. Water Resources Management, 2020, 34(15): 4725-4738.

［12］Guo Xuning, Hu Tiesong, Wu Conglin, et al. Multi-objective optimization of the proposed multi-reservoir operating policy using improved NSPSO［J］. Water resources management, 2013,27(7):2137-2153.

［13］李昱.复杂水库群供水优化调度方法及应用研究［D］.大连:大连理工大学,2016.

# 基于节段预制拼装的渡槽设计与施工方法

杨　林　　石俊奎　　黄金钗

（中水珠江规划勘测设计有限公司，广东广州　510610）

**摘　要**：传统渡槽结构形式一般采用简支梁，施工方法常用现浇，跨度多为中小跨度（≤20 m），导致分缝较多，后期病害现象频发，且施工效率低下，工期较长，无法适应水利渡槽对大跨径的需求。本文提出一种基于节段预制拼装工法的渡槽建造方法，将渡槽的槽身沿纵向划分为若干节段，节段长度根据运输条件及吊装设备控制在 2.3~3.0 m，在预制场预制后运输至渡槽位进行组拼，并通过施加预应力将整跨或整联节段拼装成整体。节段缝采用胶接缝、环氧树脂胶，要求在最不利工况作用下渡槽全断面处于受压状态，压应力富余不小于 0.5 MPa，保证渡槽的防水性能和耐久性能。同时，侧墙与箱梁整体预制，通过侧墙内配置的预应力，实现侧墙与梁体协同受力，可有效降低截面总高度，经济效益明显。现场施工可采用架桥机进行悬臂拼装，对施工场地要求不高，能适应水利设施地形复杂的特点，并且较大地提高施工效率，有效节省工期。由于渡槽节段在预制场采用先进的技术和自动化机械集中生产，可以减少混凝土浇筑对环境的污染，特别是对城市渡槽的施工尤为有利，对类似渡槽的设计和施工具有重要的参考价值。

**关键词**：节段预制；渡槽；整体式断面；悬臂拼装

## 1　研究背景

在大型引调水项目、水运项目及灌区项目中，一般均设有大型渡槽，常规水利渡槽一般采用现浇矩形梁结构或现浇 U 形梁结构，个别大型渡槽会采用预制小箱梁或 T 形梁拼装成渡槽底板，再在上面现浇槽身结构。

鸡公嘴渡槽总长 260.35 m，设计流量 50 m³/s，槽身主要采用跨度 16 m 的普通钢筋混凝土简支梁结构，施工方法为支架现浇，苏利军等[1]对鸡公嘴渡槽槽身进行了结构分析计算，主要研究多纵梁结构形式的槽身受力问题。

南流江渡槽采用 5 跨 PC 连续箱梁渡槽，渡槽总长 242 m，边跨跨径 34 m，中跨跨径 58 m，槽身采用支架现浇法施工，谢开仲等[2]主要研究了连续箱梁渡槽的横向受力问题。

甘肃省引洮供水二期主体工程主干渠 1#渡槽长 89 m，共 7 跨，每跨 12 m，槽身采用封闭矩形实体现浇钢筋混凝土结构，黄永平[3]对该渡槽的主要施工工序进行了梳理，分析了混凝土施工技术在供水工程渡槽中的应用。

南水北调中线工程昭平台水库灌区渡槽总长 237 m，槽身采用 19 m 和 24 m 简支预

---

**作者简介**：杨林(1991—)，男，工程师，主要从事桥梁和水工结构设计研究工作。

应力混凝土结构,施工方法为整孔预制吊装,苏冠仁[4]对该渡槽的主要施工工序进行了梳理,分析总结了渡槽工程施工实践经验。

现状渡槽槽身的结构形式主要为支架现浇或整孔预制,研究成果主要是基于现状技术的受力分析或归纳总结,并没有解决现浇工法工期长、施工复杂、造价高、安全性差以及整孔预制仅适用中小跨径,无法适用大跨径渡槽等问题。

基于此背景,本文提出一种基于节段预制拼装的渡槽设计与施工方法,渡槽节段在预制场集中预制,取消了现场的支架及混凝土浇筑作业,渡槽槽身预制和排架墩可同步施工,有效节省工期,且渡槽节段预制标准化和工业化程度较高,质量较现浇工法更易保证。同时,节段预制工法适用于各种跨径,可有效解决整孔预制不能适用大跨径的问题。

## 2 现状分析

常规水利渡槽一般采用满堂脚手架现浇施工,施工工期较长,造价较高,如槽身距离地面较高则存在安全风险。采用预制梁拼装成渡槽底板,再在上面现浇槽身的结构方式,可以在一定程度上提高施工效率,但是依然存在槽身现浇部分施工复杂、质量难以控制的问题,在预制梁顶部现浇渡槽槽身存在新旧混凝土衔接问题,质量难以控制。

现状预制渡槽多采用整孔预制、吊装,最大跨度为 20 m 左右,无法满足大跨度渡槽的需求。

大跨度预应力混凝土渡槽多采用连续刚构、连续梁结构体系,槽体横断面多采用箱形,施工方法主要为挂篮悬浇或移动模架现浇,暂未发现采用预制工法的大跨径渡槽,表 1 为我国大跨度预应力混凝土梁式渡槽技术特征统计。

表 1 我国大跨度预应力混凝土梁式渡槽技术特征统计

| 序号 | 名称 | 主要槽跨跨度/m | 设计流量/($m^3$/s) | 建成或投入使用年份 | 结构形式 | 断面 | 施工方法 |
|---|---|---|---|---|---|---|---|
| 1 | 贵州六枝徐家湾渡槽 | 95.95+2×180+95.95 | 20.9 | 2015 | 连续刚构 | 箱梁 | 挂篮悬臂现浇 |
| 2 | 贵州六枝草地坡渡槽 | 95.95+180+95.95 | 21.1 | 2015 | 连续刚构 | 箱梁 | 挂篮悬臂现浇 |
| 3 | 贵州普定焦家渡槽 | 95.95+2×180+95.95 | 17.8 | 2015 | 连续刚构 | 箱梁 | 挂篮悬臂现浇 |
| 4 | 贵州六枝河沟头渡槽 | 80.55+2×150+80.55 | 19.8 | 2015 | 连续刚构 | 箱梁 | 挂篮悬臂现浇 |
| 5 | 广西来宾红水河渡槽 | 83.55+150+83.55 | 34.1 | 2022 | 连续刚构 | 箱梁 | 挂篮悬臂现浇 |
| 6 | 安徽庐江舒庐渡槽 | 65+120+65 | 18 | 2023 | 连续梁 | 箱梁 | 挂篮悬臂现浇 |
| 7 | 安徽庐江庐南渡槽 | 65+120+65 | 9 | 2023 | 连续梁 | 箱梁 | 挂篮悬臂现浇 |
| 8 | 贵州六枝菜子冲渡槽 | 28×50 | 21 | 2015 | 简支 | 箱梁 | 移动模架现浇 |

## 3 节段预制渡槽设计与施工方法

### 3.1 基本原理

节段预制技术是一套涵盖设计、制造、运输及架设的完整桥梁工业化技术,它综合设计、制造、运输及架设等因素,将构件分割为若干纵向节段,在工厂辅以三维线形控制技术实现标准化、模块化及精细化的零应力制造,在现场辅以专用架设装备悬臂拼装或逐孔拼装进行架设,如图1所示。

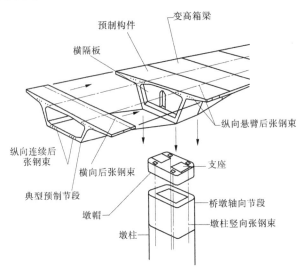

图1 节段预制总体装配示意图

节段预制渡槽技术指将渡槽沿纵向进行分段预制和拼装的建造技术,即是将渡槽的槽身沿纵向划分为若干节段,节段长度根据运输条件及吊装设备可进行调整,在工厂预制后运输至渡槽位进行组拼,并通过施加预应力将整跨或整联节段拼装成整体,实现渡槽上部结构施工的一种施工工艺。渡槽挡水侧墙与下部箱梁整体预制,通过张拉预应力实现整体截面受力,可有效降低截面高度,增加经济性和施工便利性。

### 3.2 结构设计

节段预制渡槽按跨径不同可设计为等高截面和变高截面,等高截面适用于跨径不大于40 m的渡槽,变高截面适用于跨径在40 m以上的渡槽。

节段预制渡槽建议采用预应力混凝土结构,将渡槽纵向划分为若干渡槽节段,如图2、图3所示,其中11、131~133为预制渡槽节段,131和132为悬臂拼装节段,133为边跨不平衡段,14为湿接缝,211和212为排架墩。

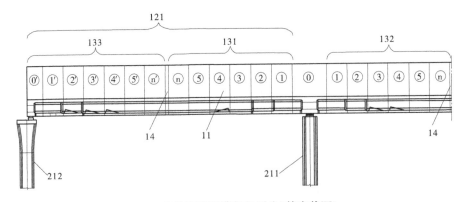

图2 节段预制渡槽节段划分(等高截面)

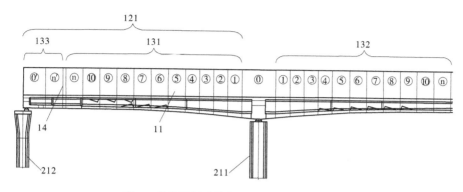

图 3　节段预制渡槽节段划分(变高截面)

　　节段预制渡槽采用箱梁结合挡水侧墙整体预制的横断面,横断面可采用直腹板和斜腹板两种形式,如图 4、图 5 所示,其中 113 为箱梁,1131 为变高箱梁的加厚底板,11、111 和 112 为挡水侧墙。

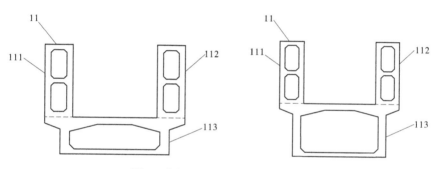

图 4　节段预制渡槽横断面(直腹板)

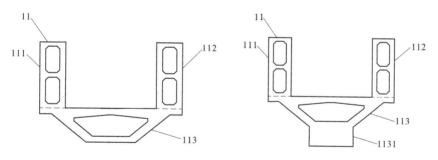

图 5　节段预制渡槽横断面(斜腹板)

　　等高度截面渡槽箱梁高度可取跨径的 1/12~1/14,变高度截面渡槽支点箱梁梁高可取跨径的 1/10~1/12,跨中梁高可取支点梁高的 1/1.5~1/2。

　　顶板、腹板及底板厚度需满足受力和配置横纵向预应力的构造要求。其中顶板主要承受横向弯矩,厚度需大于 $d/30$($d$ 为箱梁腹板净距)。腹板主要承受结构的弯曲剪应力和扭转剪应力所引起的主拉应力,预应力钢束锚固在腹板内时,需满足锚下局部承压的要求,当腹板厚度变化时,可设置坡度不大于 1:12 的过渡段,使主应力变化顺畅。箱梁底板厚度随箱梁负弯矩的增大逐渐加厚至墩顶处,其厚度变化曲线一般为梁高变化的同类曲线。箱梁根据底板除需符合使用阶段的受压要求外,在破坏阶段还宜使中性轴保持在底板以内,跨中底板厚度需大于 $d/30$($d$ 为箱梁腹板净距),根部底板厚度一般为排架墩顶箱梁高度的 $1/10 \sim 1/12$。

渡槽节段长度可根据运输条件和架设装备控制其长度和吊重,节段长度建议控制在 $2.3 \sim 3.0$ m。预制渡槽节段可分为标准节段、过渡节段和墩顶节段。

渡槽预应力钢束配置可类比同类型桥梁配束方案,主要分为悬臂束和合龙束。悬臂束在悬臂拼装过程中随节段拼装后张拉,合龙束在渡槽主体结构合龙后张拉,与桥梁不同的是,渡槽需在挡水侧墙中配置通长合龙束,实现侧墙与箱梁整体截面受力。节段预制渡槽钢束布置如图6、图7所示。

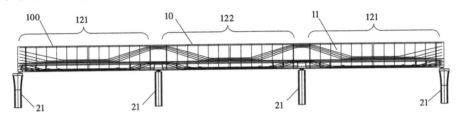

图 6　节段预制渡槽钢束布置(等高截面)

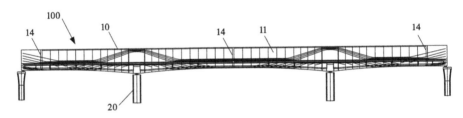

图 7　节段预制渡槽钢束布置(变高截面)

### 3.3　施工方法

基于悬臂拼装的节段预制渡槽的 4 个主要施工步骤如下:①下部结构施工;②0 号节段及 1 号节段架设;③其余节段架设及悬拼束张拉;④合龙束及连续束张拉。4 个主要工序互不干扰、依次实施、流水施工,可极大地提高架设效率进而减少架设装备的投入。各工序流水施工如图 8 所示。

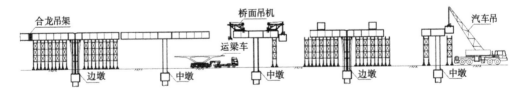

图 8　悬臂拼装过程示意图

悬臂拼装架设方案,可供选择的架桥设备主要有上行式架桥机、桥面吊机、支架+汽车吊(或履带吊)、轮胎式提梁机(或轨道式龙门吊)、汽车吊(或履带吊)等。以架桥机为例细化施工步骤如图9~图11所示。

图9　施工步骤1(施工下构及0号块)

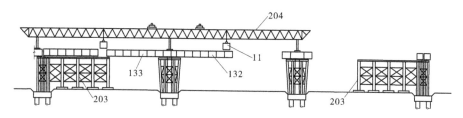

图10　施工步骤2(架桥机悬臂拼装其他节段)

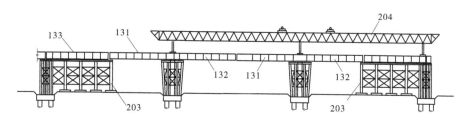

图11　施工步骤3(施工其他跨)

## 3.4　结构优点

经济性:与现有技术相比,基于节段预制拼装的渡槽设计与施工方法,渡槽本体沿其纵向延伸方向分为多个渡槽节段并依次拼装而成,将每个渡槽节段的挡水侧墙与其下方的箱梁节段整体预制,通过张拉预应力等方式,实现渡槽节段的整体截面受力,可有效降低截面高度,增加经济性和施工便利性。

适用范围:由于单个渡槽节段质量轻,简单的运架设备即可完成吊装运送,可设计跨度更大的简支渡槽、连续渡槽及斜拉渡槽,既可适用于中小跨渡槽,又可适用于大跨渡槽,不受跨度限制,可广泛应用于各种跨度的渡槽中。

质量控制:渡槽节段在预制场集中预制,外观尺寸及内在质量也容易保证,同时也可以消除天气对渡槽质量的影响。工厂预制中可采用自动化生产设备、专用养护设备等,可以提高质量。

施工便利:预制节段质量轻(渡槽节段最大质量可控制在100 t以内)、尺寸小、制梁工艺简单、运输方便、现场拼装施工方便,并且现场拼装均可实现机械化。

节省工期:节段拼装渡槽可以在预制场提前大量预制,与现场排架墩现浇作业平行施工;同时,节段拼装工法由于运输、架设灵活,不像整孔预制渡槽那样,只能用1台或2台架桥机从渡槽附近的预制场开始利用已经架设好的渡槽,逐渐向远处架设,节段拼装渡槽可以开展多个架设作业面,提高施工效率,节省工期。

　　环保优势：渡槽节段在预制场集中生产，可以减少现场浇筑混凝土对环境的污染，现场拼装为胶结，只有合龙段为现浇，大大减少了环境污染，尤其对于城区渡槽建设极为有利。

## 4　结论

　　（1）节段预制拼装渡槽与传统施工方法相比具有广泛的经济效益和社会效益，适应水利渡槽高技术产业化发展的需求。

　　（2）节段预制拼装渡槽施工技术在我国仍具有广泛的应用前景，特别是在当前国内大规模基础设施建设的大背景下，引调水项目和水运交通项目急剧增多，对渡槽节段拼装施工技术具有重要意义。

　　（3）整体式断面渡槽将侧墙和箱梁结合起来整体受力，充分发挥截面的受力性能，相对于普通梁式渡槽可有效降低截面高度，经济效益明显。

　　本文提出的基于节段预制拼装的渡槽设计与施工方法可为类似工程提供参考。

## 参考文献

［1］苏利军,刘真,杨国浩,等.鸡公嘴渡槽槽身结构设计［J］.四川水利,2023,44（1）:89-93.
［2］谢开仲,陈玥樾,赖成联.大流量预应力混凝土连续箱梁渡槽横向结构设计［J］.水力发电,2023
　　（7）:50-56.
［3］黄永平.供水工程渡槽混凝土施工技术探讨［J］.黑龙江水利科技,2021,49（10）:119-121,136.
［4］苏冠仁.南水北调中线干渠渡槽工程施工技术［J］.河南水利与南水北调,2022,51（11）:42-43,46.

# 迈湾水利枢纽电站进水口坝内埋管受力计算分析

符传立　胡　刚　樊　锐

(中水珠江规划勘测设计有限公司,广东广州　510610)

**摘　要**:为研究坝内埋管及周围混凝土的受力状态,指导钢管及外围混凝土的结构设计,通过规范分析方法和有限元计算,得到坝内埋管及外围混凝土的受力情况。结果显示,规范分析方法考虑了一定的工程安全余度,计算结果较实际值偏高,这有利于把控工程的整体安全性。有限元分析能较好地模拟坝内埋管的受力状态,坝内埋管的真实受力模式为钢管、混凝土、钢筋联合受力。钢管与外围混凝土之间的缝隙大小对整体受力状态有较大的影响;外围混凝土的最小厚度对坝体的整体变形有较大的影响,坝体内变形沿着厚度最小处方向逐渐增大。研究结果为相似工程的结构计算提供了经验参考。

**关键词**:坝内埋管;混凝土;钢管;有限元分析

迈湾水利枢纽工程是海南省南渡江干流中下游河段的一座控制性水利枢纽工程,枢纽建筑物由主坝、副坝和左岸灌区渠首组成,其中主坝由左岸重力坝挡水坝段、溢流坝段、进水口坝段(包括引水发电进水口和右岸灌区取水口)、右岸重力坝挡水坝段、坝后式发电厂房及过鱼设施等组成。工程近期正常蓄水位101 m,终期正常蓄水位108 m。重力坝坝顶高程113.0 m,最大坝高75 m,总库容6.05亿 $m^3$(终期)。坝后发电厂房装机容量40 MW,共3台机组,其中大机组1台、小机组2台。大机组额定引用流量79.10 $m^3/s$,小机组额定引用流量17.20 $m^3/s$;大机组一机一管,小机组两机一管。引水系统由坝式进水口和压力钢管组成。《水利水电工程压力钢管设计规范》(SL/T 281—2020)[1](简称《规范》)在钢管壁厚的计算中,为保证一定的安全余度,假定坝内引水钢管为明钢管;在管道周围混凝土内力的计算中,假定管道与混凝土之间的缝隙为零,并按钢管、钢筋和混凝土联合承受内水压来考虑。魏有健等[2]根据仿真模型试验成果分析大直径混凝土坝内埋管的钢衬、钢筋和混凝土联合作用,加劲环对应力分布的影响,说明混凝土强度等级和施工质量是决定坝内埋管承载能力的关键。王成西等[3]将摩尔-库仑准则应用于混凝土的受拉区,给出了坝内埋管外围混凝土的应力计算方法,并结合龙羊峡发电引水管道模型试验资料进行了对比分析,认为坝内埋管的内水压力大部分由外围混凝土承担。朱锦章等[4]收集了国内21座已建大坝埋管结构的相关资料,利用有限元法对不同设计水头、不同管顶混凝土厚度与管径的坝内埋管结构的受力形态和破坏特征进行了研究,提出了埋

---

**作者简介**:符传立(1991—),男,工程师,主要从事水工结构设计工作。

管结构应变极限状态设计方法。本文分别利用《规范》方法和有限元模拟,对迈湾水电站进水口坝内埋管的受力进行计算,得到钢管及外围混凝土的应力分布情况,试图找到两种方法的计算区别,并分析其中的原因,为工程设计计算提供参考。

## 1 工程概况

迈湾水利枢纽电站进水口坝内埋管分 14# 坝段进水钢管、15# 坝段进水钢管 2 根。14# 坝段进水钢管内径 4.8 m,其中上弯段、斜直段及下弯段钢管壁厚 22 mm,加筋环高 150 mm;下平段钢管壁厚 25 mm,加筋环高 180 mm。15# 坝段进水钢管内径 3.5 m,上弯段、斜直段、下弯段及下平段钢管壁厚均为 20 mm,加筋环高 150 mm。

混凝土、钢筋和钢材的材料参数见表 1 ~ 表 3。14#、15# 坝段坝内埋管纵剖面如图 1、图 2 所示。

表 1 混凝土(C30)材料参数

| 材料特性 | 抗压强度设计值 $f_c$/($N/mm^2$) | 抗拉强度设计值 $f_c$/($N/mm^2$) | 弹性模量 $E_c$/($N/mm^2$) | 泊松比 $\nu_c$ |
|---|---|---|---|---|
| 参数 | 14.3 | 1.43 | $3.0 \times 10^4$ | 0.167 |

表 2 钢筋(HRB400)材料参数

| 材料特性 | 抗拉强度设计值 $f_y$/($N/mm^2$) | 弹性模量 $E_s$/($N/mm^2$) | 泊松比 $\nu_s$ |
|---|---|---|---|
| 参数 | 360 | $20.0 \times 10^4$ | 0.3 |

表 3 钢材(Q345R)材料参数

| 材料特性 | 屈服强度/($N/mm^2$) | 抗拉强度/($N/mm^2$) |
|---|---|---|
| 参数 | 325 | 500 |

## 2 计算分析方法

### 2.1 《规范》计算方法

《规范》认为管道受内水压力时,外围混凝土会出现混凝土未开裂、未裂穿和裂穿三种情况。假设钢管壁厚 $t$ 和钢筋折算壁厚 $t_3$,由图 3 判别混凝土是否裂穿。若未裂穿,由式(1)计算混凝土相对开裂深度 $\psi$。

$$\psi \frac{1-\psi^2}{1+\psi^2}\left\{1 + \frac{E'_s t}{E'_c r_0}\left(1 + \frac{t_3 r_0}{t r_3}\right)\left[\ln\left(\psi \frac{r_5}{r_3}\right) + \frac{1+\psi^2}{1-\psi^2} + \nu'_c\right]\right\} = \frac{\left(P - \frac{E'_s t \Delta}{r_0^2}\right)}{[\sigma_1] r_5} \quad (1)$$

其中,$\psi = \dfrac{r_4}{r_5}$,$E'_s = \dfrac{E_s}{1-\nu_s^2}$,$E'_c = \dfrac{E_c}{1-\nu_c^2}$,$\nu'_c = \dfrac{\nu_c}{1-\nu_c}$

式中:$P$ 为均匀内水压力,$N/mm^2$;$r_0$ 为钢管内半径,mm;$r_3$ 为钢筋层外半径,mm;$r_4$ 为混

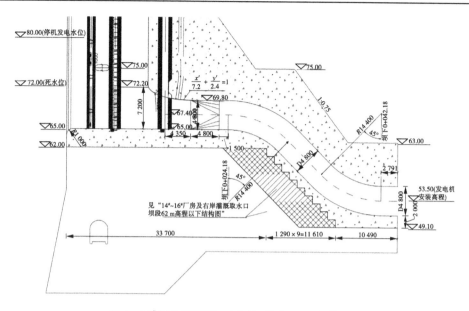

图 1 14# 坝段纵剖面 （单位：尺寸，mm；高程，m）

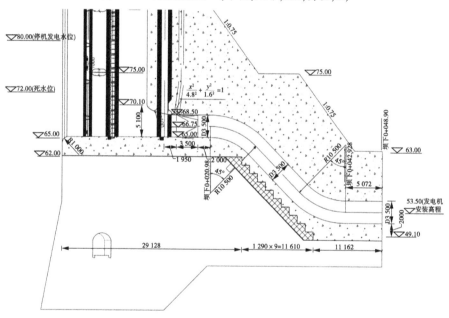

图 2 15# 坝段纵剖面 （单位：尺寸，mm；高程，m）

凝土开裂区外半径，mm；$r_5$ 为混凝土层外半径，mm；$\psi$ 为混凝土相对开裂深度；$t$ 为钢管计算壁厚，mm；$t_3$ 为钢筋折算壁厚，mm；$\Delta$ 为钢管与混凝土之间的缝隙值，mm；$E'_s$ 为平面应变问题的钢材弹性模量，N/mm²；$E_s$ 为钢材弹性模量，N/mm²；$E_c$ 为混凝土弹性模量，N/mm²；$\nu_s$ 为钢材泊松比；$\nu_c$ 为混凝土泊松比；$[\sigma_1]$ 为混凝土允许拉应力，N/mm²。

当混凝土未开裂，钢管传至钢筋混凝土的内水压力可按式（2）计算，钢管和混凝土的环向拉应力可按式（3）、式（4）计算。

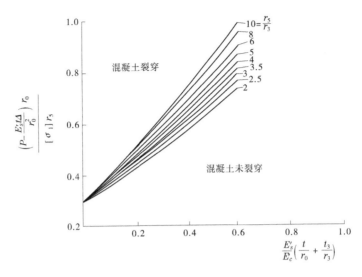

图 3　判别混凝土是否裂穿

$$P_1 = \frac{P - \dfrac{E'_s t \Delta}{r_0^2}}{1 + \dfrac{E'_s t}{E'_c r_0}\left(\dfrac{r_5^2 + r_0^2}{r_5^2 - r_0^2} + \nu'_c\right)} \tag{2}$$

$$\sigma_{\theta_1} = (P - P_1) r_0 / t \tag{3}$$

$$\sigma_{\theta_2} = P_1(r_5^2 + r_0^2)/(r_5^2 - r_0^2) \tag{4}$$

式中:$P_1$ 为钢管传至钢筋混凝土的内水压力,$N/mm^2$;$\sigma_{\theta_1}$ 为钢管环向拉应力,$N/mm^2$;$\sigma_{\theta_2}$ 为混凝土最大环向拉应力,$N/mm^2$。

当混凝土部分开裂时,仍可参加承载,钢管环向拉应力可按式(5)计算,钢筋拉应力可按式(6)计算:

$$\sigma_{\theta_1} = \sigma_{\theta_3} r_3 / r_0 + E'_s \Delta / r_0 \tag{5}$$

$$\sigma_{\theta_3} = \frac{E'_s r_5}{E'_c r_3}[\sigma_1]\left\{m\left[\ln\left(\psi\,\frac{r_5}{r_3}\right) + n\right]\right\} \tag{6}$$

$$P_1 = P - \sigma_{\theta_1}\frac{t}{r_0}, m = \psi\,\frac{1 - \psi^2}{1 + \psi^2}, n = \frac{1 + \psi^2}{1 - \psi^2} + \nu'_c$$

《规范》不允许出现外围混凝土裂穿的情况,因此混凝土裂穿情况下的钢筋环向拉应力计算公式此处不列举。

## 2.2　有限元分析方法

《规范》在坝内埋管的结构分析计算中,将钢管和混凝土均作为各向同性均值弹性体,按平面变形的轴对称多层圆筒。利用有限元分析软件,按弹性材料赋予材料性质,施加设计内水压力(含水锤),按平面应变问题求得混凝土及钢管的应力值,并判断钢管混凝土的开裂情况。

（1）荷载。管道内施加设计内水压力（含水锤）$P = 0.8$ MPa。

（2）位移、角度限制。管道周围混凝土按实际进水口坝段尺寸进行模拟。由于坝段两侧设伸缩缝，因此按自由考虑；对坝段底边施加位移、角度固定；坝段上边按自由考虑。

（3）钢管与混凝土缝隙。钢管与混凝土之间的缝隙考虑施工产生的缝隙，根据《规范》建议值，施工缝隙取 0.2 mm。

## 3　计算结果及分析

《规范》分析方法和有限元模拟计算的混凝土和钢管拉应力值见表 4。有限元计算的钢管应力云图如图 4、图 5 所示，钢管变形云图如图 6、图 7 所示；外围混凝土应力云图如图 8、图 9 所示，混凝土变形云图如图 10、图 11 所示。

表 4　《规范》分析方法和有限元计算结果对比　　　　　　　　　　单位：MPa

| 计算方法 | 14#坝段 | | 15#坝段 | |
|---|---|---|---|---|
| | 混凝土拉应力 | 钢管拉应力 | 混凝土拉应力 | 钢管拉应力 |
| 《规范》分析方法 | 0.93 | 95.96 | 0.78 | 77.78 |
| 有限元模拟 | 0.74 | 24.90 | 0.73 | 24.90 |

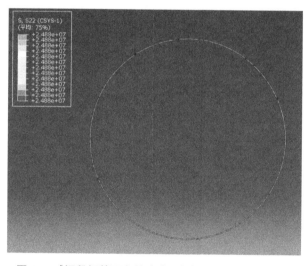

**图 4　14#坝段钢管环向拉应力（内水压力 $P = 0.8$ MPa）**

由两种计算方法结果对比可知，混凝土拉应力的有限元模拟值比《规范》计算值偏小，钢管拉应力更甚之。分析原因，《规范》在计算混凝土拉应力时，取钢管与外包混凝土间距为 0 m，外包混凝土直接承担钢管变形带来的荷载；而在计算钢管拉应力时，《规范》直接考虑传递至外包混凝土的内水压力为 0，即按明管计算，两种极限情况使得《规范》计算值整体偏大。而有限元模拟时，考虑了钢管与外包混凝土之间的裂缝（0.2 mm），并且钢管、混凝土、钢筋联合受力，因此混凝土和钢管的拉应力计算值明显小于规范值。

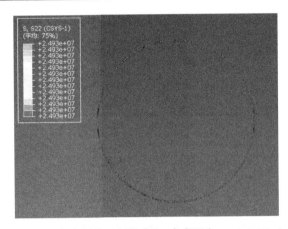

图 5　15#坝段钢管环向拉应力(内水压力 $P=0.8$ MPa)

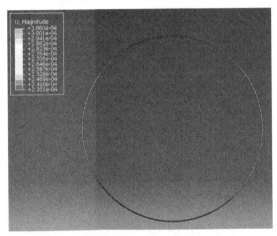

图 6　14#坝段钢管位移(内水压力 $P=0.8$ MPa)

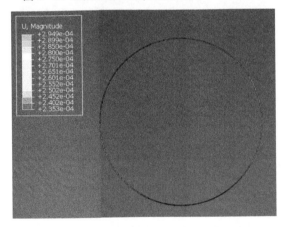

图 7　15#坝段钢管位移(内水压力 $P=0.8$ MPa)

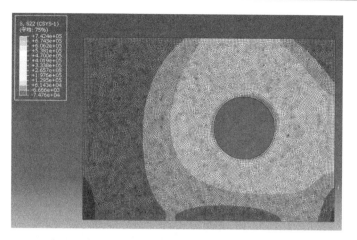

图 8　14#坝段钢管外包混凝土环向拉应力(内水压力 $P=0.8$ MPa)

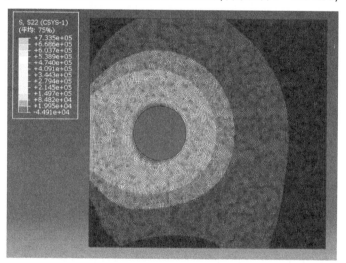

图 9　15#坝段钢管外围混凝土环向拉应力(内水压力 $P=0.8$ MPa)

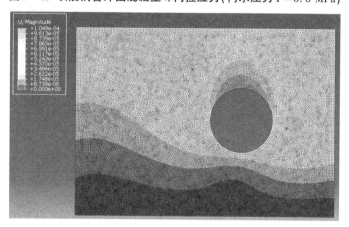

图 10　14#坝段钢管外包混凝土位移(内水压力 $P=0.8$ MPa)

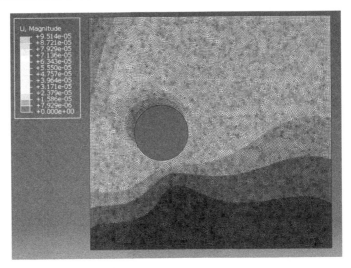

图 11　15#坝段钢管外围混凝土变形(内水压力 $P=0.8$ MPa)

## 4　结语

本文分别利用《规范》分析方法和有限元模拟对迈湾水利枢纽水电站进水口坝内埋管的受力状态进行了计算,得出以下结论:

(1)《规范》方法考虑了一定的工程安全余度,计算结果较实际值偏高,有利于把控工程的整体安全性。

(2)14#、15#坝段的混凝土拉应力分别为 0.74 MPa、0.73 MPa,均小于混凝土容许拉应力值(1.11 MPa),与《规范》方法计算得到的"混凝土未开裂"结果一致。

(3)有限元模拟结果显示,坝内埋管的真实受力模式为钢管、混凝土、钢筋联合受力,且钢管与外围混凝土之间的缝隙大小对整体受力状态影响较大。

(4)有限元模拟结果显示,外围混凝土最小厚度对坝体的整体变形有较大影响,变形沿着厚度最小处方向逐渐增大,这与《规范》规定的坝内埋管外围混凝土最小厚度要求相呼应。

## 参考文献

[1] 中华人民共和国水利部.水利水电工程压力钢管设计规范:SL/T 281—2020[S].北京:中国水利水电出版社,2020.

[2] 魏有健,黄建凤,张仲卿,等.坝内埋管仿真模型试验研究[J].广西大学学报(自然科学版),1992(3):72-76.

[3] 王成西,赵国瀛.坝内埋管外围混凝土承载能力的研究[J].人民黄河,1988(2):44-49.

[4] 朱锦章,刘幸,童友枝,等.坝内埋管结构的受力性态与破坏特征研究[J].人民长江,2007(4):114-116.

# 典型运河支流入汇治理优化数值模拟研究

张永恒　　郑仰佳

(中水珠江规划勘测设计有限公司,广东广州　510610)

**摘　要:**基于 VOF 法的 RNG $k$-$\varepsilon$ 双方程紊流数学模型,对平陆运河沙埠江支流入汇运河水流特性及交汇口通航水流流态进行三维数值模拟,对支流口的通航水流条件进行分析评价,并根据原布置方案的流速分布情况以及水流特性,对方案进行调整优化。结果表明,沙埠江支流原布置方案,在支流 20 年一遇流量通航工况条件下,汇流口横向流速值均不符合要求,最大横向流速 0.38 m/s。在优化方案和增设生态涵养区方案情况下航道通航效果良好,汇流口区域横向流速满足设计要求,最大横向流速分别为 0.27 m/s 和 0.26 m/s,可作为推荐方案。

**关键词:**沙埠江;通航水流;横流流速;数值模拟

　　西部陆海新通道平陆运河工程是西部陆海新通道的重要组成,是新开辟的江海联运战略大通道。平陆运河工程涉及的水系众多,主要涉及郁江支流沙坪河、钦江流域及其支流沙埠江、旧州江等。根据《运河通航标准》(JTS 180-2—2011)[1],支流汇入口对应的运河航道内横向流速不应大于 0.3 m/s。为保证平陆运河工程的通航安全,须对支流口的通航水流条件进行分析评价,提出支流口治理的推荐方案。

　　目前,针对上述问题的研究方法主要是水工模型试验。近年来,计算机性能极大提高,物理模型试验中存在的工作量大[2]、试验周期较长,影响工程进度,试验成本较高,在建模的过程中比尺选择仍有未能解决的问题,同时在试验中不可避免地会引入误差,更为关键的是当需要对流场内部流态进行分析时,物理模型试验方法就显得鞭长莫及,难以满足工程需求的缺点,使得对计算机性能依赖性较大的数值模拟方法也得到了快速发展,弥补了物理模型试验的诸多不足。张辉[3]利用率定后的数学模型对引江济淮工程韩桥跌水工程通航水流条件进行综合评价,并提出满足江淮沟通段临河建筑物支流洪水入渠控制条件的优化方案。东培华等[4]通过建立平面二维水流数学模型,计算分析不同代表流量条件下尹公洲水道内水动力特征,为尹公洲水道通航能力提升研究提供技术支撑。邵雨辰等[5]运用 MIKE 水动力模块建立数值模型,对芜申运河三里埂提出相应的工程措施,使得航道内水流条件满足设计要求。

　　本文基于 VOF 法[6]的 RNG $k$-$\varepsilon$(湍流动能-湍流动能耗散率)[7]双方程紊流数学模型,采用旧州江支流口物理模型试验研究成果对三维数学模型进行了验证。利用验证后的数学模型对沙埠江支流汇入口通航水流条件进行数值模拟,并提出满足沙埠江支流汇

**作者简介:**张永恒(1980—),男,高级工程师,主要从事水利水电方面的工作。

入运河控制条件的优化方案,为类似的运河工程的设计及安全运行提供技术支撑。

## 1 流域概况

本支流所处流域属于平陆运河所在区域。平陆运河始于西江干流西津库区南宁横州市平塘江口,跨沙坪河与钦江支流旧州江分水岭,经钦州市灵山县陆屋镇沿钦江干流南下进入北部湾钦州港海域,全长约 134 km。平陆运河工程涉及水系众多,主要涉及郁江支流沙坪河、钦江流域及其支流沙埠江等。运河主要是通过开挖形成,运河河底与沿线支流口的河床高差一般达 5~10 m。因此,沿线支流汇入可能会对运河干流的通航条件产生不利影响,需要对支流口衔接方式进行合理布置。

沙埠江支流原本是钦江左岸的一条支流。运河修建后研究区域内包括广平河、杨屋河、钦江及运河水流的相互运动,入汇关系比较复杂。平陆运河修建后,原沙埠江支流先汇入钦江,再由钦江汇入运河,汇入口河床高程 11 m,运河底高程 1.7 m,落差达 9.3 m。现状情况下沙埠江支流与钦江关系如图 1 所示;平陆运河修建后关系如图 2 所示。现场踏勘分析认为,该支流流域属于丘陵低山区域、地貌总体较为平坦,植被较为茂密,多为当地种植的甘蔗、蔬菜及农作物。初步估算,沙埠江支流口河段枯水河宽大致在 3~4 m,流量 2.0~3.0 m³/s;一般洪水河宽可达 5~10 m。

图 1 沙埠江支流与钦江现状关系

## 2 研究方法

### 2.1 二维水流数学模型基本方程

本书采用平均水深有限元法二维水流数学模型进行分析计算,该水流数学模型计算精度较高,可以较好地模拟复杂的河道边界条件,从而预测河道的水流流场,以满足工程需要。

采用沿水深平均的封闭浅水方程组描述二维水流运动,基本控制方程为

(1)水流连续方程

$$\frac{\partial h}{\partial t} + \frac{\partial}{\partial x}(hu) + \frac{\partial}{\partial y}(hv) = 0 \tag{1}$$

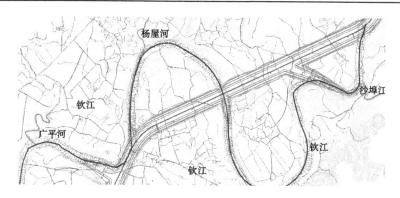

图 2　沙埠江支流与钦江、平陆运河关系图

（2）$x$ 方向动量方程

$$\frac{\partial u}{\partial t} + u\frac{\partial u}{\partial x} + v\frac{\partial u}{\partial y} + g\left(\frac{\partial h}{\partial x} + \frac{\partial \eta}{\partial x}\right) - fv - \frac{\varepsilon_{xx}}{\rho}\frac{\partial^2 u}{\partial x^2} - \frac{\varepsilon_{xy}}{\rho}\frac{\partial^2 u}{\partial y^2} + \frac{u\sqrt{u^2+v^2}\,n^2 g}{h^{4/3}} = 0 \quad (2)$$

（3）$y$ 方向动量方程

$$\frac{\partial v}{\partial t} + u\frac{\partial v}{\partial x} + v\frac{\partial v}{\partial y} + g\left(\frac{\partial h}{\partial y} + \frac{\partial \eta}{\partial y}\right) - \frac{\varepsilon_{xy}}{\rho}\frac{\partial^2 v}{\partial x^2} - \frac{\varepsilon_{yy}}{\rho}\frac{\partial^2 v}{\partial y^2} + \frac{v\sqrt{u^2+v^2}\,n^2 g}{h^{4/3}} = 0 \quad (3)$$

各式：$t$ 为时间；$u$、$v$ 分别为沿 $x$、$y$ 方向的流速；$h$ 为水深；$\eta$ 为床面高程；$g$ 为重力加速度；$\varepsilon_{xx}$、$\varepsilon_{yy}$、$\varepsilon_{xy}$ 为紊动黏性系数，取 $\alpha u_* h$，$\alpha = 3 \sim 5$；$u_*$ 为摩阻流速。

### 2.2　三维水流数学模型基本方程

#### 2.2.1　控制方程

本文基于 Flow-3D 建立数值模型，水动力学控制方程为 N-S 基本方程，包括连续方程和动量方程。

连续方程：

$$V_F\frac{\partial \rho}{\partial t} + \frac{\partial}{\partial x}(\rho u A_x) + R\frac{\partial}{\partial y}(\rho v A_y) + \frac{\partial}{\partial z}(\rho w A_z) + \xi\frac{\rho u A_x}{x} = R_{DIF} + R_{SOR} \quad (4)$$

式中：$V_F$ 为流体的体积分数；$\rho$ 为流体的密度；$R_{DIF}$ 为流体质量的湍动能耗散项；$R_{SOR}$ 为质量源项；$u$、$v$、$w$ 为各坐标轴方向上的速度；$A_x$、$A_y$、$A_z$ 为流体通过各个方向对应的面积分数。

动量方程

$$\frac{\partial u}{\partial t} + \frac{1}{V_F}\left\{uA_x\frac{\partial u}{\partial x} + vA_y\frac{\partial u}{\partial y} + wA_z\frac{\partial u}{\partial z}\right\} - \xi\frac{A_y v^2}{xV_F} = -\frac{1}{\rho}\frac{\partial P}{\partial x} + G_x + f_x - b_x - \frac{R_{SOR}}{\rho V_F}(u - u_w - \delta u_s)$$
$$(5)$$

$$\frac{\partial v}{\partial t} + \frac{1}{V_F}\left\{uA_x\frac{\partial v}{\partial x} + vA_y\frac{\partial v}{\partial y} + wA_z\frac{\partial v}{\partial z}\right\} - \xi\frac{A_y u^2}{xV_F} = -\frac{1}{\rho}\frac{\partial P}{\partial y} + G_y + f_y - b_y - \frac{R_{SOR}}{\rho V_F}(v - v_w - \delta v_s)$$
$$(6)$$

$$\frac{\partial w}{\partial t} + \frac{1}{V_F}\left\{uA_x\frac{\partial w}{\partial x} + vA_y\frac{\partial w}{\partial y} + wA_z\frac{\partial w}{\partial z}\right\} = -\frac{1}{\rho}\frac{\partial P}{\partial z} + G_x + f_x - b_z - \frac{R_{SOR}}{\rho V_F}(w - w_w - \delta w_s)$$
$$(7)$$

式中:$G_x$、$G_y$、$G_z$ 为体积力加速度;$f_x$、$f_y$、$f_z$ 为黏滞力加速度;$b_x$、$b_y$、$b_z$ 为流动损失。

### 2.2.2 自由液面处理

通过求解水体体积分数 $F$ 的输运方程,进行自由水面的追踪,水体体积分数 $F$ 的输运方程如下:

$$\frac{\partial F}{\partial t} + \frac{1}{V_F}\left[\frac{\partial}{\partial x}(FA_x u) + R\frac{\partial}{\partial y}(FA_y v) + \frac{\partial}{\partial z}(FA_z w) + \xi\frac{FA_x u}{x}\right] = F_{DIF} + F_{SOR} \tag{8}$$

$$F_{DIF} = \frac{1}{V_F}\left[\frac{\partial}{\partial x}\left(vFA_x\frac{\partial F}{\partial x}\right) + R\frac{\partial}{\partial z}\left(vFA_y\frac{\partial F}{\partial y}\right) + \frac{\partial}{\partial z}\left(v_F A_z\frac{\partial F}{\partial z}\right) + \xi\frac{vFA_x F}{x}\right] \tag{9}$$

式中:耗散系数定义为 $vF = cF\mu/\rho$,$F = 1$ 表示计算网格中充满水体,$F = 0$ 表示计算网格中充满气体;$F_{SOR}$ 表示由于水体质量源项引起的水体体积分数的时间变化率,无质量源项时,$F_{SOR} = 0$;$F_{DIF}$ 表示有效的体积分数扩散项;$\sigma_F$ 为体积分数对应的紊动普朗特(Prandtl)数,取值为 1.0。

### 2.2.3 紊流模型

在强旋流、弯曲壁面流动或弯曲流线流动时,RNG $k$-$\varepsilon$ 模型应用比较广泛。本文将采用 RNG $k$-$\varepsilon$ 紊流模型,其中

$k$ 方程:

$$\frac{\partial k}{\partial t} + \frac{1}{V_F}\left(uA_x\frac{\partial k}{\partial x} + vA_y\frac{\partial k}{\partial y} + wA_x\frac{\partial k}{\partial z}\right) = \text{Diff}_k + P_T + \varepsilon \tag{10}$$

$\varepsilon$ 方程:

$$\frac{\partial\varepsilon}{\partial t} + \frac{1}{V_F}\left(uA_x\frac{\partial\varepsilon}{\partial x} + vA_y\frac{\partial\varepsilon}{\partial y} + wA_z\frac{\partial\varepsilon}{\partial z}\right) = \text{Diff}_\varepsilon + C_{1\varepsilon}^*\frac{\varepsilon}{k}P_T - C_{2\varepsilon}\frac{\varepsilon^2}{k} \tag{11}$$

式中:$k$ 为紊动能,$m^2/s^2$;$\varepsilon$ 为紊动能耗散率,$m^2/s^2$;$\text{Diff}_k$ 为紊动能扩散项;$\text{Diff}_\varepsilon$ 为紊动能耗散率扩散项;$P_T$ 为由平均速度梯度引起的紊动能 $k$ 的产生项;$\mu_{eff}$ 为修正后的紊动黏度,$Pa \cdot s$;$\mu_t$ 为紊动黏度;$C_{1\varepsilon}^*$ 为引入了主流时均应变后的模型常数。

## 3 模型验证

### 3.1 模型的建立

采用旧州江支流口物理模型试验研究成果对三维数学模型进行验证。根据干支流交汇关系,模型模拟范围干流段共长约 1.5 km,其中汇入口上游段长约 700 m,下游段长约 800 m,支流段长约 500 m。模型模拟范围建模情况如图 3 所示。

为有效模拟旧州江支流口的水流运动,三维模型对旧州江支流口进行了网格剖分。整个计算域采用六面体结构化网格进行划分。为尽量捕捉到流动细节,将整个模拟范围划分为 2 个计算区域。其中,在消力池附近河段采用嵌入式网格进行加密,网格尺寸为 1.0 m×1.0 m×0.5 m;其余采用 2.0 m×2.0 m×2.0 m;网格总数 542 万,最大相邻网格变化比 2.0。网格剖分如图 4 所示。计算初始时间步长为 0.1 m/s,支流进水口、运河进水口和出水口设置相应水深,以加快模型计算速度。采用进出口流量不超过 1% 作为模型计算稳定的判别条件。

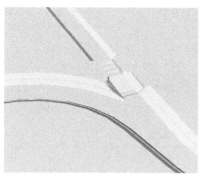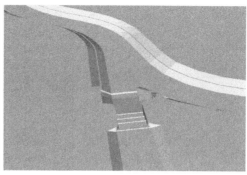

图 3　旧州江支流口三维建模

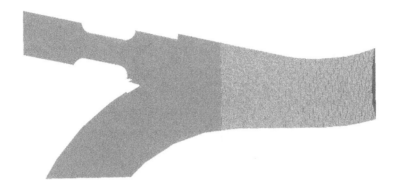

图 4　旧州江支流口三维网格剖分

## 3.2　计算模型的验证

### 3.2.1　二维水流数学模型验证

选取陆屋水文站系列的实测流速与水深对所建立的平面二维数学模型进行验证。验证情况见表 1。

表 1　实测与计算的流速、水深比较

| 序号 | 流量/(m³/s) | 流速/(m/s) | | 水深/m | |
|---|---|---|---|---|---|
| | | 实测值 | 计算值 | 实测值 | 计算值 |
| 1 | 31 | 0.40 | 0.38 | 1.53 | 1.52 |
| 2 | 122 | 0.91 | 0.87 | 2.47 | 2.51 |
| 3 | 248 | 1.48 | 1.36 | 3.94 | 4.01 |
| 4 | 469 | 1.61 | 1.57 | 6.01 | 6.03 |

2022 年 8 月 24 日现场踏勘时对部分钦江河段的水位进行了施测,利用三维水流数学模型对水位进行了模拟计算。实测与计算水位的对比见表 2。

表2 实测与计算水位比较

单位:m

| 序号 | 实测值 | 模拟值 | 偏差 |
|---|---|---|---|
| 1 | 14.85 | 14.88 | 0.03 |
| 2 | 14.62 | 14.60 | -0.02 |
| 3 | 14.33 | 14.35 | 0.02 |
| 4 | 14.14 | 14.13 | -0.01 |

可见,数模计算的流速与水深与实测值吻合较好,可开展应用于实际工程的模拟计算。

### 3.2.2 三维水流数学模型验证

从对通航条件最不利角度出发,选取旧州江支流20年一遇洪水流量遭遇运河干流5年一遇的流量进行组合,其中支流流量为532 m³/s,运河流量为340 m³/s,尾水位按干流5年一遇洪水位插值确定,取35.32 m。数值模拟与试验的水位及流速分布对比如表3、图5所示。由实测值和计算值对比结果可知,数模计算的水位、流速与实测值吻合较好,相对误差均在10%以内,可开展应用于实际工程的模拟计算。

表3 数值模拟与试验的水位及流速分布对比

单位:m

| 水位控制点 | 水位实测值 | 水位计算值 | 偏差 |
|---|---|---|---|
| 1 | 35.38 | 35.40 | 0.02 |
| 2 | 35.55 | 35.52 | -0.03 |
| 3 | 35.83 | 35.81 | -0.02 |
| 4 | 36.11 | 36.15 | 0.04 |

## 4 结果与分析

### 4.1 原方案布置

#### 4.1.1 原方案布置

为减小运河修建后广平河支流对运河通航水流条件的影响,对支流汇入运河口段(其实是原钦江汇入运河)进行了衔接布置。现状情况下,由沙埠江至钦江汇入运河河口段河床底高程约11.0 m,在河口段进行放坡衔接,即由原钦江河底11.0 m放坡至运河河底1.7 m高程,放坡长度约424 m,宽度约30 m;放坡后,距离河口距离约261 m。平面布置如图6所示,纵剖面布置如图7所示。

#### 4.1.2 计算工况及通航水流控制条件

根据平陆运河干流与支流入汇关系分析,从最不利角度出发,模拟计算工况见表4。

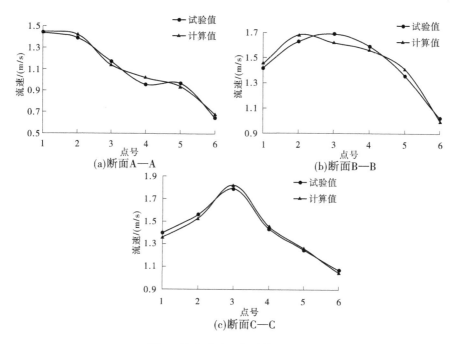

图 5　流速试验值与计算值对比

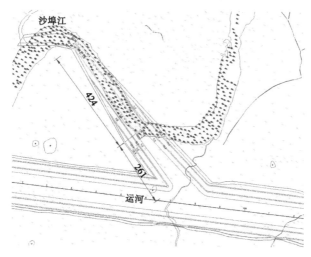

图 6　沙埠江支流口平面布置

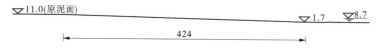

图 7　沙埠江支流口纵剖面布置　（单位：m）

表 4　支流汇入口通航水流条件模拟工况

| 序号 | 参数 | 沙埠江(20 年) |
| --- | --- | --- |
| 1 | 流量/(m³/s) | 471 |
| 2 | 尾水位/m | 14.41 |
| 3 | 干流底高程/m | 1.70 |
| 4 | 糙率 | 0.025 |

### 4.1.3　计算相关参数

鉴于该研究河段内钦江与运河有多次交叉,原钦江被裁弯取直,保留了多个裁弯取直河段,水流流动、往复运动非常复杂;各支流与运河衔接的坡度相对较缓,因此采用二维数学模型进行模拟求解计算。

由于各支流、钦江与运河呈绳套关系,为保证进出口河段平顺、单一且没有汇流干扰等的影响,模型选取了较大范围进行了模拟。在整个模拟范围内,运河干流长约 9.1 km,原钦江长度约 16.5 km。其中,支流青塘河模拟计算范围长约 1.5 km,沙埠江计算范围长约 1.8 km,陈屋河计算范围长约 0.55 km,杨屋河计算范围长约 0.63 km,广平河计算范围长约 1.5 km。

为保证计算精度,模型网格尺度采用 15.0~20.0 m,总体网格数量约 210 000 个。建立的网格情况如图 8 所示。模拟范围内的地形插值到网格后的地形云图如图 9 所示。

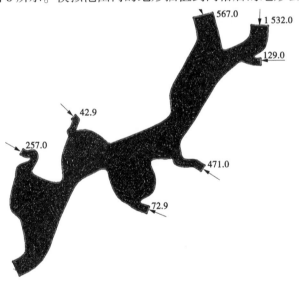

图 8　沙埠江系列支流口模拟范围的建模地形——原方案

### 4.1.4　航道内横流计算结果

原方案模拟得到的运河航道内的横流云图如图 10、图 11 所示。由航道内横流云图可知,对于模拟范围内的支流口,未超过 0.3 m/s 横流标准的支流口包括旧村河、陈屋河和杨屋河;横流大于 0.3 m/s 的支流口包括青塘河、沙埠江和广平河。沙埠江超标横流范

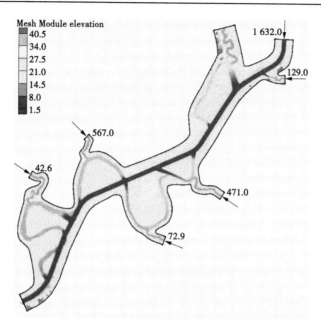

**图9 沙埠江系列支流口模拟计算网格图——原方案**

围相对较大,范围约 30.0 m×16.0 m(长×宽),沙埠江支流口附近运河干流航道内的横流在 0~0.38 m/s,最大横流约 0.38 m/s。大于 0.3 m/s 的横流限值见表5。因此,沙埠江支流汇入后,运河航道的通航水流条件是不满足要求的。

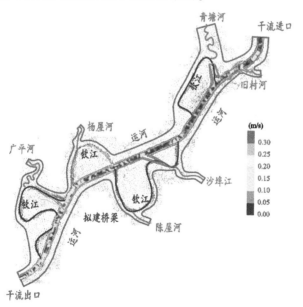

**图10 沙埠江系列支流口航道内横流云图——原方案**

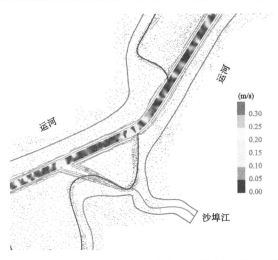

图 11　沙埠江系列支流口航道内局部横流云图——原方案

表 5　沙埠江支流口纵、横向流速统计——原方案　　　　　　　　　　单位:m/s

| 项目 | 最小值 | 最大值 |
| --- | --- | --- |
| 纵向流速 | 0.55 | 2.55 |
| 横向流速 | 0.00 | 0.38 |

### 4.2　优化方案

#### 4.2.1　方案优化过程

在原方案情况下,沙埠江支流口航道内最大横流约 0.38 m/s,横流超标,通航水流条件不能满足要求。考虑到通航水流条件的需求,同时兼顾支流口泥沙淤积和处置的需要,尽可能形成一定的泥沙备淤区域,便于泥沙淤积预留和后期淤积清理维护,分别从如下 2 个方向进行了优化:

(1)消力池+消力墩方案:从原泥面 12 m 按 1∶4 进行放坡至航道底高程 1.7 m,然后开挖消力池至-0.3 m 进行消能,开挖深度 2.0 m,在 50 m 长度范围内设置 5 排消力墩进行消能。单个消力墩尺寸为 3.0 m×2.0 m×1.8m(长×宽×高)。其后与运河相接,保持 1.7 m 河底高程衔接至支流汇入口,长度约 364.0 m。经三维数学模型模拟研究,可以满足通航水流条件。

(2)消力池方案:经与设计单位讨论,消力墩方案虽能满足通航水流条件,但该支流口河段地质条件相对较差,消力墩的稳定性难以保证,且增加了施工难度和时间。因此,提出了加长加深消力池的方案作为推荐方案。

#### 4.2.2　优化方案布置

从目前沙埠江与钦江的关系分析,原沙埠江汇入钦江故道后有可能从右汊过流,右汊处于主汊位置,水流自右汊流入钦江后,从钦江汇入运河的角度更大,对运河的顶冲作用更为突出,可能会引起水流条件的恶化。因此,方案布置时将右汊进行堵塞,从最不利情况出发,使沙埠江从左汊汇入钦江后一并进行消能处理。

优化方案平面布置为:从原放坡点至支流河口 266.8 m,原泥面 12.0 m 放坡至运河的底高程 1.7 m,坡度为 1:4,长度约 51.2 m,宽度 30 m。其后,开挖消力池进行消能,开挖深度 2.5 m,开挖高程至-0.8 m,长度 80.0 m,再按照坡度 1:4 至运河底高程 1.7 m,长度约 10 m。消力池后与运河相接,保持 1.7 m 河底高程衔接至支流汇入口,长约 368.8 m,平面布置如图 12 所示,纵剖面情况如图 13 所示。

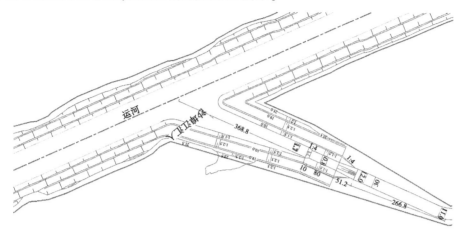

**图 12 沙埠江支流口平面布置图——优化方案** (单位:m)

**图 13 沙埠江支流口纵剖面图——优化方案** (单位:m)

### 4.2.3 优化方案三维模拟相关参数

#### 1. 计算域选取及网格剖分

根据干支流交汇关系,进出口尽量选取在单一的平顺段。在模型模拟范围内运河河段长约 1.53 km,其中支流口上游段长约 790 m,下游段长约 740 m。模型模拟范围建模情况如图 14 所示。支流口局部衔接及布置情况如图 15 所示。

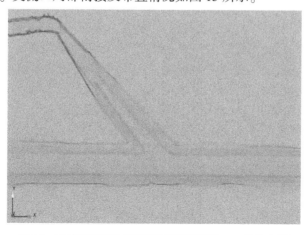

**图 14 沙埠江支流口计算域建模示意图——优化方案**

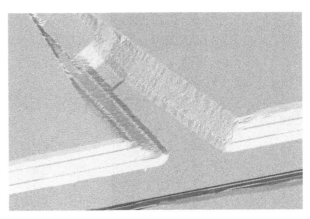

图15　沙埠江支流口建模局部示意图——优化方案

整个计算域采用六面体结构化网格进行划分。由于模拟范围较大,为尽量捕捉到流动细节,将网格总数设置为约413万。按流动区域类型,分为3个网格块进行模拟。在沙埠江支流口消能河段采用的$X$、$Y$方向上网格尺度为1.0 m,$Z$方向上,网格尺度为0.5 m;在其他2个网格块中$X$、$Y$方向上网格尺度为2.0 m,$Z$方向上,网格尺度为1.0 m,最大相邻网格变化比2.0。沙埠江支流口网格剖分如图16所示。

图16　沙埠江支流口网格剖分示意图——优化方案

2.边界条件

由于自由表面为水体与大气的交界面,因此自由表面的边界条件设定为压力边界条件,$p=p_a$(大气压力),$F=0$(充满空气)。河道底部采用墙面条件(WALL)。干流入口采用流量边界条件,给定入口断面体积流量$Q$与入口断面的初始水面高程,出口采用压力边界条件,给定出口断面的水面高程及水面压力$p=p_a$(大气压力)。支流入口采用流量边界条件,给定入口断面体积流量$Q$与入口断面的初始水面高程。

壁面采用无滑移壁面条件,给定壁面糙率为0.025。

3.初始条件

先按干流出口断面给定初始覆盖水域;为加快计算,在支流进口河段再赋值一个较高水位的水域。

为了加快计算速度,根据每一个工况的具体条件,设定初始水位。给定初始时步长0.000 1 s,计算最小时间步长$1\times10^{-7}$ s。

#### 4.2.4 航道内横流计算结果

根据模拟计算分析,运河干流航道的主流方向绝大部分沿运河下游方向流动,在支流汇入口附近有一定的局部回流存在,如图 17 所示。根据模拟计算分析,运河干流航道内的横流一般在 0~0.27 m/s 范围以内,运河干流航道最大流速约 1.82 m/s,如图 18 所示,没有超过 0.3 m/s 的横流限值,如表 6 所示。因此,通航水流条件满足要求。

图 17 沙埠江支流口流场分布云图——优化方案

图 18 沙埠江支流口横流云图——优化方案

表 6 沙埠江支流口纵、横向流速统计表——优化方案 单位:m/s

| 项目 | 最小值 | 最大值 |
| --- | --- | --- |
| 纵向流速 | 0.98 | 1.82 |
| 横向流速 | 0 | 0.27 |

### 4.3 考虑生态涵养区方案

#### 4.3.1 生态涵养区方案的布置

为了同时兼顾通航水流条件和鱼类栖息及生态涵养预留功能,在优化方案的基础上增设生态涵养区。生态涵养区方案为:从原沙埠江支流到运河之间增设约 515 m 长的生态涵养区,在生态涵养区砌筑 7 个抛石筑坝(坝顶宽 3 m,坝高 1 m,侧向坡比 1:2),接着从原泥面 12.0 m 放坡至运河的底高程−0.8 m,坡度为 1:4,长度约 51.2 m,宽度 30 m。其后,开挖消力池进行消能,开挖深度 2.5 m,开挖高程至−0.8 m,长度 80.0 m;再按照坡度 1:4 恢复至运河底高程 1.7,长度约 10 m。消力池后与运河相接,保持 1.7 m 河底高程衔接至支流汇入口,长度约 369 m,如图 19 所示。纵剖面情况如图 20 所示。

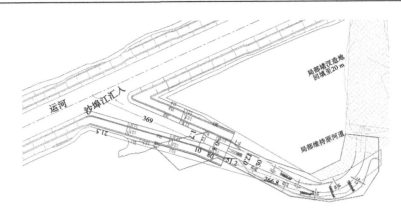

图 19　沙埠江支流口平面布置图——生态涵养区方案

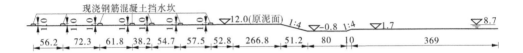

图 20　沙埠江支流口纵剖面图——生态涵养区方案

### 4.3.2　生态涵养区三维模拟相关参数

考虑生态涵养区方案的计算域选取、网格剖分、边界条件和初始条件与优化方案均相同。模型模拟范围建模情况及支流口局部衔接布置情况如图 21 所示。

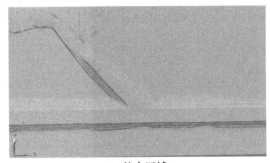

(a)整个区域

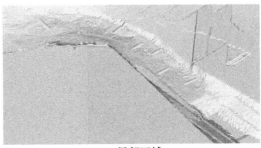

(b)局部区域

图 21　沙埠江支流口计算域建模示意图——生态涵养区方案

### 4.3.3 航道内横流计算结果

根据模拟计算分析,运河干流航道的主流方向绝大部分沿运河下游方向流动,在支流汇入口附近有一定的局部回流存在,如图 22 所示。按增设生态涵养区方案模拟,运河干流航道内的横流一般在 0~0.26 m/s 范围以内,没有超过 0.3 m/s 的横流限值,如图 23 所示。运河干流航道最大纵向流速约 1.87 m/s,最大横流约 0.26 m/s,如表 7 所示。因此,在增设生态涵养区方案情况下航道通航水流条件均满足要求。

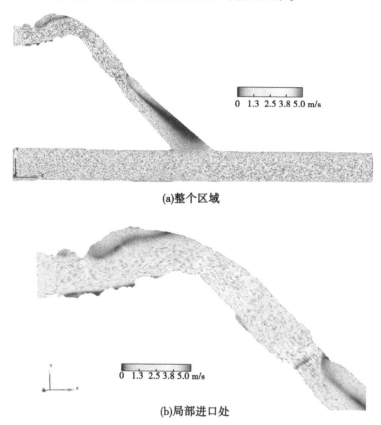

(a)整个区域

0  1.3  2.5 3.8 5.0 m/s

(b)局部进口处

图 22　沙埠江支流口流场分布云图——生态涵养区方案

表 7　沙埠江支流口纵、横向流速统计

单位:m/s

| 项目 | 原方案 | 推荐方案 | 生态涵养区方案 |
| --- | --- | --- | --- |
| 纵向流速 | 0.55~2.55 | 0.98~1.82 | 1.02~1.87 |
| 横向流速 | 0~0.38 | 0~0.27 | 0~0.26 |

## 5　结论

(1)建立了平面二维水动力数学模型和三维水动力数学模型,采用现场实测的水动力参数对二维水流数学模型进行了验证,采用典型支流口的物理模型试验成果对三维水流数学模型进行了验证。结果表明,数学模型模拟值与实测值或试验值均吻合较好,说明

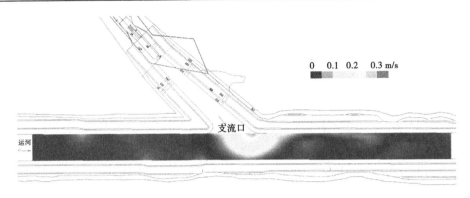

**图 23　沙埠江支流口横流云图——生态涵养区方案**

可以利用本文建立的数学模型进行实际工程的计算模拟研究。

（2）基于平面二维水动力学数学模型对原方案情况下的支流口通航水流条件进行了模拟计算,结果表明,运河航道内最大流速约 2.55 m/s,最大横流约 0.38 m/s,超标横流范围约 10.0 m×5.0 m(长×宽)。

（3）根据原布置方案流速分布情况以及水流特性,对原设计方案进行调整优化。采用三维水动力数学模型对支流口优化方案开展了较为精细的模拟计算,结果表明,运河航道内最大流速约 1.82 m/s,最大横流约 0.27 m/s,没有超过 0.3 m/s 的横流限值;为了同时兼顾通航水流条件和鱼类栖息及生态涵养预留功能,按增设生态涵养区方案模拟,运河干流航道最大纵向流速约 1.87 m/s,最大横流约 0.26 m/s,因此在优化方案和增设生态涵养区方案情况下航道通航水流条件均满足要求。

## 参考文献

［1］中华人民共和国交通运输部. 运河通航标准:JTS 180-2—2011[S]. 北京:人民交通出版社,2012.

［2］张玮,倪兵,陈乾阳. 长江澄通河段通州西水道整治工程对分流比影响研究[J]. 水道港口,2013,34(1):39-44.

［3］张辉,虞邦义,贲鹏,等. 引江济淮跌水工程汇流口通航条件三维数值模拟[J]. 水运工程,2021,585(8):111-116.

［4］东培华,徐孟飘. 尹公洲水道通航条件水流数值模拟研究[J]. 中国水运,2022,734(10):121-123.

［5］邵雨辰,丁坚,吴德安,等. 芜申运河三里埠段航道整治数学模型研究[J]. 水道港口,2014,35(1):54-61.

［6］Hirt C W, Nichols B D. Volume of fluid(VOF) method for the dynamics of free boundary[J]. Journal of computational physics, 1981, 39(1):201-225.

［7］Yakhot V, Orszag S A. Renormalization group analysis of turbulence. I. basic theory[J]. Journal of scientific co mputing, 1986, 1(1):3-51.

# 大头单支墩坝的抗震加固及其动力特性影响评价

王政平　杜梦洁　李晓旭

(中水珠江规划勘测设计有限公司,广东广州　510610)

**摘　要**:大坝抗震加固与动力特性密切相关,加固措施加大了大坝动力特性的复杂性,给动力分析带来巨大挑战。为了更好地分析和评价大头单支墩坝的抗震加固效果,依托我国最高的大头单支墩坝——新丰江水库大坝,运用势流体流固耦合的三维数值仿真方法,对比分析大坝加固前后的动力特性。结果表明:大坝在加固前横水流向抵抗地震变形的能力很弱,是大坝整体抗震性能的制约点,需采取措施提升大坝横水流向的水平刚度。一期加固主要采用"人"字形斜墙方案,加固后大坝的一阶模态从绕建基面横水流立面内摆动变为顺水流立面内摆动,坝体基频由 0.972 提升至 3.607,实现加强大坝横向连接刚度的目标。二期加固是在大坝的下部及坝踵上游回填混凝土,二期加固对大坝的动力特性影响很弱。三期加固主要是回填大头空腔,对大坝的各阶频率影响甚微。分析表明动力特性可为加固措施提供较好依据,通过动力特性评价加固措施的方法和思路,可为大坝抗震加固提供一定的参考。

**关键词**:支墩坝;抗震加固;势流体理论;结构-水体相互作用;动力特性

## 1　引言

我国早期修建了一批支墩坝,大坝运行年限已久,由于新规范标准的提高,且大坝定检需要对其强度、动力特性、抗震能力及整体稳定性进行复核和评价。大坝动力特性分析能够确定结构的振动特性,是结构动力设计的重要内容[1-2]。大头支墩坝具有混凝土用量少、空腔扬压力低、利于散热、节省投资等优点,但因体型不规则,刚度分布不均匀,其抗震动力特性研究相比结构相似的重力坝研究较少,这给大头支墩坝的维修和加固带来了巨大挑战和困难[3]。近年来,随着大坝安全标准的提高,一些支墩坝已不能满足现行规范对其强度、抗震能力及稳定性的要求;且大坝在建成后,随着坝体的老化,其运行过程中可能会出现一些质量问题[4-5],从而影响其安全运行,因此有必要对大坝进行加固处理,并对坝体结构的抗震动力特性进行分析。

不少学者对大坝存在的问题进行分析,对混凝土坝的安全性作出初步评价[6]。T.库努夫等[7]提出一种支墩坝重建和加固的新方法,并从稳定性和投资方面阐述了该方法的

**基金项目**:水利部重大科技项目(SKS-2022116)。

**作者简介**:王政平(1978—),男,正高级工程师,主要从事水利岩土工程的设计和数值仿真工作。

优势。蒋腊梅和程心恕[8]采用直接滤频法计算大坝的自振频率和前五阶振型图,使用反应谱法和拟静力法分别对空库和满库情况下的大坝进行动力响应分析,分析了东溪水库双支墩大头坝在动力作用下的位移、应力和加速度的分布,计算结果表明大坝满足 7 级地震的要求。本文以新丰江大头支墩坝为例,建立了大坝在加固前后的三维有限元网格模型,考虑坝体、库水、地基相互作用,分析了不同的加固措施对坝体动力特性的影响,总结了坝体、库水相互作用的规律,为支墩坝的抗震加固设计提供参考。

## 2 基本情况

新丰江水电站(见图 1)位于广东省河源市,工程设计以发电为主,兼顾防洪、供水、灌溉、养殖、航运、压咸和旅游等功能,是一座综合利用的水利枢纽工程[9]。

图 1 新丰江水电站和大坝

新丰江大坝为 1 级建筑物,大坝按 1 000 年一遇洪水设计,10 000 年一遇洪水校核。大坝为混凝土单支墩大头坝,由 19 个间距为 18 m 的单支墩大头坝和左右岸重力坝段组成。大坝轴线长 440 m,坝顶高程 124 m,最大坝高 105 m,坝顶宽 5 m,坝底最大宽度 102.5 m,上、下游坡比均为 1:0.5。沿坝轴线剖面如图 2 所示。

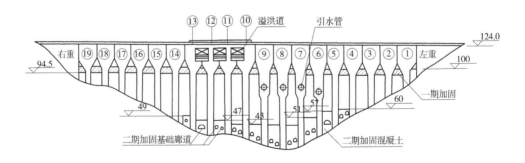

图 2 沿坝轴线剖面示意

新丰江原大坝采用单支墩大头坝。经初步计算判定,纵向抗滑稳定及应力可满足设计地震要求,但横向差距较大,进行了一期加固。一期加固主要采用人字形斜墙方案加强大坝横向连接刚度和稳定,如图3所示。为了增加坝墩纵向稳定和改善坝踵应力,大坝进行了二期加固。大坝二期加固方案为在大坝的下部及坝踵上游回填混凝土。三期加固主要是把大头两侧悬臂和第一期加固撑墙之间的空腔用混凝土回填连成一体,以加强头部整体性。

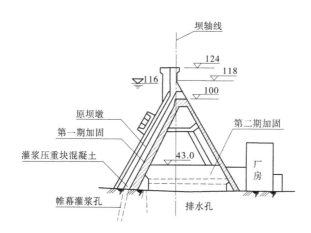

**图3 大坝加固横剖面**

## 3 计算模型及主要参数取值

大坝采用大头支墩坝,结构和应力具有明显的三维特征,因此需按三维空间模型来考虑,以独立坝段为研究对象。选取具有代表性的最高非溢流坝段作为研究对象。

根据地质情况、大坝结构和加固方案,建立了三维有限元数值分析模型,其中水与大坝的相互作用采用势流体的流固耦合算法[10-11],地基只计弹性影响不计质量。地基上游边界距坝踵300 m,下游边界距坝趾下游250 m,地基厚度约为250 m。模型主要采用四面体单元,坝体单元边长0.5~1.0 m,地基单元边长1~8 m。三维有限元网格模型见图4、图5。

地基四周及底面采用法向位移约束;一期加固的人字墙、二期加固的坝腔混凝土回填和三期的坝头混凝土回填跨缝均与相邻坝段相连接,因此将以上措施的混凝土边界设为对称边界;二期加固的坝后贴坡的分缝与坝段相同,缝面不设约束。假定加固措施的混凝土与原坝体交接牢固,界面处无相对位移。

模态分析时假定坝体为线弹性体。动力特性下坝体混凝土弹性模量提高50%,地基弹性模量取同于静态弹模,具体材料性能参数取值见表1。

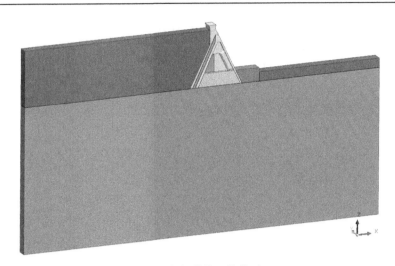

图4　大坝整体三维模型

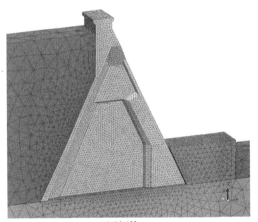

(a)原坝体

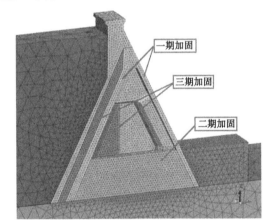

(b)加固后

图5　原坝体和加固后模型

表1　计算主要材料及参数主要取值

| 材料名称 | 静弹性模量/GPa | 动弹性模量/GPa | 泊松比 | 容重/(kN/m³) | 渗流系数/(cm/s) |
|---|---|---|---|---|---|
| 坝体混凝土 | 22.00 | 33.00 | 0.17 | 24 | $1.0 \times 10^{-7}$ |
| 人字墙 | 23.20 | 34.80 | 0.17 | 24 | $1.0 \times 10^{-7}$ |
| 坝腔回填 | 21.51 | 32.27 | 0.17 | 24 | $1.0 \times 10^{-7}$ |
| 坝后回填 | 23.20 | 34.80 | 0.17 | 24 | $1.0 \times 10^{-7}$ |
| 人防加固 | 23.20 | 34.80 | 0.17 | 24 | $1.0 \times 10^{-7}$ |
| 地基 | 52.00 | 52.00 | 0.25 | 26 | $1.0 \times 10^{-4}$ |
| 帷幕 | 52.00 | 52.00 | 0.25 | 26 | $5.0 \times 10^{-6}$ |

## 4　加固前后大坝的动力特性分析

对大坝加固前后进行动力特性分析。经计算,得出以下结论:

大坝在加固前:在空库情况和正常蓄水位情况下的自振频率见表2,1、2 阶模态如图6 所示。大坝的1 阶振型以绕建基面的横水流立面内摆动为主,大坝的2 阶振型以绕建基面的顺水流立面内摆动为主;大坝的1 阶频率仅为0.974,远小于2 阶频率4.166,这表明大坝横水流向水平刚度远小于大坝顺水流向水平刚度,横水流向抵抗地震变形的能力很弱,是大坝整体抗震性能的制约点。为了提高大坝的整体抗震能力,须采取措施提升大坝横水流向的水平刚度。

表 2　大坝自振频率

| 模态阶数 | 空库情况 | | | | 正常蓄水位情况 | | | |
|---|---|---|---|---|---|---|---|---|
| | 原坝体 | 一期加固后的坝体 | 二期加固后的坝体 | 三期加固后的坝体 | 原坝体 | 一期加固后的坝体 | 二期加固后的坝体 | 三期加固后的坝体 |
| 1 | 0.974 | 4.674 | 4.743 | 4.748 | 0.972 | 3.607 | 3.616 | 3.618 |
| 2 | 4.166 | 8.854 | 8.890 | 8.860 | 3.601 | 4.011 | 4.063 | 4.070 |
| 3 | 4.610 | 9.034 | 8.992 | 8.889 | 3.970 | 4.531 | 4.551 | 4.557 |
| 4 | 5.091 | 11.690 | 11.890 | 13.680 | 4.143 | 5.915 | 5.941 | 5.953 |
| 5 | 8.982 | 12.720 | 13.840 | 13.870 | 4.508 | 7.531 | 7.591 | 7.621 |
| 6 | 9.122 | 14.170 | 15.870 | 15.870 | 5.052 | 8.700 | 8.701 | 8.678 |
| 7 | 9.810 | 15.460 | 17.180 | 17.630 | 5.902 | 8.930 | 8.957 | 8.887 |
| 8 | 11.730 | 17.870 | 17.470 | 20.150 | 7.506 | 10.340 | 10.340 | 10.340 |
| 9 | 12.840 | 18.060 | 20.230 | 22.280 | 8.686 | 10.890 | 10.880 | 10.880 |
| 10 | 14.210 | 19.260 | 21.830 | 22.640 | 9.077 | 11.350 | 11.290 | 11.290 |

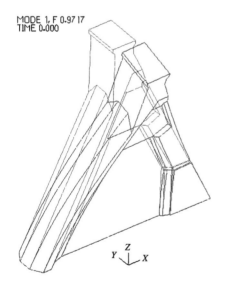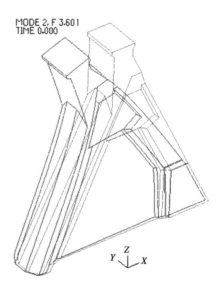

图 6　原坝体(正常蓄水位)的第1、2 阶模态

一期加固：一期加固主要采用人字形斜墙方案加强大坝的横向连接刚度和稳定。经
计算，一期加固后，大坝的一阶模态以绕建基面的顺水流立面内摆动为主，大坝动力特性
发生了根本改变，如图 7 所示；坝体基频由 0.972 提升至 3.607（见表 2）。这表明一期加
固后的大坝横水流向水平刚度得到了很大提高，人字形斜墙方案可以达到实现加强大坝
横向连接刚度和稳定的目标，加固措施的效果明显。

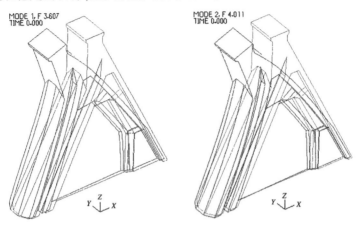

图 7　一期加固后坝体的第 1、2 阶模态

二期加固：二期加固是在大坝的下部及坝踵上游回填混凝土。回填的混凝土较大地
增加了与坝基的接触面，坝体自重也大大增加，这将较大地提升大坝的抗滑稳定性。经计
算，二期加固后，大坝一阶模态仍以绕建基面的顺水流立面内摆动为主，如图 8 所示；挡水
情况下的坝体基频由 3.607 提升至 3.616，提升了 0.2%（见表 2）。这表明二期加固后的
大坝顺水流向水平刚度得到了加强，但加强幅度很小，对大坝的动力特性影响很弱。二期
加固回填混凝土体积大，质量大，但由于主要依附于刚度巨大的坝基，位置很低，因此对大
坝的动力特性影响很小。

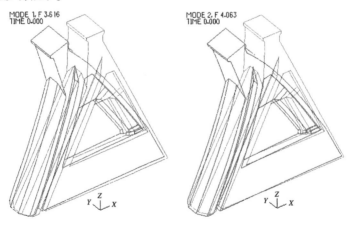

图 8　二期加固后坝体的第 1、2 阶模态

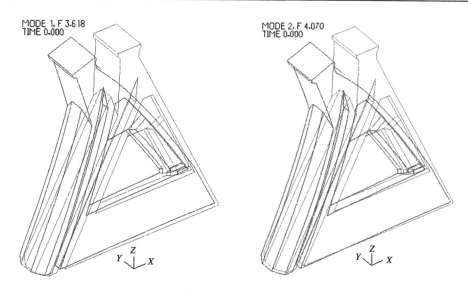

图 9   三期加固后坝体的第 1、2 阶模态

三期加固：三期加固主要是把大头两侧悬臂和一期加固撑墙之间的空腔用混凝土回填连成一体，可加强头部整体性，如图 9 所示。经计算，三期加固措施对大坝各阶频率影响甚微。三期加固主要是对大坝颈部空腔进行封堵，回填的混凝土分布在几乎整个坝高，重心相对于大坝建基面较高，但由于回填方量小，质量轻，相对于坝体重量占比很少，故对大坝的动力特性影响很小。

## 5   结论

本文基于势流体的流固耦合方法，建立了坝体、地基、库水相互作用的三维有限元数值模型，考虑空库和正常蓄水位情况，对加固前后大坝的动力特性进行了分析，得到结构的各阶模态参数，从动力特性的角度，定性研究了各期加固方案的效果，可为后期动力响应计算分析提供基础数据。研究表明单支墩坝的横向刚度较低，在抗震条件下应尽量避免采用单支墩坝结构形式，可比选采用双支墩坝或多支墩坝，以满足大坝横向抗震刚度；研究成果可为后期工程的定检及类似工程的抗震加固设计提供参考。

## 参考文献

［1］傅志方,华宏星.模态分析理论与应用［M］.上海:上海交通大学出版社,2000.

［2］雷婷.基于不同规范中混凝土动力特性对大坝抗震性能的影响分析［D］.大连:大连理工大学,2020.

［3］凌耀忠,王政平,杜梦洁.基于三维流固耦合的大头支墩坝静力分析［J］.水利技术监督,2022,172（2）:190-196,217.

［4］寸银川,杨成华,王芳,等.白乃水库大坝坝坡时程法稳定分析计算及抗震措施设计［J］.水利技术监督,2021（10）:172-177.

［5］王娜丽,钟红,林皋.FRP 在混凝土重力坝抗震加固中的应用研究［J］.水力发电学报,2012,31（6）:

186-191.

[6] 宋恩来. 混凝土大头坝安全性述评[J]. 大坝与安全,1997(1):7-15.

[7] T. 库努夫,王晶,马贵生. 支墩坝加固新技术[J]. 水利水电快报,2016,37(6):21-24,29.

[8] 蒋腊梅,程心恕. 大头坝的动力分析[J]. 福州大学学报(自然科学版),2006(2):265-271.

[9] SONG Xiaochun, JIANG Hui, WANG Lixin, et al. Analysis on Strong Motion Monitoring Data and Dynamic Characteristics of Xinfengjiang Reservoir Dam[J]. South China Journal of seismology, 2016,36(4): 34-41.

[10] 谭聪睿,张燎军,龚存燕. 基于 ADINA 的塔体内外动水压力分布规律研究[J]. 水电能源科学, 2011,29(8):100-102.

[11] 曹宗杨,张燎军. 拱坝—库水动力流固耦合作用的有限元数值研究[J]. 水电能源科学,2013,31 (4):58-61.

# 某浆砌石重力坝防渗加固方案设计方案比选

## 董 伟 杨 涛

(中水珠江规划勘测设计有限公司,广东广州 510610)

**摘 要**:大型水利枢纽工程的运行安全一直备受关注。我国由于历史原因,受限于建坝时的施工技术与施工水平,20世纪下半叶修筑的浆砌石重力坝都存在不同程度的缺陷,导致有相当一部分浆砌石重力坝至今仍"带病运行"。本文通过对某Ⅱ等浆砌石重力坝进行除险加固设计,在受运行调度影响的情况下,对常用防渗处理方式进行对比,提出水泥-化学-水泥复合灌浆技术,可为类似工程提供一定的参考。

**关键词**:浆砌石重力坝;除险加固;方案比选;复合灌浆

## 1 引言

我国浆砌石重力坝大多建于中华人民共和国成立初期。当时的砌石坝设计标准低、施工质量差、管理不善,致使出现大量病险水库[1]。其中有相当一部分水库至今仍"带病运行",甚至发挥着无可替代的作用。在众多的病险浆砌石重力坝中,主要存在以下几个问题[2]:①大坝防洪采用标准偏低,不满足现有规范规定;②坝基、坝体在设计荷载组合下出现超过允许的拉、压应力;③坝体出现裂缝、断裂,有些裂缝已贯穿大坝上、下游,甚至出现在大坝重要部位;④坝基排水管堵塞,扬压力过高;⑤浆砌石重力坝坝基、坝体抗滑稳定性不满足现有规范规定;⑥坝体、坝基渗漏量过大。浆砌石重力坝的病险问题大大削弱了水库的拦蓄、调洪能力,严重影响水库的功能,同时也给下游城镇造成了严重威胁[3]。

近年来,我国学者和工程师对大量浆砌石重力坝进行了除险加固设计,积累了大量工程经验,开发了一批实用新型技术[4-6]。主要处理方式有面板混凝土、灌浆、土工膜等[7]。前人对一些受客观条件限制,无法排空库容、库内淤泥较深、清理难度较大的水库,多采用灌浆处理,这种处理方法往往能取得较好的效果,但对于浆砌石重力坝,单一的灌浆方式往往效果欠佳,或灌浆效果持续时间短等。本文针对以上情况,以某浆砌石重力坝为研究对象,对常用浆砌石重力坝加固措施进行了对比分析,基于生态理念提出了水泥-化学-水泥复合灌浆式大坝生态加固措施,适应了我国经济发展和人民对生态需求的新时代,保证了加固后水库的水体安全。

## 2 工程概况

某浆砌石重力坝建成于1964年,工程等别为Ⅱ等,设计洪水位182.7 m,校核洪水位

**作者简介**:董伟(1986—),男,高级工程师,主要从事水工结构设计等方面的工作。

184.7 m,正常蓄水位 182.0 m,死水位 171.0 m,总库容 5.95 亿 m³,为多年调节大(2)型水库。该水库集供水、发电、灌溉和防洪于一体,是当地重点水库之一,且该水库为当地几个县、区和工业园区的唯一水源,在当地人民的生产生活中起着至关重要的作用。

大坝工程为典型的"边勘察、边设计、边施工"的三边工程,在大坝建成后的 50 多年运行期中,进行了 4 次大坝坝体灌浆和帷幕灌浆、坝体补强灌浆等,但限于当时资金、施工工艺、技术等原因,前 3 次加固仅对主坝进行局部防渗处理,没有进行系统、全面的防渗处理。2009—2011 年第 4 次灌浆加固时,对坝体进行全面灌浆处理,运行效果明显。但由于灌浆量少、注浆困难、灌浆方式单一、水泥砂浆稳定性与耐久性差等原因,近年多坝段开始出现渗漏,且渗漏量逐年增大。2021 年,该大坝再次被鉴定为"三类坝",大坝存在渗漏、内部砂浆含量减少、胶结不密实等问题。

## 3 防渗除险加固设计

### 3.1 防渗加固设计方案

方案一:新建大坝。通过重新选址建设新的大坝,从根本上一次性彻底解决现状大坝渗漏问题。通过现场查勘发现,符合新建大坝地质条件和地形条件的坝址为现状坝址下游 78 m 范围内,在该范围内的地质条件均较现状坝址差,若新建大坝,坝长较现状大坝增加 1.15 倍,坝高增加 9.26%。

方案二:新建钢筋混凝土防渗面层。根据规范[8]要求,上游面新建钢筋混凝土防渗面层,厚度为坝前水头的 1/30~1/60,经计算,防渗面板厚度取 0.5 m,表层设钢筋网,直径为 φ 12,间距 0.3 m×0.3 m,坝体设置 φ 16 锚筋,呈梅花形布置,间距为 2.0 m×2.0 m,锚筋深入原坝体 0.6 m,并采用锚固粘结剂粘结。混凝土防渗层每隔 10 m 分一道缝,缝宽 20 mm,缝内填充沥青松木板,设紫铜片止水。

方案三:新建高分子材料防渗涂层。对大坝迎水缝砌石缝进行凿除处理,基面、缝面打磨、吹洗完成后,涂刷一道聚合物净浆;然后涂抹聚合物砂浆,挂钢丝网(φ 2@4 cm),修复厚度不小于 2 cm。涂刷底层专用基液后,涂抹快速修复抗冲磨材料,厚 1 mm,然后涂刷双组分环氧界面剂,表层干后刮涂单组分聚脲防水涂料,厚度不小于 1.2 mm。修复过程中每隔 10 m 预留一条伸缩缝,缝宽 20 mm,缝内填充聚氨酯密封止水材料。

方案四:浆砌石坝体水泥灌浆。该方案采用成熟的水泥灌浆技术,在坝顶范围设 2 排水泥灌浆,灌浆孔排距为 1 m,孔距 1.5 m。通过灌浆填充坝体间缝隙,使其容重增加,提高坝体密实性和完整性,起到坝体防渗的效果。

方案五:浆砌石坝体化学灌浆。该方案除灌浆材料外,其余方案与水泥灌浆相同。利用化学灌浆具有渗入性强、柔韧性好、快凝、强度较高的特点,克服传统水泥浆和黏土类材料难灌入的弊端,凝胶过程可在短时间内完成,并在一定范围内固化,防水性好。

方案六:水泥-化学-水泥复合生态灌浆。考虑该浆砌石坝运行时间较长,大坝裂隙较多,该方案先采用水泥灌浆对坝体上、下侧进行封堵,再采用化学灌浆进行灌浆处理,即水泥-化学-水泥复合灌浆技术,共布置 3 排灌浆,第 1、3 排采用水泥浆灌浆,第 2 排采用丙烯酸盐化学灌浆,考虑生态安全,采用新型无毒性丙烯酸盐化学灌浆。

## 3.2 防渗加固设计方案比选

从工程投资、生态安全、施工难度等方面对 6 个方案的优缺点进行比选,具体见表 1。

表 1    各防渗加固方案优缺点比较

| 方案 | 优点 | 缺点 |
|------|------|------|
| 方案一 | 效果可靠,可彻底解决现在大坝渗漏问题 | 新建坝址条件较差,需放空施工,工期长,投资巨大 |
| 方案二 | 效果可靠,耐久性长 | 水下部分施工困难,施工要求高,作为当地唯一水源,不能放空水库施工,一旦出现问题影响大 |
| 方案三 | 实施方便,初期效果明显 | 水下部分施工困难,施工要求高,作为当地唯一水源,不能放空水库施工,一旦出现问题影响较大,耐久性差 |
| 方案四 | 安全可靠,初期效果明显 | 耐久性差,随着时间的推移,渗漏问题再次突出 |
| 方案五 | 效果显著,耐久性长 | 单价较高,灌浆量大,投资大,浆液有毒性 |
| 方案六 | 安全可靠,耐久性长 | 单价高,施工要求高 |

该水库作为当地唯一水源,对当地人民的生产生活都起着至关重要的作用,水库不能放空施工,在施工时也不能对水源产生污染。若采用水下施工,对施工队伍的要求较高,失事风险大。综上所述,方案一、方案二和方案三无法实施,存在投资大、风险高等问题,因此在该工程的防渗方案选择中不推荐采纳这 3 种防渗方案,采用灌浆防渗是比较适合的。

水泥灌浆防渗是水利工程中常用且有效的防渗方案,结合该浆砌石重力坝和类似工程的水泥灌浆加固经验,采用单一水泥灌浆初始效果较好,但加固效果持续时间较短,每次均投入运行后几年内便出现渗漏问题,因此本次防渗加固方案中不采用方案四。

化学灌浆也是常用的一种防渗方案,化学材料流通性强,采用化学灌浆后坝体裂隙间密实度优于水泥灌浆,但同时也伴随着灌浆量大、灌浆价格较高等缺点,且常规的化学灌浆材料大多有毒性,对水源地的生态安全不利,因此本次防渗加固方案中不采用方案五。

经过对比分析,本次防渗方案选择时,结合方案四和方案五的优缺点,建议采用复合灌浆方案(方案六)。该方案的无毒化学灌浆材料单价虽高于常规的化学灌浆材料,但是通过设置上、下两侧水泥灌浆,可大大减少灌浆量,减少化学灌浆投资。同时,该方案能兼顾化学灌浆和水泥灌浆的优点,既能起到安全可靠的防渗效果,又能使防渗效果耐久性长,是切合实际且安全可靠的防渗方案,同时也符合当下生态加固理念。

## 3.3 除险加固设计

本次加固结合现场试验和相关工程经验,拟采用水泥-化学-水泥复合生态灌浆,即共布置 3 排灌浆,第 1、3 排采用水泥浆灌浆,第 2 排采用丙烯酸盐化学灌浆。

水泥灌浆：共设置 2 排灌浆孔，从坝顶灌浆，灌浆孔平行坝轴线布置，排距 1.5 m，孔距 1.5 m。即坝顶范围内，灌浆孔从坝顶起穿过坝体至建基面。

化学灌浆：共设置 1 排灌浆孔，从坝顶灌浆，灌浆孔平行坝轴线布置，排距 0.75 m，孔距 1.5 m。同样也从坝顶起穿过坝体至建基面。

灌浆完成后，在第 1、2、3 排之间布置检查孔，进行压水检查。第 1、3 排采用水泥浆灌浆，第 2 排采用丙烯酸盐化学灌浆，丙烯酸盐化学灌浆采用控制凝胶时间进而控制扩散半径的方式，确保幕体达到防渗标准，同时控制扩散范围，节约浆材。

灌浆孔每 20 m 布置一先导孔，先导孔深入灌浆线以下 5 m，灌浆时先灌上游排，再灌下游排。坝体防渗灌浆验收标准为透水率不大于 5 Lu。在第 1、2、3 排之间布置检查孔，进行压水检查。

### 3.4　灌浆材料技术要求

#### 3.4.1　水泥灌浆技术要求

（1）灌浆材料。灌浆材料采用普通硅酸盐水泥浆液，水泥强度等级不低于 42.5 级，严重渗漏部位可加掺合料、速凝剂等。

（2）灌浆方法及方式。每排灌浆孔分三序孔逐步加密，采用循环式灌浆。坝体部分采用自上而下分段灌浆法施工；岩基部分若地质条件良好可采用自下而上分段灌浆法施工，否则宜采用自上而下灌浆法。

（3）灌浆压力及浆液变换。通过现场试验，了解坝体和基岩的渗透性，选择开始灌浆的水灰比和灌浆压力。灌浆水灰比可选择 5:1、3:1、2:1、1:1、0.7:1、0.5:1 等 6 个等比。一般情况下，浆液由稀到浓逐级变换，若个别孔吸浆量较大，可适当增加砂粒和速凝剂，或采用浓浆低压灌注。

在灌浆过程中，某一级水灰比注入时灌浆压力和吸浆量变化不明显时，浆液应改浓一级；当某级浆液注入量已达 300 L 以上，或灌浆时间已达 30 min，而灌浆压力和注入率均无改变或者改变不显著时，水灰比应改浓一级；灌浆注入量大于 30 L/min 时，浆液可适当越级变浓；灌浆压力不变，吸浆量均匀减少时，或吸浆量不变，灌浆压力均匀升高时，则不改变浆液水灰比。

防渗灌浆压力一般为 0.3~0.5 MPa，基岩处灌浆压力可提高至 0.6~0.9 MPa。

（4）灌浆结束标准和封孔方法。在规定灌浆压力下，注入率低至不大于 1 L/min 后，屏浆 30 min，且屏浆期间平均注入率不大于 1 L/min；在规定灌浆压力下，注入率低至不大于 2 L/min 后，屏浆 40 min，且屏浆期间平均注入率不大于 2 L/min，当符合以上条件之一时，可结束灌浆。

灌浆结束后，再分段进行钻孔，由下而上进行压水试验，若不符合要求则需要复灌，直至质量检查合格为止。质量检查合格后，进行封孔，封孔采用压力封孔。

（5）灌浆顺序。在同一排内先施工 I 序孔，后施工 II 序孔。帷幕灌浆分序进行施工，按分序加密的原则进行。

（6）质量检查。水泥灌浆验收标准为灌浆后透水率小于 5 Lu；拟定灌浆后坝体整体强度提高 20%，具体数值还需根据施工时的现场试验进行确认。

### 3.4.2 化学灌浆技术要求

(1)灌浆材料。结合工程实践与试验参数,采用环保交联剂取代原丙烯酸盐化学灌浆材料常用交联剂甲撑双丙烯酰胺,可解决甲撑双丙烯酰胺不易溶解和污染环境等问题[9]。

新型化学灌浆材料具有黏度低、流动性好、无害、可灌入细微裂缝、凝胶时间可控、渗透系数低、固砂体抗压强度高等特点,浆液配方参考表2,浆液配制应遵循"少量、多次"的原则。

**表2　无毒丙烯酸盐浆液配方**

| 配方组成 | 质量百分比含量 |
| --- | --- |
| 丙烯酸单体 | 10%~20% |
| 促进剂 | 1%~2% |
| 交联剂 | 0.5%~2% |
| 溶剂 | 70%~80% |
| 缓凝剂 | 根据固化时间需要调整 |

(2)灌浆方法及方式。每排灌浆孔分三序孔逐步加密,采用循环式灌浆。坝体部分采用自上而下分段灌浆法施工,前次序孔与相邻后次序孔之间,钻孔灌浆的高程不宜小于15 m;岩基部分若地质条件良好可采用自下而上分段灌浆法施工,否则宜采用自上而下灌浆法。

(3)灌浆压力。坝体灌浆压力取 0.05~0.2 MPa。灌浆时应尽快达到设计压力,灌浆压力记录以孔口压力表为准,压力值指针摆动范围宜小于灌浆压力的 20%,摆动范围做记录。

(4)灌浆结束标准和封孔方法。在规定灌浆压力下,注入率低至不大于 0.02 L/(min·m)后,继续灌注 30 min 或达到胶凝时间,可结束灌浆。

灌浆结束后,再分段进行钻孔,由下而上进行压水试验,若不符合要求则需要复灌,直至质量检查合格为止。质量检查合格后,进行封孔,封孔采用压力封孔。

(5)灌浆顺序。灌浆施工顺序为第 1 排水泥防渗灌浆→第 3 排水泥防渗灌浆→第 2 排化学防渗灌浆。在同一排内先施工 I 序孔,后施工 II 序孔。帷幕灌浆分序进行施工,按分序加密的原则进行。

(6)质量检查。化学灌浆验收标准为灌浆后透水率小于 5 Lu,其他标准根据现场试验情况增设。

## 4　结语

(1)本文介绍了浆砌石重力坝常用除险加固方法,针对水库不具备放空条件,提出采用灌浆方式进行防渗。

(2)该大坝多次采用单一水泥灌浆后,短期效果明显,但效果持续时间较短;若采用单一化学灌浆,则投资较大,且多数存在一定毒性,不符合节约投资和生态加固的理念。

（3）在以上两点的基础上,本文提出水泥-化学-水泥复合灌浆法,充分利用化学灌浆和水泥灌浆的优势,可提高水泥砂浆强度及水泥砂浆与砌石之间的粘结力,改善坝体的结构及应力状态。

（4）化学灌浆考虑生态加固理念,采用新型无毒丙烯酸盐材料,避免了对库区水质造成影响,保证了人民的生命财产安全,该方法效果良好,可为浆砌石重力坝除险加固提供一定的借鉴和参考。

## 参考文献

［1］钮新强.大坝安全诊断与加固技术［J］.水利学报,2007(S1):60-64.

［2］郭娜.浆砌石重力坝安全评价方法及应用［D］.南京:河海大学,2005.

［3］杨启贵.病险水库安全诊断与除险加固新技术［J］.人民长江,2015,46(19):30-34.

［4］石硕.水泥化学灌浆法在坝体防渗加固中的应用［J］.东北水利水电,2015,33(11):20-21,23.

［5］位敏,高大水,叶俊荣,等.大垵水库浆砌石重力坝除险加固技术［J］.大坝与安全,2011(5):68-72.

［6］樊仕宝,解培强.浅淡深圳市赤坳水库浆砌石重力坝加固技术要点［J］.人民珠江,2023,44(S1):63-68.

［7］钮新强.水库病害特点及除险加固技术［J］.岩土工程学报,2010,32(1):153-157.

［8］中华人民共和国水利部.砌石坝设计规范:SL 25—2006［S］.北京:中国水利水电出版社,2006.

［9］张健,魏涛,韩炜,等.CW520丙烯酸盐灌浆材料交联剂合成及其浆液性能研究［J］.长江科学院院报,2012,29(2):55-59.

# 全预制装配式渡槽设计与施工方法

石俊奎 杨 林 黄金钗

(中水珠江规划勘测设计有限公司,广东广州 510610)

**摘 要**:常规水利渡槽一般采用现浇矩形或 U 形梁结构,施工工期较长,造价较高,施工质量难以保证。小型渡槽槽身可采用整跨预制吊装进行施工,由于槽身自重和尺寸息息相关,难以适用于较宽渡槽。本文提出了一种全预制装配式渡槽设计与施工方法,将渡槽按部位划分为不同的预制模块,再通过预制拼装技术连接为整体结构。渡槽预制模块包括基础、槽墩、盖梁、主梁、挡水侧墙及止水。首先根据渡槽情况拟定各预制模块尺寸,然后将渡槽的各模块在工厂进行预制,最后运输至现场进行拼装,形成完整的渡槽结构。本文实现了渡槽模块化设计及预制装配,流水化作业程度高,可缩短工期、提高质量。预制模块重量轻、尺寸小,运输方便。可实现机械化生产,安全性高,质量容易保证;后期运行检修方便,模块可更换,便于拆除;可广泛应用于各种宽度和跨度渡槽,适应性高。全预制装配式渡槽与传统渡槽建造技术相比,实现了工业化生产,标准化程度高、安全环保,具有广泛的经济效益和社会效益。

**关键词**:全预制;装配式;渡槽;模块化

## 1 研究背景

在大型引调水项目、水运项目及灌区项目中,一般均设有渡槽。常规水利渡槽一般采用现浇矩形或 U 形梁结构,结构形式一般为梁式渡槽或拱式渡槽,过流能力有限,跨度较小。现有技术多采用满堂脚手架现浇施工,施工工期较长,造价较高。大型渡槽需采用整体预制方案,截面较大,重量较大,安装难度较大。

预制装配式建造技术是指将建筑构件或模块提前在工厂内按照固定标准化设计、预制加工,再由厂家进行质量检测,随后运输到现场进行装配组合的一种新型建造方式。这种建造方式相对于传统施工方式具有施工速度快、工程质量高、降低劳动强度和减少环境污染等优点。

大力发展装配式建筑是我国建筑业转型升级发展的必由之路,对国民经济建设具有重大意义[1]。近年来,装配式建造技术经历了快速的发展过程,工业建筑、民用建筑、轨道交通、公路等工程建设领域中装配式技术研发、推广、应用发展迅速,在诸多标杆重点工程项目中成功应用。与其他行业尤其是工业与民用建筑行业相比,水利工程装配式建筑在规模、材料工艺、数字化、信息化等方面还存在一定的差距[2]。水利工程建设领域装配

---

**作者简介**:石俊奎(1988—),男,工程师,主要从事水工结构工程设计等工作。

式技术的实际应用相对滞后,缺乏装配式水工建筑物的设计、施工规范及行业标准。

基于此背景,本文提出了全预制装配式渡槽设计与施工方法[3],该方法可适应水利行业高技术产业化发展,能提高渡槽领域的整体发展水平,与传统工法相比具有广泛的经济效益和社会效益。

## 2　常规渡槽

### 2.1　梁式渡槽

梁式渡槽广泛应用于农田灌溉、城市供水和工业用水等领域。它为水源供应和水资源调配提供了重要的基础设施支持。同时,梁式渡槽还可以用于航道通航、交通运输以及防洪工程中。槽身形状各异,可以有矩形、U 形、圆形等不同的形式,具有结构简单、抗弯刚度强和维护方便的特点。渡槽的长度和尺寸根据具体工程需求和水源供应量来确定。渡槽的设计要考虑水流速度、水压力、渡槽横断面形状等因素,以确保水的顺畅流动和渡槽的稳定性。施工方法多采用槽身预制吊装或满堂脚手架现浇的方式。

### 2.2　拱式渡槽

拱式渡槽是一种常见的水利工程结构,用于引导水流穿过河道、溪流或其他障碍物。它采用拱形结构,通过拱体的受压作用,将水流的压力传递到渡槽两侧的基础上。拱式渡槽的设计和建造需要考虑水流的压力、拱体的稳定性和基础的承载能力,具有承载能力强、抗震性能好和通流能力大的特点。它在农田灌溉、城市供水和工业用水等领域发挥着重要的作用。槽身采用 U 形预应力混凝土结构,施工多为满堂脚手架现浇的方式。

## 3　全预制装配式渡槽

### 3.1　基本原理

全预制装配式渡槽技术指将渡槽按部位划分为预制模块,再通过预制拼装技术连接为整体结构的技术。相比传统的现场浇筑渡槽,预制装配式渡槽具有更高的质量控制、施工效率和可持续性。

### 3.2　结构设计

如图 1 所示,渡槽按部位一般包含基础、槽墩、盖梁、主梁、挡水侧墙、止水缝。全预制装配式渡槽设计施工技术将渡槽的各部位在工厂预制后运输至现场进行组拼,形成完整的渡槽结构。关键点为渡槽的模块划分方案、拼装方案及节点连接方案等。

墩柱和盖梁可根据高度及运输条件采用整段预制或者分段预制,渡槽底板采用预制 T 形梁或小箱梁结构拼装,通过湿接缝及整体化面层连接为整体,挡水侧墙分段进行预制,通过预应力钢束与渡槽底板进行连接。渡槽横断面如图 2 所示。

### 3.3　连接技术

#### 3.3.1　槽墩与承台连接

槽墩节段利用吊车垂直起吊进行安装,下节段底部伸出的主筋插入承台预留孔。在墩底安装反力架,利用姿态调整装置精确调整槽墩空间位置,然后对承台预留孔及墩底湿接缝灌浆,如图 3 所示。

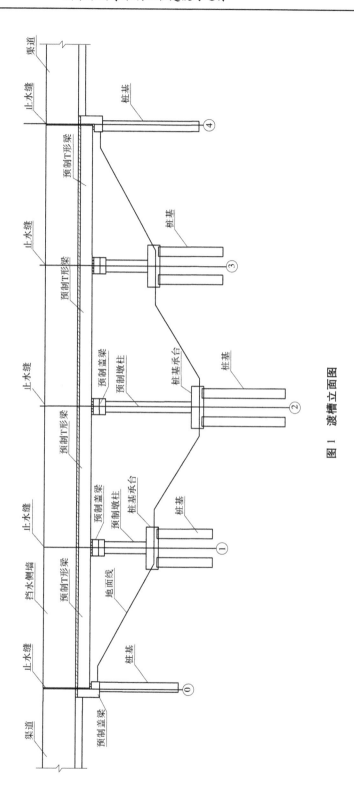

图 1　渡槽立面图

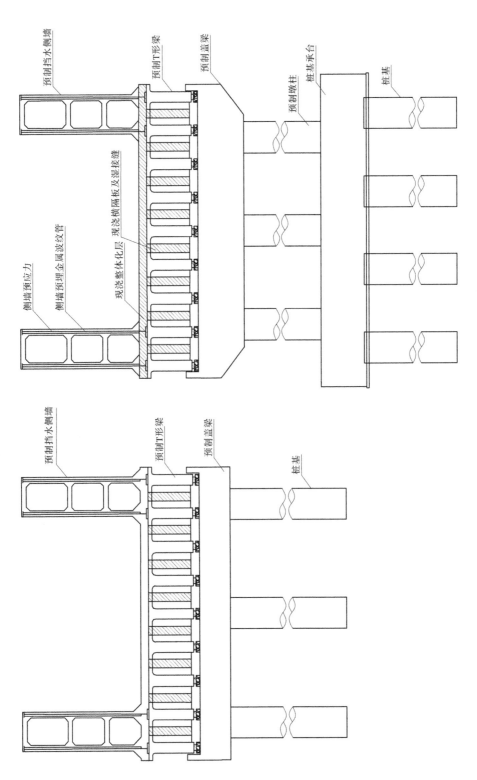

图 2  渡槽横断面图

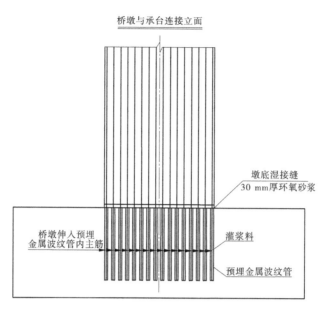

**图 3 槽墩与承台连接方案**

### 3.3.2 槽墩节段间连接

待墩底湿接缝强度达到 80% 以上时,吊装上节段进行拼装。吊装上节段时,先在上节段上方悬停以留出拧连接套筒的空间。待钢筋全部连接完成后,接缝处抹胶,上节段落下对位完成后张拉临时预应力钢筋。上节段分两次灌浆,首先对上节段非临时预应力的管道进行灌浆,待浆料强度达到 80% 后卸载临时张拉力,然后对临时预应力管道进行压浆。槽墩节段间连接方案如图 4 所示。

**图 4 槽墩节段间连接方案**

### 3.3.3 槽墩与盖梁连接

预制盖梁在支架上安装。为防止因支架沉陷影响主梁线形,必须确保支架及模板的刚度。盖梁应精确定位,姿态调整好后将盖梁与槽墩临时锁定,灌注墩顶 30 mm 厚湿接缝,然后对盖梁内槽墩主筋的预埋金属波纹管进行灌浆。槽墩与盖梁连接方案如图 5 所示。

### 3.3.4 渡槽底板连接

渡槽底板采用预制 T 形梁结构,分片吊装完成后通过湿接缝及横隔板连接为整体,上部浇筑整体化层提高渡槽整体性。渡槽底板连接方案如图 6 所示。

### 3.3.5 预制侧墙与底板连接

侧墙与主梁采用预应力进行连接:在现浇层内预埋固定端锚具,吊装预制侧墙段,准

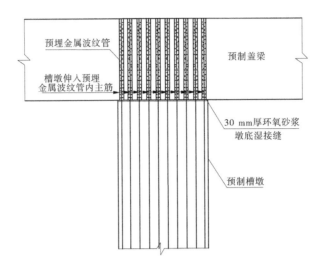

图 5　槽墩与盖梁连接方案

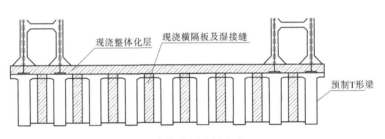

图 6　渡槽底板连接方案

确定位后穿钢束、张拉,完成连接。预制侧墙与底板连接方案如图 7 所示。

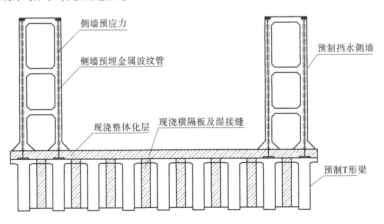

图 7　预制侧墙与底板连接方案

### 3.3.6　结构缝止水方案

　　结构缝止水采用压合式止水方案,结构缝两侧预埋不锈钢螺栓,将预先打好孔的止水带穿过螺栓铺设在槽口处,用胶黏材料与侧壁混凝土黏结,再用不锈钢扁钢板压紧,并用不锈钢螺母固定,在接缝口填塞聚乙烯材料,见图 8。

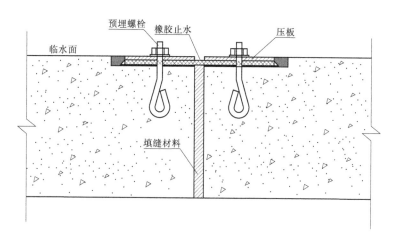

**图 8 结构缝止水方案**

## 3.4 施工方法

(1)施工基础、承台。承台施工时注意为槽墩下预制节段底部伸出主筋后安装预留孔洞,后续作业时应采取措施严格保护预埋金属波纹管,避免掉入杂物。

(2)安装槽墩预制节段。槽墩下节段运抵现场,垂直起吊进行安装。下节段底部伸出主筋插入承台预留置孔。在墩底安装反力架,精确调整槽墩纵、横向位置及垂直度。承台预留孔管道灌浆,墩底湿接缝灌浆。待墩底湿接缝强度达到 80% 以上时,吊装上节段进行拼装。吊装上节段时,先在上节段上方悬停以留出拧连接套筒的空间。待钢筋全部连接完成后,接缝处抹胶,上节段落下对位完成。上节段顶部张拉临时预应力钢筋,非临时预应力的管道压浆,待压浆料强度达到 80% 后卸载临时张拉力,然后对临时预应力管道进行压浆。

(3)安装盖梁预制节段。槽墩完成施工后,搭设支架。利用吊车吊装盖梁,在支架上精确调整盖梁位置,灌注墩柱预留主筋管道,完成盖梁与墩柱固结。

(4)安装主梁预制节段,并浇筑湿接缝、横隔板、整体化层等。架桥机移位至施工跨,安装第一跨 T 形梁,布置后续 T 形梁安装设施,依次安装第二、三跨 T 形梁。T 形梁安装就位后采取措施防止 T 形梁侧翻或滑移。现浇 T 形梁湿接缝、横隔板及整体化层。

(5)安装侧墙预制节段。主梁完成施工后,利用吊车吊装挡水侧墙节段,挡水侧墙就位后张拉预应力钢束,灌注预应力钢束孔道,完成挡水侧墙与渡槽底板固结。

(6)施工止水缝等附属结构。

## 3.5 结构优点

全预制装配式渡槽设计及施工技术相较于常规渡槽设计施工方法具有以下优点:

(1)施工效率高。模块化设计及预制装配,流水化作业程度高,可缩短工期、提升质量、大大减少渡槽施工的现场作业。施工方便,预制节块重量轻、尺寸小,制梁工艺简单,运输方便,预制拼装均可实现机械化,安全性高,质量容易保证。

(2)各模块在预制场制作,标准化程度高,质量易保证。

(3)节能环保。预制构件均已在工厂内制作完成,节约模板用材及施工场地,避免了现场施工对环境的污染,同时降低施工噪声,减少现场物料堆放,生态环保效益显著。

(4)可广泛应用于各种渡槽和跨度,适应性高。

## 4　结论

针对常规渡槽设计施工方法的特点及存在的问题,本文提出了全预制装配式渡槽设计及施工技术,实现了渡槽模块化设计及预制装配,流水化作业程度高,可缩短工期、提升质量。预制模块重量轻、尺寸小,运输方便。可实现机械化生产,安全性高,质量容易保证。后期运行检修方便,模块可更换,便于拆除。

全预制装配式渡槽技术与传统施工方法相比具有广泛的经济效益和社会效益,适应水利渡槽高技术产业化发展,工业化、标准化程度高,应当得到推广。

全预制装配式渡槽设计及施工技术在我国仍具有广泛的应用前景,特别是在当前国内大规模基础设施建设的大背景下,引调水项目和水运交通项目急剧增多,对预制装配式渡槽设计及施工技术的研究具有重要意义。

参考文献

[1] 韩芳,周庆杰.装配式建筑发展与应用研究[J].建筑技术开发,2017,44(24):3-4.
[2] 黄桂林,黄若坚.水利工程装配式建筑的应用与展望[J].水利建设与管理,2022,42(8):81-83.
[3] 石俊奎.装配式渡槽及其施工方法:ZL 2023 1 0376487.2[P].2023-06-16.

# 生态型、景观型、文化型海堤设计研究

李兴印　　张永恒　　王英杰

（中水珠江规划勘测设计有限公司，广东广州　510610）

**摘　要**：随着社会的发展，人们对生态环境的要求越来越高，因此传统的单一防灾减灾功能型海堤已不能满足社会需求。新时期海堤不仅要有防灾减灾功能，同时，还应充分考虑人与自然和谐共处。因此，本文提出一种融合生态、景观、文化于一体的海堤设计。设计研究以广州南沙大角山滨海公园堤防提升工程为例，通过生态措施、当地文化挖掘、景观的设计，探索融合生态、景观与文化的海堤设计思路，提出一种混合式生态子母堤。堤防结合林隐花园、丝路长廊、大地艺术等景观节点设计的红树林、梯级花田、人造草坡以及保留的现有道路等进行消浪，最大可能降低海堤高度。海堤设计中结合广州海上丝路起点文化，整个堤防设计采用自然弯曲，以"潮绘古今　丝路扬帆"为设计主题，使海堤自身隐于环境中，景观作为海堤消浪的一部分，文化贯穿海堤设计线，最终建成一道静谧、绿色、柔性的安全屏障。该海堤不再仅仅是抵御洪潮水，而是充分融合工程、景观、文化于一体，让人、水、自然能充分交流，和谐共处的同时有效防御洪潮水的生态型、景观型、文化型海堤。同时，也为类似堤防工程提供了一种绿色、协调、可持续发展的设计研究思路。

**关键词**：生态；景观；文化；海堤设计

我国大陆岸线超过 1.8 万 km，洪潮灾害防御是每年国家防灾减灾的重要工作之一，但传统的海堤建设主要还是功能单一的防灾减灾功能，海堤设计时主要以硬质为主。随着我国经济的不断发展及人们生活水平的不断提高，水利工程中人们对水生态、水环境、水景观、水文化的要求也在日益增长[1]。传统的硬质海堤，已不能满足新时代人们对美好生活环境的需求。近年来，我国也已在陆续开展生态海堤的研究与实施，如《围填海工程海堤生态化建设标准》（T/CAOE 15—2020）[2]、《生态海堤理念与实践》[3]、《"多功能生态海堤构架体系"技术应用实践》[4]等。本文以广州南沙大角山滨海公园堤防提升工程为例，探索新时期下为满足人民对美好环境需求研究并提出一种生态、景观与文化融合的海堤设计。

## 1　工程概况

大角山滨海公园堤防提升工程位于广州南沙蕉东联围东南角的大角山公园。工程区范围内可见部分护岸工程，未见明显堤防。现状有一条滨海大道沿外江侧环绕公园，区域内高程普遍偏低，大部分未达 20 年一遇潮水位，并且该段为珠江出海口，正对外海，根据

**作者简介**：李兴印（1986—），男，高级工程师，主要从事水利工程设计工作。

现场调查岸边已建的护岸、亲水步道等受波浪冲刷较严重。工程新设计海堤堤线全长约
1.315 km,由大角山水闸起至滨海公园北门处。堤防采用生态堤形式:西段充分利用现状
红树林消浪,东段结合现状堤防及景观布置进行消浪,从而降低堤顶高程以达到较好的景
观生态效果。生态堤设计按 200 年一遇洪(潮)水标准。建设堤防场地现状见图 1。

图 1    建设堤防场地现状

## 2    设计目标

设计以保护并修复滨水海岸为基础,让自然做功,利用自然的力量建设能有效抵御外
部冲击、适应极端气候并且能够自我演替修复的城市绿色安全屏障[5];以提升水安全保
障为出发点,通过新建堤防,使该段堤防与该联围其他堤防段一起形成防护 200 风暴潮的
封闭海堤系统,以达到防灾减灾、保城市安澜的目的;以海上丝绸之路为主题,串联 5 个景
观节点,激发文明的传承与融合,共筑和谐的美,以传承中国文化;最终结合构建绿色韧性
的生态型、景观型、文化型海堤,以满足人们对美好环境的需求。

## 3    生态型堤防设计措施

工程结合景观设计,采用生态绿色堤防。堤线采用离岸式布置,堤防尽量利用现有地
形、消浪措施,并结合部分景观微地形改造及增加的景观措施最大限度地进行消浪,在降
低堤顶高程的同时,将堤防与现状地形及景观相结合,将堤防融入环境中,最终达到有堤
而不见堤的效果。

堤防断面设计中充分利用现有生物措施及工程措施,并且通过新增景观措施加强构
建生物消浪措施,在充分利用现有地形条件的基础上,通过土方平衡、地形重塑等设计最
终提出生态子母堤结构形式,生态子母堤根据不同消浪措施具体分为:主堤+植物消浪平
台+子堤+红树林、主堤+消蓄阶梯+子堤+红树林、主堤+消蓄带+一级子堤+消蓄阶梯+二
级子堤、主堤+消浪造型堤+子堤等。各分段堤型布置见图 2。

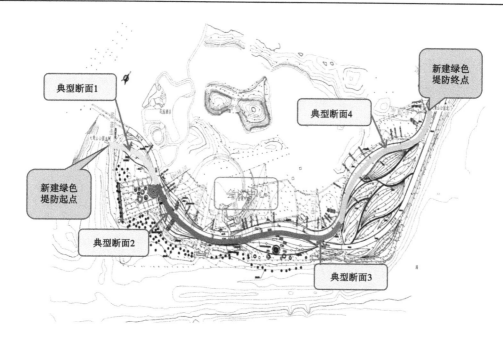

**图2　堤防断面分段总布置示意图**

## 3.1　主堤+植物消浪平台+子堤+红树林(典型断面1)

第一段堤外现存大量红树林,红树林带宽达 50 m,且堤线距海岸线较远,根据数值模拟计算,红树林消浪效果明显,因此本段结合红树林进行消浪。该段外侧现状已有部分挡土墙结构。该段植被茂密,为尽量保护现有树木,并且兼顾该段堤防生态及景观效果,采用景观防洪墙结构。防洪墙两侧填筑连通堤防内、外侧的生物堤通道,结合现有植物进行消浪并达到较大的景观效果,最终综合景观及最大消浪效果将堤隐于树林中形成。典型断面见图3。

**图3　典型断面1　(单位:尺寸,mm;高程,m)**

## 3.2　主堤+消蓄阶梯+子堤+红树林(典型断面2)

该段堤线结合现有滨海大道布置,但由于现状滨海大道高程不满足 200 年一遇潮水标准,需将现状路等宽抬高以达到防洪(潮)标准。堤外现存部分小面积红树林,且堤线趋近海岸线,红树林消浪作用有限,因此堤顶两侧坡采用挡墙结构设置梯级花坛,形成生态型消蓄阶梯,林海侧结合现状观景平台作为消浪子堤进行消浪,观景平台外侧小部分红树林形成第一道消浪生态屏障。典型断面见图4。

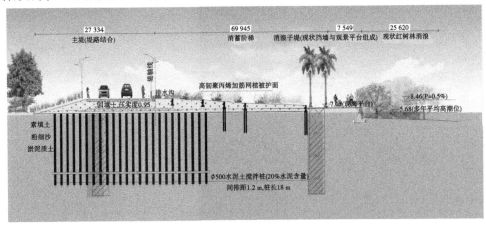

图4 典型断面2 (单位:尺寸,mm;高程,m)

### 3.3 主堤+消蓄带+一级子堤+消蓄阶梯+二级子堤(典型断面3)

该段主堤线开始远离滨海大道,主堤与现状滨海大道间形成一个景观消蓄带。利用现状滨海大道作为一级消浪子堤,现状临海侧建有一条亲水步道,亲水步道作为二级消浪子堤,一级消浪子堤(滨海大道)与二级消浪子堤(亲水步道)之间的景观阶梯带作为消蓄阶梯。因此,该段通过主堤+消蓄带+一级子堤+消蓄阶梯+二级子堤系统进行逐级消浪,消解风暴潮对堤防的正面冲击。本段临海侧有部分红树林但该部分红树林属于低矮品种本次设计及数模计算式未纳入考虑其消浪功能。典型断面见图5。

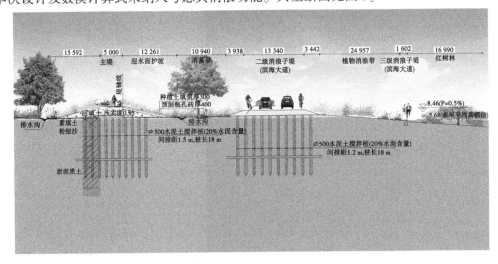

图5 典型断面3 (单位:尺寸,mm;高程,m)

### 3.4 主堤+消浪造型堤+子堤(典型断面4)

该段主堤线远离海岸线,临海侧结合景观效果设计为叶形草坡的消浪造型堤,呈波浪起伏状,加之近海端接现状滨海大道,根据数值模拟计算结果堤防断面形式消浪效果明显。因此,该段通过主堤+消浪造型堤+现状滨海大道以及外侧现状堤防的子堤系统进行逐级消浪,消解风暴潮对堤防的正面冲击。典型断面见图6。

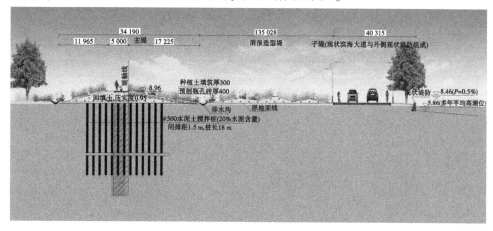

**图6　典型断面4**

## 4　景观设计

随着人们物质水平的提高,对景观的需求和要求也与日俱增。本工程以绿色生态堤防为基础结合生态堤防打造了6个生态景观:林隐花园、明月潮声、丝路长廊、文明传习、大地艺术、海角扬帆(已有景观)六大节点。将建筑、广场、观景台、湿地、梯田、红树林、景观湖等通过柔性堤防相互交织,人流、车流与水流汇聚于此,能有效实现水安全、水生态、水环境、水文化、水经济等多重效益,形成宜居、宜游、宜业、人水和谐共荣的滨海景观带。总体景观布置见图7。

节点一:林隐花园,采取低干预措施,让植物引导堤防布置,堤防绕过植物穿行在密林中,以自然的智慧,构架漂浮的花园。

节点二:明月潮生,以月为设计语言,从月与潮汐的相生关系展现月相变化,塑造满月、新月、弦月、盈月等艺术互动草坡,同时巧妙地解决了堤顶与现场地面的高差问题。

节点三:丝路长廊,以海丝为灵感,构建多彩的花田景观,连接时空的长廊。

节点四:文明传习,以海滨广场为依托,让流动的潮水作为歌唱家,创造自然的音乐广场,传递文明的声音。

节点五:大地艺术,顺应现状公园的流线设计,以飘落的树叶为灵感,利用微地形消化高差,打造流动的大地艺术。

节点六:海角扬帆,为园区北入口,现状主要为入口广场结合几何花坛,设计在不破坏广场整体的空间布局的基础上,对局部区域进行修复处理。

## 5　文化融合

文化是一个国家、一个民族的灵魂。文化兴国运兴,文化强民族强。我国优秀传统文化是我们民族的"根"和"魂",我们应结合时代要求继承创新。本次工程场地文化底蕴深

图 7　景观平面布置

厚,设计选取海上丝绸之路文化精神串联堤线和节点布置,将和平合作、开放包容、互学互鉴、互利共赢的精神融入节点,展现出"各美其美、美人之美,美美与共,每一种文明都是美的结晶"的文化内涵。海堤设计中结合广州海上 丝路起点文化,整个堤防设计采用自然弯曲,以"潮绘古今丝路扬帆"为设计主题,使海堤自身隐于环境中,形成有堤而不见堤的自然的环境。景观作为海堤消浪的一部分,文化贯穿海堤设计线,最终建成一道静谧、绿色、柔性的安全屏障,具体布置见图 8。

图 8　堤防平面布置效果

# 6 结语

近年随着全球气候环境的不断变化,风暴潮也越发频繁,破坏力也越来越强,对海堤的要求也越来越高。传统的单一加高海堤来保障防洪潮安全,不仅造成内涝压力,也难以满足人们对美好环境的需求。本文结合大角山滨海公园堤防提升工程重点研究生态、景观、文化融合下的海堤设计。通过生态型子母堤设计措施,使海堤以增加最低的高度达到防灾减灾效果,同时结合景观设计、文化融合等,将海堤建设成一道能极大地满足人们对安全、景观、环境、文化需求的静谧、绿色、柔性的安全屏障。探索新时代"人—水—环境—文化和谐共生"的生态型、景观型、文化型海堤的设计思路。

## 参考文献

[1] 李兴印,王英杰.生态河、景观河、文化河设计探讨[J].水利规划与设计,2021(8):50-54.

[2] 中国海洋工程咨询协会.围填海工程海堤生态化建设标准:T/CAOE15—2020[S].北京:中国标准出版社,2020.

[3] 范航清,何斌源,王欣,等.生态海堤理念与实践[J].广西科学,2017(1):427-434.

[4] 陈俊昂,王帅,钟兴,等."多功能生态海堤构架体系"技术应用实践[J].广东水利水电,2021(4):56-59.

[5] 彭智,陈勇.基于NbS的防洪潮绿色柔性安全屏障研究[J].水利规划与设计,2022(11):77-82.

# 无人异构协同水下智能巡检
# 关键技术研究与应用

赵薛强[1,2]　杨秋佳[2]　张　瑶[2]　唐　宏[2]　邓理思[2]　王进科[2]　张　伟[2]

(1. 中山大学地理科学与规划学院,广东广州　510275;
2. 中水珠江规划勘测设计有限公司,广东广州　510610)

**摘　要**:为了实现对水利工程水下构筑物的智能巡检和实时了解水下结构纹理情况,保障工程主体安全,以及为数字孪生工程建设提供所需的水下高清影像数据底板,针对当前水利工程水下构筑物巡检作业存在效率低下和智能化程度较低等问题,基于卫星导航定位技术、声学定位技术、惯性导航技术等研发了水面、水下一体化的高精度导航控制技术,基于水上水下多源传感器数据融合技术、卡尔曼滤波的多平台协同定位技术、多平台感知数据实时分发处理技术研究构建了无人船、水下机器人等异构机器人协同作业技术,根据水利工程水下构筑物巡检的需要,研发了基于无人智能异构协同的水利工程水底巡检机器人与传感器一体化巡检平台,形成了基于无人异构智能系统协同的水下智能巡检系统和标准作业技术体系,该技术在多个大型水利工程水下构筑物巡检巡查中得到成功应用。结果表明:无人异构协同水下智能巡检系统实现了无人船、水下机器人等异构无人系统之间的协同作业,解决了异构机器人在复杂水域环境条件、在不同作业剖面下的协同控制问题,有效实现了对水下构筑物近距离的贴近拍摄和抵近巡检,极大提升了巡检的效率和精度,有效降低了水下巡检作业的风险和成本,可为水利工程水下构筑物的定期或不定期巡检巡查提供技术支撑,也可为数字孪生工程高精度的水下数据底板建设提供数据支持。

**关键词**:无人船;多波束探测;无人机器人;智能巡检

随着科技的飞速发展和人类对未知领域的探索日益深入,水下智能巡检作为一项具有重要意义的任务,正逐渐成为国际科技领域的热点研究课题[1-2]。无人异构协同水下智能巡检技术的应用潜力不可忽视,其在海洋、航运、水下工程等领域的广泛应用将极大地提高工作效率、降低人员风险,并推动整个人类社会的进步[3-4]。本文旨在探讨无人异构协同水下智能巡检的关键技术,为其应用和发展提供有益的参考和指导。

当前,无论是数字孪生工程建设还是智慧水利建设,其工作的主要关注点是工程主体"看得见"的陆上部分,而对受到水流、波浪等水动力环境影响下的工程主体部分——水下构筑物则关注较少。水下构筑物作为水利工程主体的重要组成部分,由于水下环境复杂及其受到的影响较难"看得见、摸得清",因此需要重点关注和开展相关监测技术研究,

**作者简介**:赵薛强(1986—),男,高级工程师,主要从事测绘与水利信息化研究工作。

这对研究发现工程变形情况和分析变形原因,进而确保工程主体安全和保障人民群众生命财产安全均具有重大意义。水下环境的复杂性使得传统的水下巡检方法难以满足现代社会高效、安全、可靠的巡检需求[5]。在传统巡检中,人工潜水或有人驾驶潜水器不仅面临高风险,而且限制了巡检的深度和范围。而引入无人异构协同水下智能巡检技术,将完全改变传统巡检模式,实现全方位的巡检与监测,显得尤为迫切。无人异构协同水下智能巡检技术是指将多种类型的智能水下机器人进行有效组合,形成协同工作,共同完成复杂水下巡检任务的技术[6]。其核心在于将不同功能、不同特点的水下机器人组合起来,充分发挥各自优势,形成高效、灵活、全面的巡检团队。例如,水下机器人的种类可以包括水下无人机、水下机器人梯队、水下自主控制车辆等,它们可以配备多种传感器,如声呐、摄像头、测温装置等,以获取海底地形、水质、生态信息等[7]。通过协同作战,这些智能水下机器人可以在无人操控的情况下,相互配合,完成海底巡检、水下设施维护等任务,从而大大提高工作效率和安全性。

本文将重点探讨以下关键技术:①无人异构协同水下智能巡检系统的系统组成、原理和框架;②以某工程为例,展示水下智能巡检系统的试验效果。

## 1 系统框架

围绕水下目标检测的实际应用需求,该技术解决了多类型探测传感器数据融合问题,为水下设施的状态分析提供了科学的数据支撑;突破了多源异构导航数据融合技术,旨在提供水面、水下精确、可靠的实时导航定位信息;对水下检测机器人进行了改造,实现了无人平台上光学、声学等不同类型探测传感器的集成及搭载。系统框架见图1。

## 2 关键技术

### 2.1 复杂水环境的无人艇运动控制技术

控制系统主要由运动控制体系结构、软硬件系统和基本运动控制算法三部分组成。控制体系指的是一种能有效包含控制系统软件、硬件和控制算法的方案,使水下机器人系统能畅通地通信,各个模块有效发挥作用,软硬件相互配合发挥控制器、传感器、执行部件最大功能,从而使系统能快速稳定地实现控制目标。水下机器人常用的控制体系结构有三种,分别是集中式、分布式、混合式。其中,集中式运用最为广泛,使用效果也比较可靠。根据作业需求,基于协作机器人体系结构采用分布式与集中式混合的四层递进式智能控制系统。

### 2.2 强扰水体环境的 ROV 运动控制技术

采用与无人艇同样的分层式控制体系结构,开发 ROV 控制系统。其中,使命控制层是用户控制与系统自治控制的接口,核心是用于用户使命编程的使命描述语言。第二层是设备操作与运动监控层,该层用于接收使命控制层的设备操作与运动监控层指令。第三层是实时调度层通过一个多任务实时调度内核来实时处理各子模块任务。实时处理层对底层的各系统进行操作。

水下机器人具有运行环境复杂、运动高度非线性、参数时变等特征。采用 PID 算法对自治水下机器人 5 自由度进行控制,仿真效果良好,但是 PID 算法不适用非线性系统

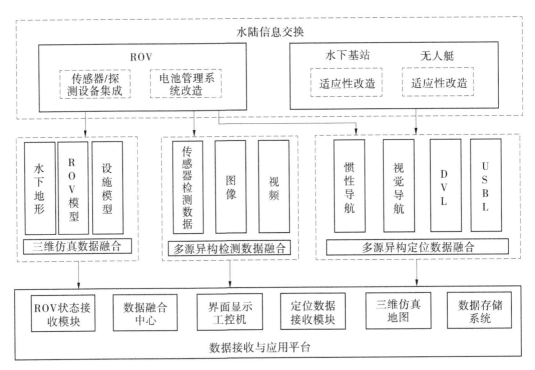

**图 1　系统框架**

控制,对时变系统不能实时修正参数,常规线性控制不适用于水下机器人。在复杂控制系统中,广义预测控制具有非线性表示能力,可以通过系统的输入输出响应建立预测模型,实时修正控制参数,同时对模型辨识误差、传感器噪声、时滞和阶次不确定表现出良好的鲁棒性。为了提高水下机器人横摇控制的性能,基于广义预测控制的算法,抑制了横摇角过快变化引起的超调和波动,减小了横摇控制的能耗,但是系统的计算量很大。在应用线性广义预测算法时,首先采用动力学模型描述 ROV 的非线性动态过程,然后将其等价为时变线性系统。为了避免广义预测控制最优化时求逆矩阵,运用一种约束输入输出的直接广义预测算法,使得约束条件只有 1 个,显著减小了计算量。同时,由于广义预测在初始时刻的响应快速性、鲁棒性较差,引入 PID 算法对广义预测进行初始整定,获得了较满意的性能。

## 3　系统应用

### 3.1　系统组成

系统总体由无人艇、有缆水下机器人(ROV)、控制站(母船或岸基)三部分组成。其中,水下探测的主体工作由 ROV 完成,无人艇主要提供作业保障和通信中继。

无人艇主要承担三项职能:一是对 ROV 的作业保障功能,包括供电保障、精确定位保障、控制信号发送、水下目标探测数据接收和预处理;二是对水域周边环境和水下目标的广域感知功能;三是通信中继功能,与母船或岸基控制站建立通信链路,形成远程控制站-无人艇-ROV 的信息链路。

有缆水下机器人主要承担两项任务:一是按照设定路线和搜索策略,自主或遥控执行水下搜索探测任务;二是通过多波束、摄像头等各类传感器,近距离感知水下目标状态。

控制站母船或岸基主要承担对无人艇和ROV的任务规划、指挥控制、数据处理等功能。

## 3.2 设备组成与性能要求

根据任务需求,无人艇搭载导航雷达、激光雷达、船舶自动识别系统(AIS)、惯性导航系统、GPS/北斗组合导航、测深仪、超短基线定位、宽带电台、通信卫星等设备,最高速度应不低于20节,续航里程不低于300海里,具备在4级海况下作业,5级海况下安全航行的能力。

ROV上搭载超短基线定位系统的水下信标、多波束测深仪、水下惯性导航系统和水下计程仪、深度计等设备,以及多波束声呐、海缆检测仪和水下高清摄像头传感器等传感器。ROV搜索航速3节以上,能适合2节以下海流,ROV探测数据融合精度不低于1 m。

## 3.3 系统原理

水面无人船、水下机器人一体化集成的异构巡检机器人应用系统具备ROV水下三维导航、ROV自主检测、检测数据智能展示与分析的功能,提供了贯穿水下设施运维、ROV作业方案设计、ROV作业状态动态监测的作业支持。其运行原理如下:

### 3.3.1 硬件平台建设

围绕ROV展开,包含ROV水下基站,ROV水下电源管理系统,水下高精度导航控制等。通过ROV水下基站,为ROV提供电力补给、信号中继以及流速较高时间段下的停泊等功能。同时,通过水下绞车系统管理水下基站与ROV之间的脐带缆/光缆,防止其在水下发生缠绕或其他故障,从而提升了系统的可靠性。

### 3.3.2 软件平台建设

围绕水下设施安全监测应用及评价体系,本文构建了以多波束测深声呐实采数据为基础的水下三维仿真地图,ROV作业过程中实时加载ROV位置和姿态数据,辅助作业人员动态感知ROV水下作业状态;同时,建立了水下设施巡检数据库和数据分析展示应用平台,科学分析和评估水下设施的健康状态。

### 3.3.3 系统运行过程

通过多波束测深声呐建立水下三维地形并对水下设施进程初步探测。部署ROV后,ROV通过初步探测获取的位置信息对水下设施进行确切定位,通过水下高精度导航系统,实时获取ROV当前精确的水下位置信息,并将此位置信息投影到三维地形图内。ROV通过携带的多参数传感器,对水下设施当前状态进行实时探测感知,同时将光学、声学及其他传感器的探测数据实时上传到巡检数据库。后期数据分析展示应用平台调用巡检数据库中的检测数据,科学分析和评估水下设施的健康状态,并以可视化的形式进行展示。

# 4 示范应用

为展示水下智能巡检系统的试验效果,通过采用无人船、水下机器人搭载M900水下二维多波束图像声呐系统,可以得到清晰流畅的水下目标声呐图像,通过后处理可以到点云数据,从而得到各缺陷的位置、规模(长度、宽度、深度)、性状(破损、漏筋、骨料裸露)。本文以某工程为例,为确保某水利工程建设和施工的安全,利用无人船、无人水下机器人等智能无人系统对该工程导流闸门边墙、桩墩、消力池、导墙进行全覆盖检测和监测。通过研究,发现水下智能系统能够很好地展示水下设施状况(见图 2)。通过照片,能够清晰发现消力池及闸室设施出现盖板脱落、消力坎上层缺失、柱体轻微淘蚀、设施周围大量乱石堆现象。此发现为及时发现水下构筑物安全隐患和保障工程主体安全提供安全监管的技术支撑。

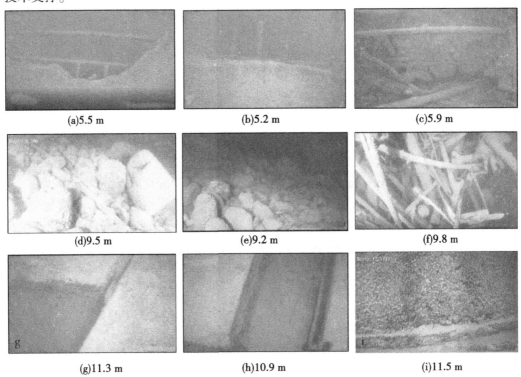

图 2  某工程水下智能检测图

## 5  结语

本文旨在研究和应用无人异构协同水下智能巡检关键技术,以实现对水下环境的高效、精准监测。通过分析传统水下巡检方法的局限性,我们认识到无人异构协同水下智能巡检技术的必要性和重要性。本文重点讨论了无人异构协同水下智能巡检系统的关键技术,包括系统组成、原理和框架。此外,本文还通过某工程的水下智能检测进行示范应用,展现了无人异构协同水下智能巡检技术的实际应用情景,取得了良好的应用成果。

(1)无人异构协同水下智能巡检技术能够实现无人情况下协同任务作业,大大提高了巡检效率。

(2)无人异构协同水下智能巡检技术能够实现多源数据融合技术、多平台协同定位技术、多平台感知数据实时分发处理技术。

（3）基于无人艇、水下机器人、控制站的新型作业系统，经试验验证了作业的可行性，可以广泛推广，且对水下基础设施安全排除有着借鉴和启发意义。

综上所述，无人异构协同水下智能巡检技术是一种创新的巡检方法，具有广泛的应用前景。通过对该技术的深入研究和实践应用，本文取得了一系列有价值的研究成果。然而，我们也认识到该技术在实际应用中仍然面临一些挑战和问题。因此，未来的研究方向应该集中在进一步优化关键技术，解决实际应用中的问题，推动无人异构协同水下智能巡检技术在实际工程中的广泛应用，为水下环境监测和资源开发提供更有效的手段和支撑。

## 参考文献

［1］南通大学智能水下检修机器人完成水下巡检作业［J］.传感器世界,2021,27(8):37.

［2］林向阳.亭子口水利枢纽消力池水下机器人智能巡检系统初探［J］.四川水利,2018,39(5):41-43,52.

［3］夏清华,王同.水下机器人在水利工程汛前检查中的应用研究［J］.中国防汛抗旱,2022(9):32.

［4］王朝卿,王毅,丁冬,等.智能巡检机器人在海洋石油无人井口平台的应用［J］.石油和化工设备,2020(12):70-72.

［5］邱昕捷,韩凤磊,赵望源.水下机器人实时智能裂缝检测算法［J］.哈尔滨工程大学学报,2023,44(5):774-782.

［6］李岳明.多功能自主式水下机器人运动控制研究［D］.哈尔滨:哈尔滨工程大学,2013.

［7］徐涛.基于多传感器融合的水下机器人自主导航方法研究［D］.青岛:中国海洋大学,2010.

# 水利工程高陡边坡全阶段时空演化风险评估模型研究

凌小康[1]　詹　杰[1]　陈　征[2]　麻建飞[3]

(1. 中水珠江规划勘测设计有限公司,广东广州　510610;
2. 重庆大学资源与安全学院,重庆　400044;
3. 北京交通大学土木建筑工程学院,北京　100044)

**摘　要**:随着我国水利工程建设的迅速发展,高陡边坡失稳破坏问题频发。针对边坡施工运维过程中风险的时空演化特征,结合现场位移监测、动态贝叶斯网络(DBN)建立边坡风险动态评估模型,进行边坡全阶段风险评估。通过动态贝叶斯网络建立实时施工环境、施工技术、施工管理 3 方面共 8 种风险因素与边坡风险之间的因果关系,通过专家评分对底层指标因素影响权重进行分析,确定系统整体及指标因素间的权重并进行排序,通过有限元法计算得到边坡变形模拟位移和高陡边坡施工运维过程中的风险演化规律。以某工程为应用实例验证方法的合理性。结果表明,本文提出的边坡风险动态评估模型能较好地反映边坡实际施工运维过程中存在的风险,为边坡全阶段的时空演化风险评估这一非线性问题提供了新的解决方法。

**关键词**:边坡;全阶段;风险评估;动态贝叶斯网络

## 1　引言

水利工程高边坡通常修建于工程地质条件极其复杂的岩体中,受地质条件、水文条件、施工等因素的影响,极易发生边坡失稳[1-3]。边坡失稳是造成诸如滑坡、崩塌、落石等地质灾害的直接原因,从而对边坡工程建设、施工及运维产生不利影响。如黄河上游岸库滑坡[4]、大渡河林邦滑坡[5]、白水河滑坡[6]等都涉及边坡失稳的问题。因此,开展针对水利工程高边坡全阶段时空演化的风险评估模型研究,对科学评价边坡稳定性、准确识别边坡施工运维过程中的风险源具有重要意义。

国内外学者针对高边坡全寿命周期风险评估问题开展了大量的研究工作。如张洁等[7]针对运行期间降雨诱发的滑坡建立了社会风险评估模型,获得了伤亡人数的年发生概率计算方法。王晟等[8]采用拉丁超立方抽样的集合模拟方法,对汉江上游滑坡灾害的风险进行了评估,获得了滑坡分布的空间特征。杨宗佶等[9]采用贡献率法建立了风险评估模型,获得了川藏铁路沿线滑坡灾害可接受风险水平。杜岩等[10]通过固有振动频率对抗滑力指标进行分析,通过静摩擦力科学地判识滑体的稳定情况。沈细中等[11]基于非饱

**作者简介**:凌小康(1998—),男,助理工程师,主要从事水工建(构)筑物设计及研究工作。

和土力学理论与有效应力原理,对小浪底库岸 1# 滑坡体进行了安全评价。

虽然,学者们在高边坡全寿命周期风险评估研究中取得了很多有意义的成果,但是目前还存在以下两个关键问题没有得到很好的解决,一是水利水电工程的复杂性,导致其施工运行条件更为复杂,这就要求风险评估过程中需全面考虑边坡全生命周期内所有重大风险因素;二是边坡工程风险的演化是一个动态变化的过程,以边坡开挖过程为例,在勘察设计阶段,若地质勘察未能准确识别结构面等不利地质特征,可能影响到设计师对边坡开挖支护方式的选择,从而产生因设计方案不足导致的边坡失稳破坏。

本文针对高边坡全寿命周期风险评估问题,建立了边坡风险动态评估方法。通过动态贝叶斯网络建立实时施工环境、施工技术、施工管理 3 方面共 8 种风险因素与边坡风险之间的因果逻辑关系,通过专家评分对底层指标因素影响权重进行分析,对系统整体及指标因素间的权重进行排序,通过有限元法计算得到边坡变形模拟位移量,得到高陡边坡施工运维过程中的风险演化规律。结合某水利枢纽高边坡工程,对本文提出的方法进行了风险预测和验证。

## 2 风险动态评估模型

采用动态贝叶斯网络(DBN)建立边坡风险动态评估模型。方法基本原理为:通过动态贝叶斯网络建立实时风险因素与边坡风险之间的因果关系,通过专家评分对底层指标因素影响权重进行分析,对系统整体及指标因素间的权重进行排序,通过有限元法计算得到边坡变形模拟位移量,得到高陡边坡施工运维过程中的风险演化规律。

### 2.1 风险因素识别

水利工程高边坡通常修建于工程地质条件极其复杂的岩体中,工程安全受地质条件、水文条件、施工方法、施工管理等多方面因素的共同影响。本文选取多份水利工程高边坡施工风险评估报告作为原始资料,结合专家咨询,确定了施工环境、施工技术、施工管理 3 方面共 8 种风险因素,按层次分析法分为三层,综合考虑风险因素对水利工程高边坡全阶段时空演化风险的影响。风险因素如图 1 所示。

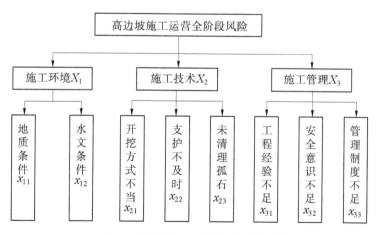

图 1 高边坡施工运营全阶段风险因素

### 2.2 动态贝叶斯网络

动态贝叶斯(Dynamic Bayesian Network, DBN)是考虑时间变量的贝叶斯网络,是一种基于概率论和图论提出的概率图形模型,具有严格的数学理论依据,可以实现模型的动态更新等优点,被广泛地用于处理模糊推理问题[12]。动态贝叶斯网络由有向无环图模型和条件概率表组成。在动态贝叶斯网络中,设时间间隔为 $\Delta t$,每个时间节点的概率仅与历史自身节点状态和当前节点状态有关。由于实际各节点影响过程较为复杂,通常需要满足马尔科夫假设和稳定性假设,马尔科夫假设为节点在 $t$ 时间的概率仅受 $t-\Delta t$ 时刻影响,即满足式(1)。稳定性假设为转移网络中节点的条件概率在整个时间范围内保持不变。

$$P(X^{t+1} \mid X^0, X^1, \cdots, X^t) = P(X^{t+1} \mid X^t) \tag{1}$$

贝叶斯网络如图 2 所示。

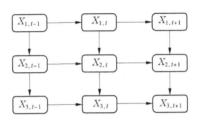

**图 2 贝叶斯网络示意图**

### 2.3 专家评分法

通过专家评分法[13]定量化地确定高陡边坡施工运维过程中的风险等级和动态贝叶斯网络中状态转移矩阵。将高陡边坡施工运维过程中的风险划分为 5 个等级,分别为 I ~ V 级,当某风险发生的概率较低,且造成的损失较轻微时,可认为该风险等级较低,可定为 I 级。对应风险可能性等级和风险损失等级如图 3 所示。

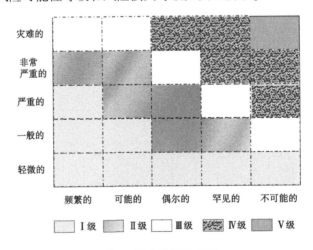

**图 3 风险分级示意图**

转移概率矩阵是动态贝叶斯网络中表示动态节点当前状态对下一状态的影响。以高陡边坡施工运维过程中的某风险节点为例,其状态转移矩阵见表 1。

表 1   转移概率矩阵

| $t-1$ | $t$ | | | | |
| --- | --- | --- | --- | --- | --- |
| | Ⅰ级 | Ⅱ级 | Ⅲ级 | Ⅳ级 | Ⅴ级 |
| Ⅰ级 | 0.76 | 0.04 | 0.07 | 0.04 | 0.06 |
| Ⅱ级 | 0.06 | 0.79 | 0.06 | 0.05 | 0.07 |
| Ⅲ级 | 0.08 | 0.05 | 0.74 | 0.06 | 0.07 |
| Ⅳ级 | 0.07 | 0.07 | 0.08 | 0.82 | 0.05 |
| Ⅴ级 | 0.05 | 0.04 | 0.05 | 0.03 | 0.75 |

## 3   应用实例

### 3.1   工程概况

某水利枢纽高边坡位于海南省南渡江干流的中游河段。左岸坝肩边坡坝顶以上高度为 152 m,总高度为 220 m,左岸Ⅰ区边坡位于左岸坝肩上游崩积体范围内;左岸Ⅱ区、Ⅲ区边坡分别位于左岸坝肩高程 90~158 m 范围和 158 m 以上范围;左岸Ⅳ区边坡位于左岸坝肩下游 90 m 以下边坡。左岸边坡坝顶以上共分为 10 级,每级边坡高度为 15 m。边坡工程平面如图 4 所示。根据地勘报告揭示,场地主要为石炭系石岭群下亚群变质岩、第四系残积层以及崩塌堆积层。

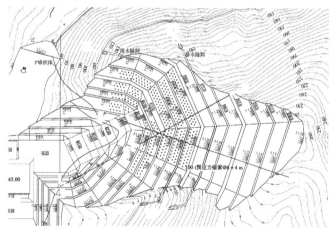

图 4   边坡工程平面

### 3.2   边坡风险评估结果

#### 3.2.1   工前风险评估

选取左岸坝肩边坡 1# 断面为研究对象,根据动态风险评估过程,建立静态贝叶斯网络,进行边坡施工前风险评估,事先研判风险,便于施工过程中动态风险管理。评估结果如图 5 所示。该高边坡开挖施工风险发生的概率处于Ⅰ级和Ⅱ级的可能性最大,分别达到 24% 和 38%。

#### 3.2.2   风险转移概率

根据转移概率的计算方法,给出本案例的动态贝叶斯网络转移概率,如表 1 所示。表中 $t-1$ 表示 DBN 模型中第 $t$ 个时间片段的上一个时间片段。

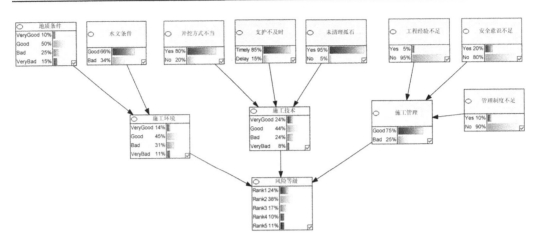

图5 工前风险评估结果

### 3.2.3 风险评估结果

建立动态贝叶斯网络模型评估施工运维过程中风险的动态变化过程。以7 d为一个时间步骤,分析共30个时间步骤内高边坡风险演化规律,如图6所示。由图6可知,边坡风险演化过程主要分为三个阶段,其中原始边坡风险等级为Ⅰ级和Ⅱ级的可能性最大。随着开挖的进行,边坡风险等级为Ⅲ级的可能性逐渐增大,边坡发生滑坡失稳的概率等级升高。随着边坡支护措施的完成,边坡风险等级逐渐由Ⅲ级过渡为Ⅱ级,体现了边坡支护措施的合理性和可靠性,也说明本文建立的动态风险评估模型具有一定的合理性和实用性。

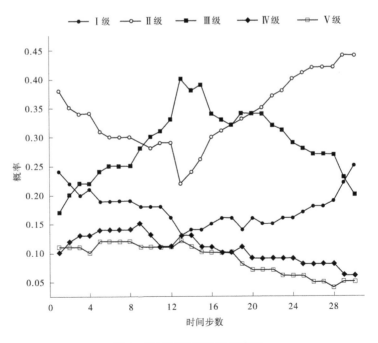

图6 边坡风险等级演化情况

# 4 结论

(1)根据水利工程高边坡的特点,考虑施工环境、施工技术、施工管理3方面8种风险因素,系统构建了边坡风险演化评估模型,提出了水利工程高陡边坡风险等级划分方法。

(2)基于贝叶斯动态网络建立边坡全阶段动态风险评估模型,工程应用实例表明:边坡全阶段动态风险评估模型较好地反映了边坡风险的时空演化规律,体现了该方法的可行性和合理性,可为类似高边坡工程施工运维全阶段风险评估提供参考。

# 参考文献

[1] 胡斌,冯夏庭,黄小华,等.龙滩水电站左岸高边坡区初始地应力场反演回归分析[J].岩石力学与工程学报,2005(22):4055-4064.

[2] 黄润秋.岩石高边坡发育的动力过程及其稳定性控制[J].岩石力学与工程学报,2008,201(8):1525-1544.

[3] 周创兵.水电工程高陡边坡全生命周期安全控制研究综述[J].岩石力学与工程学报,2013,32(6):1081-1093.

[4] 朱冬林,任光明,聂德新,等.库水位变化下对水库滑坡稳定性影响的预测[J].水文地质工程地质,2002(3):6-9.

[5] 覃事河,周全,段斌,等.大渡河林邦滑坡体工程治理措施及效果评价[J].人民长江,2023,54(S1):77-81,93.

[6] 王震豪,聂闻,许汉华,等.基于EEMD-Prophet-LSTM的滑坡位移预测[J].中国科学院大学学报,2023,40(4):514-522.

[7] 张洁,庄一豪,陆盟.降雨诱发公路滑坡社会风险评估[J].防灾减灾工程学报,2023,43(3):413-422,473.

[8] 王晟,张珂,晁丽君,等.基于集合模拟的汉江上游洪水与滑坡灾害网格化风险评估[J/OL].水资源保护,2023:1-10.

[9] 杨宗佶,丁朋朋,王栋,等.川藏铁路(康定至林芝段)沿线滑坡风险分析[J].铁道学报,2018,40(9):97-103.

[10] 杜岩,谢谟文,蒋宇静,等.基于固有振动频率的滑坡安全评价新方法[J].工程科学学报,2015,37(9):1118-1123.

[11] 沈细中,杨文丽,兰雁.小浪底库岸1#滑坡体安全评价[J].岩石力学与工程学报,2011,30(3):589-595.

[12] 周忠宝,马超群,周经伦,等.基于动态贝叶斯网络的动态故障树分析[J].系统工程理论与实践,2008(2):35-42.

[13] 许振浩,李术才,李利平,等.基于风险动态评估与控制的岩溶隧道施工许可机制[J].岩土工程学报,2011,33(11):1714-1725.

# 水泥搅拌桩在河道边坡淤泥地基加固中的应用

胡赛潇　向　鹏

(中水珠江规划勘测设计有限公司,广东广州　510610)

**摘　要:**东莞市滨海湾新区新河工程属于平地开河,河道设计采用斜坡式断面,沿线全河段存在深厚淤泥,该土层力学性能较差,河道边坡整体抗滑稳定安全系数难以满足规范要求。通过采用格栅式水泥搅拌桩对河道边坡进行处理,可以约束土体整体滑动,使边坡整体安全稳定系数满足规范要求;通过对比不同水泥掺量现场试验,对于流塑状淤泥采用 20% 水泥掺量成桩效果较好,满足设计需求,可为类似软土地区水泥搅拌桩设计提供技术借鉴。

**关键词:**河道;淤泥;水泥搅拌桩

淤泥质地基是指由一些强度较低、压缩量较高的软弱土层组成的高压缩性软弱地基。淤泥及淤泥质土是在静水流或者非常缓慢的流水环境中逐渐沉积,在沉积的过程中伴有微生物作用的一种结构性土质。这类土层大多都含有一定的有机物质,土质的硬度较低,给堤防工程的地基建设带来困难与阻碍,处理不好会对工程的建设与使用造成很严重的负面影响[1-2]。水泥搅拌桩法以水泥作为固化材料,通过深层搅拌机械对固化剂和软土进行强制搅拌,使软土结硬,提高地基强度,可有效改良土质以提高土体抗滑的复合地基,是处理淤泥及淤泥质土的一种有效方法[3-4]。本文就东莞市滨海湾新区新河基础处理方案选择、工程实施及效果检验进行全面总结、探讨,为水泥搅拌桩在深厚淤泥地基中的推广应用提供参考。

## 1　工程概况

东莞滨海湾新区位于珠三角城市群东西岸交汇处,地处粤港澳大湾区核心圈的几何中心,毗邻港澳,紧连穗深,北靠东莞长安、虎门和沙田三镇,西与广州南沙隔江相望,南面临海,区域位置优越。

新河为滨海湾新区北部边界处新开河道,截留北部众多河涌来水分别注入茅洲河与东引运河,主要任务为防洪(潮),兼顾水环境和水生态治理,提高滨海湾新区和长安镇的防洪(潮)排涝能力,打造交椅湾河道两岸滨水景观带。河道长度为 5.15 km,河底高程为 -1.7~-2.1 m,堤顶高程为 4.0 m,最小底宽为 45 m。

## 2　工程地质

新河位于滨海湾新区近年填海造地后的成熟地带,河床和堤基主要地层为淤泥和淤

---

**作者简介:**胡赛潇(1993—),男,工程师,主要从事水工结构研究工作。

泥质土等流塑性软土。淤泥层较深厚,一般为 1.2~13.5 m。淤泥土体性质极差,表现为含水量高、压缩性高、稳定性差、土体固结缓慢、抗剪强度和承载力极低。根据土的室外标准贯入试验和室内物理力学性质试验,各土层特性参数均值详见表 1。

表 1  滨海湾新区某河道土层特性参数

| 土体名称 | 含水率/% | 天然密度/（g/cm³） | 孔隙比 | 压缩模量/MPa | 饱和快剪 | | 天然地基承载力特征值/kPa |
|---|---|---|---|---|---|---|---|
| | | | | | 黏聚力/kPa | 摩擦角/(°) | |
| 杂填土 | 25.4 | 1.93 | 0.765 | 3.7 | 17.5 | 10.6 | 100 |
| 素填土 | 29.4 | 1.85 | 0.910 | 3.5 | 18.1 | 9.5 | 80 |
| 淤泥 | 55.7 | 1.66 | 1.470 | 2.11 | 5.8 | 3.9 | 30 |
| 淤泥质土 | 46.2 | 1.74 | 1.225 | 3.01 | 7.0 | 4.2 | 40 |
| 粉质黏土 | 28.1 | 1.93 | 0.807 | 4.75 | 17.5 | 9.2 | 120 |

## 3  地基处理方案比选

根据地质勘查报告,河床和堤基主要为淤泥和淤泥质土等流塑性软土,土体黏聚力强度仅为 3~6 kPa,稳定性差。为避免开挖河槽施工时造成岸坡发生侧向滑移破坏失稳,必须对河道边坡、堤基采取不同程度的工程处理措施,才能满足工程质量和工期要求。目前,国内外对软弱地基的加固技术主要有换填法、强夯法、水泥搅拌桩、压密注浆、硅化法、碎石桩等。从应用角度看,水泥搅拌桩更适合处理深厚的淤泥质土地基,它的刚度介于刚性与柔性两种桩形之间,具有复合地基的特点[5]。水泥搅拌桩是利用水泥作为固化剂在深层土体中形成连续的水泥土桩来提高土体的强度和刚度,利用桩间土作为承载体来提高上部结构荷载。这样做不会对周围的环境造成污染,同时也不会对土壤产生侧压,对周围的建筑几乎没有影响,具有成本低、施工快捷、工期短等优点。结合本工程建筑物及其地质特性,经过多方案比选,最终确定选择格栅式搅拌桩进行地基处理。

## 4  地基处理方案设计

### 4.1  桩径、桩长及置换率的设计

河道设计断面为斜坡式,采用抛石护脚+格栅式搅拌桩基础处理+缓坡堤岸形式。地基处理采用格栅式搅拌桩,搅拌桩桩径 φ600 mm,根据稳定计算确定其桩长;搅拌桩必须切断滑弧,同时为避免其他工程施工时挤压造成淤泥流动,格栅式搅拌桩需穿透淤泥层不小于 1 m。格栅式搅拌桩墙体厚 4.20 m,前后墙肢均为两排密排 φ600 搅拌桩,间距搅拌桩 0.45 m,排距 0.45 m,前后墙肢净距 2.10 m;墙肋为两排密排 φ600 搅拌桩,搅拌桩间距 0.45 m,排距 0.45 m,相邻墙肋间距 2.10 m。水泥搅拌桩处理后,土体置换率可达到 64.7%。河道格栅式搅拌桩布置见图 1,格栅式水泥搅拌桩典型布置见图 2。选用 42.5R 普通硅酸盐水泥,水灰比 1:0.5,水泥掺入比 20%,泥浆比重 1.6~1.7,喷浆次数二喷四搅,最终的水泥掺量及水灰比应根据现场的成桩试验进行调整。在标准养护条件下,28 d 龄期水泥土标准试块的无侧限抗压强度应不小于 0.80 MPa,90 d 龄期水泥土标准试块单轴无侧限抗压强度应不小于 1.50 MPa。

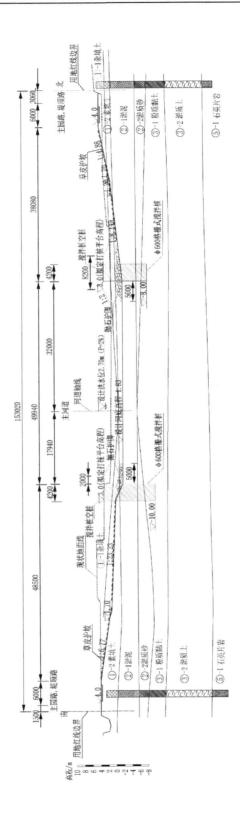

图 1　抛石护脚+格栅式搅拌桩基础处理+缓坡堤岸形式

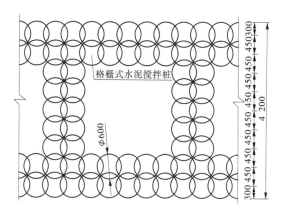

图 2 格栅式搅拌桩典型布置图

## 4.2 复合地基抗剪强度计算

根据《广东省水闸地基处理设计导则》(DB44/T 1996—2017)附录 C 搅拌桩复合地基等效强度指标计算公式,计算得到淤泥土层经水泥搅拌桩处理后复合地基抗剪强度为 $c = 35.53$ kPa,$\varphi = 14.75°$。

## 4.3 复合地基的稳定复核

根据《堤防工程设计规范》(GB 50286—2013)对河道典型断面进行整体稳定验算,正常运用条件下最小安全系数为 $F_s = 1.308$,满足规范 2 级堤防不小于 1.25 的要求,非常运用条件下最小安全系数为 1.237,也满足规范不小于 1.15 的要求。

# 5 施工方案

## 5.1 主要施工工艺参数

正式施工前,施工单位对水泥搅拌桩进行工艺性试桩试验,其目的是根据现场成桩工艺试验寻求最佳的搅拌次数,确定水泥浆的水灰比、输浆量、进出浆时间、停浆时间、总喷浆时间、搅拌轴旋转速度、搅拌轴下沉和提升速度、喷浆压力等施工参数,验证室内加固试块强度是否能满足设计要求[6]。经过工艺性试验,最终确定施工配合比,以达到经济合理的、满足设计要求的、方便施工的工艺性数据,方便指导下一步水泥搅拌桩大规模施工。工艺性试桩试验选择一般不少于 3 组,每组根据不同的水泥掺量(18%、20%、22%)进行试验。水泥掺量为 18% 时,芯样完整性、均匀性、水泥土的强度较差;水泥掺量为 20% 时,芯样完整性、均匀性、水泥土的强度稍好;水泥掺量为 22% 时,芯样完整性、均匀性、水泥土的强度最好;通过对各组进行抽芯取样检测,根据试验成果确定水泥掺量 20% 为最终的施工参量,水灰比为 0.50。

## 5.2 搅拌桩的施工

水泥搅拌桩的施工质量保证措施如下:

(1)搅拌桩施工前,应先平整场地,清除植被、堆石等障碍物,遇到洼地时应抽水清淤,回填砂土并压实,以确保满足桩机运输、承重和施工要求。打桩平台标高应较设计桩顶标高高出约 0.5 m,以确保桩头成型质量。

（2）为防止搅拌桩施工过程中不发生倾斜、移动,搅拌机安装就位应平整和稳固。搅拌桩施工过程中,应保持搅拌桩机底盘的水平和导向架的竖直。搅拌桩的垂直度允许偏差为±1%、沿轴线方向桩位允许偏差为桩径的±1/4,垂直轴线方向桩位允许偏差为桩径的±1/6,成桩直径和桩长不得小于设计值。

（3）施工中所使用的水泥应过筛,制备好的浆液不得离析,泵送浆应连续进行。拌制水泥浆液的罐数、水泥和外掺剂用量以及泵送浆液的时间应记录,喷浆量及搅拌深度应采用经国家计量部门认证的监测仪器进行自动记录。

（4）每班搅拌桩结束后应对输浆管彻底清洗,而晴热高温天气下则要求每桩完成后、移机前均应将输浆管彻底清洗 1 次,保持输浆管内干净,防止水泥浆液凝结;成桩施工期间因故暂停 3 h 以上,应先拆卸管路、排除灰浆,然后妥善清洗[7]。

（5）搅拌桩喷浆提升(或下沉)的速度和次数必须符合施工工艺的要求。在桩机整平后开始成桩施工,由设计桩顶上部 0.5 m 处开泵供浆并开始喷浆搅拌,按照试桩参数完成全桩长范围内的两喷两搅,且当搅拌头叶片预搅下沉至喷浆位置后,在桩底停留喷浆搅拌 30 s 后再提升,通过喷搅补强桩底以保证成桩桩长,待浆液与土层充分搅拌后,再开始提升搅拌头。每根桩开钻后应连续作业,保证一次性完成成桩施工,并保持各工艺参数稳定,不得中断喷浆。若施工时因故停浆,应将搅拌头下沉(或提升)至停浆点以下 (或以上) 0.5 m 处,待恢复供浆再喷浆搅拌提升(或下沉)。若停机超过 3 h,宜先拆卸输浆管路,并妥善清洗。

（6）采用壁状、格栅状、块状布桩时,相邻桩之间的施工时间间隙不应超过 12 h,若超过 12 h 且与相邻桩无法搭接,应采取局部补桩或注浆等补强措施。

（7）搅拌桩施工时,邻近不得进行抽水作业,遇到硬土层下沉太慢时,可适量冲水。

（8）施工时应根据设计确定的水灰比进行配制浆液,不得擅自改变水灰比,应严格按照规程规范做好记录,并在不同的储水罐上做好标示。泵送浆液时应连续施工,且有专人记录。

（9）做好现场记录。施工过程记录应有专人负责,现场发生的情况应如实记录,做到全程留痕有据可查,同时便于后期归档工作。

# 6 质量检验与验收

水泥搅拌桩在施工过程及施工完成后,应进行质量检验与验收,检验和验收方法需依据相关规程规范。搅拌桩施工应实行旁站监理,质量控制应贯穿施工全过程。施工中必须经常检查施工记录和计量记录,并按照批准的施工工艺对每根桩进行质量评定。

在搅拌桩施工完成后,可以通过轻型动力触探、浅部开挖桩头、透地雷达、钻孔取样等方法检验搅拌桩的成桩效果及强度。具体的施工质量检验方法如下:

（1）成桩后 3 d 内,可用轻型动力触探(N10)检查每米桩身的均匀性。检查数量为施工总桩数的 1%,且不少于 3 根。

（2）成桩 7 d 后,采用浅部开挖桩头(深度宜超过停浆面下 0.5 m),目测检查搅拌的均匀性,量测成桩直径。检查数量为施工总桩数的 5%。

（3）对相邻桩搭接要求严格的工程,应在成桩 15 d 后,开挖检查搭接质量情况,并采用透地雷达检测桩身的连续性及完整性。对于具有竖向承载作用的搅拌桩,还需采用单桩载荷试验和复合地基载荷试验进行承载力检验以及钻取芯样检验水泥土抗压强度。由于本工程在堤身布置格栅式搅拌桩,主要起整体抗滑的作用,故无须对搅拌桩承载力进行检验。

根据 28 d 钻取芯样抗压强度试验结果(见表 2),水泥搅拌桩成桩质量良好,抗压强度满足设计要求。

表 2　28 d 钻取芯样抗压强度试验结果

| 编号 | 取样深度/m | 龄期/d | 设计抗压强度/kPa | 试样抗压强度/kPa |
| --- | --- | --- | --- | --- |
| SZ1 | 2.50~2.70 | 28 | 0.80 | 1.30 |
| | 3.10~3.20 | 28 | 0.80 | 1.10 |
| SZ2 | 1.60~1.93 | 28 | 0.80 | 1.20 |
| | 2.20~2.47 | 28 | 0.80 | 1.00 |
| SZ3 | 4.40~4.60 | 28 | 0.80 | 1.30 |
| | 7.80~8.00 | 28 | 0.80 | 1.10 |

## 7　结语

东莞滨海湾新区淤泥层厚度达 15 m 以上,水闸采用水泥搅拌桩处理效果良好,通过对比分析,得到以下结论和建议:

(1)对于存在深厚淤泥的新开河道,在设计堤岸上布置格栅式搅拌桩,可以约束土体整体滑动,使边坡整体安全稳定系数满足规范要求。

(2)通过对比不同水泥掺量现场试验结果,对于流塑状淤泥采用 20% 水泥掺量成桩效果较好,满足设计需求,可为类似软土地区水泥搅拌桩设计提供技术借鉴。

## 参考文献

[1] 苏家利.堤防工程淤泥质地基施工存在问题与技术优化措施的探讨[J].工程技术研究,2019,4(16):123-124.

[2] 李宜成,高国龙,王庆,等.滨海地区淤泥质黏土水泥土搅拌桩施工技术研究[J].广东土木与建筑,2018,25(9):43-46.

[3] 肖尊群,舒志鹏,彭威,等.海相淤泥水泥土搅拌桩固化剂室内测试研究[J].公路,2022,67(6):283-294.

[4] 陈信堂.水泥搅拌桩复合地基在新积淤泥质基土中的应用[J].山西建筑,2015,41(30):80-81.

[5] 戴金水.水泥土搅拌桩在海堤淤泥质地基加固中的应用[J].南水北调与水利科技,2005(2):52-55.

[6] 叶雷震.浅谈水泥搅拌桩在淤泥质土地基加固中的应用[J].水利建设与管理,2011,31(4):52-53.

[7] 杨普锋.深厚淤泥层中大直径深孔水泥搅拌桩施工技术[J].湖南交通科技,2022,48(3):60-63.

# 水位快速调控下库岸的动态稳定与防护

## 王政平　李晓旭　杜梦洁

(中水珠江规划勘测设计有限公司,广东广州　510610)

**摘　要:** 汛期保持高水位运行,可提高水利枢纽发电效率,但洪水来临时,需对库水位进行快速调控,这对库岸稳定提出了更高要求。为了研究在汛期水位快速调控下的库岸稳定性,以长洲水利枢纽为例,运用数值分析法,计算典型库岸的渗流动态过程,分析库岸的动态抗滑稳定安全系数及变化规律。经计算,库水位在 0.5~3 d 内从 20.6 m 调整到 18.6 m 时,库岸边坡最小安全系数从 1.081 迅速降低至 0.868,且水位降落历时越短,库岸边坡安全系数越小,表明岸坡在汛期水位快速调控下可能失稳。提出抛石压脚和砌石护坡的加固方案,计算分析表明,该方案可大大提高岸坡的稳定性,可满足规范要求,为库水位快速调控下的岸坡稳定设计和管理提供参考。

**关键词:** 快速调控;库岸;动态稳定;防护

## 1　引言

水库汛期严格执行设计汛限水位,导致汛期水库长期在较低水位运行,机组发电水头不足,严重影响水能利用效率[1]。为了提高枢纽汛期的发电效益,结合水文预报技术,对汛期水库的调控进行探索:水库汛期不采用汛限水位,而保持在较高水位运行,当收到洪水预报后,再快速降低库水位到汛限水位。这样既满足安全防洪度汛要求,又能提高水能的利用率[2]。然而,库水位快速下降会改变地下水的渗流状态,提高岸坡土体的孔隙水压力和渗透力,恶化岸坡工程地质条件,从而诱发库岸滑坡[3]。对国内外已建水库工程实际资料进行统计,发现库岸边坡的大型滑动往往发生在水库水位从较高水位到较低水位的急剧降落时[4-6]。水库水位急剧降落时,地下水位受库岸边坡排水能力限制来不及与水库水位同步下降,易形成超孔隙水压力而诱发岸坡失稳,因此有必要对汛期水位快速调控时的岸坡稳定和防治措施进行分析和研究。

目前,对于库水位降落对库岸边坡稳定的影响已有一些研究,如 Simeon[7] 对卢瓦尔—塞拉利昂土坝边坡稳定进行分析,得出边坡稳定性与库区水位有关;杨金林等[8] 对苏阿皮蒂水利枢纽工程右岸松散堆积体,采用极限平衡方法分析了不同库水位时的稳定性演化规律,对避免松散堆积体在水库诱导下产生灾害提出建议;张玉成等[9] 对某水库古

**基金项目:** 水利部重大科技项目(SKS-2022116)。

**作者简介:** 王政平(1978—),男,正高级工程师,主要从事水利、岩土工程的设计和数值仿真研究工作。

**通信作者:** 李晓旭(1991—),男,工程师,主要从事水利、岩土工程的设计和数值仿真研究工作。

滑坡体利用试验手段,得到古滑坡体的安全系数随库水位升高呈 U 形的变化规律,并提出加固措施;张岩等[10]以西南地区某库岸滑坡为例,通过建立三维数值模型来分析流固耦合作用下库水位变化对库岸滑坡稳定性及滑动模式的影响,发现库水位下降后岸坡稳定性大幅降低。张涛等[11]采用有限元方法分析非饱和土质边坡稳定问题时,同时考虑瞬态渗流和土体强度变化,发现土坡的瞬时安全系数在坡面降水位过程中呈先下降后上升的趋势。由于洪水预报时间比较短,水库动态调控必须限时、快速完成,这对岸坡的稳定提出新的要求,而目前国内外对汛期水位快速下调时的岸坡稳定性研究较少。以长洲水利枢纽为例,就该枢纽在汛期水位的快速、动态调控方案,分析典型岸坡内的渗流情况、孔隙水压力和边坡稳定性及其变化规律,并提出治理措施,为枢纽的快速、动态调整提供参考。

## 2    工程概况

长洲水利枢纽位于珠江流域西江干流浔江下游河段,其坝址在梧州市上游 12 km,是一座以发电为主,兼有航运、提水灌溉、水产养殖等综合利用的大(1)型水利枢纽工程。多年平均流量 6 120 m³/s,水库正常蓄水位 20.6 m,总库容 56 亿 m³,汛限水位 18.6 m,电站装机容量 630 MW。长洲水利枢纽坝址以上集雨面积为 30.86 万 km²,占西江流域面积的 87.4%。坝址以上流域属亚热带季风区,且流域面积大,暴雨频繁,洪水往往由流域多次连续暴雨所形成,洪水主要特点是洪水峰高量大、历时长、洪水过程多呈复峰型[12]。

长洲水利枢纽运行以来,汛期严格执行设计汛限水位,在汛期未发生洪水时,由于上游运行水位过低、机组发电水头不足,严重影响水能利用效率;而洪水发生时,受下游水位顶托影响不得不停机,造成了大量的水能资源浪费,严重影响了电站的发电效益。为了提高汛期的发电效益,拟在汛期保持水库在正常蓄水位 20.6 m 运行,提高发生水头;根据洪水预报,在洪水来临时提前 3 d,将水库水位快速预泄下调至汛限水位 18.6 m,以保工程防洪安全。库水位快速下调时,给库岸边坡的稳定带来了失稳的风险,需进行必要的分析和研究。

## 3    分析原理与方法

### 3.1    渗流分析

取单宽岸坡进行渗流分析。设岸坡内渗流服从二维非均质各向异性非稳定渗流控制方程[11]:

$$\frac{\partial}{\partial x}\left(k_x \frac{\partial H}{\partial x}\right) + \frac{\partial}{\partial y}\left(k_y \frac{\partial H}{\partial y}\right) + Q = m_w \gamma_w \frac{\partial H}{\partial t} \tag{1}$$

式中:$H$ 为总水头;$k_x$ 为 $x$ 方向的渗透系数;$k_y$ 为 $y$ 方向的渗透系数;$Q$ 为施加的边界流量;$t$ 为时间;$m_w$ 为贮水曲线的斜率;$\gamma_w$ 为水的重度。

### 3.2    边坡稳定分析

边坡稳定分析采用刚体极限平衡法的摩根斯顿-普赖斯。设边坡的安全系数为滑动面上的抗滑力与滑动力之比。假设边坡的材料满足摩尔-库仑准则,且整个边坡的所有条块的安全系数相同;假定土体材料的凝聚力与内摩擦角对边坡的安全系数所起作用的大小相同。把滑体作为刚体,按照极限平衡的原则进行受力分析,推导可得该滑动面安全系数。

由滑动面上面的法向方向作用力平衡,结合安全系数的定义,经过整理得安全系数为[13]:

$$F_f = \frac{\sum (c'\beta\cos\alpha + (N - u\beta)\tan\varphi'\cos\alpha)}{\sum N\sin\alpha + \sum kW - [D\cos\omega] \pm A} \tag{2}$$

其中:

$$N = \frac{W + (X_R - X_L) - \dfrac{c'\beta\sin\alpha + u\beta\sin\alpha\tan\varphi'}{F_f} + [D\sin\omega]}{\cos\alpha + \dfrac{\sin\alpha\tan\varphi'}{F_f}} \tag{3}$$

式中:$W$ 为宽度为 $b$、高度为 $h$ 的条块的重量;$N$ 为条块底部的法向压力;$S$ 为每个条块底部的切向力;$E$ 为条块间水平压力;$X$ 为条块间竖直方向的剪力,其中 $L$ 代表条块的左边、$R$ 代表条块的右边;$D$ 为外部的线荷载;$kW$ 为施加在条块质心上的水平地震荷载;$R$ 为代表圆形滑动面的半径;$x$ 为圆心滑动面的圆心与条块的中心线之间的距离;$d$ 为圆心到外部线荷载的垂直距离;$a$ 为圆心到水压力的合力之间的距离;$A$ 为水压力的合力;$\omega$ 为线荷载与水平线之间的角度;$\alpha$ 为条块底部切线与水平线之间的夹角;$\beta$ 为条块的底部长;$c'$ 为有效凝聚力;$\varphi'$ 为有效内摩擦角;$u$ 为孔隙水压力。

式(2)左右两端都含有 $F_f$,所以需要进行迭代计算。计算时,可以先假定一个初始值(例如假定 $F_f = 1$),求出 $N$;再代入式(2),求出新的 $F_f$,如此反复迭代,直到假定的 $F_f$ 与算出的 $F_f$ 非常接近为止。

## 4 库岸边坡稳定分析

### 4.1 代表断面及主要地质参数

库水位调控时,近坝岸坡的水位变动幅度较明显,受水位调控影响较大。根据该库岸边坡的工程地质特征,坝址上游 20 m 附近岸坡主要以素填土、粉质黏土和黏土为主(见图 1),排水条件较差,选取该处作为代表断面进行分析。取 $x$ 轴垂直河流流向,指向河流为正;$y$ 轴为铅直方向,向上为正,$x$、$y$ 向尺寸单位为 cm,范围为 $0<x<30$ m,$11$ m$<y<23$ m;高程系采用 85 国家高程基准,单位为 m。根据工程地勘报告岩土层物理力学参数建议值,主要材料参数取值见表 1;粉质黏土的水力坡降允许值为 0.50。

表 1 岩土体的主要物理力学参数

| 土层 | 天然容重 $\gamma/(kN/m^3)$ | 饱和容重 $\gamma_{sat}/(kN/m^3)$ | 抗剪强度 凝聚力 $c/kPa$ | 抗剪强度 内摩擦角 $\varphi/(°)$ | 渗透系数 $k/(cm/s)$ |
| --- | --- | --- | --- | --- | --- |
| 素填土 | 18.5 | 20.1 | 20.2 | 15.5 | $4.85×10^{-5}$ |
| 粉质黏土 | 18.7 | 20.3 | 14.2 | 13.3 | $3.20×10^{-5}$ |
| 黏土 | 19.0 | 20.8 | 24.9 | 17.6 | $2.86×10^{-5}$ |

### 4.2 库水位快速调控方案

为提高发电效益,坝前水位保持在水库正常蓄水位 20.6 m;当接到洪水预报时,通过

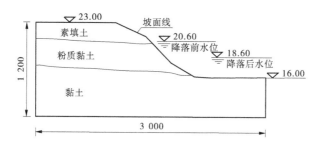

**图1 计算剖面工程地质图** （单位：尺寸,cm;高程,m)

机组和泄水闸在时间 $t$ 内将库水位快速泄至汛限水位 18.6 m。根据可能的调控强度,$t$ 可取 0.5 d、1.0 d、1.5 d、2.0 d、2.5 d 和 3.0 d 等 6 种情况,对其分别进行库岸边坡稳定性分析。计算时,以水位调控前 1 d 为计算初始时刻,计算时长共 7 d。各水位降落历时情况库水位快速下调的时程曲线见图 2。

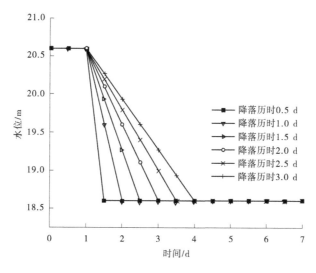

**图2 水位调控动态变化**

### 4.3 库岸边坡稳定性

#### 4.3.1 库岸渗流分析

库水骤降时引起岸坡非稳定渗流。采用有限单元法进行渗流分析,网格划分为边长约 0.5 m 的三角形和四边形单元网格,单元数 982 个,节点数 1 163 个。模型左侧为定水头,临水面水头为调控的库水位。

经计算,库水位降落时,坡内浸润线也下降,且越靠近坡面,降幅越明显,且在水面以上的坡面出露,降落末时刻岸坡浸润线见图 3。降落时间为 0.5~3.0 d 时,坡内的浸润线几乎重合。

水位降落时,坡内水力坡降发生变化,并在水面附近的坡内集中,最大水力坡降发生

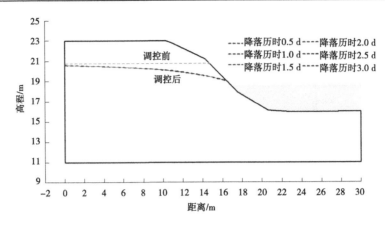

图 3 岸坡浸润线

在水面处,为 0.45。历时 $t=1$ d 的末时刻对应的渗流梯度见图 4。坡面的水力梯度先增大后减小;随水位下降,坡面水力坡降峰值越来越大,位置紧邻水面而下移,且越往坡内,数值变化越小。取岸坡 5 个特征点,其水力坡降变化时程曲线见图 5。坡面最大水力梯度为 0.45,发生在水面附近,土层性质为粉质黏土,小于坡体允许渗透坡降 0.5,满足规范的渗透稳定要求,不发生渗透破坏。

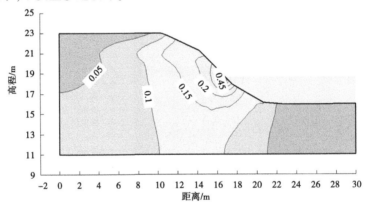

图 4 岸坡渗流梯度分布($t=1.0$ d 的末时刻)

水位降落时,坡内最大超孔隙水压力增加,并主要集中在水面附近,降落末时刻达到最大值。$t=1.0$ d 的降落末时刻,坡内孔隙水压力分布见图 6,该分布将用于岸坡整体抗滑稳定的动态分析。

### 4.3.2 库岸稳定分析

根据《水利水电工程边坡设计规范》(SL 386—2007),库岸边坡为 5 级,正常运用条件下的边坡抗滑稳定安全系数为 1.05。

在渗流分析的基础上,采用摩根斯顿-普赖斯方法,对降落时间为 0.5~3.0 d 时的情况分别进行整体抗滑稳定分析。经计算,汛期库水位快速调控前后岸坡的最小抗滑稳定安全系数 $K$ 变化过程见表 2。

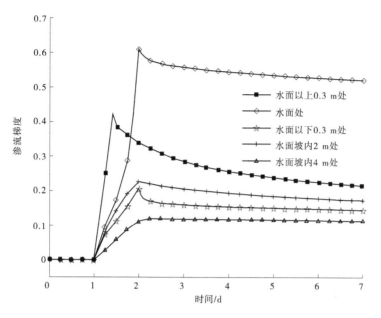

图 5　岸坡特征点的渗流梯度变化

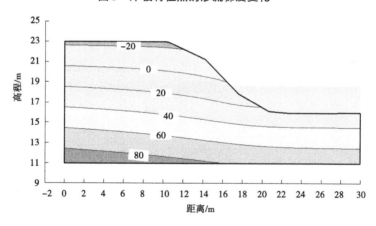

图 6　岸坡孔隙水压力分布($t=1.0$ d 的末时刻)

表 2　水位调控过程现状边坡稳定计算结果

| 降落历时 $t$/d | 初始安全系数 | 抗滑稳定最小<br>安全系数 $K$ | 安全系数降幅 | 安全系数降幅<br>百分比/% |
|---|---|---|---|---|
| 0.5 | 1.081 | 0.848 | 0.233 | 21.6 |
| 1.0 | 1.081 | 0.857 | 0.224 | 20.7 |
| 1.5 | 1.081 | 0.862 | 0.219 | 20.2 |
| 2.0 | 1.081 | 0.864 | 0.217 | 20.1 |
| 2.5 | 1.081 | 0.866 | 0.215 | 19.9 |
| 3.0 | 1.081 | 0.868 | 0.213 | 19.7 |

计算结果表明,库水位骤降时 $K$ 将大幅降低,水位稳定后 $K$ 随时间会小幅升高;且调控周期 $t$ 越短,$K$ 值越小;调控周期 $t$ 越长,$K$ 的极小值出现的时刻也越迟;对不同的调控周期 $t$,$K$ 的最小值均发生在骤降最低水位 18.60 m 处。现状岸坡安全系数 $K$ 的时程变化见图 7。

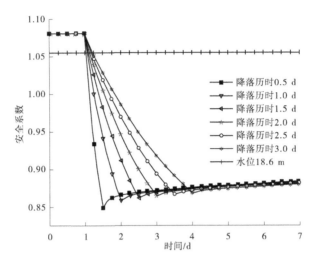

图 7　现状岸坡安全系数 $K$ 的时程曲线

现状岸坡对汛期水位从 20.60 m 历时 0.5~3.0 d 的骤降至 18.60 m 时,$K$ 均小于1.05,不满足规范要求。降落历时 $t = 0.5$ d 时,岸坡最危险滑动面位置见图 8。为了保证汛期库水位快速调控的安全,有必要对库岸进行必要的加固。

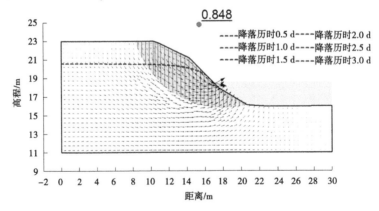

图 8　岸坡最危险滑动面示意图

经进一步分析,进一步增加 $t$ 在 0.5~5.0 d,$K$ 增加不明显。

## 5　库岸边坡治理

根据库岸失稳原理和工程经验,在岸坡采用抛石固脚,抛石顶高程为最低运行水位以上 0.5 m,最小厚度 1.0 m,最小粒径 0.4 m,防冲压脚平台顶宽(抛石平台顶宽)3 m,抛石坡度为 1:2.0。抛石平台以上至正常水位的岸坡采用干砌块石护坡,干砌块石厚 0.4 m,

往下依次设 0.15 m 厚碎石垫层及 0.15 m 厚砂垫层。护坡顶、底分别采用宽 0.4 m 高 0.6 m 的混凝土加固。岸坡加固断面示意图见图 9。

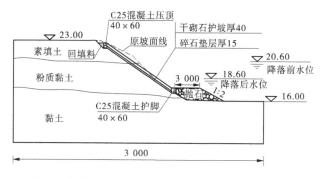

**图 9　岸坡加固断面图**（单位:尺寸,cm;高程,m）

岩土体力学参数取值见表 1 和表 3,其中表 3 为类似工程的参考数据。

表 3　加固措施的主要物理力学参数取值

| 土层 | 天然容重 $\gamma$/（kN/m³） | 饱和容重 $\gamma_{sat}$/（kN/m³） | 抗剪强度 | | 渗透系数 $k$/（cm/s） |
| --- | --- | --- | --- | --- | --- |
| | | | 凝聚力/kPa | 内摩擦角 $\varphi$/（°） | |
| 碎石 | 21.2 | 22.3 | 0 | 36.4 | $5.0 \times 10^{-2}$ |
| 干砌石 | 22.6 | 23.8 | 0 | 40.1 | $7.8 \times 10^{-2}$ |
| 抛石 | 22.3 | 23.5 | 0 | 40.1 | $8.0 \times 10^{-2}$ |

在动态渗流分析的基础上,对加固后的岸坡在汛期库水位快速降低调控下的稳定性进行计算,对调控历时 $t = 0.5 \sim 3.0$ d 的各 $K$ 值对计算时段内加固后的边坡进行渗流计算和稳定性分析,汛期水位动态调控前的初始安全系数及调控过程中最小的安全系数见表 4 和图 10。$t = 0.5$ d 时,最危险滑动面位置见图 11。

表 4　岸坡加固前后抗滑稳定安全系数 $K$

| 降落历时 $t$/d | 现状（加固前） | | | | 加固后 | | | |
| --- | --- | --- | --- | --- | --- | --- | --- | --- |
| | 初始安全系数 | 最小安全系数 $K$ | 安全系数降幅 | 安全系数降幅百分比/% | 初始安全系数 | 最小安全系数 $K$ | 安全系数降幅 | 安全系数降幅百分比/% |
| 0.5 | 1.081 | 0.848 | 0.233 | 21.6 | 1.277 | 1.095 | 0.182 | 14.3 |
| 1.0 | 1.081 | 0.857 | 0.224 | 20.7 | 1.277 | 1.109 | 0.168 | 13.2 |
| 1.5 | 1.081 | 0.862 | 0.219 | 20.2 | 1.277 | 1.117 | 0.160 | 12.5 |
| 2.0 | 1.081 | 0.864 | 0.217 | 20.1 | 1.277 | 1.122 | 0.155 | 12.1 |
| 2.5 | 1.081 | 0.866 | 0.215 | 19.9 | 1.277 | 1.126 | 0.151 | 11.8 |
| 3.0 | 1.081 | 0.868 | 0.213 | 19.7 | 1.277 | 1.129 | 0.148 | 11.6 |

计算结果表明,加固后 $K$ 的变化规律与加固前相似。对各历时 $t$ 情况,水位骤降至 18.60 m 时 $K$ 取得最值 1.095,大于 1.05,满足规范要求。这表明,汛期库水位快速调下时采用抛石压脚和砌石护坡,可大大提高岸坡的稳定性,并可满足规范要求。

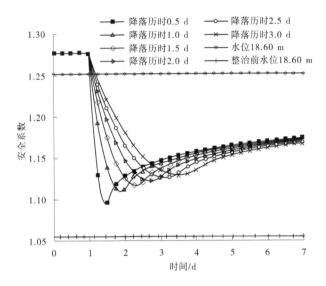

图 10　加固后边坡安全系数

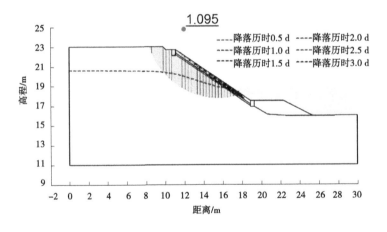

图 11　加固后岸坡最危险滑动面示意图

## 6　结论

汛期对库水位的快速调控,可提高枢纽汛期发电效益,但同时也给岸坡失稳带来风险,因此有必要进行研究。就汛期快速调控,计算典型岸坡渗流和稳定性的动态演变过程,分析岸坡稳定性和防护措施,有:①库水位快速下降,会提升岸坡土体的超孔隙水压力和渗透力,大大降低岸坡抗滑稳定性,且调控历时 $t$ 越短,库岸边坡安全系数降低越快,抗滑稳定安全系数 $K$ 越小;水位稳定后,坡内超孔隙水逐渐消散,同时 $K$ 将小幅增加。②长洲水利枢纽工程坝前现状库岸边坡,当汛期水位从 20.6 m 历时 0.5~3.0 d 的骤降至

18.60 m 时,岸坡最小抗滑稳定安全系数 $K$ 均小于 1.05,不满足规范要求。为了保证汛期库水位快速调控的安全,有必要对库岸进行加固。③汛期库水位快速调下时采用抛石压脚和砌石护坡进行防护,可大大提高岸坡的稳定性,并可满足规范要求。

## 参考文献

[1] Sudarman I G, Ahmad A. Mapping of landslide-prone areas in the Lisu river basin Barru Regency based on binary logistic regression[J]. IOP Conference Series: Earth and Environmental Science, 2021, 807(2).

[2] Ning Yibing, et al. A complex rockslide developed from a deep-seated toppling failure in the upper Lancang River, Southwest China[J]. Engineering Geology, 2021:106329.

[3] 邓华锋,李建林.库水位变化对库岸边坡变形稳定的影响机理研究[J].水利学报,2014,45(S2): 45-51.

[4] 熊茹雪,许万忠,史丁康.库水位升降对岸坡稳定性影响研究综述[J].地质灾害与环境保护,2019, 30(2):86-91.

[5] 李茜莎,谭雅文.库水位骤降边坡渗透稳定敏感性分析[J].人民黄河,2019,41(3):140-144,149.

[6] 仇文岗,王尉,高学成.库区水位下降对库岸边坡稳定性的影响[J].武汉大学学报(工学版),2019, 52(1):21-26.

[7] Simeon Stevenson Turay, Osman Koroma, Abdul Ahmed Koroma. Slope Stability Analysis of the Gbeni Earth Dam (GB3) in Rutile-Sierra Leone[J]. International Journal of Materials Science and Applications, 2020, 9(6)

[8] 杨金林,符新阁,王玉川,等.动态水位诱导下临库边坡稳定性分析[J].水力发电,2020,46(1): 41-44.

[9] 张玉成,杨光华,张有祥,等.古滑坡滑带土的力学特性与库水位变化对其稳定性影响及加固措施[J].岩土力学,2016,37(S2):43-52.

[10] 张岩,陈国庆,张国峰,等.库水位变化对观音坪滑坡稳定性影响的数值分析[J].工程地质学报, 2016,24(4):501-509.

[11] 张涛,张慧,黄文雄.坡面水位下降对非饱和土质边坡稳定性影响的有限元分析[J].重庆大学学报,2020,43(6):12-20.

[12] 廖绍凯.长洲水利枢纽内江工程施工综述[J].水利水电施工,2009,114(3):21-25.

[13] 郭志华,周创兵,盛谦,等.库水位变化对边坡稳定性的影响[J].岩土力学,2005,26(S1):29-32.

# 新型组合式多向大变位止水伸缩缝
# 结构研究及应用

石俊奎　　吕乃芝

(中水珠江规划勘测设计有限公司,广东广州　510610)

**摘　要:**止水伸缩缝是水工建筑物中的一种重要装置,在水工建筑物的建造过程中,需要在特定位置设置止水伸缩缝,减少因温度变化、地基沉降及结构变形等工况对水工建筑物产生的不利影响。本文首先对常规止水伸缩缝的形式及优缺点进行了分析,针对常规伸缩缝难以满足较大变位及多向变位问题,提出了一种新型组合式多向大变位止水伸缩缝结构。最后,在某工程实例中应用了该新型组合式多向大变位止水伸缩缝,取得了较高的经济效益和社会效益。

**关键词:**组合式;止水;伸缩缝;大变位;水工建筑

## 1　研究背景

止水伸缩缝是水工建筑物中的一种常用装置,在满足止水需求的同时可以有效地减少因温度变化、地基沉降、结构变形等工况对水工建筑物产生的不利影响,有效保证水工建筑物的正常运行。

常规的止水伸缩缝结构有埋入式止水、压合式止水及粘合式止水等[1]。杨秀荣等[2]针对红岭灌区项目从技术和经济方面对止水设计进行了分析,提出了适用于不同类型建筑物的止水设计方案,为水工建筑物止水设计提供了借鉴。

常规止水伸缩缝被广泛应用于重力坝、面板坝、水闸、渠道及渡槽等结构,具有施工方便、经济合理的特点。但是限于本身构造及材料特点,常规止水伸缩缝适应变形范围多在2 cm 左右,且多适用于单向变形,难以满足多向大变位的伸缩需求。

随着我国水利事业的发展,大型水利设施及强震地区项目越来越多,水工结构的变位距离及多向变位需求增大。大变位止水伸缩缝技术直接影响着整个工程的安全性及耐久性,因此急需一种能满足水工建筑物使用需求的多向大变位止水伸缩缝装置。

基于此背景,作者提出了一种新型组合式多向大变位止水伸缩缝结构[3],可在满足高水头止水要求的同时适应多向大变位,并且具备构造简单、可靠度高,维修更换方便的特点。

---

**作者简介:**石俊奎(1988—),男,硕士,高级工程师,主要从事水工结构工程设计工作。

## 2 常规伸缩缝形式

### 2.1 埋入式止水

埋入式止水(如图1所示),又称中埋式止水,止水材质有紫铜片、氯丁橡胶、三元乙丙橡胶及PVC塑料等,需要在施工过程中埋入混凝土内部。主要特点是适应性强、耐久性好,满足止水的同时还可以起到减震缓冲作用。紫铜片具有抗腐蚀能力强、抗拉强度高、韧性好、外观轮廓简单和可接受较大变形等优点。为防止紫铜片U形槽变形,常在U形槽内填塞橡胶棒。橡胶止水带目前常用的有651型多规格橡胶止水带,具有高弹性、压缩变形的特点,但耐老化性能较差,使用过程中需加强表面保护。

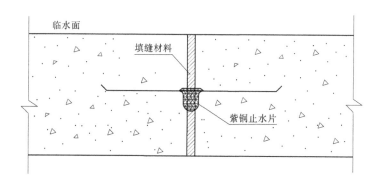

**图1 埋入式止水示意**

埋入式止水的缺点是不易更换,适应变形及水头高度较小。

### 2.2 压合式止水

压合式止水(如图2所示)主要是通过预埋螺栓及压板固定止水带,伸缩缝两侧预埋不锈钢螺栓,将预先打好孔的止水带穿过螺栓铺设在槽口处,用胶粘材料与侧壁混凝土粘结,再用不锈钢扁钢板压紧,并用不锈钢螺母固定,在接缝口填塞聚乙烯嵌缝板。此形式的止水效果较好,易于维修更换。该种止水方式的缺点是需要在混凝土中预埋螺栓并与橡胶带打孔位置对准,对螺栓预埋精度要求较高;金属组件外露,对螺栓和压板防腐要求较高;预埋螺栓需要一定长度,一般需要渡槽侧壁及底板在伸缩缝处加厚,增加设计施工难度;工艺相对复杂,成本较高;橡胶带易受螺栓摆放不正影响发生变形从而影响止水效果。

### 2.3 粘合式止水

粘合式止水(如图3所示)主要采用胶黏材料将止水带粘贴于两侧混凝土表面,此形式止水施工方便快捷,缺点是耐久性较差,易老化脱落,适应变形能力较差。后期维护工作量较大,不宜在伸缩缝较多和无定期检修条件的渡槽上推广。

## 3 多向大变位止水伸缩缝

### 3.1 基本原理

为实现多向大变位止水的目的,伸缩缝结构必须同时具备强度、刚度、延展性及止水功能。钢材具备较优的强度及刚度,橡胶具备较强的延展性及止水功能,如将二者的优点

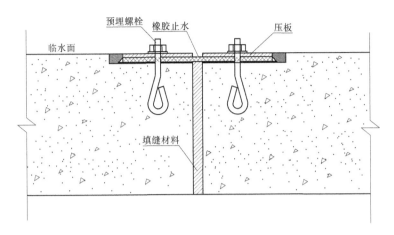

图 2　压合式止水示意

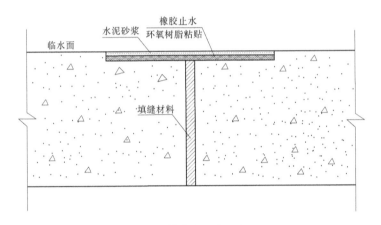

图 3　粘合式止水示意

有效结合即可实现上述目的。

### 3.2　结构设计

伸缩缝结构主要包括沿伸缩缝布置的预埋件、压板、U 形止水钢板、U 形止水橡胶、盖板、劲板及螺栓套件。多向大变位止水伸缩缝结构如图 4 所示。

预埋件设置于伸缩缝两侧的主体结构中,用于焊接安装 U 形止水的劲板,U 形止水钢板与 U 形止水橡胶叠合后通过螺栓及压板固定于劲板上,U 形止水钢板置于 U 形止水橡胶上部,主要起到承担水压力及止水作用,U 形止水橡胶可起到二次止水作用,提高该装置的可靠性。

### 3.3　施工方法

U 形钢止水 1 及 U 形橡胶止水 2 通过螺栓套件 10 与止水座板 4 及止水座板 5 连接,形成密封。止水座板 4 与止水座板 5 分别通过劲板 3 及腹板 7、劲板 8 与槽身预埋钢板 12 焊接,可保证伸缩缝强度及密封性。盖板 6 可通过螺栓套件 10 与劲板 3 及劲板 8 连接。由于伸缩缝在保证密封的同时还要兼具伸缩功能,因此盖板 6 在劲板 3 连接处设置

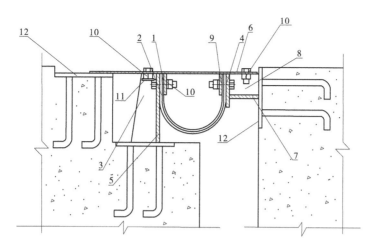

1—U形钢止水；2—U形橡胶止水；3、8—劲板；4、5—止水座板；6—盖板；
7—腹板；9—侧止水压板；10—螺栓套件；11—螺栓限位板；12—预埋钢板。

**图4　多向大变位止水伸缩缝结构**

活动槽口，且此处的螺栓套件 10 螺母与盖板 6 留有一定间隙，两侧水工结构相互靠近或者相互远离时，盖板 6 可在支撑预埋钢板 12 上自由滑动，并且由于 U 形钢止水 1、U 形橡胶止水 2 具有一定的刚度，且均为柔性结构，可以实现纵向伸缩调节功能。

在横向荷载作用下，止水两侧水工结构可能发生一定的横向错位，由于 U 形钢止水 1、U 形橡胶止水 2 均为柔性结构，可以实现横向变位调节功能。

由于 U 形钢止水 1 具有较强的刚度，可承受水体引起的水压力，通过调节 U 形钢止水 1 的刚度可适应不同水头高度工况。

### 3.4　结构优点

该新型止水伸缩缝较好地结合了钢材及橡胶材料的特点，相较于常规水工止水伸缩缝具有以下优点：

(1)该大变位止水伸缩缝装置构造简单，可更换，可靠性高。

(2)该大变位止水伸缩缝装置对不同大小伸缩位移适应性较强。

(3)加劲肋板与预埋钢板焊接保证了结构的强度及密封性。

(4)U 形止水钢板提供了可靠的强度、刚度，可适应多向变位。

(5)U 形止水钢板与 U 形止水橡胶叠合保证了密封性，实现了止水功能的双重保障。

(6)底部及侧边钢盖板可有效防止杂物进入及保护伸缩缝免遭外力破坏。

### 3.5　应用案例

为满足通航需求，某通航设施项目需通过通航渡槽衔接升船机及中间渠道，该通航渡槽上部采用 3 m×30 m 简支 T 形梁结构，边跨槽墩高 51 m，采用空心墩，如图 5 所示。在地震荷载作用下，通航渡槽和升船机之间的伸缩缝变位达到 20 cm，常规伸缩缝已经无法满足需求。通过应用该新型止水伸缩缝(如图 6、图 7 所示)结构保证了通航渡槽的正常运行，同时避免了地震作用下通航渡槽与升船机塔柱发生碰撞，方案经济合理。

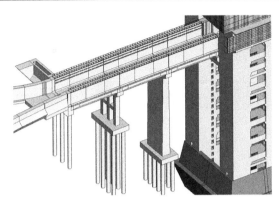

图 5　通航渡槽三维模型

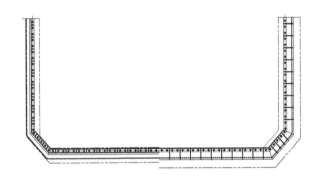

图 6　止水伸缩缝立面图

图 7　止水伸缩缝平面图

## 4　结论

　　针对常规水工建筑物止水伸缩缝的特点及存在的问题,本文提出了一种新型的组合式多向大变位止水伸缩缝结构,该新型止水伸缩缝结构成功结合了钢材及橡胶材料的优点,可适应高水头、多向大变位止水需求。同时具备构造简单、双重保障及维修更换方便的优点。该新型止水伸缩缝结构在实际项目中得到了应用,具有较高的经济效益和社会效益。

## 参考文献

[1] 李砚青. 渡槽止水的构造剖析[J]. 山西水利科技, 2000(S2):2;19-20.

[2] 杨秀荣,张勇.红岭灌区西干渠输水建筑物伸缩缝止水设计[J].广东水利水电,2020(6):31-34.

[3] 石俊奎.一种大型渡槽伸缩缝结构:ZL 202122186355.2[P].2021-09-09.

# 以专业的监理服务助力水利高质量发展

冯　松[1]　储龙胜[2]　汪　昂[2]

(1. 中水淮河规划设计研究有限公司,安徽合肥　230601;
2. 中水淮河安徽恒信工程咨询有限公司,安徽合肥　230601)

**摘　要**:党的十八大以来,习近平总书记就高质量发展发表了一系列重要讲话,作出了一系列重要指示批示,为高质量发展指明了前进方向,提供了根本遵循。围绕高质量发展,中共中央、国务院作出了一系列重要部署,水利部提出了加快推动新阶段水利高质量发展的具体要求。本文从监理视角出发,以具体的工程实际操作经验和体会介绍专业的监理服务在水利高质量发展大环境中所发挥的重要作用。

**关键词**:高质量发展;水利;监理服务;经验和体会

2017 年 10 月 18 日,在中国共产党第十九次全国代表大会上,习近平总书记首次提出"高质量发展"的表述,表明"我国经济已由高速增长阶段转向高质量发展阶段[1]"。2022 年 10 月 16 日,在中国共产党第二十次全国代表大会上,习近平总书记提出"高质量发展是全面建设社会主义现代化国家的首要任务[2]"。2023 年 3 月 5 日下午,习近平总书记在参加十四届全国人大一次会议江苏代表团审议时的讲话,用"四个必须[3]"集中系统地阐述了全面建设社会主义现代化国家的首要任务——高质量发展,为高质量发展指明了前进方向,提供了根本遵循。

2018 年 3 月 5 日,时任国务院总理李克强在 2018 年政府工作报告中首次提出,按照高质量发展的要求,统筹推进"五位一体"总体布局和协调推进"四个全面"战略布局,坚持以供给侧结构性改革为主线,统筹推进稳增长、促改革、调结构、惠民生、防风险的各项工作。2021 年 3 月 5 日,时任国务院总理李克强在 2021 年国务院政府工作报告中提出,"要准确把握新发展阶段,深入贯彻新发展理念,加快构建新发展格局,推动高质量发展,为全面建设社会主义现代化国家开好局起好步[4]"。2021 年 4 月,中共中央、国务院出台了《关于新时代推动中部地区高质量发展的意见》。2021 年 10 月,中共中央、国务院印发了《黄河流域生态保护和高质量发展规划纲要》。2023 年 2 月,中共中央、国务院印发了《质量强国建设纲要》。中共中央、国务院为新时代的高质量发展作出了一系列重要部署。

2018 年 2 月,水利部印发《加快推进新时代水利现代化的指导意见》,提出了水利高质量发展的目标和要求;2021 年 6 月,水利部制定了推动新阶段水利高质量发展的六条

---

**作者简介**:冯松(1981—),男,高级工程师,主要从事水利工程施工监理工作。

实施路径<sup>[5]</sup>，为水利高质量发展明确了具体工作方向。

高质量发展是主旋律，水利高质量发展工作势在必行。对于身处工程一线的监理人员来说，助力水利高质量发展更是责无旁贷。

# 1 监理服务规划

本文将通过近期从事的水利工程监理服务过程，阐述专业的监理服务在水利高质量发展中发挥的重要作用。

## 1.1 工程简介

淮河上中游王家坝至临淮岗段行洪区调整及河道整治工程是进一步治淮 38 项工程的骨干工程，也是国务院确定的 172 项重大节水供水工程之一，该工程通过拓浚濛河分洪道、疏浚淮河干流南照集—汪集段河道、加高加固部分堤防等措施，将南润段行洪区调整为蓄洪区，王家坝至临淮岗段一般防洪保护区的防洪标准达 10 年一遇以上，河道行洪能力满足规划要求，以实现不断完善流域防洪减灾体系的总体目标。作者具体负责的是其中的濛河分洪道拓浚工程，工期三年，主要建设内容为：①26 km 河道拓浚；②7 座生产桥拆除重建；③新建 18 km 防汛抢险道路；④拆除重建 1 座小型灌溉站。

## 1.2 分析研判工程特点

通过对合同文件和施工图纸的仔细研读，该工程有以下特点：①混凝土工程量不大且较分散；②7 座生产桥的跨度一致，桥梁板构造一致；③防汛抢险道路路基填筑设计指标是重型击实指标，设计指标高，填筑量大；④灌溉站墩墙较高较长，竖向钢筋连接工程量大；⑤工期长，战线长，质量、安全管理难度大。

## 1.3 水利高质量发展在工程领域的理解

作者认为水利高质量发展在工程领域的发展方向是提升全体参建人员的质量意识，水利高质量发展在工程领域的发展目的是保证工程实体质量，同时降低工程成本，提高施工效率。

## 1.4 监理服务的规划

围绕水利高质量发展在工程领域的发展方向和目的，该工程监理服务从以下 5 个方面做了规划：

（1）前期服务重点放在工程主要质量点的规划上，着重调研审核拌和站、关键部位构配件的选择，牢牢把控住工程关键部位关键质量。

（2）对于有着施工过程简单、重复的工程，监理服务重点应落在做好工程试验段各项工作，切实把控好每一道工序的施工、验收、资料等各环节质量，从而发挥试验段指导大面积施工的作用。

（3）过程中监理服务重点在工地一线，尤其是总监理工程师要深入扎根工程现场，用专业的知识、丰富的经验及时发现问题、解决问题。

（4）监理服务过程中要首先做到"严"，要在把"严"贯穿到"基本工作程序、主要工作方法、主要工作制度"等监理工作的各个方面，贯穿到"方案审批、工程实施、工程验收、问题整改"等工程的各个环节，尤其是在问题整改上要贯彻"敢于斗争、善于斗争"的精神。

（5）安全是一切工作的保证，更是高质量发展的前提，是不可触碰的红线，在工程实施过程中监理服务应把安全监理工作放在各项工作的首位，尤其是总监理工程师更要对安全问题亲力亲为。

## 2 监理服务实施

监理部从监理服务规划的5个方面着手，以常规工程质量薄弱环节作为切入点，全过程贯彻执行"主动、负责、优质、高效"的企业理念，严格落实各项质量控制措施，保证了工程实体质量，同时在工程实施中引导承包人尽可能采用机械化作业，减少人力输出，降低了工程成本，提高了施工效率。

### 2.1 调研工作不走形式，把好外委生产厂家审核关

由于混凝土工程比较分散，总量不大，施工期较长，且工程所在地位于国家级湿地公园内，因此自建混凝土拌和站不妥，应选择商品混凝土拌和站。开工准备阶段，监理部牵头组织各参建方调研工程所在地周边多家拌和站，通过实地察看，对比各家粗细骨料情况、设置独立料仓情况、其他原材料情况、实验室运行情况、产能供应情况、运输距离情况等，最终选定了一家本地规模第二、采用天然骨料、其他原材料均为知名品牌、愿意为本工程设置专门料仓、实验室规范管理、运输距离在半小时内的混凝土拌和站，为工程的混凝土质量提供了基础保证。

桥梁工程支撑结构是关键，梁板的质量更是重中之重。根据多年经验，梁板现场预制的施工队伍工艺水平参差不齐，使用的张拉设备、灌浆设备通常自动化、智能化较低，且需要大片施工场地，预应力梁板现场生产施工质量难以与高质量发展要求相匹配，而由专业预制厂集中生产梁板成为上上之选。鉴于上述缘由，由监理牵头组织调研了周边3家企业，最终选择了本地区规模最大、质量信誉最好、自动化、智能化程度高（从钢筋制作到张拉灌浆均采用了自动化、智能化设备控制）的预制厂。此项举措保证了梁板的生产质量，大大提高了梁板的生产效率，同时通过大量运用自动化、智能化设备减少了人工成本和管理成本。

### 2.2 磨刀不误砍柴工，抓好试验段，打好开端局

防汛抢险道路工程填筑量大，设计标准高，但施工过程不复杂，重复铺土、犁土、翻晒、碎土、碾压过程。对于这样的单项工程，监理服务首先就是要抓试验段施工质量。该工程碾压试验经过多次现场准备、试验、总结分析，用时近半个月，最终试验段填筑质量达到了设计标准，在此过程中承包人自检、工序报验、监理抽检、工序质量评定等工作均进行了实地演练，各环节的配合也得到了充分磨合，为指导后续大面积作业提供了现场控制的依据。其次监理服务要主抓过程质量控制，用好"盯"字，及时发现不按已批准的参数实施的错误行为，及时签发现场指示、整改通知等监理文件，把质量隐患消灭在萌芽中，同时也避免了大面积返工。

桥梁防护栏杆施工与道路填筑施工属性一样，都是连续、重复工序施工，所以试验段施工质量显得尤为重要。监理服务从施工方案的审批、施工前的技术交底着手，与施工人员深入的沟通施工方法、施工的重点与难点，在实施前把双方有分歧的地方沟通一致，把

质量控制的细节逐一交底,最终达成参建各方心往一处想、劲往一处使。试验段施工选取了最短施工长度进行,待混凝土浇筑完成达到拆模强度后及时进行拆模检查,检查施工质量是否符合设计及规范要求,对平整度、气泡、错台等质量问题进行汇总,分析问题产生的原因,对方案进行调整,再次进行试验段施工,直至施工质量完全符合要求才进行大面积施工。

俗话说"万事开头难",通过对试验段施工质量的重视和把控,监理抓住了开头质量,"好的开头等于成功了一半",王临段工程防汛抢险道路的填筑质量和桥梁防护栏杆的浇筑质量得到了有效控制。

### 2.3 扎根施工现场,及时发现问题、解决问题

通过详细阅读图纸和与施工现场一线人员交流,监理发现灌溉站墙身施工中涉及大量钢筋竖向连接,而承包人计划选择常规的手工电弧焊进行操作。根据作者掌握的多年经验,钢筋竖向连接一直是施工操作难点,传统多采用手工电弧焊,但焊接质量受天气、操作人员水平等影响较大,且不易保证两钢筋的轴线在同一直线上。鉴于此,在灌溉站实施前,作者积极建议承包人改变传统手工电弧焊方式,采取更先进、更可靠的套筒挤压机械连接方式,该机械连接方式既能克服天气影响,两钢筋同轴线问题也可以得到彻底解决,且钢筋加工简单,无须焊接接头预弯处理。通过作者更深入地对比机械连接和焊接技术,套筒挤压机械连接在人工费、电费、机械费、材料费、施工速度、工艺要求、适应天气、环境污染等方面具有明显优势[6],承包人采纳了建议,用套筒挤压机械连接取代了手工电弧焊。工程实践证明,套筒挤压机械连接技术的应用解决了传统手工电弧焊存在的问题和不足,该工程钢筋竖向连接质量得到了保证。

灌溉站实施过程中,作者作为总监理工程师始终处在第一线,常常和班组长及一线操作工人进行技术交流,及时发现问题、解决问题。施工临近春节,作者获悉了工人回家过节的具体时间,通过分析研判进水闸只能完成闸底板的浇筑,闸墩的浇筑需要等到节后才能进行,间隔时间较长,根据对规范的掌握和多年工程经验判断,闸墩会因基础约束影响而产生裂缝。为了避免此质量问题的产生,作者果断要求承包人改变施工工艺,立吊空模板,即闸底板以上 1 m 闸墩和闸底板同时浇筑,减轻基础约束影响,达到防裂目的[7]。通过采用此工艺措施,灌溉站进水闸闸墩未出现裂缝,工程实体质量得到了保证。

监理服务只有"接地气"——扎根工程一线,只有"打铁还需自身硬"——掌握专业的知识、具备丰富的经验,才能及时发现问题、解决问题,为水利高质量发展贡献监理力量。

### 2.4 "严"是一种态度,也要讲究方式方法

工程实施过程中会遇到各种质量问题,也会遇到各种"打招呼",要想保证工程质量,除了要"严"字当头,更要懂得"敢于斗争、善于斗争"。第一要从技术交底入手,坚持每项工程开始前监理参加并指导承包人的技术交底工作,指出可能存在的问题和常见的错误做法,"治未病",将质量问题消除在萌芽状态,同时将质量要求灌输到每个人心中,让每个人都在交底中逐步增强质量意识。第二就是在发生质量问题后,监理要晓之以理动之以情,晓之以理就是要以文件形式明确指出存在的问题,动之以情就是主动帮助承包人认识问题的严重性、危害性,从而端正承包人的整改态度,俗话说"态度决定一切",承包人

自身态度的转变和质量意识的提升才能让整改工作整改到位,把质量问题彻底消除。第三就是监理要坚持原则,要敢于向各种"打招呼"行为"亮剑",要善于运用合同赋予的监理权力,要清楚自身的底线和红线。在王临段工程实施过程中,监理始终把"严"字贯穿始终,保证了工程质量,提升了参建人员的质量意识,同时,也营造了风清气正的工程氛围。

### 2.5 安全是各项工作顺利实施的保障

安全是开展任何工作的前提,水利高质量发展更离不开安全的保驾护航。王临段工程涉及桥梁板吊装,鉴于梁板的尺寸、重量和跨度,承包人选择采用 2 台汽车吊抬吊的方法。根据规范要求,单片梁重 38 t,且采用抬吊的非常规方式,属于超过一定规模的危险性较大的单项工程[8],监理按照要求督促承包人编制专项方案并组织专项方案论证,通过论证,监理严格按方案要求监督实施。桥梁吊装过程中,监理除坚持要求承包人每班前进行安全技术交底,还坚持每班吊装前现场核查操作证、驾驶证、行驶证三证[9],坚持总监理工程师旁站监督吊装全过程,不懈的坚持确保了梁板吊装的安全顺利完成。同时在汛前、汛后复工,节前、节后复工,专项方案落实情况等专项安全检查中,监理部始终坚持总监理工程师带队组织检查。作者认为总监理工程师负责制[10]不是喊出来的,是靠总监理工程师一步一个脚印走出来的。安全工作只有坚持让总监理工程师冲在前面,才能把施工安全监理工作真正落到实处。正是靠着把安全工作放在首位的监理服务态度和责任心,工程未发生安全事故,保证了工程的顺利实施。

## 3 结论与建议

王临段濛河分洪道拓浚工程已接近尾声,未发生任何质量、安全事故。回顾三年的监理工作,作者以提升人的质量意识为抓手,以专业的水利知识和 20 年的工程实践经验作为支撑,用专业的监理服务践行着水利高质量发展。作者认为,水利高质量发展依靠的是人,要把提升人的质量意识放在首位,其次是推行先进技术、先进管理、先进材料、自动化、数字化来助力水利高质量发展,只有人的质量意识提升了,在工作中才能主动、负责、优质、高效地做好质量工作,水利高质量发展才能落地生根。

### 参考文献

[1] 习近平. 习近平著作选读:第二卷[M]北京:人民出版社,2023.

[2] 习近平. 习近平著作选读:第一卷[M]北京:人民出版社,2023.

[3] 习近平. 习近平在参加江苏代表团审议时强调 牢牢把握高质量发展这个首要任务[N]. 人民日报,2023-03-06(1).

[4] 李克强. 李克强作的政府工作报告(摘登)[N]. 人民日报,2018-03-06(3).

[5] 水利部. (2021). 水利部召开"三对标、一规划"专项行动总结大会 部署推动新阶段水利高质量发展[EB/OL]. 中华人民共和国水利部,2021.

[6] 潘振勇. 钢筋冷挤压套筒连接技术在工程中的应用[J]. 科技资讯:动力与电气工程版,2008(16):92-93.

［7］中华人民共和国水利部. 水闸施工规范:SL 27—2014［S］. 北京:中国水利水电出版社,2014.

［8］中华人民共和国水利部. 水利水电工程施工安全管理导则:SL 721—2015［S］. 北京:中国水利水电出版社,2015.

［9］中华人民共和国水利部. 水利水电工程施工作业人员安全操作规程:SL 401—2007［S］. 北京:中国水利水电出版社,2007.

［10］中华人民共和国水利部. 水利工程施工监理规范:SL 288—2014［S］. 北京:中国水利水电出版社,2015.

# 重庆"万开云"同城化发展现代水网建设研究

柏　平¹　严小龙²　鲍玲玲¹

(1.重庆市水利电力建筑勘测设计研究院有限公司,重庆　401121;
2.长江勘测规划设计研究有限责任公司,湖北武汉　430010)

**摘　要:**为推进重庆"万开云"板块水利高质量发展,加强与市级骨干水网、区县级水网的衔接融合,协同保障水安全,形成"系统完备、丰枯调剂、循环畅通、安全高效、绿色智能"的多功能现代水网。在分析自然特征、水情特点、水网建设需求的基础上,坚持服务成渝地区双城经济圈、长江经济带等国家战略,统筹协调社会经济与生态保护、水与经济社会发展关系,研究提出构建"两横五纵多点、互联互通互备"的"卉"字形水网。结合当地实际,研究确定了高质量打造水资源配置网、高标准构筑防洪保安网、高水平构建水生态功能网、高科技搭建数字孪生水网、高起点谋划水文化网5大类"五网融合"的水网建设任务。

**关键词:**现代水网;总体布局;建设方案;两横五纵;五网融合

加快构建国家水网,建设现代化高质量水利基础设施网络,是党中央作出的重大战略部署。2021年7月,重庆市发展和改革委员会印发实施的《万开云同城化发展实施方案》,提出加快建成三峡城市核心区,形成以万州城区为核心,开州城区、云阳城区为两极的都市区。2021年12月,水利部印发《"十四五"时期实施国家水网重大工程实施方案》,提出建设一批国家水网骨干工程,有序实施省、市县水网建设。各省(市)加快谋划和实施省级水网骨干工程建设。2022年11月,水利部、国家发展和改革委员会正式印发《成渝地区双城经济圈水安全保障规划》,提出加快区域水网建设,推进跨流域跨区域重大水资源配置工程建设。2023年3月,水利部印发《2023年三峡工程管理工作要点的通知》,要求积极推进幸福河湖、美丽乡村、跨区域水网一体化、支流系统治理、农村饮水安全巩固提升等重点项目建设。本文以"万开云"板块为例,从板块概况及优势、水网建设基础条件、存在问题等几个方面进行分析,研究提出了"万开云"现代水网的总体布局及主要建设任务,以指导板块现代水网建设,推进水利高质量发展。

## 1　"万开云"板块概况

"万开云"同城化发展板块(见图1)位于长江上游、三峡库区腹心部位,是三峡库区中部经济中心,面积11 050 km²,含万州区、开州区和云阳县共134个乡(镇、街道)。2022

**作者简介:**柏平(1988—),男,高级工程师,主要从事水文及水利规划等工作。
**通信作者:**严小龙(1988—),男,高级工程师,主要从事水文及水利规划等工作。

年板块户籍总人口 470 万人,常住人口 369 万人,城镇化率 60.5%,移民搬迁安置人口占比重庆市的 52%。

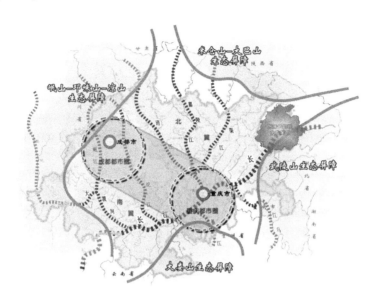

图 1 "万开云"板块区位图

"万开云"同城化发展是重庆主动融入长江经济带建设和成渝城市群发展的战略举措,是重庆市委、市政府为推动"万开云"区域经济一体化发展作出的重大战略决策[1],有利于三峡库区"山-水-城"空间形态协同发展[2]。三地地域相邻、山水相连、人文相亲,区域合作历史悠久,协同发展基础深厚[3]。

2022 年"万开云"板块实现地区生产总值 2 338 亿元,比上年增长 5.5%,高于重庆市水平 2.9 个百分点,占重庆市比重 8%,占渝东北地区比重 45.4%。板块境内河流纵横,呈枝状分布,长江横穿板块而过,多年平均降雨量 1 268 mm,多年平均径流深 757 mm,多年平均地表水资源量为 83.6 亿 m³。2021 年,板块供用水总量为 6.6 亿 m³,供水以蓄水工程为主,用水以农业灌溉及工业用水为主。

## 2 水网建设基础条件

近年来,"万开云"板块二区一县高度重视水利改革发展,通过加快基础设施建设、加强涉水事务监管、健全水利发展体制机制,已基本建成与经济社会发展要求相适应的水安全保障体系:以当地地表水蓄水工程为主结合引提工程的供水格局基本形成,以节水型社会建设为主的水资源节约集约利用水平不断提高,以堤防工程、岸线治理等工程措施和山洪预警等非工程措施相结合的水旱灾害防御能力持续提升,水生态保护与修复取得新突破,水治理能力不断提升。

## 3 水安全现状问题

### 3.1 区域自身水资源禀赋不足,资源性、工程性缺水问题并存

"万开云"板块人均水资源量 1 779 m³,与重庆市人均水量 1 770 m³ 相当,为全国人

均水量 2 200 m³ 的 81%,略高于联合国公布的人均 1 700 m³ 的缺水警戒线。板块内现有水利工程供水能力为 7.4 亿 m³,人均蓄引提水能力 157 m³,远低于重庆市平均水平,不足全国平均水平的 35%。部分区域城乡供水及农业灌溉保障程度较低,现有耕地面积 337.32 万亩,有效灌溉面积 114.07 万亩,有效灌溉率 33.82%。"人高水低,田高水低"的情况突出,缺乏有效的骨干水利工程高质量满足区域内生活生产需水。

### 3.2 区域内各区县供水水源相对独立,供水未形成区域网络,抗旱能力弱

"万开云"境内分布有长江、小江等大江大河,水资源相对充沛,但水资源利用程度较低,开发利用率仅 9.3%,属工程性缺水区域。各区县供水网络相对独立,供水未形成网络化,调配能力弱。加之区域内水源比较单一,供水冗余度不足。遇枯水年份或连续干旱年份,供需存在较大的缺水风险。2022 年"万开云"板块遭遇连晴高温干旱天气,因旱灾影响供水人口超过 40 万人、牲畜超 3 万头,水库枯竭 53 座,山坪塘枯竭 7 070 座,农作物受灾面积 74 万亩,成灾面积 25 万亩,绝收面积 5.4 万亩,直接经济损失 5 亿元。

### 3.3 防洪排涝体系仍存在短板,山洪灾害风险依然较大

"万开云"板块的大多数城镇临河而建,"人水争地"矛盾突出,部分乡镇最低处防洪能力仅为 2~5 年一遇,没有形成合理的防洪封闭圈,是防洪减灾中的突出短板。部分老场镇老建筑依河而建,存在程度不同的不合理占用河道、设置行洪障碍现象。区内洪水峰高量大,涨落迅速,山洪沟众多,山洪灾害风险大,防治任务重。洪水风险图等非工程措施方面需要进一步完善和加强。

### 3.4 水生态环境仍需改善,幸福河湖建设任务重

"万开云"板块地处三峡水库库区中心,水土流失和石漠化严重,消落区生态环境脆弱,治理难度大。现状水源工程多集中在中小流域上,城镇生产生活用水挤占灌溉、生态用水的情况较突出,导致部分河流断面存在生态流量不足、水质不稳定等问题,农村大部分河流尚未治理,"四乱"行为时有发生。

### 3.5 智慧水利、水文化还在起步阶段,缺少顶层设计

"万开云"板块水科技水文化基础薄弱,基层水利技术人才缺乏,水利科技创新体制机制尚未有效建立,水利信息化、智慧化水平不高。水文化方面,三峡移民精神、水利风景区、水利遗产、水文化古迹挖掘保护弘扬不够。智慧水利、水文化均缺少顶层设计,不符合水利高质量发展要求。

## 4 总体方案

### 4.1 规划目标

"万开云"水网依托川渝东北市级水网工程[4-5]建设,以自然河湖为基础,引调水工程为通道,调蓄工程为节点,重点实施"联网、补网、强链",加快推进区域骨干水网建设,完善区级水网体系,全面提升水资源优化配置能力、水灾害防御能力和水生态保护修复能力,建成与高质量发展和生态文明建设要求相协调、与人民群众美好生活新期盼相适应、与全市现代化进程相匹配的水网体系。

到 2035 年,现代化水网体系初步建成,与川渝东北市级水网互通,水资源调蓄和调配能力及洪涝灾害防御能力显著提升,水生态环境得到有效保护,水网工程智慧化水平大幅

提升,区域水安全基本得到保障。

到2050年,现代化水网体系全面建成,上承市级骨干水网,下接区县及乡镇与水网的协同融合共享格局全面形成,水资源合理配置格局全面形成,防洪保安实现全面安全达标,水生态环境实现全面向好,水网智慧化调控全面实现,区域水安全得到全面保障。

### 4.2 总体布局

根据"万开云"板块水系特征、水情特点、现状及规划水利工程布局,按经济社会高质发展对水网建设的需求,开展"万开云"水网构建,逐步形成"两横五纵多点、互联互通互备"的"卉"字形水网总体布局(见图2),形成"系统完备、丰枯调剂、循环畅通、安全高效、绿色智能"的"五网融合"多功能现代水网体系,上承市级,下连区县,协同保障水安全。

图2 "万开云"水系及水网总体布局示意图

"两横"即川渝东北一体化水资源配置工程输水干线和长江水源带,前者是重庆市及"万开云"水网的主骨架、大动脉,是承担整个区域水资源调配的骨干通道,后者是"万开云"地区的备用水源。

"五纵"即长江南北两岸的纵向输水干线,为水源之间的天然+人工输水线路。

"多点"即分散的单点中小型水源工程。

"五网融合"即以水资源配置网、防洪保安网、水生态功能网、水文化网为主体,以数字孪生水网为支撑,推动五大水网深度融合,做好水文章、做强水经济,助推"万开云"绿色高质量发展。

## 5 主要建设任务

### 5.1 高质量打造水资源配置网

水资源配置立足"万开云"片区水资源特点,坚持节水优先,依托市级水网工程体系,以骨干供水系统为单元,按照丰枯互济、多源互补、安全高效的供水配置网络进行布局,实施跨区域重大水资源配置工程建设,强化蓄引提调、大中小微供水工程协调配套。长江北岸片区以川渝东北一体化水资源配置工程、向阳水库、跳蹬水库等为骨干水源工程,长江南岸片区以大滩口水库、幸福水库等为骨干水源工程,辅以长江提水工程,单点小型水源工程为补充,全面提升水资源优化配置能力,供水保障能力和战略储备能力。

## 5.2 高标准构筑防洪保安网

防洪减灾贯彻总体国家安全观和"两个坚持、三个转变"防灾减灾新理念,坚持人民至上、生命至上,结合"万开云"水网框架特征,以流域为单元,以骨干江河水系为行洪排涝主通道,以大中型水库为调蓄节点,采取"蓄泄兼筹、以泄为主"的防洪治理方针,工程措施与非工程措施并重的综合防治方案。长江干流段主要以防洪护岸工程为主,采用工程措施与非工程措施相结合的方式实现防洪达标;汤溪河、小江、磨刀溪等主要支流采取"泄、蓄、分、改"等多种手段,逐步疏通河道卡口,兴建控制性防洪水库,加强重要支流和中小河流治理,提高行洪能力,加强水情测报及其他防洪非工程措施建设,构建完整的防洪保安体系,全面提高防洪能力。

## 5.3 高水平构建水生态功能网

"万开云"板块是重庆落实长江经济带"大保护"总体要求的重要载体,坚持山水林田湖草沙一体化保护和系统治理,按照"重保护、强修复、优环境"的思路,以保护三峡水库为核心,依托板块南北七曜山、大巴山重要生态屏障,坚持保护优先、自然修复与治理修复相结合,构建"万开云"板块水生态安全格局。打造以长江、小江、汤溪河、磨刀溪为主体的河流水系生态廊道,实施水域空间管控、水源涵养和水土保持建设、重点河流生态廊道建设、水系连通及水美乡村建设、跨界水体环境协同治理、绿色小水电改造6大任务,构建生态安全格局,巩固长江上游生态屏障,为"万开云"同城化发展提供重要的生态支撑。

## 5.4 高科技搭建数字孪生水网

按照"需求牵引、应用至上、数字赋能、提升能力"的要求,以"大系统设计、分系统建设、模块化链接"为原则,以"数字化场景、智慧化模拟、精准化决策"为路径,搭建"1+2+N"总体建设框架,即1个"万开云"同城化数字孪生水网平台,2+N个智能业务应用,实现"数字一张网、管理一张图、调度一指令、安全一平台",打造具有"万开云"同城化特色的孪生水网综合平台。

## 5.5 高起点谋划水文化网

立足生态环境、旅游资源优势,紧抓成渝地区双城经济圈和长江经济带发展等国家战略机遇,在满足生态功能,尊重和保护历史的前提下,深挖文化内涵,推进文旅融合,充分利用深厚的历史文化遗存和丰富的自然景观资源,以三峡水文化资源为核心,推动"万开云"水文化建设落地生根,加快构建"万开云"水文化网,将文化魅力转化为经济动力,助推板块高质量发展,引领人民高品质生活,提升人民的幸福感。

# 6 结论

"万开云"同城化发展现代水网是一项集水资源配置、防洪保安、生态保护修复、数字孪生、水文化、水经济等多功能于一体的综合性、战略性的大型水网工程体系,是深化、细化三峡工程后续工作的具体措施,是推动移民安置区产业兴旺、引导居民致富的基础保障。本文分析总结板块现状水网建设条件及存在的问题,提出符合三峡水库库区地方特色的水网建设目标、布局和建设任务,对促进板块水利高质量发展有重要指导意义。下一步,可针对"万开云"板块中现状水源保障最急需、防洪薄弱、乡镇振兴供水保障最迫切和生态环境亟须改善的区域,优先实施有前期论证基础、资金来源明确的先导项目,逐步有序推进现代水网建设。

## 参考文献

[1] 陈仁安."万开云"同城化发展研究[J].经济研究导刊,2014(21):173-175.

[2] 方国臣.三峡库区"山-水-城"空间形态协同发展研究:以万州、云阳中心城区为例[D].重庆:重庆大学,2021.

[3] 熊晓梅."万开云"沿江特色经济带协同发展研究[J].西昌学院学报,2017,31(3):56-58.

[4] 周雨奇,李波,赵健.川渝东北水资源协同优化配置研究[J].中国水利,2023(9):18-22.

[5] 韦凤年,王慧,赵洪涛.以新发展理念构建重庆现代水网体系:访重庆市水利局副局长卢峰[J].中国水利,2019(19):1-2,11.

# 基于数值仿真的格形地下连续墙特性
# 分析与方案优化

李晓旭　　王政平　　杜梦洁

( 中水珠江规划勘测设计有限公司,广东广州　510610)

**摘　要**:格形地下连续墙是大型深基坑的新型支挡结构形式,为了分析格形地下连续墙的应力变形特点和工作特性,依托澳门内港挡潮闸工程左岸船闸深基坑,建立"地基–地连墙"三维有限元流固耦合模型,对地基渗流场和格形地下连续墙的工作状态进行数值仿真。经分析,格形地下连续墙水平位移的主要影响因子有前后墙间距、墙体嵌固深度、墙体排水条件、墙前地基加固和隔墙间隔等,计算发现增大前后墙间距、加深墙体嵌固深度、墙体设置排水和墙前进行地基加固可显著减少墙体水平位移,提高墙体稳定性;减小隔墙间距对减少墙体水平位移不明显。根据分析的主要成果,对格形地下连续墙方案进行优化,优化后的方案更合理,并满足控制要求。研究成果可为大型坑格形地下连续墙的设计和优化提供参考。

**关键词**:格形地下连续墙;数值分析;围护结构;基坑

## 1　引言

格形地下连续墙(简称地连墙)是城市堤防、码头、软土深基坑的一种新型地连墙结构形式,由前墙(临基坑侧)、后墙(背基坑侧)和隔墙组成。隔墙连接前后墙构成格形结构,与其内部原状土体共同形成半重力式支挡结构,某些场合可仅靠自重实现支挡功能[1-3]。目前,地连墙槽段的厚度一般为0.5~1.2 cm,最厚可达3.2 cm,入土深度一般在10~50 m,最大深度可达170 m。格形地连墙的用途很广,可用作如堤防、码头、软土基坑和护岸的挡土墙和防渗墙。格形地连墙支挡时,与墙前土、墙后土和墙内土相互作用,支挡效果不仅与墙体自身的空间结构相关,还与地基土特性、墙底嵌固情况、墙体排水条件和墙前地基土加固情况密切相关,因此格形地连墙的支挡问题是十分复杂的非线性空间力学问题。

侯永茂[4]利用参数分析研究了格形地连墙的几何尺寸、连续墙接头形式、坑底加固、坑内桩基以及基坑底板基坑应力变形的影响。汪贵平等[5]对某船坞的格形地连墙设计中的稳定性进行了验算,并对实际工程中的监测数据进行了分析。徐伟等[6]通过三维数

**基金项目**:水利部重大科技项目(SKS-2022116)。

**作者简介**:李晓旭(1991—),男,工程师,主要从事水利、岩土工程的设计和数值仿真研究工作。

**通信作者**:王政平(1978—),男,正高级工程师,主要从事水利、岩土工程的设计和数值仿真研究工作。

值模拟方法探讨了格栅式地连墙的前后墙间距和隔墙间距变化对墙体受力变形特性的影响。顾宽海等[7]对护岸前沿土体加固的面积置换率、加固宽度和加固深度对格形地连墙变形的影响进行了研究,结果表明护岸前沿采用土体加固来减少护岸水平位移的方法是可行、有效的。马勇[8]研究了格形地连墙基坑的变形特性及其空间效应,并较为全面地研究了格形地连墙的厚度、嵌固深度、隔墙的长度、隔墙的间距、基坑主动区加固、被动区加固和格墙间土加固对基坑变形特性的影响。邵耳东[9]对格栅式地连墙进行了参数敏感性分析,较为系统地研究了格栅式地连墙的前后墙嵌固深度、隔墙间距、墙体厚度、隔墙长度对于格栅式地连墙的整体变形和局部变形的影响,结果表明,嵌固深度对于格栅式地连墙的整体变形影响最大;隔墙长度是影响地连墙整体刚度的关键参数,可以显著增加格栅式地连墙的整体刚度,降低地连墙整体变形;隔墙间距和墙体厚度影响着格栅式地连墙的局部变形。格形地连墙的应力变形特性和工作特性十分复杂,仍然有许多问题没有明确。

为了进一步分析格形地连墙的应力变形特点和工作特性,以澳门内港挡潮闸工程左岸船闸深基坑的格形地连墙支护工程为背景,基于数值仿真技术,对格形地连墙的工作特性进行分析和研究,并对设计方案进行优化,为工程设计、施工和管理提供参考与依据。

## 2  研究背景

澳门内港挡潮闸工程位于珠江河口澳门附近水域湾仔水道出口,主要任务为挡潮、排涝、航运等综合运用。工程等别为Ⅰ等,工程规模为大(1)型。澳门内港挡潮闸闸轴线长约 540 m,从左到右依次为左岸连接段、应急船闸、排涝泵站、左通航孔、右通航孔、6 孔泄水孔及右岸连接段。内港挡潮闸泄水孔、通航孔及岸边挡水连接段主要建筑物级别为 1级,次要建筑物级别为 3 级。防潮标准 200 年一遇、排涝标准 20 年一遇。左岸船闸深基坑紧邻主干公路,公路的另一侧为在建轻轨站。船闸基坑支护拟采用格形地连墙,支护净支挡高度 12.35 m,地连墙支挡示意见图 1。

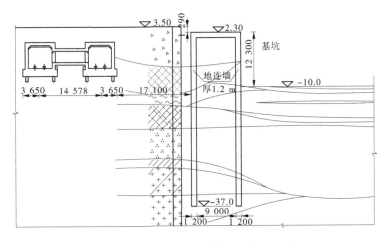

**图 1  地连墙支挡示意图**  (单位:尺寸,mm;高程,m)

## 3 流固耦合三维有限元模型

### 3.1 计算原理

土体的渗流场和应力场相互影响,渗流场通过渗透压力和渗流体积力影响土体应力分布;应力场通过土体的体积应变及孔隙率影响渗透系数,从而影响渗流场。

假定:土完全饱和各向同性体,固体颗粒和孔隙水可以压缩,固体骨架的变形遵从Terzaghi有效应力原理,孔隙水渗流服从Darcy定律,土体在渗流过程中可发生位移,土体孔隙率和渗透系数是动态变化的。

土体视为多孔介质,根据太沙基有效应力原理:

$$\sigma'_{ij} = \sigma_{ij} - \alpha p \sigma_{ij} \tag{1}$$

式中:$\sigma'_{ij}$ 为有效应力;$\sigma_{ij}$ 为总应力;$\alpha$ 为 Boit 系数,是 $0 \sim 1$ 的一个常数;$p$ 为孔隙压力。

流体在孔隙中的流动依据 Darcy 定律,同时满足 Biot 方程,土体渗流-应力耦合模型的控制方程[10]为:

$$\left. \begin{array}{l} G \nabla^2 u - (\lambda + G) \dfrac{\partial \varepsilon_v}{\partial x} - \dfrac{\partial p}{\partial x} = 0 \\[2mm] G \nabla^2 v - (\lambda + G) \dfrac{\partial \varepsilon_v}{\partial y} - \dfrac{\partial p}{\partial y} = 0 \\[2mm] G \nabla^2 w - (\lambda + G) \dfrac{\partial \varepsilon_v}{\partial z} - \dfrac{\partial p}{\partial z} + \rho g = 0 \\[2mm] \nabla \left[ k (\nabla p + \gamma_w) \right] = \gamma_w n \beta_w \dfrac{\partial p}{\partial t} + \gamma_w \dfrac{\partial \varepsilon_v}{\partial t} \end{array} \right\} \tag{2}$$

式中:$G$ 为剪切模量,$G = \dfrac{E}{2(1+\mu)}$;$\nabla$ 为梯度算子,$\nabla^2 = \dfrac{\partial^2}{\partial x^2} + \dfrac{\partial^2}{\partial x^2} + \dfrac{\partial^2}{\partial z^2}$;$\lambda$ 为拉梅常数,$\lambda = \dfrac{E\mu}{(1+\mu)(1-2\mu)}$;$g$ 为重力加速度;$k$ 为土体渗透系数;$\gamma_w$ 为水的容重;$p$ 为孔隙压力;$u$、$v$、$w$ 分别为土体在 $x$、$y$、$z$ 方向上的位移分量;$\varepsilon_v$ 为体应变;$\beta_w$ 为水的体积压缩系数;$n$ 为多孔介质的孔隙度。

将上述方程组在空间域和时间域离散,其有限元增量表达式为:

$$\begin{Bmatrix} [K] & -[L] \\ -[L]^T & [T] \end{Bmatrix} \begin{Bmatrix} \Delta u_i \\ \Delta p_i \end{Bmatrix} = \begin{Bmatrix} -\Delta F_i \\ \Delta t_i \{Q_i\} + \Delta t_i [T] \{p_{i-1}\} \end{Bmatrix} \tag{3}$$

式中:$[K]$ 为通常的刚度矩阵;$[T]$ 为渗流矩阵;$[L]$ 为耦合矩阵;$\Delta u_i$ 为位移增量;$\Delta p_i$ 为孔隙压力增量;$\Delta F_i$ 为节点力增量;$Q_i$ 为节点汇源项。

先采用有限差分法计算渗流场,再把求得的孔隙压力增量加载到岩土应力场,再采用有限元求解应力场,根据应力场计算的应变修正渗透率和孔隙率,再反馈给渗流场,循环迭代,直到结束。

### 3.2 计算模型

根据基坑实际地形地质条件和地连墙结构设计方案,建立"轻轨车站-地基-地连墙-施工平台"三维有限元数值模型,模型及坐标系见图2,箭头方向为正。格形地连墙、轻轨

车站及各土层均采用实体单元,车站桩基采用桩单元。地连墙单元尺寸 0.3~0.5 m,地基
单元尺寸 0.5~1.5 m,兼顾计算时间和精度,根据对称原理,取半格宽度作为研究对象,见
图 2。模型共有 17 万个单元 17 万个节点。

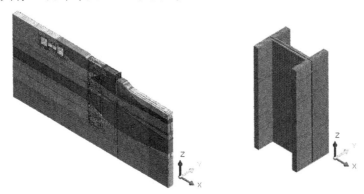

图 2  三维有限元计算模型及格形地连墙模型

### 3.3  计算参数

各土层采用 Mohr-Coulomb 本构模型,强风化、弱风化土层以及混凝土结构采用线弹
性模型,各土层计算参数见表 1。

表 1  土层计算参数

| 土层名称 | 天然 $\gamma$/ ($kN/m^3$) | 快剪 | | 变形模量 $E_0$/MPa | 渗透系数 $k$/(cm/s) | 泊松比 $\nu$ | 材料 本构模型 |
|---|---|---|---|---|---|---|---|
| | | $c$/kPa | $\varphi$/(°) | | | | |
| 抛石 | 20 | 0 | 40 | 50 | $1.0\times10^{-2}$ | 0.3 | M-C |
| 素填土 | 18.0 | 0 | 27 | 12.5 | $1.0\times10^{-5}$ | 0.3 | M-C |
| 淤泥 | 15.7 | 1.9 | 2 | 1.3 | $1.0\times10^{-6}$ | 0.3 | M-C |
| 淤泥质土 | 17.5 | 3.7 | 5.4 | 2 | $3.4\times10^{-6}$ | 0.3 | M-C |
| 花斑黏土 | 18.5 | 22.1 | 14.4 | 7.5 | $3.0\times10^{-5}$ | 0.3 | M-C |
| 中粗砂 | 19 | 0 | 38 | 30 | $4.0\times10^{-2}$ | 0.3 | M-C |
| 粉质黏土 | 18.5 | 19 | 14 | 9 | $3.0\times10^{-5}$ | 0.3 | M-C |
| 砾砂 | 20 | 0 | 40 | 50 | $4.0\times10^{-2}$ | 0.3 | M-C |
| 残积土 | 18.5 | 19 | 22 | 60 | $8.0\times10^{-5}$ | 0.3 | M-C |
| 全风化花岗岩 | 18.8 | 21 | 23.8 | 100 | $1.0\times10^{-4}$ | 0.2 | M-C |
| 强风化花岗岩 | 20 | — | — | 1 000 | $1.0\times10^{-7}$ | 0.2 | 线弹性 |
| 弱风化花岗岩 | 26.1 | — | — | 3 000 | $1.0\times10^{-8}$ | 0.2 | 线弹性 |
| C35 地连墙 | 25 | — | — | 32 500 | $1.0\times10^{-10}$ | 0.2 | 线弹性 |
| 回填砂 | 1.95 | 0 | 32 | 25 | $1.0\times10^{-5}$ | 0.3 | M-C |
| 山岗土 | 17.7 | 15 | 15 | 20 | $1.0\times10^{-5}$ | 0.3 | M-C |

## 4 墙体变位的主要影响因素

地连墙水平位移是支护效果最重要的控制参数,因此很有必要对地连墙水平位移的影响因子和敏感性进行分析和研究,为设计方案的优化提供参考和方向。

格形地连墙是空间结构,其变形与地基刚度和墙体自身刚度有关。前墙、后墙和隔墙厚度对地连墙的水平位移影响并不大[4],所以这里不再分析厚度与位移的影响。按构造初步分析,墙体位移的主要影响因子有前后墙间距、嵌入基岩深度、排水条件、墙前地基加固和隔墙间隔等。

敏感性分析初始状态:前、后墙厚1.2 m,前后墙中心间距10.2 m;隔墙厚1.2 m,隔墙中心间距9 m;墙顶板厚1.2 m,墙顶面高程2.3 m,墙深39.3 m。大马路路面高程3.5 m,基坑底高程-10.0 m。

### 4.1 前后墙间距对墙体变位的影响

前后墙间距 $L$ 反映地连墙的总体宽度。$L$ 分别取 7.4 m、8.4 m、9.4 m、10.4 m、11.4 m、12.4 m 和 13.4 m,其他变量同初始状态,分析墙体变位。计算简图见图3,地连墙变位与前后墙间距的关系见图4。

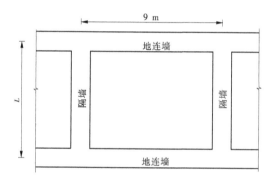

图3 不同前后墙间距时计算简图

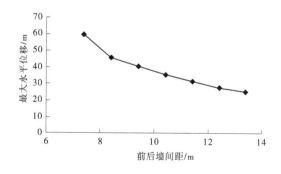

图4 前后墙间距与墙顶水平位移的关系

图4表明,墙顶水平位移与前后墙间距 $L$ 单调负相关,即前后墙间距越大,格形地连墙顶水平位移越小;反之,越大。

### 4.2 墙前被动区对墙体变位的影响

为了增强墙前被动区抗力,对墙前被动区采用格栅状旋喷桩进行加固。加固范围宽 9.8 m,深 10 m,旋喷桩面积置换率 $m$ 为 0.46,加固后地基综合强度参数[12]$c$ = 130 kPa, $\varphi$ = 200°。计算简图见图 5,格栅旋喷桩平面示意图见图 6,墙后被动区加固前后地连墙水平位移见图 7。

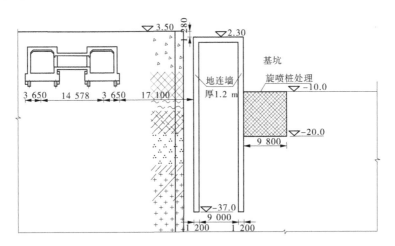

**图 5 计算简图** (单位:尺寸,mm;高程,m)

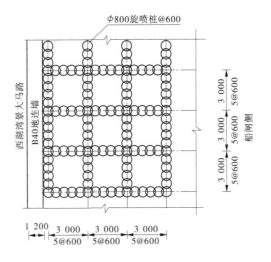

**图 6 格栅旋喷桩平面示意图** (单位:尺寸,mm;高程,m)

墙前被动区未加固时,被动区的地基土应变较大;加固后,墙前被动区土体刚度大大增加,应变减少,提升了土体抗力,减少墙体变位。加固区右侧地基强度较低,且深厚,右侧未加固区对加固区的抗力仍然较小,所以固区会传递墙体的水平位移,在加固区右侧地基附近产生较大的应变区。

墙前被动区采用旋喷桩加固前后,墙顶最大水平位移分别为 39.5 mm 和 34 mm,采用旋喷桩加固后,墙顶最大水平位移减少了 13.9%。

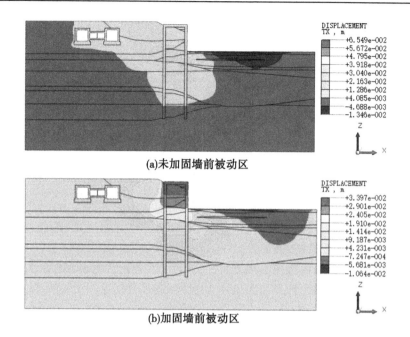

(a)未加固墙前被动区

(b)加固墙前被动区

**图7　被动区加固前后地连墙水平位移**

### 4.3　嵌入基岩深度对墙体变位的影响

嵌固深度 $H$ 分别取 25 m、27 m、29 m、31 m、33 m,对应入岩深度分别取-4 m(不入岩)、-2 m(不入岩)、0 m、2 m、4 m,其他变量同初始状态。计算简图见图8。经计算,嵌固深度与墙体位移的关系见图9。

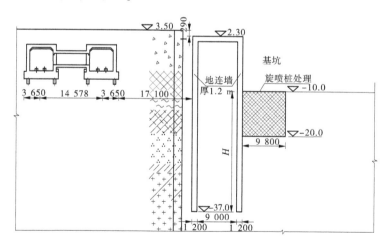

**图8　计算简图**　(单位:尺寸,mm;高程,m)

图9表明,墙体越长、埋深越大,墙顶位移越小;与不入岩相比,入岩2 m时墙顶位移明显减小,表明入岩嵌固可显著降低墙体位移;入岩2 m和入岩4 m时墙顶最大位移基本相同,表明入岩深度超过2 m后,再增加入岩深度对墙体位移控制效果不明显。

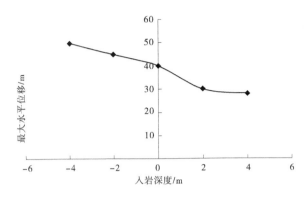

图9　地连墙水平位移与嵌固深度的关系

### 4.4　墙体排水对墙体变位的影响

墙体排水指前墙是否可排前后墙之间的地下水。分析计算前墙(临水侧)是否为排水边界情况下的墙顶位移。计算简图见图10,计算成果分别见图11~图14。

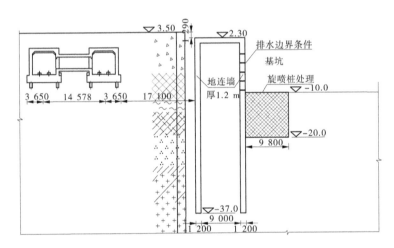

图10　地连墙墙体排水边界条件　(单位:尺寸,mm;高程,m)

前墙是否为排水边界,地基及墙体内的孔隙水压力分布存在差异,从而引起墙体总体受力情况和变位的差异。

前墙设排水边界前后,墙顶最大水平位移分别为34.0 mm和27.7 mm;前墙排水后墙顶最大水平位移减少了18.5%。经进一步研究,与前墙不排水相比,前墙排水时墙间内土体的地下水位较低,前墙受的水压力矢量和较小,后墙受的水压力矢量和较大,墙体及墙间土总自重较少,墙体底面的扬压力和墙内土的孔隙水压较低。

### 4.5　隔墙间距对墙体变位的影响

设隔墙间距 $B$ 为隔墙中心到中心的距离,分别取4 m和9 m,其他变量同初始状态,分别计算墙顶位移。计算简图见图15,墙体位移见图16。

隔墙间距 $B$ 为4 m和9 m时墙顶最大水平位移分别为32.5 mm和34 mm;隔墙间距 $B$ 增大225%,墙顶最大变位减少4.4%,这表明隔墙间距 $B$ 对墙体变位影响较小。

　　墙体挡土时自身发生弯曲变形,同时由于地基变形,墙体发生旋转变位。经进一步分析发现,墙体刚度远大于地基刚度,墙体自身变形远小于地基引起的变形,即地基土变形是墙体变位的主要因素。隔墙间距主要影响着墙体自身的刚度和强度,隔墙的间隔越小,墙体自身刚度越大,配筋量越低;反之,相反。隔墙间距可以改变墙体刚度,但并不明显改变地基对墙体的抗力,也不会明显改变墙体的水平位移量。

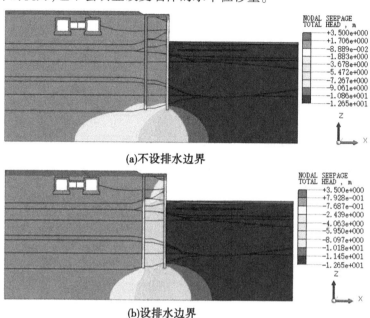

(a)不设排水边界

(b)设排水边界

图 11　总水头云图

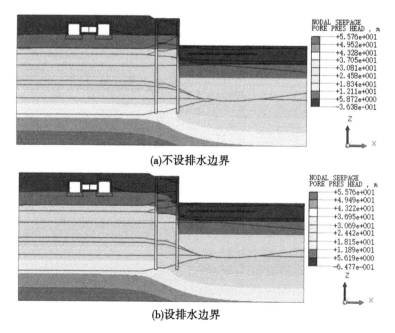

(a)不设排水边界

(b)设排水边界

图 12　压力水头云图

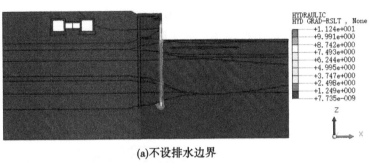

(a)不设排水边界

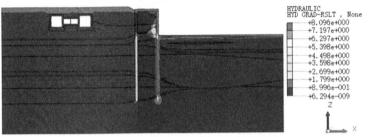

(b)设排水边界

图 13 水力坡降云图

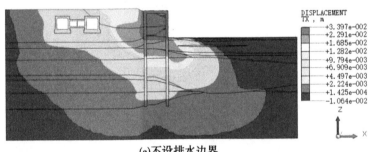

(a)不设排水边界

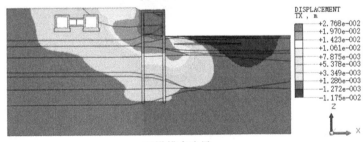

(b)设排水边界

图 14 水平位移图

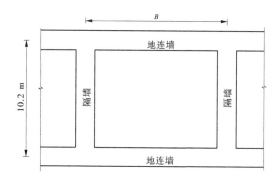

**图 15 不同隔墙间距计算简图**

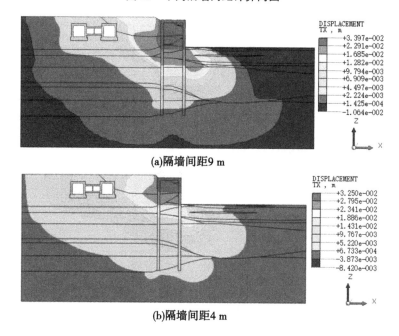

**(a)隔墙间距9 m**

**(b)隔墙间距4 m**

**图 16 水平位移**

# 5 墙体结构优化

## 5.1 结构优化

根据墙体变位主要影响因素敏感性分析成果,对格形地连墙结构进行优化。前后墙间距取为 10.2 m;被动区采用搅拌桩加固,加固深度 10 m、宽度 9.8 m;墙体嵌固深度取为入岩 2 m;为方便施工前墙采用不排水;隔墙间隔取为 9 m。优化后结构如图 17 所示。对优化后的格形地连墙结构进行应力和变形分析。

## 5.2 墙体应力分析

墙体应力控制工况发生在基坑完建情况。此时,前墙竖向应力主要受压,后墙主要受拉;在嵌固的基岩面处,前墙竖向压应力最大,后墙竖向拉应力最大;在嵌固的基岩面处,前墙与隔墙交叉处的外侧竖向压应力最大,为 7.35 MPa;后墙在隔墙之间的跨中处竖向

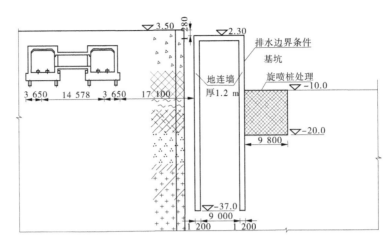

**图 17 优化后结构** （单位:尺寸,mm;高程,m)

拉应力最大,为 5.85 MPa。由于墙体内外土压力存在差异,前后墙在竖向(右手定则)存在弯矩,$Y$ 向拉应力主要位于后墙外侧和前墙外侧的跨中处。墙体竖向应力和 $Y$ 向应力分布见图 18 和图 19。

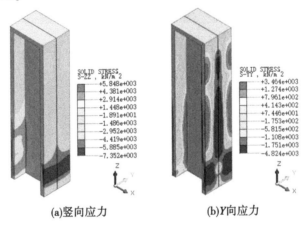

(a)竖向应力　　　　　　　　(b)$Y$向应力

**图 18 墙体竖向应力和 $Y$ 向应力**

与普通地连墙不同,格形地连墙整体宽度大,自重大,这大大增强了墙体稳定性。墙体自重稳定效应明显,不再单纯依靠自身抗弯刚度来维持。墙体结构应力水平较低,表明其稳定性对自身结构强度的依赖较小,且具有较强的支挡能力。

## 5.3 墙体位移分析

墙体位移控制工况发生在基坑完建情况。此时,墙顶位移大,向下位移逐渐变小,水平向位移墙顶最大,为 29.5 mm;竖向位移前墙向下,后墙向上,墙体作为整体类似于大悬臂,有整体向外倾斜的趋势。墙体位移分布见图 20。根据规范要求[11],地连墙支护结构水平位移控制标准取 30 mm,且不大于 0.002$H$(30 mm),因此基坑支护结构水平位移满足位移控制要求。

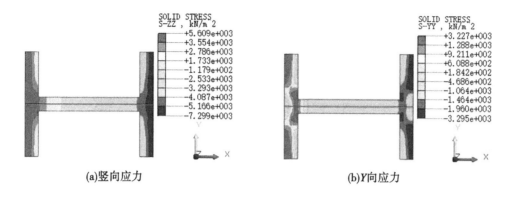

(a)竖向应力                    (b)Y向应力

图 19　基岩面处水平剖面竖向应力和 Y 向应力

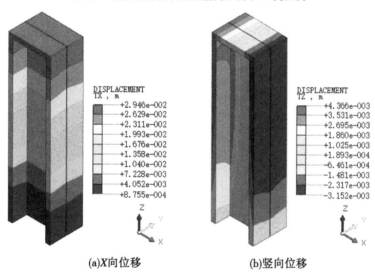

(a)X向位移                    (b)竖向位移

图 20　墙体水平 X 向位移和竖向位移

## 6　结论

格形地连墙的前后墙通过隔墙联系成整体后,形成空间力系,挡土机理发生了重大改变,其应力、位移与单、双排地连墙也有很大差异。相对于单排地连墙和双排地连墙,格形地连墙刚度较大,自重较大,自稳效果显著,结构的应力水平大大降低,因此其支挡能力更强。

格形地连墙变位的主要影响因子较多,增大前后墙间距、加固墙前被动区和墙体设置排水,可显著降低墙体位移,提高墙体稳定性;减少隔墙间距对减少墙体水平位移不明显。根据分析的主要成果,对格形地连墙方案进行优化,优化后的方案更合理,并满足控制要求。地连墙按块分槽实施,各块之间采用一定形状的钢接头连接,本次计算时假设各块为一整体,不计钢筋接头的影响,这可能与实际情况存在一定的差异,下一步将对分块接头的特性及对结构的影响进行更深入的研究。

## 参考文献

[1] 夏建国.格型地连墙结构的设计与施工方案探讨[J].水运工程,2004(11):88-91.

[2] 周广柱,徐伟,陈宇.格形地连墙与软土相互作用的离心试验研究[J].岩土力学,2011(S1):134-140.

[3] 李昀,顾倩燕,费永成.既有船坞接长工程中格型地下连续墙坞墙设计研究[J].岩土工程学报,2010,32(Z2):323-326.

[4] 侯永茂.软土地层中格形地下连续墙围护结构性状研究[D].上海:上海交通大学,2010.

[5] 汪贵平,李华梅,费永成,等.格形地下墙结构在基坑工程中的应用[J].地下空间与工程学报,2005,1(4):584-586.

[6] 徐伟,左玉柱,张平.大型格形地下连续墙三维数值模拟受力分析[J].建筑施工,2010,32(10):1070-1071.

[7] 顾海宽,张逸帆.软土地基中格形地下连续墙护岸前沿土体加固参数研究[J].水运工程,2018(4):134-139.

[8] 马勇.格形地下连续墙围护结构的变形性状研究[D].广州:华南理工大学,2015.

[9] 邵耳东.临海隧道格栅式地下连续墙支护结构受力性能研究[D].南京:东南大学,2018.

[10] 刘性全,徐海,毕传萍,等.应用流固耦合理论研究套损机理[J].西安石油大学学报(自然科学版),2007,22(2):129-132.

[11] 中华人民共和国住房和城乡建设部.建筑基坑支护技术规程:JGJ 120—2012[S].北京:中国建筑工业出版社,2012.

[12] 广东省质量技术监督局.广东省海堤工程设计导则(试行):DB44/T 182—2004[S].

# 重力式水泥土墙在水闸基坑支护中的应用

单其宽　　张永恒　　王海建

（中水珠江规划勘测设计有限公司,广东广州　510610）

**摘　要:** 珠江三角洲地区一般位于Ⅶ度区,水闸工程地基基础普遍为深厚软土层,在水闸施工过程中一般需要设临时基坑支护。本文以广州市南沙区某水闸为例,通过采用重力式水泥土墙进行基坑支护,取得了良好的基坑支护效果;根据现场工艺性试桩,确定合理的水泥掺量。试验结果表明:对于流塑状淤泥,18%水泥掺量成桩效果较差,基本成不了桩,22%水泥掺成果效果较好,可以满足设计需求。

**关键词:** 水泥搅拌桩;水闸;基坑支护

随着珠三角地区经济的迅速发展,水利设施的建设数量与日俱增,地基承载力不足是珠三角软土地基存在的普遍问题,一些学者对软土地基进行了研究[1-3],若地基处理不好,将必然引起建筑物不均匀沉降,甚至导致混凝土开裂,严重影响结构的使用功能,降低建筑的耐久性,所以必须对软土地基进行处理。

水泥土搅拌桩是加固处理软土地基的有效方法之一,其特点主要为施工简单、造价低、工效高、加固效果明显,现已在建筑工程软土地基加固处理中得到广泛的应用[4-6]。它利用水泥、石灰等材料作为固化剂的主剂,通过搅拌机械采用喷浆施工将固化剂和地基土强行搅拌,利用固化剂和软土之间所产生的一系列物理–化学反应[7](见图1),使软土硬结成具有整体性、水稳定性和一定强度的优质地基。将水泥系材料和原状土强行搅拌的施工技术,近年来得到大力发展和改进,加固深度和搅拌密实性、均匀性得以提高。目前,常用的施工机械有单轴水泥土搅拌桩、双轴水泥土搅拌桩、三轴水泥土搅拌桩以及高压旋喷桩。

广州市某水闸工程主要建筑物基础均坐落在粉细砂和软弱淤泥层。根据地质勘察报告,粉细砂判定为严重液化,可能存在一定地基震陷问题,淤泥层压缩性高,承载力低,因此地基处理除需要考虑承载力和基础沉降外,还应考虑到由地基液化产生的震陷。在主要建筑物基础下采用单轴水泥土搅拌桩进行地基处理,建筑物周边采用格栅式水泥土搅拌桩形成围封,即可增加地基承载力,又可防止粉砂受外力影响液化流动而失去地基承载力。该软土处理方法在水闸工程运用中取得了较好的加固效果。

## 1　工程概况

广州市南沙区处于广州市的最南端,位于沙湾水道以南、珠江出海口虎门水道以西,

---

**作者简介:** 单其宽(1988—),男,硕士,工程师,主要从事水工结构工程设计工作。

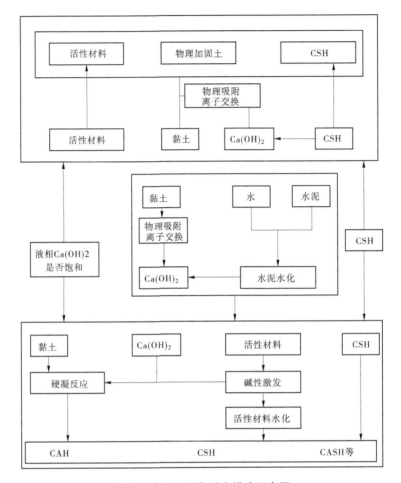

图 1  水泥土硬化反应模式示意图

是珠江水系的三大干流西江、北江、东江入海汇集之处。

该某水闸位于广州市南沙区的龙穴岛。龙穴岛位于珠江口的蕉门、虎门水道出口交界处,距广州 86 km,西南距新垦镇约 6 km,主要任务为防洪(潮),水闸顺水流向由进口抛石防冲槽、护坦、闸室、出口消力池、出口钢筋混凝土框格固定石笼海漫、出口抛石防冲槽等建筑物组成。闸室长 30 m、宽 31 m,共 3 孔。

## 2  工程地质

水闸建基面高程约为-5.40 m,其主要坐落在②-1 层淤泥、②-2 层淤泥质土及淤泥质粉砂之上。

②-1 层淤泥、淤泥夹砂,局部为淤泥质土,灰黑色,呈流塑状-软塑状,有腥臭味。本次勘察钻孔基本均有揭露,厚度差异大,厚度为 5.20～17.20 m,平均厚度为 11.26 m,为高压缩性土,沉降量大,抗剪强度低,承载力低,相应顶板高程-3.20～-0.04 m。

②-2 层淤泥质粉砂,灰黑色,松散状,饱和,成分由石英粉砂粒和粉黏粒组成,分选性一般,局部含泥量偏大。本次勘察钻孔大多有揭露,厚度差异大。该层厚度为 1.00～7.90

m,平均厚度为 3.71 m,钻孔 JWZK13 揭露最薄 1.00 m。相应顶板高程 -18.24 ~ -5.78 m,具中等透水性,承载力低。

②-3 层淤泥质黏土夹砂,灰黑色,呈软塑状-软可塑状,成分由黏粉粒、夹极薄层粉砂、细砂、粗砂等组成。该层厚度大,分布连续,本次勘察钻孔均有揭露,厚度为 3.00 ~ 17.60 m,平均厚度为 9.03 m,相应顶板高程 -24.10 ~ -7.18 m,为高压缩性土,沉降量大,抗剪强度低,承载力低。

②-4 层粉质黏土、淤泥质黏土、含砂黏土,灰黑色~褐色,可塑状,成分由黏粉粒组成,局部夹砂,黏性较好。该层在本次勘察钻孔中基本有揭露,钻孔上部岩芯经暴晒后有开裂,厚度为 3.60 ~ 16.60 m,平均厚度为 12.28 m,相应顶板高程 -29.40 ~ -18.11 m,钻孔 JWZK17 揭露最厚厚度 16.60 m,为高压缩性土,承载力低。

②-5 层细砂、中砂、粗砂,深灰色-灰黑色,局部为中粗砂,饱和,稍密状,成分由石英砂粒组成,分选性一般,局部岩芯呈现黏粉粒含量较多。该层在本次勘察钻孔中基本有揭露,厚度为 0.60 ~ 5.10 m,平均厚度为 2.40 m,相应顶板高程 -36.90 ~ -31.21 m,钻孔 JWZK06 揭露最薄 0.60 m,该层透水性较强,承载力中等。

## 3 基坑支护方式

基坑长约 100 m、宽 100 m。基坑周边环境较为简单,基坑整体安全等级为二级,基坑侧壁重要系数为 1.0,基坑有效深度为 6.0 m。建筑工程在基坑开挖过程中,支护方式多种多样,一般有放坡、土钉墙、钢板桩、灌注桩+锚索、重力式水泥土挡墙、地下连续墙等方式。根据本工程建筑物及其地质特性,设计采用重力式水泥土挡墙进行地基处理。

## 4 重力式水泥土挡墙设计及要求

在闸室基坑右岸采用重力式水泥土挡墙基坑支护,水泥搅拌桩桩长 17 m(穿透②-1 层淤泥层、②-2 层淤泥质土层),桩径 0.6 m,桩间距 0.4 m,咬合布置,靠近基坑两侧插入钢管,格栅式水泥土墙顶部插入钢筋,顶部设钢筋混凝土板。基坑支护平面布置见图 2~图 4。水泥固化材料为水泥,采用 425 标号的普通硅酸盐水泥,水泥掺量不小于 20%,最大水灰比不大于 0.45。搅拌桩桩身水泥土配合比相同的室内加固土试块在标准养护条件下 28 d 龄期的立方体抗压强度平均值 $f_{cu}$ 不小于 0.8 MPa,90 d 龄期抗压强度平均值 $f_{cu}$ 不小于 1.5 MPa。

## 5 施工技术要求

水泥搅拌桩需进行工艺性试验[8-9],目的是根据现场试验,确定每根桩的水泥用量、水灰比、泵送时间、泵送压力,确定搅拌桩的下钻和提升速度,确定室内加固试块强度是否满足设计要求。经过工艺性试验,最终确定施工配合比,已达到经济合理的、满足设计要求的、方便施工的工艺性数据,以便指导水泥搅拌桩大规模施工。工艺性试桩选择不少于 3 组,每组按照不同的水泥掺量(18%、20%、22%)进行试验(见图 5)。在满足一定龄期以后,对各组试验进行抽芯及渗透性检测和开挖检查,最终根据试验成果确定施工参数。

水泥搅拌桩的施工质量保证措施如下:

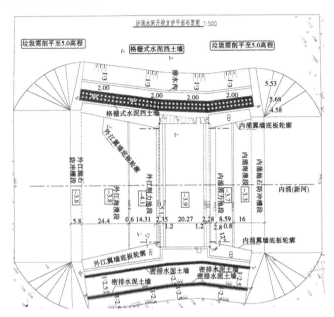

图 2　水泥搅拌桩平面布置

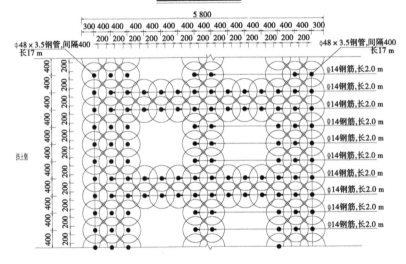

图 3　格栅式水泥搅拌桩搭接

（1）施工前现场地面应予平整，必须清除地上、地下一切障碍物。

（2）开机前必须调试，检查桩机运转和输料管畅通情况。

（3）施工时，停浆（灰）面应高出桩顶设计标高 0.5 m。

（4）保证垂直度：设备就位后，必须平整，确保施工过程中不发生倾斜、移动。要注意保证机架和钻杆的垂直度，其垂直度偏差不得大于 1.0%。施工中采用吊锤观测钻杆的两个方向垂直度和用平水尺测量机架的调平情况，如发现偏差过大，及时调整。

（5）桩机桩位必须对中，对中偏差不得大于 5 cm；桩径不得小于设计值。

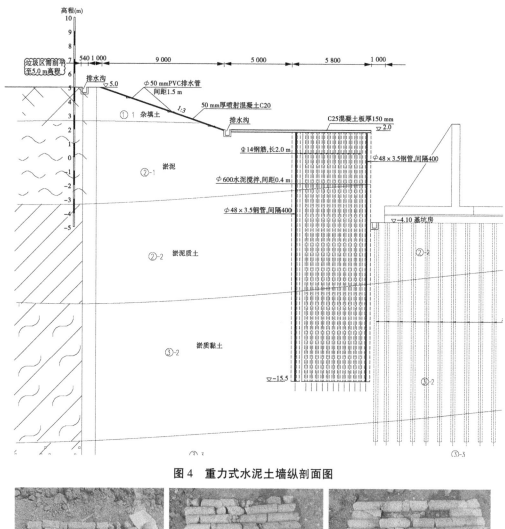

**图4　重力式水泥土墙纵剖面图**

(a)18% 　　　　　　(b)20% 　　　　　　(c)22%

**图5　不同水泥掺量工艺试验成果**

（6）水泥浆不得离析。制备好的水泥浆不得有离析现象，停置时间不得超过规定时间。若停置时间过长，不得使用。

（7）严格按设计确定的参数控制喷浆量和搅拌提升速度。为保证施工质量、提高工作效率和减少水泥浪费，应尽量连续工作。输浆阶段必须保证足够的输浆压力，连续供浆。一旦因故停浆，为防止断桩和缺浆，应将搅拌头下沉到停浆点0.5 m以下，待恢复供浆后再喷浆搅拌；如停工40 min以上，必须立即进行全面清洗。

（8）严格控制搅拌时的下沉和提升速度，以保证加固范围内每一深度得以充分搅拌，确保桩身强度和均匀性。

（9）深层搅拌施工中采用少量多次喷浆的方法，搅拌过程中均匀喷水泥浆。

（10）施工中，如因地下障碍物等原因使钻杆无法钻进，应及时通知监理、设计人员，以便及时采取补桩措施，以保证施工质量。

（11）严格按照设计的水灰比配制浆液，配制好的浆液必须过滤；水灰比控制时，根据水泥用量计算每槽用水量，在储水罐上做好标志，在施工中严格做好计量工作。制备好的浆液不得离析，泵送必须连续，拌制浆液的固化剂和外加剂的用量以及泵送浆液时间等应有专人记录。

（12）施工记录必须详尽完善：施工记录必须有专人负责，深度记录误差不得大于 10 cm，时间记录误差不得大于 10 s。施工中发生的问题和处理情况，均须如实记录，以便汇总分析。

（13）施工中应经常检查施工用电及机械情况，发现问题及时修理。

# 6 质量检验和验收

（1）水泥土搅拌桩复合地基验收时，承载力检验需分别进行复合地基平板荷载试验和单桩荷载试验。荷载试验宜在成桩 28 d 后进行，检测数量不少于总桩数的 1%。

（2）搅拌桩桩身强度应在成桩 28 d 后采用双管单动取样器钻取芯样做单轴抗压强度检验，检验数量为总桩数的 0.5%。

（3）成桩 7 d 后，采用浅部开挖桩头（深度为停浆面以下 0.5 m）目测检查搅拌桩的均匀性，量测成桩直径，检查量为总桩数的 5%。

（4）密排搅拌桩，应在成桩 15 d 后，选取数根桩进行开挖，检查搭接质量情况，并采用透地雷达检测桩身的连续性及完整性。

（5）基槽开挖后，应检验桩位、桩数及桩顶质量，如不符合设计要求，应采取有效补强措施。

（6）水泥搅拌桩通过轻型动力触探、表层开挖、钻孔取芯等检查，相关数据及现场实际表面水泥搅拌桩的施工质量均能满足设计要求，具体检查结果见表 1 和表 2。

表 1　轻型动力触探试验质量检查结果

| 桩深/m | 桩号 | | |
|---|---|---|---|
| | SZ-9 | SZ-10 | SZ-11 |
| 0~0.30 | 22 | 15 | 16 |
| 0.30~0.60 | 17 | 17 | 14 |
| 0.60~0.90 | 23 | 23 | 17 |
| 0.90~1.20 | 22 | 16 | 18 |
| 1.20~1.50 | 34 | 32 | 19 |
| 1.50~1.80 | 28 | 36 | 24 |

续表1

| 桩深/m | 桩号 | | |
|---|---|---|---|
| | SZ-9 | SZ-10 | SZ-11 |
| 1.80~2.10 | 26 | 22 | 21 |
| 2.10~2.40 | 26 | 17 | 21 |
| 2.40~2.70 | 18 | 32 | 23 |
| 2.70~3.00 | 23 | 17 | 19 |
| 3.00~3.30 | 21 | 23 | 17 |
| 3.30~3.60 | 19 | 18 | 20 |
| 龄期/d | 3 | 3 | 3 |
| 水泥掺量/% | 20 | 20 | 20 |
| 水灰比 | 0.45 | 0.45 | 0.45 |

表2　抗压强度质量检查结果

| 编号 | 取样深度/m | 28 d抗压强度/kPa | 设计抗压强度/kPa |
|---|---|---|---|
| SZ-9 | 0.4~0.9 | 1.3 | 0.8 |
| | 6.1~6.6 | 1.2 | 0.8 |
| | 11.0~12.4 | 1.5 | 0.8 |
| SZ-10 | 2.7~3.2 | 1.2 | 0.8 |
| | 6.5~7.0 | 1.1 | 0.8 |
| | 10.5~11.0 | 1.3 | 0.8 |
| SZ-11 | 0.3~0.8 | 1.0 | 0.8 |
| | 4.0~4.5 | 0.9 | 0.8 |
| | 10.2~10.7 | 1.1 | 0.8 |

## 7　结语

广州市南沙区淤泥层厚度达25 m以上,软土较厚,基坑开挖支护通过对比分析,得到以下结论和建议。

(1)对于软土层较厚的基坑,采用重力式水泥土墙,通过与钢管、钢筋等结合,形成组合式结构,依靠墙体自重、墙底摩阻力和墙前被动土压力,满足了整体稳定、轻浮稳定及渗流稳定并控制墙体的变形。

(2)通过对比不同水泥掺量现场试验,对于流塑状淤泥,18%水泥掺量成桩效果较差,基本成不了桩,22%水泥掺量成果效果较好,满足设计需求,可为类似软土地区水泥搅拌桩设计提供技术借鉴。

# 参考文献

［1］ 蒋燕. 水泥土搅拌桩重力式支护墙及事故处理分析［J］. 中国市政工程,2017(3):115-118,130.

［2］ 沈珠江. 软土工程特性和软土地基设计［J］. 岩土工程学报,1998,20(1):100-111.

［3］ 张丽娟,温忠义. 广州南沙某微型钢管桩重力式水泥土挡墙设计方案研究［J］. 中国矿业,2015,24
(S2):232-236.

［4］ 孙刚. 格栅状重力式水泥土挡墙帷幕结构实践应用［J］. 山西建筑,2015,41(25):89-91.

［5］ 曹建. 水泥土重力式挡墙组合围护结构的应用［J］. 福建建筑,2006(4):70-71,74.

［6］ 方海挺,沈贵华. 水泥搅拌桩在滞洪区堤基加固工程中的应用［J］. 人民长江, 2012, 43(S2):
122-124.

［7］ 李建新. 水泥搅拌桩重力式挡土墙的应用研究［D］. 天津:天津大学,2003.

［8］ 李勇. 水泥土挡墙围护结构的变形及稳定性研究［D］. 南京:南京工业大学,2006.

［9］ 广东省住房和城乡建设厅. 建筑地基处理技术规范:DBJ/T 15-38—2019［S］. 北京:中国城市出版
社,2019.

［10］ 中华人民共和国住房和城乡建设部. 建筑基坑支护技术规程:JGJ 120—2012［S］. 北京:中国建筑
工业出版社,2012.

# 智慧水利

# 基于多基协同多源信息融合的五位一体
# 立体监测技术研究与应用

赵薛强[1,2]  杨秋佳[2]  张  瑶[2]  邓理思[2]

唐  宏[2]  王进科[2]  张  伟[2]

(1. 中山大学地理科学与规划学院,广东广州  510275;

2. 中水珠江规划勘测设计有限公司,广东广州  510610)

**摘  要:** 为了对地球表面水上、水下物体进行全方位的立体监测,实现多平台、多尺度、多参数智能协同监测水利工程,为工程建设和运行安全保驾护航,为数字孪生新基建工程建设提供全面、准确的时空数据资源,针对传统的"天、空、地"一体化立体监测无法实现对水下构筑物的有效监测,以丰富感知手段和强化智能应用为突破,基于卫星、无人机、陆地机器人、无人船、水下机器人等多基平台开展监测方法、模式与关键技术进行研究,研发了"天空地水底"五位一体的立体监测技术,并在多个水利工程中进行了应用,形成一种面向数字孪生工程建设、水库除险加固工程建设、水利工程动态监管、防汛应急抢险等的智能感知监测技术体系,有效地解决了水陆一体化立体协同监测和多源监测数据融合的技术难题,实现了对水利工程的全方面定期或不定期的立体监测,为工程建设和运行安全提供了可靠的技术保障。该技术不仅可以应用于水利工程监测领域,为智慧水利建设提供全过程、全方位可追溯的智能监测手段,为综合评估水利水电工程运行安全状态提供决策判据,为工程建设与运营安全提供智慧化服务;也可推广应用于河湖岸线、环境、水土保持以及国土资源监测等领域,具有广阔的应用前景。

**关键词:** 立体化监测;协同监测;数据融合;五位一体

## 1  引言

近年来,随着经济社会的发展,我国工程建设的总体规模与速度前所未有,智慧城市、水利、海洋等数字孪生新基建工程建设不断推进[1],如何保障工程建设和运行维护安全成为首要工作。2021 年 10 月,水利部印发了《智慧水利建设顶层设计》和《"十四五"智慧水利建设规划》的通知,该通知明确提出了"大力建设数字化场景,构建"天、空、地"一体化水利感知网的数字孪生工程",实现对工程全方位动态的立体感知监测[2]。而"天、

**基金项目:** 2021 年水利部流域重大关键技术研究(202109);2022 年广东省级促进经济高质量发展专项资金项目(GDNRC〔2022〕34 号)。

**作者简介:** 赵薛强(1986—)男,高级工程师,主要从事测绘与水利信息化研究工作。

空、地"一体化立体感知技术仅能对陆上构筑物进行感知监测[3],对作为水利工程主体的重要组成部分的水下构筑物由于水下环境复杂及其受到的影响较难"看得见、摸得清"。因此,需要重点关注和开展水、底相关监测技术研究,这对研究发现工程变形情况和变形原因,进而确保工程主体安全和保障人民群众生命财产安全均具有重大意义。

目前,对大型工程等地表、地下监测方式主要有:基于 GNSS 技术、InSAR 技术的天地一体化立体监测技术,基于无人机航空摄影测量技术的空、地、水一体化监测技术和基于无人机、无人船、无人水下机器人等的地、水、底一体化立体监测技术。然而任何单一的监测技术手段及常规方法,均难以满足时空连续覆盖、精准可靠、智能化管理的监测需求,国内外诸多领域的专家学者逐渐从空、天、地三个角度对多基协同多源数据融合的监测系统进行了较多的应用研究[4],使空天地一体化监测技术在监控应用领域逐渐走向成熟。物联网[5]、移动互联网、大数据分析应用、云计算等新一代信息技术的快速发展也为监测监管带来了新的思路。但各研究技术方法多是独立开展作业,进行集成研究的较少,难以实现对地球表面构筑物水上、水下部分实现不同时间和空间尺度上的立体监测[6]。

从不同时间和空间尺度上需要多种观测层次、多种监测技术的综合应用和协同观测。就空间尺度而言,基于 InSAR 技术可实现大范围、区域或流域尺度的工程安全隐患粗略调查和探测;基于航空平台的摄影测量和 LiDAR 则只能进行相对小范围、重要区段或工程主体中小尺度的高精度调查和监测;基于无人船载三维激光扫描技术的水陆一体化监测和基于无人船与水下机器人的水底一体监测技术也只能对小范围、重要区段或者工程主体水上、水下构筑物的高精度调查与监测;而地面测量机器人、水下多波束测深系统等的调查和监测则仅适宜于重大工程安全隐患。就时间尺度而言,因卫星平台受重访周期和恶劣天气等因素的限制,其主要适宜于长期、中长期的调查观测;航空、水上无人船、水下机器人平台因受经费和其他因素影响,也不能做到及时、实时调查观测,主要用于重点地段的详细调查观测和应急调查监测;而地面测量机器人、三维激光扫描仪器等监测技术则很容易实现实时自动高频监测,主要用于重大工程变形安全监测以及应急处置阶段的调查监测。通过"天、空、地、水、底"综合协同监测,不仅可实现从工程主体到流域尺度再到区域甚至全国、全球多尺度的全面监测,还可实现从秒级到数十年甚至上百年大时间跨度的安全监测。

本文开展基于 InSAR 和 GNSS 的天、地一体化监测,基于空、地、水一体化立体感知的无人机监测以及基于智能无人系统的地、水、底一体化监测,对监测方法、模式与关键技术进行研究,并对其实际应用情况以及精度进行说明。进而研发流域内基于多源数据融合的"天、空、地、水、底"五位一体智能监测与预警系统,可为智慧水利建设提供全过程、全方位可追溯的智能监测手段,为综合评估水利水电工程运行安全状态提供决策判据,为工程建设与运营安全提供智慧化服务。

## 2 系统组成

多基协同多源信息融合的五位一体智能监测体系由三部分组成(见图 1),包括基于天、地一体化融合的立体监测技术体系,基于空、地、水一体化立体感知的无人机监测技术体系,基于地、水、底一体化立体感知的智能监测技术体系。

图1 "天空地水底"协同监测体系示意图

基于天、地一体化融合的立体监测技术体系主要承担:对工程区周围环境开展长序列的沉降观测分析,实现对广域范围工程沉降隐患的识别和中长期宏观尺度变形监测。

基于空、地、水一体化立体感知的无人机监测技术体系主要承担:针对工程建设期或者运行管理期重点关注的区域,进行多期次的飞行观测,实现对重点区域和重大隐患地表变形破坏过程的短周期高精度动态监测和调查。

基于地、水、底一体化立体感知的智能监测技术体系主要承担:实现对水上、水下构筑物进行全方位立体的高精度监测和调查。

最后,结合卫星、航空、无人船、水下机器人等平台的多时相动态监测结果,通过地面和水下监测调查进行复核确认,有针对性地部署地表和坡体内部传感器,开展高频实时自动化监测,实现工程安全监测的早期预警和主动防范。

## 3 系统原理

多基协同多源信息融合的五位一体智能监测体系研发了基于多源数据融合的五位一体智能监测与预警系统,实现了对"天、空、地、水、底"多基监测系统的实时监测和多源数据融合,解放了生产力,提升了作业效率,促进了行业技术进步,其运行原理如下:

### 3.1 天、地一体化监测体系建设

天、地一体化监测:基于InSAR和GNSS技术的天、地一体化协同监测,整合InSAR监测数据,GNSS实时动态测量数据,对全流域灾害隐患进行排查监控,从大面积、大尺度的角度实现全面实时管控。

### 3.2 空、地、水一体化监测体系建设

空、地、水一体化监测:基于空、地、水一体化立体感知的无人机监测,利用无人机低空遥感摄影测量技术、无人机贴近摄影测量技术、无人机机载水陆一体化激光雷达测量技术,获取DOM、DEM、DSM、三维实景模型、三维点云等各类表观数据,实现中小尺度下重点流域与隐患区的锁定。

### 3.3 地、水、底一体化监测体系建设

基于智能无人系统的地、水、底一体化监测,采用先进的智能无人艇技术,结合测量机器人,汇聚激光雷达、多波束测深、传感器探测等数据,通过先进的三维建模技术,完成重点水利工程设施水面构筑物与水下设施的无缝拼接,实现小尺度下隐患区域的高精度聚焦。

### 3.4 五位一体智能监测与预警系统建设

基于B/S端,有机融合建筑信息模型(BIM)、三维地理信息系统(三维GIS)、虚拟现实(VR)、物联网(IoT)、大数据、智能感知、自动识别等技术,汇聚和整合多尺度、多维度、异构监测信息,构建起三维数字空间的信息有机综合体,形成集数据存储、数据分析、数据可视化功能于一体的智能监测与预警平台,为解决流域治理相关问题提供相应的数据、服务、调度、预测、决策等一系列支持。

## 4 系统框架

为实现精细化、规范化、智能化的工程安全监测,本文以丰富感知手段和强化智能应用为突破,通过开展基于InSAR和GNSS的天、地一体化监测,基于空、地、水一体化立体感知的无人机监测以及基于智能无人系统的地、水、底一体化监测等多种协同监测技术为一体的集成研究,设计海量多源监测数据融合处理算法,构建流域内基于多源数据融合的"天、空、地、水、底"五位一体的智能监测与预警系统,形成一种面向数字孪生工程建设、水库除险加固工程建设、水利工程动态监管、防汛应急抢险的智能感知监测体系。整体研究技术路线如图2所示。

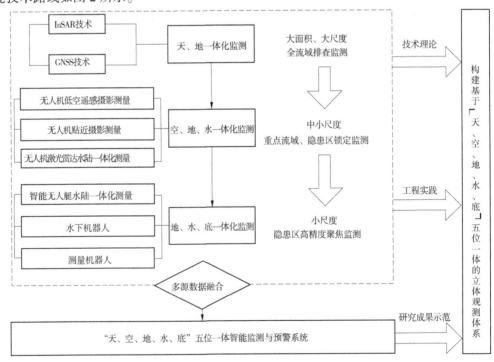

图2 整体研究技术路线

## 5  系统应用

研究成果"多基协同多源信息融合的五位一体智能监测技术"在大型水利工程建设期以及广州地铁日常运行维护期的智能监测和智慧监控中得到成功示范应用,下面以某大型水利工程建设期的智能监测为例,从"天、空、地、水、底"一体化立体监测应用方面对本研究成果的应用效果(见图3)进行分析。

(1)基于系统的天、地一体的工程立体安全监测模块,实现对水利工程周围的区域宏观尺度沉降监测[见图3(a)];

(2)基于空、地、水一体化的无人机智能监测技术开展"空、地、水"一体化智能监测应用,自动高精度提取建筑物及水体等信息识别[见图3(b)、图3(c)];

(3)基于地、水、底一体化的工程智能监测模块,实现对水下构筑物的导流闸门边墙、桩墩、消力池、导墙的变形监测[见图3(d)、图3(e)]。多基协同多源信息融合的五位一体智能监测技术实现了对水利工程的全方位智能监测,为保障工程主体安全提供安全监

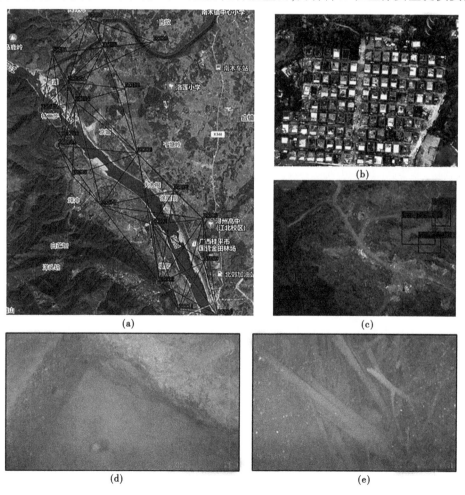

图3  某水利工程"天、空、地、水、底"协同监测部分结果

管的技术支撑。

# 6　结论

本文构建了 InSAR 和 GNSS 的天地一体化监测技术,基于空、地、水一体化立体感知的无人机监测技术及基于智能无人系统的地、水、底一体化监测技术于一体的"天、空、地、水、底"智能协同监测体系,实现多平台、多尺度、多参数协同智能监测,为数字孪生新基建工程建设提供全面、准确的时空监测数据资源。具体优势如下:

(1)系统采用各类先进传感和网络技术,通过图像识别、卫星遥感、机器人等新技术,进一步完善了数据采集范围、采集周期及预处理能力,满足流域内智能监控和管理决策的要求。

(2)系统引进多波束、水下机器人、声呐扫描等先进设备,提高了水工建筑物水下检测效率和精准度。探索了无人机、北斗卫星、遥感 InSAR 等新型监测方法,增强了监测数据的感知能力。

(3)系统设计了先进的计算方法对海量多源监测数据进行融合处理,可以有效提取多源监测结果,使各平台数据之间既进行交叉验证又互补增强,消除单一孤证信息。

## 参考文献

[1] 蔡阳,成建国,曾焱,等. 大力推进智慧水利建设 [J]. 水利发展研究,2021,21(9):32-36.

[2] 曾焱,程益联,江志琴,等. "十四五"智慧水利建设规划关键问题思考 [J]. 水利信息化,2022,(1):1-5.

[3] 沈运华,张秀荣,刘晓煌,等. 天空地一体化自然资源要素监测体系及其应用 [J]. 资源科学,2022,44(8):696-706.

[4] 刘维桢,涂文靖,杨飞,等. 高速铁路基础设施综合一体化检测监测体系研究 [J]. 中国铁路,2019(3):22-26.

[5] 孙其博,刘杰,黎羴,等. 物联网:概念、架构与关键技术研究综述 [J]. 北京邮电大学学报,2010,33(3):1-9.

[6] 徐廷云,杨魁,徐骏千,等. 天津滨海新区地面沉降多维立体监测分析方法研究 [J]. 工程勘察,2023,51(3):33-39.

# 大型水利枢纽工程建设智慧监管系统研发与应用

朱长富　　钟翠华

(中水珠江规划勘测设计有限公司,广东广州　510610)

**摘　要**:本文依托大型水利枢纽工程建设项目,结合项目进度、质量、安全、文明施工等管理需求,提出水利枢纽工程建设智慧监管系统研发思路,通过研究水下定位和水陆一体化定位,建立水下机器人与无人机智能巡检的统一定位体系,研究海量影像数据存储管理,研究图像识别和机器学习技术,自动找出异常点,从而实现施工现场的智慧监控。建成集空、天、地、水一体化的监控系统,对各项感知信息进行融合集成和综合利用,对不同时期的数据进行比较分析,建立大数据平台,为大型水利枢纽工程设计、工程移民、水土保持、施工进度安全与质量管理、工程形象展示、水下建筑物安全监测、智慧建管、智慧调度和智慧运维等方面提供技术支持,实现大型水利枢纽工程建设过程的智能巡检、智慧监控和科学监管。

**关键词**:智慧监控;无人机;智能巡检;工程建设

国家"十四五"规划纲要明确提出"构建智慧水利体系,以流域为单元提升水情测报和智能调度能力"。水利部党组对表对标习近平总书记"节水优先、空间均衡、系统治理、两手发力"治水思路和关于网络强国的重要思想,研判水利行业发展规律、历史方位和客观要求,综合深入判断作出了推动新阶段水利高质量发展的重大决策部署,提出重点要抓好六条实施路径。推进智慧水利建设是推动新阶段水利高质量发展的六条实施路径之一,水利部党组高度重视,明确指出智慧水利是新阶段水利高质量发展最显著的标志。

随着无人机、水下机器人、BIM、GIS、5G、物联网、云计算、大数据等技术的兴起、发展、创新和演进,结合工程建设进度、质量、安全、文明施工等管理需求,通过采用水下机器人、无人机、机器学习、GNSS 和通信与物联网等先进技术,建设集空、天、地、水一体化的智慧监管系统已成为可能。

## 1　研发背景

本文依托大型水利枢纽工程建设项目,结合项目进度、质量、安全、文明施工等管理需求,提出水利枢纽工程建设智慧监管系统研发思路,通过研究水下定位和水陆一体化定位,建立水下机器人与无人机智能巡检的统一定位体系[1],研究海量影像数据存储管理,

**作者简介**:朱长富(1975—),男,主要从事水利信息化、地理信息系统、无人机航摄影测量与遥感、工程计量、海洋测绘等方面的生产、技术管理和研究工作。

研究图像识别和机器学习技术自动找出异常点从而实现施工现场的智慧监控等关键技术。建成集空、天、地、水一体化的监控系统,对各项感知信息进行融合集成和综合利用,对不同时期的数据进行比较分析,建立大数据平台,为大型水利枢纽工程设计、工程移民、水土保持、施工进度安全与质量管理、工程形象展示、水下建筑物安全监测、智慧建管、智慧调度和智慧运维等方面提供技术支持,实现大型水利枢纽工程建设过程的智能巡检、智慧监控和科学监管。

## 2 技术路线

结合工程建设进度、质量、安全、文明施工等管理需求,通过采用水下机器人、无人机、机器学习、GNSS 和通信与物联网等先进技术,建成集空、天、地、水一体化的监控系统,通过获取 360°全景图、航摄视频、正射影像、三维实景模型、水下高清视频和影像、数字地形图等多种感知监测信息数据,对各项感知信息进行融合集成和综合利用,对不同时期的数据进行比较分析,建立大数据平台,为大型水利枢纽工程设计、工程移民、水土保持、施工进度安全与质量管理、工程形象展示、水下建筑物安全监测、智慧大藤峡等方面提供技术支持,实现大型水利枢纽工程建设过程的智慧监管为目标。

主要的研究技术路线如下:

(1)研发大型水利枢纽工程建设智慧监管系统,建立大型水利工程建设过程集空、天、地、水一体化全面感知体系,实现智能巡检、智慧监控和科学监管。

(2)建设集空、天、地、水一体化多方位感知的大型水利枢纽工程建管数据中心,为工程建设提供施工过程的包括陆地和水下监控的三维实景模型、影像数据和视频资料,为智慧水利工程建设提供底图(正射影像图)和高分辨率的施工区域三维模型及影像数据;也为后期建设大型水利枢纽工程展览场所提供珍贵的施工过程变化的历史存档资料,所有资料作为工程建设过程的重要档案资料,用于工程建设档案管理的第一手基础资料。

(3)研究在建管数据中心的基础上进行海量数据分析和数据挖掘,通过对比分析自动找出异常点并且定位和标注提醒,从而实现施工现场的智慧监控和监管。

## 3 关键技术

### 3.1 无人机智能巡检关键技术

为实现大型水利工程的常态化、周期性或不定期的自动化巡检巡查,智能化的管理、分析海量巡检数据,基于无人机、计算机、物联网、4G/5G、目标识别检测算法和图像识别算法、GIS 等先进技术和方法,开展超高精度和高可靠性导航定位、动态航线规划与自动驾驶、前端实时智能识别、集群管控与自主作业、多源信息融合分析与可视化等关键技术攻关,建设水利、应急等行业示范应用系统和规模化应用场景,构建立体多层次、超高分辨率、全方位和全天候的无人机低空组网监测体系,为河道湖泊、水利工程等水利行业智能化巡检和智慧水利建设提供有力的技术支撑,形成了集无人机远程控制智能监测设备、"云-端"协同无人机集群管控技术、多源监测数据智能识别与深度分析技术于一体的无人机自动巡检智慧监控系统,实现了无人值守的自动巡检、海量巡检照片、视频和影像等多源数据的融合处理、分析和管理,如图 1 所示。

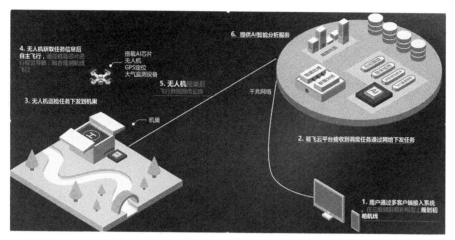

图 1　无人机智能巡检关键技术流程示意

### 3.2　水下机器人智能巡检关键技术

在过去很长一段时间里,水电站大坝及水下结构物的检测主要是依靠潜水员探摸、观察以及光学摄像等方式进行。但由于水库大坝的水下环境存在各种不利因素,如低能见度、杂物、湍流、结构复杂等,这些不利因素对潜水员的人身安全构成很大威胁。随着现代水下遥控机器人以及水下探测声呐、定位技术的发展,利用水下机器人(ROV)搭载有关声呐设备来对水电站大坝及水下结构物进行检测已成为可能。

水下机器人也称无人遥控潜水器。无人遥控潜水器主要有有缆水下机器人(ROV)和无缆遥控潜水器(AUV)两种,在实际应用中,大多使用 ROV 进行观察与检测作业。

ROV 水下机器人系统是一种由水面控制,可以在水下三维空间自由航行的高科技水下工作系统。其基本工作方式是由水面上的工作人员,通过连接潜水器的脐带提供动力,操纵或控制潜水器,通过搭载水下摄像机、成像声呐、多波束、三维扫描声呐等专用设备进行水下观察,或者通过机械手、高压水枪等工具进行水下作业。

由于水下机器人(ROV)无法获得 GPS 卫星的定位信息,水下目标的跟踪定位就需要依靠超短基线声学定位系统(USBL)来实现。

水陆一体化定位系统由母船(或岸站)水下平台和有缆水下机器人(ROV)组成,母船(或岸站)水下平台携带超短基线定位系统的收发器、罗经和运动传感器及 GPS 信标机;ROV 上搭载超短基线定位系统的水下信标、BV5000、前视声呐、高清摄像头、深度计等。

超短基线水下定位系统(USBL)采用先进的宽带处理技术通过高精度的时延估计算法,融合水下信标的距离与方位得到水下信标的相对坐标,再通过罗经与姿态传感器、GPS 等外接辅助设备转换得到大地绝对坐标。基本工作原理如下:

(1)母船(或岸站)水下平台的超短基线声学换能器基阵(伸出艇底 1 m),通过水面单元控制声学换能器基阵发射问询信号到水中。

(2)水下信标检测到问询信号后,根据设置的转发时延回复应答信号。

(3)水面单元接收处理水下信标的应答信号,确定声学换能器基阵声学中心与水下信标声学中心间的距离和角度关系,从而可以根据母船(或岸站)水下平台的位置信息和无人艇姿态数据(由无人艇端的 GPS、罗经和姿态传感器提供),最终确定由水下信标所在 ROV 的绝对位置信息,如图 2 所示。

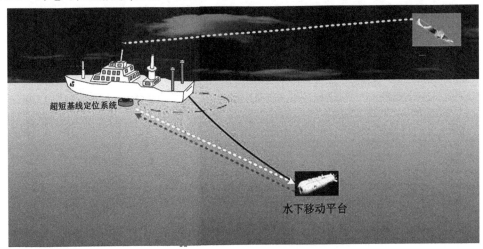

图 2　水陆一体化定位工作原理示意图

### 3.3　全面感知与动态监测关键技术

研究基于高分卫星影像数据,利用遥感信息提取技术[3],辅助实现库区内违法人工设施提取的关键技术。主要任务目标包括:

(1)实施过程能够提取库区水面上的违法人工设施,并指明设施类型;

(2)保证实现按月常规监测,争取非常时期增至 2 次/月;

(3)10 m² 及以上的违法人工设施发现率优于 95%。

基于目标任务分析,本项关键技术主要包含高分影像采集、高分 DOM 制作、疑似违法图斑提取和违法行为认定与核查等。

(1)高分影像采集:常规编程采集库区卫星影像数据。每月至少保证 1 次全覆盖,特殊时期保证每月 2 次全覆盖,且空间分辨率优于 0.5,云量小于 15%。

(2)高分 DOM 制作:基于编程采集获取的高分辨率卫星影像数据进行增值产品生产,获得目标区域镶嵌后的高分 DOM。

(3)疑似违法图斑提取:基于高分 DOM 发现并提取库区水面上 10 m² 以上的筏钓平台、抬网和养殖网箱。

(4)违法行为认定与核查:根据发现的违法行为,工作人员需现场对违法信息进行认定与核查,此部分工作因需要涉及用户单位的行政审批数据,通常由用户自行完成。

### 3.4　建管数据中心建设关键技术

研究大型水利工程建设过程管理的数据中心建设的关键技术,主要的目标和任务是把每期巡检和监测的数据(包含 1 万多张影像图片、80 GB 的影像数据和 120 GB 的视频数据),通过研究时空数据存储管理关键技术进行科学管理[4]。

(1)把每期巡检监控的无人机低空遥感三维模型、正射影像、影像、视频及全景集中管理。

(2)把每期巡检监测的水下机器人检测数据、影像、视频集中管理。

(3)把每期施工控制网复测和第三方土石方量复核检测数据、影像、视频集中管理。

（4）把水土保持全过程管理、记录、控制、查询、交流的信息集中管理。

海量数据存储包括关系数据存储、切片缓存数据存储、时空大数据存储三个关键技术。

### 3.5 实景三维可视化分析及土石方量核算关键技术

在大型水利工程建设过程的土石方量管理中，对于施工区的土石方数据外业采集，传统方式需要业主方、监理方跟施工方在现场时才能进行，由于参与人员多，在于测量任务多且范围不集中的情况下，干活效率难以提高，业主对所有的外业数据也难以监管到位。但引进三维实景模型后，可以通过把施工方测出来的数据放到三维实景模型中，再通过三维视角的旋转，可以直观看出外业数据是否准确，大型水利枢纽工程重点施工区域和坝址区域的三维实景模型高程精度一般为 3~5 cm[5-6]，用于土石方量核算完全没问题，这方便建设单位更好地进行方量管理。

对于一些大型项目，由于施工期长，期间往往会有人员调动，对于一些有争执的历史数据，或者外业漏测的范围，人员变动后难以证明以往数据的准确性，至于漏测的范围更是难处理，毕竟现在的地形已经变了。但引进三维实景模型进行管理后，对于这些有争执的数据或者漏测的范围都可以打开当时所建好的三维实景模型进行验证和提取数据[7-8]，提高审核效率。因此，研究实景三维可视化分析及土石方量计算（核算）关键技术意义重大[9]。

通过量测正射影像或模型上检查点的三维坐标与外业实测值进行比对检查正射影像和实景模型精度。经实际检测，某期坝址区正射影像平面中误差±0.14 m，模型高程误差为±0.08 m。某期主要施工区倾斜摄影三维建模检查点中误差，平面±0.09 m，满足使用要求；高程中误差 0.05 m，满足使用要求。可以看出，主要施工区三维建模精度可满足枢纽建设土石方量核算的需求。

### 3.6 机器学习与智慧监控关键技术

当前，随着技术的革新变革，目标检测算法在替代重复的劳动识别方面已取得了重大突破，其主流的识别方法主要有双阶段的目标检测识别法和单阶段的目标检测方法两种。其代表有 YOLO 和 SSD 算法。由于无人机拍摄的照片、视频等特征物大小不同，单纯采用 SSD 算法或 YOLO 算法，其识别精度和速度都不是很高，难以满足工程应用的需求。为提高特征目标物的高精度提取，基于 Labeling 特定物标定法开展样本训练，添加注意力模块，同时兼顾速度与精度；并针对标注数据集样本不均衡的情况，根据图片数据和目标物分布的实际情景做相应的数据增强，用以提高无人机特征物识别的成功率。其关键技术流程分为以下三个步骤：首先，根据要求将视频流进行解析，转换为图片；其次，对图片中特征物体进行标定训练，制作训练模型数据集；最后，根据检测的精度和速度的要求，采用现行精度和速度适宜的 YOLO 和 SSD 框架并优化相关算法、开展网络的训练工作以及图片的预测与测试。

训练样本对于影像异常特征识别的成功率尤为重要，下面详细阐述样本训练的内容。训练样本是指经过预处理（人工标注）后，有相对稳妥、精确的能够描述相关特征的数据集。一般的样本集按照下列要求：首先，要尽量准确，需要优秀的原始数据进行噪声处理以及人工标注；其次，样本要足够大，样本越大，得到准确结果的可能性就越大，小量样本容易出现过拟合的现象,样本集同时需要能代表相关需求领域,样本数据应是应用领域的抽样;最后,样本数据需要有一定的特征信息。因此,为实现如水域目标物(如非法闯入、游泳、违法工地等)、施工等高精度识别和准确判读,需要搜集大量的、准确的、具备相关特征的样本进行训练,通过对样本的不断深入挖掘和分析,从而构建较为完善的样本库,来达到无人机视频智能分析的目的。

机器学习是采用单阶段目标识别算法,根据建立的边界条件和分析模型,通过计算机自主学习(机器学习)技术,自动识别河道采砂、违章建筑、水土流失、绿化再造、工地布局变化、工地弃渣、滑坡、塌方、场地积水和非法弃渣等状况,详见图 3。

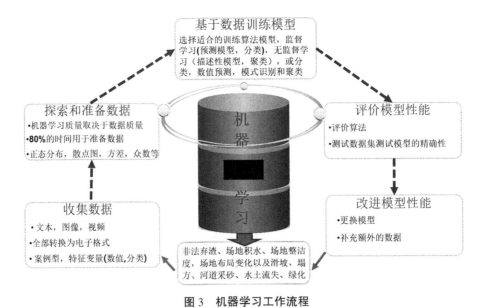

**图 3　机器学习工作流程**

针对海量的照片、视频进行对比分析,通过图像识别技术,自动识别到施工场地弃渣、整洁度以及滑坡、塌方、河道采砂船、水土流失、绿化等变化状况,经过机器学习,识别成功率达到 90% 以上,图上可定位和标注异常点,及时提醒,从而实现工程建设过程的智慧监控。

## 4　系统设计

大型水利枢纽工程建设智慧监管系统逻辑构成从层次上从下往上包括:综合通信网络、信息采集及数据交换、计算平台、数据资源管理中心、应用支撑平台、应用系统等。而输水自动化监控系统按照业务需求和国家标准的要求,需要单独配置在控制专网之中,且业务上不通过应用系统、应用支撑平台、数据资源管理中心、计算平台、信息采集等功能模块,相关功能都在其内部实现,只是在通信网络上,使用同一个通信网络平台。

从业务应用角度上细化该总体架构,可从 1 个中心、4 个平台、$N$ 个模块来理解。1 个中心即大数据资源管理中心,也就是所说的调度中心,在调度中心,构建本项目的会商中心、调度指挥中心和大数据中心;4 个平台是指本项目建设的智慧建管、智慧调度、智慧运维和三维协同设计平台;$N$ 个模块是指围绕这 4 个平台设计的多个功能模块,见图 4。

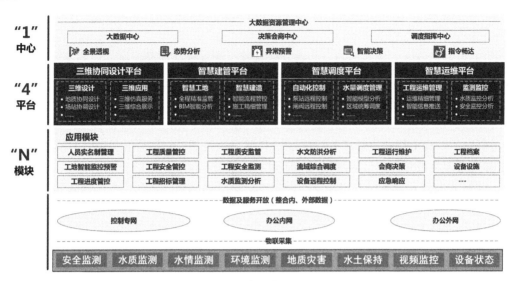

图 4　系统总体架构

# 5　系统应用

## 5.1　推广应用

大型水利枢纽工程建设智慧监管系统是基于多种类型无人机低空遥感技术和自动巡检航拍监控技术,研究开发的一套工程建设管理的智慧监控系统,技术达到国内领先水平,适用于大中型水利工程建设管理和施工全过程的智慧监控,可以提高建设管理的技术水平和存档施工过程的影像数据,应用到多个水利工程取得良好的经济效益和社会效益。

(1)本系统在大藤峡水利枢纽工程中进行了研究开发和示范应用。

(2)本系统在广西钦州王岗山水库、四川官帽舟水电站工程、海南省南渡江引水工程中推广应用,取得良好的效果。

## 5.2　实施效果

大型水利枢纽工程建设智慧监管系统在大藤峡水利枢纽工程中应用,采用多种类型无人机低空遥感技术对大藤峡主要施工区域、库区防护工程施工区域等进行周期性航摄航拍监控和自动巡检航拍监控,研究了一套工程建设管理的智慧监控系统,快速获取360°全景图、航摄视频、正射影像、三维实景模型、影像数据等,数据实时传送回控制中心,对各项成果进行融合集成和综合利用以及对不同时期的成果比较分析,为大藤峡水利枢纽工程设计、工程移民、施工进度安全与质量管理、工程形象展示、档案素材、建设管理等方面提供了先进的技术支持,满足大藤峡水利枢纽工程施工周期建设管理需求,达到智慧监控的先进水平。

大型水利枢纽工程建设智慧监管系统为智慧大藤峡水利枢纽工程的建设提供了丰富的基础地理信息,也为后期大藤峡博物馆的建设提供珍贵的施工过程变化的历史存档资料和建设过程的重要档案资料,社会效益显著;为大藤峡水利枢纽工程建设管理提供了智慧监控的先进技术,大大提高了生产效率,节省了生产成本,潜在的经济效益也显著。

## 6  结语

大型水利枢纽工程建设智慧监管系统是基于云计算的实时巡检系统和基于大数据分析的智慧监控系统,主要应用在水利水电工程施工阶段的施工过程中的巡查巡检工作,能提高工作效率,提升管理水平。主要的特点和创新点如下:

(1)首次采用无人机和低空遥感技术对大型水利工程施工全过程自动定期巡检和监控,研发了一套工程建设管理的智能巡检和智慧监控系统,实现在电脑(控制中心)就如亲临现场的可视频化建设管理以及施工过程的智慧监管。

(2)研究和建立了一套快速生产无人机航摄测量成果的标准技术流程和体系。

(3)研究和建立了对海量影像数据进行科学管理,对不同时期的影像数据进行比较分析的标准技术流程和体系。

(4)研发了具有自主知识产权的无人机智能巡检系统,为大藤峡水利枢纽工程建设管理提供了智慧监控和辅助决策的科学依据以及数据支撑。

综上所述,大型水利枢纽工程建设智慧监管系统值得大力推广应用。

## 参考文献

[1] 李德仁,李明.无人机遥感系统的研究进展与应用前景[J].武汉大学学报(信息科学版),2014,39(5):505-513.

[2] 施明新.无人机技术在生产建设项目水土保持监测中的应用[J].水土保持通报,2018(2):242-246,335.

[3] 张祖勋,张剑清.数字摄影测量学[M].2版.武汉:武汉大学出版社,2014.

[4] 林宗坚.UAV低空航测技术研究[J].测绘科学,2011,36(1):5-9.

[5] 张国卿,朱庆利,唐芳.实景建模技术在水利工程中的应用探索及精度分析[J].水利规划与设计,2018(2):165-168.

[6] 秦修功.无人机单相机倾斜摄影方案对三维模型定位精度影响分析[D].北京:中国科学院大学,2016.

[7] 曲林,冯洋,支玲美,等.基于无人机倾斜摄影数据的实景三维建模研究[J].测绘与空间地理信息,2015(3):38-39.

[8] 王永生,卢小平,朱慧,等.无人机实景三维建模在水利BIM中的应用[J].测绘通报,2018(3):126-129.

[9] 高利敏,冯耀楼.多旋翼无人机在工程方量测绘中的应用[J].测绘通报,2018(4):163-166.

# 无人船载水下三维数据底板获取系统
# 优化设计研究与应用

钟翠华[1]　赵薛强[1]　刘　斌[2]

(1. 中水珠江规划勘测设计有限公司,广东广州　510610;

2. 北京海兰信数据科技股份有限公司,北京　100095)

**摘　要**:为了提升水下三维点云数据获取的精度,保证复杂环境下无人船载水下三维数据底板获取系统的作业安全和效率,针对传统无人船与传感器分开设计存在横摇角度大影响测量精度和作业安全的问题,采取先进的有限元协同仿真技术,考虑流固耦合状态,进行干模态和考虑附连水质量的湿模态计算进行整体振动预报;利用已建模好的模型,施加准确的螺旋桨激振力和主机激振力,进行瞬态动力学分析,获得传感器安装位置处的振动情况;根据试验设计(Design Of Experiment,DOE)方法,确定需要求解的设计重点,使用最有效率的方式得到最佳化结果,设计出了最优效率和航行安全的无人船载水下三维数据底板获取系统,并进行了相关试验,解决了无人船与测量传感器一体化设计与集成的难题。结果表明:①与传统的无人船平台与测量传感器分开设计的方法相比,优化设计后的船型防气泡性能更佳,传感器横摇角度为 1° 远小于常规船型的 4° 横摇角度,有利于测量平台的使用和测量精度的提升;②优化后的无人船载水下三维数据底板获取系统抖动效果明显减弱,测量精度和效果得到明显提升,成果精度远优于规范要求的精度指标,满足数字孪生三维数据底板的建设要求。运用该系统不仅可以获取高精度的三维数据底板,也可以为水下障碍物排查、目标物搜寻和水下构筑物巡检巡查等提供技术支撑。

**关键词**:无人船;水下三维数据底板;优化设计;有限元协同仿真;一体化结构

近年来,随着经济社会的发展,无论是海洋强国建设还是国家水网建设,都对基础地理信息水下三维数据底板高效获取提出了新的要求,传统的有人船载传感器获取方式不仅费时费力且不环保,随着无人船等人工智能技术的发展,无人船载水下三维数据底板获取技术得到了广泛应用[1-4]。但这些应用更多的是集成单波束测深系统开展的相关应用研究,为了获得更高精度的水下三维点云数据,国内外学者也开展了无人船集成多波束测深系统的相关研究,于刚[5]、秦超杰等[6]利用无人船搭载多波束测量技术开展了内河水

**基金项目**:2021 年水利部流域重大关键技术研究(202109);2022 年广东省级促进经济高质量发展专项资金项目(GDNRC〔2022〕34 号)。

**作者简介**:钟翠华(1984—),女,高级工程师,主要从事水利水电工程项目研究工作。

**通信作者**:赵薛强(1986—),男,高级工程师,主要从事测绘与水利信息化研究工作。

下三维数据底板获取,李超等[7]开展了近海岛礁附近的水下地形测量。

无人船载多波束测深系统虽然目前在内河和近海等区域水下三维数据底板获取中取得了一定的应用,但是面对复杂的作业环境,其仍存在作业精度和效率不高等弊端,为进一步改进系统功能,国内外学者开展了相关的优化设计研究[7-9],这些研究大多数是针对船体或者传感器本身的改进优化,在较大的风浪和较长周期的涌浪作业环境下仍存在一定的作业安全风险和作业精度不高等弊端。

为了提升水下三维点云数据获取的精度,保证复杂环境下无人船载水下三维数据底板获取系统的作业安全和效率,针对传统无人船与传感器分开设计存在横摇角度大影响测量精度和作业安全的问题,采取先进的有限元协同仿真技术,考虑流固耦合状态,进行干模态和考虑附连水质量的湿模态计算整体振动预报;利用已建模的模型,施加准确的螺旋桨激振力和主机激振力,进行瞬态动力学分析,获得传感器安装位置处的振动情况;根据试验设计(Design Of Experiment,DOE)方法,确定需要求解的设计重点,使用最有效率的方式得到最佳化结果,设计出了最优效率和航行安全的无人船载水下三维数据底板获取系统,并进行了相关试验,解决了无人船与测量传感器一体化设计与集成的难题。

## 1 系统集成优化设计

在无人艇作业过程中,测量传感器位于无人艇的底部,需要在海水中实时采集海洋环境信息。面临复杂的海洋环境,一方面,传感器会受到无人艇航行时产生气泡的影响,由于气泡对声衰减及散射影响较大,测量传感器无法正常工作;另一方面,测量传感器安装结构设计不合理、安装不牢靠或刚性不足等结构问题,加之受到航行时风、浪、流冲击的影响,测量传感器自身与测量平台产生高频共振,会导致多波束测深声呐的真时姿态与姿态传感器所测量数据不一致,地形数据呈波浪形、锯齿状,产生了系统偏差,无法从根本上保证测量传感器的测量精度。因此,为避免气泡对传感器的影响和传感器安装结构设计的问题,需要对系统进行集成优化设计。

通过对比分析,优化设计选用双体船载体,因其更适合海洋调查[9],并对其进行了设备布局优化。具体实现方法为:设计在导流罩上方的法兰盘上直接焊接 4 根 5 mm 厚度的铝合金空心圆柱,高度大小符合船底构造,在每根圆柱上方焊接方形的铝合金板,并在该铝合金板上分别装配橡胶垫,增大传感器支架与船体的接触面积,提高紧固效果。在船侧板的 4 个铝合金板上焊接圆形孔,同时在法兰盘的四角焊接 4 个圆形吊环,利用 4 组花篮螺栓和锁链,将传感器支架直接装吊到无人艇上,同时拧动花篮螺栓,使传感器支架慢慢地紧固到无人艇上,完成安装一体化结构设计,见图 1。

## 2 传感器安装结构的有限元仿真

根据无人艇上传感器安装一体化的结构设计和无人平台三维模型的建立,但导流罩、传感器安装支架结构设计是否合理,推进过程中水阻力的大小对其影响等,可以通过有限元分析软件 ANSYS 中的 Fluent 仿真模块来查看传感器安装结构在海水中的应力、应变等参数。ANSYS Fluent 软件进行有限元分析的过程通常有三个阶段,第一个阶段是前处理阶段,包括分析前的软件准备、三维模型的导入等;第二个阶段是求解阶段,通常是对有限

图 1　传感器安装一体化结构实物

元的模型设定负载、边界条件,设定计算域等;第三个阶段是后处理阶段,通过对有限元分析求解的结果进行分析并得到相应的数据,根据分析结果对其进行后处理或者直接得到结论。

将测绘的无人艇三维模型导入 ANSYS 仿真软件之前需要对其进行模型简化,通过 SolidWorks 三维软件,模型简化后只保留艇体底板和导流罩与传感器连接支架结构,其他结构全部删除,导入仿真软件中。

将简化后的三维模型导入软件后,对模型进行网格划分处理和边界条件的定义,如图 2 所示。划分的网格模型由网格节点和单元组成,深色区域模拟的是海水,浅色区域是无人艇的简化图,两者相交的部分为无人艇的实际吃水线,$A$ 口为进水口,$B$ 口为出水口,设定流水的速度为 4 m/s。如图 3 所示,利用 Fluent 仿真模型中的 Standard $k$-$e$ 模型进行计算,通过流体仿真的结果,将流体的压力应用于无人艇水下外边面与水的接触面,流体的压力最大为 14 850 Pa,位于传感器支架与无人艇的连接处,其他部位的流体压力基本在 1 500~8 000 Pa。

根据所建立的有限元模型,将流体仿真的结果导入静态结构仿真,进行强度分析后,得到传感器安装结构的变形图和应力图,如图 4 和图 5 所示,通过施加传感器安装结构流体压力,整体结构的变形和应力较小,最大的变形量和应力点位于导流罩底部中心的位置,变形量约 0.038 mm,应力最大值为 7.5 MPa,完全可以达到传感器安装结构的使用要求。从图 4、图 5 可以得到以下结论:①导流罩的前部水压力小于导流罩两侧的水压力,说明在无人艇航行的过程中导流罩起着较好的导流效果,减小了无人艇的水阻力,使无人艇的航速达到试验的使用标准;②导流罩底部的铝合金材料较薄,为避免导流罩底板的变形而影响传感器的正常工作,在以后的设计中,要增加导流罩铝合金底板的厚度,提高导流罩的强度和安全性。③传感器安装支架圆柱形结构处的水压力对其几乎没有影响,进一步降低了因传感器安装支架结构问题所产生的阻力,传感器安装支架与无人艇的一体化连接,使多波束测深声呐能够在一个比较平稳的环境下工作。

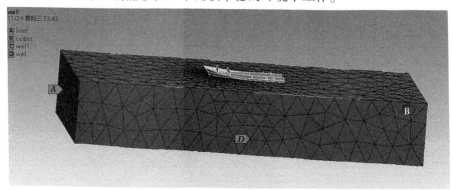

图 2　边界条件定义

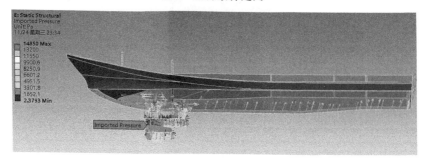

图 3　流体压力施加

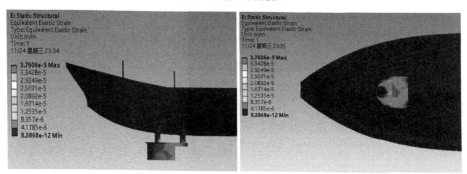

图 4　传感器安装结构变形

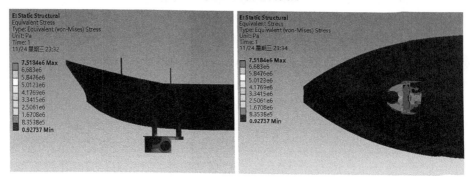

图 5　传感器安装结构应力

## 3　系统应用

为验证优化后的系统效果,在南海某海域3级海况下选用传统的无人船载多波束测深系统和本文优化设计的系统进行了示范应用验证,在速度8节的情况下进行的应用比较,结果见表1。

表1　不同平台优缺点对比情况

| 类型 | 外形 | 防气泡性能 | 优、缺点 |
| --- | --- | --- | --- |
| 常规艇型 | | | 缺点:①表面气泡沿船底流经传感器附近,防气泡性能弱;②航行时传感器横滚角大,α角度达4.8°,不利于多波束正下方扫测,不适合做测量平台使用 |
| 项目拟使用艇型 | | | 优点:传感器周围无明显气泡,传感器横滚角小,α = 1.0°,利于多波束正下方扫测,无气泡现象,具防气泡性能佳特点,利于测量平台使用 |

通过表1可以看出,优化设计后的无人船载水下三维数据底板系统,其传感器横滚角度和防气泡性能得到明显提升,有利于提升无人船的作业精度和作业安全。

同时,利用两条无人船系统获取了1 km×1 km平坦区域的水下三维数据底板,两系统采集的数据效果如图6所示。由图6可以看出,常规船型在高速行驶和复杂海况下存在明显的抖动情况,船体与传感器抖动产生的抖动误差在0.2 m左右,虽然在20 m以上深度区域测量精度能满足水下地形测量相关规范的要求,但是水底三维数据模型展示效果较差,尤其针对水下较小目标物和水下特征地貌如海底沙波等高精度纹理结构获取和三维模型的展现,常规的无人船载水下三维数据底板获取系统难以满足要求。

## 4　结语

本文针对传统的无人船载水下三维数据底板获取系统是无人船与多波束传感器分开设计,会产生耦合性不佳,导致测量精度不高和作业安全性低等问题,开展了无人船载水下三维数据底板获取系统优化设计研究,主要研究工作如下:

(1)自主研发设计了双体船,优化设计了无人船和多波束测深系统一体化安装结构,

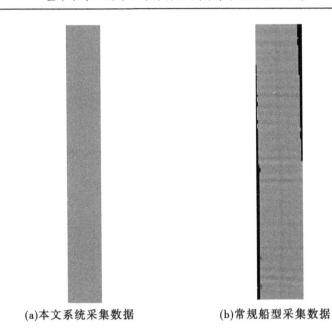

(a)本文系统采集数据          (b)常规船型采集数据

**图 6  两种不同系统采集的数据模型对比情况**

使得无人船和测量传感器耦合性佳,作业安全提升。

(2)为了验证优化后的无人船载水下三维数据底板获取系统的性能和效果,引入先进的有限元协同仿真技术,开展了优化后的系统模拟仿真试验,结果表明优化后的系统使多波束测深声呐能够在一个比较平稳的环境下工作,确保了作业精度和作业安全。

(3)通过出海测试对比,本文优化设计的系统船体横滚角度为 1°小于常规船型的 4.8°,测量数据质量佳,满足了数字孪生水下三维数据底板建设的高要求。

本文优化设计的无人船载水下三维数据底板测深系统不仅可以用于水下三维数据的高精度获取,服务于智慧水利和数字孪生工程建设,也可以应用于水下地形监测和水利工程水下主体检测等,同时结合 ADCP 等传感器也可应用于水文监测等领域,具有广阔的应用前景。

## 参考文献

[1] 赵薛强.无人船水下地形测量系统的开发与应用[J].人民长江,2018,49(15):54-57.

[2] 李超,李明,盛岩峰,等.基于无人机和无人船的岛礁地形测绘技术[J].海洋测绘,2021,41(3): 52-56.

[3] 付洪波,曹景庆.复杂水域条件下单波束无人船地形测量应用[J].测绘与空间地理信息,2021,44 (S1):219-221.

[4] 何伟,张代勇,林霞,等.基于单波束声呐的航道水深测量无人船设计与应用[J].中国水运(下半月),2019,19(7):10-11.

[5] 于刚.无人船搭载多波束测量技术在水下地形测量中的应用[J].河南水利与南水北调,2022,51 (6):97-99.

[6] 秦超杰,姚瑞.多波束技术在淮河流域水下地形测量中的应用探析[J].水利信息化,2023(2):

61-64.

[7] 高剑客, 刘涵, 蒲进菁, 等. 无人船声学探测设备集成设计优化方法研究[J]. 海洋测绘, 2019, 39 (2): 71-74,82.

[8] 张亚. 科考船船首和多波束导流罩线型 CFD 分析方法与试验验证[D]. 上海:上海交通大学, 2015.

[9] 李雷溪,陈林,魏青.科考船多波束导流罩优化设计[J].海洋技术学报,2019,38(1):46-52.

# "智慧海堤"平台建设思路探讨

## ——以南沙区龙穴岛围防洪(潮)安全系统
## 提升工程为例

林　思　聂　鹏　曾庆祥

(中水珠江规划勘测设计有限公司,广东广州　510610)

**摘　要**:近年来,在水利部加快推进新时代水利现代化政策的指导下,智慧水利建设取得长足发展,已建水利工程智慧化升级改造工作进展迅速。本文基于"智慧海堤"建设思路,以南沙区龙穴岛围防洪(潮)安全系统提升工程智慧化升级改造为例,提出详细方案及措施办法,为实现海堤管理从数字化到智能化的转变提供参考。

**关键词**:龙穴岛围;智慧海堤;信息化建设

## 1　引言

2021年1月,《粤港澳大湾区水安全保障规划》提出:加快海堤达标加固与生态海堤建设,根据当前防潮形势与建设宜居宜业宜游优质生活圈的要求,着力推广海堤及护岸工程的生态技术应用,正确处理好防潮功能与生态保护、滨水景观等的关系,加快推进华南沿海千里生态海堤工程建设[1-2]。2021年12月,广东省水利厅印发的《广东省生态海堤建设"十四五"规划》指出,在已建立的海堤工程传统监测系统基础上,采用视频监控、图像监控、人工巡测、3S技术等手段,建设海堤工程的智能感知体系,对潮位、风速、水质、裂缝、滑坡、变形、渗流、工程运行状况等检测要素进行智能感知[3]。将生态海堤纳入广东省智慧水利工程,信息化管理系统融入水利智慧监管平台,提升全省统一监督和管理能力[4-5]。

## 2　研究区概况

龙穴岛位于广州南沙区东南端,位于珠江口的蕉门、虎门水道出口交界处,全岛面积为40.6 km²,是广州市南沙区最大的海岛。岛周边长为34.3 km,长轴为14.73 km,最宽处为4.26 km,岛内大部分高程在-1.2~3.9 m(珠基高程,下同),在龙穴岛中东部局部有高地,高程在4.8~64.4 m。根据《广州南沙新区城市总体规划(2012—2025)》及《广州南沙龙穴岛分区(港区)控制性详细规划》等,龙穴岛北部地区属于中心城区,重点发展海洋产业、新兴战略产业的综合服务,包括航运服务、专业金融、信息服务、商品贸易、海洋监测

---

**作者简介**:林思(1990—),男,硕士,主要从事工程总承包管理工作。

等功能,建设港口综合服务中心和海洋开发的陆域支持中心;龙穴岛南部地区属于南部组团,重点发展港口物流、船舶制造、海洋机械装备制造等大型基础性产业,建设国家海洋产业基地,推进海洋战略产业发展。今后,龙穴岛将形成高效现代的以干线港运输为主的专业化集装箱港区,兼顾原材料运输的综合性港区,规划打造北部都市风貌+南部海港先进制造城市景观。

## 3  建设现状及需求分析

### 3.1  建设现状

目前,南沙区通过服务采购的形式,聘用管理人员对堤围开展定期巡视管理,但缺乏信息化人才及相关的配套制度。堤防、水闸、泵站等水利设施信息感知能力较弱,且未实现水利设施信息化的自动调度与控制,尚未建立水利业务综合运行管理及防御调度系统。各级管理部门可通过现有虚拟网络专线或水利专线与广东省及广州市政务云连接,进行部分业务操作,但无法实时全面掌握堤围及相关设施设备的运行情况。

### 3.2  需求分析

#### 3.2.1  管理需求

本工程建成后由龙穴岛街道办直接管理,负责本工程堤防及水闸、泵站等建筑物的日常维护、运行调度等工作,业务上接受南沙区水务局领导,需满足南沙区水务局-龙穴岛街道办-龙穴岛围堤防工程管理单位三层管理需求。

#### 3.2.2  用户需求

信息化系统面对不同角色的用户,需要提供不同功能的服务。需满足主管与会商决策人员、专业作业人员、普通行政人员、系统维护人员等不同角色的用户需求。

#### 3.2.3  功能需求

以一张图、一张表等方式,对龙穴岛工程信息化平台获取的水雨情、工情、工程项目维护管理等数据资源和业务系统生成的过程数据和成果数据,以多种可视化的方式进行集中展示,并提供全面综合的预警监视、预警发布、综合查询与分析服务。信息管理平台建立水工安全监测系统、视频监控、水雨情监测系统、泵站及闸门监控、入侵和紧急报警系统、电子巡查系统等动态预警和综合统计管理模块,管理对象覆盖岛内所有范围。以工程信息化平台为基础,在模型算法的支持下,实现日常业务管理、综合预警发布、工程巡检维护、运行调度等功能。

#### 3.2.4  数据需求

信息采集需求为从时空不同维度全面掌握本项目的调度运行过程、工程运行管理过程,支撑工程调度等要求,系统应采集信息内容包括水工安全监测、视频监控、水雨情监测系统、泵站及闸门监控、入侵报警系统、电子巡查系统等。

#### 3.2.5  安全需求

系统安全是整个系统平台稳定运行的重要前提,对物联网、工控系统、数据、网络、系统、运行环境实施"积极防御、主动防护",实现信息安全的机密性、完整性、可用性、可控性和不可否认性的安全目标。需要满足环境安全、网络安全、数据安全、应用安全需求,同时要建立健全各类安全管理制度。

## 4 "智慧海堤"平台建设思路

### 4.1 建设目标

按照"需求牵引、应用至上、数字赋能、提升能力"的要求,以数字化、网络化、智能化为主线,以数字化场景、智慧化模拟、精细化决策为路径,以构建数字孪生工程为核心,全面推进数据、算法、算力建设,加快构建具有预报、预警、预演、预案功能的智慧工程体系。实现对信息采集、运行监视、预测预警、调度控制、工程管理和调度会商决策等功能的全面支持,实现工程全过程虚实结合、相互映射,全范围实时感知、全天候预警决策、全节点精准调度、全层级高效管理,从而赋能智慧建设、高效运行,为推动新阶段广东省水利高质量发展发挥重要示范作用。

### 4.2 建设原则

根据基本情况、监测站网、信息化建设现状,结合龙穴岛堤围管理的特点、技术水平及组织保障的实际情况,按照以下原则进行建设。

(1)结合实际,协调统一。依据工程监控需求,结合现有基础设施建设情况,充分利用现有的设施、设备,在现有的基础上完善和提高。

(2)面向应用,需求牵引。建设应面向应用,坚持以需求为导向、以应用促发展的原则,密切结合实际需求与应用,重点围绕工程运行管理、工程安全、防洪(潮)调度等主要内容展开,以适应工程业务管理工作发展的要求。

(3)安全可靠、实用先进。采用多种安全防范技术与措施,保障系统的信息安全及长期稳定可靠运行,同时在系统设计时充分考虑系统运行性能,达到"简便、实用、快捷、安全、准确"的目的。从管理的应用出发,采用成熟的现代技术作为整个系统的技术架构,以保证系统有不断发展和扩充的余地。利用面向对象技术、设计模式和组件技术来提高软件的通用性和复用性。

(4)标准建设,利于扩展。优先选择符合开放性和国际标准化的产品和技术,能够和现有系统顺利衔接。

### 4.3 建设内容

#### 4.3.1 立体感知体系

在堤防、水闸、泵站等关键部位建设水位监测、水质监测、视频监测、工程安全监测等感知体系。

#### 4.3.2 工程自动化控制体系

建设覆盖改建、新建泵闸的自动化控制系统,实现对主要泵站、闸门设备的远程监视及控制。

#### 4.3.3 支撑保障体系

(1)建设连接监测站点、指挥调度中心的信息传输通道,实现雨水情、水质、视频、工程运行等信息的安全、可靠传输。建设指挥中心局域网络系统,通过制定网络安全策略保障计算机网络的安全。

(2)建设与管理业务相配套的数据存储,具有数据库管理、数据存储、数据备份与恢复等功能。

（3）建设调度指挥中心实体环境。

#### 4.3.4 数字孪生平台

建立本工程地质、土建、机电设备 BIM 模型,GIS 数字高层模型、正摄影图像、水下地形等;依托数据中心,完成工程安全监测、水雨情监测、水质监测、视频监视等数据集成的数据底板,通过调用水利模型库和知识库,对底层数据进行汇集和处理;以资源整合和信息共享为目标,建设数据交换系统,实现与上级业务系统的数据交换与共享。

#### 4.3.5 业务应用系统

结合广东省智慧水利工程(一期)项目建设情况、广州市及南沙区已建政务信息系统情况,避免重复建设,本工程业务系统建设为防洪(潮)调度系统、工程安全评估系统、生产运营智慧管理系统、工程建设过程管理系统等。

#### 4.3.6 网络信息安全体系

建设完善的系统安全体系,为系统的数据及网络安全、监管控制、操作行为进行全方位防护,全面提高信息安全的管理水平,保障工程信息化平台的顺利建设与安全运行。

#### 4.3.7 系统集成

在前述工作基础上完成相关系统集成,主要内容包括:运行环境集成;计算机监控系统集成;GIS 模型的集成;防洪(潮)调度系统、工程安全评估系统、生产运营智慧管理系统、工程建设过程管理系统与界面集成;监测数据集成、业务数据集成、基础数据集成、空间数据集成、多媒体数据等。

### 4.4 总体框架

为实现龙穴岛围智能化管理,构建全面感知、精准采集、资源整合、数据共享和系统互联的总体架构,通过全面的数据资源共享复用和融合分析,驱动预警预报、会商决策、调度指挥和知识归集。系统的总体设计按照"需求牵引、应用至上、数字赋能、提升能力"的要求,以"数字化、网络化、智能化"为主线,结合信息化建设目标进行系统的总体框架设计,总体架构设计以"四个层次,两个体系"的思路进行设计,"四个层次"即为信息化基础设施、数字孪生平台、业务应用平台、用户,"两个体系"即为网络安全体系、运行维护体系,系统总体框架如图 1 所示。

### 4.5 分项设计

#### 4.5.1 立体感知体系设计

利用现代信息技术,采集信息系统运行所需的各种感知的实时信息,主要包括实施期、运行期立体感知体系设计。

#### 4.5.2 自动化控制系统设计

根据工程的管理体制及调度控制要求,对各泵站、闸门等进行远程控制、调节。监控点设备除现地监测设备布置在现场外,其余均布置在管理用房内。自动化控制系统分为调度中心级、中央控制层、现场级三层结构。

#### 4.5.3 支撑保障体系设计

支撑保障体系建设通信网络、计算存储、调度中心等。通过通信网络为监测(监控)站与中心之间的数据、图像、工控等各种信息提供高速可靠的传输通道。建立统一编码、高效属性识别的数据库,为数据资源提供存储、人工智能计算和边缘计算功能。调度中心

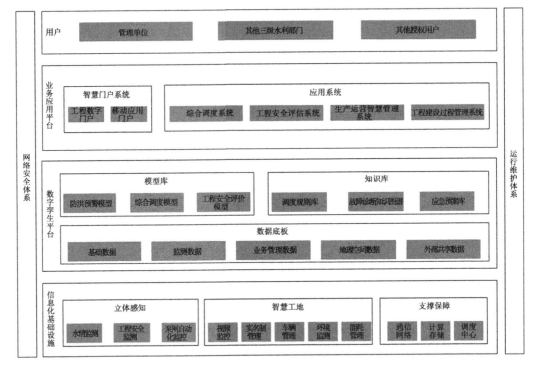

图1　"智慧海堤"平台建设总体框架

通过建立支撑工程各项智慧应用运行与管理相关的软硬件基础设施,实现各项智慧应用运行环境的统一部署、管理及运维,包括调度指挥中心、中心机房、安全设施等。

### 4.5.4　数字孪生平台设计

数字孪生平台主要包括数据底板、模型库、知识库建设。

在共享水利部本级L1级、流域管理机构及省级水行政主管部门L2级数据底板基础上,根据工程安全分析、防洪(潮)调度等模型计算需求及业务管理需要,按照"模块化、单体化、语义化"的原则,采用卫星遥感、无人机倾斜摄影、激光雷达扫描建模、水下地形测量、BIM等技术,细化构建工程多时态、全要素地理空间数字化映射,建设本工程L2级和L3级数据底板,汇聚工程全要素、全过程基础数据、监测数据、业务管理数据以及外部共享数据,建成数字孪生数据底板,构建水利专业模型以及大数据算法模型。以知识图谱为技术框架,融入预报调度方案、业务规则、历史场景模式和专家经验,为决策分析提供知识依据。在共享已有的知识库的基础上,构建工程预报调度方案库、工程安全知识库、业务规则库等工程知识库,可定期进行扩展更新。

### 4.5.5　业务应用平台设计

结合工程建设与生产运行并行期现状和未来全面投产后生产运行管理需求,重点围绕防潮与调度"四预"、工程安全风险与健康评估、生产运营智慧管理等业务开展数字孪生工程智能应用建设,提升业务应用智能化水平。

1. 防洪(潮)调度"四预"系统

在整合防洪(潮)预报系统、视频监控系统、水(泵)闸自动化控制系统等系统的防潮调度相关信息或功能的基础上,统筹考虑经济社会发展、乡村振兴、水生态、水环境、水安全调配等需求,进一步完善数据、模型计算等功能,根据工程防潮、防洪、生态、调度规则,突出预报、预警、预演、预案等重点环节,构建数字化场景,在数字化场景中可视化呈现堤防、水(泵)闸基本信息以及堤防潮水位、闸门启闭、海洋、气象等情况,实现重点区域的洪潮水过程模拟、综合形势分析、调度预演评估以及预案智能推荐等应用,实现及时准确预报、全面精准预警、人机互动的同步仿真预演、动态优化的精细数字预案,提高龙穴岛围防洪(潮)安全系统提升工程的自动化程度和管理水平。

2. 工程安全风险与健康评估

在工程安全监测自动化系统基础上,根据堤防、水闸、泵站等安全监测技术规范以及防洪(潮)工程运行管理的有关规定,重点聚焦台风、风暴潮、汛期、强降雨等特殊时期工程安全,针对堤防、水闸、泵站等重点部位,充分利用已有的 BIM 模型和空间地理数据等数据底板,结合采集的现场实时安全监测信息,建立防洪(潮)工程的数字孪生体,对工程安全监测数据进行分析,实现安全状态监测数据汇集与分析、安全隐患智能预警及可视化展示、预案智能响应等功能,守住工程安全底线。

3. 生产运营智慧管理系统

实现对防洪(潮)工程台账信息、巡检养护信息的电子化管理,配合移动智能终端设备的应用,使主管领导及时了解现场工况和突发事件,快速定位问题,第一时间给出处理意见,保障工程安全运行。包括工程监控管理、工程运维管理、工程资产管理、工程巡查管理、工程档案管理、移动 APP 5 个模块。

4. 工程建设过程管理系统

为落实政府各监管部门对施工工地现场安全、质量、进度、绿色环保的监管要求,提高项目精细化管理水平,保障工地现场的正常运行,加强对新区建设者生产生活方面的服务和人文关怀。围绕施工工地现场人、机、料、法、环 5 个方面,开展工地智能化建设。满足建设期项目在安全、进度、质量、文档方面的建设管理需求,通过网页端和移动端,实现建设期数据的管理与共享,提高项目的信息化、智慧化管理水平。

### 4.5.6 信息资源共享

信息系统所有信息资源通过数据交换及共享平台实现共享,共享的数据包括泵站计算机监控系统数据、闸门监控系统数据、水雨情系统数据、安全监测系统数据、视频系统数据。

### 4.5.7 网络信息安全

系统安全体系由整体考虑建设,保障信息化平台的顺利建设与安全运行。在整体安全体系下,完成本工程范围安全的设施建设。

### 4.5.8 系统集成

根据管理需求,应用系统工程的思想和方法,按照标准规范,统筹规划系统建设过程中的各种资源,配合施工设计和开发设计,将采集感知、通信及计算机网络系统、数据中心、应用支撑平台等的硬件及软件集成为具有优良性能价格比和高度协调一致的有机整体,达到系统的总体设计目标。系统集成的任务主要包括计算机软硬件环境集成、界面集成、数据集成、业务应用集成。

## 5 结论

本文以"智慧海堤"建设思路为背景,分析了南沙区龙穴岛围海堤信息化建设现状及需求,针对"智慧海堤"建设提出了建设思路和方法,为实现海堤科学诊断、快速预警、智能决策、综合分析,有效提高管理工作效率,实现管理从数字化到智能化的转变提供参考。

## 参考文献

[1] 黄向伟,姜冲.基于 BIM 技术的智慧海堤管理平台建设[J].质量与认证,2023(3):65-67.

[2] 王帅,冯可晖,张军.基于 5G+的大丰智慧海堤管理平台建设[J].江苏水利,2022(6):43-46.

[3] 左其华,赵一晗,王登婷,等.我国数字海堤工程建设设想[J].中国水利,2016(5):28-30.

[4] 邱俊武.WebGIS 技术在数字海堤管理平台中的应用[J].信息技术与信息化,2018(5):75-78.

[5] 邵继彭,魏小东.天津市海堤防潮工程建设与管理存在问题和解决对策探讨[J].海河水利,2017(S1):80-82,111.

# "十四五"高州水库灌区信息化建设研究与探讨

焦新宸　欧阳乐颖

（中水珠江规划勘测设计有限公司，广东广州　510610）

**摘　要:**灌区信息化建设是推进新阶段水利高质量发展的重要举措，是灌区管理水平进一步提高的重要手段，可为灌区水资源优化配置、高效利用提供重要的技术支撑。通过对高州水库灌区信息化建设现状的分析以及灌区信息化建设存在问题的梳理，明确了高州水库灌区信息化建设的目标和设计思路，并提出以数据采集层、信息基础设施层、数据资源层、应用支撑层、业务应用层、智慧门户层、系统安全体系和标准规范体系构建的灌区信息化建设总体框架，实现灌区信息采集自动化、通信传输网络化、预警预报模型化、决策分析智能化、行政办公无纸化，解决灌区水资源来水、水库调节、供用水等的联合水资源调度，充分发挥灌溉效益，极大地提高灌溉水的利用系数。

**关键词:**灌区信息化;高州水库灌区;总体框架

## 1　引言

近年来，为保证粮食生产及安全问题，国家加快推进大中型灌区续建配套与现代化建设[1]。同时，为推进新阶段水利高质量发展，将智慧水利建设作为新阶段水利高质量发展的重要标志之一。并且水利部先后出台《"十四五"期间推进智慧水利建设实施方案》《关于大力推进智慧水利建设的指导意见》《"十四五"智慧水利建设规划》《智慧水利建设顶层设计》等系列文件，为全国各地区智慧水利建设工作的推进提供了明确的责任单、任务书、路线图和时间表[2-4]。因此，灌区信息化符合智慧水利发展需求和灌区续建配套与现代化建设的推进，是新建灌区与改造灌区建设的重要内容之一[5-6]。

高州灌区位于广东省粤西沿海鉴江流域中下游平原，南北长约 53 km，东西宽约 40 km。灌区北起高州市东岸镇，南至湛江市坡头乡乾塘镇，东至电白区霞洞镇，西至吴川市塘缀镇。灌区总土地面积 380.41 万亩，其中耕地面积 144.42 万亩，2018 年有效灌溉面积 91.29 万亩，实灌面积 88.72 万亩。通过对灌区进行现代化改造，高州灌区灌溉面积将恢复至 104 万亩，改造范围内的灌区工程设施进一步完善，信息化管理水平进一步提高，使灌区效益得到更好的发挥。

---

**作者简介:**焦新宸（1992—），女，工程师，主要从事水利工程设计工作。

## 2 灌区信息化建设现状

### 2.1 灌区管理现状

高州水库灌区由茂名市高州水库管理中心和各市（县区）的管理机构联合管理。高州水库管理中心负责灌区的水资源调配、总干渠、干渠等骨干工程的维修养护任务、交接水量、设施管理等。各受益区、县级市分别负责本辖区内干、支渠的管理维修养护。

茂名市高州水库管理中心，为茂名市人民政府下属的正处级事业单位。属下设 11 个（其中库区工程管理单位 2 个，灌区工程管理单位 5 个，生产经营管理单位 3 个，防汛物资站 1 个）基层正科级单位。按照编制管理设置定编定岗人数为 438 人，现有管理人员418 人。

灌区用水管理实行计划供水。管理处根据灌溉面积、作物组成、土质情况、交接远近等，把水量逐级分配给各村镇、渠道使用。调度水量实行水权统一、合理调配的原则，全灌区干渠内水权统一在灌区管理处，支渠由乡镇负责，斗毛渠由受益村和农户负责。各渠道的灌溉或排洪涵闸，其放水灌溉、排洪的涵闸启闭权，在各级负责管理范围内由专职管理人员行使职权，任何人不得干涉。

### 2.2 灌区信息化现状

高州水库灌区 1954 年动工兴建，近 20 年来陆续进行改造，目前自动化程度仍落后，以手动控制为主。高州水库灌区控制灌溉面积大，灌溉分水口多，输水线路长、用水户数量大，其管理要求高，管理难度大。由于原设计标准低，配套不完善，管理手段落后，工程维护资金严重不足，经过 60 多年的运行，工程老化破损，工程效益逐年衰减。

### 2.3 灌区信息化存在的主要问题

（1）现状灌区范围内无自动化监控系统，无法实现对灌区机电设备的远程监控。现状灌区泵站、闸门现地点采用手动或电启动控制方式。

（2）现状灌区水源地及渠道缺乏完善的视频监控管理，无法实现对灌区范围内主要机电设备及水工建筑物的远程监视。

（3）灌区现状量水监测方式及监测节点分布无法满足全灌区用水量宏观管理和调配的要求。

（4）"高州水库灌区续建配套与节水改造首期工程"管理信息系统建设已有十几年，平台系统及硬件设备均已无法满足新时代水利信息化的需求。

## 3 灌区信息化建设关键技术研究

### 3.1 建设目标

以信息采集系统为基础、以高速安全可靠的通信和计算机网络为手段，实现灌区信息采集自动化、通信传输网络化、预警预报模型化、决策分析智能化、行政办公无纸化，彻底解决灌区水源来水、水库调节、供用水等的联合水资源调度，充分发挥灌溉效益，极大地提高灌溉水利用系数，为灌区水资源的优化配置、高效利用、调度运行提供决策支持，形成高州水库调度中心至高州水库灌区调度分中心的通信网络，实现灌区管理信息的数据交换共享，促进灌区经济社会环境的协调发展。

## 3.2 设计思路

在用户需求分析的基础上,结合建设项目的特点,分析研究系统建设的关键问题,以用水计量、水量调配为核心,以远程监控、水量监测、现场控制、视频监视为重点,统筹考虑各级用水部门的要求,开发建设能够及时掌握主要控制工程状况及引水、过水信息,监控主要控制工程运行,满足各级管理责任单位依法履行用水管理职责,提高灌区用水管理能力的用户需求,实现监测、监视、监控的基本功能,做到采集数据全面、传输及时、指令下达畅通、水量信息共享。

### 3.2.1 遵循智慧水利体系整体框架

按照智慧水利体系"统一数据中心,统一应用平台,统一一张图,统一技术标准"的要求,以已有的水利成果为基础,结合灌区实际情况及用户需求,融合新技术、新理念,加快构建灌区信息化应用体系。

### 3.2.2 业务应用整体设计,利用权限管理分级应用

本项目业务应用涵盖工程管理、灌溉管理、监控管理、效益分析的范畴,为保证应用体系的整体性,保证各业务环节功能、成果、数据的顺利关联,须采用整体性的规划设计。针对不同层面的用户,利用权限管理机制,建立各业务功能和用户之间的映射关系,实现分层分区应用。

### 3.2.3 基于统一的专题数据库

基于本项目业务体系对数据的需求,充分考虑国家和行业的规范和标准要求,需建立统一的专题数据库。

### 3.2.4 开放扩展思路,便于后期的扩展及接入

随着高州水库灌区信息化建设的深化,今后还存在信息化的扩建,因此本次项目建设应采用开放、扩展的思路,采购设备必须开放通信协议,便于后续自动化系统及其他信息化系统的接入,并能在已建的一张网、一个平台基础上统一接入,实现各类业务信息的统一管控。

## 3.3 总体框架

### 3.3.1 系统结构

高州水库灌区信息化管理系统集信息采集、实时监控、决策支持、指挥调度于一体。在高州水库灌区管理局设置调度中心,实现对灌区集中监控及统一管理。同时在各个灌溉片区分别设置调度分中心,负责各县市范围内灌区的监控及管理。

1. 监控系统分为三层结构

(1)调度中心级:高州水库灌区管理局调度中心,对高州水库灌区进行全局监控。

(2)分中心级:高州水库灌区高州片区调度分中心、高州水库灌区化州片区调度分中心、高州水库灌区茂南片区调度分中心、高州水库灌区电白片区调度分中心、高州水库灌区吴川片区调度分中心,对工程闸门运行状态进行监视、下达调度控制指令。

(3)现场级:闸门自动控制系统,完成对现地设备的人工/自动监测和自动/手动控制;上传有关闸门运行状态数据,对闸门下达上级调度指令,控制其运行。

2. 管理系统分为两层结构

(1)调度中心级:高州水库灌区管理局调度中心。

（2）分中心级：高州水库灌区高州片区管理处、高州水库灌区化州片区管理处、高州水库灌区茂南片区管理处、高州水库灌区电白片区管理处、高州水库灌区吴川片区管理处。

### 3.3.2 系统组成

灌区信息化建设覆盖数据采集、传输、存储、应用决策、灌区水利信息服务等各个环节。灌区信息化建设核心主要包括数据采集层、信息基础设施层、数据资源层、应用支撑层、业务应用层、智慧门户层、系统安全体系和标准规范体系如图 1 所示。

**图 1　总体架构**

1. 数据采集层

（1）监测感知系统。在干支渠上布设量水等自动化监测站，新建视频监视点，初步建成高州水库灌区雨水情及量水监测网络和视频监视网络，实现灌区水量实时监测信息和视频信息的采集。

（2）自动化控制系统。针对新建水源工程及输配水管渠，配套建设闸门等自动化控制设备，实现工程的远程监控，及时掌握灌区水源工程、输配水工程的运行状态和调水状况。

2. 信息基础设施层

在高州水库灌区管理局调度中心分布建设系统运行实体环境，包括机房、监控调度室、会商室，通过配套部署相应设备，实现灌区信息化管理业务的正常运转。搭建灌区骨干通信网络系统及信息采集通信网络系统,实现灌区信息的接入、汇聚和共享,实现工程控制指令的远传下达和反馈。

3. 数据资源层

数据资源层是对数据存储体系进行统一管理,主要包括数据管理、数据存储、数据备份、数据交换等部分,并对综合数据库及元数据库等两大类数据进行存储。数据资源层的总体结构如图2所示。

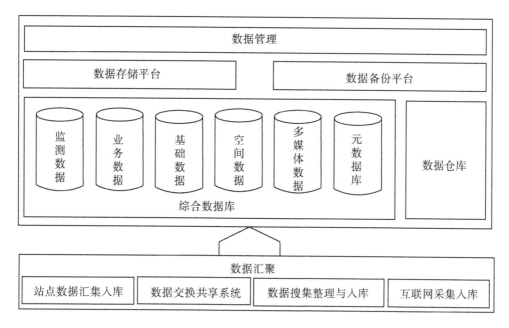

**图2 数据资源层总体架构**

4. 应用支撑层

应用支撑层为灌区信息化建设提供统一的技术架构和运行环境,为灌区应用系统建设提供通用应用服务和集成服务,为资源整合和信息共享提供运行平台。应用支撑层向上负责支撑业务应用,向下管理数据资源。主要由各类商用支撑软件和开发类通用支撑软件共同组成。结构组成如图3所示。

5. 业务应用层

高州水库灌区工程信息化大平台系统工程建立业务应用系统,包括搭建GIS平台,建设综合监视、水量调配管理、水量计量与水费计收管理、工程管理、业务应用门户、办公自动化和移动应用系统,提高灌区管理的工作效率,实现水费的合理计收、水量的科学调配的及时预警预报,为灌区管理决策提供技术支持。

6. 智慧门户层

通过移动应用、可视化大屏展示等方式,方便灌区管理人员及时掌握主要控制工程状况及引水、过水信息,监控主要控制工程运行,依法履行用水管理职责,提高灌区用水管理

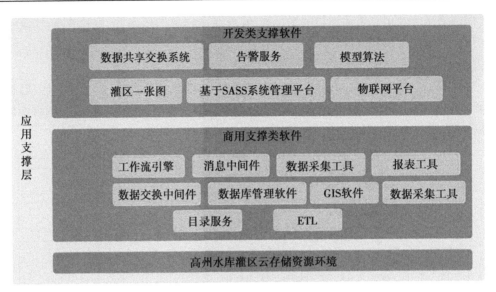

图3　应用支撑层结构组成

能力。

7. 系统安全体系

建设完善的系统安全体系,为系统的数据及网络安全、监管控制、操作行为进行全方位防护,全面提高信息安全的管理水平,保障高州水库灌区信息化平台的顺利建设与安全运行。

8. 标准规范体系

依托行业标准及国家、地方管理规定,对灌区信息化系统实施有效运管,实现项目的建设效益。

## 4　结语

随着大中型灌区的续建配套与现代化改造工程的实施,灌区信息化建设将成为其必要的建设内容之一,其核心为运用大数据、物联网、云计算、人工智能等信息技术,对传统的灌区管理方法进行改进,从而实现灌区信息采集自动化、通信传输网络化、预警预报模型化、决策分析智能化、行政办公无纸化。"十四五"高州水库灌区信息化建设,将极大提高灌溉水利用系数,为灌区水资源的优化配置、高效利用、调度运行提供决策支持,同时可为其他大型灌区的标准化建设提供参考。

## 参考文献

[1] 李益农,张宝忠,白美健,等.数字灌区建设理念与实施路径[J].水利发展研究,2020,20(12):5-8.

[2] 陈雷."十四五"规划下广东"智慧水利"建设的现实境遇及发展建议[J].广东水利水电,2023(1):106-109.

［3］曾焱,程益联,江志琴,等."十四五"智慧水利建设规划关键问题思考［J］.水利信息化,2022(1)：1-5.

［4］蔡阳,成建国,曾焱,等.大力推进智慧水利建设［J］.水利发展研究,2021,21(9)：32-36.

［5］田新星,李志飞,延红艳,等.红崖山灌区"十四五"信息化建设探讨［J］.甘肃水利水电技术,2022,58(11)：22-30.

［6］戴玮,李益农,章少辉,等.智慧灌区建设发展思考［J］.中国水利,2018,69(7)：48-49.

# 海南省小型水库雨水情测报与
# 安全监测系统建设

聂　鹏　林　思

（中水珠江规划勘测设计有限公司，广东广州　510610）

摘　要：在新时代智慧水利和水利信息化快速发展的背景下，建设海南省小型水库雨水情测
报和大坝安全监测系统极为重要。本文简要分析海南省小型水库雨水情测报和大坝
安全自动化监测中存在的问题，提出海南省小型水库雨水情测报与大坝安全监测自
动化系统总体设计思路，水库雨水情测报设计方案和大坝安全监测设计要点等。海
南省小型水库雨水情测报、大坝安全监测设施及相应自动化监测系统建成后，可为水
库大坝的安全运行提供重要的基础数据支撑。

关键词：小型水库；雨水情测报；安全监测；系统建设

## 1　引言

截至 2020 年底，海南省共有水库 1 105 座，其中小型水库 1 019 座，占全部水库数量
的 92.2%。20 世纪 80 年代以前修建的小型水库占 92%，运行年限在 50 年以上的占 53%
以上。目前，海南省小型水库在雨水情测报和安全监测中存在的主要问题如下：

（1）小型水库雨水情测报自动化水平较低。大多数小型水库尚未安装雨水情自动化
观测系统，多为人工观测，自动化水平较低；部分已建立的雨水情自动测报系统也存在年
久失修、上线率低、巡查工作量大、观测频次低等缺点，难以保证监测数据的准确性、连续
性和实时性，无法及时查看小型水库的运行状态，从而不能及时发现安全隐患。

（2）大坝安全监测设施建设不完善。海南省小型水库均未设置变形监测设施，缺少
环境量监测项目，水库渗流监测设施均为人工观测，大坝渗流人工巡查不足，巡查检查记
录简单、不规范，无法满足保障人民生命安全以及防台、防洪的需要。

小型水库雨水情测报和大坝安全监测是水库运行管护的重要环节，水库管理由传统
的人工模式逐步向科技化、信息化发展是水利行业发展的必然趋势[1-3]。在新时代智慧
水利和水利信息化快速发展的背景下，建设海南省小型水库雨水情测报与大坝安全监测
系统极为重要。

---

作者简介：聂鹏（1991—），男，硕士，工程师，主要从事水工建筑物结构设计工作。

## 2 系统总体设计

### 2.1 总体架构设计

系统总体设计按照"需求牵引、应用至上、数字赋能、提升能力"的要求,以"数字化、网络化、智能化"为主线,结合建设目标进行系统的总体框架设计,总体框架设计以"六个层次"的思路进行设计,"六个层次"即为基础层、感知层、数据层、平台层、应用层、用户层,"三个体系"即为运维管理体系、安全防护体系、标准规范体系,系统总体框架见图1。

**图1 系统总体框架**

(1)基础层。由海南省水务厅提供相应的计算、存储、网络、安全等基础资源。

(2)感知层。雨水情自动测报系统通过布设雨量、水位、视频实现前端感知建设,大坝安全监测系统通过布设渗流、渗压、变形等设备实现水库大坝的安全监测,数据采集与处理由海南省智慧水网信息平台中建设的物联网接入系统和可视联网系统进行处理。

(3)数据层。以海南省智慧水网信息平台中建设的水网大数据中心为基础建设小型水库综合数据库,实现实时监测数据、方案预案信息、人工巡查数据、相关人员信息、应急处置信息等数据接入,并形成数据服务,供其他系统使用。

(4)平台层。以海南省智慧水网信息平台中建设的水网 AI 中枢和水网一张图为基础建设,为上层应用提供基础数据支撑。

(5)应用层。补充完善海南省智慧水网信息平台中建设的小型水库巡查 APP 系统,开发大坝安全监测系统,实现对数据的展示、巡查人员的使用、大坝安全分析监测。

(6)运维管理体系。为保障系统能高效、稳定、安全运行,提高工作效率及资源利用率,降低运营成本,确保其发挥效益,需要建立健全的运维保障体系,建设的内容包括运行保障组织建设、运行管理规章制度的建立、应急处理机制的完善等。

(7)安全防护体系。为了满足最根本的安全需求,需要建设主动、开放、有效的系统安全体系,实现网络安全状况可知、可控和可管理,自动化远程监控安全防护,形成集防护、检测、响应、恢复于一体的安全防护体系。

## 2.2 网络架构设计

根据海南省电子政务云的要求及本次前端感知建设、业务建设、数据交换、监控信息传输等业务应用需求,结合水务厅数据流转的实际情况,建设由水利业务网、电子政务外网、互联网组成的传输网络,为海南省小型水库雨水情测报数据传输、处理、汇聚、分析提供支撑。

按照分权分域的原则,本次网络分为政务外网核心区、水务厅交换区、互联网区。网络架构设计见图 2。

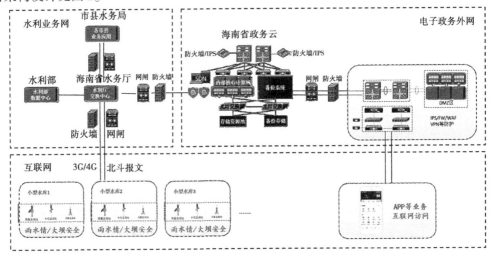

图 2　网络架构设计

(1)电子政务外网:核心网络区,由政务云提供,承载水利业务。

(2)水利业务网:数据交换网络,一是承载感知数据接入,然后通过政务外网传输至政务云水网大数据中心;二是承载水务厅与水利部数据之间的数据共享;三是承载水务局到水务厅数据共享。

(3)互联网:一是承载感知设备数据传输,通过 4G 或者北斗等数据通路实现数据上传;二是承载水网移动应用建设,用于水利业务办理及日常业务访问,支撑对公众的服务。

## 2.3 外部资源共享

(1)充分利用各类网络资源。通信网络将在建设和接入专网的同时,充分利用政务网络、无线网络、卫星应急通信网络等社会公共资源,为系统工程建设提供通信网络服务。

(2)充分利用海南省水利信息现有网络、计算、存储资源。充分利用海南省水利信息网络资源、存储资源、数据资源和安全资源,对于可共用的部分,不再额外进行建设。

(3)建立数据资源共享机制。充分借助海南省水务厅数据平台,实现信息资源共享。

(4)系统建设成果共享。针对系统建设成果,包括基础数据资源、实时数据资源、成果数据资源等,建立资源共享、业务协同服务机制。

## 2.4 数据采集与处理

为避免项目的重复建设,本项目建设的雨水情自动测报系统和大坝安全监测系统产生的监测数据接收、处理由海南省水网信息平台(一期)中的物联网系统统一进行处理,不再单独新建系统,物联网系统对数据解析后存入海南省水网信息平台(一期)中的水网大数据中心,数据中心提供统一标准的数据共享接口,满足雨水情和安全监测数据内部、外部系统的全面数据共享和业务分析要求。

各市(县)通过海南省智慧水网信息平台分配的账号及网址进行登录。系统根据各市(县)业务类型、管理范围、所属水库、业务人员权限等信息进行分类展示,也可以按市(县)业务要求进行定制化开发。各市(县)业务人员登录系统平台后只展示本市(县)所属业务模块,进行针对性的业务管理、数据上传、信息收发、信息查看等操作,从而达到一个平台多项业务、多个单位、多种数据的统筹管理,促进海南智慧水网平台数据的大量化、多样化、高速性、高价值,逐步向水利大数据发展。

## 3 雨水情测报站点布设

### 3.1 水位雨量站

雨水情测报设计包含水位雨量站、视频监控设计,以及数据采集和汇集应用的监测平台。参考《小型水库雨水情测报和大坝安全监测设施建设与运行管理办法》,各监测项目布设原则如下:

(1)每个水库至少设置1个降水量监测点或采用邻近可获得的雨量站信息。对流域面积超过20 km² 的水库相应增加监测点,增加的监测点设置位置应具有流域代表性。

(2)每个水库设置1个自动监测点,满足自动测报和校验要求。

根据以上原则,确定每座水库布设一套水位雨量站,水位雨量站一般布设于坝顶上游侧用于对坝上水位及降雨量进行测报。

### 3.2 视频监控

视频监控主要对大坝、溢洪道等现场情况进行监视。小(1)型水库设置2~3个视频监视点;小(2)型水库设置1~2个视频监视点;坝长500 m以上的根据需要增加视频监视点。视频监视点设置位置宜在大坝、溢洪道等部位,重点监视大坝全貌,兼顾水尺、坝前水面、溢洪道进出口、坝体渗漏部位等。压力式雨量计及视频监控测点布设实物见图3。

## 4 大坝安全监测点布设

### 4.1 变形监测点布设

#### 4.1.1 布设原则

海南省小型水库基本为土石坝,整体坝型外观较牢固,大部分坝高在10~35 m,少数分布在10 m以下;综合考虑现场施工难度及施工过程对大坝整体的结构破坏程度、监测精度、监测设备维护难易度等因素,拟采用GNSS全球定位系统作为主要监测方案。GNSS变形监测结合实际情况考虑坝型、坝高、坝长、运行条件及水库下游风险程度等确定,重点监测坝面垂直位移和水平位移。

#### 4.1.2 测点布设

(1)一般情况下采用1个GNSS基准站+3个GNSS监测站模式对大坝表面变形进行监测,对副坝超过15 m的大坝增设3个GNSS监测站,见图4、图5。

图 3　压力式雨量计及视频监控测点布设实物

图 4　GNSS 变形监测基准站布设实物

图 5　GNSS 变形监测监测站布设实物

　　(2)基准站选取远离库区水面 150 m 以上位置,且要求视野开阔,视场内障碍物的高度不宜超过 15°;远离大功率无线电发射源(如电视台、电台、微波站等),其距离不小于 200 m;远离高压输电线和微波无线电传送通道,其距离不得小于 50 m;尽量避免人为干扰。

　　(3)变形监测站平面布置原则为:分别布设于大坝左右 1/4 坝段、坝顶中部。

### 4.1.3　通信方式

　　结合控制经济成本、建设方便快捷以及水库所处地形等方面的因素,GNSS 数据统一使用 4 G 传输,数据交换格式需满足《GNSS 接收机数据自主交换格式》(GB/T 27606—

2020)[4]要求,且 GNSS 接收机可直接发送 RTCM3.2 格式数据,同时配备数据接收软件。由 GNSS 设备直接发送至省级 GNSS 解算试点。

## 4.2 渗流测点布设

### 4.2.1 布设原则

渗流量监测设置根据大坝坝型、渗流特点、渗流量大小、汇集排水条件等确定。根据《小型水库雨水情测报和大坝安全监测设施建设与运行管理办法》,对于小(1)型水库,存在渗漏明显的大坝,应设置 1 个渗流量监测点,有分区监测需求的根据需要增加监测点。对于小(2)型水库存在渗漏明流,坝高 15 m 以上或影响较大的大坝,应设置 1 个渗流量监测点,其他情况根据需要设置监测点。

### 4.2.2 测点布设

渗流量监测应根据大坝渗流情况设置,计划在每座小型水库坝后汇流处安装 1 套量水堰。采集及无线传输模块均采用太阳能供电。

渗流量监测可采用容积法或量水堰法。其中,容积法适用于小于 1 L/s 的渗流量监测;量水堰法中,渗流量 1~70 L/s 可采用直角三角堰,70~300 L/s 可采用矩形堰或梯形堰。

## 4.3 渗压测点布设

### 4.3.1 布设原则

渗流压力监测横断面根据工程规模、坝型、坝高、坝长、下游影响等情况设置,小(1)型水库大坝应设置 1~2 个监测横断面,一般设置在最大坝高和渗流隐患坝段,对坝长超过 500 m 的根据需要增加监测断面。土石坝每个监测横断面宜设置 2~3 个监测点,一般设置在坝顶下游侧或心(斜)墙下游侧、坝脚或排水体前缘,必要时在下游坝坡增设 1 个监测点;存在明显绕坝渗漏的,根据需要设置绕坝渗流压力监测点。

小(2)型水库坝高 15 m 以上的应设置 1 个监测横断面,坝高 15 m 以下影响较大的根据需要设置监测断面。土石坝每个监测横断面宜设置 2~3 个监测点,一般设置在坝顶下游侧或心(斜)墙下游侧、坝脚或排水体前缘,必要时在下游坝坡增设 1 个监测点;存在明显绕坝渗漏的,根据需要设置绕坝渗流压力监测点。

### 4.3.2 测点布设

本项目实施渗压力监测的水库全部为小(1)型水库,大坝应设置渗流压力监测,土石坝坝体渗流监测的测压孔布置在最大坝高和渗流隐患处,坝长不超过 500 m 时,设 1 个监测断面;坝长超过 500 m,设 2 个监测断面。每个监测断面布设 2~3 个监测孔,坝高不小于 15 m 时,每个监测断面布设 3 个测压孔,分别布置在坝顶、2/3 坝高处及 1/3 坝高处,若有马道则布置于马道上;坝高小于 15 m 时,每个监测断面布设 2 个测压孔,分别布置在坝顶及 1/3 坝高处。

为了监测土坝的坝体浸润线,沿同一横断面的坝顶、下游坝坡中部及坝脚各布置 1 个测压孔,并在测压管内安装渗压计,见图 6、图 7。

图6　大坝渗流测点布设实物　　　图7　大坝渗压测点布设实物

## 5　结语

海南省现状小型水库雨水情测报和大坝安全监测设施薄弱、自动化水平低,人工收集雨水情及安全监测数据工作强度大、难度高。随着信息化、智慧化水利技术的发展,雨水情与安全监测自动化系统建设成为可能[5-6]。本文介绍了海南省小型水库雨水情测报和大坝安全监测自动化系统的总体设计思路,雨水情测报站点布设原则与方案,大坝安全监测站点布设原则与方案等。建设小型水库雨水情测报和大坝安全监测设施,配套完善小型水库自动化监测系统,可实现对水库水位、降雨量、流量等雨水情数据监测、存储、上报和对大坝的表面位移、大坝渗压(浸润线)、大坝渗流量的自动采集、存储、处理、上报,基本实现无人值守或少人值守,及时对相关预警内容进行推送,为水库大坝的安全运行提供重要的基础数据支撑。

## 参考文献

[1] 陈璞.安徽铜陵市小型水库雨水情自动测报系统建设研究[J].水利科技与经济,2021,27(12):46-50.

[2] 高月明,陈希谣.广东省小型水库雨水情测报和大坝安全监测系统建设[J].水利信息化,2022(6):84-90.

[3] 肖珍宝,梁学文,班华珍,等.广西小型水库雨水情测报和大坝安全监测系统建设[J].广西水利水电,2022(1):105-107.

[4] 许浩,李越川,张威.小型水库雨水情测报与工程安全监测标准化研究[J].水利信息化,2021(6):55-58.

[5] 马顺,杨玉喜.安徽省小型水库雨水情自动测报系统建设[J].水利建设与管理,2023(1):45-49.

[6] 国家市场监督管理总局,国家标准化委员会.GNSS接收机数据自主交换格式:GB/T 27606—2020[S].北京:中国标准出版社,2021.

# 环北部湾广东水资源配置工程地心泵站
# 取水口生态环保金属结构设备布置

甘志军　　张祖林

( 中水珠江规划勘测设计有限公司,广东广州　510610)

**摘　要**:引调水工程作为水利工程的一种,是影响生态环境的典型工程,尤其需要注重生态保护,特别是对于水源地的生态保护。本文以环北部湾广东水资源配置工程水源工程为例,工程从水源地西江取水,为开敞式进水口,由于西江垃圾、油污、泥沙等较多,同时为尽量减小泵站对鱼类繁殖和生存的影响,在泵站取水口结合地形布置拦漂结构和拦沙闸2道水工建筑物,对多种功能性金属结构设备型式进行比选,本着布置简洁、功能结合的原则,全面而又创新性地设置了拦污、拦油、拦沙、拦鱼、拦鱼卵等生态环保金属结构设备,既满足了大流量泵站的运行要求,也达到了取水口绿色环保、生态的高标准,促进人与自然和谐共生,该泵站取水口生态环保金属结构设备的布置设计可为同类工程设计提供参考。

**关键词**:取水口;金属结构;生态环保;拦污;拦鱼卵

## 1　概述

环北部湾广东水资源配置工程为国家150项重大水利工程项目之一,位于广东省西南部,旨在解决区域内长期缺水问题,为大型引调水工程,涉及粤西地区湛江、茂名、阳江和云浮4个地级市,工程等别为Ⅰ等,规模为大(1)型,工程任务以城乡生活和工业供水为主,兼顾农业灌溉,为改善水生态环境创造条件。工程水源地为广东省云浮市郁南县地心村,通过地心泵站从地心村河段的西江提水后输水,由1条输水干线和3条输水分干线组成,主干线为西江取水口—高州水库—鹤地水库,分干线为云浮分干线、茂名阳江分干线和湛江分干线。

水源工程地心泵站位于西江右岸,经取水口、引水渠、泵站进水闸等引水至泵站,泵站引用流量110 m³/s,设6台泵组(5用1备),取水口主要布置拦漂结构和拦污闸2道水工建筑物,设有拦污排、拦污栅、拦鱼设备、拦鱼卵设备、清污设备等生态环保金属结构设备,如图1所示。

## 2　拦漂结构金属结构设备布置

拦漂结构布置于取水口首端,由于西江水位高、变幅大,船只过往频繁,污物和油污较

**作者简介**:甘志军(1991—),男,工程师,主要从事水工金属结构设计工作。

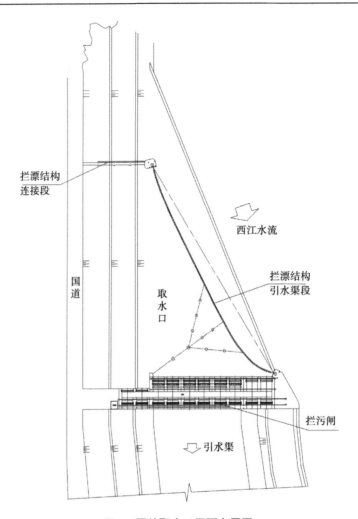

图1　泵站取水口平面布置图

多,且泵站大多数时间在低水位运行,为保证拦漂结构在全水位封闭,根据地形设置引水渠段拦漂结构和连接段拦漂结构,用以拦污、拦油。

### 2.1　连接段拦漂结构金属结构设备布置

引水渠顶部与右侧国道高差大,整体以1:2斜坡衔接,在引水渠与国道之间设置阶梯连接段,按照不同底高程布置拦漂结构,拦漂墩顶部设连接交通桥。受地形影响,该连接段拦漂结构不宜采用柔性结构,因此金属结构设备型式就浮箱式拦污排(推荐方案)和拦污栅(比选方案)2种形式进行比选。

浮箱式拦污排(立面图如图2所示)可在水面上自浮,拦污深度根据要求进行结构灵活设计,水位较低时,浮箱式拦污排搁浅于底槛上,在高水位时浮于水面,由于采用全密封不透水结构,浮箱式拦污排可有效拦污、拦油,与西江水流向成一定夹角,污物可随洪水带走,该拦污排覆盖面小,景观效果好[1]。

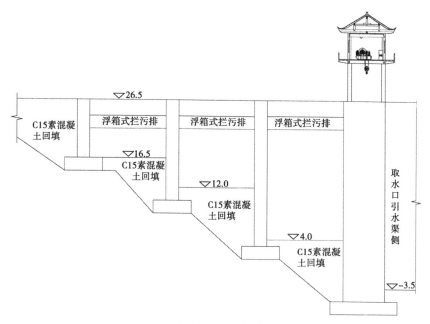

**图2 连接段拦漂结构推荐方案立面图**

比选方案采用拦污栅(立面图如图3所示),全孔口覆盖,优点是可有效拦污,同时可兼作工程的防护网;缺点是透水结构无法拦油污,栅条的覆盖面大,且在洪水位退去时,污物可能卡嵌在拦污栅中[2],整体的景观效果较差,投资也相对浮箱式拦污排高。

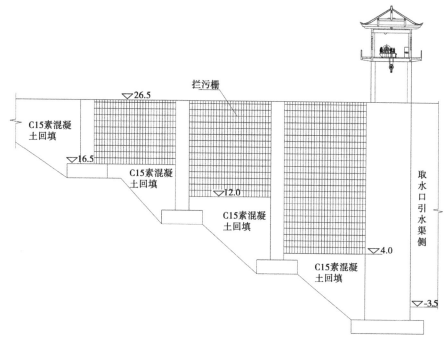

**图3 连接段拦漂结构比选方案立面图**

### 2.2 引水渠拦漂结构金属结构设备布置

引水渠拦漂结构为主要工作的拦漂结构,整个直线段跨度约 200 m,要求可根据水位自浮,并拦污物和油污,长时间在低水位运行时不得影响取水口进水,金属结构设备型式就浮筒式拦污排(推荐方案)和自动浮式拦污、清污系统(比选方案)2 种形式进行比选:

浮筒式拦污排(断面如图 4 所示)可整跨布置,采用塑料浮筒支承,两端设活动式锚头,浮筒外包裹拦油布,底部悬挂拦污网,拦污网底部设有重锤,浮筒与浮筒之间通过钢丝绳连接,浮筒内部填充吸水性小、密度低的聚氨酯泡沫塑料,为防止拦污排在高水位时随西江水流反向弯曲,带向西江侧,在取水口内侧设有活动式安全牵引装置,并为上、下游锚头装置在墩顶配固定卷扬机牵引,以防锚头卡阻。该浮筒式拦污排可有效拦污拦油,整跨布置,景观效果好,不影响西江行洪,根据布置方向大多污物可随水流带走,缺点是浮筒式拦污排为柔性结构,受水流影响,部分污物会堆积在拦污排前,必要时需人工清污[3]。

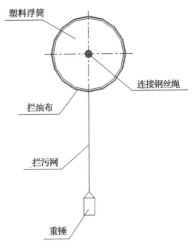

图 4　浮筒式拦污排断面图

比选方案采用自动浮式拦污、清污系统(大样如图 5 所示),主要由拦污结构和清污设备 2 部分支承,拦污结构采用全封闭式浮箱结构,分跨布置,单跨跨度约 25 m,每跨均设有导向柱,浮箱顶部设置有自动清污系统,可将拦截的污物推送至下游随西江带走,每跨拦污结构两侧导向柱顶部设置固定卷扬机牵引,防止导向机构卡阻。该方案的优点是清污效率高且彻底,大大减小了阻水率;缺点是拦污结构顶部设清污设备,不便于检修维护,且分跨布置,设置有多个导向柱,景观效果较差,影响行洪。

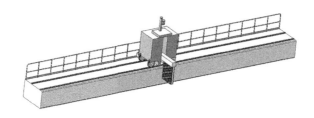

图 5　自动浮式拦污、清污系统大样图

## 3　拦污闸金属结构设备布置

取水口拦污闸布置于拦漂结构下游,横跨引水渠,左侧连接引水渠挡墙,右侧通过交通桥连接至国道,该拦污闸金属结构设备的布置需兼顾拦鱼、拦鱼卵、拦沙、拦污、清污等生态环保功能。

### 3.1　拦鱼设备

为防止西江鱼类进入泵组,在拦污闸墩头设有拦鱼电栅作为拦鱼设备,由于水位变幅大,同时为保证拦鱼效果,拦鱼电栅分多层布置。拦鱼电栅将能输出脉冲电压的电栅置于水中,形成水下脉冲电场,从而影响鱼类的活动方式与轨迹,通过拦鱼系统可以有效地避免鱼类进入敏感或危险区域,拦鱼电栅采用钢丝绳悬吊电极阵方式,电极阵上部钢绳两端固定在墩头上[4]。

## 3.2 拦鱼卵设备

根据环评报告要求,西江水位在4.5~11.0 m时,需取水面以下3 m水流,防止鱼类产卵期间,水面漂浮鱼卵随水流进入泵组,影响鱼类繁殖,因此在取水口需设1道拦鱼卵设备。根据取水口的布置,拦鱼卵设备可结合拦漂结构或拦污闸布置,由于拦鱼卵要求固定水面以下3 m,若设置在引水渠拦漂结构浮筒式拦污排底下,在低水位时,拦鱼卵的不透水结构会导致过水断面大大减小,影响取水口进水,因此拦鱼卵设施考虑在拦污闸单独布置。

拦鱼卵设备布置于拦污闸的首端,采用全封闭式浮箱结构,可根据水位自浮,两侧支承为工程塑料合金滑块,拦鱼卵设备两侧枕底高程根据过流断面需要确定,使拦鱼卵浮箱在低水位时可自动搁浅,从而不影响过流。

## 3.3 拦沙设备

为防止西江泥沙过多进入引水渠和泵组,同时便于引水渠检修,在拦污闸拦鱼卵浮箱下游设置一道拦沙检修闸门,结合过流要求,对下列3种布置形式进行比选:

(1)推荐方案拦沙检修闸门型式采用叠梁闸门,闸门分3节,设计成相同结构,可互换使用,静水分节启闭,检修时小开度提顶节门叶充水平压后启门,拦沙时静水启闭,通过闸顶1台双向门机配液压自动抓梁操作,门机垂直水流方向行走,在保证过流能力的前提下,拦沙检修闸门可置于门槽中拦沙,根据水位调节门槽中的节数,不使用时可存放于门槽下游门库内,如图6所示。该形式拦沙设备布置简单,闸顶门机可兼顾上游拦鱼、拦鱼卵设备的检修功能;缺点是需人工现场操作,底部拦沙功能相对受限。

(2)比选方案一的拦沙检修闸门形式采用连接

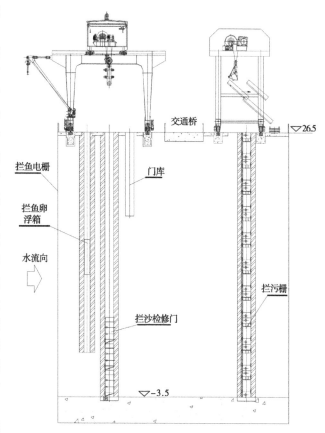

图6 拦污闸推荐方案断面布置图

式叠梁闸门(如图 7 所示),通过固定卷扬机或液压启闭机配拉杆操作,一门一机布置,根据过流断面要求,闸门分为相同结构的若干节,节与节之间通过拉杆连接,拉杆布置于闸门两侧,与闸门以卡套式连接,在闸门下降过程中相邻节可堆叠而不影响其余节的起吊。该形式拦沙设备布置简单,可根据水位自动化控制拦沙,缺点是底部拦沙功能相对受限,闸门、拦鱼设备不便于检修维护。

(3)比选方案二的拦沙检修闸门形式采用下沉式双扉门,如图 8 所示,双扉门由两层闸门组成,均通过液压启闭机配拉杆操作,闸门动水启闭,底层闸门可下沉至底槛以下。该形式拦沙设备可根据水位自动化控制拦沙,特别是在低水位时可任意调节拦沙高度;缺点是设备布置较复杂,下沉的门槽容易淤积,闸门、拦鱼设备不便于检修维护。

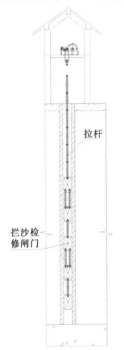

图 7　拦沙设备比选方案一
(连接式叠梁闸门)

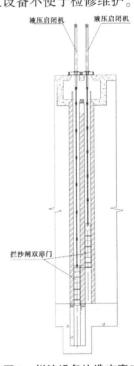

图 8　拦沙设备比选方案二
(下沉式双扉门)

### 3.4　拦污栅及清污设备

为防止污物进入引水渠,拦污闸拦沙设备后设 1 道拦污栅,拦污清污形式就回转清污机和平面滑动直栅配清污机清污两种形式进行方案比选。本工程由于运行水位变幅较大,且大多时间在低水位运行,采用回转清污机方案可实现较高程度的自动化,但污物回转提升至闸顶的高度较高,清污不可靠、效率低,清污机不便于检修,需另外采用临时设备提栅维护。而采用平面滑动直栅配清污机方案抓取污物可靠,清污效率高,同样可实现自动化清污,清污机自带提栅功能,便于拦污栅维护。两种方案的投资相当,因此本工程拦污闸拦污清污形式采用平面滑动直栅配清污机的方案。

## 4　结语

　　环北部湾广东水资源配置工程取水口生态环保金属结构设备的布置结合地形条件、水工建筑物布置、泵站运行、设备运行管理维护及生态环保等多方面要求,优化了取水条件,功能全面,布置简洁。不同项目有各自的特点,需根据运行条件、功能要求等不同合理选择生态环保金属结构设备形式。

参考文献

[1] 水电站机电设计手册编写组.水电站机电设计手册:金属结构[M].北京:水利电力出版社,1986.
[2] 王勇刚.盐锅峡水电站拦污栅前清污技术研究[J].云南水力发电,2023(3):309-312.
[3] 文胜良,曹波,越鸿交.拦污漂在河床式厂房水电站的设计与应用[J].水电与抽水蓄能,2021(1):104-108.
[4] 朱德瑜.某水电站拦鱼电栅设计[J].企业科技与发展,2012(12):91-93.

# 基于 UE 的三维交互式可视化平台
# 设计与实现

丘雨轲　　陈杰文　　陈冰清

( 中水珠江规划勘测设计有限公司,广东广州　510610)

**摘　要:**水利信息化建设的迅速发展,促进了新技术在水利业务中的应用,水利行业对产品质量和可视化能力提出了更高要求。为解决现阶段水利工程可视化应用存在的功能开发门槛高、数字化高级应用不足和标准化流程不完善等问题,满足精美逼真、交互流畅和多元定制的成果交付需求,本文提出了基于虚幻引擎(UE)的水利工程可视化平台建设思路,重点研究模型轻量化、倾斜摄影、图形引擎和虚拟现实(VR)等关键技术。平台以 UE 的蓝图作为开发工具实现了三维漫游、天气切换、光照调节和运行模拟等功能,为其他项目的可视化应用提供借鉴,赋能智慧水利业务和数字化品牌建设,助力水利高质量发展。

**关键词:**水利工程;UE;三维交互;可视化

## 1　引言

　　近年来,随着国家对水利信息化的重视以及我国工程数字化程度的不断提高,融合建筑信息模型(BIM)的实时渲染、三维交互和虚拟现实(VR)等可视化技术应用成为水利业务的主流趋势。水利部明确"十四五"时期"建设可视化模型"和"建设数字模拟仿真引擎"的任务,充分集成 BIM 数据,满足模型管理、场景配置、仿真模拟和综合展示等需要[1]。面对用户实体的可视化技术作为数字孪生的核心和人机交互的基础,对水利行业打造独具特色的数字化产品具有重要意义。随着 Unity3D 和虚幻引擎(UE)等游戏引擎在游戏开发、影视制作等领域的普遍应用,各学者也积极探讨了基于游戏引擎的水利工程可视化技术路线。曾庆达等[2]基于 UE4 搭建数字孪生 BIM 管理平台,使用蓝图编辑器开发前端功能,利用 C++语言开发实时读取数据的功能,为调蓄池工程运维阶段提供了 BIM 解决方案;于亚东[3]结合 BIM 和 Unity3D 技术搭建三维仿真场景,通过编写 C#脚本增加交互功能,为海塘工程仿真和施工管理探索了可视化途径;黄方贞[4]使用 UE4 整合工程数字资产,通过蓝图与 C++进行漫游功能开发,完成了一套三维数字化汇报平台;王治中等[5]在 Unity3D 中运用 C#语言实现二维模型计算成果的三维动态表达,开发了模拟流凌

**基金项目:**中水珠江规划勘测设计有限公司科研项目"三维设计交互式成果交付软件开发"(2022KY08-6)。
**作者简介:**丘雨轲(1996—),男,助理工程师,主要从事水利信息化工作。

过程的三维可视化系统。综上,如何优化水利工程展示效果、丰富成果交付形式、提升工程智慧化水平是各学者研究的重点,但目前的工程可视化应用仍然存在功能开发门槛高、VR/AR 等数字化高级应用不充分[6],以及标准化流程不完善等局限性。

UE 作为 Epic Games 旗下的开源游戏引擎,目前已更新到第五代,其强大的实时渲染、地形编辑和材质编辑能力,以及新一代全局光照系统为场景仿真提供了更好的视觉效果;其蓝图编辑器作为可视化编程工具,降低了二次开发的技术门槛,提高了交互式可视化应用效率。本文针对现状存在的问题,结合"十四五"时期水利部的要求和工程项目需要,探讨基于 UE5 的可视化平台建设思路和技术路线,重点研究模型轻量化、倾斜摄影、图形引擎和 VR 等关键技术,实现三维场景搭建和交互功能开发,为工程可视化应用提供专业、美观和高效的解决方案以及标准化服务流程。

## 2 平台设计

### 2.1 总体架构

三维交互式可视化平台设计总体架构从下至上分为数据库、服务层、应用层和客户端(见图1)。平台以数据库为基础,数据库对水利工程基础模型集中管理,并转化为可视化模型供平台开发调用;平台基于 UE5 搭建可视化场景、开发交互功能;可视化服务为数字孪生、智慧水利等平台提供技术支撑;部署或发布在 PC 端、移动端或 VR 设备中实现人机交互。

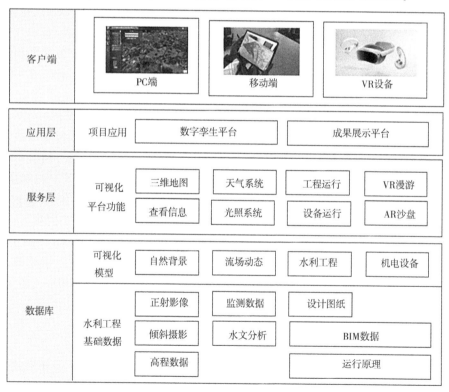

**图1 三维交互式可视化平台设计总体架构**

(1)数据库。将繁杂的水利工程基础数据转化为可供平台开发统一调用与配置的可视化模型,并分类分级管理。其中,可视化模型包括自然背景(地形、植被、天气等)、流场动态(水位、水流等)、水利工程(水库、水闸、泵站等)和机电设备(水泵、启闭机、闸门等)[7]。按照"标准化、模块化、云服务"的要求,制定模型轻量化技术标准和共享模型库,保障可视化模型的通用化封装及模型接口的标准化[8]。

(2)服务层。通过调用可视化模型搭建可视化场景,在三维场景中开发基础交互功能,包括键盘控制、鼠标控制、弹窗功能等;封装天气系统和光照系统,供不同项目接入;根据工程和设备运行原理,制作三维模拟动画;制定 VR/AR 技术流程。

(3)应用层。针对不同项目替换可视化模型和场景,适配功能需求,为成果展示平台、管理平台、运维平台、"四预"平台等数字化产品提供可视化定制服务。

(4)客户端。面向不同的用户和功能设计用户界面(UI),从信息传达有效性、实用性、秩序性等角度提升用户体验[9]。针对不同设备打包输出可视化平台,配置运行环境,部署或发布在相应设备中使用。

## 2.2 平台功能设计

结合水利工程知识和成果展示需求,基于三维可视化场景进行二次开发,拓展 BIM 技术应用价值。限于篇幅,本文仅探讨三维漫游、浏览信息和查看数据等基础功能,以及切换天气、调节光照和模拟运行等核心功能。

(1)基础功能。三维场景以 BIM+倾斜摄影可视化展示为主,实现键盘按键控制漫游路径和鼠标控制视口旋转等漫游功能,通过优化加速度和约束旋转范围增强用户体验感;在场景内标记关键位置及其最佳视角,实现第一人称漫游位置的快速切换,提高漫游的自由度;通过输出全景视频或应用程序的方式实现 VR 漫游。在菜单栏中管理水利工程介绍、文件和图纸等资料,实现浏览相关信息的功能。将 BIM 数据导入数据库,在平台中链接至对应模型,通过弹窗实现点击模型查看详细信息的功能。

(2)核心功能。天气系统使用 HDR(High-Dynamic Range,高动态范围)贴图作为天空背景,通过体积雾表现云雾,通过粒子系统表现水汽和降雨,绑定物体材质以表现潮湿感和涟漪效果,封装后可实现晴天、多云、阴天和雨天等不同天气的切换,预留调节云层量、雾浓度和降雨量等的接口。光照系统将定向光源(太阳光)旋转角度与时间参数、光照强度、天空色彩滤镜和 HDR 贴图绑定,通过改变定向光源的旋转角度,表现场景的昼夜光照效果,封装后的光照系统预留修改时间和光照强度等的接口。针对不同项目,通过设计物体的运动路径,对水利工程设施进行三维模拟运行演示,辅助用户对工程的动态理解。例如:在水库项目中模拟闸门开关、水坝泄洪和水位变化,在泵站项目中模拟水泵运行和水流状态,在通航设施项目中模拟船闸运行、升船机运行、船只行驶和水位变化。

# 3 关键技术

## 3.1 模型轻量化技术

水利工程项目的模型往往体量庞大,严重影响可视化加载速度,且工业建模软件导出的模型纹理贴图坐标(UV)混乱,不利于材质的仿真效果。通过对模型进行轻量化处理,优化工程模型面片以减少模型性能消耗,优化模型 UV 便于编辑仿真材质,封装为通用格式分类整理至可视化模型库,满足平台开发工作中高效调用模型(见图2)。

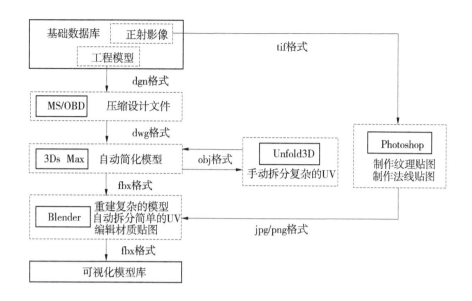

**图 2　模型轻量化流程**

（1）可视化模型。模型从 MicroStation 或 OpenBuildingsDesigner 输出 dwg 格式,导入 3Ds Max 进行初步的模型简化,在 Unfold3D 中拆解曲面、异形等复杂的模型 UV;封装为 fbx 格式后导入 Blender 进一步简化模型几何信息,减少模型数据量的同时,不破坏模型的结构,对于复杂且无法进行自动精简的模型,进行人工拓扑、烘焙贴图;使用 Photoshop 对材质贴图进行压缩、优化,重新绘制缺漏贴图,辅助材质仿真。经过轻量化流程对一套工程模型进行精简后,可将原始文件压缩至 20% 左右。

（2）可视化模型库。通过轻量化获得可视化模型后,对工程中常见的建筑、金结设备、车辆、公共设施、植被等模型元素,以及水面、草地、地质、混凝土、金属等贴图文件进行分级分类管理,以便在不同的项目中重复使用。

## 3.2　倾斜摄影技术

（1）数据采集。使用挂载相机的多旋翼无人机采集工程核心区域的倾斜摄影数据。在现场进行航线设计,包括飞行高度、飞行速度、摄影参数、航线坐标、起落点等,航线规划按照网格化设计,保证旁向重叠率和航向重叠率满足数据建模要求[10]。

（2）实景模型。将倾斜摄影数据导入 ContextCapture 生产实景模型,输出.osgb 数据文件夹和.xml 文件,.osgb 数据为模型瓦片数据源,.xml 文件为记录模型坐标系和中心点坐标的索引文件。水面等反光物体容易产生破面、扭曲等问题,需要手动进行修复模型、压平水面等后处理。将修复好的模型转换成.b3dm 格式,将.xml 文件转换成 Tileset.json 索引文件,通过 Cesium for Unreal 插件导入 UE 中,通过插件的 From URL 设置识别索引文件,即可加载倾斜摄影数据模型,搭建可视化场景[11]。

## 3.3　图形引擎技术

UE5 作为全面整合图形学技术的专业图形引擎,使用地形编辑器辅助可视化场景搭建,通过材质编辑器满足可视化模型的材质仿真,其蓝图编辑器作为"可视化编程"技术降低了功能开发门槛,能够自主便捷地构建形象、美观和定制化的三维交互式可视化平台。

(1)地形编辑器。通过 blender 融合工程核心区域的高程数据和次要区域的大范围公共地形数据,烘培渲染出一张高度图;使用 Photoshop 将核心区域的正射影像图和次要区域的卫星影像结合成一张地形贴图。将高度图和贴图导入 UE5 的地形编辑器中生成地形模型[12],同时满足核心区域清晰精美、漫游视野广阔和渲染速度快的可视化要求。使用材质混合笔刷工具,对地形模型上的草地、消落带等材质进行美化;使用植被工具,批量化生成树木、灌木、草地等植物,设置多细节层次(LOD)分级加载以节约性能。

(2)材质编辑器。UE5 材质渲染采用的是基于物理渲染(Physically–Based Rendering,PBR)流程,可以更加准确和自然地还原物体外观[13]。其材质编辑主要通过基础色(Base Color)、金属感(Metallic)、高光度(Specular)、粗糙度(Roughness)和法线贴图(Normal)五类输入节点控制。在 blender 中进行 UV 拆分和材质烘培后的可视化模型打包封装成.fbx 格式,导入 UE5 中通过调整模型相应的材质输入节点,实现仿真效果。

(3)蓝图编辑器。蓝图和 C++是 UE5 中并列的两种开发环境,其中蓝图是封装好的可视化编程语言模块,通过调用相对应的功能节点,以连接图表的方式实现功能开发[14]。在可视化平台的开发中,使用 Pawn 蓝图完成三维漫游基础操作;使用 Actor 蓝图实现物体运动;使用控件蓝图的"设计器"编辑 UI,在控件蓝图的"事件图表"中开发 UI 交互功能;使用关卡蓝图管理调用界面和功能,完成可视化场景的交互程序。

### 3.4 虚拟现实技术

虚拟现实(VR)技术作为新兴的多维可视化沟通技术,通过 VR 眼镜中的全景虚拟环境和 VR 手柄的交互为用户提供沉浸式的视觉体验。将 BIM 与 VR 技术结合,让用户身临其境于工程场景中,使参与各方都能获得充分的理解,促进工程设计、施工和运维的高效沟通[15]。可视化平台的 VR 漫游通过以下两种路径实现:

(1)实时渲染。在本地端设备实时渲染,通过串流将画面输入 VR 眼镜中,VR 眼镜将头部动作和位置移动数据实时反馈给本地端以更新画面,即可实现在 VR 设备中的自由漫游。这种方式在小场景项目中有较好的体验效果,但在渲染大体量场景时,因全景画面是普通显示器画面的 4 倍,所以会有较高的延迟,造成画面卡顿等不良体验。

(2)提前渲染影像。使用 UE5 的全景采集插件 Panoramic Capture 渲染采集全景影像,将其 BP_Capture 蓝图类放置于可视化场景上,设置摄像头的轨迹以模拟漫游路径,输出全景影像文件夹;将文件夹中的 png 序列导入 After Effects 进行后期处理,合成 MP4 格式,再导入 VR 眼镜中播放,可避免实时渲染带来的延迟。

## 4 平台功能实现与应用

### 4.1 功能实现方法

三维交互式可视化平台基于 UE5 的蓝图编辑器进行功能开发以及用户界面的呈现,主要通过编辑 Pawn 蓝图、Actor 蓝图、控件蓝图和关卡蓝图来实现。

(1)漫游位置切换。通过设置 Pawn 的移动、旋转来完成点击按钮改变位置的功能。在 UE5 中添加蓝图类 Pawn 和控件蓝图,在游戏模式(Game Mode)中将 Pawn 设置为场景中默认的漫游起始点,在控件蓝图内添加一个类型为 Pawn 的变量作为位置目标,设置需切换的位置和旋转数值供点击事件触发(见图 3)。在关卡蓝图中调用 Pawn 的位置和按钮所在控件蓝图,完成功能配置。

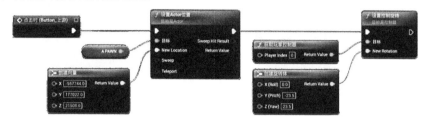

**图 3　漫游位置切换的蓝图实现方法**

(2)天气和光照调节。在控件蓝图的事件预构造中设置天气和光照的默认值;将天气系统中的不同天气状态与按钮点击事件绑定,将光照系统中的时间值与滑条变更事件绑定,即可实现点击按钮切换天气、拖动滑条改变光照角度的功能。

(3)工程运行模拟。以升船机为例,首先创建蓝图类 Actor,绑定需运行的设备模型组件,通过时间轴编辑升船机各个组件的运行动作;其次在输入设置中设置按键轴映射用以触发升船机运行动作;最后添加一个空对象 box 作为用户启动交互的识别区域,在关卡蓝图里添加该 box 的重叠事件和离开事件,当用户漫游进入 box 区域内即启动交互按钮及功能,否则不可交互,实现在工程核心区域内启动模拟运行的功能(见图 4)。

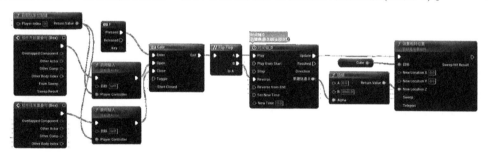

**图 4　触发模型运动的蓝图实现方法**

(4)水坝泄洪模拟运行。使用 UE5 中的粒子系统模拟水流和水汽效果。编辑粒子系统的重力、横向作用力、水滴材质、水滴最大最小值和生命周期等参数模拟水坝泄洪的水流效果,编辑其烟雾材质和相关参数模拟水汽效果(见图 5);将水流粒子模型放置于闸门口,将水汽粒子模型放置到下游水面上;绑定粒子模型与闸门开关按钮点击事件,添加渐变动画,实现泄洪的模拟效果。

(5)用户界面切换。可视化平台包含多级菜单的多个页面,需要为每一个子菜单界面创建对应的子控件蓝图,然后同时添加在一个主控件蓝图里,实现 UI 管理(见图 6)。在子控件蓝图中编辑控件的样式和时间轴的关键帧,获得交互动画;在主控件蓝图中,通过添加按钮事件委托、用户控件变量、设置可视性和播放动画来实现界面切换功能(见图 7)。

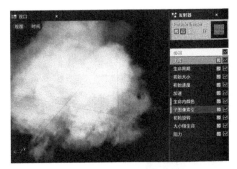

图 5　粒子编辑器界面

图 6　主控件蓝图的设计器编辑界面

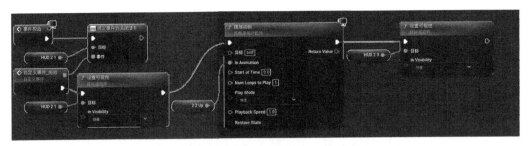

图 7　界面切换的蓝图实现方法

### 4.2　项目应用

研究成果应用在了珠江流域的水利枢纽、防洪规划等项目中,为水库运维、工程设计、"四预"模拟等业务提供可视化服务和数字化品牌包装。在某数字孪生水利枢纽项目应用中,将可视化平台打包为.exe 文件在 PC 端安装运行,平台集成了现有水库孪生场景和设计阶段的工程模型(见图 8),具备三维漫游、查看信息、天气变化和光照变化等交互功能,可进行水库泄洪、船闸运行、升船机运行等动态模拟(见图 9、图 10),满足精美直观、加载流畅的综合展示效果;将平台接入 VR 设备可实现 VR 漫游功能,实现数字化高级应用(见图 11)。该可视化平台为工程设计、施工和运维等各阶段成果展示提供了技术支撑。

图 8　数字孪生水利枢纽可视化平台界面

图 9  泄洪和降雨模拟效果

图 10  船闸运行动态模拟效果

图 11  VR 漫游效果

## 5  结语

（1）针对当前水利工程可视化应用的局限性，本文提出了基于 UE5 的可视化平台总体建设思路，重点研究了模型轻量化、倾斜摄影、图形引擎和 VR 等关键技术，加强数字化高级应用，为可视化平台开发提供标准化、系统化的解决方案。

（2）三维交互式可视化平台以水利工程知识和 BIM 数据为基础，依托项目的成果展示需求，探索了以 UE5 蓝图编辑器作为开发工具的功能实现方法，以较低的编程门槛实现专业、美观和高效的成果展示，对相关领域的可视化应用具有借鉴意义。

（3）平台应用同时满足了美观性、逼真性和流畅性的需求，三维画面效果精美、质感真实，大于 1 GB 模型数据的场景动态渲染刷新率不低于 60 FPS（每秒传输帧数），其渲染响应延时不超过 50 ms，为可视化服务提供良好的用户体验。

（4）未来可视化平台需要进一步挖掘用户的潜在需求，一是实现更加逼真且流畅的 Web 端加载；二是通过接入监测设备满足可视化场景的智能模拟；三是加深 VR 交互、AR 巡检和全息现实（HR）的应用，支撑水利工程数字孪生建设。

# 参考文献

[1] 中华人民共和国水利部.数字孪生水利工程建设技术导则(试行)[Z].北京:中华人民共和国水利部,2022.

[2] 曾庆达,胡亭,王煌,等.基于BIM和UE4的调蓄池数字孪生BIM管理系统[J].人民珠江,2021,42(11):24-28.

[3] 于亚东.BIM+Unity3D引擎在构建海塘工程三维场景中的应用[J].价值工程,2022,41(1):165-167.

[4] 黄方贞.基于BIM+UE+低代码技术的三维数字化汇报演示技术研究及平台开发[J].价值工程,2022,41(32):145-150.

[5] 王治中,张防修,杨琛,等.黄河流凌过程三维动态可视化系统设计与实现[J].人民黄河,2022,44(6):158-162.

[6] 傅志浩,杨楚骅.水利设计企业数字化业务能力建设初探[C]//2022年(第十届)中国水利信息化技术论坛论文集,2022:1-6.

[7] 中华人民共和国水利部.数字孪生流域可视化模型规范(试行)[S].北京:中华人民共和国水利部,2022.

[8] 中华人民共和国水利部.数字孪生流域建设技术大纲(试行)[S].北京:中华人民共和国水利部,2022.

[9] 李亚鸿,董占勋,储程.基于质量屋的数字孪生系统用户界面优化和可用性评价[J].计算机集成制造系统,2023,23(6):1941-1949.

[10] 刘亚平,鲁言波,李彤,等.水质自动监测站无人机实景三维建模与应用[J].水利信息化,2022(4):55-61.

[11] 张洋.基于虚幻引擎实现BIM模型结合实景建模在水利工程中可视化的应用[J].科技推广与应用,2023(2):35-36.

[12] 潘舒洁.基于UE4的自然场景制作要点分析与关键技术实现[J].现代信息科技,2021,5(24):158-161.

[13] 陈根土,钟娟娟,沈巍.基于UE4的Web三维可视化研究[J].现代信息科技,2021,5(23):17-20.

[14] 掌田津耶乃.Unreal Engine 4蓝图完全学习教程:典藏中文版[M].王娜,李利,译.北京:中国青年出版社,2017.

[15] 刘勇.VR、AR在建筑工程信息化领域的应用[J].土木建筑工程信息技术,2018,10(4):100-107.

# 基于数字孪生技术的灌区信息管理平台研究

赵松鹏　柳　滔　张　波

(广西右江水利开发有限责任公司,广西南宁　530000)

**摘　要**:数字孪生灌区是智慧水利的重要组成部分,是提升灌区管理水平的有效手段。传统灌区信息化管理系统多以基础数据查询为主,系统运行所积累的数据资源开发利用程度不高,距离灌区管理信息化、调配水合理化、量测水精准化、控制自动化、决策智能化的管理目标尚存在差距。为解决上述问题,本文设计了一套基于数字孪生技术的灌区信息管理平台,以数字化场景、智慧化模拟、精准化决策为路径,对灌区全要素和运行全过程动态监管,实现灌区管理和用水调度数字化、网络化、智能化。目前,该平台已应用于广州市流溪河灌区,为保障灌区工程安全运行、水资源优化配置提供科学的技术支持。

**关键词**:数字孪生;智慧水利;数字化;智慧化;精准化

灌区是农业发展的重要保障,在我国农业发展过程中起着举足轻重的作用。近年各级灌区管理部门积极探索可持续发展的管理思路,大力推进灌区信息化及现代化建设,在远程传输、远程控制、农业水价综合改革、水权交易等方面发挥了积极作用,受到社会的广泛关注和认可。但与此同时,灌区的信息化管理目前仅限于对信息的采集和存储,未能对信息进行深度处理、利用、反馈与决策。因此,如何利用灌区基础信息和监测信息融合物联网、云计算、大数据、GIS、BIM、自动控制、人工智能等先进技术构建管用实用、适度超前的数字孪生灌区信息管理平台,已成为新时期灌区管理的重要任务之一。史良胜等[1]提出了智慧灌区的架构、理论和方法;张波等[2]对智慧灌区建设中的关键技术进行了总结;刘海燕[3]等基于物联网与云计算的灌区信息管理系统研究,实现了物联网与云计算技术在灌区信息管理领域的无缝对接;郑习武[4]构建的基于大数据的灌区信息化管理平台,实现对灌区水资源调配实时分析和预测;俞扬峰等[5]研发的基于 GIS 的大型灌区移动智慧管理系统,能够及时准确地掌握灌区各监测站及节点建筑物监测指标的变化情况;李增焕等[6]研发的大型灌区智慧灌溉管理系统,实现了灌区用水信息全面实时监测、配水优化管理及闸门监测控制。

灌区在国民经济社会发展中起到重要作用,是我国农村经济的重要组成部分,对提高农业抗灾能力,改善不利于农业发展的自然环境条件和生产条件,促进农村经济发展、改善农业生态环境等有着不可替代的作用。2022 年 12 月,水利部印发的《关于开展数字孪生灌区先行先试工作的通知》明确要求,打造一批现代化数字灌区,推进灌区数字化、监

**作者简介**:赵松鹏(1981—),男,工程师,主要从事水利信息化与自动化研究工作。
**通信作者**:柳滔(1991—),男,工程师,主要从事水利信息化与自动化研究工作。

控自动化、调度智能化,动态优化灌区调度,充分发挥灌区综合效益。随着我国水资源短缺问题的日益突出,水资源优化调度、合理配置的需求越来越迫切,开展数字孪生灌区建设是必要的。

# 1 总体设计

## 1.1 系统架构

数字孪生的灌区信息管理平台设计遵循水利部数字孪生技术架构体系。参照《数字孪生灌区建设技术指南(试行)》,平台由信息化基础设施、数字孪生平台、业务应用平台、网络安全体系、运行维护体系等部分组成,总体架构如图 1 所示。

图 1 数字孪生灌区总体架构

## 1.2 信息化基础设施

信息化基础设施由立体感知体系、自动控制系统、支撑保障体系等部分构成。

(1)立体感知体系:在盘点灌区管理单位现有数据资源的基础上,利用物联网、云计算、大数据、5G、3S 等技术,汇集灌区现有的基础数据、监测数据、空间数据、业务管理和共享数据,并基于灌区的地形条件和管理需求补充采集水情、工情、农情、气象、视频、遥感、自动控制等监测数据,夯实监测感知体系。

(2)自动控制系统:管理部门结合管理需求建设取(引)水、输配水、排(退)水及田间自动灌溉控制系统,实现水泵、水闸、阀门等自动控制。自动控制系统应具备数据采集、自动上报、故障报警等功能。此外,应根据安全管理的需要,配备网络安全设施设备。

(3)支撑保障体系:包括应用支撑平台、通信网络、计算存储、调度中心等内容。其中,应用支撑平台建设宜选用微服务架构,具备统一认证、统一门户、运维监控、日志采集、空间信息分析、信息共享交换能力;通信网络建设采用无线、有线相结合的模式,建设测站与分中心(或中心)、分中心与中心之间的通信网络;计算存储资源为平台运行提供"算力"支撑,应综合考虑应用场景的需求,选配相应的计算存储资源并预留冗余;调度中心建设则根据业务需要,配套视频会商系统。

## 1.3 数字孪生平台

数字孪生平台包含数据底板、模型库、知识库、孪生引擎等部分。

(1)数据底板:灌区数据底板为数字孪生灌区信息管理平台提供"算据"支撑。在共享数字孪生流域和数字孪生工程数据底板的基础上,利用灌区工程设计施工图纸、BIM 等资料,建设灌区数据底板,汇集灌区运行全要素、全过程基础数据、监测数据、业务管理数据、地理空间数据及外部共享数据。

(2)模型库:灌区模型库平台为数字孪生灌区信息平台提供"算法"支撑。围绕灌区需水预测、水资源优化配置、输配水联合调度、田间灌排及水旱灾害防御等业务需求,以灌区安全运行、精准调度为目标,按照"虚实交互、迭代优化"的要求,建设灌区模型平台,主要包括灌区专题模型、智能识别模型、可视化模型。

(3)知识库:结合灌区管理业务特点和知识需求,建立灌区知识平台,主要包括灌区预报调度方案库、业务规则库、历史场景库、操作规程库、工程安全库等知识库,并不断更新灌区自身知识库。

(4)孪生引擎:孪生引擎通过数据接口或开发工具包的方式为上层业务应用提供数据加载、模型计算、实时渲染等服务能力,主要包含数据引擎、知识引擎、模拟仿真引擎 3 个部分。

# 2 具体应用

## 2.1 流溪河灌区简介

流溪河灌区始建于 1958 年秋,次年 4 月投入运行。灌区由大坳渠首枢纽工程、李溪拦河坝引水枢纽和灌溉渠系组成,是以引为主、蓄、引、提相结合的灌溉系统。设计灌溉从化区、花都区和白云区 21 个镇的 41.4 万亩(2.76 万 hm²)农田,有效灌溉面积 32.65 万亩(2.18 万 hm²),旱涝保收面积 26.6 万亩(1.77 万 hm²)。流溪河灌区是广州市首屈一指的灌溉水利工程,也是广东省三宗大型灌区之一。

## 2.2 平台功能

流溪河数字孪生灌区信息管理平台将灌区的基础数据、监测数据、业务管理数据及外部共享数据集成在数字孪生场景中,管理单位可实时掌握灌区的运行情况。平台包括灌区一张图、实时监测、优化决策、用水计量、数字巡检、工程管理、标准化建设管理等功能。

(1)灌区一张图:在数字化场景中动态展示灌区运行的各类信息,主要包括作物信息、气象信息、用水统计、闸门运行状态、设备状态、作物需水预测等,为管理单位及时了解灌区运行状况、合理调配水资源提供科学依据,灌区一张图模块界面见图 2。

(2)实时监测:展示灌区各类监测站点采集的实时监测信息,包括水量、雨量、墒情、视频、闸门开度等信息。该功能模块提供的数据统计功能,可实时查询灌区历史水雨情统计信息,为管理单位了解灌溉执行情况、制订需水计划提供数据支撑,实时监测模块界面见图 3。

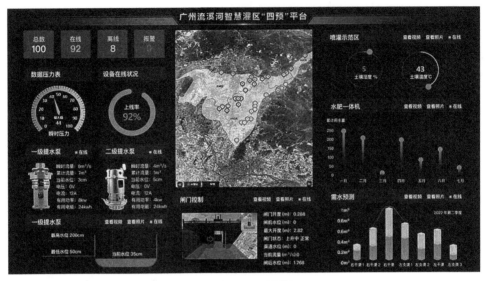

图2　灌区一张图模块界面

图3　实时监测模块界面

(3)优化决策:综合作物当前的生长周期、气象预测预报数据、灌区实时监测数据、渠系水利用系数等因素,对当前作物的需水情况进行精准预测并自动生成调度指令,通过远程控制闸门启闭,实现对灌区内的水资源进行科学调配,优化决策模块界面见图4。

(4)用水计量:对灌区内用水单位、用水计划,用水申请、供水计划、水量统计、水费征收等信息进行管理,用水计量模块界面见图5。

(5)数字巡检:充分利用互联网、移动互联网技术结合GIS、GPS技术,构建灌区数字巡检子系统及移动应用小程序,实现灌区水利工程巡查、养护等工作在线填报、审批、查询、汇总等功能,数字巡检模块界面见图6。

(6)工程管理:对灌区设计的工程信息进行电子化管理,为管理人员日常管理工作提供便捷,主要包括渠道管理、田块管理及灌区建筑物管理等信息,工程管理模块界面见图7。

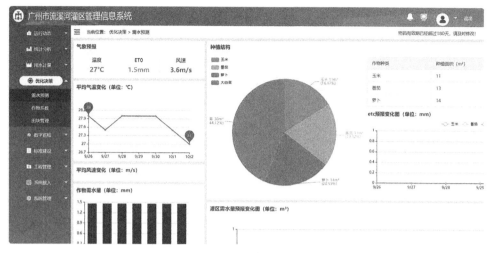

图 4 优化决策模块界面

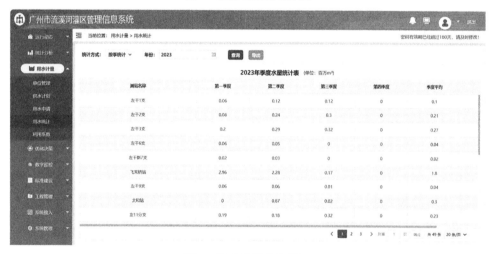

图 5 用水计量模块界面

（7）标准化建设管理：对应急预案、操作规程、业务规则、安全生产、安全教育、项目建设档案等信息统一管理，实现业务数据集中管理、操作留痕、有据可查的目标，标准化建设管理模块界面见图 8。

## 3 主要效果

（1）借助基于数字孪生的灌区信息管理平台，管理单位可在数字化场景中全方位实时了解灌区运行状况，结合平台提供的作物需水预测分析模型，管理人员能够科学合理地制订供水计划，为进一步提升灌区管理效率，优化水资源配置提供了科学依据。

（2）平台集成了测控一体化闸门，管理单位根据平台自动生成的调度指令，对灌区内的闸门进行远程集中控制，提升了管理单位的供水、输水、配水效率，提高水资源利用效率。

（3）平台实现对各用水户计划用水和实际用水总量进行统一管理，对于超计划用水

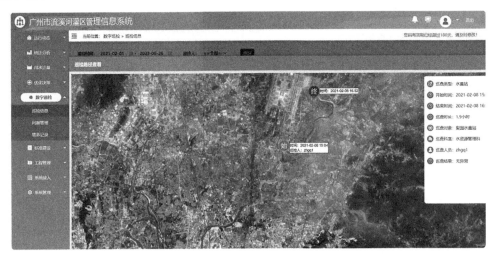

图 6　数字巡检模块界面

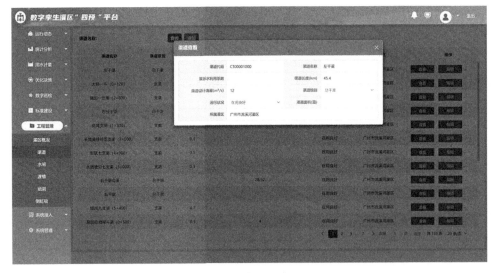

图 7　工程管理模块界面

户,系统给予预警提醒。

## 4　面临问题

（1）缺乏数字孪生灌区建设的相关标准规范。目前,关于数字孪生灌区建设相关标准规范仍不健全,管理单位往往依靠本单位业务需求和工作经验,逐步探索数字孪生灌区建设,成果可复制性不强。

（2）数字孪生灌区建设成本高。灌区具有覆盖范围广、节点结构多、数据分析等特点,涉及信息种类繁多且数量巨大。因此,构建完善的物联感知体系需要投入大量资金。此外,由于感知设备部署在野外环境,运行及维护成本也相对较高。

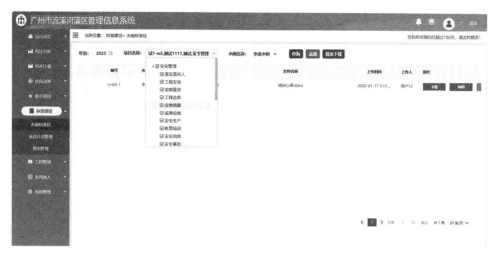

图 8　标准化建设管理模块界面

## 5　结语

基于数字孪生技术的灌区信息管理平台建设,应遵循水利部数字孪生灌区架构体系,以灌区管理单位业务需求和灌区特点为导向,在充分利用的基础上,完善立体感知体系、搭建灌区数字孪生平台,实现物理灌区在数字空间中的完整映射,实现智慧灌区建设标准化、信息采集自动化、闸门控制智能化、管理决策智慧化,达到灌区用水全过程监管的目标。

## 参考文献

[1] 史良胜,查元源,胡小龙,等.智慧灌区的架构、理论和方法之初探[J].水利学报,2020,51(10):1212-1222.

[2] 张波,陈武奋,江显群.智慧灌区建设中的关键技术应用[J].水利建设与管理,2020,40(9):72-76.

[3] 刘海燕,王光谦,魏加华,等.基于物联网与云计算的灌区信息管理系统研究[J].应用基础与工程科学学报,2013,21(2):195-202.

[4] 郑习武.大数据时代灌区信息化管理系统开发与应用[J].灌溉排水学报,2021,40(9):160.

[5] 俞扬峰,马福恒,霍吉祥,等.基于 GIS 的大型灌区移动智慧管理系统研发[J].水利水运工程学报,2019,176(4):50-57.

[6] 李增焕.大型灌区智慧灌溉系统开发与应用[D].武汉:武汉大学,2019.

# BIM技术在某水利工程坝型坝线比选中的应用

欧阳庆晓　蒋光灿

（中水珠江规划勘测设计有限公司，广东广州　510610）

**摘　要**：在水利工程的应用中，BIM技术可以直观体现建筑信息，精确建模，按实际工程方案要求优化数据，缩小实际参数与设计参数之间的误差，提高工程设计的先进性和设计质量。本文通过对某水利工程初步设计阶段坝型坝线比选方案进行分析，研究BIM技术在方案比选过程中的优势，为提升水利工程方案比选提出相应建议和对策，为我国水利智慧建设和数字化转型贡献力量。

**关键词**：BIM(建筑信息模型)；坝型坝线比选；枢纽布置

## 1　BIM技术简介

BIM技术是一种建筑信息模型技术，其通过信息化技术表达建筑构件，对项目建筑生命周期进行全面展示[1-2]。在水利工程的应用中，BIM技术可以直观体现建筑信息，精确建模，按实际工程方案要求优化数据，缩小实际参数与设计参数之间的误差，提高工程设计的先进性和设计质量。

某水利工程是海南省南渡江干流中下游河段的一座控制水利枢纽工程，其开发任务以防洪、供水、灌溉为主，兼顾发电，并为改善下游水生态环境和琼北地区水系连通创造条件。

## 2　BIM技术在某水利工程坝型坝线比选专题中的应用

某水利工程可研阶段选定下坝址作为推荐坝址，初步设计阶段需对下坝址坝型坝线进行进一步比选。该水利枢纽工程下坝址河道顺直，上游左岸略呈S形，两岸地势雄厚，河道岩石裸露，两岸山体雄厚，岩面埋藏深，容易产生高边坡，左岸下游120 m处有一微型凹沟，右岸下游250 m处有一冲沟支流，冲沟支流下游地势平缓，山体单薄。

由于两岸岸坡岩面线深厚，从建坝条件方面，坝轴线尽量布置在雄厚山体。雄厚山体容易引起高边坡，坝轴线尽量靠近下游右岸冲沟，虽然能降低高边坡，但是山体单薄容易产生绕坝渗流。

根据下坝址地形、地质条件，初拟了上、中、下3条坝轴线，其中可研阶段推荐方案采

---

**作者简介**：欧阳庆晓(1989—)，女，工程师，主要从事水利水电工程设计工作。

用中坝线进行混合坝枢纽布置,上坝线位于中坝线上游50 m,下坝线位于中坝线下游50 m。下坝址地形及拟定坝线位置见图1。

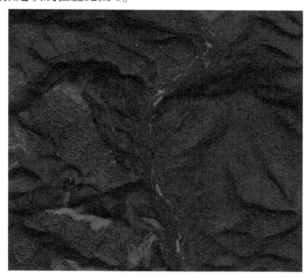

**图1　下坝址地形及初拟坝线位置**

由于3条坝线相隔较近,初设阶段坝型坝线比选过程中对工程量的精度较为敏感,因此BIM技术的应用大大提高了方案比选的可靠性,为后续设计工作奠定充足的技术条件。

## 2.1　坝线方案拟订

(1)从下坝址整体地形条件来看,下坝址右岸下游冲沟以下区域两岸地势平缓,不会产生高边坡,但从地勘成果来看,此区域两岸岩面线埋藏深厚,且左、右岸山体单薄,绕坝渗流严重;弱风化岩面线低于河床15 m,地质条件与冲沟以上区域对比并没有明显改变;两岸地势平缓,弱风化岩面线均较深厚,如采用全重力坝方案,则两岸边坡开挖量巨大;如采用混合坝,则两岸均需布置为混合坝,且坝肩需要做绕坝防渗处理坝轴线长约600 m,绕坝处理投资大。因此,冲沟以下相较于冲沟以上区域建坝条件要差,坝线坝型比选不考虑在冲沟以下选择坝线。

(2)在下坝线下游50 m处布置辅助勘探线,根据其地勘资料,左岸隔水层埋藏深,右岸山体单薄,右岸隔水层无法与正常蓄水位相交,右岸绕坝渗流问题突出,因此不宜再往下游冲沟方向移动。

(3)考虑到海南属多台风雨地区,土石坝施工进度难以保证,度汛压力大,抵御超标准洪水能力差;且下坝址区域无有利地形布置溢洪道,故本次坝线坝型比选不考虑全土石坝方案。

(4)鉴于上、中、下坝线重力坝左岸强风化层深厚,山体雄厚,边坡开挖高度高,开挖范围大,且左岸平碉揭露地质条件差,边坡为土质边坡,夹层风化状明显,如何降低左岸边坡成为一个关键性问题。从地形上看,三条重力坝坝线左岸上游,即河道S形转弯处有一山脊,若重力坝向上游转弯,垂直于山脊布置,有降低左岸边坡的可能,故将下坝线重力坝左岸上游折角10°,中坝线重力坝左岸向上游折角35°,上坝线由于靠近左岸山脊较近,折角意义不大,故上坝线不再做转弯布置。

因此,中坝线和下坝线左右两岸地势雄厚,距离下游右岸冲沟 180~250 m,距离右岸下游冲沟较近,右岸边坡高度相比上坝线降低,枢纽布置在中下坝线有利于缩小右岸高边坡范围。根据中坝线左岸地勘平硐和下坝线左岸地勘资料显示,中坝线和下坝线左岸弱风化岩面线深厚,如左岸布置重力坝方案,左岸山体开挖量大,高边坡高度高,范围广,工程投资较大;如采用土石坝,可一定程度减少开挖量,避免左岸高边坡稳定问题。中坝线和下坝线河床和右岸地质条件则适合布置重力坝,如图 2 所示。

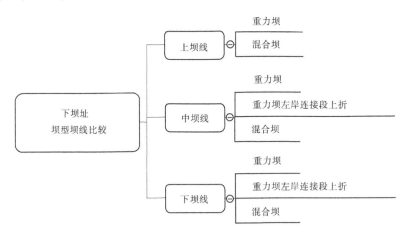

图 2　下坝址坝型坝线比较构思

## 2.2　坝型坝线方案比较

应用 BIM 三维开挖及建模工具,上、中、下坝线重力坝方案布置比较见图 3。中、下坝线重力坝折线方案布置比较见图 4。上、中、下坝线混合坝方案布置比较见图 5。

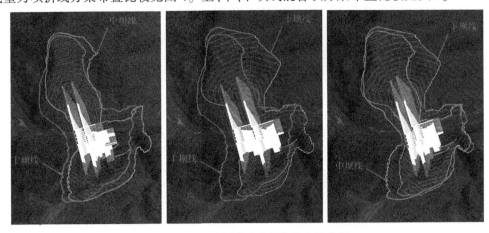

图 3　上、中、下坝线重力坝方案布置比较

(1)上、中、下坝线重力坝。从工程地质上来看,上、中、下坝线地质条件相当,强风化层深厚,上、中坝线均有风化深槽,地形自上而下逐渐降低,下坝线地质条件有略微优势;从枢纽布置上来看,上、中、下坝线右岸地形逐步降低,边坡逐级降低,但下坝线重力坝左岸挖穿左岸冲沟,边坡开挖范围剧增,故中坝线重力坝略优;上、中、下 3 条坝线仅相距 50

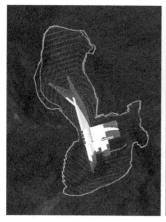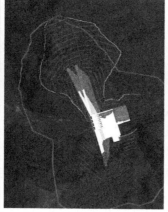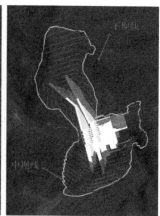

图4 中、下坝线重力坝折线方案布置比较

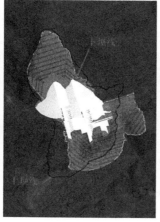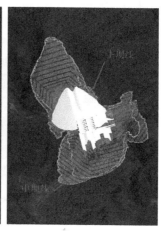

图5 上、中、下坝线混合坝方案布置比较

m,若在3条坝线上布置重力坝,其施工导流、移民征地、环境影响、工程效益均相当;从建筑工程投资上来看,中坝线重力坝比上坝线重力坝节省3 375万元,比下坝线重力坝节省5 926万元,中坝线重力坝略优。

综上所述,中坝线重力坝略优于上、下坝线重力坝,故重力坝坝型选定中坝线为推荐坝线。

(2)上、中、下坝线混合坝。从工程地质上来看,上、中、下坝线地质条件相当,强风化层深厚,上、中坝线均有风化深槽,地形自上而下逐渐降低,下坝线地质条件有略微优势;从枢纽布置上来看,上、中、下坝线右岸地形逐步降低,边坡自上游向下游降低,由于上坝线左岸崩塌堆积体深厚,左岸堆石坝建坝于崩塌堆积体上不利于坝体沉降及变形,故上坝线采取全部挖除崩塌堆积体的开挖方式;中坝线临近上坝线,相距50 m,中坝线混合坝坝体放坡无法避开上坝线处深厚的崩积体层,故中坝线上游亦采取崩积体全部挖除的开挖方式;下坝线距离上坝线较远,但崩塌堆积体最深处仍处于堆石坝体填筑范围内,亦予以全部挖除。因此,上、中、下坝线混合坝依然存在110 m以上永久高边坡,下坝线左右岸边坡略低于上、中坝线混合坝,下坝线混合坝略优。

上、中、下 3 条坝线仅相距 50 m，若在 3 条坝线上布置混合坝，其施工导流、移民征地、环境影响、工程效益均相当；从建筑工程投资上来看，下坝线混合坝比上坝线混合坝节省 9 001 万元，比中坝线混合坝省 3 679 万元，下坝线混合坝略优。

综上所述，下坝线混合坝略优于上、中坝线混合坝，故混合坝坝型选定下坝线为推荐坝线。

（3）中坝线重力坝、下坝线混合坝综合比较见表 1。由表 1 可知，从工程地质上来看，中、下坝线地质条件相当，强风化层深厚，中坝线右岸有风化深槽，地形自上而下逐渐降低，下坝线地质条件有略微优势；从枢纽布置上来看，中坝线重力坝与下坝线混合坝右岸枢纽布置几乎相似，边坡高度几乎相同，但是左岸中坝线重力坝开挖产生大范围高边坡，临时+永久边坡高达 220 m；下坝线混合坝左岸有崩塌堆积体，适应变形能力差，因此左岸坝体范围内崩塌堆积体予以全部挖除，基础处理亦引起临时+永久 200 m 高边坡。中坝线重力坝左岸 220 m 土质高边坡边坡治理难度大，且考虑到海南多台风雨天气，降雨集中，暂无 200 m 级以上土质高边坡案例。中坝线混合坝左岸边坡略低于中坝线重力坝，故在枢纽布置上，下坝线混合坝略优于中坝线重力坝。

表 1　中坝线重力坝、下坝线混合坝方案布置比较

| 项目 | 中坝线重力坝 | 下坝线混合坝 | 主要差异 |
| --- | --- | --- | --- |
| 地形、地质条件 | 1. 河道顺直，上游略呈 S 形，两岸山体雄厚，两岸基本对称，下游左右有凹沟或者冲沟。正常蓄水位时宽高比为 5.2，坝线长为 298.38 m；<br>2. 基岩为浅灰色浅变质砂岩、炭质板岩及炭质粉砂岩等；<br>3. 河谷总体为纵向谷，大坝右岸边坡为顺向坡，主河道靠近右岸；<br>4. 中坝线右岸山脊较高，坝基岩体风化层深厚，因此右岸混凝土重力坝段坝基开挖易形成高边坡。坝线右岸桩号 0+202.43～0+247.96 坝段有一风化深槽，最深处低于河床约 10.0 m，需开挖换填处理 | 1. 河道顺直，上游略呈 S 形，两岸山体雄厚，两岸基本对称，下游左右有凹沟或者冲沟。正常蓄水位时宽高比为 5.3，坝线长为 306.05 m；<br>2. 岩性为浅变质砂岩、粉砂岩等；<br>3. 河谷总体为纵向谷，大坝右岸边坡为顺向坡，主河道靠近左岸；<br>4. 存在 10 m 以下浅层滑动面 | 坝线自上而下两岸山体下切，地形变低，河道变宽，越发临近下游两处冲沟。下坝线避开中坝线坝基风化深槽，建基面相对较高，且岸坡开挖较中坝线低，下坝线略优 |
| 枢纽布置条件 | 1. 中坝线重力坝右岸有一风化深槽，建基面最低高程为 35 m，最大坝高为 78 m，坝轴线长度为 481.7 m；<br>2. 左岸坝肩坝顶以上最大边坡 157 m，右岸坝肩坝顶以上最大边坡高 102 m。右岸下游尾水边坡高 70 m | 1. 下坝线混合坝建基面最低高程为 45 m，最大坝高为 68 m，坝轴线长度为 430 m；<br>2. 左岸坝肩由于全部挖除崩塌堆积体，坝边坡高 131.5 m，右岸坝顶以上最大边坡高 89.5 m。右岸下游尾水边坡高 80 m | 中坝线右岸有一风化深槽，但相比上坝线较浅，范围也较小，需全部挖除深厚崩积体层；中、下坝线左岸坝基范围内均挖除崩塌堆积体，左岸边坡高度差距不大，中、下坝线枢纽布置条件相当 |

续表 1

| 项目 | 中坝线重力坝 | 下坝线混合坝 | 主要差异 |
|---|---|---|---|
| 施工导流条件 | 1. 导流标准 10 年一遇,枯期隧洞、汛期分期导流;<br>2. 施工导流投资 6 151 万元,总工期 46 个月;<br>3. 全重力坝施工组织较灵活 | 1. 导流标准 10 年一遇,枯期隧洞、汛期分期导流;<br>2. 施工导流投资 6 151 万元,总工期 46 个月;<br>3. 左岸连接坝段施工要求较严格,河床及右岸连接坝段施工组织灵活 | 下坝线混合坝施工要求较为严格,中坝线重力坝施工组织灵活,中坝线重力坝略优 |
| 移民征地 | 征收土地面积 6.95 万亩,移民补偿投资 54.90 亿元 | 征收土地面积 6.95 万亩,移民补偿投资 54.90 亿元 | 中、下坝线相同 |
| 环境影响 | 1. 下坝址左岸有一条小冲沟,两岸仅是橡胶林,无矿产、文物和企业等;<br>2. 弃渣可利用填筑连接坝段堆石坝坝壳料,也可用作左岸崩塌堆积体压载料,施工完成后对环境影响不明显 | 1. 下坝址左岸有一条小冲沟,两岸仅是橡胶林,无矿产、文物和企业等;<br>2. 弃渣可利用填筑连接坝段堆石坝坝壳料,也可用作左岸崩塌堆积体压载料,施工完成后对环境影响不明显 | 中坝线开挖大,弃渣多,下坝线开挖最少,对植被破坏和影响最小,下坝线略优 |
| 建筑工程投资 | 建筑工程投资 13.5 亿元,工程总投资 72.49 亿元 | 建筑工程投资 11.98 亿元,工程总投资 70.54 亿元 | 下坝线比中坝线省,下坝线优 |
| 工程效益 | 兴利库容 4.87 亿 m³ | 兴利库容 4.87 亿 m³ | 中、下坝线基本相同 |
| 运行条件及结构安全 | 1. 建筑物集中布置,便于管理;<br>2. 放空底孔为弧形闸门,能控泄,便于分期蓄水和控泄放空;<br>3. 左岸黏土心墙堆石坝段与混凝土重力坝连接处为薄弱点,需重点监测 | 1. 建筑物集中布置,便于管理;<br>2. 放空底孔为弧形闸门,能控泄,便于分期蓄水和控泄放空;<br>3. 左岸黏土心墙堆石坝段与混凝土重力坝连接处为薄弱点,需重点监测 | 运行管理方面中、下坝线基本相同 |
| 左岸坝肩崩塌堆积体 | 中坝线混合坝方案左岸崩塌堆积体在左岸堆石坝建坝范围内已全部挖除,可结合边坡综合治理 | 下坝线混合坝左岸建基范围内崩塌堆积体已全部挖除 | 中、下坝线相当 |
| 坝型比选结论 | | 坝型坝线推荐方案 | |

中、下坝线仅相距 50 m,中坝线重力坝和下坝线混合坝在移民征地、环境影响、工程效益均相当;在施工导流上,下坝线重力坝左岸为黏土心墙堆石坝,海南地处暴雨中心,其多台风雨的天气导致较严苛的施工组织要求,且混合坝接头为防渗薄弱带,施工组织和基础防渗较复杂,上坝线重力坝适应天气能力强,结构单一施工灵活,上坝线重力坝在施工导流上略优;从建筑工程投资上来看,下坝线混合坝比中坝线重力坝投资节省 1.95 亿元,下坝线混合坝略优。

综上所述,下坝线混合坝略优于中坝线重力坝,故选定下坝线混合坝为推荐的坝型坝线。

(4)在选定重力坝时,分别对上、中、下坝线布置重力坝方案进行比选:从工程地质上来看,上、中、下坝线地质条件相当,强风化层深厚,上、中坝线均有风化深槽,地形自上而下逐渐降低,下坝线地质条件有略微优势;从枢纽布置上来看,上、中、下坝线右岸地形逐步降低,边坡逐级降低,但下坝线重力坝左岸挖穿左岸冲沟,边坡开挖范围剧增,故中坝线重力坝略优;上、中、下 3 条坝线仅相距 50 m,若在 3 条坝线上布置重力坝,其施工导流、移民征地、环境影响、工程效益均相当;从建筑工程投资上来看,中坝线重力坝比上坝线重力坝节省 3 375 万元,比下坝线重力坝节省 5 926 万元,中坝线重力坝略优,因此中坝线重力坝略优于上、下坝线重力坝,故重力坝坝型选定中坝线为推荐坝线。

在选定混合坝时,分别对上、中、下坝线布置混合坝方案进行比选:从工程地质上来看,上、中、下坝线地质条件相当,强风化层深厚,上、中坝线均有风化深槽,地形自上而下逐渐降低,下坝线地质条件有略微优势,上、中、下坝线混合坝均应挖除左岸崩塌堆积体,左岸依然存在 100 m 以上永久高边坡,下坝线左右岸边坡略低于上、中坝线混合坝,下坝线混合坝略优,上、中、下 3 条坝线仅相距 50 m,若在 3 条坝线上布置混合坝,其施工导流、移民征地、环境影响、工程效益均相当;从建筑工程投资上来看,下坝线混合坝比上坝线混合坝节省 9 001 万元,比中坝线混合坝节省 3 679 万元,因此下坝线混合坝略优于上、中坝线混合坝,故选定下坝线混合坝为推荐的坝型坝线。

重力坝适合布置在中坝线,混合坝适合布置在下坝线。中、下坝线仅相距 50 m,中坝线重力坝和下坝线混合坝在移民征地、环境影响、工程效益均相当;在施工导流上,下坝线重力坝左岸为黏土心墙堆石坝,海南地处暴雨中心,其多台风雨的天气导致较严苛的施工组织要求,且混合坝接头为防渗薄弱带,施工组织和基础防渗较复杂,上坝线重力坝适应天气能力强,结构单一施工灵活,上坝线重力坝在施工导流上略优;从建筑工程投资上来看,下坝线混合坝比中坝线重力坝投资节省 1.95 亿元,下坝线混合坝略优。从枢纽布置上来看,中坝线重力坝与下坝线混合坝右岸枢纽布置几乎相似,边坡高度几乎相同,但是左岸中坝线重力坝开挖产生大范围高边坡,临时+永久边坡高达 220 m;下坝线混合坝左岸有崩塌堆积体,适应变形能力差,因此左岸坝体范围内崩塌堆积体予以全部挖除,基础处理亦引起临时+永久 200 m 高边坡。中坝线重力坝左岸 220 m 土质高边坡治理难度大,且考虑到海南多台风雨天气,降雨集中,暂无 200 m 级以上土质高边坡案例,边坡问题较突出,下坝线混合坝边坡略低于中坝线重力坝,处理难度相对降低。

综上所述,下坝线混合坝略优于中坝线重力坝,故选定下坝线混合坝为推荐的坝型坝线。

## 3 结语

BIM 技术应用于水利水电工程前期方案比选中,能有效提高设计精度,减少设计周期,提高设计效率,在对设计精度较为敏感的方案比选中有效发挥其作用,为后续设计提供可靠依据。

### 参考文献

[1] 李海圣,基于 BIM 技术的水利工程三维设计路径[J].珠江水运,2021(23):37-38.

[2] 孙少楠,潘传旭,赵继伟.基于多维度的水利工程 BIM 信息交互管理及应用[J].水电能源科学,2021,39(11):179-183.

# BIM技术在水利水电工程地质中的
# 应用与探讨

## 丁秀平　刘博文　傅志浩

(中水珠江规划勘测设计有限公司,广东广州　510610)

**摘　要:**近年来,BIM技术在水利水电行业的应用蓬勃发展,其在提高质量、缩短工期、减少成本等方面较传统技术有明显的优势。而工程地质条件作为整个工程项目中的基础,能否将其较为准确地表达出来,对整个项目至关重要,亦有助于设计专业解决工程问题。BIM技术在多个水利水电工程地质中的应用成果表明,通过野外数据采集系统,有效解决了传统地质工作中遇到的工作程序烦冗、效率低下的问题;三维地质模型能够更加直观地表达地层岩面、地质构造的形态与分布,为工程各方人员理解工程地质条件,解决工程问题提供便利;在三维地质模型的基础上,结合设计工具进行开挖设计、工程算量等后期应用,显著提高了工作效率,提高了设计成果质量。

**关键词:**BIM技术;三维地质建模;工程应用

## 1　引言

　　自20世纪70年代美国首次提出BIM的概念之后,建筑行业成为该技术的领头羊,目前,BIM技术已经覆盖到各个行业,近年来其在水利水电工程中的发展呈现出了燎原之势。

　　水利水电工程大多施工难度大、周期长,BIM技术因其显著的优势,很大程度上影响工程建设的质量与效果[1]。一方面,BIM技术在工程设计中具有可视化、模拟性以及技术优化等优势。通过构建三维模型,抽取二维图纸,提取工程量,制作模型漫游动画等应用,直观清晰地展示项目成果,方便工程各方理解项目。另一方面,BIM技术在工程施工进度管理中发挥着重要的作用。通过对施工进度计划、工程档案等进行可视化、智能化管理,保障了水利工程质量与效率[2]。

　　随着BIM技术在水利水电工程中的广泛使用,地质勘察工作进入了一个全新阶段。工程地质作为基础专业,其主要任务是能较为清晰、准确地将地质条件表达出来,提供给下游专业使用。BIM技术的应用不仅可以在地质勘察中对地质结构进行仿真建模,还可以通过数据积累实现对地质概况信息的可视化表达[3]。赵文超等[4]分析了三维地质建

---

**作者简介:**丁秀平(1986—),女,高级工程师,主要从事地质工程、BIM应用及水利信息化等方面的研究。

模技术、数据库技术、三维实景、GIS、GPS 等新技术的可行性。段斌等[5]详细阐述了 BIM 技术在设计阶段和施工阶段的应用成果,包括:标准体系制定、数字化勘测、各专业 BIM 协同设计、三维设计成果质量管控、BIM 设计成果应用、模型轻量化、数字化移交平台、地下洞室地质预报、地下洞室开挖进度仿真分析、地下洞室群动态反馈分析及管理、安全监测管理等内容。徐涛等[6]介绍了通过 Revit 平台结合钻探 RTK、CASS、电磁波 CT、微动探测、高密度电法及水文地质试验等技术,在多源数据相互印证下,实现复杂岩溶地区三维地质建模的方法。王嘉然[7]提出了利用 Revit API,编写搭载 Kriging 插值法的三维地质建模插件,采用"点生面,面生体"的模型构建思路,通过采集地形及钻孔资料,进行空间插值和地质建模。

综上所述,BIM 技术在水利水电的应用多种多样,但系统性的研究仍比较匮乏。因此,本文基于多个水利水电工程地质的应用,对其进行系统的梳理和总结。

## 2 BIM 技术在地质勘察中的应用

BIM 技术在工程地质勘察中的应用主要体现在勘探数据采集、三维地质模型建立、二维出图等方面,主要流程见图 1。

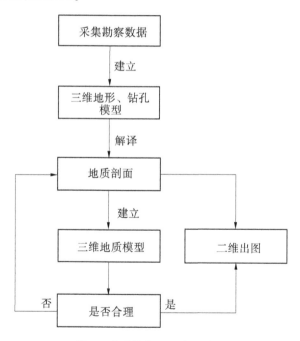

图 1 地质勘察 BIM 应用流程

### 2.1 采集勘察数据采集

基于工程地质野外数据采集系统,地质勘察人员在勘察现场不再拘泥于纸质记录,可直接利用移动端 APP 进行数据采集,将勘察数据(钻孔、探坑、探槽、地质点等)同步至数据服务器;并且可以直接下载、查看数据服务器上已有数据,进行修改和新增。

地质野外数据采集系统可直接输入钻孔编号、坐标、高程等基本信息,也包括孔径结构、地层岩性、完整程度、风化程度、钻遇构造、水位等勘探数据;同时,在野外拍摄岩芯照片后,输入起止深度,岩芯照片自动处理后上传至服务器,如图 2 所示。

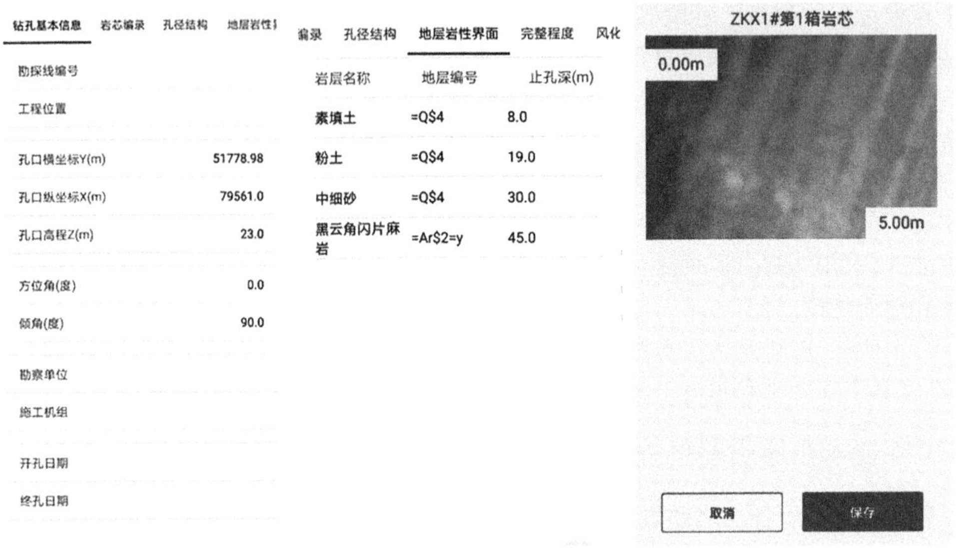

| 钻孔基本信息 | 岩芯编录 | 孔径结构 | 地层岩性 | | 编录 | 孔径结构 | 地层岩性界面 | 完整程度 | 风化 |
|---|---|---|---|---|---|---|---|---|---|

| 岩层名称 | 地层编号 | 止孔深(m) |
|---|---|---|
| 素填土 | =Q$4 | 8.0 |
| 粉土 | =Q$4 | 19.0 |
| 中细砂 | =Q$4 | 30.0 |
| 黑云角闪片麻岩 | =Ar$2=y | 45.0 |

| 勘探线编号 | |
|---|---|
| 工程位置 | |
| 孔口横坐标Y(m) | 51778.98 |
| 孔口纵坐标X(m) | 79561.0 |
| 孔口高程Z(m) | 23.0 |
| 方位角(度) | 0.0 |
| 倾角(度) | 90.0 |
| 勘察单位 | |
| 施工机组 | |
| 开孔日期 | |
| 终孔日期 | |

ZKX1#第1箱岩芯 0.00m 5.00m 取消 保存

**图 2　野外勘察数据采集系统**

传统勘察工作流程中,野外编录时,地质勘察人员在编录纸上简要记录相关的勘察数据,内业整理时先将数据补充完善,再录入地质制图软件中。此类勘察数据多数存在于个人电脑中。

BIM 技术在勘察数据采集方面的应用,改变了以往先纸质记录再内业整理录入的工作模式,提高了工作效率。此外,统一的数据库录入系统有效整合了勘察数据(见图 3),避免缺漏重复的现象发生,同时也方便了数据的管理。

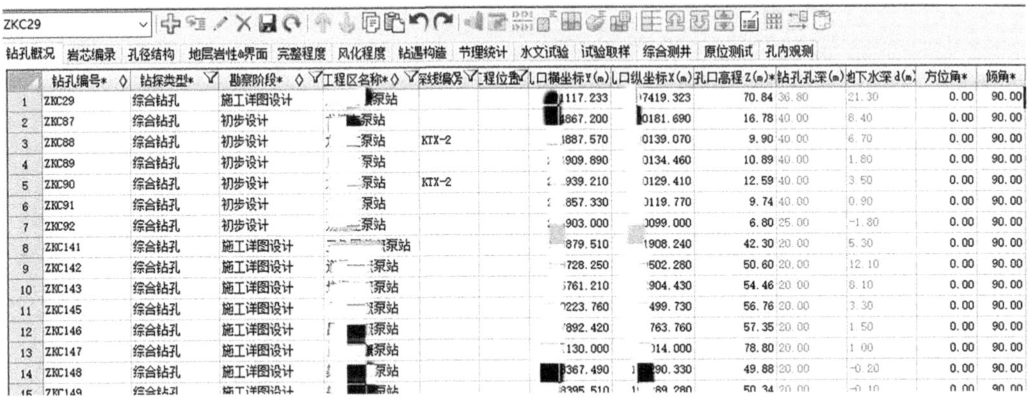

| | 钻孔编号* | 钻探类型* | 勘探阶段* | 工程区名称* | 采线编号* | 程位置* | 孔口横坐标Y(m) | 孔口纵坐标X(m) | 孔口高程Z(m) | 钻孔孔深(m) | 地下水深(m) | 方位角* | 倾角* |
|---|---|---|---|---|---|---|---|---|---|---|---|---|---|
| 1 | ZKC29 | 综合钻孔 | 施工详图设计 | 泵站 | | | 1117.233 | 7419.323 | 70.84 | 36.80 | 21.30 | 0.00 | 90.00 |
| 2 | ZKC87 | 综合钻孔 | 初步设计 | 泵站 | | | 867.200 | 0181.690 | 16.78 | 40.00 | 8.40 | 0.00 | 90.00 |
| 3 | ZKC88 | 综合钻孔 | 初步设计 | 泵站 | KTX-2 | | 887.570 | 0139.070 | 9.90 | 40.00 | 6.70 | 0.00 | 90.00 |
| 4 | ZKC89 | 综合钻孔 | 初步设计 | 泵站 | | | 909.890 | 0134.460 | 10.89 | 40.00 | 1.80 | 0.00 | 90.00 |
| 5 | ZKC90 | 综合钻孔 | 初步设计 | 泵站 | KTX-2 | | 939.210 | 0129.410 | 12.59 | 40.00 | 3.50 | 0.00 | 90.00 |
| 6 | ZKC91 | 综合钻孔 | 初步设计 | 泵站 | | | 857.330 | 0119.770 | 9.74 | 40.00 | 0.00 | 0.00 | 90.00 |
| 7 | ZKC92 | 综合钻孔 | 初步设计 | 泵站 | | | 903.000 | 0099.000 | 6.80 | 25.00 | -1.80 | 0.00 | 90.00 |
| 8 | ZKC141 | 综合钻孔 | 施工详图设计 | 泵站 | | | 879.510 | 1908.240 | 42.30 | 20.00 | 5.30 | 0.00 | 90.00 |
| 9 | ZKC142 | 综合钻孔 | 施工详图设计 | 泵站 | | | 728.250 | 502.280 | 50.60 | 20.00 | 12.10 | 0.00 | 90.00 |
| 10 | ZKC143 | 综合钻孔 | 施工详图设计 | 泵站 | | | 761.210 | 904.430 | 54.46 | 20.00 | 0.00 | 0.00 | 90.00 |
| 11 | ZKC145 | 综合钻孔 | 施工详图设计 | 泵站 | | | 223.760 | 499.730 | 56.76 | 20.00 | 3.30 | 0.00 | 90.00 |
| 12 | ZKC146 | 综合钻孔 | 施工详图设计 | 泵站 | | | 892.420 | 763.760 | 57.35 | 20.00 | 1.50 | 0.00 | 90.00 |
| 13 | ZKC147 | 综合钻孔 | 施工详图设计 | 泵站 | | | 130.000 | 014.000 | 78.80 | 20.00 | 1.00 | 0.00 | 90.00 |
| 14 | ZKC148 | 综合钻孔 | 施工详图设计 | 泵站 | | | 367.490 | 90.330 | 49.88 | 20.00 | -0.20 | 0.00 | 90.00 |
| 15 | ZKC149 | 综合钻孔 | 施工详图设计 | 泵站 | | | 395.510 | 89.280 | 50.34 | 20.00 | 0.00 | 0.00 | 90.00 |

ZKC29 钻孔概况　岩芯编录　孔径结构　地层岩性&界面　完整程度　风化程度　钻遇构造　节理统计　水文试验　试验取样　综合测井　原位测试　孔内观测

**图 3　勘察数据库**

## 2.2　剖面解译

勘察数据录入后进行勘探剖面解译,主要步骤为:运用建模软件生成三维地形面、三维钻孔模型,确定剖面线后进行二维剖面地质解译,绘制具有地质属性的二维线条。

在此过程中,会将二维线条转化为三维空间线条,以便后期的三维建模使用。因此,利用 BIM 技术绘制剖面图,能有效解决相交剖面位置剖面线空间交错的问题,不仅提高了绘图工作效率,也为校核工作提供了便利[8]。此外,三维空间线条存于三维模型(如图4所示)中,钻孔更新后,重新进行二维剖面解译会保留原始的线条,只需修改相应的地质线条,即可生成二维剖面图,针对钻孔数据不断更新的工程,可有效提高工作效率。

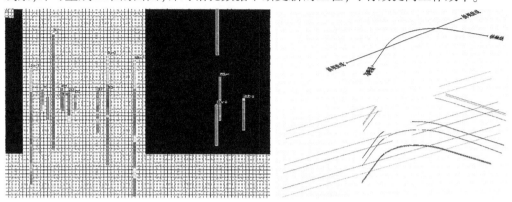

图4　三维钻孔模型及三维地质界线

## 2.3　三维地质模型建立

三维地质模型是基于钻孔、物探等地勘数据建立的具有地质特征的数字模型[9]。建模即在三维环境下将地质解译、空间信息管理、空间分析和预测、地质统计学、实体内容分析以及图形可视化等结合起来进行地质建模与分析技术,并给出其主要的支撑技术和方法[10]。

三维地质模型的建立遵循"点—线—面—体"的思路。

"点"——勘探模型的建立:输完勘探数据后,将其按照岩性分层生成钻孔实体模型。将钻孔中揭露的地质属性(地层界点、风化、地下水位等)以点的形式生成,作为建模元素,见图4。

"线"——剖面线的建立:勘探线布置之后,选择相应的勘探线进行剖面解译,根据勘探数据结合专业经验知识绘制不同的地质界线,见图5。

"面"——地质界面的建立:包括所有的地层界面、风化面、水位面、裂隙面、断层面等。利用面拟合工具,将钻孔揭露的地质点、剖面线拟合成面,见图5、图6。

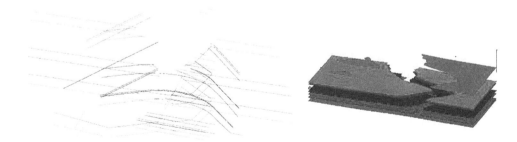

图5　地层界面生成

"体"——地质体的建立:建立 mesh 体之后,用相应的地层界面/岩性界面进行布尔运算,进行属性定义,地质体就建立完毕了,见图7。

图 6　风化界面生成

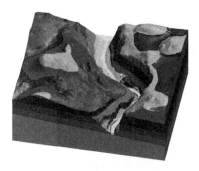

图 7　三维地质模型建立

相较于二维成果,三维地质模型能够更加直观地表达三维空间内的地层岩面、地质构造的形态与分布,为工程各方人员理解工程地质条件提供便利。

### 2.4　二维出图

地质图件主要包括钻孔柱状图、二维平面图、剖面图、节理裂隙玫瑰花图、赤平投影图等图件。传统地质勘察图编制主要依据地质科学理论,运用数学投影原理,将地质现象投影到一个平面上,从而对地质特征进行表达[11]。

应用 BIM 技术二维出图,基本原理与传统地质图编制一样。可在"2.2 剖面解译"的基础上直接出图;或者根据建立的三维地质模型,用图件生成工具生成二维图纸。

## 3　工程应用

### 3.1　案例 1

某水库工程坝址河谷呈 U 形,坝址区出露地层为:关岭组第一段第二层($T_{2g}^{1-2}$)、第二段第一层至第四层($T_{2g}^{2-1} \sim T_{2g}^{2-4}$),间夹三层软弱夹层及一层泥化夹层,以及第四系覆盖层。主要揭露的构造为:大坝基坑正断层 F1,总体走向 90°,近直立状,水平方向延伸大于 50 m,垂直方向呈现上宽下窄,破碎带宽由 4~5 m 缩小至 30~40 cm。揭露的裂隙主要为右坝肩的 L1、L4 裂隙、强卸荷带。

遵循"点、线、面、体"的思路,建立了符合现场勘察成果的三维地质模型,包括钻孔、地层、基岩面、风化界面、3 Lu 值防渗面、裂隙、断层、溶洞、地表/地下水位面、正常蓄水位面等地质元素,建立了三维地质模型,客观形象地展示了工程地质情况。利用 BIM 技术建立三维地质模型,并开展以下应用。

#### 3.1.1　二维抽图

基于固化的模型进行动态剖切,自动生成二维剖面图(如图 8 所示),进行图纸成果

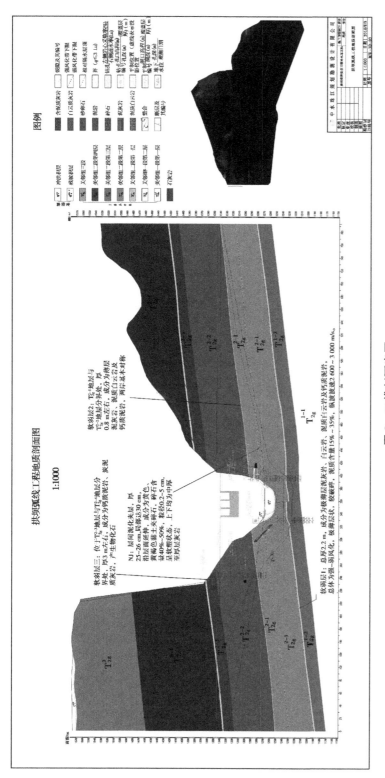

图 8　二维剖面出图

校审,有效提高出图效率,在最大程度上避免图纸错误,保证设计成果质量;结合三维模型剖切图,直接形象展示工程地质概况,为工程各方工作的开展提供便利。

### 3.1.2 深化设计方案

**1. 裂隙处理**

工程右岸坡地质结构复杂,卸荷裂隙发育,主要地质问题为:强卸荷带(1 403~1 450 m)、L4 裂隙及 L1 裂隙。通过反复分析施工地质的勘察结果,模型较好地反映了现场的工程地质情况。

根据施工图阶段的三维地质模型,分析与初设阶段地质条件的差异,及时调整了右坝肩 L1 的处理方案:增加沿 L1 面追挖的两条抗剪平硐和两个竖井,然后进行裂隙清理和填充,并对竖井和平硐进行混凝土回填,以增加 L1 面的抗剪和抗压能力,如图 9 所示。

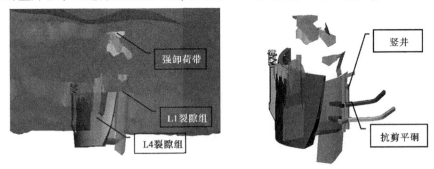

**图 9 右坝肩裂隙模型及其处理方案**

**2. 左岸崩塌体处理**

拱坝左岸崩塌体拟处理方案为:需完全挖除失稳的风化岩体,还应设计合理的之字形马道,保证卸荷处理的施工安全。

以三维地质模型为基础,剖切对应的地质剖面,并以其三维地形为基面、地层界面为参考,设计了范围、深度适中的开挖面,以及坡度、走向合理的之字形马道,如图 10 所示。

### 3.2 案例 2

某水利枢纽工程属热带季风海洋性气候,降水多,且第四系松散堆积物较厚,风化埋藏深,存在"河床部位左、右岸风化深槽,左岸崩塌堆积体,坝顶以上厚覆盖层"的问题,在施工过程中开挖导致的高边坡、开挖工程量大、防渗处理是工作中的重难点,使用 BIM 技术能直观快速现场施工方案,配合现场实际施工情况优化设计方案。

根据工程地质条件建立了三维地质模型,并在此基础上开展可视化展示、开挖设计、工程量提取等应用。

### 3.2.1 可视化展示

通过三维可视化技术,将抽象的二维工程地质剖面三维具象化,制作工程地质模型展示视频,生动形象地展示工程地质条件,为工程各方理解工程地质条件提供便利,如图 11 所示。

### 3.2.2 开挖设计

以三维地质模型为基础,结合开挖软件,在设计过程中快速进行多方案比选优化,有效解决了左右岸高边坡开挖布置问题,如图 12 所示。

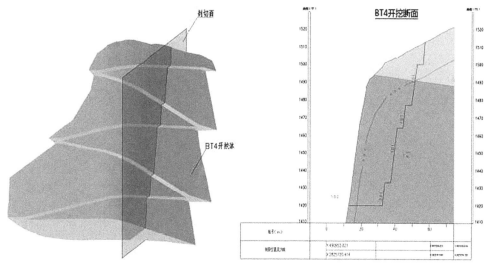

图 10　崩塌体卸荷处理方案

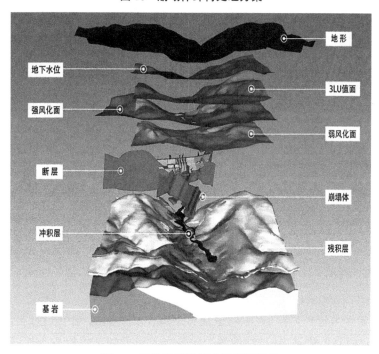

图 11　三维地质模型动画截图展示

### 3.2.3　工程量提取

通过三维开挖模型,一键提取工程量,得出准确的材料用量,极大地提升了设计效率和产品质量,如图 13 所示。

## 4　结论

(1)通过野外数据采集系统进行地质勘探数据采集,有效解决了传统地质工作中遇到的工作程序烦冗、效率低下的问题。

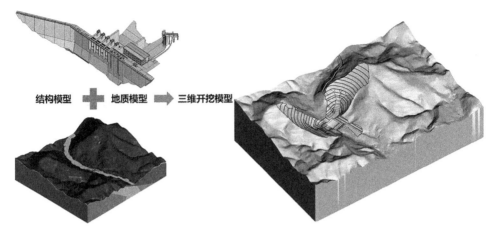

图12　地质模型与开挖模型

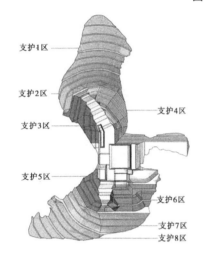

支护1区
支护2区
支护3区
支护4区
支护5区
支护6区
支护7区
支护8区

支护参数表

| 编号 | 支护分区 | 支护面积 | 锚杆规格 | 锚杆长度 | 挂网参数 | 喷砼参数 | 排水孔参数 |
|---|---|---|---|---|---|---|---|
| 1 | 1区 | 40998.93 | 25Φ4.5*4.5 | 6/12 | 8Φ200*200 | C15@200 | 75Φ2*2/6 |
| 2 | 2区 | 24466.76 | 25Φ3*3 | 6/12 | 8Φ200*200 | C15@200 | 75Φ2*2/6 |
| 3 | 3区 | 14138.37 | 25Φ3*3 | 4.5/9 | 8Φ200*200 | C15@100 | 75Φ2*2/3 |
| 4 | 4区 | 30017.30 | 25Φ3*3 | 4.5/9 | 8Φ200*200 | C15@100 | 75Φ2*2/3 |
| 5 | 5区 | 12388.20 | 25Φ3*3 | 4.5/9 | 8Φ200*200 | C15@100 | 75Φ2*2/3 |
| 6 | 6区 | 19920.37 | 25Φ3*3 | 4.5/9 | 8Φ200*200 | C15@100 | 75Φ2*2/3 |
| 7 | 7区 | 30171.20 | 25Φ3*3 | 6/12 | 8Φ200*200 | C15@200 | 75Φ2*2/6 |
| 8 | 8区 | 26569.21 | 25Φ4.5*4.5 | 6/12 | 8Φ200*200 | C15@200 | 75Φ2*2/6 |

分区支护工程量表

| 分区 | 项目 | 单位 | 系数 | 工程量 |
|---|---|---|---|---|
| 8区 | Φ25锚杆, L=12m | 根 | 1.05 | 689 |
| | Φ25锚杆, L=6m | 根 | 1.05 | 689 |
| | Φ8挂网钢筋 | t | 1.05 | 110.20 |
| | C15喷混凝土 | m3 | 1.05 | 5579.53 |
| | Φ75排水孔, L=6m | 根 | 1.05 | 6974 |
| 7区 | Φ25锚杆, L=12m | 根 | 1.05 | 1760 |
| | Φ25锚杆, L=6m | 根 | 1.05 | 1760 |
| | Φ8挂网钢筋 | t | 1.05 | 125.14 |
| | C15喷混凝土 | m3 | 1.05 | 6335.95 |
| | Φ75排水孔, L=6m | 根 | 1.05 | 7920 |
| 6区 | Φ25锚杆, L=9m | 根 | 1.05 | 1162 |
| | Φ25锚杆, L=4.5m | 根 | 1.05 | 1162 |
| | Φ8挂网钢筋 | t | 1.05 | 82.62 |
| | C15喷混凝土 | m3 | 1.05 | 2091.64 |
| | Φ75排水孔, L=3m | 根 | 1.05 | 5229 |

总工程量表

| 编号 | 项目 | 单位 | 系数 | 工程量 |
|---|---|---|---|---|
| 1 | Φ25锚杆, L=12m | 根 | 1.05 | 3512 |
| 2 | Φ25锚杆, L=6m | 根 | 1.05 | 4939 |
| 3 | Φ25锚杆, L=9m | 根 | 1.05 | 5888 |
| 4 | Φ25锚杆, L=4.5m | 根 | 1.05 | 4461 |
| 5 | Φ8挂网钢筋 | t | 1.05 | 824 |
| 6 | C15喷混凝土 | $m^3$ | 1.05 | 33692.04 |
| 7 | Φ75排水孔, L=6m | 根 | 1.05 | 32079 |
| 8 | Φ75排水孔, L=3m | 根 | 1.05 | 20072 |

图13　开挖工程量统计

（2）通过将二维剖面地质界线转化为三维空间线条,能有效解决剖面线空间交错的问题,不仅提高了绘图工作效率,也为校核工作提供了便利。

（3）通过建立三维地质模型,能够更加直观地表达三维空间内的地层岩面、地质构造的形态与分布,提升了成果表达效果,为工程各方人员理解工程地质条件,解决工程问题提供便利。

（4）在三维地质模型的基础上,结合设计工具进行开挖设计、工程量提取等后期应用,显著提高了工作效率,提升了设计成果质量。

（5）由于勘探数据统一存于数据库中,数据库的安全问题尤为重要,要做好数据的安全保密以及数据备份的问题,防止数据泄露、丢失造成损失。

（6）BIM技术是当今水利工程设计的新趋势,如何更好地将BIM技术应用在工程地质勘察中,在今后工作中需要继续探索。

# 参考文献

［1］张昊.基于 BIM 技术在复杂地质条件下的综合管廊工程研究与应用［J］.建筑技术,2023,54(7)：786-788.

［2］蒯鹏程,赵二峰,杰德尔别克·马迪尼叶提,等.基于 BIM 的水利水电工程全生命周期管理研究［J］.水电能源科学,2018,36(12)：133-136.

［3］李冬,张梦婷,郑金涛,等.复杂地质条件下详细勘察阶段应注意的问题及建议［J］.化工管理,2022(10)：122-129.

［4］赵文超,王国岗,陈亚鹏.水利水电工程三维地质勘察系统研发综述［J］.中国水利,2021(20)：46-49.

［5］段斌,丁新潮,周相,等.大型复杂水电工程 BIM 技术数字化研究与实践［J］.水电能源科学,2023,41(5)：187-189,108.

［6］徐涛,莫凡,林细桃,等.基于 BIM 技术的复杂岩溶地区三维地质建模方法研究与应用［J］.施工技术(中英文),2022,51(11)：42-44,77.

［7］王嘉然.基于 BIM 的新型三维地质建模技术应用与研究［J］.2023(4)：70-72.

［8］刘昊.BIM 三维建模技术在德隆水库地质勘察中的应用［J］.科技创新与应用,2023,17：193-196.

［9］张之晔.三维地质模型与 BIM 模型融合应用优化研究［J］.市政技术,2022,40(4)：232-236.

［10］吴琳琳.基于 BIM 技术的山区高速公路地质勘察设计［J］.交通世界,2022(35)：79-81.

［11］王国光,李成翔,陈健.GeoStation 三维地质系统图件自动编绘方法研究［J］.水力发电,2014,40(8)：69-71,85.

# BIM 在高桩码头设计中的应用研究

范丽婵　罗　青　曾庆祥

( 中水珠江规划勘测设计有限公司,广东广州　510610)

**摘　要:** BIM 建模技术所构建的"数字化工程",是工程信息化和智能化的基础,实现了工程全生命周期过程中设计成果的保留、延续和共享。以某大型通用码头设计为案例,采用 BIM 技术对其进行三维建模,详细介绍了三维建模的流程,包括设置标高、轴网,建立族库(桩基、桩帽、横梁、纵梁、面板、磨耗层、走道板、靠船构件、保护轮坎等)、总装模型等。此外,还介绍了 BIM 的相关应用,包括:①族库化设计;②利用本项目的数据建立一个通用的族库,使建模的精确性和效率大大提高,用于类似码头结构设计的不同构件;②碰桩试验,采用 BIM 技术中的功能,进行碰桩试验,降低人为计算出现的错误率。总结高桩梁板码头三维建模流程,介绍相关应用,为 BIM 技术应用于高桩码头设计提供参考。

**关键词:** BIM 技术;高桩码头;族库;碰桩检测

## 1　总体概况

BIM 技术逐渐成为建筑业转型升级、提质增效的重要抓手,作为以三维模型为基础的仿真、虚拟施工辅助施工项目全寿命周期管理的技术手段[1],BIM 技术具有协同合作的功能,各专业可同时建模,有效解决不同专业设计中存在的冲突,提高画图效率。BIM 技术是以 CAD 技术为基础,在图形性能上优于 CAD 技术的一种技术。BIM 参数的合理设计有利于用户之间的互动,对于建筑结构设计和施工都有很好的辅助性。能将建筑施工全过程呈现得更加生动,促进建筑企业的经济效益[2]。

目前,BIM 技术也广泛运用于水利工程中,在高桩码头工程中的应用也是一次大胆的尝试。通过 BIM 技术应用,高效快捷地进行碰桩检测、复杂节点深化设计、预埋件位置,提前发现施工潜在冲突,避免施工过程中可能出现的返工和资源浪费,辅助进行质量安全控制、进度模拟和优化,提高现场管理质量和效率,达到降本增效的目的。同时,通过共享关联,各专业之间可获得本项目相关信息和视图,及时解决专业间在设计上的冲突问题。目前,BIM 技术已经运用在不少的高桩码头中,如盐城港重件码头工程、广州港南沙港码头、洋山港四期工程等,并取得较好的应用效果。因此,本文利用 BIM 软件对某通用码头进行三维建模,加深对 BIM 技术的应用认识,以丰富的 BIM 技术在高桩码头的应用成果。

---

**作者简介:** 范丽婵(1993—),女,工程师,从事水利工程信息化及设计工作。

## 2 工程概况

本工程建设 2 个 10 万 t 级通用泊位(18 号、19 号)和 1 个 4 万 t 级件杂货泊位(17 号),水工结构均按照靠泊 10 万 t 级船舶设计建设,泊位长度 493.7 m。泊位岸线总长 1 293.7 m。

码头排架间距 8.8 m,顶高程 8.6 m,码头长 485 m,宽 25 m,桩基采用 Q390 材质,直径 1 000 mm 钢管桩,为直桩和斜率为 4:1~5:1 的斜桩。码头接岸处有 3 座引桥,用以连接后方陆域。

## 3 建模流程

### 3.1 设置标高及轴网

原则上先标高后轴网,在视图中建议采用较少的标高轴网定位,同时为了控制图面的简洁,应将不必要的轴网标高隐藏起来;并以轴网或标高锁定的方式尽可能地对模型进行设置,以便于后期的模型改装。

针对高桩码头的结构特点,需要设置不同的标高。标高是高桩梁板码头内部的垂直高度,所有涉及的标高都需要按照设计图进行统计,在建模前汇总成标高系统,然后才能进行建模。设置标高主要用于后续放置相关的构件,根据一般的高桩梁板码头的特性,确定的标高,见表 1。

表 1 建模流程

| 名称 | 说明 | 作用 |
|------|------|------|
| BOP | Bottom of Pile | 定位桩底高程 |
| TOP | Top of Pile | 定位桩顶高程,桩帽高程 |
| TTB | Top of Transverse Beam | 定位横梁的顶部高程 |
| TLB | Bottom of Longitudinal Bram | 定位纵梁的顶部高程 |
| TOS | Top of Slab | 码头顶面高程 |
| RL | Reference Level | 场地标高(+0.00) |

轴网主要由纵向轴线和横向轴线组成,高桩码头的轴网主要以桩位布置为依据,为定位各个构件的水平位置而虚设。根据现有设计图建立码头轴网系统。平行于码头前沿的轴网按字母 A/B/C……命名,垂直于码头前沿的轴网按数字 1/2/3……命名,按桩位布置图建立项目轴网(如图 1 所示)。

### 3.2 建立族库

在标高、轴网体系绘制完毕后,将进行实际构件的模型搭建[3]。高桩梁板主体结构构件主要有桩基、桩帽、梁、纵梁、面板、碾层、走道板、靠船构件、护轮护坎等。一种构件可作为一个族,建立族库有利于提高建模效率。每一个族模型都必须严格按照设计尺寸建立,建模精度可达毫米级,而且为了最大限度地体现构件与其他构件的真实性、完整性和

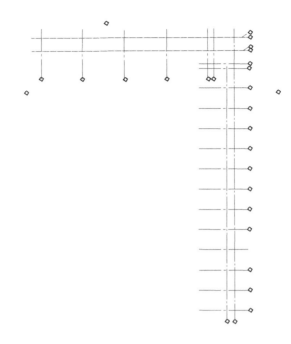

**图 1　轴网示意图**

关联性,构件的各个细节都要根据实际情况制作而成。

族信息主要包括型号、组分编码等分组大小及标识资料。族被赋予相应的信息后,便成为单独个体。伴随这些信息的是相应的族在标志、统计、计算等整个工程生命周期过程中的重要作用。所以,在设计阶段,信息所赋予的过程要做到准确、细致,要求每一项都要赋予族所包含的信息。如横梁,由于码头中存在多种尺寸的横梁,需对长度、宽度、高度尺寸进行参数化,从而可以根据实际情况修改不同类型的横梁尺寸。纵梁与横梁三维示意图见图 2,纵梁中间需预留相应的孔洞,以便给排水专业放置排水设施;横梁需要局部加宽,以便给工艺专业放置相关机械设施,因此族库需参数化,以便后期修改,达到精确建模的效果。

由于高桩梁板式码头组成的构件标准化程度较高,可以通过对相关尺寸的修改,建立不同构件的标准化族库,增加不同尺寸的同类型构件,从而提高建模效率。

### 3.3　模型总装

建立完码头中的各种族,形成项目的族库以后,在 Revit 中根据相关设计图纸,可以进行模型总装。按照设计位置拼装赋予信息的各构件模型,根据图纸中各构件的尺寸修改族的种类和相关尺寸,拼装到相应位置,也就是构成一个工程模型整体的雏形。在模型装配过程中,特别要注意包括连接、搭接、交叉、错缝等相邻构件之间的空间关系,直接影响到后续检验工作的平稳进行。码头整体三维效果如图 3 所示。

## 4　应用成果

### 4.1　族库化三维设计

BIM 建模技术在码头工程结构设计中的应用还没有普及,相关族库和成果表达形式

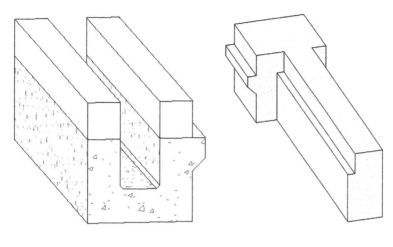

图 2 族示意图(纵梁、横梁)

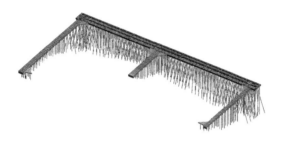

图 3 码头整体三维效果图

还没有统一的标准,设计单位还没有在行业内形成资源共享,主要依靠自身的技术积累。

本项目的三维设计建立了梁、纵梁、桩基、桩帽、面板、系船柱、橡胶护舷的族库,其中参数化了各构件的几何形状,并针对不同构件的尺寸设置了不同的参数,可直接调整尺寸,以适应设计要求。通过依托本项目建立的通用码头常用结构构件及附属设施构件模型库,可用于相关设计中作为建模基础族库,使建模精度和效率大大提高,是模块化建模的利器。结构设计采用 BIM 建模技术的流程和成果表现形式,可在同类型码头工程结构设计中推广应用。可以直接调用结构相似的模型,在新方案设计初期进行快速修改和展示,便于参与各方对设计意图进行直观了解,提高方案讨论效果。

## 4.2 碰桩检测[4]

根据《码头结构设计规范》(JTS 167—2018)[5](简称规范)的规定,由于高桩梁板结构中桩基数量多,桩基间距小,施工前需对桩基有无碰撞进行检测。《规范》规定,两根桩之间的最小净距需要用公式法计算,但公式法验算工作量大、比较烦琐,容易因人为计算而产生误差。同时并不能直观体现桩之间的实际位置,无法快速简单获取桩之间的净距值,可视性差。

通过 BIM 技术进行碰桩检测,在获得两个相邻桩基最小净距的同时,可以快速直观地检测桩基的情况。同时,提前摸清设计图中的桩位冲突隐患,避免出现后期返工导致资源浪费的情况。

## 5 结语

本文以某通用高桩梁板码头为例,采用 BIM 技术建立相应的标高及轴网,同时建立码头各个构件的族文件,形成族库,搭建三维模型,可以在同类项目中推广使用。采用建立族库、设置参数、提高族库通用性的方法,使其他项目能够满足项目需求,提高工作效率,直接对其参数进行调用和修改。此外,本文还介绍了 BIM 技术中的碰桩检测功能,具有可视性,比传统计算碰桩方法减少了错、漏、碰、缺等问题,提高了施工效率和质量,从而缩短了施工周期。

## 参考文献

[1] 张宏铨,李家华,陈家悦,等.BIM 技术在某大型码头设计中的应用研究[J].港工技术,2022,59(3):84-88.

[2] 李培良.BIM 技术在码头项目应用探讨[J].珠江水运,2021(8):72-77.

[3] 蔡波.BIM 技术在高桩码头设计阶段的应用[J].水运工程,2021(3):174-179.

[4] 万其炎,许书星.BIM 技术在高桩码头碰桩验算中的应用[J].中国水运(下半月),2018,18(10):164-166.

[5] 中华人民共和国交通运输部.码头结构设计规范:JTS 167—2018[S].北京:人民交通出版社,2018.

# Unity3D+BIM+倾斜摄影+GIS 技术在城市地下管网管理中的应用

黄健豪　　丘雨轲　　陈杰文

(中水珠江规划勘测设计有限公司,广东广州　510610)

**摘　要:** 信息技术的发展,以及城市地下空间的排水、燃气、网络等各种管线基础设施的不断更新和建设,促进了城市化与数字化的进一步融合,但目前城市地下管网管理仍存在信息化不足、精细化不充分、空间相对位置难以判断和地下管道信息查询困难等问题。本文基于 Unity3D 引擎,结合 BIM 和倾斜摄影模型还原真实城市外观以及管道模型和位置,利用 GIS 技术提供定位和地图瓦片服务,构建城市地下管网可视化平台,提供查询管道信息的服务。该平台实现了三维漫游、模型移动、BIM 信息查看和GIS 定位等功能,为管网设计、城市内涝预警、城市管网维护等业务提供可视化技术支撑,赋能城市级水利数字孪生建设。

**关键词:** 地下管网;可视化;Unity3D;BIM;倾斜摄影;GIS

## 1　引言

《"十四五"信息化和工业化深度融合发展规划》指出,要加速信息化和工业化在更广范围、更深程度、更高水平上实现融合发展,完善城市信息模型平台和运行管理服务平台,构建城市数据资源体系,推进城市数据大脑建设,探索建设数字孪生智能城市应用场景[1]。数字孪生技术正式进入高速发展的时代,各个传统行业都在探索结合三维仿真技术,推动行业数字化转型。

当前城市发展建设步伐不断加快,城市人口增多,城市建设向四周不断延展,地下空间的开发与利用逐渐成为人们关注的热点[2]。随着城市的发展,地下空间中的排水管线、给水管线、燃气管线、电力管网等建设规模也在逐渐扩大,形成了一张密织的网[3]。目前,我国主要还是用二维平面化的平台对地下管线进行管理,这样非但不立体,且在对地下资源进行施工开发时,无法直观、清晰地看到地下管线的分布情况,容易发生事故,轻则对居民日常生活造成影响,重则给国家财产造成损失或是产生人员伤亡,因此地下管网的三维可视化管理势在必行[4]。结合日常生活中工作人员对城市地下管线管理的需求,本文基于倾斜摄影和 BIM 数据开发三维可视化管理平台,融合 Unity3D+BIM+倾斜摄影+

**基金项目:** 中水珠江规划勘测设计有限公司科研项目(2022KY08-6)。

**作者简介:** 黄健豪(1993—),男,主要从事水利信息化工作。

GIS 技术,构建城市与地下管网的可视化场景,实现三维漫游、模型移动、BIM 信息查看和 GIS 定位等功能。

## 2 关键技术

### 2.1 Unity3D 引擎

Unity3D 是一款由 Unity Technologies 公司开发的游戏引擎,作为强大且灵活的开发工具,可用于创建三维游戏以及其他交互式内容,适用于 PC 端、移动设备和虚拟现实(VR)设备等多个平台。Unity3D 具有易用性、跨平台发布和拓展性强等特点,大量的开发者为其编写插件库,以至于越来越多的行业选择它作为数字化转型的开发平台。

### 2.2 BIM 技术

建筑信息建模(BIM)利用数字化技术,将工程全生命周期中所有的信息整合到模型中,形成与现实一致的三维模型信息库[5]。BIM 技术常用于规划、设计、建造和运维建筑物与各种物理基础设施,如建筑、交通、管网和水电工程等。在本文中,城市地下管道模型使用 BIM 技术建模,附带了各部件对应的模型信息。

### 2.3 GIS 技术

GIS 是地理信息系统的简称,它是一种基于地理概念和空间数据的决策支持系统。GIS 可以将位置数据和描述性信息集成到地图上,帮助用户了解对象的空间关系和地理环境。GIS 被广泛应用于各个领域,如建筑、环境、水电工程、全球开发等。随着 GIS 与全球定位系统和互联网的紧密结合,它不仅提高了工作效率,也为人们的生产生活带来了更多的便利[6]。本文利用 GIS 技术实现地图加载和模型定位。

### 2.4 倾斜摄影技术

倾斜摄影技术是一种利用无人机或其他航空器拍摄地物的多角度影像,然后通过软件进行三维建模的测绘技术,具有以下几个优点:①更加真实地反映地物的实际情况,包括建筑物的侧面纹理;②实现单张影像的量测,包括距离、面积、角度、坡度等;③测绘速度快,数据采集效率高,空间精度高;④适应性强,灵活性高,成本低,可以在不同的环境下进行测量。本文通过无人机采集倾斜摄影数据,获取对象纹理信息,通过定位、融合、建模等技术生成真实的三维城市模型。

## 3 平台设计与实现

### 3.1 需求分析

当前水利业务的倾斜摄影模型往往仅作为历史存档资料保存,不仅占用大量存储空间,而且也不利于共享与检索。地下管网可视化平台基于 Unity3D,融合 GIS 地图定位和卫星瓦片、倾斜摄影真实还原城市场景、BIM 模型真实反映设计意图等特点,直观地呈现几组数据在三维世界的空间关系,形成一个数字底座,便于后续开发和功能拓展。

### 3.2 架构设计

系统基于 Unity3D 渲染引擎开发。将原始数据转化为 Unity3D 可解析的格式;无人机采集的原始数据通过 ContextCapture 软件处理转化成 OSGB 格式模型数据;BIM 模型通过 BentleyMicroStation 软件转换成 FBX 格式模型数据。使用 GIS 地图插件作为地图底座,把转换后的模型数据通过解析库生成模型并通过 GIS 地图进行定位,通过 Unity 跨平台发布为地下管网可视化平台(见图 1)。

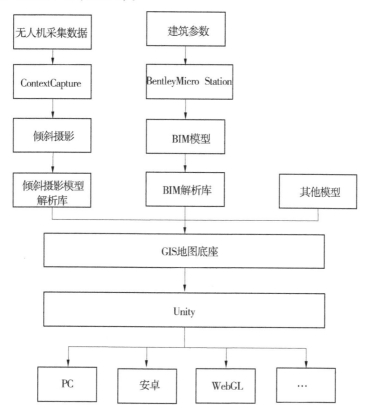

图 1  系统架构

## 3.3  功能实现

### 3.3.1  GIS 地图加载

使用 WorldMapGlobe 地图插件加载,实现经纬度定位。WorldMapGlobe 提供了一个球形地球,通过工具提供的转换函数,输入经纬度可获得一个球面坐标,通过球面坐标,可以直接转换成 Unity3D 所需的世界坐标值(见图 2)。

```
/// <summary>
/// Convertes latitude/longitude to sphere coordinates
/// </summary>
8 个引用
public static  Vector3 GetSpherePointFromLatLon(double lat, double lon) {
    double phi = lat * 0.0174532924; //Mathf.Deg2Rad;
    double theta = (lon + 90.0) * 0.0174532924; // Mathf.Deg2Rad;
    double cosPhi = Math.Cos (phi);
    double x = cosPhi * Math.Cos (theta) * 0.5;
    double y = Math.Sin (phi) * 0.5;
    double z = cosPhi * Math.Sin (theta) * 0.5;
    return new Vector3((float)x,(float)y,(float)z);
}
```

图 2  经纬度转换球面坐标函数

### 3.3.2 BIM 模型加载和数据读取

使用 Bentley 软件将 BIM 模型转换为 FBX 格式,给模型名称添加唯一 ID。在 Bentley 软件中选择需要导出的对象,通过插件把选中模型的属性数据导入 Excel,通过关键字读取建筑信息;在 Unity 中将模型名称作为关键字,通过 Excel 读取库,在 Excel 中找到对应的模型数据,通过 UGUI 展示(见图 3、图 4)。通过读取 Excel 获取模型的经纬度,利用 GIS 地图坐标转换代码把对应坐标系的经纬度转换为世界空间下的世界坐标,把获得的世界坐标赋值给模型,模型即可放到对应位置。

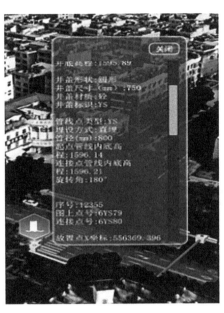

图 3  根据 ID 获取数据功能实现          图 4  通过 UGUI 展示数据

### 3.3.3 倾斜摄影数据加载

OSGB(Open Scene Gragh Binary)是一种二进制储存格式,包含经纬度信息、三维模型数据、嵌入式链接纹理等数据。本文使用 ContextCapture 处理原始航拍数据,并导出 OSGB 模型。Unity 导入开源 OSGB 解析库,由于 OSGB 数据量巨大,采用读取外部数据的方式读取 OSGB 数据,输入文件根目录,解析库会自动解析数据生成模型到场景中(见图 5)。OSGB 模型数据包含 Data 文件夹、Metadata. xml 和一个 lfp 格式文件,其中 Metadata. xml 记录参考坐标系,lfp 文件记录经纬度信息,通过 GIS 地图坐标转换代码把对应坐标系的经纬度转换为世界空间下的世界坐标,把获得的世界坐标赋值给模型父物体,模型即可实现定位。

图 5  OSGB 解析流程

### 3.3.4 三维漫游操作

在 Unity 平台中,可以通过控制摄像机的移动,达到视觉漫游的效果,包括前后左右移动、视角上下左右旋转、视角上下左右平移和视角前后缩放 4 个子模块(如图 6~图 9 所示)。

```
private void LateUpdate()
{
    Vector3 move = Vector3.zero;

    //Move and rotate the camera

    if (Input.GetKey(KeyCode.W))
        move += Vector3.forward * moveSpeed;
    if (Input.GetKey(KeyCode.S))
        move += Vector3.back * moveSpeed;
    if (Input.GetKey(KeyCode.A))
        move += Vector3.left * moveSpeed;
    if (Input.GetKey(KeyCode.D))
        move += Vector3.right * moveSpeed;
    if (Input.GetKey(KeyCode.E))
        move += Vector3.up * moveSpeed;
    if (Input.GetKey(KeyCode.Q))
        move += Vector3.down * moveSpeed;

    //By far the simplest solution I could come up with for moving only on the Horizontal pl
    if (Input.GetKey(flatMoveKey))
    {
        float origY = transform.position.y;

        transform.Translate(move);
        transform.position = new Vector3(transform.position.x, origY, transform.position.z);

        return;
    }

    float mouseMoveY = Input.GetAxis(mouseY);
    float mouseMoveX = Input.GetAxis(mouseX);

    //Move the camera when anchored
    if (Input.GetKey(anchoredMoveKey))
    {
        move += Vector3.up * mouseMoveY * -moveSpeed;
        move += Vector3.right * mouseMoveX * -moveSpeed;
    }

    Rotation

    transform.Translate(move);
```

**图 6　移动功能实现**

```
//Rotate the camera when anchored
if (Input.GetKey(anchoredRotateKey))
{
    transform.RotateAround(transform.position, transform.right, mouseMoveY * -rotationSpeed);
    transform.RotateAround(transform.position, Vector3.up, mouseMoveX * rotationSpeed);
}
```

**图 7　旋转功能实现**

```
#region AnchoredMove

//Move the camera when anchored
if (Input.GetKey(anchoredMoveKey))
{
    move += Vector3.up * mouseMoveY * -moveSpeed;
    move += Vector3.right * mouseMoveX * -moveSpeed;
}
```

**图 8　平移功能实现**

```
//Scroll to zoom
float mouseScroll = Input.GetAxis(zoomAxis);
transform.Translate(Vector3.forward * mouseScroll * zoomSpeed);
```

**图 9　缩放功能实现**

### 3.3.5　多平台发布

Unity3D 具有一次开发、多平台发布的优点,同一项目可以快速切换到不同的平台发布,当前支持发布到 PC、安卓、苹果和 WebGL 等主流平台。在 Unity3D 项目设置菜单中,选择导出设置,可选择需要发布到的平台,即可获得对应平台的执行文件或安装包。

## 4　项目应用

研究成果应用在某城市地下水网管理平台,直观地呈现地下管网在城市中的空间位置。系统集成倾斜摄影 LOD 数据、GIS 定位和 BIM 模型数据(见图 10),具备三维漫游、查看 BIM 模型信息、抬升管道模型高度、城市模型透明度等交互功能(见图 11)。系统基于 Unity3D 图形引擎集成开发,具有强劲的三维渲染能力和良好的二次开发能力,集成了 OSGB 解析模块、BIM 解析模块、GIS 地图插件和三维漫游操作模块。

图 10　GIS+倾斜摄影+BIM 展示

## 5　结论

本文使用 Unity3D 图形引擎,结合 BIM 模型、GIS 地图底图和倾斜摄影等技术,解决了工程运维中管道定位困难、查找信息耗时过长等问题。可视化平台达到直观呈现 GIS 地图、地下管道 BIM 模型和建筑物倾斜摄影叠加的效果,协助设计与维护人员快速查看管道、道路与城市建筑间的关系;平台技术路线具有二次开发效率高、多平台发布等优点,为水利业务数字化转型提供参考。

图 11　抬升管道高度的功能效果

# 参考文献

[1] 中华人民共和国工业和信息化部.“十四五”信息化和工业化深度融合发展规划[R].北京:中华人民共和国工业和信息化部,2021.
[2] 周洋,李杨,方攀.智慧城市建设背景下地下空间信息化技术及应用研究[J].冶金与材料,2019,39(1):73,75.
[3] 傅晓婷.城市地下管网空间分析与应急可视化处理[D].北京:北京邮电大学,2010.
[4] 荆瀛.基于 GIS 的地下管网 3D 可视化系统设计与实现[D].西安:西安建筑科技大学,2020.
[5] 纪博雅,戚振强.国内 BIM 技术研究现状[J].科技管理研究,2015(6):184-190.
[6] 郭立超,魏薇.地理信息系统 GIS 发展现状及展望[J].科技资讯,2019,17(33):5-6.

# 河湖综合监管方法研究与应用

赖　杭　田茂春

( 珠江水利委员会珠江水利科学研究院,广东广州　510610)

**摘　要**:河湖监管重要而复杂。针对当前河湖监管仍然以单一手段为主,存在日常监管效率及总体监管水平不高等问题,提出了河湖综合监管方法。首先,分析了常用河湖监管技术的特点及适用的场景,实现相应监管所需要的关键技术,以及不同监管技术的使用方法;其次,提出两种综合利用空、天、地立体监管手段的河湖综合监管方法:多监管手段串联监管和多监管手段联合监管;最后,将方法应用于多个实际项目中。结果表明,相比传统利用单一监管手段,综合监管方法监管覆盖面更广、监管效率更高,提升了河湖岸线监管水平,为河湖岸线监管提供了一种可行的参考方案,具有较高的推广应用价值。

**关键词**:河湖监管;综合监管;监管技术

## 1　引言

2023 年 2 月,水利部办公厅关于印发 2023 年河湖管理工作要点的通知,明确提出要强化河湖长制、加强河湖水域岸线空间管控、深化智慧河湖建设等内容。当前,在河湖监管方法和技术方面的研究主要集中在单独利用某种监管手段进行监管,如利用遥感技术、人工智能技术及物联网技术,对综合利用多种监管手段进行河湖监管的研究较少,或者还停留在理论方法上。在现有的河湖长制工作方案基础上,如何综合利用各种监管手段,建立长久有效可持续的监管技术方案,已是水利管理工作者切实关注的问题。本文分析现有的各种空、天、地立体监管手段的特点、适用的场景及实现的关键技术,在此基础上,提出结合多种监管手段的综合监管方法,以期为河湖监管提供技术支撑,提高河湖岸线监管水平。

## 2　监管技术分析

### 2.1　监管技术特点及应用场景

当前,常用的河湖监管技术主要有卫星遥感、无人机、水文水质测站和视频监控站及人工巡查[1]。不同的监管技术各有特点,适用于不同的监管场景,如表 1 所示。

**基金项目**:数字孪生南岗河建设项目(JG2022-15895)。

**作者简介**:赖杭(1992—),男,工程师,主要从事水利信息化工作。

**表1 监管技术特点及应用场景**

| 监测手段 | 优点 | 缺点 | 适用场景 |
|---|---|---|---|
| 卫星遥感 | 监管范围广、限制条件相对较少、全局性好 | 受天气、卫星访问周期影响较大 | 区域性大范围的监管 |
| 无人机 | 灵活性好、监测效率高、采集的数据精度高且数据种类丰富 | 存在空域申请审批等问题 | 针对某些特定的范围较大的问题区域的数据采集 |
| 水质、视频图像测站 | 可进行长期无间断的监测 | 监测范围有限,固定安装,视频图像靠人工识别问题信息较难 | 问题确定,但问题反复出现或者不定时发生的地方 |
| 人工巡查 | 灵活性可靠性高,对于问题的处置更加快速 | 效率不高,对于一些问题没有信息支撑无法作出有效判断 | 小问题、零散问题的监管,以及对遥感问题的复核 |

## 2.2 遥感监管及关键技术

遥感技术已被广泛应用于河湖水域管理保护、水质与水污染监测等河湖监管业务中[2-3]。以"四乱"中的岸线侵占为例,利用遥感影像进行监管的主要流程如图1所示。其中,将解译成果综合分析是将解译结果结合岸线规划信息、涉水工程审批信息、测站监测信息以及现场巡查信息进行综合比对,从而判断某一图斑是否是监管问题。

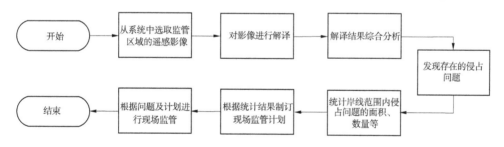

**图1 遥感监管流程**

遥感监管的实现,需要一些关键技术的支持。在数据管理方面,遥感监管离不开海量的遥感影像,对海量遥感影像的高效管理、快速检索是实现遥感影像动态可持续监管的基础。利用基于分布式数据库的海量遥感影像存储技术[4-6]可以解决海量遥感影像管理问题。在数据访问方面,遥感影像因为单景数据量大的特点,难以直接使用几GB甚至十几GB的原始数据,利用基于分布式的遥感影像快速切片技术[7-9],可以将遥感影像转化成影像瓦片,再将影像瓦片发布成地图服务,实现数据的在线访问,解决遥感数据在线访问问题。综合利用上述分布式、大数据技术可保障遥感监管的高效可持续性,为现场监管提供有效的数据支撑。

此外,针对遥感影像传统的人机交互式目视解译方法采集数据成本高、效率低等问题,众多基于图像特征分析和人工智能的遥感影像自动解译方法被提出[10-13],并取得了较好的应用效果,大大提高了遥感监管的效率。

## 2.3 现场监管及关键技术

针对遥感监管发现的问题,需要通过现场监管进行复核及处置。对于较小的侵占问题,可以直接通过人工现场勘察的方式进行复核。对于岸线范围内侵占数量多且侵占总面积较大的区域,人工现场勘察时,可以利用无人机航拍快速地对大范围的侵占区域进行取证,根据需要采集现场视频、图像、激光点云等数据,一方面,可以提高现场监管效率;另一方面,后期可以对航拍数据进行加工,如将图片加工成正射影像、三维模型或者全景图。将加工后的数据和工程审批信息进行精准对比,可以帮助判定工程项目是否存在违规行为,以及准确地计算违规面积的大小。此外,现场监管还包括河长制日常巡河,在巡河过程中可能发现一些遥感解译无法发现的问题,如岸边小面积的垃圾堆放、隐蔽处的排污口。

为提高现场监管效率和能力,开发与平台端配套的移动端应用,实现多终端同步监管已成为河湖监管的主流方式[14-15]。通过平台与移动端相互配合,实现监管能力的提升。一方面,平台为人工巡河提供问题导向,提高巡河效率。巡河前,可以通过小程序自动获取平台综合分析判断存在问题的地点,然后有针对性地对问题地点进行巡查,到现场后,对问题进行确认和处置时可以采集现场的音(视)频信息,同时将信息上传到平台。另一方面,平台为巡河问题的判断提供信息支撑,在巡查过程中如果发现不确定的问题,可以通过小程序将问题位置、现场的音(视)频图片等信息上传到平台,由平台结合岸线规划信息、涉水工程审批信息、水利设施信息对问题进行定性与定量分析。如河边的建筑是否在河道管理范围内,进一步,如何确定有多少面积是在河道管理范围内,这些问题单靠现场目视是无法判断的。

## 2.4 站点监管及关键技术

针对一些长期存在且反复出现的问题,如工厂排污、工地施工废水排放等,利用站点监测可以对问题点实现持续的监管。对于水质水文测站获取的检测数据,系统只需将监测结果跟标准进行比对即可发现结果是否正常,如果结果超过标准,则通过系统进行提示。通过视频图像监测站也可以对施工现场、排污口进行持续监控,但违规事件发生过程往往只需1~2 min,甚至只有几秒,如何从大量的视频图像中发现有用的信息是实现基于视频图像可持续监管的关键。利用基于人工智能的图像识别技术可以帮助快速发现图像中存在的监管问题。以岸线侵占中的岸边砂场监管为例,一种可行的方法是对砂场现场图片进行图像识别,通过检测砂场中的卡车、船舶等关键目标对象判断砂场的运行状态。砂场正常运行期间通过船舶将河砂运到岸边,再由卡车将河砂运到施工现场。所以,可以通过检测卡车和船舶的数量来判断砂场的运行情况。利用深度学习目标检测方法可以很简单地实现这一功能。

近年来,深度学习目标检测方法得到了快速的发展,并在各个领域广泛应用[16-17]。如YOLO(You Only Look Once)系列的实时目标检测神经网络模型,具有速度快、背景误检率低、泛化能力强等特点。为提高模型在实际应用中目标检测的准确率,可以利用现场拍摄的图片对模型进行强化训练。首先,在现场拍摄的图片中标注关键目标的样本。其次,利用标记好的样本对模型进行训练。最后,将训练好的模型用于监控图片的目标检测。

利用目标检测实现监管的流程如图 2 所示。从监控系统中获取所有站点最新的监控图片,根据站点查找站点对应的监管问题以及用于检测的关键目标对象,然后调用目标检测模型对图片进行关键目标检测,如果发现图片中存在指定的目标,则将目标保存到检测结果表中,同时根据监管场景生成相应的监管问题,并将问题保存到监管问题表中。以岸边砂场监管为例,站点信息中绑定的监管场景是岸边砂场,关键目标对象是船舶、卡车、行人。当检测到对应目标时,生成的问题就是疑似砂场正在营运。因为检测存在误差以及无法判断船舶和卡车是否刚好经过,所以将问题标注为疑似问题,需要后期人工去现场进行复核确认。

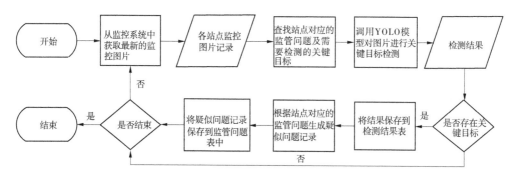

**图 2　基于图像识别的监管流程**

平台将发现的疑似问题通知给管理人员,管理人员对疑似问题进行审核,通过查看相应的监控图片以及综合分析临近时段内的监控图片,判断该问题是否存在。如果该问题确实存在,则可以将相应的问题推送给河长制管理系统或者平台移动端,由巡河人员去现场进行问题处理。如果为错误检测,则将疑似问题撤销,同时更新检测结果表中的相应记录状态为错误检测,后期可以利用检测错误的图片,对模型进行新一轮的强化训练,从而提高模型的识别能力。

## 3　综合监管方法

面对范围广、问题类型多、场景复杂的河湖监管业务,单独使用上述某种监管技术难以实现全面高效监管。所以,为实现河湖岸线智慧监管需综合利用上述监管手段,实现各种监管手段的优势互补,根据各种监管手段关联的紧密度和关联的方式不同,可以将综合监管方式分成两种:一是串联监管,即通过业务流将多种不同监管手段进行串联组合;二是联合监管,即通过数据流实现两两不同监管手段的相互关联。

### 3.1　串联监管更简便

串联监管指通过业务流将多种监管技术串联使用,可根据不同监管技术的特点及不同监管场景的要求,有针对性地设计优化监管业务流程,在不同阶段使用多种不同的监管手段。串联监管实现起来简单便捷,甚至可以无须依赖综合的业务平台,各监管技术在物理实现上仍然可以是相互独立的。以最常见的岸线侵占监管为例,综合利用空、天、地监管手段的串联监管方案如下:首先,以遥感监管为基础,利用遥感监管对岸线进行摸底,通过分析遥感监管成果,制订现场监管方案;其次,以现场监管为补充,结合无人机及人工巡查对遥感监管发现的问题进行现场监管;最后,对一些重点问题利用视频图像、水文水质等测站进行持续监管。串联监管方案将不同监管技术的特点相结合,实现了空间上从面到点,时间上从瞬时到过程的河湖监管。

### 3.2 联合监管更高效

联合监管通过监管数据流将上述三种监管手段中任意两种进行相互关联,实现不同监管手段之间的数据相互验证相互补充,提高监管的准确性和监管效率,如图 3 所示。

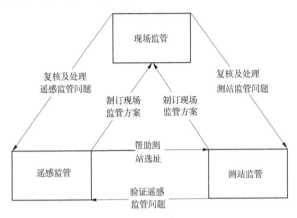

图 3 联合监管关系

在遥感监管和测站监管间,一方面,通过遥感反演可以获取河段范围内可能存在的污染点,为测站安装选址提供参考;另一方面,通过测站监测到的水质数据对遥感反演的结果进行验证和率定,通过不断优化模型,使得遥感反演的结果更加准确。在遥感监管和现场监管间,一方面,遥感解译发现的问题可以帮助制订现场巡查方案,根据问题点的数量、面积、位置提前规划好巡查的人数、路线、要携带的设备,如当问题点扰动的面积较大,可以提前计划携带无人机辅助现场勘察,提高现场监管效率,避免盲目巡河;另一方面,现场监管除了可以对问题进行处置,还可以对遥感解译的成果进行复核,排除一些非监管问题,如一些地质灾害导致的扰动。在现场监管和测站监管间,一方面,现场监管可以对测站监管的问题进行处置和复核,如水质数据异常也可能是设备问题导致的;另一方面,测站监管可以轻松实现问题点的无人值守,发现问题后再派人到现场进行处置,可以提高监管效率,减少监管工作量。

## 4 应用实践

上述综合监管方法可有多种不同的应用方式,如利用现有成熟的信息化技术,可快速搭建专业的河湖监管平台,从而提供专业的河湖监管支撑服务。也可以将上述监管方法嵌入其他如河湖长制信息系统、智慧水务、数字孪生流域等综合业务系统中,为其中的河湖监管及其他监管业务提供技术支撑。

上述监管方法已成功应用于国家重点研发计划项目及广州某区级数字孪生流域建设项目,取得良好的应用效果。如在广州某区级数字孪生流域建设项目中,利用本方法对示范区内的河流进行了立体监管应用,实现了综合利用遥感影像、无人机航拍、视频监控、人工巡查对河湖岸线问题进行监管。结果表明,综合利用多种监管手段对河湖岸线进行监管相比单独利用某种监管手段,收集的问题资料更加全面,更加有利于决策,符合预期设计,满足河湖岸线监管需求,提高了监管效率和水平。部分监管成果见表2。

表 2　监管成果统计

| 监管手段 | 监管成果 |
|---|---|
| 遥感监管 | 通过遥感解译,在项目建设区内某河干流两岸发现疑似涉水建筑与违章建筑 160 余处 |
| 无人机监管 | 对项目建设区内某河干流两岸进行了无人机航拍,生成三维倾斜摄影,并叠加到系统中,用于监管中判断工程项目是否违规 |
| 视频监管 | 接入 20 个 AI 视频监控站,分别对河道漂浮物问题进行监管。3 个月内利用图像识别功能,发现疑似问题事件 1 000 余个 |
| 巡查监管 | 基于遥感监管及视频监管成果利用移动端对 160 余处疑似问题开展了现场复核工作 |

## 5　结论

首先,分析了常用监管方法的特点及应用场景,实现相应监管所用的关键技术;其次,提出了多监管串联和多监管联合的综合监管方法;最后,将方法应用于多个项目,通过立体监管应用,证明综合监管方法可以基于现有成熟的无人机、遥感、人工智能、大数据处理等技术,充分结合遥感、无人机、视频监控、人工巡河等多种监管手段,实现对河湖岸线高精度实时监测,可达到及时、准确、全面获取河湖岸线监管信息的目的,改善传统监管模式信息获取不及时、监测覆盖面窄和工作效率低的问题。总之,本文提出综合利用空、天、地多种监管手段进行河湖综合监管的方法,为河湖监管提供了一种可行的参考方案,具有较高的推广应用价值。

## 参考文献

[1] 刘晋高, 方神光, 许劼婧, 等. 基于河湖长制的河湖岸线智慧监管方案设计:以珠江三角洲河网区为例[J]. 人民珠江, 2019,40(9):121-127.
[2] 金晶, 庞亚威, 温旋, 等. 无人机遥感技术在河湖岸线监管中的应用研究[J]. 科技创新与应用, 2020(14):175-176.
[3] 朱菲. 基于无人机遥感的河长制管理模式研究[J]. 中国防汛抗旱, 2019,29(8):43-47.
[4] 刘娜. 一种基于 NOSQL 的遥感影像数据管理与分析系统[D]. 杭州:浙江大学, 2015.
[5] 张飞龙. 基于 MongoDB 遥感数据存储管理策略的研究[D]. 开封:河南大学, 2016.
[6] 李宏志, 李苋兰. 基于 MongoDB 集群的遥感数据存储方法研究[J]. 山东师范大学学报(自然科学版), 2018,33(3):293-301.

[7] 李聪仁. 基于 Geotrellis 的遥感影像数据存储与检索模型设计与实现[D]. 昆明:云南师范大学, 2018.

[8] 黄冬梅,杨雨浩,梅海彬,等. 面向 Spark 的遥感影像金字塔模型的并行构建方法[J]. 计算机应用与软件, 2017,34(5):175-181.

[9] 曾贤灏. 分布式遥感图像处理中的若干关键技术[J]. 电子技术与软件工程, 2019(18):79-80.

[10] 刘清,吴文魁,张斌才. 遥感影像自动解译与变化检测方法研究与应用[J]. 测绘与空间地理信息, 2020,43(12):122-125.

[11] 汉秋,王敬宇,赵理华. 基于人工智能的自然资源要素遥感解译的建设应用[J]. 中国测绘, 2021(7):66-69.

[12] 黄浦江,梁英竹,蒋巧璐. 面向国土空间资源的遥感解译方法和应用研究进展[J]. 智能城市, 2021,7(3):9-10.

[13] 邵文昭,张文新,张书强,等. 基于深度学习的高分辨率星载遥感影像目标检测综述[J]. 邯郸职业技术学院学报, 2022,35(4):34-37.

[14] 吴剑,胡海潮,孟丹. 河长制信息管理平台设计与实现[J]. 地理空间信息, 2020,18(11):125-127.

[15] 叶凡,瞿杨继,江玉才,等. 基于 PC 端和移动端架构的重庆市河长制管理与信息系统建设的分析[J]. 法制与社会, 2018(7):173-174.

[16] 刘谱,张兴会,张志利,等. 从 RCNN 到 YOLO 的目标检测综述:第十六届全国信号和智能信息处理与应用学术会议论文集[C], 线上会议, 2022.

[17] 王迪聪,白晨帅,邬开俊. 基于深度学习的视频目标检测综述[J]. 计算机科学与探索, 2021,15(9):1563-1577.

# 基于知识图谱的流域防洪知识库构建方法研究

欧阳乐颖　杨楚骅　傅志浩

（中水珠江规划勘测设计有限公司工程数字技术研究院,广东广州　510610）

**摘　要**：为搭建流域防洪知识库,解决防洪调度知识分散、存在形式不统一等问题,更好地辅助防洪会商决策,提升水利行业的知识利用率以及知识获取效率,研究流域防洪知识库的构建方法。通过对调度规则、调度方案的统一存储,能够加强流域防洪的统一调度,对防洪调度业务进行精细管理。基于知识图谱技术,首先收集大量流域水利对象基础信息、历史大洪水、防洪规划、应急水量调度方案、防洪调度方案等资料,研究流域防洪调度相关知识图谱顶层模型的构建方法;通过知识抽取、知识融合等步骤,将收集的大量流域防洪资料中结构、半结构以及非结构化数据转化为结构统一的流域防洪知识,利用 Neo4j 数据库保存防洪知识,并利用 React、Python 等编程语言实现流域防洪知识库可视化展示。最终实现包括水利对象关联关系、业务规则、历史洪水场景、预报调度方案等防洪知识的流域防洪知识库,为流域知识平台搭建提供知识基础,为流域防洪提供有力支撑。

**关键词**：知识图谱;流域防洪;知识库

## 1　引言

防汛抗旱、水资源管理与调配等水利工作事关人民群众的生命财产安全以及经济社会的稳定发展,随着我国水利工程的迅猛发展和工程建设水平的不断提高,水利工程建设不断增加,由此不断积累下来的大量分散的水利数据却未能被很好地统一收集整理、进而广泛运用于防汛抗旱工作中,而历史洪水特征、洪水调度方案、水文气象数据、调度规则、防洪工程信息等水利数据的明晰程度,必然会影响整个流域的防汛抗旱工作水平及工作效率,因此急需通过新技术研究建立一套流域防洪知识库,提升水利行业的知识利用率以及知识获取效率。当前知识图谱技术常见于搜索引擎、电商、金融、医学等行业[1-3],针对水利行业的知识图谱应用方向较少,主要针对水利信息资源检索与推荐、水利一张图、防洪调度方案生成与推荐等方面进行探索较多,其中,段浩等[4]提出了水利综合知识体系描述方法,进行了水利综合知识图谱实体属性和关系的建模、抽取以及部分知识的融合;冯钧等[5]梳理了水利领域知识图谱构建的难点包括抽取样本稀少、规则表示困难等,认为下一步水利知识图谱的研究方向在于合理化表示、准确且全面抽取等方面;陈胜等[6]

**作者简介**：欧阳乐颖(1997—),女,助理工程师,从事水利信息化相关工作。

认为知识图谱技术是自动化生成水工程联合调度方案的重要方法,重点介绍了专题知识图谱的构建、推理与应用。本文通过流域防洪资料收集,基于知识图谱技术研究流域防洪业务相关知识图谱顶层模型的构建方法;通过构建知识图谱顶层模型,进一步研究如何通过知识抽取、知识融合等步骤,将收集的文件资料转化为可被广泛应用的知识,利用编程语言实现在流域知识平台中进行流域防洪知识的可视化展示,如图1所示。

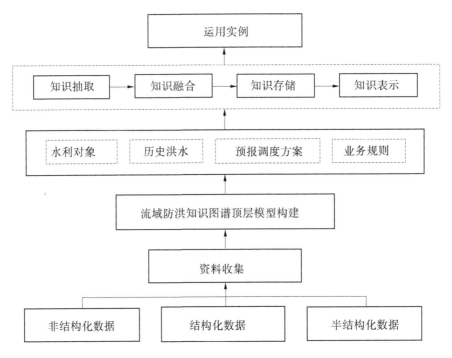

**图1　基于知识图谱的流域防洪知识库构建研究技术路线**

## 2　流域防洪资料收集

为保证流域防洪知识库内容的完整性和一致性,流域防洪资料收集需要通过一系列详尽的调研工作,资料的收集来源见表1。资料收集类型主要包括结构化数据、半结构化数据以及非结构化数据[7-10],结构化数据主要指通过水利行业内各业务系统数据库采集的关系型数据库;半结构化数据主要指网络开源共享数据、搜索引擎等的 XML、JSON 等格式数据;非结构化数据主要指采集自水利相关国家、地方、团体标准规范、工程资料、施工工艺工法等的 WORD、PDF、EXCEL 等格式文件,以及图像文件、会议录音录屏等视频、图片、音频文件。

流域防洪知识库构建所需的相关专业资料见表2,将知识库类型分为水利对象关联关系、预报调度方案、业务规则、历史场景等,并参考《洪水调度方案编制导则》(SL 596—2012)、《水库调度设计规范》(GB/T 50587—2010)等标准规范,主要包括气象水文资料、河道及湖泊防洪相关资料、防洪工程措施现状资料、防洪非工程措施现状资料、经济社会相关基本资料、防洪规划及防汛管理等资料。

表1 流域防洪资料收集来源

| 资料类型 | 主要格式 | 收集来源 |
|---|---|---|
| 结构化 | MySQL、SQL Server 等关系型数据库 | 水利行业内各业务系统数据库 |
| 半结构化 | XML、JSON 等 | 网络开源共享数据、搜索引擎等 |
| 非结构化 | WORD、PDF、EXCEL、MP4、MP3、JPEG、PNG 等 | 水利相关国家、地方、团体标准规范、工程资料、施工工艺工法等 |

表2 流域防洪资料收集分类

| 知识类型 | 所需资料 | 主要内容 |
|---|---|---|
| 水利对象关联关系 | 河道及湖泊防洪相关资料 | 包括流域水系、水文监测站点、河道行洪宽度、河道防洪控制水位、河道安全泄量等 |
| | 防洪工程现状资料 | 堤防、水库、蓄滞洪区等防洪工程基本情况、调度设施情况、大坝安全情况、特性资料、防洪标准等 |
| | 经济社会相关基本资料 | 流域经济社会现状基本资料、防洪保护区、蓄滞洪区、行洪区经济社会现状指标等 |
| 历史洪水场景 | 气象水文资料 | 历史上曾经出现的洪水所对应的暴雨洪水特性，包括降雨特征、洪峰特征、洪水频率、保护对象等 |
| | 防洪工程现状资料 | 历史上曾经出现的洪水所对应的水库调度规程、调度运行数据等 |
| 预报调度方案 | 防洪规划资料 | 流域综合规划、防洪规划方案等 |
| | 防洪非工程措施现状资料 | 蓄滞洪区人员安全转移预案、防洪抢险应急预案、大坝安全管理应急预案、洪水调度方案等 |
| 业务规则 | 防洪非工程措施现状资料 | 预报预警系统、水库调度规程等 |
| | 防汛管理资料 | 防汛管理条例、政策、法规、水库运行管理制度、水库防汛值班制度等 |

# 3 流域防洪知识库构建

## 3.1 顶层概念模型建立

流域防洪知识顶层概念模型的建立用于约束流域防洪知识库中知识图谱的实体、关系、属性的类型、范围、概念等，首先采用自顶向下的方法，根据调研与资料收集成果，确定流域防洪知识的涵盖范围，对水利对象关联关系、预报调度方案、业务规则、历史洪水场景等知识中的各类对象、对象间的关联关系进行语义分析，确定对象之间的层次关联，并进行实体、关系、属性的分类、定义，描述并建立流域防洪知识顶层概念模型，最终在知识抽取、融合、存储、表示等一系列过程中通过自下向上的方法不断完善顶层概念模型。本文将珠江流域防洪知识顶层概念模型分为水利对象关联关系顶层概念模型、预报调度方案顶层概念模型、业务规则顶层概念模型、历史洪水场景顶层概念模型四类。其中,水利对象关联关系顶层概念模型主要以流域内的子流域、水系、河流、预报断面、防洪保护区、水文监测站点以及各类水利工程作为实体,以实体的防洪相关特征数据作为属性,以实体间上下游、从属等作为关系,描述并建立水利对象关联关系顶层概念模型,见图 2。

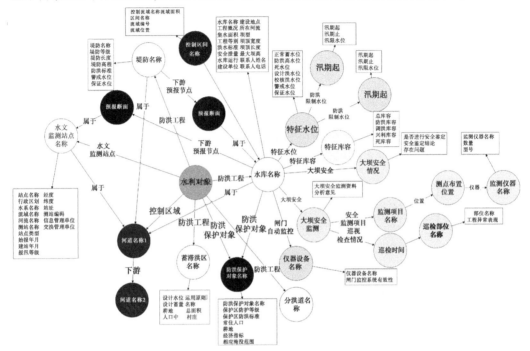

图 2  流域水利对象关联关系知识顶层概念模型(举例)

### 3.2  知识抽取与融合

知识抽取的主要目的是将洪水调度方案、水库运行管理制度等以文件记录的难以被计算机逻辑所理解分析的内容,通过知识抽取技术,抽取出逻辑推理所必需的节点(实体)、关系与实体属性,以供后续对知识的运用打下支撑。由于知识不仅仅存在于文件当中,部分知识已存储于其他关系型数据库、搜索引擎等,因此灵活运用多种知识抽取方法,将各类型零散分布的数据转化为对象及关系属性信息全面的知识库十分重要。结构化数据使用 D2RQ 将 MySQL 数据库中所需要的二维结构化数据查询并转化为 RDF 文件,使用开源插件 Neosemantics 将 RDF 文件导入 Neo4j 图数据库中;半结构化数据通过撰写的 Python 脚本,使用 Requests、Parsel 等库从搜索引擎中搜索并提取需要的知识的实体、关系、属性,并导出 CSV 格式进行存储,再通过 Cypher 语句存入 Neo4j 图数据库中;对非结构数据的抽取,由于当前能够收集到的文件资料暂不足以支撑机器学习算法的训练,因此首先通过人工进行知识抽取的方式,同时使用 BRAT 工具标注出文本文件中的实体、关系、属性,为后续各类型实体、关系、属性数据增多后进行机器学习算法的训练打下数据基础,实体、关系、属性标注后使用提前撰写的 Python 脚本,转存为易于导入图数据库的

CSV 文件,进一步完成转存。知识融合的目的主要是消除提取过程中由不同类型数据源统一按照顶层概念模型进行实体、关系、属性提取时产生的同名异意或同意异名的情况,首先对具有相同实体、相同关系描述的知识进行区分,筛选出相同实体或关系的相似程度较低的进行具体分析,根据原上下文的特点进行重新归类;同意异名的实体、关系则通过知识存储过程中筛选出不同类型实体、关系之间相似度过高的进行具体分析并重新归类。

### 3.3 知识存储与表示

知识存储将多源异构信息通过知识抽取及融合后形成的知识统一存储至图数据库 Neo4j 中,以便通过 Cypher 语句进行后续知识的表示及知识搜索、推荐等操作。知识的可视化一般采用 D3、Cytoscape、Echarts、Antv G6 等各类前端可视化工具[11-12]进行知识图谱的展示,本文采用 React 框架,引入 Cytoscape 插件进行前端可视化展示,前端使用 Cypher 语句进行简单逻辑知识的查找,通过 Python 后端进行复杂知识搜索与推理的函数编写,使流域防洪知识表示准确、高效、可用性强,为知识的智能应用打下基础。流域防洪知识库示例见图 3。

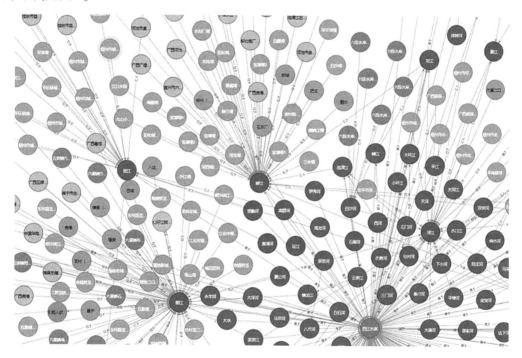

**图 3 流域防洪知识库示例**

## 4 结论

本文通过流域防洪相关资料的收集、顶层概念模型的建立、知识抽取、知识融合以及知识的存储与表示等方法,探索了流域防洪知识库的构建方法,目前已在数字孪生知识平台的开发中得到了进一步的深化与应用。知识图谱技术对水利行业的智慧化管理有着深刻的意义,总体来看,水利行业知识平台,主要处于知识库建设阶段,具体业务应用场景有待进一步深入研究。本文在研究过程中,仍有许多需要进一步探索的地方,包括知识抽取、融合算法对于小体量数据集精度的提升,以及基于知识库的洪水调度方案生成、历史洪水场景快速匹配推荐等一系列知识应用方法的构建等,需要通过具体的应用探索展现出构建知识库在水利行业的重要意义。

# 参考文献

[1] 曹倩,赵一鸣.知识图谱的技术实现流程及相关应用[J].情报理论与实践,2015,38(12):127-132.

[2] 袁俊,刘国柱,梁宏涛,等.知识图谱在商业银行风控领域的研究与应用综述[J].计算机工程与应用,2022,58(19):37-52.

[3] 蒋川宇,韩翔宇,杨文蕊,等.医学知识图谱研究与应用综述[J].计算机科学,2023,50(3):83-93.

[4] 段浩,韩昆,赵红莉,等.水利综合知识图谱构建研究[J].水利学报,2021,52(8):948-958.

[5] 冯钧,杭婷婷,陈菊,等.领域知识图谱研究进展及其在水利领域的应用[J].河海大学学报(自然科学版),2021,49(1):26-34.

[6] 陈胜,刘业森,魏耀丽.基于知识图谱的水工程联合调度计算方案生成技术研究[J].水利信息化,2022(2):11-15.

[7] 顾丽,陈瑜彬.基于DataG的水库调度规程知识图谱构建方法[J].水电能源科学,2023,41(7):80-83.

[8] 刘涛,姚静华,潘庆,等.四川省数字孪生流域知识图谱的设计与实现[J].水利信息化,2023(3):14-19.

[9] 王娇怡,乔偲.数字孪生海河知识平台设计探究[C]//中国水利学会减灾专业委员会.第十三届防汛抗旱信息化论坛论文集,2023:251-257.

[10] 李东升.基于知识图谱的水利信息智能问答研究与应用[D].郑州:华北水利水电大学,2022.

[11] 李颖春,姜丹.基于大数据技术的航天数据可视化系统设计[J].科技创新与应用,2022,12(32):6-10.

[12] 岳丽欣,刘自强,许海云.基于交互式可视化的领域知识图谱构建研究[J].情报科学,2020,38(6):145-150.

# 水利数据优化方法研究

智勇鸣　夏永丽

(中水珠江规划勘测设计有限公司,广东广州　510610)

**摘　要**:水利系统的数据来源于各种水利业务系统,存在数据混乱、数据多源、数据冗余等问题。本文提出了采用水利数据收集、数据清洗、数据融合、数据压缩等方面的技术来研究上述问题。本文按照约束目标的不同对数据收集方法进行分析讨论;依据水利数据的变化规律和时空相关性,采用近邻分析方法,在感知节点、局部网络或整个网络实现数据清洗;针对水利系统的特点,提出了适合水利数据压缩方法并加以运用;最后选择合适的算法对水利数据进行融合处理。由此保证只将少量有意义的数据传输到汇聚节点,有效减少数据传输量,实现对水利系统运行参数、设备参数、环境参数以及其他辅助信息等基础数据的采集和传输。为实现水利系统智能化改造、水利系统全景化智能监测和状态分析奠定基础。

**关键词**:数据采集;数据优化;水利

## 1　引言

随着智慧水利在广度和深度上的不断推进,在水利工程上创建具有电力设备的大数据全景实时分析技术[1]的系统势在必行,信息感知技术为系统平台的应用提供了信息来源[2]。信息感知最基本的形式是数据收集,即节点将感知数据通过网络传输到汇聚节点。由于原始感知数据中一般会存在一定数量的异常数据值和缺失数据值,因此在数据收集的过程中需要对原始感知数据进行数据清洗,同时对缺失数据值进行估计。信息感知的主要目的是获取用户需要的信息,大多数情况下不需要收集所有已知的感知数据,况且将全部数据传输到汇聚节点会造成网络负载过大、传输和延迟时间增加,因此在满足应用需求的条件下采用合适的数据压缩、数据聚集和数据融合等数据处理技术,可以实现高效的信息感知。

## 2　研究内容

数据收集是水利数据从感知节点汇集到汇聚节点的过程。数据收集更加关注数据的可靠传输,要求数据在传输过程中没有损失。针对不同的应用要求,水利数据在收集时具有不同的目标约束,包括可靠性、高效性、网络延迟和网络吞吐量[3]等。

对于较大规模的水利数据感知网络,将感知数据全部汇集到汇聚节点会产生非常大

**作者简介**:智勇鸣(1972—),男,正高级工程师,主要从事水利水电行业电气及自动化专业设计等工作。

的数据传输量。由于数据的时空相关性,感知数据包含大量冗余信息,因此采用数据压缩方法能有效减少数据量。然而由于感知节点在运算、存储和能量方面的限制,传统的数据压缩方法往往不能直接应用。因此,针对水利系统物联网应用的特点,本文提出适合无线感知网络的数据压缩方法并加以应用。

由于网络状态的变化和环境因素的影响,实际获取的感知数据往往包含大量异常数据、错误数据和噪声数据,因此需要对获取的感知数据进行清洗,对于缺失的数据还要进行有效估计,以获得完整的感知数据。根据感知数据的变化规律和时空相关性,本文提供概率统计、近邻分析、分类识别等方法,在感知节点、局部网络乃至整个网络实现数据清洗。

数据融合是对多源异构数据进行综合处理获取确定性信息的过程。在水利系统感知网络中,对感知数据进行融合处理,只将少量有意义的信息传输到汇聚节点,可以有效减少数据传输量。本文按照数据处理的层次,提供的数据融合分为数据层融合、特征层融合和决策层融合。数据层融合,主要根据数据的时空相关性去除冗余信息,而特征层和决策层的融合往往与具体的应用目标密切相关。

## 3 关键技术

### 3.1 数据收集研究

水利系统中,需要采集的水利数据有以下几种:

(1)电参数采集功能:主要包括但不限于电压采集、电流采集、有功功率、无功功率、视在功率、畸变功率因数、瞬时功率因数、K因素、电压谐波畸变率、电流谐波畸变率、2~35次电压谐波值、2~35次电流谐波值、谐波有功功率、谐波无功功率等。

(2)非电量采集功能:包括天文时钟、地理位置、终端环境温度。

(3)分布式温度:7~10路无线温度采集,用于变压器、开关、母排、接点等位置的温度感知。

(4)环境:环境温度、环境湿度。

(5)空气质量:灰度、PM10、PM2.5。

(6)声音信号:变压器及开关柜的声频、声压力、声功率。

(7)震动:变压器及开关柜的震幅、震强、水平位移。

水利系统中需要采集的数据种类和数量繁多,靠单一的数据收集形式,无法满足数据收集的要求。所以,本文根据约束条件的不同,对数据收集的方法进行以下研究。

数据的可靠传输是数据收集的关键问题,其目的是保证数据从感知节点可靠地传输到汇聚节点。目前,在无线传感器网络中主要采用多路径传输和数据重传等冗余传输方法来保证数据的可靠传输。对数据传输时,要求传输时间短且可靠的前提下,采用多路径方法传输。多路径方法在感知节点和汇聚节点之间构建多条路径,将数据沿多条路径同时传输。多路径传输一般提供端到端的传输服务,具体如图1所示。

当水利数据经过收集开始进行传输时,首先遍历所有传输信道,当有信道空闲时,传输部分数据,直到所有数据传输完毕。该方法能够保证水利数据在较短的时间内可靠传输。

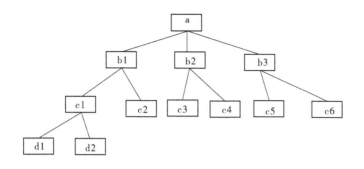

**图1  多路径传输树结构**

在对水利数据传输时间要求不高且更加可靠的要求下,采用数据重传方法。数据重传方法指的是在传输路径的中间节点上保存多份数据备份,数据传输的可靠性通过逐跳回溯来保证。数据重传方法一般要求节点有较大的存储空间以保存数据备份。

在水利系统中,能耗约束和能量均衡是水利数据收集需要重点考虑和解决的问题。多路径方法在多个路径上传输数据,通常会消耗更多能量。而重传方法将所有数据流量集中在一条路径上,不但不利于网络的能量均衡,而且当路径中断时需要重建路由。为了实现能量有效的数据传输,本文基于多路径和重传方法,提出了改进的数据传输方法——TSMP 多路径数据传输方法。TSMP 多路径数据传输方法在全局时间同步的基础上,将网络看作多通道的时间片阵列,通过时间片的调度避免冲突,从而实现能量有效的可靠传输。

在 TSMP 中,只有一种类型的节点,即普通节点。也就是说,收集到的不同类型的水利数据是等同的,将各类型水利数据都看作是一个普通节点,水利数据的时间同步也就是无信标节点的普通节点间的时间同步,普通节点分布在水下网络中。为方便后续的表述,水利数据均以普通节点来代替称呼。该算法中的时间同步和多址接入共享消息交换过程,基于控制帧的分析来确定是同步还是传输数据帧。

时间同步是为了允许网络中的节点共享全局时钟,以获得更好的通信性能。大多数水下时间同步算法使用信标节点时间作为标准时间来校准所有普通节点的时钟。但是,在本文中 TSMP 没有设置信标节点,追求的是局部时间同步而不是全局时间同步。换句话说,只有彼此通信的节点才是同步的,没有互相通信的节点不需要全局时钟。

TSMP 由三个主要部分组成:控制帧分析、时间同步和数据帧传输。TSMP 的具体流程如图 2 所示。

## 3.2  数据清洗研究

本文通过一系列方法对水利数据进行清洗。近邻分析方法利用水利数据在空间上的相关性,通过定义近邻节点观测值的相似度实现离群值判断。全局离群值检测方法基于节点观测值相似度的定义,将局部可疑离群值广播发送到近邻节点进行验证,如果近邻节点确认其为离群值,则继续通过广播方式向其他近邻节点寻求确认,最终实现全局离群值的检测。该方法采用广播方式发送信息,因此适用于不同的网络结构,但其通信开销较大。

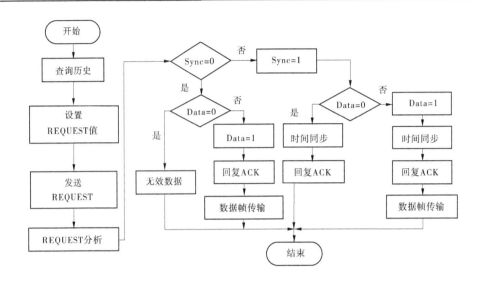

**图 2 水利数据 TSMP 流程图**

水利数据近邻分析方法步骤如下:

步骤 1:构建训练样本集合,本文将水利数据 $X = \{x_1, x_2, \cdots, x_n\}$ 看作训练样本集合。

步骤 2:设定 $k$ 值,$k$ 为在训练样本集中选取待测样本"近邻"的个数,方法是先确定一个初始值,然后根据分类的准确度不断调整,最终达到最优。

步骤 3:在训练样本集中选出与待测样本最近的 $k$ 个样本,样本之间的"近邻"由欧式距离来度量,距离越小则表示与待测样本的距离越近。假设待测样本为 $x_c = \{x_c^1, x_c^2, \cdots, x_c^m\}$,它与训练样本 $x_i$ 之间的欧式距离为 $d(x_i, x_c) = \sqrt[2]{(x_i^1-x_c^1)^2+(x_i^2-x_c^2)^2+\cdots+(x_i^m-x_c^m)^2}$。

步骤 4:假设根据对水利数据不同的处理,分为 $q$ 类数据,表示为 $S = \{S_1, S_2, \cdots, S_q\}$,对于待测样本 $x_1, x_2, \cdots, x_k$ 表示与 $x_c$ 距离最近的 $k$ 个样本,设离散的目标函数为 $f: x \to S_i$,其中 $x$ 表示某个水利数据样本,$S_i$ 表示第 $i$ 个类别。若 $f(x_c)$ 表示对 $f(x_c)$ 的估计,则 $f(x_c) = \text{argmax}_{s \in S} \sum_{i=1}^{k} \phi(s, f(x_i))$,对于 $\phi(s, f(x_i))$,若 $s = f(x_i)$,$\phi(s, f(x_i)) = 1$;否则 $\phi(s, f(x_i)) = 0$,那么上式就可以输出待测样本的 $k$ 个近邻中对应最多的水利数据类别。

步骤 5:$f(x_c)$ 即是待测样本 $x_c$ 对应的某一水利数据类别,并根据类别对 $x_c$ 进行相应处理。

### 3.3 数据压缩研究

本文主要考虑节点的资源限制,提出了一些简单有效的数据压缩算法。水利系统的分布式特性,决定了分布式数据压缩方法具有更高的压缩效率。不同于上述在单个节点或汇聚节点的数据压缩方式,分布式压缩方法一般需要多个节点的协同工作完成数据压缩。

现有的研究表明,分布式数据压缩技术在无线感知网络数据收集应用中具有良好的性能,但面向大规模网络应用需求,还有许多理论和技术问题需要探讨。

为实现对水利系统中分布式数据的安全存储,先对分布式水利数据集进行序列分割,提取数据集的特征。将分布式数据划分为正常序列与异常序列,根据序列的类别及其长度,将其放置在网络不同缓冲区域中。较长的缓冲区域可存储 245 个数据序列,较短的缓冲区域可以存储 20 ~ 60 个数据序列。检索到新的分布式数据后,在适当的条件下选择缓存区样本组。通过此种方式实现对分布式数据集的序列分割处理。

在采集分布式数据集合过程中,可将 2 个缓冲区域内的数据包进行对比,取对比结果的中值,将其表示为 $D$,计算 $D$ 值,以提取分布式数据包的特征,其计算公式如下:

$$D = \lg \left( d_1 / d_2 \right)$$

式中:$D$ 为分布式数据包的特征;$d_1$ 为较短缓冲区域;$d_2$ 为较长缓冲区域。

按照上述方式,完成分布式数据集序列分割与特征提取。

### 3.4 数据融合研究

数据融合是对多源异构数据进行综合处理获取确定性信息的过程。在水利系统中,对水利数据进行融合处理,只将少量有意义的信息传输到汇聚节点,可以有效减少数据传输量。按照数据处理的层次,数据融合可分为数据层融合、特征层融合和决策层融合[4]。对于水利系统,数据层融合主要根据数据的时空相关性去除冗余信息,而特征层和决策层的融合往往与具体的应用目标密切相关。分布式融合方法,采用极大似然估计[5]实现了局部水利感知数据的估计,消除了数据异常,并解决不同步数据的融合问题。建立感知数据的回归模型,通过模型的回归计算大幅减少了数据传输量。将传统信号处理的各种滤波方法应用于感知数据的融合,有效去除噪声、消除数据冗余。

如图 3 所示,水下系统数据分布式融合系统由 $M$ 个独立的局部传感器,$M$ 个对应于

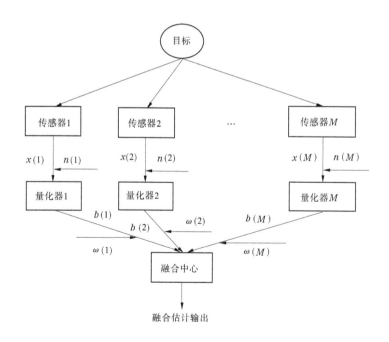

**图 3　水利系统分布式融合系统**

局部传感器的量化器以及一个融合中心组成。每一个局部传感器都能够独立地对目标的未知参数进行估计,估计的初步结果送入对应量化器进行量化处理,融合中心对各量化器传输来的量化信息进行融合处理,最终得到目标未知参数的估计融合结果。

## 4 总结

本文针对不同的水利数据,研究和分析数据收集不同约束目标之间的关系,通过 TSMP 多路径数据传输实现约束目标的灵活适配和优化选择进而保证数据的可靠传输,通过近邻分析方法对收集到的数据进行清洗进而得到有效的感知信息,对于较大规模的水利数据,采用数据压缩方法能有效减少数据量。针对水利系统的特点,提出适合无线感知网络的数据压缩方法——分布式压缩方法,并加以实施以减轻网络拥塞等问题。根据数据传输时的要求,选择上述提供的算法,由此保证只将少量有意义的信息传输到汇聚节点,有效减少数据传输量,实现对电力设备运行参数、设备参数、环境参数以及其他辅助信息等基础数据的采集,为实现水利系统智能化改造、水利系统全景化智能监测和状态分析奠定基础。

## 参考文献

[1] 陈莹.物联网信息感知与交互技术[J].科学技术创新,2018(36):82-83.

[2] 马永敬,刘明周,文勃,等.物联网环境下机械产品装配过程多源信息感知与交互标准[J].中国机械工程,2016,27(23):3176-3183.

[3] 马晓云.物联网业务网关接口子系统的设计与实现[D].北京:北京邮电大学,2013.

[4] 金鹏,李垚,张雨琳.配电台区全景信息采集及智能组网技术[J].电子技术与软件工程,2020(2):234-235.

[5] 杨刚,杨凯.大数据关键处理技术综述[J].计算机与数字工程,2016,44(4):694-699.

# 数字流域 智慧洱海

张　雯　李润伟　程小双

(中水北方勘测设计研究有限责任公司,天津河西　300202)

**摘　要**:针对流域数字化应用建设分散、大众参与度缺乏等问题,基于 B/S 与 C/S 架构、物联网、GIS 平台、数字孪生等技术,采用"多用户参与"的设计思想,设计数字流域建设内容。将数字流域设计思想率先在洱海应用,分析洱海智慧化建设盲点,从基础感知、通信网络、智慧应用层面实现洱海生态廊道的监管考核、运维管理、环保科普及康养休闲建设,在保障高效化办公基础上加强社会大众的参与感,打造创新型智慧洱海。

**关键词**:数字流域;全民参与;智慧洱海

## 1　引言

数字流域是在新一代信息技术的支撑下,将流域应用服务平台作为核心,以专业应用于决策支持为目标的高度数字化、高度仿真、高度智慧化的流域,涉及自然、不同层级管理机构和社会大众之间的互动[1-2]。然而,目前数字流域多为分散性建设,目标用户主要为各级管理机构,用于实现管理人员高效化办公[3-4],而针对社会大众的设计则相对缺失,使得流域建设缺乏亲民性,造成了行政与群众之间的"断层式"管理。因此,如何打造"全民参与"式数字流域是建设关键。

针对上述问题,本文梳理了数字流域建设总体架构,然后应用于洱海建设中,分析洱海当前建设盲点,综合运用物联网、人工智能、云计算、GIS 等技术手段,打造智慧洱海应用系统,实现对洱海生态廊道的安全监管以及生态指标的监测与模拟,辅助洱海保护管理,兼顾公众康养休闲需求,最后从管理人员和社会大众角度实现对洱海的数字化、信息化、智慧化建设。

## 2　数字流域设计

整体思想贯彻"管理高效、大众参与"的理念,打造从管理者至全民大众的透明化智慧流域建设。数字流域设计从数据的采集、传输、存储、应用、展示等层面分为基础感知系统、通信网络系统、智慧应用系统、综合展示等内容。

基础感知系统设计时,应基于流域感知监测现状,以流域整体规划为出发点,构建全面的监测指标体系,从生态环境、水资源量、安全监视、群众参与等多层面布设感知设备,打造数字化流域感知层。

---

**作者简介**:张雯(1994—),女,工程师,从事智慧水利与工程信息化工作。

通信网络系统设计涵盖基础感知系统和流域智慧应用管理系统所涉及软、硬件设备的可靠、高效、先进、冗余的 IP 通信网络,保障系统安全性及稳定性。

智慧应用系统设计基于 B/S 或 C/S 架构,综合运用互联网、GIS、GPS 等信息技术,以日常业务管理、流域监管、工程运维、智慧科普等基础应用为出发点,在保证提高管理人员工作效率的基础上重点加入切合流域特点的业务操作系统,如面向游客的小程序、流域智慧科普与休闲康养等,使全民参与其中,在应用层中彰显流域特色。

综合展示系统是视觉呈现的终端,可通过不同展示方式让不同角色的用户参与其中。

数字流域系统架构见图 1。

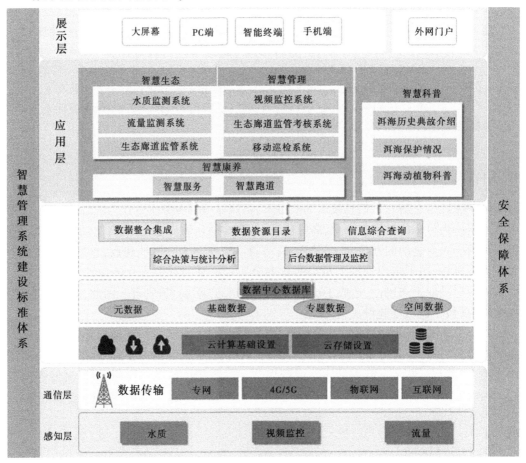

图 1 数字流域系统架构

## 3 智慧洱海应用

### 3.1 研究区概况

洱海位于云南省大理市郊区,为云南省第二大淡水湖,长约 42.58 km,湖面面积约 256.5 km²,水质优良,水产资源丰富,同时也是一个有着迤逦风光的风景区。目前,大理洱海流域在生态环境监管、监控预警等方面的工作卓有成效[5],但在智慧廊道建设、执法监管以及游客高度参与其中的应用部分仍有所欠缺,使得智慧亲民度大大降低,因此从多层级、多角度进行洱海流域智慧化设计,使群众和管理者同时参与其中成为当务之急。

## 3.2　智慧设计

### 3.2.1　基础感知系统

智慧洱海基础感知系统建设包括用于生态监测及生态廊道管理所用的水质监测、流量监测和视频监控系统。立足于生态廊道资源和生态环境保护,通过对洱海缓冲带10条重要入湖沟渠水体进行水质、水量监测,实时监测沟渠湿地进、出水指标,监测农田排水水量以及调蓄带建成后溢流水水量过程,配合视频监控系统,推进生态廊道的资源数据采集共享,形成环境信息化总体框架,动态监测生态廊道环境,为生态廊道环境保护提供依据。

水质监测采用在线化学分析仪,对COD、总氮、总磷、氨氮等多项水质参数进行连续、实时监测,然后通过物联网进行数据传输,将在线数据、设备运行情况远程传输至监控中心,并能将水质异常事件报警或短信发送至管理人员,避免因水质污染导致大面积扩散的公众事件。

流量监测站主要布设在沟渠湿地的入口处,采用V-ADCP监测沟渠湿地入水量,实时接收水位数据并通过河道断面计算河道流量,并将流量、流速、水位数据进行现场存储。

视频监控系统在满足生态廊道管理、湖滨岸线监控、智慧运动需要的基础上,实时监测有哪些人进来,去了哪里,什么时候离开,是否进入了湖滨岸线,确保管理人员及时了解环洱海生态修复工程范围内各场所的情况,提高管理水平。可对视频信息进行数字化处理,实现重点设备的移动报警功能,实现监测范围内人脸识别管理,提升工程范围内的监管能力。

### 3.2.2　通信网络系统

智慧洱海管理系统设置1个中心站和17个分中心站,采用工业以太网交换机加自建光缆的方式组件主干通信网络,通过跳线的方式形成环网。

在越来越严峻的网络安全态势下,智慧洱海管理系统积极响应国家相关政策法规,积极开展信息安全等级保护建设。对科普中心指挥管理系统安全态势进行核查,从内网区域、外网区域、网管区域、业务服务器区域、业务主机区域五部分实现网络安全设计,同时进行等级保护建设,补齐等保短板,履行安全保护义务。

### 3.2.3　智慧应用系统

智慧应用系统是在智慧洱海现状建设基础上打造的,面向管理人员、运维人员、游客群众等不同用户分析当前洱海智慧化建设盲点,基于感知系统和通信网络建设,设计并实现系统应用。包括监管考核、运维管理、环保科普及康养休闲四个模块。

1.监管考核模块

监管考核通过水质、水量监测推进生态廊道的资源数据采集共享,动态监测生态廊道数据,为生态廊道环境保护提供依据,该模块包括监管执法系统和生态廊道监管考核系统。

(1)监管执法系统。针对洱海保护管理中存在的主要监管执法问题,系统以电脑端及手机端(见图2)两种应用方式,实现标准文书、典型案例、法律法规、执法程序、事发地现场处置、远程派单等功能,提供案件执法程序业务流程及案件处理参照信息,当有事件发生时,用户可以通过电脑端向事发地就近派送工作人员,相应工作人员可以在手机端实时查看待办任务及相关推送消息,现场处置或在系统中下载、填写并上报案件立案与审批等标准文书,打造案件从发生到远程派发再到案件审批处理的一站式安全操作流程,为洱海保护监管执法管理提供相关依据,见图3。

图2 执法监管系统

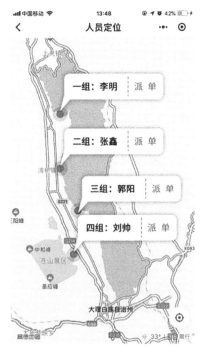

图3 人员定位及远程派单

（2）生态廊道监管考核系统。系统结合全套监管的机制,加强对生态廊道的动态监管,确保发挥效益。系统分析管理中存在的薄弱环节和主要问题,为有针对性地进行工作改进和科学决策提供依据。主要包括日常业务监管和综合考核管理等功能,结合基础感知系统、人工举报信息,实现问题上报、交办、处理、处理结果反馈闭环式管理模式,对生态廊道进行日常业务监管(如图4所示),同时根据相关考核办法,对相应考核指标进行设置、赋分计算考核。

图4 廊道综合监测监控系统

2.运维管理模块

运维管理主要对生态监测廊道内的软、硬件进行维护管理,包括综合监测监控系统、移动巡检系统和生态廊道监管系统。

(1)综合监测监控系统。用来实时监测设备的运行状态,其决策功能主要将智慧管理系统的各种系统进行集成展示,包括视频监控系统、水质监测系统、流量监测系统、客流统计分析以及生态廊道内的温湿度、日照强度、天气信息等,以综合性监控平台的方式打破业务系统壁垒,提升决策效率,提高运营能力。

(2)移动巡检系统。基于移动互联网等技术,对沿线设备进行巡检、养护,对监测异常数据进行记录及应对,设备损坏、报警能够及时接收信息并派单,用于项目建成以后,实现公司内部管理。

(3)生态廊道监管系统。其主要作用是生态实时监控及环境模拟。通过对水质、流量等监测因子作实时监控(见图5),并及时将监测结果返回到平台中,以便生态廊道相关业务人员能够及时在系统中了解生态廊道环境,实现沟渠湿地水质模拟和污染源溯源分析,使生态廊道环保业务由传统的被动管理向主动监管的转变。

图5 廊道生态环境监控与模拟

3.环保科普模块

环保科普模块主要面向社会大众,依托于生态廊道标识系统,将洱海众多零散分布的历史文化资源和自然资源串联起来,采用增强现实、移动互联网等技术手段,建立统一整体的生态科普空间,加强社会大众的参与感,提升公众对生态和文化的保护意识。该模块通过微信小程序和增强现实技术来实现,小程序通过扫描二维码来打开应用,对于比较大型的场景,则采用增强现实APP来实现。

大众用户通过小程序能够实现消息通知、线下扫码、公众号关联等功能,降低了用户触达的难度和功能开发维护的费用,可以帮助构建完整的业务流程体系。

智慧科普则利用先进的AR增强现实技术、先进的人工智能技术、通过高速的移动互联网向公众呈现洱海项目区的全貌,展示洱海周边的历史人文,介绍洱海自然生态环境,宣传环保理念与洱海环保成绩。AR增强现实技术能以极强的视觉冲击力、融合性和沉浸式交互体验,迅速烘托气氛,聚拢人气,给游客留下深刻印象。并可融入项目区特色定制内容,打造项目区独有项目体验。

4.康养休闲模块

康养休闲系统,面向社会大众,依托于生态廊道洱海绿道及视频监控系统,采用人工智能、移动互联网、GIS、GPS等技术手段,以微信小程序的方式,为公众提供康养休闲、智慧跑道和智慧导览等服务,倡导郊外远足踏青、林间河畔品茗、户外运动健身的健康生活方式。

智慧跑道是在跑道起点和终点分别布设智慧大屏终端和人脸识别系统,通过人脸识别技术、云计算及数据检测技术,整合应用于健身跑道中,运动者在大屏上进行人脸及身份运动信息注册后,在智能跑道上运动,无须佩戴任何穿戴设备即可记录运动数据和能量消耗等数据的管理系统。大屏幕会显示参与者的当前排名、运动速度排名、里程数等数据,让游客运动的同时,间接地通过"霸榜"使健身更有乐趣。

智慧导览主要采用2D、2.5D手绘彩图以及生态廊道建成以后的三维实景模型对生态廊道内的驿站、主要植物分布情况、洱海绿道、老年步道等道路布置情况进行展示,面向社会大众提供多种不同类型的导航地图(见图6),并以此为依托,结合环保科普等内容,在生态廊道内提供导航导览等服务,通过深度部署小程序平台,联合移动端多种入口,全面触达社会大众,为公众提供"一机化、跨区域、全覆盖"的便捷服务。

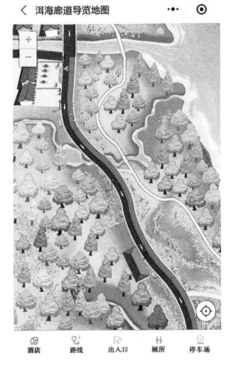

图6　大众智慧导览

## 3.3　应用创新点

智慧洱海应用从监管考核、运维管理、环保科普及康养休闲等内容综合设计,动态监测生态廊道数据,为生态廊道环境保护提供依据;实时监测设备运行状态,对生态监测廊道内的软、硬件进行维护管理;综合监控生态廊道范围,对洱海安防安全及人流量管理提供视频支撑;建立统一整体的康养休闲空间,加强社会大众的参与感,从多方位实现数字流域。

数字流域、智慧洱海的应用,打破了数字流域传统设计中仅面向管理人员的智慧化监管模式,从管理人员、运维人员、游客群众等不同角度打造智慧应用,不仅提高了日常监管效率,还提升了群众的参与感,让所有用户参与其中,以信息化方式倡导郊外远足踏青、林间河畔品茗、户外运动健身的健康生活方式,打造多感知层次、多参与用户、多方位系统的智慧洱海。

## 4 结语

数字流域设计,以流域整体层面为出发点,分析了智慧化建设出发点及设计内容。智慧洱海则在数字流域设计基础上,分析建设盲点,然后建设水质、流量、视频等感知监测体系,搭建主干通信网络,设计监管考核、运维管理、环保科普、康养休闲四大智慧应用系统,有效避免了传统仅针对管理人员的智慧化应用,实现了从管理到群众的多方位设计。

## 参考文献

[1] 蒋云钟,冶运涛,王浩. 智慧流域及其应用前景[J]. 系统工程理论与实践,2011,31(6):1174-1181.
[2] 刘家宏,王光谦,王开. 数字流域研究综述[J]. 水利学报,2006,37(2):240-246.
[3] 薛万功,刘开清. 打造智慧流域的思路及构想:以讨赖河流域为例[J]. 水利规划与设计,2018(1):1-2,64.
[4] 张涛,黄锐,王妍. 智慧视角下的永定河综合治理与生态修复顶层设计[J]. 水资源开发与管理,2020(9):55-61.
[5] 马巍,苏建广,杨洋,等. 洱海水质演变特征及主要影响因子分析[J]. 中国水利水电科学研究院学报,2021,(19):1-9.

# 水电站厂房中混凝土T形吊车梁的标准化设计探讨

袁 喆 杨景文 樊 锐 张 艳

(中水珠江规划勘测设计有限公司,广东广州 510610)

**摘 要:** 水电站厂房的吊车梁是直接承受吊车荷载的承重结构,是厂房上部的重要结构之一。中、小型水电站厂房的吊车梁一般为钢筋混凝土T形结构。本文结合规程规范,汇总多年来的混凝土吊车梁的设计和绘图经验,参考相关已建和在建的工程案例,通过自编MathCAD程序进行吊车梁的标准化结构、配筋计算,通过自编AutoCAD嵌入插件对吊车梁结构钢筋施工图进行批量绘制,实现了从设计到制图的全过程自动化,提高了设计标准化程度,提升了设、校、审的效率和质量。

**关键词:** 吊车梁;MathCAD;AutoCAD插件;标准化设计

## 1 引言

水电站厂房内吊车用于安装、检修水轮机与发电机及其他各种机电设备。吊车梁系直接承受吊车荷载的承重结构,是厂房上部的重要结构之一。对于中、小型水电站,厂房的吊车梁一般为钢筋混凝土结构,多采用预制吊装,通常制成单跨简支梁形式。

吊车梁截面常用的有矩形、T形和工形等形式。对于中、小型水电站厂房的混凝土吊车,其梁截面形式常采用T形,以便固定吊车行走的轨道,有较大的横向刚度以抵抗吊车的横向水平力。

吊车梁的设计内容繁多,目前尚未有专门的电算程序。本文结合现行规程规范,汇总多年水电站厂房混凝土吊车梁的设计和绘图经验,参考相关已建和在建的工程案例,对混凝土T形吊车梁的设计计算和绘图进行了整理和汇编,通过MathCAD自编程序进行结构、配筋计算,通过自编AutoCAD嵌入插件进行批量绘图,将混凝土T形吊车梁设计和绘图模块化、参数化,提高了工程设计效率和精度。

## 2 厂房吊车梁结构设计标准化流程

### 2.1 吊车梁构造要求

吊车梁T形截面高度 $h$ 一般为跨度的 $1/7 \sim 1/10$;梁宽 $b$ 为梁高的 $1/3 \sim 1/4$,一般取 $200 \sim 400$ mm;翼板厚度 $h'_f$ 常取为梁高的 $1/6 \sim 1/10$,但不小于100 mm;翼板宽度 $b'_f$ 除考

---

**作者简介:** 袁喆(1983—),女,高级工程师,主要从事水工设计工作。

虑受力需要外,还应有足够尺寸以布置钢轨及预埋钢轨附件,一般取 1/3~2/3 梁高,但不小于 400 mm[1]。吊车梁截面如图 1 所示。

对吊车梁材料的要求:混凝土强度等级常采用 C30~C45,受力钢筋常采用 HRB400($\Phi$)。

## 2.2 吊车梁荷载

(1)自重。梁自重按实际截面计算;钢轨及附件重根据厂家资料求得,一般可取 1.5~2.0 kN/m。

(2)垂直轮压可由水机专业直接提供;或按桥式起重机的基本参数表查得竖向的最大轮压[2];或直接计算:

当一台吊车工作时,最大轮压为

$$P_{\max} = \frac{1}{m}\left[(G_1 + G_2)\frac{L - L_1}{L} + \frac{1}{2}G_3\right] \quad (1)$$

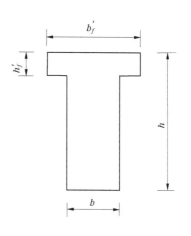

**图 1 T 形吊车梁截面**

式中:$P_{\max}$ 为吊车一边轨道上的最大轮压,kN;$m$ 为一台吊车作用在一侧吊车梁上的轮子数;$G_1$ 为最大起吊容量,kN;$G_2$ 为一台小车重,kN;$G_3$ 为一台大车重,kN;$L$ 为吊车跨度,m;$L_1$ 为主钩至吊车梁轨道的最小距离(按起吊最重件时实际的最小距离考虑),m。

(3)横向水平力。水机专业直接提供;或直接计算。

当一台吊车工作时,有软钩吊车

$$T = \begin{cases} 0.06\,\dfrac{G_1 + G_2}{m} & \text{额定起重量} \leqslant 10\ t \\[2mm] 0.05\,\dfrac{G_1 + G_2}{m} & \text{额定起重量}\ 16 \sim 50\ t \\[2mm] 0.04\,\dfrac{G_1 + G_2}{m} & \text{额定起重量} \geqslant 75\ t \end{cases} \quad (2)$$

式中符号意义同前。

## 2.3 吊车梁内力计算

混凝土 T 形吊车梁需进行两个方面的内力计算。

(1)承受垂直轮压的内力计算。吊车梁荷载承受移动荷载,需先确定移动荷载的最不利位置,按简支梁计算最大弯矩及最大剪力,并绘出弯矩、剪力包络图。此部分内力应由 T 形吊车梁的梁肋承受。

(2)承受横向水平力的内力计算。在横向水平力作用下,吊车梁在水平方向受弯,其内力计算与垂直方向一样,按简支梁计算其横向的弯矩和剪力,此部分内力由 T 形吊车梁的翼板承受。

混凝土 T 形吊车梁内力计算可通过"理正结构工具箱"软件中"连续梁设计"模块,准确、快速得到结果。

## 2.4 吊车梁标准化设计流程

吊车梁标准化设计流程见图 2。

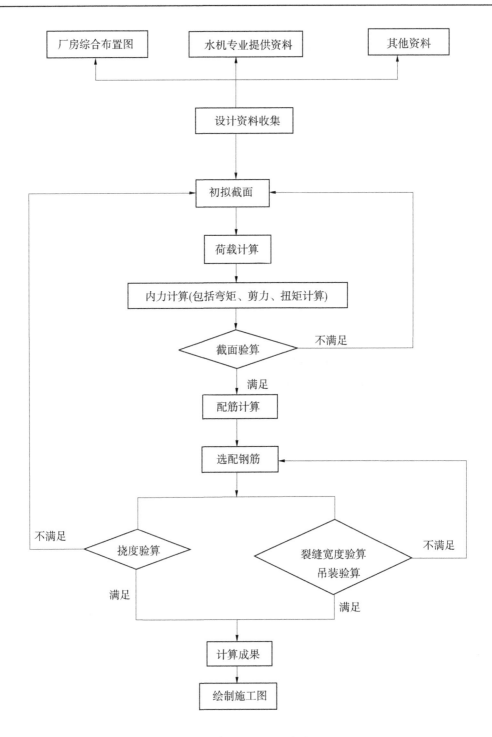

图 2  吊车梁标准化设计流程

## 3 厂房吊车梁计算标准化程序

水电站厂房混凝土 T 形吊车梁虽结构简单但设计内容繁多,目前尚未有专门的电算程序。本标准化计算程序依据《混凝土结构设计规范》(GB 50010—2010)[3]的计算方法,分别进行正截面受弯承载力和剪扭截面承载力两部分计算,以及裂缝宽度、挠度和吊装三方面验算。利用 MathCAD 强大可视的编程功能编制程序块来进行相关计算,具有简捷直观、修改方便、快速准确等优点。

工作类别、吊车类型不同,吊车梁的计算工况也各不相同,现将厂房混凝土 T 形吊车梁计算标准化程序使用范围限定在:①吊车工作级别,A1～A3;②吊车台数,1 台;③吊车类型,一般用途的电动软钩桥式单小车起重量;④抗震设防烈度,≤Ⅷ度;⑤环境类别,一/二(a);⑥设计使用年限,50 年。

厂房混凝土 T 形吊车梁结构配筋计算标准化程序仅将环境类别、混凝土等级、钢筋级别、混凝土保护层、吊车梁截面参数、起重机荷载参数、内力等 7 项作为变量。程序计算时,根据实际情况手动输入变量数值,即可获得计算结果。

限于篇幅,本文仅介绍应用 MathCAD 软件计算正截面受弯承载力。其计算思路是:第一,判断 T 形截面类型;第二,针对不同类型,采用不同的计算公式。MathCAD 部分编程如下:

截面类型 $:= \mathrm{if}(f_y A_s \leq \alpha_1 f_c b_f' h_f'$,"第一类 T 形截面","第二类 T 形截面")

截面类型 = "第一类 T 形截面"

$$
\alpha_s := \begin{vmatrix} \dfrac{M}{f_c b_f' h_0^2} & f_y A_s \leq \alpha_1 f_c b_f' h_f' & \text{第一类 T 形截面} \\[4mm] \dfrac{M - f_c (b_f' - b) h_f' \left( h_0 - \dfrac{h_f'}{2} \right)}{f_c b h_0^2} & \text{其他} & \text{第二类 T 形截面} \end{vmatrix}
$$

$$
\xi := 1 - \sqrt{(1 - 2\alpha_s)}
$$

$$
A_{sj} := \begin{vmatrix} \dfrac{f_c \xi b_f' h_0}{f_y} & f_y A_s \leq \alpha_1 f_c b_f' h_f' & \text{第一类 T 形截面} \\[4mm] \dfrac{f_c \xi b h_0 + f_c (b_f' - b) h_f'}{f_y} & \text{其他} & \text{第二类 T 形截面} \end{vmatrix}
$$

$$
\rho_{\min} := \max \left( 0.20\%, 45 \dfrac{f_t}{f_y}\% \right)
$$

$$
A_{s\min} := \rho_{\min} b \, h_0
$$

上部纵筋按构造配筋

$$
A_{sj}' := \rho_{\min} b \, h_0
$$

正截面承载力验算 $:= \mathrm{if}\ (\xi \leq \xi_b \wedge A_s \geq \max(A_{sj}, A_{s\min})$,"通过","未通过")

式中:$f_y$ 为普通钢筋的抗拉强度设计值;$f_c$ 为混凝土轴心抗压强度设计值;$f_t$ 为混凝土轴心抗拉强度设计值;$A_s$ 为受拉区纵向钢筋的截面面积;$\alpha_s$ 为截面抵抗矩系数;$\xi$ 为相对受

压区计算高度;$b$ 为梁宽;$h'_f$ 为 T 形截面翼板厚度;$b'_f$ 为 T 形截面翼板宽度;$b$ 为 T 形截面的腹板宽度;$h_0$ 为截面有效高度;$M$ 为弯矩设计值。

## 4  厂房吊车梁结构钢筋图标准化模板

根据近年来吊车梁制图经验,对厂房混凝土 T 形吊车梁结构钢筋图标准化模板,整理出一套 AutoCAD 标准制图模板,并增加"吊车梁参数"插件,通过人机交互输入参数,对标准制图模板进行一键修改,旨在规范制图并提高工作效率。

AutoCAD 标准化制图模板由"吊车梁平面布置图""吊车梁钢筋图"和"吊车梁埋件图"三部分图纸组成,共设置 12 个变量参数,将制图工作模块化、标准化、规范化。图纸界面如图 3 所示。

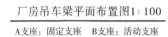

厂房吊车梁平面布置图1:100
A支座:固定支座  B支座:活动支座

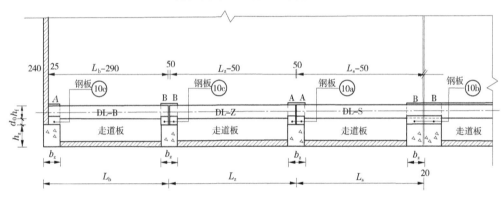

各参数含义表

| 参数 | $b_z$ | $h_z$ | $L$ | $L_b$ | $L_z$ | $L_s$ |
|------|------|------|------|------|------|------|
| 参数含义 | 排架上柱柱宽 | 排架上柱柱高 | 吊车梁长度 | 边跨长度 | 中跨长度 | 伸缩缝跨长度 |
| 参数 | $b_0$ | $h_0$ | $b'_f$ | $h'_f$ | $h_n$ | $d_0$ |
| 参数含义 | 吊车梁宽度 | 吊车梁高度 | 吊车梁翼板宽度 | 吊车梁翼板厚度 | 牛腿长度 | 吊车梁缘与排架上柱内侧距离 |

**图 3　标准制图模板部分图纸**

AutoCAD"吊车梁参数"插件是基于 VBA 语言进行二次开发的,VBA 作为一种内嵌式开发工具,具备完善的数据范围和管理功能,利用其强大的窗体创建功能,设计人员能进行良好的可视化人机交互操作。设计人员在完成结构配筋计算后,在 AutoCAD 环境下,依次点击插件中的功能项,将结构、配筋数据导入,可快速、轻松地完成"吊车梁结构钢筋图"的绘制。限于篇幅,现列出该插件部分程序行如下:

```
Private Sub DCLDrawChange( )
    Dim SSet As AcadSelectionSet    ′声明定义选择集
    Dim EntObj As AcadEntity
```

```
        Dim EntdimObj As AcadDimension
        Dim EntTextObj As AcadText
        Dim EntMTextObj As AcadMText
        Dim OldString As String
        Dim NewString As String
        Dim NewText As Double
        Set SSet = ThisDrawing. SelectionSets. Add("yjwExample7")   '添加选择集
        SSet. SelectOnScreen
        For Each EntObj In SSet
            If TypeName(EntObj) = "IAcadDimRotated" Then """,对转角标注进行字符替换
                Set EntdimObj = EntObj
                OldString = EntdimObj. TextOverride
                EntdimObj. Update
                MsgBox OldString
                NewString = StringReplace(OldString)
                MsgBox NewString
                If NewString <> OldString Then
                NewText = TextCalculate(NewString)
                EntdimObj. TextOverride = NewText
                End If
            End If
            If TypeName(EntObj) = "IAcadText" Then """对单行文字进行字符替换
                Set EntTextObj = EntObj
                OldString = EntTextObj. TextString
                If InStr(OldString, "bz") > 0 Then
                    NewString = Replace(OldString, "bz", "200")
                    NewText = TextCalculate(NewString)
                    EntTextObj. TextString = NewText
                End If
            End If
        Next
        SSet. Delete '''删除选择集
    End Sub
    .......
```

## 5 结语

混凝土T形吊车梁标准化设计通过自编MathCAD程序进行吊车梁的标准化结构、配筋计算,通过自编AutoCAD嵌入插件对吊车梁结构钢筋施工图进行批量绘制。此标准化模板制定后,先后在江西信江某航电枢纽工程、贵州省清水江某航电枢纽工程、重庆嘉陵江某航电枢纽工程等施工图设计中使用,实现了从设计到制图的全过程自动化,提高了设计标准化程度,提升了设、校、审的效率和质量。

但是,在普遍应用各种软件的程序时代,设计人员仍应运用自身的结构概念、经验、判断力和最新观念来主导设计,对其软件得到的结果必须要用正确的判断力来把握,不能被程序的计算结果拖着走。同时随着设计工作的继续深入,本标准化模板也将在以后工作中不断深化和完善。

## 参考文献

[1] 索丽生,刘宁.水工设计手册:第八卷 水电站建筑物[M].2 版.北京:中国水利水电出版社,2013.

[2] 顾鹏飞,喻光远.水电站厂房设计[M].北京:水利水电出版社,1987.

[3] 中华人民共和国住房和城乡建设部.混凝土结构设计规范:GB 50010—2010[S].北京:中国建筑工业出版社,2011.

# 交通 AI 智能决策仿真模拟航运在水资源
# 保护设计中的应用方法

## 罗 青 范丽婵

(中水珠江规划勘测设计有限公司,广东广州 510610)

**摘 要**:船舶是水资源污染风险源头之一。在船舶污染物排放、沉船等污染事故及其打捞对航运交通和水资源污染影响的计算中,一直以来存在着航道通过能力难以计算、航运交通节点流量难以预测、沉船等污染事故及其打捞导致航运拥堵难以模拟的技术难题。本文介绍通过应用倾斜摄影+BIM+GIS 技术将模型生成并导入 3D 引擎软件(例如 UE)和云服务中进行系统开发,再结合 VISSIM、SUMO 等交通智能决策仿真模拟软件+水陆交通元素对应替换特殊模拟代入的方法对航运交通进行转换模拟,实现 3D 仿真和航道的通过能力计算、交通节点流量预测、沉船和泄漏等污染事故及其打捞导致航运拥堵的模拟和计算、航运专用通道辅助设计等功能,并且能模拟可对水资源产生高污染风险的货物(例如危险品货物)在码头区的堆放和物流仿真。在精度、全面性、可视性、功能性上比传统计算方法有很大的提高,为在保护好水资源的同时发挥好水资源的航运功能提供技术支持。

**关键词**:BIM; 3D 引擎;AI;交通智能仿真;水资源保护

## 1 引言

航运交通对水资源的保护和可持续利用产生着重要的影响。首先,航运交通能够促进水资源的开发和利用,增加水资源的使用效率和利用价值。其次,航运交通会带来水体污染和水生态破坏等负面影响,造成水资源的浪费和损失。船舶的影响体现在以下几个方面:

(1)排放污染。船只可以通过废水和废弃物的排放直接或间接地污染水资源——船舶会排放废水和废气,其中废水中含有大量的化学物质和生物生长素等,对水质造成污染。另外,船舶在货物装载和卸载过程中也会产生垃圾,加重了水环境的负担。特别是对于一些河流、湖泊等内陆水域的交通而言,相对封闭的环境容易达到浓度效应,造成极其恶劣的环境污染。船员疲劳驾驶、船舶设备失灵等因素造成的水上交通事故时有发生。船舶流量大时,若发生船舶碰撞事故,可能会导致船舶舱室破裂或者货物落水,继而造成水源水质污染,打捞过程也会造成交通堵塞等额外影响。

**作者简介**:罗青(1988—),男,工程师,主要从事港口航道与海岸工程设计、水利工程数字技术研究与应用工作。

（2）水文动态和生态环境变化。由于船只在水中行驶，它们的冲击、噪声和水流所致的搅动会改变沿途的水文环境。具体来说，它们会在水中形成涡流等流动，从而改变水体的混合程度和生态平衡。长期的船只运行会对海洋生态环境造成一定的破坏，例如鱼类栖息地的变化、海草的死亡等。船舶和港区污染也会对生态造成影响。

（3）水资源利用冲突。船舶的运行需要占用一定的海洋、河流、湖泊等水域，可能会与其他水资源利用形式发生冲突，例如渔业、水利工程等。

因此，航运交通在实现水资源保护方面必须采取科学有效的控制措施，如加强监督管理和交通设计科学化、智能化，改善船舶及港口设施依靠清洁能源梯步减少污染，维护水资源生态环境，优化水资源利用结构，以达到保护水资源和可持续利用的目的。

水资源是人类生活和发展的基础，是用途最广、需求量最大的自然资源之一。将 AI 技术与水资源保护相结合，不仅能够精准识别、及时追踪新发生的生态环境问题，为科学保护、系统治理提供支撑，也能够推动数字经济与绿色经济协同发展，为提升生态环境治理体系和治理能力现代化水平提供新的技术与方法。近期 AI 的发展呈现出以下几个趋势：

（1）深度学习的突破。深度学习作为 AI 的重要分支，通过构建深层神经网络实现了在大规模数据上的训练和学习，取得了显著的成果。未来，随着计算能力的提升和算法的改进，深度学习有望进一步突破，提高 AI 的准确性和智能水平。此项发展能全面提升 AI 各方面的功能。

（2）多模态融合。AI 将不再局限于单一的输入数据源，而是能够融合多种模态的数据，如图像、语音、文本等，进行更综合、全面的分析和决策。这将使 AI 对事故和污染的识别和处理的仿真精度大大提升。

（3）增强学习的发展。增强学习是 AI 的另一个重要领域，通过让机器自主与环境交互学习，使其能够不断优化策略和行为。随着对增强学习算法和技术的进一步研究，将使 AI 在对事故和污染的识别和处理的自主决策和自我学习方面取得更大的提升。

船舶交通流量既是水资源生态的一个影响要素，也是航道工程的重要指标。受条件和环境的限制，我国内河水网航道的通航标准普遍较低[1]，随着地区经济和内河运输的发展，部分内河航运发达地区有航道阻塞现象[2]。而工程设计中，一直以来存在着航道通过能力难以计算、航运交通节点流量难以预测的技术难题[3]。

传统航运计算方法模型，例如采用只计算一段航道的单向船舶通过能力的传统计算模型，没有考虑到双向通航、交叉航道的情况[4]，也没有考虑航道等级的差异性、交通分布不均匀等情况，且模型中的修正参数太多[5]。PTV VISSim 是一款世界领先的交通 AI 仿真软件，既可以生成可视化的交通运行状况，也可以输出各种统计数据，如行程时间、排队长度等[6]。它能在一个模型中模拟所有交通参与者及他们的决策和交互活动，默认包括私人机动车、货车、有轨公共交通和道路公共交通、行人以及自行车等[7]。采用智能决策模拟仿真的技术方法在精度、全面性、可视性、功能性方面无疑比传统简化计算模型更有优势[8]，通过合适的技术路线进行转换处理后，可用于水网工程交通智能仿真模拟。本文提出用 BIM+交通 AI 决策仿真软件（Vissim、SUMO 等软件工具）的方法来对航运和水资源的影响进行模拟。

## 2 技术路线

运用无人机倾斜摄影+BIM+GIS 技术将带有 3D 地理信息的模型导入 3D 引擎和云服务中进行开发和应用,实现测绘、物联网等功能,并结合 VISSIM+特殊转换方法对水域航道和岸区陆域进行交通 AI 智能决策仿真模拟,从而实现计算水网航道的通过能力、预测交通节点流量、模拟打捞沉船事故时的交通的善等功能。功能实现的交通模拟技术路线见图 1,AI 训练技术路线见图 2。

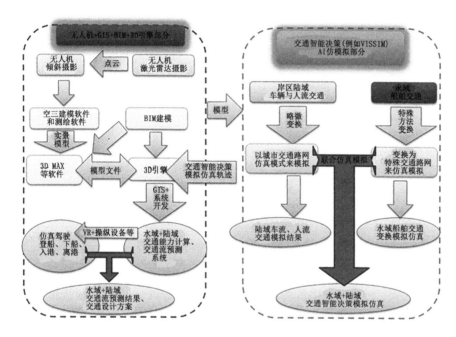

**图 1　模拟技术路线**

## 3 BIM+图形引擎实现

### 3.1　工程三维模型创建

航道水网往往区域范围很大,而无人机倾斜摄影建模技术通过无人机航飞即可获取丰富的建筑物和地形的高分辨率纹理和数据,从而方便地建立航运地区的真实 3D 模型,并使用 BIM 技术对拟建工程进行建模,包括水域(航道、回旋水域、停泊水域等)、船舶、跨临拦河建筑物与通航设施(船闸、导助航设施、水利设施、楼房)等。

### 3.2　GIS 和 3D 引擎系统开发

GIS 技术又被称为地理信息系统,可对地形地貌因素、地质因素、施工因素等影响水网工程因素进行智慧化整合。除轻量级平台外,也可选择结合大型 3D 引擎(例如 UE 和UNITY)+无人机+BIM 进行联合应用和开发。

本文以 UE 为例。UE 是主流的 3D 引擎之一,支持 2D、3D、VR、AR、MR 等,是当今3D 软件、3D 游戏、3D 动画的最主要的制作工具之一,且可安装 GIS 插件(例如 cesium 等)、AI 插件和基于 UE 引擎开发的 AI 仿真软件(例如 AirSim)。

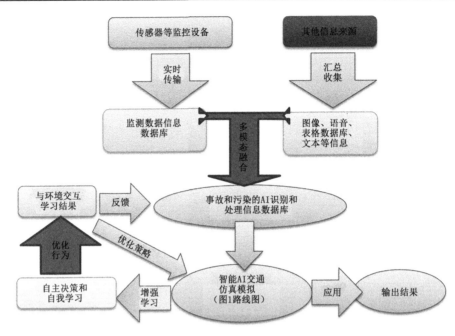

图 2　AI 训练技术路线

## 4　基于 VISSIM 和 3D 引擎的 AI 智能决策仿真的实现

### 4.1　主要技术难点

VISSIM 作为一款主要用来城市交通仿真的软件,通过一定的特殊技术路线转换方法,也可用于水网工程交通智能仿真模拟。从技术难点分析,水网交通智能模拟仿真可先分为 2 个不同区域部分:岸区陆域交通仿真模拟、水域交通仿真模拟。

(1)岸区陆域(包括港区)交通仿真模拟与城市交通仿真方法类似,因此较为容易解决,但仍需解决部分模型问题。

(2)用 VISSIM 进行水域交通仿真模拟——这并不是 VISSIM 原有的功能,需要用特殊方法转换,进行替换代入模拟。

以上陆域、水域 2 方面交通内容,虽然技术方法和难度差别较大,但经转换后仍可在同一个模型进行。之后需要将 VISSIM 与 3D 引擎技术相结合。

### 4.2　交通 AI 智能决策仿真 VISSIM 在岸区陆域中的应用

与城市中交通仿真的方法大致相同。但港区的特殊车辆在 VISSIM 中没有对应的自带默认车辆模型,可通过 3D MAX 等 3D 建模软件制作模型,然后导出为 ＊.3DS 格式模型;再把 ＊.3DS 模型导入 V3DM 软件,再导出 ＊.v3d 格式模型,最后导入 VISSIM 中。

### 4.3　交通 AI 智能决策仿真 VISSIM 在水域航道中的特殊应用技术

水网的船舶交通在 VISSIM 里没有自带功能可模拟,需要使用 4.2 中提到的方法+运用一定的变换代入方法,例见表 1。

表1　水网交通要素在 VISSIM 中的变换方法

| 水域交通的原本元素 | 船舶 | 航道 | 泊位 | 船闸 | 船舶乘客 |
|---|---|---|---|---|---|
| 变换为 VISSIM 元素 | 车辆 | 道路 | 停车场 | 停车点 | 公交乘客 |

如表1所示,船舶被视为一种特殊的车辆来进行变换。应同样使用4.2中描述的建立特殊车辆的方法建立并导入船舶三维模型,且船舶 3D 模型应符合工程设计对船舶的总长、宽度、货种等船型要求。

并且在 VISSIM 中可由开发使用者自定义交通规则和车辆(船舶)行为决策规则(例如跟驰和相遇行为决策规则),应自定义设定参数以符合水域交通情况。

### 4.4　将交通 AI 智能决策仿真结果与事故和污染识别数据导入 3D 引擎

在 VISSIM 中进行模拟后,也可将 VISSIM 仿真模拟动作导入 3D MAX 或 3D 引擎软件,同时将无人机倾斜摄影生成的 3D 地形+GIS 地理信息地形底图+BIM 模型导入 3D 引擎软件中进行系统开发。其中,VISSIM 模拟导入 3D MAX 较为容易(较新版本自带此功能)[9],而直接导入 UNITY、UE 等 3D 引擎软件的方法则较为复杂——例如需要编程制作一个程序脚本,通过生成一个预定义的 VISSIM 网络和数据字典使 3D 引擎和 Vissim 进行交互和映射[10]。且在水域交通仿真中,将船舶视为一种特殊的车辆来代入脚本进行变换代入以上步骤。

沉船和泄漏等污染事故可通过传感器等监控设备传回的监测数据信息,以及其他路径获得的图像、语音、表格数据库、文本等信息进行交由 AI 进行识别和处理,监控设备的精度和数据的复杂程度,都会对事故和污染的识别和处理的仿真精度造成影响。

有两种方法可以提升事故识别和处理的仿真精度。一是收集更多的数据对模型进行训练;二是和国内研究航运交通和水污染的专家合作,将他们的经验和知识融合到算法中,结合事故污染的处理特征进行多模态识别,实现数据和知识双轮驱动。

### 4.5　应用效果

新海港客货混装船码头工程设计包含客货滚装船泊位、危险品滚装船泊位、调配泊位以及配套港区水域、陆域交通和结构的工程设计。在设计港区内,车辆驶过接岸设施(可调式滚装车辆滚装桥)直接上下滚装船;船在货物装载和卸载过程中也会产生垃圾,对水环境造成污染(特别是对于一些内陆水域交通,相对封闭的环境容易达到浓度效应)。旅客人流通过玻璃架空登船廊道上下客货滚装船。在此工程设计中,水域交通方面通过本技术修改完善了进出港航道设计方案(图3为对水资源有较大污染风险的危险品车辆待渡区的仿真 3D 画面);陆域交通方面在模拟中发现了入港小车检查口设置不足导致的登船小车在登船高峰期时在港区入口外长时间排队拥堵的问题,从而增加了小车入港检查口的数量设计;并根据仿真模拟修改完善了从港区客运中心到登船玻璃廊道的登船人流交通设计和危险品车辆待渡区道路的设计。同时在处理事故时,综合考虑经济成本、污染时间、交通堵塞时间等 AI 决策要素,对沉船和泄漏等污染事故及其打捞导致航运拥堵进行了模拟和计算。对 AI 交通模拟进行 VR 仿真运行,界面如图3、图4所示。

**图 3　对新海港客货滚装船码头危险品车辆待渡区进行 VR 交通模拟仿真驾驶并获得统计数据**

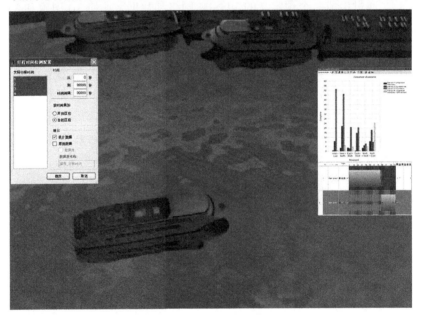

**图 4　对新海港客货滚装船码头入港航道事故进行模拟并获得统计数据**

## 5　结语

通过应用倾斜摄影+BIM+GIS 技术将模型生成并导入 3D 引擎软件(例如 UE)和云服务中进行系统开发,再结合 VISSIM 或 SUMO 等交通 AI 智能决策仿真模拟软件+水陆交通元素对应替换特殊模拟代入的方法对航运交通进行转换模拟,实现 3D 仿真和航道的通过能力计算、交通节点流量预测、沉船和泄漏等污染事故及其打捞导致航运拥堵的模拟和计算、航运专用通道辅助设计等功能,在水网航道通过能力计算、水网交通节点流量预测、污染计算等方面,比起以往传统的简化模型的计算方法精度上更加令人满意,在全面性、智能性、可视性、功能性上有了很大提高,并且能模拟可对水资源产生高污染风险的货物(例如危险品货物)在码头区的堆放和物流仿真,并可结合 VR、AR、MR 等技术进行展示,为在保护好水资源的同时发挥好水资源的航运功能提供技术支持。

## 参考文献

[1] 文元桥,刘敬贤.港口公共航道船舶通过能力的计算模型研究[J].中国航海,2010(2):35-39,55.

[2] 段丽红,文元桥,戴建峰,等.水网航道通过能力的时空消耗计算模型[J].船海工程,2012,41(5):134-137.

[3] 王宏达.内河航道通过量估算[J].水运工程,1998(9):4-6.

[4] 朱俊,张玮.基于跟驰理论的内河航道通过能力计算模型[J].交通运输工程学报,2009,9(5):83-87.

[5] 刘明俊,万长征.航道通过能力影响因素的分析[J].船海工程,2008,37(5):116-118.

[6] 陈春妹,任福田,荣建.路网容量研究综述[J].公路交通科技,2002,19(3):97-101.

[7] Zheng X, Xin Z, Oh T, et al. Studying freeway merging conflicts using virtual reality technology[J]. Journal of safety research,2021,76:16-29.

[8] Kwon J, Kim J, Kim S, et al. Pedestrians safety perception and crossing behaviors in narrow urban streets: An experimental study using immersive virtual reality technology[J]. Accident analysis & prevention,2022,174:50-67.

[9] Sportillo D, Paljic A, Ojeda L, Get ready for automated driving using Virtual Reality[J]. Accident analysis & prevention,2018,118:102-113.

[10] Vankov D, ankovszky D, Effects of using headset-delivered virtual reality in road safety research: A systematic review of empirical studies[J]. Virtual reality & intelligent hardware,2021,3(5):351-368.

# 水利系统混合无线 Mesh 网络设计及
# 背压式路由协议研究

智勇鸣　夏永丽

(中水珠江规划勘测设计有限公司,广东广州　510610)

**摘　要:**水利系统的无线 Mesh 网络不同于其他系统的无线 Mesh 网络。在水利系统中,内部空间受水资源限制,网络拓扑大多是呈线性链状式的,由枢纽、泄水闸和控制中心等工作面组成的区域是环形结构,这种特殊的网络拓扑和其他系统有较大差异。本文研究了针对水利系统的无线与有线结合的双线 Mesh 网络,结合水利混合 WMN 部署环境、拓扑结构等特点,在水利系统的紧急数据和非紧急数据的传输上,设计了基于背压式的路由协议。利用水利混合 WMN 的特点,根据链路质量衡量标准对节点的剩余能量进行获取,设计出了多参数路由协议(MPBP)适应网络的动态拓扑结构,它具有自组织适应的特点,非常适合水利数据传输。试验表明,在实时性很强的网络中,这种分布式结构在数据包传输时间和传输数量上有更好的优势,同时适应性很强,鲁棒性良好。

**关键词:**水利系统;双线 Mesh 网络;背压式路由协议

## 1　引言

近年来,中外物联网市场迅速发展,全球每年加入物联网的设备超过了 500 万台[1]。目前,中国在物联网领域已经有所耕耘并小有成就,2021 年全国物联网的市场价值超过了 1 万亿元[2]。物联网可以分为三类,分别为以 3G、4G、5G 等为代表的蜂窝通信技术,以 NB-IoT、LoRa、SigFox 等为代表的 LPWAN 技术,以蓝牙、Wi-Fi、ZigBee 等为代表的局域物联网技术[3]。

无线 Mesh 网络是一种新型的无线通信网络,在无线 Mesh 网络中,节点在发送数据的同时,也可以接收数据。无线 Mesh 网络相比于一般网络来说,自组织能力更强、经济性更优、组网简单,由此可以进行中低压配电系统运行数据的收集。随着 IEEE802.11 协议的制定,无线通信技术越来越成熟,这种网络技术应用越来越广泛。

本文结合水利混合 WMN 部署环境、拓扑结构等特点,在水利系统的紧急数据和非紧急数据的传输上,设计了基于背压式的路由协议。利用水利混合 WMN 的特点,根据链路质量衡量标准对节点的剩余能量进行获取,设计出了多参数路由协议(MPBP)适应网络的动态拓扑结构,它具有自组织适应的特点,非常适合水利数据传输。

---

**作者简介:**智勇鸣(1972—),男,正高级工程师,主要从事水利水电行业电气及自动化专业设计等工作。

## 2 混合无线 Mesh 网络设计

水利系统下的网络大多是链状的拓扑。因此,在对路由协议进行设计的时候,为了保证网络中的数据朝着网关节点的方向转发,需要考虑到下一跳节点所在位置,也就是节点的跳数。

无线 Mesh 网络作为最后一公里的解决方案,在很多时候,骨干网络的 MR 节点移动性很低,网络终端节点变化很快,一些节点不断地加入或者从网络中离开,这些情况都会导致网络的拓扑产生改变。然而在水利系统的应急通信网络中,在为骨干网络配置组件时,网络的拓扑变化较慢。网络组网完成后,网络中的节点处于静止的状态。所以在设计路由协议的时候,可以不用考虑节点的移动性对整个网络带来的变化和影响。

无线 Mesh 网络在水利系统中进行应用,影响它的通信质量最关键的因素是路由协议的设计。对于水利系统无线 Mesh 网络来说,不同的覆盖规模、使用不同的路由协议都会对无线 Mesh 网络的传输性能造成影响。因此,想要将双线 Mesh 网络应用在水利系统的工作环境中,必须在对无线 Mesh 网络的各种路由协议进行分析、研究的基础上,结合水利系统的实际环境去应用路由协议。

### 2.1 无线 Mesh 网络路由协议的研究

到目前为止,与无线 Mesh 网络相关的路由协议的研究有很多,其中分层的路由协议可扩展性好,它存在两种类型的节点:普通节点和群首节点。各节点分工不同,可以解决在大规模的网络里节点难以维持整个网络拓扑结构的问题,它通过限制参与网络路由节点的数量来降低计算的复杂度,进而提高可扩展性,非常适合水利系统。

### 2.2 水利系统混合无线 Mesh 网络拓扑结构

水利系统的无线 Mesh 网络不同于其他系统的无线 Mesh 网络,其特殊的网络拓扑和其他系统有较大差异。

(1)节点工作方式。在水面上采用链状的网络拓扑结构,它的某个节点通常有两个邻居节点,该节点为 P2P 模式。在水面下的网络采用点对多点的工作模式。

(2)路径选择。现阶段应用的无线 Mesh 网络通常是网状拓扑,节点之间通常有多条路径,选择路径传输需要考虑的因素一般是跳数、时延、能量等问题,但是水利系统的无线 Mesh 网络通常要求只存在一条传输路径,所以在设计路由算法的时候,重点是这些参数之间的比例问题,如何分配参数之间的大小以确保选择的路径最优,适应性最好。

(3)多线传输。以往的无线 Mesh 网络的传输,传输方式通常很少,水利系统节点能量受损严重、信号阻碍大、综采面不平等因素,导致水利系统的无线 Mesh 的传输比其他现场更加复杂,这样就会导致网络的接入和转发任务艰巨。因此,使用有线加无线双向传输的 Mesh 网络设计方案,使其在任意时刻均具备良好的传输特性。

## 3 背压式路由协议研究

### 3.1 水利系统背压式设计

水利系统节点之间也存在背压式路由调度的压力差,节点的能量和缓存都属于衡量节点状态的参数,节点剩余能量和缓存越多,说明节点状态越好。在无线 Mesh 网络中,下一跳节点与本节点的压力差越大,能量消耗和缓存占用越小,越满足一个好的网络链路的选择标准。

在水利系统混合无线 Mesh 网络[4]中,不同的网络节点具有不同的移动性,MR 吞吐量高并且稳定性高,MC 移动性和能量都受到限制。在水利系统网络中,主要的任务是寻找一种高效的路由算法。传统的 AODV 路由策略,在传输数据之前需要寻找到一条合适的路径。本文在选择下一跳节点的时候,结合背压式策略,选取链路中的合理参数。一般在进行无线 Mesh 网络路由协议设计的时候,路由判据大多以跳数为标准,例如传统的 AODV 协议,以最小跳数作为路由判据。但是没有考虑无线网络中链路质量、传输速率、丢包率及平均端到端时延等问题。所以,单单以跳数为判断标准的路由判据并不可行。并且链路质量较差或网络拥塞,吞吐量很小的情况下,选出的路由不具备合理性,不能应用于实际的水利系统网络中,因此在考虑路由协议的时候应当综合考虑多种因素。本文在考虑路由协议设计的时候综合了链路质量、剩余能量和节点的跳数等因素。

### 3.2 背压式的多参数路由协议

背压式算法是一种数据收集策略的算法,在网络中通过选择和下一跳节点之间积压差大的节点去传输数据。但上述的背压式算法都是应用在无线传感器网络中,很少有应用在无线 Mesh 网络中的相关研究。因此,对于背压式的数据收集策略需要进行相关的改造,才能确保其适用在无线 Mesh 网络中。

在对背压式数据收集策略研究的基础上,结合水利系统下实际的工作环境,在复杂的水利系统区域布置的无线网络通信设备收集的信息需要经过多次转发才能传送到网关。

在背压式算法中,每个节点需要维护别的节点到以它为目的节点的一个流的队列。本文默认一个节点到自身的队列长度为 0。由于在无线多跳网络中,每个节点可能维护多个经过它的目的节点,所以对于同一个节点来说,有可能维护多于 1 个流的队列。

本文设定在这个无线多跳网络中有 3 个节点,如图 1 所示,并且在不产生回路的状态下,有两条传输路径链路 1 和链路 2。在网络中有 4 个数据流 $f1$、$f2$、$f3$ 和 $f4$。$f1$ 和 $f2$ 数据流的下一跳节点为 1,$f3$ 和 $f4$ 数据流的下一跳节点为 2。假定链路 1 的传输速率为 "$u_{12}(t) = 3, u_{23}(t) = 1$",同时在时隙 $t$ 链路集内部之间不会相互干扰,根据公式计算出各个链路在时间片 $t$ 的各个链路的权值大小,下面先计算链路 1 的权值:

$$W_{21}(t) = \max\{Q_2^{f_1}(t) - Q_1^{f_1}(t), Q_2^{f_2}(t) - Q_1^{f_2}(t), 0\} \tag{1}$$

结合图中的队列结构分布情况,基于链路的权值在为负数的情况下,可以认为权值是 0,计算得出:

$$W_{21}(t) = \max\{2, 0, 0\} = 2 \tag{2}$$

下面计算链路 2 的权值:

$$W_{23}(t) = \max\{Q_2^{f_3}(t) - Q_3^{f_3}(t), Q_2^{f_4}(t) - Q_3^{f_4}(t), 0\} \tag{3}$$

同样,可以计算得出:

$$W_{23}(t) = \max\{3, 1, 0\} = 3 \tag{4}$$

分别计算它们的链路调度集,并且从中选择最优的链路进行调度。

$$\mu^{*1} = \sum \mu_{12}(t) w_{21}(t) = 2 \times 3 = 6 \tag{5}$$

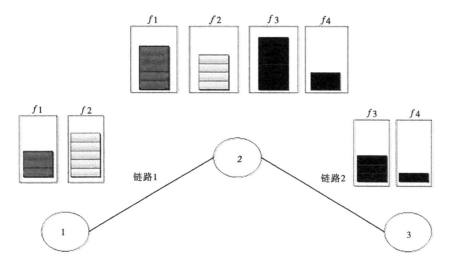

图 1　无线多跳网络队列分布

$$\mu^{*2} = \sum \mu_{23}(t) w_{23}(t) = 3 \times 1 = 3 \tag{6}$$

图 1 中的链路调度集合有链路 1 和链路 2,从以上公式可以得知,具有最大链路权值的为链路 2,但是考虑到链路 1 和链路 2 的传输速率不同,具有最优链路调度集合的是链路 1。可知,在时间片 $t$ 链路 1 将会传送数据,并且在链路 1 上有最大权值的数据流,所以链路 1 将会传输数据流久的数据包。

### 3.3 数据分析

本文设计的水利系统混合无线 Mesh 网络,对于每一个传感器节点,在选择下一跳节点的时候,结合背压式策略,选取链路中的合理参数,将水利系统中低压配电系统运行数据传输到接收设备中。

经过多次仿真试验之后,数据传输时间如图 2 所示。图 2 表明,本文设计的水利系统混合无线 Mesh 网络和背压式协议,在进行数据传输时间上有着较大的优势。

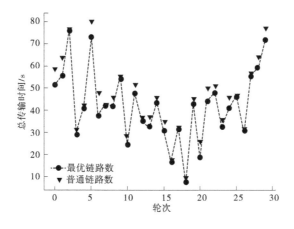

图 2　数据传输时间对比

如图 3 所示,在相同的时间间隔内,本文所述方法接收到的数据包数量远超过传统方法接收数据的数据包数量。因此,本文通过研究水利系统混合无线 Mesh 网络增加背压式路由协议之后,在数据包传输数量上有更好的优势。

单位时间内不同方法下接收设备接收的数据量对比见图 3。

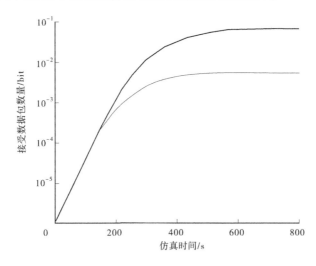

图 3　单位时间内不同方法下接收设备接收的数据量对比

## 4　总结

本文结合水利混合 WMN 部署环境、拓扑结构等特点,在水利系统的紧急数据和非紧急数据的传输上,设计了基于背压式的路由协议。利用水利混合 WMN 的特点,根据链路质量衡量标准对节点的剩余能量进行获取,设计出了多参数路由协议(MPBP)适应网络的动态拓扑结构,它具有自组织适应的特点[5],非常适合水利数据传输。试验表明,在实时性很强的网络中,这种分布式结构在数据包传输时间和传输数量上有更好的优势,同时适应性很强,鲁棒性良好。

## 参考文献

[1] 吴文甲,杨明,罗军舟.无线 Mesh 网络中满足带宽需求的路由器部署方法[J].计算机学报,2014
　　(2):344-355.

[2] 郑学召.水利系统救援无线多媒体通信关键技术研究[D].西安:西安科技大学,2013.

[3] 张会丽.基于人工蜂群算法和小波 SVM 的 P2P 流量识别方法研究[D].武汉:湖北工业大学, 2015.

[4] Akyildiz I F, WANG X, WANG W. Wireless mesh networks:a survey [J]. Computer Networks, 2005,
　　47(4):445-487.

[5] Kim J, Kim D, Lim K W, et al. Improving the reliability of IEEE 802. 11s based wireless mesh networks
　　for smart grid systems [J]. Journal of Communications & Networks, 2012,14(6):629-639.

# 大藤峡水利枢纽工程蓄水期间
# 库岸安全无人机巡检监测

徐　林[1]　朱长富[2]　管继祥[2]

(1. 广西大藤峡水利枢纽开发有限责任公司,广西桂平　537200;
2. 中水珠江规划勘测设计有限公司,广东广州　510610)

**摘　要**:本文依托大藤峡水利枢纽工程蓄水期库岸安全无人机巡检监测的实际工程需求,探索应用基于 YOLOv5 监测模型和 TPH-YOLOv5 监测模型的航拍影像目标监测技术。通过对该技术的试验验证,其准确率、召回率,以及 mAP 指标均能满足工程应用的需求,并且在处理大量图像时具有较高的效率,能够为航拍影像的快速分析提供有效支持。通过自动对比及基于深度学习的智能识别技术,对蓄水过程中出现的崩岸、塌方、淹没等影响枢纽行洪、占压库容、影响防洪安全等异常自动提取识别,为及时处置异常情况提供数据和技术支撑,提高巡检监测的工作效率,保障蓄水安全。

**关键词**:智慧监测;无人机;智能巡检;大藤峡水利枢纽

## 1　引言

国家"十四五"规划纲要明确提出"构建智慧水利体系,以流域为单元提升水情测报和智能调度能力"[1]。2022 年 3 月 30 日,水利部印发《数字孪生水利工程建设技术导则(试行)》,指出数字孪生水利工程应融合人工智能、大数据、物联网等新一代信息技术;此外,该导则针对工程安全监测的巡视检查指标提出了具体要求,基础版要求为"人工巡检、视频监控",提高版要求为"机器人、无人机巡检"。

近年来,随着深度学习和计算机视觉技术的发展,基于深度学习和计算机视觉技术的智能巡检系统逐渐应用在电力、交通、市政等领域。传统的人工巡检在地势险峻或交通不便的条件下存在巡检难、巡检慢等问题,而基于人工智能和计算机视觉技术的智能巡检系统则可以较好地解决传统巡检中存在的这些问题。

大藤峡水利枢纽工程是国务院要求加快推进的 172 项重大水利工程之一[2],工程坝

**作者简介**:徐林(1978—),男,正高级工程师,主要从事水利水电工程环境保护、移民安置及库区管理等方面的管理和研究工作。

**通信作者**:朱长富(1975—),男,主要从事水利信息化、地理信息系统、无人机航空摄影测量与遥感、工程测量、海洋测绘、水下机器人和人工智能等方面的生产、技术管理和研究工作。

址位于珠江流域西江水系广西桂平市黔江大藤峡峡谷出口处,控制流域面积 19.86 万 km²。工程规模为大(1)型。总库容为 34.79 亿 m³,电站装机容量 160 万 kW。工程开发任务为防洪、航运、发电、补水压咸、灌溉等综合利用。大藤峡水利枢纽工程 2020 年 3 月 10 日开始蓄水,9 月 6 日蓄水至 52.0 m 高程,然后逐渐蓄水至 61.0 m 高程。为了保障大藤峡水利枢纽工程蓄水期间库区所涉及城镇村庄人员生命财产安全以及库区岸线的安全,目前针对水利枢纽的岸线安全监测主要采用人工实地查看的传统方式进行,这种方式存在耗时较长、巡检效率低、人力成本高、作业人员有安全风险等缺点。无人机具有体积小、作业速度快、机动性强等优点[3],特别是在地势较为险峻的岸线处,工作人员难以到达,此时无人机便可发挥其独特的优势。基于上述背景,本文以大藤峡水利枢纽为实际研究对象,利用无人机结合人工智能监测技术,针对 52~61 m 的蓄水过程对库区开展基于无人机的巡检监测,对大藤峡水利枢纽岸线进行智能化巡检,在水利行业智能化巡检方向做出了初步探索,为保证水利枢纽的安全运行提供了解决方案。

## 2 技术路线

根据库区水位的升高,采集库区岸线的正射影像和视频资料,并且周期性采集蓄水期间相关村、岸线的航摄视频。

主要的研究内容如下:

(1)研究可调智能识别算法,开发大藤峡库岸安全无人机巡检监测系统,实现聚类型垃圾、分散型垃圾、运输船、弃渣、积水、塌方、人、车、房屋、隐患点等自动智能识别,实现当期数据识别及数据回放等功能。

(2)开展库区岸线巡检监测、日常监测和全库区监测。日常监测是对重点敏感区开展巡检监测。重点敏感区包括库区部分搬迁村屯、塌岸范围区域。按水位 55 m 高程开始监测,每蓄水提高 1 m 监测 1 次直至 61 m 高程,水位从 61 m 高程每下降 2 m 监测 1 次直至 47.6 m 高程,如某一高程持续不变或下降则每 10 d 监测 1 次。全库区监测是对全库区主河道、主要支流河道库岸开展巡检监测。监测方法采用无人机开展正射影像航摄,基于正射影像智能提取异常,在库水位蓄水至 61 m 高程时监测 1 次,要求正射影像精度不高于 0.1 m 分辨率。

(3)建设大藤峡水利枢纽工程蓄水过程库岸安全巡检监测数据库,在此基础上进行海量数据分析和数据挖掘,通过对比分析自动找出异常点并且定位和标注提醒,从而实现蓄水过程的安全异警。通过自动对比及基于深度学习的智能识别技术,对蓄水过程中出现的崩岸、塌方、淹没等影响枢纽行洪、占压库容、影响防洪安全等异常自动提取识别,为及时处置异常情况提供数据支撑,提高巡检监测效率,保障蓄水安全。

## 3 关键技术

### 3.1 改进 YOLOv5 算法

YOLOv5 是一种目标监测算法,实现了端到端的监测和定位,具有速度快、准确率高等优点,是目前最先进的目标监测网络之一。YOLOv5 的输入端采用自适应图片缩放、锚框计算以及 Mosaic 数据增强的方式对监测目标进行处理。Backbone 部分用于提取特征,其中 Focus 为 YOLOv5 中的独有结构,采用切片操作将输入通道扩充为原来的 4 倍。Head 部分包含了提取融合特征的颈部(Neck)和 Detect 模块,Neck 部分采用了特征金字塔网络(Feature Pyramid Networks,FPN)与路径聚合网络(Path Aggregation Network,PAN)相结合的结构[4],将 FPN 层通过上采样的方式与自底向上的特征金字塔进行结合,PAN 层将低层特征与高层特征进行传递融合,同时将主干层与监测层进行特征融合,使模型更好地提取重要特征[5]。

首先,无人机在航拍的过程中,由于飞行的高度不同,物体的尺寸变化会较大。其次,无人机在飞行拍摄的过程中,被拍摄物体会产生运动模糊的现象,给物体的识别带来困难。TPH-YOLOv5 则是在 YOLOv5 的基础上进行了改进,优化了网络结构,提高了在特定场景下的监测精度和稳定性。为了解决上述两个问题,TPH-YOLOv5 算法在 YOLOv5 的基础之上做了如下改进:

(1)使用 Transformer Prediction Heads(TPH)替换原来的预测头部:利用 Transformer 编码器来代替一些卷积核 CSP 结构,相较于 YOLOv5 的原始结构,将 Transformer 编码器应用到 Neck 部分,形成了 Transformer Prediction Heads(TPH),由于 Transformer 具有独特的注意力机制,可以获得更加丰富的全局信息和上下文信息。

(2)将监测器调整为 4 个,增加 1 个专门用于超小目标的监测器[6],结合之前的 3 个监测器,4 个监测器的结构能够降低目标物尺寸的变换带来的负面影响。

(3)集成了卷积块注意力模块(Convolutional Block Attention Module,CBAM)[6]。

改进后的 TPH-YOLOv5 网络整体结构见图 1。

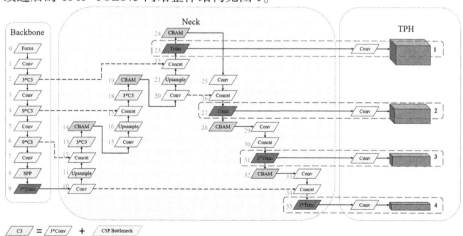

**图 1　TPH-YOLOv5 网络整体结构**

图 1 中左侧两个模块中的字体 0~35 代表从 Backbone 到 Neck 的模块序号,图 1 中最右侧字体 1、2、3、4 代表 4 个 TPH 预测头部。图 1 中 CBAM 是一个轻量级的注意力模块,不但能够以端到端的方式进行训练,而且能集成到许多主干网络中以提高性能,CBAM 模块的结构见图 2。

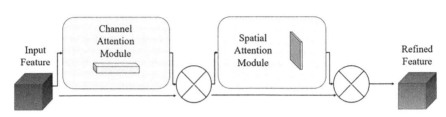

图 2 CBAM 模块结构图

注意力机制作用就是让网络知道重点去关注哪一部分,相应实现重要特征的突出表现,同时抑制不那么突出的特征。CBAM 模块包含通道注意力(Channel Attention Module,CAM)模块和空间注意力(Spitial Attention Module,SAM)模块,分别用于提取通道注意力和空间注意力[6-7]。给定一个特征映射,CBAM 将沿着通道和空间两个独立维度依次推断出注意力映射,然后将注意力映射与输入特征映射相乘,以执行自适应特征细化[8]。

通道注意力模块 CAM 的结构见图 3,通道注意力模块采用了最大池化(Max Pool)和全局平均池化(Average Pool)对目标区域的特征信息进行增强,CAM 模块在空间维度压缩了 H 与 W,在通道维度保持 C 不变。通道注意力机制是一种自适应地选择输入张量中最重要的特征通道的方法。在卷积神经网络中,每个卷积层会输出多个特征图,每个特征图对应一个特征通道。通道注意力机制通过计算特征图中每个通道的重要性权重,自动调整不同通道的权重,从而使网络更加关注那些对分类或回归任务最有帮助的特征通道,提高模型的表现。

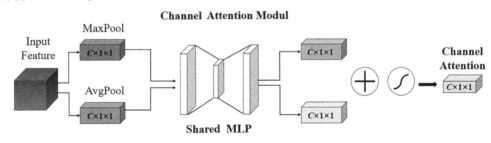

图 3 SAM 模块结构

在 CAM 作用下,图像的位置信息会产生一定的丢失,因此引入空间注意力模块(SAM),空间注意力模块(SAM)的结构见图 4。

空间注意力机制是一种自适应地选择输入张量中最重要的空间区域方法。在卷积神经网络中,每个特征图由多个空间位置组成。空间注意力机制通过计算特征图中每个空间位置的重要性权重,自动调整不同空间位置的权重,从而使网络更加关注那些对分类或回归任务最有帮助的空间区域,由于特征具有空间关联性,利用空间注意力模块 SAM 可以较好地对航拍影像中目标物的位置信息进行关注,对通道注意力特征进行有效补充。

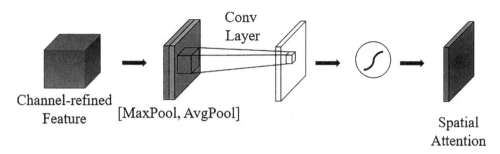

**图 4   机器学习工作流程示意图**

### 3.2   机器学习与智能巡检关键技术

当前,随着技术的革新,目标监测算法在替代重复的劳动识别方面已取得了重大突破,其主流的识别方法主要有双阶段的目标监测识别法和单阶段的目标监测方法两种。其代表有 YOLO 和 SSD 算法。由于无人机拍摄的照片、视频等特征物大小不同,单纯采用 SSD 算法或 YOLO 算法,其识别精度和速度都不是很高,难以满足工程应用的需求。为实现特征目标物的高精度提取,基于 Labeling 特定物标定法开展样本训练,添加注意力模块,同时兼顾速度与精度;并针对标注数据集样本不均衡的情况,根据图片数据和目标物分布的实际情景做相应的数据增强,用以提高无人机特征物识别的成功率。其关键技术流程分为以下三个步骤:首先,根据要求将视频流进行解析,转换为图片;其次,对图片中特征物体进行标定训练,制作训练模型数据集;最后,根据监测精度和速度的要求,采用现行精度和速度适宜的 YOLO 和 SSD 框架并优化相关算法、开展网络的训练工作以及图片的预测与测试。

训练样本对于影像异常特征识别的成功率尤为重要,下面详细阐述下样本训练的内容。训练样本是指经过预处理(人工标注)后,有相对稳妥、精确的能够描述相关特征的数据集。一般的样本集按照下列要求:首先要尽量准确,需要优秀的原始数据进行噪声处理以及人工标注;其次样本要足够大,样本越大,得到准确结果的可能性就越大,小量样本容易出现过拟合的现象;样本集同时需要能代表相关需求领域,样本数据应该是应用领域的抽样;最后样本数据需要有一定的特征信息。因此,为实现如水域目标物(如非法闯入、游泳、违法工地等)、施工等高精度识别和准确判读,需要搜集大量的、准确的、具备相关特征的样本进行训练,通过对样本的不断深入挖掘和分析,从而构建较为完善的样本库,来达到无人机视频智能分析的目的。

机器学习是采用单阶段目标识别算法,根据建立的边界条件和分析模型,通过计算机自主学习(机器学习)技术,自动识别河道采砂、违章建筑、水土流失、绿化再造、工地布局变化、工地弃渣、滑坡、塌方、场地积水和非法弃渣等状况,如图 5 所示。

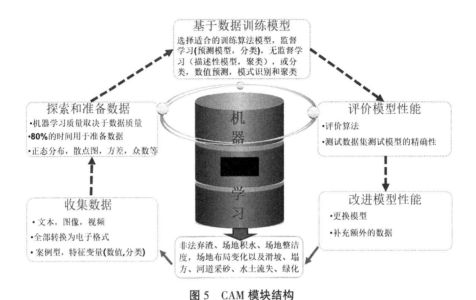

**图 5　CAM 模块结构**

针对海量的照片、视频进行对比分析,通过图像识别技术、自动识别到施工场地弃渣、整洁度以及滑坡、塌方、河道采砂船、水土流失、绿化等变化状况自动识别功能,经过机器学习后,识别成功率达到 90% 以上,图上可定位和标注异常点,及时提醒,从而实现工程建设过程的智慧监控。

## 4　巡检与监测

为保障大藤峡水利枢纽工程蓄水期间库区岸线的安全,本文开展基于无人机低空遥感技术的蓄水期间库岸巡检监测工作。出于对作业人员安全和无人机设备安全的考虑,一般选取在晴朗天气的上午和下午开展航摄任务。所采用的无人机型号为 DJI M300RTK 旋翼无人机搭载 ZenmuseP1 镜头进行视频采集,其航摄视频分辨率为 3 840×2 160,视频帧率为 30 fps。针对大藤峡水利枢纽工程 52～61 m 的蓄水过程,周期性开展航摄任务。航摄范围包括库区全范围和部分搬迁村屯、易塌岸范围等重点敏感区域,视频时长共计 1 000 min,所拍摄视频为 MOV 格式。利用"Free Video to JPG Converter"软件将大藤峡水利枢纽岸线航摄视频转换成 jpg 格式图像,图像截取间隔为 10 s,经过筛选之后共计 6 400 张。

河道中漂浮的垃圾会对船只的正常航行造成安全隐患,如果垃圾聚集在一起则可能会造成河道阻塞。库区水位的涨跌变化容易造成岸线裸露处的土壤坍塌,汛期水位上涨,易造成岸线周边房屋的淹没,对人民的生命财产安全构成威胁。针对上述现象,本文确定了 8 类待监测目标物。

利用标注软件 Labelimg 将数据集进行人工标注,目标物类别包括:聚集型垃圾(g_garbage:坝站设置的拦网或建筑处所形成的聚集型漂浮物)、分散型垃圾(d_garbage:河面飘散的不成堆、零散的漂浮物)、运输船(trans_boat:河道中的运输船只)、弃渣(spoil:主要为施工区域的废弃建筑垃圾)、人(person:路上的行人)、车(car:道路上停靠

**图6　现场人员进行航拍作业**

或行驶的车辆)、房屋(house：包括居民房、厂房、棚房等各类建筑物)、隐患点(danger：主要为无植被覆盖、较陡的裸露岸坡)共 8 类[9]。

利用标注好的图像样本构建大藤峡水利枢纽岸线样本数据库,样本库中包含训练集和验证集,两者的数量比例为 8:2,将该数据集输入 TPH-YOLOv5 深度学习网络中,进行模型的训练和验证。在本文中,深度学习框架为 Pytorch,操作系统为 Windows10。TPH-YOLOv5 的参数设置如下:epoch 为 300 轮,batchsize 为 16,学习率设置为 0.001,采用带动量的随机梯度下降法进行模型优化,训练过程中自动保存最优模型。本文所采用的计算机硬件配置为 Intel Xeon Gold 5122 CPU, 显卡 NVIDIA RTX-3090(2 张,显存各 16GB)。

## 5　评价指标及结果分析

在深度学习的模型评价中,通常采用准确率 P(Precision)、召回率 R(Recall)、平均精度 mAP(mean Average Precision,mAP)[10]这 3 个指标对模型的性能进行评估。各指标的计算公式如下:

$$P = \frac{TP}{TP + FP} \tag{1}$$

$$R = \frac{TP}{TP + FN} \tag{2}$$

$$AP = \int_0^1 P dR \tag{3}$$

$$mAP = \frac{\sum_{i=1}^{K} AP_i}{K} \tag{4}$$

式中:TP 为成功预测的正例;FP 为被误判为正例的负例;FN 为被漏检的目标数目;AP 为

Precision-Recall 曲线所围成的面积;$P$ 反映了模型监测的准确度,$P$ 值越大则监测的准确率越高;$R$ 反映了模型是否将目标物监测完整,$R$ 值越大则监测过程中漏检现象越少;mAP 反映了模型在目标监测中对所有类别监测的 AP 平均值,即所有类别的平均精度。

为了验证 TPH-YOLOv5 的模型性能,采用包含 480 张图片的验证集作为评估此模型的基础数据,各类目标指标汇总见表 1。

表 1　各类目标及其评估指标　　　　　　　　　　　　　　%

| 目标类别/评估指标 | $P$ | $R$ | mAP0.5 |
|---|---|---|---|
| 聚集型垃圾 | 93.87 | 85.82 | 93.94 |
| 分散型垃圾 | 87.30 | 76.73 | 88.52 |
| 运输船 | 89.36 | 85.88 | 92.68 |
| 弃渣 | 92.84 | 83.94 | 92.87 |
| 人 | 78.58 | 73.75 | 82.45 |
| 车 | 86.73 | 83.51 | 87.02 |
| 房屋 | 95.71 | 96.37 | 96.31 |
| 隐患点 | 94.27 | 92.63 | 95.73 |
| 总体 | 89.83 | 84.83 | 91.19 |

注:表中 mAP0.5 代表 IOU(交并比)阈值取 0.5 时的 AP 平均值。

该模型目标监测总体准确率和召回率均在 80% 以上,mAP0.5 达到了 91.19%,能够初步满足巡检项目的工程需求,实际监测结果见图 7。

(a)房屋、隐患点、弃渣、车、
运输船、聚集型垃圾

(b)隐患点

(c)房屋、隐患点、聚集型垃圾　　　　(d)房屋、运输船、弃渣、聚集型垃圾

图 7　目标物监测结果

(e)隐患点、车　　　　　　　　　　　　　(f)房屋、隐患点

续图 7

## 6　结语

本文旨在结合大藤峡水利枢纽工程的实际需求,探索应用基于 YOLOv5 监测模型和 TPH-YOLOv5 监测模型的航拍影像目标监测技术。通过对该技术的试验验证,其准确率、召回率,以及 mAP 指标均能满足工程应用的需求,并且在处理大量图像时具有较高的效率,能够为航拍影像的快速分析提供有效支持。

本文的研究成果也表明了基于人工智能的自动化巡检技术在工程项目管理中的应用前景。该技术的应用可以实现大规模数据的快速分析和处理,提高巡检效率,降低人力成本和安全风险,并且能够更加精准地发现各种隐蔽问题,保障工程项目的安全生产和顺利运行。同时,该技术未来可以考虑集成到便携的嵌入式设备中,将拍摄与监测同步进行,提高监测的实时性。因此,本文的研究不仅对水利枢纽工程的智能化管理水平提升具有重要意义,还为其他领域开展基于人工智能技术的自动化巡检研究提供了有益参考和启示。

## 参考文献

[1] 傅志浩,杨楚骅,廖祥君. 数字孪生水利工程构建与应用实践[C]//中国水利学会. 2022 中国水利学术大会论文集(第四分册). 黄河水利出版社,2022:7.

[2] 张瑶,黄鹏嘉,朱长富. 大藤峡水利枢纽无人机 VR 全景展示系统开发与应用[J]. 人民珠江,2021,42(8):116-122.

[3] 汪建伟,游疆,万敏,等. 复杂背景下的低空无人机检测与跟踪算法[J/OL]. 强激光与粒子束:1-12[2023-05-29]. http://kns.cnki.net/kcms/detail/51.1311.O4.20230524.1730.004.html.

[4] 杨其晟,李文宽,杨晓峰,等. 改进 YOLOv5 的苹果花生长状态检测方法[J]. 计算机工程与应用,2022,58(4):237-246.

[5] 王红君,王金云,赵辉,等. 一种改进 YOLOv5s 的自爆绝缘子检测算法研究[J]. 重庆理工大学学报(自然科学),2023,37(4):235-244.

[6] 朱香元,聂磊,周旭. 基于 TPH-YOLOv5 和小样本学习的害虫识别方法[J]. 计算机科学,2022,49(12):257-263.

[7] 王红尧,韩爽,李勤怡. 改进 YOLOv5 的钢丝绳损伤图像识别实验方法研究[J/OL]. 计算机工程与应用:1-10[2023-05-26]. http://kns.cnki.net/kcms/detail/11.2127.TP.20230228.1103.016.html.

[8]史朋飞,韩松,倪建军,杨鑫.结合数据增强和改进 YOLOv4 的水下目标检测算法[J].电子测量与仪器学报,2022,36(3):113-121.

[9]赵薛强.一种无人机图像识别技术体系研究与应用[J].中国农村水利水电,2022(5):195-200.

[10]李昂,孙士杰,张朝阳,等.改进 YOLOv5s 的轨道障碍物检测模型轻量化研究[J].计算机工程与应用,2023,59(4):197-207.

# 水文化建设

# 水文化传承视角下珠三角河网地区的河流修复研究与实践

## ——以博罗县东江-沙河水系连通工程为例

王自新  王英杰

（中水珠江规划勘测设计有限公司，广东广州  510610）

**摘要**：珠三角地区河流密布，在城市经济发展的前一阶段，却以牺牲环境为代价，使得生态环境恶化、城镇传统特色风貌丧失、人水关系割裂。惠州市博罗县东江-沙河段就是其中的典型，本文对小海在历史上的空间布局及过程演替进行研究，结合苏东坡治理西湖时的策略及方法，在河流修复的视角下营造具有文化传承的水景观。从溯源古河道水网结构、恢复自然河流岸线、观照儒家山水文化、水理与人情共生四个层面提出珠三角地区河流修复与水文化传承的策略及建议，以期为珠三角河网地区的河流生态修复提出可实现的水文化传承路径。

**关键词**：水文化、河流修复、珠三角河网

水和人类具有天然的亲近性，这种植根于民族文化和人类文化的水文化，在人类的精神文明中也占有了较为重要的地位[1]。纵观人类与河流的共存发展史，大致经历了原始自然、工程控制、污染治理和生态系统综合修复4个主要阶段[2]。习近平总书记在全面推动长江经济带发展座谈会上把水文化与水资源、水环境、水生态、水安全放在同等重要的地位统筹推进[3]。第14个世界水日确定的主题即"水与文化"，联合国教科文组织指出："水具有丰富的文化蕴含和社会意义，把握文化与自然的关系，是了解社会和生态系统的恢复性、创造性和适应性的必由之路"[4]。珠三角河网密集地区在高温多雨等自然条件下，拥有丰富的物种、湿地资源和生境类型，有利于营造多样性的生态活动。然而高密度的水网特征，叠加上高密度的城市群分布，意味着该区域水城联系紧密。同时，高干扰、高敏感性、易破碎的环境特性也成为该地区生态多样性发展的主要挑战与制约[5]。

# 1  国内外研究现状

## 1.1  国外研究现状

20世纪30年代，河流生态修复理论初步形成，德国塞弗特在1938年首先提出了"近自然河流治理"的概念，这是人类对河流实施生态修复的开端[6]。20世纪中叶，河流生态修复逐渐由单一的河流水质保护转变为多自然生态修复，以德国、瑞士为代表的欧洲阿尔

**作者简介**：王自新（1974—）男，正高级工程师，主要从事工程技术管理工作。

卑斯山区相关国家采用"多自然型河道生态修复技术"[7]。20 世纪 80 年代起,河流生态修复理论与实践全面展开,相关技术日渐成熟并不断创新完善。日本多自然型河川工程,在保证城市生态系统多样性的同时,更强调城市河道空间与市民游憩功能的整合[8]。新加坡"ABC 水计划"同样强调河流的可亲近性,并注重景观的打造和自然岸线的保留,同时融合了雨水管理、水敏感性设计等理念[9]。美国在利用自然途径从岸线生态与工程技术研究、空间信息支持、实践示范、项目评估等方面也积累了大量的经验[10]。

### 1.2 国内研究现状

我国从古到今的治水过程中涌现的治水人物、治水思想和治水精神,启示、影响和塑造着中华民族的精神世界,留下了丰富多彩的艺术瑰宝。我国在利用自然的治水过程中出现了很多治水的智慧。苏东坡在中国古代城市风景史上有着浓墨重彩的一笔,在治理西湖时将其作为一项系统工程,分别从城市经济、城市环境、市民用水与水环境协调发展的角度出发,把无用的葑草淤泥化为有用之材,在景观上连接西湖南北,通过对西湖的景观营造和文化开拓解民之艰、图民之乐[11]。大禹因势利导,变堵为疏,成功治理黄河泛滥;孙叔敖引水百里,领导修建淮河流域著名古陂塘灌溉工程安丰塘,灌田万顷[12];西汉贾让"三策"的提出,揭示了水的天性,为治理黄河提供了理论基础;被称为治河"千载无患"的王景采取"河、汴分流"[13]。我国对河流修复的研究起步较晚,最早起源于生态学和水利学。20 世纪 90 年代以来,我国对河流生态修复愈加重视,在近自然化河道设计、生态河堤建设等方面已取得了一定的研究成果,刘树坤提出"大水利"理论,为我国河流生态修复奠定了理论基础。董哲仁提出的"生态水工学"立足生态学理论与工程学科的融合[14]。

综观国内外河流治理的现状,大多都从生态学、水利学角度出发,仅关注水资源、水安全、水环境、水生态单一方面的功能,侧重于水质净化、近自然治理、生态景观建设相关技术与方法的研究。对基于水文化传承视角下的人水和谐的河流生态修复研究尚待深入。

## 2 河流现状及问题:古河道被侵占淤塞,从母亲河到黑臭水

历史上的小海连通着东江和沙河两大水系,两岸人民沿着小海不断迁徙扩张,自发形成了多个传统的乡镇聚落,园洲镇依水而生,小海周边形成了水陆相交商贸繁盛的鱼米之乡,还出现了厘金厂等金融场所(见图 1)。随着经济社会的发展,历经了近 1 个世纪的工业化进程和城市扩张,在 20 世纪 50 年代,修建东江防洪堤时,将流入东江的通道堵塞,使小海河成为死水,东江与沙河的水体交换和生物交流被阻塞。小海周边纷纷建起高污染、高能耗的印染厂,环境发生了剧烈的变化。河道堵塞(见图 2)、历史建筑破败(见图 3)、传统制造业逐渐消亡,百年龙舟只能杂乱地堆放在破败的库房(见图 4)。小海失去与外界水体的交换,水体淤滞现象严重,部分水体已完全成为死水体。小海最终沦为充满臭水、垃圾的无源之河。

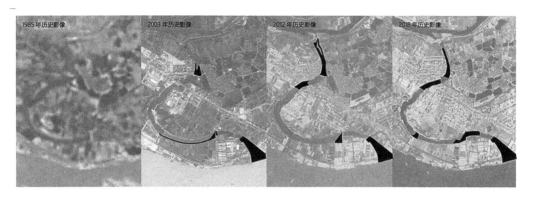

图1　小海历史演变过程(图片来源:根据 Google 地图绘制)

图2　小海改造前现状:淤塞、死水体、黑臭水体

图3　生活仪式空间的衰败

图4　日常节庆空间的式微

## 3　水文化传承下的河流修复

水是一种自然资源,自身并不能形成文化。水一旦与人发生了联系,人们对水有了认识,有了思考,有了治水、用水、管水的创造,就产生了水文化,所以说,水文化的实质是透过人与水的关系反映人与人关系的文化[15]。从传统观念看,有优美自然山水的城市,还需要有山水文化。由丰厚山水文化构成的山水城市才是一座有内涵的城市[16]。苏东坡不仅在城市水利营造史上卓有建树,而且在塑造城市山林、开发城市山水文化方面也

有很多值得称道之处。中国古代城市风景史上著名的"西湖"文化现象,很大程度上就与苏东坡的妙笔点化、诗文推介有关,历史上3处西湖都是在上水既成之时,适当点缀亭台花木,通过文人的诗篇笔墨,最终由风景记忆凝结成城市的文化记忆。在小海的河流生态修复治理过程中,尝试借鉴苏东坡治理西湖时的系统思维和人文关怀,溯源古河道水网结构,连通古河道,实现水体的自然交换;通过泵闸联合调度增强水动力;恢复自然河流岸线,修复水系生态廊道;增加滨水交通设施和活动空间唤起人们的传统滨水空间的历史记忆;将场地的儒家五常文化通过节庆广场和视觉导视系统进行文化精神传达;以水文化为出发点,将物理层面的水形态、水环境、水工程和精神层面的儒家、山水、诗词文化相结合,以期达到文化传承的目的。

博罗东江—沙河段水文化传承策略

图5 博罗东江—沙河段水文化传承策略

### 3.1 溯源古河道水网结构

现状小海和北冲排洪渠河道部分河段过流能力不足,河道宽度较窄、河道淤积严重,部分地区河道已经被浅埋堵塞,存在水动力弱、水生态系统遭到破坏、水体污染严重等问题。因此,疏通古河道水网结构、修复古河道水网动力、实现水体交换是河道水网修复需要解决的主要问题。

按照"河涌水系连通、潮差补水、多目标系统治理、智慧调度"的总体思路,将水系连通与水闸精细化联调,采用原型观测和数值模拟同步相结合的方法进行了深入研究,建立东江—沙河一维水动力与小海水闸调度耦合数学模型,对河涌进行生态补水、精确控制小海进出口水闸开度、实现小海与周边水网的水体交换(见图6),使古河道水网结构得以复现。

### 3.2 恢复自然河流岸线

自然岸线是河流修复过程中的主要措施之一,几十年前的河流岸线有着丰富的自然特征,童年时期戏水、捕鱼捉虾、野游等的记忆和怀念都与自然岸线有关,在对小海河流修复的过程中,尝试以更生态和自然的方式唤起两岸人民对于传统水边生活的记忆。从岸线形态、护岸形式、护岸材料角度恢复河流的自然特征,再现自然河流肌理。

在对小海河道清淤清障整治过程中开挖的黏性土、砂性土及砂层,进行土方平衡,重塑自然蜿蜒的生态岸线,培育地形、树岛、水塘等多层次、多元化的生态系统,利用季节性水位变化营造活跃的空间体验,为小海修复护绿。对于底泥重金属未超标的小海—北冲

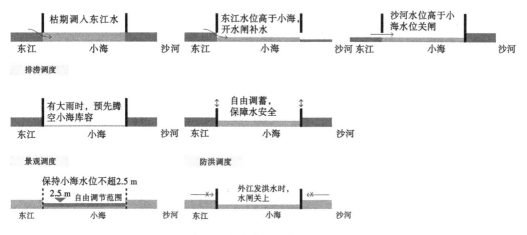

图 6　小海水体调度示意图

口通水段河道,将营养盐和有机污染型底泥进行固化后部分用于回填洼、河滨岸带建设用地、岛屿营造用地和生态护坡(见图 7)。

图 7　以土方平衡方式构建树岛和湿地

　　在岸线形态上模拟河流的自然蜿蜒,以边滩、浅滩和深潭相交的河床形态来保持岸线稳定和防洪安全,同时创建生物群落的多样性。在护岸形式上为保护原始河岸,多采用缓坡式生态护岸,岸坡以土坡结合木桩、水生植物、草皮、绿化乔木为主,局部采用生态挡墙护岸及宾格石笼护脚,以鸟类栖息地保护区为核心,修复小海多样性生境为主体,同时在水体内构建本土水生动物群落(见图 8)。护岸材料中的一草一木、一石一砖结合河道流速、水位高低等因素,因地制宜,都尽可能就地取材、使用地域性建造,恢复生态自然的河道景观。

## 3.3　水理与人情共生

　　苏东坡不仅是一代文豪巨匠,对于水患治理与城市之间的关系研究也颇有心得,曾专门著文《禹之所以通水之法》论述治河之理:治河之要,宜推其理而酌之以人情[17]。意思是说治水的关键在于"水理"和"人情"之间,单纯运用筑堤坝等工程防洪措施,都只能是一时之救济,必须从哲学和自然生态的角度去认识治水,着眼于人与水的和谐相处,方能长久。

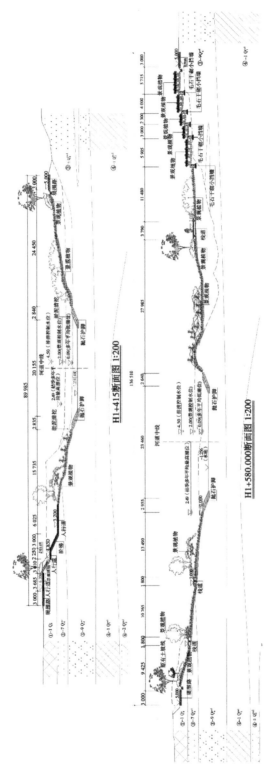

图 8　以生态护岸唤起水边记忆

在东江—沙河河流修复和治理的过程中,尝试捕捉博罗小海的风景记忆,将其与景观实体相结合,最终内化为人们的文化记忆。通过 5.00 m 的堤顶环线绿道、2.00 m 高的亲水步道和连接两岸的桥,形成不同层次的观景视角(见图9),在沿河两岸根据村镇聚落肌理和人群交集点设置台阶、休憩亭、观景塔、休闲广场等不同尺度的空间,将人群活动引流至水岸,使得人们在行走时可以获得观水、近水、亲水的空间体验。以点为媒、以路为带的景观空间结构,为市民和游客提供生态休闲、运动健身、娱乐游憩、科普教育、文化展示的场所(见图9)。以水为媒介修复河流生态,连接人与自然的关系,提升河流的可达性,激活场地的公共性,实现传统文化的创新传承。同时可带动两岸绿色产业的有机增长,打造融生态、文化、经济效益于一体的水生态文明新模式。

图9　不同高程的观景路径

### 3.4　观照儒家山水文化

根据《东莞县志》(园洲曾属东莞县管辖)记载,当地曾按儒家五常文化"仁义礼智信"来布局和命名村落,如"兴仁坊、崇仪坊、敦礼坊、广智坊、秉信坊"。这里还有极具特色的东坡文化,据记载,宋绍圣元年(1094)苏东坡贬谪惠州,经小海附近的码头登陆,最终到达罗浮山,为后人留下了"罗浮山下四时春,卢橘黄梅次第新;日啖荔枝三百颗,不辞长作岭南人。"等脍炙人口的佳作,他坎坷的仕途却造就了惠州文化的璀璨,直到现在小海还保留有百年历史的荔枝林古道。博罗小海传统文化见图10。

在本次东江—沙河水系沿河景观设计中,充分利用河道连通的契机,在恢复古河道的基础上,深入挖掘当地的儒家五常文化,以此为依据设置"兴仁、崇仪、敦礼、广智、秉信"五大功能分区,将诗、词、画、花、山、舟、田、村、河等景观元素重组,设计东坡诗词广场、粤

图10　博罗小海传统文化

曲文化广场、龙舟文化长廊、庙前林荫观景台、礼乐亲水广场、水上生态科普长廊、生态水塘、雨水花园、观鸟塔、复活荔枝古道、缤纷花田、生态驿站、景观水闸等多个景观节点(见图11)。在视觉导视系统设计中,以五色寓五常,将代表五常的青、赤、白、黄、黑分别运用在各主题分区,将儒家五常文化以视觉形式给予人们场地观感,呈现一幅怀古咏新的滨水文化画卷。

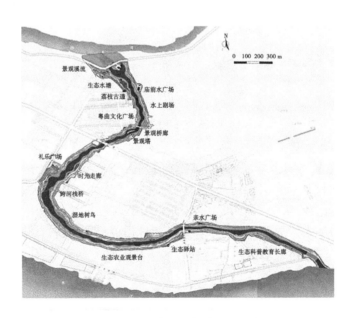

图11　博罗小海节庆文化广场及效果图

续图 11

## 4　小结

"水是人类文明的一面镜子",优秀的水文化可以促进人水关系的协调,人与水的关系也从侧面反映了人们的生活水平和城市的精神面貌[18]。珠三角河网地区的河流修复需要建立在对河流历史充分了解和尊重的基础上,水文化传承视角下的河流修复则是生态文明背景下对河流治理更高层次的要求。本次实践从水文化出发,重视人类活动需求和场地文化记忆,从溯源古河道水网结构、恢复自然河流岸线、水理与人情共生、观照儒家山水文化四个层面将河流修复到近自然状态,不同于传统的生态修复或滨水景观设计,基于水文化传承的河流修复是一项复杂的系统工程和动态的演变过程,需要在满足生态安全、经济发展、民生福祉的基础上协调水工、生态、景观、规划、建设等多专业技术平台,最终落实在人与水的互动及文化传承上,将河流修复工程与山水文化关联才是大地的生命脉、城市的乐活水和人民的幸福河。

## 参考文献

[1] 刘丽,伍杰,邓微,等.水文化传承在都江堰城市园林景观中的体现[J].安徽农业科学,2010,38(13):7055-7056,7083.

[2] 倪晋仁,刘元元.论河流生态修复[J].水利学报,2006,4(9):1029-1037,1043.

[3] 王吉多.漫谈水文化 放眼水经济[J].东北之窗,2021(8):79.

[4] 孔繁恩,刘海龙.世界遗产视角下"水文化遗产"的保护历程及类型特征[J].中国园林,2021,37(8):92-96.

[5] 方小山,王艺锦.珠江三角洲城市群地区湿地公园生境营造途径思考[J].西部人居环境刊,2019,34(3):42-52.

[6] 刘明欣,王世福,谢纯.瑞士图尔河再自然化的理念与措施[J].国际城市规划,2017,32(5):111-120.

[7] 刘京一,吴丹子.国外河流生态修复的实施机制比较研究与启示[J].中国园林,2016,32(7):121-127.

[8] 朱伟,杨平,龚淼.日本"多自然河川"治理及其对我国河道整治的启示[J].水资源保护,2015,31(1):22-29.

[9] 张天洁,牛迎香.新加坡水生态空间更新的规划理念与实施模式研究:以 ABC 水计划为例[J].西部人居环境学刊,2021,36(3):19-26.

[10] 唐慧超,洪泉.美国河流岸线修复的实践与启示:以哈德逊河可持续水岸线项目为例[J].中国园林,2021,37(5):86-91.

[11] 王劲韬.苏东坡时期杭州西湖的水利及水文化探析[J].中国园林,2018(6):14-18.

[12] 吴海涛.论淮河文化的内涵特质[J].学术界,2021(2):5-15.

[13] (南朝宋)范晔.后汉书·卷七十六·循吏列传[M].(唐)李贤,等,注.北京:中华书局出版社,2016.

[14] 陈兴茹.国内外河流生态修复相关研究进展[J].水生态学杂志,2011,32(5):122-128.

[15] 释慧皎,汤用彤校注.高僧传[M].北京:中华书局,1992.

[16] 汪德华.试论水文化与城市规划的关系[J].城市规划汇刊,2000,4(3):29-36,79.

[17] (宋)苏轼.禹之所以通水之法[M]//东坡全集.吉林:吉林出版集团,2013.

[18] 刘树坤.水利建设中的景观和水文化[J].水利水电技术,2003(1):30-32.

# 基于 CiteSpace 的水文化研究知识图谱分析

陈大安[1]    潘玉莲[2]    周 星[1]

(1. 长江勘测规划设计研究有限责任公司,湖北武汉 430000;
2. 华中农业大学园艺林学学院,湖北武汉 430070)

**摘 要**:水文化建设是我国建成文化强国的重要内容,加强水文化研究有利于促进中华民族丰富水文化的保护与传承。本文从整体性、多角度出发,基于 CiteSpace 计量软件对中国学术期刊网络出版总库(CNKI)中"水文化"研究的期刊文献进行量化和可视化分析。结果表明:①目前水文化研究发展迅速并保持较高热度,内容日趋多元,深度逐渐加强;②水文化研究学者主要集中在水利专业从业者与高校师生,核心研究学者群规模较小,具有小聚集、大离散的特点;③水文化研究热点具有时代性,形成以水文化的概念与内涵、水生态修复与治理和生态智慧与文化价值等研究热点内容;未来黄河流域生态治理与文化、幸福河湖、景观设计以及高校水文化教育将是水文化的研究趋势主题。

**关键词**:水文化;文献计量学;知识图谱;研究热点;研究趋势

水文化是以水为特征呈现的一种文化形态,在人与水发生联系的过程中产生。它包括水对人的政治、军事、科教、文学艺术、审美等文化供给,也包括人对水的饮水、用水、管水、亲水、绘水等生活需求。随着建设文化强国国家战略方针的提出,水利部、住建部等部委对水文化的建设力度也日趋增强,水文化相关研究成果日益丰富,科学并全面分析当前水文化研究的总体状况、趋势十分有必要。根据中国学术期刊网络出版总库(CNKI)检索发现,关于水文化研究的综述论文较少。受制于研究群体少和技术方法的限制,目前水文化领域尚缺乏定量分析研究,不能对前人水文化研究形成客观系统的总结,因此亟须开展相关研究。

CiteSpace 是一个通过聚类分析、关系网络、突现分析等方法来实现知识结构、规律和分布情况的可视化,探索文献间的显性与隐性关联度的软件[1]。目前已成为最具有代表性的绘制知识图谱的软件之一,并在多个学科领域应用。

本文以文献计量学方法为基础,利用 CiteSpace 工具对现有的水文化文章进行定量分析,总结当前水文化研究的概况,分析当前研究的主要内容,并识别研究热点和发展趋势,使研究的前沿课题更具逻辑性和科学性,为后期进一步研究提供理论参考,推动当代水文

**作者简介**:陈大安(1993—),男,硕士,助理工程师,主要研究方向为滨水景观规划设计与研究。
**通信作者**:潘玉莲(1995—),女,博士,主要研究方向为乡村景观管护。

化的繁荣发展。

## 1 材料与方法

### 1.1 数据来源与处理

本文以中国知网（CNKI）为数据源,经检索发现第一篇关于水文化的文章记录于1989年。为了最大限度地减少早期重要基础研究的遗漏,数据提取的时间跨度设定为1989年至2023年7月4日。以"主题=水文化"进行全文检索,得到5 696篇文献。经过人工筛选,剔除报纸、书讯、会议、硕博论文等非期刊性文章以及重复及相关性不大的文献,共得到1989—2023年间相关文献3 538篇。

### 1.2 分析方法

将下载的3 538篇文献导入CiteSpace进行格式转换与分析。选取1989—2023年间,每一年中被引次数最多的50篇,结合中介中心性计算、聚类计算,进行合作网络分析、关键词共线与时区图分析、关键词聚类分析以及突发性探测分析,得出水文化整体研究的总体状况、主要关键词和研究基础。将时间设定为2013—2022年,通过关键词聚类和突现词分析,获取近十年间的热点研究内容和具有较强时效性的研究前沿和趋势主题。

## 2 研究结果

### 2.1 水文化合作网络分析

#### 2.1.1 研究数量的变化

自1989年以来,水文化相关文献研究趋势呈先稳步增多后波动增长的状态。2006年联合国将第14个世界水日的主题定为"水与文化"后,水文化研究逐步成为"热点话题"。自2011年水利部发布《水文化建设规划纲要(2011—2020年)》起,水文化研究发文量迅速增加且质量大为提升(见图1),由此可见政府决策是影响水文化研究进展的重要因素。

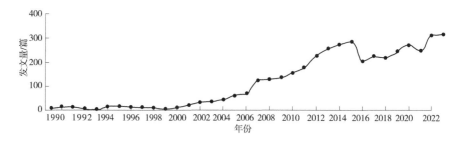

**图1　水文化主题文献研究数量变化**

#### 2.1.2 研究期刊、学科分布

分析文章刊载期刊以及研究的学科分布,有助于把握主题的跨学科研究体系构建与文章的研究趋势。核心期刊的发文量同水文化研究总发文量变化趋势相似(见图2)。研究学科主要集中在工程技术与人文学科两大类。其中,工程技术类发文量占总发文量的70%以上。在文化强国建设背景下,水利工程专业与文化、文学、旅游、地理以及风景园

林、规划等学科专业开展跨学科合作将会进一步加强。

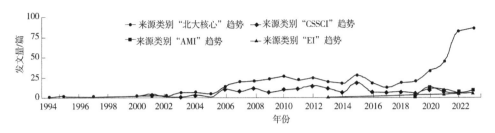

图2　水文化主题北大核心、CSSCI、AMI与EI期刊文献研究数量变化图

### 2.1.3　作者与机构分析

基于CiteSpace分析得到的作者合作图谱(见图3)可知,发表与水文化相关的文章最多的潘杰和李宗新分别有18篇和16篇。其他相对占主导地位的学者还有尉天骄、楚行军、左其亭等,他们主要为水利专业从业人员与高校师生,学术背景包括文化、水利水电、农业工程、环境资源等,展示了跨学科的关系,但是作者间的合作较少。图4显示出23个组织在该领域发表了超15篇文章,组织群规模较小,节点间连线较少,表明各机构间的合作关系较少,具有小聚集、大离散的特点(见图4)。

图3　水文化核心作者关系网络

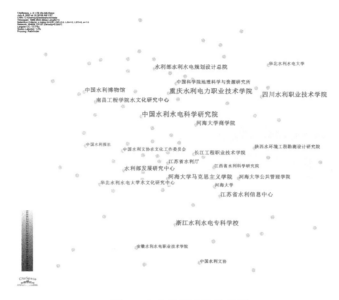

图 4　水文化研究机构分析

## 2.2　水文化研究的主题和基础

　　关键词共现分析可以得到高频出现的术语表征热点研究领域,结合时间轴属性,可以反映该时间范围内研究对象的动态发展演化以及某一年份的静态分布结构[2],有利于揭示研究对象的基本特征[3]。根据关键词共现和时区图分析结果(见图 5 和图 6),通过剔除检索词"水文化",得到使用频率较高的 5 个关键词分别为:人水和谐(85)、水利工程(80)、水资源(79)、水生态(76)和水利行业(67),可认定为当前水文化的主要领域和基本内容。分析其出现的年份发现与当时期的政策相关。如"人水和谐"是 2004 年的第十二届世界水日中国宣传主题,强调科学用水,正确处理人与水的关系。

图 5　水文化研究关键词共现分析

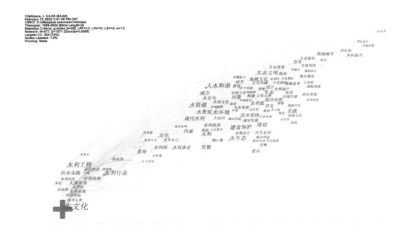

图 6　关键词时区

## 2.3　近十年水文化研究的热点

### 2.3.1　研究热点聚类分析

图 7 为近十年水文化研究的关键词聚类 Timeline 图谱,结合关键词共现与聚类分析图谱,可以将水文化研究分为水文化概念与内涵(#0、#3)、水生态修复与治理(#1、#5、#7、#8、#9)和传统村落生态智慧与价值(#4、#6、#10、#11)三类。

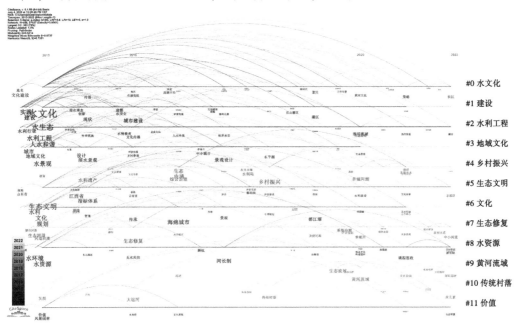

图 7　水文化关键词聚类 Timeline 图谱

### 2.3.2　水文化概念与内涵

水文化的概念与内涵的研究,学者多从哲学和文化学等角度展开,提出水文化结构是了解和掌握水文化内涵的基础,由内核到外延包含精神水文化、制度水文化和物质水文化[6,8-9]。李宗新[4]、孟亚明[5]、靳怀堾[7]等对水文化概念进行了讨论,都突出强调了

人的参与和水事活动在水文化形成过程中的重要性,是水文化的源泉与实质,是学术界较
为认可的观点。

### 2.3.3　水生态修复与治理

当前水生态修复与治理研究主要为:基于生态文明背景的水生态文明建设的理论体
系与主体框架构建[15-16],以及针对具体修复项目[10,12,17-19]的文化建设与生态保护的综合
治理。母亲河黄河是中华水文化的重要组成部分,也具有重要的生态价值和经济价值,是
近些年的研究热点。千析等从核心区域、实践历程和表现形式三个方面对黄河文化的定
义和范畴进行了阐述并提出了发展建议。左其亭[16]等分析了水生态文明建设理论构建
的必要性,从思想体系、基本理论和技术方法角度搭建了理论体系框架,指出了水资源、水
环境、水生态、水管理、水经济、水景观、水安全和水文化 8 个主要技术,强调水生态文明建
设是一个动态的长期的过程。

### 2.3.4　生态智慧与文化价值

古代丰富的治水设施和治水经验是我国重要的文化遗产,随着都江堰、京杭大运河被
评为世界文化遗产,生态智慧和水利文化遗产价值越来越多地受到学者们的关
注[14,26-29],既包含营建过程中形成的建筑、石刻等物质文化,也包含了治水理论、节庆祭
祀的民风民俗以及戏剧和传说的非物质文化[13,20-25]。近年来,将乡村振兴与水文化资
源旅游相结合也受到越来越多学者的关注,将地域特色融入水利旅游中,以国家支持水美
乡村、幸福河湖建设为契机,开展水美乡村建设带动乡村振兴[30-32]。

### 2.4　研究热点突现分析

突现词图谱(见图 8)显示了在 2013—2022 年期间 20 组出现频率最高的术语,黑色
代表了持续的阶段,可以发现与生态保护相关的研究主题一直很受欢迎,且政府决策是影
响水文化研究进展的重要因素。从时间和内容上看,以往的研究主要集中在水利行业上。
随着人们对水文化意识的提高以及对可持续的发展和滨水休闲多功能性需求的增加,黄
河流域生态治理、黄河文化、幸福河湖、景观设计以及高校水文化教育是近五年来的热门
话题。

## 3　结论与展望

本文利用 CiteSpace 对知网平台 3 583 篇与水文化相关的论文进行了可视化研究。
这种方法可以克服以往研究文献分析的局限性,降低人工筛选的主观性和不可操作性。
通过分析,我们获得了水文化相关论文发表数量、学科分布、作者网络以及参与研究的机
构。基础研究内容涉及水文化的概念与内涵、水生态修复与治理和生态智慧与文化价值。
未来黄河流域生态治理与文化、幸福河湖、景观设计以及高校水文化教育将是水文化的研
究趋势主题。

在未来水文化建设中,首先,需加强水利遗产的资源调查研究,推动国家水利遗产认
定,完善水利遗产管理体系,促进中华优秀治水文化的保护传承。其次,为提升水利工程
文化内涵,应将水文化元素纳入水利工程建设标准体,总结推广水生态文明建设试点成果
和经验,推动以江河为纽带的水文化建设及地域水文化挖掘与利用,推动当代治水文化的
繁荣发展。最后,以水利工程为依托采取"工程+文化"等形式,鼓励水文化的多元化、多

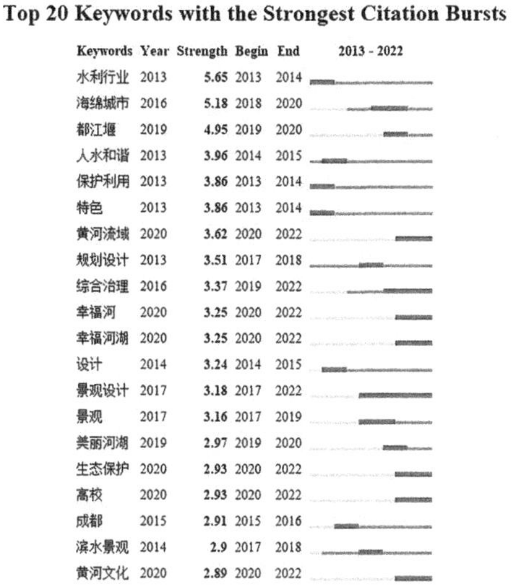

图 8　前 20 名高频术语及其爆发时间

样化发展,加强面向社会公众的水文化宣传教育,加强新发展阶段水文化传播与弘扬。

# 参考文献

[1] 陈悦,陈超美,刘则渊,等. CiteSpace 知识图谱的方法论功能[J]. 科学研究, 2015, 33(2): 242-253.

[2] 钟伟金,李佳,杨兴菊. 共词分析法研究(三):共词聚类分析法的原理与特点[J]. 情报杂志, 2008 (7): 118-120.

[3] 黄月,王鑫. 基于高维稀疏聚类的知识结构识别研究[J]. 现代情报, 2019, 39(12): 72-80.

[4] 李宗新. 应该开展对水文化的研究[J]. 治淮, 1989(4): 37.

[5] 孟亚明,于开宁. 浅谈水文化内涵、研究方法和意义[J]. 江南大学学报(人文社会科学版), 2008 (4): 63-66.

[6] 郑晓云. 水文化的理论与前景[J]. 思想战线, 2013, 39(4): 1-8.

[7] 靳怀堾. 漫谈水文化内涵[J]. 中国水利, 2016(11): 60-64.

[8] 毛春梅,陈苡慈,孙宗凤,等. 新时期水文化的内涵及其与水利文化的关系[J]. 水利经济, 2011, 29 (4): 63-66, 74.

[9] 葛剑雄. 水文化与河流文明[J]. 社会科学战线, 2008(1): 108-110.

[10] 方潭. 洞庭湖治理与文化保护的价值分析[J]. 水利规划与设计, 2009(5): 28-29, 58.

[11] 何培金. 要把文化建设作为综合治理与开发的重点:对洞庭湖水文化建设的思考[J]. 岳阳职业技术学院学报, 2009, 24(1): 62-65.

[12] 白文荣. 从文化的角度思考北运河水系综合治理[J]. 北京水务, 2009(1): 58-60.

[13] 王丹,晁红侠. 京杭运河枣庄段水文化资源开发研究[J]. 山东农业工程学院学报, 2014, 31(4): 95-97.

[14] 赵懿梅. 徽州水利文化遗产保护及开发研究:以西溪南地区为例[J]. 安徽农业大学学报(社会科学版), 2018, 27(6): 114-121.

[15] 陈进. 水生态文明建设的方法与途径探讨[J]. 中国水利, 2013(4): 4-6.

[16] 左其亭,罗增良,马军霞. 水生态文明建设理论体系研究[J]. 人民长江, 2015, 46(8): 1-6.

[17] 朱记伟,刘建林,高双强,等. 城市河流生态综合治理规划实证研究[J]. 人民黄河, 2010, 32 (10): 20-21.

[18] 俞涛. 塔河文化在流域综合治理中的实践和探索[J]. 水利发展研究, 2010, 10(1): 72-76.

[19] 朱记伟,雒望余,刘建林. 沣河干流生态治理的必要性研究[J]. 新西部(下半月), 2009(11): 45, 63.

[20] 谢开云. 陕南地区水文化旅游资源开发策略:以安康为例[J]. 新西部(下半月), 2009(4): 20, 35-36.

[21] 杨帆. 环巢湖水文化资源与旅游产业融合发展研究[J]. 齐齐哈尔大学学报(哲学社会科学版), 2015(11): 52-55.

[22] 柳百萍,金芒,张学锋. 环巢湖水资源特色旅游开发研究[J]. 资源开发与市场, 2006(6): 579-581.

[23] 张利华. 江苏省水体旅游资源的优势特征与开发价值分析[J]. 安徽农业科学, 2011, 39(25): 15523-15525.

[24] 褚春元. 环巢湖水文化资源整合与提升"大湖名城"品牌形象路径[J]. 巢湖学院学报, 2018, 20 (5): 1-5.

[25] 魏占杰,高景霄. 白洋淀水文化资源的保护与开发利用研究[J]. 城市发展研究, 2020, 27(5): 18-22.

[26] 杜金鹏. 夏商都邑水利文化遗产的考古发现及其价值[J]. 考古, 2016(1):88-102.

[27] 崔洁. 我国水利文化遗产保护与开发策略研究[J]. 河北水利, 2015(1): 34.

[28] 万晓倩. 浅析中国古代水利文化遗产:水牮[J]. 农业考古, 2018(6): 148-151.

[29] 谢三桃,王国汉,吴若静,等. 安丰塘水利文化遗产的保护与利用策略[J]. 水利规划与设计, 2015 (9): 11-14, 67.

[30] 吕青川,王仕佐. 水利旅游开发的乡村旅游模式探微:以库区整体搬迁的思南文家店镇为例[J]. 贵州大学学报(社会科学版), 2005(6): 55-58.

[31] 逯晓蕾. 基于水利旅游开发视角的乡村旅游模式微探:评《水利旅游概论》[J]. 水利水电科技进展, 2020, 40(6): 97.

[32] 人民智库课题组,冯一帆,刘明. 沂南县竹泉国家水利风景区"景村融合"以旅游带动脱贫攻坚乡村振兴[J]. 国家治理, 2020(37): 32-36.

# 珠江流域水文化建设浅谈

张　婉　张水平

(珠江水利委员会珠江水利科学研究院,广东广州　510635)

**摘　要**:珠江流域水文化建设是促进地区发展和保护生态环境的重要任务。本文通过对流域内水资源、水生态环境、水文化传承等方面进行研究,旨在探讨并提出珠江流域水文化建设的有效途径与措施,为流域可持续发展做出贡献。首先,通过对珠江流域的历史文化背景进行分析,了解流域内重要水文化遗产的传承现状和存在问题。其次,对珠江流域水文化建设现状进行分析,识别流域内具有重要文化价值的水文化遗产,并探索如何保护和利用这些遗产,推动地区的文化和经济发展。最后,呼吁相关部门加大对水文化建设的支持力度,同时建议相关企业深入挖掘市场需求,积极参与水文化建设工作,推动珠江流域水文化建设的可行性和可持续性。

**关键词**:珠江流域;水文化建设;文化遗产保护;可持续发展

## 1　引言

珠江流域作为中国南方重要的经济和文化中心,拥有丰富的水文化遗产资源。水文化既是流域居民生活的重要来源和特色,也是推动地区发展和保护生态环境的重要力量。然而,随着经济的发展和城市化进程的加快,流域内部分水文化遗产面临严重的破坏和流失,亟待开展水文化建设工作[1]。

在这个背景下,本文旨在探讨并提出珠江流域水文化建设的有效途径与措施,以促进地区可持续发展。通过对流域内水资源、水生态环境、水文化传承等方面的研究,深入分析珠江流域水文化的现状和存在的问题,明确水文化建设的研究问题,并提出解决问题的路径[2]。

通过研究珠江流域的水资源、生态环境、文化遗产等方面的状况,探讨并提出水文化建设的有效途径与措施,为珠江流域可持续发展做出贡献。通过在本文中采用的方法和数据来源,将获得关于水文化建设的实证分析结果,并对其效果及其对于地区发展的影响进行解释与讨论。

## 2　水文化建设的状况分析

### 2.1　水文化建设的概念

水文化建设是指在特定地区或流域范围内,通过利用和保护水资源,发扬和传承水相

---

**作者简介**:张婉(1982—),女,高级工程师,主要从事水利信息化工作。

关的文化,促进地区发展和保护生态环境的一种综合性工作。水文化建设旨在通过挖掘和保护流域内具有重要水文化价值的遗产,结合地方文化和传统工艺,推动地区的经济和文化发展,提升地方形象和吸引力。

在珠江流域,水文化建设的概念主要体现在以下几个方面。

首先,珠江流域各水系水量丰沛,河道落差大,水能资源理论蕴藏量比较丰富。这些水资源不仅是地区经济和民生发展的重要支撑,也承载着丰富的人文历史和文化内涵。因此,水文化建设在珠江流域具有重要意义,可以通过保护和利用水资源,促进地区经济的发展和人文文化的传承。

其次,水文化建设还包括对水生态环境的保护和再生。随着工业化和城市化进程的加快,珠江流域的环境问题也日益突出。水文化建设旨在通过改善水生态环境,提升流域的生态系统服务功能,保护和恢复流域的自然景观和生物多样性,提高人们对水环境的认识和重视,促进人与自然的和谐共生[3]。

最后,水文化建设还强调水文化的传承与创新。在珠江流域的水文化建设中,需要充分挖掘和保护流域内的重要水文化遗产,如古代水利工程、传统水产养殖和水相关的民俗习惯等[4]。同时,也需要根据当地的经济和社会发展需求,创新性地发展和利用水资源,推动珠江流域水文化的融合与发展[5]。

## 2.2 珠江流域的水文化建设现状分析

珠江流域作为我国重要的经济发展和生态保护区域,其水文化建设对于地区发展和生态环境的保护起着至关重要的作用。因此,了解珠江流域的水文化建设现状,既有助于认清当前的问题和挑战,也能为制定有效的措施和途径提供指导。本文从珠江流域的历史文化背景、水资源状况、水生态环境、水文化传承等方面入手,对珠江流域的水文化建设现状进行探讨。

通过对珠江流域的历史文化背景进行分析,可以了解到流域内重要水文化遗产的传承现状和存在问题。珠江流域作为我国南方经济文化的重要发源地,拥有悠久的历史和丰富的文化传统。然而,随着城市化的快速发展和产业结构的转型,许多传统的水文化遗产正面临着被忽视、破坏乃至消失的危险。比如,一些古老的水井、渠道、水上交通工具等正在逐渐失传,流域内重要水文化遗产的保护问题亟待解决[6]。

文化遗产保护是一项综合性的工作,需要充分认识到文化遗产对于地区经济和社会发展的重要意义,并将其纳入地区规划和政策中。在识别珠江流域重要水文化遗产的过程中,需要广泛调研和深入了解当地的历史文化,结合地理环境、社会经济状况等多方面因素,全面把握流域的水文化资源。

在当前流域的经济社会发展环境下,要实现水文化建设的目标,需要充分调动各方面的力量,特别是要引导和激发当地居民的积极性和创造性。这既需要政府和相关部门加大对水文化建设的投入和支持,也需要广泛动员社会各界力量参与,形成多元共治的水文化建设新模式。只有当珠江流域的居民深刻认识到水文化的重要性,并且能够主动参与到水文化建设中来,才能够实现水文化建设工作的长期发展和可持续推进[7]。

## 2.3 宣传渠道和方式的分析

水文化建设是一项需要广泛、深入宣传的工作。水文化的意义和丰富内涵,需要通过多种宣传渠道和方式来普及和推广。本文将结合目前的实践与经验,分析水文化建设的宣传渠道和方式,以期为后续的水文化建设和推广提供借鉴参考。

### 2.3.1  宣传渠道分析

传统的宣传渠道主要包括电视、广播、报纸、杂志等传统媒体以及户外广告、宣传海报等宣传方式。目前,随着信息技术的发展和网络媒体的兴起,新型媒体亦成为重要的宣传渠道。此外,还可以通过一些社会机构和水文化工作者的宣传推广来引导市民参与到水文化建设中来。各种渠道的宣传形式可以根据实际情况进行选择,如推出相关微信公众号、移动端 App 或其他网络平台等,既方便了社会公众了解水文化,也增强了活动的互动性,产生了更强的传播力。

### 2.3.2  宣传方式分析

目前,水文化建设的宣传方式主要以水文化艺术展览、演出、文艺活动、研讨会等为主,另外还有一些常规的宣传活动如讲座、座谈会、书法比赛等,但是这些宣传方式存在一定的局限性。因此,需要创新宣传方式,通过一些新的方式让市民更好地了解水文化的魅力。

其中,科技类宣传方式是近年来的重点方向之一。通过智能化手段,如 AR/VR 技术把水文化建设的项目、场景呈现出来,可以让市民更加直观、真实地感受到水文化的内涵和意义。另外,利用"互联网+"等新型技术、新兴平台进行宣传,充分利用社交媒体(WeChat,微博等)、短视频平台,可以让更多的人了解到水文化建设的进展情况,甚至可以开展区块链技术等方式激励公众认真学习、关注水文化建设的创造性成果。

此外,也可通过社区宣传、文化活动的组织和开展,让市民更好地参与进来,发挥市民的各种创意和智慧,使水文化建设更具有参与性和覆盖性。

总之,宣传渠道和方式的选择及设计要结合实际情况以及不同年龄、群体、人群参与的需求进行设计和策略性实施。水文化的推广宣传不仅要以大众化的方式普及水文化建设,还要加强各级媒体和普通市民的参与感,全方面地呈现出水文化建设的多样性和美好未来的愿景。

## 3  水文化建设的案例分享

### 3.1  城市水文化建设案例

当前,城市发展对于水文化的需求越来越大,因为水文化既能丰富城市文化内涵,同时又能为城市带来巨大的经济收益。在城市水文化建设中,不同的城市借鉴不同的水文化资源来建设自己独特的水文化体系,并且结合城市的特色,发挥广泛的社会功能。

在中国,许多城市都在进行大规模的水文化建设。例如,广州的水文化建设,已经从观念重视阶段经过实践探索而有所突破,进入逐步深化阶段。从整个城区范围来讲,根据广州不同的水环境类型,尝试建立不同的水文化建设模式,例如,在北部山区,将水库的建设、自然生态保护和水文化旅游结合起来;在中心城区,河涌整治和堤岸建设的基础上,进行文化保护和景观建设,为人们打造一个优美的滨水空间;在果树氧吧区,将自然生态区、古村落区的保护和水环境建设结合起来;在南部滨海区,将沙田环境的保护、岭南水乡文化的建设融为一体,建设了岭南印象公园。

### 3.2　水利工程水文化建设案例

#### 3.2.1　水站

为进一步强化国家文化建设,加强公共服务功能,赋予人文内涵和文化属性[8],开展了一系列推选评比活动,例如生态环境部推荐的"最美水站"活动;珠江流域的云南花山水库出水口水质自动监测站,站房建筑和内部装修风格综合考虑周边自然环境、地域特色和民族文化特征等因素,既与周边环境协调,又突出地方文化特色。结合本地实际,采用节能、节水、节材等绿色低碳、环境友好的建筑材料。集中展现国家水站文化建设成效,充分发挥国家水站的示范带头和科普宣传作用,有效提升国家生态环境监测品牌影响力。

#### 3.2.2　堤坝

一般印象中,堤坝是在海边、河畔高高筑起的一道屏障。在广州,堤防工程除达到防洪排涝的任务外,还"以人为本"尽可能地让市民看到广阔美丽的景色。广州市大学城采用开放式绿地堤岸结构,在防洪和生态两方面都达到了国内的最高水平。漫步在大学城河岸与蜿蜒的步道之间,随处可见大片的阔叶草坪和高大的树群、河岸斜坡以三维网固定的草皮,局部采用阶梯式堤岸,人们可以席坐在阶梯上体验珠江涨潮时逐级漫到脚面的感觉。堤岸结合"生态绿堤"的理念,在缓坡上布置了园林绿化景观,在风浪大时也可以起到消浪的作用。堤岸的设计在确保防洪安全、经济环保的前提下,贯彻穿插人文、生态、亲水的理念,强调地域性、现代性、文化性,淡化了工程痕迹。新堤不但能抵御200年一遇的洪水,而且堤岸形式结合了大学城的功能要求,根据地形、地貌确定,做到多样化,体现亲水性,这也是广州珠江的第一道生态型堤岸。

### 3.3　农村水文化建设案例

最具岭南水乡特色古村——小洲村,四面环水,始建于元末明初,是具有一千多年悠久历史的古村寨。得益于古村落保护与水环境整治,并没有被现代化的洪流所淹没,传统的东西仍然得到了传承。在城市湿地建设的同时,对水乡文化加以保护和弘扬,将人水和谐、人同自然和谐理念与岭南文化融为一体。在小洲村水文化资源保护中,邻水特色街道的保护是重点,针对小洲村自身丰富的水网格局,规划着重保护西江涌水系及沿岸的原生水网形态,保护河涌和两岸的自然生态格局。

## 4　水文化建设影响评估

### 4.1　对环境的影响

水文化建设对环境产生了深远影响。首先,水文化建设在城市绿化、生态保护等方面发挥了积极作用。城市水文化建设中,许多城市都开始将水文化融入公园、广场、社区等建筑设计中去,营造了良好的休闲、娱乐和富有特色的文化空间。水文化建设项目还可以通过增加植物建设水生态系统,在治理城市生态环境的同时,为市民创造绿色的生活环境。其次,水文化建设在传统水文化文物保护和文化遗产保护方面也产生了积极影响。在农村水文化建设中,一些城市启动了"乡村振兴工程",就是通过挖掘村庄中悠久的水文化历史,把水文化融入乡村旅游项目中去,提升了道德风尚和文化魅力,同时也保护了若干文化遗产[9]。

但是同时,水文化建设也对环境造成了一定的负面影响。因为水文化繁荣和城市发展的推动,许多城市在建设水文化工程时,往往会进行对自然景观的改造和破坏,从而对环境造成了很大影响。此外,许多水文化建设项目也会导致水污染等问题,对当地水环境和水生态等造成潜在威胁。

因此,在水文化建设初期,必须制定出合理的环境保护措施,并建立与该项目相适应的生态环境管理体系,这一点至关重要。另外,加强环境监测和评估,对发现污染现象及时予以整治,也是必不可少的措施。在进行水文化建设的时候,不仅要关注水文化的发展本身,而且也要从环境保护和生态建设两方面着手,全面考虑水文化建设对周围环境的影响,充分利用水文化的优势和特点,让水文化建设成为推动城市发展和文化传承的重要手段[10]。

## 4.2 对文化保护与传承的影响

水文化建设作为一项旨在传承和保护水文化的工作,在文化保护与传承领域产生了深远的影响。本文发现,水文化建设不仅对于传承和保护水文化具有重要意义,同时也对于促进文化多样性、增进民族团结、提升国际传播力和吸引旅游客群等方面具有积极的影响。

首先,水文化建设对于传承和保护水文化有非常重要的意义。在当前全球化的大背景下,本土文化的传承和保护成为许多国家的重要课题。水文化是我国重要的非物质文化遗产之一,不仅是传统生活方式的体现,同时也承载着丰富的历史和文化内涵。随着城市化进程的推进,许多地区的水文化逐渐消失,这不仅造成了文化多样性的流失,同时也给传统文化的保护带来了巨大的挑战。水文化建设通过修缮、保护和传承水文化,成为推进本土文化传承和保护的重要手段。

其次,水文化建设也在促进文化多样性、增进民族团结、提升国际传播力等方面发挥了积极的作用。水文化建设具有多元化、包容性和开放性等特点,不仅可以促进不同地域、不同民族之间的文化交流与碰撞,同时也能够传递不同地域、不同民族之间的文化信仰,促进民族团结。

然而,水文化建设面临着不少困难和挑战。一方面,现实中水文化建设工作面临资金、技术、人才等方面的问题。另一方面,水文化建设工作与城市规划、环保、文物保护等领域存在协同发展不协调、协同推进不到位等问题。

为了应对这些困难和挑战,本文提出了以下建议:一方面,加大政策支持力度,完善水文化建设的相关管理制度,提高工作的规范化和制度化程度;另一方面,深入挖掘市场需求,发掘水文化的经济价值,吸引更多的社会资本和企业参与水文化建设工作;同时,加强水文化建设与城市规划、环保、文物保护等领域的协同发展,推进相关领域的协同性和协调性,形成协同推进的良好态势。

综上所述,水文化建设既是传承和保护水文化的重要途径,同时也是促进文化多样性、增进民族团结、提升国际传播力和吸引旅游客群的有力手段。目前,水文化建设工作面临着多种困难和挑战,需要相关部门、企业和社会资本的共同努力和支持,才能够更好地发挥水文化建设的作用,为本土文化的传承和创新做出贡献。

## 5　结语

本文在探究水文化建设意义及现状的基础上,通过对流域内水资源、水生态环境、水文化传承等方面的调查和分析,得出以下几点结论:

珠江流域水文化建设具有重要的现实意义和深远的发展潜力。流域内拥有丰富的水资源和独特的水文化遗产,这为地区的文化、旅游和经济发展提供了宝贵的资源和机遇。通过加强对水文化遗产的保护和利用,可以促进地区的可持续发展,提升居民的生活质量。

本文探讨了水文化建设的重要性、发展现状及发展瓶颈,提出了以市场为导向的水文化建设模式,在促进我国水文化建设,提升城市竞争力等方面具有重要的借鉴意义。同时,本文也存在一些不足之处,需要进一步研究和实践。未来的研究可以从进一步完善理论模型、加强实证研究、深入分析影响因素等方面展开,为珠江流域水文化建设的可持续发展提供更加有力的支撑和指导。

## 参考文献

[1] 沈香清.浅议加强水文化建设对提升水利行业精神文明创建水平的作用[J].办公室业务,2018(7):183.
[2] 罗敏.推进广西桂林水文化建设中的政府作用研究[D].桂林:广西师范大学,2017.
[3] 吴文洪.水文化遗产在海绵城市建设中的保护与利用[D].北京:北京建筑大学,2017.
[4] 杨艳春,杨婷,毕红方.人水和谐:水利风景区水文化建设的核心[C]//全国水利风景区建设管理与水文化论坛.北京:中华人民共和国水利部,2010.
[5] 何红霞.浅谈漳河水库水文化与水环境建设[J].水政水资源,2018(5):54-57.
[6] 李瑞清.江汉平原水文化建设刍议[J].水文化,2022(5):32-37.
[7] 罗勇强,张子飞,王北.延续文脉 助力大藤峡[J].黄河 黄土 黄种人,2022(8):91-93.
[8] 王琳琳,邓映之.浅谈水工程与水文化的融合与发展[J].治淮,2022.
[9] 仰文龙.关于新时期中小流域综合治理结合水文化建设的思考[J].中国水利,2019(13):75.
[10] 刘洪涛,徐鹏,刘汉印.惠民县小流域水文化建设实践与思考[J].山东水利,2022(12):61-62.